直弧形板坯连铸设备

（下册）

杨拉道　黄进春　李淑贤　等著

北　京

冶金工业出版社

2017

内 容 提 要

本书系统总结了现代化连续铸钢技术装备发展成果，全书共分五篇，主要内容包括连续铸钢技术的发展历程、直弧形板坯连铸总体技术、直弧形板坯连铸机械设备、直弧形板坯连铸自动化设备、设备安装与设备管理。

本书可供连续铸钢领域的工程设计、设备设计、设备安装等科技人员，连续铸钢专业科技创新与开发方面的科研人员，钢铁企业的生产技术人员、生产操作人员、设备维护和管理人员，重型机械制造领域的工艺加工、设备制造等技术人员，大专院校相关专业的师生与科研人员阅读和参考。

图书在版编目（CIP）数据

直弧形板坯连铸设备. 下册/杨拉道等著. —北京：冶金工业出版社，2017.4
ISBN 978-7-5024-7353-2

Ⅰ.①直…　Ⅱ.①杨…　Ⅲ.①连铸板坯—连铸设备
Ⅳ.①TF777.1　②TG233.6

中国版本图书馆 CIP 数据核字（2017）第 046982 号

出 版 人　谭学余
地　　址　北京市东城区嵩祝院北巷 39 号　邮编　100009　电话　（010）64027926
网　　址　www.cnmip.com.cn　电子信箱　yjcbs@cnmip.com.cn
责任编辑　郭冬艳　美术编辑　彭子赫　版式设计　彭子赫
责任校对　王永欣　责任印制　牛晓波
ISBN 978-7-5024-7353-2
冶金工业出版社出版发行；各地新华书店经销；北京通州皇家印刷厂印刷
2017 年 4 月第 1 版，2017 年 4 月第 1 次印刷
787mm×1092mm　1/16；72.25 印张；2 插页；1781 千字；1138 页
248.00 元
冶金工业出版社　投稿电话　（010）64027932　投稿信箱　tougao@cnmip.com.cn
冶金工业出版社营销中心　电话　（010）64044283　传真　（010）64027893
冶金书店　地址　北京市东四西大街 46 号（100010）　电话　（010）65289081（兼传真）
冶金工业出版社天猫旗舰店　yjgycbs.tmall.com
（本书如有印装质量问题，本社营销中心负责退换）

编 辑 委 员 会

撰 写 委 员 会

审 查 委 员 会

前　言

连续铸钢技术从出现到工业化大约经历了 100 年，从工业化至今走过了 60 多年历程，取得的成绩举世瞩目。表 1 是几个节点世界和中国粗钢产量及连铸比的发展情况，从表中可以看出，世界钢铁产能从 1949 年后发展速度加快，连铸技术从 1970 年以后迅速发展。而中国连铸技术发展则在 1980 年后才加快了速度，钢铁产能在 2000 年以后得到了迅猛发展。中国钢铁企业 2010 年连铸比达到 98.10%，基本上实现了全连铸。

表 1　代表性年代世界和中国粗钢产量和连铸比的发展情况

项目 ＼ 年份	1949	1960	1970	1980	1990	1995	2000	2005	2010	2014	2015
世界粗钢产量/万吨	15800	33823	59090	71561	76980	75319	83600	113000	141400	166500	162300
中国粗钢产量/万吨	15.48	1866	1779	3712	6335	9536	12850	35579	63874	82270	80382
中国粗钢占比/%	0.1	5.5	3.0	5.2	8.2	12.7	15.4	31.5	45.2	49.4	49.5
世界连铸比/%	—	0.34	4.4	26.4	62.8	76.4	86.5	91.1	—	—	—
中国连铸比/%	—	—	1.4	6.2	22.4	47.1	87.5	97.5	98.1	—	—

进入 21 世纪以来，中国钢铁工业按照绿色发展理念和要求，加大资金、人才、技术研发等各方面的投入，在新一代可循环钢铁制造流程、绿色制造、高端产品等方面进行了有益的探索。通过科技创新优化钢铁制造流程，一批关键生产工艺技术取得了重大突破；大量重点产品实现了质量升级；在节能减排与综合利用领域中，绿色制造取得了重大进展；以企业为主体，市场为导向，产学研用相结合的科技创新体系已经形成；企业科技体制改革取得了明显成效，科技创新人才队伍不断壮大。

中国科技部 2012 年 8 月 24 日发布了"关于印发高品质特殊钢科技发展'十二五'专项规划的通知"。一大批高科技含量、高附加值的产品研发成功，用于大型变压器、大型水电、火电、核电装备制造的取向硅钢板、磁轭磁极钢板、电站蜗壳用钢板等产品性能达到领先水平；X80 管线钢用于建设 4000km 西气东输二期工程；核反应堆安全壳、核岛关键设备及核电配套结构件三大系列核电用钢在世界首座第三代核电项目 CAP1400 实现应用；高铁转向架构架用钢，时速 350km 高速动车车轮用钢实现量产；第三代汽车高强钢达到国际先进水平。建筑、造船、汽车等量大面广的钢材产品整体水平提升，高强钢筋及钢结构用钢比例提高，试点省市 400MPa 以上及高强钢筋的使用比例已达 70%～

80%，高强造船板占造船板比例已超过 50%。

从 2005 年到 2011 年，大中型钢铁企业平均综合能耗由每吨钢（标准煤）694kg 降低到 602kg；钢铁行业平均转炉煤气回收量由每吨钢 47.5m³ 提升到 81m³；大中型钢铁企业二氧化硫排放量由每吨钢 2.83kg 减少到 1.69kg；烟粉尘排放量由每吨钢 2.18kg 减少到 1.03kg。

2015 年与 2010 年相比，中国钢铁工业协会主要会员企业平均吨钢能耗（标准煤）从 605kg 降至 572kg，提前达到 580kg 标准煤的节能规划目标；吨钢耗新水量从 4.1m³ 降至 3.25m³，提前实现 4.0m³ 节水目标；吨钢二氧化硫排放量从 1.63kg 降至 0.74kg，超额实现 1.0kg 的污染防治目标；吨钢化学需氧量从 70g 降至 22g，超前实现控制目标。

这些综合性指标的变化，充分说明了我国以科技创新为核心的企业创新推动钢铁工业转型升级取得了显著成效，钢铁工业整体水平得到了明显提升。

我国钢铁行业虽然已经取得了巨大成就，但必须看到，我国目前还只是钢铁大国，并非钢铁强国。尽管中国粗钢产量占世界粗钢产量的将近一半，但每年还有上千万吨特殊用途钢材需要进口。钢铁工业所面临的市场疲软、可持续发展动力不足的严峻形势将在很长一段时间内延续和徘徊。这主要表现在科技创新方面：一是原始创新、自主创新与世界先进水平差距明显，体现钢铁工业竞争实力的核心技术尚未完全掌握，总是处于追赶阶段；二是钢材品种和质量还不能完全适应国民经济发展的需求；三是促进企业自主创新机制尚不健全，科技人才总量不少，而高层次科技人才、领军人才不足；四是创新意识、创新精神、创新能力和鼓励创新、保护创新的社会环境、政策措施和管理机制仍需要增强和改善。另外，2015 年全球钢铁产能利用率为 69.7%，而中国钢铁产能利用率也在此数值区间。所以我国钢铁工业和连铸技术装备的发展还面临着严峻的形势，还有很多工作要做。

德国推出工业 4.0 高科技战略计划。

德国制造业在全球制造业领域拥有领头羊地位。这在很大程度上源于德国专注于创新工业科技产品的科研和开发，以及对复杂工业过程的管理。2010 年 7 月，德国政府发布《高技术战略 2020》，工业 4.0 是该战略确定的未来十大项目之一。在 2013 年 4 月德国汉诺威工业博览会上，德国政府正式推出以智能化、数字化制造为主导的"工业 4.0"高科技战略计划，被科技界称作"第四次工业革命"，德国联邦政府投入两亿欧元，主要在机械制造和电气工程领域以工业自动化为前提，以网络实体系统互联网＋以及物联网为基础，将生产中的供应，制造，销售信息数据化、智慧化，最后达到快速，有效，人性化的产品供应。

2015 年 5 月 8 日，中国国务院正式印发《中国制造 2025》。这是在新的国际国内环境下，中国政府立足于国际产业变革的大趋势，作出全面提升中国制造业发展质量和水平的重大战略部署。2016 年 7 月 28 日，国务院发布的《"十三五"国家科技创新规划》确立了科技创新发展新蓝图，提出了加快新材料技术突破和应用，把钢铁行业的高品质特殊钢等列为材料领域发展的方向之一，所有这些，根本目标在于改变中国制造业"大而不强"的局面，通过 10 年努力，使中国迈入制造强国行列，为实现 2045 年将中国建成具有全球引领和影响力的制造强国奠定坚实基础。

德国工业 4.0 和"中国制造 2025"等规划的本质都是信息通信技术（ICT）与工业的深度融合，实现以网络化、数字化为基础的智能制造，并全面带动工业企业的创新与转型。未来几十年，新一轮科技革命和产业变革将同人类社会发展形成历史性交汇，工程科技进步和创新将成为推动人类社会发展的重要引擎。解决经济社会发展的关键，就是要充分发挥科学技术是第一生产力，把创新驱动发展战略作为国家和企业的重大发展战略，着力推动基础研究创新和工程科技创新。钢铁行业是制造业领域的前端行业，是国民经济发展的支柱产业，在"中国制造 2025"中首当其冲，其节能降耗、绿色制造、智能制造给中国钢铁行业指明了方向，也是钢铁工业追求的目标。2020 年中国钢铁行业绿色发展目标见表 2。

表 2　2020 年中国钢铁行业绿色发展目标

类　别	项　目	2020 年目标	
		全行业	重点区域*
能源	每吨钢综合能耗（标煤）/kg	≤580	
	余热资源回收利用率/%	>50	
	每吨钢 CO_2 排放量/%	比 2010 年下降 10% ~15%	
资源	每吨废钢综合单耗/kg	≥220	
	利用城市中水（再生水），占企业补充新水量/%	>20（北方缺水地区 >30）	
	冶炼渣综合利用率/%	>98	
	每吨钢新水耗量/m^3	≤3.5	
环保	每吨钢 SO_2 排放量/kg	0.8	0.6
	每吨钢 NO_x 排放量/kg	1.0	0.8
	每吨钢 COD 排放量/g	28	
	每吨钢烟粉尘排放量/g	0.5	

* 重点区域主要指京津冀、长三角等地区。

我们应该正视自己的钢铁工业并准备应对各种复杂情况，正确认识自我，坚守初衷，瞄准目标，以科技创新为驱动，以原始创新、自主创新为核心，以管理创新为龙头，以协同创新为纽带，以新理念、新知识、新技术助推钢铁工业的科技进步，使我国钢铁工业产生可持续发展的原动力，为建设创新型国家积蓄实力。我们必须完善知识产权保护法律体系，它也是保障制造业健康发展的坚实后盾。

在连续铸钢领域，我们必须总结世界连铸技术装备近60年工业化生产的实践和经验，研究和开发连铸核心技术，创造出具有自主知识产权的关键技术，从基础研究、基本原理和精细化理念入手，以恒拉速为核心，以连铸总体技术、装备技术、生产操作技术、配套技术的精细化为基础，以稳定生产操作为前提，以世界领先为目标，点点滴滴、扎扎实实、卓有成效地把各项工作做到极致，从而增加连铸产品品种，提高产品质量，节约生产成本，提高生产效率和生产操作控制的智能化水平。

2012年，国家发改委、财政部、工信部"发改办高技〔2012〕2144号"文件下发"关于2012年智能制造装备发展专项项目实施方案的复函"，将"高品质钢特厚大型板坯连铸生产线"作为国家2012智能制造装备发展专项项目。中国机械工业集团有限公司作为项目的主管部门，中国重型机械研究院股份公司作为完成单位的牵头单位，开展了"高品质钢特厚大型板坯连铸生产线"的科研项目分类开发、试验室建设等项工作。本书作为"高品质钢特厚大型板坯连铸生产线"的基础性研究内容也同时开始，为连续铸钢装备的智能化、数字化发展奠定基础。

1949年以来，连续铸钢"设备"方面专著较少，1976年12月，北京钢铁学院冶金机械教研室编著的《弧形连续铸钢设备》是最早叙述连续铸钢"设备"较为全面的著作。1990年，刘明延、李平、栾兴家、于登龙等编写的《板坯连铸机设计与计算》是在总结上海宝钢引进连铸装备的基础上编写的连铸设备方面较完整较深入的著作。

本书由中国重型机械研究院股份公司潜心组织编写，期望能对钢铁行业连续铸钢领域的精细化、数字化、智能化发展起到支撑、推动和抛砖引玉的作用。在这里，作者特别感谢连续铸钢界几位德高望重的知名专家、良师益友史宸兴、关杰、魏祖康等，是他们提供了很多难得的详实史料。并感谢与作者一起工作的同事们以及连铸界同仁，所有的连铸技术装备成果都是大家辛勤努力的共同成果。

由于时间仓促和作者水平所限，书中不妥之处，恳请广大读者批评指正。

作　者

2017年3月

目　　录

第3篇　直弧形板坯连铸机械设备

第4篇　直弧形板坯连铸自动化设备

第5篇　设备安装与设备管理

第 3 篇　　直弧形板坯连铸机械设备

1　钢包回转台

在连铸生产流程中，钢包回转台属于浇钢设备，浇钢设备包括出炉钢液经预处理后至钢液结晶成型前的全部设备，其作用是盛接经成分微调、脱硫、脱碳、脱气及吹氩调温等各种处理后的钢液，然后连续地浇注于结晶器中，同时使钢液在浇注过程中防止二次氧化和得到进一步净化。

浇钢设备还包括：中间罐、长水口装卸机械装置、中间罐车、中间罐预热装置、浸入式水口预热装置、操作箱回转架、残钢、溢钢及熔渣盛接设备（包括溢流罐、中间罐渣盘、溢流槽、钢包渣罐、事故钢液罐等）、钢包操作平台、钢包滑动水口操作平台以及浇钢辅料箱（引锭头封堵用料、保护渣及耐火材料、废料垃圾等箱斗），当连铸机建设在气候潮湿的地区时，还要考虑设置耐火材料和保护渣的防潮及干燥设备。图 3-1-1 为某钢铁公司双流板坯连铸机浇钢设备平面布置图。

1.1　钢包回转台的功能

钢包回转台是现代板坯连铸机中应用最为普遍的钢包支承和承运设备，通常设置于钢液接收跨与浇注跨柱列之间，具有回转、升降、钢液称量、锁紧、钢包倾动及钢包加盖保温等多种功能。主要作用是接受并支承由钢液精炼车间吊运来的满包钢液，通过回转将钢液接受位置的钢包转运到连铸机处于浇钢位置的中间罐上方，将钢液浇入中间罐，同时将浇完的空钢包返回至钢液接受位置，以便起重机运走，从而实现多炉连浇。

1.2　钢包回转台的类型及特点

钢包回转台按回转臂的回转方式可分为单臂回转式和双臂同时回转式。双臂同时回转式又分直臂式和连杆式（蝶式）两种结构。

1.2.1　单臂回转式钢包回转台

这种回转台的基本结构如图 3-1-2 所示。两个转臂是分别安装的，上、下转臂各有一

本章作者：刘增儒；审查：王公民，刘彩玲，黄进春，杨拉道

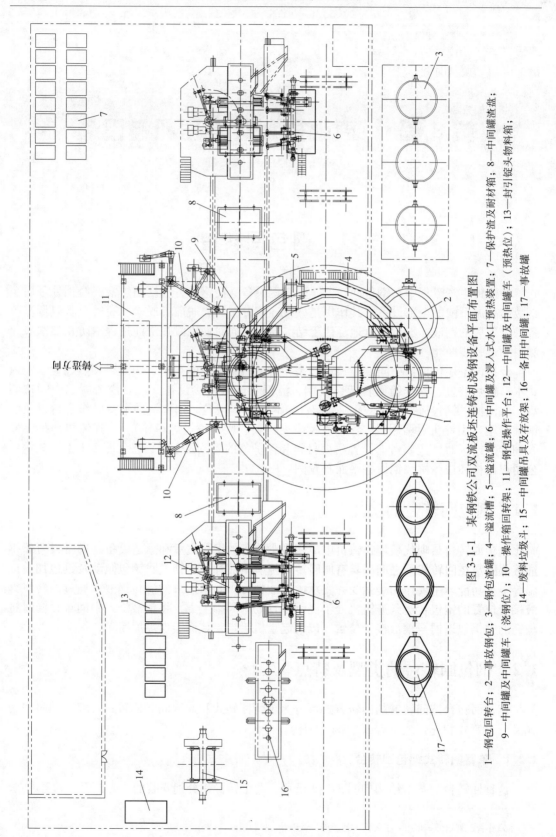

图 3-1-1　某钢铁公司双流板坯连铸机浇钢设备平面布置图

1—钢包回转台；2—事故钢包；3—钢包渣罐；4—溢流槽；5—溢流罐；6—中间罐及浸入式水口预热装置；7—保护管及耐材箱；8—中间罐渣盘；9—中间罐及中间罐车（浇钢位）；10—操作箱回转架；11—钢包操作平台；12—中间罐及中间罐车（预热位）；13—封引锭头物料箱；14—废料垃圾斗；15—中间罐吊具及存放架；16—备用中间罐；17—事故罐

个回转轴承支撑，各自有一套独立的回转驱动装置，可按浇注要求人工选择、电气自动控制转臂单独进行转动，两臂间停位夹角可到达 90°、180°、270°。这种钢包回转台的特点是可以缩短换包时间，操作灵活方便，但由于偏载负荷大，结构复杂，制造和维修成本高，一般只在少数改造项目采用。

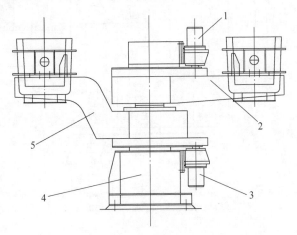

图 3-1-2　某钢铁公司 18t 单臂式钢包回转台

1—上转臂驱动装置；2—上转臂；3—下转臂驱动装置；4—底座及立柱；5—下转臂

1.2.2　直臂式钢包回转台

直臂式回转台上的两个钢包支承在一个整体直臂的两端，同时作回转运动；直臂式钢包回转台有钢包升降和钢包不升降两种结构型式。在钢包升降的回转台中，一种是直臂整体升降使两个钢包同时升降；另一种是直臂不升降，在直臂的两端各设置一套钢包升降装置，两个钢包可单独升降。

图 3-1-3 为某钢铁公司 40t 直臂整体升降式钢包回转台示意图。回转驱动装置直接安装在底座上，与基础脱离，改善了由于底座变形对齿轮啮合的影响。该回转台中间的液压缸下部固定在回转架上，上部与整体回转臂相连接并设有球铰，回转臂与导向柱之间设有导向轮，通过液压缸的伸缩使回转臂整体升降，从而实现钢包升降。

图 3-1-4 为某钢铁公司 60t 直臂钢包不升降式钢包回转台示意图。它仅具备回转更换钢包的功能，钢包在回转台上不能升降。由于现在的板坯连铸机为了防止钢液二次氧化，在钢包和中间罐之间都使用了长水口，回转台不具备钢包升降的功能使长水口安装机械手的操作非常不方便，因此，这种钢包不升降式钢包回转台在板坯连铸机已经很少使用。

1.2.3　连杆式（蝶式）钢包回转台

图 3-1-5 为 A 钢铁公司 300t 连杆式钢包回转台示意图；图 3-1-6 为 V 钢铁公司 220t 连杆式钢包回转台示意图。两个回转臂均安装在一个回转架上，各由一个液压缸驱动独立升降，升降回转臂为平行四连杆机构，钢包升降时其轴线始终是垂直的。回转驱动装置通过驱动回转支座带着两个回转臂同时回转。

由于连杆式回转台对钢包的适应性强，而且制造、运输成本低，20 世纪 80 年代以来

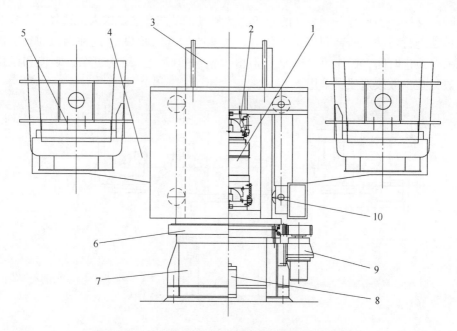

图 3-1-3　某钢铁公司 40t 直臂整体升降式钢包回转台

1—升降液压缸；2—球铰；3—导向柱；4—回转臂；5—钢包座（装有称重传感器）；6—带大齿圈的回转支承；
7—底座；8—液压回转接头及电气滑环；9—回转驱动装置；10—导向轮

钢包钢液容量 50t 以上的钢包回转台几乎全部采用了这种结构。下面以图 3-1-6 为例着重介绍连杆式（蝶式）钢包回转台。

1.3　钢包回转台组成及结构

如图 3-1-6 所示，钢包回转台由升降臂、回转支座、回转支承、固定底座、回转驱动装置、回转锁定装置、基础锚固件、钢包加盖装置、液压回转接头及电气滑环、平台走梯及防护罩和液压及润滑配管等部分组成。

基本工作过程是：钢包被吊运放置到处于受包跨一侧的升降臂上后（一般在升降臂处于高位时受包，操作工安装钢包滑动水口驱动液压缸），即由四个称重传感器对钢包内的钢液连续称重；同时位于上端的钢包加盖装置可适时地为钢包加盖保温；回转驱动装置驱动回转支承带着回转支座等回转，将钢包转到浇注位置的中间罐上方后停止；由回转锁定装置将回转支座锁定，待长水口安装完毕，钢包下降至规定的铅垂浇注位后即可打开钢包滑动水口，钢包中的钢液经长水口安全连续地流入中间罐。当回转台 A 包位的钢液浇注快结束时，回转台另一侧的 B 包位可接受另一满包钢液。当 A 包位的钢液浇注完毕后即可关闭钢包滑动水口，并使长水口与钢包滑动水口脱离，由升降液压缸驱动回转台升降臂使钢包上升到高位，回转锁定装置将回转支座锁定脱开，回转驱动装置驱动回转支座回转，将空钢包转到受包位置后停止，钢包加盖装置将包盖移开后准备将空钢包吊运走；与此同时，回转台 B 包位的满包钢液被回转到了浇注位置的中间罐上方准备浇注。回转台如此循环工作，即为中间罐不断地提供了钢液，从而实现了连铸机的多炉连浇。

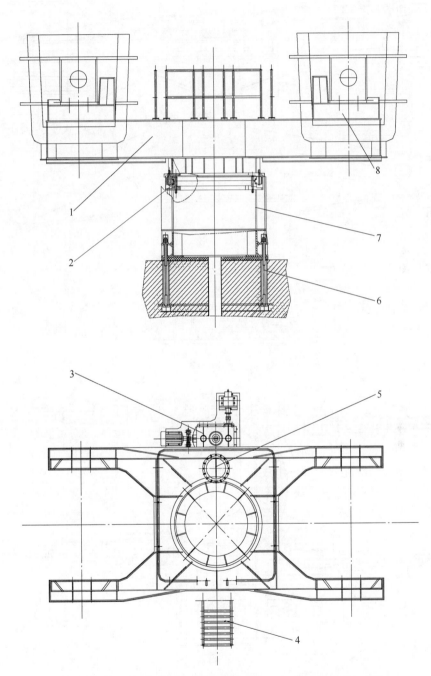

图 3-1-4　某钢铁公司 60t 直臂不升降式钢包回转台
1—回转臂；2—带大齿圈的回转支承；3—回转驱动装置；4—梯子；5—钢包加盖装置；
6—基础锚固件；7—固定底座；8—钢包座（可装有称重传感器）

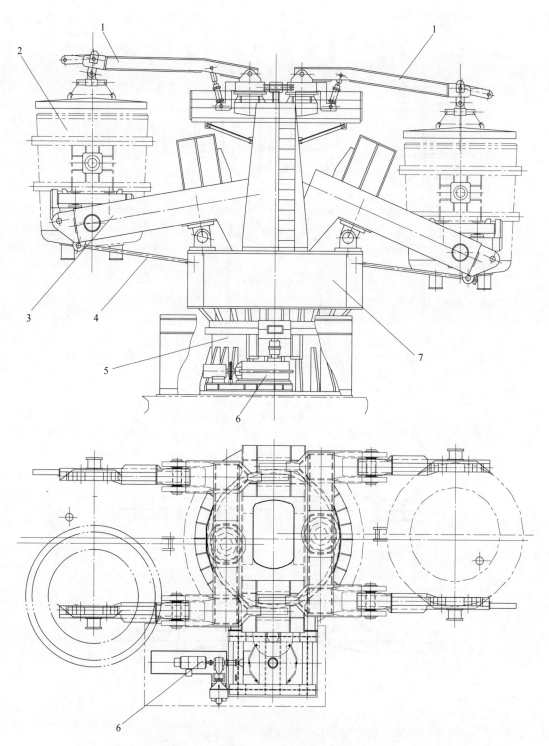

图3-1-5 A钢铁公司300t连杆式钢包回转台

1—钢包加盖装置；2—钢包；3—钢包升降臂；4—平衡杆；5—底座；6—回转驱动装置；7—回转框架

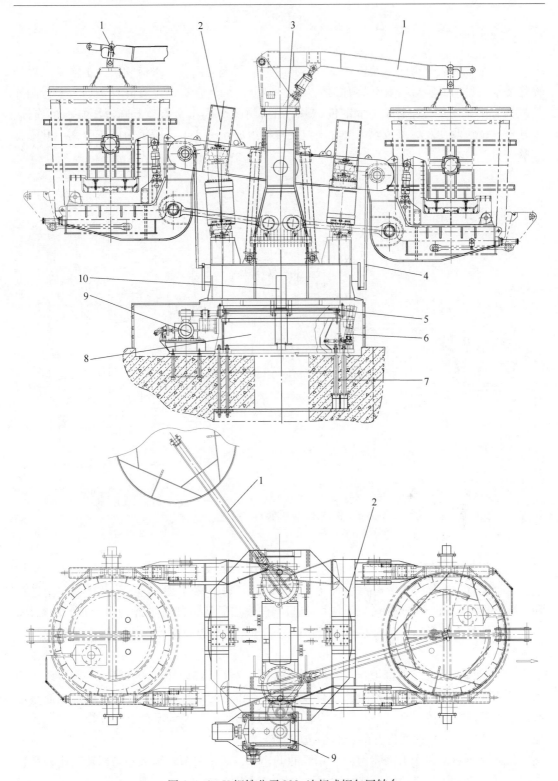

图 3-1-6 V 钢铁公司 220t 连杆式钢包回转台

1—钢包加盖装置；2—升降臂；3—回转支座；4—平台走梯及防护罩；5—回转支承；6—回转锁定装置；
7—基础锚固件；8—固定底座；9—回转驱动装置；10—液压回转接头及电气滑环

1.3.1　升降臂

为了实现无氧化浇注、钢包水口打不开时用氧气烧通钢包下水口和快速更换中间罐的操作要求，目前回转台一般都具有钢包升降的功能。回转台有两个升降臂，均为平行四连杆机构，相互独立，各支撑一个钢包。每个升降臂又分别由叉臂、升降液压缸、下连杆、上连杆、钢包倾动及称重装置、升降限位装置等组成。图 3-1-7 所示为回转台两个升降臂中的一个。

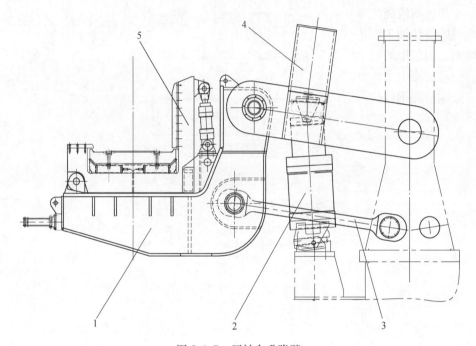

图 3-1-7　回转台升降臂

1—叉臂；2—升降液压缸；3—下连杆；4—上连杆；5—钢包倾动及称重装置

（1）叉臂。叉臂由两个"L"形对称件叉臂（1）和叉臂（2）组成，共同支撑一个钢包，每个叉臂的上面都安装有钢包倾动和称重装置，每个叉臂后面通过关节轴承与上连杆和下连杆铰接，两个叉臂分别与上连杆和下连杆铰接后从顶部看形成一个"U"形结构，便于钢包的吊入和吊出。叉臂是由钢板焊接的箱形结构，是重要受力件，具有足够的强度和刚度。

（2）升降液压缸。升降液压缸一般为柱塞缸，每个升降回转臂的升降由一个液压缸驱动，液压缸两端通过球面推力轴承分别与回转支座和上连杆铰接，也就是液压缸座通过球面推力轴承顶在回转支座上，液压缸伸缩端头通过球面推力轴承顶在上连杆箱形横梁的下面，通过液压缸的伸缩实现升降臂和钢包的升降。

（3）下连杆。每个升降臂有两个相同的下连杆，通过关节轴承分别与回转支座和叉臂铰接。下连杆主体为厚钢板，其材质和加工均有严格要求。

（4）上连杆。上连杆为大型焊接结构件，两片厚钢板与一箱形梁焊接形成一个"H"形结构，厚钢板的后面通过关节轴承与回转支座铰接，箱形梁的中部通过推力球轴承与升降液压缸铰接，厚钢板的前面分别与叉臂（1）、叉臂（2）铰接。上连杆的作用是联接和支撑叉臂（1）和叉臂（2），使它们能够同步升降，上连杆还为升降液压缸提供着力点。

（5）钢包倾动及称量装置。每个升降臂上有两套钢包倾动及称量装置，分别安装在叉臂（1）和叉臂（2）上，它的作用是支承钢包并对其称重。每套倾动及称量装置均由倾动支座、钢包座板、防护板、一个倾动液压缸、两个称重传感器、倾动转轴及位置检测装置和紧固件等组成，如图3-1-8所示。倾动装置的作用是提高金属的收得率。钢包倾动过程是，在每包钢液浇注末期用倾动液压缸4顶升倾动支座1，使托着钢包的倾动支座1绕着前面的倾动转轴7倾转一个角度（一般3°～5°，可按生产要求调整），使钢包向出钢口方向倾斜，钢包中的剩余钢液向钢包水口聚集，从而提高金属收得率。称重传感器用螺栓把合在倾动支座1上，倾动支座1是"L"形厚钢板；倾动位置检测装置由两个行程开关组成，分别检测钢包的倾动位置与正常位置。要求两套倾动装置在钢包倾动时同步且平稳运行。

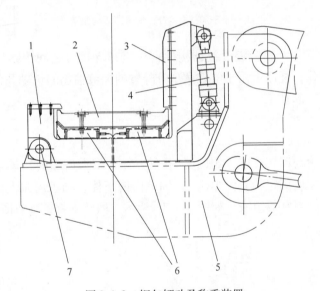

图3-1-8　钢包倾动及称重装置

1—倾动支座；2—钢包座板；3—防护板；4—倾动液压缸；5—叉臂；6—称重传感器；7—倾动转轴

（6）升降限位装置。升降限位装置由行程开关和撞铁等组成。两个升降臂可单独升降，因而独立控制。行程开关安装在回转支座上，撞铁安装在升降臂的下连杆上，分别检测钢包的高位、中间位和低位。为了确保安全，采用双保险控制，即在每一个监测位置安装两个行程开关，控制信号采集其中的任何一个。

1.3.2　回转支座

回转支座由托座、支撑台和联结螺栓及定位销等组成，如图3-1-9所示。它是回转台回转部分的支承载体，它的顶部装有两套钢包加盖装置，中部支承着两个升降臂及平台走梯等，底部法兰与回转支承外圈用高强度螺栓联接，当传动装置通过齿轮驱动回转支承外圈的大齿圈时，回转支座随大齿轮外圈一起转动。

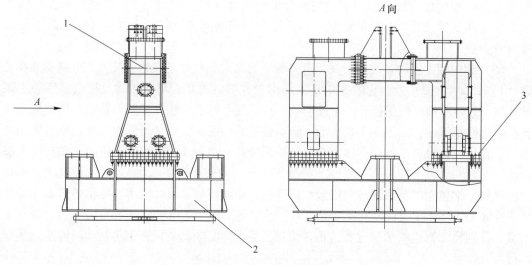

图 3-1-9　回转支座

1—托座；2—支撑台；3—螺栓及定位销

　　托座和支撑台都是大型钢板焊接结构件，托座和支撑台之间用螺栓固定并设有定位销，定位销孔要配作；托座上用于安装两个升降臂的关节轴承的销轴孔，在制作时要求托座与支撑台装配后一起加工。

1.3.3　回转支承

　　回转支承主要由与回转支座固定的紧固螺栓 1、（带大齿圈的）轴承外圈、轴承下列径向滚柱、与固定底座固定的紧固螺栓 2、轴承内圈下体、轴承内圈上体、轴向滚柱、轴承上列径向滚柱及密封环等组成。如图 3-1-10 所示。回转支承是钢包回转台静止部分与

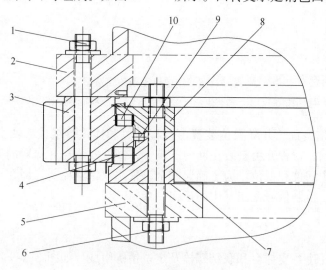

图 3-1-10　回转支承

1—紧固螺栓 1；2—回转支座；3—轴承外圈；4—轴承下列径向滚柱；5—固定底座；6—紧固螺栓 2；
7—轴承内圈下体；8—轴承内圈上体；9—轴向滚柱；10—轴承上列径向滚柱

转动部分的衔接件，可承受并传递来自回转支座以上转动部分的垂直载荷、水平载荷及倾翻力矩。

回转支承内圈与下面的固定底座用高强度紧固螺栓 2 联接，外圈（齿圈）用高强度紧固螺栓 1 和上面的回转支座连接。回转支承是重要配套件，一般由设计方提出使用要求、载荷条件、外形、几何尺寸及安装接口等要求，由具备能力的专业制造厂设计内部尺寸并制造。

1.3.4　固定底座

固定底座是一大型钢板焊接结构件，属于钢包回转台的静止部分，外形呈圆柱台状，见图 3-1-11。固定底座设置于回转支承下面，支承转动部分并传递各种载荷于地基，上部法兰与回转支承内圈联结，底部法兰通过地脚螺栓与基础预埋框架联结并坐落在混凝土基础上，底部设有防滑筋。回转驱动装置的惰轮、回转锁定装置和液压回转接头及电气环滑环的固定环等均安装在固定底座上。

1.3.5　回转驱动装置

回转驱动装置包括主驱动装置和事故驱动装置。主驱动装置主要由电机、联轴器、制动器、减速器、惰轮、小齿轮、驱动装置底座及回转位置检测装置等组成；事故驱动装置由液压马达、液压离合器和支架组成，见图 3-1-12。

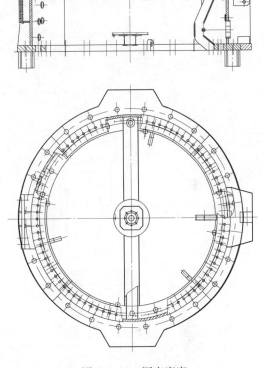

图 3-1-11　固定底座

为保证正常工作和停电状态下回转台都能回转，回转驱动装置有正常驱动和事故驱动两套动力系统，两套都接到同一台减速器上。

正常工作时靠电机驱动，此时事故驱动装置的离合器在其内部弹簧作用下处于脱开状态，液压马达不工作。

停电时，首先要用事故不间断电源（UPS）将电机的制动器打开，由液压蓄能器给离合器和液压马达提供动力，离合器与减速机结合，用液压马达驱动，电机被拖动空转。

主驱动装置的驱动电机为交流变频电机，联轴器为带制动轮的鼓形齿式联轴器，制动器为电力液压块式制动器（也可选用电机内置式制动器，其结构简单，但维修调整不方便），减速器有两个相互垂直的水平输入轴和一个竖直输出轴，其中一个输入轴通过带制动轮的联轴器与主传动电机联接，另一个输入轴通过液压离合器与事故驱动液压马达联接，小齿轮装在减速器输出轴上，小齿轮与惰轮啮合，惰轮（通过支座固定在回转台固定底座上）带动回转支承的轴承外齿圈回转，从而带动回转支承及其以上的升降臂等回转。驱动装置底座为焊接件，它支承驱动装置并传递各种载荷于地基，底部通过地脚螺栓固定

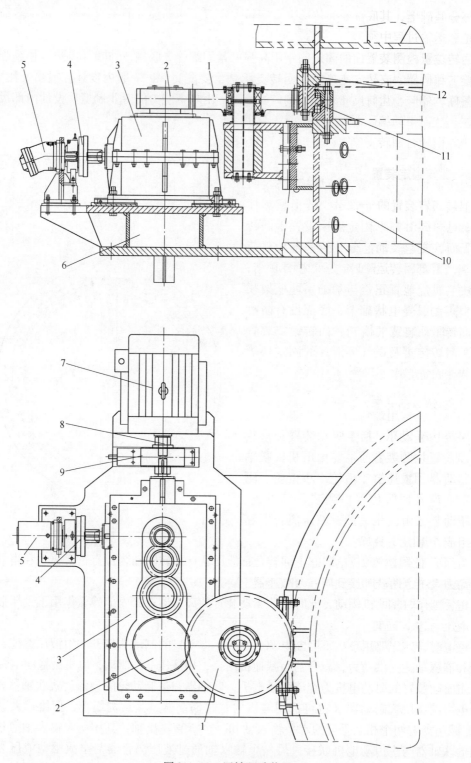

图 3-1-12　回转驱动装置

1—惰轮；2—小齿轮；3—减速器；4—事故驱动装置液压离合器；5—事故驱动装置液压马达；6—驱动装置底座；
7—电机；8—联轴器；9—制动器；10—固定底座；11—回转支承（带大齿圈）；12—回转支座

在混凝土基础上，其底部设有防滑筋，驱动装置底座也可以与回转台固定底座做成一体，但加工和运输过程中须避免其变形。

回转位置检测装置由编码器装配、一个接近开关和感应钢板及支架等组成。编码器装配由旋转编码器、支架、小齿轮等组成。旋转编码器支架固定在回转台固定底座上，编码器通过联轴器与小齿轮联接，小齿轮与回转支承的大齿圈啮合，回转台回转时大齿圈带动小齿轮，从而带动编码器旋转计数。接近开关通过支座固定在回转台固定底座上，感应钢板固定在回转台回转支座上，用于检测两个钢包回转臂是否在浇注位置。

1.3.6　回转锁定装置

回转锁定装置的作用是防止外力（主要是起吊和落放钢包）冲击转臂时发生回转台非正常转动，同时将冲击载荷直接传递给固定底座与基础，避免损坏传动机构，保证回转台转动部分在受包及钢包浇注过程中始终处于准确位置。锁定装置在回转台回转停止后才能锁定，当需要回转运动时，锁定装置须先解除锁定，操作过程由电气自动连锁控制。

回转锁定装置正常状态下用液压缸或气缸推动，停电状态下靠液压蓄能器或气包给液压缸或气缸提供动力。

回转锁定装置的结构形式较多，主要是锥销（楔块）式和制动盘式。

图 3-1-13 为锥销（楔块）式回转锁定装置，该机构用螺栓固定在固定底座上，主要由止动爪、铰接轴、液压缸及止动爪位置检测装置等组成。该机构的工作原理是用液压缸推动止动爪绕铰接轴旋转，使止动爪上端（带锥形）的部分卡到回转支座上的锥形槽内，使回转台转动部分锁定，锁定装置的锁定与脱开由止动爪位置检测装置的两个行程开关检测并将检测信号传送给自动控制系统。这种形式的回转锁定装置结构简单、运行可靠，同时利用止动爪的锥形斜面可使回转台准确定位。该机构的缺点是不能使回转台在回转圆周的任意角度上锁定。

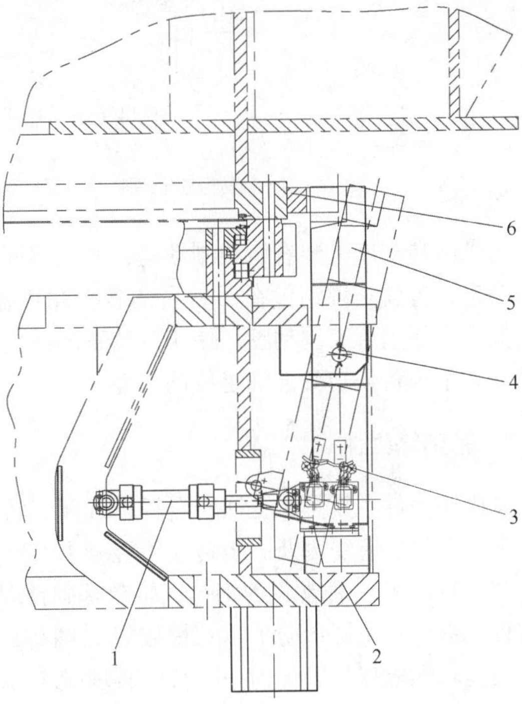

图 3-1-13　锥销（楔块）式回转锁定装置
1—液压缸；2—回转台固定底座；3—止动爪位置检测装置；
4—铰接轴；5—止动爪；6—回转台回转支座

图 3-1-14 为制动盘式回转锁定装置示意图。该机构用螺栓固定在固定底座上，主要由托座、制动盘、端部带摩擦片的上制动液压缸和下制动液压缸、上复位弹簧和下复位弹簧组成。

其工作原理是：制动时给液压缸供油，两个液压缸顶着摩擦片将固定在回转支座上的制动盘上下夹紧，靠摩擦力达到制动目的；松开时液压缸卸压，液压缸及摩擦片在复位弹簧的作用下复位（摩擦片与制动盘脱开）。

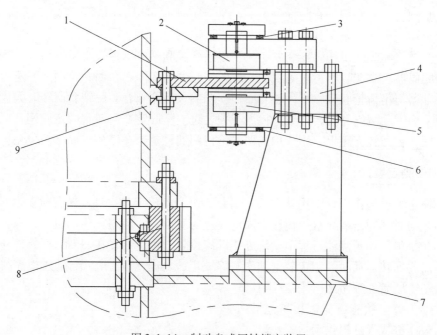

图 3-1-14　制动盘式回转锁定装置
1—制动盘；2—上制动液压缸；3—上复位弹簧；4—托座；5—下制动液压缸；6—下复位弹簧；
7—回转台固定底座；8—回转支承；9—回转台回转支座

　　由于回转支座上装有一圈制动盘，所以当回转台转动部分回转到任意角度停止后，都可以锁定，也就是说钢包在回转台的各个角度做辅助工作时，都可以得到稳定的工作条件。但由于使用了大制动盘，使锁定装置的结构复杂、造价高，同时由于制动盘为水平夹紧锁定，不具备使转臂准确定位的功能。

1.3.7　基础锚固件

　　基础锚固件主要是承受回转台铅垂载荷、回转力矩以及由偏载所产生的倾翻力矩等全部载荷，并将所有受力及力矩传递给混凝土基础。

　　图 3-1-15 是一种常见的钢包回转台基础预埋件结构，主要由基础锚固框架、外伸式地脚螺栓、螺母、垫圈、防护罩及橡胶密封圈等组成。基础锚固框架为钢板和型钢焊接结构，与地脚螺栓保护管焊为一个整体，埋设于混凝土基础内。

　　钢包回转台工作中基础载荷很大，地脚螺栓是确保回转台安全的重要环节。地脚螺栓的力学性能等级一般要按照不低于 10.9 级设计和验收，螺纹要求碾制加工，螺栓的力学性能等级越高、直径越大其制造难度也就越大，因此设计时要根据受力情况合理选定螺栓的直径和力学性能等级。在结构设计上要保证在螺栓损坏时能够更换，图 3-1-15 "X"放大图为常用结构，地脚螺栓（实际上是螺柱）从下面更换，它的优点是安装、更换容易。当土建及周边空间位置不能满足从下面更换地脚螺栓的要求时，一般用图 3-1-15 "Y"放大图的结构，用这种结构须提前在锚固框架板上开好长孔，当地脚螺栓损坏时从上面更换。橡胶密封圈用于保护螺栓套管上口与螺栓之间的间隙，防止土建施工时混凝土或二次灌浆料进入套管。当地脚螺栓安装调整完毕，将防护罩安放在上面，用于保护螺栓头和螺母。

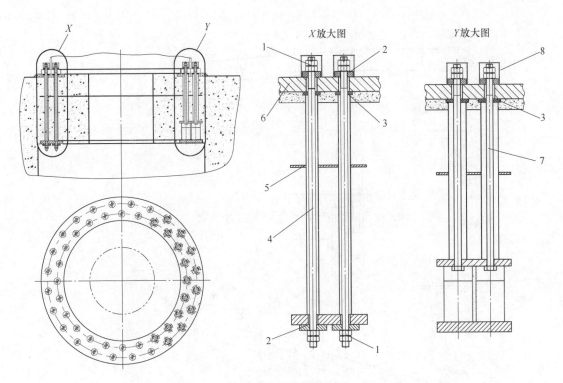

图 3-1-15　基础锚固件

1—螺母；2—垫圈；3—橡胶密封套圈；4—外伸式地脚螺栓；5—基础锚固框架；
6—回转台固定底座；7—T形头地脚螺栓；8—防护罩

1.3.8　钢包加盖装置

钢包加盖装置的作用是为放在回转台上的钢包加上保护盖，对钢液保温，以免热量散失过多使钢液温降太大而影响浇注，同时也避免钢液的热辐射对周边建筑物造成危害。当钢包在升降臂上定位后，加盖装置将保温盖立即盖在钢包上。钢包回转台一般都设置两套加盖装置，每套对应一个钢包位，独立操作和运转。

为适应钢包升降和吊运钢包时起重机应具备的操作空间，加盖装置应具有包盖升降和移开功能。钢包加盖装置的结构形式很多，使用较多的是图 3-1-16 所示的固定回转、悬臂升降的形式，其中包盖升降用液压缸（或电动缸）驱动，悬挂臂回转用液压缸（或用电机经减速器）驱动。钢包加盖装置可以安装在回转台回转支座上，由于它不随回转台升降臂而升降，所以包盖的升降行程要等于或大于钢包的升降行程。也有的钢包回转台把加盖装置安装在升降臂的上连杆上，随钢包同时升降，在这种情况下，钢包盖的升降行程 ≥100mm 即可满足操作要求。

如图 3-1-16 所示，加盖装置主要由包盖、悬挂臂、升降液压缸、转轴、回转座、回转支座、回转液压缸、回转支承轴承及联接螺栓等组成。

包盖为焊接结构件，在使用前打结轻质耐火材料，考虑到包盖需经常检修吊运，包盖与悬挂臂采用悬挂连接。悬挂臂为焊接结构件，用来悬挂包盖，后面通过转轴与回转座联

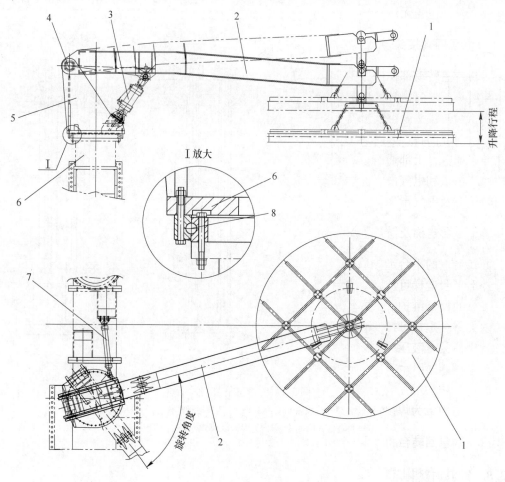

图 3-1-16　钢包加盖装置

1—包盖；2—悬挂臂；3—升降液压缸；4—转轴；5—回转座；6—回转支座；
7—回转液压缸；8—回转支承轴承

接，悬挂臂下面通过销轴与升降液压缸伸缩头铰接，悬挂臂、回转支座及升降液压缸铰接形成三角支撑，悬挂臂在升降液压缸的驱动下带动包盖升降。回转支座为焊接件，是加盖装置的主要受力部件，上端通过转轴支撑着悬挂臂，升降液压缸的下端铰接在其侧面，下端法兰用螺栓与回转支承轴承的外圈把合。回转支承轴承内圈用螺栓与回转台回转支座把合，是钢包加盖装置静止部分与转动部分的连接件，可承受并传递来自回转座以上转动部分的垂直载荷、水平载荷及倾翻力矩。回转液压缸的伸缩头铰接在回转座侧面，尾部铰接在回转台回转支座上，通过液压缸的伸缩，推动带着包盖的回转支座回转。升降与回转液压缸的行程由行程开关控制，确保包盖升降和旋转位置准确。

　　近几年又开发出了新的钢包加盖技术，是将包盖直接盖在钢包上随钢包运转，在每个钢包上都有一个包盖，其优点一是节能和环保，使用这项技术可以减少热量散失导致的钢液温度下降，从而可以调低钢液出钢温度，同时也避免钢包运转过程中钢液的热辐射对起吊设备及周边建筑物造成危害；二是在钢包回转台上不用设置钢包加盖装置，降低了钢包回转台的设备高度，使钢包回转台上方的厂房起重机轨面标高降低。缺点是当钢包中钢液温度过高时，包盖无法被掀开，使钢液温度迅速下降。

1.3.9　液压回转接头及电气滑环

回转台上转动部位所用油、气、电分别经由液压回转接头及电气滑环与外部接通，液压回转接头与电气滑环把合为一体。主要由固定环和回转环两部分组成。

液压回转接头及电气滑环有两种结构形式，一种是内环固定，外环回转；另一种是外环固定，内环回转。固定环法兰用螺栓固定在回转台固定底座上；回转环通过回转轴承安装在固定环上，上部通过拨叉与回转台的回转支座联接，随回转台转动。液压回转接头的液压通路数量和电气滑环通道数量除满足设备正常运行使用外，一般都留有备用通道。液压回转接头及电气滑环均为回转台的重要配套件，由专业厂商提供。

1.3.10　平台走梯及防护罩

回转台上的平台走梯分外部平台走梯和内部平台走梯。

外部平台走梯可从浇注平台到达回转台回转臂上面，主要用于钢包称重、钢包加盖装置等各点的检修维护及操作用平台，也可作为回转台上钢液测温平台。

内部平台走梯可从回转台基础预留孔洞到达回转台内部各检修维护点，便于对回转台内的行程开关、液压回转接头及电气滑环的检查维护，在回转台顶部，内部平台走梯与外部平台走梯相通。内、外平台走梯及栏杆均为焊接件。

回转台防护罩主要用来对升降液压缸、回转支承、回转接头、叉臂及传动装置的隔热与防护，防护罩为焊接件。

1.3.11　钢包回转台机上配管

钢包回转台机上配管包括三部分：干油润滑配管、液压及气体配管和电缆配线配管。机上配管要求尽量避免受到钢包及钢液的辐射热，当不可避免时，应采用隔热措施。

（1）干油润滑配管。干油集中润滑系统大多采用双线电动干油泵经双线分配器给油。润滑位置包括回转支承大轴承、大齿圈，钢包升降缸两端的球面推力轴承，上连杆和下连杆处的关节轴承，及钢包加盖装置用各关节轴承、回转轴承等。回转支承大齿圈的润滑管从电动干油泵直接接入，其他润滑点由电动干油泵经液压回转接头接入。干油润滑配管主要由干油管、双线分配器、接头及管夹等组成；双线分配器之前选用无缝钢管，分配器到润滑点之间用铜管，各活动部位用高压金属软管。

（2）液压及气体配管。液压配管主要是机上钢包升降臂的升降液压缸、钢包滑动水口液压缸、钢包加盖升降和回转液压缸以及回转锁紧制动液压缸给（回）油管路；与工厂配管的交接点除回转台锁紧制动液压缸管路在回转台下面交接外，其他均在液压回转接头处交接；液压配管主要由无缝钢管、接头及阀块、高压胶管及管夹等组成。

机上气体配管是从液压回转接头到各用气点之间的气体管路，一般有钢包滑动水口冷却和钢包称重传感器冷却用压缩空气管、钢包吹氩搅拌用的氩气管等，主要由无缝钢管、接头及阀块、高压胶管及管夹等组成。

（3）电缆配线配管。包括从电气滑环到回转台上各用电点之间的电缆走线、端子箱和电缆线的保护管等。电缆根据动力、控制及检测信号线的用途按规定选取，在有相对运动的部位，电缆线要有足够长度；保护管的作用是防止钢包辐射热和飞溅钢渣损害电缆，配管的主材是钢管，在各活动部位用耐热软管。

1.4　钢包回转台主要技术参数

钢包回转台主要技术参数有：承载能力，冲击系数及计算负荷，回转半径，回转速度，升降行程和升降速度等。

1.4.1　承载能力

承载能力按两端承载满包钢液的情况进行考虑，如 A 钢铁公司 300t 和 350t 钢包，满载时总重分别为 440t 和 520t，则回转台的满载承载能力分别为 440t ×2 和 520t ×2。目前世界上最大的钢包回转台满载承载能力为 520t ×2。

不同结构形式的钢包回转台，其设备自身重量差异很大，如 A 钢铁公司满载承载能力 880t（440t ×2）直臂式电动机械升降钢包回转台设备自重 410.5t，而满载承载能力 1040t（520t ×2）连杆式钢包回转台设备自重 347.3t。

1.4.2　冲击系数

钢包回转台设计计算时，必须考虑回转台受包时的冲击系数 ϕ（冲击负荷与静负荷的比值），以往设计计算时，冲击系数一般取 $\phi = 2.0$。

合理地选取冲击系数对于降低危险区域应力水平，实现结构优化设计，提高承载能力都具有重要意义。中国重型机械研究院与西安建筑科技大学从能量守恒的观点出发，较为全面地分析了钢包在下落过程中所发生的能量转换，并总结出计算动载荷系数的理论计算公式。

通过对正在运行的钢包回转台进行核算，当钢包以 6m/min 的速度放下时，其冲击系数理论计算值 $\phi < 1.5$。日本新日铁曾对 450t 钢包回转台的冲击系数做过实测，其结果见表 3-1-1。

表 3-1-1　受包冲击系数

坐包速度/m·min^{-1}	1.4	2.9	5.2	7.1	12.5
冲击系数 ϕ	1.04	1.04	1.17		

某厂家经过实际测试表明，当钢包以高速 12.48m/min 放下时，冲击系数也未超过 1.5。因此，钢包回转台设计时，回转支承轴承以上回转部分的主要结构件（叉臂、上连杆、下连杆、回转座等）的冲击系数取 $\phi = 1.5$。回转支承轴承取 $\phi = 1.8 \sim 2.0$。固定支座及锚固件取 $\phi = 1.3$。混凝土基础取 $\phi = 2.0$。

1.4.3　回转半径

当钢包回转台设置在钢液接收跨与浇注跨柱列之间时，其回转半径一般根据钢包起吊条件确定。如图 3-1-17 所示，钢包回转台公称回转半径指的是回转台回转中心到钢包中心的距离 R，对于直臂式回转台，R 是固定值。对于连杆式回转台，R 指的是钢包处于升降

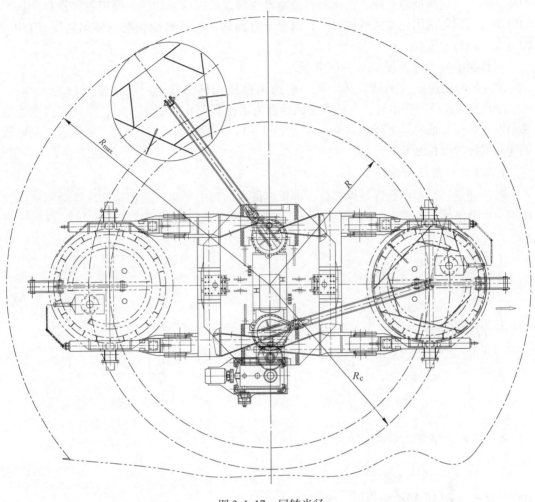

图 3-1-17　回转半径

中间位时的回转半径。目前大型钢包回转台的回转半径可达 $R6.5m$ 甚至更大，但是在满足钢包起吊及其他设备布置和操作的前提下，回转半径 R 应尽可能小，以有利于改善钢包回转台的受力状态，减轻设备重量。

　　另外，钢包回转台回转体最大外缘的回转半径 R_{max} 称为最大回转半径。钢包浇口（出钢口）中心半径 R_c 为钢包水口回转半径。R、R_{max} 及 R_c 是钢包回转台和其他相关浇钢设备设计的重要参数。

1.4.4　回转速度

　　钢包回转台正常回转时，回转速度一般为 $1r/min$，大中型回转台启动、制动时间一般为 $8\sim10s$，设备设计具有可任意角度回转的能力，停电时回转速度为 $0.5r/min$，停电时钢包回转台应具有回转 $270°$ 的能力。确定回转速度应从两方面考虑：

1.4.4.1　给出回转速度曲线

根据浇注过程中允许回转的时间，给出回转速度曲线。更换钢包允许的作业时间一般

为 ≤2min，它包括钢包升降、关闭和打开滑动水口及长水口安装等，确定各种操作所需要的时间后，即可求出允许回转的时间；根据允许回转的时间和换包时回转的角度（180°）即可求出回转速度。

回转速度 n_t 变化过程如图 3-1-18 所示。

$0° \sim \theta_1$ 为加速段的回转角度。$\theta_1 \sim \theta_2$ 为匀速段回转角度，回转速度一般为 1r/min。$\theta_2 \sim 180°$ 为减速段回转角度，有的大型回转台为了使其停止时更加平稳，将减速段变为阶梯曲线，即先将回转速度降到 0.1r/min 运行 2~3s 后再减速停止。加速、减速靠变频电机调速和回转位置检测开关控制。

1.4.4.2　回转速度校核

转速确定后，须作允许条件校核，确保钢液在回转中平稳，在加速和减速时钢液不致从钢包中溢出来。如图 3-1-19 所示，校验方法可按以下公式进行。

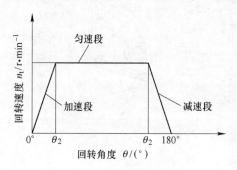

图 3-1-18　回转速度变化过程

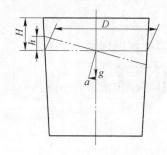

图 3-1-19　钢液溢动简图

A　钢包中钢液倾斜高度 h

$$h = \frac{Da}{2g} \tag{3-1-1}$$

式中　D——钢包内钢液面直径，m；

　　　a——钢包回转加速度，$\mathrm{m/s^2}$；

　　　g——重力加速度，$\mathrm{m/s^2}$。

B　匀速运行时的法向加速度

$$a_n = \frac{v^2}{R} \tag{3-1-2}$$

式中　a_n——法向加速度，$\mathrm{m/s^2}$；

　　　v——钢包运行速度，m/s；

　　　R——钢包中心的回转半径，m。

C　加速和减速运行时的加速度

$$a = \sqrt{\left(\frac{v^2}{R}\right)^2 + \left(\frac{v - v_0}{t}\right)^2} \tag{3-1-3}$$

式中　a——加速度，$\mathrm{m/s^2}$；

　　　v_0——钢包运行时的初始速度，m/s；

　　　t——速度变化时间，s。

允许条件是：$h < H$（H 为钢液面距钢包边缘距离），由于 $H \gg h$，一般情况下可不进行这种验算。

1.4.5 升降行程和升降速度

1.4.5.1 升降行程

升降行程应满足以下条件：

（1）钢包长水口装卸及浇注工作所需要的空间距离。

（2）考虑中间罐在浇注位置、钢包下降到下限位（钢包浇注位）时钢包与中间罐不能相互干涉且要留有一定间隙，避免交叉干涉。

（3）钢包升降行程 ≥ 中间罐升降行程，也就是钢包上升到上限位置、中间罐也上升到上限位置时，中间罐与钢包不能相碰。

钢包升降行程一般选定为 600 ~ 1000mm。

1.4.5.2 升降速度

升降速度的选定一般要考虑允许的作业时间，同时也要注意与中间罐升降速度的匹配。钢包升降速度一般为 800 ~ 1500mm/min。

上述各种技术参数都是设计的前提条件，在回转台单机设计前已经确定。

1.5 钢包回转台设计计算

1.5.1 载荷条件

（1）工作载荷。钢包回转台在工作时按其承载钢包情况的不同，有以下三种工作载荷：

1）钢包回转台承受 2 个满钢包（每端放 1 个满载钢包）；

2）钢包回转台承受 1 个满钢包（一端放满载钢包，另一端为空载）；

3）钢包回转台承受 1 个满钢包和 1 个空钢包（一端放满载钢包，一端放空钢包）。

（2）冲击载荷。主要考虑起重机将满包钢液向钢包回转台上落放时所产生的冲击载荷。

（3）钢包回转台设备重量载荷。包括：

1）钢包回转台回转支承轴承以上设备重量载荷 G，N；

2）钢包回转台的全部设备重量载荷 G_z，N。

根据以上三种工况和载荷条件，分别计算出载荷值，确定最大载荷，以此作为计算结构强度和传动功率的依据。

1.5.2 强度计算

钢包回转台的强度计算一般是对主要结构件进行强度计算和结构优化。设计计算时，首先根据负载情况、操作运转过程和可参考的相关技术资料，作出结构方案，包括主要结构件的外形、与其他件的联结尺寸、截面尺寸、钢板厚度等，用传统的计算方法进行静强度和刚度的计算。然后采用有限元法，建立相关的数学模型，在计算机上利用大型工程技术软件进行验算和优化，最终得到既安全可靠又结构合理的设计。

1.5.2.1　选择材料并确定许用应力

钢包回转台的主要结构件均为钢板焊接件，其主体材料选用 Q345B，它具有较高的屈服强度，冲击性能较好，而且具有良好的焊接性能。重要部位（如叉臂的上下翼板、固定支座和回转支座的大法兰等）选用 Z 向钢板（厚度方向有性能要求的钢板），Z 向钢板除在宽度方向和长度方向的力学性能与 Q345B 相同外，在钢板的厚度方向还应有良好的抗层状撕裂性能。

从冲击对钢材力学性能的影响来评价，一方面随着冲击速度的增大，钢材的抗拉强度和屈服强度需要提高，把冲击负荷当成静负荷来处理，对一般钢结构来说是偏于安全的。但另一方面，板材的缺口、锐角过渡等对冲击负荷的敏感性比静负荷要大得多，对于低合金钢尤为突出。因此，在设计计算钢包回转台各零部件的时候，确定许用应力时应考虑这一不利因素。当冲击系数 $\phi = 2.0$ 时，材料屈服强度与许用应力的比值按表 3-1-2 计算。

表 3-1-2　材料屈服强度与许用应力的比值

项目	材料的许用应力/MPa				焊缝的许用应力/MPa		
	拉伸	压缩	剪切	挤压	拉伸	压缩	剪切
代号	σ_t	σ_c	τ	σ_p	σ_{taw}	σ_{caw}	τ
算式	$\sigma_t/1.5$	$\sigma_t/1.15$	$\sigma_t/\sqrt{3}$	$1.4\sigma_t$	σ_t	σ_t	$\sigma_t/\sqrt{2}$

1.5.2.2　叉臂静强度应力计算

叉臂为箱形悬臂梁，在接受满包钢液时，叉臂受力最大，其受力情况如图 3-1-20 所示。

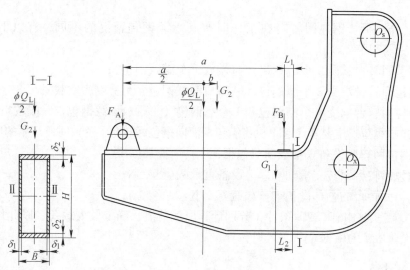

图 3-1-20　叉臂载荷分布

由于在叉臂上面有钢包倾动装置，受包载荷 $\dfrac{\phi Q_L}{2}$ 和钢包倾动装置自重 G_2 通过倾动支

座作用在叉臂的两个支点位置，受力用 F_A 和 F_B 表示，其中 $F_A = \dfrac{\phi Q_L}{4} + \dfrac{G_2\left(\dfrac{a}{2} - b\right)}{a}$，$F_B$

$$= \frac{\phi Q_{\mathrm{L}}}{4} + \frac{G_2\left(\dfrac{a}{2} + b\right)}{a}$$，叉臂自重用 G_1 表示，O_{s}、O_{x} 分别为上、下连杆对叉臂的约束中心，假设为静约束。Ⅰ—Ⅰ为较薄弱断面。

A 弯曲应力计算

a 计算截面惯性矩

$$J = \frac{BH^3 - (B - 2\delta_1)(H - 2\delta_2)^3}{12} \tag{3-1-4}$$

式中 J——惯性矩，m^4；

B——臂梁宽度，m；

H——臂梁高度，m；

δ_1——臂梁腹板厚度，m；

δ_2——臂梁翼板厚度，m。

b 计算抗弯截面系数

$$W_1 = 2\frac{J}{H} \tag{3-1-5}$$

式中 W_1——抗弯截面系数，m^3。

c 计算Ⅰ—Ⅰ处弯矩

$$\begin{aligned} M_{\mathrm{W}} &= F_{\mathrm{A}}(a + L_1) + F_{\mathrm{B}}L_1 + G_1 L_2 \\ &= \phi\frac{Q_{\mathrm{L}}}{2}\left(\frac{a}{2} + L_1\right) + G_2\left(\frac{a}{2} + L_1 - b\right) + G_1 L_2 \end{aligned} \tag{3-1-6}$$

式中 M_{W}——Ⅰ—Ⅰ处弯矩，N·m；

ϕ——冲击系数；

Q_{L}——盛满钢液的钢包重量，N；

G_1——臂梁自重，N；

G_2——作用在单个叉臂上的钢包倾动装置重量，N；

a——钢包倾动装置在叉臂上的支点距离，m；

b——钢包倾动装置重心到钢包中心的距离，m；

L_1——倾动装置后支点至Ⅰ—Ⅰ断面距离，m；

L_2——臂梁重心到Ⅰ—Ⅰ断面距离，m。

d 计算弯曲应力

$$\sigma_{\mathrm{W}} = \frac{M_{\mathrm{W}}}{W_1} \times 10^{-6} \tag{3-1-7}$$

式中 σ_{W}——弯曲应力，MPa。

e 由垂直负荷引起腹板上的最大剪切应力计算

计算中性面Ⅱ—Ⅱ处上部截面对Ⅱ—Ⅱ轴的静矩

$$S = \frac{1}{2}B\delta_2(H - \delta_2) + \delta_1\left(\frac{H}{2} - \delta_2\right)^2 \tag{3-1-8}$$

式中 S——中性面上部截面对Ⅱ—Ⅱ轴的静矩，m^3。

B   计算最大剪切应力

$$\tau_1 = \frac{\left(\phi\dfrac{Q_L}{2} + G_1 + G_2\right)S}{2J\delta_1} \times 10^{-6} \tag{3-1-9}$$

式中 τ_1——由垂直负荷引起腹板上的最大剪切应力，MPa。

计算忽略了约束扭转剪切应力和弯曲应力的影响。

C   强度条件

$$\sigma_{ar} = \sqrt{\sigma_W^2 + 3\tau_1^2} \leqslant [\sigma] \tag{3-1-10}$$

式中 $[\sigma]$——材料许用应力，MPa。

其他主要结构件（上连杆、下连杆、回转支座和固定支座等）的计算从略。

1.5.2.3   地脚螺栓计算

A   地脚螺栓最大工作负荷

当钢包回转台一端空载，另一端落放满包钢液的钢包时所产生的倾翻力矩最大，在这种工况条件下螺栓的工作负荷也最大。

钢包回转台采用预应力螺栓与基础固定，其载荷情况及地脚螺栓分布如图 3-1-21 所示。

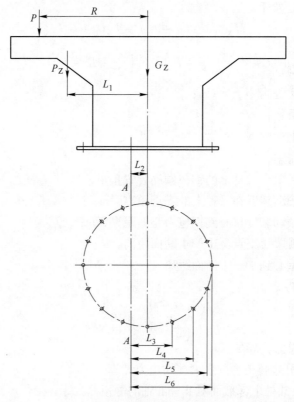

图 3-1-21   地脚螺栓及负荷分布

$$P = \phi Q_L \tag{3-1-11}$$

式中 P——落放钢包时的冲击力，N。

$$L_1 = \frac{PR}{P_z} \tag{3-1-12}$$

式中 P_z——钢包回转台总重 G_z 和落放钢包时的冲击力 P 的合力，$P_z = P + G_z = \phi Q_L + G_z$，N；

　　　　L_1——合力 P_z 至钢包回转台中心线距离，m；

　　　　R——钢包中心至钢包回转台中心线距离，m。

假定落放钢包时钢包回转台底座以中性轴 A—A 倾转，根据经验：

$$L_2 = (0.15 \sim 0.2)L_1 \tag{3-1-13}$$

式中，L_2 为中性轴 A—A 至钢包回转台中心线距离，m。

从图 3-1-21 可知，距 A—A 最远处螺栓受力最大，以此作为螺栓的最大工作负荷。

钢包回转台底座以 A—A 旋转的倾翻力矩为：

$$M = P_z(L_1 - L_2) \tag{3-1-14}$$

式中，M 为倾翻力矩，N·m。

该力矩与地脚螺栓作用的总反倾翻力矩平衡（当 L_6 处只有 1 个螺栓时）即：

$$M = FL_6 + \frac{2F(L_5^2 + L_4^2 + L_3^2 + L_2^2)}{L_6}$$

$$F = M\frac{L_6}{L_6^2 + 2(L_5^2 + L_4^2 + L_3^2 + L_2^2)} \tag{3-1-15}$$

式中 F——螺栓在倾翻力矩作用下最大工作负荷，N；

　　　　$L_2 \sim L_6$——各受载螺栓至中性轴 A—A 距离，m。

　　B　计算螺栓最大拉力和许用应力

地脚螺栓在设备安装时受预紧力 F_f，工作时要求在最大工作负荷 F 的作用下，不应发生松动，也就是说要求螺栓上剩余预紧力 F_s 应始终大于 0，螺栓在受最大工作负荷 F 时的受力和变形关系如图 3-1-22 所示。

当螺栓紧固基础框架之后，当螺栓受 F 作用时，螺栓总拉力 F_o 为：

$$F_o = F_f + mF \tag{3-1-16}$$

则被紧固件剩余的压力 F_s 为：

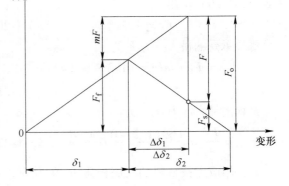

图 3-1-22　螺栓受力和变形的关系

$$F_s = F_f - (1 - m)F \tag{3-1-17}$$

式中 F_o——螺栓总拉力，N；

　　　　F_f——螺栓预紧力，N；

　　　　m——相对刚度系数，$m = \dfrac{K_t}{K_t + K_d}$；

　　　　K_t——螺栓的刚度，$K_t = \dfrac{EA}{L_o}$；

E——螺栓材料弹性模量，$E = 206\mathrm{GPa}$；

L_o——被压缩的混凝土层厚度（见图 3-1-23），m；

A——螺栓的截面积，$A = \dfrac{\pi}{4}d^2$，m^2；

d——螺栓直径，m；

K_d——混凝土刚度，$K_d = \dfrac{E'A'}{L_o}$；

E'——混凝土弹性模量，$E' = 14\mathrm{GPa}$；

A'——混凝土受压面积（见图 3-1-24），m^2。

$$A' = a_i T - \frac{\pi}{4}d^2$$

螺栓受力与变形关系如图 3-1-22 所示，由前述可知，在工作载荷作用下，螺栓承受的拉力为 F，受拉伸后，螺栓上增加的拉力 F_t 为

$$F_t = mF \qquad (3\text{-}1\text{-}18)$$

由于拉力 F 的作用，使被紧固件压力减少，设减少量为 F_c，则

$$F_c = 1 - m \qquad (3\text{-}1\text{-}19)$$

在决定螺栓的初始拉力时，要考虑拉伸外力的作用，尽管紧固件减少了 F_c 的压力，但仍存在 20% 的剩余压力，所以，初始拉力（预紧力）F_f 可由式（3-1-20）求出

$$F_f = 1.2F_c \qquad (3\text{-}1\text{-}20)$$

螺栓承受的最大拉力 F_o 为

$$F_o = F_f + mF = (1.2 - 0.2m)F$$
$$(3\text{-}1\text{-}21)$$

螺栓的最大应力 σ_{max} 为

$$\sigma_{max} = \frac{F_o}{A} = \frac{4 \times (1.2 - 0.2m)F}{\pi d} \qquad (3\text{-}1\text{-}22)$$

若许用应力按材料的屈服极限 σ_s 的 0.5 倍计算，则允许条件为

$$\sigma_{max} \leqslant 0.5\sigma_s \qquad\qquad (3\text{-}1\text{-}23)$$

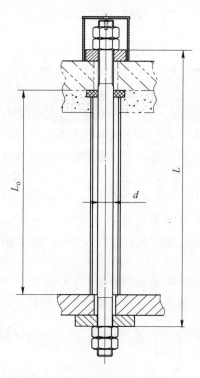

图 3-1-23　单个螺栓安装结构

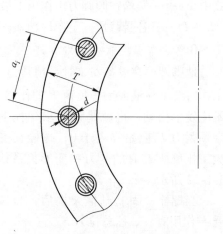

图 3-1-24　混凝土受压面积

1.5.3　回转电机容量计算

钢包回转台三种工作载荷条件下的受力状态如图 3-1-25 所示。

1.5.3.1　计算电机负荷力矩

A　匀速回转时的摩擦阻力矩 M_s

按三种工况分别计算。

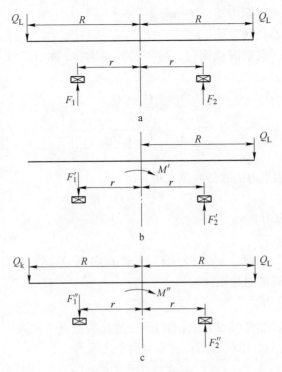

图 3-1-25 钢包回转台三种载荷条件下受力状态

（1）钢包回转台每端各放一个满载钢包，如图 3-1-25a 所示，此时的反力为

$$F_1 = F_2 = \frac{2Q_L + G}{2} \tag{3-1-24}$$

式中 Q_L——满载钢液钢包总重，N；

　　　　G——回转支承轴承以上回转体质量，N。

则阻力矩为

$$M_{Sa} = \mu(F_1 + F_2)r = \mu(2Q_L + G)r \tag{3-1-25}$$

式中 M_{Sa}——工况一时的阻力矩，N·m；

　　　　r——回转支承轴承半径，m；

　　　　μ——回转支承摩擦系数，取 $\mu = 0.005$。

（2）钢包回转台一端放满载钢包，另一端为空载，如图 3-1-25b 所示，此时的反力为

$$\left.\begin{array}{l} F_1' = \dfrac{M'}{2r} - \dfrac{Q_L}{2} - \dfrac{G}{2} \\[2mm] F_2' = \dfrac{M'}{2r} + \dfrac{Q_L}{2} + \dfrac{G}{2} \end{array}\right\} \tag{3-1-26}$$

式中，M' 为满载钢包重力引起的倾翻力矩，N·m。

$$M' = Q_L R \tag{3-1-27}$$

则阻力矩为

$$M_{Sb} = \mu(F_1' + F_2')r = \mu Q_L R \tag{3-1-28}$$

式中　　M_{Sb}——工况二时的阻力矩，N·m；

　　　　R——钢包中心回转半径，m。

（3）钢包回转台一端放满载钢包，另一端放空钢包，如图 3-1-25c 所示，此时的反力为

$$\left.\begin{array}{l} F_1'' = \dfrac{M''}{2r} - \dfrac{Q_{\text{L}} + Q_{\text{k}}}{2} - \dfrac{G}{2} \\[3mm] F_2'' = \dfrac{M''}{2r} + \dfrac{Q_{\text{L}} + Q_{\text{k}}}{2} + \dfrac{G}{2} \end{array}\right\} \tag{3-1-29}$$

式中　　M''——满载钢包重力引起的倾翻力矩，N·m。

$$M'' = (Q_{\text{L}} - Q_{\text{k}})R \tag{3-1-30}$$

式中　　Q_{k}——空钢包重力，N。

此时的阻力矩为

$$M_{\text{Sc}} = \mu(F_1'' + F_2'')r = \mu(Q_{\text{L}} - Q_{\text{k}})R \tag{3-1-31}$$

式中　　M_{Sc}——工况三时的阻力矩，N·m。

B　启动时的转矩 M_{D}

启动时的转矩受起动时间制约，启动时间一般是根据钢包在回转时，钢液不溢出为原则，在启动时间 t_{a} 确定后，电机的启动转矩可由下式求得

$$M_{\text{D}} = \frac{M_{\text{S}}}{i\eta} + \frac{(GD_{\text{d}}^2 + GD_0^2)n_1}{375t_{\text{a}}} \tag{3-1-32}$$

式中　　M_{S}——钢包回转台匀速回转时的摩擦阻力矩，N·m；

　　　　i——总速比，$i = \dfrac{n_1}{n_2}$；

　　　　n_1——电机的转速，r/min；

　　　　n_2——钢包回转台的转速，r/min；

　　　　η——电机轴到钢包回转台之间的总传动效率，取 $\eta = 0.8 \sim 0.9$；

　　　　t_{a}——允许的起动时间，s，通常取 $t_{\text{a}} = 8 \sim 10\text{s}$；

　　GD_0^2——电机与制动轮联轴器的飞轮力矩之和，N·m^2，$GD_0^2 = k(GD_{\text{电}}^2 + GD_{\text{联}}^2)$；

　　$GD_{\text{电}}^2$——电机转子的飞轮矩，N·m^2；

　　$GD_{\text{联}}^2$——制动轮联轴器的飞轮矩，N·m^2；

　　　　k——其他传动件飞轮矩影响的系数，取 $k = 1.1 \sim 1.2$；

　　GD_{d}^2——钢包回转台运动系统的总飞轮力矩，N·m^2。

起动状态折算到电机轴上为

$$GD_{\text{d}}^2 = \frac{1}{i^2\eta}(GD_1^2 + GD_2^2 + \cdots + GD_i^2) \tag{3-1-33}$$

$$GD_i^2 = 4gJ_i \tag{3-1-34}$$

式中　　GD_i^2——钢包及回转体各部分的飞轮力矩，N·m^2；

　　　　g——重力加速度，$g = 9.81\text{m/s}^2$；

　　　　J_i——转动惯量，N·m·s^2。

a　分别计算回转支承轴承以上钢包及钢包回转台上回转体对回转中心的转动惯量和

飞轮力矩

(1) 空钢包。

空钢包转动惯量
$$J_1 = \frac{Q_k}{2g}\left(\frac{d_c^2 + d_1^2}{4}\right) + \frac{Q_k}{g}R^2 \tag{3-1-35}$$

空钢包飞轮力矩
$$GD_1^2 = 4gJ_1 = 4Q_k\left(\frac{d_c^2 + d_1^2}{8} + R^2\right) \tag{3-1-36}$$

式中　J_1——空钢包转动惯量，N·m·s^2；

　　　Q_k——空钢包重，N；

　　　d_c——钢包平均外径，m；

　　　d_1——钢包平均内径，m；

　　　R——钢包中心回转半径，m；

　　　g——重力加速度，$g = 9.81$m/s^2；

　　　GD_1^2——空钢包飞轮力矩，N·m^2。

(2) 满载钢包。

满载钢包转动惯量
$$J_2 = \frac{Q_L d_c^2}{8g} + \frac{Q_L}{g}R^2 \tag{3-1-37}$$

满载钢包飞轮力矩
$$GD_2^2 = 4gJ_2 = 4Q_L\left(\frac{d_c^2}{8} + R^2\right) \tag{3-1-38}$$

式中　J_2——满载钢包转动惯量，N·m·s^2；

　　　Q_L——满载钢包重，N；

　　　GD_2^2——满载钢包飞轮力矩，N·m^2。

(3) 回转支承轴承以上回转体。

回转体转动惯量
$$J_3 = \frac{G}{g}r^2 \tag{3-1-39}$$

回转体飞轮力矩
$$GD_3^2 = 4Gr^2 \tag{3-1-40}$$

式中　J_3——回转支承轴承以上回转体转动惯量，N·m·s^2；

　　　GD_3^2——空钢包飞轮力矩，N·m^2；

　　　G——回转支承轴承以上回转体重，N；

　　　r——回转支承轴承半径，m。

b　计算三种承载钢包工况条件下回转支承轴承以上钢包转台回转系统的总飞轮力矩 GD_d^2

(1) 钢包回转台每端各放一个满载钢包。
$$GD_{da}^2 = \frac{1}{i^2\eta}(2GD_2^2 + GD_3^2) \tag{3-1-41}$$

(2) 钢包回转台一端放满载钢包，另一端为空载。
$$GD_{db}^2 = \frac{1}{i^2\eta}(GD_2^2 + GD_3^2) \tag{3-1-42}$$

(3) 回转台承受1个满载钢包1个空钢包（一端放满载钢包，一端放空钢包）。
$$GD_{dc}^2 = \frac{1}{i^2\eta}(GD_1^2 + GD_2^2 + GD_3^2) \tag{3-1-43}$$

c　举例计算 GD^2

设某钢包回转台的回转体重量为 $G = 357\text{tf} = 357 \times 9.8 \times 10^3 \text{N}$，轴承半径 $r = 2.45\text{m}$，钢包满载时重量为 $Q_L = 440\text{f} = 440 \times 9.8 \times 10^3 \text{N}$，速比 $i = 960$，钢包回转半径 $R = 6.5\text{m}$，钢包平均外径 $d = 4.6\text{m}$，传动效率 $\eta = 0.85$。

求钢包回转台承受 2 个满载钢包时，折算到电机轴上的飞轮力矩，如图 3-1-26 所示。

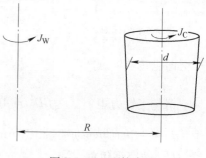

图 3-1-26　飞轮力矩

因为　　$GD_1^2 = 4gJ_1 \dfrac{1}{i^2 \eta}$，$J_1 = \dfrac{G}{g} r^2$

所以　　$GD_1^2 = 4 \times 357 \times 9.8 \times 10^3 \times 2.45^2 \times \dfrac{1}{960^2} \times \dfrac{1}{0.85} = 107.2 \text{ N} \cdot \text{m}^2$

钢包飞轮力矩折算值为

$$GD_2^2 = 4g(J_W + J_C) \frac{1}{i^2 \eta}$$

$$J_W = \frac{Q_L}{g} R^2, \quad J_C = \frac{d_c^2 Q_L}{8g}$$

因为　　$GD_2^2 = \dfrac{4 \times 440 \times 9.8 \times 10^3}{960^2 \times 0.85} \times \left(6.5^2 + \dfrac{4.6^2}{8} \right) = 988.5 \text{N} \cdot \text{m}^2$

最终折算到电机轴上

$$GD^2 = GD_1^2 + 2GD_2^2 = 107.2 + 2 \times 988.5 = 2084.2 \text{N} \cdot \text{m}^2$$

d　计算电机启动时的转矩 M_D

按照回转台承载的三种工况，分别将计算的 M_{Sa}、M_{Sb}、M_{Sc}；GD_{da}^2、GD_{db}^2、GD_{dc}^2 以及 GD_0^2 代入式（3-1-32），得出三种工况下的 M_{Da}、M_{Db}、M_{DS} 值。

1.5.3.2　计算并选定电机功率

A　计算电机功率

由于启动时电机的负载最大，因此，以启动时负载计算电机功率。

$$P_d = \frac{M_D n_1}{9550} \tag{3-1-44}$$

式中　P_d——启动时所需要的电机功率，kW；

　　M_D——电机启动时的转矩，取三种工况下的 M_{Da}、M_{Db}、M_{Dc} 中的最大值，N·m。

B　选定电机额定功率

根据计算的电机功率值，按下式选定电机额定功率

$$P_N \geqslant \frac{P_d}{K} \tag{3-1-45}$$

式中　P_N——电机额定功率，kW；

　　K——电机过载系数。

1.6 钢包回转台试运转

1.6.1 空负荷试运转

回转台制造完毕，在设备制造厂进行试装及空负荷试运转。在使用现场安装完毕也同样需要进行空负荷试运转。

1.6.1.1 试运转前准备

详细检查安装是否全面完成，安装辅助设施和工具是否撤除和清理，尤其在可动部分不允许有遗物存在，检查各联接部位是否牢固，减速器润滑油位是否在工作范围内。

1.6.1.2 试运转项目及要求

A 润滑系统单试

干油集中润滑系统应按要求反复试验，确认各润滑点均能正常出油、系统能按设计要求动作。给油量调整灵敏，设定的给油周期能够保证。减速器箱体加润滑油至规定油位，启动润滑油泵，观察各油流指示器，确认无堵塞，各点均能正常供油润滑。

B 液压系统单试

按照液压系统使用说明书要求，为考核液压设备是否正常，在按控制程序联试前，先分别单试液压盘式制动器、液压离合器、液压马达，在规定压力下，单独动作各不少于四次，确认动作准确、灵活、无干涉、无异常噪声。

C 回转运动联试

a 联试型式

（1）正常回转。按实际生产运转程序进行，分自动、手动两种操作，逆、顺时针回转，自动方式回转速度为1r/min，手动低速为0.1r/min，高速为1r/min，自动回转可在受包位（即事故包位）、中间位、浇注位停止，手动可在任意位置停止。

（2）钢包滑动水口失灵事故回转。按"事故按钮"，顺时针回转，以0.5r/min的回转速度至事故包位置停止。

（3）停电事故回转。手动操作液压控制开关逆时针以0.5r/min的回转速度回转。

b 联试次数

每种型式试车各不少于4个工作循环。

c 试验中调整及检查

（1）调整回转限位开关位置，使其动作灵活，控制位置准确。

（2）调整电气控制系统，使锁紧定位精度达到±25mm。

（3）检查所有运转部件，检查传动齿轮啮合情况和钢包回转台回转接头回转部位是否有渗漏，电气滑环是否接触良好。

（4）检查并调整润滑系统，使其能正常供油润滑。

d 联试确认

（1）动作程序正确，能满足生产要求的各种运转模式。

（2）回转限位开关动作灵敏、准确。

（3）回转速度能按规定的速度曲线控制。

（4）离合器的离、合动作迅速可靠。

（5）运转中无干涉，无异常振动和噪声，各齿轮啮合付接触率达到要求。

（6）轴承温升不超过35℃。

D　升降运动试验

（1）进行升降试验前，必须熟悉钢包回转台液压控制系统的原理和操作要求。

（2）分别采用自动、手动操作，在高、中、低三个位置上进行升降运行试验。

（3）要求的试验次数为每个升降臂，每种操作试验各不得少于5个工作循环。

（4）试验中的调整及检查，其项目如下。

1）调整使供电滑环接触良好。

2）调整升降限位开关，使升降停位准确。

3）检查升降液压缸接头及管路，安装良好，无渗漏油现象。

4）调整升降电控系统和电磁阀，使控制灵敏、准确。

5）检查各活动关节运动是否正常。

（5）试验确认。

1）升降停位准确，满足操作行程要求。

2）控制准确，操作灵活。

3）各转动部位转动灵活，无干涉、卡阻现象，无异常振动及噪声，无渗漏油现象。

E　钢包加盖装置运动试验

（1）操作方式为手动，升降和回转均在两极限位置停止，根据操作需要，亦可在任何位置临时停止。

（2）要求的试验次数为升降、回转各不少于5个工作循环。

（3）试验中调整及检查，其项目如下。

1）调整升降和回转限位行程开关，使升降高度达到设计要求，低位时，包盖底面距钢包上口约150mm，回转角度能使钢包盖避开钢包吊运及脱钩的操作空间。

2）调整液压系统控制阀，使加盖动作准确，升降、回转速度满足要求。

3）检查油路各接头，确认无渗漏现象，检查各联接部位应牢固无松动。

1.6.2　满负荷试运转

1.6.2.1　负荷条件

（1）空钢包。

（2）冷态当量满负荷钢包。空钢包内加入相当于满包钢液重量的碎钢块或钢球。

1.6.2.2　试运转前要确认的内容

（1）空试车完毕，确认没有遗留问题。

（2）检查整个设备运动部件及联接，满足安装要求，无松动。

（3）将空钢包反复吊运进、出钢包回转台，做放置钢包及脱钩操作，达到准确熟练。

（4）熟悉操作规程并严格执行。

1.6.2.3　试验项目及要求

（1）试验项目按生产运转模式和1.6.1空负荷试运转中回转运动联试和升降运动试验

所述操作方式和停位要求分别进行试车。

（2）试验次数为每种情况试车不得少于3个工作循环。

（3）试验考核和确认，其项目如下。

1）满负荷下考核回转速度正常为1r/min，调整范围0.1~1r/min，停电时为0.5r/min。

2）满负荷下考核钢包升降速度和升降行程，在不同负荷条件下检测钢包支承及钢包秤上特征点中心的综合变形值。在最大载荷下检测特征点的综合变形量及去除载荷后的反弹情况，反复试验次数不少于3次。

3）称量系统精度误差不大于0.5%。

4）在相应的操作功能下，运转控制程序正确。

5）回转、升降、锁定装置限位动作灵活，控制准确。

6）在锁定位置处钢包回转台停位误差不大于±25mm。

7）齿轮啮合付接触斑点满足要求。

8）油路系统各结合、密封处无渗漏油。

9）各机构运动平稳，无异常振动和噪声。

10）所有轴承温升均不高于85℃。

1.7　钢包回转台的操作及常见故障处理

1.7.1　操作人员

钢包回转台是连铸机的关键设备之一，若出现意想不到的事故，后果严重，因此操作安全十分重要，操作人员必须经过严格训练，熟悉设备性能，熟练掌握操作控制盘上所有仪器仪表及"按钮"的作用和操作方法，非专门操作人员不得擅自上岗。

钢包吊运放置在钢包回转台上的操作直接影响到钢包回转台冲击负荷的大小，是钢包回转台安全生产的一个重要环节，故操作吊运钢包的起重机操作人员必须是经过专门训练的且具有丰富经验的熟练操作工。

1.7.2　操作运转约束条件

1.7.2.1　操作工操作约束条件

（1）钢包回转台叉臂与钢包侧壁之间单侧进包间隙一般设计为50~60mm，脱钩空间限制很严，因此吊运钢包操作必须小心谨慎，避免钢包本体碰撞叉臂，避免起重机板钩冲撞回转台称重装置。

（2）为减小冲击负荷，钢包吊入钢包回转台垂直向叉臂上落放时，必须按操作规程，低速缓慢平稳放置，以免钢包对叉臂冲击过大损坏设备。

（3）向钢包回转台上吊运满载钢包或吊出空钢包前，必须使钢包加盖装置中的包盖处于避开位置。

（4）在规定位置接受钢包。

（5）当钢包回转台朝一个方向回转未完全停止时，不允许反向回转操作。

（6）钢包回转台工作期间，不允许攀登，转动时，非工作人员不得在回转区域逗留。

（7）钢包在浇注位置安装长水口时，钢包回转台不能回转。

（8）正常回转操作时，不允许触动事故回转"按钮"。

1.7.2.2 电气控制联锁约束条件

（1）正常生产情况下，处于浇注位的钢包在低位时，中间罐不能上升，中间罐车不能运行。

（2）正常生产情况下，事故传动装置的液压离合器始终处于脱开状态。

（3）正常生产情况下，钢包只有处在中位和高位时，回转台才能回转。

（4）事故状态下，钢包必须向有事故溜槽的方向回转。

（5）只有在回转锁定装置的盘式制动器打开和回转驱动装置的制动器松开时，回转驱动的主电机才能起动使钢包回转台回转。

1.7.3 操作运转方法简介

（1）操作地点。钢包浇钢操作平台。

（2）操作方式。升降和回转均可自动和手动操作，应根据不同情况进行选择，操作方式的切换须在运动停止状态进行。加盖采用自动或手动操作。

（3）回转操作。

1）回转停止位置有受包位置（事故钢包位置）、浇注位置、中间位置，根据生产需要选择停止位置，由旋转编码器发出信号。

2）回转分正常回转、钢包滑动水口失灵事故回转、停电事故回转几种情况。

正常生产情况下，可自动或手动操作，顺、逆时针回转。自动方式推荐逆时针回转，回转速度 1r/min，可在浇注位、受包位、中间位停止。手动方式低速 0.1r/min，高速 1r/min，可在任意位置停止。

当出现钢包滑动水口故障无法关闭等事故情况时，按"事故按钮"，使钢包回转台向有事故溜槽方向回转至事故钢包位置停止，进行事故处理。

当停电时，首先应关闭钢包滑动水口和脱开长水口，然后操作液压系统控制开关，钢包回转台以下列顺序起动回转：回转锁定装置松开—回转驱动装置的制动器松开—液压离合器结合—液压马达起动—钢包回转台回转，转动到位后按"停止"按钮，使液压马达停转，液压离合器脱开，制动器抱闸，进行停电事故处理。

（4）钢包升降操作。钢包升降由液压系统驱动，其升降位置有高位、中位和低位，分别由行程开关限位，升降操作有手动、自动两种方式，操作方式的切换须在钢包回转台停止状态下进行，一般钢包在高位受包，然后回转至浇注位，待长水口安装完毕后，下降至低位待浇。当钢包下水口堵塞打不开时，将钢包升至中位用氧气烧开堵塞的下水口，然后再下降至低位浇注。钢包在高、中、低位之间的任意位置可手动控制使其停止。

（5）回转锁定操作。回转锁定操作由液压系统驱动，由电气控制配合实现回转锁定装置盘式制动器的锁紧和脱开。手动控制锁紧和自动联锁脱开。锁紧和脱开动作程序应适应钢包回转台总体运转要求。锁定位置在锁紧状态时，钢包回转台不能回转。

（6）钢包倾动及称量装置操作。钢包一经放置在回转台上，即由四个传感器连续称重，通过转换器，钢包内钢液的重量值在数字显示屏上显示，当钢包内剩余钢液达到生产操作规定值时，钢包倾动装置在液压缸的驱动下使钢包缓慢向钢包水口方向倾斜 3° ~ 5°，当钢包内残留钢液达到生产操作规定的重量（若装有下渣检测装置由该装置发出指令）时，钢包滑动水口立即关闭，该钢包终止浇注。钢包倾动装置将钢包恢复到原位。

1.7.4　常见故障处理

机、电、液设备必须按维护保养要求经常维修检查，保证在无隐患前提下生产运行，一旦出现故障，视下列情况进行处理。

（1）生产中出现事故，如滑动水口不能关闭、停电等按前述事故运转的方法处理。

（2）限位失灵，使停位不准确时，改为手动操作，听从生产指挥人员指令进行操作，并迅速检查原因，若行程开关损坏，则立即更换，属电气控制问题，按其规定处理。

（3）转动部位电磁阀及检控元件失灵，可能是由于滑环接触不良、元件质量问题等引起，应立即修复或更换。

（4）钢包升降故障，可能是由于回转接头内密封损坏、接头等管路系统泄漏泄压、液压系统元件问题、电控故障等引起，查明原因，维修处理。

（5）轴承出现异常温升及运动件异常噪声，可能是由于润滑不良、轴承损坏、定位件及安装螺丝松动等引起，查明原因，做紧固处理或维修更换。

（6）对出现的故障，能很快处理的，在通知生产管理及操作人员而且保证安全的前提下，可在正常浇注作业时处理，否则需停产维修处理。

1.8　钢包回转台的维护

钢包回转台是承受重载的设备，平时须经常检查，发现问题必须及时处理，消除隐患。对设备进行及时的检查和良好的维护，是关系到安全、高效生产及保证设备使用寿命的大事。标准部件、专用配套件的检查维护按供货商说明书执行。要对下列重点部位定期检查和维护。

1.8.1　重要焊接结构件

要进行定期保养检查固定底座、回转支座、叉臂、下连杆、上连杆等主要受力焊接结构件，对由于反复吊运钢包发生的冲击荷载以及钢包的热辐射，而使板材及焊缝部位因交变应力的作用发生龟裂、腐蚀、锈斑、油漆剥落等，要及时处理。

板材和焊接部位有龟裂时，可以通过焊接进行修补，为了防止龟裂扩散也可用止裂孔的方法处理，为了防止钢包回转台回转支承轴承因温度变化而变形，在轴承附近不允许施焊。

1.8.2　地脚螺栓等高强度螺栓

为防止地脚螺栓等高强度螺栓松动、脱落造成事故，对高强度螺栓联接处每4个月定期检查一次，确认有无松动，若有松动则应予紧固，螺栓的紧固要达到螺栓规定的预紧力值。紧固高强度螺栓，使用液压拉伸器或力矩扳手等专用工具，拧紧必须分次按对称顺序进行，用力要均匀，第一次紧固至规定力值的80%，第二次达到规定值。

1.8.3　钢包回转台基础

钢包回转台基础承受很大的倾翻力矩及其他载荷，应定期检查基础有无龟裂发生。当钢包回转台承载一个满包钢液回转到某一位置时，检查对面一侧固定支座下面与混凝土基础面之间有无间隙，一旦有龟裂或间隙时，应立即加强基础及紧固地脚螺栓。

1.8.4　回转驱动装置

（1）需经常检查的部位。

1）驱动装置各处安装的联接螺栓有无松动、脱落。

2）减速器、电动机、液压马达、液压离合器、液压制动器等有无异常噪声、异常发热等。

3）减速器内齿轮啮合状况，小减速器的齿轮和大轴承齿圈啮合接触状况是否良好，有无点蚀、磨损等现象，各处轴承运转有无温升过高等状况。

（2）维修更换。

1）减速器的密封件因磨损、老化而发生渗漏油现象，一经发现有损坏应立即更换。

2）传动装置中的轴承和齿轮设计寿命均较长，平时一般不需进行更换，一旦因故损坏，临时设置吊具运出更换检修。

（3）为防止事故回转用的液压马达及液压离合器长期不用而生锈，该系统必须每月启动一次，进行 5～6min 事故回转驱动。

1.8.5　钢包回转台回转支承轴承和钢包加盖回转支承轴承

（1）搬运及保管。

1）钢包回转台回转支承轴承和钢包加盖回转支承轴承的搬运及保管，必须让轴承呈水平状态，应平坦放置在有屋顶的仓库内，不允许直立或倾斜放置，特别是不要在径向施加冲击力。

2）钢包回转台回转支承轴承和钢包加盖回转支承轴承的安装应调整到规定间隙，封入油脂，以后应注意不使灰尘进入其内，尽量避免拆卸。

（2）回转支承轴承联接螺栓均为高强度螺栓，应定期检查紧固。为慎重起见，设备试运转后，应对该螺栓进行再次紧固确认。

（3）保养检查。

1）除定期检查外，应注意日常检查，以便及早发现异常，防患于未然。

2）检查时注意以下几点，发现问题及时分析原因，进行相应的维护。①轴承附近的温度变化。②从轴承内泄漏出来的使用后的油脂内有无金属屑。③有无振动。④有无异常噪声。

（4）更换。钢包回转台回转支承轴承，由专业供货商供货，要求正常使用寿命一般不低于十年，最短为七年，考虑到该件的重要性以及制造供货周期较长的特点，钢包回转台投产后应准备备件。更换时，须拆掉回转支承轴承上部各部件及小齿轮，起吊旧的轴承时必须垂直上引，以防损坏底台上的安装面。新的回转支承轴承按其安装要领及调整要求安装，注意安装位置正确，用新的高强度螺栓上下把合牢固，达到规定预紧力。其他各部分按安装流程依次恢复到原样，并经空负荷及负荷试车确认无问题后，方可投入正常生产使用。

1.8.6　回转锁定装置

（1）检查安装螺栓有无松动、脱落。

（2）摩擦片厚度磨损到原尺寸的90%时应立即更换。

1.8.7　推力轴承和关节轴承

（1）需注意检查轴承装置端盖螺栓有无松动、脱落，轴承附近温度有无升高。

（2）当出现转动不灵活及异常噪声，或关节轴承耐磨自润滑层磨损到规定程度时需更换轴承。

1.8.8　钢包称量装置

（1）需检查的部位。

1）安装螺栓有无松动、脱落。

2）由于导向架及称重箱承受反复冲击载荷，应注意检查有无龟裂现象。

3）称重传感器的精度及敏感性的检查和校核。

（2）更换。传感器灵敏度及精确度降低，不能满足生产所需精度时予以更换。

1.8.9　钢包加盖装置

需检查的部位。

（1）包盖内耐火材料有无脱离，若发生脱落，且有烧损盖体危险时应立即吊出，重新充填耐火材料，连接包盖的环链应定期检查有无裂纹发生。

（2）连接螺栓有无松动。

（3）升降臂有无龟裂，一旦发现有龟裂现象，应及时处理。

（4）回转支承运转状况，有无异常噪声、异常温升等。

（5）检查液压缸工作是否正常。

（6）检查液压管路和润滑管路是否有泄漏。

1.8.10　回转台润滑系统

定期检查回转台润滑系统各润滑点的润滑是否正常，特别是钢包回转台回转支承轴承大齿圈啮合处、升降油缸上下球面轴承以及上、下连杆的关节轴承的润滑。减速器箱体内更换稀油时，须将旧油排除干净，并将箱体清洗干净后，重新将润滑油加到规定油位。

1.8.11　液压系统

定期检查升降液压缸、液压回转接头、回转台上液压管路及接头是否漏油，如有渗漏应及时处理。检查液压缸及液压管路隔热保护是否完好。

参 考 文 献

[1] 刘明延，李平，等. 板坯连铸机设计与计算 [M]. 北京：机械工业出版社，1990：4，21~35.

[2] 杨拉道，谢东钢. 常规板坯连铸技术 [M]. 北京：冶金工业出版社，2002：9~10.

[3] 北京钢铁设计研究总院，中国金属学会连铸分会. 小方坯连铸 [M]. 1998：6~8.

[4] 史震兴. 实用连铸新技术 [M]. 北京：冶金工业出版社，1998：4~8.

[5] 李富帅. 钢包回转台强度计算中许用应力安全系数的确定 [J]. 连铸，2007（3）：25~28.

[6] 成大先. 机械设计手册 [M]. 北京：化学工业出版社，2007：36.

2　中　间　罐

2.1　中间罐的功能

中间罐位于钢包和结晶器之间，在连铸生产流程中，它是接受钢包内的钢液，再将钢液分配给结晶器的中间容器。它具有以下主要功能：

（1）储存一定量的钢液以保证更换钢包时能够继续浇注，从而实现多炉连续浇注。

（2）稳定钢流，减少钢流对结晶器的冲击、搅动和钢液飞溅，稳定浇注操作。

（3）钢液在中间罐内停留时，使钢液中的非金属夹杂物分离上浮，提高钢液的洁净度。

（4）均匀钢液的温度和成分。

（5）在双流板坯连铸机上起分配钢液的作用。

（6）冶金功能。

多年来，中间罐作为连铸的冶金容器，一直被重视，所以，在中间罐的冶金功能设计上，采用了很多优化措施，如通过水力学模型，研究中间罐内钢液流动状态，了解钢液在罐内正确流动的边界条件；优化中间罐的几何形状、加大中间罐的容量和钢液面的深度并采用溢流坝和挡渣墙等措施，使钢液流场最佳化，从而增加钢液在中间罐内的停留时间，为夹杂物的上浮创造条件；用数学模型计算钢液流动的三维速度和紊流场，然后计算夹杂物的分布和分离的速率，以此求解最佳中间罐截面的形状以改善夹杂物的分离；采用添加合金元素的方法对钢液进行冶金处理以微调钢液成分、改善覆盖钢液的保护渣的材质以及对中间罐内钢液进行通道感应加热、等离子加热等，使中间罐内钢液温度均匀化和稳定钢液过热度等。

2.2　中间罐的工作原理、设备组成、类型及特点

2.2.1　工作原理

中间罐是坐放在中间罐车上盛装钢液的容器，在使用之前，首先要对组装好的中间罐（装好钢流控制装置和中间罐盖）进行预热至内衬耐火材料表面温度≥1100℃，预热后的中间罐由中间罐车从预热位运至结晶器上方的浇注位置，准备接受钢液。

当钢包回转台上的满包钢液回转到中间罐上方的浇注位置时，将长水口与钢包滑动水口联接在一起并插入中间罐，打开钢包滑动水口使钢液注入中间罐，待中间罐内钢液面达

———————————
本章作者：刘增儒；审查：王公民，刘彩玲，黄进春，杨拉道

到一定高度时，再打开中间罐滑动水口或塞棒，使中间罐内钢液在钢流控制装置的控制下自动注入到结晶器中，从而实现浇钢的目的。

2.2.2　设备组成

中间罐主要由中间罐盖、中间罐本体、中间罐钢流控制装置（滑动水口、塞棒装置及水口快换装置）等组成。中间罐盖和中间罐本体内砌有耐火材料。

图 3-2-1 是某钢厂双流板坯连铸机用中间罐。其技术性能参数为：溢流液位的最大容量为 75t，正常浇注液位的标准容量为 70t，溢流液位的最大钢液深度为 1300mm，正常浇注液位的标准钢液深度为 1200mm，钢流用塞棒机构和带事故盲板的浸入式水口快换装置控制。

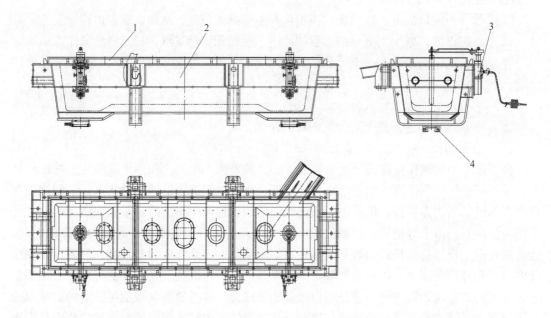

图 3-2-1　双流板坯连铸机用中间罐装配

1—中间罐盖；2—中间罐本体；3—塞棒装置；4—带事故盲板的浸入式水口快换装置

图 3-2-2 是某钢厂单流板坯连铸机用矩形中间罐。其技术性能参数为：溢流液位的最大容量为 55t，正常浇注液位的标准容量为 50t，溢流液位的最大钢液深度为 1300mm，正常浇注液位的标准钢液深度为 1200mm，钢流用塞棒机构和带事故盲板的水口快换装置控制。

2.2.3　类型及特点

板坯连铸机中间罐结构形式主要有两种：一种是品字形（也叫作 T 形）结构；另一种是矩形结构。

品字形中间罐的特点是钢液在中间罐内的流场合理，有利于夹杂物的分离上浮。但由于其结构重心不居中，起吊和维修不方便，因此应用相对较少，只用于双流板坯连铸机流

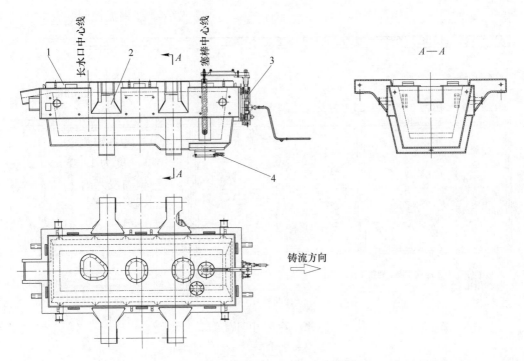

图 3-2-2 单流板坯连铸机用中间罐装配
1—中间罐盖；2—中间罐本体；3—塞棒装置；4—带事故盲板的浸入式水口快换装置

间距小、对夹杂物分离上浮要求高或带钢液加热的中间罐。

矩形结构中间罐的特点是结构简单，起吊和维修方便，只要中间罐容量和结构合理，一般能满足夹杂物分离上浮的要求，大多数板坯连铸机都使用矩形结构的中间罐，因此下面叙述的中间罐盖及中间罐本体均以矩形中间罐为例。

2.3 中间罐盖

中间罐盖的主要作用是为中间罐内的钢液保温，在浇钢过程中，中间罐内的钢液温度降低须控制在小于10℃的范围内。中间罐加盖以后，也减少了对邻近设备（如钢包回转台转臂、长水口装卸装置等）受中间罐内高温钢液烘烤的影响。同时还能防止钢包内的钢液向中间罐注流时产生的飞溅。

中间罐盖由钢结构焊接件承托耐火材料构成，一般厚度在 200～250mm。中间罐盖上设有钢液注入孔（插入钢包长水口）、中间罐预热烧嘴用孔、测温（观察）孔及安装塞棒用孔，中间罐盖的上面设有起吊用吊耳。钢液注入（插入钢包长水口）孔的大小和形状须满足钢包长水口装卸装置的工作空间要求。

20 世纪 70 年代，中间罐盖的本体多用耐热铸铁件，目前中间罐盖绝大部分用普通钢板焊接而成，内焊有圆钢耙钉，以方便砌筑耐火材料并防止其脱落。为防止中间罐盖在长期受热下变形，中间罐盖一般做成分体式，也就是由两块或三块组成。图 3-2-3 为某钢厂双流板坯连铸机的中间罐盖，它由三块组成。

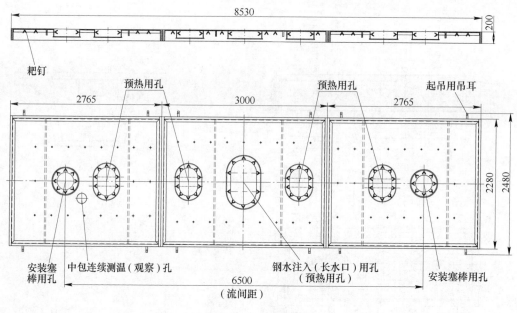

图 3-2-3　中间罐盖

2.4　中间罐本体

2.4.1　本体结构

中间罐本体是由钢板焊接而成的矩形（或 T 形）壳体。外部焊有加强圈和加强筋；内部为耐火材料，钢板上焊有圆钢制成的耙钉。中间罐两侧焊有四个支座和经过加工的锻钢吊耳，以便支承和吊运中间罐。中间罐罐底留有安装滑动水口（或水口快换机构）用的底板及放钢液用孔。其侧面有固定塞棒机构的安装座板。中间罐在钢包回转台一侧设有溢流口，供钢包水口事故时中间罐溢流使用，也可作为多炉连浇后的排渣口。中间罐长度方向的两端各设有长圆孔或耳轴，以便维修倾翻时使用。中间罐顶面设有若干个用于中间罐盖定位用的导向块。图 3-2-4 是某钢厂双流板坯连铸机用矩形中间罐本体。图 3-2-5 是某钢厂单流板坯连铸机用矩形中间罐本体。

2.4.2　主要技术参数

钢液容量和钢液面深度是中间罐的两个主要技术参数。

（1）中间罐容量。确定中间罐容量要考虑钢液质量要求、更换钢包时间和散热情况，为了确保钢液中夹杂物的充分上浮、钢流走向合理和减少换钢包时钢液面深度波动过大，中间罐的容量应尽可能选得大一些；中间罐容量可用下列三种方法确定。

方法一：取钢包容量的 20%～40%，钢包容量大时取小值，钢包容量小时取大值，此方法是早期连铸机设计时采用的方法，现在已不多用。

方法二：按照钢液在中间罐内的停留时间计算，一般取 8～10min，停留时间也可再长一些。

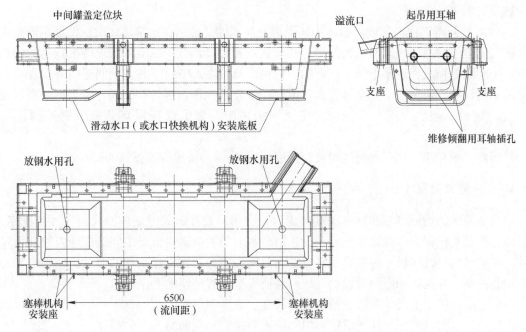

图 3-2-4 双流板坯连铸机矩形中间罐本体

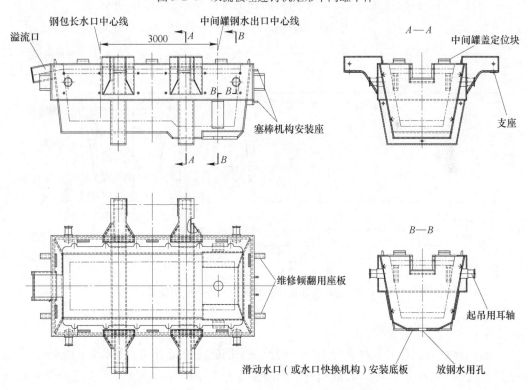

图 3-2-5 单流板坯连铸机矩形中间罐本体

方法三：根据浇铸钢种、浇铸速度并参考同类板坯连铸机确定。对于单流板坯连铸机，中间罐容量可取 20~40t，浇铸速度高时，也可取到 80t。对于双流板坯连铸机，中间罐容量可取 40~80t。

（2）中间罐钢液面深度。确定中间罐钢液面深度要考虑：正常浇注时，保证钢液中夹杂物充分上浮的空间和时间；更换钢包时（大约需要 2min），在不降低连铸机拉速的前提下，中间罐内钢液面逐渐下降，在新的一包钢液开始注入中间罐时，中间罐内要保证有一定的钢液深度，避免渣子和空气卷入钢流，一般要求钢液深度≥400mm，对于钢液质量要求高的钢种，钢液深度≥600mm。在浇钢结束时，为了保证尾坯质量，钢液深度要≥300mm。

因此，板坯连铸机正常浇注时液面深度≥1000mm，溢流深度≥1100mm。

2.4.3　内腔几何尺寸

当中间罐的钢液容量和钢液深度确定后，中间罐设计的关键是内腔几何尺寸的确定，目前，主要是依据实践经验来进行设计，结合水力学模型试验得出中间罐最佳内腔几何尺寸。中间罐内腔几何尺寸应使其钢液流场满足钢液中夹杂物上浮条件的要求，使钢液稳态流动，避免存在死区和流动缓慢的区域，且使夹杂物有足够的上浮时间。

中间罐内腔主要尺寸参数包括高度、长度、宽度和斜度。

应用较多的双流板坯连铸机矩形中间罐内腔主要尺寸如图 3-2-6 所示。

应用较多的单流板坯连铸机矩形中间罐内腔主要尺寸如图 3-2-7 所示。

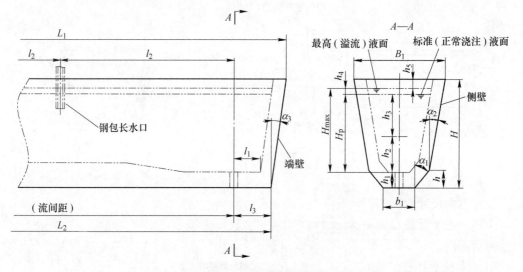

图 3-2-6　双流板坯连铸机矩形中间罐内腔主要尺寸

2.4.3.1　高度的确定

如前所述，为保证夹杂物充分上浮，钢液在中间罐内停留时间一般取 8~10min，非稳态浇注时应该 >5min，所以，若浇钢终了钢液深度为 $h_2 \geq 600mm$，钢液可浇液面应为 $h_3 \geq 400mm$，则目标钢液深为

$$H_p = h_2 + h_3 \geq 600 + 400 \geq 1000mm$$

在一般设计中，考虑钢液溢流及罐内渣层，应在目标钢液深度的基础上再加 $h_4 = 100mm$，则溢流液面深度最大值为

$$H_{\max} = H_{p} + h_4 \geqslant 1000 + 100 \geqslant 1100 \text{mm}$$

中间罐内腔总高度为

$$H = h_1 + H_{\max} + h_5 \tag{3-2-1}$$

式中　H——中间罐内腔总高度，mm；

　　　$H_{\max}$——最大钢液深度，mm；

　　　h_1——罐底耐火材料层厚度，mm；

　　　h_5——液流钢液面距罐口距离，mm，一般选 $h_5 = (100 \sim 150)$mm。

设计时，可适当调整 H 值，但必须满足式（3-2-1）。

另外，底部为阶梯状的中间罐在高度方向有深浅不等的钢液面，如图3-2-4、图3-2-5所示，目的是使钢包长水口浇注处的钢液适当浅一些，而中间罐出钢口处钢液适当深一些，以促使夹杂物上浮并提高金属收得率，同时给中间罐车的车梁设计提供空间。也可以将中间罐底部设计成平直状，而将中间罐底部耐火材料修砌成阶梯形，如图3-2-6所示，一般高度差大多为 $150 \sim 200$mm。

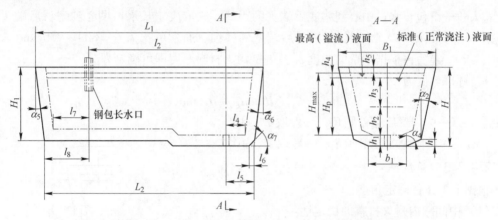

图 3-2-7　单流板坯连铸机矩形中间罐内腔主要尺寸

2.4.3.2　长度的确定

长度方向尺寸取决于钢包长水口中心到中间罐水口中心的距离和中间罐水口中心到端壁的距离。由于设备布置及操作位置等原因，双流和单流板坯连铸机矩形中间罐内腔长度尺寸有所不同。

（1）双流板坯连铸机矩形中间罐内腔长度尺寸的确定，如图3-2-6所示。

1）罐底长度为

$$L_2 = (l_1 + l_2) \times 2 \tag{3-2-2}$$

式中　l_1——浸入式水口中心至罐底端头的距离，它取决于浸入式水口中心到耐材端头间的距离 l_3，为减轻钢液对端壁的冲蚀，通常可选为 $l_3 = (500 \sim 600)$mm。l_3 确定后再根据端壁的倾斜角度 α_3 及端壁耐材厚度确定 l_1；

　　　l_2——钢包长水口到中间罐浸入式水口之间的距离，这是连铸机总体设备布置确定的尺寸，即连铸机流间距的一半，当连铸机流间距偏小而钢液洁净度要求又高时，可考虑用"T"形中间罐。

2）罐口长度为

$$L_1 = L_2 + 2H\tan\alpha_3 \tag{3-2-3}$$

式中，α_3 为中间罐端壁倾角，一般取 $\alpha_3 = 9° \sim 12°$。

（2）单流板坯连铸机矩形中间罐内腔长度尺寸的确定，如图 3-2-7 所示。

1）罐底长度为

$$L_2 = l_5 + l_2 + l_8 \tag{3-2-4}$$

式中　l_5——浸入式水口中心到罐底前端头的距离，它取决于浸入式水口中心到耐材前端头间的距离 l_4，当中间罐在长度方向与连铸机浇注方向相同时，操作工在中间罐的前端操作，在保证操作工方便观测结晶器钢液面的前提下，通常可选为 $l_4 = 350 \sim 450\mathrm{mm}$，$l_4$ 确定后再根据端壁的角度 α_6 及端壁耐火材料厚度即可确定 l_5，为方便操作工观测结晶器钢液面，通常将中间罐底端头倒一个角度 α_7（约45°），距离 $l_6 = 100 \sim 150\mathrm{mm}$；

l_2——钢包长水口到中间罐水口间的距离，这是连铸机总体设备布置确定的尺寸，一般取 $l_2 \approx 3000\mathrm{mm}$；

l_8——钢包长水口中心到罐底后端头的距离，它取决于长水口中心到耐材后端头间的距离 l_7，为减轻钢液对后端壁的冲蚀，通常可选为 $l_7 = 800 \sim 900\mathrm{mm}$，$l_7$ 确定后再根据端壁的角度 α_5 及端壁耐火材料厚度即可确定 l_8。

3）罐口长度为

$$L_1 = L_2 + H\tan\alpha_6 + H_1\tan\alpha_5 \tag{3-2-5}$$

式中　α_5——中间罐后端壁倾角，一般取 $7° \sim 10°$；

α_6——中间罐前端壁倾角，一般取 $7° \sim 10°$。

2.4.3.3　角度确定

根据下列条件确定角度：

（1）中间罐内耐火材料的稳定性。

（2）剩余残钢脱模所需斜度。

（3）操作人员观察结晶器液面的视线不受影响。

中间罐端部角度 α_3、α_5、α_6、α_7 按前面叙述的确定。中间罐宽面侧壁的倾斜角度 α_2 一般在设计中取 $9° \sim 13°$。在图 3-2-6 所示的双流连铸机中间罐中，操作人员观察结晶器液面用的斜度 α_1，根据操作人员距结晶器间的距离、中间罐底面距结晶器盖顶面的距离确定。设计中也要考虑中间罐内残钢量和安装滑动水口及浸入式水口快换机构需要的宽度等因素的影响，所以 α_1 的选定要在中间罐方案设计时确定。在图 3-2-7 所示的单流连铸机中间罐中，操作人员在端部利用角度 α_7 观察结晶器液面，则中间罐底部宽面方向的角度 α_4 可以大一些，只要方便安装滑动水口和浸入式水口快换机构就可以了。

2.4.3.4　宽度确定

当高度、长度和角度尺寸确定后，宽度尺寸基本上是根据中间罐容量来确定。

首先按第 2.4.2 节给定中间罐容量（钢液重量），用钢液重量除以钢液密度 $\gamma_1 = 7.0\mathrm{t/m^3}$ 即可计算出所需要的中间罐耐材内腔的体积，再根据已知的高度、长度和角度就可以计算出宽度尺寸。然后再校核在更换钢包的时间内钢液面下降的高度 h_3（或剩余钢液深度 h_2）是否在允许的范围内。

在中间罐内设置的挡渣堰和挡渣墙，在适当的位置开孔，是为了改善中间罐内钢液流场而使各区域温度差减小到最小。挡渣堰、挡渣墙及湍流器所占用中间罐内腔的空间，在计算中间罐钢液容量时应予以去除。

如图3-2-6、图3-2-7所示，更换钢包时连铸机在不降低拉速的情况下，中间罐内钢液从正常工作液面逐渐下降，更换钢包时间（从关闭空钢包滑动水口到新的一包钢液开始注入中间罐）内，中间罐内钢液面下降了h_3，其浇注出去的钢液量可用中间罐称重系统计算，也可以用连铸机浇注的板坯重量计算

$$Q = \gamma DBtv \tag{3-2-6}$$

式中　Q——更换钢包时连铸机浇注的钢液重量，t；

　　　γ——铸坯密度，$\gamma = 7.8 \text{t/m}^3$；

　　　D——铸坯厚度（设计时取上限值），m；

　　　B——铸坯宽度（设计时取上限值），m；

　　　t——更换钢包时间（从关闭空钢包滑动水口到新的一包钢液开始注入中间罐的时间），min；

　　　v——对应铸坯最大断面的最大拉坯速度，m/min。

总之，初步确定中间罐内几何尺寸后，还要结合浇钢设备的总体布置，特别是与中间罐相关的钢包、钢包长水口、中间罐车、结晶器、中间罐预热装置等以及浇钢操作的方便性等进行反复修改和完善。最终满足下列条件：

（1）创造钢液最佳流场，保证夹杂物上浮的空间和时间。

（2）减少钢液对端墙处耐火材料的冲蚀。

（3）保证多炉连浇有足够的时间。

（4）提高钢液深度，稳定中间罐内钢液过热度。

（5）由于钢液深度提高，在保证一定的浇钢量情况下，可以减少中间罐的宽度，使浇钢结束时，中间罐内残钢量减少，提高金属收得率。

2.4.3.5　最终确定中间罐的几何尺寸

（1）验算中间罐的重心。当中间罐的几何尺寸初步确定后，根据以下条件计算中间罐的重心。

1）根据以往经验用类比法初步确定中间罐本体钢结构，包括钢板厚度、支撑耳轴尺寸等。

2）按照连铸生产要求确定中间罐内工作层、永久层和绝热层等耐火材料厚度。

3）根据中间罐溢流液面和浇钢结束时的剩余液面高度分别计算中间罐内钢液重量。

4）确定中间罐盖、塞棒及塞棒机构、浸入式水口及快换机构等设备的重量及其重心位置。

5）根据中间罐重心的计算结果，对中间罐的结构做局部调整并最终确定其几何尺寸。

（2）验算中间罐的强度和刚度。中间罐的几何尺寸确定后，需验算中间罐的强度和刚度，验算时须考虑中间罐热工况条件。用理论力学和材料力学公式进行计算，计算过程略。

2.5 中间罐钢流控制装置

中间罐的钢液流量控制可采用滑动水口或塞棒。为提高开浇成功率，滑动水口和塞棒可同时采用。近年来，浸入式水口快换装置得到了广泛应用，它与塞棒或滑动水口配套使用。

滑动水口、塞棒和浸入式水口快换装置由专业制造商根据连铸机总体设计方提出的性能参数、外形及安装尺寸制作，以机电一体品的方式供货，以下仅作简单介绍。

2.5.1 滑动水口

滑动水口的工作原理是在液压缸的驱动下，通过打开、关闭或调整水口的开口度，而使中间罐内的钢液有控制地注入结晶器。

图 3-2-8 是某钢厂使用的中间罐滑动水口，它主要由水口座板、滑动水口盒（组件）、驱动油缸、位移（行程）检测装置及配管等组成。

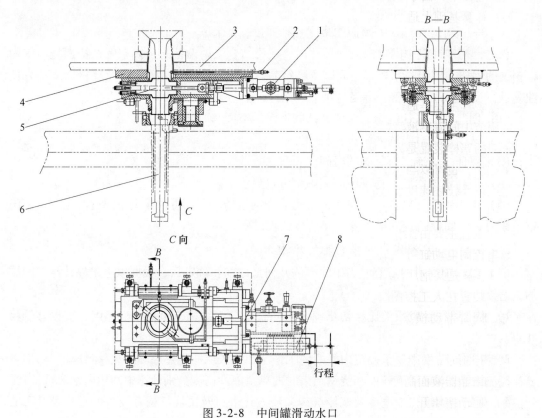

图 3-2-8   中间罐滑动水口

1—驱动油缸；2—氩气管；3—中间罐底板；4—水口座板；5—滑板；6—浸入式水口；
7—滑动水口盒（组件）；8—滑动水位移（行程）检测装置

中间罐滑动水口盒内有三块水口板，习惯上称作三板式滑动水口，水口板由耐火材料压铸而成，工作时上水口和上滑板以及下水口和下滑板都固定不动，中间滑板在液压缸驱动下在上下滑板之间滑动,当中间滑板孔和上、下滑板孔的中心线重叠时,中间罐内钢液的流出量最大,因此,通过调节中间滑板与上、下滑板的相对位置即可控制中间罐内钢液的流量。

上、下水口板间的压紧力是由弹簧产生的。拆换时,拆开压缩弹簧钩头,即可把水口板卸下,更换新的水口板。为防止水口板间气隙造成钢液氧化,滑动水口通氩气密封。

滑动水口的孔径 d 可按式(3-2-7)求得

$$d = \sqrt{\frac{4G}{\gamma \pi k 60 \sqrt{2gH_s}}} \qquad (3-2-7)$$

式中　γ——钢液密度,$\gamma = 7t/m^3$;

　　　k——流出系数,取 $k = 0.9$;

　　　G——必要的流量,t/min;

　　　H_s——钢液深度,m;

　　　g——重力加速度,m/s^2。

浇注过程中,由于氧化铝等氧化物的析出,会使水口孔径缩小,所以,选择水口孔径时,要在计算基础上适当扩大,扩大后水口孔径 d' 值按下式选取:

$$d' = \sqrt{2}d \qquad (3-2-8)$$

2.5.2　塞棒装置

塞棒装置主要是通过控制塞棒上、下运动,开、闭或调整中间罐内水口的开口度,从而实现调节中间罐钢液流出量的目的。

早期的塞棒装置是人工操作压杆控制的,目前绝大部分板坯连铸机使用的塞棒装置既可人工控制,也可以与结晶器液面检测装置联锁形成闭环钢流控制。一般在连铸机浇钢开始和结束以及拉坯速度变化较大时的非稳定状态,由浇钢工操作压杆控制,在拉速稳定时用自动控制。

塞棒装置主要由操作压杆、扇形齿轮、升降杆、机构本体、横梁、塞棒杆芯、氩气管路和数字控制电动缸等组成,其结构如图3-2-9所示。

图3-2-9是某钢厂使用的塞棒机构,塞棒升、降最大行程一般为120mm。

塞棒装置在人工控制时,操作工压动操作压杆7,拨动扇形齿轮6,使升降杆4升起或下降,同时带动横梁3和塞棒芯杆1上升或下降,从而达到开、闭水口控制钢流的目的。

自动控制时,塞棒机构与结晶器液面检测装置形成闭环控制系统,由结晶器液面检测装置检测结晶器液面高度并给控制系统信号,再由控制系统给塞棒机构的电动缸8发出行程指令,驱动塞棒开、闭控制钢流,此时扇形齿轮6处于随动状态。

开浇前,塞棒处于全关闭状态。在使用过程中塞棒中心须进行吹氩冷却,以防止钢流结块,堵塞水口。

2.5.3　水口快换装置

在多炉连续浇钢过程中,中间罐浸入式水口的使用寿命通常只有中间罐本体耐材使用

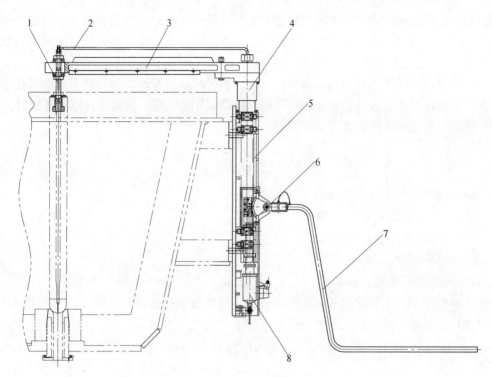

图 3-2-9　塞棒机构

1—塞棒芯杆；2—氩气管路；3—横梁；4—升降杆；5—机构本体；
6—扇形齿轮；7—操作压杆；8—电动缸

寿命的 1/2 ~ 1/3，为了提高中间罐本体的利用率，降低生产成本，近几年新投产的板坯连铸机大部分都使用了中间罐浸入式水口快换装置。

2.5.3.1　浸入式水口快换装置的功能

（1）在一个中间罐所具有的寿命内，能进行一次或多次在线快速更换浸入式水口，实现一个中间罐能多炉连浇。

（2）更换浸入式水口时不停机、不停浇、不提升中间罐，更换全过程大约需要 30s，浸入式水口的实际更换时间仅需要 1 ~ 2s。

（3）在出现浇钢事故或浇钢结束时，可以用安全板（盲板）瞬间安全关闭水口。

（4）为防止水口间的气隙造成钢液氧化，水口快换装置通氩气密封。

2.5.3.2　浸入式水口快换装置的设备组成

浸入式水口快换装置主要由机构本体、液压驱动装置和附属设备组成。如图 3-2-10 所示，浸入式水口快换机构本体主要由固定架 1、夹紧机构 2 和滑道 3 等组成。驱动装置主要由驱动液压缸、控制阀组及液压管线等组成。附属设备主要由氩气管线及阀组、浸入式水口离线烘烤器、水口更换机械手和维修检测设备等组成。

快换机构本体用螺栓固定在中间罐底部，更换中间罐时随中间罐一起转。液压驱动装置带在中间罐车上，更换中间罐时，将液压缸从中间罐底部取出挂在中间罐车上。

浸入式水口快换装置的液压管线、氩气管线用快换接头接到中间罐车拖链引出的液压及氩气管线上并与连铸机液压泵站及氩气气源接通。

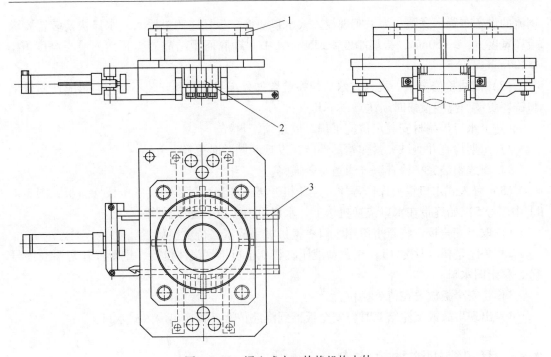

图 3-2-10 浸入式水口快换机构本体

1—固定架；2—夹紧机构；3—滑道

2.5.3.3 浸入式水口快换装置的安装及操作要求

（1）在线实现浸入式水口快换操作要求。图 3-2-11 是塞棒与水口快换装置组合控制

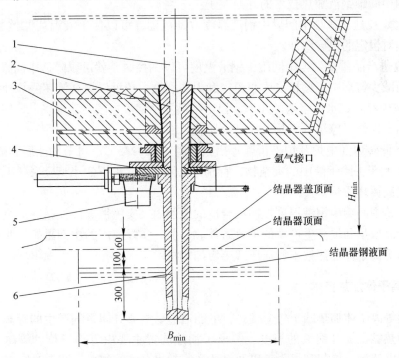

图 3-2-11 浸入式水口快换机构设备布置

1—塞棒；2—上水口；3—中间罐；4—快换机构；5—安全板（盲板）；6—浸入式水口

钢流的设备布置示意图。为了实现浸入式水口快换，板坯连铸机浸入式水口快换装置要求板坯宽度 $B_{min} \geqslant 450mm$，板坯厚度 $\geqslant 135mm$，中间罐底面距结晶器盖顶面的最小高度 $H_{min} \geqslant 400mm$。

（2）离线检修要求。浸入式水口快换装置如果离线检修和安装不当，会影响使用效果和铸坯质量。离线检修时须注意以下几点：

1）上水口等耐材安装定位应准确，周边须密封好。

2）定期检查并测试夹紧弹簧的性能，发现问题及时更换。

3）离线组装完毕检查氩气通道是否通畅。

（3）浸入式水口快换操作程序。连铸机开浇前和浇注过程中，安全板（盲板，图 3-2-11 中序号 5）始终带在水口快换机构上，水口更换按以下程序操作：

1）取出安全板，将新水口用水口更换机械手放置在待更换位置。

2）关闭塞棒（序号 1），用驱动液压缸将新水口推到浇注位置，重新打开塞棒（序号 1），移走旧水口。

3）将安全板放置在待更换位置。

4）出现事故或浇注结束时将安全板推到浇注位置，置换出浸入式水口。

2.6　中间罐钢液加热技术

中间罐作为钢包和结晶器之间的中间容器，具有二次冶金的功能。在连铸过程中，开浇、换包和浇注末期，中间罐内钢液温度波动可达 10 ~ 25℃，对浇钢操作和铸坯质量影响较大。采用中间罐钢液加热技术的好处在于：

（1）稳定拉速。减小中间罐中钢液温度波动范围，可以使钢液温度差控制在 ±3℃ 以内，实现相对恒定的温度浇注。

（2）改进产品质量。当中间罐中钢液温度可以调控时，就可以降低中间罐中钢液的过热度，从而减少铸坯中心偏析、中心疏松和内部裂纹，还可以提高铸坯的等轴晶率。

（3）减少浸入式水口堵塞的几率，稳定结晶器中钢液流场与温度场。同时有利于防止结瘤、冻结、回炉、停浇等事故，提高金属收得率。

（4）降低转炉（电炉及炉外精炼）出钢温度约 10 ~ 15℃，可节约能源和耐火材料。

（5）有利于去除钢液中的夹杂物，特别是去除 25μm 以下的小型夹杂物，提高钢液的洁净度并提高铸坯质量。

因此，将中间罐内钢液温度控制在合适的范围内，实施恒温浇注是获取良好铸坯质量以至最终产品质量和提高生产率的重要条件。目前，实际应用的中间罐钢液加热技术主要有两类，即等离子体加热技术和通道式感应加热技术。

2.6.1　等离子体加热技术

中间罐等离子体加热的工作原理是将电能通过易电离气体氩气产生的等离子体弧柱转化成钢液的热能，提升钢液的温度。等离子加热装置主要由等离子枪、等离子枪传动装置、等离子电源柜、控制和操作箱以及气体和冷却水系统等组成。图 3-2-12 是商家 L 开发的双枪式中间罐等离子加热装置"NS-Plasma Ⅱ"的设备组成。

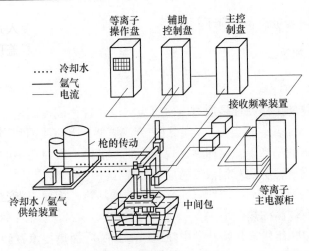

图 3-2-12 商家 L 开发的双枪式中间罐等离子加热装置 "NS-Plasma Ⅱ" 的设备组成

等离子枪设置在中间罐上方,通过控制等离子功率的大小,可将中间罐内钢液的温度控制在最佳范围。为了提高等离子加热的热效率,在中间罐上方等离子枪和钢液周边必须设置带堰坝和耐材的加热室。图 3-2-13 是商家 L 开发的双枪式中间罐等离子加热室。

中国在 20 世纪 90 年代中期以后曾先后引进了 8 套等离子体加热装置,加上国内自行研发的两套,共 10 套,但都未能在生产实践中正常应用,究其原因是受制于等离子体加热装置的四个本质性难题:

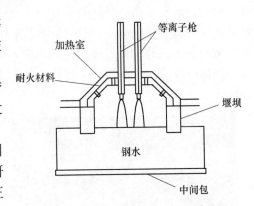

图 3-2-13 商家 L 开发的双枪式中间罐等离子加热室

(1) 等离子体加热大部分加在中间罐钢液面上,其中弧柱直接辐射加热约占 52%;少部分靠弧柱电流经钢液传导加热约占 30%;由此可见从钢液面向钢液内部传热不畅,造成温度分布不均匀,热损失较大,加热效率也较低。

(2) 等离子体弧柱放电产生的噪声,严重影响现场浇钢操作人员的健康。

(3) 等离子体弧柱激发的强电磁辐射对连铸机控制的弱电系统产生强烈干扰,特别是对结晶器液面控制系统的严重干扰。

(4) 为集聚等离子体弧柱的辐射热,在中间罐上方建有专用的加热室,其耐火材料须经受 3000℃ 以上高温的长时间烘烤,不仅耐火材料质量要求高,而且使用寿命短。

然而在此期间,日本的一些钢铁企业却在不断地研发和改进中间罐等离子加热这项技术。2009 年、2011 年,新日铁住金工程技术(NSENGI)株式会社钢铁设备成套公司在新日铁住金小仓 4 号连铸机、爱知制铁(株)知多厂 3 号连铸机上分别采用了 NSENGI 的 TPH 型中间罐等离子加热装置。在中国,2015 年投产的青岛钢铁控股集团有限责任公司 3 号方坯连铸机以及天津荣程联合钢铁公司 3 号和 5 号连铸机均采用了 NSENGI 的 TPH 型中间罐等离子加热装置,均已经调试成功投入使用。而且噪声比以前大幅度降低,距离弱电设备一定距离时，对弱电设备没有干扰。

2.6.2　通道式感应加热技术

2.6.2.1　概述

通道式感应加热的工作原理是通过电磁感应将电能转化成提高钢液温度的热能，如图 3-2-14 所示。就电路而言，它类似一台单相交流变压器，多匝线圈相当于变压器的一次回路，通道中流动的钢液相当于二次回路，视为一匝。供给一次回路中的电能通过电磁感应传输给二次回路的钢液，实现对钢液的感应加热。

由于感应电流在钢液内部组成回路，其产生的焦耳热直接加于钢液的体积内，因此通道式感应加热装置有较高的热效率。

国内从 20 世纪 90 年代末开始开发中间罐通道式感应加热技术，湖南中科电气股份有限公司与国内某钢厂于 2010 年 7 月签订了 "研发中间罐通道式感应加热与精炼技术" 协议。此后，研发工作历时近两年时间，经历不少波折，无论是感应加热装置（包括感应加热器本体、高压变频电源和电控装置及采用气雾冷却与最新风冷技术相结合的复合冷却系统）或者是中间罐本体均经历过多次重大修改、重建，终于在 2011 年 12 月研发成功具有自主知识产权的 "中间罐八字形通道感应加热与精炼装置" 并取得了多项专利技术，如图 3-2-15 所示。

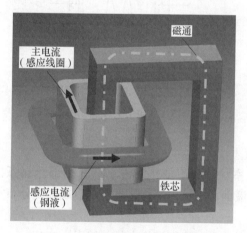

图 3-2-14　通道式感应加热的原理

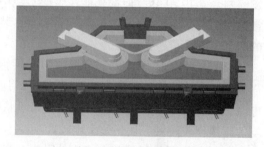

图 3-2-15　中间罐八字形通道感应加热装置

2.6.2.2　中间罐八字形通道感应加热与精炼装置的技术特点

（1）八字形通道布置较好地解决了 "中间罐长水口和浸入式水口位置不能变和钢包回转台与中间罐间距过小" 的制约，而且还改善了多流连铸机中间罐的流场，有利于降低中间罐内中间流与边流的温度差，均匀中间罐内钢液温度，非常适合现有连铸机的技术改造，为现有连铸机增装中间罐八字通道感应加热与精炼装置创出了一条新的路子。

（2）采用高压中频电源技术，可以减小感应加热装置的体积。这样，现有钢包回转台、中间罐及中间罐车的相对位置坐标维持不变，且中间罐改动小，有利于在原有连铸生产线增设感应加热装置。

（3）感应加热器采用气雾冷却与独特的制冷冷却相结合的复合冷却系统，可根据不同的加热功率调节冷却强度，不仅冷却效果好，而且能保证运行安全。

（4）该装置操作控制界面友好，采用自主知识产权的高压变频与控制的专利技术实现节能环保效果，各功率参数可根据钢包的钢液量、时间间隔、浇注条件等生产因素实现完全自动化操控，再配合连续测温技术可防止中间罐钢液温度的波动，实现恒温浇注。

（5）该装置借助电磁感应将电能直接转换成热能，为非接触式绿色环保技术，输入功率和钢液加热同步实现。操作过程无需气氛控制，钢液无二次污染；配置加热装置不会对操作空间造成大幅度改动，且独特的机械结构和绝缘的专利技术保证了极低的噪声和对地绝缘的安全可靠。

（6）该装置设计采用计算机仿真模拟，优化设计磁场、温度场、流场，同时基于电磁感应原理直接向钢液体积内加热，热量损失小，加热效率可达90%以上，高效、节能。

（7）该装置借助通道内箍缩力的助推作用加速冷热钢液对流，使中间罐内钢液温度分布均匀。

（8）中间罐底部通道内的钢液由于电磁力的箍缩效应和热对流，形成有利于夹杂物上浮的上升流，因而有利于减少钢液中的夹杂物，特别是 $25\mu m$ 以下的小型夹杂物的去除效果尤为明显，从而提高了钢液洁净度。

（9）感应加热器铁芯由上下两部分组成，且冷却风道、电缆等均采用独特快接专利技术，满足与中间罐的装卸、操作及维护的便捷性。

2.6.2.3　中间罐八字形通道感应加热与精炼装置的使用效果

第一个中间罐通道式感应加热装置 2011 年 12 月投入生产使用，一直连续使用，设备运行稳定、安全可靠，具体效果如下：

（1）在 GCr15 轴承钢和帘线钢连铸过程中钢液温度在目标温度 $\pm2℃$ 范围波动，如图 3-2-16 所示，图中红线为感应加热后的温度曲线，由图可见，基本实现了低过热度恒温浇注。

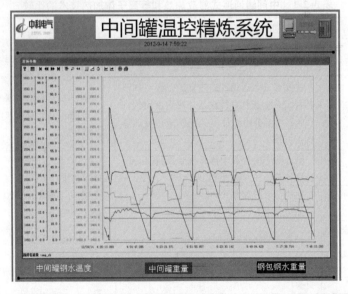

图 3-2-16　中间罐八字形通道感应加热与精炼装置应用于 GCr15 钢连铸的温控效果

（2）钢液中全氧含量降低 15% 以上，如图 3-2-17 所示。

（3）帘线钢不合格率降低 50% 以上。

（4）去除氧化物夹杂效果显著。

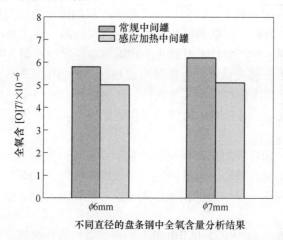

不同直径的盘条钢中全氧含量分析结果

图 3-2-17　中间罐八字形通道感应加热与精炼装置应用于 GCr15 钢连铸的去氧效果

中间罐通道式感应加热技术在中国逐渐被钢铁企业，特别是特钢企业所看好，目前已经在江阴兴澄 50t 中间罐、邢台特钢 20t 中间罐、首钢集团贵阳特钢、江苏沙钢、东北特钢集团抚顺钢铁公司、宁波钢铁公司等多个厂家使用 7 套，其中国产的有 4 套。该项技术有进一步推广的趋势。

2.6.3　中间罐等离子体加热和通道式感应加热技术的比较

中间罐等离子体加热和通道式感应加热技术的比较，见表 3-2-1。

表 3-2-1　中间罐通道式感应加热和等离子体加热技术的比较

序号	比较内容	等离子体加热	通道式感应加热
1	加热机理	通过易电离气体氩气产生的等离子体弧柱，将电能转化成钢液的热能	通过电磁感应将电能转化成钢液的热能
2	加热途径	主要有三个途径：加热室炉壁辐射加热约占 52%；弧柱直接辐射加热钢液面约占 18%；小部分由弧柱电流经钢液传导加热约占 30%	借助流经通道内钢液中感生的感应电流产生的焦耳热，直接加于流经通道的钢液的体积内
3	温控精度	输入功率由等离子体弧柱长度决定，可控性稍差一些。中间罐温降 <5℃	加热的响应性和可控性好，温控精度为目标温度的 ±3℃
4	加热功率和效率	加热功率通常为 1000kW 加热效率为 60%~70%	加热功率通常为 1000kW 加热效率 ≥90%
5	去除夹杂物效果	去除夹杂物效果不明显	去除夹杂物特别是小型夹杂物的效果好
6	加热设备维护	等离子体矩中阴极的钍钨材料需经常更换	基本不需维护
7	对钢液的污染	由于气体的离解和电离作用，易造成钢液增 N 达 6×10^{-6}	无污染
8	对环境的影响	噪声大、电磁辐射强	基本无噪声和电磁辐射

序号	比较内容	等离子体加热	通道式感应加热
9	中间罐改造	基本不改变中间罐外形,但需要在中间罐上面增设专门的加热室,并在中间罐底部或侧壁埋设电流返回阳极	需要上下贯通的专门区域安装加热用感应器及其两侧的耐火材料通道,中间罐改造相对较大
10	对耐火材料要求	因等离子体弧柱温度≥3000℃,加热室内衬的耐火材料需耐高温长期烘烤,材质要求较高,否则易于剥落成夹杂物,使用寿命也较短	由于通道中钢液流动引起的侵蚀性磨损,对通道耐火材料的耐磨损要求较高
11	对转炉或精炼炉出钢温度的影响	降低出钢温度10～15℃,可延长转炉和精炼炉的使用寿命,同时节约能源和耐材	降低出钢温度10～15℃,可延长转炉和精炼炉的使用寿命,同时节约能源和耐材
12	对运行操作要求	需要执行起弧、拉长弧柱等程序,操作较复杂且要求较高,操作不当容易熄弧、断弧	操作简单,只需调节加热功率等级
13	其他相关配置	连续测温和连续液面检测	连续测温
14	其他辅助手段	为使被加热钢液从表面转移到母液中,需要借助堰、坝或吹氩气搅拌促进钢液流动	基本不需要
15	对消耗材料要求	等离子体矩阴极用的钍钨电极需经常更换	无耗材
16	运行费用	运行费用较高	运行费用较低
17	适用范围	大容量中间罐(40t以上)、大通钢量、较长浇注周期的板坯和大方坯连铸	基本不受中间罐容量和通钢量大小的制约、较长浇注时间的小方坯、大方坯和板坯连铸均适用

从表3-2-1可以看出,等离子体加热与通道式感应加热技术相比较主要有以下3个实质性的不同:

(1)加热机理上,前者为接触式加热,即将电能通过易电离气体氩气产生的等离子体弧柱转化成钢液的热能,而后者是非接触式加热,即通过电磁感应将电能转化成钢液的热能。

(2)加热方式上,前者的大部分热量(约占70%)加在钢液面上,再由钢液面传递到内部钢液,而后者的热量几乎全部直接加在钢液体积元上。

(3)加热功能上,前者基本上是单一的加热钢液功能,而后者兼具加热钢液功能和去除夹杂物特别是小型夹杂物即精炼功能。

2.7　中间罐装配的检查、维护及吊运

2.7.1　中间罐装配的检查和维护

由于中间罐、中间罐盖、塞棒机构、水口快换装置工作时处于高温状况下,使用条件极为恶劣,故其检查和维护非常重要。

2.7.1.1　中间罐、中间罐盖本体部分

(1)检查中间罐本体和中间罐盖的变形和龟裂情况,焊接部位的龟裂、腐蚀、裂纹的

发生以及涂装的脱落情况。

（2）一旦发生钢板和焊缝的龟裂、裂纹等情况，为防止其进一步扩展，必须采取补焊或采用钻孔的方法阻止其发展。

（3）检查联接螺栓有无松动，发现联接螺栓松动，应进行紧固，紧固时按对称方式进行，先紧固到最大力矩的 80%，最后紧固到最大力矩。

（4）定期检查和清理中间罐盖上粘结的钢渣和灰尘。

2.7.1.2　特殊件的检查与维护

中间罐装配上的特殊件是指塞棒机构、水口快换装置和滑动水口等，这些零部件由专业生产厂家生产，属机电一体品设备，检查与维护按照供货商的使用说明书进行，这里仅提常规要求。

（1）安装螺栓、螺母、销是否松动、变形、损坏等现象。

（2）检查液压缸是否漏油，活塞杆是否变形或异常磨损。

（3）检查滑动件有无卡紧现象，有无影响运动的钢渣、异物等。

（4）检查手动机构的操作是否灵活，有无卡紧现象。

（5）检查运动部件、套、环等部位有无影响运动进入的灰尘、异物等。

（6）检查运动部位，润滑油是否充入，充入量是否达到要求。

（7）检查液压、氩气等管路是否破损，是否有漏油、漏气现象。

（8）定期检查和清理特殊件上粘结的钢渣和灰尘。

（9）检查塞棒机构驱动电动缸电缆的防护状况。

（10）检查塞棒机构驱动丝杠的润滑状况。

2.7.1.3　检查与维护周期

A　制定每天、每周、每月、半年和一年的检查维修内容

中间罐本体、水口快换装置、塞棒机构和滑动水口等在使用过程中的检查、维护、调整和修理等，应按每天、每周、每月、每半年或一年进行，也可根据实际情况适当调整时间间隔。

（1）每天检查维护工作见表3-2-2。

表 3-2-2　每天检查维护工作

序　号	检 查 项 目	检 查 方 法
1	各装置工作前的状况	目视
2	润滑点给油情况	按液压、润滑要求进行
3	各接头、阀门等有无漏油、漏气现象	目视
4	各部分有无变形、异常振动或噪声	目视、耳听

（2）每周检查维护工作见表3-2-3。

表 3-2-3　每周检查维护工作

序　号	检 查 项 目	检 查 方 法
1	各部分润滑情况	目视
2	各种配管、阀门等有无泄漏	目视

（3）每月检查维护工作见表3-2-4。

表 3-2-4　每月检查维护工作

序　号	检 查 项 目	检 查 方 法
1	螺栓、销轴等检查	目视、敲打、必要时更换
2	各运动部分状况	目视

（4）半年的检查维护工作见表 3-2-5。

表 3-2-5　半年的检查维护工作

序　号	检 查 项 目	检 查 方 法
1	运动部位、衬套等磨损情况	目视、必要时解体检查
2	各种配管、软管等状况	目视
3	螺栓、销轴等检查	目视、敲打

（5）一年的检查维护工作见表 3-2-6。

表 3-2-6　一年的检查维护工作

序　号	检 查 项 目	检 查 方 法
1	螺栓、销轴松动情况	目视、敲打、必要时更换
2	运动部位、衬套等的磨损	目视、必要时解体检查

B　定期检查维护

即使在日常检查维护充分的情况下，经过长期运转后各部分产生磨损，也有引起大的故障和事故的可能，因此在一定时期应对设备进行拆装检修，使它恢复到设计要求的性能，这对防止发生事故是很有必要的，所以应根据设备的使用时间为基准，确定定期检查维护实施时间。本设备应在安全技术人员的监督和熟练工人配合下按计划进行周密的检查维护。

中间罐大修周期一般为正常连续工作 5000h，大修时对没有出现故障的塞棒机构、水口快换装置和滑动水口等应进行解体检查，更换磨损、变形或损伤的杆件、轴套等零件。紧固松动的螺栓和螺母。

C　故障处理

虽然进行了日常维护，定期检查维护，但使用中未曾预料到的原因也会引起大的事故。在此情况下，应立即停止运行，对故障产生原因进行调查，找出解决办法，该更换的应予以更换，对于重复出现的故障更应重视。

当设备出现故障时，不仅要对故障本身直接影响的零部件进行检查，对于未发生故障的相关零部件也应进行检查。

2.7.2　中间罐装配的运送与吊装

（1）中间罐或罐盖的运送只能在特定的由安全标记计划确定的运送路线上进行。

（2）中间罐运送与吊装操作应在培训过的调度员监督下并和起重机操作工一起安排进行。

（3）中间罐的吊装是用起重机和专门的中间罐吊具进行的，需吊装上线的中间罐必须是砌好衬并烘干且带快换机构的中间罐。

（4）将中间罐吊放到中间罐车上时，应采用软着落方式，即用起重机将中间罐吊到接近放置点一定高度后停止，然后中间罐车上的液压缸升起升降架，慢慢地使中间罐车的对中框架与中间罐接触，最终使中间罐平稳地落放在中间罐车对中框架上，这样可避免放置中间罐时产生过大的冲击力。

（5）吊装中间罐的位置在预热位或其附近进行，在此处还可进行浸入式水口的安装。

（6）放置或吊离中间罐时，禁止人员停留在中间罐或存在中间罐挤压危险的区域内。

（7）将中间罐从中间罐车上吊离时，中间罐水口快换的盲板必须处于插入状态。

（8）中间罐不应该在有人员作业的区域、控制室以及控制设备的上方经过，如必须经过有人工作业的区域，该区域所有人员须暂时躲避到安全区域。

（9）运送中间罐通过相应的工作或修理区域时，起重机操作工应拉响警报。

（10）一般情况下，中间罐可与罐盖连带操作，但需确保：

1）中间罐盖正确地安装在中间罐上。

2）保证中间罐盖不会从中间罐上滑出或掉落。

参 考 文 献

[1] 刘明延，李平，等. 板坯连铸机设计与计算 [M]. 北京：机械工业出版社，1990：44，47～52，54.

[2] 毛斌，李爱武. 连铸中间包通道式感应加热与精炼技术值得推广 [C]. 南宁，第二届全国连铸工艺技术学术会议，2013.12：59～63.

[3] 橘高节生，等. 新日铁新开发的双枪式中间包等离子加热装置"NS-Plasma Ⅱ" [J]. 鞍钢技术，2005 (6)：57～59.

3　长水口装卸装置

为了实现无氧化浇注，在钢包和中间罐之间设有长水口。长水口装卸装置是夹持和装卸钢包长水口的设备，位于钢包和中间罐之间，一般安装在中间罐车上，也有装在浇钢平台上的。正常浇钢时，长水口被长水口装卸装置压紧在钢包滑动水口的下水口上。

由于浇钢是在高温环境下进行，且钢包和中间罐之间空间比较狭窄，在浇钢过程中，要求长水口上部与钢包下水口要保持一定的顶紧力，更换长水口须方便、快捷，因此，长水口装卸装置应具有使长水口升降、倾翻、移动、回转和将长水口紧紧地顶在钢包滑动水口下水口上的功能。由于长水口装卸装置结构复杂、灵巧、实现多功能的特点，因此它又被称为"长水口装卸机械手"。

3.1　长水口装卸装置的主要性能参数

长水口装卸装置的主要性能参数是由长水口装卸及浇钢操作条件决定的，不同的操作条件会有所不同，通常设计长水口装卸装置须考虑升降行程、前后移动行程、倾翻角度、旋转角度、顶紧力及随动功能等主要性能参数。图 3-3-1 和图 3-3-2 是两种不同结构的长水口装卸装置。

3.1.1　升降行程

升降行程包括上升行程和下降行程。

3.1.1.1　上升行程

上升行程须满足以下两种操作工况。

（1）长水口放入和提出中间罐。当长水口从中间罐内提出时，确保长水口由浇钢工作位置全部提升到高于中间罐盖顶面以上 50mm 左右。

（2）随着中间罐同步升降。当中间罐升起时，也需操作长水口随之升起，但其上升行程要大于或等于中间罐升降行程，上升速度要大于或等于中间罐升降速度。

上升行程取以上两种工况条件中的大值。

3.1.1.2　下降行程

不论钢包回转台是否具有升降功能，一般浇钢操作都要求钢包回转台具有低位（浇钢位）回转的功能要求。下降行程主要是满足钢包低位回转的条件，从以下三种操作工况考虑。

（1）正常操作。当一包钢液浇注完毕，长水口须下降并从钢包滑动水口的下水口脱开，长水口下降的距离使得长水口顶面低于钢包下水口底面 50mm 左右，在这种情况下长水口下降行程从正常浇钢工作位置要下降 150mm 左右。

本章作者：刘增儒；审查：王公民，刘彩玲，黄进春，杨拉道

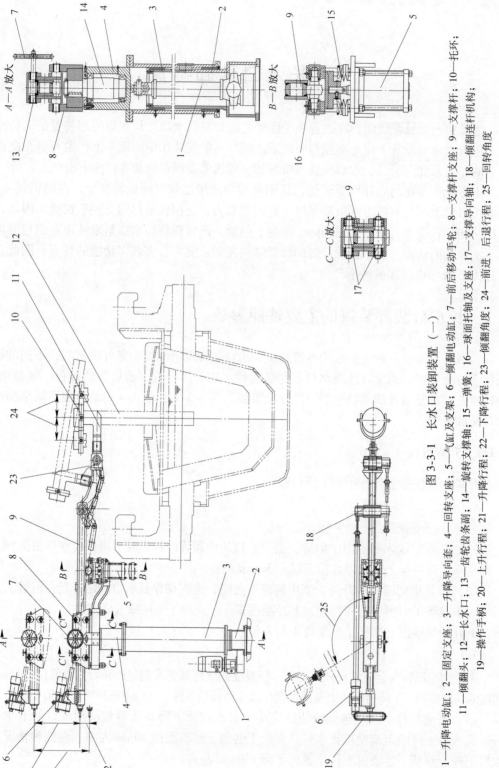

图 3-3-1　长水口装卸装置（一）

1—升降电动缸；2—固定支座；3—升降导向套；4—回转支座；5—气缸及支架；6—倾翻电动缸；7—前后移动手轮；8—支撑杆支座；9—支撑杆；10—托环；11—倾翻头；12—长水口；13—齿轮齿条副；14—旋转支撑轴；15—弹簧；16—球面托轴及支座；17—支撑导向轴；18—倾翻连杆机构；19—操作手柄；20—上升行程；21—升降行程；22—下降行程；23—倾翻角度；24—前进、后退行程；25—回转角度

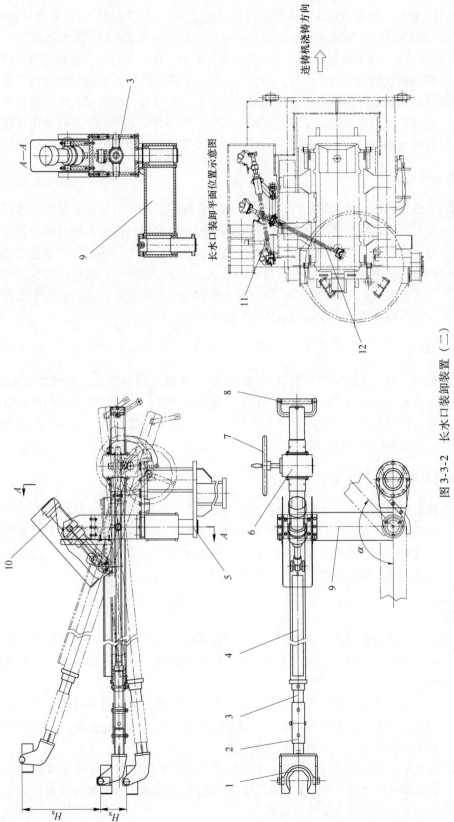

长水口装卸平面位置示意图

图 3-3-2　长水口装卸装置（二）

1—托环；2—叉头；3—杆芯；4—杆体；5—固定支撑座；6—蜗轮蜗杆箱；7—手轮；8—操作手柄；
9—连杆机构；10—液压缸；11—更换长水口位置；12—长水口工作位置

（2）钢包倾动。如果钢包回转台在一包钢液浇注末期倾动钢包，钢包下水口会下降，长水口也要随动下降，此时就须考虑钢包倾动时长水口随钢包下水口下降的高度。

（3）钢包下水口高于钢包腿底面及回转台叉臂底面。由于钢包或钢包回转台自身结构的原因，当钢包坐在钢包回转台上时，钢包下水口高于钢包腿底面及钢包回转台叉臂下底面，为满足钢包回转台低位回转要求，长水口的最大下降行程，应确保长水口及长水口装卸装置上的部件低于钢包腿底面及钢包回转台叉臂下底面 50 ~ 100mm。这样能保证钢包回转台低位回转时长水口与钢包腿底面及钢包回转台叉臂下底面相对运动时互不干涉。

3.1.2　前后移动行程

当钢包坐在钢包回转台叉臂上时，前后导向留有间隙。长水口装卸装置将长水口装到钢包滑动水口的下水口后，要随滑动水口打开和关闭。如果钢包浇注末期有倾动，还应考虑钢包倾动时下水口的位移量。因此，长水口装卸装置前后移动行程在满足钢包滑动水口打开和关闭的行程、钢包倾动前后位移量的前提下，还应考虑钢包、钢包回转台、中间罐及中间罐车等设备之间的相对位置偏差以及操作的方便性和可靠性，在满足基本操作要求后其前后移动行程再各留有 100mm 左右的余量。

3.1.3　倾翻角度

更换钢包时，操作工应清理长水口上的残渣并使残渣流向小渣盘，同时更换密封垫。为方便操作，长水口装卸装置必须具有使长水口倾翻的功能，不同结构型式的长水口装卸装置其实现长水口倾翻的方式不同，图 3-3-1 是垂直支撑杆轴线倾翻，图 3-3-2 是绕支撑杆轴线倾翻，倾翻角度为 80°左右。

3.1.4　旋转角度

为了方便更换长水口，长水口装卸装置应具备绕主支撑座中心线旋转的功能。一般为人工操作，从浇钢位置将已经升起离开中间罐的长水口旋转到中间罐车操作平台上的存放新长水口的位置更换新长水口。从浇钢工作位到新长水口存放和安装位置之间的角度就是长水口装卸装置的水平旋转角度。

3.1.5　顶紧力

为了防止钢包滑动水口的下水口与长水口结合部位漏气甚至漏钢，必须使下水口与长水口之间保持一定的结合力，也就是长水口装卸装置具有使长水口在浇钢过程中始终向上顶紧下水口的顶紧力。

顶紧力的大小与下水口和长水口之间连接处密封结构形式及密封垫材质有关。可以把最小密封压力再乘以安全系数作为顶紧力。也可以根据以往设计经验选取，一般取 2500 ~ 10000N，锥面密封取小值，平面密封取大值。

顶紧力确定后，再根据长水口装卸装置的结构尺寸、重量及长水口重量等参数，按照力和力矩平衡原理计算出顶升液压缸（电动缸或气缸）的参数。当顶紧力确定后，还须校核长水口装卸装置上的托环等薄弱件的强度。

3.1.6　随动功能

如前所述，在浇钢过程中，为了防止钢包下水口与长水口结合部位漏气导致钢液氧化和漏钢，必须使下水口与长水口之间保持稳定的顶紧力。

（1）一个满载钢液的钢包从开浇到浇注完毕，钢包下水口及长水口的位置在以下几种条件下是变化的。

1）长水口随钢包滑动水口打开或关闭。

2）随着浇钢过程中钢包内钢液的递减，钢包回转台叉臂的挠度逐渐变小，钢包下水口位置逐渐上升。

3）钢包倾动时钢包下水口位置会下降和横向移动。

（2）为适应钢包下水口的位置变化，长水口装卸装置须具有随动功能，也就是钢包下水口位置上下、前后移动时，长水口要随动并始终按设定的顶紧力顶紧在钢包下水口上。

1）升降随动。实现长水口上升、下降随动功能有多种途径，早期的全部手动操作的长水口装卸装置用平衡配重块实现。近几年大部分是通过设定液压缸的压力，控制其恒压工作，在生产实践中使用效果较好。A钢铁公司连铸机使用了以钢包的实际位移曲线作为长水口装卸装置升降的目标曲线，用钢包的位移控制长水口装卸装置的升降位移的自动同步控制装置。

如果浇钢操作要求中间罐浸入式水口调渣线，中间罐车升降架会带着中间罐上下升降，在这种操作条件下，长水口装卸装置最好不固定在中间罐车的升降架上而是固定在行走车架上，以减少长水口装卸装置升降随动的频率。

2）前后随动。浇钢过程中，长水口随钢包的前进、后退是没有约束的。图3-3-1是钢包带着长水口，通过长水口装卸装置的导向套及齿轮和齿条机构实现的。图3-3-2是钢包带着长水口，通过长水口装卸装置的连杆机构绕固定座回转实现的。

3.2　长水口装卸装置的型式及设备组成

早期的长水口装卸装置多为手动操作加配重的简单杠杆机构，随着技术的发展，现在的长水口装卸装置是以电动、气动或液压动力为主，手动操作为辅的机构，有的钢铁公司的长水口装卸装置达到了自动控制水平。下面介绍两种应用较多的长水口装卸装置。

3.2.1　长水口装卸装置（一）

图3-3-1所示的长水口装卸装置（一）为A钢铁公司板坯连铸机使用的长水口装卸装置，该装置具有使长水口升降、回转、倾翻、前后移动和平衡顶紧等功能。该长水口装卸装置的特点是功能齐全，长水口装卸操作灵活可靠，但结构较复杂。下面就其实现各种操作功能的方式及设备组成做简要介绍。

（1）长水口升降是靠电动缸1顶着与其铰接的升降导向套3上下运行的。电动缸1安装在固定底座2上，升降导向套3套在固定底座2的导向柱上，导向套和导向柱之间有垂直导向键和圆柱导向面，确保导向套垂直升降。升降导向套3上安装有托着长水口12的支撑杆9、托环10及倾翻头11等。设计时，应考虑载荷的平衡，以减少外载荷对缸体产生力矩，确保电动缸稳定工作。

长水口最大升降行程为 830mm，升降速度 2m/min。上升和下降极限位置由限位开关和控制装置自动控制。

（2）长水口回转是通过操作人员搬动操作手柄 19，转动支撑杆支座 8 来实现的。支撑杆支座 8 坐落在回转支座 4 上，可以绕旋转支撑轴 14 转动，长水口最大回转角度为 120°。

（3）长水口倾翻是由倾翻电动缸 6 驱动倾翻连杆机构 18 转动倾翻头 11 绕垂直于支撑杆 9 轴线的中心线倾翻实现的，倾翻连杆机构装在支撑杆 9 上。长水口倾翻角度为 80°。

（4）长水口前后移动是通过操作人员转动前后移动手轮 7，驱动齿轮齿条副 13，使带着长水口的支撑杆 9 前后移动，支撑杆 9 被四个支撑导向轴 17 夹持在支撑杆支座 8 内。长水口前后移动最大行程为 ±350mm。

（5）平衡压紧是靠气缸顶着球面托轴及支座 16 实现的。气缸及支架 5 固定在支撑杆支座 8 上，在气缸四周装有四个弹簧 15，四个弹簧平衡了托架及水口自重造成的偏载。

3.2.2　长水口装卸装置（二）

图 3-3-2 所示的长水口装卸装置（二）为某钢铁公司板坯连铸机使用的长水口装卸装置，该装置由托环 1、叉头 2、杆芯 3、杆体 4、固定支撑座 5、蜗轮蜗杆箱 6、手轮 7、操作手柄 8、连杆机构 9 及液压缸 10 等组成。该装置具有使长水口升降、回转、前后移动、倾转和平衡顶紧等功能。该长水口装卸装置的特点是能够满足长水口操作要求，长水口装卸操作灵活可靠，结构简单轻巧，因此在很多钢厂得到应用。下面就其实现各种操作功能的方式及设备组成做简要介绍。

（1）升降操作功能是由液压阀组控制液压缸来完成的。升降机构由液压缸 10、杆体 4 组成，液压缸 10 和杆体 4 与连杆机构 9 铰接在一起。长水口升降时，操作工操作液压阀组，通过液压缸 10 拉着杆体 4 绕着杆体 4 与连杆机构 9 上的转轴转动，带动与杆体 4 装在一起的长水口及托环 1、叉头 2、杆芯 3 等实现长水口上升行程 H_s（最大上升行程 900mm）和下降行程 H_x（最大下降行程 295mm）。

（2）更换长水口时，操作长水口装卸装置使之回转到操作平台上。长水口的回转和平移功能由操作工手动推、拉操作手柄 8 并通过连杆机构 9 的折迭与展开来实现，最大回转角度 α 为 135°。连杆机构 9 的一端套在固定支撑座 5 上，另一端支撑着杆体 4 和与其装在一起的部件。

（3）倾翻机构装在杆体 4 上。操作工手动操作手轮 7，驱动蜗轮蜗杆箱 6 中的蜗杆带动蜗轮及杆芯 3 转动（杆芯 3 装在杆体 4 内，杆芯 3 的端头装有叉头 2、托环 1 及长水口等），实现长水口绕杆芯 3 中心线倾转。操作工根据需要使长水口倾转必要的角度。

（4）每包钢液开浇前，钢包在高位时，操作工打开液压缸控制阀组，使长水口升起对准并顶紧在钢包滑动水口上，然后随钢包下降到浇注位浇注。长水口安装到钢包下水口上后，通过液压系统给液压缸设定恒定压力，使长水口以恒定的顶紧力顶紧在钢包下水口上。长水口在工作过程中与钢包下水口随动，从而使长水口始终顶紧在钢包下水口上。

（5）当一包钢液浇注完毕时，操作工关闭液压缸控制阀组，让长水口脱开钢包下水口，使长水口顶面低于钢包下水口底面 50mm，长水口整体要由正常浇钢位置下降约 150mm。

3.3　长水口装卸装置的操作、检修与维护

以图 3-3-2 所示的长水口装卸装置（二）为例予以说明。

3.3.1　长水口安装、更换操作

（1）开浇前将长水口安装到长水口装卸装置的托圈上，放入石棉密封圈，联接好氩气管线，确认氩气管线无泄漏，即仪表盘上显示压力、流量正常。

（2）中间罐车到浇铸位后，钢包回转台带着满载钢包回转到中间罐上方，操作工手动调节，使长水口对准钢包滑动水口的下水口。

（3）手动液压阀打到升位，长水口装卸装置带着长水口上升，长水口与钢包下水口压紧调正后，长水口装卸装置自动停止上升。

（4）钢包回转台的回转臂带着钢包下降，长水口随着钢包下降到浇钢位（低位）。

（5）开浇后，观察到钢液从长水口流出后，方可正常浇注。

（6）一个钢包的钢液浇完后，在钢包回转台的回转臂上升的同时，长水口与钢包下水口脱开，手动操作液压阀使长水口装卸装置带着长水口下降，手动液压阀打到停止位，长水口装卸装置停止下降，转动到清理位，检查长水口有无损坏，将长水口里面的残钢清理干净后放入密封圈，准备下一炉钢液的浇注。

（7）及时更换变形、损坏的长水口、备用叉架、托圈。

3.3.2　长水口的快换操作

当长水口损坏不能正常浇注时，按下列顺序快速更换长水口。

（1）立即关闭钢包滑动水口。

（2）把长水口装卸装置上的手动液压阀打到下降位，并旋转到水口存放位。

（3）拆下长水口上的连接管线并从长水口装卸装置上取下损坏的长水口。

（4）把准备好的新长水口安装好，连接上吹氩管线，连接钢包（按 3.3.1 小节进行操作）。

（5）打开钢包滑动水口进行连浇。

3.3.3　运转操作规程

长水口装卸装置与钢包和中间罐车协同操作时，必须按照下列规程进行。

（1）中间罐车驶入或驶出浇注位时，长水口安装装置必须处于避让位置。

（2）钢包回转至浇注位和钢包回转出浇注位时，长水口安装装置必须处于避让位置。

（3）中间罐和钢包到达浇注位，且钢包处于高位时安装长水口。

（4）当长水口与钢包下水口处于顶紧状态时，需要中间罐车行走或需要钢包回转前，首先将钢包升至高位，然后脱离长水口并将其移走。

3.3.4　检修与维护

3.3.4.1　日常检修与维护

长水口装卸装置运行时，必须对下列部位进行定期检查和维护。

（1）检查各轴承润滑情况。

（2）各立柱、转臂、长轴、杆体是否发生异常变形。

（3）检查油缸是否漏油及油缸活塞杆是否磨损。

（4）检查氩气管路是否漏气并对管路做必要的防护。

（5）检查螺栓是否松动。

（6）托着长水口的托环是易损件，在高温环境下容易变形，要经常检查，定期更换。

3.3.4.2　长水口装卸装置的分解组装

（1）顶紧液压缸的活塞杆伸出，使长水口脱离钢包下水口，取下长水口。

（2）拆下顶紧液压缸保护罩。

（3）拆下顶紧液压缸，对液压缸分解检查（按其液压缸说明书进行）。

（4）分解支承杆上各个零件。

（5）拆开各连杆与底座。

（6）检查轴承等各转动零部件的磨损情况。

（7）组装时按上述相反顺序进行。

参 考 文 献

[1] 刘明延，李平，等. 板坯连铸机设计与计算 [M]. 北京：机械工业出版社，1990：67.

[2] 叶林. 长水口机械手自动同步技术在宝钢的应用 [J]. 中国冶金，2010（6）：71～72.

4　中间罐车

4.1　中间罐车的功能

中间罐车是支承、运载中间罐的专用车辆，在连铸机浇钢过程中位于钢包之下、结晶器之上。每台连铸机配有两台中间罐车，沿连铸机中心线对称布置在主操作平台上，一台在线浇注，另一台在进行烘烤预热、准备工作位。两台中间罐车除拖链装置、走行安全碰撞架沿连铸机中心线对称布置外，其余结构、功能相同。

连铸生产要求，中间罐在浇钢前需预热到1100℃才能进入浇钢位置，接受钢液。

连铸机开浇前，中间罐车把预热好的中间罐从预热位置运送到浇注位置，在进入浇钢位置的过程中，为了保护中间罐下面的浸入式水口，中间罐在中间罐车上必须在升起状态，当到达浇注位置后，还需将升起状态的中间罐进行调整对中，使浸入式水口对准结晶器中心后，再将中间罐下降到浇钢工作位置。

浇钢过程中，一台中间罐车把预热好的中间罐快速运送到结晶器上方进行浇注，当工作中的中间罐需要维修时，需将其快速运走，另一台中间罐车又把预热好的另一个中间罐及时运送过来继续进行浇注，实现快速更换中间罐。因此，中间罐车也是连铸机实现多炉连浇的必要设备之一。

当浇注结束或发生事故不能浇注时，中间罐车能迅速移送到渣盘位置或预热位置，进行事故处理或更换中间罐。

4.2　中间罐车主要技术参数及设计要求

中间罐车是连铸设备中在工况较差的条件下实现功能较多、设备较为复杂的单机设备，它有以下主要技术参数设计要求。

（1）走行距离和走行速度。走行距离与中间罐的大小、是否有单独放渣位及平台总体布置有关，一般为15~20m。走行速度一般为2~20m/min，速度可调，高速用于快速更换中间罐，低速用于中间罐车的准确停位。

（2）升降行程和升降速度。升降行程一般为500~700mm；升降速度一般为1.5~2.0m/min。

（3）对中行程和对中速度。对中行程的设定要考虑结晶器浇注不同坯厚时浸入式水口的调整要求，对中行程一般为±（40~80）mm；对中速度约为0.3m/min。

———————

本章作者：刘增儒；审查：王公民，刘彩玲，黄进春，杨拉道

（4）称量精度。在浇钢过程中对中间罐内钢液的重量动态称量。一般称量系统精度偏差要求 ≤ ±0.5%。

（5）设计要求。由于中间罐车是连铸设备中的特殊专用车辆，因此其设计上除满足一般车辆的强度、刚度和可靠性要求外，还要具备方便的浇钢操作条件。

中间罐车结构设计时，在有限的空间内，车体下部要考虑给浇钢工的操作（观察结晶器液面、向结晶器内加保护渣、捞渣和浸入式水口快换等）提供方便安全的条件。车体上部要设置必要的操作平台，以满足浇钢中操作钢包、装卸钢包长水口、中间罐钢液测温及向中间罐内投放保护渣的操作要求等。

当浇钢过程中偶遇事故时，需要由中间罐向事故钢包中放钢液，中间罐车也必须为钢液溢流创造条件。

4.3　中间罐车的类型

中间罐车的类型较多，有四轮落地式、两轮落地两轮悬挂式、落地悬臂式、吊挂悬臂式、四轮悬挂式等，这几种车型都是在垂直于连铸机中心线方向直线行走型，还有回转式中间罐运送支撑结构，绕钢包回转台弧线行走的大小轮中间罐车等。

板坯连铸机使用较多的是四轮落地式和两轮落地两轮悬挂（高低轨）式中间罐车，设计中，从操作方便和设备布置紧凑合理考虑，双流板坯连铸机采用最多的是四轮落地式中间罐车，中间罐车的两条轨道分别布置在结晶器内外弧的两侧，其轨道均铺设在主操作平台上，通常轨道面标高与浇注平台面标高一致，如图 3-4-1 和图 3-4-2 所示。单流板坯连铸机应用最多的是两轮落地两轮悬挂（高低轨）式中间罐车，如图 3-4-3 和图 3-4-4 所示。

中间罐车的行走大部分采用电机驱动，也有采用液压马达驱动的，电机驱动又分一台电机驱动和两台电机驱动两种。一台电机驱动的采用机械传动机构同步，两台电机驱动的采用电气同步控制，由于两台电机驱动机械结构简单，因此新投产的中间罐车的行走采用两台电机驱动的比较多。

中间罐车的行走变速方式主要有双输入轴行星减速传动变速和交流变频调速两种方式。

双输入轴行星减速传动变速是通过行星减速器的两个主动轴分别与两台带制动器的交流电机相联。当快速电机接电时，其制动器打开（此时慢速电机不接电，其制动器闭合），快速电机转动，使行星轮绕固定轮旋转实现快速驱动。当慢速电机接电时，其制动器打开（此时快速电机不接电，其制动器闭合）慢速电机转动，通过两级圆柱齿轮使行星轮围绕与快速电机相连的太阳轮旋转，实现慢速驱动。这种传动方式可简化电控设计，快速与慢速电机互不影响，维护简单，早期投产的连铸机的中间罐车行走机构大都采用这种传动方式。

随着交流变频技术的发展，近几年新投产的中间罐车的行走大部分是用交流变频调速。

中间罐车的升降驱动有两种，一种是两台（或一台）电机驱动四个蜗轮蜗杆滚珠丝杠千斤顶，顶升座放着中间罐的升降架，四个千斤顶采用机械传动机构同步，如图 3-4-1 和图 3-4-3 所示。另一种是用四个（或两个）液压缸，顶升座放着中间罐的升降架，

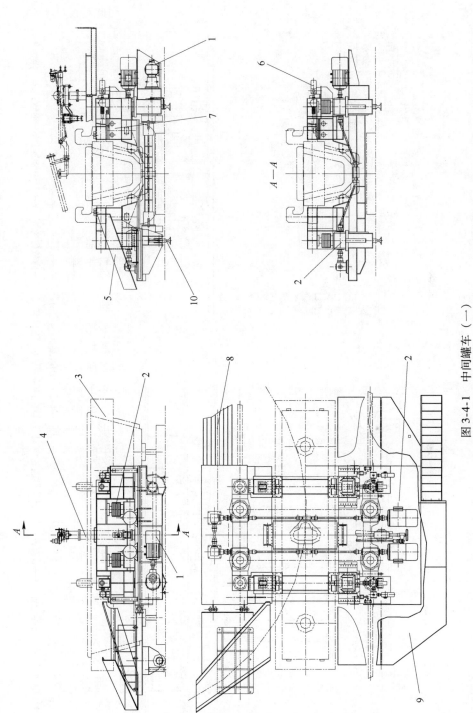

图 3-4-1　中间罐车（一）

1—行走装置；2—升降装置；3—中间罐；4—长水口装卸装置；5—溢流槽及拖车；6—对中装置；7—称量装置；8—拖链装置；9—操作平台；10—钢轨

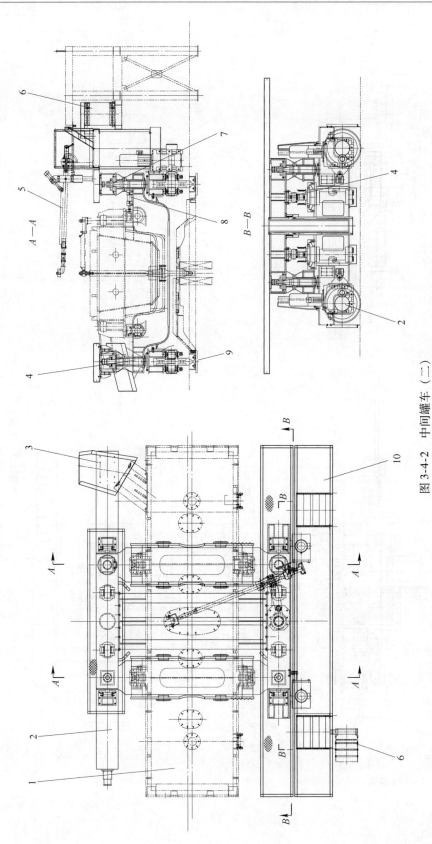

图 3-4-2　中间罐车（二）

1—中间罐；2—行走装置；3—溢流槽；4—升降装置；5—长水口装卸装置；6—拖链装置；7—称量传感器；8—对中装置；9—钢轨；10—操作平台

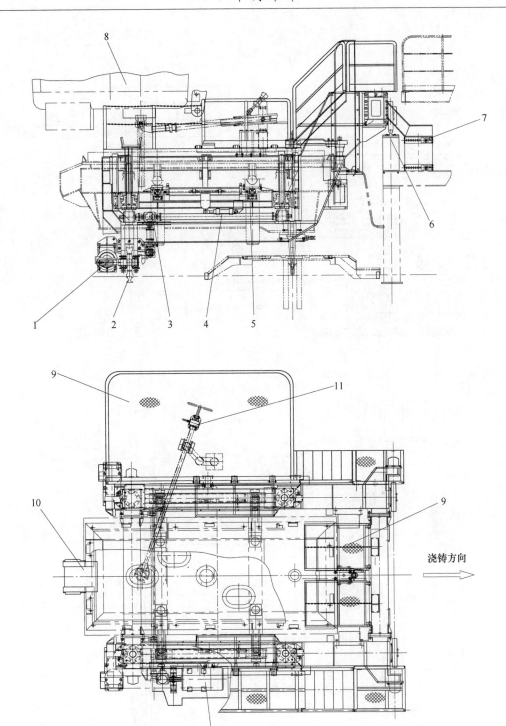

图 3-4-3　中间罐车（三）

1—行走装置；2—低位钢轨；3—升降装置；4—对中装置；5—称量传感器；6—高位钢轨；
7—拖链装置；8—钢包；9—操作平台；10—中间罐；11—长水口装卸装置

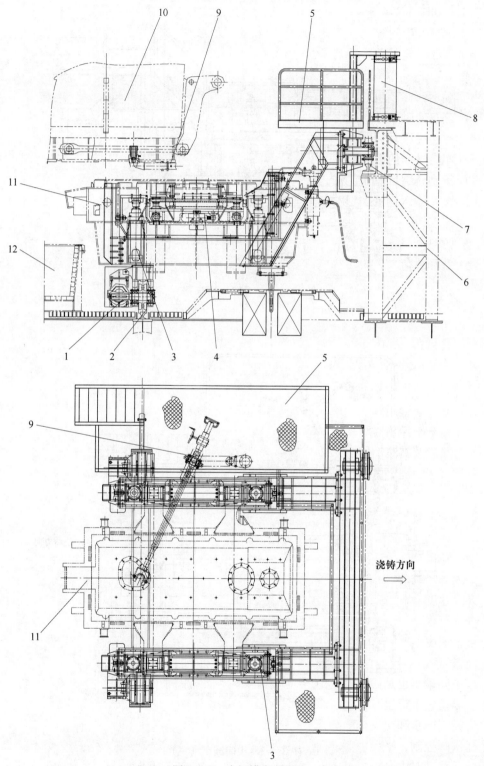

图 3-4-4　中间罐车（四）

1—行走装置；2—低位钢轨；3—升降装置；4—对中及称量装置；5—钢包操作平台；6—主操作平台；
7—高位钢轨；8—拖链装置；9—长水口装卸装置；10—钢包；11—中间罐；12—溢流罐

如图 3-4-2 和图 3-4-4 所示，液压缸用液压马达或位移传感器通过自动控制，使升降同步。四个液压缸顶升中间罐要比两个液压缸更稳定。液压驱动相对于电机驱动，其结构简单，运行安全可靠，但其设备造价要高一些。近几年新投产的中间罐车采用液压驱动升降的较多。

中间罐钢液称量装置的称重传感器有压式、拉伸式等，一般安装在升降架内。

中间罐车的对中驱动有两种，一种是两台电机各驱动一个蜗轮蜗杆减速器带着中间罐及其滚动体前后移动；另一种是用两个（或一个）液压缸带着中间罐及其滚动体前后移动。近几年新投产的中间罐车采用液压驱动对中的较多。

下面举例介绍目前板坯连铸机使用较多的四种不同结构的中间罐车的特点。

图 3-4-1 是 A 钢铁公司双流板坯连铸机使用的中间罐车，技术参数如下：

走行速度	$10 \sim 30$m/min
走行距离	21.5m（第一台），18.5m（第二台）
最大升降载荷	200t
升降速度	2m/min
升降行程	600mm
对中速度	0.27m/min
对中行程	±80mm

该中间罐车是四轮落地式，行走由一台电动机驱动行星减速器及结晶器内弧左侧的车轮并通过机械同步传动机构驱动连铸机外弧左侧的车轮，使四个车轮在浇钢平台上的钢轨上行走。升降装置用两台电动机各驱动两个蜗轮蜗杆滚珠丝杠千斤顶，并通过机械同步传动机构使四个千斤顶同步顶升中间罐升降。对中装置用两台电机各驱动一个蜗轮蜗杆减速器拉动中间罐及其滚动体前后移动对中。夹持着电缆及液压和其他介质管线的拖链布置在结晶器外弧侧的浇钢平台上，它的优点是节省了支撑拖链的钢结构台架，但位于钢包回转区域的下方并靠近溢流槽等危险区域，容易使拖链及其管线受到烧损。

图 3-4-2 是 V 钢铁公司双流板坯连铸机使用的中间罐车，技术参数如下：

走行速度	$2 \sim 20$m/min，交流变频调速
走行距离	17m
最大升降载荷	140t
升降速度	1.5m/min
升降行程	610mm
对中速度	0.3m/min
对中行程	±75mm

该中间罐车也是四轮落地式，它与图 3-4-1 所示的中间罐车的不同点是：行走由两台电机各驱动一个行星减速器及内弧侧的车轮，使其在浇钢平台上的钢轨上行走，两台电机靠电气控制同步和交流变频调速；升降装置由四个液压缸顶升中间罐升降，四个液压缸同步用比例阀控制，平稳可靠；对中装置用四个液压缸（内外弧各两个）拉着中间罐及其滚动体前后移动对中。夹持着电缆及液压和其他介质管线的拖链布置在结晶器内弧侧的高架梁上，远离钢包及溢流槽等危险区域，不易损坏。

图 3-4-3 是 J 钢铁公司单流板坯连铸机使用的中间罐车，技术参数如下：

走行速度　　　　　　2～20m/min，交流变频调速

走行距离　　　　　　13m（第一台），12m（第二台）

最大升降载荷　　　　80t

升降速度　　　　　　1.2m/min

升降行程　　　　　　700mm

对中速度　　　　　　0.3m/min

对中行程　　　　　　±75mm

　　该中间罐车的特点是：两轮落地两轮悬挂式，也叫高低轨式。车体由四个车轮支承，两个落地驱动车轮布置在结晶器外弧侧，在主操作平台上的钢轨上行走。两个从动车轮布置在结晶器内弧侧，在钢结构架起的横梁所设置的钢轨上行走。

　　两台带制动器的电机及行星减速器安装在低轨车架上，通过键分别与两个驱动轮联接，驱动车轮转动，实现中间罐车的行走功能，两台电机靠电气控制同步、交流变频调速。

　　一台电机驱动四个蜗轮蜗杆滚珠丝杠减速器，机械同步传动机构在一台电机驱动下顶升中间罐升降。两个液压缸驱动中间罐对中。

　　夹持着电缆及液压和其他介质管线的拖链布置在结晶器内弧侧的高架梁上，远离钢包及溢流槽等危险区域，不易损坏。

　　图 3-4-4 是 E 钢铁公司单流板坯连铸机使用的中间罐车，技术参数如下：

走行速度　　　　　　2～20m/min，交流变频调速

走行距离　　　　　　12m

最大升降载荷　　　　85t

升降速度　　　　　　1.5m/min

升降行程　　　　　　610mm

对中速度　　　　　　0.3m/min

对中行程　　　　　　±50mm

　　该中间罐车也是两轮着地两轮悬挂式，它的总体结构、行走、对中及称量机构以及拖链的位置与图 3-4-3 类似，所不同的是它的升降装置是由四个液压缸顶升托着中间罐的升降架，升降同步靠液压同步马达控制。

4.4　中间罐车的组成及结构

　　中间罐车主要由行走装置、升降装置、对中及称量装置、操作平台、拖链装配、行走和升降位置控制装置及中间罐车机上配管等组成。下面以图 3-4-4 所示的中间罐车（四）为例进行叙述。

4.4.1　行走装置

　　行走装置的作用是让中间罐车在预热位置、浇注位置和放渣位置之间移动。图 3-4-5 是中间罐车的行走装置。行走装置由高轨车架 1、低轨车架 4、右侧横梁 2、左侧横梁 5、电机及减速器 3、驱动车轮装配 6、从动车轮装配 7 和行走车挡 8 等组成。驱动车轮和从动车轮分别安装在低轨车架和高轨车架外侧的两端。左、右横梁与高、低轨车架通过高精度铰孔螺栓定位并用高强度螺栓把合组成中间罐车的车架主体，为减少或避免连接梁对螺

栓的剪切作用，在左、右横梁与高、低轨车架组装后，再用抗剪力挡块焊接（仅在车架侧焊接）固定。用于驱动的电机及减速器通过安装架和扭力板分别安装在低轨车架的外侧。

高、低轨车架和左、右侧横梁均为焊接的箱形梁结构，是中间罐车的主要承载部件，上面承载的部件比较多，在载荷集中的部位，需增设补强钢板，同时要考虑拆装的方便性。传动电机和减速器的安装部位，空间较小，应重点考虑拆装的方便性。设计的箱形梁应具备足够的强度和刚度，机加工前进行退火处理，以消除焊接应力。

低轨车架两端设有清轨器及车挡，清轨器用于清除钢轨上的杂物。设置车挡是从安全考虑，一旦行走限位检测失灵时防止中间罐车开出允许的行走区域。设计时还须考虑车架下面（车轮除外）与主操作平台之间留有≥100mm的间隙。

行走装置由四个车轮支承，两个驱动轮布置在外弧侧。从动轮布置在内弧侧高架轨道上。

车轮踏面几何形状的设计，要考虑对热量影响的适应能力，同时还要考虑受热膨胀时的车辆定位，因此，对于四轮落地式（双低轨式）中间罐车最好将一侧车轮设计成双轮缘，而另一侧设计成平踏面（光轮），一般在传动侧选用双轮缘车轮。对于两轮落地两轮悬挂式（高低轨式）中间罐车也可以将车轮都设计成双轮缘车轮，但从动车轮的轮缘与钢轨之间要留有车架本体受热膨胀的间隙，如图3-4-5中A—A和B—B放大图所示。

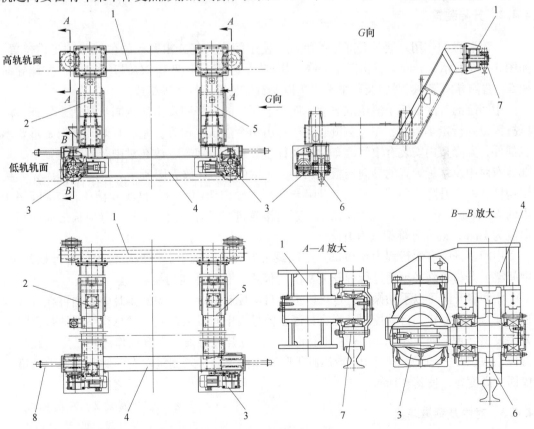

图3-4-5　中间罐车行走装置

1—高轨车架；2—右侧横梁；3—电机及减速器；4—低轨车架；5—左侧横梁；
6—驱动车轮装置；7—从动车轮装配；8—行走车挡

车轮的材料一般选用 ZG50MnMo 合金铸钢，整体调质处理，踏面表面淬火处理。

行走驱动系统由两台带制动器的变频调速电机各自与行星减速器直联安装在低轨车架上，通过键与两驱动轮联接，使车轮转动，实现中间罐车的行走。

选用带制动器的电机一定要带人工操作的制动器释放杆，它可以在制动器故障状态下由人工打开制动器，紧急开走中间罐车。高速行走、低速行走是采用交流变频调速电机及其控制装置实现的，两台驱动电机的同步也是靠电气控制实现的。中间罐车的高速行走、低速行走、停止是操作工通过操作电气操作箱上的按钮实现的，各工作位置设有行程开关，控制中间罐车自动停止与行走。车轮装置上的轴承采用干油手动润滑。

特殊的工况条件要求中间罐车在事故时及时开走，因此设计中间罐车行走部分时，应优先选用这种两台带制动器的变频调速电机驱动的结构形式，电机各自与行星减速器直联安装在低轨车架上，通过键与两驱动轮联接，这种配置确保在其中一台电机出现故障时，还能将中间罐车开走，而选用带制动器的电机上一定要带人工手动操作的制动器释放杆，它可以在制动器故障状态下由人工紧急打开制动器。

设计车体时，除考虑足够的强度和刚度外，还必须考虑热辐射的影响，对设备本身及布置在车体上的油气管路和电缆进行防护，同时还应考虑在上述管线烧损时，各部件具备方便的维修和拆、装条件。

4.4.2　升降装置

升降装置的作用是通过升降架的承载，使中间罐升起或由升起的位置降到工作位置。如图 3-4-6 所示，升降装置由四个升降液压缸 3、左侧升降架 1、右侧升降架 2、左侧导向架 5、右侧导向架 6、对中及称量装置 7 以及对中装置压板 4 等组成。

中间罐的升降由四个液压缸驱动，四个液压缸的升降同步由液压同步马达来保证，液压缸固定在行走车架上，左、右侧升降架各由两个液压缸顶升。左、右侧升降架是重要承载部件，升降架内安装有中间罐车对中及称量装置，中间罐就放在对中及称量装置上，上部装有对中及称量装置的导向压板如图 3-4-6 中的 *D—D* 放大图所示。升降架本体为焊接结构件，每个升降架两端各有一个升降导向架，导向架内装有导向板及滚轮，如图 3-4-6 中的 *B—B* 放大图、*C—C* 放大图所示，通过滚轮进行升降导向，滚轮与导向板之间的间隙单侧为 1mm，确保升降架垂直升降。

中间罐升降有效行程为 610mm。中间罐上升和下降的上、下极限位置设有行程开关，中间罐上升与下降必须通过行程开关发出"停止"信号才能切换。

中间罐升降可以手动操作，也可以进行自动控制运行。手动操作时中间罐可在升降行程内任意位置停止。自动控制升降运行停止信号由中间罐上升或下降行程终端的行程限位开关发出（或延时发出），中间罐升至高位，限位开关触发，上升动作停止。中间罐降至低位，限位开关触发，延时 10s 液压缸下降动作停止，必须测量左右两侧升降架中间罐支撑面的高度差，使其 ≤1mm。

4.4.3　对中及称量装置

如图 3-4-7 所示，对中及称量装置由左侧对中框架 1、右侧对中框架 2、前鞍座 3、后鞍座 4、对中液压缸 5 及称量传感器 6 等组成。

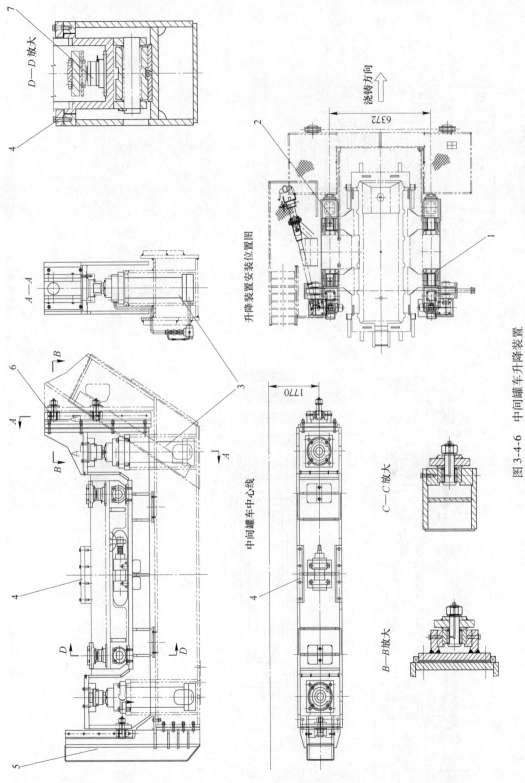

图 3-4-6　中间罐车升降装置

1—左侧升降架；2—右侧升降架；3—升降液压缸；4—对中装置压板；5—左侧导向架；6—右侧导向架；7—对中及称量装置

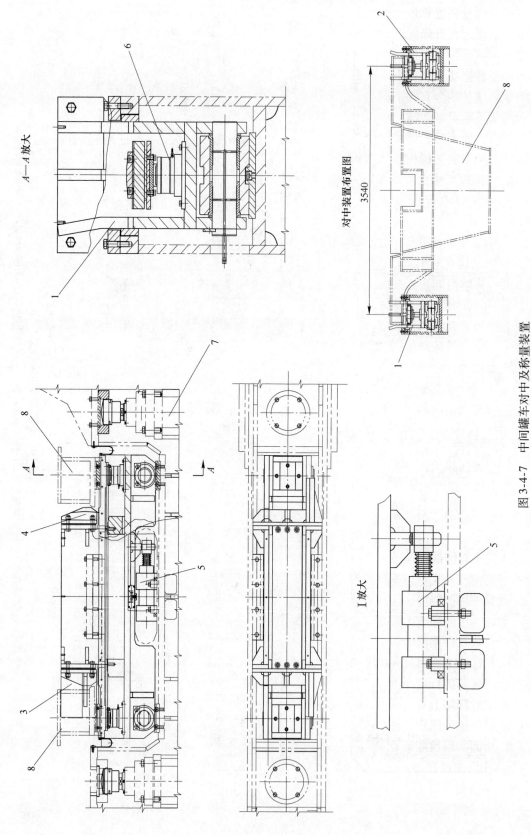

图 3-4-7　中间罐车对中及称量装置

1—左侧对中框架；2—右侧对中框架；3—前鞍座；4—后鞍座；5—对中液压缸；6—称量传感器；7—中间罐升降装置；8—中间罐

对中及称量装置靠带有两个滚轮的左、右对中框架坐落在升降装置的短轨道上，对中液压缸一端固定在升降架上，另一端固定在对中框架上，中间罐座放在前、后鞍座上，通过对中液压缸推拉对中框架使中间罐前后移动，从而实现中间罐浸入式水口在结晶器内的对中。称量传感器安装在对中框架两滚轮的上方，位于传感器安装板、弯曲板与对中框架之间，中间罐的四个支撑平面通过与传感器安装板连接的鞍板将负荷传递给称量传感器，弯曲板用于落包时减缓横向冲击，前、后鞍座用于落包时对中间罐进行导向。当中间罐座放在前、后鞍座上后，即可对中间罐内的钢液进行连续称量。

对中及称量装置操作须注意以下事项。

（1）中间罐对中由现场操作人员人工点动进行。

（2）如果对中行程为±50mm，即以中间罐浸入式水口中心为准向前、向后各调整50mm。

（3）中间罐在接受钢液之前进行对中。

（4）中间罐在对中行程范围内可在任意位置停止。由于行程较小，要求停位准确，故左、右动作要求可同步点动，也可分别点动。

（5）向中间罐车上放置中间罐时，要采用软着落的方式进行，即用起重机将中间罐吊在接近鞍板约300mm的上方后停止下放，启动升降液压缸慢慢地上升使鞍板与中间罐四个支撑平面接触，最终使中间罐稳稳地落在鞍板上，停止液压缸上升。这样可避免放置中间罐时产生较大的冲击力，延长称量传感器的使用寿命。

（6）当中间罐落到鞍板上时，负荷信息被传递到主控室，称量显示屏幕连续显示重量，从而实现浇钢前和浇钢过程中对中间罐及其钢液连续称量的功能。

4.4.4　其他装置

4.4.4.1　浸入式水口渣线控制装置

由于钢液液面上的渣线对浸入式水口有侵蚀作用，浇注过程中，浸入式水口在钢液液面处逐渐被腐蚀成一个环状沟槽，当环状沟槽腐蚀到一定深度时，浸入式水口就会断裂，使浇注中断。

浸入式水口渣线控制装置的功能就是让中间罐按一定的控制程序升起或下降一个位移量，从而变换浸入式水口高度位置，使渣线与浸入式水口的接触（腐蚀）位置变化，减缓浸入式水口被局部侵蚀，延长浸入式水口的使用寿命。

一般每台中间罐车上设置4个外装式位移传感器及数值显示表，用于中间罐升降位移显示及浸入式水口调渣线。

浸入式水口渣线控制装置主要由固定支座、活动支座和位移传感器等组成。固定支座安装在中间罐车的行走车架上，位移传感器安装在固定支座的套筒内。活动支座安装在支撑中间罐的升降架上（随升降架及中间罐上升、下降），磁环装在活动支座的插杆上，带着磁环的插杆插入固定支座的套筒内，当中间罐上升和下降时，磁环和位移传感器产生相对位移，从而实现检测铅锤位移的目的。

（1）在浇注过程中，当操作工启动浸入式水口渣线操作时，按下操作盘上的"调渣线"按钮，自动执行调渣线程序。

（2）调渣线程序。浸入式水口调渣线目标控制过程如图3-4-8所示。一般步长高度

$a = 5\mathrm{mm}$，步长时间 $b = 15\mathrm{min}$。

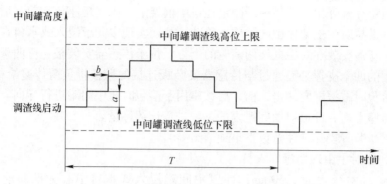

图 3-4-8　浸入式水口调渣线目标控制过程图

a—高度步长；b—时间步长

（3）操作工可在一级 PLC 上定义循环时间 T、步长高度 a 和步长时间 b；在二级计算机上工程师可限制中间罐调渣线高位和低位范围。在一级 HMI 点击"调渣线启动"，此时中间罐的高度被储存定义为"调渣线启动的位置"。调渣线程序控制启动，遵循预定程序，中间罐在循环周期内按一定的步长时间和步长高度开始动作。浸入式水口调渣线时，中间罐升降应慢速进行，速度约为 10mm/s。调渣线程序应留有用户二次开发的余地并储存多种调渣线曲线的可能。

（4）当按下"调渣线停止"按钮或按下中间罐升降开关时，调渣线程序控制停止。

4.4.4.2　操作平台

操作平台是中间罐车上必不可少的装置，在浇钢过程中，操作人员需要在这个操作平台上操作长水口装卸装置、往中间罐内投放覆盖剂、测量中间罐内钢液温度等。浇钢结束时，需要往中间罐内投放残钢并放置起吊锚钩等操作。

当放置于钢包回转台上的钢包进入浇注位置后，打开、调整、关闭滑动水口时，均需有人在现场进行观测、操作。由于浇注位置条件所限，无法设置固定操作台，只好将操作平台设置在中间罐车上。另外，钢包的滑动水口液压阀站、称量装置的重量数据变送器、液压升降及对中的阀台、干油润滑用供油泵、浸入式水口快换装置的控制阀组及液压（或气动）管线和氩气阀台及配管、钢包备用长水口等，都安装和放置在该操作平台上。

操作平台由台面、立柱、梯子和栏杆构成，由于中间罐在工作中需要升降、对中，操作平台亦需随之升降。在平台设计时，应考虑将平台分成安装在行走车架上的固定平台和安装在升降架上随中间罐同时升降的活动平台两部分，平台栏杆不要设计成封闭形的，一定要留有吊运物件的通道，当不吊运物件时，用金属小链将开口的栏杆连接。

操作平台设计时须考虑载荷条件，包括两名操作人员和随身携带的操作工具及放在平台上将要往中间罐内投放的覆盖剂的重量及钢包用的备用长水口的重量等。还须考虑在有限的空间条件下，方便操作、安全以及在特殊情况下的安全通道。

4.4.4.3　拖链装置

拖链装置的作用是用于承载送往中间罐车上的各种电缆、配线及氩气、液压配管。拖链装置主要由托架、拖链等组成，由固定在中间罐车上的托架拖动拖链随中间罐车运行。

两台中间罐车上的拖链对称布置。

拖链装置可以布置在结晶器外弧的主操作平台上，见图 3-4-1，它的优点是节省了支撑拖链的钢结构台架，还为内弧侧浇钢操作提供了便利条件，但它位于钢包回转区域的下方并靠近溢流槽等危险区域，容易被烧损。目前中间罐车拖链大部分布置在结晶器内弧侧的高架梁上，远离钢包及溢流槽等危险区域，不易损坏，如图 3-4-4 所示。

拖链由专业制造商根据连铸机设备总体设计方提出的性能参数、安装尺寸和外形条件制作，以机电一体品方式供货。

4.4.4.4　行走位置控制及行走警示装置

行走位置控制装置由行程开关和碰块组成，一般碰块安装在中间罐车上，行程开关安装在高架梁上或中间罐车行走钢轨旁的主操作平台上。

每台中间罐车靠 8 个行程开关控制其行走位置，按照其配置的位置，分别由"预热位向浇注位""浇注位向预热位""浇注位向放渣位""放渣位向预热位"行走并停止。

中间罐车的停止位置：浇注极限位、浇注位、放渣位、预热位、预热极限位。在两台车的 5 个停止位置分别设有行程开关，其中浇注极限位和预热极限位的行程开关是作为中间罐车行走运行的过位保护作用，当浇注位或预热位的开关失效或因某种原因未发出停车信号时，则由浇注极限位或预热极限位的行程开关发出中间罐车停止信号。此外，每台中间罐车还设置了浇注减速位、放渣减速位、预热减速位，均由行程开关发出信号。

（1）当中间罐车由预热位向浇注位运行时，放渣位的行程开关应失去作用，即此时中间罐车通过放渣位时不减速不停车。

（2）行走传动由两台电动机同时驱动外弧侧两主动车轮即可获得高速行走速度 $v_{max}=20\mathrm{m/min}$，通过电动机变频调速即可获得低速行走速度 $v_{min}=2\mathrm{m/min}$。

（3）中间罐车在浇注位和预热位均要求能在低速下正、反向点动，以便准确停位。

（4）当中间罐车高速行走接近停止前必须将速度减至低速 $2\mathrm{m/min}$ 运行。

行走警示装置由声光报警灯及支架等组成，用于中间罐车行走时发出安全警示。安装在中间罐车上部显著位置，左右侧各设置有一套该装置，当中间罐车行走时，警灯闪光，扬声器鸣响，发出安全警示。

4.4.4.5　中间罐车机上配管及防护罩

中间罐车机上配管包括从拖链装置到中间罐车上使用点的各种电缆配线及氩气、液压配管以及保护套管，为中间罐车上的电机和检测元件供电，为各液压缸（升降、对中、长水口装卸装置和中间罐水口快换机构）提供动力源。另一方面为长水口装卸装置和塞棒机构、水口快换机构提供密封所需的氩气。中间罐车机上配管设计时应注意管线走向合理、便于安装和检修，避开热辐射大的区域。

隔热罩是为保护液压缸、称量传感器而设置，隔热罩均为钢板焊接结构，相应部位设置耐火材料，通过螺钉固定在相应的防护部位。

4.4.4.6　溢流槽

溢流槽的作用是承接从中间罐内溢流出的钢液和保护渣并导流到放置在浇钢平台上的溢流罐内。

当中间罐长度方向垂直于连铸机铸流方向布置时，中间罐车上需要设置溢流槽，如图

3-4-1 序号 5 所示；当中间罐长度方向平行于连铸机铸流方向布置时，中间罐内溢流出的钢液和保护渣通过中间罐溢流口直接溢流到放置在主操作平台上的溢流罐内，而在中间罐车上不再设置溢流槽，如图 3-4-4 所示。

　　溢流槽本体为钢板焊接结构，内砌耐火材料。

4.5　中间罐车设计计算

　　以图 3-4-3 中间罐车为例，并进行简化，假设中间罐和中间罐车在垂直于行走方向对称布置，且重心在同一条线上。简化后的中间罐车结构和重心示意图如图 3-4-9 所示。

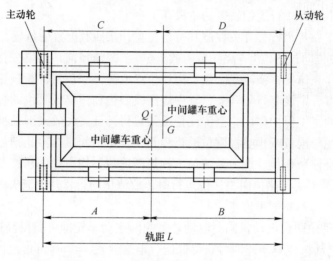

图 3-4-9　中间罐车结构和重心示意图

中间罐车设计计算用技术参数见表 3-4-1。

表 3-4-1　中间罐车设计计算用技术参数

序　号	名　　称	代　号	单　位
1	中间罐车车体总重	G	kN
2	中间罐满罐（含满罐钢液、中间罐装配及耐材等）总重	Q	kN
3	中间罐车轨距	L	cm
4	中间罐车重心 Q 距主动轮的距离	A	cm
5	中间罐车重心 Q 距从动轮的距离	B	cm
6	中间罐车重心 G 距主动轮的距离	C	cm
7	中间罐车重心 G 距从动轮的距离	D	cm
8	中间罐车车体重量系数	$\varphi = 1.1 \sim 1.2$	
9	放置中间罐时的冲击系数	$\psi = 1.4 \sim 1.6$	
10	中间罐车行走速度	$v_{行走}$	m/s
11	中间罐升降速度	$v_{升降}$	m/s

4.5.1　行走传动装置计算

4.5.1.1　车轮最大轮压

车轮与轨道接触的垂直压力称为轮压。

A　中间罐车行走载荷

（1）空载—中间罐车上未放中间罐。

（2）有载—中间罐车上载有空（或有少量残钢）的中间罐。

（3）满载—中间罐车上载有盛满钢液的中间罐。

板坯连铸机中间罐车一般用四个车轮支撑在钢轨上，为方便计算，当空载时，轮压按均布载荷计算；当有载和满载时，根据中间罐车自重和重心位置、中间罐空罐或满罐钢液的中间罐总重量和重心位置计算轮压。当盛满钢液的中间罐放在中间罐车上时，车轮的轮压为最大轮压。

为了使中间罐车运行时可靠地起动和制动，设计时，还要使中间罐车不论是空载、有载还是满载时，主动车轮的轮压大于或等于从动车轮的轮压，以避免中间罐车起动和制动时车轮打滑。

B　主动车轮的最大轮压

$$P_{主} = \frac{\varphi GD}{2L} + \frac{\psi QB}{2L} \tag{3-4-1}$$

C　从动车轮最大轮压

$$P_{从} = \frac{\varphi GC}{2L} + \frac{\psi QA}{2L} \tag{3-4-2}$$

式中代号见表3-4-1。

4.5.1.2　车轮接触强度计算

通常，根据计算的最大轮压，运行机构的类型及车体结构的特点，初选车轮直径及轨道型号，然后再验算车轮与轨道的接触应力，中间罐车一般采用钢制圆柱形踏面车轮和平头轨道，因此一般按线接触工况计算。

$$\sigma_{线} = 600 \sqrt{\frac{2K_1 P_{\max}}{BD}} \leqslant [\sigma_{线}] \tag{3-4-3}$$

式中　$\sigma_{线}$——车轮线接触应力，MPa；

K_1——工作类型系数，$K_1 = 1 \sim 1.1$；

$P_{\max}$——最大轮压，通常为主动车轮的最大轮压，kN；

B——车轮与轨道接触宽度，cm；

D——车轮直径，cm；

$[\sigma_{线}]$——车轮许用线接触应力，MPa。

在线接触条件下，车轮应进行表面淬火，硬度不低于320～360HB，淬火深度不小于4mm。车轮许用线接触应力（单位MPa）可近似按车轮踏面的硬度值进行换算，即

$$[\sigma_{线}] = (2.0 \sim 2.5) \times (320 \sim 360)(\text{MPa})$$

4.5.1.3　运行阻力计算

中间罐车在行走运行时，电动机需克服摩擦阻力。在起动加速时，电动机除克服摩擦阻力外，还需克服运行机构的质量和移动质量的惯性力，另外电动机还需克服轨道弯曲变形引起的附加阻力以及由电缆拖链等引起的附加阻力。

A　满载运行时的摩擦阻力

$$W_m = \frac{Q + \varphi G}{D/2}\left(\mu \frac{d}{2} + f\right)\beta \qquad (3\text{-}4\text{-}4)$$

式中　W_m——满载运行时的运行摩擦阻力，kN；

　　　Q——中间罐满罐总重，kN；

　　　φ——中间罐车自重系数，$\varphi = 1.1 \sim 1.2$；

　　　G——中间罐车车体总重，kN；

　　　μ——轴承摩擦系数，滑动轴承 $\mu = 0.1$，滚动轴承 $\mu = 0.02$；

　　　d——轴承直径，cm，当采用滚动轴承时，其值为轴承内外径之和的一半

$$d = \frac{d_内 + d_外}{2}$$

　　　β——轮缘与轨道的摩擦系数，$\beta = 1.25$；

　　　f——车轮在轨道上的滚动摩擦系数，$f = 0.05 \sim 0.08$。

B　因轨道变形引起的附加阻力

$$W_g = (Q + \varphi G)\lambda \qquad (3\text{-}4\text{-}5)$$

式中　W_g——轨道变形引起的附加阻力，kN；

　　　λ——轨道变形阻力系数，$\lambda = 0.001$。

C　电缆拖链产生的阻力

$$W_d = 0.5L \qquad (3\text{-}4\text{-}6)$$

式中　W_d——电缆拖链产生的阻力，在一般情况下 $W_d \approx 5\text{kN}$；

　　　L——电缆拖链长度，m。

D　起动加速时的惯性阻力

$$W_q = \frac{Q + \varphi G}{g} \frac{v_{xz}}{t} \qquad (3\text{-}4\text{-}7)$$

式中　W_q——起动加速时引起的惯性阻力，kN；

　　　t——起动时间，一般 $t = 2 \sim 4\text{s}$；

　　　g——重力加速度，m/s^2；

　　　v_{xz}——中间罐车行走速度，m/s。

E　中间罐车行走电机需克服正常运行时的静阻力 $W_静$ 和起动加速时总的惯性阻力 $W_总$

$$W_静 = W_m + W_g + W_d \qquad (3\text{-}4\text{-}8)$$

$$W_总 = W_静 + W_q = W_m + W_g + W_d + W_q \qquad (3\text{-}4\text{-}9)$$

4.5.1.4 行走传动机构电动机功率计算

A 满载运行时电动机的静功率

$$N_{静} = \frac{W_{静} v_{xz}}{\eta m} \tag{3-4-10}$$

式中　$N_{静}$——满载运行时电动机的静功率，kW；

　　　$W_{静}$——中间罐车满载运行时的静阻力，kN；

　　　η——传动机构总效率，$\eta = 0.75 \sim 0.85$；

　　　m——电动机个数。

B 起动加速时所需电动机功率

$$N_{总} = \frac{W_{总} v_{xz}}{\eta m} \tag{3-4-11}$$

式中　$N_{总}$——起动加速时电动机的功率，kW；

　　　$W_{总}$——中间罐车起动加速时的总阻力，kN。

C 电动机容量的确定

首先根据式（3-4-10）计算出满载运行时所需的静功率 $N_{静}$，初选电动机的额定功率 $N_{额}$，应使 $N_{额} \geq N_{静}$，再按初选电动机的平均起动功率 $N_{起}$ 来验算起动加速时电动机的功率 $N_{总}$（式（3-4-11）），应使 $N_{起} \geq N_{总}$

$$N_{起} = \beta_{平} N_{额} \tag{3-4-12}$$

式中　$N_{起}$——电动机平均起动功率，kW；

　　　$\beta_{平}$——电动机平均过载系数，$\beta_{平} = (0.7 \sim 0.8)\beta$；

　　　β——电动机过载系数。

$$N_{起} \geq N_{总}$$

即 $(0.7 \sim 0.8)N_{额}\beta \geq N_{总}$。

4.5.1.5 计算车轮转速和减速器传动比

当电动机选定后，根据电动机同步转速和中间罐车行走速度，确定减速器传动比和车轮转速。

$$i = \frac{n}{n_{轮}} \quad 且 \quad n_{轮} = \frac{60 v_{xz}}{\pi D_{轮}} \tag{3-4-13}$$

式中　i——减速器传动比；

　　　n——电动机同步转速，r/min；

　　　$n_{轮}$——中间罐车主动车轮转速，r/min；

　　　$D_{轮}$——中间罐车主动车轮直径，m。

4.5.2 升降传动装置计算

中间罐的升降驱动通常有两种，一种是电动机驱动，也就是两台（或一台）电机驱动 4 个蜗轮蜗杆千斤顶，顶升座放着中间罐的升降架，如图 3-4-1、图 3-4-3 所示。另一种是液压驱动，用 4 个（或 2 个）液压缸，顶升座放着中间罐的升降架，如图 3-4-2、图 3-4-4 所示。

4.5.2.1　升降阻力

$$Q_z = \varPhi(Q + Q_F) \tag{3-4-14}$$

式中　Q_z——最大顶升阻力，kN；

$\varPhi$——载荷系数，$\varPhi = 1.2 \sim 1.5$；

Q——中间罐满载钢液时的重量，kN；

Q_F——升降设备重量，包括升降架本体称量、对中装置、升降操作平台等在升降架上的部件重量，kN。

4.5.2.2　计算电动机驱动 4 个蜗轮蜗杆滚珠丝杠千斤顶升降装置的驱动电动机功率

A　中间罐满载钢液上升时驱动电动机的静功率

$$N_S = \frac{Q_z v_{升降}}{\eta m} \tag{3-4-15}$$

式中　N_S——升降驱动电动机的静功率，kW；

Q_z——最大升降负荷，kN；

$v_{升降}$——升降速度，m/s；

m——电动机个数；

η——传动效率，$\eta = \eta_1 \eta_2 \eta_3 \eta_4$；

η_1——蜗轮副效率；

η_2——丝杠副效率；

η_3——联轴器效率；

η_4——圆锥齿轮效率。

B　电动机容量的确定

首先根据式（3-4-15）计算出中间罐满载钢液上升时驱动电动机的静功率 N_S，选择电动机的额定功率 $N_额$，应使 $N_额 \geqslant N_S$。

4.5.2.3　选择蜗轮蜗杆滚珠丝杠千斤顶

A　计算每个千斤顶的顶升力

$$Q_d = \frac{K Q_z}{4} \tag{3-4-16}$$

式中　Q_d——每个蜗轮蜗杆滚珠丝杠千斤顶的顶升力，kN；

Q_z——最大升降负荷，kN；

K——考虑载荷分布系数，根据 4 个千斤顶的支点连线的几何中心与升降负荷重心偏差确定 K 值。

B　选择滚珠丝杠副

首先根据式（3-4-16）计算出每个蜗轮蜗杆滚珠丝杠千斤顶的顶升力 Q_d，选择标准（或非标设计）滚珠丝杠副，使其额定承载能力 $Q'_d \geqslant Q_d$。然后按照下面的计算公式，初步选定滚珠丝杠副的导程。

$$S = \frac{60v_{升降}}{n_L} \tag{3-4-17}$$

式中　S——滚珠丝杠副的导程，m；

　　　$v_{升降}$——升降速度，m/s；

　　　n_L——蜗轮转速，r/min。

　　C　计算蜗轮转速和减速器传动比

　　当滚珠丝杠副选定后，根据电动机同步转速（即蜗杆转速）和蜗轮转速 n_L，确定蜗轮蜗杆减速器传动比。

$$i = \frac{n}{n_L} \quad 且 \quad n_L = \frac{60v_{升降}}{S} \tag{3-4-18}$$

式中　i——蜗轮蜗杆减速器传动比；

　　　n——电动机同步转速（即蜗杆转速），r/min；

　　　S——滚珠丝杠副的导程，m；

　　　$v_{升降}$——升降速度，m/s；

　　　n_L——蜗轮转速，r/min。

　　计算过程中，应调整蜗轮蜗杆减速器传动比 i 和滚珠丝杠副的导程 S 数值，使其优化合理。

　　4.5.2.4　用4个（或2个）液压缸驱动时，液压缸参数确定

　　A　计算每个液压缸的顶升力

$$Q_d = \frac{KQ_z}{m} \tag{3-4-19}$$

式中　Q_d——每个液压缸的顶升力，kN；

　　　Q_z——最大升降负荷，kN；

　　　K——考虑载荷分布系数，根据支点连线的几何中心与升降体重心偏差确定 K 值；

　　　m——液压缸个数。

　　B　确定液压缸参数

　　根据式（3-4-19）计算出的每个液压缸的顶升力 Q_d，按照液压系统工作压力计算液压缸缸径，选择标准（或非标设计）液压缸，使液压缸额定承载能力 $Q'_d \geqslant Q_d$。然后按照最大升降行程确定液压缸行程。

4.6　中间罐车的试运转

4.6.1　空负荷试运转

中间罐车在制造厂组装完毕及在生产现场安装完毕均应进行空负荷试运转。

　　4.6.1.1　试运转前准备

　　（1）详细检查安装是否全面完成。

　　（2）安装用辅助设施和工具是否清理，尤其在可动部分不允许有遗留物品。

（3）检查各联接部位是否牢固。

（4）检查减速器的油位是否正常。

（5）各润滑点手动加满润滑脂。

（6）液压系统保压试验完毕。

4.6.1.2　试运转项目及要求

A　中间罐对中试运转

将空中间罐吊放到中间罐车上。首先分别单独启动对中液压缸，观察、确认两个液压缸伸、缩动作方向相同，然后同时启动两个液压缸，使对中架前后移动实现对中最大行程，要求运行平稳，无卡阻现象且停位准确。

B　空载升降试运转

（1）分别单独启动升降机构，让升降架停止在最低位置，测量左、右两侧的中间罐支承面高度差≤1mm，然后同时启动两个升降机构，要求升降架上升、下降平稳，无卡阻且停位准确。

（2）将空中间罐吊放到中间罐车上，在升降工作行程范围内上升、下降各 30 次以上，要求上升、下降运行平稳，无异常振动及噪声，无卡阻、干涉现象，停位准确，无不同步现象。必要时应重新调整升降限位开关与碰块间的相对位置，紧固限位开关及碰块的固定螺栓。

C　空载行走试运转

a　行走试运转的前提条件

（1）中间罐车行走试运转在升降空载试运转完毕后进行。

（2）将空中间罐放置在中间罐车上，使空中间罐从下降停止位置上升到最大升降行程后开始做行走运转。

（3）清除中间罐车行走区域的障碍物。

b　试运转过程

（1）手动操作先以低速行走，在工作行程范围内，往复行走 10 次以上。

（2）当低速运行试运转正常后，高速往复行走 10 次以上。

c　行走运行试验确认

（1）中间罐车行走过程中运行平稳，无卡阻、无异常噪声及跑偏现象。

（2）行程开关灵敏可靠，中间罐车停位准确。

（3）电缆拖链拖动、回送电缆自如，无卡阻现象。

4.6.2　负荷试运转

4.6.2.1　负荷条件

在空中间罐内加入中间罐溢流液面时钢液的等重冷钢块，使负荷（中间罐＋钢块）达到浇钢时的最大值。

4.6.2.2　运转前确认及准备

（1）空试车完毕，确认没有遗留问题。

（2）检查设备运动部件及联接，满足安装要求，无松动。

4.6.2.3　试验项目及试验考核要求

（1）试验项目。模拟生产要求的各种运转工况进行试验。按4.6.1.2空载试运转项目及要求中所述的操作方式和停位要求分别做重负荷试验。

（2）试验考核和确认。满负荷下升降速度、工作行程、中间罐车行走速度和称量系统称量精度达到设计要求。在相应的操作情况下，运转控制程序正确。行走、升降限位开关动作灵活，控制准确。运动平稳，无异常振动和噪声。所有轴承温度均不高于85℃。

4.7　中间罐车的操作规程及故障处理

运转操作是指中间罐车运行到预热位置、浇注位置和放渣位置时的操作，也包括升降、对中等各种操作。

4.7.1　操作规程

4.7.1.1　操作人员

中间罐车的运转操作要十分重视安全，操作人员必须经过严格训练，熟悉设备性能，熟练掌握操作控制盘上所有仪器仪表及"按钮"的意义和操作方法，非专门操作人员不得擅自上岗操作。

4.7.1.2　操作条件

（1）当中间罐吊入中间罐车时，应采用软着落方式以免过大冲击损坏设备。

（2）中间罐车进入钢包回转台回转臂的回转区域时，钢包必须处于高位。

（3）在浇注位置才能进行对中操作，对中操作时中间罐车不能行走。

（4）处于浇注侧的钢包在低位的正常浇注情况下，联锁控制浇注位的中间罐不能上升，中间罐车不能运行（但中间罐车"紧急运行"不受此限）。

（5）执行"紧急运行"时，应联锁控制浇注位的钢包滑动水口关闭。

（6）当中间罐车进入或离开预热位时，该预热位烧嘴必须处于上限位。

（7）预热操作时，应与中间罐联锁控制。即中间罐车进入预热位置停止且中间罐已经降到预热低位时，预热烧嘴臂方可向下摆动。预热完毕，烧嘴臂向上摆动到高位后，中间罐方能升起，然后驶离预热位。

（8）对于上装引锭，任何一个中间罐车在浇注位时，应联锁控制上装引锭车不得驶入浇注位。当引锭车在浇注位时，应联锁控制任何一个中间罐车不得驶向浇注位。

4.7.1.3　操作运转方法

详细操作运转方法按电控操作控制说明和工艺运转流程，下面仅做简单介绍。

（1）操作地点。中间罐车机旁操作盘或回转操作箱。

（2）操作方式。行走和升降均可自动和手动操作，应根据不同情况需要进行选择，操作方式的切换须在运动停止状态下进行。

4.7.1.4　行走操作

中间罐车行走是指在预热位置→浇注位置及由浇注位置→放渣位置→预热位置之间的运行操作，由机旁手动操作箱按钮实现。

　A　预热位置→浇注位置

（1）关闭中间罐预热装置，关闭浸入式水口预热装置，操作中间罐预热装置，使预热烧嘴抬起到最高位。

（2）启动升降系统使中间罐升起，碰到上升停止行程开关后停止。

（3）启动行走电动机，中间罐车高速行走，在快接近浇铸位时切换到低速行走，低速运行并低速点动到浇注位置停车。

（4）启动升降系统使中间罐下降，碰到下降停止行程开关后停止。

　B　浇注位置→放渣位置→预热位置

（1）启动升降系统，使中间罐升起，碰到上升停止限位开关后停止。

（2）启动行走电动机，中间罐车高速行走，在快接近放渣位置时切换到低速，低速运行到放渣位置停车。

（3）启动升降系统使中间罐下降，碰到下降停止限位开关后停止，排放残余钢液及钢渣后将水口关闭（如果不排渣，不进行该项）。

（4）吊走使用过的中间罐（拔掉介质管）。

（5）吊入准备好的中间罐（连接介质管）。

（6）启动升降系统使中间罐升起，碰到上升停止行程开关后停止。

（7）确认该中间罐车准备行进到预热位的中间罐预热装置的预热烧嘴处于最高位。

（8）确认该中间罐车预热位的浸入式水口预热装置已准备好。

（9）启动行走电动机将中间罐车开到预热位置停止。

（10）启动升降系统使中间罐下降，碰到下降行程开关后停止。

4.7.1.5　升降操作

（1）操作位置。机旁手动操作箱。

（2）操作方式。手动操作机旁操作箱按钮，启动中间罐上升或下降功能，碰到相应的行程开关后停止。

（3）与中间罐车行走操作联锁操作按 4.7.1.4 行走操作要求执行。

4.7.1.6　对中操作

（1）对中操作用于调整浸入式水口位置，使其对准结晶器内腔铸坯厚度方向中心。

（2）对中操作在中间罐车运行到浇注位置、中间罐降到低位后空载进行。

（3）操作手动操作盘上的对中按钮进行对中，可单边对中，也可两边同时对中。

4.7.2　故障处理

4.7.2.1　漏钢处理

当浇钢过程中出现漏钢、溢钢等事故而中间罐塞棒装置又关不住时：

（1）紧急关闭钢包滑动水口，操作长水口装卸装置将长水口从钢包下水口上卸下并移走（确保在中间罐车紧急行走时与钢包及钢包回转台不干涉）。

（2）同时立即插入盲板切断浸入式水口钢流，按下紧急运行按钮，中间罐车快速行走到中间罐渣盘的放渣位并自动停止。

（3）由作业长结合其他设备情况统一协调处理。

4.7.2.2 塞棒脱落及断棒时的处理

（1）正常情况下，当结晶器内液面急剧下降或上升，手动操作塞棒情况无改变，可判断为塞棒脱落、断棒或跑棒。

（2）根据结晶器液面情况，适当降低拉速。

（3）手动操作塞棒几次，结晶器液面无明显变化，钢流仍无法控制，立即插入盲板切断浸入式水口钢流，终止浇注。

（4）若手动操作塞棒尚能稳定住结晶器液面，立即进行更换中间罐的作业准备，需要时，进行更换中间罐操作，必要时，终止浇钢。

4.7.2.3 中间罐漏钢处理

（1）发生中间罐漏钢时应先减小钢包滑动水口开度，视漏钢部位及漏钢程度做相应处理，如漏钢部位较高，可降低中间罐液位继续浇注并准备更换中间罐。

（2）如果漏钢部位在中间罐的中下部位或在底部渗漏，立即关闭中间罐塞棒停止浇注，插入盲板，手动将中间罐车开至放渣位。

（3）如果漏钢部位在中间罐的中下部位或在底部严重漏钢，紧急关闭钢包滑动水口，操作钢包长水口装卸装置将长水口从钢包的下水口上卸下，手动操作将中间罐车紧急开至放渣位。

（4）开到放渣位后的中间罐车，把钢液放到渣盘。流进渣盘的钢液必须用中间罐保护渣和钢板覆盖，以保护中间罐车免受高温烘烤。主操作平台上的钢液和渣子必须用水冷却后清除。

4.8 设备的检修、维护及安全

为了使中间罐车保持在正常的完好状态，确保安全、高效生产及设备使用寿命，必须根据下面的方法进行检查与维护。而标准部件、专用外购件的检查与维护按供货商提供的说明书执行。

4.8.1 重要部位的检修与维护

4.8.1.1 重要焊接结构件

中间罐车的内外弧行走车架、升降架等都是焊接钢结构件，承受落放中间罐的冲击负荷、反复受力，并在重载及高温辐射等恶劣工况条件下长期工作，容易引起螺栓松动、结构变形、焊接部位出现龟裂、腐蚀、生锈、脱漆等现象，因此检查维护工作十分重要。

（1）用小锤逐个检查螺栓松动情况及结构的变形、龟裂、腐蚀、生锈、脱漆等情况。

（2）一旦发现焊接钢结构件的某些部位有龟裂或裂纹现象，应进行焊接修补，或用手电钻钻一个止裂孔，以防止龟裂或裂纹的扩展。

（3）对车架与连接梁之间的把合螺栓，每个月定期检查一次，确认无松动，否则应紧固。对各部分松动螺栓的紧固，应均匀对称进行。开始紧固时只紧固到应紧固力矩的80%，第二次紧固时紧固到规定的紧固力矩。

4.8.1.2　对中称重及升降导向装置

（1）检查导向架的导向板工作是否正常。

（2）检查螺栓松动情况及有无断裂。

（3）检查导向架的导向板与滚轮之间的间隙是否保持在要求的范围内。

（4）检查各运动部位的润滑情况。

（5）检查升降液压缸和对中液压缸的运动是否正常，特别是升降液压缸是否有不同步现象，运行时是否有异常振动，异常噪声及异常温升。各液压缸的密封件易磨损而发生渗漏，发现损坏应立即更换。

4.8.1.3　行走装置

（1）检查四个车轮转动是否正常，中间罐车是否有蛇形行走情况。

（2）检查行走装置运行时有无异常振动和噪声。

（3）检查回转部位油脂润滑是否正常。

（4）检查有无螺栓松动或断裂现象。

（5）检查有无异物附着以及生锈现象。

（6）检查车轮轴运行时有无振动，轴的表面有无裂纹。

（7）检查车轮内、外侧有无磨损，运行时有无车轮啃轨现象，若有立即调整。

（8）检查清轨器是否正常工作。

（9）检查行走限位行程开关安装位置是否正确，限位装置是否正常工作，行程开关出现问题应及时更换。

4.8.1.4　拖链装置

（1）检查各动力线、信号线电缆有无异常。

（2）检查拖链在拖动、回收电缆时有无卡阻、脱链及不规则缠绕现象。

（3）检查拖链上电缆及油、气软管有无磨损和漏油漏气现象。

4.8.2　经常性检查与维护

对于中间罐车使用过程中的检查、维修和修理应按每天、每月、每半年逐一进行，也可根据实际情况适当变更时间间隔。

（1）每天的检查、修理工作见表 3-4-2。

表 3-4-2　每天的检查、修理工作

序号	检查修理项目	检查方法
1	必要部位的供油	定期定量油枪给油
2	运转前各装置的状况	目测
3	各部位油的渗漏	目测
4	轨道表面、电缆等情况	目测检查
5	起动、停止运行灵敏度	目测
6	各部位异常振动、变形、异常噪声	耳听、目测

序号	检查修理项目	检 查 方 法
7	仪器仪表、电器仪表的读数、电压电流变化	有异常必须检查原因,必要时修理
8	钢液重量测定装置灵敏度	目测
9	电动机自带制动器的可靠性检查	根据说明书,目测检查
10	其他修理检查	根据安全规程进行

（2）每周的检查修理工作见表 3-4-3。

表 3-4-3　每周的检查修理工作

序号	检查修理项目	检 查 方 法
1	必要部位的供油	定期定量油枪给油
2	螺栓松动情况	必要时紧固
3	电器触点的接触情况	目测
4	干油供给及各润滑点润滑状态	目测
5	各配管接头连接部位的渗漏	目测
6	电流、电压值的测定	仪器测定

（3）每月的检查修理工作见表 3-4-4。

表 3-4-4　每月的检查修理工作

序号	检查修理项目	检 查 方 法
1	检查紧固螺栓是否松动	目测、敲打判断,松动时进行紧固
2	电动机、轴承温升检查	触觉检查
3	称量传感器重复精度检查	记录复核
4	各电缆绝缘电阻的测定	必要时进行查找、修理或更换
5	操作箱配线检查	必要时更换
6	空气、氮气、氩气的泄漏情况	耳听等方法检查
7	液压缸的检查	目测、触觉检查
8	液压油的泄漏情况	目测
9	行走警示装置	观察,必要时修理或更换

（4）每半年的检查修理工作见表 3-4-5。

表 3-4-5　每半年的检查修理工作

序号	检查修理项目	检 查 方 法
1	各润滑点供油情况	目测
2	各运动面磨损情况	观察,必要时拆开检查、更换
3	各配管,电缆检查	目测
4	各连接螺栓松动情况	观察、敲打判断,必要时紧固
5	各限位开关接触情况	运行检查

（5）每一年的检查修理工作见表 3-4-6。

表 3-4-6　每一年的检查修理工作

序号	检查修理项目	检查方法
1	各给油点润滑油供给情况	目测
2	紧固螺栓松动情况	观察、敲打判断，必要时紧固
3	升降装置各部位的检查 （1）检查升降液压缸、轴套磨损情况 （2）液压缸上部与升降架联接情况 （3）导向架导轨及升降架检查 （4）升降限位装置检查	观察，必要时拆开检查、更换
4	行走装置各部位的检查 （1）车轮轴、轴承的检查 （2）车轮的检查 （3）行走行程开关的检查 （4）行走驱动电机减速机的检查	观察，必要时拆开检查、更换
5	对中及称量部分检查 （1）滚轮、销轴等的磨损检查 （2）对中液压缸的磨损检查 （3）弯曲板的检查	观察，必要时拆开检查、更换
	（4）检查传感器称量精度	必要时重新标定
6	电缆拖链中的电缆和油、气管路检查	目测或拆开检查，必要时更换
7	配电绝缘接地电阻检查	目测等，损坏即更换
8	轨道检查	目测

4.8.3　大修检查

定期检查修理的实施时间是以设备使用的时间作为基准而确定，因此，根据设备使用状态，可以变更修理周期，本设备应在安全技术员的监督和熟练工人的配合下按计划进行周密的检查维修。

中间罐车大修周期一般为设备使用 5 千小时（浇钢作业时间约 8 个月），以液压升降机构的中间罐车为例，按下列项目进行检修。

4.8.3.1　主要部件的分解组装

A　左右侧升降对中及称重装置的分解组装

（1）将中间罐吊离中间罐车。

（2）拆下各防护罩、电线电缆及配管。

（3）将升降架吊出，放到检修台上。

（4）拆下升降液压缸进行检查，升降液压缸的拆卸组装按其自带的说明书进行。

（5）吊出对中及称重架放到检修台上。

（6）拆下对中液压缸进行检查，对中液压缸的拆卸组装按其自带的说明书进行。

（7）拆下称重传感器，标定，如损坏立即更换。

（8）检查升降梁对中架等是否有裂纹、变形等现象。

（9）组装时按上述顺序相反进行。

B 行走电动机的分解和组装顺序

（1）拆下各护板及电机接线。

（2）分别将两台减速器及电动机吊出放在工作台上。

（3）组装按相反顺序进行。

C 车轮、车轮轴以及车轮轴承的分解组装顺序

（1）拆下端盖压板。

（2）拆下安装轴承座的螺栓。

（3）在轴承座起吊螺栓孔上装上起吊螺栓，将轴承座整个吊下来。

（4）拆卸车轮、车轮轴及车轮轴承。

（5）组装时，按上述顺序的相反顺序进行。

D 长水口装卸装置的分解组装

（1）放掉压紧液压缸内的工作油取下长水口。

（2）拆下压紧液压缸保护罩。

（3）拆下压紧液压缸（液压缸的分解检查可按其自带的说明书进行）。

（4）分解支承杆上各零件。

（5）拆开各连杆与底座。

（6）检查轴承等各转动零部件磨损情况。

（7）组装时按上述相反顺序进行。

4.8.3.2 主要部件的分解检查

A 行走装置的分解检查

（1）车轮的磨损、变形、损伤。

（2）车轮轴的磨损、变形、损伤。

（3）键槽的磨损、损伤。

（4）轴承的磨损。

（5）螺栓、螺母的松动。

（6）减速器内部检查。

B 升降机构的分解检查

（1）液压缸内部检查，包括活塞、密封圈的磨损、变形等。

（2）升降架导向板的磨损、变形检查。

（3）导向架导轨的磨损、变形检查。

（4）螺栓、螺母的松动检查。

C 对中称量的分解检查

（1）称量台、称量传感器的检查。

（2）销轴、滚轮、导向架内导板的磨损检查。

（3）对中液压缸内部检查，包括活塞、密封圈的磨损、变形等。

D　电气部分检查

电气部分按电气使用说明书进行检查。

在进行以上分解检修时，对以前检修结果的记录应进行充分的了解和研究，对于分解检查前设备的外观、性能以及动作状况要有充分的了解与掌握，并且做好分解后的记录，以便给下次检修提供数据，对分解检查前和检查组装后的效果应认真确认。

4.8.4　设备故障处理

即使进行了日常检查，定期检查修理，在使用过程中由于未曾预料到的原因也会引起大的事故。

在此种情况下，应立即停止运行，对发生故障的原因进行调查与分析，找出解决办法。该更换的应予更换，对于重复出现的故障更应重视。

出故障后的检查，不仅是故障本身直接涉及到的零部件，对于未发生故障的零部件，也要作一定的检查与预判，以防事故再次发生。

4.8.5　安全注意事项

（1）无关人员在浇注前、浇注中、浇注后应禁止进入热中间罐、中间罐盖区域。

（2）严格上岗操作制度，非上岗操作人员不得擅自操作。

（3）当中间罐车正在进入或退出结晶器区域时，中间罐车区域、结晶器的危险区域、中间罐车的运行范围以及邻近设备有挤压危险的区域内都禁止人员停留。

（4）控制人员无法全部看清中间罐车移动范围的控制操作（如：行走/升降/对中）应该通过现场人员引导、协调、监督来进行。

（5）在中间罐车承载满罐钢液重载运行时，启动加速和制动减速操作的加速度应 $<0.05\mathrm{m/s^2}$，但中间罐漏钢紧急开走时除外。

（6）当钢包回转台或中间罐车上的声光报警装置启动时，非操作人员应立即离开危险区域。

（7）根据操作要求，操作人员在危险区域驻留的时间必须最短，在中间罐钢液测温、投覆盖剂、滑动水口快换等作业完成后，应立即离开危险区域。

（8）浇注操作时，在任何情况下（包括开浇前和拉尾坯时）都应禁止跨越或爬越结晶器开口处。

参 考 文 献

[1] 刘明延，李平，等. 板坯连铸机设计与计算 [M]. 北京：机械工业出版社，1990：75～76.

[2] 杨拉道，谢东钢. 常规板坯连铸技术 [M]. 北京：冶金工业出版社，2002：76～77.

[3] 起重机设计手册编写组. 起重机设计手册 [M]. 北京：机械工业出版社，1980：91～96.

5 其他浇钢设备

5.1 中间罐预热装置和浸入式水口预热装置

根据连铸生产要求，在浇钢前需对中间罐耐火内衬和浸入式水口分别预热至约1100℃和900℃以上，因此，在浇钢平台上需要设置中间罐预热装置及浸入式水口预热装置。

5.1.1 中间罐预热装置和浸入式水口预热装置设计条件

中间罐预热装置和浸入式水口预热装置是由专业制造商提供的机电一体品。连铸机总体设计方根据连铸机总体设计要求及炼钢厂的燃气介质条件向专业制造商提出该设备的性能参数和外形及安装要求。

连铸机总体设计方在涉及中间罐预热装置和浸入式水口预热装置的设计选型时，应注意以下几点：

（1）中间罐车行走时，中间罐车行走体外缘及中间罐的溢流口（或中间罐车上的溢流槽口）外缘与中间罐预热装置的支架立柱之间距离≥150mm。

（2）中间罐在起吊以及经过中间罐预热装置时，中间罐预热装置的回转臂必须在高位"等待位置"，而且起吊中间罐、结晶器和弯曲段的运输通道如果经过中间罐预热装置的工位，注意不能与"等待位置"的回转臂及燃烧器干扰。

（3）中间罐预热装置内部控制系统要和中间罐车运行实现连锁控制，即只有中间罐预热装置的回转臂及燃烧器旋转在高位"等待位置"时，中间罐车才能开进和开出"预热位"。回转臂及燃烧器旋转的启、闭终点须安装行程开关，以确保设备动作的准确性和安全可靠性。

（4）中间罐车开进和开出中间罐预热位时，中间罐在中间罐车上必须处于"上升停止位"，此时，中间罐浸入式水口底部须高于浸入式水口预热装置顶部约50mm。

（5）必须设置燃气泄漏报警系统。中间罐预热装置（含浸入式水口预热）一般使用焦炉煤气或混合煤气加适量霞普气，因此，在机旁应设置一氧化碳检测报警系统，当煤气泄漏、设备周围空气中一氧化碳含量达到一定值时发出报警信号，提示该区域的人员马上撤离并检修设备。

（6）中间罐预热装置和浸入式水口预热装置附近不能存放易燃物品。

5.1.2 中间罐预热装置

5.1.2.1 中间罐预热装置的功能

中间罐预热装置设置在主操作平台上，共有两台，位于连铸机浇注中心线两侧，安装

本章作者：刘增儒；审查：王公民，刘彩玲，黄进春，杨拉道

在中间罐车预热位、结晶器外弧侧中间罐车轨道的外侧。

主要原理是：利用燃气燃烧产生的热量，将浇注前处于常温状态的中间罐耐火内衬在90min 内，按照设定的预热温度曲线逐步升温至 ≥1100℃（同时将浸入式水口预热到≥900℃），以达到连铸机开浇时减少钢液温度降低的目的。

5.1.2.2　中间罐预热装置的组成及结构

中间罐预热装置由专业制造商根据连铸机总体设计方提出的性能参数和外形及安装尺寸要求制作，以机电一体品的方式供货，图 3-5-1 是某制造商向 P 钢铁公司提供的中间罐预热装置，现叙述如下。

如图 3-5-1 所示，中间罐预热装置主要由机架 1、回转臂驱动装置 2、回转臂 3、燃烧器 4、燃气系统 5、旋转分气轴 6、助燃空气系统 7、氮气吹扫系统 8、电气仪表控制系统 9以及自动点火器、安全保护装置及其附件等组成。

（1）机架。机架是一个"门"形框架，是直立于主操作平台的型钢结构架体，用槽钢、工字钢制成，它的作用是对回转臂、燃烧器、旋转分气轴起支撑的作用。

（2）回转臂驱动装置。该装置由油箱、泵站、阀组、液压缸、连接管路附件等组成。液压缸驱动曲柄带着回转臂转动，使燃烧器在工作位和等待位之间转动自如，最大转动角度为 90°。在回转臂转动区域的上下极限位置设有行程限位开关，确保设备运行安全。

目前中间罐预热装置的回转臂一般采用液压缸或电动缸驱动。

（3）回转臂。回转臂是机架与燃烧器的连接组件，其后部与旋转分气轴和液压缸带着的曲柄焊接，前部安装燃烧器。它由燃气、空气的输送管道、挡火盖板及支撑架焊接而成，既能满足承重要求、耐热变形要求，又能将旋转分气轴内供出的助燃空气和燃烧介质按设定路线送入燃烧器。

（4）燃烧器。中间罐预热装置的燃烧器（也叫烧嘴）安装在回转臂的前端，与燃气和助燃空气管连接，燃烧器是决定预热（烘烤）效果好坏、能源消耗高低的关键部件。这种燃烧器是针对中间罐预热的特点而有针对性设计的，它将燃气分为多股束流，燃气束流周围包裹空气流，使燃气和空气的混合能力大大超过普通燃烧器，燃烧火焰短而有力，燃烧更加充分，具有燃烧率高、加热速度快、燃气消耗量少、使用寿命长等特点。

（5）燃气系统。燃气系统由截止阀、压力表、气动切断阀、电动调节阀、压力开关及金属软管等组成。气动切断阀具有在电网掉线、燃气压力波动范围大等意外情况下快速切断燃气的保护功能。燃气管路上设置有排水阀，能及时排除燃气管路内的凝结水。

（6）旋转分气轴。这是一个中间用盲板隔开的空心轴，与机架顶部的滑动轴承配套安装，轴的两端分别是助燃空气和燃气进口，轴的前、后部是烧嘴臂和曲柄。既能旋转又能将助燃空气和燃气按各自管路送入燃烧器。特点是结构紧凑，减少管路分布。

（7）助燃空气系统。该系统由高压风机、柔性联接、电动调节阀及压力表等组成。根据风机的特性调节阀门，来满足中间罐预热的烘烤要求。

（8）氮气吹扫系统。在燃气管路上设置有氮气吹扫系统，该系统装有控制阀组，在每次中间罐预热开始烘烤前和烘烤完毕后对燃气管路进行吹扫，带走残留在管道内的燃气及杂质，起到安全保护作用。

（9）电气、仪表控制系统。电气、仪表控制系统主要包括控制柜、交流和直流电源、

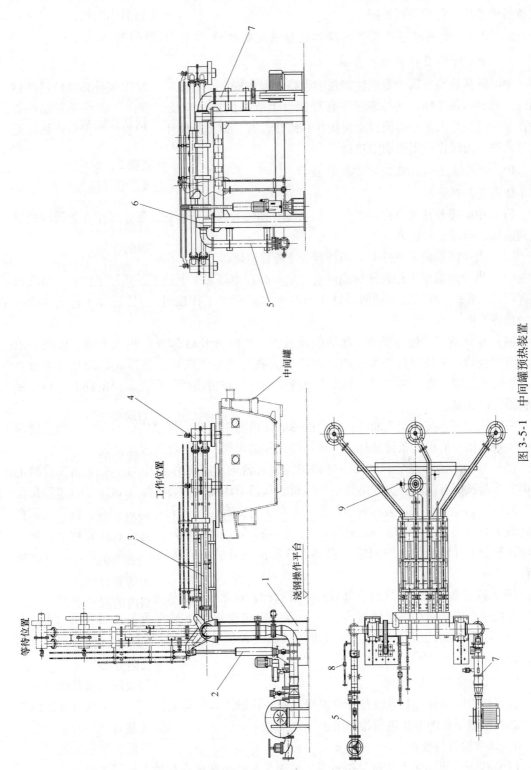

图 3-5-1　中间罐预热装置

1—机架；2—回转臂驱动装置；3—回转臂；4—燃烧器；5—燃气系统；6—旋转分气轴；7—助燃空气系统；8—氮气吹扫系统；9—电气仪表控制系统

火焰检测和温度控制仪表等。通过现场仪表采集及反馈信号，由 PLC 对烘烤状态以及机械设备各种动作、位置进行控制。

5.1.2.3　中间罐预热装置的操作运转及安全维护

A　设备操作及检修维护人员

中间罐预热装置属于专业性很强的设备，操作安全十分重要，操作人员必须经过严格训练，熟悉设备性能，熟练掌握操作控制盘上所有仪器仪表及"按钮"的意义和操作方法，非专门操作人员不得擅自上岗操作和维修设备，设备的使用、检查、维护应严格按照供货商提供的操作使用说明书执行。

B　中间罐预热装置的操作运转步骤

如图 3-5-1 所示。

（1）中间罐预热装置启动氮气吹扫系统对燃气管路进行吹扫，带走残留在管道内的燃气及杂质，确保正常点火。

（2）当中间罐尚未预热时，回转臂 3（带着燃烧器）处于扬起的"等待位置"。

（3）当中间罐车运行到预热位停止、中间罐在中间罐车上处于下降停止位后，启动回转臂驱动装置 2，液压缸驱动回转臂 3 回转至水平的"工作位置"，使烧嘴 4 进入中间罐盖的预热孔内。

（4）点火通气，进行预热。起动鼓风机，燃气流量开启 30%，用点火器，将烧嘴点燃，或用自动点火装置将烧嘴点燃，逐步加大燃气及空气流量，根据火焰的亮度调节空气、燃气的比率。在预热过程中如出现事故熄火时，在关闭燃气管路阀门的同时，打开氮气管路阀门通氮。

一般情况下，按照预热曲线在规定的 90min 内将中间罐内衬预热至 1100℃。预热使用的燃气根据用户的供气条件选择，一般可使用焦炉煤气、混合煤气或天然气。

（5）当中间罐加热至 1100℃、连铸机需要开浇时，其操作程序为：关闭燃气管路电动调节球阀及所有阀门，关闭助燃空气风机，起动液压缸将回转臂倾转到扬起的"等待位置"后停止。操作长水口装卸装置，将长水口上升到高位（当长水口装卸装置没有安装在中间罐车升降架上随中间罐一起升降时）、中间罐在中间罐车升降驱动装置驱动下，将中间罐升起到上升停止位，中间罐车启动、载着预热好的中间罐离开预热位置，进入浇钢位置。

（6）启动氮气吹扫系统对燃气管路进行吹扫，带走残留在管道内的燃气及杂质。

至此一个中间罐预热运转过程结束，下一次中间罐预热操作重复上述步骤（1）～（6）。中间罐预热停止后，操作人员要断掉预热装置总电源开关、关闭燃气阀门后方可离开工作岗位。

C　设备检查与维护

为了使中间罐预热装置设备经常保持在完好状态，确保安全、高效生产及设备使用寿命，必须根据下面的方法进行检查维护。

a　日常检查与维护

（1）检查液压油箱上的液位指示器，油液平面必须在最小和最大标记之间。

（2）目视检查液压系统有无渗漏，发现渗漏及时维修。

b 每125h的维护操作

检查设备各联接处螺栓是否松动，如有松动及时拧紧。

c 每2000h维护操作内容见表3-5-1。

表 3-5-1 每 2000h 维护操作内容

序号	检 查 部 位	检 查 内 容	处 理 方 法
1	油箱内液压油		全部更换
2	滑动轴承	缺油时	加干油润滑
3	风机、电机地脚螺栓	是否松动	紧固或更换
4	各燃气联接部位	是否有燃气泄漏	紧固或换垫
5	各调节阀门	是否有燃气泄漏或损坏	紧固、维修或更换
6	液压系统	泄漏	维修或更换
7	启闭终点行程开关	是否完好	有损坏立即更换
8	燃气泄漏报警系统	是否完好	有损坏立即更换

d 安全注意事项

（1）非操作及维护人员在预热前、预热中、预热后禁止进入中间罐预热区域。

（2）严格上岗操作制度，非上岗操作人员不得擅自操作。

（3）当中间罐车正在进入或退出中间罐预热区域时，中间罐预热区域、中间罐车的行走范围以及邻近部件有挤压危险的区域内均禁止人员停留。

（4）中间罐预热装置操作人员应和中间罐车操作人员协调配合，使中间罐车在预热位安全准确就位并安全开离预热位。

（5）根据操作要求，操作人员在危险区域驻留的时间必须最短，在完成操作后立即离开危险区域。

（6）在任何情况下，燃气泄漏报警系统一旦报警，马上撤离在场人员和周边人员并查找泄漏点，迅速检查处理故障点，消除危险源。

5.1.2.4 中间罐预热装置燃烧器的设计计算

决定中间罐预热装置预热性能的关键是燃烧器（烧嘴），下面是A钢铁公司板坯连铸机中间罐预热装置使用焦炉煤气作为燃烧介质时燃烧器的燃烧能力计算

A 综合传热系数

$$K_{m} = \cfrac{1}{\cfrac{1}{\alpha} + \cfrac{1}{\alpha'} + \cfrac{S}{\lambda}} \tag{3-5-1}$$

式中 K_m——综合传热系数，$W/(m^2 \cdot K)$；

α——放热物质的传热系数，取 $\alpha = 100 \times 1.163 W/(m^2 \cdot K)$；

α'——受热物质的传热系数，取 $\alpha' = 8 \times 1.163 W/(m^2 \cdot K)$；

S——中间罐耐火内衬厚度，$S = 0.23m$；

λ——耐火材料的热导率，$\lambda = 1.2 \times 1.163 W/(m \cdot K)$。

B　单位面积放热功率

$$Q_0 = K_m (t_1 - t_0) \tag{3-5-2}$$

式中　Q_0——单位面积放热功率，W/m^2；

　　　t_1——预热后耐火材料的表面温度，$t_1 = 1100℃$；

　　　t_0——预热前耐火材料的表面温度，$t_0 = 15℃$。

C　中间罐外壁温度

$$t_2 = t_1 - Q_0 \left(\frac{1}{\alpha} + \frac{S}{\lambda} \right) \tag{3-5-3}$$

式中　t_2——中间罐外壁温度，℃。

Q_0，t_2 都视为稳定状态。

D　从烧嘴到内壁间的传热系数

a　对流传热系数

$$\alpha_c = 1.163 \times \left(3.6 + 0.22 \times \frac{t_3}{100} \right) \frac{\omega_0^{0.75}}{d^{0.25}} \tag{3-5-4}$$

式中　α_c——对流传热系数，$W/(m^2 \cdot K)$；

　　　t_3——燃气的标定温度，取 $1200℃$；

　　　ω_0——标准状态下的平均流速，取 $\omega_0 = 1.1 m/s$；

　　　d——中间罐钢液面处的内壁宽度，$d = 1.7m$。

b　辐射状态下的传热系数

$$\alpha_s = \varepsilon C_0 (T_3^4 - T_4^4)/(T_3 - T_4) \tag{3-5-5}$$

式中　α_s——辐射状态下的传热系数，$W/(m^2 \cdot K)$；

　　　ε——受热面的黑度，一般取为 $0 < \varepsilon < 1$；

　　　C_0——斯蒂芬-玻耳兹曼常数，$C_0 = 5.669 \times 10^{-8} W/(m^2 \cdot K^4)$；

　　　T_3——燃气标定温度 t_3 的绝对温度，取 $T_3 = 1473K$；

　　　T_4——罐内壁平均绝对温度，取 $T_4 = 773K$。

c　二氧化碳的传热系数

$$\alpha_e = 1.163 \varepsilon^3 \sqrt{P_1 S'} [0.0513(t_3 + t_4) - 30.25] \tag{3-5-6}$$

式中　α_e——二氧化碳的传热系数，$W/(m^2 \cdot K)$；

　　　P_1——燃气中二氧化碳的排量，$P_1 = 0.1 m^3/s$；

　　　S'——燃气层的厚度，$S' = 1.3m$；

　　　t_4——罐内壁平均温度，取 $500℃$。

d　冷却水对流传热系数

$$\alpha_水 = 1.163 \varepsilon P_2^{0.8} S'^{0.6} [0.107(t_3 + t_4) - 46.5] \tag{3-5-7}$$

式中　$\alpha_水$——冷却水对流传热系数，$W/(m^2 \cdot K)$；

　　　P_2——煤气中排水量。

e 综合传热系数

$$\alpha_t = \alpha_c + \alpha_s + \alpha_e + \alpha_水 \tag{3-5-8}$$

式中 α_t——综合传热系数，$W/(m^2 \cdot K)$。

E 热扩散率

$$a = \frac{\lambda}{c_p \gamma} \tag{3-5-9}$$

式中 a——热扩散率，m^2/s；

　　c_p——耐火材料的比定压热容，$c_p = 0.23 \times 1000 \times 4.187 = 963 J/(kg \cdot K)$；

　　γ——耐火材料的密度，$\gamma = 2000 kg/m^3$。

F 中间罐内空气温度

因为

$$t_3 = t_5 + (t_0 - t_5)f_3 \tag{3-5-10}$$

所以

$$t_5 = \frac{t_3 - t_0 f_3}{1 - f_3} \tag{3-5-11}$$

式中 t_5——中间罐内空气温度，℃；

　　f_3——由图 3-5-2 查得。

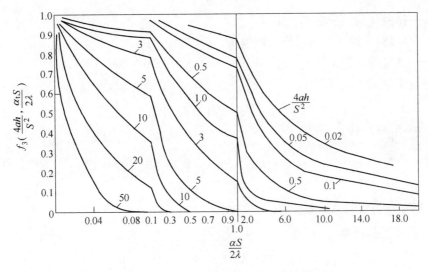

图 3-5-2　流体在平板表面的温度变化

G 中间罐壁的受热量

$$Q_1 = Sc_p\gamma(t_5 - t_0)f_5\frac{F}{h} \tag{3-5-12}$$

式中 Q_1——中间罐壁的受热功率，W；

　　F——中间罐壁受热面积，m^2；

　　h——加热时间，s；

　　f_5——由图 3-5-3 查得。

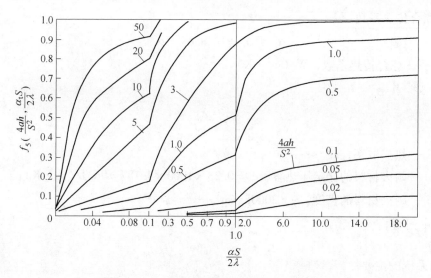

图 3-5-3　流体接受平板受（放）热量曲线

H　排燃气的损失功率

$$q = \frac{G}{10000} Q_2 c_p' t_3 \tag{3-5-13}$$

式中　q——排燃气的损失功率，W；

　　　G——4.187×10^7J 的热量所需燃气量，$G = 12$Nm^3；

　　　c_p'——燃气的比定压热容，$c_p' = 0.33 \times 1000 \times 4.187J/(Nm^3 \cdot$ K$)$。

I　燃烧需要的热功率

$$Q_2 = Q_1 + q$$

将式（3-5-13）代入，得

$$Q_2 = \frac{Q_1}{1 - \frac{G c_p' t_3}{10000}} \tag{3-5-14}$$

式中，Q_2 为燃烧需要的热功率，W。

J　实际需要热功率

$$Q = Q_2 \eta \tag{3-5-15}$$

式中　Q——实际需要的热功率，W；

　　　η——热效率，η 为燃烧效率 + 外壁放热量损失率 + 安全率，取 $\eta = 1.15$。

K　一个燃烧器（烧嘴）的功率

$$Q_{n1} = Q_2/n \tag{3-5-16}$$

式中　Q_{n1}——一个燃烧器（烧嘴）的功率，W；

　　　n——一台中间罐预热装置燃烧器（烧嘴）的数量。

　　燃烧器（烧嘴）的功率计算后，即可进行供气系统的管路设计和空气系统的气源设计。设计时可根据表 3-5-2 选择空气量，表 3-5-2 中的数值是在下述情况下确定的：焦炉煤气发热量为 18.84MJ/Nm^3，空气流量为 6200Nm^3/h，空气压力为 5kPa。

表 3-5-2　燃烧用空气和煤气的关系

煤气量（标态）/m³·h⁻¹	空气量（标态）/m³·h⁻¹			
	$m=1$	$m=1.1$	$m=1.2$	$m=1.3$
150	702	772	842	913
200	936	1030	1123	1217
235	1100	1210	1320	1430
250	1170	1287	1404	1521
500	2340	2514	2808	3042
750	3510	3861	4212	4563
1000	4680	5148	5616	6084

注：m—空燃比。

上述系统的主要性能参数确定后，再详细考虑其各组成部分的强度和回转部分的动力设计。

中间罐预热装置，长时间有气流通过烧嘴喷出，噪声很大，设计上最好将噪声控制在 90dB 以下。

5.1.3　浸入式水口预热装置

5.1.3.1　浸入式水口预热装置的功能

目前，浸入式水口广泛使用的是铝锆碳材质，这种材质传热快，使用寿命长，但在浇钢使用前，按照生产要求，必须在 30min 内将其加热至 ≥900℃，否则内壁会出现钢液夹杂物及钢液混合物结瘤，甚至堵塞水口或水口断裂等停浇事故，降低浸入式水口使用寿命。

浸入式水口预热装置设置在主操作平台上，位于连铸机浇注中心线两侧、中间罐预热位的中间罐车双轨之间、正对着中间罐浸入式水口的下方，单流板坯连铸机有两个工位，双流板坯连铸机有四个工位。这些工位都是固定位置。

除在线固定工位外，在主操作平台上离连铸结晶器不远的方便位置，设置一个"离线"浸入式水口预热工位，用于等待快换（或事故用）浸入式水口的预热。

5.1.3.2　浸入式水口预热装置的原理

浸入式水口预热装置的原理是利用燃气燃烧产生的热量（或利用中间罐预热燃烧时产生的高温火焰的热量），将浇注前处于常温状态的中间罐浸入式水口在 30min 内逐步升温至 ≥900℃，同时预热中间罐底部的上下水口，避免开浇时浸入式水口和中间罐底部的上下水口的内壁结瘤甚至凝固堵塞，以满足连铸机开浇及浇注要求。

5.1.3.3　浸入式水口预热装置的类型

浸入式水口预热装置主要有抽风引流预热式和燃气燃烧预热式两种形式。

A　抽风引流式浸入式水口预热装置

抽风引流式浸入式水口预热的工作原理是利用压缩空气引流（或抽风机抽风引流）将中间罐预热燃烧时产生的高温火焰及烟气经过中间罐上下水口和浸入式水口，从浸入式水口下部出钢口抽出，从而达到预热上下水口和浸入式水口的目的。抽风预热式又有压缩空气引流式和抽风机引流式两种类型。压缩空气引流式抽风预热结构简单，使用效果良好，在新建的板坯连铸机上得到广泛应用。

B　燃气燃烧预热式浸入式水口预热装置

该预热装置的工作原理和中间罐预热相似，配有单独的助燃空气和燃气管路系统，利用燃气燃烧产生的热量对浸入式水口进行预热。离线浸入式水口预热一般用燃气燃烧式；目前还在使用的、以前投产的连铸机在线浸入式水口预热用的也是燃气燃烧式。

以上所介绍的浸入式水口抽风引流式预热装置与燃气燃烧预热式的最大不同点是，前者从水口内壁加热，在预热浸入式水口的同时，对中间罐的上下水口也进行了很好的预热，后者从水口外部加热。

5.1.3.4　浸入式水口预热装置的组成及结构

浸入式水口预热装置通常由专业制造商根据连铸机总体设计方提出的性能参数和外形及安装尺寸要求制作，以机电一体品方式供货。

A　抽风引流式预热装置

a　浸入式水口压缩空气引流预热装置

如图 3-5-4 所示，该装置主要由防热保温罩 1、预热器 2、引流管 3、压缩空气软管 4 和调节球阀 5 组成。

防热保温罩 1 起密封和保温的作用，是抛分开的两个半圆形结构，当浸入式水口在预热器内就位后放置防热保温罩。预热器 2 由焊接结构件和耐火材料组成，焊接结构件是一个焊接的筒体结构，内壁焊有长短不等的锚固钉，用以牵拉和固定耐火材料。引流管 3 是一个引流用的文丘里式管。压缩空气软管 4 一端接在引流管 3 上，另一端与调节球阀 5 连接。调节球阀 5 安装在预先布置在预热工位附近的主操作平台柱子上的压缩空气钢管上，可方便调节压缩空气的流量。

浸入式水口压缩空气引流抽风预热装置在使用时需人工调节球阀开口度，以调节引流风量，观察抽风效果。同时要注意将引流抽出的高温火焰及烟气引到安全位置，并作好安全防护，避免烧伤人员和烧损设备。

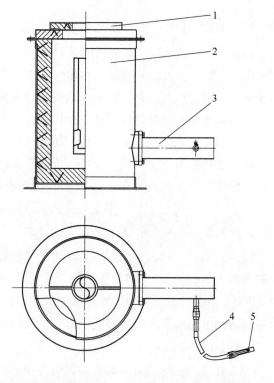

图 3-5-4　浸入式水口压缩空气引流预热装置
1—防热保温罩；2—预热器；3—引流管；
4—压缩空气软管；5—调节球阀

b 浸入式水口抽风机引流抽风预热装置

抽风机引流式和压缩空气引流式原理相同，只不过抽风的动力不是压缩空气而是抽风机，图 3-5-5 是一台双流板坯连铸机一个中间罐预热位置的浸入式水口抽风机引流预热装置，主要由防热保温罩 1、预热器 2、抽风管路 3 和抽风机 4 等组成。

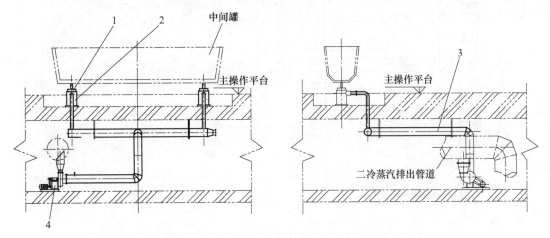

图 3-5-5 浸入式水口抽风机引流抽风预热装置
1—放热保温罩；2—预热器；3—抽风管路；4—抽风机

双流板坯连铸机每个浸入式水口预热装置设有两个箱体抽风预热器，防热保温罩 1、预热器 2 和浸入式水口压缩空气引流预热装置相同，如图 3-5-4 所示。抽风管路 3 是预热器 2 和抽风机 4 之间以及抽风机 4 到二冷蒸汽排出管道之间的管道、阀门、法兰及安装吊挂件等的总成。抽风机 4 由电机、皮带轮、风机等组成。

浸入式水口加热时，抽风机将中间罐预热燃烧时产生的高温火焰及烟气经过中间罐上下水口和浸入式水口，从浸入式水口下部的出钢口抽出，经过抽风管路和抽风机把烟气送入二冷蒸汽排出总管道内。

B 浸入式水口燃气燃烧预热装置

浸入式水口燃气燃烧预热装置如图 3-5-6 所示，由预热器 1、防热保温罩 2、助燃空气管路 3、燃气管路 4 和混合燃烧器 5 等组成。

预热器 1 是一个装配件，由预热器本体和观察孔组合件组成。预热器本体是钢板焊接件，内衬耐火材料，其四周均匀分布着 4 个混合燃烧器孔和排气孔以及观察孔，观察孔是一个组合件，它由耐热玻璃，窥筒及挡板组成，耐热玻璃足以抵挡来自高温火焰、烟气的辐射热和传导热。在观察时打开挡板，不观察时关闭挡板，以防异物的进入，助燃空气管和燃气管均通过角钢固定在预热器筒体的侧壁上。防热保温罩 2 的结构和浸入式水口压缩空气引流预热装置相同，如图 3-5-4 所示。助燃空气管路 3 由钢管、手动蝶阀和金属软管等组成。燃气管路 4 由钢管、手动球阀和金属软管等组成。混合燃烧器 5 是一个成品组合件，助燃空气和燃气接入点燃后，其在预热器内的出口（烧嘴）燃烧。

当燃气和助燃空气通过混合燃烧器进入燃烧本体内腔时，手动点火使燃气燃烧，产生的高温火焰将插入预热器本体内的浸入式水口加热到设定的温度。

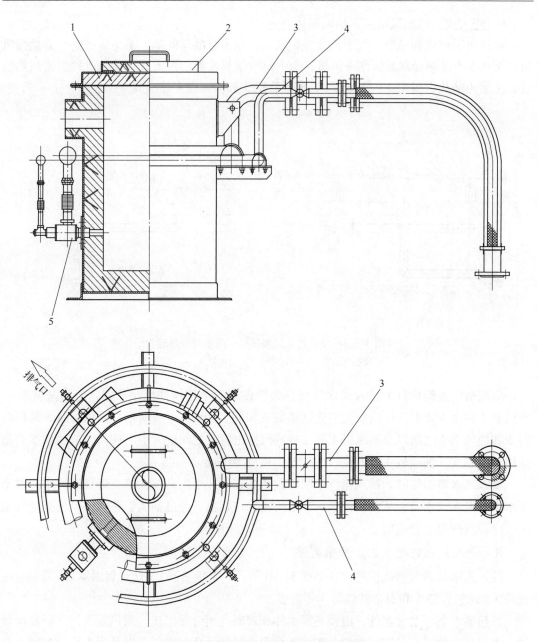

图 3-5-6　浸入式水口煤气燃烧预热装置

1—预热器；2—防热保温罩；3—助燃空气管路；4—燃气管路；5—混合燃烧器

5.2　操作箱回转架

5.2.1　操作箱回转架的用途

操作箱回转架一般安装在主操作平台的钢梁上或悬挂安装在钢包浇注操作平台横梁的下面，位于结晶器内弧侧，端部悬挂操作箱，供连铸机操作人员进行浇钢操作。

5.2.2 操作箱回转架组成及结构

如图 3-5-7 所示的操作箱回转架是安装在主操作平台上的结构型式，主要由支座 1、立柱 2、转臂（一）3、转臂（二）4 和操作箱悬挂架 5 等组成，各部件均为焊接结构件。

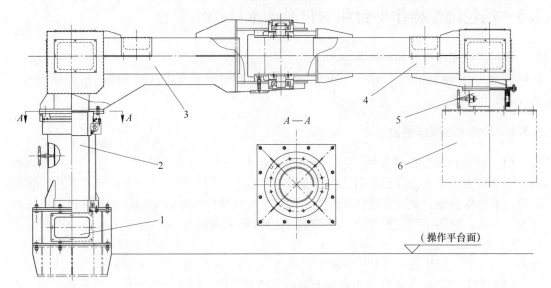

图 3-5-7 操作箱回转架

1—支座；2—立柱；3—转臂（一）；4—转臂（二）；5—操作箱悬挂架；6—操作箱

支座 1 起支撑和连接固定作用。立柱 2 由内、外套筒及上下回转支撑轴承等组成，外套筒用螺栓固定在支座 1 上，内套筒可以在外套筒内旋转，内、外套筒之间设有人工操作的定位销。转臂（一）3 一端固定在立柱 2 的内套筒的顶部，另一端与转臂（二）4 铰接。转臂（二）4 一端与转臂（一）3 转臂铰接，另一端安装操作箱悬挂架 5。操作箱悬挂架 5 结构和立柱 2 相似，外套筒上部用螺栓固定在转臂（二）4 的下端，内套筒下部用螺栓与操作箱 6 固定，内套筒可以在外套筒内旋转，内、外套筒之间设有人工操作定位销。

综上所述，操作箱回转架共有三个旋转部位：立柱 2 的内、外套筒之间；转臂（一）3 与转臂（二）4 之间；操作箱悬挂架 5 内套筒与外套筒之间。因此，操作箱回转架带着操作箱可以旋转覆盖操作范围内的任意位置，操作箱在规定区域内可任意移动，在按照生产操作使用要求安装调整好后，根据操作工习惯，锁定其操作允许旋转的角度。

操作箱回转全部由操作工手动操作。操作箱的各种控制电缆从浇注平台底部向上穿过支座、立柱和转臂（一）、转臂（二）及操作箱悬挂架的内腔接入操作箱，为布线及检修更换方便，在上述各件上开有检修孔。

悬挂安装在钢包浇注操作平台横梁下面的操作箱回转架相当于图 3-5-7 所示的结构去掉立柱 2 和支座 1 后，旋转 180°悬挂安装在钢包浇注操作平台横梁的下面，这里不再叙述。

5.2.3 设备的维护及安全注意事项

（1）定期给各旋转部位加润滑脂，确保转臂的回转动作顺畅无卡阻。

（2）检查各联接部位的螺栓、螺母是否松动并紧固。

（3）其安全注意事项是：在中间罐车行走运行前，应把操作箱及回转臂移出，避免和中间罐车干涉。在连铸机设备检修时，应首先把操作箱及回转臂固定在安全位置，避免起吊结晶器、弯曲段等设备时干涉及被损坏。

5.3　钢包浇注操作平台和钢包滑动水口操作平台

钢包浇注操作平台和钢包滑动水口操作平台主要是钢结构，由于这两个操作平台和钢包回转台及中间罐车的生产操作关联密切，因此，设计时通常将这两个操作平台划归到浇钢设备的范围之中。

5.3.1　钢包浇注操作平台

（1）钢包浇注操作平台的用途。钢包浇注操作平台设置在主操作平台上、连铸机内弧侧，安装在主操作平台的预留钢结构或混凝土基础上。用于钢包回转台的相关操作，钢包回转台的操作控制台就放置在该平台上。同时对中间罐内钢液的测温、取样、投渣也在此平台上完成，它还用于支撑中间罐车布置在内弧侧的电缆拖链。对于高低轨的中间罐车（如图 3-4-3 中间罐车（三）和图 3-4-4 中间罐车（四）），高架轨道就布置在该平台上。此外，该平台还用于放置部分中间罐钢液覆盖剂及其测温工具和测温材料等。

（2）钢包浇注操作平台的组成及安全操作注意事项。钢包浇注操作平台主要由平台本体、梯子和栏杆等组成，为焊接钢结构件。

设计钢包浇注操作平台时应使其具有足够的承载能力，平台的下横梁要保证操作工正常通过。当连铸机采用上装引锭时，平台横梁的下底面到主操作平台地面之间的高度空间还应允许引锭车通过。平台的上面周边必须设置安全防护栏杆，靠中间罐车一侧设置可旋转的活动栏杆，当中间罐车在浇注位时，活动栏杆旋转移开，操作工从平台上可以直接到中间罐车上，当中间罐车离开浇注位时，操作工须将活动栏杆旋转回原位并锁定。

5.3.2　钢包滑动水口操作平台

钢包滑动水口操作平台设置在钢包回转台后面的钢包运转跨，安装在放置事故钢包的混凝土台阶上，为钢包滑动水口操作人员提供拆卸、安装液压缸操作场地。

钢包滑动水口操作平台主要由平台本体、梯子和栏杆等组成，为焊接钢结构件。

设计钢包滑动水口操作平台时应根据钢包滑动水口的位置，确定平台高度，应保证有操作拆、装滑动水口液压缸的工作空间。平台的上面周边要设置安全防护栏杆，由于钢包滑动水口操作平台通常置于事故钢包的上方，因此，为方便吊运事故钢包，钢包滑动水口操作平台中间部位通常都设计成方便拆卸的活动平台。由于该平台位于钢包下方，因此平台面须铺耐火砖、平台的立柱也必须用耐火砖做防护。

5.4　钢液及熔渣盛接设备和生产操作物料箱

5.4.1　钢液熔渣盛接设备

钢液及熔渣盛接设备主要有溢流罐、中间罐渣盘、事故溜槽、事故钢包以及钢包渣罐、事故钢液罐等。

5.4.1.1　溢流罐

溢流罐为临时接收从中间罐里溢流出的钢液，并将钢液导出，使钢液经过事故流槽流入到事故钢包内。它直接放置在主操作平台上，它的位置是在结晶器外弧侧位于中间罐溢流槽车槽口或中间罐溢流口的下面，溢流罐的另一侧有溢流口，位于溢流槽的上方。

溢流罐结构如图3-5-8所示，通常为矩形，是由钢板焊接而成的壳体，设有四个起吊吊耳，壳体强度与中间罐相当；壳体内砌耐火砖，剖面形状为梯形，内腔盛放钢液部分为倒置的平截长方棱锥体，锥度按1:10设计。

溢流罐容量按钢包水口全开后1min左右的流量考虑。

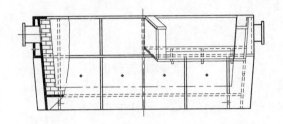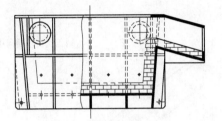

图3-5-8　溢流罐

每台连铸机设置1个溢流罐。

5.4.1.2　中间罐渣盘

中间罐渣盘的作用是盛接浇注终了时中间罐内剩余的残钢和渣子，当发生事故，急需将中间罐的钢液排放掉时，中间罐的钢液可临时排放到中间罐渣盘中，所以，中间罐渣盘也可作为事故应急之用。

中间罐渣盘放置在浇钢操作平台上的中间罐车两条行走轨道中间、主操作平台下面的预留坑内。对于单流连铸机，在连铸机铸流方向两侧中间罐车放渣位下面各放置一个渣盘；对于双流连铸机，在连铸机铸流方向两侧中间罐车放渣位下面各放置两个渣盘，这两个渣盘放置的间距和双流连铸机的流间距相同。设计时，渣盘上口平面要低于主操作平台上平面100~200mm。

中间罐渣盘结构如图3-5-9所示，要求便于放置和起吊，渣盘本体为矩形结构，是由钢板焊接而成的壳体，有四个吊耳，壳体强度与中间罐相当。壳体内砌耐火砖，剖面形状为梯形，内腔盛放钢液部分为倒置的平截长方棱锥体，锥度按1:10设计。

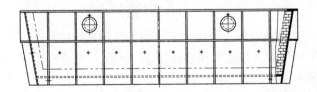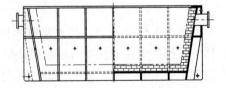

图3-5-9　中间罐渣盘

中间罐渣盘容积按大于或等于中间罐容积设计，目的是发生紧急事故时能盛接中间罐的全部钢液。

5.4.1.3　事故溜槽

事故溜槽位于钢包回转台旁、钢包水口的回转圆弧上，是一个沿高度方向倾斜放置的从平面看近似圆弧的设备，它的上口端在主操作平台台面上，下口端在事故钢包上部约1000mm处。其作用一是当钢包滑动水口不能关闭或关闭不严时，承接钢包水口流出的钢液；二是接收中间罐事故状态下由溢流罐中溢流出的钢液并将其导入事故钢包中。

事故溜槽如图3-5-10所示，是一个由折线拼接而成近似于弧形的钢板焊接结构，槽内砌有耐火材料，形状是U型槽结构，下部支承座用地脚螺栓固定，两侧设置有起吊用吊耳，在上口处设有防热罩板。

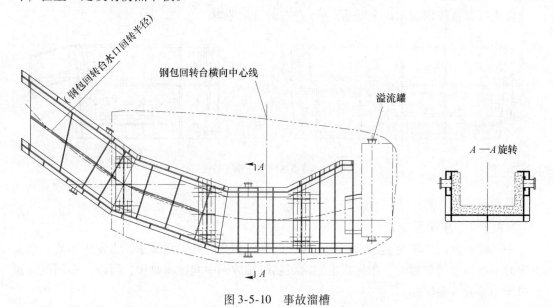

图3-5-10　事故溜槽

5.4.1.4　事故钢包

事故钢包位于事故溜槽下口约1000mm位置，放置在受包跨地平面高出的混凝土凸台上。其作用一是盛接中间罐事故时溢流出的钢液，二是当回转台上的钢包滑动水口处于事故状态时，钢包回转台转至事故钢包上方，盛接钢包水口流出的钢液。

事故钢包本身是一个没有滑动水口及配管并封住水口孔的钢包，由炼钢厂提供。

5.4.1.5　钢包渣罐

钢包渣罐位于受钢跨地平面上，用来盛接浇钢完毕的钢包中的残钢和钢渣，等待运走。

如图3-5-11所示，钢包渣罐本体由碳钢铸造而成，有两个起吊用吊耳用螺栓把合在本体上。钢包渣罐的侧壁可根据排渣情况进行考虑，强度根据载荷情况、温度及排渣时的冲击情况来决定。按工艺要求设计额定容积，一般额定容积为5m³左右。

有的炼钢厂在炼钢区域倒渣，钢包渣罐归属于炼钢车间设备。

5.4.1.6　事故钢液罐

事故钢液罐放置在受钢跨的地平面上，它的作用是用来盛接事故状态下从钢包倒入的钢液。按工艺要求设计额定容积。

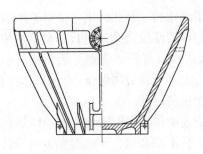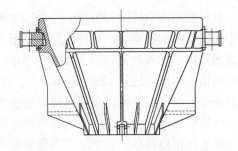

图 3-5-11 钢包渣罐

如图 3-5-12 所示，事故钢液罐主体结构为钢板焊接而成的壳体，两侧有起吊用吊耳，内砌耐火砖，内腔盛放钢液部分为倒置的平截圆锥体。

有的炼钢厂将事故钢液罐划归炼钢设备。

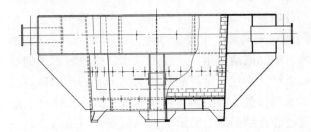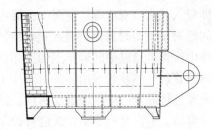

图 3-5-12 事故钢液罐

5.4.2 生产操作物料箱

为了规范、可靠和安全操作，主操作平台上除钢包长水口、中间罐浸入式水口的存放箱外，还应配备浇钢操作所使用的各种专用物料箱，主要有封引锭头物料箱、保护渣及工艺耐材箱、废料垃圾斗等。物料箱由钢板和型钢焊接而成，两侧设有起吊运输用的吊耳。需要叉车运送，箱体的底部焊有槽钢，以便于叉车运送。需要翻倒的箱体如废料垃圾斗，其后下部要设有翻倒用挂轴。

各种物料箱的容积根据生产要求及操作使用习惯确定。物料箱的结构根据所装载的物料重量确定。运输用的吊耳须有足够的强度和安全可靠性。

由于设备比较简单，这里不再逐一介绍。

5.5 浇钢设备工作运行的控制方法

浇钢设备的运行是通过钢液重量控制的。冶金起重机操作运转室接收转炉出钢前钢包空包重量的测定值；接收转炉出钢后的钢包满载重量的测定值。同时通过起重机上的负荷传感器及仪表系统测定出待浇的满载钢液重（即经钢液精炼处理后的满载钢包重量），然后将这些数值输入计算机系统，计算出钢包内可浇钢液的规定值。待钢包位于钢包回转台上的工作位置时，浇钢中的重量变化通过钢包回转台上的称重传感器及仪表系统进行称量，其数值随时显示在液晶大屏幕上，供操作人员观察，待剩余钢液、钢渣的重量达规定值时，及时发出浇钢终了预告指令，立即关闭钢包滑动水口，至此，钢包浇钢工作结束。

中间罐中的钢液重量，通过中间罐车上的称重传感器及仪表系统进行称量。当中间罐内钢液达到规定的液面高度及重量时，中间罐浸入式水口打开，浇钢开始。待浇钢结束时，罐内钢液面深度达到 150 ~ 300mm 时，中间罐浸入式水口关闭停浇。当中间罐内的钢液重量处于上、下极限时，必须向机旁或操作室发出报警信号。

为保证中间罐正常工作，浇钢设备还必须完成下述动作：中间罐内衬在中间罐预热装置的位置进行预热前必须在中间罐干燥装置的位置进行干燥合格，预热装置需有倾转、燃烧以及鼓风机运转等功能，这些运转由操作工完成。但是，如果中间罐预热装置没有自动点火功能，则烧嘴由操作者在机旁点火，通过机旁仪表设备进行燃烧模式、空-燃比的自动控制或在机旁通过调节燃料与空气阀门进行手动控制。当燃气与空气压力降达到设定的报警限时，检测器动作，燃气紧急切断，并向连铸操作室发出报警。当中间罐按时达到规定的预热温度后，中间罐车载运中间罐从预热位运至浇钢位置。然后做浇钢的准备工作，即浸入式水口对中等。此时中间罐在车上开始对中微调、下降中间罐（中间罐车行走、中间罐对中微调时为保护浸入式水口，中间罐在中间罐车上是位于上升上限位的）。这些动作由操作者通过中间罐车上的操作盘实现。中间罐滑动水口、浸入式水口快换装置用的液压软管、气体软管等的拆装由操作工手动进行。钢包长水口通过中间罐车上的长水口装卸装置进行拆装。中间罐滑动水口、浸入式水口快换装置的动作由操作者在机旁操作盘上选择自动、半自动或手动方式进行控制。通过装在结晶器上的液面控制装置，对结晶器内钢液面进行检测，再通过中间罐滑动水口或塞棒伺服机构对滑动水口或塞棒进行自动调整，从而达到稳定地控制结晶器钢液面的目的。操作者可通过浸入式水口的开口度进行观测，达到规定开口度时发出信号。

当出现停电故障时靠液压系统的蓄能器，进行一次性关闭。长水口的氩封，由操作者观看现场流量计，手动调节阀门。目前新的连铸机大部分使用氩气流量自动控制系统，使用效果比人工手动调节阀门要好。

浇钢设备是连铸生产流程中的一个重要环节，它的运行过程和控制方法，虽然有其独特性，但必须服从连铸生产线上总体运转要求。

参 考 文 献

[1] 刘明延，李平，等 . 板坯连铸机设计与计算 [M]. 北京：机械工业出版社，1990：111 ~ 115，124 ~ 125.

6 结 晶 器

6.1 结晶器的功能

结晶器是连续铸钢设备中的铸坯成型设备，也是连铸机心脏设备之一。它的功能是将连续不断地注入其内腔的高温钢液通过水冷铜壁强制冷却，导出其热量，使之逐渐凝固成为具有所要求的断面形状和坯壳厚度的铸坯，并使这种芯部仍为液态的铸坯连续不断地从结晶器下口拉出，为其在以后的二次冷却区完全凝固创造条件。钢液注入结晶器逐渐形成一定厚度坯壳的凝固过程中，结晶器一直承受着钢液静压力、摩擦力、钢液热量的传递，以及调宽时产生的摩擦力等因素的影响，使结晶器处于机械应力和热应力的同时作用之下。因而在生产过程中，结晶器是否能够保证对铸坯的均匀冷却，以及在机械应力和热应力的综合作用下结晶器不致产生变形，是保证连铸坯质量、降低溢漏率、提高结晶器使用寿命的基础。为了从结晶器中顺利拉出合格的铸坯，结晶器应满足以下基本要求。

（1）具有均匀且良好的导热冷却能力，铜板内壁有良好的抗磨损性能。

（2）结晶器铜板和支撑结构具备一定的刚性，即在激冷激热、温度变化梯度大的情况下，设备变形小。

（3）设备结构紧凑，便于制造，方便装卸，容易调整，冷却水能够自动接通，板坯宽度方向对中简单，内腔尺寸及锥度准确无误，设备固定可靠，能够满足快速更换要求。

（4）为减少振动时的惯性力，在满足上述三个条件的同时，结晶器重量尽可能轻，以减少振动体负荷，进而减少驱动电机功率或液压系统的驱动力，使振动系统更趋平稳。

6.2 结晶器的分类

6.2.1 按结晶器结构分类

在连续铸钢设备中，结晶器有整体式和组合式两大类。一般整体式多用在方坯连铸机上，板坯连铸机和一部分大方坯连铸机采用组合式结晶器。组合式结晶器也有整体式框架和组合式框架两种结构，图3-6-1a、b为整体框架结构。

随着连铸结晶器技术的发展，图3-6-2a、b，图3-6-3a、b，图3-6-4a、b，图3-6-5a、b几种分体框架结晶器广泛应用于板坯连铸机上，成为当前板坯连铸机结晶器的主流结构。

图3-6-2为分体框架组合结晶器（一），在板坯连铸机上应用比较多。它的本体是由

本章作者：王文学；审查：王公民，曾晶，黄进春，杨拉道

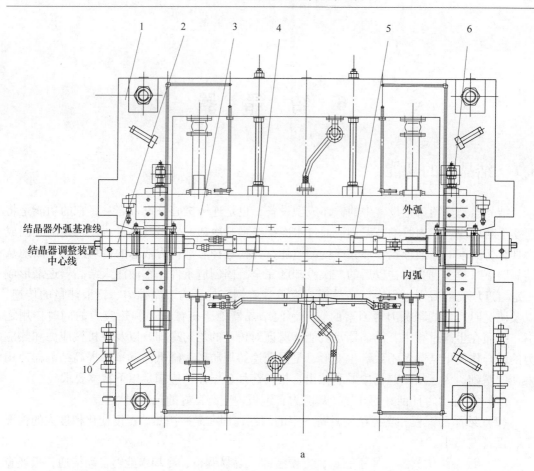

a

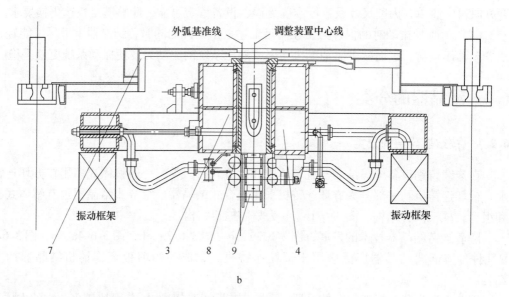

b

图 3-6-1　整体框架的组合式结晶器

1—整体式支撑框架；2—结晶器调宽装置；3—外弧侧铜板及冷却水箱；4—内弧侧铜板及冷却水箱；
5—窄面铜板及压板；6—窄面夹紧和厚度调整装置；7—结晶器盖；8—宽面足辊装配；
9—窄面足辊装配；10—结晶器外弧线定位装置

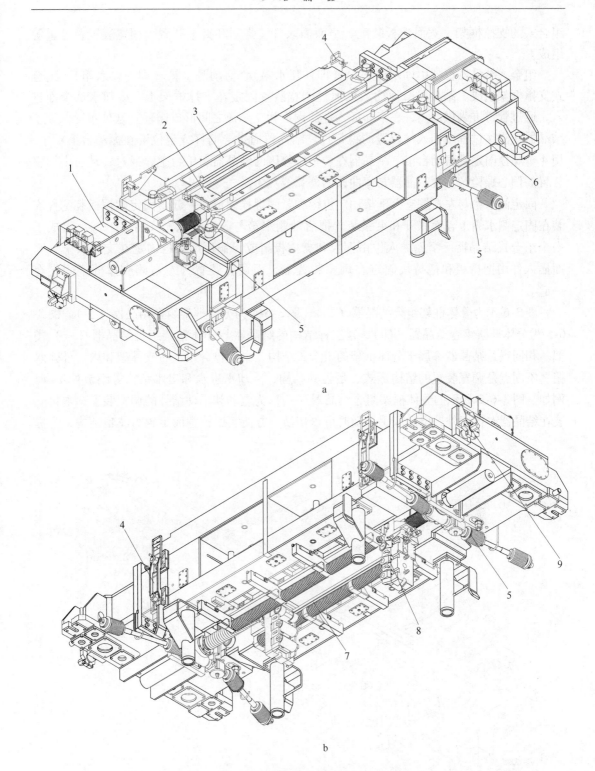

a

b

图 3-6-2　分体框架组合结晶器（一）

1—组合式支撑框架；2—窄面插入件；3—宽面铜板装配；4—张开和夹紧装置；5—调宽装置；6—窄面盖板；
7—宽面足辊装配；8—窄面足辊装配；9—对中调整装置

组合式的支撑框架、宽面铜板装配、窄面插入件、张开和夹紧装置、调宽装置、足辊等组成。

　　组合式结晶器框架由固定侧水箱（即外弧水箱）、活动侧水箱（即内弧水箱）、组合式支撑框架组成。结晶器窄面插入件通过调宽装置固定在支撑框架上。冷却水从窄面进入，通过管道进入供给点，在窄面插入件的铜板和支撑板之间形成循环。这种布置保证了结晶器在浇注过程中插入件位置的稳定性。结晶器通过导向杆或定位键在振动台上对中，用 4 个螺栓固定到振动台上。结晶器在位于维修区的结晶器对中台上，通过转动对中调整装置的偏心螺栓，实现结晶器与弯曲段的外弧线对中。

　　固定侧水箱与左右侧支撑框架用定位键和紧固螺栓固定在一起，固定侧铜板装配件安装在固定侧水箱上，而张开和夹紧装置把活动侧水箱与固定侧水箱夹持在一起，组成了一个组合式结晶器。窄面插入件由铜板和支撑板组成，铜板用螺栓固定在支撑板上。窄面插入件用把持板和把持块固定在调宽装置上，而调宽装置与左右侧支撑框架固定在一起。

　　图 3-6-3 为分体框架组合结晶器（二）、图 3-6-4 为分体框架组合结晶器（三）、图 3-6-5 为分体框架组合结晶器（四），这三种结构的结晶器与分体框架组合结晶器（一）类似。相同点是结晶器都属于分体框架的组合式结构，主要包含左、右支撑架和内、外弧水箱。不同点是调宽装置的结构形式、足辊的结构、冷却水进水和出水结构等细节处不同。例如，图 3-6-2 所示的分体框架组合结晶器（一）为电动和手动结合的调宽装置，电机安装在结晶器本体以外，电动和手动随时可以切换，方便实用；宽面足辊为花辊结构，可提

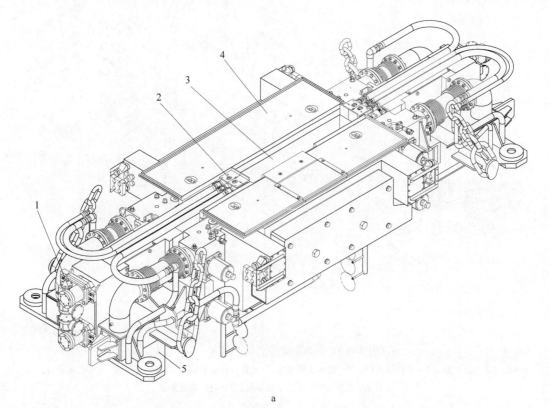

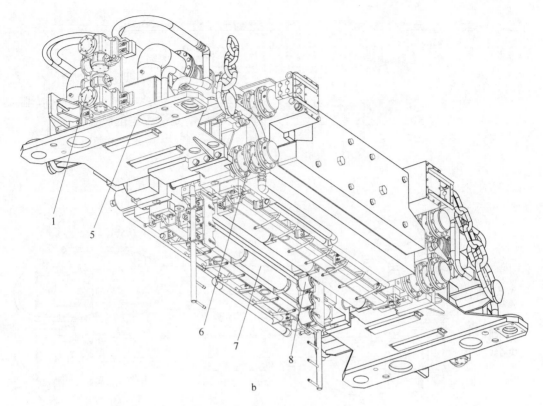

图 3-6-3 分体框架组合结晶器（二）

1—调宽装置；2—窄面插入件；3—宽面铜板装配；4—宽面盖板；5—组合式支撑框架；

6—张开和夹紧装置；7—宽面足辊装配；8—窄面足辊装配

高辊子寿命，改善铸坯表面冷却。图 3-6-3 ~ 图 3-6-5 所示的分体框架组合结晶器均配置电动调宽装置，该调宽装置的电机可以直接安装在结晶器上也可以利用万向联轴器将电机安装在结晶器本体以外的钢结构上。

在分体框架组合结晶器设计中，通常宽面铜板装配是由铜板和宽面背板联接在一起，宽面背板由厚度约为 100mm 的钢板加工而成。如果宽面铜板装配与框架连接的螺栓少，则支撑铜板的刚度不足，而增加螺栓又受到框架结构的限制，所以有的设计是把宽面铜板直接固定在固定侧和活动侧的水箱框架上，可以较好地解决宽面背板刚度不足的问题，如分体框架组合结晶器（三）和分体框架组合结晶器（四）。

6.2.2 按连铸机机型分类

按机型不同，结晶器可分为弧形和直形两种类型。直弧型板坯连铸机采用的是直结晶器，而弧形连铸机采用的是弧形结晶器。直结晶器与弧形结晶器相比有以下特点：

（1）两个宽面夹持窄面时，结晶器长度方向接触间隙均匀而且小，铜板变形后，直结晶器在这方面的优越性更为明显。另外比起弧形结晶器来，铸坯和铜板之间不易形成气隙，铸坯坯壳形成迅速并均匀。

（2）直结晶器可保证铸坯液相中的非金属夹杂物均匀、充分上浮，减少向一侧聚集。

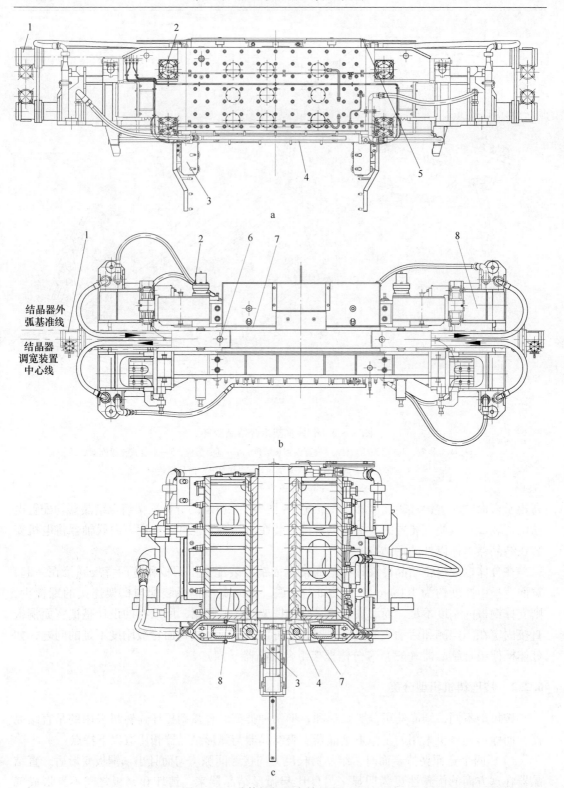

结晶器外
弧基准线

结晶器
调宽装置
中心线

图 3-6-4　分体框架组合结晶器（三）

1—调宽装置；2—张开和夹紧装置；3—窄面足辊装配；4—宽面足辊装配；5—窄面盖板；
6—窄面插入件；7—宽面铜板装配；8—组合式框架

（3）直结晶器铜板便于维修、调整、对中以及检查，更便于铜板磨损后的再加工和修复。

随着直结晶器在常规板坯连铸机中的普遍应用，直结晶器的优点以及相关结论基本上得到了业内专家的肯定。当前除了直结晶器和弧形结晶器外，对于它的内腔截面形状也有很多研究。实践证明，铸坯的大多数表面缺陷都发生在结晶器内，这些缺陷一般又与结晶器的刚性不够、冷却不均匀和传热性能不好等有关。对此，国内外的研究工作一直没有停止。

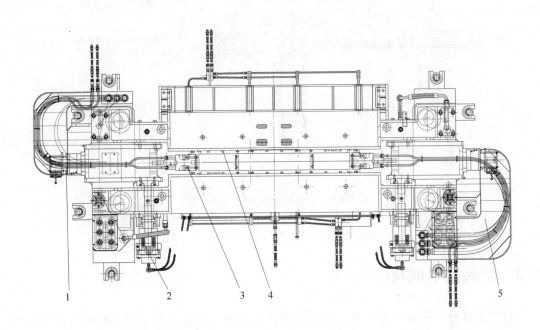

a

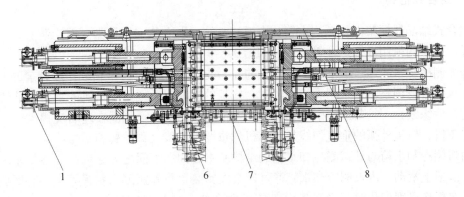

b

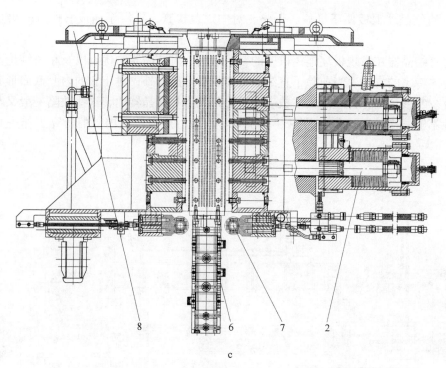

c

图 3-6-5　分体框架组合结晶器（四）

1—调宽装置；2—张开和夹紧装置；3—窄面插入件；4—宽面铜板装配；5—组合式框架；

6—窄面足辊装配；7—宽面足辊装配；8—窄面盖板

6.3　结晶器组成及结构

以 Z 钢铁公司的板坯连铸机直结晶器为例作介绍，结构近似于分体框架组合结晶器（一）。如图 3-6-2 所示，包括组合式框架、宽面铜板装配、窄面插入件、张开及夹紧装置、宽面足辊和窄面足辊装配、调宽装置、结晶器盖、液压缸及液压管路、润滑管路、喷嘴喷淋架等组成。在这里重点对关键技术进行分析，如结晶器铜板技术、镀层技术等。

6.3.1　组合式框架

组合式结晶器框架由外弧侧水箱、内弧侧水箱、左右侧支撑框架、对中装置、窄面插入件导向板、内弧用导向螺柱等组成，如图 3-6-6 所示。

外弧侧冷却水箱通过上下各两排螺栓与左右支撑框架固定在一起，并按设定的安装位置对外弧侧进行调整。当采用直结晶器时，铜板的外弧铅垂线是连铸机的重要基准线（亦即连铸机后缘线），外弧侧水箱因外弧铜板基准线的关系必须紧固在左右支撑架上。若为弧形连铸机，铜板外弧的垂直切线是连铸机的重要基准线（即连铸机后缘线）。

内弧侧冷却水箱与外弧侧冷却水箱的结构基本相同。不同之处是内弧侧冷却水箱可以在支撑框架上滑动。内弧侧冷却水箱通过四个夹紧装置与外弧侧水箱紧固在一起形成整体结构。在板坯厚度变化时，内弧侧水箱依靠左右侧支撑框架上的两个螺柱导向进行位置调整。

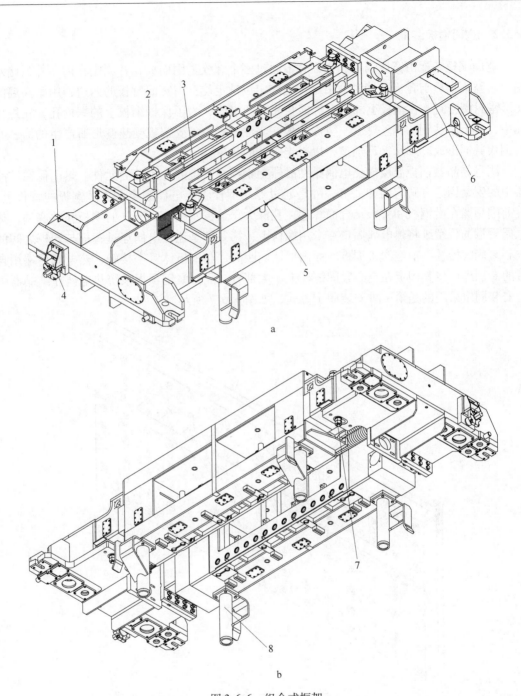

图 3-6-6　组合式框架

1—左侧支撑架；2—外弧侧水箱；3—窄面插入件导向板；4—对中装置；5—内弧侧水箱；

6—右侧支撑架；7—内弧用导向螺柱；8—结晶器存放柱脚

　　内、外弧侧水箱，左右支撑架为钢板焊接的箱形结构，有一定的强度和刚度要求以及高的焊接质量和加工精度，水通道还需进行水压试验。如果使用放射源作为结晶器液面控制系统的检测元件时，其发射和接收元件安装在内外弧水箱上。

6.3.2　宽面铜板装配

　　宽面铜板装配由宽面铜板和宽面背板通过多个螺栓紧固而成，并固定在内、外弧侧水箱上。宽面铜板与背板联接时采用定位键或定位销定位；在宽面背板的四边，用耐高温的O形密封圈密封。在铜板上加工有螺栓孔和冷却水槽，为了保护铜板上的螺栓孔，在螺栓孔中，旋有不锈钢的钢丝螺套。宽面背板在浇注过程中承受铜板受热变形所产生的力，并与铜板共同形成冷却水循环通道，以带走钢液的热量。

　　测量结晶器铜板温度的热电偶是结晶器漏钢预报系统的专用检测元件。热电偶在结晶器中的安装固定方式有两种：第一种是通过专用螺栓将热电偶固定在支承铜板的背板上，其前端顶紧在沿铜板和背板结合面算起，孔深大于最深水槽 4～5mm 的铜板孔的底端，热电偶后端的公螺纹将热电偶固定在专用螺栓上；第二种是让热电偶穿过背板与铜板之间的空心紧固螺栓，其前端深入铜板冷面内部适当距离，与铜板体紧密接触，热电偶后端用自带的专用螺母将其固定在空心紧固螺栓上。大部分结晶器漏钢预报系统热电偶在结晶器中的安装固定采用的是第一种安装固定方式，如图 3-6-7 所示。

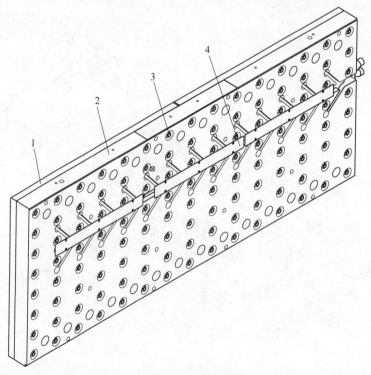

图 3-6-7　宽面铜板装配

1—宽面铜板；2—宽面背板；3—紧固螺柱；4—漏钢预报用热电偶部件

6.3.2.1　宽面铜板

　　宽面铜板是钢液凝固期间进行热交换并使之成型的关键部件，对铜板材质的性能要求为：

　　（1）热导率和电导率高；

　　（2）室温和高温强度高；

（3）再结晶温度（铜板软化温度）高，耐磨和耐腐蚀性能好；

（4）线膨胀系数低；

（5）易于加工。

早期的板坯连铸机浇注速度较低（0.5～1.0m/min），当时使用热导率高的紫铜作为铜板的材质，结晶器铜板与钢液接触面的温度为250℃左右。但冷加工紫铜板的再结晶温度<270～280℃，且强度和硬度在常温和高温状态下都低，耐磨性也差。为了提高结晶器的使用寿命，现在普遍采用合金铜板制作结晶器，如：铜银合金，铜-铬-锆合金，铜-铬-锆-砷合金，铜-镁-锆合金，铜-铬-锆-镁合金等。真空冶炼的铜银合金，冷加工成型，在铜银合金内表面镀Cr。铜银合金成分为：Cu99.5%，Ag0.07%～0.1%（有的到0.13%），P0.006%左右。采用铜银合金的目的主要是提高铜板再结晶温度。当含银量在0.07%～0.12%时，再结晶温度稳定在310～327℃，比普通冷轧紫铜板的再结晶温度高出40～50℃。

随着连铸技术的发展，浇注速度有了提高（1.0～1.4m/min），结晶器铜板热面与钢液接触面的温度达到近400℃，结晶器铜板的使用条件更加恶劣，为了减少铜板的热变形，对铜板的强度提出了更高的要求。在这种情况下，铬锆铜（Cr-Zr-Cu）合金在高温下具有高的强度和优异的综合性能，得到了广泛的应用。A钢铁公司板坯连铸机结晶器铜板用铜铬锆制作，其化学成分（质量分数）为：$Zr = 0.08\% \sim 0.3\%$，$Cr = 0.5\% \sim 1.5\%$，$Cu > 98\%$。电导率≥70% IACS（20℃）。力学性能为$\sigma_b \geq 300MPa$，$\sigma_s \geq 240MPa$，硬度≥100HB。表3-6-1和图3-6-8～图3-6-11为不同结晶器铜板的牌号及力学性能。

表3-6-1 不同结晶器铜板的牌号及力学性能

| 牌 号 | 化学成分（质量分数）/% | | 力学性能 | | | | |
	Cu	其他	抗拉强度 /MPa	屈服极限 /MPa	伸长率 /%	硬度 HB	电导率/% IACS（20℃）
CuB	≥99.9		≥200	≥40	≥40	≥45	≥98
CuB-H	≥99.9		≥250	≥200	≥10	≥80	≥98
DCuP$_1$A-H	≥99.9	P0.004～0.015	≥250	≥200	≥15	≥80	≥85
AgCuB	(Cu+Ag)≥99.9	Ag0.07～0.12	≥200	≥40	≥40	≥45	≥98
AgCuB-H	(Cu+Ag)≥99.9	Ag0.07～0.12	≥250	≥200	≥10	≥80	≥98
AgDCuPA-H	(Cu+Ag)≥99.9	P0.004～0.015 Ag0.07～0.12	≥250	≥200	≥15	≥80	≥85
CRM-A	≥98.0	Cr0.5～1.5	≥350	≥280	≥10	≥110	≥80
CRM-B	≥98.0	Cr0.5～1.5	≥300	≥240	≥20	≥100	≥80
CCM-A	≥98.0	Cr0.5～1.5 Zr0.08～0.30	≥350	≥280	≥12	≥110	≥70
CCM-B	≥98.0	Cr0.5～1.5 Zr0.08～0.30	≥300	≥240	≥15	≥100	≥70
PH24	≥98.0	Be0.10～0.30 Ni0.5～1.5 Zr0.10～0.30 Mg0.03～0.06	≥550	≥400	≥15	≥150	60

需要指出的是，浇钢时结晶器铜板的热面温度与铜板热导率有关，紫铜（也叫红铜、纯铜）热导率高，为384W/(m·K)，则铜板热面温度就低；CuAg合金热导率>377W/(m·K)，铜板热面温度高于纯铜；CuCrZr合金热导率>320W/(m·K)，铜板热面温度高

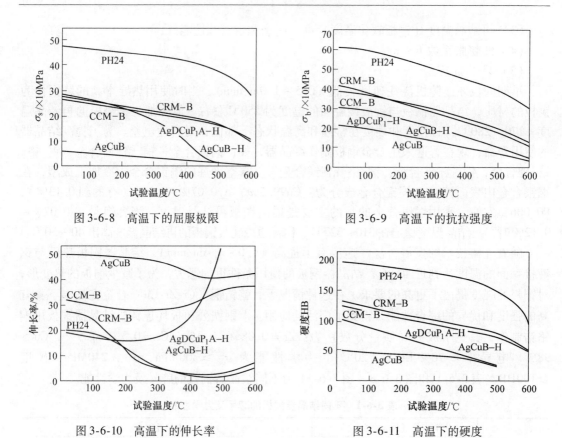

图 3-6-8　高温下的屈服极限　　　　　　　　图 3-6-9　高温下的抗拉强度

图 3-6-10　高温下的伸长率　　　　　　　　图 3-6-11　高温下的硬度

于 CuAg 合金。但是就再结晶器温度而言，紫铜最低为 300℃，CuCrZr 合金最高为 700℃，CuAg 合金居中为 370℃。因此，高温状态下再结晶温度高的材料其高温强度和硬度就高。

在有些连铸机上，为了改善铸坯的质量、提高拉速并提高生产操作的稳定性，结晶器使用了电磁搅拌和电磁制动技术，而为了抑制结晶器铜板磁通密度的衰减，要求铜板具有低的电导率（30%～0% IACS），这使得铜板的温度上升，就必须要求铜板具有更高的强度。国外一些公司开发了 Al-Cr-Zr-Cu 和低铍铜等材料，用在热负荷条件特别恶劣的结晶器上，降低了铜板的热变形。

典型的铜合金材料及其性能见表 3-6-2。

表 3-6-2　典型的铜合金材料及其性能

材料名称	磷脱氧铜	含银铜	铬锆铜
材料代号	TP2	Cu-Ag0.1	Cu-Cr-Zr
材料标准	GB/T 5231—2001 GB/T 18033—2000		
化学成分 （质量分数）/%	Cu+Ag≥99.9； P0.015～0.04； O≤0.01	Cu+Ag≥99.9； Ag0.08～0.12； P0.004～0.012； O≤0.05	Cu+Ag≥98.0； Cr0.3～1.20； Zr0.05～0.25； 杂质≤0.5

材 料 名 称	磷脱氧铜	含银铜	铬锆铜
物 理 性 能			
熔点/℃	1083	1083	1078
密度/g·cm^{-3}	8.9	8.9	8.89
线膨胀系数（20~100℃）/K^{-1}	1.68×10^{-5}	1.68×10^{-5}	$(1.7 \sim 1.8) \times 10^{-5}$
热导率（20℃）/W·(m·K)$^{-1}$	340	368	315~322
电导率/%IACS	≥85	≥85	≥80
弹性模量/MPa	117600	123000	128000~147000
加 工 特 性			
退火温度/℃	300~650	400~650	
再结晶温度/℃	350	370	500~720
软化温度/℃			500~590
钎焊性能	极好	极好	良好
铜焊性能	极好	良好	良好
气焊性能	良好	不推荐	不推荐
力 学 性 能			
抗拉强度（20℃）/MPa	265~345	265~343	365~450
屈服强度（20℃）/MPa	~200	~200	~300
布氏硬度 HB	75~95	75~95	120~150
伸长率/%	25~10	25~10	20~10

6.3.2.2 宽面铜板镀层

在现代板坯连铸机上，对铜板材质的要求除了高温强度和刚度、充分和均匀的冷却、良好的导热性能之外，对结晶器铜板表面镀（涂）层性能也提出了越来越高的要求，要求镀（涂）层具有高强度、高硬度和一定的塑性、良好的导热性、耐磨性和耐腐蚀性能。

最初在结晶器上使用的是裸铜板，由于材质较软，耐磨性差，寿命很低，不少厂家采用了铜板表面镀层的方法。一种是单独镀 Ni，如日本大分厂的弧形板坯连铸机，长900mm 的结晶器下端450mm 之内镀 Ni，镀 Ni 层最大厚度为5mm。另一种是镀 Cr，但由于紫铜和铬的热膨胀系数相差较大，使用一段时间后，Cr 就开始剥离，使铸坯表面产生星裂等缺陷。后来开发了在铜板表面镀 Ni、Ni 系合金和 Cr 的复合镀层。Cu、Ni、Cr 三种材料的热膨胀系数分别为：16.7μm/(m·K)、13.7μm/(m·K)、(6.7~8.4)μm/(m·K)。Ni 与 Cu 的热膨胀系数比较接近，可以防止膨胀不均而剥离。Ni 系合金为 Ni-P 合金层，Ni 系合金在 600℃ 以下的温度范围内，硬度随温度升高而有增加的趋势，高温下耐磨性好。复合镀层比单独镀 Ni 的寿命可提高 5~7 倍，比单独镀 Cr 提高约 10 倍。日本野村镀金株式会社开发了 Ni-Fe 镀层，从 1979 年开始在板坯和方坯连铸机上应用，到目前为止仍然有广泛的应用。图 3-6-12 为宽面铜板电镀的几种类型。

资料报道，Ni-Fe 合金镀层与 Ni 镀层相比，高温强度（400℃时）提高了 2.5 倍，伸

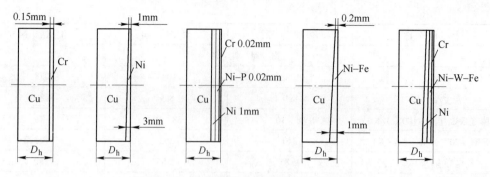

图 3-6-12　结晶器宽面铜板电镀的几种类型

D_h—铜板厚度

长率是后者的 1/2。忽略保护渣对热传导的影响，Ni-Fe 镀层的热导率比 Ni、MC（复合镀层）大，通过磨损试验，证明三种镀层材质在 400℃时的磨损量比例为 Ni∶MC∶Ni-Fe = 1∶1.33∶1.83。不同温度下的磨损曲线如图 3-6-13 所示。

结晶器镀层材质不同，使用寿命也大不一样，见表 3-6-3。在低速铸造时，三种材质的结晶器寿命相差不大。在中速铸造时，Ni-Fe 镀层比 MC 镀层寿命提高了 1.7 倍。若以浇铸每吨钢所支付的铜板费用来比较，在中速铸造时，方坯连铸机 Ni-Fe 镀层的结晶器比 MC 镀层的结晶器费用低 25%，板坯连铸机费用低 43%。而且，Ni-Fe 镀层随 Fe 的含量不同，硬度（HV）可在 250~500 范围内调整，因此，Ni-Fe 镀层的结晶器在板坯连铸机中得到广泛的应用。

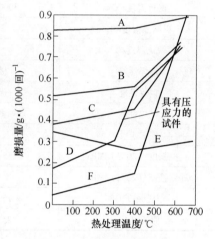

图 3-6-13　几种材质的磨损曲线

A—Ni；B—Ni-4% Fe；C—Ni-5.7% Fe；
D—Ni-10.6% Fe；E—Ni-P；F—Cr

表 3-6-3　不同镀层结晶器的寿命

连铸机类型	铸造速度/m·min⁻¹	镀层材质	浇铸炉数 200　400　600　800　1000 1200
板坯连铸机	低速（0.4~0.6）	Ni	▭
		MC	▭
		Ni-Fe	▭
	中速（0.6~0.8）	MC	▭
		Ni-Fe	▭
方坯连铸机	中速（0.8~1）	MC	▭
		Ni-Fe	▭

资料报道，以前结晶器采用 Ni-Cr 镀层，在结晶器下部，由于与凝固熔渣之间的摩

擦，通常使用寿命只有 300~400 炉次。当结晶器下部采用 Ni-W-Fe 镀层后，寿命比 Ni-Cr 镀层提高了 3~4 倍。Ni-W-Fe 镀层中，由于 W、Fe 的加入（加入量为 3%~10%），提高了镀层的强度和硬度，400℃时高温强度比 Ni-Fe 镀层还高 1.5 倍。镀层厚度方向的硬度在 300~780HV 之间，Ni-W-Fe 的热膨胀系数和 Cu、Ni 大致相等，且镀层的结合性好，热导率和 Ni 也大致相等。因此，高速铸造（1.4~2.0m/min）时，在结晶器下部特别是窄面铜板可用 Ni-W-Fe 镀层取代复合镀层，以提高镀层的使用寿命并减少结晶器维修费用。图 3-6-14 为三种镀层的热处理温度与硬度的关系。图 3-6-15 为镀层深度和硬度的关系。图 3-6-16 为用 Ni-W-Fe 作镀层的两种镀层方案。

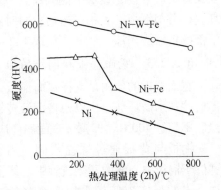

图 3-6-14   热处理温度与硬度的关系

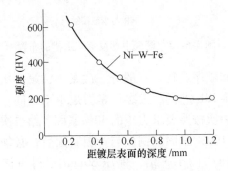

图 3-6-15   镀层深度与硬度的关系

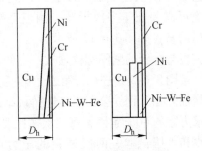

图 3-6-16   Ni-W-Fe 作镀层的两种方案
D_h—铜板厚度

Ni-Co 镀层的出现，使铜板一次修复平均过钢量达到了 15 万吨；而在宽面铜板上镀 Co-Ni，窄面铜板热喷涂 Ni-Cr 合金，更把铜板一次修复平均过钢量提高到了 20 万吨以上。随着结晶器铜板表面处理技术的不断发展，将会有更好的材料和表面处理技术出现。几种镀层材料的性能见表 3-6-4。

表 3-6-4   铜板镀层材料及其性能

项 目	镀 层 材 料				
	Cr	Ni	Ni-Fe	Ni-Co	Co-Ni
硬度（HV）	≥600	≥140	≥250	≥280	≥220
热膨胀系数/×10⁻⁶·℃⁻¹	7	14~16.7	14	14	14
热导率/W·(m·K)⁻¹	60~66	76~84	63~88	75~84	80~84

尽管铜板表面的电镀和热喷涂合金大大提高了铜板的寿命，但由于镀层的热导率要比 Cr-Zr-Cu 小很多，为了保证钢液在结晶器内能够快速形成坯壳，必须对镀层的厚度进行控制。

研究表明，结晶器铜板热面温度在距离弯月面以下 50mm 左右处最高，然后逐渐减小。由于铜板的上部与高温钢液接触，需要将钢液的大量热量迅速导出，因此铜板上部需要良好的导热性，镀层不能太厚，一般取 0.2～0.5mm；而在铜板的下部，钢液已凝结成坯壳，并与铜板产生相对运动，同时由于锥度的存在，使铜板表面很容易磨损，所以铜板下部的镀层应当厚一些，一般取 1.2～1.5mm，以提高耐磨性，延长结晶器的使用寿命。

6.3.2.3　宽面背板和铜板的组合

宽面背板的作用是支撑宽面铜板，承受连铸时作用在铜板上的力，并使铜板水槽封口形成冷却水循环通道，以便将钢液传给铜板的热量带走，保证铜板与钢液面接触处的最高温度不超过 400℃，即铜板表面温度应远离铜板的再结晶温度。

铜板与背板通过螺栓紧固，用键定位，键位于铜板中心线的两侧或者中心线上。Z 钢铁公司的板坯连铸机采用两个竖键来定位，在铜板中心线上，距离铜板顶面和底面各 150mm。为了保护铜板上的螺纹孔，螺纹孔中镶嵌有不锈钢制成的螺纹套，以利铜板固定得更可靠并便于多次拆装。铜板上螺纹套与水槽的布置如图 3-6-17 所示。

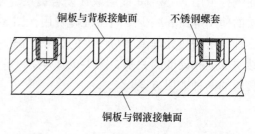

图 3-6-17　铜板中螺纹套与水槽的布置

铜板与背板的紧固螺栓须按一定的紧固力矩和顺序进行。一般分三次紧固，第一次拧紧顺序按图 3-6-18a 进行，第二、第三次按图 3-6-18b 进行。三次拧紧力矩也不相同，应依次增加。如 Z 钢铁公司板坯连铸机结晶器，第一次按照要求力矩的 50% 紧固，第二次按照要求力矩的 80% 紧固，第三次按照要求力矩的 100% 紧固。铜板与背板紧固后，必须进行通水和水压试验，两次试验的压力均为工作压力的 1.5 倍，保压 30min 不得有渗漏现象。

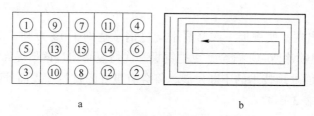

a　　　　　　　　　　　　　　b

图 3-6-18　铜板紧固螺栓的顺序

6.3.3　窄面插入件

窄面插入件由窄面铜板、窄面背板、支撑板、把持块以及夹紧块所组成，如图 3-6-19 所示。窄面铜板和窄面背板用螺栓紧固在一起，再和支撑板利用夹紧块固定成一个整体。铜板上加工有螺栓孔和冷却水槽，冷却水的伸缩套管通过背板与支撑板连接，形成循环通道。支撑板与调宽装置相连接，而把持块两侧的凸耳插入到结晶器框架上部的窄面插入件导向板的导槽内，可使插入件窄面在导槽内滑动。通过调宽装置动作，可以改变所浇注铸坯的宽度。当需要改变铸坯的厚度时，就需要更换插入件窄面。在一个结晶器上浇注不同厚度的铸坯时，可以使用厚度最薄的支撑板。这样在更换插入件窄面时，只需要更换窄面铜板、背板和把持块。

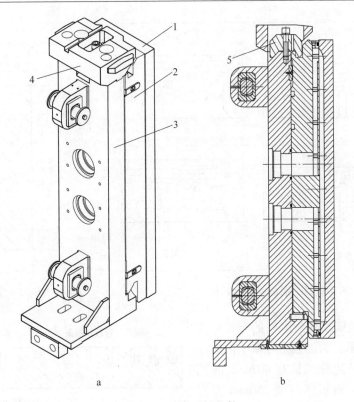

图 3-6-19 窄面插入件

1—窄面铜板；2—窄面背板；3—支撑板；4—把持块；5—夹紧块

6.3.3.1 窄面铜板

由于窄面铜板上半部分受工作环境的影响，不仅在液面附近有热裂和镀层剥离现象，而且受宽面夹紧力的作用，使窄面铜板受压而出现蠕变变形，由于倒锥度不准确，其下部磨损比宽面严重，因此，一般窄面铜板寿命比宽面短。据资料报道，采用含银的脱氧铜板，平均刨修寿命为 5 万吨。为提高窄面铜板的使用寿命，一般从以下三方面采取措施。

（1）冷却水量和水流速。图 3-6-20 表示了冷却水量和铜板表面温度的关系，如耗水量从 400L/min 增加到 500L/min，温度可降低 15℃ 左右。但水量增加是有限度的，对板坯连铸机，有人提出提高液面附近铜板冷却水流速达 9m/s 以上，以适应高速铸造的需要。

（2）改变冷却水槽结构，增加冷却水孔。铜板冷却水通道有水槽和钻孔两种类型，为强化结晶器的冷却性能，对水槽结构来说可改变槽宽、槽间距和槽的深度；对钻孔冷却来说，是在两个大孔之间增加小孔。据资料介绍，增设小的冷却水孔能使铜板表面温度降低 65℃ 左右，如图 3-6-21 所示。

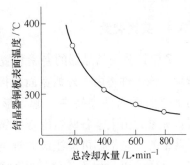

图 3-6-20 冷却水量与铜板
表面温度的关系

（3）铜板材质、镀层材质和结构。铜板和镀层材质前面已作过介绍，这里不再重复。图 3-6-22 为 A 钢铁公司连铸机 50mm 厚的铬锆铜板，下部镀镍。

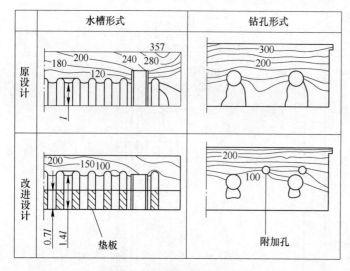

图 3-6-21　铜板冷却方式比较

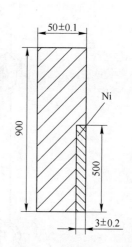

图 3-6-22　窄面铜板镀层

窄面铜板的螺纹套与水槽的布置形式如图 3-6-23 所示。为加强结晶器上部的冷却，在窄面的两边分别钻有 $\phi16\mathrm{mm}$ 的孔以便通水冷却，对板坯厚度 250mm 而言孔深 477mm。

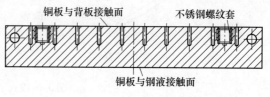

图 3-6-23　窄面铜板断面形状

6.3.3.2　窄面背板

窄面背板为不锈钢厚板焊接件，用螺栓与铜板紧固在一起，形成窄面循环冷却水路系统。在窄面铜板中心线两侧用柱销定位。通常窄面铜板和窄面背板紧固后，必须进行通水和水压试验，试验压力为工作压力的 1.5 倍，保压 30min 不得有渗漏现象。

窄面铜板和背板的宽度与浇铸的板坯厚度一一对应。

6.3.4　夹紧装置

Z 钢铁公司结晶器的夹紧装置如图 3-6-24 所示。该部件将内、外弧宽面铜板装配与左右两个窄面插入件夹持在一起，形成整体结晶器。夹紧力由上下各两组碟形弹簧决定，上下弹簧组的力是根据可浇注最大规格铸坯预先设定，这样可以确保不论浇注哪种规格的铸坯，以及是否在浇注过程中调整板坯宽度都能夹紧窄面插入件。向安装碟簧组的上下柱塞缸里注入压力油，可以使宽面和窄面铜板之间产生一定间隙；如果取出连接板 4，可以大大增加该

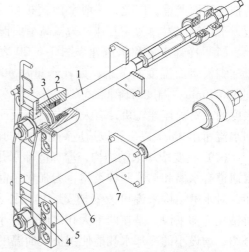

图 3-6-24　张开和夹紧装置

1—上部拉杆；2—上部缸体；3—碟簧组；4—连接板；
5—固定法兰；6—下部缸体；7—下部拉杆

间隙值。这种操作便于清理结晶器宽面和窄面铜板缝隙中的异物，也可以在改变浇注厚度时方便地更换窄面插入件，或者在改变浇注宽度时避免窄面铜板的两侧和宽面铜板之间过度磨损。

夹紧装置除了上述碟簧夹紧、液压缸松开的方式外，还有采用四个液压缸夹紧和松开的方式。但由于不如前者可靠而使用较少。

夹紧装置中碟形弹簧的预紧力是按最大钢液静压力产生的鼓肚力考虑的，实际上所需的夹紧力是随铸坯的宽度不同而变化的。有的商家提出的采用弹簧和液压随动控制系统实现夹紧力跟随变化以提高结晶器使用寿命，如图 3-6-25 所示。这种系统的特点是：

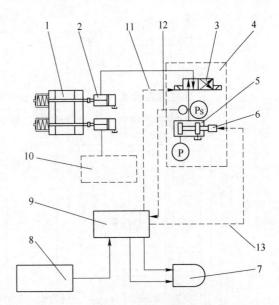

图 3-6-25 夹紧装置控制系统示意图

1—结晶器；2—液压缸；3—方向控制阀；4，10—阀站；
5—伺服阀；6—伺服电机；7—CRT 显示；8—过程计算机；
9—PLC；11，13—操作信号；12—液压缸压力信号

（1）能始终满足各种铸造断面的夹紧力；并使之处于允许的最小值状态；

（2）能随着窄面宽度的热膨胀进行液压随动控制；

（3）由于液压缸和弹簧同时夹紧，在液压系统出现故障时，弹簧夹紧力仍起作用。这种结构可避免由于窄面的热膨胀而使宽窄面之间的面压增大，从而使铜板产生机械变形和蠕变变形，进而避免宽窄面之间出现间隙造成钢渣挤入，在调宽时划伤铜板表面。

目前常用的两种结晶器夹紧装置如图 3-6-26 和图 3-6-27 所示。

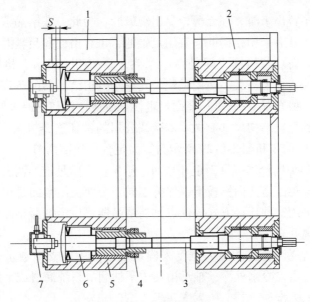

图 3-6-26 夹紧装置（一）

1—外弧侧冷却水箱；2—内弧侧冷却水箱；3—拉杆；4—螺母；5—碟簧套筒；6—碟形弹簧；7—液压缸

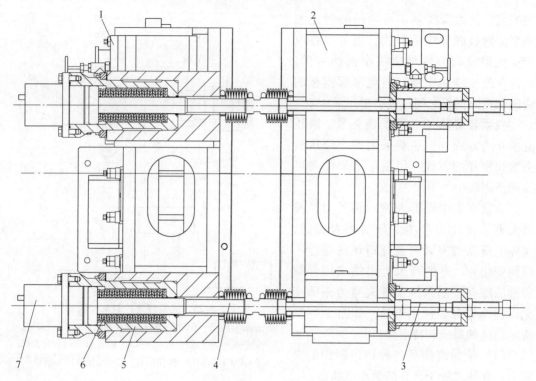

图 3-6-27　夹紧装置（二）

1—外弧侧冷却水箱；2—内弧侧冷却水箱；3—调整装置；4—拉杆；5—套筒；6—碟形弹簧；7—液压缸

6.3.5　宽面足辊和窄面足辊装配

6.3.5.1　足辊结构

铸坯从结晶器中拉出来时，坯壳薄，易出现鼓肚，为此，在结晶器出口应对铸坯给予良好的支撑。以前设计有采用格栅的，有用足辊的，也有格栅和足辊并用的。格栅能较好地防止铸坯鼓肚，但铸坯与格栅之间是滑动摩擦，摩擦阻力较大，格栅易变形，损坏频繁。在现代的板坯连铸机上，大多使用足辊来支撑刚拉出结晶器的铸坯。足辊为小辊径密排布置，宽面足辊一般布置 1~3 对，窄面足辊根据所浇注铸坯的厚度布置 2~5 对。其数量主要与铸造速度和足辊结构尺寸有关。Z 钢铁公司的板坯连铸机采用足辊支撑，宽面 1对，窄面 3 对，图 3-6-28 和图 3-6-29 所示为宽面足辊装配结构图。

宽面足辊用 T 形头螺栓和螺母固定在宽面水箱上。宽面足辊的调整是通过调整螺栓和垫片来实现的，足辊辊面与宽面铜板下端保持在同一个面上。窄面足辊装配固定在窄面插入件的支撑板上。采用这种连接方式的优点是当结晶器下口出现漏钢时，可以快速地把足辊与结晶器本体分离开。

宽面足辊根据所浇注铸坯的最大宽度来确定足辊的中间支撑数量，通常采用二分节辊~四分节辊。足辊由二冷水外冷，轴承由集中干油润滑系统润滑或采用自润滑轴承。

6.3.5.2　足辊材质

随着铜板材质的提高和表面镀层技术的进步，铜板刨修一次的过钢量有了很大提高。

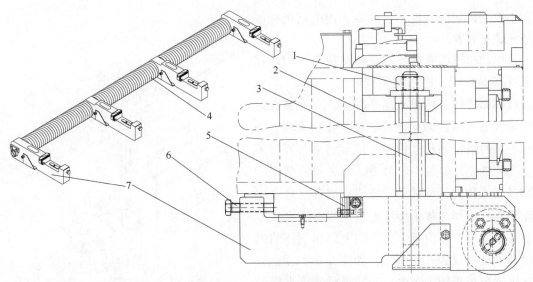

图 3-6-28 宽面足辊装配结构

1—螺母；2—宽面水箱；3—T 形头螺栓；4—宽面足辊；5—调整垫片；6—调节螺钉；7—轴承座

为了使足辊的寿命能够与之相匹配，采取了提高足辊的材质、表面堆焊耐磨不锈钢和使用分节辊等措施。一般宽面足辊采用芯轴式辊子结构，窄面足辊为实心辊结构，辊子材料采用耐热合金钢堆焊不锈钢或者直接采用耐热不锈钢。

6.3.6 调宽装置

为了满足用户对不同宽度板坯的需要，结晶器需要设置调宽装置。板坯连铸结晶器的调宽装置分为手动、电动机械和液压三种类型，手动调宽为离线或在线冷态调宽时采用，电动机械和液压调宽装置既可以冷态调宽，也可以热态调宽。结晶器调宽装置对称布置在结晶器宽度方向两侧，并通过销轴与窄面插

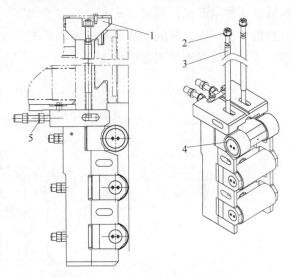

图 3-6-29 窄面足辊装配结构

1—窄面插入件；2—螺母；3—T 形头螺栓；
4—窄面足辊；5—调节螺钉

入件联接，以实现窄面插入件的平行移动和摆动，即结晶器的调宽和调锥。

6.3.6.1 手动调宽装置

手动调宽装置主要由保护套、伞齿轮箱、蜗轮副、丝杠副、连接轴、手动离合器所组成。如图 3-6-30 所示，在 A 点处用手轮转动连接轴，可使上下丝杠同时前后运动，实现宽度调整；当需要调整锥度时，用手动离合器脱开连接轴与下部蜗轮副的连接，即可实现上下丝杠的单独调节。

6.3.6.2 电动机械调宽装置

为了提高连铸机的生产率，同时又能满足多规格、小批量的生产要求，需要在浇注过

程中改变铸坯的宽度，这时要采用电动机械或液压调宽装置。

　　电动机械调宽装置的主体结构与手动调宽装置基本相同，每一侧调宽装置只是在蜗轮、丝杠后面增加了两根万向联轴器，与安装在振动装置上的两台调宽电机联接，分别驱动上部和下部的蜗轮和丝杠传动，调节结晶器开口的宽度和锥度，如图 3-6-31 所示，Z 钢铁公司的结晶器采用的是该种调宽方式；或者只是在蜗轮和丝杠后面增加了传动电机，即电机直接安装在结晶器本体设备上，驱动上部和下部的蜗轮和丝杠实现调宽和调锥，如图 3-6-32 所示。某钢铁公司采用伺服电机和摆线减速机直联的电动机械调宽机构，如图 3-6-33 所示，该机构较前两种电动机械调宽方式大大消除了调宽过程的机械间隙，降低了结晶器窄面跑锥的几率，优化了结晶器热调宽技术。

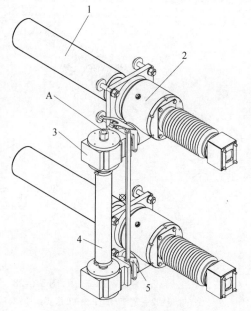

图 3-6-30　手动调宽装置
1—丝杠副；2—蜗轮副；3—伞齿轮箱；
4—连接轴；5—手动离合器

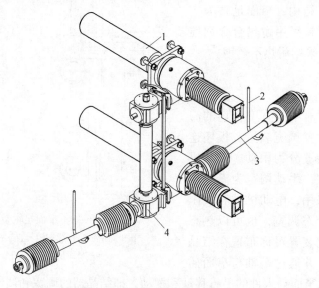

图 3-6-31　电动机械调宽装置（一）
1—丝杠副装置；2—吊钩；3—万向联轴器；4—蜗杆副

6.3.6.3　液压调宽装置

　　相比起电动机械调宽方式，液压调宽技术在 20 世纪末才出现，现在也已经很成熟了，具体结构如图 3-6-34 所示，液压调宽装置结构简单，重量轻。

　　液压调宽装置是在每个窄面插入件后面布置两个带位移传感器和伺服阀的液压缸，通过支撑板固定在结晶器框架的左右支撑架上，并通过销轴与窄面插入件铰接。该装置通过

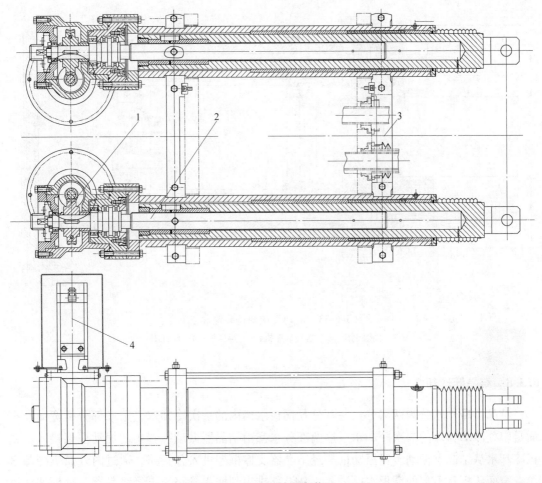

图 3-6-32　电动机械调宽装置（二）
1—蜗轮副；2—丝杠副；3—半压块；4—伺服电机

液压缸带动两个窄面插入件运动调整结晶器内腔宽度。每个窄面插入件后面一上一下连接两个液压缸，上、下液压缸的运动可以分别控制，因此，可同时进行窄面插入件的移动和锥度的调节。该调宽装置既可在线外结晶器对中台上进行调节，亦可在连铸生产线进行冷、热态调宽。由于结晶器工作在高温和具有大量水蒸气的环境中，所以位移传感器和伺服阀必须严密防护。

6.3.7　结晶器盖板

结晶器盖板包括固定盖板和活动盖板两部分，均为钢板焊接结构，如图 3-6-35 所示。固定盖板安装在浇注平台的钢结构梁上；活动盖板固定在结晶器宽面水箱上，随结晶器一起振动。在更换结晶器和振动装置时，应先吊走固定盖板。

为了将浇注时所产生的烟气和灰尘排走，在固定盖板上设有烟气引出通道，出口端配有排气管道，通过风机将烟气排走。A 钢铁公司中—流板坯连铸机的抽风量最大为（标态）2000m³/h，静风压为 3.6kPa，电机为 AC5.5kW。而某商家在 250mm × 2000mm 单流板坯连铸机中给出的抽风量（标态）为 3500m³/h，风压为 7.0kPa，电机为 AC11kW。

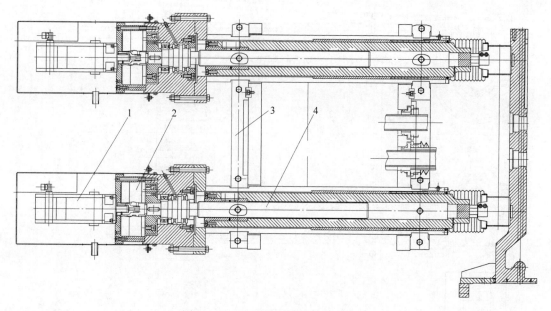

图 3-6-33　电动机械调宽装置（三）

1—伺服电机；2—摆线减速机；3—半压块；4—丝杠副

6.3.8　结晶器冷却水

结晶器冷却水分为两部分，一部分是铜板水槽内的一次冷却水，第二部分是宽面和窄面足辊处冷却铸坯的二次冷却水。这两部分水都由结晶器振动装置中的振动框架接入。铜板冷却水从结晶器振动装置振动框架经结晶器支撑框架进入各管路，通过内外弧侧冷却水箱、窄面压板从下部的铜板水槽进入，从上部排出到回水管路，再经结晶器支撑框架、结晶器振动装置振动框架，返回至水处理系统以实现循环。足辊处冷却水由结晶器支撑框架经管路到宽面和窄面集水管，通过支管和喷嘴将冷却水直接喷到板坯的宽面和窄面上，对铸坯直接进行冷却，冷却水量由一、二级自动控制。

常规板坯连铸机结晶器从供水管路来的冷却水压力一般为 0.8~1.0MPa，进入温度一般为 33~38℃，出结晶器时水温一般为 42~48℃。结晶器窄面冷却水路的压力损失比宽面大，比如 A 钢铁公司板坯连铸机浇注板坯厚度 250mm、230mm、210mm，结晶器窄面压力损失分别为 0.185MPa、0.212MPa 和 0.258MPa。为了保证结晶器窄面冷却水有一定的压力，当结晶器阀站进口压力为 0.83MPa 时，在冷却水进入结晶器窄面之前，经阀站升压泵升压 0.2MPa，然后再供给窄面铜板进行冷却。A 钢铁公司连铸机浇注最大断面为 250mm×1930mm，每台结晶器的耗水量为 8720L/min，其中，宽面耗水量为 7720L/min，窄面耗水量为 1000L/min，水质要求见第二篇。

在结晶器冷却水阀站，为了清除混进冷却水中的杂质，每台连铸机都设有电动自洗式过滤器。为了实现远距离操作，在每流连铸机的水道上还设有电动阀，以便集中控制和手动操作。

为便于水管的装卸，结晶器冷却水配管与管道的水管之间采用伸缩接头联接，在阀站

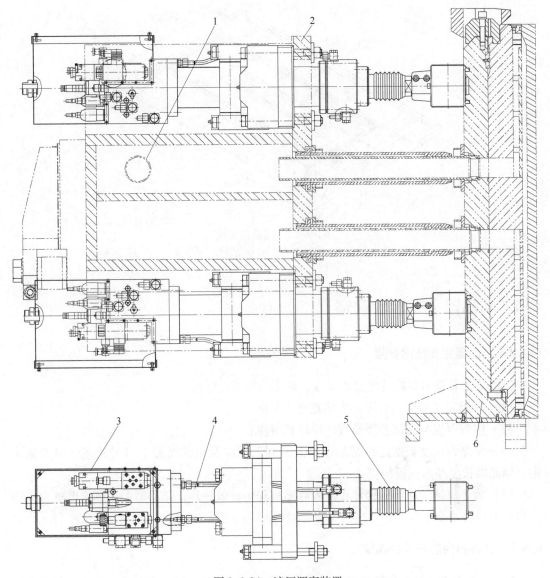

图 3-6-34 液压调宽装置
1—左右支撑架；2—支撑板；3—阀箱；4—液压缸；5—保护罩；6—窄面插入件

内为便于设备安装，配有手动吊车等工具，在水管上设有检测用的各种仪表等。

此外，在结晶器中，为保证冷却水能全部充满冷却水箱及各管路，设有空气排除配管和旋塞，以便在连铸机开浇前，排尽结晶器水路中的空气，以稳定生产操作，提高冷却效率。

6.3.9 结晶器的润滑

结晶器的润滑按三部分考虑：窄面插入件与调宽装置之间采用的是铜套，不太旋转不需要润滑脂；调宽装置本体包括蜗轮、丝杠机构采用手动干油润滑；宽面足辊和窄面足辊采用全自动集中干油润滑，给脂周期为 30min 一次。

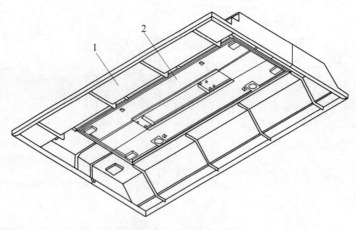

图 3-6-35　结晶器盖板
1—固定盖板；2—活动盖板

6.4　结晶器主要参数确定

6.4.1　结晶器主要技术参数

结晶器主要技术参数是内腔的宽度、长度、厚度、锥度。

（1）内腔宽度与结晶器浇铸板坯宽度相对应；

（2）内腔厚度与结晶器浇铸板坯厚度相对应；

（3）结晶器长度根据连铸结晶器中的凝固系数以及出结晶器下口时的坯壳厚度来确定，结晶器长度亦即铜板长度；

（4）为了保证结晶器中铸坯在凝固收缩过程中有效导热，结晶器采用倒锥度概念，即下口比上口尺寸小。

6.4.2　结晶器内腔尺寸的确定

在确定结晶器宽度和厚度的尺寸时，要考虑钢种、拉速、结晶器的冷却强度、是否采用铸坯凝固末端动态轻压下等因素，由于目前要准确测定不同钢种在高温条件下的收缩系数有一定困难，所以各设计单位和生产厂均按照经验值来选取，通常取倒锥度为 $(0.9 \sim 1.2)\%/m$。

设：板坯公称宽度尺寸为 W，结晶器上口宽面为 W_1，结晶器下口宽面为 W_2；板坯公称厚度尺寸为 D，结晶器上口窄面为 D_1，下口窄面为 D_2，单位为 mm。

6.4.2.1　方法（一）

Z 钢铁公司板坯连铸机结晶器内腔尺寸一般按经验值计算，计算方法如下。

（1）结晶器的上口。

宽面　　　　　　　　　　　　$W_1 = 1.025W$　　　　　　　　　　　　　（3-6-1）

窄面　　　　　　　　　　　　$D_1 = 1.025D + 2$　　　　　　　　　　　（3-6-2）

（2）结晶器的下口。

宽面 $\qquad W_2 = 1.019W$ $\qquad$ (3-6-3)

窄面 $\qquad D_2 = 1.019D + 2$ $\qquad$ (3-6-4)

6.4.2.2 方法（二）

对于常规板坯连铸机来说，统计的铸坯的宽厚比在 2.5~22 之间，薄板坯连铸机所浇铸坯的宽厚比可达 30 以上。这样，宽面和窄面的收缩量相差也较大，因此，在考虑结晶器倒锥度时，分别按宽面和窄面来确定。对于结晶器窄面尺寸，有的厂家是在保持结晶器上、下口公称尺寸相同的条件下，按不同坯厚，分别给出正、负不同的偏差值，以形成倒锥度。某钢铁公司板坯连铸机生产 170mm、210mm、250mm 三种厚度板坯，其 D_1、D_2 值分别见表 3-6-5。

表 3-6-5　典型的板坯连铸机结晶器窄面上、下口宽度及偏差值

铸坯公称尺寸 D/mm	结晶器窄面上口宽度 $D_1{}^{+\Delta}_{0}$ /mm	结晶器窄面下口宽度 $D_2{}^{+0}_{-\delta}$ /mm
170	$174^{+0.3}_{-0}$	$174^{+0}_{-0.5}$
210	$214^{+0.3}_{-0}$	$214^{+0}_{-0.6}$
250	$254^{+0.3}_{-0}$	$254^{+0}_{-0.8}$

对于结晶器内腔宽面尺寸，按下面公式计算

结晶器上口宽度 $\qquad W_1 = 1.014W$ $\qquad$ (3-6-5)

结晶器下口宽度 $\qquad W_2 = 1.007W$ $\qquad$ (3-6-6)

6.4.2.3 方法（三）

结晶器宽面下口尺寸

$$W_2 = K_1 W \qquad (3-6-7)$$

$$\nabla = \frac{W_1 - W_2}{W_2 L} \times 100\% \qquad (3-6-8)$$

$$W_1 = \nabla W_2 L + W_2 \qquad (3-6-9)$$

式中　∇——结晶器倒锥度，$\nabla \approx (0.9 \sim 1.2)\%/m$；

$\qquad L$——结晶器实际长度，m；

$\quad K_1$——系数，对于碳钢可取 $K_1 = 1.010 \sim 1.012$；对于铁素体不锈钢，可取 $K_1 = 0.95 \sim$ 0.99；对于奥氏体不锈钢，可取 $K_1 = 1.02 \sim 1.03$。系数 K 与各钢厂的管理有关，有的钢厂生产出的板坯宽度要求具有正偏差，而有的要求具有负偏差，这时系数 K 可由钢厂按照自己的经验选取。

如果不考虑凝固末端轻压下时，结晶器窄面上下口尺寸可按照上述方法计算。如果考虑凝固末端轻压下，结晶器内腔窄面尺寸根据板坯厚度及其轻压下量再增加 3~6mm。有的用户往往会根据自己的经验对结晶器内腔厚度尺寸向设计者提出要求。

结晶器的倒锥度是为了消除结晶器内坯壳的收缩设置的。由于结晶器的倒锥度与所浇钢种、结晶器冷却条件（包括铜板工作厚度、拉速等多种因素）有关，因此，目前设定结晶器的倒锥度只能凭设备供货商家和钢厂的实际经验来确定。

合适的倒锥度，不仅能提高结晶器的冷却效果，减少漏钢事故的发生，而且还有助于防止和减少铸坯凹陷及纵向裂纹和三角区裂纹的产生。如果结晶器的倒锥度小于铸坯的收

缩，也会在铸坯和结晶器铜板间加重气隙的产生，使这部分坯壳的凝固变慢，坯壳厚度不均匀，这将引起很多铸坯缺陷。另外，冷却用的喷淋水一旦流入这个缝隙，还会引起铜板腐蚀。如果结晶器的倒锥度大于铸坯的收缩量，铸坯将在结晶器中受到挤压力的作用，这也会成为铸坯产生缺陷的原因，并加剧铜板的磨损。近来的研究表明，结晶器内铸坯的收缩并非如结晶器锥度那样呈直线性，而是呈现抛物线形状。所以，有些板坯连铸机上已开始使用抛物线形状的结晶器窄面铜板。随着连铸技术的不断发展和生产经验的不断积累，板坯连铸机结晶器内腔形状会更加合理。

6.4.3　结晶器长度的确定

板坯连铸机结晶器的长度是指结晶器铜板的长度，一般取 800～950mm，对于铸造厚度 50～110mm 的高拉速板坯连铸机也有取 1000～1200mm。结晶器长度主要取决于拉速及铸坯出结晶器时的最小坯壳厚度和结晶器的冷却强度等。结晶器长度增长后可提高铸造速度，但结晶器太长，钢液的静压力也随之增加，还会增加拉坯阻力，加剧铜板磨损。锥度不合适时，会加重气隙产生，影响冷却效果。结晶器长度可按下式计算。

$$L_{\mathrm{m}} = \left(\frac{\delta}{K} \right)^2 v_{\mathrm{c}} \tag{3-6-10}$$

式中　L_{m}——结晶器的计算长度，mm；

δ——结晶器出口处的坯壳厚度，常规板坯连铸机一般取 10～25mm，高拉速薄板坯连铸机可选 8～15mm；

K——凝固系数，一般为 18～22mm/min$^{0.5}$，A 钢铁公司取 $K = 20$mm/min$^{0.5}$；

v_{c}——铸造速度，mm/min。

按公式（3-6-10）计算出的值再加上钢液面与结晶器顶部的距离 100mm 并且考虑安全系数 K_{s}，就是结晶器的实际长度 L。

$$L = K_{\mathrm{s}}(L_{\mathrm{m}} + 100) \tag{3-6-11}$$

式中　K_{s}——安全系数，$K_{\mathrm{s}} > 1.2$。

6.4.4　结晶器铜板厚度的确定

结晶器铜板厚度与铜板的化学成分、力学性能，特别是抗机械应力和热应力的能力、结晶器的结构型式、冷却水量的大小和冷却水槽的分布、铜板的维修次数、电镀层的性能及浇铸操作等因素有关。板坯连铸结晶器铜板厚度 H_{m} 由三部分组成，如图 3-6-36 所示，按下式计算确定。

$$H_{\mathrm{m}} = h_{\mathrm{m}} + \Delta_{\mathrm{m}} + \delta_{\mathrm{m}} \tag{3-6-12}$$

式中　h_{m}——铜板冷却水槽的深度，mm；

Δ_{m}——铜板维修的加工余量，取 10～15mm；

δ_{m}——最小铜板厚度，一般取 10mm。

A 钢铁公司的板坯连铸机设计中，取 $h_{\mathrm{m}} = 26$mm，$\Delta_{\mathrm{m}} = 13$mm，$\delta_{\mathrm{m}} = 10$mm，得 $H_{\mathrm{m}} = 49$mm，最后取 $H_{\mathrm{m}} = 50$mm。这里 h_{m} 值是由结晶器冷却水量和水流速来确定的。

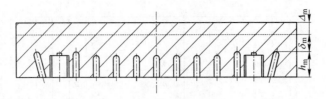

图 3-6-36　结晶器铜板示意

总体来讲，确定结晶器铜板厚度时，应注意以下几点。

（1）研究表明，铜板在浇注过程中，在热应力和钢液静压力的作用下会产生变形，而且变形量与铜板的厚度呈反比，与铜板和水箱之间固定螺栓的间距呈正比；

（2）在冷却强度相同的情况下，铜板厚度越小，冷却水带走的热量越多，铜板的温度越低，对提高铜板的寿命就越有利；

（3）冷却水槽的深度与铜板厚度有关，但水槽越深，铜板温度分布越不均匀，对坯壳的均匀形成越不利。

随着连铸拉速的提高而要求热导率提高，随着新的结晶器铜板镀层材料的开发，如镀 Ni-Fe、Ni-Co、Co-Ni 或 Ni-W-Fe，目前实际应用的结晶器铜板厚度大多为 40mm 左右。

6.4.5　结晶器冷却水量与水流速的确定

设计时，常规板坯连铸机结晶器的冷却强度取每毫米铸坯周长为 2.0~2.6L/min，水压大多取 1.0MPa；对于常规板坯连铸机，设计的冷却水流速控制在 6~10m/s 之间；对于高拉速的中薄板坯连铸机，冷却水流速控制在 10~13m/s 之间。

A 钢铁公司的板坯连铸机结晶器的冷却水量，是按冷却强度和铸坯的断面周长确定的。即

$$Q = 2(W + D)C_k \tag{3-6-13}$$

式中　Q——结晶器的耗水量，L/min；

　　　C_k——结晶器的冷却强度，常规板坯连铸机最低可取 $C_k = 2.0L/(min \cdot mm)$。

A 钢铁公司板坯连铸机的板坯断面公称尺寸为：宽度 900~1930mm，厚度 210mm、230mm、250mm。因此，最大断面的结晶器冷却水量为：$Q = 2 \times (1930 + 250) \times 2 = 8720L/min$。

其中：宽面单侧耗水量为 3860L/min，窄面单侧耗水量为 500L/min。

根据计算的冷却水量及水流速，确定水槽的断面尺寸为宽度 5mm，深度 26mm；但是水槽的分布还需按照水流速以及水缝尺寸，利用有限元传热软件，对铜板的温度分布进行计算分析后，按照铜板热面温度分布的均匀性原则确定更为合理。

6.5　结晶器主要设计计算

6.5.1　夹紧装置夹紧力计算

以 A 钢铁公司结晶器张开与夹紧装置的碟簧预紧的计算为例，分析预紧力的设定方法。图 3-6-37 所示为结晶器宽面铜板受力情况。计算时假设：（1）钢液充满整个结晶器；（2）冷却水箱作用在滑板座上的力作为附加摩擦力来考虑。

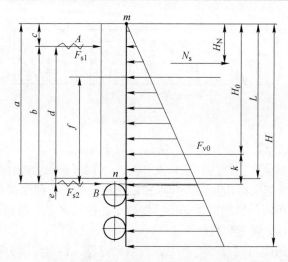

图 3-6-37　结晶器宽面铜板受力图

H—结晶器（包括足辊）内钢液静压力高度；H_0—钢液静压力的合力作用点高度；F_{s1}—上部碟形弹簧的夹紧力；

F_{s2}—下部碟形弹簧的夹紧力；F_{v0}—钢液静压力的合力；N_s—滑座上冷却水箱的摩擦力；

m—宽面铜板顶端；n—宽面铜板底端；A—上部碟形弹簧作用力的位置；B—下部碟形弹簧作用力的位置

6.5.1.1　溢流时作用于宽面铜板的鼓肚力 F_{v0}

$$F_{v0} = \frac{\gamma B H^2}{2} \tag{3-6-14}$$

式中　F_{v0}——溢流时作用于宽面铜板的鼓肚力，kN；

　　　γ——钢液重度，钢液温度 1600℃ 以上，$\gamma \approx 70\text{kN/m}^3$，钢液在浇注温度时，$\gamma \approx$ 72kN/m^3；

　　　H——结晶器内钢液静压力的高度，m；

　　　B——板坯宽度，m。

　　弹簧夹紧位置沿结晶器宽度方向有两处，沿铸造方向亦分 A、B 两点，弹簧夹紧力分到 A、B 两点的力分别按下式计算：

$$P_{A0} = \frac{F_{v0}}{2} \frac{k}{b} \tag{3-6-15}$$

$$P_{B0} = \frac{F_{v0}}{2} - P_{A0} \tag{3-6-16}$$

公式中 k、b 为图 3-6-37 中尺寸。

6.5.1.2　滑座上冷却水箱的摩擦力 N_s

$$N_s = P_a \mu_c \tag{3-6-17}$$

式中　μ_c——摩擦系数，一般取 $\mu_c = 0.2$；

　　　P_a——冷却水箱的重力，kN。

　　冷却水箱由两端滑座支承，因此，单侧摩擦力为 $N_s/2$，在 A、B 点的力分别为（见图 3-6-38）：

$$P_{AN} = \frac{N_s}{2} \frac{f}{b} \tag{3-6-18}$$

$$P_{BN} = \frac{N_s}{2} - P_{AN} \quad (3\text{-}6\text{-}19)$$

公式中 f 为图 3-6-38 中尺寸。

6.5.1.3 各碟形弹簧的夹紧力

在 A、B 两点的力分别为

$$\sum P_A = P_{A0} + P_{AN} \quad (3\text{-}6\text{-}20)$$

$$\sum P_B = P_{B0} + P_{BN} \quad (3\text{-}6\text{-}21)$$

考虑到 1.5 倍的安全系数，得

$$F_{s1} = 1.5 \sum P_A \quad (3\text{-}6\text{-}22)$$

$$F_{s2} = 1.5 \sum P_B \quad (3\text{-}6\text{-}23)$$

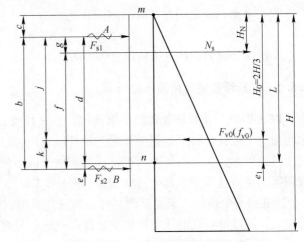

图 3-6-38 结晶器弹簧夹紧平衡

6.5.1.4 验算结晶器在铸造过程中是否会产生间隙

为此，须分别计算 m 点和 n 点的平衡力矩。

对 m 点
$$i_T = \frac{F_{s1}c + F_{s2}(b+c)}{f_{v0}H_0} \quad (3\text{-}6\text{-}24)$$

式中，$f_{v0} = \dfrac{F_{v0}}{2}$。

对 n 点
$$i_B = \frac{F_{s1}d}{F_{s2}e + f_{v0}e_1} \quad (3\text{-}6\text{-}25)$$

当 $i_T > 1$ 和 $i_B > 1$ 时，m 点和 n 点均不会产生间隙。

每个结晶器，上下共 2 组（每一组又分左右两处）弹簧。图 3-6-39 为结晶器夹紧弹簧载荷-变形量-应力图。

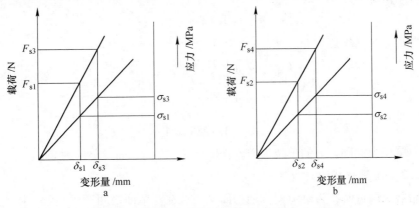

图 3-6-39 结晶器夹紧弹簧载荷-变形量-应力的关系

a—上部每组弹簧；b—下部每组弹簧

F_{s1}，F_{s3}—分别为上部夹紧弹簧在夹紧与松开时的载荷，N；F_{s2}，F_{s4}—分别为下部夹紧弹簧在夹紧与松开时的载荷，N；

δ_{s1}，δ_{s3}—分别为上部夹紧弹簧在夹紧和松开时的变形量，mm；δ_{s2}，δ_{s4}—分别为下部夹紧弹簧在夹紧和松开时的变形量，mm；

σ_{s1}，σ_{s3}—分别为上部夹紧弹簧在不同载荷下的应力，MPa；σ_{s2}，σ_{s4}—分别为下部夹紧弹簧在不同载荷下的应力，MPa

宽、窄面铜板之间松开时的间隙 Δ 为

$$\Delta = \delta_{s3} - \delta_{s1} = \delta_{s4} - \delta_{s2} \tag{3-6-26}$$

A 钢铁公司的板坯连铸机取 $\Delta = 4\text{mm}$。

6.5.2　夹紧释放装置用液压缸计算

以 A 钢铁公司板坯连铸结晶器为例，夹紧释放装置如图 3-6-40a 所示。内外弧侧冷却水箱通过 4 根拉杆将窄边铜板夹紧，拉杆一端用螺母压在内弧侧冷却水箱的外壁上，另一端通过碟形弹簧将外弧侧冷却水箱压紧。由于碟形弹簧力是预先设定的，因此，在不调宽或调宽的浇铸过程中，都能将窄边紧紧夹住。同时，在内外弧侧冷却水箱之间还分别装有 4 个油缸和 4 个顶杆，当需要调宽时，为减轻窄边铜板在调宽过程中与宽边铜板之间的摩擦阻力，通过液压缸的活塞杆推动顶杆以克服部分碟形弹簧夹紧力，进行调宽。在调宽结束后，液压缸活塞杆后退，前后冷却水箱恢复到碟形弹簧所设定的夹紧力状态。当在线检查结晶器时，可通过液压缸将内弧侧宽边铜板撑开，在宽窄边铜板之间形成 4mm 左右的间隙，以便清除宽窄边铜板之间的异物。图 3-6-40a 所示的夹紧释放装置是图 3-6-1 结晶器中所采用的结构，最大特点是夹紧弹簧和释放液压缸不在同一条轴线上。这种夹紧释放装置载荷分布如图 3-6-40b 和 c 所示。

6.5.2.1　液压缸直径计算

A　计算上部液压缸的推力 F_a、面积 A_1 和液压缸直径 D_1

$$F_a = \frac{F_{s3}(b + h_{BC}) + F_{s4}h_{BC} + N_s H_N}{h_{CC}} \tag{3-6-27}$$

设液压缸压力为 p，则液压缸面积 A_1 为

$$A_1 = \frac{F_a \alpha_k}{p} \tag{3-6-28}$$

式中，α_k 为余量系数，一般可取 $\alpha_k = 1.1$。

$$D_1 = 1.1284 \sqrt{A_1} \tag{3-6-29}$$

B　计算下部液压缸的推力 F_b、面积 A_2 和液压缸直径 D_2

$$F_b = (F_{s3} + F_{s4} + H_N) - F_a \tag{3-6-30}$$

$$A_2 = \frac{F_b \alpha_k}{p}$$

$$D_2 = 1.1284 \sqrt{A_2} \tag{3-6-31}$$

式中，压力单位为 MPa，力的单位为 N，长度单位为 mm，面积单位为 mm^2。

6.5.2.2　液压缸压力计算

在结晶器热调宽时，为避免铜板划伤而又不致在宽窄面之间产生间隙，以此来选择液压缸的压力。此时上、下液压缸作用力所抵消的部分弹簧夹紧力称为释放力 $f_{c(1,2)}$。为保持铜板之间不产生间隙，必须满足

$$F_{s(1,2)} - f_{c(1,2)} \geq 1.2 F_{v0} \tag{3-6-32}$$

式中　$F_{s(1,2)}$ ——碟形弹簧在 A 处或 B 处的夹紧力，kN；

　　　$f_{c(1,2)}$ ——在 A 处或 B 处的释放力，kN。

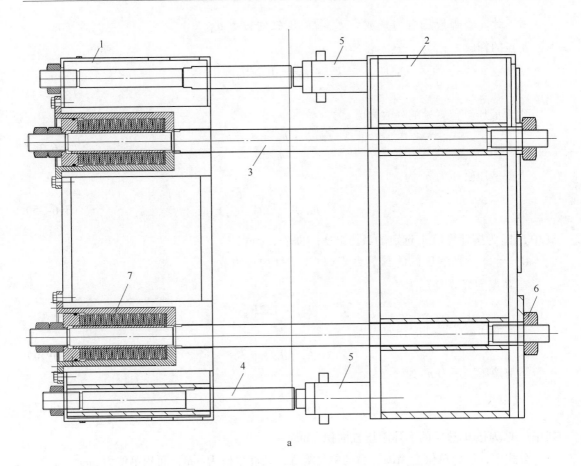

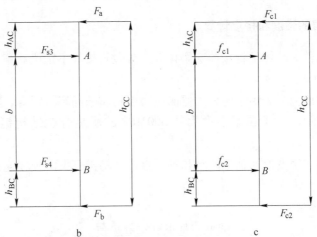

图 3-6-40 结晶器夹紧释放装置及载荷分布

a—结晶器夹紧释放装置；b—松开时；c—热调宽时

1—外弧侧冷却水箱；2—内弧侧冷却水箱；3—拉杆；4—顶杆；5—液压缸；6—螺母；7—碟形弹簧；

h_{AC}—上夹紧装置到上释放油缸之间的距离，mm；b—上下夹紧装置距离，mm；

h_{BC}—下夹紧装置到下释放油缸之间的距离，mm；h_{CC}—上下释放油缸之间的距离，mm

A　计算上部液压缸的释放力 F_{c1} 和液压缸的压力 p_{s1}

A 点的释放力 f_{c1} 为

$$F_{s1} - f_{c1} = 1.2P_{A0}$$

$$f_{c1} = F_{s1} - 1.2P_{A0} \tag{3-6-33}$$

上部液压缸位置处的释放力 F_{c1} 为

$$F_{c1} = \frac{f_{c1}(b + h_{BC}) + f_{c2}h_{BC}}{h_{CC}} \tag{3-6-34}$$

上部液压缸压力 p_{s1} 为

$$p_{s1} = \frac{F_{c1}}{A_{c1}} \tag{3-6-35}$$

式中，A_{c1} 为按计算值 A_1 选定的液压缸实际面积，mm^2。

B　计算下部液压缸的释放力 F_{c2} 和液压缸的压力 p_{s2}

在 B 点的释放力 f_{c2} 为

$$f_{c2} = F_{s2} - 1.2P_{B0}$$

下部液压缸位置处的释放力 F_{c2} 为

$$F_{c2} = (f_{c1} + f_{c2}) - F_{c1} \tag{3-6-36}$$

下部液压缸压力 p_{s2} 为

$$p_{s2} = \frac{F_{c2}}{A_{c2}} \tag{3-6-37}$$

式中，A_{c2} 为按 A_2 选定的实际液压缸面积，mm^2。

公式中，压力单位为 MPa，力的单位为 N，长度单位为 mm，面积单位为 mm^2。

6.5.3　宽面足辊的强度和挠度计算

（1）载荷条件。整体足辊按简支梁计算，分段辊按静不定梁计算，载荷为鼓肚力，按均布载荷计算。

（2）许用弯曲应力。辊子的许用弯曲应力由材质来确定。辊身、辊颈的许用弯曲应力分别用 σ_1、σ_2 表示。对于屈服强度大约 500MPa 的耐热合金结构钢，$\sigma_1 \approx 50 \sim 60MPa$，$\sigma_2 \approx 90MPa$。

（3）挠度值。挠度值与轴承间距和辊子直径、结构有关。板坯连铸机宽面足辊挠度允许值为 ≤1mm。

（4）轴承负荷。

$$\frac{轴承的基本额定静负荷}{作用到轴承上的最大瞬时负荷} \geqslant 2$$

6.5.4　调宽装置行程确定

调宽装置行程与板坯的最大、最小宽度、铜板加工量、最大锥度等有关。图 3-6-41 为结晶器内腔的宽度尺寸。图中 Δ_{max} 为窄面的最大锥度值。

调宽的单侧基本行程 L_1 为

$$L_1 = (B_{max} - B_{min})\beta_1/2 \qquad (3\text{-}6\text{-}38)$$

式中 β_1 和图中 β_2 均为余量系数。设铜板从第一次使用到报废前为止的总修削量为 δ，又考虑到窄面锥度的最大调整值 Δ_{max} 和留有一定的余量 C，则单侧窄面实际行程为：

$$L_2 = L_1 + \delta + \Delta_{max} + C \qquad (3\text{-}6\text{-}39)$$

A 钢铁公司的板坯连铸机结晶器宽度的最小、最大宽度分别为 830mm、2020mm，单边调宽距离 595mm。

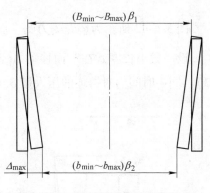

图 3-6-41　结晶器型腔的宽度尺寸

按照经验进行设计，调宽装置的单边调宽行程 L_2 的计算公式为

$$L_2 = (B_{max} - B_{min})/2 + (30 \sim 50)\,\text{mm}$$

6.5.5　调宽装置电机功率计算

6.5.5.1　计算条件

以 A 钢铁公司 250mm×1930mm 板坯连铸机结晶器调宽装置为例。

A　浇铸过程中窄面夹紧力

按夹紧装置中弹簧夹紧力的计算公式，结晶器上、下侧的夹紧力分别为 $2F_{s1}$ 和 $2F_{s2}$。

B　浇铸宽度 B

因为调宽时铸坯压缩反力与宽度成反比，因此应按最小宽度来选择电机容量。

C　浇铸速度 v_c

铸坯压缩反力与铸坯厚度成正比，因此，应按浇铸厚坯时的最小速度来选择电机。

D　单侧热调宽速度 v_m

宽度由宽变窄时　　　　　　　$v_{mmax} = 20\,\text{mm/min}$

宽度由窄变宽时　　　　　　　$v_{mmax} = 10\,\text{mm/min}$

E　调宽时铸坯压入反力 F_s

$$F_s = A_s\sigma_s \qquad (3\text{-}6\text{-}40)$$

式中　A_s——承受变形的坯壳断面积，mm^2；

　　　σ_s——坯壳中产生的应力，MPa；

　　　F_s——调宽时铸坯压入反力，N。

$$\sigma_s = A\dot{\varepsilon}^m \qquad (3\text{-}6\text{-}41)$$

式中　A，m——实测值，A 钢铁公司的板坯连铸机取 $A = 18$，$m = 0.36$；

　　　$\dot{\varepsilon}$——应变速率。

$$\dot{\varepsilon} = \frac{v_m\Delta t}{B_1}/\Delta t = \frac{v_m}{B_1} \qquad (3\text{-}6\text{-}42)$$

式中　v_m——单侧调宽速度，mm/s；

　　　$B_1 = \dfrac{B}{2}$ 为一半板坯宽度，mm。

图 3-6-42 所示为坯壳受力图。图中 δ_s 为坯壳厚度，$\dfrac{\mathrm{d}x}{\mathrm{d}t}$ 为坯壳变形速度。

设一微小长度 d 在窄面移动 Δt 时间时，铸坯沿铸造方向移动距离为 $v_c\Delta t$（见图 3-6-43），同一时间内对铸坯的压入量 $\delta_p = v_m\Delta t$，坯壳厚 $\delta_s = K\sqrt{t} = K\sqrt{y/v_c}$。

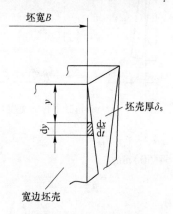

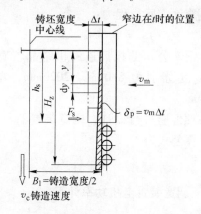

图 3-6-42　坯壳受力　　　　　　　图 3-6-43　铸坯调宽时压入反力和力的作用重心

承受变形的面积（宽面坯壳断面积）

$$A_s = 2\delta_s\mathrm{d}y = 2K\sqrt{y/v_c}\,\mathrm{d}y \tag{3-6-43}$$

压入反力为

$$F_{s(y)} = \sigma_s A_s = A\dot{\varepsilon}^m 2K\sqrt{y/v_c}\,\mathrm{d}y$$
$$= 2AK(v_m/B_1)^m\sqrt{y/v_c}\,\mathrm{d}y \tag{3-6-44}$$

所以，整个窄面的压入反力为

$$F_s = \int_0^{H_z} F_{s(y)} = \int_0^{H_z} 2AK(v_m/B_1)^m\sqrt{y/v_c}\,\mathrm{d}y$$
$$= 2AK(v_m/B_1)^m/\sqrt{v_c}\left(\frac{2}{3}y^{\frac{3}{2}}\right)$$
$$= \frac{4}{3}AK\left(\frac{v_m}{B_1}\right)^m\frac{H_z^{\frac{3}{2}}}{\sqrt{v_c}} \tag{3-6-45}$$

此作用力的重心位置为

$$h_s = \int_0^{H_z} F_{s(y)}y/F_s = \int_0^{H_z} 2AK(v_m/B_1)^m y^{\frac{3}{2}} v_c^{-\frac{1}{2}}\mathrm{d}y/F_s$$
$$= \frac{2AK(v_m/B_1)^m v_c^{-\frac{1}{2}}\left(\dfrac{2}{5}y^{\frac{5}{2}}\right)_0^{H_z}}{F_s} = \frac{3}{5}H_z \tag{3-6-46}$$

由于窄变宽与宽变窄时的压入反力 F_s 不相同，应分别求出。A 钢铁公司板坯连铸机上的 F_{smax} 力如图 3-6-44 所示。调整宽度时，相互尺寸的关系如图 3-6-45 所示。

6.5.5.2　调宽时作用在窄面上的载荷

A　板坯宽度由宽变窄时

a　板坯压入反力 F_{sn}

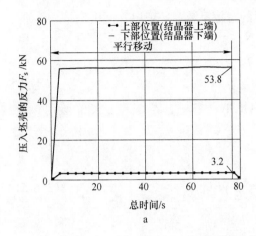 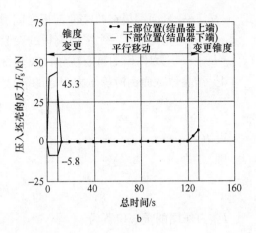

图 3-6-44 A 钢铁公司的板坯连铸机调宽时压入坯壳的反力
a—宽变窄时；b—窄变宽时

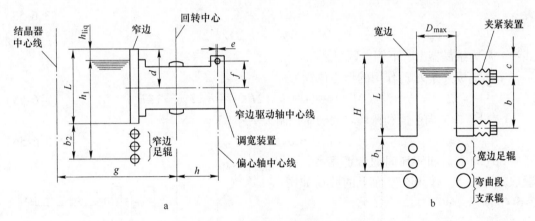

图 3-6-45 结晶器调宽装置各部分尺寸
a—窄面；b—宽面

按上述算式可计算出 A 钢铁公司的板坯连铸机铸坯压入反力为 $F_{sn} = 55860N$，作用力的重心位置 $h_{sn} = 853mm$。

b 结晶器窄面钢液静压力引起的鼓肚力 F_{DN}

$$F_{DN} = \int_0^{h_1} D\gamma y \mathrm{d}y = \frac{1}{2}\gamma D h_1^2 \tag{3-6-47}$$

式中 D——铸坯厚度，为了安全，此处用 D_{max} 代替窄面钢液静压力，mm。

合力 F_{DN} 距结晶器顶面的距离为

$$h_{DN} = h_{liq} + \frac{2}{3}h_1 \tag{3-6-48}$$

c 宽窄面铜板之间的摩擦力 $F_{\mu 1}$

$$F_{\mu 1} = 2\mu_1 F_e \tag{3-6-49}$$

$F_{\mu 1}$ 力的作用位置为

$$h_{\mu 1} = h_e \tag{3-6-50}$$

式中　μ_1——窄面铜板在两宽面铜板之间滑动时的摩擦系数，一般取 $\mu_1 = 0.5$；

　　　　F_e——浇铸中对一个窄面铜板的夹紧力，N；

　　　　h_e——F_e 力作用的重心位置（见后面计算）。

　　d　结晶器宽面钢液静压力引起的鼓肚力 F_{BN}

$$F_{BN} = \int_0^{H-h_{liq}} \gamma By\mathrm{d}y$$

设 $H - h_{liq} = L_3$

则

$$F_{BN} = \int_0^{L_3} \gamma By\mathrm{d}y = \frac{1}{2}\gamma BL_3^2 \qquad (3\text{-}6\text{-}51)$$

F_{BN} 力作用的重心位置为

$$h_{BN} = h_{liq} + \frac{2}{3}L_3 \qquad (3\text{-}6\text{-}52)$$

　　e　对窄面铜板的夹紧力 F_c

$$F_c = 2(F_{s1} + F_{s2}) \qquad (3\text{-}6\text{-}53)$$

$$F_e = (F_c - F_{BN})/2 \qquad (3\text{-}6\text{-}54)$$

式中，F_c 为结晶器上、下侧夹紧力之和。

　　窄面铜板夹紧力 F_e 作用的形心位置为

$$h_e = [c(2F_{s1}) + (c + b)(2F_{s2}) - h_{BN}F_{BN}]/(2F_e) \qquad (3\text{-}6\text{-}55)$$

　　f　沿铸造方向窄面和铸坯之间的摩擦阻力 $F_{\mu 2}$

$$F_{\mu 2} = \mu_2(F_{sn} + F_{DN}) \qquad (3\text{-}6\text{-}56)$$

式中，μ_2 为窄面和铸坯间的摩擦系数，一般取 $\mu_2 = 0.5$。作用在窄面上的载荷如图 3-6-46 所示。

　　B　板坯宽度由窄变宽时

　　当宽度扩大时，由于窄面平行移动铸坯压入反力为 0。因此，只考虑调锥度时的情况。

　　a　铸坯压入反力 F_{sx}

　　F_{sx} 由计算和实测得出。在 A 钢铁公司的板坯连铸机上，当宽度调大时，$F_{sx} = 38710N$，$h_{sx} = 1037mm$。

　　b　窄面的钢液静压力 F_{DN}

　　F_{DN} 力与由宽变窄时的计算方法相同，即

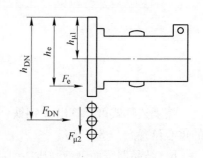

图 3-6-46　宽度调小时作用在结晶器
窄面的载荷

$$F_{DN} = \frac{1}{2}\gamma Dh_1^2$$

$$h_{DN} = h_{liq} + \frac{2}{3}h_1$$

　　c　宽窄面铜板之间的摩擦力 $F_{\mu 1}$

　　$F_{\mu 1}$ 力与调窄时的计算方法相同，即

$$F_{\mu 1} = 2\mu_1 F_e$$

$F_{\mu 1}$ 力作用的重心位置为

$$h_{\mu 1} = h_e$$

d 铸造方向窄面和铸坯之间的摩擦阻力 $F_{\mu 2}$

$$F_{\mu 2} = \mu_2(F_{sx} + F_{DN}) \tag{3-6-57}$$

当宽度调大时，作用在窄面的力和其相应的重心位置如图 3-6-47 所示。

C 根据上述计算结果，求作用在调宽机构及偏心轴上的载荷

调宽时，调宽机构及偏心轴上的载荷如图 3-6-48 所示。在窄面上沿 x 方向作用的载荷为

$$F_x = F_{s(n,x)} + F_{DN} + F_{\mu 1} \tag{3-6-58}$$

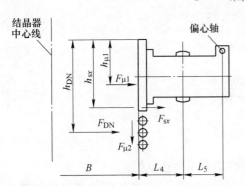

图 3-6-47 宽度调大时结晶器窄面上作用的载荷

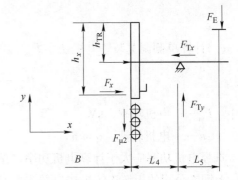

图 3-6-48 调宽时作用的载荷

计算 F_x 力时，分别按宽度扩大和宽度缩小时的情况进行计算。同时按下式分别计算出 F_x 力作用的重心位置。

$$h_x = (h_s F_{s(n,x)} + h_{DN} F_{DN} + h_{\mu 1} F_{\mu 1})/F_x \tag{3-6-59}$$

按 x、y 方向的力和力矩平衡求出。

$$F_{Tx} = F_x$$

$$F_{Ty} = F_E + F_{\mu 2}$$

$$(h_x - h_{TR})F_x + h_1 F_{\mu 2} = cF_p$$

于是有

$$F_E = [(h_x - h_{TR})F_x + h_1 F_{\mu 2}]/c \tag{3-6-60}$$

F_E、F_{Ty} 力也应按照宽度扩大和宽度缩小时两种情况计算。

6.5.5.3 电机容量选择

A 调宽电机功率计算

a 调宽时移动一个窄面所需要的驱动力 F

$$F = F_x = F_{sn} + F_{DN} + F_{\mu 1} \tag{3-6-61}$$

式中，F 为移动窄面所需要的驱动力，N。

由于宽度扩大时窄面平行移动的铸坯压入反力为 0，选择调宽电机时，按宽度缩小时的总驱动力进行计算。

b 丝杠轴移动窄面所需要的驱动扭矩 T

$$T = F[(d_2/2)\tan(\beta + \rho) + \mu_B d_{Brg}/2] \tag{3-6-62}$$

式中　T——移动一个窄面所需要的扭矩，$N \cdot mm$；

　　　d_2——丝杠轴的有效直径，mm；

　　　β——螺纹导角，($°$)，$\beta = \arctan\left(\dfrac{t}{\pi d_2}\right)$；

　　　ρ——螺纹的摩擦角，($°$)，$\rho = \arctan(\mu_s / \cos\alpha_r)$；

　　　μ_B——轴承摩擦系数；

d_{Brg}——轴承有效直径，mm，$d_{Brg} = (d_{01} + d_{02})/2$，mm。

将计算的扭矩 T 折算到电机轴上。设总传动比为 i_a，总传动效率为 η_a，则电机轴上的扭矩为：

$$T_m = \frac{T}{i_a \eta_a} \tag{3-6-63}$$

c　计算单侧调宽装置电机功率 P_m

$$P_m = \frac{T_m n}{955 \times 10^4} \tag{3-6-64}$$

式中　P_m——电机功率，kW；

　　　n——电机转速，r/min。

选择电机功率应大于计算电机功率，按照标准功率系列选电机。

A 钢铁公司的板坯连铸机按有关参数计算得 $P_m = 4.21kW$，参照新日铁君津钢铁厂 3 号连铸机使用经验，最后选定的电机参数及其他参数如下。

电机型号：EELQ-5TC$_2$IMOU 交流电机（日本电机型号）

功率：5.5kW

转速：18 ~ 1800r/min

电压：320V

频率：可调（交流变频）

调宽速度：2 ~ 200mm/min（单侧）

浇铸时调宽速度：板坯宽度变宽时 2 ~ 10mm/min；板坯宽度变窄时 2 ~ 20mm/min

调宽行程：595mm

行星摆线针轮减速机减速比：$i_1 = 29$

齿轮传动速比：$i_2 = 3$

总传动比：$29 \times 3 = 87$

B　调锥电机功率计算

a　锥度变更时作用在偏心轴上的力

当变宽和变窄时都要变更锥度，因此，需分别计算出这两种情况下作用在偏心轴上的径向力 F_E，此力按式（3-6-60）计算。

b　偏心轴上的扭矩 T_a

$$T_a = F_E e \tag{3-6-65}$$

c　计算电机功率 P_m^a

$$P_{\mathrm{m}}^{\mathrm{a}} = \frac{T_{\mathrm{a}}}{955 \times 10^4} n \frac{1}{i_{\mathrm{c}} \eta_{\mathrm{c}}} K_{\mathrm{z}} \tag{3-6-66}$$

式中　T_{a}——偏心轴上的扭矩，N·mm；

　　　F_{E}——作用在偏心轴上的径向力，N；

　　　e——偏心距，mm；

　　　n——电机转速，r/min；

　　　i_{c}——总传动比；

　　　η_{c}——总传动效率；

　　　K_{z}——安全系数，A 钢铁公司的板坯连铸机取 $K_{\mathrm{z}} = 1.3$。

实际选取的电机功率比计算值大得多，如 A 钢铁公司的板坯连铸机调锥用电机，计算值为 $P_{\mathrm{m}}^{\mathrm{a}} = 0.09\mathrm{kW}$，实际选取的电机功率为 0.4kW，大三倍多。这是由于电机的产品规格和一些因素尚未考虑进去的缘故。

A 钢铁公司板坯连铸机调锥度用电机有关性能参数如下。

电机型号：EELBQ-5TC$_2$DU

功率：0.4kW

转速：1500r/min

电压：380V

频率：50Hz

单侧锥度调整范围：3～16mm

浇铸时调锥速度：同调宽速度

行星摆线针轮减速机的减速比：$i = 3045$

6.5.6　铜板紧固螺栓计算

在宽面铜板与宽面背板或窄面铜板与窄面背板固定时螺纹中镶嵌螺纹套，以保护铜板上的螺纹孔，并使结晶器铜板能够获得多次拆卸与维修。这里所涉及的有关计算，与一般机械零件上所介绍的方法不完全一样，所以有必要作较详细的介绍。图 3-6-49 所示为 A 钢铁公司的板坯连铸机所采用的螺纹套，其材质为 SUS304，相当于中国的 06Cr19Ni10（中国旧牌号为 0Cr18Ni9）。

参数	宽面铜板用	窄面铜板用
d_1	20.708	18.166
d	$19^{+0.004}_{-0.42}$	$16.5^{+0.33}_{-0.01}$
L	22	21
L_1	26 ± 0.2	25 ± 0.2
M_{xt}	18×2.5	16×2

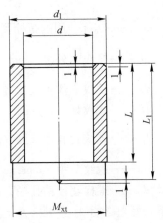

图 3-6-49　螺纹套及其尺寸

6.5.6.1　前提条件

$$F_v > F_w \tag{3-6-67}$$

式中　F_v——螺栓紧固力，N；

　　　F_w——水压试验（试验压力为铜板正常冷却水压的 1.5 倍）对螺栓产生的拉力，N。

6.5.6.2　紧固力矩 T_T 的计算

A　水压试验在每个螺栓上产生的拉力 F_i

$$F_i = \frac{S_a P_t}{n_p} \tag{3-6-68}$$

式中　S_a——铜板受压面积，mm^2；

　　　P_t——试验压力，MPa；

　　　n_p——螺栓个数。

B　螺栓的紧固力矩 T_T

$$T_T = F_i \frac{D_m}{2} \tan(\alpha_m + \rho_m) + F_i \mu_m \frac{B_m + d_w}{4} \tag{3-6-69}$$

式中　D_m——螺栓的有效直径，mm；

　　　α_m——螺纹倾角，（°），$\alpha_m = \dfrac{\rho_1}{\pi} D_m$；

　　　ρ_m——摩擦角，（°），$\rho_m = \arctan(\mu_1/\cos 30°)$；

　　　μ_m——螺栓与垫圈的摩擦系数；

　　　B_m——垫圈外径，mm；

　　　d_w——垫圈内径，mm。

按上述公式算出 T_T 值后应再加 15% 以上的余量作为紧固力矩的选用值。即

$$F_v / F_w > 1.15 \tag{3-6-70}$$

6.5.6.3　铜板螺纹部分的强度计算

A　计算螺纹部分的面压 σ_{pc}

$$\sigma_{pc} = F_{vs} \bigg/ \left[\frac{l_H}{t} \frac{\pi}{4} (d_a^2 - d_H^2) \right] \tag{3-6-71}$$

式中　F_{vs}——实际选用的螺栓紧固力，一般取 $F_{vs} \geqslant F_i$，N；

　　　d_a——螺纹套外径，mm，$d_a = d_T - \dfrac{H_T}{4}$；

　　　d_T——螺纹套丝锥孔内径，mm；

　　　H_T——螺纹牙高，mm；

　　　l_H——螺纹套有效长度，mm，$l_H = L - \left(\dfrac{3}{4} t + 1 \right)$；

　　　t——螺纹节距，mm；

　　　d_H——螺栓套预钻孔径，mm。

B　螺纹部分的剪切应力 τ_{pc}

$$\tau_{pc} = F_{vs} / (\pi d_a l_H k_s) \tag{3-6-72}$$

式中，k_s 为安全系数，对三角形螺纹取 $k_s = 0.75 \sim 0.88$。

6.5.6.4 紧固螺栓的强度计算

A 螺纹套和螺栓螺纹部分的面压 σ_{pb}

$$\sigma_{pb} = F_{vs} \Big/ \left[\frac{l_H}{t} \frac{\pi}{4} (D_s^2 - d_s^2) \right] \qquad (3\text{-}6\text{-}73)$$

式中 D_s——螺栓外径，mm；

   d_s——螺纹套内径，mm。

B 拉伸应力 σ_t

$$\sigma_t = F_{vs}/A_b \qquad (3\text{-}6\text{-}74)$$

式中，A_b 为螺栓的有效面积，mm^2，$A_b = (\pi/4)D_s^2$。

C 螺纹处的剪切应力 τ_b

螺纹处的扭矩为

$$T_b = F_{vs} \frac{D_m}{2} \tan(\alpha_m + \beta_m) \qquad (3\text{-}6\text{-}75)$$

螺纹处的剪切应力为

$$\tau_b = T_b \Big/ \left(\frac{\pi}{16} D_i^3 \right) \qquad (3\text{-}6\text{-}76)$$

式中 D_i——螺纹部分的有效直径，mm。

6.6 结晶器装配、调整及运转

现代化的连铸车间都设有结晶器维修区并配置有各种维修设备，分别对结晶器调宽装置部件、铜板装配、足辊装配等操作更换件进行装配、调整和试运转，对下线结晶器拆下来的铜板、足辊等易损件进行更换或维修，然后，再组装到结晶器本体上，以缩短在线安装调整时间，为提高连铸机产能创造条件。

6.6.1 结晶器使用前的检查

结晶器上线安装前，在维修区必须检查结晶器的装配、对中、运行、泄漏等情况，二次冷却喷嘴的喷雾状况。在结晶器上线前，检查和结果都应被记录，以备将来查验。除这些以外，还应核实下面的项目。

（1）核实铜板表面的磨损、损伤和平整度；

（2）核实窄面和宽面间的缝隙；

（3）核实窄面锥度和宽面上下口尺寸；

（4）在窄面和宽面间检查结晶器边缘缝隙，并用硅橡胶正确密封；

（5）核实结晶器的水密封性能；

（6）核实结晶器盖与结晶器的相互位置是否正确；

（7）核实夹紧装置的夹紧力；

（8）核实结晶器液面传感器的位置并校验，为传感器安装保护罩和接通冷却水；

（9）核实宽度调节装置的运转；

（10）核实能源介质管线（气体、液压、润滑）是否连接正确，是否有泄漏；

（11）核实结晶器盖位置是否正确，是否变形，铺砌的耐火材料有无损坏；

（12）核实供水软管是否损坏，喷嘴位置和喷射角度是否正确；

（13）核实结晶器宽面足辊和窄面足辊的转动情况；

（14）核实结晶器宽面足辊和窄面足辊是否紧固到位；

（15）核实结晶器与振动装置接触面的水密封件是否损坏等；

（16）核实结晶器固定螺栓及螺母是否损伤。

结晶器上线就位后，还应完成以下检查和操作：

（1）检查结晶器外弧足辊和弯曲段外弧辊子的对中情况；

（2）检查第 1 个窄面足辊到铜板下部边缘的对中情况；

（3）用结晶器锥度测量仪检查宽面锥度的对称性。

6.6.2　结晶器调整和对中特别事项

（1）宽面铜板与宽面足辊的对弧。宽面铜板与足辊的弧线调整在维修区结晶器维修对中台上进行。在结晶器更换后，宽面铜板和宽面足辊外弧线与连铸机理论外弧线重合。

（2）宽面锥度。结晶器安装在振动装置上之前应对宽面锥度进行调节。在结晶器维修对中台上必须检查宽度范围内结晶器窄面的移动情况。两个窄面分别从左、右两侧测试。锥度是在窄面高度方向的中心通过结晶器锥度测量装置进行测量。结晶器长时间使用后，窄面下部有磨损，这时通过调高锥度值进行补偿。

（3）宽度调节。宽度调节时注意，对一个特定尺寸宽度，必须将宽度调整到大于这个宽度，然后再由大向小调整到特定宽度，以便消除调宽装置机械零部件间的间隙，防止浇注过程中结晶器过度跑锥。宽面铜板在上部边缘必须有一个可以看到的中间刻痕，该刻痕作为结晶器宽度调节的基准线。

（4）窄面足辊的调节。窄面足辊的位置直接影响铸坯质量和生产操作的稳定性，必须严格按照维修标准和作业标准的要求执行，并在连铸开浇前确认。

6.6.3　结晶器主要故障

（1）如果结晶器漏钢应立即停止浇注。

（2）结晶器入口和出口的冷却水温差在 6～12℃ 之间，超过 12℃，有报警提醒，停止浇注。正常情况下，结晶器冷却水入口温度不得超过 40℃。

参 考 文 献

[1] 刘明延，李平，栾兴家，等. 板坯连铸机设计与计算［M］. 北京：机械工业出版社，1990：451～498.

[2] 蔡开科. 连铸结晶器［M］. 北京：冶金工业出版社，2008：45～62.

[3] 常规板坯连铸机成套设备设计规定，西安重型机械研究所标准［S］，2006：12.

[4] YB/T 4119—2004. 连铸结晶器铜板技术规范 [S]. 北京：冶金工业出版社，2004.

[5] 黄德彬. 有色金属材料手册 [M]. 北京：化学工业出版社，2005：62.

[6] 王泽华，陈雪菊，等. 等离子喷涂陶瓷涂层代替铬的可行性研究 [J]. 河海大学常州分校学报，2006，20（3）：1.

[7] YB/T 4141—2005. 连铸圆坯结晶器铜管技术条件 [S]. 北京：冶金工业出版社，2006.

[8] 王隆寿. 宝钢结晶器铜板长寿命技术 [J]. 连铸，2002，5：19.

7　结晶器振动装置

7.1　结晶器振动装置功能和振动方式分类

7.1.1　结晶器振动装置的功能

（1）结晶器振动装置（以下简称振动装置）主要功能是使结晶器按给定的振幅、频率和波形特性沿连铸机外弧线作圆弧（全弧形连铸机）或垂直（直弧形连铸机）的上下往复运动，其目的是便于"脱模"，以防止连铸坯在凝固时从结晶器中拉出过程中与结晶器铜板粘结而出现粘挂漏钢事故。

（2）有利于保护渣沿结晶器铜板壁与凝固壳之间溶解下滑，使结晶器得以充分润滑和更加顺利脱模。

（3）由于高频率、小振幅及非正弦波振动能有效的减小铸坯表面振痕深度，因此是提高铸坯表面质量的有效措施之一。

（4）振动装置安装在连铸机结晶器下方，用于支撑结晶器并为结晶器提供冷却水；同时还可用于安装弯曲段并为弯曲段提供冷却水和润滑脂；有些结构的振动装置可以实现与安装在其上的结晶器和弯曲段整体吊装更换。

图 3-7-1 为板坯连铸机液压振动装置在线布置图。

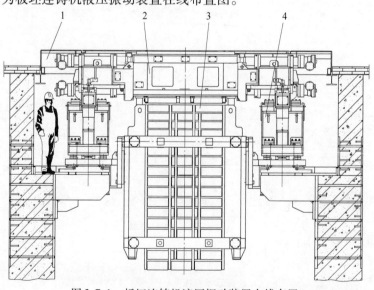

图 3-7-1　板坯连铸机液压振动装置在线布置

1—结晶器盖；2—结晶器；3—弯曲段；4—结晶器振动装置

本章作者：张继强；审查：高琦，王公民，黄进春，杨拉道

7.1.2　液压振动装置与机械振动装置的比较

连铸生产对结晶器振动装置的基本要求是振动装置能准确实现结晶器所需的运行轨迹，振动过程中无过大的水平摆动误差。设备结构简单，制造、安装和维护方便，事故处理便捷，更换周期短。随着连铸技术的发展和进步，为了满足对连铸坯质量和产量不断提高的要求，近年来液压振动装置替代机械振动装置在现代化连铸机上得到了普遍应用并取得了良好的效果。相对机械振动，液压振动具有以下特点和优势。

（1）结构简单。液压振动装置是由伺服液压缸作为动力源驱动的振动机构，而机械振动装置则是由电机-减速器-偏心轮等组成的复杂的振动发生机构驱动。液压振动装置的机械结构相对简单、紧凑，便于布置。

图 3-7-2 所示是可整体更换的板坯连铸机液压振动装置，主要由两个振动单元及振动框架和固定框架等组成。图 3-7-3 所示是可整体更换的板坯连铸机机械式振动装置，主要由电机—减速器传动机构、偏心轮机构、振动台和固定台等组成。

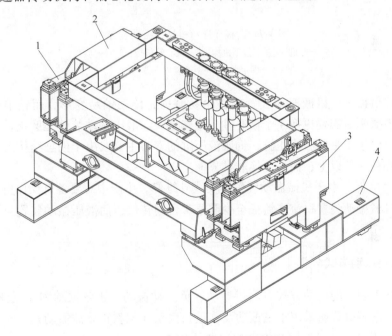

图 3-7-2　板坯连铸机液压振动装置

1—右侧振动单元；2—振动框架：3—左侧振动单元；4—固定框

（2）产品质量提高，品种扩大。液压振动装置在浇铸过程中可无级动态调整振幅、频率和波形偏斜率。而机械振动装置一般情况下的振幅和波形偏斜率是固定的。液压振动装置由于振幅和偏斜率可调，在同等铸造条件下负滑动时间短，铸坯振痕浅，保护渣耗量大，润滑条件好，控制了铸坯表面横向裂纹产生的根源，提高了铸坯表面质量，扩大了产品品种。

（3）产量增加。非正弦振动波形延长了正滑动时间，增加了保护渣消耗量，降低了因提高拉速使结晶器铜板与坯壳之间摩擦力增加的程度，从而提高了连铸机的生产能力。

（4）作业率提高、劳动强度减轻。机械振动装置是靠偏心轮实现振动，而液压振动装

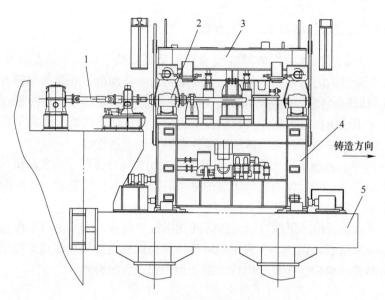

图 3-7-3　板坯连铸机械式振动装置
1—电机-减速器传动机构；2—偏心轮机构；3—振动台；
4—固定台；5—振动装置支撑基础

置由液压缸提供振源。机械振动装置偏心轮易磨损，传动轴易变形，而且维修、更换频繁，每次调整振幅时需要更换 4 个偏心轴，维修量大。液压振动装置无磨损件，几乎无机械故障，易损件主要是伺服液压缸，伺服液压缸的寿命主要取决于油缸结构及密封材料的寿命，一般都在一年以上，而且更换非常方便。

（5）投资降低。由于机械振动装置需要线外维修，生产中总要备有操作更换件，即生产周转件。机械振动装置每流连铸机至少需要 3 台周转件，而液压振动装置只需要 1 台周转件。

7.1.3　结晶器振动方式分类

结晶器振动装置的振动方式有同步振动、负滑动振动、正弦振动和非正弦振动 4 种。目前，国内外连铸机普遍采用正弦振动及非正弦振动（偏斜正弦波振动）。

（1）同步振动。结晶器同步振动规律曲线如图 3-7-4 中 a 所示。振动装置工作时，结晶器下降速度与拉坯速度相同，故称同步振动，然后结晶器以 3 倍的拉速上升。该种振动方式由于结晶器在下降转为上升时段时，加速度很大，会引起较大冲击，所以影响振动的平稳性及铸坯质量。

（2）负滑动振动。结晶器负滑动振动规律曲线如图 3-7-4 中 b 所示。振动装置工作时，结晶器下降速度稍高于拉坯速度，连铸坯相对结晶器有一个向上的运动过程，故称负滑动振动，这有利于强制脱模。然后结晶器以较高的速度上升，

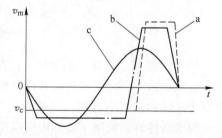

图 3-7-4　结晶器振动规律曲线比较
a—同步振动；b—负滑动振动；c—正弦振动

由于结晶器在振动时有一段稳定运行的时间，这有利于振动的平稳性和坯壳的增厚，但仍存在结晶器下降转为上升时加速度过大的问题。

（3）正弦振动。结晶器正弦振动规律曲线如图3-7-4中c所示。振动装置工作时，结晶器的上升和下降时间相等，最大振动速度也相等。由于结晶器在振动过程中速度和加速度一直在变化，且按正弦或余弦规律进行，有利于强制脱模；在上、下死点速度变化瞬间，冲击力不会过大，速度变化较平稳；有利于提高振动频率，减少铸坯振痕深度。另外结晶器正弦振动在机械上可通过偏心轮实现，比通过凸轮等机构实现其他振动方式更容易，且波形精确，加工制造简单。

（4）非正弦振动。非正弦振动和正弦振动振动规律曲线的比较如图3-7-5所示。实际上图3-7-5所示的非正弦振动规律称为"偏斜正弦波振动"更为确切。因为同步振动也为非正弦振动。偏斜正弦波用液压振动装置实现最为理想，其特点是结晶器下降时间比上升时间短，即结晶器负滑动时间缩短，正滑动时间相应增长，具有7.1.2小节所述的各种优点，这里需要强调的是，随着连铸向直接轧制方向的发展，不仅要求铸坯质量提高，而且还要求提高铸造速度。但在高速铸造时，结晶器和铸坯之间的保护渣润滑性能会降低，易出现漏钢。普通铸造情况下，随着铸造速度的提高，保护渣消耗量将会降低。因此，保护渣成为限制铸速提高的关键问题之一。根据实验，保护渣消耗量及液渣层厚度和正滑动时间成直线关系，在同一振幅和频率下，正滑动时间长的非正弦波振动保护渣耗量就会增加。

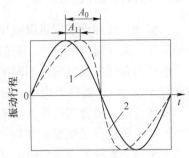

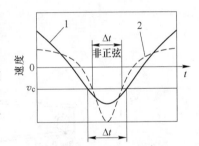

图 3-7-5　正弦振动与非正弦
振动曲线比较
1—正弦振动曲线；2—非正弦振动曲线

铜板对坯壳产生的摩擦力 f_1 为

$$f_1 = \frac{\eta(v - v_c)}{d} \qquad (3\text{-}7\text{-}1)$$

式中　f_1——铜板与坯壳的摩擦阻力，Pa；

　　　η——保护渣的黏度，Pa·s；

　　　d——结晶器和铸坯间保护渣的液渣层厚度，m；

　　　v——结晶器振动速度，m/s；

　　　v_c——拉坯速度，m/s。

从公式（3-7-1）可知，要减小对铸坯的拉力（即减小摩擦阻力 f_1 值），必须降低 $(v - v_c)$ 和增加保护渣的耗量。当振动的负滑动时间减小时，振动周期不变，相应正滑动时间变长，由于振幅不变，在正滑动阶段，结晶器振动速度 v 变小，即降低了 $(v - v_c)$。

如图3-7-5所示，非正弦波形的特定参数用波形偏斜率表示，Δt 为负滑动时间，A_1 为波形偏斜量，A_0 为四分之一周期的量，它是由正弦波形变化而来的。波形偏斜率 $\alpha = (A_1/A_0) \times 100\%$，实验证明，当 $\alpha = 40\%$ 时，液体摩擦力降低到60%。

因此，要实现高速铸造，一方面要解决保护渣黏性、熔点、碱性等参数问题，另一方面采用液压振动机构通过电气—液压伺服系统对振动装置进行控制从而实现任选的偏斜正弦波形振动为最有效。

7.2　以往的结晶器振动装置

20 世纪 70 年代末、80 年代初，板坯连铸机结晶器振动装置常用的结构形式主要有短臂四连杆式和四偏心轮式两种，液压式驱动仅用于短臂四连杆结构，而且世界上只有日本钢管的 5 号和 6 号常规板坯连铸用这种液压振动装置。

7.2.1　短臂四连杆振动装置

短臂四连杆振动装置可以应用于全弧形和直弧形连铸机上。其主要优点是结构简单，容易靠近，无导向滑动机构，磨损小，操作方便，可长时间保持稳定的振动波形。改变上下两连杆的布置方式可实现不同半径的弧形或直弧形结晶器运动。其缺点是轴承转动范围小（仅 $1° \sim 2°$），磨损不均匀；振动的偏摆误差较大。

板坯连铸机短臂四连杆振动装置如图 3-7-6 所示。它的工作原理是：电机 1 通过减速器经偏心轮机构（机械振动装置）或电气-液压缸（液压振动装置）驱动下连杆 2 做往复运动，带动上连杆 3 摆动，使振动框架 4（用于安装结晶器）按设定轨迹运动。

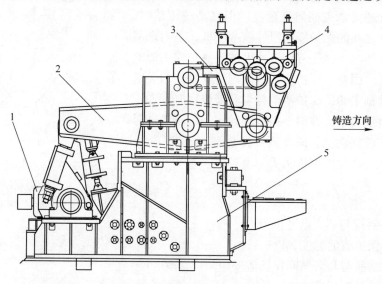

图 3-7-6　短臂四连杆振动装置

1—电机-减速器-偏心轮机构；2—下连杆；3—上连杆；4—振动框架；5—固定框架

7.2.2　四偏心轮振动装置

板坯连铸四偏心轮振动装置如图 3-7-7 所示，图 3-7-8 是它的振动发生机构（传动机构）；其工作原理是：电机 1 通过两侧的连接轴带动角减速箱 2，每个角减速箱带动偏心轴 3 及连杆 4，连杆带动振动台 5 运动。偏心轴具有同向偏心点，内外弧偏心距可相同也可以不同，用以分别实现垂直直线振动和弧线振动。该振动装置是用布置于两侧的两个导向机构和布置于外弧侧的一个导向机构 6 进行导向。

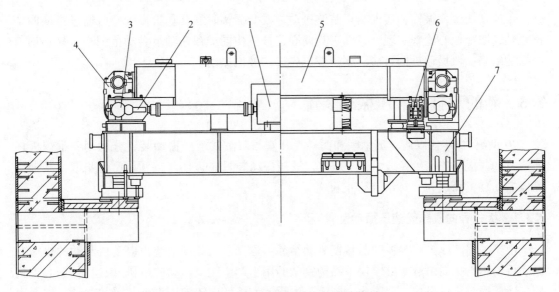

图 3-7-7 板坯连铸四偏心轮振动装置

1—电动机；2—角减速箱；3—偏心轴；4—连杆；5—振动台；6—导向机构；7—固定台

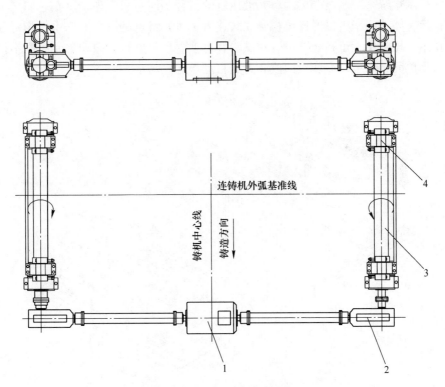

图 3-7-8 板坯连铸四偏心轮振动装置振动发生机构

1—电动机；2—角减速箱；3—偏心轴；4—连杆

四偏心轮振动机构在弧形、直弧形连铸机上都适用。其主要优点是振动体的重量及惯性力由四个偏心轮承受，在高频振动时运转较平稳；弯曲段安装在振动框架内，结构紧凑；与结晶器对中调整方便；能实现快速更换和水路自动接通等。它的缺点是结构比较复杂，不能在线改变振幅和实现非正弦波振动，改变振幅时需要在机械维修区通过更换四个偏心轴和四个偏心轮来实现。另外，其偏心连杆机构同样存在轴承转动范围小，易不均匀磨损的缺陷。该振动机构目前已逐步被更先进的液压振动机构取代。

7.3　新的双缸式液压振动装置

20 世纪 90 年代以后，奥钢联和西马克开发的双缸式液压振动装置分别用于常规板坯连铸机和薄板坯连铸生产线 CSP，双缸式液压振动装置在板坯连铸领域已逐步取代其他结晶器振动装置而成为"标准"性的配置。

7.3.1　板式导向双单元液压振动装置

由于采用液压缸作为振动源直接驱动结晶器运动，因此与上述由电动机驱动的机械式振动机构相比，它由液压缸取代了结构复杂的用于产生往复运动的电机-减速器-偏心轮机构，液压振动机械机构大为简化。图 3-7-9 所示为板坯连铸液压振动装置的一种。主要由布置于结晶器两侧下方的两个振动单元和底座等组成。两侧的振动单元为振动发生机构。通过电气控制系统来控制两个振动单元液压缸的行程和同步来实现安装在它们之上的结晶器的平稳运行，适用于直弧形连铸机和立式连铸机。其特点是两个振动单元相对独立且可以互换使用；振动单元可在线外组装和试验并可独立吊装更换；振动单元底座不仅可以用于安装振动单元，还可以安装弯曲段和为其自动接通冷却水。

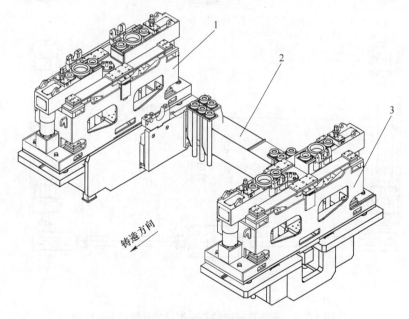

图 3-7-9　板坯液压振动装置
1—右侧振动单元；2—振动单元底座；3—左侧振动单元

两个液压振动单元的结构相同。如图 3-7-10 所示，其结构及工作原理是：液压缸 5 以法兰形式与固定台 4 相连；液压缸的活塞杆与长连杆连接；长连杆的另一端以法兰形式与振动台 2 相连；双层导向板 3 共四组，两端与固定台把合，中间与振动台把合；每个振动单元的两个缓冲弹簧 1 放置在振动台和固定台之间。液压缸通过连杆推动振动台从而带动结晶器按电气控制系统设定的规律运行。双层导向板对结晶器起导向作用，使结晶器只按液压缸推动方向运动而不产生偏摆和歪扭。缓冲弹簧对结晶器的运行起缓和冲击和减小液压缸负荷的作用。

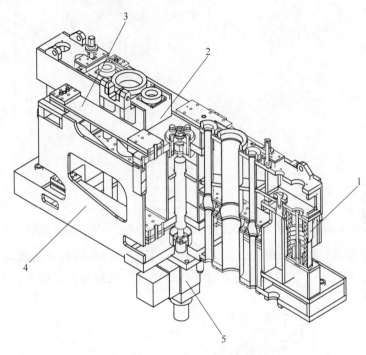

图 3-7-10　液压振动单元

1—缓冲弹簧；2—振动台；3—导向板；4—固定台；5—液压缸

7.3.1.1　振动装置的组成

该液压振动装置如图 3-7-11 所示，它主要由布置于结晶器下方两侧的两个振动单元和振动单元安装底座及基础预埋件等组成。结晶器安装在两个相对独立的振动单元之上；振动单元安装固定在支撑底座上；支撑底座安装于基础预埋件之上，基础预埋件在线安装预埋在两侧混凝土墙中。振动单元为振动发生机构，其内设的液压缸通过液压系统和电气控制系统同步推动振动单元振动台从而带动安装于它们之上的结晶器按设定的规律运动，其特点是振动单元导向全部采用导向板形式；振动单元可在线外组装和试验并可独立吊装更换；振动单元底座不仅可以用于安装振动单元，还可以安装弯曲段和为其提供冷却水通道。

7.3.1.2　振动装置的结构

A　振动单元

振动单元是振动的发生机构，是振动机构的核心。对振动单元的要求是：安装、固定结晶器并为结晶器提供冷却水自动接通的通道；产生设定轨迹的运动且保持运动轨迹的高精度；振动运行平稳无冲击，使用寿命长等。

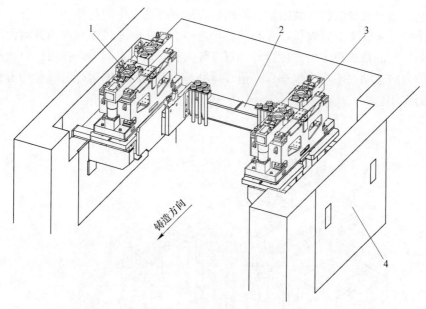

图 3-7-11　板坯连铸液压振动装置

1—右侧振动单元；2—振动单元底座；3—左侧振动单元；4—振动装置基础预埋件

　　为达到以上要求，该振动单元设置了振动台、固定台、导向板导向机构、缓冲机构及液压缸等。图 3-7-12 所示为直弧形板坯连铸机振动单元的外形图，图 3-7-13 所示为该振动单元的剖视图。

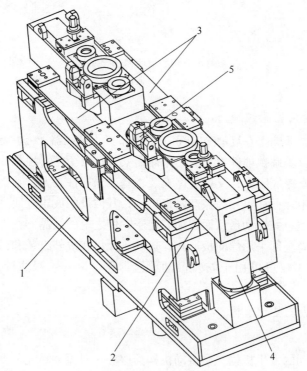

图 3-7-12　直弧形板坯连铸机振动单元外形

1—固定台；2—振动台；3—导向板导向机构；4—缓冲机构；5—结晶器对中叉

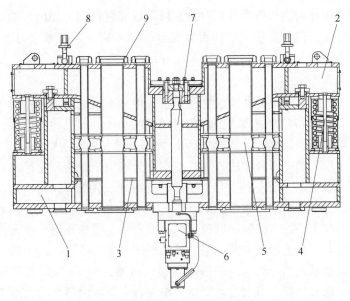

图 3-7-13 直弧形板坯连铸机振动单元剖视图
1—固定台；2—振动台；3—导向板导向机构；4—缓冲机构；5—伸缩接头；
6—液压缸；7—液压缸连杆；8—活节螺栓；9—密封圈

固定台 1 被安装固定于振动单元安装支撑底座上，是振动单元的支撑固定部分。液压缸 6 以法兰连接形式刚性安装在固定台上；液压缸活塞杆与连杆 7 一端连接；连杆 7 另一端以法兰连接形式与振动台 2 刚性连接，其作用是推动振动台以产生振动运动。振动台 2 将液压缸产生的振动传递给安装在其上的结晶器，是振动单元的活动部分。双层导向板导向机构 3 共四组，布置在振动台两侧，上下各一组，两端与固定台连接，中间与振动台连接，其作用是对振动台及安装在其上的结晶器振动起导向作用，使结晶器按垂直方向运动而不产生偏摆。直弧形连铸机振动单元两个缓冲机构 4 放置在振动台和固定台两端之间，对结晶器的振动起缓和冲击和减小液压缸负荷的作用。结晶器通过活节螺栓 8 与振动单元振动台连接并通过结晶器对中叉实现结晶器对中调整；结晶器安装好后通过结晶器接水口密封圈 9 压合将由振动单元振动台引入的结晶器冷却水自动接通至结晶器；结晶器在振动过程中，通过伸缩接头 5 将固定台的冷却水输送到振动台上。

直弧形连铸机结晶器沿垂直方向运动，因此，振动单元导向板导向机构水平安装，液压缸亦垂直安装。

每组振动单元导向板导向机构如图 3-7-14 所示。它是由两块扁长的钢板和垫块及弹性柱销等组成。安装时将两端弹性柱销装入固定台两端对应销孔内，中间弹性柱销装入活振动台对应销孔内。导向板两端销孔间距设计为负公

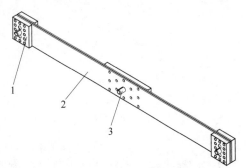

图 3-7-14 导向板导向机构
1—垫块；2—扁长钢板；3—弹性柱销

差，制造时要求一组导向钢板各销孔同时加工以保证安装精度；固定台两端销孔设计为正公差，这样可保证导向机构安装后导向钢板充分拉直并有一定的预紧力以确保导向精度；导向机构的安装无需人为调整，完全依靠加工保证。

B　振动单元底座

振动单元底座的主要功能是：安装并固定振动单元；为结晶器经振动单元提供冷却水自动接通通道；安装并固定弯曲段，为弯曲段提供冷却水、气自动接通等。

为满足上述功能要求，如图 3-7-15 所示，该振动单元底座主要由左侧支架 9、右侧支架 4 及其连接梁 5 三大部件组合而成。左、右支架分别用于安装和支撑左右振动单元，连接梁将其连接成一个整体。在左右支架上，各设有两个长销轴 2，用于振动单元吊装时对振动单元粗导向；两个短销轴 3 用于振动单元在水平面内的精确定位；其四周设有调整垫片，用于振动单元在水平方向位置的调整；四个单元体支撑盘 8 用于单元体在高度方向上的定位；其下方设有调整垫片组来调整振动单元高度方向的位置；四个螺栓 1 用于振动单元的把合固定；振动单元把合后通过结晶器各接水口密封圈 10 和振动单元固定台上的对应接水板压合来实现结晶器冷却水自动接通。在左右支架体内侧，设有两个弯曲段安装用耳轴座 7，用于弯曲段上耳轴的安装并承载弯曲段的重量和作用力；耳轴座底部和底部侧面设有调整垫片以适应弯曲段位置调整的需要；弯曲段安装就位后，可通过设在连接梁上的弯曲段接水口密封圈 6 与弯曲段上对应接水板的压合来实现弯曲段冷却水、气的自动接通。

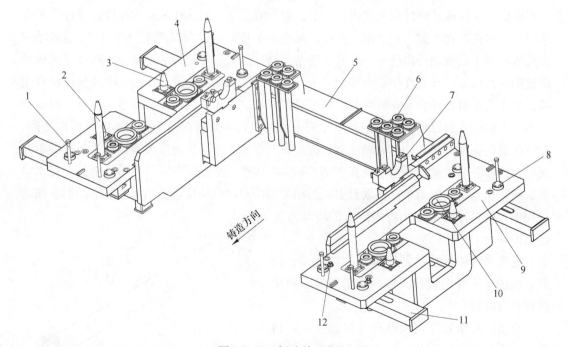

图 3-7-15　振动单元底座

1—连接螺栓；2—长销轴；3—短销轴；4—右侧支架；5—连接梁；6—弯曲段接水口密封圈；7—耳轴座；
8—振动单元支撑盘；9—左侧支架；10—结晶器接水口密封圈；11—底座安装调整板；12—底座安装螺栓

振动单元底座在线安装前首先在线外将其安装成一个整体；然后整体吊装上线；通过

底座安装调整板 11 调节支座在高度方向的尺寸；标高调整好后将调整板 11 与基础预埋件支撑梁焊接，通过整体移动支座位置来调节其在水平面上的尺寸，即使底座上预设的框架中心面与连铸机铸流中心面相重合；使底座上预设的框架外弧基准面与连铸机铸流外弧基准面相重合。在水平方向调整好后通过底座安装螺栓 12 将其与调整板 11 连接。

C 基础预埋件

基础预埋件用于在线安装和支撑振动单元底座，振动区域设备结晶器、振动装置、弯曲段等的重量及其动负荷均须通过基础预埋件传递到基础上。

该基础预埋件由两个大型焊接结构件组成，对称布置于振动单元底座下方两侧，每个结构件分别伸出两条支撑牛腿用于支撑和安装振动单元底座，调整好的振动单元底座安装调整板焊接安装于四个支撑牛腿之上；基础预埋件其余部分预埋安装于混凝土基础中，由连铸机土建施工时埋设，如图 3-7-16 所示。图 3-7-17 是其一侧的结构件外形图。

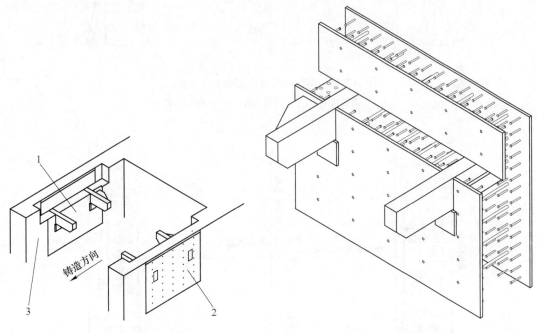

图 3-7-16 基础预埋件布置图
1—右侧预埋件；2—左侧预埋件；3—混凝土基础

图 3-7-17 基础预埋件外形

7.3.2 滚轮导向双单元液压振动装置

7.3.2.1 振动装置的组成

该液压振动机构如图 3-7-18 ～ 图 3-7-20 所示，它主要由布置于结晶器下方、两侧的两个振动单元和振动单元安装支撑基础大梁等组成。结晶器安装在两个相对独立的振动单元之上；振动单元安装固定在基础大梁上；振动单元为振动发生机构，其内设的液压缸通过液压系统和电气控制系统同步推动振动单元振动台，从而与安装于其上的结晶器一起按设定的规律运动，其特点是振动单元导向全部采用滚轮形式；振动单元可在线外组装和试验并可独立吊装更换。

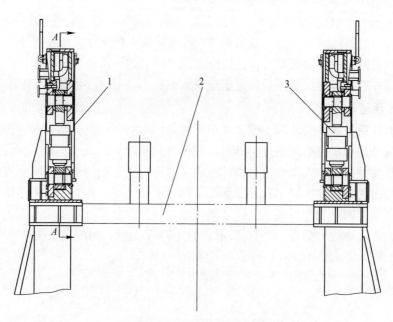

图 3-7-18　滚轮导向液压振动装置主视图
1—右侧振动单元；2—基础大梁；3—左侧振动单元

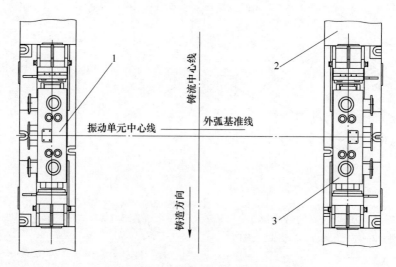

图 3-7-19　滚轮导向液压振动装置俯视图
1—右侧振动单元；2—基础大梁；3—左侧振动单元

7.3.2.2　振动单元的结构

图 3-7-21 所示为右侧振动单元的外形，左侧振动单元与其结构相同，对称布置。该振动单元由振动台、固定台、滚轮导向机构及液压缸等构成。

固定台 1 被安装固定于基础大梁上，是振动单元的支撑固定部分。液压缸 5 缸体以滑动轴承铰接形式安装在固定台 1 上；其缸杆端亦以滑动轴承铰接形式与振动台 3 连接，其作用是推动振动台运动以产生振动。振动台 3 将液压缸产生的振动传递给安装在其上的结

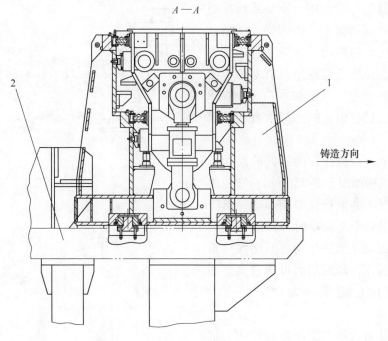

图 3-7-20　滚轮导向液压振动装置剖视图
1—右侧振动单元；2—基础大梁

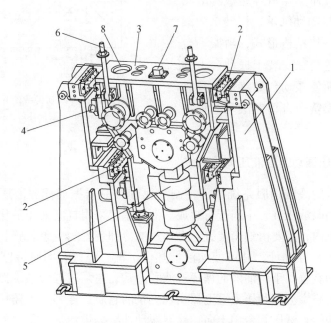

图 3-7-21　滚轮导向液压振动单元
1—固定台；2—浇注方向导向机构；3—振动台；4—垂直浇注方向导向机构；
5—液压缸；6—活节螺栓；7—结晶器定位座；8—密封圈

晶器，是振动单元的活动部分。四组摆动板式滚轮导向机构 2 对振动台沿浇注方向进行导向；三组滚轮导向机构 4 对振动台沿垂直浇注方向进行导向，其作用是对活动台及安装在其上的结晶器起导向作用，使结晶器按液压缸推动方向运动而不产生偏摆。结晶器通过活节螺栓 6 与振动单元振动台连接并通过结晶器定位座 7 实现结晶器对中；结晶器安装好后通过结晶器接水口密封圈 8 压合，将由振动台引入的冷却水自动接通至结晶器。

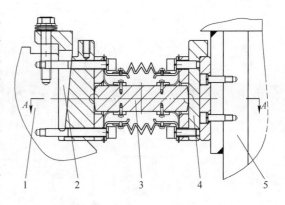

$A—A$

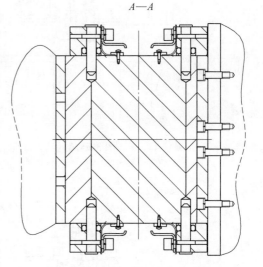

　　该振动单元沿浇注方向导向的摆动板式滚轮导向机构如图 3-7-22 所示。它是由摆动板、垫板、磨损补偿斜楔，密封罩等组成。当振动台上下振动时，摆动板两端球面会跟随滚动从而使振动台始终保持垂直运动。在使用一段时间后可通过调整磨损补偿斜楔的位置来对滚动磨损进行补偿。

　　该振动单元沿垂直浇注方向导向的滚轮导向机构如图 3-7-23 所示。它是由滚轮、导向块、磨损补偿碟簧等组成。滚轮采用了 SKF 的凸轮随动轴承，该轴承为滚针轴承和连接轴一体结构形式，当振动台上下振动时，滚轮会在安装于振动台上的导向块上滚动从而使振动台始终保持垂直运动。磨损补偿碟簧会自动对滚动磨损进行补偿。

图 3-7-22　摆动板式滚轮导向机构
1—固定台；2—斜楔；3—摆动板；4—垫板；5—振动台

7.3.3　双缸式液压振动装置液压伺服系统

　　液压振动机构的液压伺服系统用于控制和驱动结晶器振动伺服液压缸，主要由液压站、液压阀台、伺服液压缸、中间配管组成。液压系统采用抗磨液压油作为工作介质。液压站布置在液压室内，主要由油箱装置、循环过滤冷却装置、主泵装置和蓄能器装置等组成。油箱装置用于贮存油液，并可使油液散热、沉淀、滤气，同时可监控油液液位和油温；循环过滤冷却装置用于对油液的循环过滤和冷却；主泵装置为系统提供过滤后的压力油，同时可通过电磁溢流阀和压力继电器实现主泵的软启、停和压力监控发讯、报警并实现主泵自动切换功能。液压阀台用于向结晶器振动油缸提供清洁、稳定的压力油；该装置包括电磁换向阀、液控单向阀、皮囊蓄能器、安全阀、压力继电器、压力表、高压过滤器等。布置在液压振动装置附近。伺服液压缸为液压系统执行机构，每个液压缸上装有 1 个电液伺服阀，液压缸内部装有 1 个数字式位移传感器，液压缸上、下两腔各装有 1 个压力传感器。每个结晶器振动装置有 2 套伺服液压缸，通过液压伺服系统进行运动。液压系统的工作原理见图 3-7-24。

$A—A$

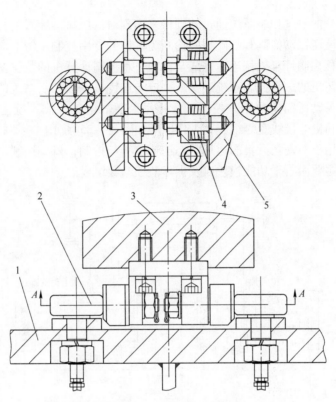

图 3-7-23　滚轮导向机构

1—固定台；2—滚轮；3—振动台；4—碟簧；5—导向块

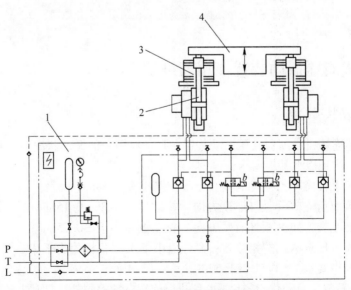

图 3-7-24　液压系统工作原理

1—液压阀台；2—伺服液压缸；3—振动台；4—结晶器

7.3.4　双缸式液压振动装置电气控制系统

　　液压振动机构的电气控制系统通过软硬件来实现对液压振动装置的控制，是集过程控制、过程管理、液压振动控制和故障报警诊断为一体的专用控制系统。向上通过以太网与连铸机的二级过程控制计算机相连，完成与二级过程控制计算机的数据交换；通过工业以太网或硬线与连铸机的一级控制系统连接，完成与连铸机一级控制系统的数据交换；向下可直接采集液压振动所需的数据并控制液压振动装置。电气控制系统主要由检测控制器件、PLC 控制柜和机旁接线盒等组成，工作原理如图 3-7-25 所示。检测控制器件安装在机械及液压设备上用于对现场设备的运行状态进行检测与控制；PLC 控制柜是结晶器振动控制系统的核心；主要由若干功能模块以及操作监控站等组成。

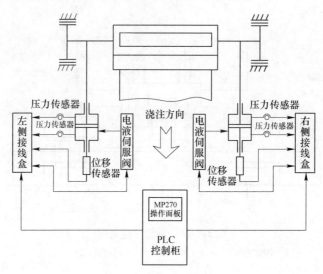

图 3-7-25　液压振动装置电器控制系统工作原理

7.4　双缸式液压振动装置使用与维护

7.4.1　在线振动状况检测

　　直弧形板坯连铸机结晶器液压振动装置在日常使用中的振动状况可采用专业检测仪器在线进行检测，达到以下基本要求：

　　（1）结晶器上任意两点振动的垂直行程误差小于 0.3mm；

　　（2）结晶器前后方向（板坯厚度方向）振动偏差小于 ±0.15mm；

　　（3）结晶器左右方向（板坯宽度方向）振动偏差小于 ±0.15mm；

　　（4）结晶器上任意两点的相位差：允许值小于 3°，目标值小于 2°；

　　（5）测定噪声要求 1m 以外小于 60db。

　　除了采用计算机、自动化检测仪器在线进行连续自动检测外，日常生产和设备维护过程中还可采用以下简易检测方法进行测试，从中可基本判断振动装置的振动状况，现归纳如下：

（1）硬币检测法。取5角或1圆硬币垂直放置在振动装置与结晶器连接面上或结晶器内外弧水箱上平整面板上，如果硬币能较长时间随振动装置一起振动而不移动或倒下，则可认为该振动装置振动状态比较好，能满足连铸生产的精度要求。硬币检测法能综合检测振动装置的水平及垂直方向的偏移、晃动、冲击、颤动等现象，硬币所放位置的表面应水平、光滑、清洁无油污，且在无风状态下操作。

（2）水杯检测法。取一个杯子，里面装入大半杯水，将杯子放置于振动装置与结晶器连接面上或结晶器内外弧水箱上平面板上，以常用的几组频率和振幅振动，观察杯中水面的波动及波纹的变化情况，来判断振动装置振动状况的好坏水平。如果杯中水面波动基本静止，没有明显的前后、左右方向晃动，则可认为该振动装置在振动时的偏移量与晃动量是基本受控的；如果其水面的波动有明显的晃动，则说明该振动装置的振动状态比较差。如果其水面在振动过程中基本保持平静，没有明显的波纹产生，则可认为该振动装置的振动状况比较好；如果其水面有明显的向心波纹产生，则可以认为该振动装置存在垂直方向的冲击或颤抖，其振动状况稍差。

水杯检测法能综合检测振动装置的振动状况，简易直观，效果明显，检测时水杯应稳固的放置。

（3）百分表检测法。百分表检测法的操作按其检测内容可分为水平方向摆动量的检测和垂直方向振动状况的检测等。

检测水平方向摆动量时，将百分表的表座稳固的吸附在振动固定台或浇注平台框架等固定物件上，然后将百分表安装在表座上，将其测试头垂直贴靠在振动台前后偏移测量点的加工平面上，或左右偏移测量点的加工平面上，并做好百分表零点位置的调整，启动振动装置并观察百分表指针的摆动数值。当垂直振动的结晶器振动装置的前后（板坯厚度方向）偏移量不大于±0.15mm，左右（板坯宽度方向）偏移量不大于±0.15mm时，认为该振动装置的水平偏移状况比较好，能够满足连续铸钢的振动精度要求。

检测垂直方向振动状况时，将百分表的表座稳固的吸附在振动固定台或浇注平台框架等固定物件上，然后将百分表安装在表座上，将其测试头垂直贴靠在振动台上面垂直测量加工平面上，并做好百分表零点位置的调整，启动振动装置并观察百分表指针的摆动情况。如果百分表指针的摆动随着振动台振动起伏而连续、有节律的进行，则认为垂直运动状态是比较好的，如果百分表指针的摆动出现不连续、没有节律的状态，则说明垂直运动状态比较差。

百分表检测法能精确检测振动装置的水平偏移与晃动量以及垂直方向的振动状况。

7.4.2　日常维护

由于直弧形板坯连铸液压振动装置比机械振动装置结构简单，不存在转动摩擦，因此其日常的维护量较小，主要包括：

（1）定期检查振动单元与振动底座连接螺栓的松动情况，发现松动及时拧紧。

（2）定期检查振动单元与结晶器连接螺栓的松动情况，发现松动及时拧紧。

（3）定期检查振动单元与结晶器之间和振动单元与底座之间通水连接密封圈的密封情况，发现漏水及时更换密封圈。

（4）定期检查振动单元内部固定台和活动台之间橡胶伸缩接头情况，发现漏水及时更换。

（5）定期检查振动单元液压缸法兰连接螺栓及液压缸连杆顶端连接螺栓的紧固情况，发现松动及时拧紧

（6）振动单元液压缸连续使用 1 年以上且作业率超过 70% 时必须进行维修或更换。

7.5 双缸式液压振动装置有关计算

7.5.1 振动单元液压缸作用力计算

7.5.1.1 振动单元受力分析

振动单元受力示意图如图 3-7-26 所示。除液压缸外，在振动单元上主要作用力有：坯壳与铜板之间的摩擦力 W_K，振动体的惯性力 P_{MA}，振动体自重 G_1，缓冲弹簧反力 G_2，导向板弯曲反力 G_3 等。

A 坯壳与铜板之间的摩擦力 W_K

钢液静压力作用在结晶器长、短边的力如图 3-7-27 所示。因此有

$$W_K = 9.8 H^2 (B + D) \gamma \mu \tag{3-7-2}$$

式中　W_K——坯壳与铜板之间的摩擦力，N；

　　　γ——钢液密度，$\gamma = 7000 \text{kg/m}^3$；

　　　μ——坯壳与铜板之间的摩擦系数，$\mu = 0.5$；

　　　B——铸流宽度，m；

　　　D——铸流厚度，m；

　　　H——结晶器内液面高度，m。

坯壳与铜板之间的摩擦力 W_K 在一个振动周期内其方向是变化的，在负滑动阶段向上，其余时段向下。

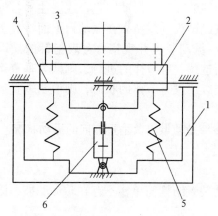

图 3-7-26　液压振动单元受力示意
1—固定台；2—振动台；3—结晶器；
4—导向板；5—缓冲弹簧；6—液压缸

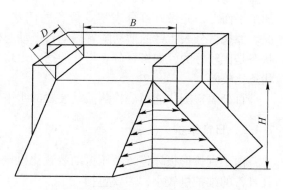

图 3-7-27　钢水作用在结晶器长短边力的分布

B 振动体的惯性力 P_{MA}

$$P_{MA} = ma \tag{3-7-3}$$

式中 P_{MA}——振动体的惯性力，N；

  m——振动体的质量（包括结晶器本体、结晶器冷却水、振动台、导向板等的质量），$m = G_1/g$，kg；

  G_1——振动体自重，N；

  g——重力加速度，m/s²；

  a——振动加速度，m/s²。

对于正弦振动，加速度 a 和最大加速度 a_{max}

$$a = \omega^2 (h/2) \cos\omega t$$
$$a_{max} = 2h(\pi f)^2 \tag{3-7-4}$$

式中 f——振动体的振动频率，c/s（其中 c——circle）；

  h——振动体的振动行程，m；

  ω——振动角速度，$\omega = 2\pi f$，rad/s；

  t——振动时间，s。

对于非正弦振动，加速度和最大加速度表述比较繁杂，参看第二篇第 14 章有关内容。振动体惯性力 P_{MA} 的方向在一个振动周期内向上、向下往复变化。

C 振动体自重 G_1

$$G_1 = 9.8(Q_1 + Q_2 + Q_3 + Q_4) \tag{3-7-5}$$

式中 Q_1——结晶器质量，kgf；

  Q_2——结晶器和振动台冷却水质量，kgf；

  Q_3——振动台质量，kgf；

  Q_4——导向板连接板质量，kgf。

振动体自重 G_1 的方向始终向下。

D 缓冲弹簧反力 G_2

缓冲弹簧反力 G_2 设定作用力方向始终向上。G_2 的计算见下节缓冲弹簧反力的确定。

E 导向板弯曲反力 G_3

导向板两端固定在固定台上，中间固定在振动台上并随振动台运动，因此在振动过程中导向板给活动台将施加一个交变的弯曲反力。由于导向板为扁长结构，振幅相对其长度很小，因此该力很小。经有限元分析计算得知，每组导向板弯曲反力在正常使用最大振幅点时的弯曲反力仅 1000N 左右，相比其他作用力，该力可以忽略不计。

7.5.1.2 液压缸的最大作用力

将以上振动体所受的各力按其方向，向上为正，向下为负求合力，则可得振动体的合力如下

$$P = - G_1 + G_2 \pm W_K \pm P_{MA} \tag{3-7-6}$$

由式（3-7-6）可见，振动体的合力是一个变量。只要求出其最大值就可以确定液压缸的最大作用力。

如图 3-7-28 所示，从正弦振动行程-速度曲线可以看出，振动体在运动过程中，从上死点开始未到达下死点前进入负滑动阶段，该阶段坯壳与铜板之间的摩擦力 W_K 取正值；其余时段取负值。

将式（3-7-6）中各个作用力按其大小和方向制作成振动体受力曲线如图 3-7-29 所示。

从图中可以看出，当振动体在下死点时，振动体的合力 P 有最大值 P_{max}，方向向下。

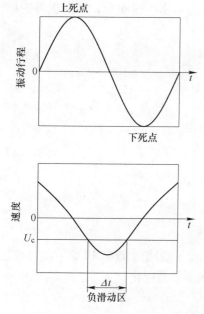

图 3-7-28　正弦振动行程-速度曲线

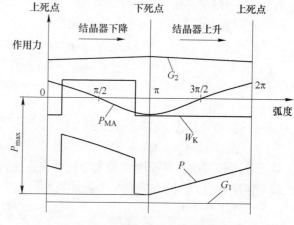

图 3-7-29　有缓冲弹簧时振动体受力曲线

此时坯壳与铜板之间的摩擦力 W_K 取负值，振动体的惯性力 P_{MA} 取负的最大值，此时

$$P_{max} = -G_1 + G_2 - W_K - P_{MA} \tag{3-7-7}$$

由于一个结晶器由两个液压缸推动，因此液压缸的最大作用力 P_y 为 P_{max} 的一半。即

$$P_y = P_{max}/2 \tag{3-7-8}$$

7.5.2　缓冲弹簧作用力确定

由图 3-7-29 振动体受力曲线图可以看出，振动体的自重 G_1 远远大于振动体的惯性力 P_{MA} 与坯壳与铜板之间的摩擦力 W_K 之合，也就是说它们的合力 P 能够保持向下且数值较大。合力 P 始终保持向下对振动体稳定运行非常重要，它能使振动装置装配间隙得以消除并能使振动装置不正常摆动量减少到最低限度。

无弹簧反力时合力为 P_i，则

$$P_i = -G_1 \pm W_K \pm P_{MA} \tag{3-7-9}$$

为了减少 P_i 力产生的冲击力，使 P_i 方向始终向下，设有一个弹簧反力 G_2，该力方向始终向上。在选取弹簧时，使有弹簧时的合力 P 符合下列条件

$$P = P_i - G_2（方向始终向下） \tag{3-7-10}$$

根据上述要求选取弹簧，受力曲线如图 3-7-29 中 G_2 所示。一般取弹簧平均力为

$$G_2 \approx G_1 \times 38\%（方向向上） \tag{3-7-11}$$

图 3-7-29 是增加了缓冲弹簧反力时的振动体受力曲线，未加缓冲弹簧反力时的振动体受力曲线如图 3-7-30 所示。从两个图比较可以看出，增加了缓冲弹簧反力后振动体的合力 P 仍保持向下且数值减小了。

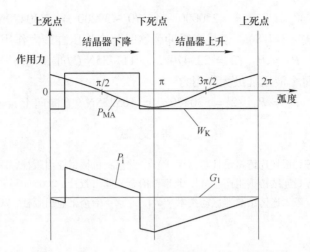

图 3-7-30   无缓冲弹簧时振动体受力曲线

7.5.3   直弧形板坯连铸机液压振动装置计算实例

7.5.3.1   基本条件

振动行程 $h = 0 \sim 12\text{mm}$，取 $h = 7\text{mm}$

振动频率 $f = 0 \sim 350\text{c/min}$，取 $f = 200\text{c/min}$（其中 c——circle）

板坯宽度 $B = 1.65\text{m}$，厚度 $D = 0.23\text{m}$，液面高度 $H = 0.8\text{m}$

振动体重量 $G_1 = 250000\text{N}$

7.5.3.2   振动单元液压缸最大作用力计算

（1）坯壳与铜板之间的摩擦力 W_K

将以上相关参数代入式（3-7-2）中，并取 $\gamma = 7 \times 10^3 \text{kg/m}^3$，$\mu = 0.5$ 得

$$W_K = 9.8H^2(B + D)\gamma\mu = 9.8 \times 0.8^2 \times (1.65 + 0.23) \times 7 \times 10^3 \times 0.5 = 41270\text{N}$$

（2）振动体的惯性力 P_{MA}

将以上相关参数代入式（3-7-3），得惯性力的最大值为

$$P_{MA} = (G_1/g)\omega^2 h/2 = (250000/9.8) \times (2\pi \times 200/60)^2 \times 7/(2 \times 1000) = 39200\text{N}$$

（3）振动体自重 G_1

$$G_1 = 250000\text{N}$$

（4）缓冲弹簧反力 G_2

由式（3-7-11）得 $G_2 = G_1 \times 38\% = 250000 \times 38\% = 95000\text{N}$

该缓冲力是 4 个缓冲弹簧的作用力之合（一台振动装置两个振动单元共有 4 个缓冲弹簧）

（5）最大合力 P_{max}

将以上参数代入式（3-7-7）得

有缓冲弹簧时最大合力

$$P_{max} = -G_1 + G_2 - W_K - P_{MA} = -250000 + 95000 - 41270 - 39200 = -235470\text{N}（方向向下）$$

无缓冲弹簧时最大合力

$$P_{max} = -G_1 - W_K - P_{MA} = -250000 - 41270 - 39200 = -330470\text{N}（方向向下）$$

将 P_{max} 代入公式（3-7-8），于是有缓冲弹簧时每个液压缸最大作用力

$$P_y = P_{max}/2 = 235470/2 = 117735\text{N}（方向向上）$$

无缓冲弹簧时每个液压缸最大作用力

$$P_y = P_{max}/2 = 330470/2 = 165235\text{N}（方向向上）$$

参 考 文 献

[1] 刘明延，李平，等. 板坯连铸机设计与计算 [M]. 北京：机械工业出版社，1990：502～532.

[2] 冯捷，史学红，等. 连续铸钢生产 [M]. 北京：冶金工业出版社，2005（3）：68～75.

[3] 李宪奎，张德明，等. 连铸结晶器振动技术 [M]. 北京：冶金工业出版社，2003.

8　铸坯诱导设备

8.1　概述

8.1.1　铸坯诱导设备的功能

铸坯诱导设备又称铸坯导向装置，前端与结晶器相接，后端与切割区域设备相接，主要功能如下：

（1）对从结晶器中出来的液芯铸坯进行支撑和直接冷却，并驱动铸坯连续运行，使之在离开连铸机前完全凝固。

（2）送装引锭，并对其进行支撑和导向。

（3）直弧形板坯连铸机的铸坯诱导设备对铸坯进行弯曲和矫直作用。

（4）对铸坯进行电磁搅拌、动态轻压下、动态重压下，以提高铸坯的表面和内部质量。

如图3-8-1所示，铸坯诱导设备主要由支撑导向段（又称"零"号段或弯曲段）、扇形段、扇形段传动装置、基础框架、蒸汽排出装置、扇形段更换安装用抽出导轨、在线吊具、维修走梯和蒸汽密封等设备构成。

8.1.2　板坯连铸生产对铸坯诱导设备的要求

（1）为提高铸速，减少钢水静压力造成的铸坯"鼓肚"变形和产生裂纹缺陷，应采用细辊密布分段辊结构。

（2）由于一台板坯连铸机要生产多规格、多钢种铸坯，因此，要求设备调节、更换方便。近年来，为了提高铸坯质量和作业率，降低人工作业强度，要求板坯连铸机具有远程自动调节和控制辊缝、可实现动态轻压下或重压下功能。

（3）铸坯诱导设备长期处于高温和多水、多蒸汽的恶劣环境下，要求对设备进行强制冷却和定时润滑，使其具有足够的强度、刚度和使用寿命。

（4）具有短时高峰负荷下的安全拉坯能力。

（5）对直接喷水冷却铸坯所产生的蒸汽进行隔离密封，并将其抽排出车间。

（6）考虑设备在线更换、维修的方便性及作业的安全性应采取的措施。

（7）与引锭系统的衔接与配合满足生产工艺的顺畅要求。

（8）与工厂设计、起重设备、公用设施、基础条件衔接与配合完整合理。

（9）考虑设计、制造、安装、使用维护的方便性和先进性。

本章作者：雷华，杨超武；审查：王公民，黄进春，杨拉道

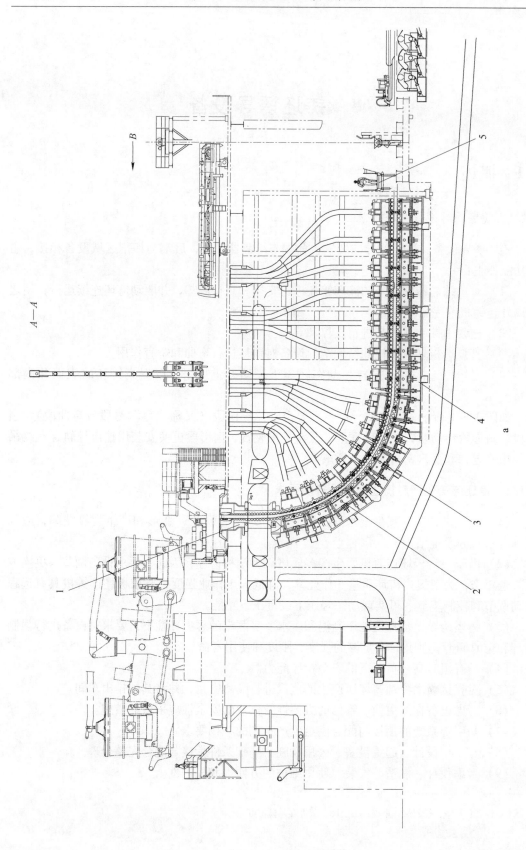

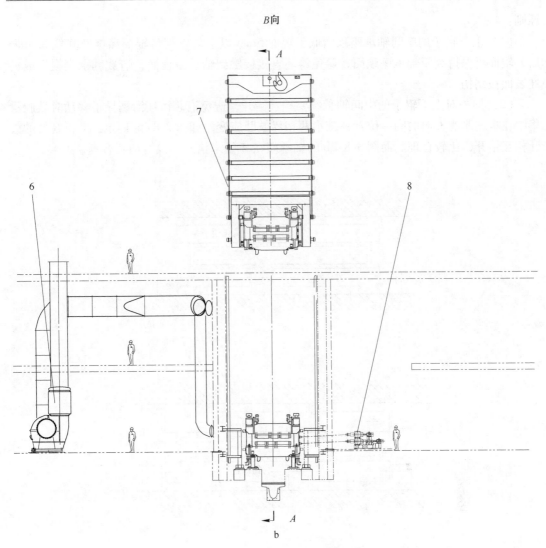

图 3-8-1　铸坯诱导装置设备构成

a—A—A 剖面图；b—B 向视图

1—支撑导向段（零段或弯曲段）；2—扇形段；3—抽出导轨；4—基础框架；5—维修走梯及蒸汽密封室；
6—蒸汽排出装置；7—在线吊具；8—传动装置

8.2　铸坯诱导设备设计的基本条件

铸坯诱导设备的核心部分是其内部辊列设计、辊子布置、二次冷却水及喷嘴布置、驱动力平衡和驱动辊配置等。其中辊列设计、二次冷却水设计计算等在第 2 篇中已作阐述，这里不再重复。下面就辊子布置的一些注意事项加以说明。

8.2.1　辊子布置原则

辊子布置是根据引锭形式和引锭杆的结构，结合辊子支撑情况设计的，遵循以下原则：

（1）上下辊子的中间轴承座顶面低于辊面 5mm 以上，以满足辊面经修磨降低 2.5mm 后，辊面仍保持高于轴承座顶面，避免铸坯直接接触到轴承座顶面，造成轴承座损坏或铸坯表面被划伤。

（2）同一对上下辊子的中间轴承座要相互错开，避免液芯铸坯沿诱导辊移动时鼓肚量集中在板坯厚度方向的同一位置，减小两相界鼓肚应变，如图 3-8-2a 所示，A 和 B 处的鼓肚相互错开，比较合理。而图 3-8-2b 的轴承座在 A 处未错开，没有前者合理。

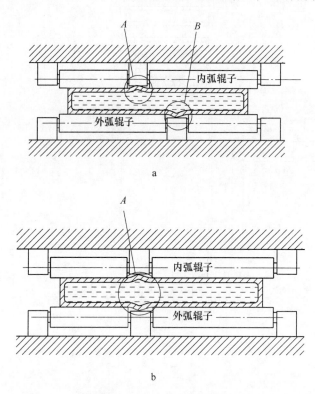

图 3-8-2　内、外弧分段辊布置

a—轴承错开布置；b—轴承未错开布置

（3）上下相邻辊子的中间轴承座错开布置，避免液芯铸坯沿诱导辊移动时鼓肚量沿长度方向在同一条线上，同样可以减小两相界鼓肚应变。同时，为辊缝仪的工作和对弧样板对弧提供搭边测量距离。如图 3-8-3a 所示，A 处的轴承错开布置，辊比辊搭边距离 $S \geqslant$ 40mm。不能布置成图 3-8-3b 所示的未错开结构。

（4）同一对驱动辊子的上下中间轴承座应与引锭的夹持链节相互错开，使引锭与驱动辊有足够的夹持长度来满足拉坯或输送引锭的需要。由于输送引锭或引锭拉坯过程中可能跑偏，且辊子的端面有倒角，所以引锭与辊子端面的最小距离 A 一般 $\geqslant$20mm，如图 3-8-4 所示。

（5）辊子的直径和结构必须满足其受力要求，且轴承的选择依据基本额定静载荷 C_0 值，应有 2.5 以上的安全系数。

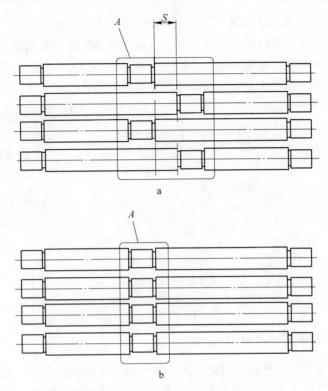

图 3-8-3　内弧侧分段辊布置

a—内弧侧分段辊错开布置；b—内弧侧分段辊未错开布置

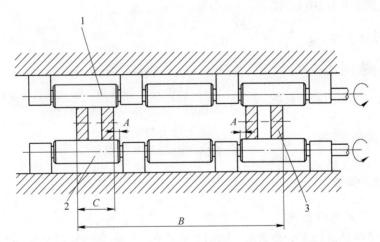

图 3-8-4　引锭链与辊子端面的最小距离 A

1—内弧辊子；2—外弧辊子；3—引锭；B—引锭宽度；C—引锭单侧链节宽度

8.2.2　辊子设计注意事项

（1）导向辊的辊身长度为板坯名义宽度再加 50～100mm。

（2）选好辊子结构。辊子结构大体上有两种，一种是芯轴式分段辊，一种是断开式分段辊，如图 3-8-5 所示，芯轴式分段辊为静不定结构，主要用于驱动辊。自由辊既可用断开式分段辊，也可用芯轴式分段辊，需要强调的是，采用芯轴式分段辊，其轴承和芯轴、轴承和套、套和芯轴之间的间隙必须考虑辊子零部件在高温状态下的热膨胀而给出足够的数值。常规板坯连铸机中，弯曲段辊径小，多采用图 3-8-5b 的结构，扇形段的自由辊推荐采用断开式分段辊。芯轴式分段辊和断开式分段辊的细化比较见表 2-9-4。

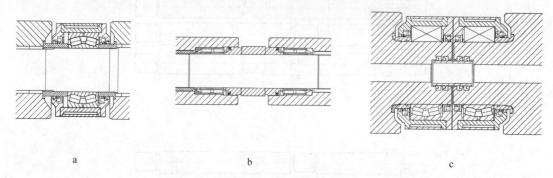

　　　　　　　　　　a　　　　　　　　　　　　　b　　　　　　　　　　　　c

图 3-8-5　辊子结构

a—芯轴式分段辊（1）；b—芯轴式分段辊（2）；c—断开式分段辊

8.2.3　铸坯诱导装置安装与更换

支撑导向段一般从浇注平台开口处吊出，如果用户要求和结晶器一起吊出应考虑足够吨位的起吊设备和专用工具。处于支撑导向段下方的各扇形段一般沿该扇形段中心向着圆心方向通过在线专用吊具抽出。沿圆心抽出和安装各扇形段时，与相邻设备之间的抽出间隙大于 10mm，如图 3-8-6 所示。

8.2.4　辊子设计条件

辊子中心最大弯曲应力：≤50 ~ 60MPa；最大挠度：≤1.0mm。

轴承正常工作时的安全系数：$\dfrac{轴承最大静负荷}{正常状态下辊子承受的最大负荷} \geq 2.5$

轴承最大峰值负荷时：$\dfrac{轴承最大静负荷}{辊子承受的瞬时峰值负荷} \geq 1.0$

8.2.5　辊子轴承润滑

8.2.5.1　单线润滑系统

单线润滑系统是通过亲分配器将主润滑系统提供的润滑脂按设计比例分配给子分配器或润滑点，对于有孙分配器的系统，再由子分配器分配给孙分配器，由孙分配器分配给润滑终点，如图 3-8-7 所示。

此系统设计时，要求根据润滑点的运动副参数计算所耗润滑脂量，确定润滑点的分配器组合数量和型号，再推算上级分配器的组合数量和型号。每组分配器的组合片数不大于 8，也就是说，一组分配器最多出油点在 16 点以内。一般来说，亲分配器的出脂量是子分配器出脂量之和，子分配器的出脂量是孙分配器出脂量之和。

单线润滑系统的每个润滑点是沿其对应的唯一一条输油线路将润滑脂经各级分配器输

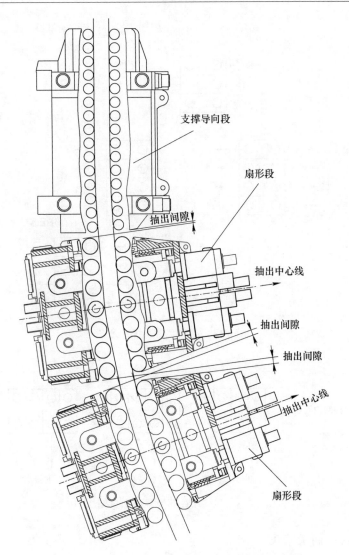

图 3-8-6   支撑导向段、扇形段的抽出间隙示意图

送到润滑终点，所以在每个输送线路中，不允许任一环节出错，否则就会影响出错环节及其后的所有润滑点的润滑效果。一旦出现问题，就要及时排除。为了实现及时准确排除故障，在各级分配器上安装堵塞指示器显示堵塞情况，在亲分配器上安装循环指示器显示装置运转正常情况。单线润滑系统在板坯连铸机上用的相对较少。

8.2.5.2   双线润滑系统

双线润滑系统是通过两路润滑脂输送线路经串联在一起的双线分配器将润滑脂先后输送到润滑点，此系统运行可靠，初期投入成本比较低，但润滑故障点的查找较为困难，且润滑脂浪费比较严重。另外，由于润滑脂的输送受管路及分配器和接头的阻力会减少输送动力，一般从润滑脂输入点到最末润滑点间串联的分配器不多于 3 个。此润滑系统从设备总润滑接入口到润滑终点一般不多于 3 层分配器，如图 3-8-8 所示。双线润滑系统在板坯连铸机上用的相对较多。

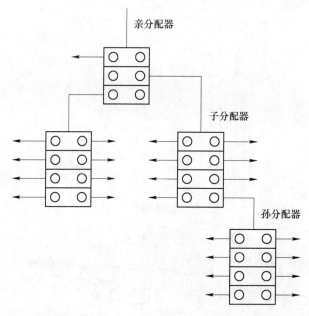

图 3-8-7　单线润滑系统示意图

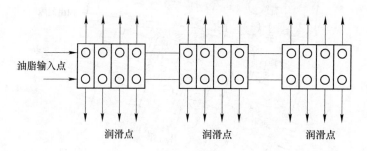

图 3-8-8　双线润滑系统示意图

8.2.5.3　油气润滑系统

油气润滑系统是 1948 年由 REBS 公司的创始人亚历山大·莱伯斯发明的一种润滑方式。它是通过连续流动的压缩空气将间隙供给的稀油以形成涡流状的液态油滴沿管壁输送至润滑点。经过多年的应用与改进，现已成功开发出能应用于连铸设备的润滑系统。该系统一般由主站、卫星站和 TURBOLUB 油气分配器通过电气控制系统分级控制完成，油气监控器可监控润滑终点分配器的运行情况，如图 3-8-9 所示。油气润滑系统在方坯连铸机中应用较多，由于压缩空气中断后，对高温状态下的连铸机轴承会造成严重损害，所以板坯连铸机应用相对较少。

8.2.5.4　智能润滑系统

智能润滑系统有单线和双线两种方式，因双线智能润滑较为复杂，一般不常用，这里仅对单线智能润滑进行介绍。

单线分配器润滑系统的润滑点是单一的，根据此特点，近来开发出智能润滑系统，此系统是利用计算机和电气控制系统对每个润滑点的润滑情况进行适时监控，缺点是主控系统直接与润滑终点分配器相连，没有亲分配器和子分配器，润滑管路比较多。但由于其便

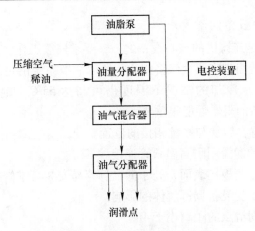

图 3-8-9　油气润滑系统示意图

于控制检查，有助于提高润滑可靠性，所以目前正处于积极推广阶段，油气智能润滑如图 3-8-10 所示。

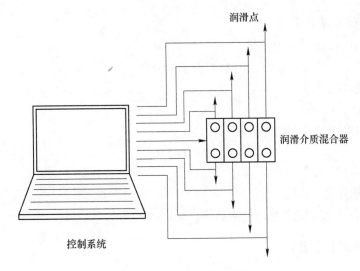

图 3-8-10　智能润滑示意图

8.2.5.5　润滑系统压力

润滑脂润滑输送系统泵站压力可高达 40MPa，润滑终点最少有 0.5MPa 的压力才能顺利将润滑脂输送到润滑点。油气润滑油输送压力在 3 ~ 15MPa 间，气压在 0.2 ~ 0.5MPa 间，润滑终点油气压力最少为 0.003 ~ 0.05MPa，可防止外界脏物的进入。稀油润滑属液相流体，油雾属一般气液两相流体。输送压力在 0.3 ~ 1MPa 间，需对润滑剂进行加热，润滑终点几乎没有正压力，无法防止外界脏物的侵入。

8.2.5.6　润滑的环保性

润滑脂润滑系统中，大量的润滑脂从被润滑点溢出并污染环境或介质（水、乳化液等）；每次更换被润滑件需要清理轴承座及轴承，会造成一定程度的环境污染。稀油润滑系统中，部分稀油从被润滑件安装位置溢出并污染环境或介质（水、乳化液等），也造成不同程度的环境污染。油气润滑系统中，稀油被雾化，对人体的伤害和对环境的污染都很轻微。

8.2.5.7　铸坯诱导设备润滑要求

（1）板坯诱导设备是连铸机的核心设备之一，要求连续工作。如果润滑系统出现问题就会造成连铸机停止运转而带来巨大经济损失，所以润滑系统的可靠性尤为重要。润滑点处于高温工作区，在通水冷却的情况下温度仍可高达 55℃。辊子接触的板坯表面在 1000℃ 以上，所以润滑脂的阻燃性能很重要。

（2）润滑接入点设置在容易与系统相接的位置。

（3）内部活动部分的润滑用耐高温软管连接。

（4）分配器的安装远离板坯表面，处于低温且容易安装与维修处。

（5）润滑系统尽量不受设备局部解体的影响。

（6）末端分配器到润滑点的距离小于 4m。

（7）末端分配器到上位分配器的距离小于 20m。

（8）润滑脂润滑终点应确保有 0.5MPa 的压力。

（9）如果采用润滑脂润滑，无论单线还是双线，润滑接入点到润滑终点所串联的分配器不得多于 6 个。

8.2.5.8　供脂量计算

滑动轴承的供脂量按下式计算

$$q = 40d \times 10^{-6} \tag{3-8-1}$$

式中　q——供脂量，L/h；

　　　d——轴径，m。

滚动轴承的供脂量按下式计算

$$q = 0.005DB \tag{3-8-2}$$

式中　q——供脂量，L/h；

　　　D——轴承外径，mm；

　　　B——向心轴承宽度或推力轴承高度，mm。

8.2.6　介质系统流速及管径

8.2.6.1　各界质的流速

水的管道流速为：1.5 ~ 3.0m/s，多数为 2.0m/s；

压缩空气的管道流速约 50m/s；

氧气的管道流速 <10m/s；

氩气、氮气、蒸汽、煤气等的管道流速 10 ~ 20m/s。

8.2.6.2　介质系统与设备交接点的压力

二次冷却水 ≥1.0MPa；

设备闭路冷却水 ≥0.8MPa；

设备开路冷却水 ≥0.4MPa；

二次冷却压缩空气 0.4 ~ 0.7MPa；

氧气 ≥1.2MPa，最好 ≥1.5MPa；

氮气 0.4 ~ 0.7MPa。

8.2.6.3　管径计算

水路管径
$$d_w = \sqrt{\frac{2Q_w}{3\pi v_w}} \tag{3-8-3}$$

式中　　d_w——水路管子内径，cm；

　　　　Q_w——水流，L/min；

　　　　v_w——水流速，m/s。

气路管径
$$d_a = \sqrt{\frac{100Q_a}{9\pi v_a}} \tag{3-8-4}$$

式中　　d_a——气路管子内径，cm；

　　　　Q_a——气流量，$N \cdot m^3/h$；

　　　　v_a——气流速，m/s。

8.2.6.4　介质系统管路材质

二次冷却水系统、设备闭路冷却水系统、设备开路水冷却系统、二次冷却压缩空气系统，建议从总管接入阀站后，以过滤器为界，全部选用不锈钢钢管。如果条件不允许，二次冷却水系统、二次冷却压缩空气系统阀站过滤器后必须采用不锈钢管。输送其他介质的管材可选用碳钢无缝钢管。

8.3　支撑导向段

8.3.1　支撑导向段的功能

支撑导向段也叫"弯曲段"、"零号扇形段"、"扇形段0"。有的商家将支撑导向段分为上、下两部分，上部叫"顶部段"，下部叫"弯曲段"；也有的商家把分开的上下两部分分别叫做"扇形段1"和"扇形段2"，与其后续的扇形段一起排序。支撑导向段安装在结晶器与二冷扇形段之间，主要功能是对液芯铸坯和引锭杆进行支撑和导向，并对液芯铸坯的表面进行强制喷水冷却，使铸坯坯壳不断加厚。对直弧形板坯连铸机而言，支撑导向段正好处于从直线到圆弧线的弯曲区域，则支撑导向段起着将直形铸坯弯曲成圆弧形铸坯的作用。支撑导向段可以整体吊装更换，也可以和结晶器、结晶器振动装置一起二位一体或三位一体吊装更换。

支撑导向段所处的环境极为恶劣。生产当中，大部分漏钢事故都发生在结晶器出口处，一旦漏钢，支撑导向段便会受到钢水的侵害。因此在新的直弧形连铸机上，许多厂家都把原来长度较长的支撑导向段设计成上下两部分，上边的部分是直线段，也叫顶部段（T/U），下边的部分叫弯曲段（B/U）。这样分解成两段式结构的优点是：

（1）减少了支撑导向段的重量，顶部段可随结晶器一起吊走，减少了吊车的起吊负荷。

（2）一般厂家支撑导向段的操作更换件和结晶器差不多，当设计成顶部段和弯曲段两部分后，顶部段操作更换件的数量和原来的支撑导向段数量一样多，而弯曲段的操作更换件数量可以适当减少，从而减少投资。

（3）顶部段可以设计成不调厚度的结构，和结晶器一起吊走。也可以设计成调宽、调厚形式，使相邻的弯曲段免除调宽功能。

对于生产硅钢和不锈钢的有些连铸机，支撑导向段还可以安装电磁搅拌装置以细化晶粒，提高铸坯内部质量。

8.3.2　支撑导向段组成及结构

直弧形连铸机支撑导向段的结构主要有两段式与整体式两种，图3-8-11 所示的两段式结构，由顶部段1 和弯曲段2 构成，形成各自独立的单体设备。整体式支撑导向段如图3-8-12 所示，其主要由外弧框架1、辊子装配2、夹紧装置3、内弧框架4、冷却水与润滑配管5 等组成。外弧框架的上安装轴6 放置在振动装置上的"U"形安装槽中，对支撑导向段起上下左右定位作用，下安装轴7 放置在基础框架的"U"形槽中，防止整个支撑导向段围绕上安装轴6 旋转。具有辊缝调节功能的支撑导向段，通过带位移传感器的伺服液压缸和夹紧装置3 调节辊缝。

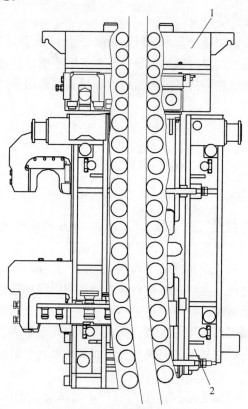

图 3-8-11　两段式支撑导向段

1—顶部段；2—弯曲段

8.3.2.1　辊子装配

支撑导向段的辊子结构有整体辊、芯轴式三分段辊、芯轴组合式四分段辊三种结构，如图 3-8-13 所示。整体辊和芯轴式三二分段辊一般用于小板坯连铸机（芯轴式二分段辊就是在图 3-18-13b 三分段辊中少了一个分段而已）。实际上芯轴组合式四分段辊由两个芯轴式二分段辊组成。辊子装配主要由辊套、芯轴、轴承、密封圈、轴承座等组成。

图 3-8-14 是某钢铁公司板坯宽度 1600mm 连铸机支撑导向段辊子布置图。辊径分别为

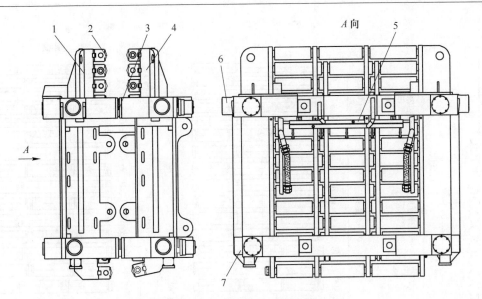

图 3-8-12 整体式支撑导向段

1—外弧框架；2—辊子装配；3—夹紧装置；4—内弧框架；5—冷却水配管与润滑配管；6—上安装轴；7—下安装轴

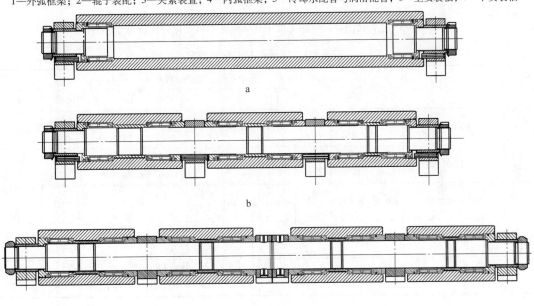

图 3-8-13 支撑导向段辊子结构

a—整体辊；b—芯轴式三分段辊；c—芯轴组合式四分段辊

$\phi130mm$ 和 $\phi170mm$，2~8 号辊垂直布置，8 号辊是第一个连续弯曲的辊子，16 号辊是最后一个连续弯曲的辊子，8~16 号辊子区间是连续弯曲区域，之后铸流进入连铸机主半径 $R9000mm$ 对应的弧形区域中。一般密排辊辊子和轴承不通水冷却，而利用二冷喷淋水流经过辊面冷却。由于 2~7 号辊主要受钢水静压力作用，而 8~16 辊除受钢水静压力作用外，还受铸坯弯曲过程中的弯曲反力，特别是铸坯头部通过时较大弯曲反力作用。辊子材质和表面不锈钢堆焊层的化学成分见表 3-8-1 和表 3-8-2。

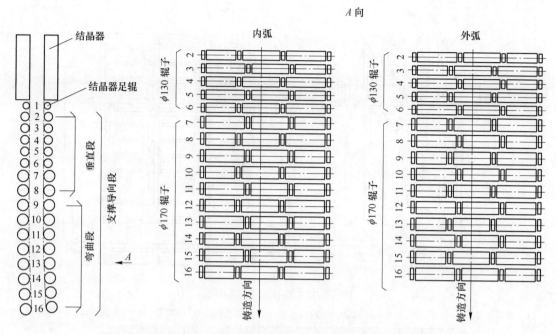

图 3-8-14　某钢铁公司板坯宽度 1600mm 连铸机支撑导向段辊子布置

表 3-8-1　辊子母材的化学成分

项目	材　质	化学成分（质量分数）/%										
		C	Si	Mn	P	S	Ni	Cr	Mo	V	Al	N
有堆焊层的辊套	HZ102F	<0.2	0.2 ~ 0.4	0.4 ~ 0.7	<0.03	<0.03	0.8 ~ 1.2	0.5 ~ 1.0	0.2 ~ 0.35	0.1 ~ 0.2	0.01 ~ 0.03	<0.02
	42CrMo	0.38 ~ 0.45	0.17 ~ 0.37	0.5 ~ 0.8	<0.035	<0.035	—	0.90 ~ 1.20	0.15 ~ 0.30			
无磁辊	X5NiCrTi2615	≤0.15	≤1.00	0.5 ~ 0.8	≤0.06	≤0.030	3.50 ~5.0	16.0 ~ 18.0	≤0.25			
	0Cr15Ni25Ti2MoAlVB	≤0.03	≤1.00	≤2.00	≤0.035	≤0.030	12.00 ~ 15.0	16 ~ 18				
	Cr14Ni26MoTi	≤0.15	≤1.00	≤2.00	≤0.035	≤0.030	6.0 ~ 8.0	17.0 ~ 19.0				

表 3-8-2　辊子堆焊层的化学成分

材　质	化学成分（质量分数）/%						
	C	Si	Mn	Cr	Mo	N	Ni
合金焊条 RW-CHROMECORE430-0	0.06	1.0	1.2	17.5			
合金焊条 RW-CHROMECORE414N-0	0.06	0.8	1.1	12.5	3	0.12	
合金焊条 CIT-10	0.03 ~ 0.15	0.20 ~ 1.50	1.00 ~ 2.50	12 ~ 14.5	0.4 ~ 1.5		0.5 ~ 1.8

　　辊子通过轴承座直接用螺栓固定在内、外弧框架上，轴承座与框架之间用键定位，轴承座可沿辊子轴向作少量调整，一般辊身长度比最大板坯宽度长 100mm。

以芯轴式三分段辊为例，如图 3-8-15 所示，将轴承 3、辊套 4、轴承座 2 等各部件依次安装在芯轴 5 上，两端的圆螺母 1 在轴向固定后，通过螺栓 7、键 8 和螺孔销 9 固定于内（外）弧框架上，螺孔销 9 与内（外）弧框架间隙配合，螺栓 7 绕螺孔销 9 中心旋转可进行预紧微调。

为防止冷却水和氧化铁皮进入轴承内与润滑脂混合，一般采用叠环和密封圈联合密封形式。可通过垫片组调节三个分段辊辊面的平直度。轴承座与上下框架之间也有垫板和垫片组用来作整体调整。辊套在工作时，板坯表面热量传递到辊套 4 后，辊套热胀伸长，通过辊套与轴向定位件间的预留间隙予以补偿。此种结构的辊子结构简单，辊径最小达 $\phi100$，是细辊密排支撑导向段常用的结构之一。

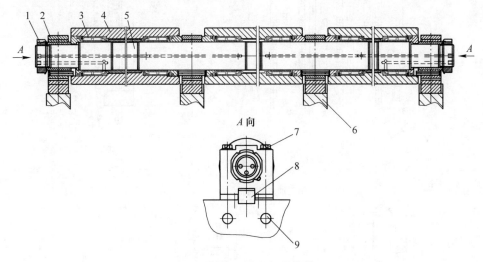

图 3-8-15 三分段辊的结构
1—圆螺母；2—轴承座；3—轴承；4—辊套；5—芯轴；6—内弧框架或外弧框架；
7—螺栓；8—键；9—螺孔销

8.3.2.2 内外框架

内、外框架分别如图 3-8-16 和图 3-8-17 所示，每一侧框架是由安装辊子的六块纵梁 1、固定纵梁的两块横梁 2、用于起吊的两块拉板 3、安装固定在振动装置和基础框架的支撑上定位轴 4、支撑存放用的支撑腿 5 及下定位轴 6 等件焊接而成，材料均选用焊接性能和力学性能较好的 Q345-C，上定位轴下方设计有上下辊子润滑油进入孔。当整个支撑导向段上定位轴安装到位后，润滑油自动接通。内弧框架与外弧框架基本结构大体相同。

支撑辊子的纵梁分别焊接在上下框架的两个横梁上，纵梁上有安装辊子轴承座的键槽和固定螺栓孔。外弧框架上部横梁的两侧各有一个带不锈钢轴套的耳轴，将支撑导向段双向定位于结晶器振动装置的固定框架上；下部横梁两侧的耳轴将支撑导向段的下端单向定位于二冷扇形段基础框架上部的支座导槽内，通过支座的上下移动或前后调整实现对弧功能。弯曲段的重力，铸坯鼓肚、弯曲和铸轧所产生的拉坯阻力，均通过耳轴传递到结晶器振动装置的固定框架和二冷扇形段基础框架上。在外弧框架的左右侧板外侧的中部设有气水快接，给支撑导向段中的铸坯提供二次冷却气和水。当支撑导向段安装到位后，气、水介质自动接通。

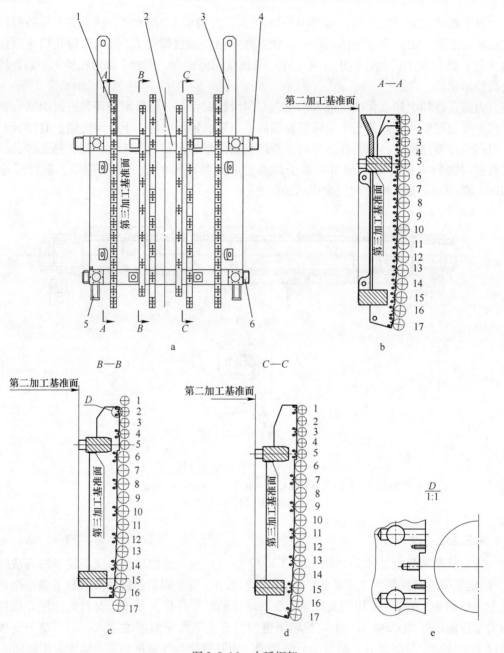

图 3-8-16　内弧框架

a—主视图；b—A—A 剖视图；c—B—B 剖视图；d—C—C 剖视图；e—D 放大图
1—纵梁；2—横梁；3—拉板；4—上定位轴；5—支撑腿；6—下定位轴

　　为了克服上下框架承受非稳定铸造时的瞬时峰值负荷，要求框架具有足够的强度和刚度，除了设计合理外，制造中的焊接、退火和机械加工等都有严格要求。

8.3.2.3　夹紧装置

　　支撑导向段的夹紧装置如图 3-8-18 所示，主要由四组螺钉 1 和销钉 3、夹紧导向轴 4、拉紧端盖 2、调整板 5、调整垫 6、螺母 9、导套 8、保护盖 10 和螺钉 7 等组成。夹紧装置

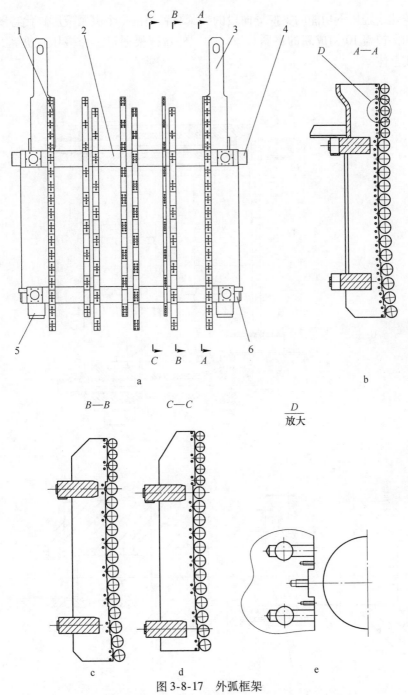

图 3-8-17 外弧框架

a—主视图；b—A—A 剖视图；c—B—B 剖视图；d—C—C 剖视图；e—D 放大图

1—纵梁；2—横梁；3—拉板；4—上定位轴；5—支撑腿；6—下定位轴

把支撑导向段上下装配体固定夹紧，连铸生产的板坯厚度变化时，通过调整板 5 和调整垫 6 调节辊缝。夹紧装置的各部件受力较大，需要选用较好的材料。通常，夹紧导向轴选用 42CrMo，经过热处理调质后硬度达到 250 ~ 280HB，紧固件性能为 8.8 级，其余零件多选用 Q345-C 或性能相近的材料。设计时应考虑夹紧装置的防锈保护措施。

具有铸轧或轻压下功能的支撑导向段的夹紧装置是由 4 个夹紧液压缸代替图 3-8-18 中的螺母 9 和保护盖 10 构成新的夹紧装置。内、外弧框架通过四个液压缸夹紧，使内、外弧框架形成整体。

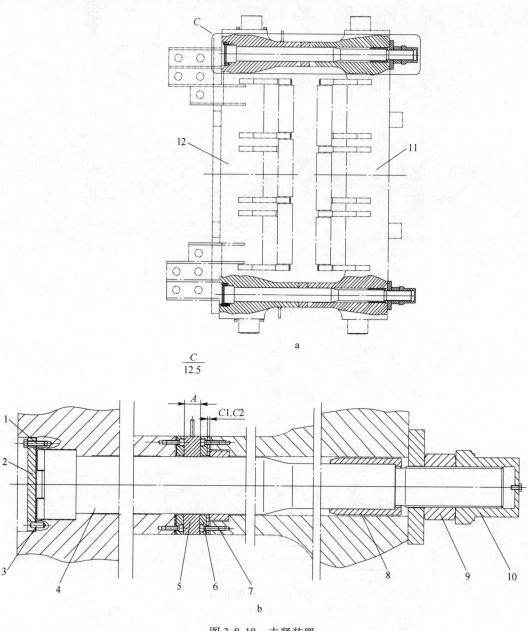

图 3-8-18　夹紧装置

a—主视图；b—C 放大图

1—螺钉；2—拉紧端盖；3—销钉；4—夹紧导向轴；5—调整板；6—调整垫；7—螺钉；8—导套；
9—螺母；10—保护盖；11—内弧框架；12—外弧框架

上部两个液压缸靠定位块和位移传感器定位，可保证内、外弧框架准确定位；下部两个液压缸靠位移传感器定位，可准确动态调整内、外弧辊子之间的开口度及其锥度。

8.3.2.4　冷却水与润滑配管

支撑导向段根据板坯二次冷却要求和控制需要分成多个冷却区，采用气水雾化冷却板坯，润滑脂集中润滑轴承，当支撑导向段安装在支撑座上时，所有气水及润滑脂等将自行接通。

（1）冷却配管是铸坯喷雾冷却及框架、轴承、辊子冷却用的机内配管。由配管、挠性软管、管子支撑架构成。

支撑导向段多采用喷雾冷却的椭圆喷嘴和扁平喷嘴。图3-8-19是某支撑导向段的喷嘴布置，喷嘴参数见表3-8-3。

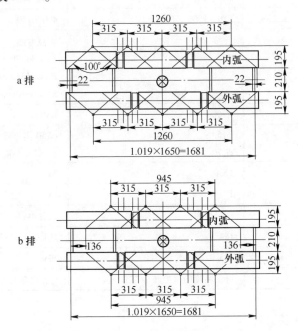

图 3-8-19　某台连铸机支撑导向段喷嘴布置

表 3-8-3　某支撑段喷嘴参数

序号	所在区域	对应辊号	喷嘴形式	喷嘴型号	单面排数	喷嘴数量	喷嘴排序
1	Ⅱ区 （支撑段上部）	3~6	气水雾化	HPZ17.0-100XXX	a排：2 b排：2	内弧：18 外弧：18	a、b、a、b
2	Ⅲ （支撑段中部）	7~11	气水雾化	HPZ13.0-100XXX	a排：3 b排：2	内弧：23 外弧：23	a、b、a、b、a
3	Ⅳ （支撑段下部）	12~18	气水雾化	HPZ9.0-100XXX	a排：3 b排：4	内弧：31 外弧：31	b、a、b、a、b、a、b

（2）润滑配管。支撑导向段的润滑配管根据用户要求可有多种形式，目前比较常用的有两种。一种是分别通过支撑导向段上部的支撑耳轴支撑点处的通油孔直接供给；另一种是通过快换接头和高压软管与润滑接口相连，前者应用较多。

8.3.3　支撑导向段主要参数

支撑导向段的主要参数有铸坯的规格、每个辊子坐标、辊径、弯曲形式、弯曲起点和终点位置、多点弯曲的每个弯曲半径、结晶器距离支撑导向段第一对辊子的垂直距离等。表 3-8-4 是某钢铁公司两台连铸机支撑导向段的基本参数。

表 3-8-4　某钢铁公司两台连铸机支撑导向段的基本参数

项　目	参　数	
	连续弯曲	多点弯曲
铸坯厚度/mm	150、180	150、170、200
铸坯宽度/mm	850 ~ 1500	400 ~ 750
弯曲方式	连续弯曲	多点弯曲 $R1 = 34780mm$；$R2 = 17205mm$ $R3 = 11350mm$；$R4 = 8420mm$ $R5 = 6670mm$；$R6 = 5500mm$
基本圆弧半径/mm	$R7000$	$R5500$
辊子直径/mm	$\phi150$ $\phi170$	$\phi150$ 实心辊 $\phi190$ 实心辊
辊身长度/mm	1550	980
辊子数量/对	17	13
辊子型式	三分段辊	二分段辊
对应板坯厚度的最小辊缝/mm	154.9	154.9
对应板坯厚度的最大辊缝/mm	185.4	205.8
辊子冷却	外部喷嘴喷水冷却	外部喷嘴喷水冷却

8.3.4　支撑导向段有关计算

由于支撑导向段的辊子分布在结晶器下方，由垂直部分和弯曲部分组成，处于垂直段的辊子主要承受铸坯的鼓肚力、辊子的回转阻力等，处于弯曲段的辊子除受垂直段的几种力外还有铸坯弯曲过程中的弯曲反力。弯曲反力在正常生产时较小，坯头坯尾通过时较大，通常我们分两种状态进行受力分析。正常生产时分析其刚性是否满足要求，坯头坯尾通过时分析其强度是否满足要求。如何准确反映辊子的受力情况，业内许多同行做过研究，但理论和实际总存在一些差异，这里就从设备设计计算的角度出发，介绍较为简单的计算方法。

A　鼓肚力

鼓肚力由钢水静压力产生。如图 3-8-20 所示，作用于 i 号辊的鼓肚力 F_{gi} 是钢水静压力在距离结晶器液面下垂直高度 H_i 位置处，经过坯壳传递到单个辊子上的力。为便于计算，假定作用在 $i-1$ 号辊与 i 号辊子中间和 i 号辊到 $i+1$ 号辊子中间的辊肚力就是 i 号辊子的鼓肚力 F_{gi}。于是有

$$F_{gi} \approx \rho g H_i (B - 2s_i) \frac{L_{i+1} + L_i}{2} \tag{3-8-5}$$

式中　F_{gi}——i号辊子处的鼓肚力，N；

　　　ρ——钢液密度，kg/m^3，$\rho = 7000kg/m^3$；

　　　g——重力加速度，$g = 9.8m/s^2$；

　　　H_i——i号辊子处距结晶器钢液面的垂直高度，m；

　　　B——i号辊子处的板坯宽度，m；

　　　s_i——凝固壳厚度，m；

　　　L_i——第$i-1$号辊子至第i号辊子沿铸流方向板坯厚度中心线上的辊距，m；

　　L_{i+1}——第i号辊子至第$i+1$号辊子沿铸流方向板坯厚度中心线上的辊距，m。

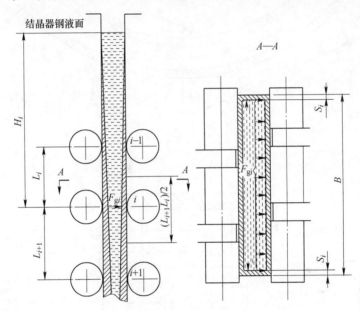

图 3-8-20　辊子鼓肚力

B　辊子的弯曲反力

弯曲反力是铸坯通过支撑导向段的弯曲区域时，因铸坯被弯曲变形产生的抗力。弯曲反力的计算比较复杂，各连铸设备供应商都有自己的计算方法，计算结果差距较大。在工程应用中可根据经验对弯曲反力进行设定。下面介绍其中一种计算方法，供参考。

未凝固的铸坯可想象成矩形管内盛满钢水后一起弯曲或轻压下（压下量大时可认为是铸轧）。如图 3-8-21 所示，我们从弯曲段取出任意一部分，这部分铸坯经三辊弯曲，作用在支撑辊上的力分别为 P_1'、P_2'、P_3，使铸坯发生变形达到弯曲的目的。在弯曲状态下，$O_1O_2O_3$ 中心面以内发生压缩变形，以外发生拉伸变形。

当梁纯弯曲时，距中性面 y 处的应变 ε_i 与其中性面的曲率半径 r 有下述关系

$$\varepsilon_i = \frac{|y|}{r} \tag{3-8-6}$$

当曲率半径由 R_{i-1} 变化到 R_i 时，其应变为

$$\dot{\varepsilon}_{0i} = \dot{\varepsilon}_{i-1} - \dot{\varepsilon}_i = \frac{|y(R_i - R_{i-1})|}{R_i R_{i-1}} \tag{3-8-7}$$

高温状态下，金属材料的应变和应力可借用经验公式

$$\sigma_{zi} = k\varepsilon_{0i}^{m} \tag{3-8-8}$$

式中　σ_{zi}——距中性面 y 处两相界的应力，MPa；

　　　k——常数，$k = 28.3$MPa；

　　　m——无量纲常数，$m = 0.34$。

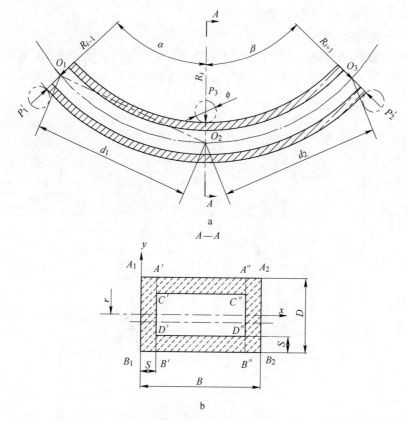

图 3-8-21　铸坯三点弯曲示意图

a—弯曲截面受力；b—A—A 剖面

由式（3-8-7）、式（3-8-8）可得到

$$\sigma_{zi} = k\left[\frac{|y(R_i - R_{i-1})|}{R_i R_{i-1}}\right]^m \tag{3-8-9}$$

因此，将板坯从曲率半径由 R_{i-1} 变化到 R_i 时所需的弯矩为

$$M = \int_A \sigma_{zi} y \mathrm{d}A = \int_A k\left[\frac{|y(R_i - R_{i-1})|}{R_i R_{i-1}}\right]^m |y| \mathrm{d}A \tag{3-8-10}$$

参看图 3-8-21，将板坯的任一截面分成 $A_1A'B'B_1$、$A''A_2B_2B''$、$A'A''C''C'$、$D'D''B''B'$ 四部分。

a　截面 $A_1A'B'B_1$ 部分的弯矩

如图 3-8-22 所示，对于截面 $A_1A'B'B_1$ 部分，假设其应力分布是从坯壳的外表面 A_1B_1 向钢水侧逐渐递减，因此可知 $\mathrm{d}x\mathrm{d}y$ 微小单元处的应力为 $\sigma_i = \xi\dfrac{\sigma_{zi}}{S}x$，系数 ξ 是描述任意位置点的应力关于 x 的线性变化系数，可根据试验选取，S 为坯壳厚度。根据式（3-8-10）

可得截面 $A_1A'B'B_1$ 部分的弯曲所需弯矩式

$$M_1 = 2\int_{y=0}^{D/2}\int_{x=0}^{s} k\frac{\xi}{S}\cdot x\cdot\left[\frac{|y(R_i - R_{i-1})|}{R_iR_{i-1}}\right]^m |y|\mathrm{d}y\mathrm{d}x$$

$$(3\text{-}8\text{-}11)$$

b 截面 $A''A_2B_2B''$ 部分的弯矩

采用上述分析方法可得弯曲这个截面所需弯矩 M_2

$$M_2 = \int_A \frac{\xi k}{S}\left|\frac{y}{R_iR_{i-1}}(R_i - R_{i-1})\right|^m |y|\mathrm{d}A \quad (3\text{-}8\text{-}12)$$

c 截面 $A'A''C''C'$ 部分的弯矩

如图 3-8-23 所示,对于截面 $A'A''C''C'$ 部分,应力的线形分布应从坯壳的外表面 $A'A''$ 向钢水侧逐渐递减,因此可知 $\mathrm{d}x\mathrm{d}y$ 微小单元处的应力为 $\sigma_i = \xi\dfrac{\sigma_{zi}}{S}\left(y - \dfrac{D}{2} + S\right)$。根据式(3-8-12)可得截面 $A'A''C''C'$ 部分的弯曲所需弯矩。

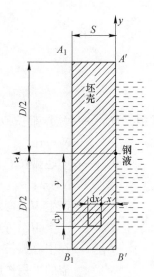

图 3-8-22 截面 $A_1A'B'B_1$

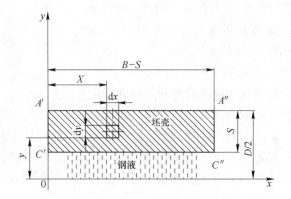

图 3-8-23 截面 $A'A''C''C'$

$$M_3 = \int_{D/2-S}^{D/2} k\frac{\xi}{S}\left(y - \frac{D}{2} + S\right)y\left[\frac{|y(R_i - R_{i-1})|}{R_iR_{i-1}}\right]^m (B - 2S)\mathrm{d}y \quad (3\text{-}8\text{-}13)$$

d 截面 $D'D''B''B'$ 部分的弯矩

采用同样分析方法可得弯曲所需弯矩

$$M_4 = \int_{D/2-S}^{-D/2} k\frac{\xi}{S}\left(y - \frac{D}{2} + S\right)y\left[\frac{|y(R_i - R_{i-1})|}{R_iR_{i-1}}\right]^m (B - 2S)\mathrm{d}y \quad (3\text{-}8\text{-}14)$$

e 截面弯矩

铸坯弯曲时,图 3-8-21 所示截面的弯矩为

$$M_i = M_1 + M_2 + M_3 + M_4 \quad (3\text{-}8\text{-}15)$$

f 三个弯曲点的作用力

图 3-8-21 所示的三辊弯曲示意图中,设弯曲中心位置对应的辊距分别为 $O_1O_2 = d_1$ 和 $O_2O_3 = d_2$,根据力的平衡有式:

$$
\begin{cases}
P_1' = \dfrac{M_{P1}}{d_1} \\[2mm]
P_2' = \dfrac{M_{P2}}{d_2} \\[2mm]
P_3 = P_1'\cos\alpha + P_2'\cos\beta
\end{cases}
\tag{3-8-16}
$$

式中　　M_{P1} ——中心弧长 O_1O_2 段液芯铸坯从曲率半径 R_{i-1} 弯曲到 R_i 所需的截面弯矩，
　　　　　　　　N·m；

　　　　M_{P2} ——中心弧长 O_2O_3 段液芯铸坯从曲率半径 R_i 弯曲到 R_{i+1} 所需的截面弯矩，
　　　　　　　　N·m；

　　　　P_1' ——产生 M_{P1} 弯矩所需的作用力，N；

　　　　P_2' ——产生 M_{P2} 弯矩所需的作用力，N；

　　　　P_3 ——在中心弧长 O_1O_2 与 O_2O_3 段弯矩 M_{P1}、M_{P2} 作用下，液芯铸坯内弧侧 O_2 处所
　　　　　　　　需的平衡作用力，N；

　　　　α ——从曲率半径 R_{i-1} 弯曲到 R_i 对应的弯曲角，（°）；

　　　　β ——从曲率半径 R_i 弯曲到 R_{i+1} 对应的弯曲角，（°）；

　　　　d_1 ——弧长 O_1O_2 对应的弦长，m；

　　　　d_2 ——弧长 O_2O_3 对应的弦长，m。

g　多点弯曲时 i 处内外弧辊子对铸坯的弯曲力

板坯连铸过程中，铸坯在弯曲段的弯曲可以近似认为是连续的，坯壳厚度 S 随铸坯移动而增大，为了便于讨论，假设图 3-8-24 的 i 点处坯壳厚度 S_i 代表此区间每点的坯壳厚度，板坯的厚度为 D，宽度为 B。对于 i 对辊子来说，外弧辊 i' 对板坯的作用力 F_i' 可分解成 F_{i-1}' 和 F_{i+1}' 两部分计算。其中 F_{i-1}' 是 $(i-2)'$、$i-1$、i' 三点弯曲时在 i 点所需的截面弯曲力，F_{i+1}' 是 $(i+2)'$、$i+1$、i' 三辊点弯曲时在 i 点所需的截面弯曲力，F_i 是 $(i-1)'$、

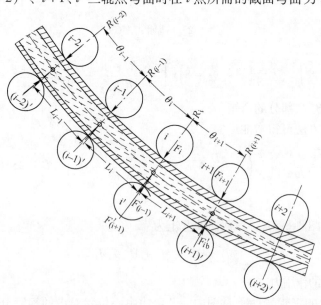

图 3-8-24　铸坯多辊弯曲作用点示意图

i'、$i+1$ 点弯曲时在 i 点内弧所需的截面弯曲平衡作用力，采用上述讨论方法，根据式（3-8-16）可得 i 辊作用于板坯 i 点的作用力分别为：

$$F'_i = F'_{i-1} + F'_{i+1}$$

$$= M_{i-1}\cos\theta_i/L_i + M_{i+1}\cos\theta_{i-1}/L_{i+1} \tag{3-8-17}$$

$$F_i = M_i\left(\frac{1}{L_i}\cos\theta_i + \frac{1}{L_{i+1}}\cos\theta_{i+1}\right) \tag{3-8-18}$$

h　辊子的弯曲反力

i 号辊子处，板坯对辊子的反作用力就是辊子的弯曲反力。

C　弯曲阻力计算

得到弯曲反力后，其值乘以摩擦系数就是弯曲阻力。另外第二篇第8章第9节计算矫直阻力的方法也可以用于计算弯曲阻力。

D　轻压下力和轻压下阻力

轻压下力和轻压下阻力的计算方法见第二篇第11章第3节。

E　鼓肚阻力 R_B

$$R_B = \sum_{i=1}^{n_4} 0.5 \times 2 \frac{P'_i}{AREA}\sqrt{\frac{\delta_i}{D_{ri}}} \tag{3-8-19}$$

式中　R_B——鼓肚阻力，N；

　　　P'_i——第 i 号辊子处的鼓肚力，N；

　　　D_{ri}——内外弧辊子的平均直径，mm，

$$D_{ri} = \frac{4D_{roi}\cdot D_{rui}}{\left(\sqrt{D_{roi}} + \sqrt{D_{rui}}\right)^2}$$

　D_{roi},D_{rui}——分别为内外弧第 i 号辊子的直径，mm；

　　　δ_i——第 i 号辊子处的鼓肚量，mm；

　　　0.5——与实测值比较给出的修正系数；

　　$AREA$——钢水静压力（实际上也是鼓肚力）的修正系数，对于板坯 $AREA = 1$；

　　　i——结晶器底辊至最末辊子中间的任一对辊子；

　　　n_4——支撑末完全凝固的板坯的辊子对数。

F　辊子旋转阻力

$$R_R = \sum_{i=1}^{n_2}\left[\mu_1\frac{P'_i}{AREA}\left(\frac{D_{zoi}}{D_{roi}} + \frac{D_{zui}}{D_{rui}}\right) + 2D_{ri}\right] \tag{3-8-20}$$

式中　R_R——回转阻力，N；

　　　n_2——1流板坯连铸机辊子的对数；

　　　μ_1——轴承摩擦系数，$\mu_1 = 0.01$；

　D_{zoi},D_{zui}——分别为内弧第 i 号辊子轴承的相当直径，mm。

　　对整体辊：　　　$D_{zoi} = 0.41D_{roi} - 16.4$

　　　　　　　　　　$D_{zui} = 0.41D_{rui} - 16.4$

　　对分段辊：　　　$D_{zoi} = 0.5D_{roi} - 20$

　　　　　　　　　　$D_{zui} = 0.5D_{rui} - 20$

式中　D_{ri}——第 i 号辊子的油封阻力，当 $D_{ri} = 400$mm 时，油封阻力为 800N。

G　辊子自重产生的力

计算过程可忽略不计。

H　辊子强度与刚度计算

辊子的强度和刚度在辊列设计时已经计算，并确定了辊径、辊距、分段辊结构及分节数目，设备设计时可以根据材料力学有关理论予以校核。使其辊子中心挠度 $<1.0mm$，应力 $<50 \sim 60MPa$。

I　内、外弧框架刚度计算

上述几种作用在辊子上的力通过机械传递，最终作用于内外弧框架上。内外弧框架刚度计算前，合理建立框架受力简图尤为重要，再根据设计详图和受力简图对框架进行刚度计算。一般采用有限元软件，通过计算机进行计算分析。在图 3-8-25 所示的某弯曲段的受力简图中，除内弧框架单独承受内弧框架向上的支撑力 F_{kst} 外，内、外弧框架还承受的力可归纳为各自的重力 F_{nz} 和 F_{wz}、上下夹紧力 F_{ksj} 和 F_{kxj}、力 F_{xi} 和力 F_{yi}。其中 F_{xi}、F_{yi} 是各自对应辊子所承受的各种力的合力，这些力最终通过辊子轴承座作用在内外弧框架上，其计算方法为

$$\begin{cases} F_{xi} = F_{gi} + F_{qi} + F_{wi} \\ F_{yi} = - \left(F_{qzi} + F_{gzi} + F_{dzi} \right) \end{cases} \tag{3-8-21}$$

式中　F_{xi}——i 号辊子所承受的指向框架且垂直该点铸坯移动方向的力，N；

F_{yi}——i 号辊子承受的与该点铸坯移动方向相反的力，N；

F_{gi}——鼓肚力，N；

F_{qi}——轻压下力，N；

F_{wi}——弯曲力，N；

F_{qzi}——轻压下力阻力，N；

F_{gzi}——辊子旋转阻力，N；

F_{dzi}——鼓肚阻力，N。

J　内外弧框架的夹紧机构计算

主要计算铸坯通过弯曲段时作用于框架的水平力，以确定夹紧机构的拉杆最细部分尺寸和夹紧螺母的大小等。

K　喷嘴参数计算

根据总体设计的二次冷却水量确定分配到每个喷嘴的最大、最小水量，结合喷嘴供应商的产品规定确定喷嘴参数。总体设计的二次冷却水量计算见第二篇第 8 章第 2 ~ 3 节。

L　配管管径计算

弯曲段配管管径计算主要是喷淋配管和润滑配管的各管径计算。计算时先绘制管路分布简图，再通过管路分布图中各管路的理论流量和速度来确定管径大小。

8.3.5　支撑导向段的装配、调整及运转

装配时，先清理单个零件，并按图纸要求组装成部件；各结合面处涂抹润滑脂，以便辊子组装。

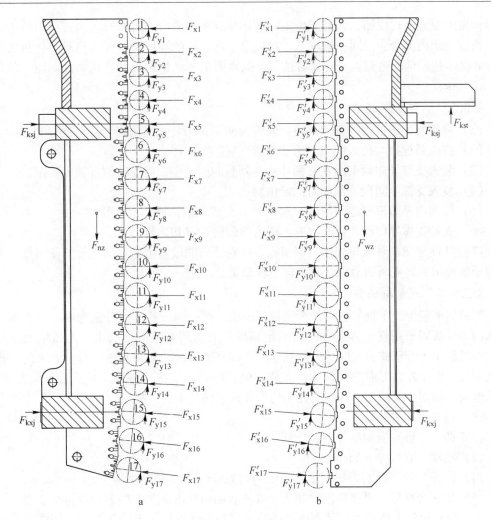

图 3-8-25　弯曲段受力简图
a—内框架受力；b—外框架受力

8.3.5.1　外弧的组装与对中

（1）将外弧框架放在工厂装配平台上，辊子安装面向上。

（2）安装辊子装配。

（3）用垫片组调整各辊面高度，用专用仪器测量辊面标高，有条件时，用专用对弧装置对弧，用样板进行测量，使各辊面与样板之间理论上保持 1mm，然后测量其间隙，使之达到 1 ± 0.1 mm。

（4）对弧工作完成后，安装四个组装好的液压缸或拉紧装置；根据所浇注的板坯厚度，安装框架上定位块及其他零件。

（5）安装润滑配管、分配器和防护罩。

（6）试装喷水配管，并分别进行喷水试验，检查各喷嘴是否堵塞。确认各喷嘴方向正确、距辊面距离符合要求。

8.3.5.2　内弧装配与对中台

内弧框架的装配与对中与外弧框架类似，在内弧框架对中台上对弧。不同的是由于支撑导向段的辊缝逐辊收缩，而且产生不同板坯厚度所用的内弧对弧样板为公用内弧对弧样板，所以对于内弧弯曲段同一根辊子，在生产不同坯厚的铸坯时，辊面与对弧样板之间的间隙 δ 是不相同的，内弧辊子对弧时按照内弧辊面坐标测量样板和各辊面的间隙，使之达到 $\delta \pm 0.1$ mm。

8.3.5.3　整体组装

（1）将组装完毕的内弧框架翻转，使辊面向下，吊装到组装完毕外弧框架上方。

（2）将内弧框架与外弧框架采用拉杆紧固联接为一体。

（3）装入支撑导向段上部左右侧耳轴座外侧的固定座，使左右侧耳轴座固定。

（4）装入支撑导向段下部左右侧定位块。

（5）接通内外弧框架之间的冷却水（气）配管、润滑脂润滑配管。

（6）安装支撑导向段顶部及左右、前后侧的防护罩和盖板。

（7）从润滑脂配管入口处接入润滑脂，应保证弯曲段润滑脂润滑配管的任何部位及每个辊子的轴承处均充满润滑脂，每个辊子转动灵活。

8.3.5.4　测量与调整

弯曲扇形段上、下框架各有两个测量基准面，第一测量基准面分别为内、外弧框架本身和内、外弧辊子垂直于铸造方向的测量基准；第二测量基准面为内、外弧框架本身和内、外弧辊子平行于铸造方向的测量基准，亦即高度方向的测量基准。对立起来的支撑导向段而言，辊子左右方向的对弧调整靠调整垫片组及调整垫片进行。辊子上下位置靠内、外弧框架上的加工键槽保证。装配完毕的弯曲段应满足下面的要求。

（1）内外框架平行。

（2）两个引锭导向架的导向面之间平行。

（3）喷嘴位置偏差 <2mm

（4）装配后管路以 1.2MPa 压力试压，保持 30min，不应有泄漏。

（5）试压合格后，再通喷淋冷却水，要求各喷嘴喷淋通畅，喷射角度符合要求。

支撑导向段到工地后，安装在连铸机结晶器振动装置的固定框架上，先用样板将已对好弧的弯曲段与结晶器足辊一起对弧，对弧误差应小于 0.3mm。再用样板将已对好弧的弯曲段与扇形段 1 一起对好弧，对弧误差目标值小于 0.3mm，允许值 0.5mm。

8.3.5.5　连铸生产中的点检

（1）定期检查每个润滑点的润滑情况。

（2）定期检查喷嘴及水、气配管。特别是喷嘴堵塞情况。若有堵塞及时更换。

（3）定期检查辊身磨损及辊子转动情况，一旦有辊子超过允许的磨损量时，或者辊子因轴承损坏等转动不灵活时，即应将整个支撑导向段更换下线进行维修。

8.4　扇形段

8.4.1　扇形段的功能

扇形段位于支撑导向段以后，切割前辊道之前。它的主要功能是送装引锭，并且支托、冷却、拉、矫板坯，减小坯壳两相界处在钢水静压力作用下产生的鼓肚应变和矫直应变。在结晶器中初步形成的带液芯铸坯经过支撑导向段和二冷扇形段的导向和二次冷却水的作用，使其完全凝固并拉出连铸机。

现代板坯连铸机的扇形段均具有远程调辊缝功能，为满足铸坯质量要求可以实施动态轻压下和重压下。很多板坯连铸机还具有电磁搅拌功能，以细化连铸坯晶核。

8.4.2 扇形段的型式

按照扇形段的结构，可划分为三种主要类型。第一类是箱式框架机械夹紧扇形段，如图3-8-26所示；第二类是箱式框架液压夹紧扇形段；第三类是原钢板框架液压夹紧扇形段，如图3-8-27所示。按照连铸过程中能否调整辊缝进行动态轻压下可分为非动态轻压下扇形段和动态轻压下扇形段。第一类扇形段可以在停止铸造时调整辊缝，第二类是在铸造生产线外调整辊缝，所以均属于非动态轻压下扇形段，只有第三类属于动态轻压下或动态重压下扇形段。箱式框架的扇形段是通水冷却的，而原钢板框架扇形段，由于框架的钢板以钢厂生产的轧制板焊接而成，大部分钢板不做机械加工，较为原始，且钢板之间间隙较大，当抽风机抽蒸汽时，利用进入蒸汽密封室的空气循环，就相当于冷却了原钢板焊接框架，则不需要强制水冷。目前普遍应用的是第三类扇形段。当然原钢板框架的液压夹紧扇形段其夹紧形式也有多种，后面将予以介绍。

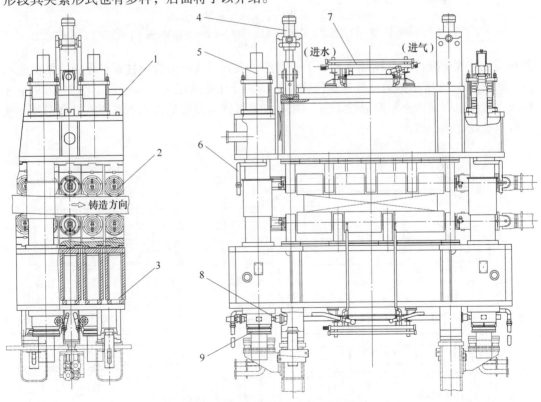

图3-8-26 箱式框架机械夹紧扇形段

1—内弧框架；2—辊子装配件；3—外弧框架；4—驱动辊升降装置；5—夹紧导向装置；
6—设备冷却配管；7—二次冷却水配管；8—扇形段内弧框架升降同步轴；9—电动蜗杆装置

8.4.3 扇形段的组成及结构

这里重点介绍应用非常广泛的原钢板框架液压夹紧扇形段，这类可以远程调节辊缝，

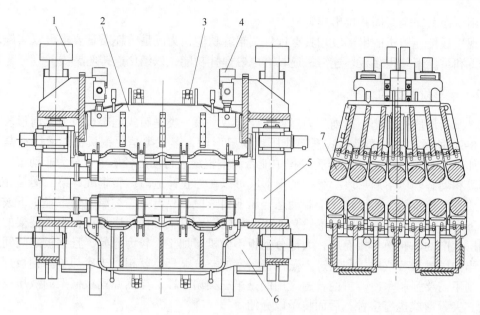

图 3-8-27　原钢板框架液压夹紧扇形段

1—夹紧装置；2—内弧框架；3—设备配管；4—驱动辊升降装置；5—侧框架；6—下框架；7—辊子装配件

并在铸造过程中进行动态轻（重）压下，就液压夹紧形式可分为导柱式和导板式结构。

如图 3-8-28 所示的是具有外置位移传感器的导柱式液压夹紧扇形段，图 3-8-29 是导柱式内置传感器液压夹紧扇形段。图 3-8-30 是导板式内置位移传感器液压夹紧扇形段，这里重点对此详细介绍。

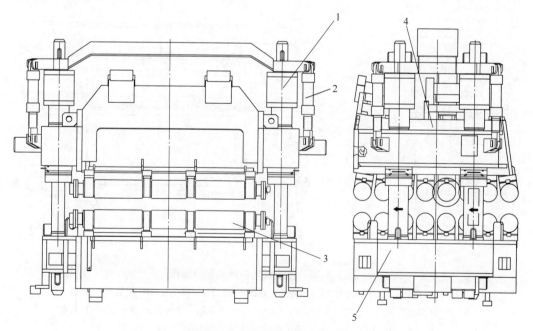

图 3-8-28　外置位移传感器的导柱式液压夹紧扇形段

1—夹紧装置；2—外置位移传感器；3—辊子装配件；4—上框架；5—下框架

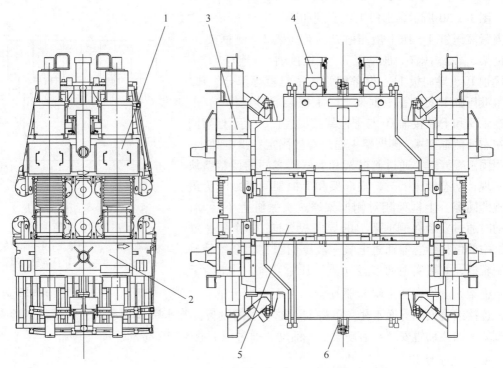

图 3-8-29 导柱式内置位移传感器液压夹紧扇形段
1—上框架；2—下框架；3—内置位移传感器的夹紧装置；4—驱动辊升降装置；
5—辊子装配件；6—各种设备配管

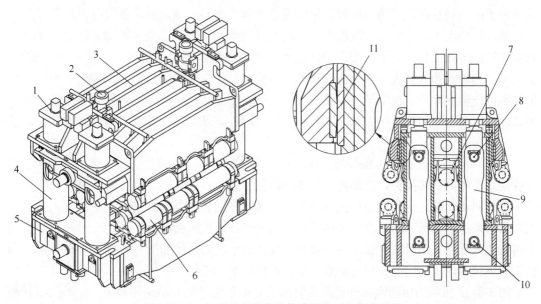

图 3-8-30 导板式内置位移传感器液压夹紧扇形段
1—夹紧液压缸；2—压下液压缸；3—上框架；4—侧框架；5—下框架；6—自由辊；7—驱动辊；
8—上铰接轴；9—连杆；10—下铰接轴；11—导向板

8.4.3.1　导板式内置位移传感器液压夹紧扇形段

图 3-8-30 所示扇形段工作原理如图 3-8-31 所示。它由夹紧液压缸 1、压下液压缸 2、上框架 3、侧框架 4、下框架 5、自由辊 6、驱动辊 7、上铰接轴 8、连杆 9、下铰接轴 10、导向板 11、设备配管和密封板等部分组成。夹紧液压缸 1 安装在上框架上，上框架通过连杆 9、上铰接轴 8 和下铰接轴 10 与下框架铰接连接，上下框架间有左右两侧框架 4，侧框架 4 通过螺栓固定在下框架上。采用固定辊缝时，通过侧框架和上框架之间的调整垫块来实现，动态轻压下时，侧框架和上框架间紧贴时为最小辊缝间隙。上框架相对侧框架通过夹紧缸上下运动，运动时通过安装在侧框架上的导向板导向。4 个夹紧液压缸中的位移传感器通过电气—液压伺服控制系统精确控制辊缝，并可实现动态轻（重）压下功能。上框架 3

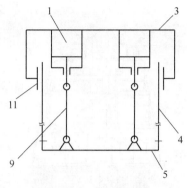

图 3-8-31　导板式液压夹紧扇形段工作原理

1—夹紧液压缸；3—上框架；4—侧框架；5—下框架；9—连杆；11—导向板

和下框架 5 上均有自由辊和驱动辊。上下框架上的自由辊、驱动辊均通过螺栓与框架固定，连接结合面间有通水孔，可将上下框架上的设备冷却水引入轴承座和辊子内部冷却。上框架上的驱动辊安装在活动梁上，活动梁通过压下液压缸 2 带动驱动辊升降。

A　辊子结构

扇形段中辊子分为驱动辊、非驱动辊两种，为提高辊子承载能力，延长轴承寿命，辊子通常采用分段结构，确定分段尺寸时结合引锭链的结构尺寸进行，目的是驱动辊能与引锭链充分接触，以增大拉送或夹持引锭的可靠性，轴承座位置相互错开，避免外弧或内弧相邻辊子间的轴承座处于同一位置。根据辊径和承载大小来确定扇形段的辊子分段多少。

扇形段的辊子与支撑导向段辊子相比其辊径较大，一般内部通水冷却，每根辊子都有自由侧和固定侧之分。辊子两端及中部的支承根据结构需要有滚针轴承、调心滚子轴承、轴向可移动轴承和可分成两半的特殊轴承三种形式，固定侧的轴承沿轴向固定，而自由侧的轴承可作轴向移动。在辊子两端装有旋转接头，以便进、出冷却水，使辊子和轴承得到通水冷却。自由辊的旋转接头有外置式和内置式两种，外置式配管需要用软管连接，配管复杂。

如图 3-8-32 所示，自由辊带外置式旋转接头，辊子冷却水通过与设备进水相接的金属软管接入左侧的旋转接头，冷却辊子后流经右侧的旋转接头，经与其连接的金属软管流入设备冷却回水管路，达到冷却自由辊的目的，通过金属软管将冷却水通入轴承座，通过冷却轴承座来保护轴承，轴承冷却水最后流入回水管路形成闭路冷却系统。通过轴承座上的润滑脂注入孔注入润滑脂对轴承进行润滑，润滑后形成的废油脂通过排脂孔向外排出。润滑脂充满轴承内隙，也能起到防止水气侵入保护轴承的作用。

图 3-8-33 所示的驱动辊带外置式旋转接头，由于辊子的右侧是传动侧，辊子的冷却进水和回水均由左侧的同一旋转接头完成，冷却水通过软管进入旋转接头的中间孔后，流到旋转接头的插管外，冷却辊子后从旋转接头的外侧孔流出，经过软管通向设备冷却回水管路。两侧的轴承冷却和润滑方法同图 3-8-32 所示自由辊，图 3-8-33 所示的辊子采用整体

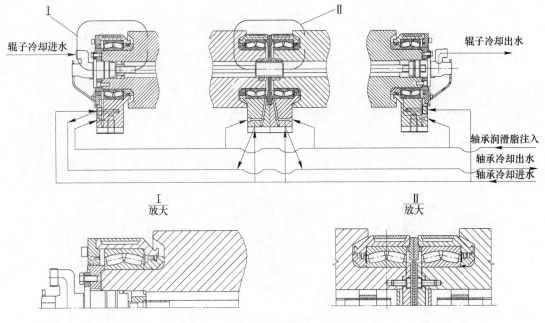

图 3-8-32 带外置式旋转接头的自由辊

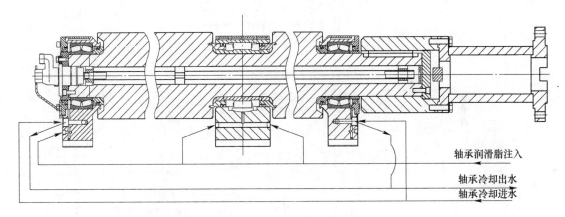

图 3-8-33 带外置式旋转接头的驱动辊

辊,中间通过剖分轴承支撑。

如图 3-8-34 带内置式旋转接头的自由辊。内置式旋转接头配合扇形段的框架水路可实现无软管快速接通,配管简单。此种形式的辊子一般通过 "C 向" 视图所示的接水板和扇形段框架的轴承座螺栓连接,辊子冷却水和轴承冷却水通过接水板和轴承座间的接水套自动连通,形成辊子和轴承各自的冷却系统。润滑脂通过接水板上的润滑孔与轴承座上的润滑脂注入孔注入轴承,润滑后形成的废油脂通过排脂孔向外排出,轴承内腔充满油脂也能起到防止水气侵入保护轴承的作用。

图 3-8-35 所示的驱动辊带内置式旋转接头。辊子的右侧是传动侧,冷却水经接水板进入内置式旋转接头的中间进水孔,对辊子进行冷却后经内置式旋转接头的回水孔流入设备冷却回水管路。轴承冷却水通过接水板和轴承座间的接水套将水路自动连通。轴承的润滑

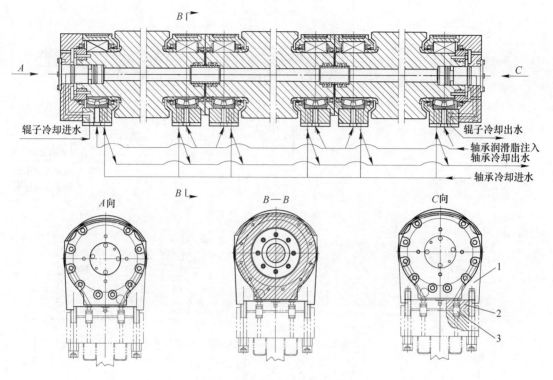

图 3-8-34 带内置式旋转接头的自由辊
1—轴承座；2—接水板；3—接水套

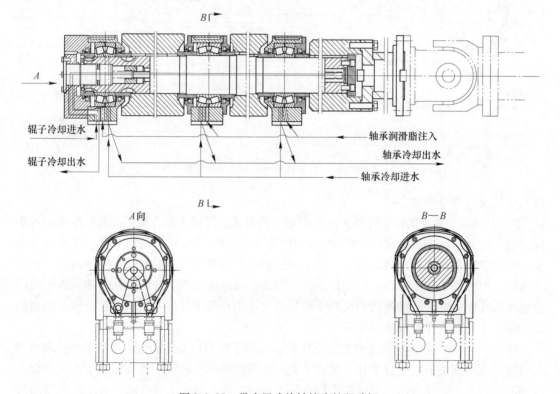

图 3-8-35 带内置式旋转接头的驱动辊

与图 3-8-34 所示润滑油进入方法相同。驱动辊采用芯轴式结构，辊子轴承可全部采用调心滚子轴承，也可以在非固定端和中间部位采用轴向可移动轴承（如 CARB 轴承、RUB 轴承等）。

根据经验，一般轴承内圈配合件的外径选 h7，轴承外圈配合件的内径选 G7，芯轴与轴套间的配合选 G7/g7 间隙配合。

B　上下框架和活动梁

如图 3-8-36 所示，上框架由维修翻转用的旋转轴 1、纵向立板 2、横向立板 3、轴承座安装板 4、压下液压缸安装座 5、相对侧框架滑动板安装座 6、活动梁滑动板安装座 7、夹紧液压缸安装板 8、冷却水进水管 9 和冷却水回水管 10 等部分焊接而成。旋转轴采用 35 号钢，其余材料均采用 Q345-C，此图示结构的辊子和轴承冷却水合二为一，冷却水进入管 9 后先冷却轴承座，之后汇集在一起进入辊子冷却水道冷却辊子，最后由冷却水出口 10 流入冷却回水管路。上框架上，有活动梁上极限止口。

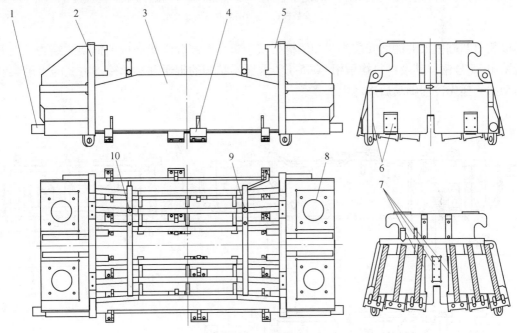

图 3-8-36　上框架

1—旋转轴；2—纵向立板；3—横向立板；4—轴承座安装板；5—压下液压缸安装座；
6—相对侧框架滑动板安装座；7—活动梁滑动板安装座；8—夹紧缸安装板；
9—冷却进水管；10—冷却回水管

活动梁如图 3-8-37 所示，由横向立板 1、上驱动辊冷却水进水管 2 和冷却水回水管 3、压下液压缸耳轴安装座 4、轴承座安装板 5、活动梁滑动板安装座 6 等部分焊接而成。焊接件材料均选用 Q345-C。活动梁的冷却进回水来自于上框架的冷却进回水，用金属软管相连接，冷却水到达活动梁后先冷却轴承，汇集在一起进入旋转接头进水口对辊子进行冷却，最后经旋转接头回水口与上框架的冷却水回水接通。

如图 3-8-38 所示，下框架是由纵向立板 1、横向立板 2、轴承座安装板 3、扇形段吊具提升轴 4、扇形段在基础框架上的安装座 5、框架冷却水进水管 6、冷却水回水管 7、扇

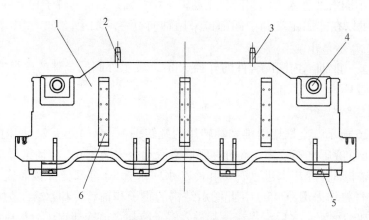

图 3-8-37　活动梁

1—横向立板；2—上驱动辊冷却水进水管；3—冷却水回水管；4—压下液压缸耳轴安装座；

5—轴承座安装板；6—活动梁滑动板安装座

形段相对基础框架的侧面安装座 8 和侧框架安装板 9 等部分焊接而成的框架式结构。提升
轴采用 35 号钢，其余材料均采用 Q345-C，此图示结构的辊子和轴承冷却方式与上框架和
活动梁一样先冷却轴承后冷却辊子。

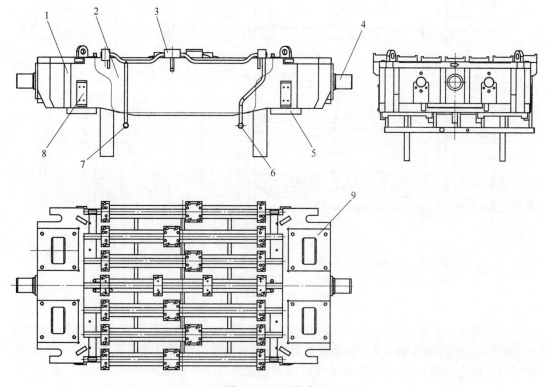

图 3-8-38　下框架

1—纵向立板；2—横向立板；3—轴承座安装板；4—扇形段吊具提升轴；5—扇形段在基础框架上的安装座；

6—冷却水进水管；7—冷却水回水管；8—扇形段相对基础框架的侧面安装座；9—侧框架安装板

C　夹紧与辊缝调整装置

如图 3-8-39 所示，扇形段的夹紧与辊缝调整装置主要是由夹紧液压缸 1、辊缝调整垫块 3、油缸缸头 4、上铰接轴 5、连杆 6、下铰接轴 7 等部分构成。夹紧液压缸 1 用螺栓固定在上框架 2 上，夹紧液压缸的缸头通过上铰接轴与连杆铰接，连杆通过下铰接轴与下框架铰接，当夹紧液压缸活塞杆伸出时整个上框架包括自由辊和活动梁上的驱动辊一起抬起，使辊缝增大。当夹紧液压缸活塞杆缩回时辊缝减小。无动态轻压下时生产阶段的辊缝通常固定不变，在上框架和侧框架间插入适当厚度的辊缝调整垫块，在夹紧液压缸夹紧的情况下就可用垫块准确固定辊缝。辊缝调整垫块的固定导槽在侧框架上，调整块间可相互通过滑槽组合固定。

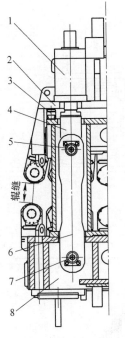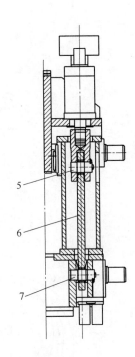

图 3-8-39　夹紧与辊缝调整装置
1—夹紧缸；2—上框架；3—辊缝调整垫块；4—油缸缸头；
5—上铰接轴；6—连杆；7—下铰接轴；8—下框架

夹紧与辊缝调整垫块中，夹紧液压缸的缸头和连杆受力较大，生产使用中出现过缸头和连杆断裂的现象，此类事故通常因材料质量和制造质量原因，使带有缺陷的零件上线使用而造成。因此设计时需要进行受力分析，留有足够的安全系数。缸头和连杆材料采用 42CrMo 合金钢经调质处理，并要求严格探伤。

D　设备配管

如图 3-8-40 和 3-8-41 所示，扇形段配管主要包括液压配管 1、润滑配管 2、轴承和辊子机冷配管 3、板坯喷淋水配管 4，如果有电气控制部分时还有电气配管配线等。扇形段的配管属于设备内部配管，根据总体设计要求，各扇形段应具有统一的冷却水、气和电控外接口位置。图 3-8-40 所示的轴承和辊子冷却进、回水和二冷喷淋的水气接口在扇形段下部接水盘处，润滑和液压接口在扇形段上部的非传动侧接油块处。

扇形段的喷淋，多采用气水冷却方式，轴承和辊子冷却水一般根据辊子最大吸收热量来确定每个辊子的冷却水量，在工程设计中。可根据经验按每根辊子 40～60L/min 水量设计。轴承与辊子用冷却水分开设计使用效果好，但在配管空间紧张的情况下轴承与辊子也可共用一路水冷却，这时先冷却轴承后冷却辊子。图 3-8-40 所示的扇形段在安装到基础框架上后，冷却水通过基础框架接水盘 15、24 与扇形段的接水盘 25 自动接通。冷却水分为内弧和外弧两路，分别供给上框架的轴承和辊子活动梁以及下框架的轴承与辊子，冷却完后分别返回接水盘的上下冷却水回路，二冷板坯喷淋用的水气，通过接水盘的内弧板坯喷淋进水 31、外弧板坯喷淋进水 30 和内弧板坯喷淋进气 10、外弧板坯喷淋进气 19 分别供给

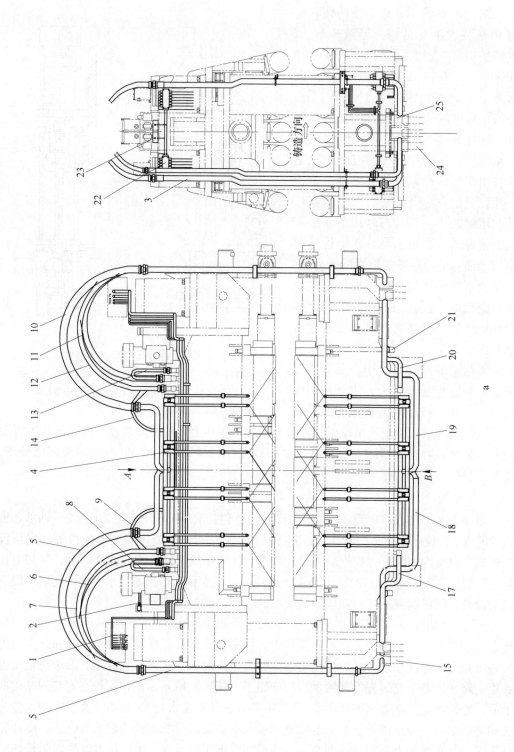

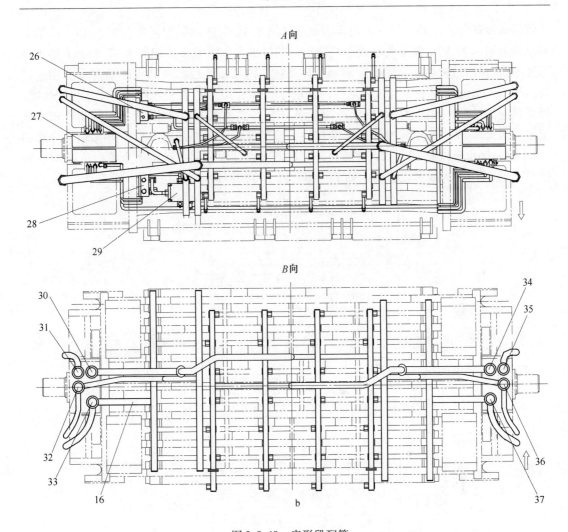

图 3-8-40　扇形段配管

1—液压配管；2—润滑配管；3—机冷配管；4—板坯喷淋配管；5—内弧板坯喷淋进水；6—内弧冷却辊子进水；
7—内弧冷却轴承进水；8—活动梁冷却辊子进水；9—活动梁冷却轴承进水；10—内弧板坯喷淋进气；
11—内弧冷却辊子回水；12—内弧冷却轴承回水；13—活动梁冷却辊子回水；14—活动梁冷却轴承回水；
15，24—基础框架接水盘；16—外弧冷却辊子进水；17—外弧冷却轴承进水；18—外弧喷淋进水；
19—外弧板坯喷淋进气；20—外弧冷却辊子回水；21—外弧冷却轴承回水；22—润滑分配器；
23—润滑配管总进油接口；25—扇形段接水盘；26—压下液压缸总进出油接口；27，29—夹紧缸控制阀块；
28—扇形段夹紧油路总接口；30—外弧板坯喷淋进水口位置；31—内弧板坯喷淋进水水口位置；
32—内外弧设备冷却进水接口位置；33—内外弧辊子冷却进水接口位置；34—外弧板坯喷淋进气接口位置；
35—内弧喷淋进气接口位置；36—内外冷却弧轴承回水接口位置；37—内外弧冷却辊子回水接口位置

　　上下对应喷嘴，对板坯进行喷淋冷却。由于扇形段上框架在工作状态要相对下框架上下移动，活动梁又要相对上框架上下移动，所以要求与上框架和活动梁连接的通水通气管道为金属软管。软管的长度要适当，过长成本高，且难于固定，显得凌乱，过短在上框架或活动梁升降时可能拉断软管。

　　硬管接到上框架附近，内弧板坯喷淋进水 5、内弧辊子冷却进水 6 、内弧轴承冷却进水 7、活动梁辊子冷却进水 8、活动梁轴承冷却进水 9、内弧辊子冷却回水 11 经对应金属软管接入冷却部位冷却，再通过内弧轴承冷却回水 12 、活动梁辊子冷却回水 13 、活动梁轴承冷却回水 14 的金属软管和硬管与扇形段的接水盘上下辊子冷却回水 37 和上下轴承冷却回水 36 接口位置相通，回到冷却水循环系统。内弧板坯冷却气和板坯喷淋水分别通过 35、31 接口经过硬管和金属软管通往内弧板坯喷淋气 10 和内弧板坯喷淋进水 5 供给喷嘴。外弧两侧的外弧冷却通过外弧辊子冷却进水 16 、外弧轴承冷却进水 17 由硬管将冷却水从接水盘接入口 37、36 引到冷却部位冷却后，经过外弧辊子冷却回水 20 、外弧轴承冷却回水 21 进入接水盘位置 33、32 ，外弧板坯喷淋进气和进水分别通过接水盘接口位置 34、30 接通。图 3-8-41 为扇形段喷淋、轴承冷却和辊子冷却原理示意图。

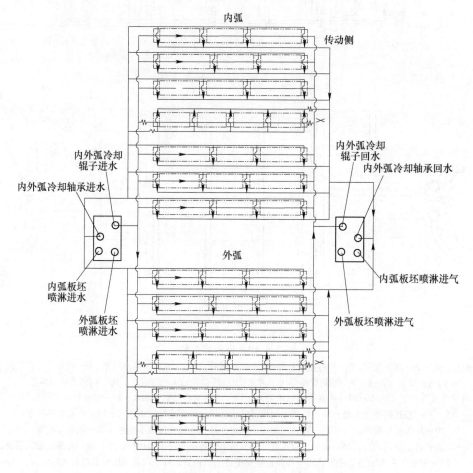

图 3-8-41　扇形段板坯喷淋、冷却轴承和辊子原理

　　扇形段全部采用集中油脂润滑，图 3-8-42 为扇形段的润滑原理图。扇形段外弧框架、上框架和活动梁的润滑配管基本上通过不锈钢管或铜管结合适当的卡套式接头接到每个润滑点，再通过高压软管将上下框架和活动梁的润滑总进脂口与整个扇形段的润滑接入口（图 3-8-40 所示 23）接通。当用高压软管将润滑系统管路与扇形段的润滑脂接入口连接后，润滑系统按周期供给的润滑脂就可经过图 3-8-40 所示的润滑分配器 22 将润滑脂供给各润滑点。

　　扇形段液压配管主要是夹紧液压缸和压下液压缸的液压配管。具有轻压下功能的扇形

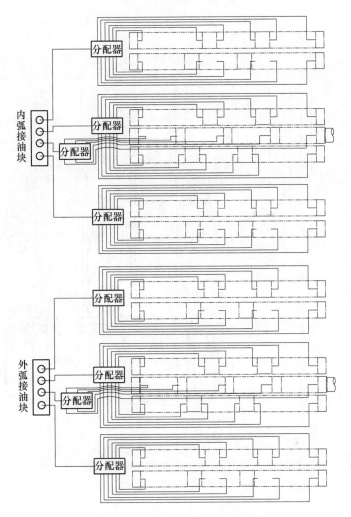

图 3-8-42　扇形段润滑原理示意图

段的夹紧液压缸控制位移精度高，一般采用硬管连接，避免管路压力损失较大，同时控制阀台到各个夹紧液压缸的管路长短尽量相等，避免管路长短不等或压力损失不等。压下液压缸多采用高压胶管连接，以适应活动梁带动驱动辊升降并可能产生的摆动。扇形段液压配管与主液压系统的连接多采用快换接头，以提高设备安装更换速度，减少工人劳动强度。图 3-8-40 所示的扇形段液压系统配管接口分布在非传动侧，离主机液压站最近。液压系统控制油路经过压下液压缸总进出油接口 26、扇形段夹紧油路总接口 28、夹紧液压缸控制阀块 27、29 和液压缸接通，实现上框架与上驱动辊的升降功能。

　　轻压下时，通常压下量为 0.5~1.5mm/m，总压下量为 3~6mm。

　　如果扇形段出入口辊缝变化较大，扇形段参与铸坯的铸轧功能，通常我们称其为铸轧扇形段。图 3-8-43 所示为液压夹紧原钢板框架的铸轧扇形段。其工作原理如 3-8-44 所示。铸轧扇形段结构基本与图 3-8-30 所示液压夹紧扇形段相同，只是图 3-8-30 与图 3-8-43 所示的放大部分有所不同。

　　在铸轧扇形段上框架 1 与侧框架 2 之间，上框架凹弧面导向块 3、侧框架凸弧面导向

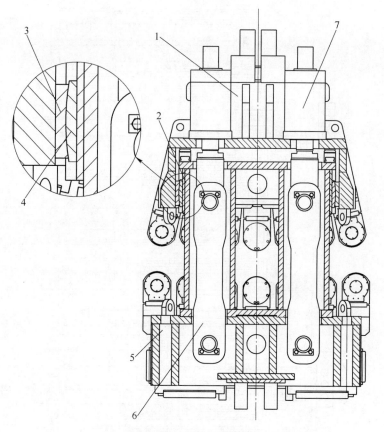

图 3-8-43　液压夹紧的铸轧扇形段

1—上框架；2—侧框架；3—凹弧面导向块；4—凸弧面导向块；

5—下框架；6—连杆；7—夹紧缸

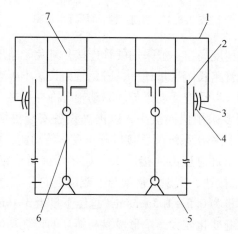

图 3-8-44　液压夹紧的铸轧扇形段工作原理

1—上框架；2—侧框架；3—凹弧面导向块；4—凸弧面导向块；

5—下框架；6—连杆；7—夹紧缸

块4组成的导向机构使上框架相对侧框架既能上下垂直移动,又能绕侧框架作一定角度的转动,平动和转动也可同时进行。凸弧面导向块4镶嵌在侧框架的导槽内,可在导槽内上下移动,凹弧面导向块固定在上框架上。根据铸轧生产要求,扇形段上框架能够完成直线与转动的复合运动,达到连铸机铸轧所要求的大锥度辊缝。单个扇形段最大铸轧量达50mm。

8.4.3.2　导柱式内置位移传感器液压夹紧扇形段

图3-8-45是导柱式内置传感器液压夹紧扇形段。该扇形段由夹紧装置1、驱动辊压下液压缸2、内弧喷淋架3、导柱5、外弧喷淋架6、下框架7、辊子8、上框架9、辊缝调整垫块13和冷却水配管、液压润滑配管等组成。外弧辊子固定在下框架上,内弧辊子除驱动辊固定在活动梁上外,其余均固定在上框架上。活动梁安装在上框架中,由一个压下液压缸带动连同上传动辊一起作升降运动。辊缝调整垫块通过导柱固定在下框架上。上下框架通过四个夹紧液压缸和辊缝调整垫块夹紧。导柱具有为上框架导向的功能,在上框架上方装有起吊扇形段的吊板,下框架还装有更换扇形段时用的导轮。上、下框架均为厚钢板焊接结构、内部有通水冷却管路。下框架下方有四个支承面是扇形段的安装基准面,通过销子和螺栓把扇形段安装在基础框架上,下框架下方两侧中部的接水托架与机内水、气配管相联通,当扇形段固定在基础框架上时,便和机外的供水供气管路自动接通。所有辊子材质均为42CrMo,辊面堆焊不锈钢,采用芯轴式分段辊结构,芯轴和轴承座通水冷却。扇形段的冷却水配管,分为内、外弧设备冷却配管,铸坯喷淋气、水配管均为不锈钢材质。

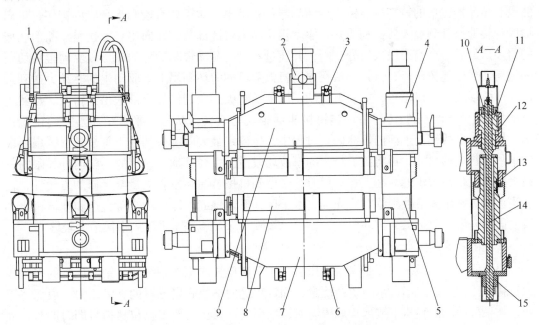

图3-8-45　导柱式内置位移传感器液压夹紧扇形段

1—夹紧装置;2—压下液压缸;3—内弧喷淋架;4—夹紧装置保护罩;5—导柱;6—外弧喷淋架;
7—下框架;8—辊子;9—上框架;10—上锁定螺母;11—活塞;12—液压缸腔;
13—辊缝调整垫块;14—拉杆;15—下锁定螺母

与前述图 3-8-30 扇形段结构相比，存在以下不足：

（1）活动梁的动作由中间一个缸推动，由于驱动辊重心偏向传动侧，活动梁带着驱动辊上下动作时向传动侧偏转，易造成活动梁卡死现象；导向部分加工维修拆分困难，辊缝调节时较为不便。

（2）夹紧机构是由拉杆 14、上锁定螺母 10、活塞 11、下锁定螺母 15、辊缝调整垫块 13 等组成，辊缝调整垫块是开口圆环状垫块，垫在导柱 5 与上框架 9 的结合面处，在辊缝固定的情况下，液压缸腔 12 的下腔通入液压油可使上下框架拉紧。如果扇形段参与动态轻压下时，辊缝调整垫块预留出上下框架的轻压下量，通过液压缸体下腔 12 的油路控制缸体的位移来实现辊缝动态调整功能。在动态轻压下时，扇形段出入口辊缝需要适时动态变化，这样就使拉杆 14 产生弯曲变形，如果弯曲变形超过拉杆的安全范围，会导致拉杆损坏。所以该扇形段动态轻压下时的辊缝锥度比图 3-8-30 所示的扇形段辊缝锥度小。

（3）该扇形段夹紧机构制造精度要求高，拆装维护工作量较大。

8.4.4　扇形段有关计算

8.4.4.1　扇形段基本设计参数确定

A　扇形段最大与最小辊缝确定

扇形段的最小辊缝是扇形段抽出时相邻扇形段的最小辊缝。最大辊缝是处理事故坯时的辊缝。在事故情况下，为了送出滞留在连铸机中的铸坯，一般从支撑导向段（即弯曲段）下方、矫直段与弧形段间用事故割枪切断，将滞留在连铸机中的铸坯分成 3 部分。弯曲段和结晶器区域的铸坯从浇铸平台结晶器位置吊出，对于矫直段和水平段的铸坯，将扇形段的辊缝打开到最大后，利用外弧驱动辊驱动力将此部分铸坯向出坯区送出。弧形区域的铸坯从最后一个扇形段入口处切断，并通过本段的驱动辊和后部的扇形段驱动辊将切断的短铸坯送出连铸机后，再将存留在连铸机弧形段的铸坯利用上下驱动辊的驱动力送到最后一个弧形段的出口位置，重复上述的工序依次将弧形段的铸坯全部送出连铸机。当然也有的厂家把弧形区域的铸坯通过连铸机驱动辊反向旋转，从浇注平台结晶器安装位置送出。所以在事故坯处理前的辊缝确认过程中，先确定最大厚度板坯处于每个弧形区扇形段的事故切割坯的尺寸，再将弦长最大的事故坯段沿外弧线移动，该事故坯段内外界限间的最大距离就是最大辊缝。在工程应用时，考虑到机械装配和设备测量与维修的方便性，再适当放大。确定为最大辊缝时，先确定水平区扇形段辊缝，即第一个矫直点和连铸机出坯线之间的高度距离加最大铸坯厚度，再给一个安全余量就是水平区扇形段最大辊缝。

B　液压系统压力确定

扇形段的液压系统主要是夹紧液压缸和压下液压缸的工作系统。夹紧液压缸的夹紧压力也称 0 压，根据扇形段承载负荷确定，固定辊缝的垫块式扇形段的夹紧压力一般保持不变，如果采用动态轻压下或远程调辊缝时，扇形段夹紧压力要根据位移信号即时调节，夹紧压力动态变化。压下液压缸的压力根据功能控制要求分为 Ⅰ 压和 Ⅱ 压两种压力，Ⅰ 压也称引锭压力，是夹紧引锭时用的压力；Ⅱ 压也称热坯压，是连续铸造时扇形段液压缸压铸坯的压力；考虑到液压控制元件动作的准确性，压力太低会导致阀芯动作不灵活，压力太高会引起综合成本过高，所以目前多数夹紧液压缸的 0 号压力范围为 18 ~ 20MPa，压下液压缸的压力范围 3～18MPa。

C 夹紧液压缸参数确定

夹紧液压缸的行程按下式确定。

$$S = D_{max} - D_{min} + 10 \qquad (3-8-22)$$

式中 S——夹紧液压缸的行程，mm；

D_{min}——最小辊缝，mm；

D_{max}——最大辊缝，mm。

扇形段夹紧液压缸的结构形式根据扇形段结构不同而有所区别，通常用到的多为双作用单活塞杆式液压缸及双作用双活塞杆式液压缸。

双作用单活塞杆式液压缸内径根据每个液压缸承受的最大夹紧力初步计算，再结合液压缸标准缸径系列选定。

$$F = p \cdot (D^2 - d^2)\pi/4 \qquad (3-8-23)$$

式中 F——每个液压缸承受的最大夹紧力，N；

D——液压缸腔直径，mm；

d——活塞杆直径，mm；

p——缸的工作压力，MPa。

缸的速度为 1.5mm/min。

D 压下液压缸的行程确定

通常把控制扇形段内弧侧驱动辊升降的液压缸叫做压下液压缸。压下液压缸的系统压力一般为两档，12～18MPa 为 Ⅰ 号压力，用于压引锭和机旁调节压力；2.5～18MPa 为 Ⅱ 号压力，用于压铸坯和主控室远程调节压力。

压下液压缸的行程主要考虑引锭的夹持和铸坯的拉送功能，一般按下式确定：

$$H_0 = h_1 + h_2 + h_3 + h_4 + h_5 + h_6 + h_7 + h_8 \qquad (3-8-24)$$

式中 H_0——压下液压缸行程，mm；

h_1——预计行程，$h_1 = \delta_{max} - t$，mm；

δ_{max}——浇铸板坯最大厚度，mm；

t——引锭身厚度，mm；

h_2——油缸行程余量，mm；

h_3——支座与导向套之间的间隙，mm；

h_4——内弧辊轴承部分的总间隙，mm；

h_5——辊子的挠度值，mm；

h_6——上下辊子磨损量之和，mm；

h_7——当油缸倾斜安装时的附加行程，mm；

h_8——未计因素的压下量，mm。

按上式计算后，再留出 10mm 余量，取一整数值作为驱动辊压下液压缸的行程。

E 辊径确定

辊径在辊列设计时已经确定，包括分段与否，分段数目及辊子结构。设备设计时可以根据材料力学有关理论予以校核，使其辊子中心挠度 <1.0mm，应力 <50MPa。

8.4.4.2　矫直反力计算

目前板坯连铸机的主流机型是直结晶圆弧形。当铸坯通过连铸机时，有一个弯曲和矫直的过程。在连铸机设计时，决定这个弯曲和矫直区域的长度和辊子排列是非常重要的。由于铸坯需在未凝固状态下进行弯曲和矫直，为使铸坯不至于在两相界发生过大应变产生裂纹，需要对矫直过程中的力和变形展开研究。在这里，我们把辊子对铸坯的力称为矫直力，把铸坯对辊子的反作用力称为矫直反力。

目前，关于矫直过程的理论解析不多，虽然有的学者试图把理论解析用于设计计算，可都是在特定的条件下才能成立，尚未寻求出一种通用的方法。

在研究分析过去解析法的基础上，这里提出一种计算方法，其主要特点是应用弹塑性解析数学模型进行元素分割，用通用的数值计算法完成计算工作。

A　过去的解析法

弧型连铸机矫直区，一般设计框图如图 3-8-46 所示，其中的两项计算：一是计算两相界矫直，进行辊列设计；二是计算矫直反力，决定辊子的尺寸和结构。下面，就这两方面分析过去的解析方法中存在的问题。

a　铸坯矫直应变

铸坯的矫直应变是按照已定的辊列配置的曲率进行的。应变和应变速率按下式计算

$$\begin{cases} \varepsilon_i = \eta\rho_i \\ \dot{\varepsilon}_i = \eta\Delta\rho_i/\Delta t_j \end{cases} \tag{3-8-25}$$

式中　　ε_i——矫直应变，% ；

　　　　η——到中性轴的距离，mm；

　　　　ρ_i——矫直曲率，mm^{-1}；

　　　　$\dot{\varepsilon}_i$——矫直时的应变速率，%；

　　　　$\Delta\rho_i$——Δt_j 时间内的矫直曲率变化量，mm^{-1}；

　　　　Δt_i——应变发生变化时间，s。

这是一般常用公式，仅由矫直区的长度和铸造速度就可决定其应变量。但是，为了更精确地解析铸坯龟裂发生的机理，有必要把瞬时应变和蠕变应变分开处理对整个矫直区域进行铸坯的应变解析。

b　矫直反力（辊子上的作用力）的解法

（1）变形阻力计算法

对于一点矫直的连铸机，使用在矫直点处由铸坯的变形阻力来计算矫直反力的方法。即铸坯矫直时所需的力矩，以铸坯断面各个部分的变形阻力加以积分而得出

$$M_b = \int_A \sigma_F \eta \mathrm{d}A \tag{3-8-26}$$

式中　　σ_F——铸坯材料的变形阻力，采用拉伸试验求得的屈服应力，MPa；

　　　　A——凝固壳断面积，mm^2。

由此，求得的矫直阻力与曲率变化无关，因而无法确定矫直点附近的辊子负载，压紧辊子的液压压力只能用经验确定。在铸坯坯头通过时，通过液压缸把辊子抬起，坯头未经矫直而拉出，尚未出现过什么问题。简易计算时还采用此法。

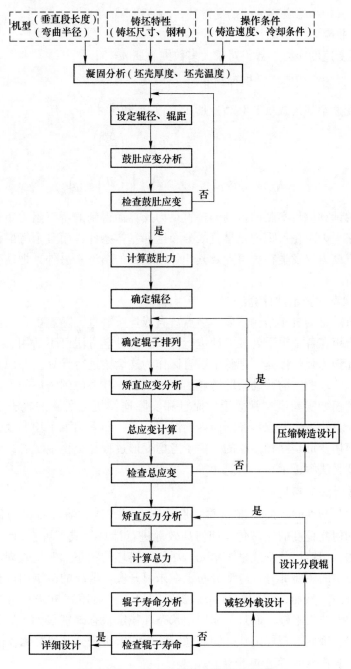

图 3-8-46 矫直区域基本设计流程图

（2）蠕变计算法

为了提高金属收得率，简化机械结构及操作，采用不抬起辊子的压下螺纹机架、要求解析法的精度提高一步。于是，认为矫直应变是由于蠕变而产生的，由矫直应变速率和铸坯材料的蠕变应变速率相对应定矫直阻力矩。铸坯材料稳定蠕变应变速率，由试验而得

$$\dot{\varepsilon}_c = C\sigma^n \qquad (3\text{-}8\text{-}27)$$

式中　C——与材料和温度有关的蠕变常数，$mm^{2n}/(N^n \cdot s)$；

　　σ——弯曲应力，MPa；

　　n——蠕变速度应力指数，对于大多数纯金属 $n = 5$；

　　$\dot{\varepsilon}_c$——材料的蠕变速率，也称蠕变速度，$1/s$。

而矫直应变速率如公式（3-8-25）所示，设 $\dot{\varepsilon}_c$ 和 $\dot{\varepsilon}_j$ 相等，有

$$\sigma = \left(\frac{\dot{\varepsilon}_j}{C} \right)^{1/n} = \left(\frac{\eta}{C} \right)^{1/n} \cdot \left(\frac{\Delta \rho_j}{\Delta t_j} \right)^{1/n} \tag{3-8-28}$$

于是

$$M_{bj} = \int_A \sigma_i \eta dA = \left(\frac{\Delta \rho_j}{\Delta t_j} \right)^{1/n} \int_A \left(\frac{\eta}{C} \right)^{1/n} \eta dA \tag{3-8-29}$$

由此得到的计算值与实测而得到的矫直反力反算而得到的矫直阻力矩值是一致的。可是，此方法忽略了力矩在跨距内是呈直线分布这一基本条件，而且未考虑铸坯恢复弹性这一点，导致矫直反力仅发生在矫直点及其相邻两辊处的结论。另外，把蠕变假设定为恒定蠕变与事实不符。

（3）稳定状态的弹塑性计算法

由于连铸机矫直的机械结构发展为多点矫直或连续矫直，随着矫直区界限设计进行的同时，矫直阻力矩在各个辊子处独立地进行计算，这种老方法已不适用了。因此，新的解析法中，把铸坯作为弹塑性体，把整个矫直区作为连续梁进行计算。考虑到去掉负荷后弹性的恢复，随着铸坯的向前移动跟踪铸坯的变形情况，并考虑到铸坯的剪切变形和辊子的挠度。它和矫直模型实验值非常接近，而且和实际连铸机上实测的辊子负荷分布也很接近。但是，这个方法无法考虑铸坯断面内的温度分布，而采用了平均温度，而且不得不假设弯曲变形和剪切变形是互相独立的。由于考虑变形过程是个稳定状态，对于坯头通过时的非稳定状态就无法解析了。

B　提高解析法的精度

一个三维黏弹塑性问题最正统的方法是采用有限元法。随着铸坯的移动，情况很复杂，矫直现象如何高精度的模型化，如何高效地进行计算就成了矫直力计算的重要课题。这里采用的方法，把铸坯分割成格子单元，尽量把铸坯的状态如实地表现出来，同时，抽出应力应变成分中的主要部分，应变分布也在未离开实际情况的范围内进行简化，研究出一种高效计算方法。然而，我们的目标是要研究出一种通用解析法，如考虑高温蠕变的话，其解的收敛性非常不好，而且，非稳定状态和稳定状态差别很大，如果两种状态同时处理，效果很差。因此，把稳定状态和非稳定状态的解析法分开研究比较恰当。

C　稳定铸造状态的矫直解析法

a　基础公式

（1）矫直区典型化及其假设

1）如图 3-8-47 所示应用梁的弯曲，仅考虑梁的长度方向（即铸坯的出坯方向）的垂直应力和弯曲应变。于是有

$$\varepsilon = \eta \rho \tag{3-8-30}$$

$$\rho = \frac{d^2 \omega}{dx^2} \tag{3-8-31}$$

$$M = \int_A \sigma \cdot \eta \cdot dA \tag{3-8-32}$$

式中　ε——弯曲变形率；

　　　η——到中性轴的距离，mm；

　　　σ——弯曲应力，MPa；

　　　ω——变位量，mm；

　　　ρ——中性轴的曲率，1/mm；

　　　M——弯矩，N·m。

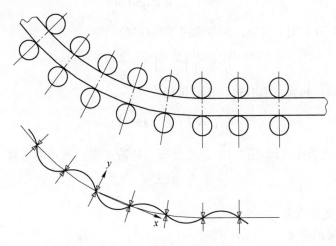

图 3-8-47　抽象化的矫直区

2）应变只考虑稳定蠕变，符合诺顿（Norton）定律

$$\frac{d\varepsilon}{dt} = k(T) \mid \sigma \mid^n \mathrm{sgn}(x) \tag{3-8-33}$$

式中　$k(T)$——蠕变温度常数，$mm^{2n}/(N^n \cdot s)$；

　　　T——铸坯温度，℃；

　　　n——蠕变应力指数；

　　$\mathrm{sgn}(x)$——系数，$\mathrm{sgn}(x) = \begin{cases} 1 & \text{当 } x > 0 \\ 0 & \text{当 } x = 0 \\ -1 & \text{当 } x < 0 \end{cases}$

3）拉速不变的稳定状态，铸坯以一定的速度 v 移动，则

$$\frac{dx}{dt} = v \tag{3-8-34}$$

（2）推导弯矩和变形关系式

由式（3-8-30）对 t 微分有

$$\frac{d\varepsilon}{dt} = \eta \frac{d\rho}{dt} \tag{3-8-35}$$

将式（3-8-35）代入式（3-8-33）得

$$\sigma = k^{-\frac{1}{n}} \left| \frac{d\rho}{dt} \right|^{\frac{1}{n}} \mid \eta \mid^{\frac{1}{n}} \mathrm{sgn}\left(\frac{d\rho}{dt}\right) \mathrm{sgn}(\eta) \tag{3-8-36}$$

将式（3-8-36）代入式（3-8-32）得

$$M = \left| \frac{\mathrm{d}\rho}{\mathrm{d}t} \right|^{\frac{1}{n}} \mathrm{sgn}\left(\frac{\mathrm{d}\rho}{\mathrm{d}t} \right) I \tag{3-8-37}$$

式中　I——由断面形状和温度分布确定的断面系数（$\mathrm{kN \cdot s^{1/n} \cdot mm^{1+1/n}}$）

$$I = \int_A k^{-\frac{1}{n}} |\eta|^{\frac{1}{n}} \eta\, \mathrm{sgn}(\eta)\,\mathrm{d}A$$

解式（3-8-37）可得

$$\frac{\mathrm{d}\rho}{\mathrm{d}t} = I^{-n} |M|^n \mathrm{sgn}(M) \tag{3-8-38}$$

另外式（3-8-31）对 t 微分，并考虑式（3-8-34）得

$$\frac{\mathrm{d}\rho}{\mathrm{d}t} = \frac{\mathrm{d}}{\mathrm{d}t}\left(\frac{\mathrm{d}^2\omega}{\mathrm{d}x^2} \right) = v\frac{\mathrm{d}^3\omega}{\mathrm{d}x^3} \tag{3-8-39}$$

由式（3-8-38）和式（3-8-39）比较可得

$$\frac{\mathrm{d}^3\omega}{\mathrm{d}x^3} = k|M|^n \mathrm{sgn}(M) \tag{3-8-40}$$

式中　k——由铸造条件（铸坯尺寸、温度分布、铸造速度）确定的常数，$\mathrm{N^{-n}mm^{-(n+2)}}$。

$$k = \frac{1}{vI^n}$$

b　基础公式无因次化

（1）无因次量的定义

$$\begin{cases} \overline{\eta} = \eta/(d/2) & \overline{t} = \left(\dfrac{v}{l} \right)t \\[2mm] \overline{\rho} = \rho/\rho_c & \overline{x} = x/l \\[2mm] \overline{\omega} = \omega/(\rho_c l^2) & \overline{\sigma} = \left(\dfrac{2kl}{d\rho_c v} \right)^{\frac{1}{n}}\sigma \\[2mm] \overline{\varepsilon} = \varepsilon \Big/ \left(\dfrac{\mathrm{d}\rho_c}{2} \right) & \overline{M} = M\Big/\left[\left(\dfrac{v\rho_c}{l} \right)^{\frac{1}{n}} I \right] \end{cases} \tag{3-8-41}$$

式中　d——铸坯厚度，mm；

　　ρ_c——基准曲率，通常选取由于矫直产生的曲率变化量，$1/\mathrm{mm}$；

　　l——辊子间距，mm；

　　ε——弯曲应变，%；

　　$\overline{t}$——表示移动跨距数的量；

　　t——时间，s。

剪切力和辊子反力的无因次量为

$$\begin{cases} \overline{F} = F \Big/ \left[\left(\dfrac{v\rho_c}{l} \right)^{\frac{1}{n}} I/l \right] \\[3mm] \overline{R} = R_1 \Big/ \left[\left(\dfrac{v\rho_c}{l} \right)^{\frac{1}{n}} I/l \right] \end{cases} \tag{3-8-42}$$

（2）计算公式无因次化

把式（3-8-41）和式（3-8-42）代入式（3-8-30）、式（3-8-31）、式（3-8-36）、式（3-8-38）、式（3-8-40）得

$$\bar{\varepsilon} = \bar{\eta}\,\bar{\rho} \tag{3-8-43}$$

$$\bar{\rho} = \frac{d^2\bar{\omega}}{d\bar{x}^2} \tag{3-8-44}$$

$$\bar{\sigma} = \left|\frac{d\bar{\rho}}{d\bar{t}}\right|^{\frac{1}{n}} |\bar{\eta}|^{\frac{1}{n}} \operatorname{sgn}\left(\frac{d\bar{\rho}}{d\bar{t}}\right) \operatorname{sgn}(\bar{\eta}) \tag{3-8-45}$$

$$\frac{d\bar{\rho}}{d\bar{t}} = |\bar{M}|^n \operatorname{sgn}(\bar{M}) \tag{3-8-46}$$

$$\frac{d^3\bar{\omega}}{d\bar{x}^3} = |\bar{M}|^n \operatorname{sgn}(\bar{M}) \tag{3-8-47}$$

D　辊子矫直（仅受集中载荷）时之计算式

（1）一个辊距内辊子的应变计算

在连铸机矫直铸坯的过程中，铸坯只受辊子矫直力（集中载荷）。此时，上述弯矩和应变关系式可以进行积分。即受集中载荷的情况下，如图 3-8-48 所示，任意跨距 i 内的弯矩可表示为

$$\bar{M}(\bar{X}) = \bar{M}_{\mathrm{I}} + \bar{F}_i(\bar{x} - \bar{x}_{\mathrm{I}}) \tag{3-8-48}$$

式中　$\bar{M}_{\mathrm{I}}$——辊距入口处的弯矩；

$\bar{x}_{\mathrm{I}}$——辊距入口处铸造方向的坐标。

$$\bar{F}_i = \left(\frac{d\bar{M}}{d\bar{x}}\right)_i$$

于是

$$\frac{d}{d\bar{x}} = \left(\frac{d\bar{M}}{d\bar{x}}\right)_i \frac{d}{d\bar{M}} = \bar{F}_i \frac{d}{d\bar{M}} \tag{3-8-49}$$

把式（3-8-45）代入式（3-8-44）得

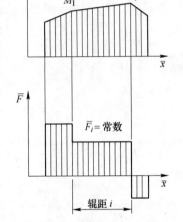

图 3-8-48　连铸机矫直时辊子弯矩和剪力分布

$$\frac{d^3\bar{\omega}}{d\bar{M}^3} = \frac{d^3\bar{\omega}}{d\bar{x}^3} \cdot \frac{1}{\bar{F}_i^3} = \frac{1}{\bar{F}_i^3} |\bar{M}|^n \operatorname{sgn}(\bar{M}) \tag{3-8-50}$$

由于绝对值函数的积分为

$$\int |x|^a x^n dx = \begin{cases} \dfrac{|x|^{a+n+1}}{a+n+1} & \text{当 } a \text{ 为任意}, n \text{ 为奇数} \\[3mm] \dfrac{|x|^{a+n+1}}{a+n+1}\operatorname{sgn}x & \text{当 } a \text{ 为任意}, n \text{ 为偶数（包括 0）} \end{cases}$$

$$\int |x|^a x^n \operatorname{sgn}x\,dx = \begin{cases} \dfrac{|x|^{a+n+1}}{a+n+1}\operatorname{sgn}x & \text{当 } a \text{ 为任意}, n \text{ 为奇数} \\[3mm] \dfrac{|x|^{a+n+1}}{a+n+1} & \text{当 } a \text{ 为任意}, n \text{ 为偶数（包括 0）} \end{cases}$$

因此式（3-8-50）对 $\bar{M}$ 进行积分得

$$\frac{d^2\bar{\omega}}{d\bar{M}^2} = \frac{1}{\bar{F}_i^3}\left(\frac{|\bar{M}|^{n+1}}{n+1} + C_1\right) \tag{3-8-51}$$

$$\frac{\mathrm{d}\overline{\omega}}{\mathrm{d}M} = \frac{1}{\overline{F}_i^3}\Big[\frac{|\overline{M}|^{n+2}\mathrm{sgn}(\overline{M})}{(n+1)(n+2)} + C_1\overline{M} + C_2\Big] \tag{3-8-52}$$

$$\overline{\omega} = \frac{1}{\overline{F}_i^3}\Big[\frac{|\overline{M}|^{n+3}}{(n+1)(n+2)(n+3)} + \frac{1}{2}C_1\overline{M}^2 + C_2\overline{M} + C_3\Big] \tag{3-8-53}$$

利用式（3-8-49）可得

$$\frac{\mathrm{d}\overline{\omega}}{\mathrm{d}\overline{x}} = \Big(\frac{\mathrm{d}\overline{M}}{\mathrm{d}\overline{x}}\Big)_i\frac{\mathrm{d}\overline{\omega}}{\mathrm{d}M} = \frac{1}{\overline{F}_i^2}\Big[\frac{|\overline{M}|^{n+2}\cdot\mathrm{sgn}(\overline{M})}{(n+1)(n+2)} + C_1\overline{M} + C_2\Big] \tag{3-8-54}$$

$$\frac{\mathrm{d}^2\overline{\omega}}{\mathrm{d}\overline{x}^2} = \Big(\frac{\mathrm{d}\overline{M}}{\mathrm{d}\overline{x}}\Big)_i^2\frac{\mathrm{d}^2\overline{\omega}}{\mathrm{d}\overline{M}^2} = \frac{1}{\overline{F}_i}\Big[\frac{|\overline{M}|^{n+1}}{n+1} + C_1\Big] \tag{3-8-55}$$

而式（3-8-53）～式（3-8-55）中的积分常数，可由以下边界条件求得

$$(\overline{\omega})_{\overline{M}=\overline{M}_\mathrm{I}} = \overline{\omega}_\mathrm{I}$$

$$\Big(\frac{\mathrm{d}\overline{\omega}}{\mathrm{d}\overline{x}}\Big)_{\overline{M}=\overline{M}_\mathrm{I}} = \Big(\frac{\mathrm{d}\overline{\omega}}{\mathrm{d}\overline{x}}\Big)_\mathrm{I} = \overline{\omega}'_\mathrm{I}$$

$$\Big(\frac{\mathrm{d}^2\overline{\omega}}{\mathrm{d}\overline{x}^2}\Big)_{\overline{M}=\overline{M}_\mathrm{I}} = \Big(\frac{\mathrm{d}^2\overline{\omega}}{\mathrm{d}\overline{x}^2}\Big)_\mathrm{I} = \overline{\rho}_\mathrm{I}$$

即

$$C_1 = \overline{F}_i\overline{\rho}_\mathrm{I} - \frac{|\overline{M}_\mathrm{I}|^{n+1}}{n+1} \tag{3-8-56}$$

$$C_2 = \overline{F}_i^2\overline{\omega}'_\mathrm{I} - \overline{F}_i\overline{\rho}_\mathrm{I}\overline{M}_\mathrm{I} + \frac{|\overline{M}_\mathrm{I}|^{n+1}\cdot\overline{M}_\mathrm{I}}{n+1} - \frac{|\overline{M}_\mathrm{I}|^{n+2}\mathrm{sgn}(\overline{M}_\mathrm{I})}{(n+1)(n+2)} \tag{3-8-57}$$

$$C_3 = \overline{F}_i^3\overline{\omega}_\mathrm{I} - \overline{F}_i^2\overline{\omega}'_\mathrm{I}\overline{M}_\mathrm{I} + \frac{\overline{F}_i\rho_\mathrm{I}}{2}\overline{M}_\mathrm{I}^2 - \frac{|\overline{M}_\mathrm{I}|^{n+1}\cdot M_\mathrm{I}^2}{2(n+1)} + \frac{|\overline{M}_\mathrm{I}|^{n+2}\cdot M_\mathrm{I}\mathrm{sgn}(\overline{M}_\mathrm{I})}{(n+1)(n+2)} -$$

$$\frac{|\overline{M}_\mathrm{I}|^{n+3}}{(n+1)(n+2)(n+3)} \tag{3-8-58}$$

把式（3-8-56）～式（3-8-58）代入式（3-8-53）～式（3-8-55）中得

$$\overline{\omega} = \frac{1}{\overline{F}_i^3}\Big\{\frac{|\overline{M}|^{n+3} - |\overline{M}_\mathrm{I}|^{n+3}}{(n+1)(n+2)(n+3)} + \Big[\overline{F}_i^2\overline{\omega}'_\mathrm{I} - \frac{|\overline{M}_\mathrm{I}|^{n+2}\mathrm{sgn}(\overline{M}_\mathrm{I})}{(n+1)(n+2)}\Big](\overline{M} - \overline{M}_\mathrm{I}) +$$

$$\Big[\frac{\overline{F}_i\overline{\rho}_\mathrm{I}}{2} - \frac{|\overline{M}_\mathrm{I}|^{n+1}}{2(n+1)}\Big]\cdot(\overline{M} - \overline{M}_\mathrm{I})^2\Big\} + \overline{\omega}_\mathrm{I} \tag{3-8-59}$$

$$\frac{\mathrm{d}\overline{\omega}}{\mathrm{d}\overline{x}} = \frac{1}{\overline{F}_i^2}\Big\{\frac{|\overline{M}|^{n+2}\cdot\mathrm{sgn}(\overline{M}) - |\overline{M}_\mathrm{I}|^{n+2}\mathrm{sgn}(\overline{M}_\mathrm{I})}{(n+1)(n+2)} + \Big[\overline{F}_i\overline{\rho}_\mathrm{I} - \frac{|\overline{M}_\mathrm{I}|^{n+1}}{n+1}\Big](\overline{M} - \overline{M}_\mathrm{I})\Big\} + \overline{\omega}'_\mathrm{I}$$

$$\tag{3-8-60}$$

$$\frac{\mathrm{d}^2\overline{\omega}}{\mathrm{d}\overline{x}^2} = \frac{1}{\overline{F}_i}\Big[\frac{|\overline{M}|^{n+1} - |\overline{M}_\mathrm{I}|^{n+1}}{n+1}\Big] + \overline{\rho}_\mathrm{I} \tag{3-8-61}$$

然而，在辊距出口处，由式（3-8-48）、式（3-8-59）、式（3-8-60）、式（3-8-61）可得

$$\overline{M}_0 = \overline{M}_\mathrm{I} + \overline{F}_i \tag{3-8-62}$$

$$\overline{\omega}_0 = \frac{1}{\overline{F}_i^3}\Big[\frac{|\overline{M}_\mathrm{I} + \overline{F}_i|^{n+3} - |\overline{M}_\mathrm{I}|^{n+3}}{(n+1)(n+2)(n+3)} - \frac{|\overline{M}_\mathrm{I}|^{n+2}\mathrm{sgn}(\overline{M}_\mathrm{I})}{(n+1)(n+2)}\overline{F}_i - \frac{|\overline{M}_\mathrm{I}|^{n+1}}{2(n+1)}\overline{F}^2\Big] + \frac{\overline{\rho}_\mathrm{I}}{2} + \overline{\omega}'_\mathrm{I} + \overline{\omega}_\mathrm{I}$$

$$\tag{3-8-63}$$

$$\overline{\omega}_0' = \frac{1}{\overline{F}_i^2}\Big[\frac{|\overline{M}_{\mathrm{I}} + \overline{F}_i|^{n+2}\mathrm{sgn}(\overline{M}_{\mathrm{I}} - \overline{F}_i) - |\overline{M}_{\mathrm{I}}|^{n+2}\mathrm{sgn}(\overline{M}_{\mathrm{I}})}{(n+1)(n+2)} - \frac{|\overline{M}_{\mathrm{I}}|^{n+1}}{n+1}\overline{F}_i\Big] + \overline{\rho}_{\mathrm{I}} + \overline{\omega}_{\mathrm{I}}'$$

$$\tag{3-8-64}$$

$$\overline{\rho}_0 = \frac{1}{\overline{F}_i^2}\Big[\frac{|\overline{M}_{\mathrm{I}} + \overline{F}_i|^{n+1} - |\overline{M}_{\mathrm{I}}|^{n+1}}{n+1}\Big] + \overline{\rho}_{\mathrm{I}} \tag{3-8-65}$$

（2）整个矫直区内，联立方程的建立及解有必要满足以下边界条件

1）曲率连续

$$\overline{\rho}_{\mathrm{I}\cdot i} = \overline{\rho}_{0\cdot i-1} \qquad (i = 1 \sim N) \tag{3-8-66}$$

2）倾角连续

$$\omega_{\mathrm{I}i}' = w_{0\cdot i}' + \theta_i$$

$$\theta_i = \frac{l}{2}(\rho_i + \rho_{i-1}) \qquad (\theta_i \text{——辊距间的相对角度})$$

采用无因次量

$$\Big(\frac{\rho_{\mathrm{c}}l^2}{l}\Big)\Big(\frac{\mathrm{d}\overline{\omega}}{\mathrm{d}\overline{x}}\Big)_{\mathrm{I}\cdot i} = \Big(\frac{\rho_{\mathrm{c}}l^2}{l}\Big)\Big(\frac{\mathrm{d}\overline{\omega}}{\mathrm{d}\overline{x}}\Big)_{0\cdot i-1} + \frac{l}{2}(\rho_{\mathrm{c}}\cdot\overline{\rho}_i + \rho_{\mathrm{c}}\cdot\overline{\rho}_{i-1})$$

于是

$$\Big(\frac{\mathrm{d}\overline{\omega}}{\mathrm{d}\overline{x}}\Big)_{\mathrm{I}\cdot i} = \Big(\frac{\mathrm{d}\overline{\omega}}{\mathrm{d}\overline{x}}\Big)_{0\cdot i-1} + \frac{1}{2}(\overline{\rho}_i + \overline{\rho}_{i-1}) = \Big(\frac{\mathrm{d}\overline{\omega}}{\mathrm{d}\overline{x}}\Big)_{0\cdot i-1} + \overline{\theta}_i$$

即

$$\overline{\omega}_{\mathrm{I}\cdot i}' = \overline{\omega}_{0\cdot i-1}' + \overline{\theta}_i \qquad (i = 1 \sim N) \tag{3-8-67}$$

$$\overline{\theta}_i = \frac{l}{2}(\overline{\rho}_i + \overline{\rho}_{i-1}) \qquad (i = 1 \sim N) \tag{3-8-68}$$

3）支撑点通过条件

$$\overline{\omega}_{\mathrm{I}\cdot i} = \overline{\omega}_{0\cdot i} = 0 \qquad (i = 1 \sim N) \tag{3-8-69}$$

4）弯矩连续

$$\overline{M}_{\mathrm{I}\cdot i} = \overline{M}_{0\cdot i-1} \qquad (i = 1 \sim N) \tag{3-8-70}$$

$\overline{\rho}_{0\cdot0}$ 是铸坯进入矫直区时的初期曲率，设其为 0；这之前的公式推导都是以 $\overline{\rho}_{0\cdot0} = 0$ 为基础的。当 $\overline{\rho}_{0\cdot0} \neq 0$ 时，则 $\varepsilon = \eta(\rho - \rho_{0\cdot0})$，此时设 $\Delta\rho = \rho - \rho_{0\cdot0}$，把这些式子中的 ρ 用 $\Delta\rho$ 代入则完全等同。而且，$\overline{\omega}_{0\cdot0}'$ 或 $\overline{M}_{0\cdot0}$、$\overline{\omega}_{0\cdot N}'$ 或 $\overline{M}_{0\cdot N}$ 各组中总有一个为已知数，并且除了特殊情况外，把式（3-8-62）～式（3-8-65）代入式（3-8-66）～式（3-8-70）中，并且假设 $\overline{\omega}_{0\cdot0}'$ 或 $\overline{M}_{0\cdot0}$ 及 $\overline{F}_i$（$i = 1 \sim N$）为未知数，可得联立方程。但是，此方程为非线性方程，要进行收敛计算，如图 3-8-49 所示。

$$\overline{M}_{0\cdot0} = \overline{M}_{0\cdot N} = 0 \tag{3-8-71}$$

由此求得 $\overline{\omega}_{0\cdot0}'$ 或 $\overline{M}_{0\cdot0}$ 及 $\overline{F}_i$，再由式（3-8-59）～式（3-8-61）可求得 ω，$\dfrac{\mathrm{d}\overline{\omega}}{\mathrm{d}x}$，$\dfrac{\mathrm{d}^2\overline{\omega}}{\mathrm{d}x^2}$，再由式（3-8-60）、式（3-8-36）可得到 $\overline{\varepsilon}$ 和 $\overline{\sigma}$ 之值，而辊子反力可由剪力求得

$$\overline{R}_{\mathrm{I}\cdot i} = \overline{F}_i - \overline{F}_{i-1} \tag{3-8-72}$$

E　影响矫直的因素

a　因素分类

一般情况下，当 $M_{0.0} = \overline{M}_{0.N} = 0$ 时，无因次量式（3-8-65）~式（3-8-70）中出现的因素只有 n 和 θ_i。通常把它们叫做基本因素。因此，以 n 和 $\overline{\theta}_i$ 作为参数求解的话，其结果就是矫直时的基准数据。可是，由这些基准数据求矫直特性值时，由式（3-8-41）可知又出现了：

设备因素：基准曲率 ρ_c，辊子间距 l；

操作因素：铸坯厚度 H，铸造速度 v，蠕变常数 k，断面系数 I。

b　基本因素和矫直特性的关系

（1）蠕变速度的应力指数 n 的影响

图 3-8-50 表示一点弯曲和两点矫直时的模型，现变化 n 为 1、3、5 计算铸坯的应变和矫直力。

由图 3-8-50a、b 可见，1 点矫直时，n 越大，铸坯的变形范围越小，应变速率越高。图 3-8-51 是 1 点矫直时曲率变化和曲率变化率的变化，这表明 n 越大，矫直力越大。图 3-8-52 是 2 点矫直时，铸坯的弯矩和辊子的反力，和一点矫直时一样，n 越大，应变速率越大，

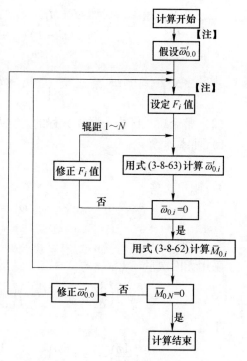

图 3-8-49　收敛计算框图
（用牛顿-莱孚松（Newtong-Roph son）法修正）

矫直力也越大。可是在矫直区后部，其矫直变形变化很复杂，可认为是受到矫直区前部的影响而造成的。图 3-8-53 是两点矫直时的曲率变化和曲率变化率的变化，同样 n 越大曲率变化率越大，则矫直力越大，而在矫直区后部也可看出受到很复杂的影响。图 3-8-54 是两

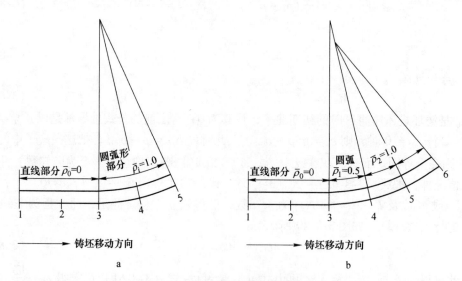

图 3-8-50　研究 n 值影响的模型
a——一点矫直；b—两点矫直

点矫直时铸坯的弯矩和辊子的反力。

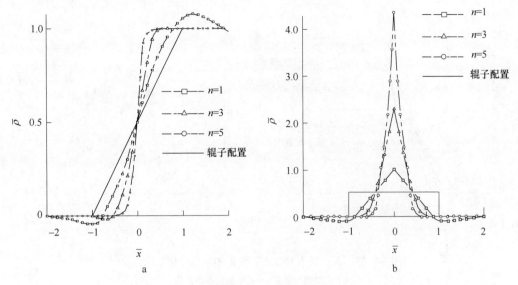

图 3-8-51　一点矫直时铸坯曲率变化和曲率变化率的变化
a—曲率的变化；b—曲率变化率的变化

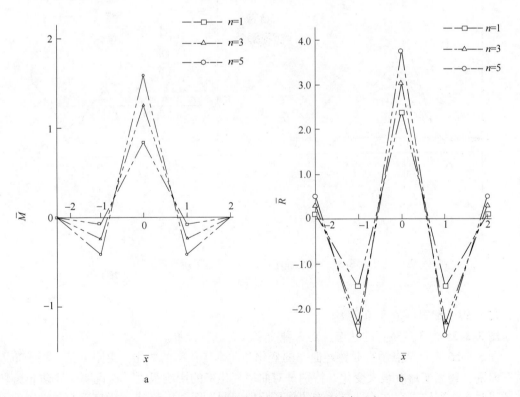

图 3-8-52　一点矫直时的弯矩和辊子矫直反力
a—弯矩；b—辊子矫直反力

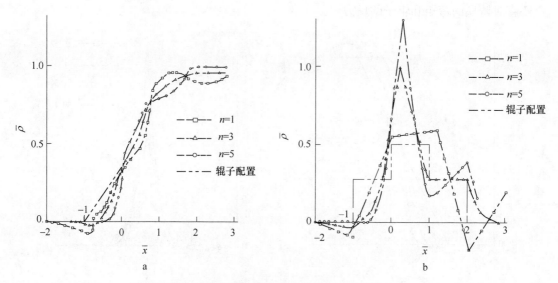

图 3-8-53　两点矫直时曲率的变化和曲率变化率的变化

a—曲率的变化；b—曲率变化率的变化

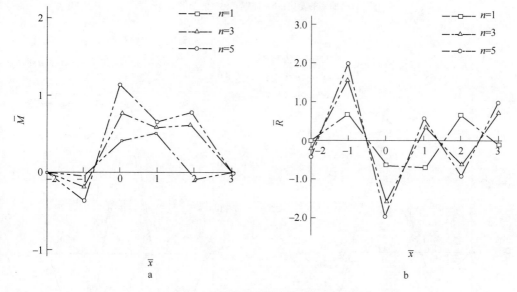

图 3-8-54　两点矫直时的弯矩和辊子矫直反力

a—弯矩；b—辊子矫直反力

（2）辊子配置（$\overline{\theta_i}$）的影响

图 3-8-55 为 3 点矫直的状态，对 3 种曲率状态进行计算。

图 3-8-56 表示三点矫直时铸坯曲率的变化和曲率变化率的变化。由图可见，辊子布置若有差别，铸坯变形有很大变化，特别是对曲率变化率的影响很大。这说明，要防止铸坯在矫直时产生裂纹，存在着选择适当的辊子配置问题。图 3-8-57 表示矫直反力和辊子配置之间的关系。但是，使矫直力为最小和变形速度为最小的辊子配置并不一致，因此，在考虑矫直区时，需要两者兼顾研究辊子配置。

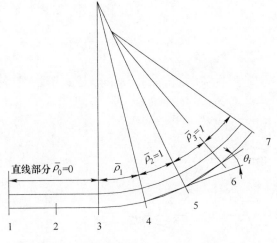

	辊距相对角度设定值	
条件 支点 Ne	1	2
1	0	0
2	0	0
3	0.25	0.15
4	0.50	0.50
5	0.75	0.85
6	1.0	1.0

图 3-8-55 研究辊子配置影响的模型

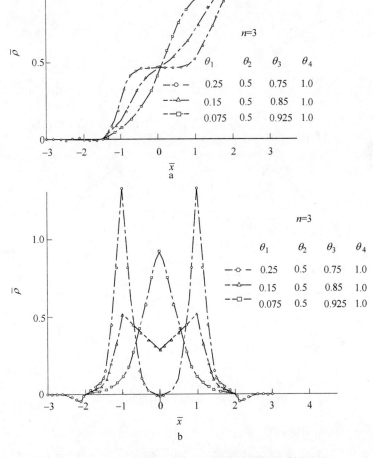

图 3-8-56 三点矫直时曲率的变化和曲率变化率的变化
a—曲率的变化；b—曲率变化率的变化

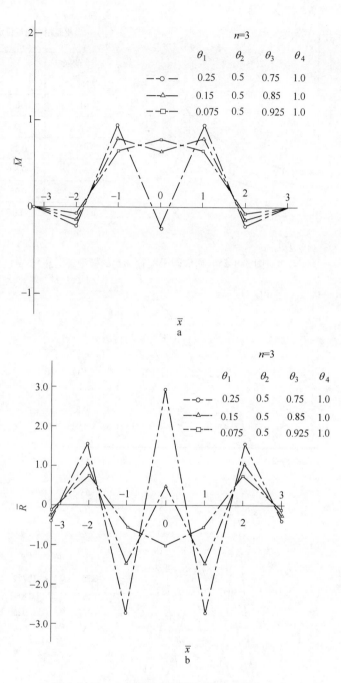

图 3-8-57　三点矫直时的弯矩和辊子矫直反力

a—弯矩；b—辊子矫直反力

c　设备因素、操作因素及其影响

确定了 n 和 θ_i ，无因次量都可求得。因此，除了 n 和 θ_i 以外因素的影响，可由式（3-8-41）无因次量定义式进行确定。即

$$
\begin{cases}
\omega = \rho_c l^2 \overline{\omega}(n, \overline{\theta}_i) \\[2mm]
\varepsilon = \dfrac{H}{2} \cdot \rho_c \cdot \overline{\rho}(n, \overline{\theta}_i) \cdot \overline{\eta} \\[2mm]
\sigma = \left(\dfrac{H \cdot \rho_C \cdot v}{2kl}\right)^{\frac{1}{n}} \cdot \overline{\sigma}(n, \overline{\theta}_i) \\[2mm]
\rho = \rho_c \cdot \overline{\rho}(n, \overline{\theta}_i) \\[2mm]
\dfrac{\mathrm{d}\rho}{\mathrm{d}t} = \dfrac{v\rho_c}{l} \cdot \overline{\rho}(n, \overline{\theta}_i) \\[2mm]
\dfrac{\mathrm{d}\varepsilon}{\mathrm{d}t} = \dfrac{v\rho_c H}{2l} \overline{\rho}(n, \overline{\theta}_i) \cdot \overline{\eta}
\end{cases}
\tag{3-8-73}
$$

$$
\begin{cases}
M = \left(\dfrac{v\rho_c}{l}\right)^{\frac{1}{n}} I \cdot \overline{M}(n, \overline{\theta}_i) \\[3mm]
F = \dfrac{(v\rho_c)^{\frac{1}{n}}}{l' + \dfrac{1}{n}} \cdot I \cdot \overline{F}(n, \overline{\theta}_i) \\[3mm]
R = \dfrac{(v\rho_c)^{\frac{1}{n}}}{l' + \dfrac{1}{n}} \cdot I \cdot \overline{R}(n, \overline{\theta}_i)
\end{cases}
\tag{3-8-74}
$$

在这些矫直特性参数中，特别强调如下：

（1）铸坯内、外表面的应变为

$$
\varepsilon_s = \varepsilon_{\overline{\eta}=1}
$$
$$
\varepsilon_f = \varepsilon_{\overline{\eta}=\overline{\eta}_f}
$$

（2）铸坯内、外表面的应变速率为

$$
\dot{\varepsilon}_s = \dot{\varepsilon}_{\overline{\eta}=1}
$$
$$
\dot{\varepsilon}_f = \dot{\varepsilon}_{\overline{\eta}=\overline{\eta}_f}
$$

（3）铸坯内、外表面的应力为

$$
\sigma_s = \sigma_{\overline{\eta}=1}
$$
$$
\sigma_f = \sigma_{\overline{\eta}=\overline{\eta}_f}
$$

（4）铸坯所受的弯矩为 M。

（5）辊子反力为 R。

然而，在式（3-8-74）中，影响 R 的因素中有一个断面系数 I，为了更清楚起见，现利用式（3-8-37）中的 I 式进行如下分解

$$
I = \int_A k^{-\frac{1}{n}} |\eta|^{\frac{1}{n}} \eta \mathrm{sgn}(\eta) \mathrm{d}A = 2B \int_{\eta_f}^{\frac{H}{2}} k^{-\frac{1}{n}} \eta^{1+\frac{1}{n}} \mathrm{d}\eta = 2B \int_{\overline{\eta}_f}^{1} (k_f \overline{k})^{-\frac{1}{n}} \left(\frac{H}{2}\overline{\eta}\right)^{1+\frac{1}{n}} \left(\frac{H}{2}\right) \mathrm{d}\overline{\eta}
$$

$$
= 2B \left(\frac{H}{2}\right)^{2+\frac{1}{n}} k_f^{-\frac{1}{n}} \int_{\overline{\eta}_f}^{1} \overline{k}^{-\frac{1}{n}} \overline{\eta}^{1+\frac{1}{n}} \mathrm{d}\overline{\eta}
$$

$$
= 2B \left(\frac{H}{2}\right)^{2+\frac{1}{n}} k_f^{-\frac{1}{n}} \overline{I}
\tag{3-8-75}
$$

式中　B——铸坯宽度；

　　　$\bar{I}$——铸坯温度和凝壳厚度的函数。

求 B、$\bar{I}$ 之间的关系式。首先，在稳定蠕变情况下，蠕变常数 k 假设为

$$\dot{\varepsilon} = k\sigma^n = a \cdot l \cdot p\Big(-\frac{Q_c}{GT}\Big) \cdot \sigma^n \tag{3-8-76}$$

式中　a——蠕变速度常数，$a = 1.6 \times 10^{12} \mathrm{mm^{2n}}/[(10N)^n \cdot s]$；

　　　Q_c——蠕变活化能，$Q_c = 456.361 \mathrm{kJ/mol}$；

　　　G——气体常数，$G = 8.29 \times 10^{-3} \mathrm{kJ/(mol \cdot K)}$；

　　　n——蠕变应力指数，$n = 5$。

铸坯厚度方向的温度分布可看作一条直线，则

$$T = \frac{(T_s - T_f)(|\eta| - \eta_f)}{\eta_s - \eta_f} + T_f \tag{3-8-77}$$

式中　T_s——铸坯表面温度，K；

　　　T_f——坯壳内表面凝固温度，K；

　　　η_f——铸坯中性轴到坯壳内表面的距离，mm。

T 无因次化后

$$\bar{T} = T/T_f$$

$$\bar{T} = \frac{(\bar{T}_s - 1)(|\bar{\eta}| - \bar{\eta}_f)}{-\bar{\eta}_f} + 1$$

于是

$$\bar{I} = \int_{\bar{\eta}_f}^1 (\bar{k})^{-\frac{1}{n}} (\bar{\eta})^{1+\frac{1}{n}} \mathrm{d}\bar{\eta} = \int_{\bar{\eta}_f}^1 \Big(\frac{k}{k_f}\Big)^{-\frac{1}{n}} (\bar{\eta})^{1+\frac{1}{n}} \mathrm{d}\bar{\eta}$$

$$= \int_{\bar{\eta}_f}^1 \exp\Big[-\Big(\frac{1}{n}\Big)\Big(-\frac{Q_c}{GT} + \frac{Q_c}{GT_f}\Big)\Big] (\bar{\eta})^{1+\frac{1}{n}} \mathrm{d}\bar{\eta}$$

$$= \int_{\bar{\eta}_f}^1 \exp\Big[-\Big(\frac{1}{n}\Big)\Big(\frac{Q_c}{GT_f}\Big)\Big(1 - \frac{1}{T}\Big)\Big] (\bar{\eta})^{1+\frac{1}{n}} \mathrm{d}\bar{\eta}$$

$$= \int_{\bar{\eta}_f}^1 \exp\Big[\Big(-\frac{Q_c}{nGT_f}\Big)\frac{(\bar{T}_s - 1)(|\bar{\eta}| - \bar{\eta}_f)}{(\bar{T}_s - 1)|\bar{\eta}| + 1 - \bar{T}_s\bar{\eta}_f}\Big] (\bar{\eta})^{1+\frac{1}{n}} \mathrm{d}\bar{\eta} \tag{3-8-78}$$

设 $T_f = 1773 \mathrm{K}$，则 $\bar{T}_s$，$\bar{\eta}_f$ 和 $\bar{I}$ 之间的关系计算如图 3-8-58 所示。$\bar{I}$ 与 $\bar{\eta}_f$ 的关系如图 3-8-58a 所示；$\bar{I}$ 与 $\bar{T}_s$ 的关系如图 3-8-58b 所示，表 3-8-5 综述了矫直特性参数和操作因素及设备因素之间的关系。

d　结论

对于稳定铸造情况下的最合适的矫直区，由上面计算可知：

（1）由于辊子配置的不同，铸坯应变大不相同，有时还会使应变速率非常大，所以应使辊子配置适度。合适时，矫直应变可以平缓，应变速率可以变小。

（2）优化铸坯应变的辊子配置和要使辊子反力最小，且矫直应变均匀分布。为此，在矫直区设计时，需兼顾铸坯应变和辊子的矫直反力两者。鉴于在稳定铸造时，辊子的反力较小，因而，通常主要考虑铸坯应变来选择最合适的辊子配置。

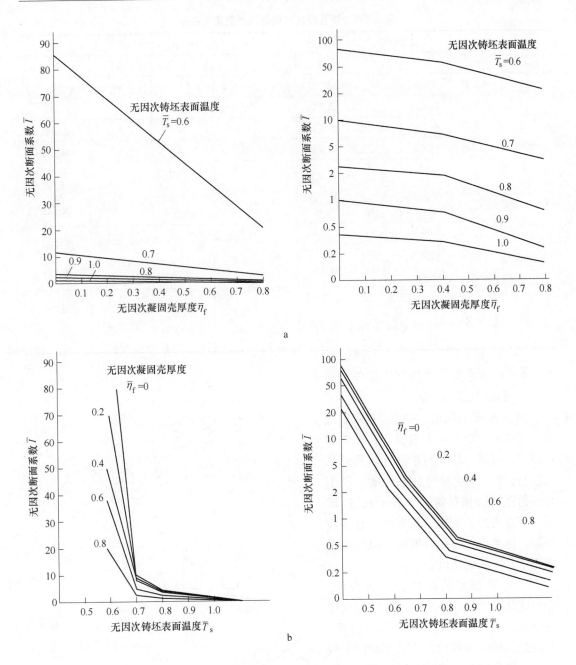

图 3-8-58 计算结果

a—凝壳厚度和断面系数的关系（对数坐标）；b—铸坯表面温度和断面系数的关系（对数坐标）

（3）影响铸坯变形的设备和操作因素中，除 $\bar{\theta}_i$ 外，还有 ρ_c、l、H、$\bar{\eta}_f$、v。当给定了 H、$\bar{\eta}_f$、v 以后，如何选择 $\bar{\theta}_i$、ρ_c、l 三者，是矫直区能够优化的重要课题。

（4）铸坯的外表面温度对辊子反力影响也很大，这是需要注意的。而且，各个因素对辊子反力的影响和对铸坯变形的影响是不同的，这也需要引起人们的注意。

表 3-8-5　矫直特性和设备操作因素的关系

矫直特性 \ 因素		设备因素		操 作 因 素					
		ρ_c	l	H	B	$\bar{\eta}_f$	T_s	T_f	v
应变	外表面	成正比	×	成正比	×	×	×	×	×
	内表面	成正比	×	成正比	×	成正比	×	×	×
应变速率	外表面	成正比	成反比	成正比	×	×	×	×	成正比
	内表面	成正比	成反比	成正比	×	成正比	×	×	成正比
应力	外表面	与 $\frac{1}{n}$ 次方成正比	与 $\frac{1}{n}$ 次方成反比	与 $\frac{1}{n}$ 次方成正比	×	×	与 $e^{\frac{Q_c}{nG}\frac{1}{T_s}}$ 次方成正比	×	与 $\frac{1}{n}$ 次方成正比
	内表面	与 $\frac{1}{n}$ 次方成正比	与 $\frac{1}{n}$ 次方成反比	与 $\frac{1}{n}$ 次方成正比	×	×	×	与 $e^{\frac{Q_c}{nG}\frac{1}{T_f}}$ 次方成正比	与 $\frac{1}{n}$ 次方成正比
辊子反力		与 $\frac{1}{n}$ 次方成正比	与 $\frac{n+1}{n}$ 次方成反比	与 $\frac{2n+1}{n}$ 次方成正比	成正比	与 $\bar{I}$ 成正比	与 $\bar{I}$ 成正比	与 $e^{\frac{Q_c}{nG}\frac{1}{T_f}}$ 次方成正比	与 $\frac{1}{n}$ 次方成正比

F　非稳定铸造状态的弹塑性解析法

a　假设及解析方法

（1）连续梁理论。如图 3-8-59 所示，把铸坯看成是若干根辊子支撑着的连续梁。对各个辊子跨距分别取坐标系（支点位置不用绝对坐标系表示，仅用相邻跨距间的相对角度来表示），假设辊子支点为弹簧支撑，在支点处有容许间隙，以考虑铸坯的收缩量。以此来考虑辊子、框架的挠度。

（2）非稳定铸坯状态的解析法。非稳定状态以铸坯坯头通过时的矫直作为重点，从坯头进入矫直区开始计算，并跟踪铸坯向前移动的情况（而稳定时的计算值是坯头远离矫直辊时求得的数值）。

（3）长方体单元分割。如图 3-8-60 所示，铸坯分割成长方体单元。这样，铸坯内温度分布情况和凝固壳厚度

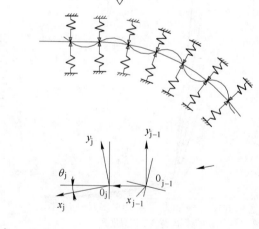

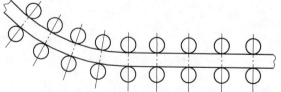

图 3-8-59　矫直区的模型化

的变化情况就可以研究了，而铸坯的运动可类似地假设是一个个单元断续地移动。

（4）弯曲变形和剪切变形。铸坯上发生的应力、应变中，铸造方向上的垂直成分（σ，ε）和断面内的剪切成分（τ，γ）是主要成分，其他可忽略不计。断面内的应变分布近似地

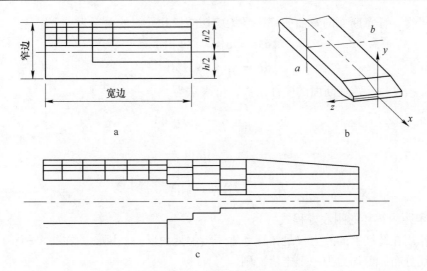

图 3-8-60 铸坯的单元分割

a—单元分割示意图；b—沿铸造方向（a—a）的单元分割；c—沿铸造方向（b—b）的单元分割

假设为：弯曲应变在凝壳的整个断面上产生，其值与离铸坯中心线的距离成正比；剪切应变只发生在窄边，厚度方向为固定值。

（5）弹塑性体。铸坯材料的相当应力和相当变形的关系如图 3-8-61 所示，用折线表示。假设材料常数（弹性模量 E、加工硬化系数 H、屈服应力 σ_y），只是温度的函数。

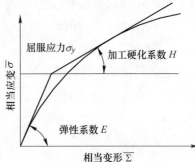

图 3-8-61 板坯应力变形关系的假设

b 基础公式

（1）铸坯断面的刚性方程式

根据上述假设，即可建立分割单元格子点的刚性方程式。铸坯上发生的应力和应变关系按三维弹塑性问题处理，可得下式

$$\begin{cases} \mathrm{d}\sigma = (E - U_1)\mathrm{d}\varepsilon - U_2\mathrm{d}r \\ \mathrm{d}\tau = (G - U_3)\mathrm{d}r - U_2\mathrm{d}\varepsilon \end{cases} \tag{3-8-79}$$

式中，$U_1 = \dfrac{E^2\sigma^2}{P}$；$U_2 = \dfrac{3EG\sigma\tau}{P}$；$U_3 = \dfrac{9G^2\tau^2}{P}$；$P = H'\overline{\sigma}^2 + E\sigma^2 + 9G\tau^2$；$\overline{\sigma}^2 = \sigma^2 + 3\tau^2$；$\dfrac{1}{H'} = \dfrac{1}{H} - \dfrac{1}{E}$。

应变形分布假设为

$$\begin{cases} \varepsilon(x,y) = \rho(x)\eta \\ r(x,y) = \Gamma(x) \end{cases} \tag{3-8-80}$$

铸坯上作用的外力和内力相平衡，有

$$\begin{cases} M = \displaystyle\int_{A_M} \sigma\eta\mathrm{d}A \\ F = \displaystyle\int_{A_s} \tau\mathrm{d}A \end{cases} \tag{3-8-81}$$

由此可得，任意断面的弯曲曲率，平均剪切应变和外力的关系为

$$\begin{cases} dM = \alpha_1 d\rho + \alpha_2 d\Gamma \\ dF = \alpha_2 d\rho + \alpha_3 d\Gamma \end{cases} \tag{3-8-82}$$

式中　$\alpha_1 \sim \alpha_3$ ——铸坯断面的刚性系数，可表示为

$$\alpha_1 = \int_{A_M} (E - U_1) \eta^2 dA$$

$$\alpha_2 = -\int_{A_s} U_2 \eta D dA$$

$$\alpha_3 = \int_{A_s} (G - U_3) dA$$

（2）辊距内铸坯的刚性方程式

由于作用在铸坯上的外力仅是铸坯和辊子接触处的反力。因此，在一个辊距内，矫直力矩为直线分布，剪切力为一个定值，则

$$\begin{cases} M(x) = M_{jI} + F_j x \\ F(x) = F_j \end{cases} \tag{3-8-83}$$

另外，假设在一个断面单元中，断面的刚性系数为定值，则由式（3-8-82）、式（3-8-83）可假定断面单元中的曲率和剪切应变由下式给出

$$\begin{cases} \rho(x) = (\rho_{L0} - \rho_{L1}) x_1 / l_L + \rho_{L1} & \text{（直线分布）} \\ \Gamma(x) = \Gamma_L & \text{（定值）} \end{cases} \tag{3-8-84}$$

由连续梁理论，铸坯的挠度可用下式近似计算

$$\begin{cases} \dfrac{d^2 y_M}{dx^2} = -\rho \\ \dfrac{dy_s}{dx} = \Gamma \end{cases} \tag{3-8-85}$$

这里把铸坯的运动近似地看作每次移动一个单元的断续移动，移动前后的外力和应变，对每个单元可用以下的差分进行表示

$$\begin{cases} M_e = M_{ef} + \Delta M_e \\ F_e = F_{ef} + \Delta F_e \\ \rho_e = \rho_{ef} + \Delta \rho_e \\ \Gamma_e = \Gamma_{ef} + \Delta \Gamma_e \end{cases} \tag{3-8-86}$$

把式（3-8-82）~式（3-8-84）和式（3-8-86）带入式（3-8-85），从辊距的入口积分到出口，则对一个辊距，可导出以下关系式

$$\begin{cases} y'_{j0} = \alpha_{1j} + \alpha_{2j} F_j + \alpha_{3j} M_{jI} + y'_{jI} \\ y_{j0} = \beta_{1j} + \beta_{2j} F_j + \beta_{3j} M_{jI} + L_j y'_{jI} + y_{jI} \end{cases} \tag{3-8-87}$$

式中　$\alpha_1 \sim \alpha_3, \beta_1 \sim \beta_3$ ——辊距内铸坯的刚性系数，它包含着移动前的变形量和负荷量各为

$$\alpha_{1j} = \sum_{e=e_1}^{e_n} A'_e ; \qquad \alpha_{2j} = \sum_{e=e_1}^{e_n} B'_e ; \qquad \alpha_{3j} = \sum_{e=e_1}^{e_n} C'_e ; \qquad \beta_{1j} = \sum_{e=e_1}^{e_n} \left(A_e + l_e \sum_{m=e_1}^{e-1} A'_m \right)$$

$$\beta_{2j} = \sum_{e=e_1}^{e_n} \left(B_e + l_e \sum_{m=e_1}^{e-1} B_m' \right) ; \qquad \beta_{3j} = \sum_{e=e_1}^{e_n} \left(C_e + l_e \sum_{m=e_1}^{e-1} C_m' \right)$$

其中　　$A_e' \equiv -\left[\rho_{e0f} + \rho_{e1f} - D_{1e}(M_{e0f} + M_{e1f}) - 2D_{2e}F_{ef} \right] l_e / 2$

$B_e' \equiv -\left[D_{1e}(x_{e0} + x_{e1}) + 2D_{2e} \right] l_e / 2$

$C_e' \equiv - D_{1e}l_e$

$A_e \equiv -\left[\rho_{e0f} + 2\rho_{e1f} - D_{1e}(M_{e0f} + M_{e1f}) - 3D_{2e}F_{ef} \right] \cdot l_e^2 / 6 +$
$\qquad\quad \left[\Gamma_{ef} - D_{1e}(M_{e0f} + M_{e1f})/2 - D_{3e}F_{ef} \right] l_e$

$B_e \equiv -\left[D_{1e}(x_{e0} + 2x_{e1}) + 3D_{2e} \right] l_e^2 / 6 + \left[D_{2e}(x_{e0} + x_{e1})/2 + D_{3e} \right] l_e$

$C_e \equiv - D_{1e}l_e^2 / 2 + D_{2e}l_e$

又知

$D_{1e} \equiv \alpha_{3e} / (\alpha_{1e}\alpha_{3e} - \alpha_{2e}^2)$

$D_{2e} \equiv -\alpha_{2e} / (\alpha_{1e}\alpha_{3e} - \alpha_{2e}^2)$

$D_{3e} \equiv \alpha_{1e} / (\alpha_{1e}\alpha_{3e} - \alpha_{2e}^2)$

x_{e0}，x_{e1}——离跨距入口处的距离，mm。

（3）适用于全区域的方程式

对于应变，须满足以下的边界条件

相邻辊距的角度关系

$$\gamma_{j1}' = \gamma_{(j-1),0}' + \theta_j \tag{3-8-88}$$

支点通过条件：

$$\gamma_{j1} = \gamma_{(j-1),0}' = \pm S_{J1} \tag{3-8-89}$$

把式（3-8-87）代入式（3-8-82）得

$$-\theta_j = \alpha_{1j} + \alpha_{2j}F_j + \alpha_{3j} \sum_{k=1}^{j-1} F_k L_k + \gamma_{(j-1),0}' - \gamma_{j,0}' \pm (S_{j1} - S_{(j-1),1})$$

$$= \beta_{1j} + \beta_{2j}F_j + \beta_{3j} \sum_{k=1}^{j-1} F_k L_k + L_j(\gamma_{(j-1),0}' + \theta_j)$$

$$(j = 1, 2, \cdots, N) \tag{3-8-90}$$

对于外力，计算区域的入口和出口处矫直力矩为0，由式（3-8-83）得

$$M_{NO} = \sum_{j=1}^{N} F_j L_j = 0 \tag{3-8-91}$$

由以上各式可得整个区域各个辊距内的剪切力 F_j 和各个辊子支点处铸坯的倾角 γ_{j0}' 为未知数的 $(2N+1)$ 维联立方程式。解此联立方程式，可得剪切力和铸坯倾角。再由式（3-8-79）~式（3-8-87），可解得铸坯的应力、应变和位移。而作用在辊子上的载荷为

$$R_{j1} = F_{j-1} - F_j \tag{3-8-92}$$

（4）辊子挠度对方程式的修正

由于矫直反力的作用，辊子、框架发生了变形，支点发生了变位，辊距间的角度关系发生了变化。如图 3-8-62 所示，其相对角度为

$$\phi_j = \theta_j + \Delta\theta_j - \Delta\theta_{j-1}$$

$$= \theta_j + (\delta_{j+1,1} - \delta_{j,1})/L_j - (\delta_{j,1} - \delta_{j-1,1})/L_{j-1} \tag{3-8-93}$$

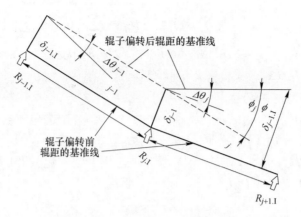

图 3-8-62　两辊距之间的相对角度

支点变位和剪切力的关系为

$$\delta_{j1} = K_{j1} \cdot R_{j1} = K_{j1}(F_{j-1} - F_j) \qquad (3\text{-}8\text{-}94)$$

把式（3-8-94）代入式（3-8-93）得

$$\phi_j = \theta_j + K_{1j}F_{j+1} + K_{2j}F_j + K_{3j}F_{j-1} + K_{4j}F_{j-2} \qquad (3\text{-}8\text{-}95)$$

式中　$K_{1j} \equiv -\dfrac{K_{j+1,1}}{L_j}$;

$$K_{2j} \equiv \frac{K_{j+1,1}}{L_j} + \frac{K_{j,1}}{L_j} + \frac{K_{j,1}}{L_{j-1}} ;$$

$$K_{3j} \equiv -\left(\frac{K_{j,1}}{L_j} + \frac{K_{j,1}}{L_{j-1}} + \frac{K_{j-1,1}}{L_{j-1}} \right) ;$$

$$K_{4j} \equiv -\frac{K_{j-1,1}}{L_{j-1}} 。$$

用式（3-8-95）中的 ϕ_j 代替式（3-8-90）中的 θ_j ，可得到考虑支点变位后的方程式。矫直过程数值计算的计算机框图如图 3-8-63 所示。

c　计算结果

以"A 钢铁公司"直弧型板坯连铸机 250mm × 1900mm 连铸坯断面为例，其弯曲段弯曲反力和矫直段矫直反力的计算结果分别如图 3-8-64 和图 3-8-65 所示。

d　矫直反力计算部分各公式代号的意义

A——凝固壳的断面积，mm^2 ;

A_M——产生弯曲应力区域的断面积，mm^2 ;

A_s——产生剪切应力区域的断面积，mm^2 ;

a_1——铸坯断面的刚性系数，$N \cdot mm$;

a_2——铸坯断面的刚性系数，$N \cdot mm$;

a_3——铸坯断面的刚性系数，N ;

b——铸坯宽度，mm ;

C——与材料和温度有关的蠕变常数，$mm^{2n}/(N^n \cdot s)$;

l_t——铸坯端部完全凝固区的长度，mm ;

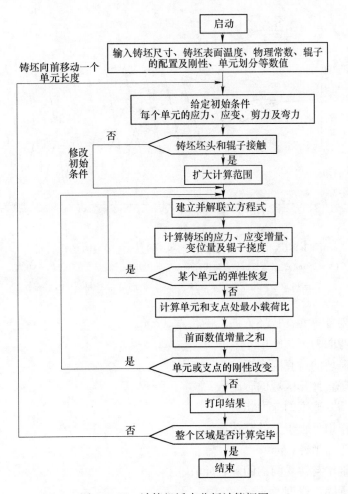

图 3-8-63 计算机矫直分析计算框图

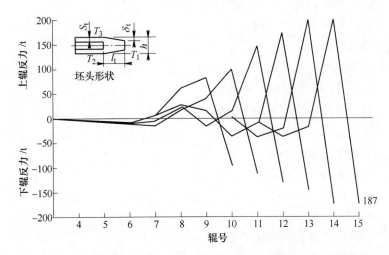

图 3-8-64 "A 钢铁公司"连铸机坯头通过弯曲区域时的弯曲反力

($h = 250mm$，$\delta_t = 1mm$，$l_t = 300mm$，$S_t = 40mm$，$T_1 = 400℃$，$T_2 = 800℃$，

$T_3 = 1500℃$，辊子刚度 $K = 1MN/mm$，板坯尺寸 $250mm \times 1930mm$)

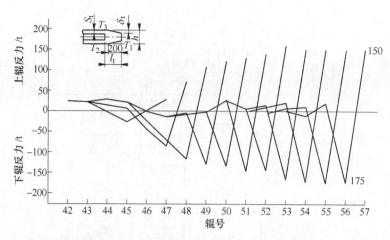

图 3-8-65　"A 钢铁公司"坯头通过矫直区域时的矫直反力

($h = 250$ mm，$\delta_t = 1$ mm，$l_t = 400$ mm，$S_t = 100$ mm，$T_1 = 400$ ℃，$T_2 = 900$ ℃，

$T_3 = 1500$ ℃，辊子刚度 $K = 1$ MN/mm，板坯尺寸 250 mm $\times 1930$ mm)

l_e——划分单元在拉坯方向上的长度，mm；

M——弯曲力矩，N·mm；

M_b——铸坯的矫直阻力矩，N·mm；

N——矫直计算区域的辊距数；

n——蠕变速度的应力指数；

R——作用于辊子上的载荷，N；

R——弯曲半径，mm；

S——辊子与铸坯间的间隙，mm；

s_t——凝固壳厚度，mm；

T——铸坯温度，℃；

Δt——通过辊距所需的时间，s；

$U_1 \sim U_3$——塑性系数，MPa；

v——浇铸速度，mm/s；

x——拉坯方向上的坐标，mm；

x_o——划分单元在拉坯方向上的坐标，mm；

y——铸坯厚度方向上的坐标，mm；

y_M——弯曲变形量，mm；

y_s——剪切变形量，mm；

E——弹性模量，MPa；

F——剪切力，N；

G——剪切弹性系数，MPa；

H——加工硬化系数，Pa；

H'——塑性硬化系数，MPa；

h——铸坯厚度，mm；

$K_1 \sim K_4$——辊子挠度的修正系数，1/N；

K——辊子的刚度常数，mm/N；

L——辊距，mm；

γ'——铸坯的倾斜角度，(°)；

z——铸坯宽度方向上的坐标，mm；

$\begin{cases} \alpha_1 \sim \alpha_3 \\ \beta_1 \sim \beta_3 \end{cases}$——辊距内铸坯的刚性系数（无因次、1/N、1/(N·mm)、mm、mm/N、1/N)；

Γ——平均剪切应变；

γ——剪切应变；

δ——辊子挠度，mm；

δ_t——铸坯端部厚度方向的收缩量，mm；

ε——弯曲应变；

$\dot{\varepsilon}$——弯曲应变速度，1/s；

$\dot{\varepsilon}_c$——铸坯材料的蠕变应变速度，1/s；

ε——相当应变；

η——到中性轴的距离，mm；

θ——辊距间的相对角度，(°)；

ρ——弯曲曲率，1/mm；

σ——弯曲应力，MPa；

$\bar{\sigma}$——相当应力，MPa；

σ_F——铸坯材料的变形阻力，MPa；

τ——剪切应力，MPa；

ϕ——因辊子挠度产生的辊距间的相对角度，(°)。

角标号的含义：

e——划分单元编号；

f——移动前的数值；

I——移动方向入口数值；

i——辊子编号；

j——辊距编号；

o——移动方向出口数值。

8.4.4.3 主要部件的强度与刚度计算

设计扇形段时，需对扇形段上框架、下框架、活动梁等主要部件进行强度和刚度计算。这些为焊接结构件，人工计算比较困难，当前多借助于计算机通过有限元软件计算。但受力分析的正确与否对计算结果影响较大，在这里就几个主要部件的受力状况进行分析。

A 活动梁受力分析

活动梁安装有扇形段驱动辊，位于扇形段上框架中间部位，固定于上框架上部的压下液压缸上，压下液压缸带动活动梁沿上框架中间导向板进行滑动。有三部分外力作用于活动梁，一部分来源于铸坯作用于活动梁驱动辊的力，另一部分来源于压下液压缸，还有一部分来源于上框架滑板支撑力，其受力如图 3-8-66 所示。

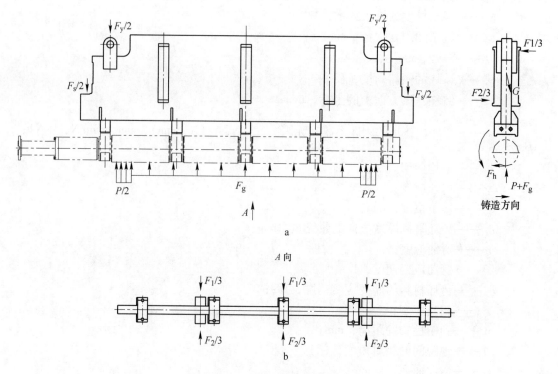

图 3-8-66　活动梁受力分析

a—主视图；b—A 向视图

F_y —液压缸压下力，kN；P —轻压下反力（如果参与矫直时，本部分还包含矫直反力），kN；

F_g —钢液静压力产生的铸坯鼓肚力，kN；F_h —反拉坯阻力，包括鼓肚阻力、

辊子旋转阻力、轻压下阻力、矫直阻力等，kN；F_s —上框架对活动梁的支撑力，kN；G —活动梁重力，kN；

F_1，F_2 —上框架滑板对活动梁的支撑力，根据辊子旋转方向，F_1 与 F_2 不会同时出现，kN

B　扇形段上框架受力分析

　　扇形段上框架通过两侧的四个夹紧液压缸与连杆和下框架等部件紧固在一起形成一个整体。受力来源于四个方面，第一部分来源于夹紧液压缸，第二部分来源于活动梁，第三部分来源于其上的各自由辊，第四部分来源于侧框架。其受力如图 3-8-67 所示。

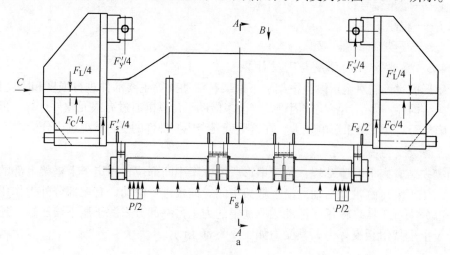

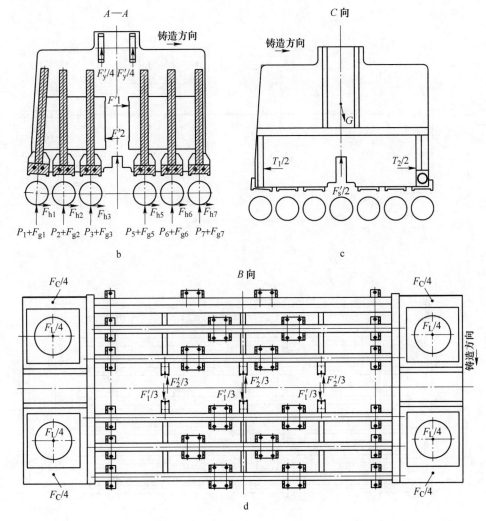

图 3-8-67 扇形段上框架受力分析

a—主视图；b—A—A 剖视图；c—C 向视图；d—B 向视图

F_L —夹紧液压缸夹紧力，kN；F_y' —压下液压缸压下反力（大小同压下力 F_y），kN；P_i —各辊子所承受的轻压下反力（如果参与矫直时），本部分还包含矫直反力，kN；F_{gi} —各辊子由钢水静压力产生的铸坯鼓肚力，kN；F_{hi} —各自由辊所承受的反拉坯阻力，包括鼓肚阻力、辊子旋转阻力、轻压下阻力、矫直阻力等，kN；F_s' —活动梁对上框架的作用力，kN；G —上框架重力，kN；F_1'，F_2' —活动梁在上框架滑板处的作用力，根据驱动辊旋转方向等因素，F_1' 与 F_2' 不会同时出现，kN；T_1，T_2 —侧框架对上框架两侧导向板处的作用力，根据驱动辊旋转方向等因素，T_1 与 T_2 不会同时出现，kN

C 扇形段下框架受力分析

扇形段下框架既有自由辊，又有驱动辊，同时侧框架固定于下框架上，它们所承受的合成力要作用于下框架上，整个扇形段安装在基础框架或香蕉梁上。所以，下框架受力来源于四个方面，第一部分来源于上框架两侧的四个夹紧液压缸的作用力，第二部分来源于侧框架对下框架的作用力，第三部分来源于其上的驱动辊和各自由辊，第四部分来源于基础框架或香蕉梁的支反力。其受力如图 3-8-68 所示。

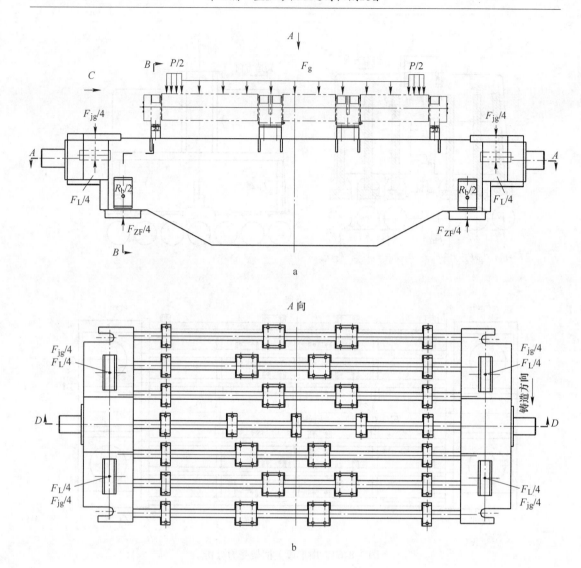

a

A 向

b

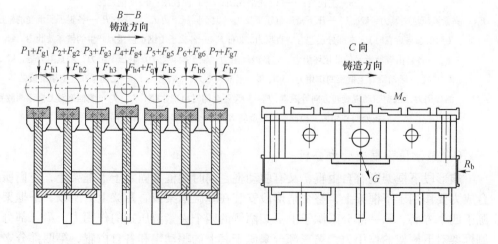

c

d

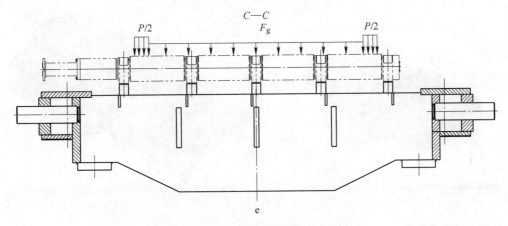

图 3-8-68 扇形段下框架受力分析

a—主视图；b—*A* 向视图；c—*B—B* 剖视图；d—*C* 向视图；d—*C—C* 剖视图

P_i—各辊子所承受的轻压下反力（如果参与矫直时，本部分还包含矫直反力），kN；F_{gi}—各辊子由钢

液静压力产生的鼓肚力，kN；F_{jg}—侧框架垂直作用在下框架结合面上的作用力，kN；

F_L—夹紧液压缸夹紧力，kN；R_b—基础框架对扇形段下框架的反作用力，kN；

F_{ZF}—基础框架对扇形段下框架的支反力，kN；F_{hi}—各辊所承受的反拉坯阻力，包括鼓肚阻力、

辊子旋转阻力、轻压下阻力、矫直阻力等，kN；F_q—驱动辊的驱动力，受力方向与 F_{hi} 相反，kN；

G—上框架重力，kN；M_c—单侧侧框架作用在下框架上的力矩，kN·m

D　扇形段总变形量计算

通过上、下框架，活动梁、辊子及连杆的力学计算，可得到其变形量，结合轴承等标准件的间隙，可以计算出扇形段的总变形量。

$$f_n = \delta_T + \delta_B + \lambda_i + f_i + f_e + \Delta_n \qquad (3\text{-}8\text{-}96)$$

式中　f_n——扇形段总变形量，mm；

　　　δ_T——上框架挠度，mm；

　　　δ_B——下框架挠度，mm；

　　　λ_i——连杆拉伸变形，mm；

　　　f_i——沿辊身长度距辊身端面 100mm 处的辊子挠度，mm；

　　　f_e——扇形段各部件的弹性变形，mm；

　　　Δ_n——轴承间隙，mm。

图 3-8-69 是利用计算机软件计算形成的扇形段上框架、活动梁、下框架、辊子三维应力与变形（挠度）图。

8.5　板坯连铸机传动装置

8.5.1　传动装置的功能

扇形段传动装置有时也称为连铸机传动装置、二冷传动装置、驱动装置等，主要功能是将引锭送入连铸机结晶器中，并将铸坯拉出连铸机。

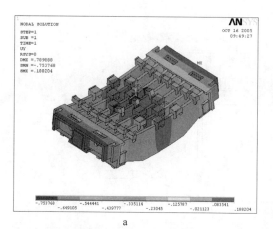
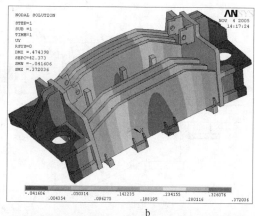

a　　　　　　　　　　　　　　　　b

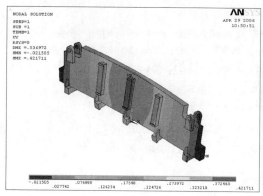
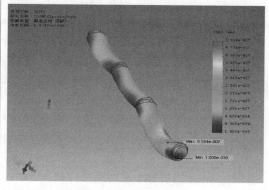

c　　　　　　　　　　　　　　　　d

图 3-8-69　扇形段主要部件强度、刚度计算结果

a—上框架；b—下框架；c—活动梁；d—辊子

8.5.2　传动装置组成及结构

　　扇形段传动装置有两种形式，一种是减速机电机直接与扇形段驱动辊联接，这种形式的优点是传动效率高，结构简单，如图 3-8-70 所示，不足的是每个机架只配有一套传动装置，设备投资高，这种形式过去多应用于矩形坯或方坯连铸机，后来有些供货商设计了一台三机三流或一台四机四流板坯连铸机，因为要缩小流间距、缩短中间罐长度，则借用方坯、矩形坯连铸机的拉矫机结构。这种板坯连铸机拉速低，不是板坯连铸机的发展方向，因此，所采用的这种传动装置也是少数个案。将电机和减速机移到固定不动的位置，通过万向联轴器将动力传递到扇形段的驱动辊上，板坯连铸机常用的传动装置如图 3-8-71 所示，这种传动装置的优点是传动部分的电机、减速机等主要设备固定在混凝土基础上，传动控制线路不因扇形段的更换而调整，提高了传动的可靠性，并可降低设备投资。常规的板坯连铸机有单流和双流之分，每一流传动装置布置如图 3-8-72 所示，几乎每个扇形段上都有驱动辊和传动装置，只不过有的扇形段有一个驱动辊，有的扇形段有两个驱动辊，也有的扇形段有 3 个、4 个驱动辊的。每个扇形段有一组或两组驱动装置，所谓扇形段传动装置是指各个扇形段具有的各组传动装置的组合。

　　如图 3-8-71 所示的传动装置主要由交流变频调速电机 1、电力液压推杆制动器 2、带制动轮的鼓形齿联轴器 3、减速器 4、底座 5 和万向联轴器 6 等组成。其动力通过万向联轴器 6 传递到扇形段的驱动辊 7 上。根据要求，部分驱动装置电机带有光电编码器、制动器和制动轮。万向联轴器法兰一端与扇形段驱动辊连接，一端与减速机连接，在浇注不同厚度铸坯时采用不同的辊缝，万向联轴器可以伸缩，能够有效地传递驱动力。制动器位于电机出轴侧，可迅速、可靠地制动。底座为钢板焊接结构件。

在制造厂，传动装置应分组组装，并做空负荷试车。空负荷试车时，最好能与扇形段的驱动辊连接在一起。

传动装置中的减速器、制动器、联轴器等自身装配、调试、润滑、安全防护等按各自的专业标准和规定进行。

8.5.3　传动装置设计注意事项

传动装置的电机功率、传动及所配减速器传动比在总体设计时已考虑，见第二篇第 9 章。设备设计时，满足总体工艺要求，并从传动装置的可靠性、维修的方便性、经济性等方面考虑，注意以下几方面。

（1）减速器功率的选择。由于总体设计时电机功率已确定，已经考虑了滞坯以后的重拉坯能力，所以电机功率选择较大，浇注最大断面板坯时，各电机的平均电流仅为额定电流的

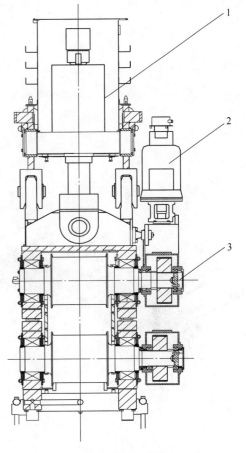

图 3-8-70　在拉矫机机架上安装且与驱动辊连接的连铸机传动装置
1—拉矫机；2—电机；3—减速器

30%~40%，因为电机超负荷超过时限，电机会被烧坏，而减速器则不然。因此，板坯连铸机电机与减速器匹配时，减速器的功率可降低一个档次，例如电机功率为 7.5kW，减速器输入功率可选 5.5kW。

（2）电机、减速器、制动器更换及维护的方便性。在传动装置中，最易出现问题的是电机，其次是制动器。为了便于电机和减速机的维修与更换，上下两组电机及减速机的固定底座可采取前后错位的方式设计，如图 3-8-73 所示，上部电机、制动器、减速机及下部电机和制动器可直接更换维修。如果受空间限制，无法采用图 3-8-73 所示的方案时，将上下传动部分的底座设计成可分离式，如图 3-8-74 所示，以方便维修和更换。考虑到设备维修起吊方便，多在浇注平台下方增设手动或电动起吊葫芦。

（3）万向联轴器形式应便于扇形段的更换。由于扇形段更换或维护较为频繁，这样就要求扇形段更换时，万向联轴器与扇形段拆开后能缩回到抽出导轨以外，万向联轴器的伸缩端应与减速器相联，置于蒸汽密封室以外，避免放在蒸汽密封室内，生锈后不能伸缩。

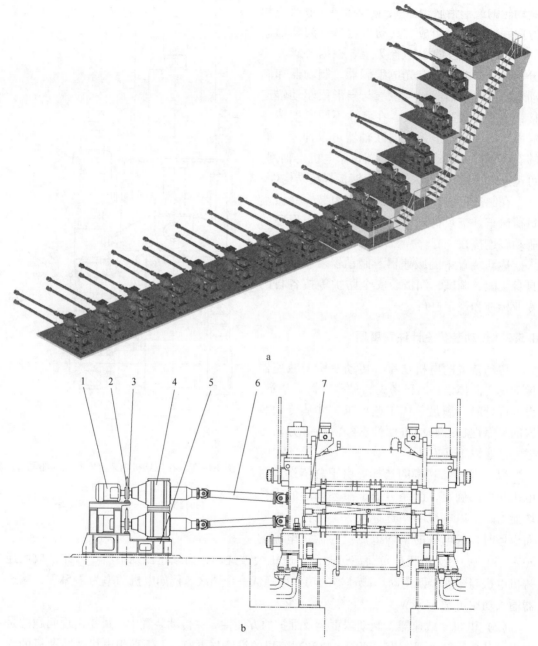

图 3-8-71　在混凝土基础上安装单流连铸机传动装置布置与扇形段驱动辊连接的单流连铸机传动装置

a—单流连铸机传动装置布置；b—扇形段驱动辊连接的单流连铸机传动装置

1—交流变频调速电机；2—电力液压推杆制动器；3—带制动轮的鼓形齿联轴器；

4—减速器；5—底座；6—万向联轴器；7—扇形段驱动辊

（4）传动部分的种类要合理。从用户对设备的管理角度出发，为了减少设备备件的种类和数量，希望传动部分的电机、减速器、联轴器等种类越少越好，这就要求扇形段传动装置的电机、减速机、制动器等均需要按能力最大者选取。但从设计的合理性来说，按能力大者选取，造价就高，能力浪费。如何取舍，需要结合用户要求和综合效益全面考虑。

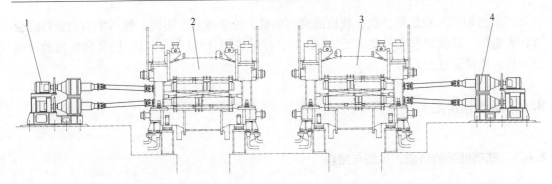

图 3-8-72　在混凝土基础上安装且与扇形段驱动辊联接的双流连铸机传动装置

1—第一流连铸机传动装置；2—第一流连铸机扇形段；3—第二流连铸机扇形段；4—第二流连铸机传动装置

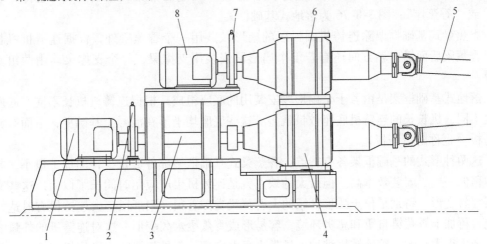

图 3-8-73　电机错位布置的传动装置

1—下驱动电机；2—下制动器；3—长轴；4—下减速器；5—万向联轴器；6—上减速器；

7—上制动器；8—上驱动电机

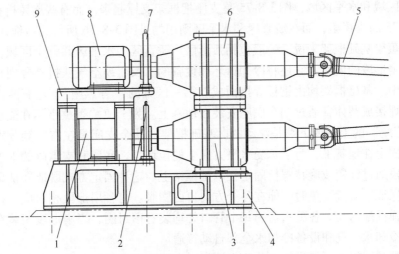

图 3-8-74　电机底座可分离的传动装置

1—下驱动电机；2—下制动器；3—下减速器；4—底座；5—万向联轴器；6—上减速器；

7—上制动器；8—上驱动电机；9—上驱动电机底座

（5）选电机重视质量。统一规格的两台电机，由于滑差率不同，所产生的力矩有时会有较大差距，这就要求选用交流变频电机时，尽量选用合格厂家产品，使每台电机的性能都一样，质量都过关。

8.6　基础框架

8.6.1　基础框架的功能、类型与结构

叫习惯了的基础框架实际上就是安装扇形段和支撑弯曲段的底座。根据基础框架在连铸机弧形区的结构特点通常分为两种形式，图3-8-75为香蕉梁式基础框架，也称"香蕉梁"或"香蕉座"；图3-8-76为落地式基础框架。

香蕉梁式基础框架除连铸机圆弧区的扇形段共用一个香蕉梁外，根据连铸机机长不同，香蕉梁后面沿出坯方向还有若干个扇形段安装用支撑梁，每个支撑梁均由两组支座支撑。

落地式基础框架是由若干个扇形段安装用的底座组成，根据连铸机机长不同，底座数量也不同，机长长的连铸机底座数量就多。这些底座均坐落在混凝土基础上，下面有锚固件筋板（也称防滑筋板）。

这两种形式的基础框架各有特点，香蕉梁式基础框架部件数量少，即加工量小，制造成本稍低一些，安装效率高。但最大的缺点就是连铸机生产应用时间长了以后，这些支撑梁很容易变形，特别是位于弧形区域的大香蕉梁支撑着很多扇形段，大连铸机有时达好几百吨，再加上香蕉梁自重和恶劣环境，容易形成香蕉梁永久变形，这对连铸机的外弧线精度将产生很大影响，给连铸机维护人员带来很大麻烦，而外弧线精度影响板坯质量，就凭香蕉梁容易产生永久性变形这一缺点，这种形式的基础框架就不应该成为优先选择的技术方案。

在矫直区域和水平区域，图3-8-75是支座把框架支撑起来，而有些连铸机在圆弧区用的是图3-8-75的香蕉梁，而在矫直区和水平区则用的是图3-8-76所示的落地式基础框架。

对于香蕉梁基础框架来说，一般包括弧形区、矫直区和水平区共三个区域，在支撑和固定弯曲段扇形段的同时，它还将冷却铸坯和设备的水及压缩空气从机外分别自动引入到各个扇形段中。基础框架均由钢板焊接而成。第一区域的"香蕉座"，左右两侧从上到下由三根钢管焊接成整体，通过四个底座安装在地基上。为了使"香蕉座"在受热时能自由膨胀，"香蕉座"的上端或下端是浮动的。基础框架的其余支座是左右两侧分别固定在支座上或直接固定在地基上，为了承受水平方向上的拉坯力，底座和支承座的下方都焊有防滑筋。扇形段通过柱销或旋转螺栓固定在基础框架上。这种固定方式既能保证扇形段准确定位，又能保证扇形段受热时，能在各个方向自由膨胀。与各扇形段相对应，在基础框架的外侧装有弹性配水盘。各配水盘的每个管口处均装有密封圈，当扇形段安装在基础框架上时，二次冷却水、气和设备冷却水全部自动接通。

落地式基础框架，一般包括弯曲段支撑架、右侧底座和左侧底座。弯曲段支撑架共两件，分别用螺栓固定在右侧框架和左侧框架上，其作用是限制弯曲段摆动，为了保证弯曲段下支点的准确定位，弯曲段支撑架设计有15mm厚的垫片组，调整方向在外弧线的法线

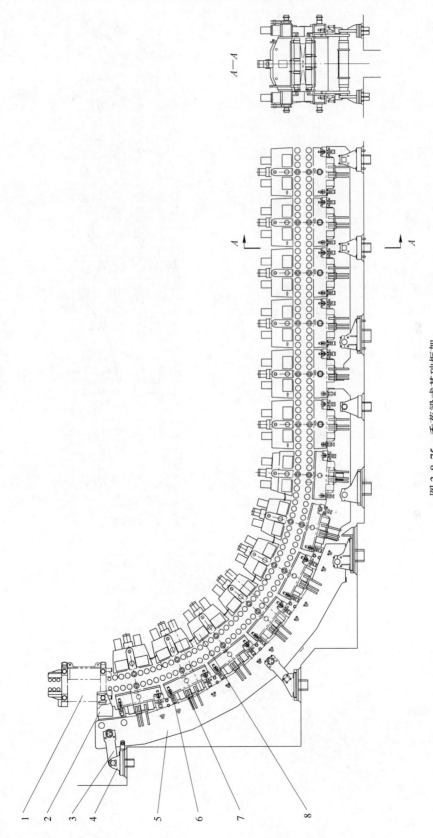

图 3-8-75　香蕉梁式基础框架

1—弯曲段；2—上支座；3—连杆；4—支座；5—香蕉梁；6—扇形段固定螺栓；7—接水盘；8—扇形段

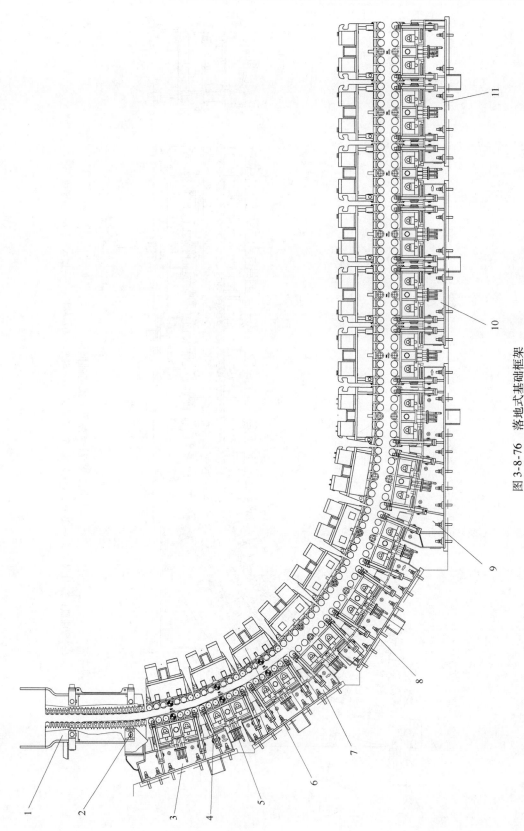

图 3-8-76　落地式基础框架

1—弯曲段；2—上支座；3—底座（一）；4—紧固螺栓；5—接水盘；6—扇形段；7—底座（二）；8—底座（三）；9—底座（四）；10—底座（五）；11—底座（六）

上，调整精度 0.1mm。右侧底座和左侧底座分别由多个相互独立的底座组成，用来支承和固定各个扇形段。每个底座由底座本体、扇形段固定螺栓、扇形段支撑板、扇形段纵向导向板、扇形段横向导向板、各种垫片组等组成。底座本体为钢板焊接件，底部设有防滑筋，用基础锚固件中的地脚螺栓固定，考虑到热膨胀，底座本体的地脚螺栓孔设计得比较大。基础框架沿连铸机出坯方向的各底座之间有一个扇形段跨在两组支座上。扇形段通过螺栓固定在基础框架上。这种固定方式既能保证扇形段准确定位，又能保证扇形段受热时能在各个方向自由膨胀。与各扇形段相对应，在基础框架的外侧设置有插入式配水盘。当扇形段放置在基础框架上时，设备冷却水和二次冷却水、气全部自动接通。

8.6.2 基础框架有关计算

8.6.2.1 香蕉梁挠度和最大弯曲应力的计算

香蕉梁式基础框架和落地式基础框架相比，受力相对比较复杂，特别是香蕉梁本身，下面就香蕉梁的挠度和最大弯曲应力按下面三种工况进行计算。

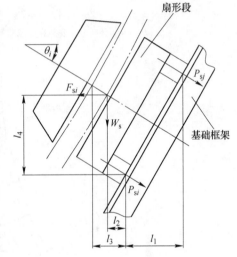

图 3-8-77 扇形段节点载荷

第一，扇形段安装到香蕉梁上时，挠度和最大弯曲应力的计算。

第二，扇形段安装到香蕉梁上的挠度为零时，在铸造时（铸坯重力 + 拉坯阻力）挠度的计算；

第三，考虑到扇形段自重、铸坯自重及拉坯阻力时，香蕉梁最大弯曲应力的计算。

A 节点载荷的计算

节点载荷如图 3-8-77 所示。

由图可求出：

$$P_{si} = \left[\frac{1}{l_1}(l_2 F_{si}\cos\theta_i + W_s l_3 + l_4 F_{si}\sin\theta_i) + W_s \right] \sin\theta_i / 2$$

$$P_{sj} = \frac{1}{l_1}(l_2 F_{si}\cos\theta_i + W_s l_3 + l_4 F_{si}\sin\theta_i) \sin\theta_i / 2 \qquad (3\text{-}8\text{-}97)$$

式中 P_{si}，P_{sj}——各扇形段作用在香蕉梁上的力，kN；

W_s——扇形段自重，kN；

F_{si}——各扇形段上的拉坯阻力，kN。

由于各扇形段自重和 l_1、l_2、l_3、l_4 尺寸以及板坯质量和各扇形段的拉坯阻力是已知的，图 3-8-78 是香蕉梁在各扇形段 P_{si} 和 P_{sj} 力作用下的受力尺寸图，可按上面所述的三种工况分别计算出 P_{si} 和 P_{sj} 力。

B 香蕉梁的断面形状

为了计算方便，如图 3-8-79 所示，对香蕉梁各节点断面位置进行简化，根据各节点的断面形状分别计算出断面面积 A（m²）、断面惯性矩 I（m⁴）和断面系数 W（m³）。

进行上述计算之后，即可求出各扇形段作用在基础框架上各节点的力和挠度值。也可

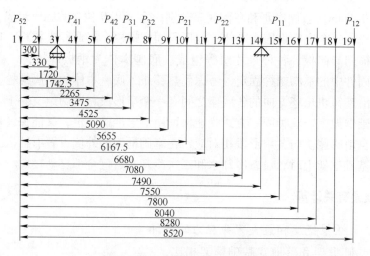

图 3-8-78　支撑框架的受力简图

（$P_{12} \sim P_{52}$ 分别表示安装在支撑框架上的各扇形段在支撑面上单侧的垂直分力）

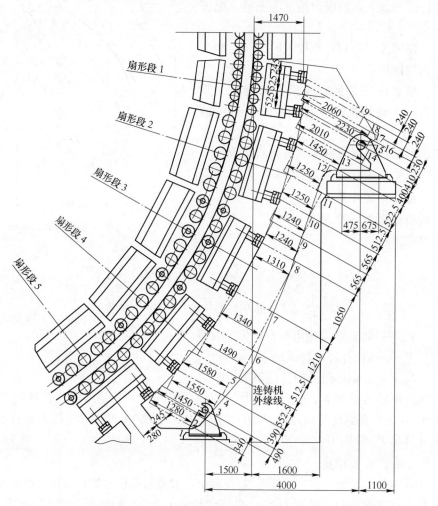

图 3-8-79　香蕉梁各节点断面位置简化

通过建立三维实体,通过专用软件进行计算。

图 3-8-80 是 A 钢铁公司板坯连铸机在考虑扇形段自重、板坯重量和拉坯阻力之后,基础框架上各节点作用的载荷和挠度值。

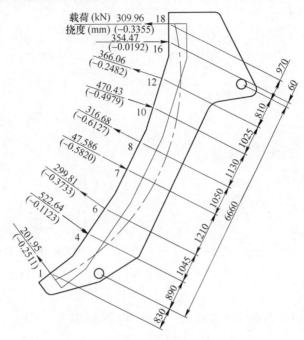

图 3-8-80 支撑框架受力及挠度计算结果示意图

由图知,节点 7 的载荷为 475.86kN,断面系数为 $W = 0.0354\text{m}^3$,弯曲力矩为 697466N·m(由程序计算得到),因此该点的最大应力

$$\sigma_{\max} = \frac{697466}{0.0345} = 20216406\text{Pa} \approx 20.22\text{MPa}$$

要求基础框架最大应力小于 50MPa,计算结果满足要求。最大挠度值由图 3-8-80 可知是在节点 8 处,$\delta = 0.6127\text{mm}$,满足允许值 0.7mm。

8.6.2.2 香蕉梁支座基础载荷计算

A 基础载荷分析

图 3-8-81 是香蕉梁的布置形式。计算时按下面两种情况考虑,其一是上下支点均为固定铰支座,其二是上支点为固定支座,下支点为活动铰支座。

香蕉梁上下支座的受力情况如图 3-8-82 所示。香蕉梁上支点 A 和下支点 B 在前一种情况时,受到香蕉梁作用的水平和垂直方向的力有 H_{RA}、V_{RA}、H_{RB}、V_{RB},此时在 B 点,H_{RB}、V_{RB} 在滑动方向及垂直方向的力为

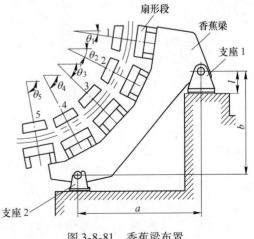

图 3-8-81 香蕉梁布置

$$\begin{cases} T_B = V_{RB}\cos\alpha_i - H_{RB}\sin\alpha_i \\ N_B = V_{RB}\sin\alpha_i + H_{RB}\cos\alpha_i \end{cases} \tag{3-8-98}$$

假如 B 点滑动方向是自由的话，则需确定 A 点 T_B 力和摩擦阻力 T_{BO} 的差值，如图 3-8-83 所示。摩擦阻力为

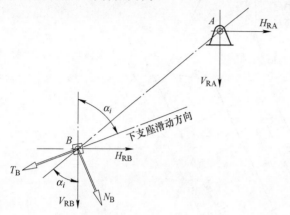
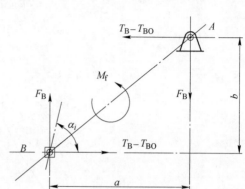

图 3-8-82 上下支座受力分析   图 3-8-83 支撑台板受力分析

$$T_{BO} = \mu_f N_B \tag{3-8-99}$$

式中，μ_f 为摩擦系数。

由于 $T_B - T_{BO}$ 差值从 B 点向 A 点移动，从而产生力矩 M_f

$$M_f = b(T_B - T_{BO}) \tag{3-8-100}$$

因此，在支撑板 A、B 两点上有力 F_B，则

$$F_B \cdot a = M_f \tag{3-8-101}$$

$$F_B = \frac{b}{a}(T_B - T_{BO}) \tag{3-8-102}$$

从以上分析知，在支撑板上，支撑点 A、B 的受力汇总后如图 3-8-84 所示。考虑到基础框架的重量 G_A，基础上所受的水平和垂直方向的力可表示如下

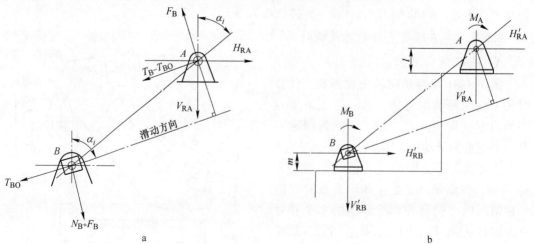

a   b

图 3-8-84 支点 A、B 受力汇总

a—初始受力；b—受力汇总

A 点：

$$H'_{RA} = H_{RA} - (T_B - T_{BO})\sin\alpha_i - F_B\cos\alpha_i \qquad (3\text{-}8\text{-}103)$$

$$V'_{RA} = V_{RA} + (T_B - T_{BO})\cos\alpha_i - F_B\sin\alpha_i + G_A \qquad (3\text{-}8\text{-}104)$$

B 点：

$$H'_{RB} = (N_B + F_B)\cos\alpha_i - T_{BO}\sin\alpha_i \qquad (3\text{-}8\text{-}105)$$

$$V'_{RB} = (N_B + F_B)\sin\alpha_i + T_{BO}\cos\alpha_i + G_A \qquad (3\text{-}8\text{-}106)$$

力矩 M_A、M_B 为：

$$M_A = H'_{RA} \times l \qquad (3\text{-}8\text{-}107)$$

$$M_B = H'_{RB} \times m \qquad (3\text{-}8\text{-}108)$$

当扇形段横跨在香蕉座和矫直区落地式框架之间时，其受力情况如图3-8-85所示，其中图3-8-85a 表示了垂直载荷引起的受力情况；图3-8-85b 表示了水平载荷引起的受力情况。

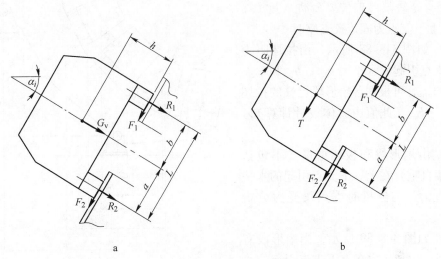

图 3-8-85　位于框架之间的受力情况

a—垂直载荷；b—水平载荷

由图 3-8-85a 得

$$\begin{cases} R_1 = -\dfrac{aG_v}{l} \\[2mm] R_2 = \dfrac{bG_v}{l} \\[2mm] F_1 = F_2 = 0 \end{cases} \qquad (3\text{-}8\text{-}109)$$

由图 3-8-85b 得

$$\begin{cases} R_1 = -\dfrac{Th}{l} \\[2mm] R_2 = \dfrac{Th}{l} \\[2mm] F_1 = F_2 = \dfrac{T}{2} \end{cases} \qquad (3\text{-}8\text{-}110)$$

由此可求出在水平方向的合力 h_i 和垂直方向的合力 V_i，如图 3-8-86 所示。

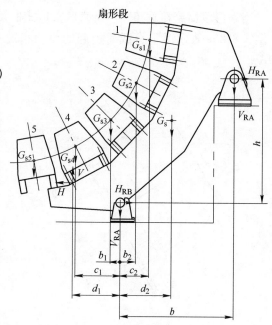

$$h_i = R_i\cos\alpha_i - F_i\sin\alpha_i \qquad (3\text{-}8\text{-}111)$$

$$V_i = R_i\sin\alpha_i + F_i\cos\alpha_i \qquad (3\text{-}8\text{-}112)$$

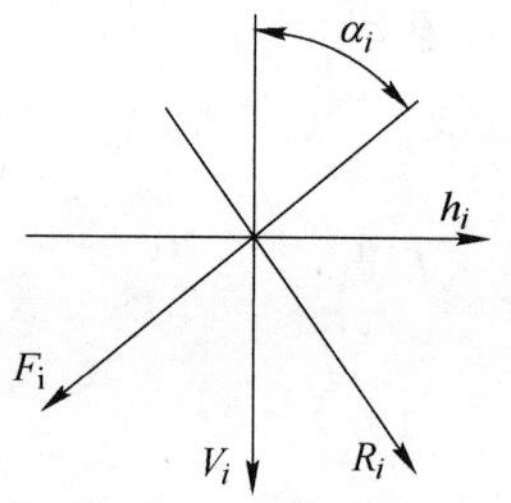

图 3-8-86　支点合力分析

B　连铸机停机状态的受力分析（1 流时）

上、下支点为固定铰支座时，可由力矩平衡分别求出力 H_{RA}、H_{RB}、V_{RA}、V_{RB}。考虑下部支点滑动时，可按前面给出的公式分别求出各力。计算 T_{BO} 力时，μ_f 可按 $\mu_f = 0$ 和 $\mu_f = 0.3$ 两种情况计算。

图 3-8-87 是连铸机停机时基础框架的受力状态，图中 $G_{s1} \sim G_{s4}$ 为各扇形段自重。

C　正常铸造时的受力分析（1 流时）

a　上下支点为固定铰支座时

（1）如图 3-8-88 所示，由拉坯阻力在上下支点引起的水平力 h_{RA}、h_{RB} 和垂直力 V_{RA}、V_{RB}，可根据各扇形段已知的拉坯阻力 $F_{s1} \sim F_{s5}$（此值由总体设计计算知）求出。

（2）由扇形段和板坯重量（不包括基础框架自重）在上、下支点引起的水平力和垂直力，与停机时香蕉梁受力分析相同。

（3）如图 3-8-89 所示，当扇形段有驱动辊时，由拉坯力在上下支点引起的水平力 h_{RA}、h_{RB} 和垂直力 V_{RA}、V_{RB} 可按力矩平衡原理求出。其中，拉坯力 F_d = 正常铸造时的鼓肚力 $\times 0.3 \times$ 驱动辊的数量。

图 3-8-87　停机时香蕉梁受力状态

b　下支点为滑动支座

（1）由扇形段重量、板坯重量及拉坯阻力在上下支点引起的反力。

（2）由机扇形段、板坯重量、拉坯阻力及拉坯力在上下支点引起的反力。

上述两种情况均可按前面给出的公式并分为 $\mu_f = 0$ 和 $\mu_f = 0.3$ 两种情况进行计算。

D　重拉坯时在上下支点引起的水平力和垂直力

如图 3-8-90 所示，重拉坯时在支撑框架上的拉坯阻力为

$$F_K = 全部拉坯阻力 \times \frac{支撑框架上的连铸机的机长}{连铸机总长度}$$

这里全部拉坯阻力是指，重拉坯时在一流连铸机上全部电机的驱动力乘 1.5 倍的过载系数与考虑压下液压缸压在板坯上引起的摩擦力。

计算上下支点水平力和垂直力的方法与前面正常铸造时的计算方法相同。

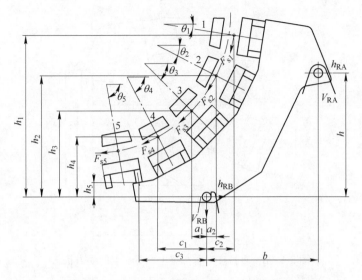

图 3-8-88　拉坯阻力在香蕉梁支座上引起的反力

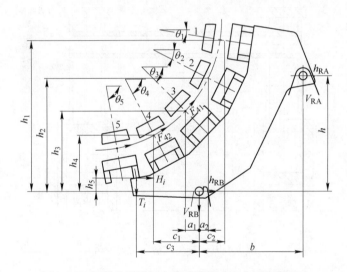

图 3-8-89　驱动辊拉坯力在香蕉梁支座上引起的反力

E　横向热膨胀在支座处引起的水平力

如图 3-8-91 所示，由于热膨胀，在销轴上由载荷 K 而产生的水平力 H_Y

$$\begin{cases} H_Y = \mu_\Phi K \\ K = \sqrt{H_{Ri}^2 + V_{Ri}^2} \end{cases} \tag{3-8-113}$$

式中　μ_Φ——摩擦系数，一般取 $\mu_\Phi = 0.3$ 左右；

H_{Ri}，V_{Ri}——上述各种情况下在支点求得的总水平力和总垂直力。

由 H_Y 力在上下支点产生的力矩 M_{AY} 和 M_{BY} 为

$$M_{AY} = H_{AY} l \tag{3-8-114}$$

$$M_{BY} = H_{AY} m \tag{3-8-115}$$

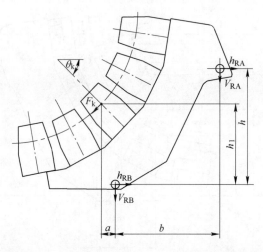

图 3-8-90 重拉坯时香蕉梁上、下支点的受力状态

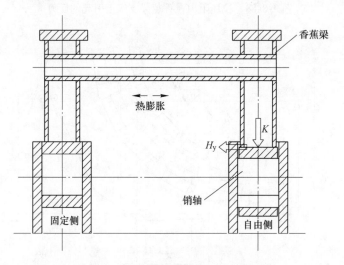

图 3-8-91 香蕉梁横向受力分析

通过上述分析和计算，可最终得出香蕉梁上下支点处作用的最大载荷和最大力矩。表 3-8-6 为某板坯连铸机的计算值。

表 3-8-6 一流连铸机香蕉梁上下支点的最大载荷和最大力矩

力与力矩	停机状态时	正常铸造时	重拉坯时	重拉坯时热膨胀在横方向的载荷和力矩[①]
$H_{RA max}$/kN	-1107.2	-1626.7	-2639.0	$H_Y = \pm807.8$kN $M_Y = \pm888.6$kN·m
$V_{RA max}$/kN	359.1	480.9	534.5	
$M_{A max}$/kN·m	-1217.9	-1789.4	-2902.9	
$H_{RB max}$/kN	909.5	1085.1	1671.1	$H_Y = \pm1064.4$kN $M_Y = \pm1277.3$kN·m
$V_{RB max}$/kN	1725.9	2083.9	3129.9	
$M_{B max}$/kN·m	1089.0	1302.1	2005.3	

①当重拉坯时。

8.6.2.3 落地式基础框架矫直区域底座的受力分析

该底座的载荷如图 3-8-92 所示。其中包括：各扇形段的自重 W_i、各扇形段通过的板坯质量 ω_i、各扇形段的拉坯阻力 F_{si}、各扇形段的拉坯力 F_{di} 及基础框架质量 W_{oi}。

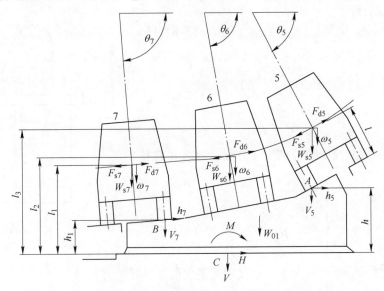

图 3-8-92 落地式基础框架矫直区域底座受力

按照香蕉梁的计算方法，可分别计算出底座中扇形段自重、扇形段自重＋板坯重、拉坯阻力和拉坯时在 A、B 两点的 h_5、V_5、h_7、V_7 各力。同时，也就可以求得停机状态、正常铸造时刻以及重拉坯时，在 C 点的 V、H 和 M 值及其最大值。

底座其余各基础框架底座的计算方法与此相类似。

上述计算的目的是为进行香蕉梁上下支撑底板、基础框架各底座的有关强度计算和地脚螺栓的选择提供必须的数据。

8.6.2.4 地脚螺栓的强度计算

A 正常铸造时香蕉梁上部支座地脚螺栓强度计算

图 3-8-93 所示为支座地脚螺栓的受力情况。

由 A 点取矩得

$$M_\Phi = H_{RAmax}h_{10} - V_{RAmax}b$$

则

$$P_{m1} = M_\Phi l/(l^2 + a^2) \qquad (3\text{-}8\text{-}116)$$

式中 H_{RAmax}——作用在支座上的最大水平载荷，按一流时载荷的 1/2 计算；

V_{RAmax}——作用在支座上的最大垂直载荷，按一流时载荷的 1/2 计算。

设有 n 个螺栓来承受 P_{m1} 载荷，则每个螺栓承受的最大载荷 P' 为

$$P' = P_{m1}/n \qquad (3\text{-}8\text{-}117)$$

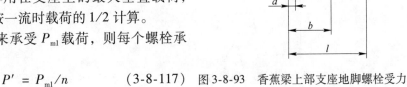

图 3-8-93 香蕉梁上部支座地脚螺栓受力

由此可以选用螺栓。

B　正常铸造时香蕉梁上部支座底板螺栓强度计算

图 3-8-94 所示为支座底板的螺栓受力情况。

由 A 点取矩得

$$M_\Phi = H_{RAmax}h_{11} - V_{RAmax}l_2 \qquad (3\text{-}8\text{-}118)$$

则

$$\begin{cases} P_{n1} = \dfrac{M_\Phi \cdot l_4}{l_1^2 + l_3^2 + l_4^2} \\[3mm] P_{n2} = \dfrac{P_1 \cdot l_3}{l_4} \end{cases} \qquad (3\text{-}8\text{-}119)$$

设 a、b 两排螺栓个数分别为 n 和 m，则各排螺栓的受力分别为

$$\begin{cases} P_a = \dfrac{P_{n1}}{n} \\[3mm] P_b = \dfrac{P_{n2}}{m} \end{cases} \qquad (3\text{-}8\text{-}120)$$

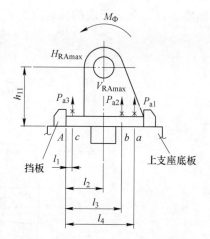

图 3-8-94　上支座底板螺栓受力

然后，比较 P_a 和 P_b 的大小，按其中的最大值选择螺栓直径。

C　正常铸造时香蕉梁下部支座基础螺栓强度计算

图 3-8-95 所示为下部支座地脚螺栓的受力情况。

由 A 点取矩得

$$M_j = H_{RBmax}h_{12} - V_{RBmax}l_2 \qquad (3\text{-}8\text{-}121)$$

式中　　H_{RBmax}——作用在下支座上的最大水平载荷；

　　　　V_{RBmax}——作用在下支座上的最大垂直载荷。

当 $M_j > 0$ 时，按上支座地脚螺栓计算方法进行计算；当 $M_j < 0$ 时，说明地脚螺栓不承受拉伸载荷，选择时可按结构考虑。

D　正常铸造时香蕉梁下部支座底板螺栓强度计算

图 3-8-96 所示为下部支座底板螺栓的受力情况。

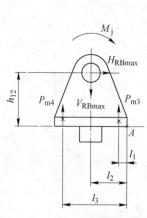

图 3-8-95　香蕉梁下部支座受力

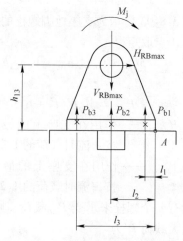

图 3-8-96　香蕉梁下部支座底板受力

由 A 点取矩得：

$$M_{j} = H_{RBmax}h_{13} - V_{RBmax}l_{2} \qquad (3\text{-}8\text{-}122)$$

当 $M_{j} > 0$ 时，按上部支座底板螺栓强度计算方法进行计算；当 $M_{j} < 0$ 时，说明螺栓不承受拉伸载荷，选择时可按结构考虑。

　E　正常铸造时落地式基础框架较之区域底座地脚螺栓强度计算

图 3-8-97 所示为基础框架地脚螺栓的受力情况。

由图 3-8-97 可知

$$\begin{cases} P'_{7} = M_{max}l_{7}/(l_{1}^{2} + l_{2}^{2} + l_{3}^{2} + l_{4}^{2} + l_{5}^{2} + l_{6}^{2} + l_{7}^{2}) \\ P'_{6} = P'_{7}l_{6}/l_{7} \\ P'_{5} = P'_{7}l_{5}/l_{7} \end{cases}$$

$$(3\text{-}8\text{-}123)$$

式中，M_{max} 为落地式基础框架矫直区域底座的最大力矩，在基础载荷计算中已算出。

由此可求出 $P'_{7} \sim P'_{1}$ 各力的大小。

设 P'_{7}、P'_{6}、…每排都布置 n 个螺栓，则每排每个螺栓受力分别为：

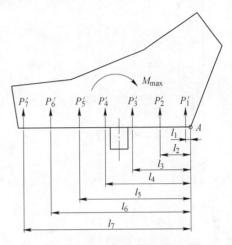

图 3-8-97　矫直区域底座地脚螺栓的受力情况

$$\begin{matrix} P_{7} = P'_{7}/n \\ P_{6} = P'_{6}/n \\ P_{5} = P'_{5}/n \\ \vdots \end{matrix} \qquad (3\text{-}8\text{-}124)$$

比较 P_{7}、P_{6}、…的大小，按其最大值选择螺栓直径。

对落地式基础框架水平区各底座的地脚螺栓，选择方法同上。

这里需说明的是，有关螺栓直径都是按各种工况的计算值选取的，实际选取时，还应考虑足够的安全系数，安全系数取 > 2.5，以适应重拉坯铸造。

8.7　蒸汽排出装置

8.7.1　蒸汽排出装置的功能

蒸汽排出装置用来将铸坯二次冷却时产生的大量水蒸气从连铸机蒸汽密封室排出厂房之外，以防止蒸汽向车间内扩散，影响连铸机正常作业和连铸车间工作环境。

8.7.2　蒸汽排出装置组成及结构

板坯连铸机的蒸汽排出装置是由风机、排风管道等组成，某钢铁公司单流板坯连铸机蒸汽排出装置如图 3-8-98 所示。输出管道与风机出口的消声器出口联接，通向车间屋顶外。进出风管均由钢板焊接而成，每节通风管道间有膨胀节，可在环境温度变化时调节管道的伸缩量，避免风管凝结水渗漏。风机的进风口带有调节风量的调节门，正常情况下风

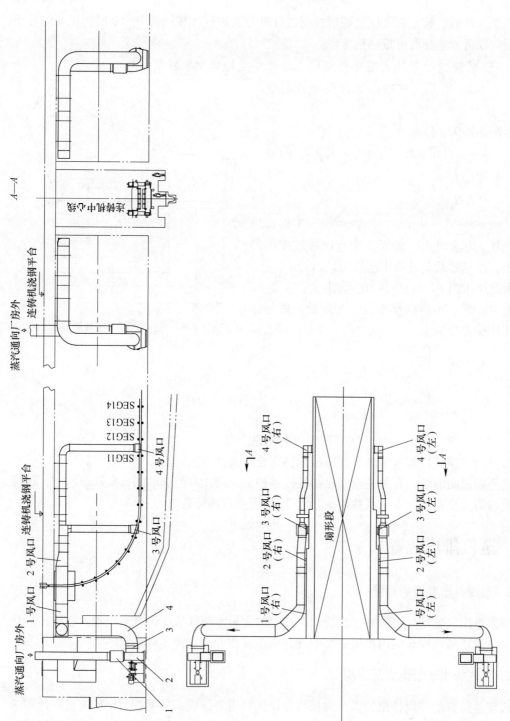

图 3-8-98　某钢铁公司单流板坯连铸机蒸汽排出装置

1—消声器；2—风机；3—膨胀节；4—排风管道

机软启动。若软启动失败，则先关闭风机输入侧的百叶调节门，使风机的驱动电机无负荷启动，带动风机运转，当风机运转正常后再打开百叶调节门，将密封室内的蒸汽抽出送入到车间烟囱，通过烟囱排出厂房外。

其中风机容量的选择、风口布置和管道的走向直接影响排蒸汽的效果。为达到较好的蒸汽排出效果，蒸汽抽出口位置设置很重要，一般在接近结晶器底部位置的蒸汽量最大，需要设置较大的抽风口。其次是处于矫直段附近和水平段。抽风口的数量、尺寸和位置需要根据密封室内的蒸汽量进行设计。

8.7.3　蒸汽排出管路压力损失

根据流体力学，计算出某钢铁公司单流 $230mm \times 2050mm$ 板坯连铸机蒸汽排出管路压力损失列入表3-8-7中。

表 3-8-7　计算管径及管路压力损失

位置	阻力系数	分配风量	气体流速	管道长度	平均密度	管径	直管压力损失	弯头个数	弯管压力损失	管路压力损失
代号及单位	λ	Q /m^3·s^{-1}	v/m·s^{-1}	l_a/m	γ_m /kg·m^{-3}	D/mm	Δp_1/Pa		Δp_2/Pa	Δp/Pa
Q_1	0.01296	143	30	3	0.81	779.04	18.5	1	96.7	115.2
$Q_{1/2}$	0.01472	5.15	30	3	0.81	467.52	35.1	2	193.4	228.5
Q_2	0.01399	7.75	30	3	0.81	573.52	27.2	1	96.7	123.9
Q_3	0.01525	3.875	30	3	0.81	405.54	41.9	1	96.7	138.6
Q_3 至 Q_2	0.01525	3.875	30	3	0.81	405.54	139	0	0	139.9
Q_2 至 Q_1	0.0133	11.625	30	3	0.81	702.41	35.2	0	0	35.2
Q_1 至风机	0.01203	25.825	30	3	0.81	1046.9	21.3	0	0	21.37
合　计										802.8

注：1. 表3-8-7中的阻力系数 λ 与很多因素有关，可根据莫迪曲线图查得，本表根据希佛松公式 $\lambda = 0.11$ $(K_s/d)^{0.25}$ 计算；

　　2. K_s 的取值见表3-8-8；

　　3. 管径 d 单位为 mm。

表 3-8-8　不同材料的 K_s 取值

管道材料	K_s/mm	管道材料	K_s/mm
新氯乙烯管	0~0.002	镀锌钢管	0.15
铅管/铜管/玻璃管	0.01	新铸铁管	0.15~0.5
钢管	0.046	旧铸铁管	1~1.5
涂沥青铸铁管	0.12	混凝土管	0.3~3.0

8.8　其他设备

8.8.1　扇形段更换吊具及抽出导轨

　　对于直弧形连铸机，弧形区和矫直区的扇形段安装、更换都是沿连铸机的曲率半径进行的，扇形段更换吊具和抽出导轨就是专门为此而设计的。

　　图 3-8-99 为门形框架的链式吊具，图 3-8-100 为常规链式吊具。门形框架的链式吊具在扇形段就位后离开更换位置，就可为扇形段的维护提供较大的活动空间，但吊具自重大。常规链式吊具通过扇形段上的自备吊板，与链式吊具用销轴铰接提升扇形段，这种吊具结构简单，操作容易，应用最为广泛，但因抽出导轨紧贴扇形段，使扇形段维修工作空间变小。

　　图 3-8-101 是扇形段更换专用机械手，由于造价高，利用率低而且在实际生产中应用较少，其最大优点是在连铸机浇注平台下方沿出坯方向设置两条导轨，机械手大车沿导轨行走，吊走从圆弧区至水平区域的全部扇形段，如果是双流板坯连铸机，则机械手小车在大车上行走就可以更换两流连铸机的各扇形段。一般一台连铸机旁有两个扇形段存放工位，一个工位预留一台新的扇形段存放，另一个工位等待更换下来的扇形段，更换机械手

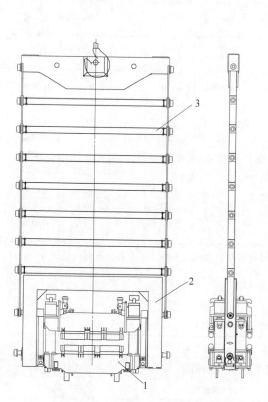

图 3-8-99　门形框架的链式吊具

1—扇形段；2—门形框架；3—链式吊具

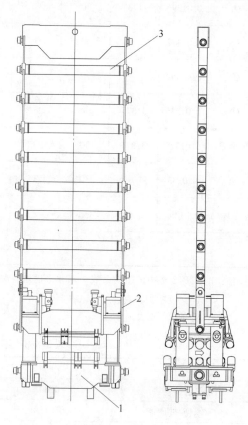

图 3-8-100　链式吊具

1—扇形段；2—扇形段上的自带吊板；3—链式吊具

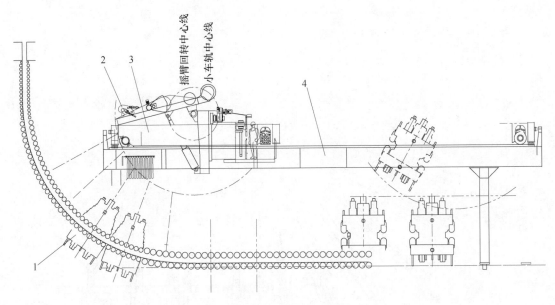

图 3-8-101　扇形段更换机械手
1—扇形段；2—机械手；3—大车；4—大车行走轨道

将旧扇形段放下后，立即起吊新扇形段安装到生产线上。比起链式吊具来，扇形段更换时间能短一些，还可以减轻连铸机浇钢跨起重机的作业强度，且浇注平台不用开缺口。

抽出导轨是抽出扇形段时给扇形段专用吊具行走导向的轨道，常见的扇形段抽出导轨有两种类型，一种是用机械手提升装置更换扇形段的短导轨，如图 3-8-102 所示。另一种是用链式吊具更换扇形段的长导轨，如图 3-8-103 所示。由于扇形段的传动装置通过万向联轴器传递动力，所以传动侧有万向联轴器通过时的缺口。

长导轨下端通过架体固定在基础上，上端固定在连铸机主操作平台开了缺口的边框上，更换扇形段时，打开主操作平台的活动盖板，更换完毕，将活动盖板吊回原位。

8.8.2　维修走梯和密封室

维修走梯和密封室一般兼顾整体土建和设备外形进行设计，图 3-8-104 是某钢铁公司单流板坯连铸机的维修走梯和蒸汽密封室结构简图。扇形段底部维修走梯位于扇形段最下部，为便于拆卸喷嘴等工作而设计。扇形段两侧下维修走梯位于扇形段下驱动辊下方约 500mm 的位置，分布在扇形段两侧，主要为扇形段的辊缝测量及扇形段固定螺栓拆卸等工作而设计。扇形段出口走梯为人员通行而设计。扇形段两侧上维修走梯位于扇形段夹紧液压缸固定板附近，为便于扇形段上部的维修维护等工作而设计。蒸汽密封室是隧道式结构，包括利用设备基础、采用密封板密封部分，弯曲段与扇形段间的设备间隙密封部分，四周密封的钢结构部分等，为蒸汽排出提供密封条件。

8.8.3　扇形段更换导轨设计注意事项

（1）导轨拐弯处的半径不要太小，应和链式吊具的链节相匹配，必要时，须做模拟试验。

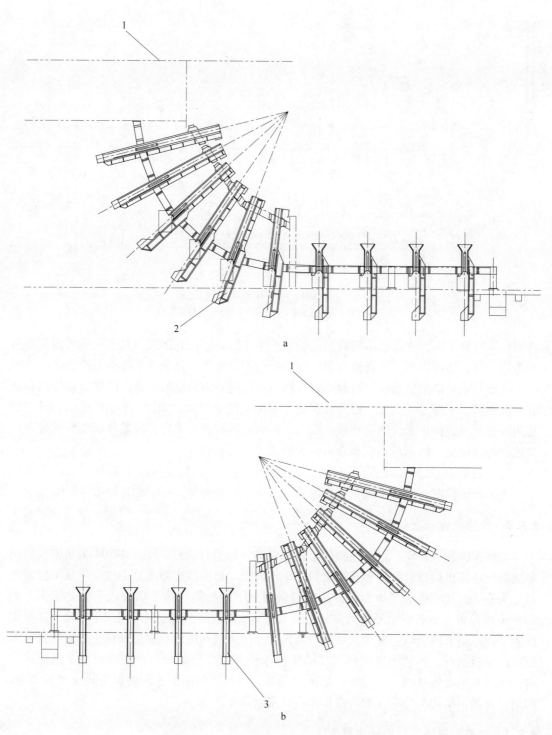

图 3-8-102　用机械手更换扇形段用短导轨

a—驱动侧导轨；b—非驱动侧导轨

1—浇注平台；2—传动输入缺口导轨；3—无缺口导轨

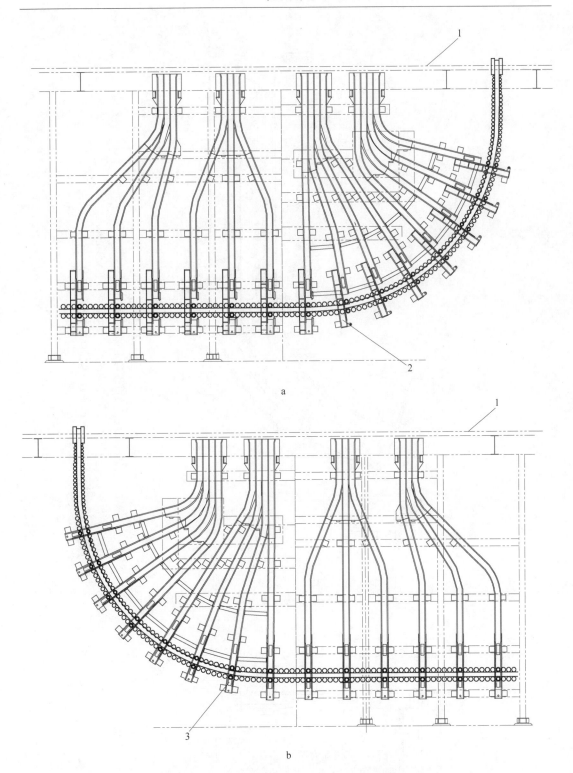

a

b

图 3-8-103　链式吊具更换扇形段的长导轨
a—非驱动侧导轨；b—驱动侧导轨
1—浇注平台；2—传动输入缺口导轨；3—无缺口导轨

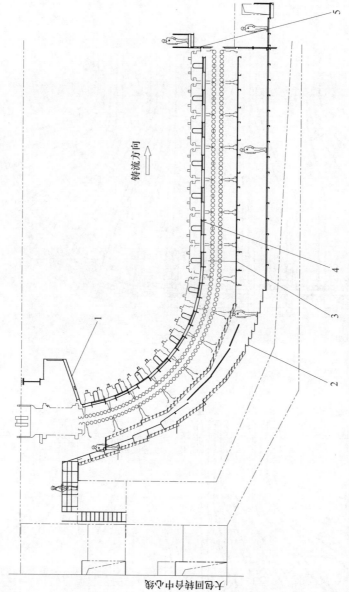

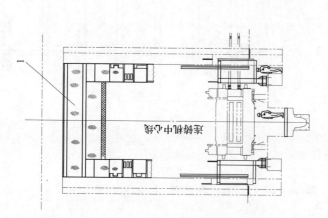

图 3-8-104　某钢铁公司单流板坯连铸机维修走梯和蒸汽密封室

1—弯曲段与扇形段间的密封部分；2—扇形段底部维修走梯；3—扇形段两侧下维修走梯；
4—扇形段两侧上维修走梯与密封部分；5—扇形段出口走梯及密封部分

（2）导轨最下方的直线段应有足够的高度，保证扇形段起吊拐弯过程中其下部不与相邻扇形段上部干扰。

（3）每台扇形段所对应的更换导轨的曲线长度应满足起重机起吊行程、吊具长度和浇注平台标高的安全起吊存放要求，导轨过长，当吊车到达上极限时扇形段还未完全吊离浇注平台，使扇形段无法吊出。

（4）对于驱动侧的抽出导轨，驱动辊万向联轴器通过位置要有足够的开口空间，使万向联轴器能够满足扇形段最大和最小开口度要求。

（5）在浇注平台上，导轨导轮开口应在起重机左右行程极限范围内，否则无法正常吊装。

（6）设计时应考虑更换导轨时使用、安装和调整的方便性。

8.8.4　扇形段在线吊具设计注意事项

（1）吊具的型式符合用户要求。
（2）吊具节距应适当，与导轨的曲率半径相匹配。
（3）吊具总长度需满足扇形段的更换要求。
（4）吊具应满足起重机吊钩和扇形段起吊结构的空间要求。
（5）具有足够的承载安全系数。
（6）起重机对吊具的起吊点应处于导轨上部竖直段。

8.8.5　维修走梯设计注意事项

（1）位置设置要便于设备维护与维修。
（2）宽度要适合维修人员通过和工具的使用。
（3）上下走梯高度要适合维修人员的安全通过。
（4）有维护人员通过危险的位置，要设计防护栏杆等保护设施。
（5）在适当位置设计维修电源插座和照明，便于设备维修和设备检查。

8.8.6　密封室设计注意事项

（1）为了事故状态下人员的进出，一般在合适的位置开设进出门，门采用金属结构，并有橡胶板，以便在关闭状态时能很好地密封。

（2）密封室为一封闭空间，因此还应考虑配置必要的照明设施，以便停机时的检修和维护作业。

（3）密封室内温度高，所以要尽量多设计一些门，特别是有万向联轴器的一侧，一般连铸机密封室应设置 8~12 个门，甚至更多。

（4）密封室门把应能够里外操作，防止出现安全事故。

8.9　铸坯诱导设备安装与维护

（1）基准线设定。
1）按土建资料图确定连铸机铸流中心线。

2）确定与连铸机中心线垂直的结晶器外弧铅垂基准线（即连铸机后缘线）。

3）确定与连铸机中心线垂直的最终矫直点中心线。

4）确定与连铸机中心线垂直的钢包回转台中心线。

5）中心线确定后由于其通过冲渣沟，所以需在必要的地方固定横跨冲渣沟的工字钢，在工字钢上刻划、冲打中心线标记。

6）根据结晶器外弧基准线，设定香蕉梁上、下部底座安装用中心线，并设置与铸机中心线垂直的中心基准。

7）根据矫直终点线设定基础框架安装用中心线。

8）根据结晶器外弧基准线、矫直终点线以及连铸机中心线，设定扇形段传动装置安装中心线。

9）根据结晶器外弧基准线、矫直终点线以及铸机中心线，确定扇形段更换导轨支架安装中心线。

10）根据结晶器外弧基准线，结晶器水平中心线，矫直终点线以及连铸机中心线，确定扇形段更换导轨中每根导轨在平台梁上的安装中心线。

11）按照相关要求设置永久性基准标记，对永久性基准标记须采取保护措施。

（2）标高基准点设定。

1）在外弧基准线附近（结晶器振动装置，扇形段弧形区对准用）。

2）在矫直终点线附近（扇形段和驱动装置对准用）。

3）最终导辊中心线附近（扇形段、切割区辊道对准用）。

（3）考虑到以后连铸机维修等工作，也要使用中心基准和水平基准，其埋设的具体位置应根据现场情况决定，必要时各单机可增设辅助基准。

（4）扇形段吊装次序。首先吊装矫直段，然后依次沿铸造方向吊装水平段，沿铸造反方向吊装弧形段。在吊装扇形段时，被吊扇形段相邻的扇形段开口度应设置成吊装用辊缝，吊装完后再按照将要浇铸的板坯厚度设定辊缝，这样可避免干扰。设备安装完后对扇形段进行上抽试验，以确保扇形段更换的准确性和可靠性。吊装到位的扇形段经过在线对弧样板检查调整后方能投入生产。

（5）扇形段传动装置安装到位后，需要对传动装置的性能进行检查，传动装置正反各转 60min 后，各部分轴承温度最高不超过 85℃，无异常噪声，无漏油现象。

（6）导轨纵向中心线极限偏差为±0.5mm；同一横截面两轨面相对于连铸机纵向中心线的偏差不得大于±1mm。各扇形段更换用导轨本体的安装应在扇形段安装对弧完成后进行，安装导轨时应先把各固定座及其相关的钢板用螺栓固定在对应的导轨上，再一同找正安装。安装时吊住导轨上端（上端焊临时起吊环），将导轨顺着扇形段导轮插入。

放入扇形段更换吊具试吊扇形段，试吊时反复抽放，检查是否能灵活吊出和装入，试吊应缓慢进行，防止冲击。

试吊完后将导轨、固定座、垫板与导轨、导轨支架、导轨锚固件等紧固连接位置紧固到位，对需要焊接连接的部分按要求焊接，扇形段更换导轨是重要的受力构件，现场焊接的焊缝质量应予保证。

（7）安全技术、事故处理与设备点检。

1）扇形段装配、调整一般事项。上框架放置到下框架上时，要利用油缸或采取其他措施将上传动辊锁紧定位，在调整测量扇形段开口度或整段起吊运输时，有传动辊的一对辊子之间应加垫木。当上框架升降时，人不能进入扇形段内。如果上框架在升起位置，保持较长时间而人必须进入时，要在上下导辊及调整装置处加上可靠的金属垫块以防止上框架突然落下伤人。

2）漏钢或溢钢时的事故处理。

①扇形段驱动辊的压下液压缸由 P_{II} 压的低压状态迅速调至高压状态或将 P_{II} 压切换到 P_I 后，电动机满负荷强制拉坯。

②当电机过电流时标志着强制拉坯失效，然后停机冷却板坯，从弯曲段下部切割板坯并用起重机吊钩分别吊走外松的开弧结晶器、弯曲段（含事故坯）。

③在弯曲段下部切割板坯的同时，从矫直段和水平段之间切割事故坯，将矫直过的水平区板坯送出。

④将送走铸坯的第一、第二水平扇形段吊走，将矫直区扇形段开口度调节到最大，各弧形段的驱动辊慢速驱动事故坯，依次分段切割弧形板坯并吊运出。

3）设备维修。

①所有轴承及滑动面应定期加润滑油（脂）。

②导辊热运转产生裂纹或其他缺陷影响板坯质量时应整修或更换。辊子最大整修量沿半径方向为5mm。辊子其他维修基准见表3-8-9。

表3-8-9 辊子维修基准

维 修 项 目	使用基准/mm	维修基准/mm
辊颈龟裂	≤2.0	≤1.0
辊身弯曲	≤2.0	≤1.0
辊身磨损	≤2.0	≤1.0
辊身裂缝	≤25～30	≤10

③二冷喷嘴及气、水配管定期检查，堵塞、损坏及喷射参数达不到要求的应及时更换。旋转接头漏水时应更换。

④所有液压润滑管件应定期检查、出现渗漏应及时维修或更换。

参 考 文 献

［1］王启义. 中国机械设计大典［M］. 南昌：江西科学技术出版社，2002，1.

［2］刘明延，李平，等. 板坯连铸设计与计算［M］. 北京：机械工业出版社，1990，2.

［3］干勇. 现代连续铸钢实用手册［M］. 北京：冶金工业出版社，2010，3.

［4］安子军. 机械原理［M］. 北京：机械工业出版社，1998，8.

［5］田乃媛. 薄板坯连铸连轧［M］. 北京：冶金工业出版社，2004，1.

［6］雷华，杨拉道，等. 板坯连铸机蒸汽风机选型设计［J］. 西安：重型机械，2010（S1）：256～258.

［7］雷华，杨拉道，等. 板坯连铸弯曲阶段参数计算方法探讨［J］. 西安：重型机械，2007 No. 3：41～45.

［8］蒋军. 板坯连铸机扇形段辊子设计研究［J］. 西安：重型机械，2008 No. 5：41～45.

［9］刘鹤年. 流体力学［M］. 北京：中国建筑工业出版社，2004，7.

9　切　割　设　备

9.1　火焰切割机

9.1.1　火焰切割机的功能

　　火焰切割机是板坯连铸设备的重要组成部分，用于把连续铸造后的板坯切割成轧钢需要的定尺长度，以便进行后续处理。在实际生产中，连续凝固的板坯会持续不断被送出扇形段，要求切割机必须在限定时间内完成单次切断板坯的操作，并周而复始地重复这一切割过程，直到连铸机的一个浇铸周期结束。

　　在连铸机生产的钢种和板坯断面规格确定、火焰切割机所使用的能源介质种类和参数也确定的前提下，切割机能够稳定切断的板坯最小长度也将是一定的，如果轧钢所需要的待轧板坯长度小于该最小长度，则意味着仅靠一台火焰切割机无法完成待轧板坯的切割任务。解决的办法是在连铸生产线上，在第一台切割机之后再设置第二台切割机。此时第一台切割机仅将板坯切断成轧机所需长度的两倍尺或数倍尺，随后第二台切割机再把倍尺坯切断成最终待轧板坯的长度。根据两台切割机所处的位置和所起的作用，通常将其分别称为一次火焰切割机和二次火焰切割机。所以，连铸机中火焰切割机的基本功能如下。

　　（1）比较准确地把连续铸造后的板坯，按照板坯用户或下道工序的要求切割成定尺或数倍定尺长度。

　　（2）与经扇形段送出的板坯同步运动，并在与板坯同步运动中完成切割。完成切割动作的速度必须与连铸机铸造的速度相适应，从而可使连铸机持续稳定地生产。

　　（3）火焰切割机不但担负着定尺（倍尺）坯的切割，还担负着检化验试件用的试样用坯以及切头、切尾、异钢种交接坯的切割任务。

　　火焰切割原则上可以用于切割各个钢种、各种断面和不同温度的板坯，钢中合金元素含量越高，切割速度越慢；板坯温度越高，切割速度越快；板坯越厚，切割速度越慢。就经济性而言，板坯越厚，相应的成本费用越低。并且对于某些特殊断面的连铸坯，比如圆坯和异形坯，只有采用火焰切割才能避免铸坯端部出现因剪切而发生的机械变形。目前火焰切割技术已广泛应用于切割大断面和特殊断面的铸坯，而在板坯连铸机上，从 20 世纪 80 年代已普遍采用火焰切割法切割。

9.1.2　火焰切割机发展及型式

　　早期的板坯连铸机中曾使用机械剪或液压剪将板坯剪切成定尺，但机械剪体积庞大，

本章作者：黄进春；审查：王公民，刘彩玲，杨拉道

设备复杂，一次性投资费用高，且维护、维修工作量大，能耗很高。而且无论是机械剪还是液压剪，剪切时若上下剪刃贴合不好会使板坯端部产生变形，后续轧制时可能会造成轧机咬入困难，甚至由此降低成材率。因此从20世纪80年代开始，机械剪和液压剪在板坯连铸机中逐步被淘汰，新建的板坯连铸机逐渐采用了火焰切割机。

20世纪90年代中后期，连铸坯的氢氧切割技术开发成功，并首先在小方坯连铸机上得到应用。其基本原理是将水电解后产生的氢和氧经储存和去除水分后作为燃料，利用燃烧热能切割板坯，具有使用成本低，无异味，符合环保要求，使用安全等优点。其缺点是起切时熔化较慢，影响切割效率。目前尚未在板坯连铸机上获得大范围应用。

另外曾有文献报道，国外某公司在20世纪90年代初开发并应用了高速纵向在线切割技术，应用在某宽板坯连铸机上，将宽度达2400mm的板坯沿纵向切开，分割成两条较窄的板坯。该纵切装置采用液态氧作为切割介质，其切缝宽度仅为3mm，而切割速度达到了2m/min以上，从而可与连铸机拉速相匹配。据介绍，该高速切割技术对于中高碳钢、低合金钢以及含硅量小于3.5%的电工钢均可正常切割。但由于纵向切割技术维护管理要求高，金属收得率低，经济性欠佳，市场应用受限，未获得大规模实际应用。

目前在板坯连铸机上大量应用的火焰切割机，其工作原理与普通的氧气切割相同，靠预热氧与燃气混合燃烧的火焰使切割缝处的金属熔化，然后利用高压切割氧具有的能量把熔化的金属吹掉，形成切缝，切断板坯。火焰切割可使用多种燃气，如乙炔、天然气、丙烷、霞普气（主要成分为丙烯 C_3H_6）、精制焦炉煤气等。当用火焰切割机切割不锈钢、高碳耐热钢时，在预热火焰的高温影响下，在不锈钢板坯切口表面形成一层高熔点、黏度大的 Cr_2O_3 氧化物薄膜，其熔点可达1990℃（一般奥氏体不锈钢本身的熔点约为1550℃），必须辅加铁粉才能够切断。因为铁粉遇氧燃烧时能产生2000℃左右的高温，足以燃烧高温铬氧化物。

火焰切割与机械剪切相比具有设备重量轻，投资少，加工制造容易，不受板坯尺寸和温度限制，切口断面平整，切口附近板坯不产生变形和裂纹，易于维护等优点。其缺点是每个切割周期内的切割时间长，切缝有金属损耗，切割时产生的烟气和熔渣容易污染环境，需要繁重的清渣工作，此外在板坯端头下面挂有"毛刺"，需在送往轧钢厂前进行去除。采用火焰切割所造成的金属损失为板坯重量的0.15%左右。当切割短定尺时还要设置二次切割，为此需适当加长出坯线长度，配置相应的切割辊道、去毛刺机、去毛刺辊道等附属设备，并且增加了氧和燃气的消耗。当然也有厂家统计过，机械剪在剪口处形成的变形部分因质量问题造成轧制后剪切头尾引起的金属损耗比火焰切割的金属损耗要大许多。

20世纪80年代，我国采用技贸结合方式引进技术建设的几台大型板坯连铸机中，无一例外地配套引进了外国公司生产的火焰切割机。在同一时期，为了打破国外技术的垄断，国内有关研究院所也积极开展了对火焰切割机的研究与开发，其后十年间，国产火焰切割技术日渐成熟，至90年代初期，开始替代引进的设备，并逐渐得到全面推广应用。目前从大型的板坯连铸机到各种规格的方、圆坯连铸机和异形坯连铸机，几乎全都采用了国产的火焰切割机。

9.1.3　火焰切割机组成及结构

火焰切割机主要由切割车及其传动装置、同步装置、切割枪小车及传动、切割枪、板坯边部检测装置、板坯定尺检测系统、能源介质供给系统、自动控制系统及切割机走台等构成。不锈钢板坯切割机还包括铁粉喷吹供给系统和相应的除尘装置。

此外，国内外还有应用在立式板坯连铸机上的在线切割机，由于其切割缝呈水平面，因此切割时产生的熔融金属不会因自重自然流出，需完全依靠切割氧将其吹出。此外，连铸机生产时布置在切割机上方的各扇形段仍在连续不断地喷洒二冷水，为避免残水落入切割机工作区域造成事故，在切割机上方还需要设置专门的吹水装置，利用压缩空气不间断地吹散落下的残水。

图 3-9-1 是一台板坯连铸火焰切割机的典型配置图，型式为门型自行同步式，应用在国内 B 钢铁公司 330mm × 2500mm 特厚板坯连铸机上。它用天然气和氧气分别作为燃气和助燃气体，与连铸机出坯速度同步进行切割，在规定的切割区内，能按 6 ~ 9m 定尺连续自

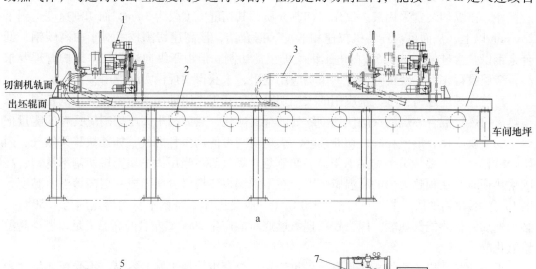

a

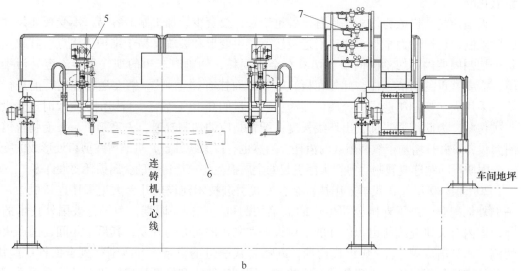

b

图 3-9-1　火焰切割机布置

a—主视图；b—右视图

1—切割机大车；2—切割辊道；3—大车拖链；4—切割机走台及轨道；
5—切割小车及割枪；6—铸坯；7—能源介质阀箱

动地切断板坯。切割的板坯及切割机位置确定采用自由原点方法。为了判断板坯是否已被切断，在切割机上设置有红外线检测器。切割机的主要技术参数如下：

切割参数　板坯规格　　　　　　　　　　最大 330mm×2500mm

　　　　　板坯温度　　　　　　　　　　≥800℃

　　　　　切割定尺　　　　　　　　　　6.0~8.7m

运动参数　切割机运行速度　　　　　　　2.5~23.6m/min

　　　　　切割机行程　　　　　　　　　9000mm

　　　　　切割枪小车运行速度　　　　　0~3.0m/min

　　　　　切割枪正常切割速度　　　　　330~500mm/min

　　　　　切割枪行程　　　　　　　　　2800mm

　　　　　切割枪升降行程　　　　　　　150mm（手控点动）

结构参数　轨距　　　　　　　　　　　　6650mm

　　　　　铸流中心至导向轨道中心距离　3950mm

　　　　　切割枪数量　　　　　　　　　4把/台（2主/2副）

　　　　　主、副切割枪距离　　　　　　80~150mm

9.1.3.1 切割车及传动

切割车也称切割机大车，通常为门型自行式，车架为焊接结构件，由四个车轮支撑在布置于切割辊道两侧的走行轨道上，靠大车拖链侧的前后车轮均为双侧带轮缘结构，供切割机走行导向。切割机的走行距离及轨道长度主要取决于切割区长度。在切割车前端的横梁上设有供切割枪小车用的走行轨道和传动齿条。由于车架直接承受板坯的辐射热，因而车架内部需通水冷却，有的在车架下面用隔热材料阻隔辐射热以保护车架。

车架由传动装置驱动，可沿出坯方向往复移动，切割时同步机构工作，使切割车与板坯同步前进。切割完毕，同步机构松开，切割车可快速返回切割待机位置。切割车传动方式常采用的有两种：齿轮齿条方式和走行车轮直接驱动方式。前者采用电机，经减速器、锥齿轮箱等组成的驱动装置驱动安装在驱动轴下端的小齿轮，小齿轮与固定在切割车轨道梁上的齿条啮合，齿轮转动即可移动切割机。后者则是电动机通过直联型斜齿轮、螺旋锥齿轮减速器等传动系统直接驱动车轮。两种方式中电机都带内置式制动器，切割车由电机驱动行走时，控制系统使制动器通电松开。切割机停止及同步装置预压时，制动器断电制动，以保持切割机定位准确。在切割机随板坯同步运行切割过程中，制动器也通电松开，车架处于无驱动的自由状态，靠同步装置与板坯之间的摩擦力拖动切割车，实现同步切割。

电机的制动器配置有松闸手柄，若切割机运行中突然断电，可人工扳动手柄，将断电后已制动的制动器打开，从而人工将切割机推离停机点。

切断板坯后，切割车需要返回待机的原点位置，然后开始下一个切割周期。为节省时间，切割车要高速返回，但在接近行程终点位置时，需要切换为低速走行，以保证停止位置准确，并减少对设备的冲击。因此切割车驱动电机速度必须可调。早期的切割机一般使用变极多速电机实现变速，现已全部改为交流变频电机驱动，具有能耗低，传动平稳的优点。

9.1.3.2　同步机构

同步机构的作用是使切割车与板坯在无相对运动的条件下切断板坯，以保证切割过程连续进行，并使切割断面平整。目前常用的有夹钳式和背负式两种机构。

A　夹钳式同步机构

图 3-9-2 和图 3-9-3 分别为两种形式的夹钳式同步机构。图 3-9-2 夹臂由转轴固定在切割车上的固定架里，气缸悬挂在两侧的夹钳臂上，靠气缸动作使两侧夹头夹住板坯，达到切割车与板坯同步的目的。20 世纪 70 年代国内一些钢厂引进德国 MESSER 公司的切割机就采用这种同步机构。图 3-9-3 是一种可调夹钳式同步机构，其原理与图 3-9-2 相同，靠两侧气缸同时动作使夹头夹住板坯两侧，有所不同的是，两侧夹钳的距离能够通过螺杆进行调节，以适应不同宽度范围的板坯。一般来讲，夹钳式同步机构适应于板坯宽度变化较小的连铸机。

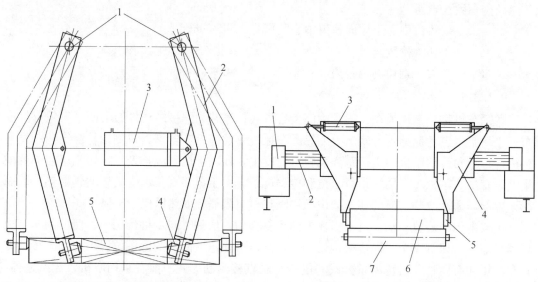

图 3-9-2　夹钳式同步机构
1—转轴；2—夹钳臂；3—气缸；
4—夹头；5—铸坯

图 3-9-3　可调夹钳式同步机构
1—螺杆传动装置；2—螺杆；3—气缸；
4—夹钳臂；5—夹头；6—铸坯；7—辊道

B　背负式同步机构

背负式同步机构将切割机部分或整体的重量压紧在板坯上表面，或者利用气缸力的作用将位于切割机门型框架下面的压紧臂直接压在板坯的上表面，达到切割机与板坯同步的目的。切割时就像板坯背着切割机在行走，故名"背负式"。采用这种同步时，压紧臂与板坯直接接触部位必须采用耐热材料制造且内部通水冷却。

图 3-9-4 为德国 GeGa 公司提供的切割机同步机构的一种形式，它以吊在机体下面的压紧臂及前升降横梁等自重压着铸坯。压紧臂的提升动力由力矩电机提供，力矩电机通过减速器、链轮和固定在升降横梁上的链条提升或降下压紧臂。为了使压紧臂能靠自重直接压着板坯，压紧时需脱开力矩电机的驱动。使压紧臂依靠自重自然下垂。A 钢铁公司引进火焰切割机的同步方式基本属于这一种。所不同的是前升降横梁及压紧臂的升降是采用带

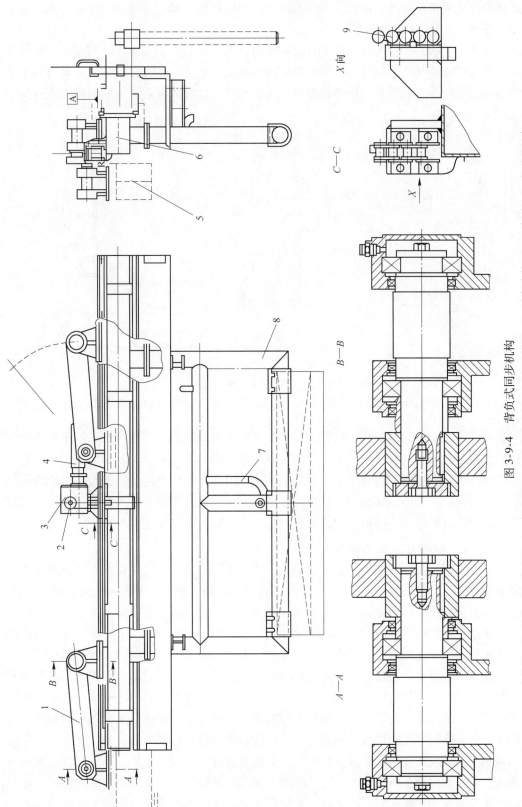

图 3-9-4 背负式同步机构

1—导杆；2—链轮；3—减速机；4—力矩电机；5—切割车主梁；6—提升横梁；7—冷却水管；8—压紧臂；9—提升用链条

制动器的交流电机传动的蜗轮丝杠升降机构，用固定在切割车主车架上的导轮导向。电机功率 5.5kW，转速 1460r/min。

　　图 3-9-5 所示为一种气缸压紧式的同步机构，由气缸、耳轴支座、压头、压紧臂等组成。压紧臂尾端和气缸分别靠耳轴固定在切割车的前后横梁上，气缸动作使压紧臂压紧或离开板坯。这种形式的同步机构结构简单，工作可靠，比较适应宽板坯和板坯宽度范围变化大的场合。

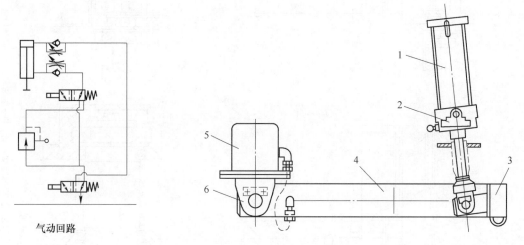

气动回路

图 3-9-5　气缸压紧式同步机构
1—气缸；2—气缸耳轴；3—压头；4—压紧臂；5—切割车架；6—压紧臂耳轴

　　为提高同步机构的设备响应速度，减少板坯长度测量误差，同步机构采用了两步压紧动作，首先由长度测量装置在距定尺切割点前一段距离（取 300~500mm）发出预压紧指令，压紧臂进行预压紧，这时压紧头仅接触板坯，两者之间所产生的摩擦力不足以带动切割机，切割机仍处于停止状态，一旦接到压紧指令，压紧臂在自重或气缸的作用下即刻压紧板坯，并打开切割车传动机构中的离合器，切割机即开始与板坯同步移动。

9.1.3.3　切割枪小车及传动

　　切割枪小车安装在切割车的前端横梁上，用来支持切割枪，并使切割枪沿着板坯宽度方向灵活移动。当板坯宽度大于 600mm 时，每台切割机上需设置两台切割枪小车，各自有独立的驱动系统。一台切割枪小车上可视需要夹持一把或两把切割枪（主、副切割枪），主切割枪用于正常的板坯切割，副切割枪一般仅用于切取试件，但在主切割枪出现故障时，使用副切割枪也可以完成正常定尺切割。主切割枪在切割枪小车上的位置是固定的，而副切割枪的位置可以通过气缸或液压缸前后移动，因此可以对主副切割枪之间的距离进行调整。需要切割试件时，主副切割枪要同时工作，此时主副切割枪之间的距离就是实际切割出的试件的厚度。为了防止副割枪在切割板坯时因反渣、烘烤、灰尘等引起损坏，可采用小气缸等作用，使副切割枪在切割完试件后回转返回。

　　切割工艺要求切割枪在切割过程中应设有高速接近、起切、正常切割、高速返回等各挡速度。根据被切割板坯不同的材质、厚度、温度等条件，起切及切割速度应能在一定的范围内无级调速并在低速下平稳运行，无脉动现象。切割小车传动及调速方式较多，如齿轮齿条传动、丝杆传动、链传动及液压传动等，其中板坯火焰切割机以齿条传动居多。早期的切割机其小车传动多采用直流电机驱动，可实现平滑的无级调速，现在已全部采用交流变频调速电机驱动，具有工作可靠、维护量小、节能的优点。图3-9-1所示的切割机上设置了两台切割枪小车，左右对称。两台切割枪小车分别由各自的变频电机驱动，通过齿轮减速器、圆弧齿蜗杆减速器带动输出轴齿轮，输出轴齿轮与固定在大车架上的齿条啮合，带动割枪小车运行。传动系统中装有编码器，用作位置检测和行程控制。

切割枪小车位于热板坯的上方，受高温、烟尘等不利因素影响，工作条件十分恶劣，因此小车驱动电机需配置独立的散热风机，以保证电机在低速运转状态下的散热效果。设计中还应充分考虑烟尘、高温等工况条件的影响。

如果不采用重量压紧式同步机构，还需设置切割枪提升传动装置。该装置分别装在两台切割枪小车的顶部。各由带制动的交流电机、直联型齿轮减速器和圆弧齿蜗轮蜗杆减速器组成。减速器有双输出轴，一端带提升链轮，通过固定在链轮上的套筒滚子链来提升升降滑架，另一端装感应片，作为上、下行程的限位。电机反转时，升降滑架靠自重下降。

9.1.3.4　切割枪

切割枪是火焰切割机的重要部件，由枪体和切割嘴组成，其中切割嘴是切割枪的核心器件，它直接影响切割速度、断面质量、切缝宽度、介质耗量及切割稳定性等主要切割指标。通常割枪体由不锈钢制造，切割嘴则由铜合金制造，枪体内通水冷却。

切割嘴根据预热氧及预热燃气混合位置不同可以分为以下几种型式：

（1）体内混合式：预热氧和燃气在进入割嘴之前在切割枪内混合，喷出后燃烧，如图3-9-6a所示。

（2）内混式：预热氧和燃气在割嘴内部混合喷出后燃烧，如图3-9-6b所示。

（3）外混式：预热氧和燃气从各自的管路中喷出，在割嘴外大气中混合燃烧，如图3-9-6c所示。

前两种型式的割嘴火焰内有短的白色焰心，只能在距板坯表面10~30mm时才能切割，并且由于预热氧和燃气通道在切割嘴内连通，因而当燃烧的通孔受阻时，预热氧会进入燃气通道，引发回火事故。而外混式焰心为白色长线状，距板坯表面50~100mm时即可进行切割。

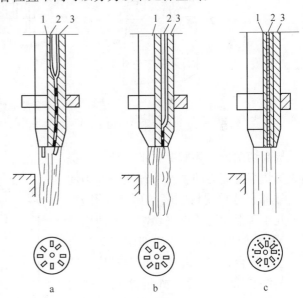

图3-9-6　切割嘴结构示意图
a—枪内混合式；b—内混式；c—外混式
1—切割氧；2—预热氧；3—燃气

与内混式相比，外混式切割枪还有如下特点：

（1）因预热氧和燃气在切割嘴外的大气中混合燃烧，不会出现回火、灭火现象，操作稳定，比较安全可靠，长时间使用不会过热。

（2）切割嘴距板坯表面允许的距离大，不至于因切割渣飞溅造成切割嘴烧损，使用寿命长。改变切割嘴到板坯表面的距离，在一定范围内，不影响切割质量。另外，有利于切割枪运动。

（3）切割断面平整，切缝小，金属损耗量少。

乙炔气只能用于内混式割嘴，用乙炔作为火焰切割机的燃气时，易出现较多的回火事故。目前钢厂常用的其他燃气介质如丙烷、焦炉煤气、天然气、霞普气等，既可用于内混式切割嘴，也可用于外混式切割嘴。

图 3-9-7 是一种外混式割枪，切割嘴部分由切割喷嘴和预热喷嘴两部分构成，材料为铜合金。预热喷嘴的作用在于可先一步加热板坯边缘部分，便于起切。

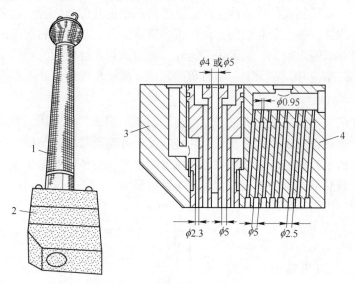

图 3-9-7　外混式切割枪

1—枪体；2—枪头；3—切割喷嘴部分；4—预热喷嘴部分

提高切割枪（切割嘴）的性能，是提高火焰切割机能力的主要途径之一，为此国内外都十分重视切割嘴的研究与开发。如近几年在板坯连铸火焰切割机上使用的 SDS-XX-F 型切割嘴，结构如图 3-9-8 所示，它的混合方式与前述几种形式均有不同，其结构介于内混与外混之间，称为 Pre-mix inside the nozzle 式切割嘴（预混式切割嘴）。切割氧孔道采用近似的渐扩形锥型喷孔，使用效果较好。

与以往的老式切割嘴相比，这种切割嘴具有如下特点：① 切割嘴更换迅速；② 切割质量高；③ 切入性能好；④ 抗回火能力强、安全；⑤ 切割速度高；⑥ 可高速起切；⑦ 切割嘴寿命长；⑧ 介质耗量少；⑨ 噪声

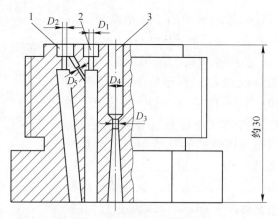

图 3-9-8　SDS-XX-F 型切割嘴结构

1—预热氧；2—预热燃气；3—切割氧

低；⑩切缝小；⑪易维护、工作范围大。

图 3-9-9 所示为新老两种型式切割嘴（割枪）的对比，表 3-9-1、表 3-9-2 和图 3-9-10 列出了国外几种连铸用切割枪（切割嘴）的切割性能数据，供读者参考。

自从 20 世纪 90 年代国内自行开发成功火焰切割技术以来，国产火焰切割机不仅已在国内各钢厂获得了广泛应用，还随连铸机成套设备一起出口到了国外。表 3-9-3 和表 3-9-4 列出了国内上海新中冶金设备厂自主研发的部分切割枪（切割嘴）的性能参数。

9.1.3.5 板坯边部检测装置

由于连铸机浇铸板坯的宽度要在一定范围内变化，且连铸机中心线与切割机中心线也不可能完全保持一致，因此需在切割枪小车上设置适当的板坯边部（侧面）检测装置，才能使切割枪在距板坯边缘适当的距离时开始切割。当切割车与板坯同步时，检测装置同切割枪小车一起向板坯侧面靠拢，检测装置的触头与板坯边缘接触后，发出切割指令，切割枪随之开始起切。这样不管板坯的宽度和位置如何都能保证切割枪准确开始切割。

图 3-9-11 为德国 MESSER 公司使用的板坯切割机中的一种边部检测装置。

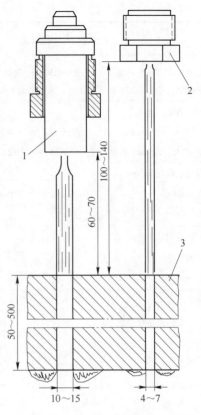

图 3-9-9　新老切割嘴性能比较
1—老式切割嘴；2—新式切割嘴；3—板坯

切割枪 4 位于触头 6 侧面左边一距离，触头压着板坯 5 侧表面并继续按箭头方向移动时，使撞头上移，接近开关动作，发出信号，此时切割枪恰好位于起切位置。同时，使切割枪起升至要求高度（此高度设定要求能使触头下表面不与板坯相碰）进行起切。

图 3-9-12 是 GeGa 公司采用的边部检测装置，触头接地用继电器方式。触头用软链悬挂在支架上，接触板坯侧表面时发出信号，开始起切。

表 3-9-1　德国 GeGa 公司用的切割枪性能

切割嘴型号	SD-1	RSD-1	SDS-18-F	SDS-26-F	SDS-33-F	SDS-36-F
切断板坯厚度/mm	50~300	50~300	50~300	50~500	50~750	50~750
切割枪入口压力/MPa						
切割氧	0.7~1.0	0.7~1.0	1.8＊＊(1.6~2.0)	1.4＊＊(1.2~1.6)	1.2＊＊(0.8~1.4)	1.0＊＊(0.8~1.2)
预热氧	0.15~0.18	0.25~0.3	0.21~0.25	0.25~0.32	0.25~0.32	0.25~0.32
预热燃气（丙烷）	0.01~0.02	0.03~0.04	0.05~0.08	0.05~0.08	0.05~0.08	0.05~0.08
消耗量（标态）/m³·h⁻¹						
切割氧			30	42	42	42
预热氧			17	17	17	17
预热燃气			10	10	10	10

切割嘴型号	SD-1	RSD-1	SDS-18-F	SDS-26-F	SDS-33-F	SDS-36-F
切割速度/mm·min⁻¹						
20℃，200mm 厚时	180~230	250~300	180~210	250（150~280）	180~200	200（180~220）
750℃，200mm 厚时	350~380	400~450	300~360	420（280~440）	300~360	330（300~400）
切缝宽度*/mm						
20℃，200mm 厚时	10~12	10~12	5.5(5~6)	6.5(5.5~7)	7(6~8)	8(7~9)
750℃，200mm 厚时	12~14	12~14	6(5~5.5)	6(5~6.5)	6.5(5.5~7.5)	8(7~9)
切割毛刺宽度/mm						
20℃时	20~25	20~25	14(12~16)	16(14~18)	17(15~19)	18(16~20)
750℃时	22~27	22~27	16(14~18)	18(16~20)	19(17~21)	20(18~22)
切割毛刺厚度/mm						
20℃时	12~15	12~15	3.5(3~4)	5(4~6)	6(5~7)	8(6~10)
750℃时	15~20	15~20	5(4~6)	7(6~8)	8(7~9)	9(7~11)
噪声度/dB	105~112	108~115	99~106	102~109	100~106	100~106
附着毛刺去除难易度	0	0	0	++1)~0	+1)~0	+1)~0
切割断面						
平面性	+	+	++	++	++	++
光洁度	+	+	++	++	++	++
上面的形状	0	0	++	++	++	++
上面毛刺的去除	0	0	++	++	++	++
起切速度/mm·min⁻¹	++至50	+至50	至140	至140	2) 20℃时至80	2) 20℃时至80
割嘴距离/mm	30~60	60~120	120（90~140）	120（100~140）	120（100~160）	120（100~160）

注：++：很好，尖角，少量切割渣黏着（易于去除）；　　　　+：良好，尖角，少量切割渣黏着；

　　　0：允许范围；　　　　　　　　　　　　　　　　　*：取决于气体压力及板坯温度；

　　**：最佳切割氧入口压力；　　　　　　　　　　　　1)：在 0.65~0.7MPa 压力范围；

　　2)：边缘为尖角。

表 3-9-2　德国 MESSER 公司 PRESTOCUTB600 型切割枪性能

燃气	板坯厚度/mm	割嘴型号	切割氧压力/MPa	预热氧压力/MPa	燃气压力/MPa	割嘴距离/mm	切割速度/mm·min⁻¹	切缝宽度/mm	切割氧耗量/m³·h⁻¹	预热氧耗量/m³·h⁻¹	燃气耗量/m³·h⁻¹
天然气（96%甲烷）	100	D8300	0.8	0.03	0.02	130	380	7~8	57	6.0	11
	200		0.8	0.04	0.025		260	7~8	57	7.0	13
	300		0.8	0.05	0.030		180	7~8	57	8.0	14
	300	D8600	0.5	0.08	0.03		150	10~12	65	10.0	14
	400		0.65	0.11	0.04		110	10~12	80	12.0	17
	500		0.8	0.13	0.05		90	11~13	100	13.5	19
	600		1.0	0.18	0.07		80	12~14	120	16.0	23

燃气	板坯厚度/mm	割嘴型号	切割氧压力/MPa	预热氧压力/MPa	燃气压力/MPa	割嘴距离/mm	切割速度/mm·min⁻¹	切缝宽度/mm	切割氧耗量/m³·h⁻¹	预热氧耗量/m³·h⁻¹	燃气耗量/m³·h⁻¹
丙烷	100	D8300	0.8	0.025	<0.03	Ca130	380	7~8	57	5.2	3.8
	200		0.8	0.03			260	7~8	57	6.1	4.5
	300		0.8	0.04			180	7~8	57	7.0	4.9
	300	D8600	0.5	0.06			150	10~12	65	8.7	4.9
	400		0.65	0.085			110	10~12	80	10.4	5.9
	500		0.8	0.1			90	11~13	100	11.7	6.6
	600		1.0	0.14			80	12~14	120	13.9	8.0
乙炔	50	DPCA 50~300	0.5	0.1	0.015	20 ~ 25	360	5~7	32	2.3	2.3
	100		0.6	0.1	0.015		330	5~7	38	2.3	2.3
	200		0.7	0.15	0.023		200	7~8	43	3.0	3.3
	300		0.8	0.2	0.033		150	8~10	49	3.5	3.5
	300	DPCA 300~600	0.7	0.2	0.033	25 ~ 30	150	10~12	60	4.5	4.5
	400		0.8	0.2	0.033		110	10~13	68	4.5	4.5
	500		0.9	0.25	0.041		90	11~14	76	5.3	5.3
	600		1.0	0.35	0.056		60	12~15	83	6.0	6.0

注：前提条件　1. 板坯碳含量≤0.3%；　　　　2. 板坯温度 t=20℃；　　　3. 氧气纯度99.5%；

4. 压力为切割枪入口处压力；　　5. 使用干净无损的切割嘴。

冷却水：切割枪入口处压力0.3MPa，流量：500L/h；

工业纯水：温度<25℃，最大杂质粒度0.2mm，悬浮物20mg/L。

表3-9-3　上海新中冶金设备厂六角割嘴性能（1）

配套切割枪型号	500F					
切割嘴型号	SDS/K 18F	SDS/K 20F	SDS/K 23F	SDS/K 26F	SDS/K 30F	SDS/K 33F
切断板坯厚度/mm	50~200	160~220	200~250	220~280	250~320	300~350
切割枪入口压力/MPa						
切割氧	1.5** (1.3~1.7)	1.3** (1.0~1.6)	1.3** (1.0~1.6)	1.2** (1.0~1.4)	1.2** (1.0~1.4)	1.1** (0.9~1.3)
预热氧	0.25~0.30	0.25~0.30	0.25~0.30	0.25~0.30	0.25~0.30	0.25~0.30
预热燃气（丙烷）	0.05~0.07	0.05~0.07	0.05~0.07	0.05~0.07	0.05~0.07	0.05~0.07
消耗量（标态）/m³·h⁻¹						
切割氧	28 (26~30)	30 (28~32)	38 (36~40)	43 (41~45)	55 (53~57)	59 (57~61)
预热氧	21	21	21	21	21	21
预热燃气	9	9	9	9	9	9
切割速度/mm·min⁻¹						
20℃，200mm厚时	180~210	190~220	200~230	220~250	200~250	180~220
750℃，200mm厚时	350~450	330~430	300~400	280~380	260~360	250~350
切缝宽度*/mm						
20℃，200mm厚时	4(3.5~4.5)	4.5(4~5)	5(4.5~5.5)	6(5.5~6.5)	7(6~8)	8(7~9)
750℃，200mm厚时	4.5(4~5)	5(4.5~5.5)	5.5(5~6)	6.5(6~7)	7.5(6.5~8.5)	8.5(7.5~9.5)
切割断面						
平面性	++	++	++	++	++	++
光洁度	++	++	++	++	++	++
上面的形状	++	++	++	++	++	++
上面毛刺的去除	++	++	++	++	++	++

配套切割枪型号	500F					
切割嘴型号	SDS/K 18F	SDS/K 20F	SDS/K 23F	SDS/K 26F	SDS/K 30F	SDS/K 33F
起切速度/mm·min⁻¹						
20℃时	80 ~ 100	80 ~ 100	70 ~ 90	70 ~ 90	60 ~ 80	60 ~ 80
750℃时	100 ~ 140	100 ~ 140	90 ~ 120	90 ~ 120	80 ~ 110	80 ~ 110
割嘴距离/mm	80(60 ~ 100)	80(60 ~ 100)	80(60 ~ 100)	80(60 ~ 100)	80(60 ~ 100)	80(60 ~ 100)

注：＋＋：很好，尖角，少量切割渣黏着（易于去除）；　　＊：取决于气体压力及板坯温度；
　　＊＊：最佳切割氧入口压力。

表 3-9-4　上海新中冶金设备厂六角割嘴性能（2）

配套割枪型号	500F		450F		560F	
切割嘴型号	SDS/K 18F	SDS/K 20F	SDS/K 23F	SDS/K 26F	SDS/K 30F	SDS/K 33F
切断板坯厚度/mm	320 ~ 380	350 ~ 450				
切断圆坯直径/mm			400 ~ 500	450 ~ 650	600 ~ 900	700 ~ 1200
切割枪入口压力/MPa						
切割氧	1.1＊＊ (0.9 ~ 1.3)	1.0＊＊ (0.8 ~ 1.2)	1.2＊＊ (1.0 ~ 1.4)	1.1＊＊ (0.9 ~ 1.3)	1.0＊＊ (0.8 ~ 1.2)	0.8＊＊ (0.7 ~ 0.9)
预热氧	0.25 ~ 0.30	0.25 ~ 0.30	0.25 ~ 0.30	0.25 ~ 0.30	0.25 ~ 0.30	0.25 ~ 0.30
预热燃气（丙烷）	0.05 ~ 0.07	0.05 ~ 0.07	0.05 ~ 0.07	0.05 ~ 0.07	0.05 ~ 0.07	0.05 ~ 0.07
消耗量（标态)/m³·h⁻¹						
切割氧	68(66 ~ 70)	74(72 ~ 76)	69(67 ~ 71)	99(97 ~ 101)	119(117 ~ 121)	137(135 ~ 139)
预热氧	21	21	28	28	28	24
预热燃气	9	9	12	12	12	16
切割速度/mm·min⁻¹						
20℃ 200mm 厚时	160 ~ 200	140 ~ 180	80 ~ 130	70 ~ 120	50 ~ 110	40 ~ 100
750℃ 200mm 厚时	220 ~ 300	200 ~ 250	100 ~ 200	80 ~ 200	60 ~ 150	50 ~ 180
切缝宽度＊/mm						
20℃ 200mm 厚时	8.5(7.5 ~ 9.5)	9(8 ~ 10)	8(7 ~ 9)	8.5(7.5 ~ 9.5)	9(8 ~ 10)	10(9 ~ 11)
750℃ 200mm 厚时	9(8 ~ 10)	9.5(8.5 ~ 10.5)	9(8 ~ 10)	9.5(8.5 ~ 10.5)	10(9 ~ 11)	12(11 ~ 13)
切割断面						
平面性	＋＋	＋＋	＋	＋	＋	＋
粗糙度	＋＋	＋＋	＋	＋	＋	＋
上面的形状	＋＋	＋＋	＋	＋	＋	＋
上面毛刺的去除	＋＋	＋＋	＋	＋	＋	＋
起切速度/mm·min⁻¹						
20℃时	50 ~ 70	50 ~ 70	60 ~ 80	40 ~ 60	30 ~ 50	20 ~ 40
750℃时	70 ~ 100	60 ~ 90	80 ~ 100	60 ~ 80	50 ~ 70	30 ~ 50
割嘴距离/mm	80(60 ~ 100)	80(60 ~ 100)	40(30 ~ 50)	40(30 ~ 50)	40(30 ~ 50)	30(20 ~ 40)

注：＋＋：很好，尖角，少量切割渣黏着（易于去除）；　　　＋：良好，尖角，少量切割渣黏着；
　　＊：取决于气体压力及板坯温度；　　　　　　　　　＊＊：最佳切割氧入口压力。

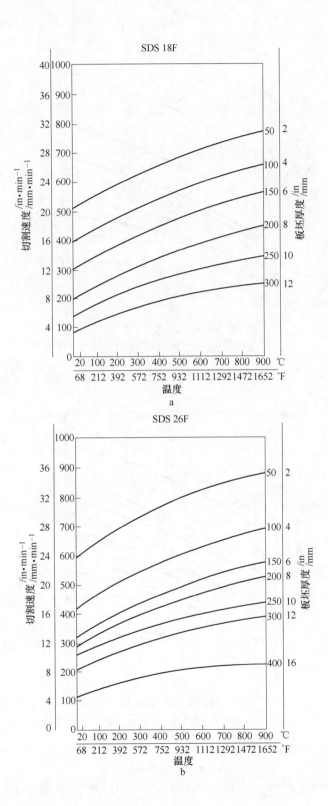

a

b

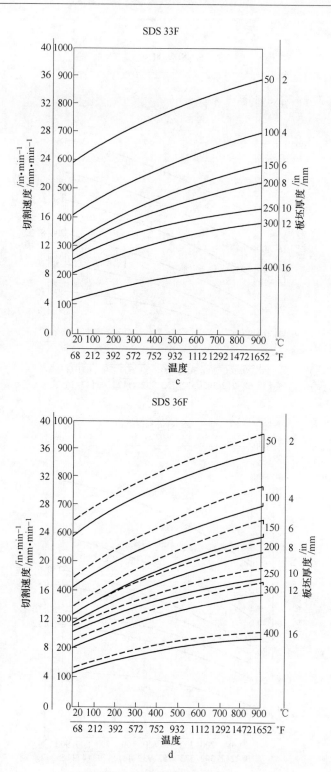

图 3-9-10 切割性能曲线

a—SDS 18F 切割嘴；b—SDS 26F 切割嘴；c—SDS 33F 切割嘴；d—SDS 36F 切割嘴

9.1.3.6　板坯定尺检测系统

板坯定尺检测系统的作用是对行进中的板坯进行长度测量，用取得的长度信号准确控制切割机实现自动切割。目前钢厂中实际应用的测长系统主要有机械触点式、测量轮—编码器式和光学摄像式3种。其中机械触点式主要应用在小方坯连铸机上以及自动化程度较低的板坯连铸机上，此处不作详述。

A　测量轮—编码器式

测量轮—编码器式测长系统在 20 世纪八九十年代建成的板坯连铸机上获得了广泛应用，优点是结构简单，容易维护。其原理是在测量轮轴系上装有编码器如图 3-9-13 所示，测量轮是无驱动可自由转动的，当测量轮以一定压力压紧在板坯表面时，由于摩擦力的作用，板坯向前行走就会带动测量轮转动，从而带动编码器发出脉冲信号。电气自动控制系统根据脉冲数计算出板坯

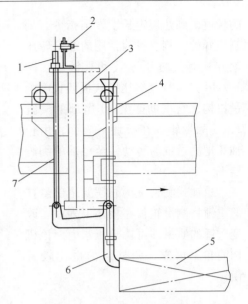

图 3-9-11　板坯边部检测装置

1—撞头；2—接近开关；3—切割枪小车；
4—切割枪；5—板坯；6—触头；7—连杆

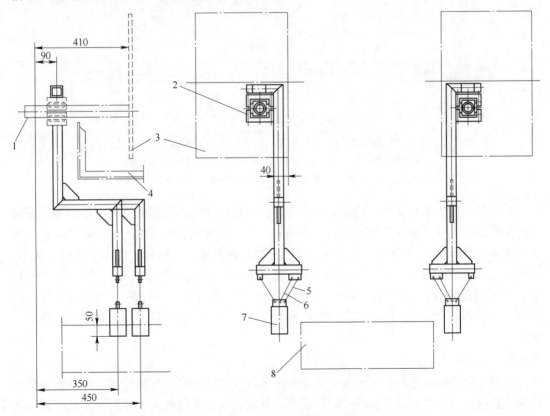

图 3-9-12　板坯边部检测装置

1—切割枪支架；2—夹持器；3—切-割枪小车；4—防热板；5—吊链；6—导线；7—触头；8—板坯

的长度。到达规定长度发出指令，切
割机开始切割。目前常用的测量轮压
紧方式有气缸压紧式和重锤式。图
3-9-14 是一种气缸压紧式板坯长度测
量机构，它借助摆架 10 尾部的气缸
2，使测量轮顶在板坯下表面，由长
轴 8 把测量辊的转动传至尾部的编码
器 1。

重锤式测长机构靠摆架尾部悬挂
的重锤将测量轮顶在板坯下表面，改
变重锤的质量即可调整压紧力，该机
构简单，可靠，调整维护也比较方
便。

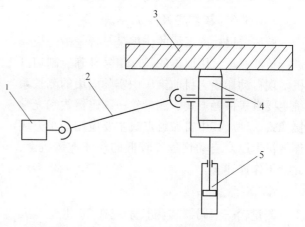

图 3-9-13 气缸压紧式测量轮机构原理
1—编码器；2—万向联轴器；3—板坯；4—测量轮；5—气缸

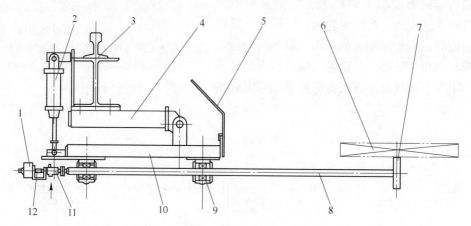

图 3-9-14 气缸压紧式板坯长度测量机构
1—编码器；2—气缸；3—切割车轨道；4—吊架；5—隔热板；6—板坯；
7—测量轮；8—长轴；9—轴承；10—摆架；11—水套；12—弹性联轴器

测量轮一般为焊接结构，内部需通水冷却，材料可选用不锈钢或其他耐热钢种。测量
轮升至最高位时其顶面高出辊道辊面约 50mm，向下移动的距离则根据机构而定。定尺精
度一般为 ±30mm，引起误差的主要原因是：测量轮的热膨胀与磨损，切缝宽度的变化等。
此外，当拉速发生变化，或板坯表面带有较多氧化铁皮时，测量轮可能出现窜动或打
滑，造成测量轮和板坯间运动不同步，使测量脉冲数出现误差。这种误差随机出现，且
在程度上不可控，因此对定尺精度的影响最严重，这也正是测量轮式测长系统的最大
缺点。

B 光学摄像式

随着工程科技的进步，又出现了用光学摄像方式进行定尺测量的装置。这种装置利用
摄像头拍摄到的光学影像对板坯进行切割定尺测量，属于非接触式测量系统，其原理如图
3-9-15 所示。

一套测量装置最少由两个高速高分辨率的红外摄像头组成，安装在切割辊道旁的专用

支架上。测量系统对摄像头采集到的图像，经去噪声、抗干扰处理，并采用相关的图像处理算法，计算出板坯在行进过程中的长度。在板坯运行至设定的切割定尺前一定距离（例如200mm）时发出切割机同步机构的"预压紧"信号，在板坯运行至设定的切割定尺时发出切割机同步机构的"主压紧"信号，切割机按此信号开始切割。进入摄像头视角范围内的板坯运行状态及瞬间位置都可以显示在切割操作台的液晶显示屏中。

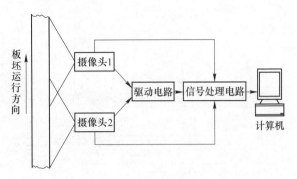

图 3-9-15　非接触式系统的测长原理

摄像式定尺测量装置测量精度远高于测量轮式，可达到 ±1mm 的级别。由于采用红外摄像元件，消除了现场普通光源的干扰，因而抗干扰能力强。此外还具有使用可靠，寿命长等优点，因此已在板坯连铸机上获得广泛应用。目前最新的定尺测量装置由摄像加激光测距仪组成。

9.1.3.7　能源介质供送系统

能源介质主要指火焰切割机所需的氧气、燃气、压缩空气，冷却水，粒化水和控制电源等。传输上述介质的管道及电缆借助大车上装备的电缆拖链从车间介质干线送至火焰切割机上的阀站及端子箱，进而通过小车拖链把阀站及端子箱分配出的各种介质及电缆送至切割枪小车。

图 3-9-16 和图 3-9-17 分别为 A 钢铁公司板坯连铸火焰切割机的能源介质供送系统和自动控制系统框图。

A　能源介质阀站

阀站安装在切割机大车上，主要由气体减压阀、电磁截止阀、调压阀等组成，用于自动及手动控制各种介质的开启、关闭及压力和流量调节，保证切割机稳定工作。图 3-9-1 所示 B 钢铁公司切割机使用的能源介质主要参数见表 3-9-5。目前火焰切割机常用的燃气热值及部分物理特性见表 3-9-6。

表 3-9-5　火焰切割机主要能源介质参数

种　类	压力/MPa	耗量（标态）/$m^3 \cdot h^{-1}$	备　注
氧气	≥1.2	60 ~ 65（每把枪）	纯度 >99.5%
天然气	≥0.2	20 ~ 25（每把枪）	热值（标态）>37.7MJ/m^3
压缩空气	≥0.40	4（每台车）	无油污杂质
		2（每个测量辊）	当采用测量辊时，无油污杂质
	0.2 ~ 0.3	1（每个摄像头）	无油污杂质
冷却水	0.6 ~ 0.8	15（每台车）	工业净化水
		2（每个测量辊）	当采用测量辊时，工业净化水
	0.2 ~ 0.3	1（每个摄像头）	工业净化水
粒化水	≥0.60	6（每台车）	粒化水

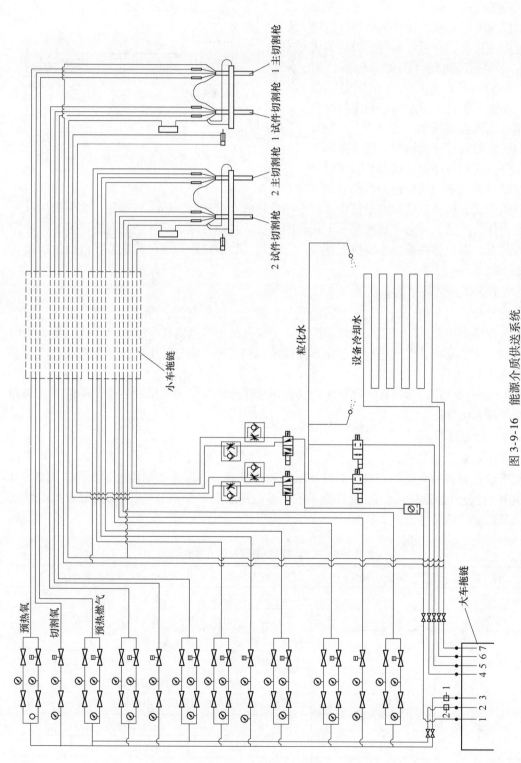

图 3-9-16　能源介质供送系统

1—压缩空气；2—燃气；3—氧气；4，5—粒化水；6—设备冷却进水；7—设备冷却回水

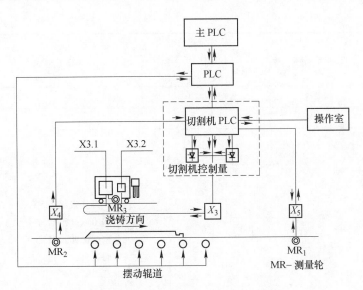

图 3-9-17　火焰切割机自动控制系统

表 3-9-6　火焰切割机常用燃气热值及部分物理特性

序号	燃气种类/分子式	化学名称	成分组成	燃烧热值（标态）/MJ·m⁻³	着火温度/℃	注意事项	备　注
1	H_2	氢气	100%	10.76		燃烧速度快注意回火	因燃烧速度大（11.2m/s），所以燃烧强度仅次于乙炔
2	CO	一氧化碳	100%	12.75			
3	CH_4	甲烷	100%	36.13			
4	C_2H_6	乙烷	100%	63.56			
5	C_3H_8	丙烷	100%	90.69	515～543	使用效果不稳定，冬季低温下气化效果不理想；爆炸极限 2.3%～5.9%；相对空气密度 1.52（15.6℃时），所以易堆积	丙烷气是石油化工的副产品，燃点高，燃烧速度慢，化学性质不活泼；特利气、霞普气、弗莱马克斯气、凯腾气等，均是丙烷中加入各种添加剂、助燃剂或一定比例的丙烯；用于连铸火焰切割吨钢成本约 2 元
6	C_4H_{10}	丁烷	100%	118.41			
7	C_5H_{12}	戊烷	100%	145.78			
8	C_2H_4	乙烯	100%	60.62			

序号	燃气种类/分子式	化学名称	成分组成	燃烧热值（标态）/MJ·m^{-3}	着火温度/℃	注意事项	备注
9	C_3H_6	丙烯	100%	87.29			
10	C_4H_8	丁烯	100%	113.71			
11	C_2H_2	乙炔	100%	56.45	406~440	爆炸极限 2.5%~80.0%；相对空气密度 0.906（15.6℃时）	因热值高燃烧速度（8.1m/s），所以燃烧强度最大；作为传统燃气切割加工金属，火焰温度高、热值大，但由于乙炔生产成本高（>4 元/吨），同时存在安全污染等问题，已很少用于连铸火焰切割
12	C_6H_6	甲苯	100%	145.99			
13	天然气	CH_4：75%~98%手册：CH_4：85%~97%；H_2：0%~2%；C_mH_n：1.2%~4%		手册 33.49~38.52			CO_2+H_2S：0.1~2；N_2：1.2~4.0
14	一般发生炉煤气（炼钢用）	手册：CO：29%~30%；H_2：13%~14%；CH_4：2%~4%；C_mH_n：0.2%~0.5%		手册 6.07~6.62			CO_2+H_2S：4.3~4.5；O_2：0.2~0.4；N_2：47~50
15	高炉煤气	手册：CO：25%~31%；H_2：2%~3%；CH_4：0.3%~0.5%		手册 3.56~4.61			CO_2+H_2S：9~15.5；N_2：55~58
16	焦炉煤气	手册：CO：4%~8%；H_2：53%~60%；CH_4：19%~25%；C_mH_n：1.6%~2.3%		手册 15.49~16.75	550~650	无色、有臭味的有毒气体，所以易中毒、着火、爆炸空混爆炸极限4.27%~37.59%	CO_2+H_2S：2~3；O_2：0.7~1.2；N_2：7~13
17	半焦化煤气	手册：CO：7%~12%；H_2：6%~12%；CH_4：45%~62%；C_mH_n：5%~8%		手册 22.19~29.31			CO_2+H_2S：12~25；O_2：0.2~0.3；N_2：7~13
18	顶吹转炉煤气（回收期）	手册：CO：~65%；H_2：1%~2%		手册 ~7.54			CO_2+H_2S：18~23；O_2：0.4~0.8；N_2：24~28

序号	燃气种类/分子式	化学名称	成分组成	燃烧热值（标态）/MJ·m⁻³	着火温度/℃	注意事项	备　注
19	乙炔气	手册：H_2：微量；CH_4：微量；C_mH_n：97%～99%		手册 46.05～58.62			$CO_2 + H_2S$：0.05～0.08
20	水煤气	手册：CO：35%～40%；H_2：47%～52%；CH_4：0.3%～0.6%		手册 15.49～16.75			$CO_2 + H_2S$：5～7；O_2：0.1～0.2；N_2：2～6
21	混合煤气（高＋焦）	手册：CO：17%～19%；H_2：21%～27%；CH_4：9%～12%；C_mH_n：0.7%～1%		手册 8.58～10.30			$CO_2 + H_2S$：7～8；O_2：0.3～0.4；N_2：33～39
22	氢氧气				580～590	空混爆炸极限 4.0%～74.2%；相对空气密度0.069（15.6℃时），但密度小、不会堆积	YJ 系列水电解氢氧发生器

B　切割机配管系统

由车间主管道供应的上述各种介质经由切割机大车拖链上的软管引入切割机，再经过能源介质阀站分送到最终的各个用户点上，如图 3-9-16 所示，其配管系统如下。

（1）氧气、燃气和压缩空气管路。每种气体介质都有其进气总管和对应的供气分管，在氧气和燃气总管上装有过滤器和压力表。氧气总管在能源介质阀站内被分成预热氧和切割氧两路，然后再根据切割枪的数量被分为对应的若干路。燃气总管同样在能源介质阀站内分成与切割枪数量相应的若干路。压缩空气进入能介站后，在站内经过滤器、减压阀、油雾器等气源三联件处理，然后由软管送往同步机构的气缸。

（2）设备冷却水管路。切割机的冷却水到切割机后分成两路，一路对大车架体、防护栏杆、同步压头等部件进行冷却后，经总回水管和大车拖链上的软管送回车间回水管。另一路又分成两支路，分别由软管经两条小拖链送往 1 号和 2 号切割枪小车上，对切割枪和小车架进行冷却后，通过软管将水排向切割枪小车下导轨的防热水槽中，再由硬管将水排往切割区冲渣沟。

当大车架的冷却水正常循环时，在操作台上有信号显示，提示切割机可以正常工作；当冷却水断流或流量低于最低允许值时，会发出报警信号，提醒操作工立即排除故障，否则将造成机架过度受热变形，严重时还可能产生水冷箱体或管路的爆裂事故。

（3）粒化水系统。由粒化水配管、粒化水电磁阀、粒化水喷嘴等组成，安装在切割枪的外侧。粒化水电磁阀与切割氧同时启闭，切割开始后，常温的高压水通过粒化水喷嘴冲向板坯割缝下部，将高温切割熔渣冲成颗粒状落入冲渣沟中。粒化水喷嘴的喷射角度灵活可调。

9.1.3.8　切割机走台和轨道

切割机下方铺设轨道，供切割机大车走行。轨道一般为标准重轨，安装在由 H 型钢制成的轨道梁上，梁上还固定有切割车位置判断装置的齿条和导板。切割机外围还设置检修走台，供调试和设备维护使用。在远离切割操作室一侧的轨道梁内侧还可设置标尺，以便在切割定尺检测系统故障时，操作工根据标尺进行半自动操作。

9.1.4　影响切割速度的因素

切割速度是火焰切割机的重要参数，它的高低直接关系到切割周期。影响切割速度的因素很多，一般来说，板坯温度和切割氧气的纯度越高，切割速度就越快；板坯厚度越大，含碳量（或碳当量）越高，则切割速度越慢。板坯连铸火焰切割机用氧气的纯度一般要求≥99.5%。有关板坯厚度和温度对切割速度的影响可由前面切割枪部分的图表中查得。

9.1.4.1　含碳量的影响

板坯碳含量（或碳当量）对切割速度的影响如图 3-9-18 所示。

（1）当板坯含碳量大于 0.3% 时，切割速度下降，冷切割会造成切割裂纹。

（2）当板坯含碳量达到 1.6% 时，可以用辅加铁粉或其他助熔剂的方法进行切割。

9.1.4.2　其他合金元素的影响

其他合金元素对切割速度的影响可以用碳当量 C_{eq} 进行统一表示，计算式为

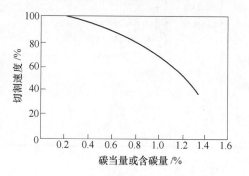

图 3-9-18　碳当量或含碳量
对切割速度的影响

$$C_{eq} = w(\mathrm{C}) + \frac{w(\mathrm{Mn})}{6} + \frac{w(\mathrm{Cr}) + w(\mathrm{Mo}) + w(\mathrm{V})}{5} + \frac{w(\mathrm{Ni}) + w(\mathrm{Cu})}{15} \quad (3\text{-}9\text{-}1)$$

根据计算出的碳当量 C_{eq} 按图 3-9-18 可查出对切割速度的影响系数，如硅钢的切割速度是普通钢（含碳量≤0.2%）的 80% 等。碳当量的计算有很多公式，有一定的针对性，详见第二篇第 8 章第 10 节。

当合金元素的含量超过极限时，就需采用辅加铁粉或其他助熔剂进行切割。表 3-9-7 为采用一般方法切割时的各合金元素的极限含量。

表 3-9-7　火焰切割时合金元素的极限含量（质量分数）

元　素	上限含量/%	附加限制条件
C	1.6	
Cr	1.8	Ni 含量极低
Si	2.6	含 C 最大 0.25%
Mo	0.85	
Mn	13.0	C = 1.2%
W	10.0	Cr < 0.4%，Ni < 0.25%，C < 0.9%
Ni	7.5	C < 0.35%
	36.0	
Cu	0.7	

9.1.5 火焰切割机操作方式及切割程序

9.1.5.1 切割机的操作方式

切割机的操作分为自动、半自动、手动和机旁手动四种方式。

（1）自动操作。由上位计算机或人工用键盘输入切割定尺长度等板坯有关参数的指令，待达到规定定尺后，切割机按不同的切割程序进行自动切割。

（2）半自动操作。由人工目测切割定尺到位后，按"预压紧"和"压紧"按钮，切割机按不同的切割程序进行自动切割。

（3）手动操作。由人工按压各功能按钮（经 PLC）进行单独动作控制，如同步机构的起落、切割车的走行和停止、切割枪的运行以及各种电磁阀的开闭等，主要用于调试和维修。

（4）机旁手动操作。将机旁操作箱上的转换开关扳到"机旁"位置，自控系统就将切断操作台上的操作功能，以防止机旁操作时操作台误操作。机旁手动操作仅用于调试与检修。

（5）手动干预方式。无论采用何种操作方式，对切割枪切割速度的控制实行手动优先（机旁手动优先于操作台手动）的原则。即在自动或半自动操作过程中，当因切割速度过快或因供气压力发生变化导致切割锋线变短而切不断板坯，产生翻渣时，可采用手动干预方式，降低切割速度或将切割枪小车往回退。

9.1.5.2 切割程序、切割区长度及最小切割定尺

A 切割程序

图 3-9-19～图 3-9-21 分别为坯头切割、正常切割和试件切割的典型程序。在开始切割之前，切割车及切割枪小车均位于待机位置。

（1）当接近定尺时，由定尺测量装置发出预压紧信号，压紧臂首先降至板坯上表面，但不接触（或以微小压紧力压着板坯），此时切割车不动。

当行走的板坯到达规定定尺后，定尺测量装置发出切割信号，夹紧臂以 100% 的重量或压紧力压住坯面，使切割车与板坯同步行走。

（2）接到切割信号后，切割枪小车（切割枪）便按图 3-9-19～图 3-9-21 所示的动作程序运转。

①—②位置两切割枪小车以高速向板坯两侧移动，达到②时，切割枪喷出预热火焰，切割氧滞后 1 秒钟喷出，并在②位置停留 3 秒钟进行预热。

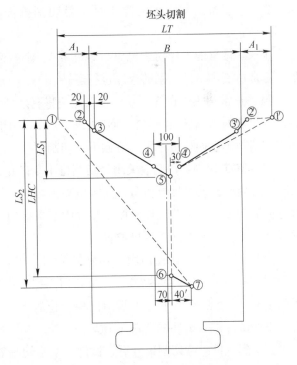

图 3-9-19　坯头切割

LT—两切割枪距离；A_1—切割枪距板坯边缘距离；B—板坯宽度

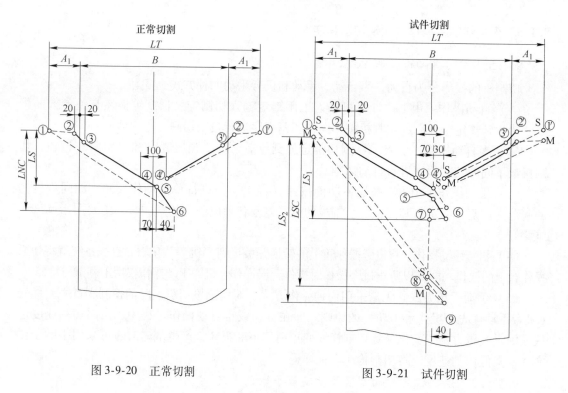

图 3-9-20   正常切割   图 3-9-21   试件切割

②—③由边部检测装置发出信号，以起切速度进行起切。

③—④正常切割。在位置④时 2 号切割枪停止切割，并返回待机位置，准备下次切割。

④—⑤位置的 1 号切割枪继续以正常切割速度进行，到达⑤处后，分别按照坯头切割、正常切割和试件切割的程序进行运转。

（3）正常切割：在⑤～⑥位置以低速将剩余部分彻底切断，切割枪接到切割完毕信号后，关闭切割火焰（切割氧比预热火焰滞后2s关闭），停止切割。同步机构松开，切割枪小车与切割车返回待机位置，等候下次切割。

（4）坯头切割：切割氧关闭，切割枪小车停止，⑤～⑥位置切割车随板坯运行至坯头搬出装置处，到⑥处接到信号，切割枪喷出切割火焰，⑥～⑦处切割枪小车以低速将剩余部分彻底切断，坯头落入坯头搬出装置中。当接到切割完毕信号后，切割枪按与上述相同的程序停止切割并返回至待机位置。

（5）试件切割：试件切割枪切割氧关闭，在⑤～⑥处主割枪以低速将剩余部分切断（行程控制靠小车的跟踪系统），在接到切割完毕信号前一较短时间，启动切割辊道送坯，接到信号，1 号割枪小车返回两割枪相会位置⑦，在⑦～⑧处切割车继续与板坯同步运行，以便试件进入试件搬出料斗上方。

当接到试件继续切割信号后，试件切割枪切割氧打开，在⑧～⑨处以低速将剩余部分彻底切断，试件落入事先放置在坯头搬出装置之中的试件搬出料斗内，然后关闭试件切割枪燃气，同步机构松开，切割枪小车与切割车返回待机位置，准备下次切割。

B 切割区长度及最小定尺

切割过程中各时间段一般取（双枪切割时）：

接近时间：$t_1 = 0.15\text{min}$

预热时间：$t_2 = 0.05\text{min}$

起切时间：$t_3 = 0.15\text{min}$

当采用双枪切割时，切割时间为

$$t_4 = \frac{B/2 + 150}{v_q} \tag{3-9-2}$$

式中　t_4——切割时间，min；

　　　B——板坯宽度，mm；

　　　v_q——切割速度，mm/min。

数值 150 的单位为 mm，是考虑临近切割终了时两枪相会与行程重合的距离，用于确保板坯完全被切断。

切割区长度 L_t 可由下式求出

$$L_t = 1.2(t_1 + t_2 + t_3 + t_4)v_g \tag{3-9-3}$$

式中　L_t——切割区长度，m；

　　　v_g——拉坯速度，m/min。

实际设计时，可按上式确定切割辊道的长度。此外每次切断板坯后，切割车的返回时间为

$$t_5 = \frac{L_t}{v_f} \tag{3-9-4}$$

式中　t_5——切割车返回时间，min；

　　　v_f——切割车返回速度，m/min。

这样，切割机能够切割的最小定尺长度可按下式求得

$$L_{\min} = 1.2(t_1 + t_2 + t_3 + t_4 + t_5)v_g \tag{3-9-5}$$

式中，$L_{\min}$为切割机能够切割的最小定尺长度，m。

9.1.6 清渣及烟气除尘

9.1.6.1 清渣

火焰切割时金属损耗量较大，会产生较多的切割渣，设计时除了切割机本身须考虑完善的粒化水系统外，连铸机公辅系统在计算冲渣水总量时也应该将切割机区域清渣用水考虑进去。

目前板坯连铸机上应用的火焰切割机都设置有粒化水装置，在切割过程中用高压水冲击切割熔渣，将其打碎成细小的颗粒并迅速凝固，落入冲渣沟内，便于被冲渣水冲走。切割时产生的渣量可以用下式计算

$$V_z = \frac{ABZ\gamma_g}{10^9 \gamma_z} m_f \qquad (3\text{-}9\text{-}6)$$

式中　　V_z——每小时产生的切割渣量，m^3/h；

　　　　A——板坯厚度，mm；

　　　　B——板坯宽度，mm；

　　　　Z——切缝宽度，mm；

　　　　γ_g——被切割板坯的密度，$7.7kg/dm^3$；

　　　　γ_z——切割渣的密度，干渣 $\gamma_z = 2.9kg/dm^3$，湿渣 $\gamma_z \approx 3.2kg/dm^3$；

　　　　m_f——每小时所切的割缝数。

切割渣的成分大致为铁（Fe）20%，氧化铁（FeO、Fe_2O_3、Fe_3O_4）77%，其他元素（二氧化硅、锰、碳、硫等）2%~3%。

9.1.6.2　烟气除尘

普通碳钢切割时产生的烟气量较少，通常不考虑设置烟气除尘设施。但对于碳当量较高的合金钢种，尤其是对于不锈钢，切割时需辅加助熔剂（铁粉，或铁粉加铝粉），切割时会产生大量烟尘，不但造成环境污染，还会影响操作工视线，妨碍操作。因此需要加设烟气除尘设施。抽气风口可设置在板坯下方，也可设置在切割机上方。当设置在切割机上方时，设计中通常将上方的烟尘罩设计为可向铸流侧面移动的结构，以方便切割机及切割辊道的维护和检修。同时抽气量不宜过大，以免影响切割火焰。

图 3-9-22 是一种设置在切割机上方的上抽式烟尘收集罩，工作时收集罩位于切割机上方，将切割烟尘收集并通过管道引导到除尘器里进行处理。连铸机停机检修时，收集罩被移动到出坯线侧面，以便对切割机和切割辊道进行检修。

烟尘的多少主要取决于钢种、板坯规格和辅加的助熔剂量，烟尘中含有钢中有关元素的氧化物和合金微粒，颜色多呈黄褐色。与烟气除尘相关的技术参数如下：

　　板坯下方抽气量（标态）　　　　$30000 \sim 60000 m^3/h$

　　切割机上方抽气量（标态）　　　$6000 \sim 10000 m^3/h$

　　抽气风口处烟尘温度　　　　　　$60 \sim 90℃$

　　入除尘器处烟尘温度　　　　　　$40 \sim 60℃$

　　含尘量（标态）　　　　　　　　$2 \sim 5g/m^3$

　　粉尘粒度　　　　　　　　　　　$0 \sim 0.01\mu m$（60%），$0.01 \sim 20\mu m$（40%）

　　烟尘成分　CO_2　　　　　　　1.6%

　　　　　　　O_2　　　　　　　 20%

　　　　　　　CO　　　　　　　 0.5%

　　　　　　　N_2　　　　　　　 77.5%

　　　　　　　其他元素　　　　　　0.4%

切割设备常用的除尘器型式有干式和湿式两种。对位于切割机上方的抽气除尘（干烟尘），可采用布袋式除尘器。抽气口位于板坯下方时（湿烟尘），则可采用文丘里涤尘器或电除尘器。

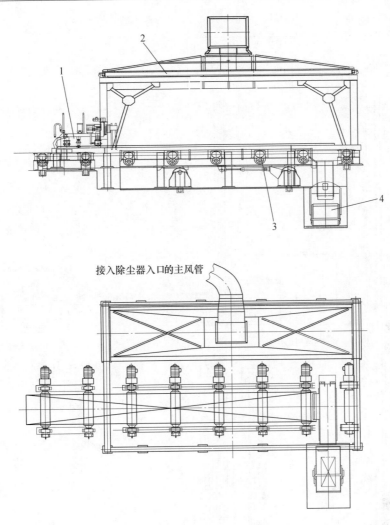

接入除尘器入口的主风管

图 3-9-22　上抽式烟尘收集罩

1—火焰切割机；2—烟气收集罩；3—切割辊道；4—切头收集装置

9.2　切头搬出装置

为了把切割机切割下来的切头和试件从出坯线上搬出，通常在切割辊道与切割后辊道之间设置切头搬出装置。图 3-9-23 是 A 钢铁公司 1 台双机双流板坯连铸机使用的切头搬出装置，两流共用一套装置。配置在每流上的切头台车把接收到的切头送到切头箱位置，由推钢机经溜槽推到切头箱中，切头箱装满后用专用吊具和起重机运走。试件则从切头箱位置吊到试件运送台车上，送往检化验室。

9.2.1　台车牵引式切头搬出装置

9.2.1.1　设备结构

切头搬出装置主要由切头台车（每流配置一台）、台车牵引装置、钢丝绳张紧装置、

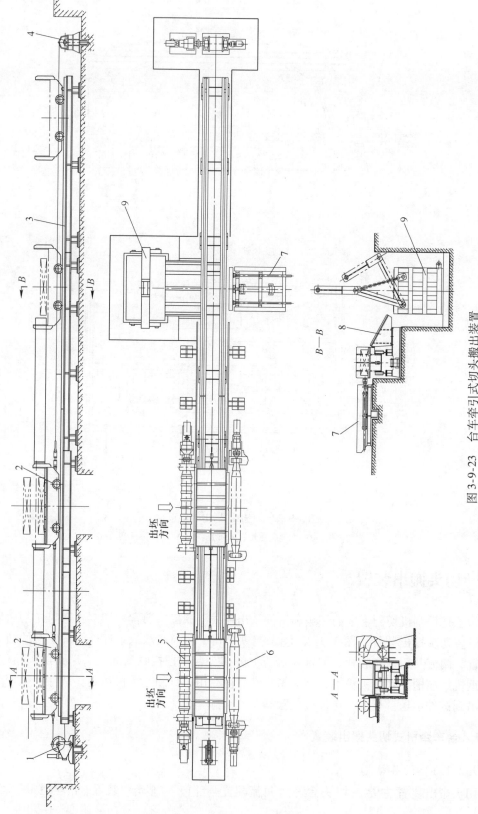

图 3-9-23　台车牵引式切头搬出装置

1—钢丝绳张紧装置；2—切头台车；3—轨道及轨道梁；4—台车牵引装置；5—切割辊道；6—切割后辊道；7—推钢机；8—溜槽；9—切头收集箱

推钢机、切头收集箱、溜槽和轨道组成。

切头台车为钢板焊接结构,为了吸收切头落下时产生的冲击能量,在车轮轴与受料台板之间设置有 8 组碟形弹簧缓冲。台面为支承格栅,台车两端设有挡板,防止切头在台车运行加减速时滑落。两个台车之间采用连接杆刚性连接,通过钢丝绳牵引运行。在台车行程的两个最远端位置安装有限位开关,用于安全防护。

牵引装置的驱动电机通过摆线针轮减速器或行星减速器和齿形联轴器驱动钢丝绳卷筒,从而带动台车走行。

推钢机采用液压缸驱动整体焊接结构的推头,用螺栓固定在两根导杆上,液压缸活塞杆与推头采用铰链连接。

切头箱用钢板和型钢焊成,为便于吊运,切头箱与吊具用销子连成一个整体。

9.2.1.2 切头搬出装置的主要技术参数

A 钢铁公司双机双流板坯连铸机所用切头搬出装置的主要技术参数如下。

型式	钢丝绳牵引台车式
台车尺寸	长×宽×高约 2.7m×0.8m×0.7m
台车装载重量	最大 24kN
台车走行速度	15m/min
台车走行距离	14.1m
牵引装置减速器	
型式	行星减速器
速比	$i=147.7$
牵引装置电机功率	AC2.2kW
推钢机型式	液压式
推钢机推力	最大 24kN
推钢机行程	约 850mm
推钢机速度	4.5m/min
切头长度	平均 0.4m,最大 0.6m
切头厚度	平均 0.25m
切头宽度	最大 1.93m
切头箱容积	约 6.87m³(可装载平均重量切头 16 块)
切头箱容量	25t

9.2.2 斜溜槽式切头搬出装置

图 3-9-24 所示是目前常见的切头搬出装置,其自身并无动力。切割机将坯头切断后,坯头靠重力落入一个较长的斜溜槽内,溜槽将切头导入放置在连铸出坯线旁的切头收集箱内,切头收集箱收集满后,用起重机吊离。严格讲,这种形式应称为切头收集装置。与前一种搬出装置相比,它具有结构简单,无能耗,工作可靠的优点。

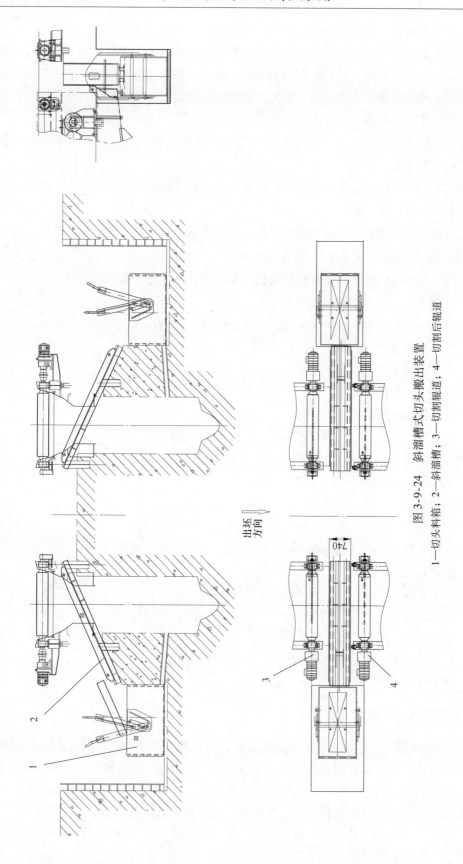

出坯
方向

图 3-9-24　斜溜槽式切头搬出装置
1—切头料箱；2—斜溜槽；3—切割辊道；4—切割后辊道

参 考 文 献

[1] 刘明延, 李平, 等. 板坯连铸机设计与计算 [M]. 北京: 机械工业出版社, 1990: 656~679.

[2] 谢东钢, 杨拉道. 常规板坯连铸技术 [M]. 北京: 冶金工业出版社, 2002: 51~55.

[3] 冯捷, 史学红. 连续铸钢生产 [M]. 北京: 冶金工业出版社, 2007: 102~104.

[4] 干勇, 倪满森, 余志祥. 现代连续铸钢实用手册 [M]. 北京: 冶金工业出版社, 2010: 185~187.

[5] Paul Grohmann and Gerhard Munch, Loxjet—High-speed flame cutting process [J]. Iron and Steel Engineer, October 1992: 24~27.

[6] Mattias Lotz. New developments in oxy fuel cutting of slabs and billets [J]. MPT international, 1995 (5): 52~54.

[7] 冶金报社. 连续铸钢500问 [M]. 北京: 冶金工业出版社, 1994: 63.

10　引 锭 设 备

10.1　概述

　　引锭用于堵塞结晶器底部，使最先注入结晶器内的钢水快速凝固与引锭头连成一体，然后在扇形段驱动辊的驱动下把带着板坯的引锭连续不断地拉出连铸机，从而开始该铸造周期内的连续铸造过程。因此，引锭是引导板坯进入夹送辊、形成连铸过程的必不可少的设备。板坯连铸机的引锭基本上都是链式结构，如图 3-10-1 所示。

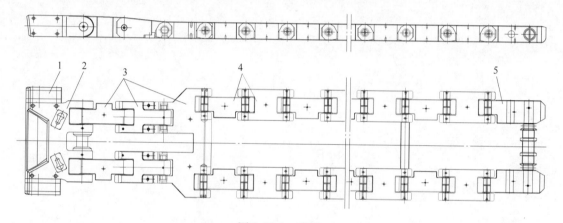

图 3-10-1　引锭

1—宽度调整垫块；2—引锭头；3—过渡链节；4—标准链节；5—引锭尾

　　与引锭的送入、脱离板坯、收集、存放等功能相匹配的设备有脱锭装置、引锭导向（对中）装置、引锭收集、运输、存放装置等，这些设备和引锭一起构成了引锭系统。

　　引锭设备按照其送入方式的不同可以分为下装引锭系统和上装引锭系统。前者是指引锭从出坯辊道进入连铸机，从结晶器下方将引锭头送入结晶器中，下装引锭系统伴随着板坯连铸机的发展从简陋到完善，至今还在广泛应用，其类型也多种多样。后者是指引锭从浇注平台上经结晶器上方送入结晶器中，它是 20 世纪 80 年代以后在高作业率、高产能的大型板坯连铸机上广泛应用的系统，其特点是能够大幅缩短连铸机的浇注准备时间，有效提高连铸机的整体作业率。下装引锭系统的浇注准备时间通常为 50 ~ 90min，而上装引锭系统一般可缩短到 30 ~ 40min，最短 20 ~ 25min。

　　上装引锭和下装引锭系统最本质的区别在于正常工作时引锭走过的运动轨迹不同，上装引锭为单向循环式的，下装引锭则为往复式运行。引锭送入方式的选择应考虑下列因素：

（1）连铸机的生产能力及连铸机作业率；

（2）设备投资；

（3）操作维护的方便性。

引锭的两种装入方式不同，其性能也不同，两种方式的性能比较见表 3-10-1。

表 3-10-1 两种引锭装入方式性能比较

比 较 项 目	下 装 引 锭	上 装 引 锭
连铸机准备时间	准备时间长（连铸结束时，尾坯通过连铸机达到某个距离时，方可进行引锭装入操作）	准备时间短（连铸结束时，尾坯通过第一或第二扇形段后，即可进行引锭装入操作）
设备结构	简单（设备组件少）	复杂（设备组件多）
更换引锭头或更换链节时的作业环境	恶劣（作业环境易受板坯辐射热影响）	良好（在浇注平台上操作，安全可靠）
引锭装入时有无蠕动	有蠕动（有时引锭会有蛇行现象，产生 20~30mm 蠕动）	无蠕动
引锭装入时的目视检查情况	不可以	可以
辊缝检查情况	不能全部检查	实现在线拉坯全部检查
对维修或更换主机区在线设备的影响	对切割前到切割后之间的辊道维修或更换有一定困难	无困难

10.2 下装引锭系统

10.2.1 下装引锭系统组成及结构

下装引锭系统由引锭、脱锭装置、引锭对中及存放装置等构成。引锭存放装置又称为引锭收集装置，该装置一般位于切头搬出装置以后或火焰切割机上方，即通常所说的离线式和在线式两类，每一类中又有多种结构形式。

10.2.1.1 引锭

简单地讲，引锭结构可分为引锭头和引锭身两大部分，头与身之间通过销轴联接，便于拆卸更换。如图 3-10-1 所示。

现代化板坯连铸机基本都采用细辊密排辊列，引锭身结构与此相适应，一般都设计为短节距链式结构，且只能单向弯曲，既可保证引锭顺利通过扇形段和弯曲段等二冷区设备，又能有效防止引锭在机内出现蛇形弯曲。

引锭身由过渡链节、H 型链、Y 型链、引锭尾等组成，各链节之间以及与引锭尾间都采用销轴联接。在引锭身的适当位置往往还设置有 1~2 个通孔，用作引锭位置跟踪时光电开关的通光孔。

板坯连铸机通常要浇铸两种以上不同厚度的板坯，板坯宽度也在一定范围内变化，引锭头的设计必须适应这种要求。一般的做法，是为每种厚度设计一种引锭头，引锭头两侧可以加减调整垫板，以调整出所需的板坯宽度。如果板坯宽度变化范围过大，可将同一厚度的引锭头再按宽度范围划分成 2~3 个规格，每一规格对应整个调宽范围中的一个区段。引锭头本体上设计有腭形槽，浇注时与板坯联接，可通过引锭把扇形段驱动辊产生的拉坯力传递到板坯上。当板坯出连铸机后，这种结构又具有便于脱开板坯的优点。由于上装引锭和下装引锭在脱锭时的动作机理不同，因此上装和下装引锭头腭形槽的方位和轮廓均不相同。

如果连铸机配置了在线式辊缝测量仪，在需要测量连铸机辊缝状态时，可拆下引锭头，将辊缝仪装在引锭头位置，然后按照正常方式将引锭送入连铸机内，并模拟拉坯过程，辊缝仪上的传感器即可逐个测量和记录每对辊子的外弧线精度和辊缝数值等参数，这些数据将作为设备维护、调整和连铸机能否正常生产的依据。

除了上述装在引锭头位置的辊缝测量仪，还有一种可安装在引锭身部的辊缝仪，其特点是安装好后，在正常的送引锭操作中即可对连铸机辊缝进行测量，无需专门为测量辊缝更换引锭上的部件。在不进行辊缝测量时也无需拆除，因此可简化操作，节约时间。

10.2.1.2　脱锭装置

脱锭装置是将引锭头和板坯分离的设备，如果采用在线脱引锭方式，一般是将脱锭装置设置在连铸机最后一个扇形段之后和切割前辊道之前。常见的结构型式有液压缸顶升式和液压连杆式。还有利用切割前辊道的某一个辊子升降进行脱锭的方式。也有的连铸机不采用在线脱锭，而是用切割机将坯头切断后，让引锭头带着坯头一起横移到线外，然后利用专门的离线脱锭装置脱锭。这种方式避免了在线脱锭偶然发生脱不掉的情况，免去了处理该类事故的麻烦。

脱锭装置的结构很多，图 3-10-2 是结构较为简单且最为常见的一种在线脱锭装置，图 3-10-3 是一种离线的脱锭装置。

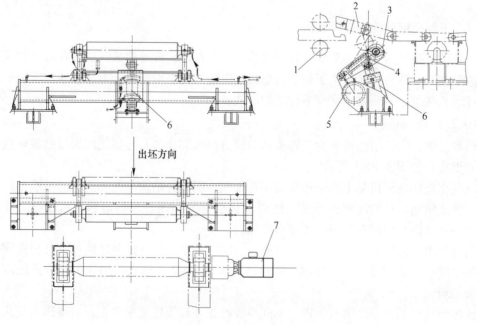

图 3-10-2　一种在线脱引锭装置

1—扇形段最后一对辊子；2—引锭头；3—顶升辊；4—顶升杆；

5—固定支座转轴；6—顶升液压缸；7—切割前第一根辊道

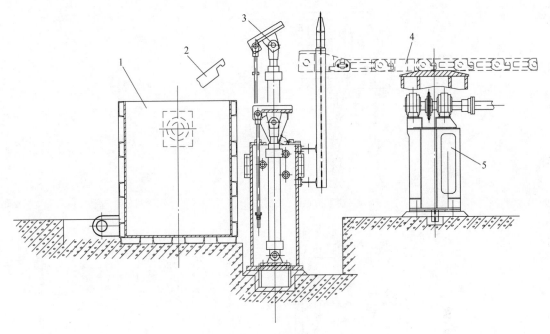

图 3-10-3　一种离线脱锭装置

1—切头收集桶；2—切头；3—脱锭装置；4—引锭；5—引锭存放装置

10.2.1.3　引锭对中装置

引锭对中装置布置在辊道另一侧与引锭存放装置相对的地方，比较常见的形式是由液压缸推动的摇臂式机构，如图 3-10-4 所示。当需要向连铸机内送入引锭时，首先由引锭存放装置将引锭移送到切割后辊道上，随后对中装置液压缸带动摇臂动作，装在摇臂端部的推头就会推动引锭，使引锭纵向中心线与辊道中心线重合。这样可保证引锭送入连铸机时，引锭头能顺利进入结晶器内，不会因位置偏差造成送引锭失败。

10.2.1.4　引锭存放装置

引锭存放装置的形式有很多种，按驱动方式分有液压式和电动式，按设备结构分有连杆摆动平移式和小车—斜桥侧移式等，图 3-10-4 所示为一台单流板坯连铸机中配置的引锭存放装置，是一种典型的离线式引锭存放装置，生产中使用的较多。图 3-10-5 为一种在线式引锭存放装置，采用这种结构时，由于引锭及其存放架位于切割机正上方，因而连铸过程中要长时间受到高温板坯的烘烤，检修时其下方的辊道维修也不方便，因此在新设计的板坯连铸机中已不再采用。

10.2.2　两种离线式引锭存放装置

10.2.2.1　电动小车—斜桥侧移式引锭存放装置

图 3-10-4 中所示的就是目前钢厂里应用非常普遍的电动小车—斜桥侧移式引锭存放装置。它由驱动装置、引锭存放小车、小车轨道等组成。浇铸开始时小车位于切割后辊道的辊子之间，小车台面低于辊道面一定距离。当引锭被送到切割后辊道上，并且引锭已经与铸坯脱离或切割机已将坯头切断后，存放装置的电机启动，通过链轮—链条带动小车沿着

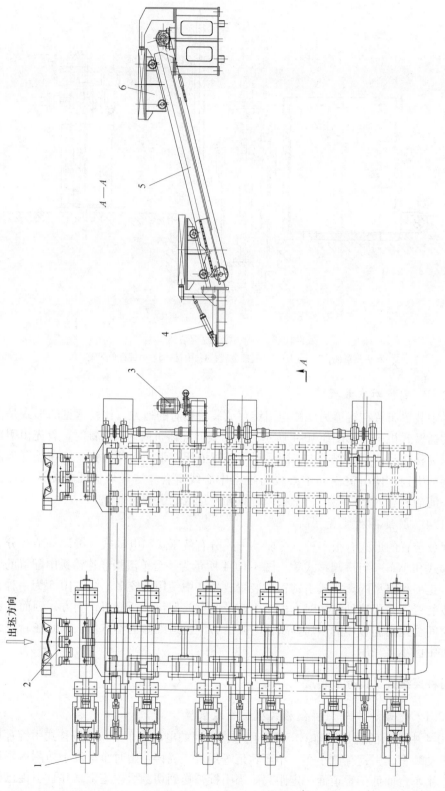

图 3-10-4　电动小车—斜桥侧移式引锭存放装置

1—切割后辊道；2—引锭；3—引锭存放驱动装置；4—引锭对中装置；5—引锭小车轨道；6—引锭存放小车

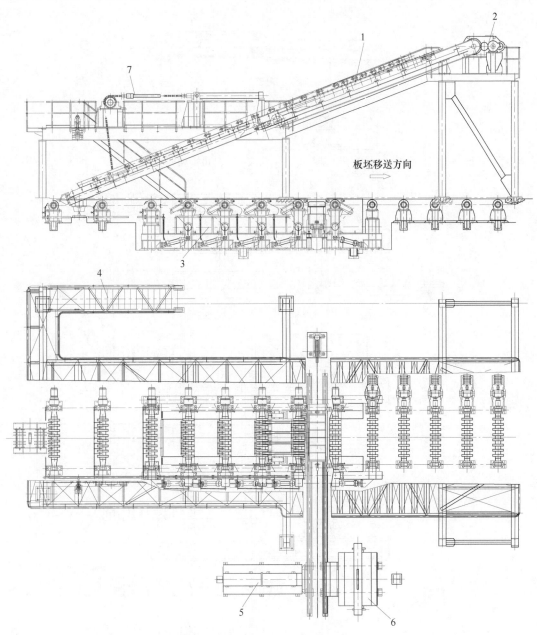

图 3-10-5　在线式下装引锭存放装置

1—引锭存放架；2—引锭存放驱动装置；3—切割辊道；4—操作及检修走台；
5—切头收集装置；6—切头料箱；7—存放架提升装置

向上倾斜的小车轨道移动。当小车台面高于辊道面时就会自动将引锭托起一起行走，直至到达引锭存放位置。当需要再次向连铸机内送入引锭时，小车又会带着引锭沿轨道降下来，把引锭重新放置到切割后辊道上。小车将引锭交给辊道时，会有意让引锭中心略微偏向对中装置一侧一定距离，以保证对中装置能正确完成对中过程。

10.2.2.2　连杆摆动平移式引锭存放装置

图 3-10-6 所示是连杆摆动平移式引锭存放装置，它以液压缸为动力源。图示的结构

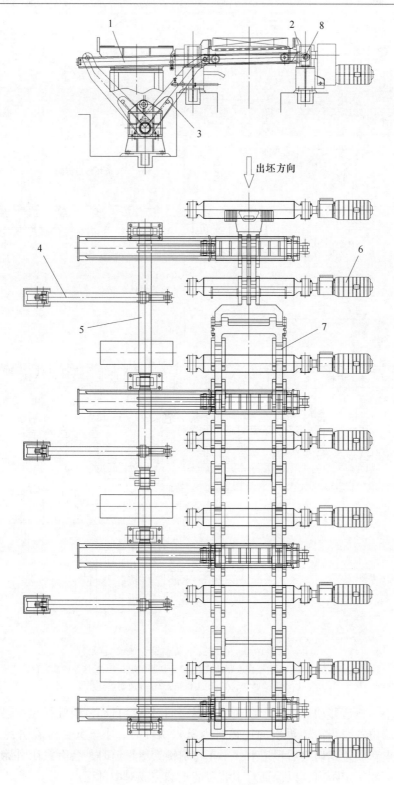

图 3-10-6　连杆摆动平移式引锭存放装置
1—滑轨；2—小车；3—摇臂；4—液压缸；5—长轴；6—辊道；7—引锭；8—铰链

中，摇臂 3 一端连接在固定的铰链（长轴 5）上，另一端与小车 2 通过铰链连接，滑轨 1 的一端自由，另一端固定，可沿着铰链 8 做自由转动。因此在需要将引锭移送至线外存放时，液压缸 4 动作，使摇臂 3 摆动，驱动小车 2 沿着滑轨 1 从图中右侧的工作位移动到左侧的存放位。随后如果液压缸反向动作，又可将引锭重新放置到辊道上，如此往复运动，就可顺利地实现引锭的储存与返回。由于引锭较长，沿长度方向可设置 2～3 个液压缸，并专门设置了长轴 5 作为液压缸工作时的同步部件，确保各个液压缸的协同工作，以提高设备工作的可靠性。

连杆摆动平移式引锭存放装置具有结构紧凑、动作协调、重量轻、造价低等优点，特别适用于中小断面的板坯连铸机，尤其是小断面的双流或多流板坯连铸机。

离线的下装引锭存放装置必须等到板坯及坯尾切割完毕后，且切割辊道和切割后辊道上无板坯时才能将引锭重新放置于辊道上，完成对中后再送入连铸机，这样在上一个浇次的坯尾封顶后需要等待较长时间才能把引锭再次送入连铸机内。因此采用下装引锭系统的连铸机一般准备时间都很长，连铸机作业率比采用上装引锭时低。

10.3　上装引锭系统

10.3.1　上装引锭系统组成和特点

上装引锭系统主要由引锭、引锭车、引锭提升装置、引锭导向装置等部分构成，如图 3-10-7 所示。

早期投产的连铸机在采用上装引锭的同时还配置了在线脱引锭装置，20 世纪 90 年代，日本的连铸技术公司在上装引锭的头部设计了特殊的沟槽结构，当引锭被安装在浇注平台上的卷扬装置提升时就可实现自动脱锭，因而省掉了在线脱引锭装置。这一技术现已在国内外的板坯连铸机上获得了较为广泛的应用，但有些钢厂至今仍然在使用脱锭装置。

上装引锭的板坯连铸机可以在上一个浇注周期尚未结束时（即坯尾行走到连铸机内的某个位置）就开始引锭的送入工作，即同时进行连铸机送尾坯模式和引锭插入模式两个工作模式。这当中最典型的是日本钢管福山 6 号板坯连铸机，其机长达到 49m，该连铸机不仅可以采用一边送尾坯一边插入引锭的运行模式，甚至可采用一边拉尾坯（上一个浇注周期）一边浇钢（下一个浇注周期的引锭拉坯）的运转模式，大大提高了连铸机的运行效率，但自动化控制系统相对复杂一些。以上实例说明，在机长较长的板坯连铸机上，上装引锭系统可以同时在几个运转模式下运行，从而使浇注准备时间大为减少，其作业率大大高于下装引锭系统。

10.3.1.1　上装引锭系统中的引锭

上装引锭仍采用链式结构，与下装引锭相比，在结构上主要有以下两点不同。

A　引锭头沟槽

如图 3-10-8 中 3 所示，为下装引锭的引锭头，脱锭时位于脱锭装置上部的脱锭辊从引锭头下方向上运动，顶起引锭头，使其与板坯头部脱离，该过程中引锭头相当于绕轴 3（引锭头与过渡链节之间的铰接销轴）做顺时针旋转运动，而 b 图所示的上装引锭头则是在引锭被向上卷扬时自动脱锭，卷扬从引锭尾开始，逐次向前部各链节延伸，直到将引锭

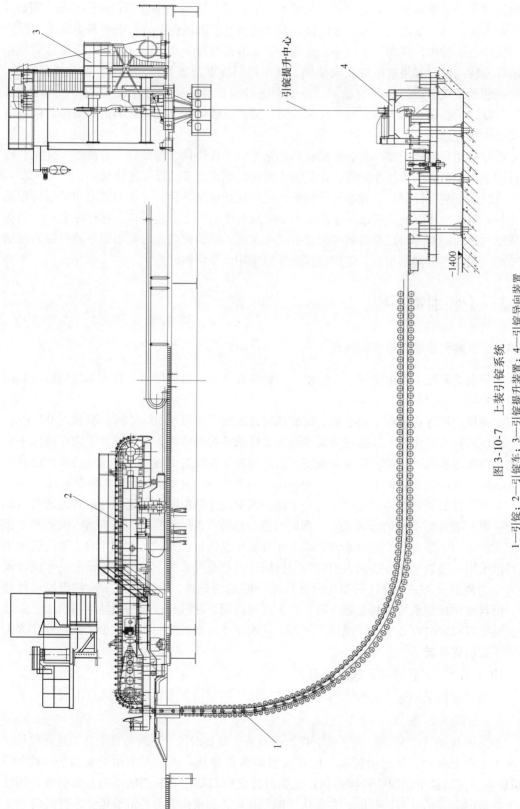

图 3-10-7　上装引锭系统

1—引锭；2—引锭车；3—引锭提升装置；4—引锭导向装置

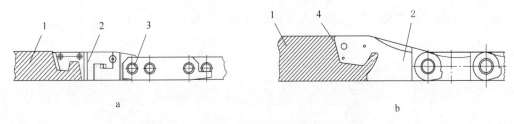

图 3-10-8　引锭头沟槽结构

a—下装引锭；b—上装引锭

1—板坯头部；2—引锭头；3—下装引锭脱锭时引锭头旋转中心；4—上装引锭脱锭时引锭头旋转中心

头提起，因此脱锭时引锭头相当于做围绕引锭头部最前端某处虚拟轴线 4 的逆时针旋转运动。可见这两种引锭头脱锭时的运动特征是不同的，其沟槽结构设计自然也就不同。

B　引锭身宽度

下装引锭送入连铸机时，为防止引锭跑偏，通常会在二冷扇形段和弯曲段内部左右两边专门设置固定式导向块对引锭进行导向，以保证引锭头顺利进入结晶器，显而易见，左右导向块之间的开口宽度必须大于连铸机所能生产的最大板坯宽度，且开口宽度不能调整，这样连铸机才能在所设计的全宽度范围内正常生产。引锭身的宽度也就与此相适应，略大于连铸机的最大板坯宽度。但也有采用下装引锭系统但扇形段内不设置导向块的，此时对引锭身的宽度无特殊要求。

上装引锭则相反，由于引锭要从结晶器上方穿入连铸机内，所以必须考虑生产最小宽度板坯时引锭也能穿过结晶器正常放下去，因此引锭身要设计得比最小板坯宽度略窄一些。如此一来从外观上看，绝大多数情况下，下装的引锭通常头窄身子宽，而上装的引锭则头宽身子窄。外观特征比较容易区别。但是也有连铸机在采用上装引锭的同时，却使用了引锭身宽度大于最小坯宽的设计，这往往是因为连铸机生产的最小板坯宽度太窄，再加上引锭车上输送链的结构尺寸限制所致。这样一来，当生产的板坯宽度小于引锭身的宽度时，就必须先把结晶器打开到某个较大的宽度尺寸，待引锭装入就位后再把结晶器宽度调整到正确尺寸。由于这种方式明显延长了连铸机的准备时间，不利于提高作业率，因此仅在极少数连铸机上使用。

10.3.1.2　引锭车

A　引锭车的功能

引锭车设置在浇注平台上，是一台较为复杂的机械设备，它的功能是平时存放引锭，需要时将车开到连铸机结晶器上方，利用车上的链式输送机将引锭送到结晶器中，图 3-10-7 所示即为引锭车正在往连铸机内送入引锭。引锭的送入速度一般为 2m/min 左右，一些装备先进的连铸机引锭车上还配置了引锭头密封用填料自动加入装置。引锭车具有以下主要功能：

（1）通过卷扬装置将引锭接收至引锭车上；

（2）把引锭输送并装入结晶器中；

（3）卷上和装入引锭时进行对中；

（4）具有在引锭接收位和引锭装入位之间行走的功能。

B　引锭车的组成

引锭车主要由链式输送装置、止动定位装置、对中装置和走行装置四大部分组成，此外还有润滑系统、电缆拖链、防护栏杆、铺板等辅助部分，如图3-10-9所示。

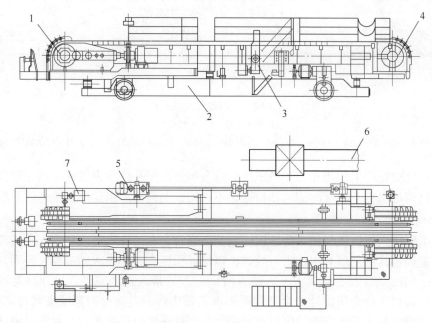

图 3-10-9 引锭车

1—前部装配；2—走行装置；3—止动装置；4—后部装配；

5—对中装置；6—电缆拖链；7—链式输送装置

a 链式输送装置

链式输送装置由前部和后部链轮部件、对中车体、输送链条、链条中间部位的上、下导向托架和引锭装入时用的导向护板等组成。输送链为双排链，链上共设计有两个拨爪，一个是接收拨爪，另一个是输送拨爪。接收拨爪用于从引锭提升装置上将引锭接收到引锭车上，输送拨爪则用于将引锭从引锭车上插入结晶器中，如图3-10-10所示。

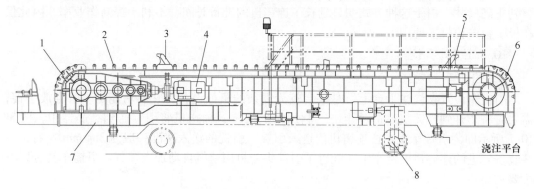

图 3-10-10 链式输送装置

1—前部链轮；2—输送链条；3—接收拨爪；4—输送链传动装置；

5—输送拨爪；6—后部链轮；7—对中车体；8—引锭车走行装置

前部链轮装配件包括装在减速器低速轴上的驱动链轮和轴承支座。与轴承支座和减速器体相连接的导向架体上的导向槽用于链条输送导向。为把引锭装入结晶器内，导向架体上装有导向辊。早期设计的前链轮驱动部分是通过电机、脉冲发生器、制动器、联轴器与减速器高速轴相连接，减速器低速轴端装有主令控制器，用来检测和控制输送链行程。随着电机传动技术的进步，现在已全部采用交流变频技术实现输送链的速度调整，并采用光电编码器实现电机的速度测量及反馈。

后部链轮装在从动轴上，从动轴的两端轴伸由相互连接的导向架体轴承座支撑。在导向架上装有引锭卷上接收用的导向辊。导向架轴承座安装在引锭接收端方向的对中车体上。输送链条的动作依靠前部链轮装配件中的电机驱动。下面以 B 钢铁公司 330mm × 2500mm 板坯连铸机为例对输送链循环运转过程加以说明，引锭的卷上和装入的循环过程如图 3-10-11 和图 3-10-12 及表 3-10-2 所示。

表 3-10-2　输送链循环运转位置控制

序号	用　途	输送链移动距离/mm	限位开关型号	凸轮开关回转角度	输送链速度/m·min^{-1}
1	引锭卷上等待位置	0	GSW100-9		
2	引锭卷上确认位置	778			
3	防滑落装置及宽边导向装置打开	5020	EL120P		
4	引锭卷上减速位置	9720			
5	引锭卷上完毕位置	10800	GSW100-9		
6	引锭逆转停止位置	9337.5	GSW100-9		
7	引锭插入减速位置	11000			
8	引锭尾部通过结晶器位置	11782	EL120P		
9	引锭插入减速位置	18224			
10	引锭插入停止位置	19194	GSW100-9		
11	夹送辊可点动位置	20250	EL120P		
12	引锭卷上等待位置	22500	GSW100-9		

为保持输送链始终处于张紧状态，后部滑动架体与主车体的连接孔为长圆孔，在这两者之间设计有链条张紧装置，可通过棘轮扳手、螺旋升降机推动后部滑动架体沿着主车体向后运动，从而保证输送链处于张紧状态。

输送链传动型式为：电机→制动器→输送链减速器→轴→链轮→链条→锥齿轮箱→凸轮开关。主要技术参数如下：

电机功率　　　　　22kW

额定转速　　　　　750r/min

制动器制动力矩　　250 ~ 400N·m

输送链减速器速比　$i = 500$

链轮直径　　　　　ϕ809mm

链条数量　　　　　2

链节距　　　　　　250mm

输送速度　　　　　0.25 ~ 2.5m/min

引锭插入速度　　　0.25 ~ 2.2m/min

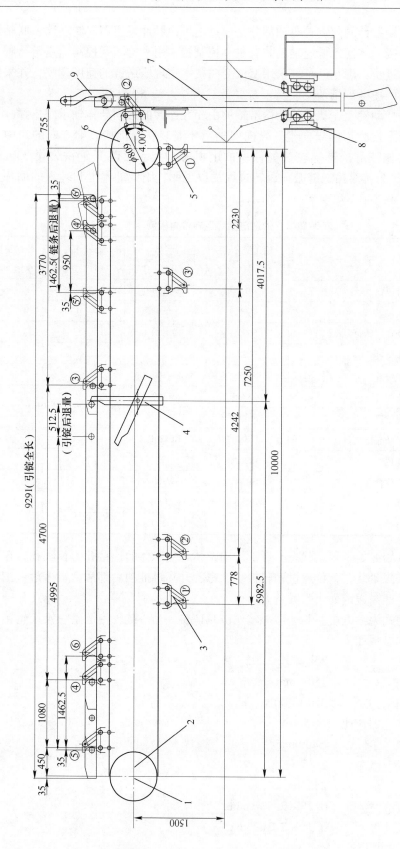

图 3-10-11　引锭卷上过程

1—前部链轮；2—凸轮开关；3—输送拨爪；4—止动挡板；5—接收拨爪；6—后部链轮；7—引锭；8—防滑落装置；9—卷扬装置提升钩

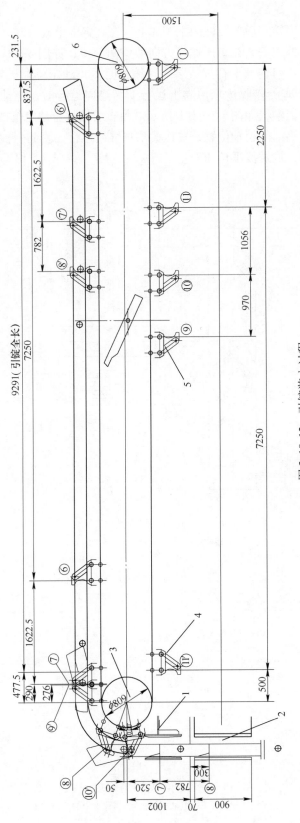

图 3-10-12 引锭装入过程

1—结晶器盖；2—结晶器；3—前部链轮；4—输送拨爪；5—接收拨爪；6—后部链轮

b　止动定位装置

止动定位装置安装在引锭车后部装配的主车体上，该装置由电动滚珠丝杠或者电液推杆和止动定位挡板组成，挡板安装在车体宽度方向的中间部位，如图 3-10-13 所示。止动定位装置的工作原理如下：引锭卷上存放或装入连铸机时，止动定位挡板处于潜伏状态，如图 3-10-14a 所示。引锭车的接收拨爪由卷上运行变为逆向运行时，止动挡板将直立起来，挡住引锭中间部位的销轴，如图 3-10-14b 所示。由于引锭被止动定位挡板挡住，而引锭输送拨爪还未到达引锭头部的销轴位置，输送拨爪将继续运行，直到引锭头部的销轴与输送拨爪接触为止，此时，输送拨爪自动停止运行。

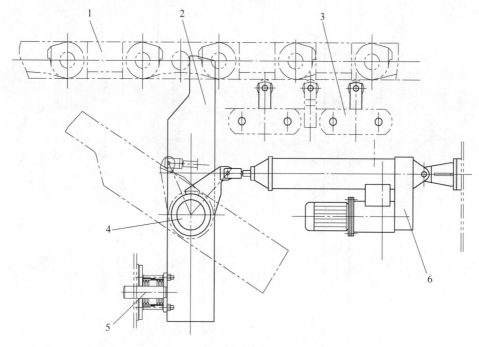

图 3-10-13　止动定位装置

1—引锭；2—止动挡板；3—引锭输送链；4—铰链；5—缓冲装置；6—电液推杆

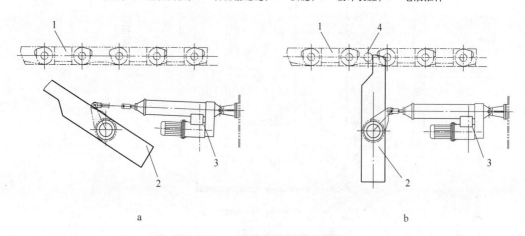

图 3-10-14　止动定位装置工作原理

1—引锭；2—止动定位挡板；3—电液推杆；4—引锭身中的定位销轴

止动定位装置的技术参数：

制动力	10kN
电液推杆速度	30mm/s
电液推杆行程	400mm

c 对中装置

对中装置安装在引锭车走行装置上，用于横向移动引锭，以便引锭与结晶器对中。该装置由电动机通过联轴器及传动长轴与传动蜗杆轴伸相连接的两组蜗轮丝杠装置组成。在对中车体与走行车体之间装有六组滚轮，当引锭卷上存放或装入连铸机时，对中装置电机起动，使引锭横向对中，如图3-10-15所示。

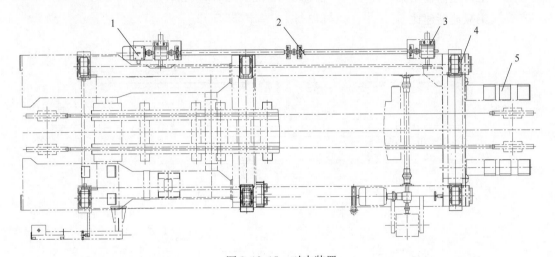

图 3-10-15 对中装置

1—对中电机及减速器；2—长轴；3—蜗轮丝杠传动装置；4—滚轮；5—对中车体

引锭车的前部装配与后部主车体通过螺栓和键连接，构成了引锭的承载平台，该平台通过对中装置的六组滚轮放置在走行车架上，对中装置通过蜗轮丝杠传动装置对该平台进行左右平移，以实现引锭与结晶器的对中，在平移过程中，安装在走行车架上面及前、后装配下面的定位导向装置起到导向作用，以防止承载平台与走行车架相对移动时产生偏斜。

d 走行装置

走行装置分走行车体和走行驱动装置两部分，引锭车走行的轨道安装在浇注平台上，轨面标高即为浇注平台标高。如图3-10-16所示。

根据实际工作要求，引锭车的走行要有高、低两种速度，因此走行装置采用变极多速电机驱动，控制简单、可靠并可满足工艺要求。电机与传动轴间采用了限扭联轴器，当引锭车的走行阻力超过额定扭矩后，电机与传动轴将自动脱开，从而保护电机及引锭车走行的安全。走行装置的技术参数：

载荷	约57t
速度	高速2.7m/min，低速8.2m/min
走行距离	约23m

传动形式	制动器→电动机→限扭联轴器→传动轴→伞齿轮箱→减速器→车轮
电机功率	低速时 3.3kW/高速时 9kW
电机转速	$n =$ 低速 466r/min，高速 1417r/min
限扭联轴器传递转速	低速 466r/min，高速 1417r/min
传递转矩	50 ~ 90N·m
伞齿轮箱输出轴转速	低速 210r/min，高速 420r/min
伞齿轮箱速比	2.33
主减速器输出轴转速	低速 1.4r/min，高速 4.26r/min
主减速器速比	142.5

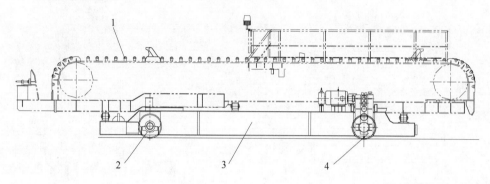

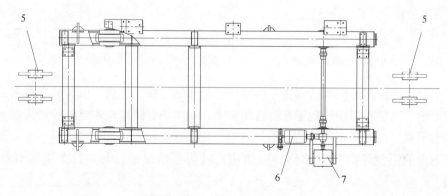

图 3-10-16　走行装置

1—输送链；2—从动车轮；3—车架；4—主动车轮；5—链轮；6—走行驱动电机；7—减速器

10.3.1.3　引锭提升装置

引锭提升装置设置在浇注平台上，在浇注模式下，当引锭带着板坯在扇形段内运行，引锭尾部到达提升装置提升吊钩的指定位置时，提升装置的吊钩即钩起引锭尾端向上提升，开始时提升速度与板坯拉速同步，一旦完成自动脱锭即开始快速提升。将引锭提升到规定高度后，提升装置自动把引锭交接到引锭车输送链的接收拨爪上，输送链随即带动接收拨爪将引锭收集到引锭车上待用。这种提升装置实际上是一台钢丝绳卷扬机，但根据工作要求设置了引锭对中机构，并配置了专门的引锭防滑落装置等安全设施，如图 3-10-17 所示。

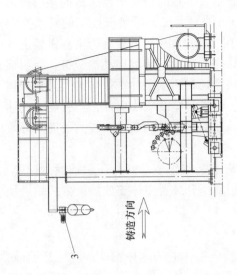

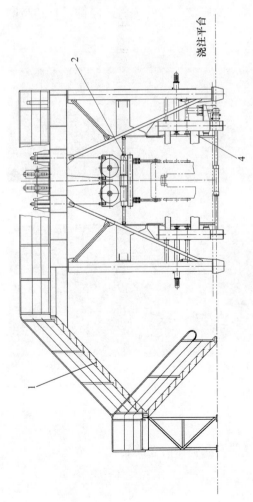

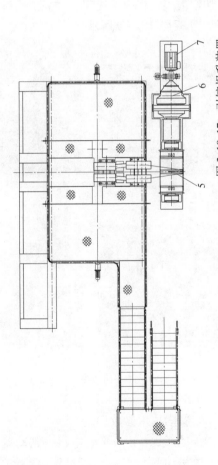

铸造方向

浇注平台

图 3-10-17 引锭提升装置

1—走梯栏杆及平台；2—提升钩；3—电葫芦；4—对中装置；5—钢丝绳及卷筒；6—减速器；7—卷扬电机

当引锭被提升到交接位置时，提升吊钩自动停止上行，这时引锭车输送链的接收拨爪由①号位置转动到②号位置，钩住引锭尾链节上的销轴，实现了吊钩与拨爪的转换交接（见图 3-10-11 及表 3-10-1）。提升吊钩与接收拨爪在交接过程中，安装在防滑落机架上的光电开关通过引锭尾链节上的通光孔发出信号，确认交接完成。接着启动输送链，将引锭向车上卷上一定距离，使提升吊钩脱钩。随后提升装置延时向上运动，使吊钩上升到行程的上极限位置，为引锭继续全部卷到车上让出空间。输送链继续收集引锭，当引锭头到达防滑落装置时，对中装置和防滑落装置全都打开，以使引锭头顺利通过。直到引锭全部收集到引锭车上，等待下一次浇注。

引锭提升装置主要由卷扬装置、对中装置、防滑落装置组成，此外还包括润滑配管、电动葫芦、梯子栏杆等辅助部分。电动葫芦悬挂在引锭提升装置主体支架的上方，是更换引锭头时的专用起重工具。

A　卷扬装置

由传动装置、绳轮装置、钢丝绳、吊钩装置等构成工作时的主体机构。浇注开始前，卷扬装置将提升吊钩下降至位于切割前辊道的吊钩托架上，处于待机位。浇铸过程中卷扬装置从切割前辊道将引锭提起，并完成引锭头与板坯的脱离，即实现自动脱锭。自动脱锭的过程如图 3-10-18a ~ f 所示。

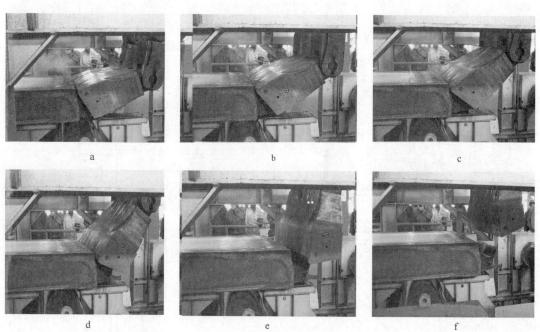

图 3-10-18　自动脱锭过程

卷扬装置的技术参数：

传动形式	电机→制动器→减速器→联轴器→卷筒装置
电机功率	22kW
电机转速	750r/min
编码器脉冲	1000 脉冲/转

制动器制动力矩	$630 \sim 1000 \mathrm{N \cdot m}$
减速器速比	$i = 160$
提升负荷	约 16.5t
提升速度	$0 \sim 5.9 \mathrm{m/min}$
提升高度	约 15.7m
卷筒直径	$\phi 800 \mathrm{mm}$
钢丝绳直径	$\phi 25 \mathrm{mm}$

B 对中和防滑落装置

对中和防滑落装置用于对引锭与引锭车接收拨爪的对中、防止引锭在提升过程中因交接失误而突然滑落造成事故。主要由导向架、对中装置、防滑落装置、操作盖板等组成。

对中装置主要由对中机架、导向板、电液推杆等组成，电液推杆上装有行程开关，可控制和调节导向板的行程，如图 3-10-19 所示。

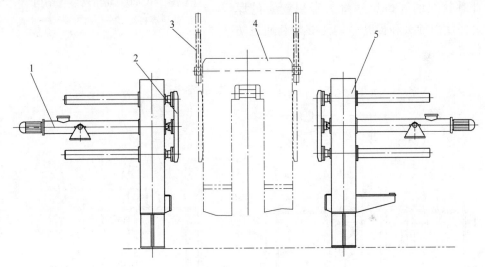

图 3-10-19 引锭对中装置
1—电液推杆；2—导向板；3—提升吊钩；4—引锭；5—对中机架

引锭对中装置的技术参数：

对中形式	电液推杆→导向板
电液推杆数量	2 个
额定推力	10kN
行　　程	900mm
速　　度	70mm/s
驱动电机功率	1.5kW

防滑落装置为安全保护设备，用于防止引锭在卷扬过程中突然落下，造成事故。它由两部分组成，如图 3-10-20 和图 3-10-21 所示。

防滑落装置安装在引锭提升装置支架下面，引锭在提升过程中要穿过浇注平台上的专用开口，防滑落装置就在平台开口处布置了固定式导向板和抑制引锭落下的可移动的咬入靴，引锭内外弧两面共配置 4 组咬入靴，咬入靴靠底部安装的滚轮支撑在呈 V 形安装于引锭通路两侧的斜面上，这样当电液推杆动作时，可带动咬入靴上下移动，两靴之间的开口就会随之变化。内外弧咬入靴装置通过链条联接在一起，可保证两面同步动作。正常提升时咬入辊及咬入靴处于闭合状态，其间的开口尺寸略小于引锭身厚度，引锭向上方提升时，引锭身表面和咬入靴之间的摩擦力会带动咬入靴沿防落箱5°斜面上、下自由摆动（为使正常提升的引锭不被卡死，咬入辊及咬入靴开闭机构的离合器设有25°的游隙），使引锭身能通过防滑落装置。在引锭头、提升吊钩通过时，电液推杆伸出，将咬入辊和咬入靴升起到最高位置，此时其间的开口尺寸将大于引锭头的厚度，从而使引锭头和提升吊钩能够顺利通过防滑落位置。

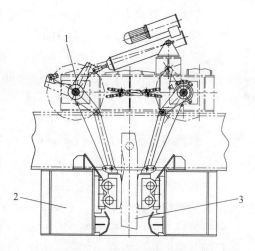

图 3-10-20　防滑落装置结构

1—防滑落装置；2—防滑落箱；3—引锭

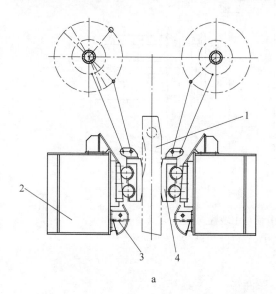
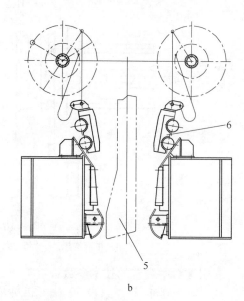

a　　　　　　　　　　　　　　b

图 3-10-21　引锭身和引锭头通过防滑落装置时的状态

a—引锭身通过时；b—引锭头通过时

1—引锭身；2—防滑落箱；3—导向板；4—垂下的咬入靴；5—引锭头；6—提起的咬入靴

　　提升过程中如果发生钢丝绳断裂，或提升吊钩与引锭车输送链上的接收拨爪交接失误，而提升吊钩已松开引锭，引锭会急速坠落，造成重大人身伤害或设备损毁事故。此时咬入靴在自重和引锭下落的摩擦力带动下就会向下移动，并由于背靠斜面而使两面咬入靴之间的距离急剧减小，而这一变化又会产生更大的摩擦力，结果引锭、咬入靴及防落箱斜面间的摩擦力会将引锭牢牢夹持住，形成自锁，从而避免重大事故发生。引锭身和引锭头通过防滑落装置时的状态如图 3-10-21 所示。

　　防落箱由具有5°斜面的4个导座组成，正常提升时，咬入靴下方的滚轮可沿该斜面上下滚动,当因事故引起引锭下落时,咬入靴靠自重和摩擦力落下,将引锭夹持住,从而避免事故发生。防滑落箱内还设置了油压千斤顶安装座,用于放开被楔住的引锭。

防滑落装置的技术参数:

引锭最大自重	105kN
滚轮直径	ϕ120mm
滚轮轴径	ϕ90mm
导座倾斜角	5°
电液推杆额定推力	25kN
行　　程	700mm
电机功率	3kW
速　　度	50mm/s

10.3.2 引锭系统有关计算

10.3.2.1 上装引锭系统引锭车的载荷分布及轮压

引锭车安装在浇注平台上,且工作位置要往复变化,所产生的负荷经轨道传递到钢结构平台上,因此其载荷分布和轮压是浇注平台钢结构设计时的重要依据。引锭车的载荷分布如图 3-10-22 所示,载荷项目见表 3-10-3。

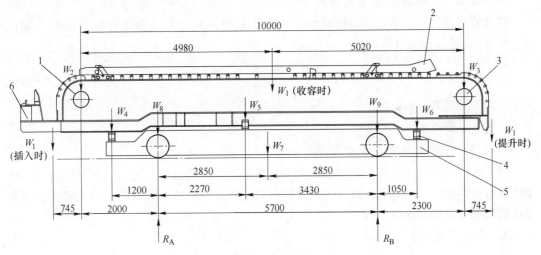

图 3-10-22 引锭车载荷分布

1—前部链轮;2—引锭;3—后部链轮;4—滚轮;5—走行车体;6—对中车体

表 3-10-3 引锭车载荷项目

符　号	载　荷　项　目	载　荷/kN
W_1	引锭	105
W_2	前部链轮装配、减速器、电机	69.84
W_3	后部链轮装配、张紧装置	13.65
W_4	对中车体前框架	26.54

符　号	载 荷 项 目	载 荷/kN
W_5	对中车体部分、输送链条、托架、止动定位挡板装置	68.2
W_6	对中车体后框架、输送链条、托架	18
W_7	走行车体、对中装置	103.8
W_8	走行车轮、轴	1
W_9	走行车轮、轴、减速器	24

10.3.2.2　引锭车轮轮压计算

引锭车轮轮压的计算值见表 3-10-4。

表 3-10-4　引锭车轮轮压计算值　　　　　　　　　　　　（kN）

条件 支点	停车时 （静载）	走行时	引锭提升时	引锭插入时
前轮（R_A）	262	280	156	315
后轮（R_B）	168	260	275	117
两轮合计	430	440	431	432

10.3.2.3　引锭提升装置的提升负荷

提升装置的提升负荷包括引锭最大自重 W_1、提升吊钩及其联接横梁的自重 W_2、钢丝绳自重 W_3 和起吊用的滑轮组自重 W_4，即

$$W_j \geqslant \frac{W_1 + W_2 + W_3 + W_4}{\eta} \tag{3-10-1}$$

式中　W_j——提升负荷，kN；

η——传动效率。

10.3.2.4　防滑落装置受力计算

因事故造成引锭下落时，两侧咬入靴靠自重落下，并通过咬入靴、导座及引锭之间的摩擦力将引锭楔住，这时可以认为引锭与两侧咬入靴为一整体，咬入靴上的滚轮与防落箱导座的接触面受冲击载荷。

A　引锭下落时产生的冲击载荷

$$W = \psi \times W_1 \tag{3-10-2}$$

式中　ψ——冲击系数，根据经验取 $\psi = 5.2$；

W_1——引锭最大自重，$W_1 = 105\text{kN}$。

则　　　　　　　　　　　$W = 5.2 \times 105 = 546\text{kN}$

由于冲击载荷 W 的作用，两侧咬入靴滚轮分别受 N 作用力，通过 N 力又作用在防滑落箱体两侧导座倾斜 5° 的斜面上。因此，防滑落箱在垂直方向受冲击力 W，在箱体内之两侧水平方向可分解为 N_b 力，如图 3-10-23 所示。

已知：导座斜面夹角 $\alpha = 5°$

$$N = \frac{W/2}{\sin\alpha} = \frac{546}{2 \times \sin\alpha} = 3132\text{kN}$$

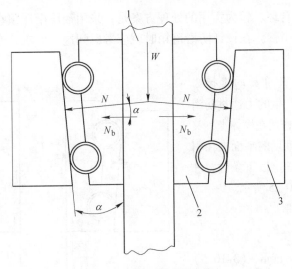

图 3-10-23 引锭下落时受力

1—引锭；2—咬入靴；3—防滑落箱导座

则

$$N_b = N \times \cos\alpha = 3132 \times \cos\alpha = 3120 \text{ kN}$$

B 引锭下落后起吊引锭所需的提升力 T 其计算见图 3-10-24。

$$T = W_1 + 2P\cos\alpha \tag{3-10-3}$$

式中 P——引锭楔入后的摩擦力，kN。

$$P = \frac{F_1}{D/2}\left(\mu_1 \cdot \frac{d}{2} + \mu_2\right) \tag{3-10-4}$$

式中 F_1——引锭下落时产生的反冲击力，作用在防滑落箱导座上，且 $F_1 = N_b = 3120\text{kN}$；

D——咬入靴滚轮直径，$D = 120\text{mm}$；

d——咬入靴滚轴直径，$d = 90\text{mm}$；

μ_1——轴承摩擦系数，$\mu_1 = 0.15$；

μ_2——滚动摩擦系数，$\mu_2 = 0.05$。

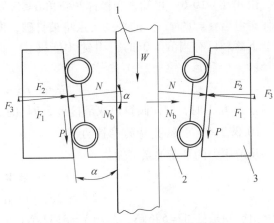

图 3-10-24 引锭下落后的受力

1—引锭；2—咬入靴；3—防滑落箱导座

则

$$P = \frac{3120}{120/2}\left(0.15 \times \frac{90}{2} + 0.05\right) = 353.6\text{kN}$$

所以

$$T = 105 + 2 \times 353.6 \times \cos\alpha \approx 809.5\text{kN}$$

由计算可知，引锭因发生事故下落后，后续处理时，将引锭从防落箱内提起所需的提升力为 809.5kN。用引锭提升装置的卷扬力提升楔住的引锭虽然是可能的，但从保护设备出发这样做显然并不合理。较为实用的处理方案是，采用油压千斤顶在防滑落箱内进行扩张，从而打开楔住的引锭。在设计防滑落箱时就应考虑到这一要求，专门留出油压千斤顶用的安装底座。

10.3.2.5　导座夹角 α 的选择

引锭下落过程中产生的力通过防滑落箱楔入面的反力 F_2 作用在楔体上，又通过两侧楔体（咬入靴）的平面夹住引锭。力的平衡关系应满足以下条件，才能夹住引锭，如图 3-10-25 所示。

$$2F \geqslant W$$

$$2F_1 \cdot \cos\alpha \cdot f \geqslant 2F_1 \cdot \sin\alpha$$

所以　　　　$f \geqslant \dfrac{\sin\alpha}{\cos\alpha} = \tan\alpha$　　(3-10-5)

式中　f——楔体平面与被夹引锭之间的摩擦系数；

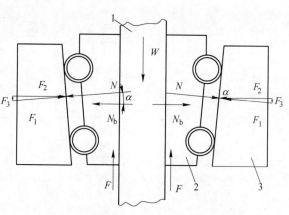

图 3-10-25　力的平衡关系
1—引锭；2—咬入靴；3—防滑落箱导座

　　　　α——楔体的倾斜角度，(°)。

当取 $f = 0.1$ 时，由 $f = \tan\rho$ 可得 $\rho = 5.71°$（ρ 为摩擦角），故夹住引锭的条件可表示为：

$$f = \tan\rho \geqslant \frac{\sin\alpha}{\cos\alpha} = \tan\alpha \tag{3-10-6}$$

由式（3-10-6）可知，当楔体倾斜角 $\alpha \leqslant 5.71°$ 时，引锭在两侧楔体平面的夹持下而被楔住。但当 $\alpha = 0°$ 时，力的平衡关系将被打破，即引锭下落时的冲击力 W 无法平衡，引锭将会下落。只有当 $\alpha > 0°$ 时，引锭才能楔住。因此，楔体的倾斜角 α 应在下列区域内选择：

$$\arctan f > \alpha > 0° \tag{3-10-7}$$

在 $f = 0.1$ 时，楔体倾斜角取最接近 5.71° 的最大整数值 5°。

10.3.2.6　引锭夹持的摩擦力 F

从前述力的平衡关系可知

$$2F \geqslant W$$

$$2F \geqslant 2F_1 \cdot \cos\alpha \cdot f \geqslant W$$

由已知条件 $W = 546\text{kN}$，$F_1 = N = 3132\text{kN}$，$\alpha = 5°$，并且取 $f = 0.1$ 时，得：

$$2F = 2 \times 3132 \times \cos5° \times 0.1 = 624 \geqslant 546\text{kN}$$

则每侧楔体平面的摩擦力 F 为

$$F = \frac{624}{2} = 312\text{kN}$$

10.3.3　上装引锭系统安装、调整及试运转

10.3.3.1　引锭车的安装、调整及试运转

（1）引锭车的运动部件包括走行、输送链、对中、制动挡板、张紧装置等几大部分，

设备组装时须首先检查和确认各安装面的尺寸及公差是否符合设计要求,各运动轴中心的同轴度误差不得大于 $\phi 0.2mm$。

(2) 输送链条装置装配时,所有链板必须进行选配,保证对应侧链板孔距误差在 $\pm 0.05mm$ 以内。顶辊、端辊及辊子装配完成后应保证辊子转动灵活、无卡阻现象。链条装置安装在前、后链轮上以后,利用张紧装置将后部滑动架体向后移动,在对链条进行张紧的同时,通过调整保证前后链轮中心距偏差不大于 $\pm 1mm$。

(3) 前部链轮、后部链轮装配后,保证链条运转平稳、灵活且无卡阻现象。

(4) 前部装配与后部装配组成的承载平台通过对中装置的辊子装配放置在走行车架上,必须通过调整辊子装配与走行车架间的调整垫片,保证输送链条顶辊平面度达到 0.5mm。

(5) 引锭车组装完成后,必需整体运往现场。为方便运输,平台支撑梁、铺板、栏杆、梯子等在组装完毕,确认位置无误、与相关件无干涉后,可以解体并编号,然后运往现场再进行组装。

(6) 试运转前应确认以下条件:1) 各联接螺栓已紧固;2) 减速器按规定加油;3) 各润滑点按规定加润滑脂;4) 目视检查运动部件与其他设备无干涉。

(7) 空载试运转按以下顺序进行:

1) 点动确认各传动机构或运动部分动作灵活,无卡阻。

2) 走行电机驱动引锭车以额定速度(高、低速)往复行走 10 次以上,应运动平稳,无冲击、卡阻现象;

3) 输送链轮传动装置,电机以额定转速正、反转各 1h,测定轴承外壳温度,不得超过 85℃,输送链运动平稳,无卡阻现象。

4) 对中动作过程应平稳,对中行程需达到设计要求($\pm 50mm$)。

5) 制动挡板应动作灵活,在立起、下降过程中,与相关件不得相互干涉。

(8) 空载试运转完成后,借助吊车将引锭平放在引锭车链条装置的顶辊上(引锭尾在前、引锭头在后,与工作状态相同),接收拨抓钩住引锭尾部短轴。然后进行负载试验,按如下顺序进行:

1) 启动链轮传动电机,引锭被正、反向运输,在运输过程中应保持平稳、与相关件无干涉。

2) 引锭停止在表 3-10-2 所示的位置⑤,制动挡板升起,输送链逆向运转,引锭被挡板挡住,停止在位置⑥,链条继续逆向运转,直至输送拨抓与引锭头部短轴相接触。其位置图见图 3-10-11。

3) 对中试验与空载相同。

10.3.3.2 引锭提升装置的安装、调整及试运转

(1) 提升吊钩装置装配后,应保证两吊钩间距符合图纸要求。传动装置装配时,应保证各部分轴心的同轴度误差不大于 $\phi 0.2mm$。

(2) 试运转前应具备的条件与引锭车相同。分别进行下列项目试运转。

1) 对吊钩装置进行起吊负荷试验,试验负荷为 2 倍的引锭最大重量(210kN),每次挂物持续 20min,反复起吊 20 次,然后对各受力部件进行检查,不得发生永久变形及出现裂纹和开裂现象。

2）电机以额定转速正、反向转动，观察传动机构各部分，吊钩在升降全行程中应动作灵活，运动平稳。

（3）对中装置中导向板推出、拉回动作灵活，无卡阻现象；电液推杆行程应满足要求。

（4）防滑落装置的咬入靴向上、向下动作灵活，无卡阻现象，咬入靴在高位时，两侧咬入靴间距符合图纸要求。

10.4　辊缝测量仪

10.4.1　辊缝仪的功能

在本书第二篇第3章第3.2节"辊列的校核与优化"中，详细阐述了板坯凝固过程中发生在两相界的综合应变，并用式（2-3-12）对综合应变计算如下。

$$\varepsilon_{t(i)} = \varepsilon_{b(i)} + \varepsilon_{u(i)} + \varepsilon_{r(i)} \leqslant [\varepsilon_{t(i)}] \tag{2-3-12}$$

式中　$\varepsilon_{t(i)}$——凝固壳内两相界处的综合应变，%；

　　　$\varepsilon_{b(i)}$——鼓肚应变，%；

　　　$\varepsilon_{u(i)}$——弯曲或矫直应变，%；

　　　$\varepsilon_{r(i)}$——辊子错位应变，%；

　　　$[\varepsilon_{t(i)}]$——许用应变，%。

事实上，一旦连铸机辊列设计完成，在连铸机稳定生产的情况下，连铸机中同一位置处的鼓肚应变（$\varepsilon_{b(i)}$）和弯曲或矫直应变（$\varepsilon_{u(i)}$）波动不会太大，而对板坯起导向作用的各种辊子，包括结晶器足辊、还有弯曲段和扇形段的辊子，则由于辊身磨损、辊中心偏移、前后辊位置偏差等，往往会出现较大的辊子错位误差，这种错位误差极易使板坯产生中心裂纹、鼓肚或中心偏析等缺陷。

图3-10-26所示为假设辊子错位量分别为0.5mm、1.0mm、1.5mm时，模拟计算出的在板坯凝固前沿产生的应变变化。可以看出，随着辊子错位量的增大，凝固前沿的$\varepsilon_{t(i)}$是增加的。当辊子错位误差为0.5 ~ 1.5mm，在凝固前沿处产生的辊子错位应变$\varepsilon_{r(i)}$为0.1% ~ 0.4%，其应变量已经与鼓肚应变相近。可见辊子错位误差对板坯内部综合应变影响很

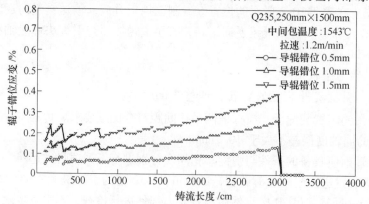

图3-10-26　辊子错位应变沿铸流的分布

大，对板坯产生内部裂纹也具有重要影响。因此，加强连铸机设备的维护，保持二冷区各夹送辊的对中精度，是防止板坯产生内部裂纹的重要措施。

连铸机内夹送辊数量众多、空间狭小，环境恶劣，采用人工测量辊子对中精度不仅费时费力，不方便经常测量，而且无法做到结果准确，通常采用专门的自动测量装置来进行测量，这种装置就叫做辊缝仪。

辊缝仪属于高精度的测量工具，一般由专业生产厂商提供。随着连铸技术的不断发展，辊缝仪也从最初仅能测辊缝的单一功能型逐渐发展成多功能型，不但可测辊缝，还能检测连铸机外弧线的对弧精度，扇形段辊子转动是否正常，辊子磨损状况，二冷喷嘴有无堵塞等。多功能辊缝仪现已成为连铸机生产和设备维护的得力帮手。由于辊缝仪必须安装在引锭上才能进行测量工作，所以这里对辊缝仪做简要介绍。

10.4.2　辊缝仪工作原理及技术参数

辊缝仪测量的基本原理如图 3-10-27 所示，在辊缝仪上装设有测量位移的传感器，一个传感器活动端接触上面的辊子，另一个传感器活动端接触下面的辊子，将两个输出相加，即得出两个辊子之间的距离。目前在辊缝仪上使用的传感器主要有角位移式和线位移式两种。

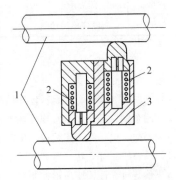

图 3-10-27　辊缝仪工作原理
1—辊子；2—传感器；
3—辊缝仪本体

辊缝仪的使用方法在 10.2.1 节中已有简单描述，此处不再重复。为了分析和处理辊缝仪测量结果，必须首先导出测量数据，辊缝仪的数据传送有三种方式。

（1）有线电缆式，在辊缝仪上连接通讯电缆，然后通过电缆收放装置使电缆随辊缝仪而收放，辊缝仪在连铸机移动时，通讯电缆将测量信号传送到控制室的计算机中。早期的辊缝仪采用这种方式。

（2）数据存储式，所有检测器、数据处理及存储单元均装在辊缝仪内，辊缝仪在夹送辊内移动时，对测得的数据进行处理后存到存储单元中。待测量结束后，从辊缝仪中取出数据处理及存储单元，或用专门的通讯电缆联接存储单元与计算机，就可在计算机上对数据进行读取、显示、存储等后续处理。

（3）无线传输式，这是随着通讯技术和计算机技术出现的最新一代传输技术。辊缝仪将测得的各种数据调制成调频波通过天线发射出去，再由接收天线接收、解调处理。

D 钢铁公司 250mm×2000mm 双机双流板坯连铸机使用的辊缝仪主要参数见表 3-10-5，其主要设备构成如下。

1）辊缝测量仪本体；

2）测量其他厚度板坯所需要的配件；

3）与引锭连接的活动连接链；

4）数据分析处理及输出的软件及硬件（工业笔记本电脑、彩色喷墨打印机等）；

5）辊缝仪测量用遥控器；

6）校验装置及专用软件；

7）辊缝仪存放架及防尘罩；

8）数据传输、系统校验、结果输出及充电需要的一整套电缆；

9）测量仪吊运用吊具。

表 3-10-5　辊缝仪主要参数

序　号	项　　目	特　性　参　数
1	铸机型式	直弧形
2	连铸机台数×流数	1×2
3	结晶器长度/mm	900
4	铸坯厚度/mm	200/220/250
5	铸坯最大宽度/mm	2000
6	二次冷却方式	直冷、气雾冷却
7	引锭装入方式	上装
8	分节辊情况	四分节驱动辊、三分节自由辊
9	辊缝仪检测功能	导辊辊缝测量，外弧导辊对弧测量，导辊旋转状况测量

参 考 文 献

［1］刘明延，李平，等. 板坯连铸机设计与计算［M］. 北京：机械工业出版社，1990：609，630~633.

［2］谢东钢，杨拉道. 常规板坯连铸技术［M］. 北京：冶金工业出版社，2002：47~48.

［3］冯捷，史学红. 连续铸钢生产［M］. 北京：冶金工业出版社，2007：100~101.

［4］马竹梧，邹立功，等. 钢铁工业自动化（炼钢卷）［M］. 北京：冶金工业出版社，2003：399~402.

［5］蔡开科. 连铸坯质量控制［M］. 北京：冶金工业出版社，2010：342~343.

11 出坯及精整设备

11.1 概述

出坯及精整设备是紧跟连铸机主机设备之后布置的一系列设备，用于配合连铸机生产，提高生产效率和板坯质量，为以后的轧制工序提供合格的连铸板坯。主要包括连铸机后部出坯系统和板坯冷却精整系统。

11.1.1 连铸机后部出坯系统

连铸机后部出坯系统紧靠连铸机主机尾部；一般由切割机前辊道至等待辊道部分构成，主要设备有切割机、切头搬出装置、去毛刺机、喷印或打印机，以及这些设备所需的工作辊道等。随着连铸技术的发展，特别是直接热送、热装技术的采用，在现代化板坯连铸机的出坯系统中已普遍使用了在线去毛刺和在线喷号技术。

11.1.2 板坯冷却精整系统

11.1.2.1 不同布置的板坯冷却精整系统

板坯冷却精整系统设置在连铸机等待辊道后面，系统中的设备及其选型主要取决于板坯切断后的流程、车间的平面布置及厂房条件等，而板坯流程往往与板坯的钢种、产量、断面形状及尺寸大小、质量要求等因素有关，不同连铸机其板坯的冷却精整系统会有很大差异，平面布置更是各有特点。

自20世纪80年代以来，板坯连铸技术发展迅速，直接热送、热装技术的开发和应用，促使板坯冷却精整系统提高到了一个新的水平，板坯直接热送技术的采用，不仅大大降低了能耗，而且简化了出坯系统的一整套设备，使后部工序得以优化。

图3-11-1所示为X钢铁公司的后部出坯和板坯冷却精整系统，是一种较为典型的与热连轧厂配套的生产流程。该公司转炉炼钢厂的两台双流板坯连铸机生产的最大板坯断面为230mm×1650mm，一共配置了两条出坯线，a线辊道（图中上方）与热连轧厂加热炉的入炉辊道对接，达到热送热装目标，b线（图中下方）则仅能实现在连铸车间内的下线与上线操作。其后部出坯系统包括切割前辊道、火焰切割机、切割下辊道、切头切尾收集装置、切割后辊道、去毛刺机、喷印机，以及喷印辊道等。板坯冷却精整系统主要由板坯横移台车、过渡辊道，推钢机、堆垛机（即下线垛板台）、卸垛机（即上线垛板台）、称量机、升降及固定挡板等设备组成。另外，作为辅助设备还设置有：板坯过跨车、翻钢机、局部火焰清理装置、液压装置、干油润滑装置、电气设施，及板坯保温坑、栏杆过桥等。

本章作者：黄进春；审查：王公民，刘彩玲，杨拉道

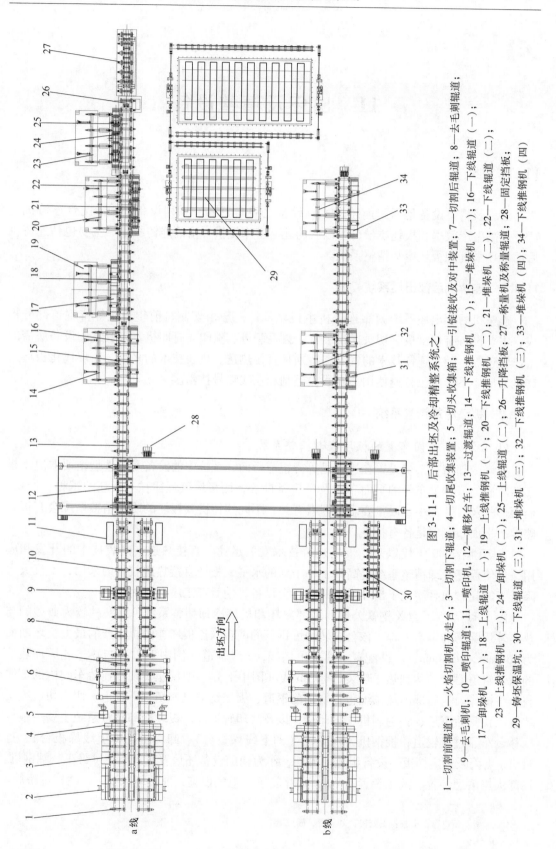

图 3-11-1　后部出坯及冷却精整系统之一

1—切割前辊道；2—火焰切割机；3—切割下辊道；4—切尾收集装置；5—切头收集箱；6—引锭接收及对中装置；7—切割后辊道；8—去毛刺辊道；9—去毛刺机；10—喷印辊道；11—喷印机；12—横移台车；13—过渡辊道；14—下线推钢机（一）；15—堆垛机（一）；16—下线辊道（一）；17—卸垛机（一）；18—上线辊道（一）；19—上线推钢机（一）；20—下线推钢机（二）；21—堆垛机（二）；22—下线辊道（二）；23—卸垛机（二）；24—卸垛机（三）；25—上线辊道（二）；26—升降挡板（二）；27—称量机及称量辊道；28—固定挡板；29—铸坯保温坑；30—下线辊道（三）；31—上线推钢机（三）；32—堆垛机（三）；33—下线推钢机（四）；34—下线推钢机（四）

出坯方向

a线

b线

由于热连轧具有很高的产能，因此与之相配的板坯连铸机往往采用双流或者多流配置，以使前后工序产能匹配。其特点是生产率高，连浇炉数多，板坯正常定尺多在6m以上。

还有一些板坯连铸机是专为中厚板轧机供坯的，其特点是浇铸的钢种范围宽，板坯规格变化频繁，最终定尺较短。设计时如果仅配置一台火焰切割机，往往因切割周期太长，所能切出的最短板坯长度大于生产计划所要求的长度，不能满足生产要求。因此这些连铸机大都配置了在线二次火焰切割机。生产时一次火焰切割机切出的板坯为所要求长度的2倍、3倍甚至4倍（称为倍尺坯或N倍尺坯），再由后续布置的二次火焰切割机将其切割成最终长度。也有钢厂受厂房条件限制采用了离线的二次切割方式，在板坯存放跨设置固定台架，其上安装二次火焰切割机进行二次切割，或将二次火焰切割机布置在从板坯库通往轧钢厂的运输辊道上，这样布置的优点是，可以充分利用厂房内部空间，且二次切割时间不受连铸机出坯周期的时间限制，操作比较灵活，缺点是二次切割冷坯时能耗较高。图3-11-2所示为I钢铁公司一台单流板坯连铸机的后部出坯系统，其设计最小定尺仅为1m，根据切割周期计算，其一次切割只能切出4倍尺或5倍尺坯，因此需要配置两台二次火焰切割机。如果按常规将两台二次切割机沿直线依次布置在一次火焰切割机之后，则当前一台二次火焰切割机工作时，会堵塞辊道，从而出现后一台二次火焰切割机在等待新坯，但后续板坯又过不来的情况。因此该连铸机的后部出坯系统专门设计成T形布局，利用T形中心的转盘将来坯自动分配给布置在左右两侧的两台二次火焰切割机，有效地避免了板坯在辊道上拥堵，使连铸机整体物料流通顺畅，高效生产。

图3-11-3是A钢铁公司板坯连铸机（也叫1号CCM和2号CCM）后部冷却精整设备布置，总体上分为热送线（A出坯线），机清线（B出坯线）和手工清理线（C出坯线）。后部出坯设备有切割前辊道、切割（下）辊道、切割后辊道、去毛刺辊道、喷印辊道、等待辊道、升降挡板、固定挡板、去毛刺机、喷印机等。冷却精整设备主要由板坯移送台车（也叫板坯横移台车）、各种出坯辊道、推钢机、堆垛机（即垛板台）、卸垛机（即卸板台）、自动火焰清理机及其辅助设施、移载机、机械火焰清理机和人工火焰清理机（枪）、局部火焰清理运输机、局部火焰清理翻钢机、固定滑台、固定及升降挡板的设备组成。另外，作为辅助设备，还设置有：电除尘设备、供热轧厂板坯用冷热坯喷印机、板坯过跨台车、液压装置、润滑给脂装置、手工火焰清理装置和便携式切割装置、在线、离线称量装置、用于检查板坯质量的快速硫印设备（ISE），以及保温罩、过桥栏杆、电气设施等。

11.1.2.2　A钢铁公司板坯冷却精整系统特点

A钢铁公司板坯连铸机采用直弧机型，最大板坯断面250mm×1930mm，连铸机共配置4流，设计年生产能力达到400万吨，板坯热送比设计值50%，因此为连铸机配置了功能完善、布局合理的出坯及冷却精整系统，下面以A钢铁公司出坯及冷却精整系统为例，重点进行说明。该公司冷却精整出坯工艺流程如图3-11-4所示，具有如下特点。

（1）出坯、清理、喷印编号、称量等工序均可在线作业，实现了板坯在线跟踪，自动化程度高。

（2）生产流程顺畅，分工明确，易于管理，设备配置齐全，组成了完整的生产作业线，能满足高产量、多品种板坯的处理要求。

（3）系统中省略了板坯水冷机，减少了设备投资，简化了后部工序。

（4）采用板坯移送台车横向输送板坯，具有送坯迅速，工作灵活可靠，易于维修等

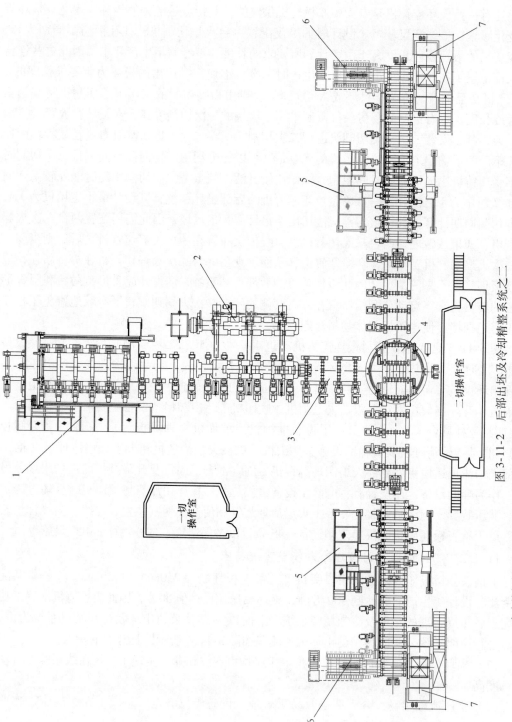

图 3-11-2　后部出坯及冷却精整系统之二

1——次火焰切割机；2—引锭杆及引锭储存放置装置；3—运输辊道；4—转盘；5—二次火焰切割机；6—推钢机；7—垛板台

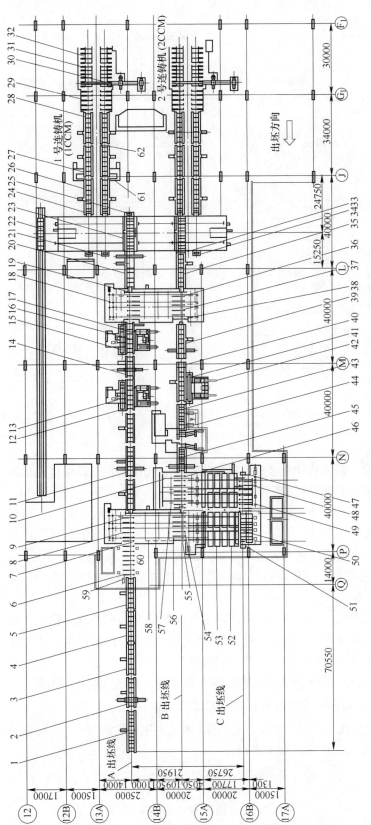

图 3-11-3　A 钢铁公司板坯连铸机后部冷却精整设备布置

1—热轧钢厂直送辊道 A₁₅；2—热轧钢厂直送辊道 A₁₄；3—热轧钢厂直送辊道 A₁₃；4—热轧钢厂直送辊道 A₁₂；5—热轧钢厂直送辊道 A₁₁；6—喷印辊道 A₁₀；7—升降挡板；8—移载机 CT₃ 出口辊道 A₉；9—固定滑台；10—移载机 CT₁ 入口辊道 A₂；11—过渡辊道 A₆、A₇、A₈；12—推钢机；13—堆球机；14—A₃、A₅ 线入口辊道 A₁；15—堆球机；16—空冷铸坯搬出辊道 A₃、A₅；17—推钢机；18—固定滑台；19—移载机 CT₁ 入口辊道 A₂；20—A 线入口辊道 A₁；21—固定挡板；22—铸坯过跨台车；23—铸坯过跨送台车；24—升降挡板；25—固定挡板；26—等待辊道；27—喷印辊道 B₁；28—去毛刺辊道；29—切割后辊道；30—切头输出辊道；31—切割机及切割辊道；32—切割前辊道；33—升降挡板；34—固定挡板；35—B 线入口辊道 B₁；36—移载机 CT₁；37—移载机出侧辊道 B₂；38—固定滑台；39—B₃ 辊道；40—冷铸坯搬入辊道 B₄；41—卸球机；42—推钢机前辊道；43—清理机前辊道 B₅；44—火焰清理机用位置调整装置；45—清理机后辊道 B₇；46—上表面清理前辊道 B₇；47—固定挡板；48—上表面清理后辊道 C₁；49—局部清理用翻钢机；50—下表面局部清理前升降辊道 C₂；51—固定挡板；52—下表面局部清理前辊道 B₈；53—上表面局部清理输送机；54—下表面局部清理前辊道 B₈；55—固定滑台；56—升降挡板；57—固定滑台；58—移载机 CT₃；59—喷印；60—称量机；61—喷印机；62—去毛刺机

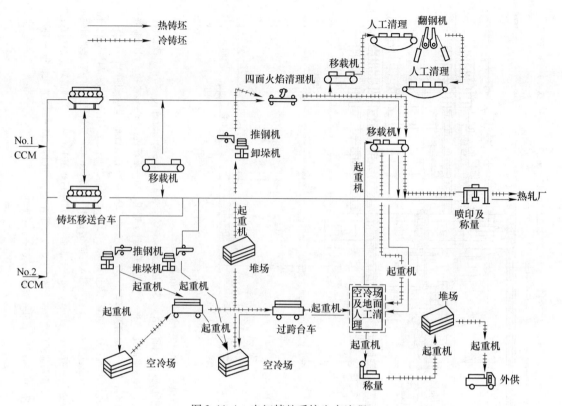

图 3-11-4　出坯精整系统生产流程

优点。

（5）采用推钢机、堆垛机、卸垛机使板坯搬出精整多样化，用推钢机、卸垛机把板坯按块放置于 B 列辊道上，还可提高起重机的工作效率。

（6）采用四面（全扒皮）火焰清理机，能够保证清理质量，一次可同时对冷、热板坯的四个表面进行清理，大大缩短了清理周期，提高了生产率，与两面火焰清理机相比还能简化相应的辅助设施。采用火焰清理机大大减轻了工人的劳动强度。

（7）A、B、C 三列辊道之间均采用移载机连接输送，移载机端头设有固定滑台，转线方便，上下线容易，灵活可靠。

（8）采用在线局部火焰清理机，通过 B、C 两列辊道之间的局部火焰清埋运输机，对机清后板坯或需要局部清理的板坯进行表面缺陷检查和局部火焰清理，在两列运输机之间设置翻钢机，可对板坯的两面进行缺陷检查和局部火焰清理。

（9）设有直接送板坯去热轧厂的 A 列辊道及相应的保温设施，满足直接热送需要。

11.1.2.3　A 钢铁公司板坯冷却精整系统出坯的基本顺序

A 钢铁公司冷却精整区域板坯处理量为 200 万吨/年（为最大生产量的 50%），材料平衡如图 3-11-5 所示。板坯出坯精整按下列顺序进行：

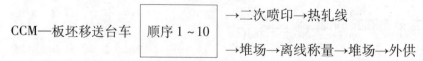

（1）顺序 1（初期阶段，异常板坯重清理和高级钢清理）。推钢机/堆垛机 No.1 或堆垛机 No.2→空冷→冷清理→移载机 CT_2→局部清理运输机→移载机 CT_3 —×—→去热轧或外供。

$$—×—→\begin{cases} →堆场→卸垛机→冷清理→移载机\ CT_2→局部清理运输机→移载机\ CT_3 \\ →堆场————————→移载机\ CT_2→局部清理运输机→移载机\ CT_3 \end{cases}→$$

（2）顺序 2（热清理）。（移载机 CT_1）→热清理→移载机 CT_3→热轧线。

（3）顺序 3（热火焰清理异常板坯）。（移载机 CT_1）→热清理→移载机 CT_3→板坯过跨台车→空气冷却→卸垛机→冷清理→移载机 CT_3→热轧线。

顺序 3 特殊情况时的流程为：移载机 CT_1→热清理→移载机 CT_3→板坯移送台车→移载机 CT_1→热清理→移载机 CT_3→热轧线（该流程用计算机对板坯进行管理）。

（4）顺序 4（清理后进行再次切断的板坯，再次切断 1）。顺序 1—×—→堆场再次切断→移载机 CT_3→

（5）顺序 5（清理前进行再次切断的板坯，再次切断 2）。推钢机/No.1 或 No.2 堆垛机→空冷→板坯过跨台车→堆场再次切断→板坯过跨台车→卸垛机→冷清理→以下与顺序 1 相同。

（6）顺序 6（预定热送坯的再次切断 3）。

$$\begin{cases} →移载机\ CT_1→热清理→移载机\ CT_3→堆场空冷再次切断 \\ →推钢机/No.1\ 或\ No.2\ 推垛机→堆场。再次切断 \end{cases}→移载机\ CT_3→热轧线$$

（7）顺序 7（热送）。A 列热送辊道→热轧生产线。

（8）顺序 8（保留板坯）。推钢机/No.1 或 No.2 堆垛机→空冷。当"保留"解除之后，根据分级按各自的流程运送。

（9）顺序 9（报废板坯）。

1）移载机 CT_1→空冷→板坯过跨台车→外运。

2）顺序 1→移载机 CT_3→外运。

（10）顺序 10（强制下线板坯）。

下线：推钢机/No.1 或 No.2 堆垛机→空冷。

上线：板坯冷却后由卸垛机或滑台上线。

11.2　后部设备能力计算

本节以 A 钢铁公司板坯连铸车间后部出坯及冷却精整设备为例，对设备能力的计算方法做简要介绍。这里的设备能力计算，是校核设备及设备所在区域的工作周期，进行分析比较后予以确定。步骤如下：

（1）根据生产要求及前提条件，确定后部出坯及冷却精整设备的年处理量，进行材料平衡，如图 3-11-5 所示。从图中可以看出，年产量为 400 万吨，后部设备的年处理能力为 408.4210 万吨（A 出坯线板坯搬出量）。其中：无清理直送板坯 200 万吨，需清理板坯

208.4210 万吨。按不同的板坯尺寸、拉速等条件，分别计算出各坯线每块板坯的搬出周期。

1）由切割长度确定每块板坯的搬出周期。

$$C = \frac{60L}{v_g m_1} \quad (3\text{-}11\text{-}1)$$

式中　C——出坯周期，s；

　　　L——板坯长度，m；

　　　v_g——铸造速度，m/min；

　　　m_1——铸机流数。

2）由单位时间的产量计算在不同板坯尺寸下的出坯时间。

$$C_i = t_i \cdot W_i \quad (3\text{-}11\text{-}2)$$

式中　C_i——i 线一块板坯的搬出周期，s；

　　　t_i——i 线每吨钢所需的搬出时间，s/t；

　　　W_i——不同尺寸板坯的质量，t。

例如：A 出坯线每吨板坯的搬出时间为（年作业时间按 350 天考虑）：

$$t_A = 3024 \times 10^4 / 4084210 = 7.4 \text{s/t}$$

B 出坯线每吨板坯的搬出时间为：

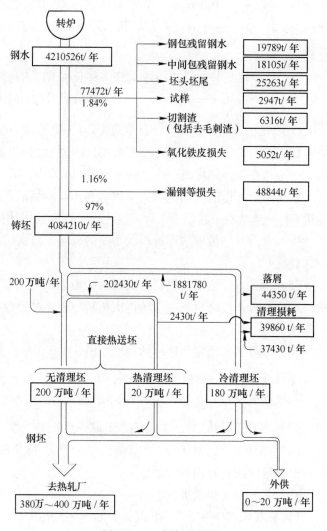

图 3-11-5　材料平衡图

$$t_B = 3024 \times 10^4 / 2084210$$

$$= 14.51 \text{s/t}$$

则不同尺寸板坯的搬出周期为

A 出坯线　　$C_A = t_A \cdot W_i$

B 出坯线　　$C_B = t_B \cdot W_i$

将上述计算结果列入表 3-11-1 中。表中有 ▲ 标记的数据为极少量坯长 5.8m 的计算结果。

（2）分别计算各设备或区域的工作周期。具体方法参见工作周期及工作周期表、图等说明。

（3）设备能力分析作为设备能力大小的判定，是把各出坯线每块板坯的搬出周期（许

表 3-11-1　出坯精整设备能力讨论

区域	设备名称	周期（出坯周期/s）	5.8	8.0	10.0	12.0
A辊道	移送台车	①板坯进入：18.4；②走行2CCM—A₁辊道间25.8；③走行1CCM—A₁辊道间，24.7；④板坯离开。工作周期＝(①+②+③)/2=34.5＋④	42.3	44.5	46.5	48.5
B辊道	移载机CT₁	工作周期＝拍起+运送+放下=78.2（运送时间为往返运时间）		78.2	↓	↓
A辊道	推钢机及堆垛机	工作周期＝板坯进入+推头前进+推头返回=52.2		52.2	↓	↓
B辊道	推钢机及卸垛机	工作周期＝卸板台降低+卸板台升起+推头前进+推头返回=62.1		62.1	↓	↓
B辊道	火焰清理机	①预热时间，热坯=18，冷坯=28；②热清理速度，2.5mm深时，22.5m/min；③冷清理速度，2.5mm深时，16.5m/min。工作周期＝板坯进入+对中+B₅辊道前进+装置前进+B₅辊道返回+推头返回=①+② 冷清理深度2.5mm	137	145	152	159
		热清理深度2.5mm	116	122	128	133
B、C辊道	移载机CT₂—表面手工清理称量机	工作周期＝手工清理运输机移动一块坯子所用时间=145（手工清理运输机将翻钢机侧翻钢机转的动作时间=145）			145	
B、C辊道	C₂辊道中手工清理运输机	工作周期＝板坯进入C₂辊道+C₂辊道下降+运输机移动+C₂辊道上升=149.6			▲149.6	
A辊道	A₁₀辊道喷印及称量装置	工作周期＝板坯进入(21.0)+称量(7+5+7)+喷印(28.5+9.5)=59			▲59	
冷却场	冷床	冷却场每天的板坯量=1880000t/350d=5372t/d，所需时间36~48h				
	存放场	1堆垛为86t，5372×48/24/86=125（垛）<178，作业率=70%。1堆垛可置放的板坯为21.5×8块×62垛=10664t，10664t/5372t=1.98d，即堆场可存放约两天的板坯				
	更生切断	93000t/350d=266t/d，平均板坯重量21.5t/块，更生用台架5台，266/(21.5×5)=2.5块/t台，即1块板坯的处理时间约9.6h，能满足要求				

计算与分析

单位：s

1. 由切断周期考虑的一块板坯的出坯时间

v/(g·m·min⁻¹)	1.8		1.7		1.6	
坯长/m	A线	B线	A线	B线	A线	B线
▲5.8	48.3	96.5	51.3	102.5	54.3	108.5
8.0	66.5	133	70.5	141	75	150
10.0	83.3	166.5	88.3	176.5	93.8	187.5
12.0	100	200	105.8	211.5	112.5	225

2. 由生产量考虑一块板坯的搬出时间
A辊道 350×24×60×60/4084210=7.40s/t
B辊道 350×24×60×60/2084210=14.51s/t

坯宽 辊道板坯重 坯厚/mm 坯长/m	900mm辊道			1380mm辊道			1500mm辊道			1900mm辊道		
	重量/t	A线	B线	重量/t	A线	B线	重量/t	A线	B线	重量/t	A线	B线
250mm 5.8	10.2	75	▲148	15.6	115	226	17	125	246	21.5	159	312
8.0	14	103	203	21.5	159	311	23.4	173	339	29.6	219	429
10.0	17.6	130	255	26.9	199	390	29.3	216	425	37	273	536
12.0	21	155	304	32.3	239	468	35.1	259	509	44.5	329	645
230mm 5.8	9.4	69	▲136	14.4	106	209	15.6	115	209	19.8	146	287
8.0	12.9	95	187	19.8	146	287	21.5	159	311	27.3	202	396
10.0	16.1	119	233	24.8	183	359	26.4	195	383	34	251	493
12.0	19.4	143	281	29.7	219	431	32.3	239	468	40.9	302	593
210mm 5.8	8.6	63	▲124	13	96	188	14.3	105	207	18	133	261
8.0	11.8	87	171	18	133	261	19.7	145	285	24.9	184	361
10.0	14.7	108	213	22.6	167	327	24.6	182	356	31.1	230	451
12.0	17.7	131	256	27.1	200	393	29.5	218	428	37.3	276	541

B辊道的产量量按 2084210t/年计算

A辊道上称量与喷印处的供坯时间（周期）需大于59s

B辊道上称量与空冷与火焰清理区域的供坯时间（周期）需大于149.6s

漏钢等 48844t/年＋空冷与火焰清理 44350t/年=93194t/年

假定93000t/年为更换板坯的负荷量

用搬出时间）与该出坯线各设备（或区域）的实际工作周期进行对比，如果设备的实际工作周期小于该出坯线板坯的搬出周期，就说明这些设备（区域）的能力满足要求。

在实际生产管理中由于各时期生产计划不同，所生产的板坯尺寸、出坯时间等参数也不同。在能力计算时，一般以平均出坯时间作为基础并结合具体情况，进一步分析研究加以确定。

图 3-11-6a、b 分别为连铸机后面辊道及线上设备在 $v_g = 1.8\text{m/min}$ 和 2.0m/min 两种不同拉速，出坯周期最短的板坯（长度 $L = 5.8\text{m}$）条件下，板坯搬出过程的工作状况。

图中下方标示了出坯区设备的布置简图，简图中标出了每个辊子的布置位置和每组辊道的运行速度。图的上方则是板坯走行的距离—时间关系图。其中去毛刺和喷印区域中有类似的联锁要求，即当前一块板坯正在进行去毛刺（喷印）操作时，后一块板坯不得进入去毛刺（喷印）辊道。由此可从图 3-11-6a 中看出，从前一块板坯去毛刺完成，到后一块板坯进入去毛刺辊道，这中间去毛刺辊道有 89s 的待机时间，即使在工作周期最紧张的喷印辊道区域，在图 3-11-6a 所示 1.8m/min 拉速下还有 71s 待机时间，在图 3-11-6b 所示 2.0m/min 拉速下也还有 52s 的待机时间，这说明后面辊道及该区域所属设备，在连铸机按照前提条件和生产要求进行各种尺寸板坯生产时，在这个区域均不会引起板坯拥堵，尚有一定余量。

表 3-11-1 关于出坯精整设备的能力讨论，从中也说明了计算分析方法。可以看出在带▲符号的部分分别为 B 出坯线和 A 出坯线上所属设备（区域）工作周期较为紧张的情况，

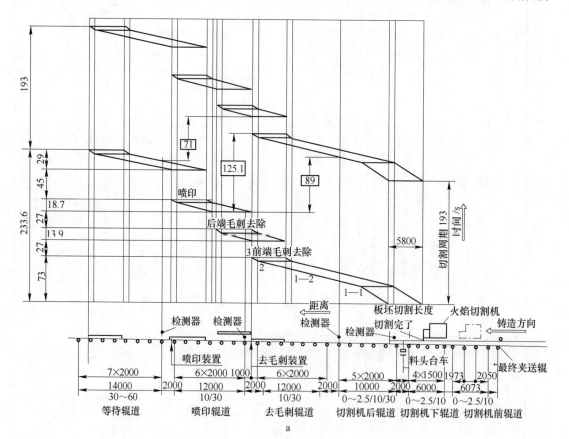

a

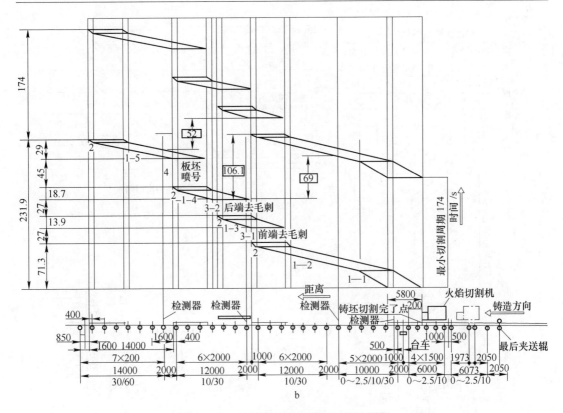

图 3-11-6　连铸机后部辊道板坯搬出周期

a—铸造速度 1.8m/min；板坯规格 5.8m×0.9m×0.21m；b—铸造速度 2.0m/min；板坯规格 5.8m×0.9m×0.21m

如连续生产 5.8m 板坯时，A_{10} 辊道区域或 C 列辊道至 B 列辊道的局部手工清理运输机处就可能造成板坯拥堵。但实际生产中 5.8m 板坯数量很少，只要合理调配生产，是不难解决的。相反，如不考虑生产的实际情况，单从能力角度出发，使什么条件都得以满足，必然会导致设备数量增多，投资费用加大，而在实际生产中往往又不能得到充分发挥。表 3-11-1 中加粗框线部分为板坯平均尺寸的参数，可作为能力校核的主要依据。

图 3-11-7 为直送线（A 线）的能力讨论，主要对影响 A 线板坯搬出的设备（区域）进行了分析，能够清楚的看到，板坯移送台车和 A_{10} 辊道区域的板坯搬出情况，当两台移送台车同时正常工作时，其能力大大超过连铸机的出坯能力（包括拉速为 2.0m/min，板坯长度 5.8m 时的情况），但在一台移送台车出故障，四流板坯共用一台移送台车搬运长度为 5.8m 的板坯时，连铸机的拉速应控制在 1.2m/min 以内。其他长度板坯搬运时对连铸机拉速的限制要求均可从图中查出。在 A_{10} 辊道区域，如果板坯长度及拉速在图中 236s 线右侧范围时出坯能力满足要求，反之在其他部分出坯能力不能满足。因而，出坯系统的能力校核计算，也对连铸机的生产提出了一定的要求，需精心组织协调安排。

（4）绘制后部设备的工作周期表。上述设备工作周期计算是后部出坯系统设备能力校核的一种方法，为了便于理解和掌握设备周期计算方法，下面列出了一些主要设备的工作周期图表。如图 3-11-8 ~ 图 3-11-18 所示。通过设备工作周期的计算和周期表的绘制，不仅能对系统的能力进行校核，而且能清楚地了解设备的主要参数和动作程序，有利于对出坯精整系统及有关参数的调整和更改。

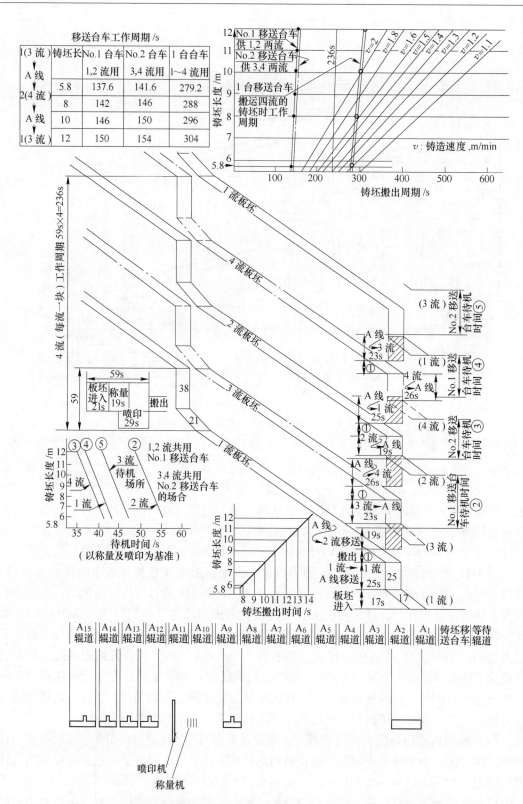

图 3-11-7　板坯冷却精整设备无清理板坯直送（热轧）线（A 线）工作周期

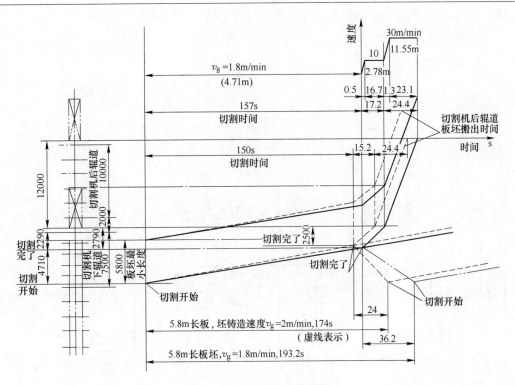

图 3-11-8 切割区工作周期

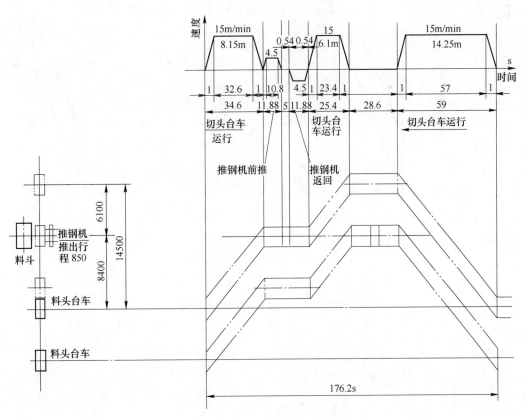

图 3-11-9 切头搬出装置工作周期

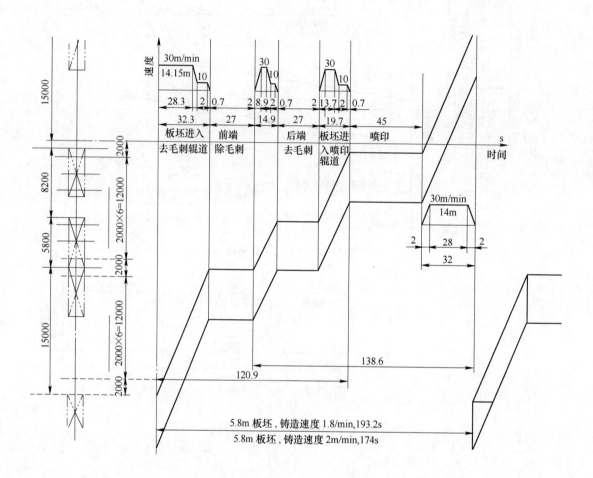

图 3-11-10　去毛刺机喷印区工作周期

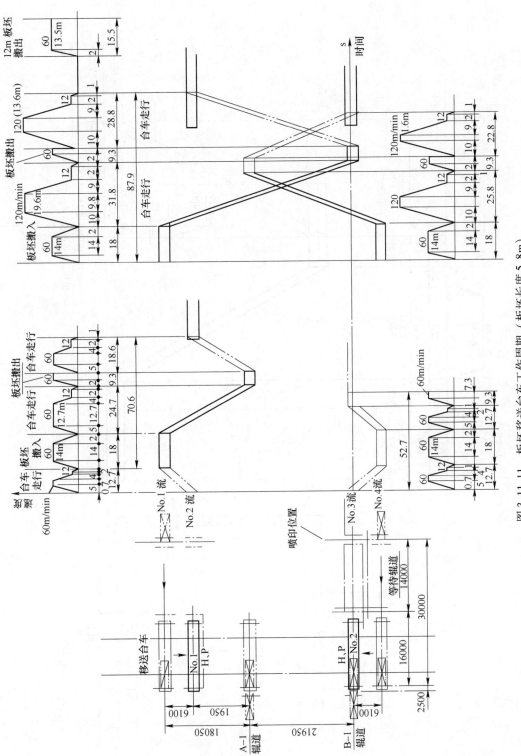

图 3-11-11 板坯移送台车工作周期（板坯长度 5.8m）

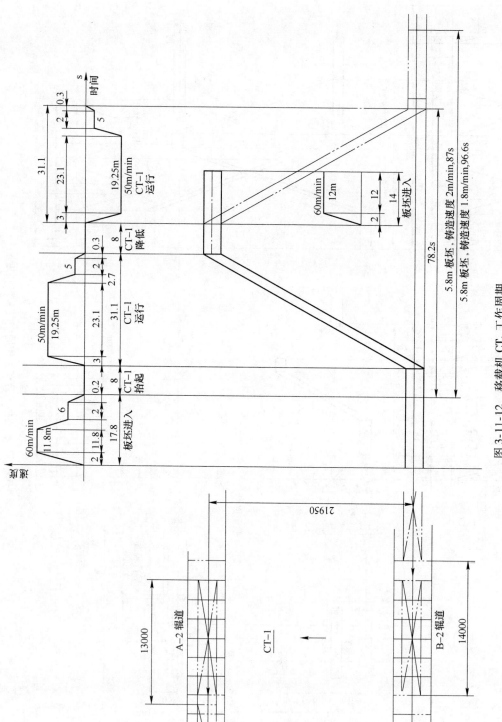

图 3-11-12　移载机 CT_1 工作周期

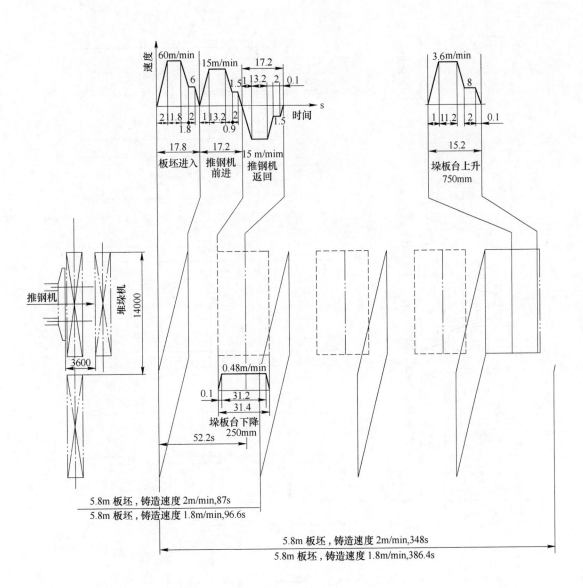

图 3-11-13　堆垛机工作周期

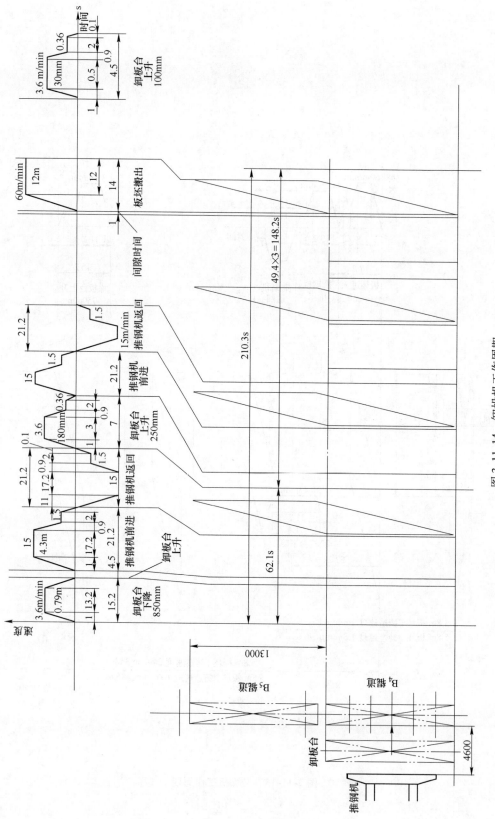

图 3-11-14　卸垛机工作周期

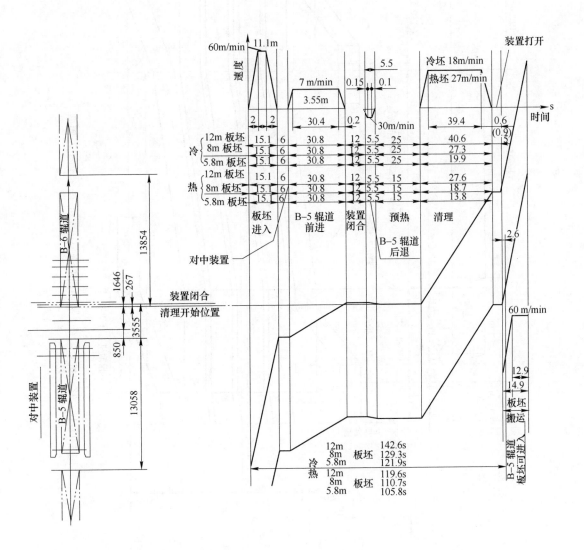

图 3-11-15　火焰清理区域工作周期

（清理深度 2mm；冷板坯清理速度 18m/min，热板坯清理速度 27m/min；

冷板坯预热时间 25s，热板坯预热时间 15s）

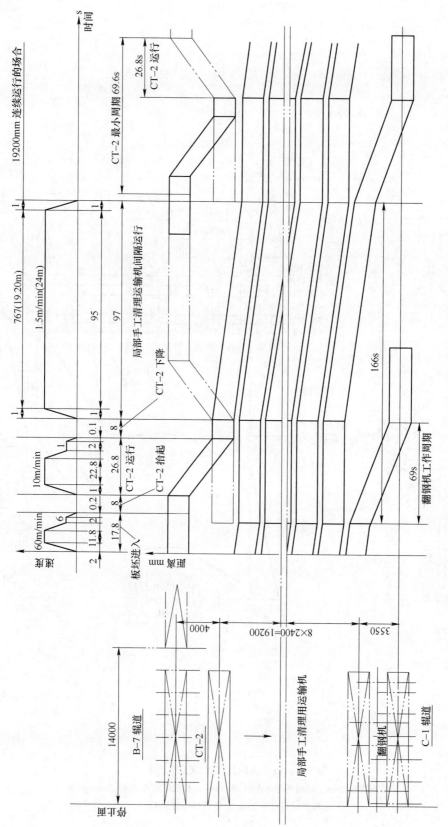

图 3-11-16　移载机 CT_2 及上表面局部清理运输机-C_1 辊道工作周期

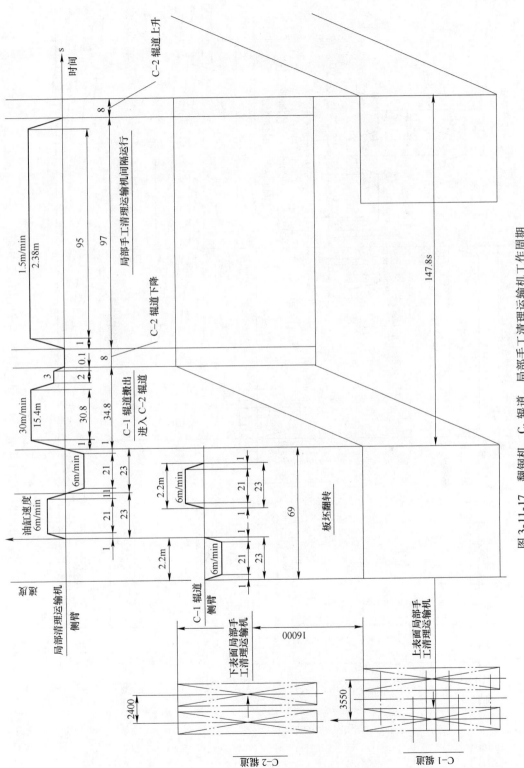

图 3-11-17 翻钢机、C₂ 辊道、局部手工清理运输机工作周期

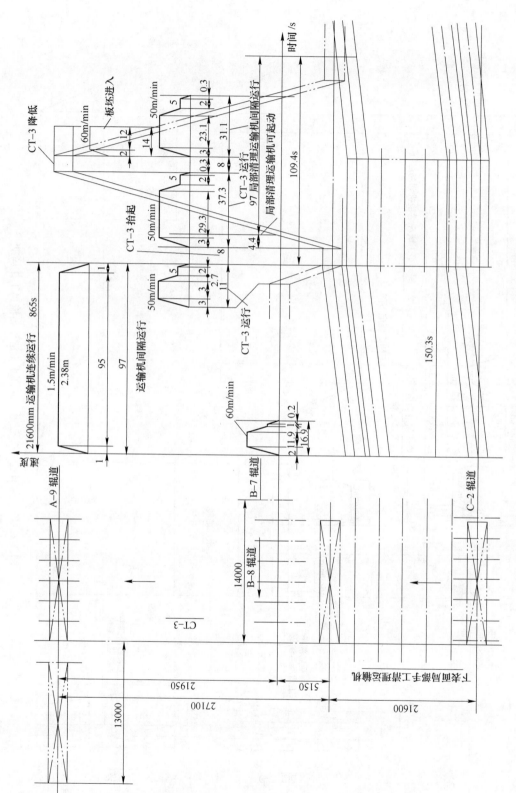

图 3-11-18　下表面局部手工清理运输机和移载机 CT₃ 工作周期

11.3　去毛刺机

11.3.1　去毛刺机的功能

当采用火焰切割机在线进行定尺切割时，在被切割板坯首尾两端的下边部会产生火焰切割留下的毛刺，这种毛刺主要是切割过程中熔化的钢水向下流淌并蔓延到切缝两侧时，沾挂在前一块板坯的坯尾和后一块板坯的坯头形成的。毛刺多呈条状沾挂在板坯端部下表面处，其表面粗糙不平，内部大部分组织成分与板坯母体相同，但其中含有较为坚硬的氧化物颗粒，尤其在毛刺与板坯下表面的结合面处，富含破碎的氧化铁皮成分。因此在板坯被直接热送至热轧厂进行轧制的过程中，这种毛刺不仅会对送坯辊道及轧辊表面造成较大伤害，如辊面龟裂、剥落、表面划伤等，而且少数硬度较高的颗粒组织会嵌入轧好的钢板内，对最终轧材的质量带来不良影响，因此在连铸生产过程中，去除板坯两端下表面的毛刺对提高连铸坯质量是十分必要的。去毛刺机布置在火焰切割机之后，通常设置在专门的去毛刺辊道区域内。其用途就是去除由于火焰切割而在板坯首尾两端所产生的毛刺。

11.3.2　去毛刺机的常见型式

目前常见的去毛刺方法有：刀具刮除、锤击打掉和火焰去除等。其中以刀具刮除和锤击打掉方式居多。

11.3.2.1　刀具刮除式去毛刺机

根据去毛刺过程中刀具和板坯运动形式的不同，刀具刮除式又可分为板坯固定式和板坯移动式。

A　板坯固定式去毛刺机

板坯固定式去毛刺机工作时板坯停止不动，靠刀具移动将毛刺去除。当板坯停止在去除头部毛刺位置时，压坯装置将板坯压紧在辊道上。刀具升起，使刀刃面紧压在板坯下表面上，然后横移机构动作，驱动刀具沿出坯方向迅速平移，将板坯头部的毛刺刮除一次。为保证去毛刺效果，刀具在返回原始位置后，再次重复进行升起和平移动作，第二次刮除头部毛刺。头部去毛刺结束后，压坯装置抬起，辊道继续向前送坯，当坯尾到达去除毛刺位置时，压坯装置再次将板坯压紧在辊道上，然后刀具反方向运动去除坯尾毛刺。

在去除一块板坯的毛刺之后，冷却水系统将水喷洒在刀具上，对刀具进行冷却。

图3-11-19所示为板坯固定式去毛刺机的工作原理。图3-11-20a、b分别为去除前端毛刺和去除后端毛刺的工作顺序，图3-11-21是板坯固定式去毛刺机的布置。

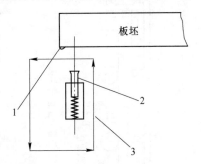

图3-11-19　板坯固定式工作原理
1—毛刺；2—刀具；3—刀具运行轨迹

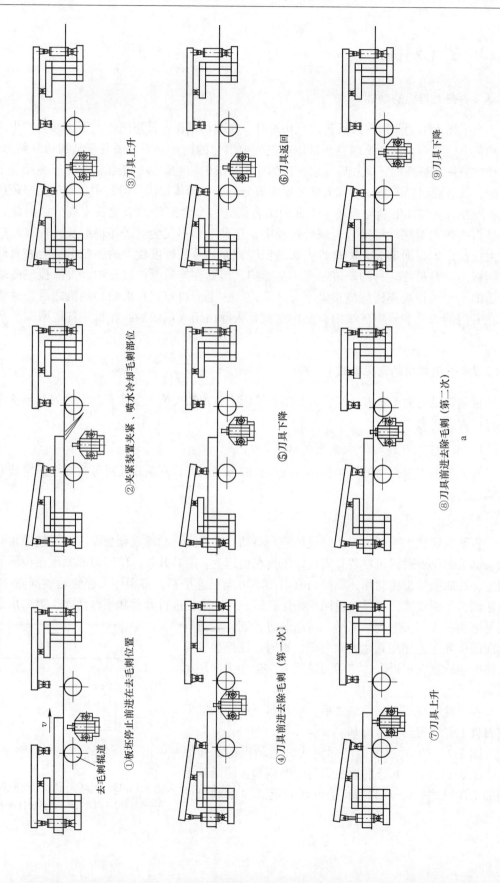

③刀具上升

⑥刀具返回

⑨刀具下降

②夹紧装置夹紧，喷水冷却去毛刺部位

⑤刀具下降

⑧刀具前进去除毛刺（第二次）

①板坯停止前进在去毛刺位置

去毛刺辊道

④刀具前进去除毛刺（第一次）

⑦刀具上升

a

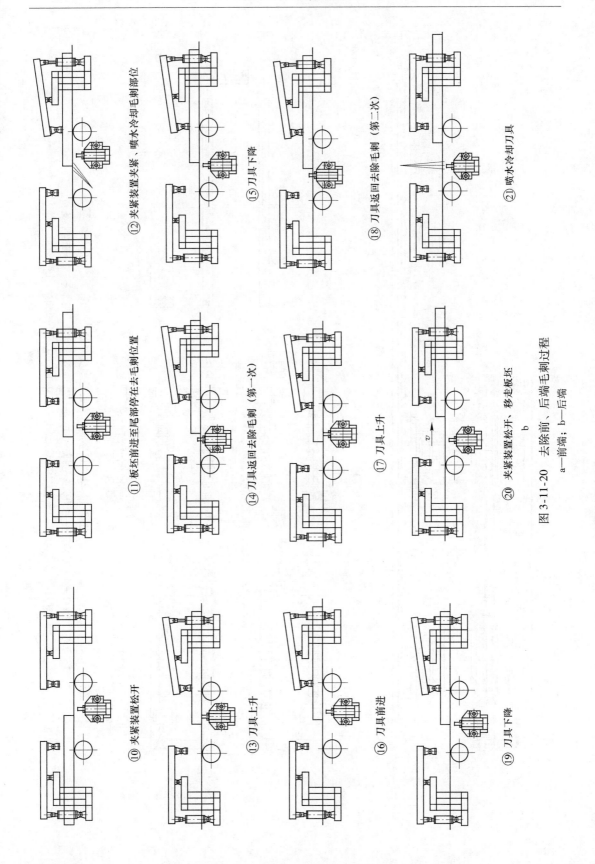

⑩ 夹紧装置松开

⑪ 板坯前进至尾部停在去毛刺位置

⑫ 夹紧装置夹紧，喷水冷却毛刺部位

⑬ 刀具上升

⑭ 刀具返回去除毛刺（第一次）

⑮ 刀具下降

⑯ 刀具前进

⑰ 刀具上升

⑱ 刀具返回去除毛刺（第二次）

⑲ 刀具下降

⑳ 夹紧装置松开、移走板坯

㉑ 喷水冷却刀具

图 3-11-20　去除前、后端毛刺过程
a—前端；b—后端

b

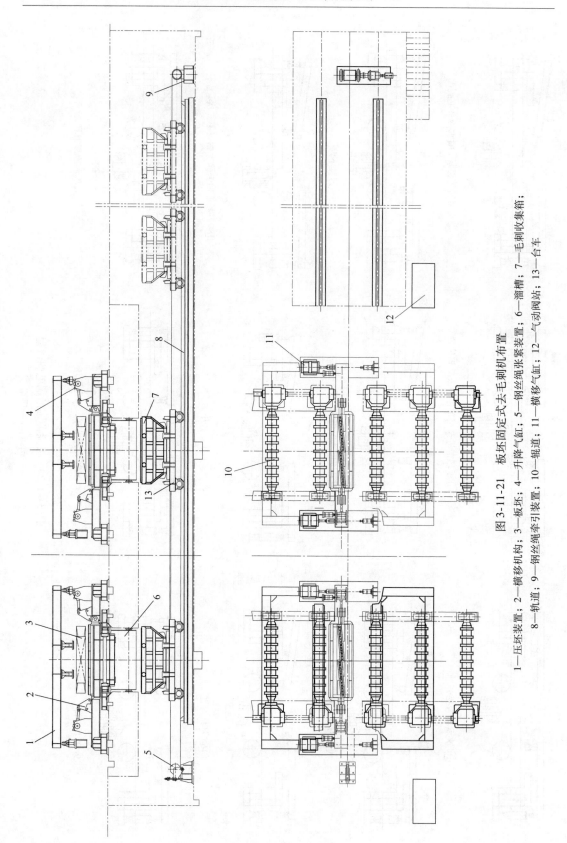

图 3-11-21　板坯固定式去毛刺机布置

1—压坯装置；2—横移机构；3—板坯；4—升降气缸；5—钢丝绳张紧装置；6—溜槽；7—毛刺收集箱；
8—轨道；9—钢丝绳牵引装置；10—辊道；11—气动阀站；12—气动阀站；13—台车

B　板坯移动式去毛刺机

板坯移动式在去毛刺过程中，刀具仅做上下运动，使刀刃部位贴住或离开板坯下表面，靠板坯移动去除毛刺。工作原理如图 3-11-22 所示。当板坯头部越过刀具一定距离时，辊道停止送坯，刀具上升，使刀刃面紧压在板坯下表面上，然后辊道反向转动，带动板坯逆着出坯方向平移，将板坯头部的毛刺刮除，随后刀具下降，

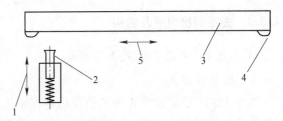

图 3-11-22　板坯移动式工作原理
1—刀具运行轨迹；2—刀具；3—板坯；
4—毛刺；5—板坯运行轨迹

辊道启动继续向前送坯。当坯尾即将到达刀具上方时，刀具再次升起使刀刃部位紧压在板坯下表面上，在板坯低速持续向前运行中刮除尾部毛刺。当板坯定尺较短时，还需设置推钢机，在去除毛刺过程中推动板坯以保证刮除毛刺时刀具和板坯有足够的相对运动速度，并且板坯具有足够的动能用以克服去毛刺时产生的阻力。

板坯尾部毛刺去除后，刀具梁在倾翻机构作用下倾转 90°，将残留在刀具顶部的残渣清理干净，以便进行下一周期工作。

11.3.2.2　锤刀式去毛刺机

锤刀式去毛刺机的主要工作部件是去毛刺辊，其上安装有很多锤刀，静止时这些锤刀自然下垂，通过销轴吊挂在去毛刺辊上。当辊体高速旋转时，在离心力作用下，锤刀会被甩开，沿辊体径向立起，如果此时辊体上方恰好有板坯头部或尾部通过，就可通过快速连续的锤击将板坯上的毛刺除去。不工作时，去毛刺辊停留在较低位置，并停止旋转。其工作原理如图 3-11-23 所示。这种去毛刺方式的最大优点是在板坯运动中去除毛刺，因而所占用的去毛刺时间很短，适用于拉速高、生产节奏快的板坯连铸机。此外，这种方式结构简单，占用空间少，易于布置。

表 3-11-2 列出了目前几种常见去毛刺机的综合比较。

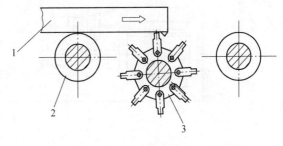

图 3-11-23　锤击式去毛刺机工作原理
1—板坯；2—去毛刺辊道；3—去毛刺辊

表 3-11-2　几种常见去毛刺机的综合比较

序号	比较项目	板坯固定式	板坯移动式	锤刀式
1	设备结构	复杂	简单	简单
2	设备造价	高	低	中
3	适应板坯长度	中~长	短~长	短~长
4	工作周期	长	较长	短
5	工作时的操作方式	手动和自动	手动和自动	仅限自动方式
6	维护工作量	大	较小	小
7	所需安装空间	大	较小	小
8	去毛刺效果	最好	好	好

11.3.3　去毛刺机组成及结构

11.3.3.1　刀具刮除式去毛刺机

A　板坯固定式

图 3-11-21 是配置在 A 钢铁公司板坯连铸机上的板坯固定式去毛刺机，主要组成有横移机构；升降机构；刀具；压紧机构；阀站及控制系统；毛刺收集容器及搬出台车等。

a　横移机构

横移机构如图 3-11-24 所示，其作用是带动升降框架及刀台（刀具）沿辊道方向往返移动，去除板坯前后两端的毛刺。它由移动框架、走行轮、移动框架同步机构、移动用气缸、缓冲器、轨道及支承台等组成。

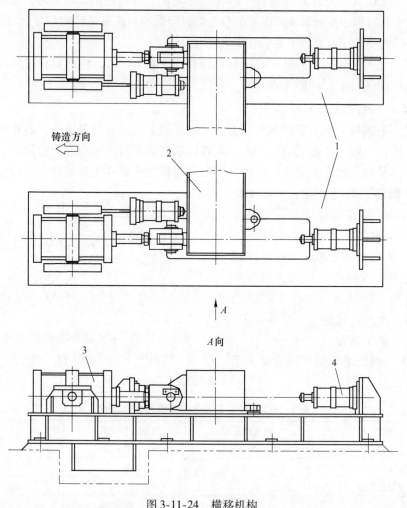

图 3-11-24　横移机构

1—基础框架；2—移动框架；3—横移气缸；4—缓冲器

移动框架为箱形焊接结构，内部通水冷却。框架靠两侧的走行轮支承，气缸产生推力使机构往复横移。为防止框架向上产生位移，在走行轮上面设置了导板。由于移动框架比较宽大，为避免两侧运动时不同步，在机构中除采用齿轮齿条机械同步方式外，还采用速度调节阀对两侧气缸的运动速度进行同步控制。

为减少去毛刺过程中产生的冲击，在基础框架上还设置了缓冲器。横移机构参数如下。

横移速度　　　　　$300 \sim 400\text{mm/s}$

移动行程　　　　　470mm

移动气缸　　　　　$\phi 280\text{mm} \times 470\text{mm}$

工作压力　　　　　$\geqslant 0.4\text{MPa}$

缓冲器能力　　　　$E = 2.5\text{kN} \cdot \text{m}$

　　b　升降机构

如图 3-11-25a、b 所示，升降机构主要由安装在移动框架内的升降框架、刀台、框架导向及升降气缸等组成，用来支持刀台（刀具）并使刀具上下移动，在去毛刺时使刀具以一定的压紧力贴在板坯下表面，保证刀具横移时去除毛刺。

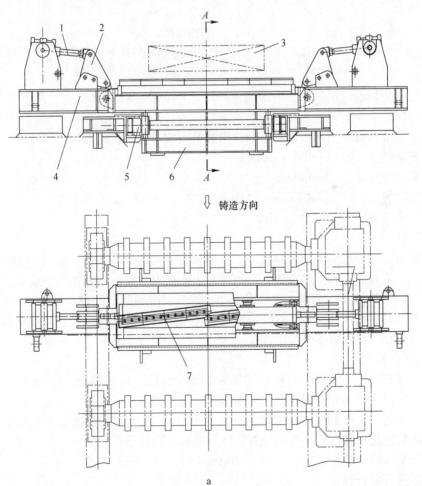

a

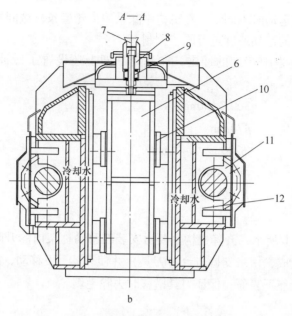

图 3-11-25　升降机构及刀具

1—升降气缸；2—连杆；3—铸坯；4—横移框架；5—同步机构；6—升降框架；7—刀具；

8—刀台；9—弹簧；10—滑板；11—同步轴；12—移动框架

　　升降框架为箱形焊接结构，内部通水冷却。当安装在移动框架上的两个气缸动作时，可带动升降框架上下运动。升降框架的两端用导轮导向，两侧采用滑板导向。升降时产生的冲击力由气缸本身和刀具下部安装的碟形弹簧吸收。升降机构参数如下：

升降速度	$100 \sim 200\text{mm/s}$
移动行程	150mm
移动气缸	$\phi 250\text{mm} \times 150\text{mm}$
工作压力	$\geqslant 0.4\text{MPa}$

　　c　刀具

　　刀具横截面采用近似 T 型轮廓设计，上部较宽且两边都有刃，分别用于去除板坯头部和尾部毛刺。刀具分为若干组布置，每组刀具由 3 把刀组成，且采用与轴线成 5° ~ 7°夹角倾斜布置，如图 3-11-25a 所示，这样可减小去除毛刺时的剪切阻力。每把刀下面安装有碟形弹簧，对刀具形成弹性支承，这样可适应板坯横向的鼓肚变形，提高毛刺去除率，同时在刀具上升时还可以吸收部分冲击能量。

　　d　压紧机构

　　压紧机构在去毛刺过程中将板坯压紧在辊道上，防止板坯移动，如图 3-11-26 所示。压紧机构主要由焊接结构件组成，安装在辊道两侧的混凝土基础上。通过气缸动作实现压头的压紧与抬起。去毛刺机不工作时，压头处于上部待机位置。如果长时间不用或维修时，可用固定销把压头固定在待机位置。压紧机构参数如下：

压紧气缸的速度	$100 \sim 200\text{mm/s}$
压头升降行程	$\approx 200\text{mm}$
压紧气缸	$\phi 280\text{mm} \times 250\text{mm}$
工作压力	$\geqslant 0.4\text{MPa}$

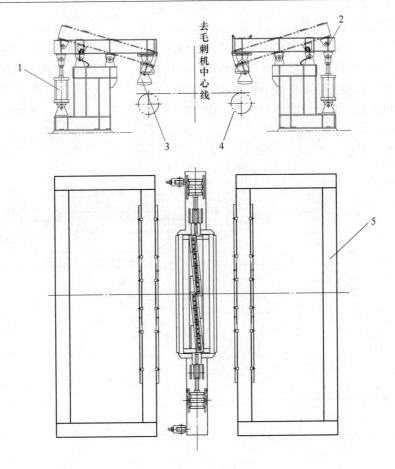

图 3-11-26　压紧机构

1—压紧气缸；2—锁定销；3—压头；4—去毛刺辊道；5—压紧框架

e　阀站

由于去毛刺机所有动作均采用气动驱动，因此配置了专门的气动控制阀站。另外还有冷却设备和冷却毛刺的雾化水喷淋系统。每次去毛刺前向毛刺喷射雾化水，使毛刺变硬易于去除，去毛刺后则向刀具喷射雾化水，以冷却刀具，保护设备。

f　毛刺收容及运出装置

不论采用刀具固定式或是刀具移动式去毛刺技术，都采用了机械刮除式的工作原理，所去除的毛刺通常都呈条块状，落入冲渣沟内是无法被冲渣水带走的。因此采用在线去毛刺时，必须考虑毛刺废料的收集及运出措施。在 A 钢铁公司使用的去毛刺机中（如图 3-11-21 所示），是在去毛刺机本体下方设置溜槽 6，将毛刺导入到毛刺收集箱 7 中。待毛刺装满收集箱后，可由牵引装置 9 通过钢丝绳带动台车 13，将收集箱移送到生产线旁侧，再由车间起重机将收集箱吊走进行清理，随后再重新把收集箱放置到工作位置，继续收集毛刺。毛刺收容及运出装置主要参数如下：

毛刺收集箱容积　　　　　　3m^3

牵引电机功率　　　　　　　2.2kW

B　板 坯 移 动 式

目前在板坯移动式去毛刺机中常用的刀具有两类，一类和前述的板坯固定式相同，即条状刀具，另一类则是圆盘状刀具。虽然刀具形状不同，但工作过程基本相同。以下以圆盘刀具为例介绍该类去毛刺机的结构组成。

去毛刺机主要由升降横梁、刀具头、摆动架及气缸、气动阀站以及毛刺溜槽、收集箱等组成，总布置如图 3-11-27 所示。

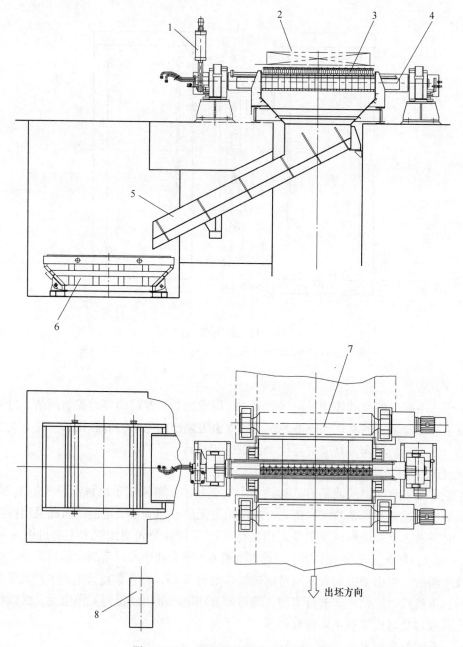

图 3-11-27　板坯移动式去毛刺机布置

1—摆动架及气缸；2—铸坯；3—刀具头；4—升降横梁；5—溜槽；6—毛刺收集箱；7—辊道；8—气动阀站

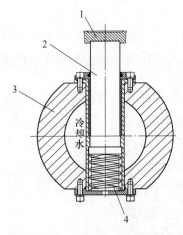

图 3-11-28 刀具头结构
1—刀盘；2—刀杆；
3—升降横梁；4—弹簧

升降横梁采用厚壁钢管制成，沿着梁的长度方向等间距开有一排圆孔，每个圆孔内安装一个可上下动作的刀具头，刀具头部安装圆盘状去毛刺刮刀，底部装有弹簧，圆盘刀可随着刀杆的动作上下移动，如图 3-11-28 所示。去毛刺机工作时，安装在升降梁两端的气缸将升降梁升起，使刀盘紧压在板坯下表面上，刀具下部的弹簧对刀头形成弹性支撑，一定程度上可自动适应板坯因鼓肚等因素而产生的少许变形，提高毛刺去除率。当板坯与去毛刺梁之间有横向相对移动时，刀盘刃部会将毛刺刮除。为减小去毛刺时设备所受到的切削力，所有刀盘沿着与去毛刺梁中心线倾斜一定角度直线布置。

升降横梁内部通有循环冷却水，可在高温工作环境下保护设备。

升降横梁的一端安装有摆动架及气缸，在去除完板坯头部或尾部毛刺后，摆动气缸动作使升降横梁回转 90°，将残留在刀盘顶面的氧化铁皮和毛刺残渣清理掉，喷淋系统可喷水冷却刀具，延长设备的使用寿命，如图 3-11-29 所示。

根据设备的控制要求，气动阀站中配置了必要的气源处理单元、电磁阀、单向阀、手动截止阀等元件。

板坯移动式去毛刺机工作时，依靠板坯和辊道之间的摩擦力以及板坯移动时的惯性力克服刮除毛刺时的阻力。如果板坯定尺较短、自重较轻，则当摩擦力及惯性力小于刮除毛刺阻力时，可能出现刃部卡在毛刺中造成板坯停滞，或者毛刺跳过刀具，导致去毛刺失败的情况。因此对于短定尺铸坯需考虑增加辅助设施，例如辅助的推钢机，可加强板坯推力，提高去毛刺机工作的可靠性。

以 E 钢铁公司为例，板坯移动式去毛刺机的主要参数：

板坯宽度	1000 ~ 1730mm
板坯厚度	170mm、210mm、230mm
定尺长度	9000 ~ 12000mm
辊道速度	10m/min，30m/min
刀具工作宽度	1853mm
刀头数量	18 个
升降梁升降行程	80mm
压缩空气压力	≥0.4MPa

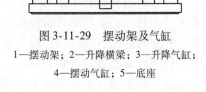

图 3-11-29 摆动架及气缸
1—摆动架；2—升降横梁；3—升降气缸；
4—摆动气缸；5—底座

11.3.3.2　锤刀式去毛刺机

锤刀式去毛刺机的工作原理与前述刀具刮除式完全不同，它不是依靠刀具刃部强行将毛刺刮除，而是在短时间内采用多次锤击将毛刺打掉。因此无论设备结构还是动作过程都与刀具刮除式去毛刺机完全不同。

锤刀式去毛刺机采用电机—减速器传动系统驱动，其工作主体是去毛刺辊，辊上安装数百个耐磨、耐冲击的钢制锤刀，如图 3-11-30 和图 3-11-31 所示。

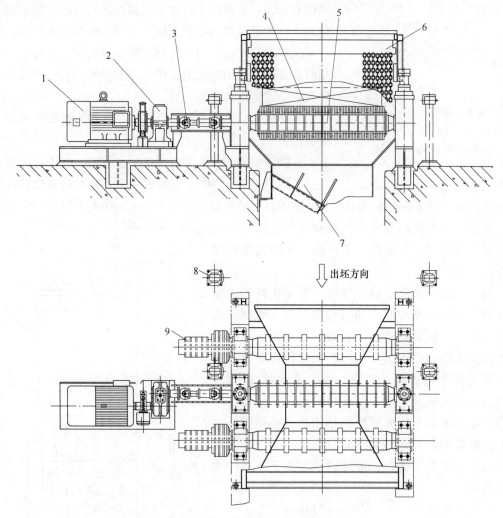

图 3-11-30　锤刀式去毛刺机配置
1—电机；2—减速机；3—万向联轴器；4—铸坯；5—去毛刺辊；
6—保护罩；7—溜槽；8—光电开关；9—去毛刺辊道

锤刀式去毛刺机的工作顺序如图 3-11-32 所示，当板坯头部通过装在去毛刺辊前的 1 号光电开关时，去毛刺辊开始转动，其旋转方向与板坯运送方向相同。当板坯头部到达 2 号光电开关时，已高速旋转着的去毛刺辊由液压缸提升，去除板坯头部下边沿 50 ~ 100mm 的火焰切割遗留毛刺。毛刺去掉后，去毛刺辊下降到待机位置并停止转动。当板坯进一步向前运送至坯尾通过 1 号光电开关时，去毛刺辊又开始旋转，其转向与板坯运送方向相反。当坯尾通过 2 号光电开关时，去毛刺辊再次由液压缸驱动升高，并去掉板坯尾端的毛刺。然后去毛刺辊返回到待机位置，停止转动，同时辊道将板坯送出。去毛刺机一个工作周期结束。

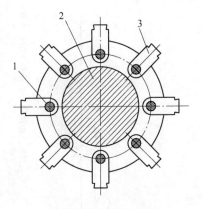

图 3-11-31　锤刀配置
1—长销轴；2—辊体；3—锤刀

由于锤刀式去毛刺机工作时辊体高速旋转，锤刀最外端的线速度可达 10 ~ 18m/s，打击毛刺瞬间会产生较大噪声，并可能有毛刺碎屑飞出，因此在去毛刺辊上方专门设置了双层结构的保护罩，两层之间填充硅酸铝纤维毡以吸收和降低环境噪声，同时可防止飞溅出的毛刺伤及附近人员。

锤刀数量的多少与板坯规格、辊道速度、去毛刺机布置位置等都有关系，通常沿圆周方向布置 6 ~ 8 把锤刀甚至更多，一台去毛刺机上的锤刀总数可达数百个。

锤刀式去毛刺机是在板坯运动过程中打击毛刺的，去毛刺时并不需要板坯停止，因此与刮刀式去毛刺相比可大大节约去毛刺时间。但辊道速度过高会降低去毛刺效果，且加剧刀具磨损。当出坯线上配置锤刀式去毛刺机时，通常要求辊道送坯速度为 15 ~ 20m/min，对于某些生产短定尺的连铸机，例如最小定尺在 2 ~ 2.5m 时，则辊道速度还需降低，最低可达 10m/min。这样才能保证去毛刺机动作连贯，工作正常。

此外，当板坯在辊道上跑偏量较大，以致超出锤刀工作宽度范围时，应首先对辊道面的平面度及水平度进行调整，经调整后仍跑偏严重者，可在去毛刺机之前增设适宜的板坯对中装置以调整板坯位置。

以下为 B 钢铁公司锤刀式去毛刺机的主要参数。

板坯钢种	低合金钢、碳素钢、深冲钢
板坯宽度	900 ~ 1550mm
板坯厚度	100 ~ 150mm
定尺长度	7600 ~ 15600mm
板坯温度	700 ~ 1000℃
辊道速度	20m/min
刀具工作宽度	1625mm
锤刀数量	456 个
去毛刺辊转速	350 ~ 750r/min
去刺辊升降行程	约 40mm
驱动电机功率	90kW
升降液压缸	$\phi 100/70 \times 70$
液压系统压力	16 ~ 20MPa

锤刀式去毛刺机可以广泛地应用在每流年产 30 万 ~ 150 万吨的板坯连铸线上，它尤其适用于那些出坯频率较高、板坯定尺较短的连铸生产线。其以少占用甚至不占用专门去毛刺周期时间的独特优点，为发展高速连铸技术，提高连铸机的热装、热送比提供了可靠保证。

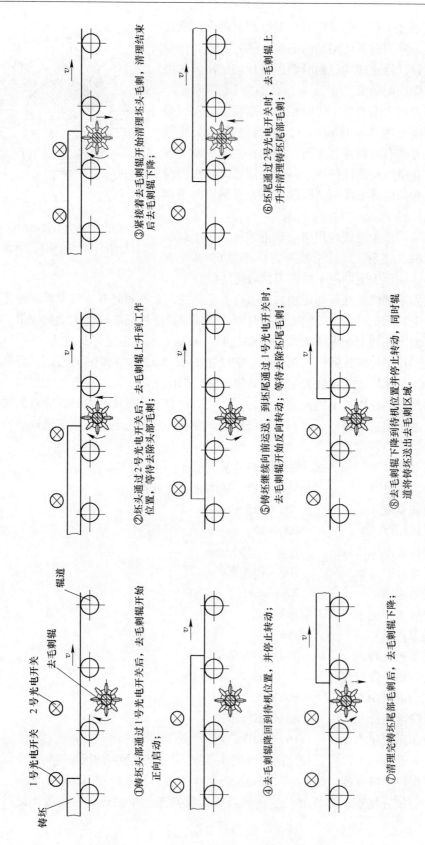

①铸坯头部通过 1 号光电开关后，去毛剌辊开始正向启动；

②坯头通过 2 号光电开关后，去毛剌辊上升到工作位置，等待去除头部毛剌；

③紧接着去毛剌辊开始清理坯头毛剌，清理结束后去毛剌辊下降；

④去毛剌辊降回到待机位置，并停止转动；

⑤铸坯继续向前运送，到坯尾通过 1 号光电开关时，去毛剌辊开始反向转动，等待去除坯尾毛剌；

⑥坯尾通过 2 号光电开关时，去毛剌辊上升并清理铸坯尾部毛剌；

⑦清理完毕铸坯尾部毛剌后，去毛剌辊下降；

⑧去毛剌辊下降到待机位置并停止转动，同时辊道将铸坯送出去毛剌区域。

图 3-11-32　锤刀式去毛剌机工作顺序

11.3.4　去毛刺机有关计算

11.3.4.1　去毛刺时的阻力

去毛刺时刀具克服的阻力主要是毛刺与板坯之间的黏附力，该阻力和钢种、温度、毛刺形状及大小等因素有关，而在生产现场这些因素往往是随机的、不稳定的，因此无法准确计算，实际使用中只能采用试验数据作为设计依据。一般地讲，毛刺大多呈扁平的条状，高（厚）度大致为 5~10mm，宽度为 20~50mm。对于宽度在 2000mm 以内的普碳钢或低合金钢板坯，当板坯温度 600~900℃时，去除毛刺的阻力约为 21kN。不锈钢板坯由于富含镍、铬、钛等合金成分，形成的毛刺较为黏滞，去除阻力要大于碳钢。

11.3.4.2　刀具长度 L_d

不管采用何种方式去除毛刺，刀具的长度都应该大于板坯宽度，这样在板坯跑偏、歪斜时仍然能保证去毛刺效果。

刀具长度可按下式确定：

$$L_d = B + \Delta \tag{3-11-3}$$

式中　　L_d——刀具长度，mm；

　　　　B——板坯宽度，mm；

　　　　Δ——余量，一般取 $\Delta = 100$mm（即板坯两边各留 50mm）。

11.3.4.3　刀具移动行程 S_d

板坯移动式工作时刀具并不做水平横移运动，因此不存在此类问题。但对于刀具移动式，则刀具移动行程直接影响去毛刺效果，因此是设计去毛刺机时必须首先确定的主要参数之一。

参见图 3-11-33，刀具移动行程 S_d 由下式确定

$$S_d = 2B_m + 2b + B_d + \Delta_s \tag{3-11-4}$$

式中　　B_m——毛刺宽度，mm；

　　　　B_d——刀具宽度，mm，如果刀具倾斜布置，需按沿斜向的整个宽度计算；

　　　　Δ_s——板坯在去毛刺位置处的停止精度，mm；

　　　　b——毛刺边缘距刀具边缘的距离，一般取 $b = 5~15$mm。

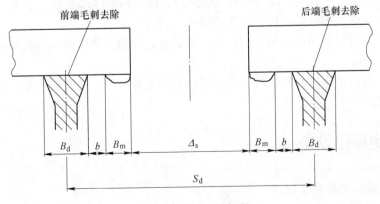

图 3-11-33　刀具行程

11.3.4.4　刀具移动速度 v_d

刀具的移动速度是设计时的重要参数，速度过快，刀具磨损大，对机构的设计要求也高。速度过低，去毛刺效果不好，且动作周期长，有可能满足不了整个出坯线的生产节奏要求。按照使用经验，一般可取 $v_\mathrm{d} = 250 \sim 400\mathrm{mm/s}$ 为宜。

11.3.4.5　锤刀式去毛刺机有关计算

锤刀式去毛刺机是在板坯运行当中去除毛刺的，因此设计时需要根据辊道速度、去毛刺辊转速以及升降行程等进行时间匹配计算，从而达到动作顺畅，去毛刺率高，工作可靠的效果。

在图 3-11-34 中，BK1 和 BK2 是位于去毛刺辊之前的两个光电开关，用于检测板坯在辊道上的位置，L_1 和 L_2 是这两个光电开关到去毛刺辊中心的距离。

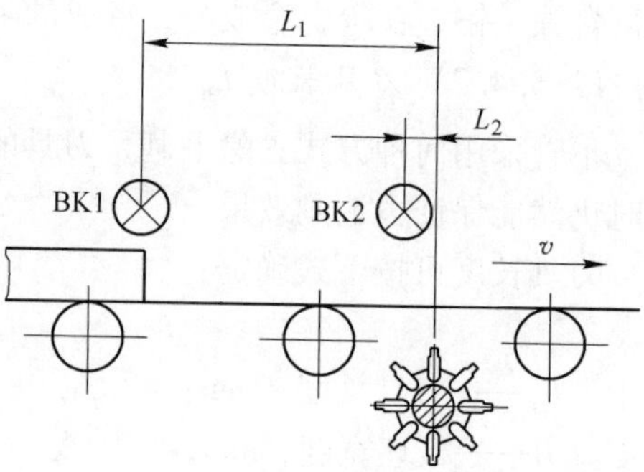

当板坯以速度 v 沿着辊道前行至 BK1 时，去毛刺辊开始正向起动，板坯走行到 BK2 时，去毛刺辊驱动电机已达到工作转速，因此 L_1 可按下式计算

$$L_1 = vt + L_2 \qquad (3\text{-}11\text{-}5)$$

图 3-11-34　锤刀式去毛刺时间计算图

式中　v——辊道速度，$\mathrm{mm/s}$；

t——驱动电机需要的起动时间，一般可取 $2 \sim 5\mathrm{s}$。

L_2 的确定方法为

$$L_2 = vh/v_\mathrm{s} + \Delta \qquad (3\text{-}11\text{-}6)$$

式中　v——辊道速度，$\mathrm{mm/s}$；

h——去毛刺辊升降行程，$h = 40\mathrm{mm}$；

v_s——去毛刺辊升降油缸的速度，$v_\mathrm{s} = 100\mathrm{mm/s}$；

Δ——去毛刺辊在上限位置等待板坯的距离，$\Delta = 100\mathrm{mm}$。

11.3.5　设计中应注意的几个问题

（1）去毛刺机材料的选用、刀具及设备的结构应充分考虑热态工作环境的影响，应具备完善的防热措施，如必要的散热空间、隔热板、设备内部冷却水等。

（2）冲击负荷大的部位，以选用滑动轴承为宜。

（3）刀具设计时要考虑拆装方便。刀头及其附近长期受热区域内的紧固螺栓宜选用不锈钢材料。

（4）由于刀具使用的材料价格昂贵，因此刀具设计应有一定的修复量，允许在磨损后修复一定次数。

11.4　自动标记设备

11.4.1　标记设备的发展及型式

现代化钢铁企业越来越注重生产过程的质量管理和质量的可追溯性，因此连铸机生产出的每一块板坯都会被赋予一组编号，其中包含了板坯生成时的炉号、钢号和板坯顺序号等，这组编号可用于在随后的生产流程中对板坯进行跟踪。在早期板坯连铸机自动化程度不高时，主要依靠人工往板坯上书写编号，易于出错且工人劳动强度大，工作环境恶劣。随着板坯热送技术的应用，采用专用设备在板坯表面上标记所需要的记号或代号，已成为板坯实现自动编号管理（计算机管理）和直接热送的必要手段之一。目前进行在线自动标记的专用设备主要有打印机和喷印机两种，并有不同的结构形式和涂料种类。

　　考虑到在线打印或喷印后，板坯表面温度仍然可达 500～600℃，人员无法接近，因此一般都要求标记在板坯上的字符可在距离 15m 远处用肉眼清晰判读，通常要求字符大小不小于高度 80mm × 宽度 50mm。

11.4.2　标记设备组成及结构

11.4.2.1　打印机

A　打印机功能与组成

　　与喷印机相比，打印机具有工作可靠，标记永久，耐热性好的优点，但其打印的字符尺寸偏小，字符高度一般仅为 15～30mm，其代码种类和数量也有一定限制，当被标记表面不够平整时，打出的字符还容易出现残缺，因此打印机大多用在断面较小的方坯连铸机上，板坯连铸机上很少使用。现以旋转头打印机为例对其结构进行简单说明。

　　图 3-11-35 是一种悬挂式打印机的总布置图，打印机主要由机架、机体、旋转打号头、自动控制系统等组成。采用这种布置方式时，打印的字符位于板坯端面，也就是火焰切割表面。悬挂式布置的灵活性较大，将打印机安装在一个横梁上，就可满足对单流或双流板坯打号的要求。

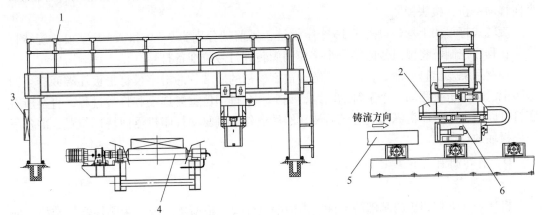

图 3-11-35　悬挂式打印机总体配置
1—机架；2—机体；3—机旁操作箱和端子箱；4—运输辊道；5—板坯；6—打号头

B　打印机的主要技术参数

标记物料　　　　　　　　板坯
形　状　　　　　　　　　矩形
温　度　　　　　　　　　600～1000℃

字符行数	1 行
字符数量	12 个
字符高度	15 ~ 25mm
字符宽度	10mm
数　字	0 ~ 9
字　母	A、B、C、D、E、F可选
打印位置	板坯端面（切割机切割表面）
打印时间	单流板坯约 1min
打号头纵移速度	120mm/s
纵移行程	600mm
打印头横移速度	300mm/s（可调）
横移行程	约 10000mm

C　打印机工作过程

板坯通过辊道输送到打印机区域时，安装在该区域的光电开关向打印机控制系统发出板坯到位信号，同时控制运输辊道减速停止。

打印机控制系统接收到板坯到位信号后，开始执行打号程序。打印机首先横向移动到板坯前端，机头前的检测传感器探测到板坯的边缘时会发出零位信号，随后横移伺服电机在编码器信号的控制下驱动打印机机头继续横向走行，移动到预定的初始打印位置时停下。

随后，打印机在控制系统的控制下纵向移动接近板坯端面，机头前端的探杆接触到板坯后被压回，直到其后端的接近开关动作发出信号，表示打印机已到达正确的打号位置，纵向移动停止，机头锁紧。

旋转式打号头上均匀设置了 16 个字模销，销前端分别为 0 ~ 9 和 A ~ F 字模。旋转打号头在程序控制下将要打号的第一个字模销旋转到打号位准备打号。

控制系统发出打号命令，冲击气缸冲击字模销的后端，冲击字模打击板坯端面产生凹形印记。然后机头移动一个字符的间距，到下一个打印位重复选字和打号过程，直至所有字符打印结束。打印机纵向后退到后端。然后横移电机驱动打印机返回待机位置，准备下一块板坯的打印。

D　打印机部件说明

a　机架

机架是支承打印机的基础结构件，由两根立柱及一根横梁组成，为刚性焊接结构。横梁上设置有冷却水槽，防止横梁在高温环境下产生较大变形。横梁下方安装有供打印机横向移动的导轨和齿条，打印机工作所需的水、电、气等介质均通过横梁以及安装在横梁上的拖链提供给打印机机头。

b　机体

机体采用悬挂方式安装在机架上，机体上半部装有控制走行的横向移动伺服电机、齿轮齿条传动副、导轨等装置，下方装有旋转式打印头。打印机工作时所需的纵向运动及横向运动分别通过安装在机体中的纵向和横向运动机构来完成，如图 3-11-36 所示。

纵向运动机构驱动打印机机头接近板坯端面并能准确停在打印位。如图 3-11-37 所示，纵向运动由一个耐热的自润滑气缸来完成，气缸通过其中部的耳轴固定在打印机机体下方，气缸活塞杆前端通过铰链与打印机机头相连，气缸两侧是直线导轨。直线导轨将机头与机体相连，使机头与机体可以产生相对移动。气缸运动可带动机头向板坯靠近，当机头移动到打号位置时，气缸前端的制动器将气缸活塞杆制动，机头停在打号位并被锁住。

横向运动的动力由伺服电机提供，通过减速器、齿轮、齿条机构带动机体作横向运动。伺服电机后端装有同轴的脉冲编码器提供位置信号反馈，可以使打印机准确地移动到工作位置。

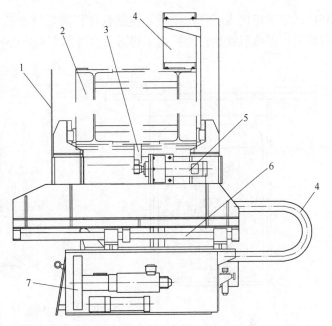

图 3-11-36　打印机机体示意图
1—防热罩；2—机架；3—走行齿条；4—拖链；
5—走行伺服电机；6—直线导轨；7—打号头

此外在机体内还装有位置检测机构，用来在打号过程中检测打印机机头与板坯之间的距离，从而使字模与板坯保持合适的打击距离，产生较好的打击效果。位置检测机构主要由挡板、探杆、返回弹簧及检测开关等组成。

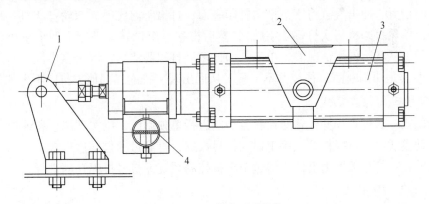

图 3-11-37　纵向运动机构
1—前端支承（打印头）；2—中间支承（机头体）；3—耐热自润滑气缸；4—制动器

c　旋转打号头

旋转打号头主要功能是自动完成选字，并进行快速冲击打号。

图 3-11-38 是转盘自动旋转打号头，在旋转打号头上布置了 16 个字模销，字模销头部刻有不同字符，分别为 0~9 及 A~F。转盘为铝合金铸件，通过法兰与伺服电机及减速器前端的法兰相连。伺服电机后部装有旋转编码器，将事先设置好的旋转盘零位记住。用户

将所需字符组输入到打印机后，控制软件将需要打印的字符转换成伺服电机的旋转角度，打印时伺服电机在软件的控制下将需要打号的字符旋转到打号位，从而完成选字。

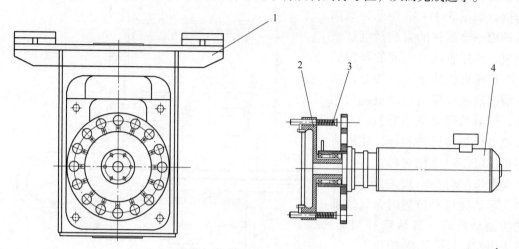

图 3-11-38　自动旋转式打印头

1—打印头支架；2—转盘；3—字符销轴；4—伺服电机

在旋转字符盘的后面安装有冲击气缸，当旋转头将字模旋转到位后，冲击气缸在气动系统控制下短时间产生很大的冲击能量将字模销高速击出打向板坯，从而在板坯表面造成下凹的塑性变形，形成永久性标记。打号后冲击气缸立即返回，而字模销则靠复位弹簧返回。确认上一个字符打印完成后，打印头横移，继续打印下一个字符。

除旋转头打印机外打印机还有很多其他形式，如单、双轮打印机，其成字原理基本与旋转头打印机相同，所不同的是轮式打印机的代码均布在字盘的边缘上，当所需代码的位置转至打印位置，冲击气缸将字盘推向打印表面，打出所需代码（双轮打印机一次可打出两个字码，单轮打印机每次打一个字码），然后横移一个位置，进行下两个字码或下一个字码的打印。从实际使用情况看，单字打印比多字打印要清楚，因为多字同时打印时，板坯表面（尤其是切割断面）往往并不平整，从而出现字符的局部地方打印不上的现象。

E　打印机的操作模式

手动模式：通过现场操作箱对设备各功能进行单独调试，以实现调整和维护。

半自动模式：通过操作终端手工输入打号数据，打号过程自动进行。

自动模式：打号数据由上位机传送至本机控制系统，打号过程自动进行。

11.4.2.2　喷印机

A　喷印机成字原理

与打印相比，喷印标记方式不仅具有字迹清晰，可见度高的优点，并且更易于在凹凸不平的表面上进行标号。国外某些厂商开发的喷印机甚至可将条形码喷印在板坯上，更有利于自动读取编码和用计算机对板坯进行后续管理。因此喷印技术在板坯连铸机上获得了较为广泛的应用。

喷印是利用喷涂原理把与被标记体颜色对比强烈的涂料（如白色涂料）用喷枪以一定的成字方式喷在被标记体表面上，形成所需的标记。图 3-11-39 为点状喷印的成字原理，

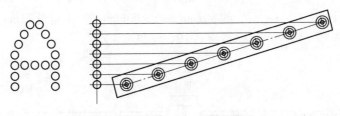

图 3-11-39 点状喷印成字原理

一组喷枪以一定的方式排列组成喷头，一般组成喷头的喷枪数量为 5 个或 7 个。当喷头以一定的方向和速度移动时，各喷枪按照一定的距离或时间间隔瞬时喷出涂料，这样就会在被标记体表面形成一个 5 点或 7 点的矩形点阵带，如果我们把预先设定好的成字程序输入计算机或 PLC，并在喷头移动过程中用该程序输出的脉冲来控制各喷枪的瞬时开闭动作，借以控制喷枪中涂料的供与停，使之在构成代码所要求的点位处瞬间喷出涂料，那么喷头在移动过程中就会按照成字程序的要求输出由点状标记组成的字符。点状标记组成的字符一般为 5×3 或 7×5 点阵，图 3-11-40 所示为 5 个喷头组成的喷枪和 5×3 点阵组成的字符示例。

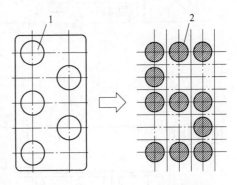

图 3-11-40 5×3 点阵成字原理
1—喷枪；2—字符点

此外还有一种连续书写式喷印机，其成字原理和人工书写基本相同。喷头的运行轨迹由两台伺服电机通过精密传动机构进行控制。在预设程序控制下，喷头可沿着平面坐标的两个方向协调移动，在走出所需字符图形轨迹的同时喷出涂料，在板坯表面形成字符。书写式喷印形成的字符如图 3-11-41 所示。

目前喷印使用的涂料主要有三大类，即水溶性涂料、有机类涂料和金属丝（或粉状）涂料。

图 3-11-41 书写式喷印字符

B 水溶性涂料喷印机

最早在板坯连铸机上应用的喷印机采用点状喷印技术，以水溶性涂料为工作介质，在板坯火焰切割端面进行喷印。图 3-11-42 是在 A 钢铁公司双机双流板坯连铸机上使用的点状喷印机布置，其技术参数如下：

板坯最大断面	250mm×1930mm
板坯温度	600~1100℃
喷印位置	板坯前端面
喷印表面	火焰切割表面
字符行数	1 行
字符数量	11 个

字符大小　　　　　　　约 80mm(高)×60mm(宽)，间隔 72mm
喷印字符　　　　　　　数字 0~9；字母 A~Z
喷印周期　　　　　　　约 130s/两流

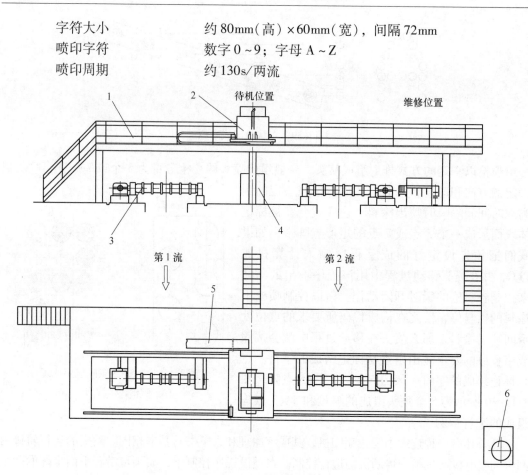

图 3-11-42　点状喷印机布置
1—台架；2—喷印机本体；3—喷印辊道；4—清洗箱；5—拖链；6—涂料供送系统

　　水溶性涂料其实并不是真正的水溶液，而是一种悬浊液，因此容易沉淀结块。由于喷印作业是间歇进行的，所以在设计涂料供送系统时应考虑防止涂料沉淀结块的措施。一般是在盛放涂料的容器内安装搅拌装置对涂料进行不间断搅拌，并且不管是否正在喷印，供送系统内置的循环泵都会强制使涂料在管道内循环流动，使涂料始终处于一种运动状态。不但如此，为防止涂料结块堵塞喷嘴，在辊道侧面还专门设置了清洗箱，每一次喷印结束后，喷印机都要先走行到清洗位置，清洗箱里的喷嘴会喷出清洗水将喷印机的喷头清洗干净，然后喷印机才会走行到待机位置等待下一次喷印。

　　C　金属丝喷印机

　　采用水溶性涂料的喷印机结构相对比较复杂，而且当涂料有泄漏时还会污染周围环境，不易清理。因此近年来已逐渐被采用金属丝涂料的喷印机所取代。图 3-11-43 是一种采用铝丝作为喷印介质的喷印机，它的喷印位置位于板坯的侧面。

　　该设备主要由大车和小车及其走行驱动装置、除鳞装置、喷头、铝丝送给机构、板坯侧面位置检测装置，以及控制系统等组成。其中大、小车的作用都是调整喷头与板坯之间的相互位置以满足喷印操作的要求。并且大车小车都设计为双速走行，以最大限度地缩短工作周期。除鳞装置可将板坯表面的氧化铁皮去掉，确保涂料直接喷涂在板坯表面上，延

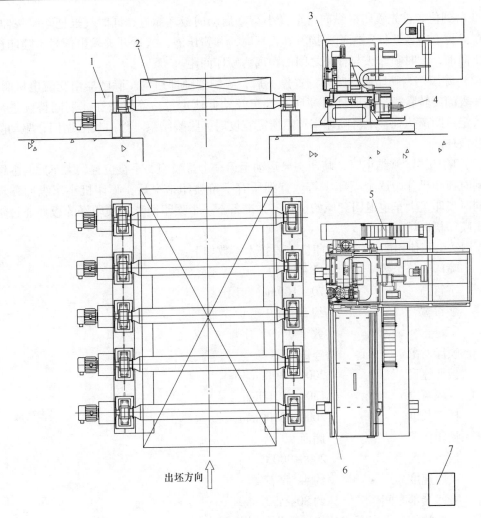

图 3-11-43   铸坯侧面金属丝喷印机布置

1—喷印辊道；2—板坯；3—喷印机小车；4—喷印机大车；

5—电缆及能源介质供送拖链；6—喷印机轨道；7—机旁操作箱

长喷印内容的保持时间。

　　机械式除鳞头的工作原理如图 3-11-44 所示。由电机驱动的笼状机构中安装了很多齿轮状除鳞片，这些除鳞片中心带孔，成组叠放，其中心孔直径略大于中间的轴。这样当电机带动整个笼状机构旋转时，除鳞片被离心力甩开，使转动部分外径变大，当除鳞片外圈高速擦过板坯表面时，在摩擦力和冲击力的双重作用下，板坯表面的氧化铁皮就会被除掉。除鳞片中心孔和轴之间的间隙使得除鳞片遇到过大阻力时能够自动避让，以免损伤设备。当大车带着除鳞机构走行时，就会在板坯侧面清理出一个带状区域，用于喷写字符。喷印过程分成以下三个主要步骤：

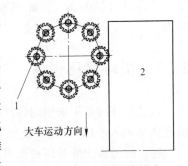

图 3-11-44   机械式除鳞头
工作原理

1—除鳞头；2—板坯

（1）到位。首先喷印机纵向台车（小车）启动向板坯靠近，同时气缸把除鳞头伸出，当装在机身上的板坯位置探测头接触到板坯时，弹簧压缩，接近开关发出信号，喷印机小车停止向前，此时喷印头与板坯之间的距离为喷印间距。

（2）除鳞。当喷印机在喷印位置停下后，除鳞器随即启动。除鳞器由交流电机驱动，在板坯表面旋转除鳞，与此同时喷印机大车开始低速走行，除鳞头在此期间持续进行除鳞，待走行距离达到整个待喷印字符组所需宽度时，除鳞结束。然后气缸缩回，驱动除鳞头离开板坯。

（3）喷印。除鳞结束时，喷印头已运动至第一个待喷印的字符位置，大车此时继续走行，同时喷印机开始逐个喷印字符。直到所有字符喷印结束后，喷印机小车纵向移动返回，同时喷印机大车也退回到原始位置，并准备下一个喷印循环。喷印好的板坯通过辊道输送出喷印机区域。

B 钢铁公司使用的金属丝喷印机主要技术参数如下：

喷印字符个数	11 ~ 15 位
字符高	70 ~ 100mm
字符宽	约 52mm
字符	数字 0 ~ 9；字母 A ~ Z
喷印对象	连铸板坯
板坯厚度	200 ~ 330mm
板坯宽度	1300 ~ 2500mm
板坯长度	2000 ~ 3700mm
喷印位置	侧面
板坯温度	200 ~ 900℃
喷印速度	约 4s/字符
喷印全部时间	约 80s/每块板坯

无论点状喷印还是书写式喷印，喷头的结构形式都至关重要。为满足整个出坯线生产节奏，要求喷印机一个工作周期必须小于出坯周期，同时为保证字符的美观程度，又要求喷头采用高精度的传动机构。因此喷头内的传动机构通常采用小惯量的伺服电机驱动，在满足精度要求的同时，还可提高反应速度，缩短喷印时间。此外，由于喷头工作时与高温板坯相距仅约 200mm，因此喷头还必须设置可靠的防热措施，以减小辐射热对设备的伤害。

11.5　板坯横移设备

板坯横移设备用来横向移动板坯，通常用于合并铸流，上线、下线、或使板坯位置变换（例如进入冷床）。横移设备主要有横移台车、推（拉）钢机、移载机等。

连铸机浇铸出的板坯被切割成定尺坯后，根据后部整整的板坯流程不同，板坯流向主要有转盘—拉钢机方式和直接横移方式（如横移台车、推钢机、拉钢机等）这两种形式。

转盘—拉钢机方式如图 3-11-45 所示，是将切割成定尺的板坯，经出坯辊道输送到转盘上，转盘回转 90°将板坯输送到过渡辊道上，然后由拉钢机将板坯移送到精整设备的受料辊道上。这种衔接方式各流间相互干扰较少，控制比较简单，但设备的重量大约为移送台车方式的 2 倍。

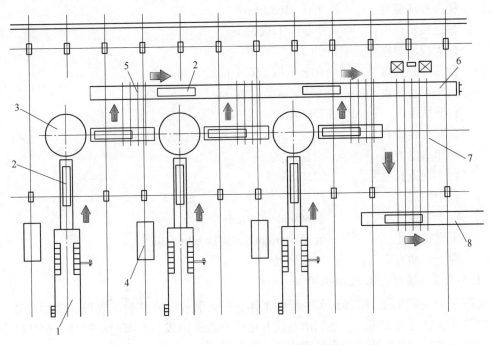

图 3-11-45   多台连铸机转盘—拉钢机式出坯方案

1—连铸机；2—板坯；3—转盘；4—电气操作室；5—拉钢机；6—过渡辊道；7—冷床；8—出坯及下线辊道

直接横移方式是将切成定尺的板坯直接输送到移送台车上，台车横移，将车上辊道与精整设备的受料辊道对齐，再把板坯直接输送到受料辊道上，见图 3-11-1。这种衔接方式各流间干扰较大，必须严格控制台车的工作节奏，否则会导致生产混乱。

采用计算机控制技术可以达到严格控制台车之间工作节奏的目的。

转盘—拉钢机方式一般适用于板坯在出坯区只有一种出口的布置状况，当同一连铸车间内布置有多台或多流连铸机同时生产，并且板坯后续处理有多个走向时，常采用后一种方式进行精整区布置，即利用移送台车将板坯横移至不同功能区域的辊道上，如下线辊道、目视检查辊道、翻钢机辊道等。

11.5.1   横移台车

11.5.1.1   横移台车功能及参数

横移台车是将连铸机各流铸出的板坯经切割机切成定尺后分别送到后部精整设备受料辊道上的关键设备。图 3-11-1 中所示的 × 钢铁公司出坯精整区在同一组轨道上设置了两台横移台车，分别对应于 1 号和 2 号板坯连铸机，可根据生产计划或生产实时状态将两台板坯连铸机浇铸出的四流板坯分别送往一号或二号出坯线。正常生产时，两台横移台车协同工作，当其中一台横移台车发生故障时，另一台横移台车仍能在所要求的运坯周期内独立完成四流板坯的移送。× 钢铁公司板坯横移台车主要技术参数如下：

台车型式　　　　　　载有辊道的横向移动式

移送板坯厚度　　　　210、230mm

移送板坯宽度　　　　950~1650mm

移送板坯长度　　　　9000~11000mm

最大板坯单重　　　　约33t

台车横移速度　　　　10m/min、60m/min、120m/min

台车停止精度　　　　±50mm

台车轨距　　　　　　7500mm

台车行走距离　　　　最大：63640mm　　最小：6000mm

台车供电方式　　　　滑触线式

台车辊道长度　　　　9750mm

辊子型式　　　　　　圆盘式

辊子直径　　　　　　ϕ380mm/ϕ280mm

辊道输送速度　　　　低速 30m/min，高速 60m/min

辊子驱动方式　　　　单辊驱动

11.5.1.2　横移台车结构说明

如图 3-11-46 所示，横移台车主要由车体、行走装置、横移台车辊道、缓冲装置、滑线供电装置、轨道及支座、干油润滑系统和电控系统等组成。台车的电控部分包括辊道驱动、行程开关或激光测距式台车位置检测、走行驱动，以及台车终点行程开关限位等。

台车上设置的辊道，其结构与其他送坯辊道相似，可以是单独传动，也可以采用集中传动。辊道的长度和承载能力应能满足最大定尺长度和最大单重板坯的运输。

（1）车体。车体为大型焊接结构件，它既是横移台车的主要承载部件，也是安装车上其他部件的基础，因此对于焊接、热处理和机械加工精度都有较高要求。

（2）走行装置。由于车身外形较大，因此为保证台车动作平衡，一般采用集中传动驱动台车前端 2 个车轮或后端 2 个车轮，也有采用单独驱动装置的。图 3-11-46 所示的横移台车就设置了 2 套走行装置（图中之 5），对称安装在车体两端的下方，用来同时驱动台车同侧的 2 个车轮。走行装置由电机、减速器、制动器、传动轴和车轮等组成，电机和行星减速器采用直联方式，通过传动轴分别驱动两端的车轮使横移台车运行，并可通过制动器制动定位。台车的走行速度分为高中低三档，在台车正常走行较长距离时采用高速和中速，接近走行终点时，台车降到低速走行，随后停止，保证停位准确。因此走行装置采用交流调频电机，能方便地调整横移台车的运行速度。

（3）横移台车辊道。辊道由电机、减速器、电机内置式制动器、圆盘辊子、轴承座、侧导板等组成。电机通过减速器驱动辊子，通过辊子的旋转带动板坯移动。车上辊道受空间限制，其电机和减速器采用直联方式。

采用交流变频电机，能适应辊道频繁起、制动要求，并能按板坯运行要求平滑调节辊子转速，确保辊道正常工作。

由于台车载着高温板坯横移，且辊道的辊身和轴承座都不能采用水冷等保护措施，因此台车上辊道采用圆盘辊结构，以利于散热，保护设备。

（4）缓冲装置。横移台车的缓冲装置安装在车体上和轨道两端，其作用都是为了保护

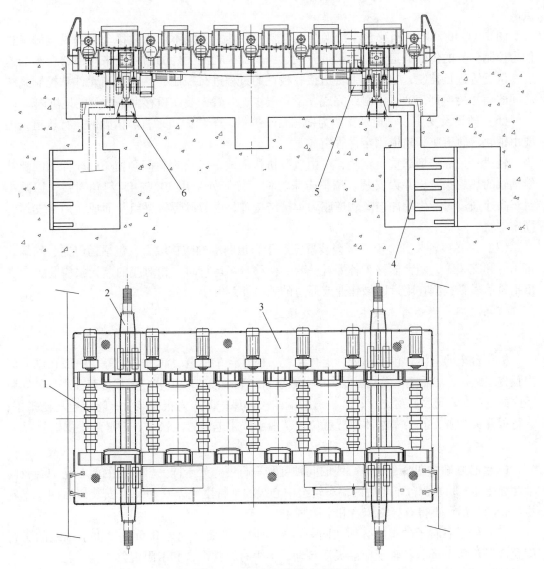

图 3-11-46 板坯横移台车结构

1—横移台车辊道；2—缓冲装置；3—车体；4—滑线供电装置；5—走行装置；6—横移台车轨道

设备。车体上安装了 4 个液压缓冲器，当横移台车因为机械或电控故障，或者在手动控制方式下因为误操作而导致两个台车相撞时，液压缓冲器可有效地吸收撞击能量。

横移台车走行轨道的两端设置了共 4 个缓冲座，分别安装在防护墩上。由木质缓冲座、支座等组成。当横移台车出现失控或误操作而导致台车走行到轨道端部仍不能停止时，车上的液压缓冲器将顶在缓冲座上，强制台车停止，从而保护设备，避免出现重大事故。

（5）滑线供电装置。对于横移台车这种作业率较高的移动设备，通常采用的供电方式有电缆拖链、滑触线和拖缆三种，台车设计时应根据具体情况加以选择。一般而言，行程短的横移台车，其最高走行速度多选择在 30～60m/min 范围，可以采用拖缆或者电缆拖链供电。行程较长的横移台车，为了保证接坯周期，其高速可达 60～120m/min，此时宜采用滑触线方式供电。图 3-11-46 所示的横移台车走行行程达 60m 以上，选用滑触线方式供电。

图 3-11-46 所示的横移台车滑触线供电装置，其滑触线不仅为横移台车提供电源，也作为控制信号的传输通道。车上接近开关、编码器等检测元件的信号用来对横移台车的速度、位置等进行控制，也对车上辊道接收板坯的过程进行控制，这些检测元件和控制系统之间的信号传递都需通过滑触线完成。滑触线供电装置安装在横移台车两侧的地坑内。

（6）轨道及支座。轨道及支座为横移台车提供一个稳固、平直、精确的运行轨道，主要由钢轨，轨道座，轨道固定件等组成。

轨道采用标准型起重机钢轨，可由数段拼接而成，各段钢轨间预留 10mm 伸缩间隙补偿钢轨的热膨胀量，并为安装、调整带来方便。接缝处采用 30°或 45°斜角对接，以减小台车高速通过时产生的冲击。轨道座为焊接结构件，由数段焊接梁组装而成，用于支撑并固定钢轨。

（7）声光报警装置。声光报警装置安装于轨道两端的防护墩上，包括扬声器、闪烁式警示灯和支架等，两台横移车各配置一套。横移台车运行时，相对应的声光报警装置会发出报警信号，提醒在附近区域作业或通过的人员注意安全。

11.5.1.3　横移台车安装、调整及试运转

A　设备安装

横移台车的主体，包括车体、走行装置、横移台车辊道、润滑系统等，一般在制造厂内预先装配好，然后整体发货。其余部分在设备安装现场进行组装。横移台车在现场的安装顺序如下：①轨道及轨道支座；②轨道两端的缓冲座；③声光报警装置；④配电坑防护罩；⑤行程开关装置；⑥台车本体放置就位；⑦滑触线供电装置连接梁；⑧滑触线供电装置。

B　安装要求

（1）必须确保四个车轮中心线的同轴度和平行度。处于同一轴线上的两车轮中心线同轴度允差 φ0.2mm，台车前后两端车轮组中心线的平行度允差 0.5mm；安装好后四个车轮均应转动灵活，不得有异常声音和卡阻现象。

（2）辊道各辊子的辊面必须在同一水平面内，平面度允差 0.5mm。辊子轴线的平行度允许误差 0.3mm，各辊子应能灵活转动，不得有异常声音和卡阻现象。

（3）两侧轨道安装必须平直，单侧轨道直线度允差在 10m 范围内为 ±1mm，两侧轨道平行度允差在 10m 范围内为 2mm，但总值不得超过 4mm。两轨道顶面标高在同一检测位置检测时，允许误差应小于等于 ±0.5mm。

（4）润滑配管所有接头不得漏油，各回油口（管）必须有足够的润滑脂流出，否则应进行检修。

C　调整及试运行

（1）全部安装完成后，首先进行空载运行试车，观察各车轮行走是否同步，轮缘是否与钢轨侧面存在过度磨蹭，并进行必要的调整。

（2）用模拟板坯在辊道上运行，模拟板坯不允许碰撞侧导板，若碰撞，必须进行调整。

（3）横移台车在空载及运载模拟板坯的条件下必须多次反复运行，在全行程内检查横移台车运行是否平稳，滑触线等工作部件是否正常、可靠，如有异常现象应及时予以排除。

（4）在运载模拟板坯的前提下，使横移台车按照高速—低速—停止的顺序试运行，检查台车减速、制动功能是否正常，一般要求台车满载时停止精度在±40mm以内，根据这一要求对各接近开关、行程开关的功能和位置进行校核、调整，达到正确停位要求。

（5）横移台车辊道以30m/min速度进行试运转，正反转各1h，运转平稳，无异常声音，各连接处不得有漏油现象。检查各部位温升，轴承温升不得超过85℃。

11.5.2　推钢机

11.5.2.1　推钢机功能描述

推钢机用于在短距离内横向移动板坯，常与垛板台配合使用，可将板坯离线、堆垛后再用起重机运出，或将已经离线堆垛的板坯一块块用推钢机卸下，使板坯重新上线。连铸车间使用的推钢机型式有齿轮齿条式、丝杠式、液压式和杠杆式，早期以齿轮齿条式为多，以后随着技术的进步及换代，齿轮齿条式推钢机已逐渐被液压式推钢机所取代。

11.5.2.2　推钢机类型及参数

A　齿轮齿条式推钢机

齿轮齿条式推钢机是最早出现的结构形式，其结构简单，传动平稳，承载能力强，工作可靠，在早期的大型板坯连铸机上使用较多。图3-11-47是在A钢铁公司两台双机双流

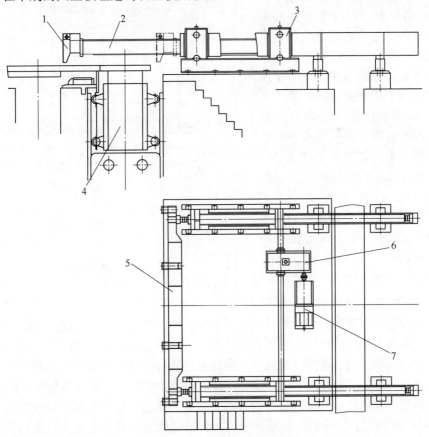

图3-11-47　齿轮齿条式推钢机

1—推爪；2—推杆；3—支座；4—卸垛机；5—推头；6—减速器；7—电动机

板坯连铸机上配置的齿轮齿条式推钢机，可与堆垛机或卸垛机协同工作。

　　齿轮齿条式推钢机主要由推头（推爪）、推杆、机座（包括导向轮和导向滑板等）以及传动部分等组成。电动机经过减速器、联轴器使位于推钢机机座下部的小齿轮转动，小齿轮与固定在推杆上的齿条啮合，从而可将推杆推出或收回。A 钢铁公司推钢机的主要技术参数如下：

　　　　推坯力　　　　　　　　最大 44.5tf
　　　　推出速度　　　　　　　15m/min（进退速度相同）
　　　　推坯行程　　　　　　　约 4600mm
　　　　电机功率　　　　　　　75kW
　　　　传动小齿轮直径　　　　$d_b = 306mm$
　　　　小齿轮模数　　　　　　$m = 18mm$
　　　　导轮直径　　　　　　　$\phi 306mm$

　　推钢机机座为推杆提供驱动力并为其导向，其结构如图 3-11-48 所示。机座内装有上下两根轴，下轴装有小齿轮和下导轮，上轴装有上导轮，上导轮采用偏心轴结构（偏心量 $e = 4mm$），因而使上下两导轮的中心距可调，此结构能有效消除导轨与上下导轮之间的间隙，使推杆平稳运动。

　　推头与推爪结构如图 3-11-49 所示，两者之间采用铰链连接，推爪可沿出坯方向和推杆推送方向自由摆动。这样在推杆推完前一块板坯向后回收横穿辊道时，若辊道上已有后一块板坯，则推爪接触板坯时会随动摆起，不会与板坯刚性相碰。推头采用整体焊接的箱型结构，靠螺栓与两根推杆连接。齿条用螺栓固定在推杆上，易于更换。

　　B　液压式推钢机

　　图 3-11-50 是 I 钢铁公司使用的

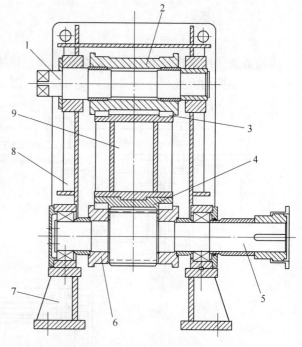

图 3-11-48　推钢机机座结构
1—导轮轴；2—上导轮；3—导轨；4—齿条；5—小齿轮轴；
6—下导轮；7—下箱座；8—上箱座；9—推杆

一种液压式推钢机布置图，可与堆垛机或与卸垛机协同工作，完成板坯的下线或上线。

　　液压式推钢机采用曲柄—连杆机构的原理，中间铰接型的液压缸安装在固定底座上，曲柄的固定铰接端也安装在固定底座上，液压缸活塞杆头部与曲柄中部通过铰链连接，曲柄活动端部通过铰链连接着连杆，当液压缸前后伸缩动作时，驱动曲柄绕着固定铰链摆动，曲柄的活动端通过连杆驱动推杆前进或者后退，从而实现推头推爪的推钢动作。

　　图 3-11-51 则是在 × 钢铁公司使用的另一种形式的液压式推钢机，该推钢机也能与堆垛机或与卸垛机协同工作，完成板坯的下线或上线。当推钢机用于板坯下线时，推钢机和堆垛机应分别位于下线辊道的两侧，如图 3-11-52a 所示，而当推钢机用于板坯上线时，推

钢机和卸垛机位于上线辊道的同一侧，如图 3-11-52b 所示。

上述两种液压式推钢机的原理其实是相同的，只是机械设计结构有所不同。下面以图 3-11-51 所示的液压式推钢机为例介绍其设备结构。

液压式推钢机主要由推头、推杆、导轮装置、连杆、液压缸、底座以及液压润滑配管等组成。

推头包括推头框架、推爪、推杆和轴等部件，是推钢机的执行部件，推头框架为焊接结构。当板坯定尺较长时，可将推头做成分段结构，以提高推钢机整体的刚性，减少变形。如图 3-11-51 所示。

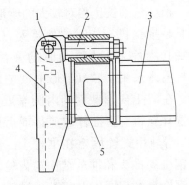

图 3-11-49　推头与推爪结构
1—前后摆动用铰链；2—左右摆动用铰链；
3—推杆；4—推爪；5—推头

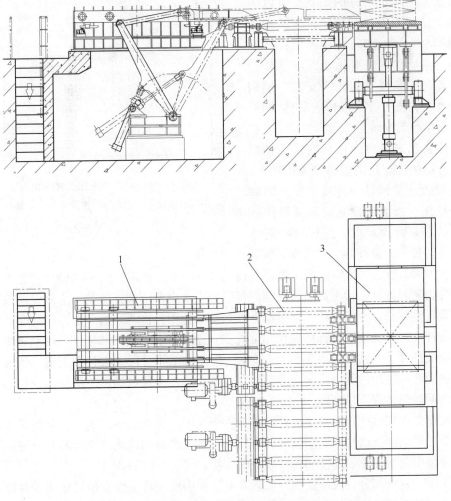

图 3-11-50　第一种液压式推钢机布置
1—液压式推钢机；2—下线辊道；3—堆垛机

推杆是细长比相对较大的梁形构件，而且是推钢机工作时的主要受力件。为增加其刚性，减小受力时的弹性变形，推杆主体采用了"H"形框架的焊接结构。在推杆 H 形截面的内侧靠近导轮处布置有导轨，为推杆的前行或后退做导向，导轨用螺栓固定在推杆上。液压式推钢机的推头和推爪结构与齿轮齿条式推钢机基本相同，也配置了导轮对推杆进行导向。

导轮装置由底座、导轮、轴和轴承等组成，每根推杆配置两组导轮。整个导轮装置采用基本对称的结构，可以为推杆提供稳定的支撑和导向，其结构如图 3-11-53 所示。轴的一端固定在底座上，另一端悬臂并装有轴承，轴承外部装有导轮。导轮装置的底座安装在推钢机的一个大底座上。当推杆前后移动时，摩擦力带动导轮旋转。

连杆装配主要由连杆和连接销轴组成。它一端通过连接销轴固定在推杆上，另一端通过连接销轴与连接筒体上的曲柄端部铰接。当液压缸驱动连接筒体绕其固定的铰接点摆动时，连杆可将筒体的圆弧摆动转化为推杆的水平运动，实现推钢动作。

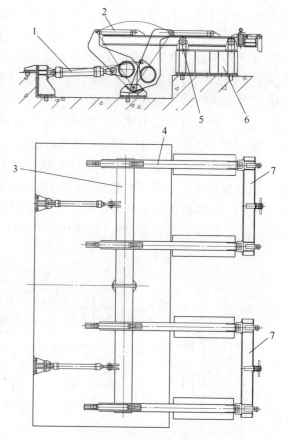

图 3-11-51　第二种液压式推钢机布置
1—液压缸；2—连杆；3—连接筒体；4—推杆；
5—导轮装置；6—大底座；7—推头

图 3-11-51 所示的推钢机用于推动长度为 8～10m 的板坯，由于机构尺寸庞大，所以将推头分为两段设计，便于制造和安装。每段推头又由两个推杆驱动。为确保两段推头动作同步且运动平稳，专门设计了连接筒，连接筒的作用是将两个液压缸提供的驱动力分配到四个推杆上，并保证四个推杆动作完全同步。连接筒采用焊接结构，是推钢机中受载情况最复杂的部件，其结构如图 3-11-54 所示。筒体也采用分段式设计和制造，每段筒体上各焊有曲柄和铰接用的耳轴座，两段筒体在设备安装现场通过端部的法兰盘连接，可在调整好后将两段筒体焊接成整体。

大底座是焊接结构件，每个推杆都配有一个底座。为保证承载能力，采用了承载性能良好的箱形框架焊接结构。底座上安装有导轮装置，底面通过地脚螺栓与基础连接，底座在整个设备中起着支撑、连接和传递载荷的作用。

除了以上这些部分，液压式推钢机还有液压和润滑配管，以及位置检测元件等辅助部件。液压配管为推钢机提供驱动力，位置检测元件可以为自动控制程序提供必要的检测信号，并对设备起到安全保护作用。

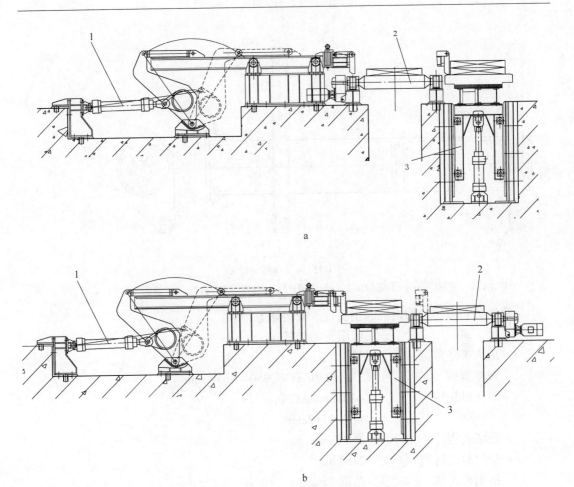

图 3-11-52　板坯上、下线推钢机和堆、卸垛机

a—下线推钢机和堆垛机；b—上线推钢机和卸垛机

1—液压式推钢机；2—辊道；3—堆/卸垛机

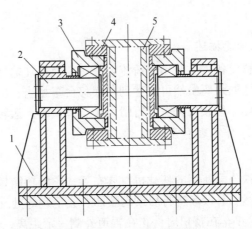

图 3-11-53　导轮装置结构

1—底座；2—导轮轴；3—导轮；4—导轨；5—推杆

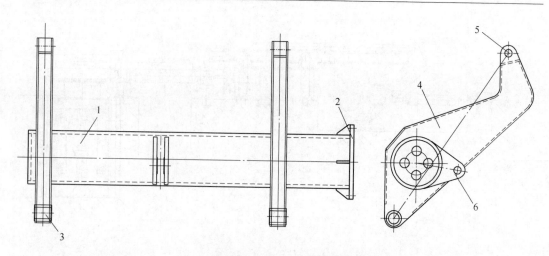

图 3-11-54　连接筒结构

1—筒体；2—连接法兰；3—固定铰接点；4—曲柄；5—连杆端活动铰接点；6—液压缸活塞杆前端铰接点

×钢铁公司液压式推钢机的主要技术数据如下：

型　式	液压驱动连杆式
最大推坯重量	33t
板坯规格	210、230mm ×（950～1650）mm
液压缸规格	φ200mm/φ125mm
	行程 1110mm
推坯行程	2500mm
推钢机总行程	2850mm
推钢机速度	前进 75mm/s
	后退 75mm/s
液压系统压力	21MPa
操作方式	手动和自动

11.5.3　移载机

11.5.3.1　移载机功能描述

移载机属于板坯横移设备，主要用于铸流合并、变换板坯输送线、向其他设备上输送板坯等。移载机输送板坯的距离虽然可以达到与横移台车相当，但移送速度一般远比横移台车低。而与拉钢机相比，移载机具有运行阻力小、磨损小、运转灵活等特点。

11.5.3.2　移载机工作原理和设备组成

A　工作原理

图 3-11-55 是 Y 钢铁公司使用的移载机总体布置，它的功能是将其中一个铸流铸出的板坯合并到另一流上，然后对板坯进行后续的喷印、去毛刺等处理。

如图 3-11-55 所示，小车在待机时停止在辊道外侧一定距离，此时支撑横梁处于低位，因此小车顶面低于辊道面。当需要移送的板坯停止在移载机区域的辊道上时，移载机驱动装置启动，通过钢丝绳将小车牵引到板坯下方后停止，然后液压缸动作，拉动支撑横梁平

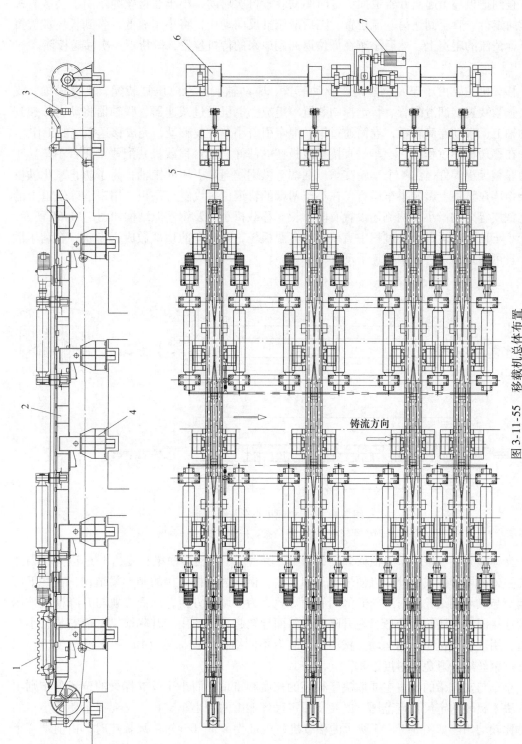

图 3-11-55 移载机总体布置

1—小车及钢丝绳；2—支撑横梁；3—张紧装置；4—支座；5—液压缸装配；6—驱动轴装配；7—驱动装置

移，梁下方的斜面导轨沿着支承滚轮运动时，会将支承横梁抬高，梁上的小车也随着抬高，直到把板坯抬起离开辊道面。这时驱动装置再次启动，小车在钢丝绳牵引下会载着板坯横向走行，直至到达另一流位置。随后液压缸反向动作，将小车放低，直到板坯被放置在目标铸流的辊道上。然后小车在低位返回到原来的待机位置，等待下一次移送板坯。

B　设备组成

移载机主要由小车及钢丝绳、驱动装置、驱动轴装配、液压缸装配、支撑横梁、支座、张紧装置、润滑配管、行走控制装置等组成。电机通过减速器、联轴器将动力传递到驱动轴上，带动卷筒转动，卷筒通过钢丝绳牵引着小车往复移动，完成移送板坯的工作。

在移送板坯过程中，小车是直接承载板坯的部件，这台移载机共配置了 4 台小车。车体为厚钢板组焊件，由 4 个车轮支承，两端有供钢丝绳牵引用的销轴，为了防止氧化铁皮等杂物落在轨道上影响小车运行，在小车两端的轨道位置设置有刮板，用来清除轨道上的氧化铁皮等杂物。小车两侧还设置有防护板。移载机小车及钢丝绳结构如图 3-11-56 所示。由于小车顶部在运送板坯过程中直接接触高温板坯，因此车的顶部做成锯齿状，有利于散热，且可防止运送过程中板坯滑动移位。

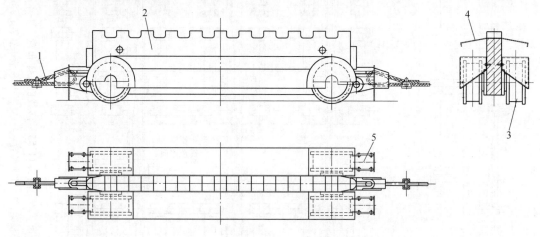

图 3-11-56　移载机小车及钢丝绳

1—钢丝绳；2—车身；3—车轮；4—防护板；5—刮板

支撑横梁共 4 根，单根横梁如图 3-11-57 所示。由于支撑横梁长度达 17m 以上，因此梁的主体采用分段式设计，以便于加工和运输。横梁为钢板焊接的箱形梁结构，在其下部安装有与支承用滚轮相对应的升降用斜面导轨，为了调整方便，斜面导轨与升降横梁采用螺栓连接固定。滚轮为凸形，在升降时对斜面导轨起导向作用。升降横梁上部安装有小车轨道，用于移载机小车的运动。横梁上还装有不同结构的支撑轮（1）和支撑轮（2），用于支撑钢丝绳，避免其过度下垂。

小车与支撑梁的数量主要取决于板坯的长度和重量，而小车及支撑梁的位置分布则主要取决于板坯的定尺长度范围，既要使短定尺坯能由两台小车支承，又要尽量使各小车的受力比较均匀。如图 3-11-55 所示的移载机，当接收 4.5～6m 短定尺板坯时，由前端两个小车支承运送，当板坯长度为 7.5～9m 时由前三台小车支承运送，当板坯长度为 9.5～11m 时，四台小车共同支承运送。

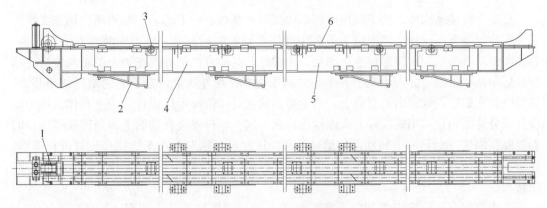

图 3-11-57   支撑横梁

1—支撑轮（1）；2—斜面导轨；3—支撑轮（2）；4—支撑梁（1）；5—支撑梁（2）；6—导轨

张紧装置主要由导轮、连杆和配重块等组成。连杆的一端铰接固定在移载机支座上，可活动的另一端安装着带有挡边的导轮，导轮以连杆固定端为圆心做摆动。钢丝绳从导轮下方穿过，导轮下方悬挂有配重块，在配重块的重力作用下，导轮始终对钢丝绳保持一定的压下力，从而使钢丝绳一直保持张紧状态。张紧装置结构如图 3-11-58 所示。

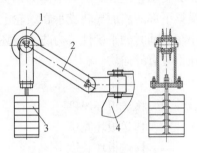

图 3-11-58   张紧装置

1—钢丝绳导轮；2—连杆；

3—配重块；4—移载机支座

驱动装置主要由电机、制动器、减速器、联轴器、底座和防护罩等组成。电机通过带制动轮的联轴器与减速器相联，减速器采用双出轴，通过联轴器分别与其两侧的驱动轴相联接。电机上装有编码器，电机转动时编码器会向控制系统反馈实时信号，从而实现对横移小车行走距离的控制。在电机与减速器高速轴的连接处还设置了专门的防护罩，既用来保护联轴器及制动器，也能防止发生缠绕事故，保护人身安全。

驱动轴装配主要由支座、轴、卷筒、蜗轮、蜗杆、联轴器以及轴承座等组成，如图 3-11-59 所示。

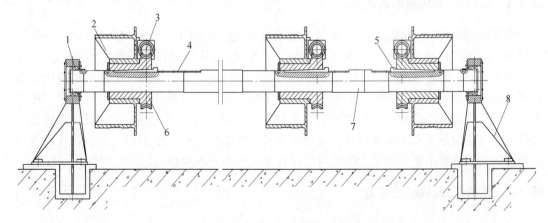

图 3-11-59   驱动轴装配

1—轴承座；2—卷筒；3—蜗杆；4—调整板；5—钩头楔形键；6—蜗轮；7—传动轴；8—支座

支座为焊接结构件，其下部用地脚螺栓固定在基础上，上部装有轴承座，用来支承传动轴。传动轴可以设计成两段或多段，中间用联轴器联接起来。轴上安装有卷筒等设备。卷筒和驱动轴采用钩头楔形键连接固定，当键松开时即可调整卷筒在轴上的轴向位置，调整好后用调整板固定。为了调节各小车的同步位置，在卷筒上设置了蜗轮蜗杆调整装置，卷筒空套在蜗轮一侧伸出的套筒上，蜗轮与套筒视具体情况可以设计为一个整体，也可以设计成分体结构，再用螺栓等方式连接固定在一起。蜗杆安装在卷筒上，当转动蜗杆轴时卷筒能在蜗轮（套筒）上转动而传动轴不动，这样可分别对各小车的同步位置进行调整。在蜗杆轴的凸盘处设有定位孔，小车位置调整好后，用定位螺钉进行定位，防止运行中产生转动。

支座装配有三种结构类型，支座装配（一）与液压缸铰接，实现支撑梁的上升和下降。支座装配（二）和支座装配（三）的作用是支承升降横梁，主要由支座本体、导向轮和支承轮组成。支座本体为钢板焊接结构，下部与基础相连，上部装有凸形滚轮，升降横梁下部的斜面导轨支承在滚轮上。其中间部位的导轮用于限制钢丝绳的摆动幅度，改善小车运动时的平稳性。为防止板坯在运送中产生侧向力而引起升降横梁偏斜，在支座两侧还设置有导向块。

　　C　移载机主要技术参数

移送板坯厚度	200mm、220mm、250mm
移送板坯宽度	900～2000mm
移送板坯长度	4500～11000mm
移送板坯重量	最大约43t
移送距离	13300mm
传动形式	液压缸升降—钢丝绳牵引/电机正反转
小车数量	4 台

11.6　堆垛机/卸垛机

11.6.1　堆垛机/卸垛机的功能

堆垛机/卸垛机也称垛板台/卸板台，常与推钢机匹配使用，使板坯集垛，便于吊运，或把成垛的板坯一块块卸下，使其重新上线。堆垛机/卸垛机的设备结构基本相同，只是工作状态不同，前者在支承台下降时工作，每垛一块板坯支承台下降一个坯厚的高度，然后再接受后一块板坯。后者则在支承台上升时工作，每卸一块板坯支承台上升一个坯厚的高度，然后再卸下一块板坯。早期在大型板坯连铸生产线上使用较多的堆垛机/卸垛机型式有电动齿轮齿条式和蜗轮丝杠式，这两种型式虽然工作可靠，使用耐久，但存在设备体积和重量大，维修不便等缺点，因此目前已逐渐被液压式堆垛机/卸垛机取代。

11.6.2　堆垛机/卸垛机的类型

11.6.2.1　电动齿轮齿条式

图 3-11-60 所示是 A 钢铁公司使用的电动齿轮齿条式堆垛机/卸垛机，它靠固定在导

杆上的齿条与传动小齿轮啮合，带动导杆上下移动，推动支承台升降。导轮及小齿轮部分的结构与图3-11-48相似。为便于调整导轮与导杆之间的间隙，导轮轴采用偏心结构。导杆是钢板焊接结构，与齿条用螺栓紧固，在导杆顶端设置有缓冲用碟形弹簧。为了防止灰尘及氧化铁皮等杂物落入，在导杆的升降部位加设了可伸缩的防护罩。

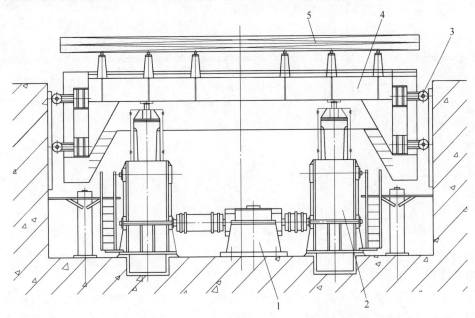

图 3-11-60　电动齿轮齿条式堆垛机/卸垛机
1—电机及减速机；2—齿轮齿条升降机构；3—导向轮；4—升降台；5—板坯

堆垛机/卸垛机的直接工作部件是升降台，其框架为钢板焊接结构，上面设有滑轨，由于要接受高温板坯，因此在升降台的上表面铺设了耐火砖。升降台通过球面垫座在两根导杆上，升降台四侧设置有12个导向轮进行导向。导向轮采用滚动轴承，以增加动作灵活性，减少阻力。导向轮的轨道直接固定在基础壁上。升降台的升降行程由安装在上下两端的限位开关控制。工作中的升降行程则通过电机轴上安装的编码器进行控制。

齿轮齿条部分采用自动喷雾式干油润滑，板坯的装载以长度方向的对称中心线和框架中线为基准，同时要求设备结构能够承受板坯偏载。

A钢铁公司电动齿轮齿条式堆垛机/卸垛机技术参数：

型　式	电动齿轮齿条式
承载能力	最大89tf
升降速度	上升3.6m/min
	下降　堆垛机0.48m/min；卸垛机3.6m/min
升降行程	堆垛机850mm；卸垛机950mm
板坯位置检测方式	检测板坯顶面
驱动电机功率	AC 160kW

11.6.2.2　电动蜗轮丝杠式堆垛机/卸垛机

蜗轮丝杠式实际使用得不多，此处仅作简单介绍，该装置采用两套传动系统，分别驱动两侧的蜗轮，使丝母转动，带动升降台进行堆垛和卸垛。

11.6.2.3   液压式堆垛机/卸垛机

液压式堆垛机/卸垛机是目前使用较为广泛的设备，与早期的电动齿轮齿条式和蜗轮丝杠式相比，它具有结构简单，重量轻，工作可靠，易于维护等特点。下面以×钢铁公司使用的液压式堆垛机/卸垛机为例介绍其设备组成及结构，如图 3-11-61 所示。

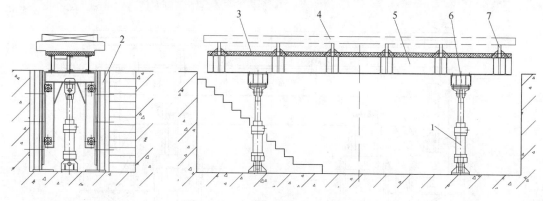

图 3-11-61   液压式堆垛机/卸垛机

1—液压缸；2—导轨及导向轮；3—耐火材料；4—板坯；5—支承台；6—升降框架；7—支承板

液压式堆垛机/卸垛机主要由液压缸、支承台、升降框架、导轨和导向轮、位置检测装置以及液压润滑配管等组成。

堆垛机/卸垛机通过液压缸直接完成升降动作，液压缸是整个堆垛机/卸垛机的动力部件，即升降动力的来源。不仅如此，在堆垛机/卸垛机工作时，所有板坯重量和整个机构中活动部件的重量全都由液压缸承担。液压缸底部耳环通过销轴与底座相连，底座用地脚螺栓固定在基础上，上部耳环也通过销轴与把合在升降台中心下部的缸头支架相连。液压缸两端耳环内均装有关节轴承，以保证堆垛机/卸垛机在偏载时也能升降自如，无卡阻。

支承台是堆垛机/卸垛机的主要工作部件，它采用矩形框架式焊接结构，具有良好的抗弯性能。台面上装有若干个支承板用于接收板坯。支承板由焊接在支承台上的定位轨梁配合定位。采用支承板接受板坯可以减小板坯移动时的摩擦力，并且当板坯停留在台面上时，在板坯下表面与台面间留有足够的散热空间，可以避免支承台受热过度而产生变形。在支承台顶部还铺设了耐火材料，以防高温烘烤使台架变形。

升降框架为门形焊接结构，与每个液压缸对应的位置安装一个升降框架。其顶部的横梁部分用螺栓与支承台相联，框架下部类似两个竖立门柱的部分安装有导向轮，用来保证堆垛架正常升降。图 3-11-62 是导轨和导轮的俯视剖面图，图中所示的导向轮

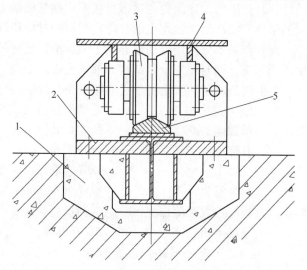

图 3-11-62   导轨及导轮结构

1—二次灌浆；2—导轨架；3—导向轮；4—升降框架；5—导轨

采用 V 形表面，其中心轴做成偏心可调式，可以调整与导轨 V 形面接触的间隙。导轮内的滚动轴承采用干油集中润滑。与导轮配套的导轨通过导轨架固定在基础的墙壁面上，这样当升降框架由液压缸驱动升降时，导轨和导轮运动副就可在平面坐标的 X 和 Y 两个方向对支承台进行导向，同时支承台上下运动时出现的横向力也将由导轨导轮副承受，从而保护液压缸，延长液压缸的使用寿命。

液压式堆垛机/卸垛机的主要技术参数：

驱动形式	液压升降式
垛坯数量	两块（板坯厚度 210mm、230mm）
液压缸	$\phi220mm/\phi160mm$，行程 330mm，2 个
工作压力	25MPa
升降速度	10mm/s
最大承载	66t

11.7　板坯称量装置

11.7.1　板坯称量装置的功能

连铸机生产出的板坯最终会被送往轧钢厂进行轧制，或外供给其他钢铁公司作为轧钢坯料。出于计划和成本管理的需要，在炼钢厂与轧钢厂之间要对所传输的板坯总量进行统计和记录。炼钢与轧钢之间的结算方式通常有按规格结算和按实际重量结算两种。当采用重量结算方式时，连铸机要配置板坯称量装置，用于检测、计算和记录板坯重量，并将重量值和对应的板坯编号记录到连铸机计算机系统中，为统计生产报表提供基础数据。此外，该数据还会通过二级或三级计算机管理网络传送到轧钢厂。

常用的板坯称量装置分为在线和离线两类，在线称量主要用于需要热送或热装的板坯，是将称量装置安装在某段运输辊道上，板坯通过时即可进行称量，安装称量装置的这段辊道就叫做称量辊道；离线称量可以采用辊道，也可以采用固定式的称量台架，一般布置在板坯堆场，用于对外供坯进行称量。

11.7.2　板坯称量装置工作原理与设备结构

目前常用的在线称量装置从动作原理来分有两种形式，一种是可升降的称量台形式，称量时板坯需要在称量辊道区域停留一定时间，另一种是把整组称量辊道作为称量台直接进行称量，板坯从辊道上通过，无需停留即可完成称量过程，分别介绍如下。

11.7.2.1　升降式板坯称量装置

图 3-11-63 所示是 × 钢铁公司板坯连铸机中使用的在线称量装置，工作原理如图 3-11-64 所示。当板坯到达辊道某位置时，位置检测系统会将信号传输到称量装置控制系统，由控制系统向辊道主控系统发出辊道停止信号，辊道停止转动，板坯随即停止在称量台上方的辊道上。随后控制系统向液压系统发出信号，液压缸工作（伸出），通过传动系统顶升称量台，台上的托板将辊道上的板坯托起，脱离辊道。称量台在此位置停留一段时间（约 6s），此时液压系统需保压锁定，以便进行称重。称重结束后，控制系统再次向液压

系统发出指令，液压缸收回，称量台下落到初始位置，完成一次称重过程，等待进行下一次称重操作。

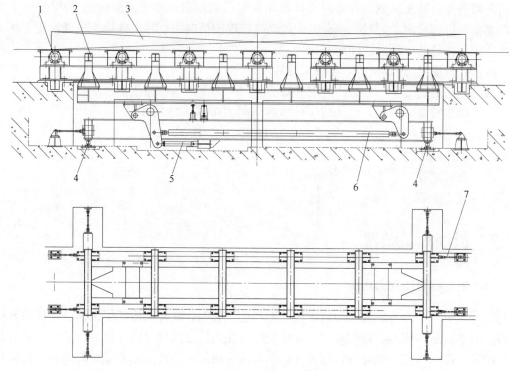

图 3-11-63　升降式板坯称量装置

1—称量辊道；2—称量台；3—板坯；4—称重传感器；5—液压缸；6—传动机构；7—限位器

称量装置主要由液压缸及液压系统、称量台、传动机构、称重传感器、限位器等组成。

称量装置中装有尾部铰接式液压缸 2 个，以及液压控制阀台，用来驱动称量台升降。

称量台分为上、下两层，下秤台支承在 4 个压式称重传感器上，下方装有液压缸，顶面有小支座，用于安装传动机构的曲柄和连杆。上秤台为焊接结构件，由两根主横梁和 6 个托板组成。不称量时，上秤台处于低位，托板顶面在辊道面以下，不影响板坯通过。需要称量时，上秤台可由传动机构顶升至高位，托起板坯进行称重。

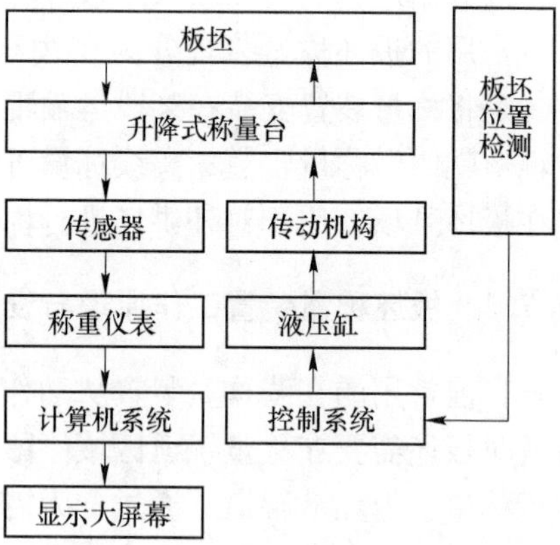

传动机构利用平行四边形机构原理，在上秤台和下秤台之间安装了左右两面共 4 组曲柄连杆。液压缸动作时会驱动曲柄绕其固定铰接点摆动，曲柄与上秤台铰链连接处就会随曲柄摆动产生上下运动，这样就实现了上秤台的升降。处在同侧的两个曲柄用连杆连接以保证动作同步，从而使上秤台的升降动作始终为平动。

称量装置采用压式传感器作为称重元件，从图 3-11-63 可见，称量装置本身的重量以

图 3-11-64　称量装置工作原理

及称量时的板坯重量都由4个传感器承受。在下称台的四周布置了8根拉杆，用来限制下称台的水平移动，确保传感器在纯受压的状态下工作，并可提高传感器使用寿命。

不论是在自动称重状态还是在手动称重状态，称量装置都要和辊道联锁。辊道停止后，称重操作才能开始，称重结束后，称量装置控制系统发出称重结束信号，才能允许辊道启动运送板坯。以避免误操作时，板坯撞击称重系统发生事故。

×钢铁公司在线称量装置的主要技术参数：

板坯最大尺寸	厚度230mm；宽度1650mm；长度11000mm
最大称重	35t
分度值	100N
顶升高度	200mm
称量周期	约15s

11.7.2.2　辊道式板坯称量装置

图3-11-65是Y钢铁公司板坯连铸机中使用的在线称量装置，主要由辊子装配、辊道支架、称重传感器及支架、水平限位器、光电开关等组成。

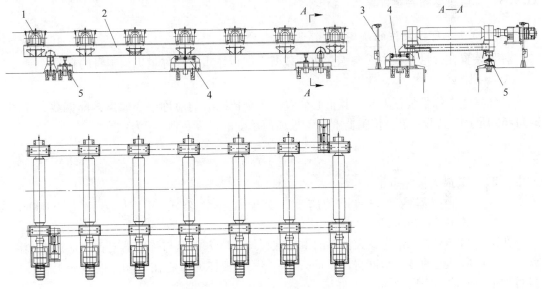

图3-11-65　辊道式板坯称量装置布置

1—辊子装配；2—辊道支架；3—光电开关；4—水平限位装置；5—传感器及支架

称量辊道采用单独传动，结构简单，易于维修。每根辊子使用的减速器直连电机直接与辊子出轴端连接，辊子内部通水冷却。在辊子非传动端装有冷却水箱，用来收集辊子中心流出的冷却水，水箱为钢板焊接箱体，箱体内与焊接的钢管相连，将辊子中心排出的水导入冲渣沟。

称重传感器用螺栓分别与辊道支架和传感器支架连接，传感器支架通过地脚螺栓固定在基础上。这种称量装置实际上是把整组辊道当做称量架，不称量时，传感器仅承受辊道重量，当有板坯经过时，传感器要同时承受辊道和板坯的重量。

在板坯通过称量辊道区域并称重的过程中，辊道上有可能产生水平方向附加力，这种水平方向的力如果直接作用在传感器上，会影响传感器测量精度，甚至造成传感器损坏。所以在辊道下方专门设置了水平限位器，可在 X 和 Y 两个方向限制辊道支架的水平移动，并可以承受较大的水平推力。限位器通过螺栓分别与辊道支架和限位器支架连接，设有防滑筋的限位器支架通过地脚螺栓固定在基础上。

辊道式板坯称量装置的主要技术参数：

板坯最大尺寸	厚度 250mm；宽度 2000mm；长度 11000mm
最大板坯重量	43t
称量方式	板坯通过时直接称量，不停顿
辊道速度	30m/min
额定量程	50t
分度值	200N
	系统精度 ≤ ±0.1%
操作方式	手动和自动两种

11.7.3　称重传感器容量计算

11.7.3.1　负载条件的确定

称量装置在计量过程中需要承受两个载荷，即板坯重量和称量机构本身的自重。

A　板坯

板坯停止在称量装置上时，其重心位置与 4 个传感器的对称中心偏离，即偏载。在图 3-11-66 所示情况下，单个传感器上由于板坯而承受的最大负荷 W_z 为：

$$W_z = W_M \frac{l_3}{l_1} \frac{l_4}{l_2} \tag{3-11-7}$$

式中　W_M——最大板坯重量，kN；

　　　l_1，l_2——传感器两个方向上的跨度，对于 A 钢铁公司，l_1、l_2 分别为 10000mm 和 5400mm。

在图 3-11-66 中，δ_1 为最大板坯的重心在板坯长度方向上与传感器对称中心的偏离距离，一般可由辊道的停止精度得出，mm；δ_2 为最大板坯的重心在板坯宽度方向上与传感器对称中心的偏离距离，mm。

$L1 \sim L4$ 表示 4 个传感器。

B　称量机构本体自重

考虑本体的最不利情况，假设仅有 3 个传感器承受本体重量，则单个传感器的负载 W_G 为：

$$W_G = G/3 \tag{3-11-8}$$

式中　G——称量机构本体自重，kN。

11.7.3.2　确定传感器容量

$$W_K = 1.3W_z + W_G \tag{3-11-9}$$

式中　1.3——根据经验选取的冲击系数。

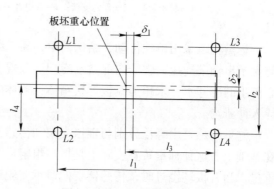

图 3-11-66　板坯偏载时状态

由于传感器的最佳工作范围一般为其额定量程的70%左右，故：

$$W_{\mathrm{K}} \leqslant 0.7 W_{\mathrm{X}} \tag{3-11-10}$$

式中　W_{K}——单个传感器的计算负荷；

　　　W_{X}——单个传感器的公称承载能力。

11.8　转盘

11.8.1　转盘的功能

在连铸机出坯区设备里，转盘的作用是改变板坯的运送方向，在图3-11-2所示的出坯区系统中，转盘用来将连铸机浇铸出的板坯分流，从而可以用两台二次火焰切割机同时工作，满足连铸机生产短定尺坯的要求。而在图3-11-45中，转盘既用来改变板坯的运送方向，同时也将多流板坯合并，集中到一条出坯线上进行后续处理。此外，还有一些钢铁厂由于受厂区布局限制，连铸机和后续的热轧机组呈90°垂直布置，如果采用热送辊道直接把板坯送往轧钢厂，中途也需要借助转盘把板坯旋转90°，才能继续送往轧钢厂。

11.8.2　转盘工作原理与设备结构

图3-11-67是I钢铁公司板坯连铸机转盘结构图。

在初始状态下，转盘上的辊道与切割机之后的过渡辊道对接，当主机区有板坯送来时，转盘上的辊道启动，以与转盘前过渡辊道相同的速度接坯，直到板坯全部被运送到转盘上，辊道停止。随后转盘主传动电机启动，驱动转盘按顺时针方向旋转90°，然后按照操作员的指令启动辊道，将转盘上的板坯向左或向右输出。待转盘上辊道清空后，转盘再逆时针旋转90°，恢复到初始状态，等待接受下一块板坯。

转盘主要由走行轮装置、轨道、中心轴装置、主传动装置、辊道、缓冲器、电缆拖链以及限位开关装置等组成。

在转盘辊道首尾两个辊子的下方共布置了4组走行轮装置，转盘回转时，走行轮沿着圆环形轨道走行，为转盘提供平稳可靠的支撑。走行轮装置由走行轮支架、车轮、轴及轴承等组成。由于回转半径固定，所以采用光面无挡边车轮。

轨道的断面形状如图3-11-68所示，采用36个预先埋设的M30地脚螺栓将其固定在基础上。由于整个轨道为圆环形，若采用标准钢轨弯制难度极大，因此采用专门制造的铸钢轨道，实际制造时可采用分段制造方案，在安装现场再拼装成环形安装。也可采用轧制厚钢板分段加工轨道，然后拼接组装。

中心轴装置位于转盘中心的下方，是转盘的核心部件。顾名思义，中心轴装置的主体就是转盘的回转中心轴，通过调心滚子轴承与中心支架和大齿圈相联接。中心支架上再安装辊道梁、辊子装配以及辊道的驱动装置。大齿圈与两套主传动装置中的小齿轮相啮合，转盘工作时，主传动电机通过小齿轮驱动大齿圈运动，从而带动整个转盘回转。中心轴装置如图3-11-69所示。

主传动装置为整个转盘的回转提供驱动力，主要由变频调速电机、行星减速器、制动器以及小齿轮组成。小齿轮和大齿圈组成开式齿轮传动副。由于这种传动形式会在中心轴上产生横向的附加力，因此在转盘设计上采用了双传动装置方案，将两套完全相同的主传

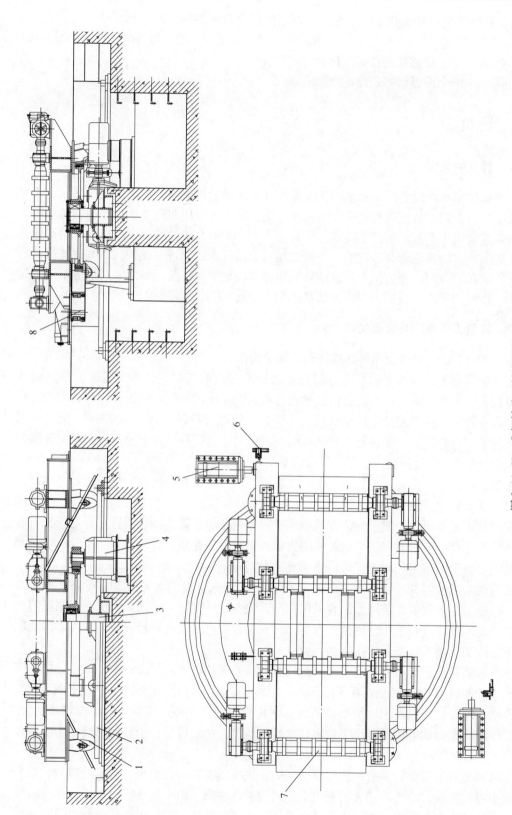

图 3-11-67　Ⅰ钢铁公司转盘结构

1—走行轮装置；2—轨道；3—中心轴装置；4—主传动装置；5—缓冲器；6—限位开关；7—辊道；8—电缆拖链

动装置对称布置于大齿圈两侧，这样大齿圈上所受的工作负荷就是一对力偶。这种传动布置方案可以有效减轻轴承的磨损，并能使大齿圈磨损均匀，转盘转动更加平稳。

转盘上的辊道采用单独驱动形式，由电机、减速器、制动器、圆盘辊子、轴承座等组成。电机通过减速器驱动辊子，通过辊子的旋转带动板坯移动。

电机为交流变频电机，能适应辊道的频繁起、制动，并平滑地调节辊子转速，确保辊道正常工作。

由于转盘回转时板坯要在辊道上短暂停留一段时间，且辊道的辊身和轴承座不便采用水冷等保护措施，因此转盘上的辊道采用圆盘辊，以利散热，保护设备。

从图3-11-67可以看出，转盘配置了两组缓冲器，并在辊道梁的端部，与缓冲器对应处设计了缓冲垫。转盘回转90°到达两个端部时，限位开关装置提前几秒钟发出信号，主传动电机断电，转盘在惯性作用下继续回转一个很小的角度，直到完全停止。缓冲器的作用是当转盘因为机械或电控故障，或者在手动控制方式下出现误操作时保护设备。

转盘属于转动式工作的设备，设计中采用了电缆拖链为转盘上的辊道供电。

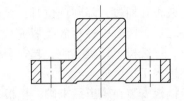

图3-11-68　转盘轨道断面

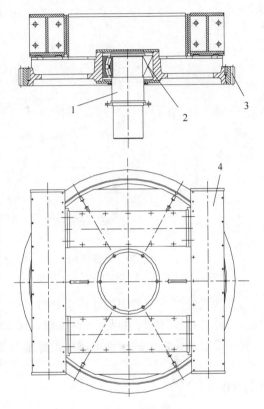

图3-11-69　中心轴装置
1—中心轴；2—调心滚子轴承；
3—大齿圈；4—中心支架

11.8.3　转盘主要技术参数

板坯最大重量	11.5t
转盘回转角度	90°
转盘回转速度	0.2~2r/min
转盘回转直径	$\phi6200$mm
辊道形式	单独驱动
辊道速度	低速10m/min，高速20m/min
盘形辊直径	$\phi300$mm/$\phi210$mm

11.9　升降挡板及固定挡板

挡板安装在辊道中间或者末端，当运行中的引锭或板坯行走控制失灵时强迫缓冲和停止。根据挡板安装位置以及作用的不同，分为升降挡板和固定挡板。

升降挡板安装在辊道出坯线中间，如图3-11-70所示。挡板升起到高位时，可以强行阻挡引锭或板坯通过，降到低位时，允许辊道上的运行体通过。升降挡板通常安装在引锭存放装置之后，配合引锭存放装置完成引锭的收集工作；或者安装在去毛刺机、喷印机、横移台车、移载机、转盘之前，起安全联锁作用。在上述这些设备处于工作中时，不允许后续板坯进入工作区域。

固定挡板安装在辊道最末端，挡板之后再没有其他设备，如图 3-11-71 所示。固定挡板起安全防护作用，当运行中的板坯控制失灵或人为操作失误时，固定挡板能阻止板坯冲出辊道。

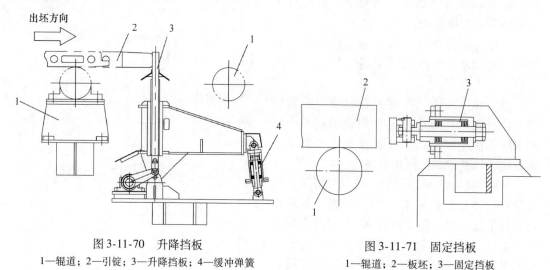

出坯方向

图 3-11-70　升降挡板
1—辊道；2—引锭；3—升降挡板；4—缓冲弹簧

图 3-11-71　固定挡板
1—辊道；2—板坯；3—固定挡板

挡板设计时，应考虑板坯或引锭停止时会撞击挡板，因此无论升降挡板还是固定挡板，都设计有专门的缓冲装置，用来吸收瞬间撞击动能。根据不同连铸机的具体条件，缓冲装置中吸收冲击能量的组件可以采用螺旋弹簧，也可以采用碟形弹簧，或者液压缓冲器。

11.10　辊道

11.10.1　辊道的功能及种类

连铸机中的辊道是用来运输铸坯的设备。如果按照传统的配置区域及功能划分，辊道可以分为连铸机后辊道和板坯冷却精整辊道两大类。由于连铸机建设时受到诸多因素制约，例如产品定位、资金状况、场地条件等，不同的板坯连铸机其后部出坯区域的配置繁简程度差异会很大。因此以下仅按照辊道自身需要具备的功能进行类别划分。根据这一原则，辊道大体可以分为纯运输辊道和功能辊道这两大类。

纯运输辊道包括连铸生产线上配置的等待辊道、热送辊道等，板坯从这些辊道上只是单一的运输通过。功能辊道则是那些需要在辊道区域内完成某些生产操作的辊道，比如喷印、去毛刺、推钢等。这些生产操作往往又会对辊道设计的结构、参数等提出一些特定要求。此外，若按照辊道的传动形式划分，辊道又可以分为集中传动和单独传动两大类。

以下主要以图 3-11-3 所示的出坯精整区布置为例对辊道结构进行说明，该出坯精整区辊道的主要技术参数见表 3-11-3 和表 3-11-4。

表 3-11-3 连铸机后辊道

辊道名称	辊道数量	形式	间距/mm	辊道长度/mm	辊子根数	轴承中心距/mm	辊道速度/m·min⁻¹	辊子型式	驱动方式	最大送坯重量/t	辊径×辊身长/mm×mm	电机台数	电机容量/kW
切割机前辊道	4组	固定式	2050/2050/1974	6074	4	2700	0~2.5/10	实心光辊	单独驱动	—	φ400×2100	16	AC3.7×4×4
切割辊道	4组	液压摆动式	1500	6000	5	3300	0~2.5/10	实心光辊	单独驱动	—	φ400×2100	20	AC3.7×5×4
切割机后辊道	4组	固定式	2000	10000	6	2700	0~2.5/10/30	圆盘辊	单独驱动	44.5	φ450/φ280×2100	24	AC7.5×6×4
去毛刺辊道	4	固定式	2000	12000	7	2700	10/30	圆盘辊	集中驱动	44.5	φ450/φ280×2100	4	AC30×1×4
喷印辊道	4	固定式	2000	12000	7	2700	10/30	圆盘辊	集中驱动	44.5	φ450/φ280×2100	4	AC30×1×4
等待辊道	4	固定式	2000	14000	8	2700	30/60	圆盘辊	集中驱动	44.5	φ450/φ280×2100	4	AC45×1×4
横移台台车辊道	2	固定式	1500	13500	10	2700	60	圆盘辊	集中驱动	44.5	φ450/φ280×2100	2	AC45×1×2
合　计												64	823.2

表 3-11-4 精整区辊道

辊道号	辊道名称	形式	间距/mm	辊道长度/mm	辊子根数	轴承中心距/mm	辊道速度/m·min⁻¹	辊子型式	驱动方式	最大送坯重量/t	辊径×辊身长/mm×mm	台数	电机容量/kW
A_1	输入辊道	固定式	2000	14000	8	2700	0~20/60	实心光辊	集中驱动	44.5	φ400×2100	1	45
A_2	移载机 CT_1 输入侧辊道	固定式	2000	12000	7	2700	0~20/60	实心光辊	单独驱动	44.5	φ400×2100	7	18.5
A_3、A_5	空冷坯输出辊道	固定式	2000	12000	7(×2)	2700	最大60	实心光辊	集中驱动	44.5	φ400×2100	2	各45
A_4	连接辊道	固定式	2000	8000	5	2700	最大60	实心光辊	集中驱动	44.5	φ400×2100	1	45
$A_6 \sim A_8$	连接辊道	固定式	2000	12000	7(×3)	2700	最大60	实心光辊	集中驱动	44.5	φ400×2100	3	各45
A_9	移载机 CT_2 输出侧辊道	固定式	2000	12000	7(×3)	2700	最大60	实心光辊	单独驱动	44.5	φ400×2100	1	18.5
A_{10}	喷印辊道	固定式	2000	12000	7(×3)	2700	最大60	实心光辊	单独驱动	44.5	φ400×2100	1	18.5

续表 3-11-4

辊道号	辊道名称	形式	间距 /mm	辊道长度 /mm	辊子根数	轴承中心距 /mm	辊道速度 /m·min⁻¹	辊子型式	驱动方式	最大送坯重量 /t	辊径×辊身长 /mm×mm	台数	电机容量 /kW
A₁₁~A₁₄	热送辊道	固定式	2000	12000	7（×4）	2700	最大60	实心光辊	集中驱动	44.5	φ400×2100	4	各55
A₁₅	热送辊道	固定式	1550	17050	12	2700	最大60	实心光辊	集中驱动	44.5	φ400×2100	1	55
B₁	输入辊道	固定式	2000	14000	8	2700	0~20/60	实心光辊	集中驱动	44.5	φ400×2100	1	45
B₂	移载机 CT₁ 输出侧辊道	固定式	2000	12000	7	2700	0~20/60	实心光辊	单独驱动	44.5	φ400×2100	7	18.5
B₃	连接辊道	固定式	2000	14000	8	2700	最大60	实心光辊	集中驱动	44.5	φ400×2100	1	55
B₄	板坯接受辊道	固定式	2000	16000	9	2700	最大60	实心光辊	集中驱动	44.5	φ400×2100	1	55
B₅	火焰清理机前面辊道	固定式	1000/915/708	13623	16（包括上夹送辊）	2700 3100 3500	3/7~45/60	实心光辊	集中驱动	44.5	φ400×2100 φ400×2150 φ400×2200	1	75
B₆	火焰清理机后面辊道	固定式	1000/914/708	11622	14（包括上夹送辊）	2700 3100 3500	7~45/60	实心光辊	集中驱动	44.5	φ400×2100 φ400×2150 φ400×2200	1	75
B₇	表面局部清理前面辊道	固定式	2000	14000	7	2700	最大60	实心光辊	单独驱动	44.5	φ400×2100	7	18.5
B₈	下表面局部清理后面辊道	固定式	2000	12000	8	2700	最大60	实心光辊	单独驱动	44.5	φ400×2100	8	18.5
C₁	表面局部清理后面辊道	固定式	2000	12000	7	2400	最大30	实心光辊	单独驱动	44.5	φ400×1950	7	15
C₂	下表面局部清理前面辊道	液压升降式	2000	12000	7	2400	最大30	实心光辊	单独驱动	44.5	φ400×1950	7	15
合计												74	1900.5

11. 10. 2　辊道的结构特点

辊道按传动形式分可以分为两大类：一类是集中传动辊道，由一台电动机带动一组辊子运转；另一类是单独传动辊道，由一台电动机带动一个辊子运转。

11. 10. 2. 1　集中传动辊道

集中传动辊道如图 3-11-72 所示。常用来运送长度较短的板坯。这时板坯的重量只压在为数不多的几个辊子上，就能充分发挥电动机的能力，设备造价也比单独传动辊道略低一些。一般集中传动辊道驱动多采用→电动机→减速器→长轴→伞齿轮方式。但在某些生产很短定尺板坯的连铸机上，由于辊子密布，可采用圆柱齿轮箱中间装惰轮的传动形式，但采用伞齿轮箱的方式较多。

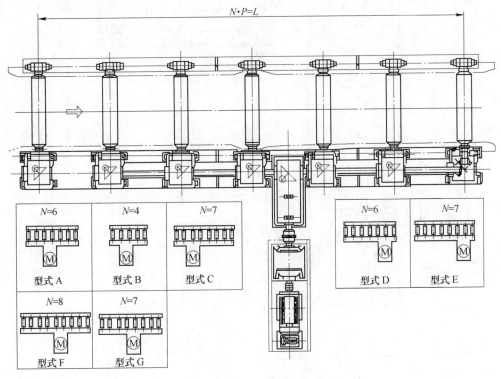

图 3-11-72　集中传动辊道

此外，还有一种采用链条传动的集中传动辊道，这种辊道受链条传动所限，往往承载能力低且运输速度不高，一般只用在小型板坯连铸机或方、圆坯连铸机上。

采用伞齿轮传动方式的辊道，其驱动侧、从动侧支架以及侧导板都采用钢板焊接结构。对于集中传动辊道，辊道支架必须具有足够的强度，以保证传动长轴的正确位置和齿轮的正确啮合。伞齿轮箱采用铸钢剖分结构，如图 3-11-73 所示。辊子传动侧及从动侧均选用调心滚子轴承。长轴装置如图 3-11-74 所示，一般设置 4~5 个伞齿轮，每组辊道可根据设计要求用齿轮联轴器将各段长轴连接起来。伞齿轮用键固定在长轴上，两者之间采用需要热装的过盈配合，以承受部分扭矩和轴向力。为了调整和拆卸方便，在设计上采取只要卸开轴承套（内装圆锥滚子轴承）的螺栓，就能使长轴轴向移动，脱开伞齿轮副的啮合。

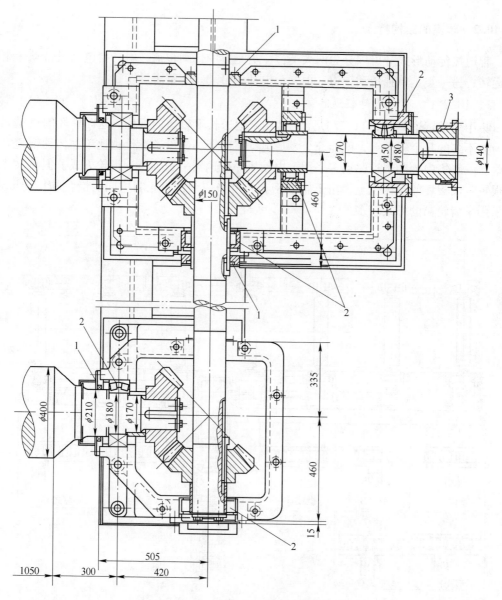

图 3-11-73　集中传动辊道的伞齿轮箱
1—油封；2—轴承；3—联轴器

11.10.2.2　单独传动辊道

随着电气传动技术的不断进步，越来越多的新建连铸机中采用了单独传动辊道，其结构如图 3-11-75 所示，单独传动辊道的主要特点是：结构简单，取消了（或简化了）复杂的齿轮传动，简化了辊道支架，易于维修，操作灵活，使用成本低于集中传动辊道，一根辊子故障，往往不影响板坯的正常运送。但电动机数量多，一次性投资略高。单独传动辊道常用于输送较长定尺的板坯。

此外，对于某些功能辊道，除运送铸坯功能外，还需要完成某些操作才能和配套设施协同工作，也必须采用单独传动形式。比如移载机辊道、翻钢机辊道等。

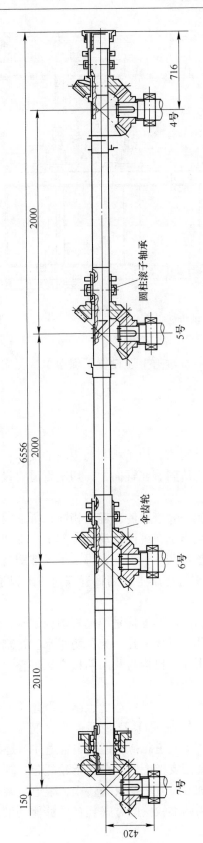

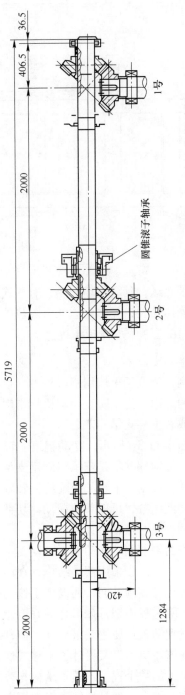

图 3-11-74 集中传动的长轴结构

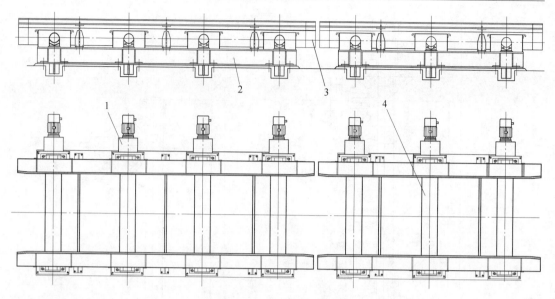

图 3-11-75　单独传动辊道

1—电机及减速机；2—辊道支架；3—侧导向板；4—辊子

为了热送，延缓板坯散热，有些连铸机的后部辊道上还设置了保温罩。保温罩是钢板焊制的壳体结构，壳体内添加有隔热的保温材料。

11.10.2.3　几种特殊辊道

A　切割辊道

切割辊道位于火焰切割机下方，也称切割下辊道，用于切割前板坯的支承运行和切割后板坯的运输。为了防止切割机切伤辊子及切割渣附着在辊面上，切割辊道要设计成摆动式结构或者平移式结构。

如图 3-11-76 所示，摆动辊道的辊子传动与一般单独传动辊道相同，所不同的是辊子轴承座和传动部分不是支承在固定支架上，而是支承在可以摆动的支架上，支架摆动由液压缸驱动，带动整个辊子装配绕回转轴摆动。整组摆动辊道中，每个辊子都配有独立的摆动用驱动液压缸，可以单独摆动。切割机在切割过程中走行到临近任何一个辊子位置时，该辊子都可及时摆动避让。

辊道的传动侧、从动侧、摆动支架以及切割渣溜槽等均采用钢板焊接结构，铰接点处用滑动轴承。由于采用摆动结构，在溜槽侧面开有月牙形孔。为了防止水、切割渣等从所开的月牙孔飞溅到外面，还设置了遮挡板，采用连杆机构与侧面挡板交叉重叠，以使辊子在摆动升降过程中把月牙形孔的开度遮挡到最小限度。

虽然摆动辊道使用效果良好，但其结构较为复杂，设备造价也高。因此在一些较小断面的板坯连铸机上，又设计了平移式切割辊道，如图 3-11-77 所示。平移辊道采用整体支架支承其上的数个辊子，辊子结构与普通单独传动辊道相似，但整组辊道并不是直接安装在混凝土基础上，而是被辊道支架下方安装在基础支架上的 4 个支承轮托起，辊道支架下方安装了轨道，整组切割辊道平移时，支承轮轴心位置不变仅做转动，辊道支架连同其下方的轨道在支承轮上往复移动。辊道支架下方用两端铰接的方式装有平移驱动液压缸，液

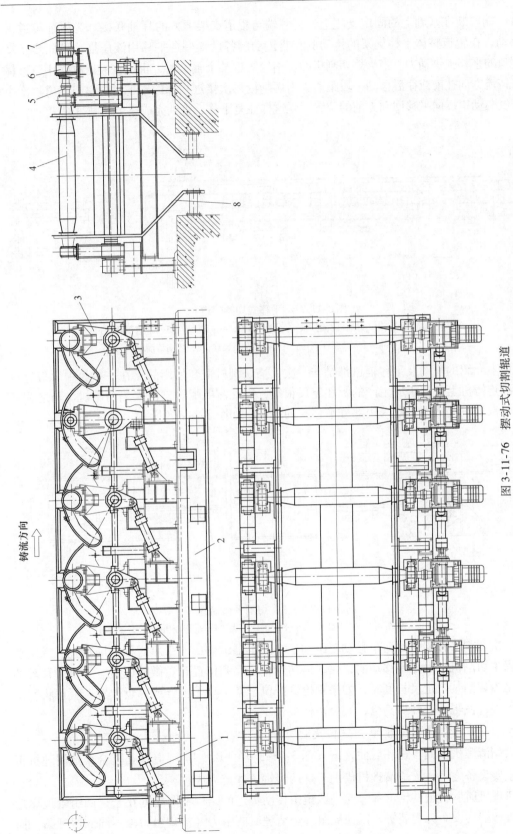

图 3-11-76　摆动式切割辊道

1—摆动液压缸；2—辊道支架；3—摆动臂；4—辊子；5—鼓形齿联轴器；6—行星减速机；7—变频电机；8—切割渣溜槽

压缸一端安装在基础上的固定支座上，另一端与辊道支架下方的耳轴联接。为保证辊道平稳移动，在辊道整体平移支架的传动侧和非传动侧各设置一台平移用液压缸，可同步运动为辊道的平移提供动力。当火焰切割机的切割枪接近某个辊子时，辊道在液压缸作用下整体沿着铸流方向往前或往后移动一段距离，当切割枪再次接近相邻的辊子时，整组辊道再次由液压缸驱动，反向平移回到先前的位置。就这样往复平移，直到完成整个切割过程。

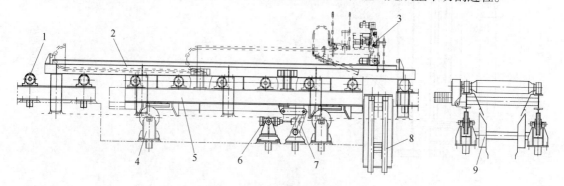

图 3-11-77　平移式切割辊道

1—切割前辊道；2—切割机轨道；3—火焰切割机；4—支承轮；5—整组平移辊道；
6—液压缸；7—连杆机构；8—切头收集装置；9—切割渣溜槽

　　以上介绍的摆动及平移辊道都是与一次火焰切割机配套使用的，在一些为中厚板轧机供坯的连铸机上，由于所生产的板坯定尺很短，因此需要配置二次火焰切割机。与之相配套的二次切割辊道大多数采用部分平移式的结构，如图 3-11-78 所示。

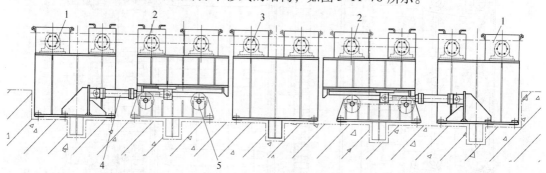

图 3-11-78　二次切割平移辊道

1—端部固定辊组；2—平移辊组；3—中间固定辊组；4—平移液压缸；5—支承轮

　　二次切割平移辊道由两个移动辊组和三个固定辊组构成，采用对称格局布置。二次切割过程中切割机一般是不移动的，仅在最初调整定尺和位置时做微幅调整。采用平移辊的作用是当切割某个定尺长度时，如果割枪恰好位于某个辊子上方或邻近位置，就可将移动辊组平移，使辊子避开切割枪，避免割伤辊子。

　　B　火焰清理机前面辊道和后面辊道

　　火焰清理机前面辊道和后面辊道（图 3-11-3 中的 B_5、B_6 辊道）是配合火焰清理机工作的主要设备之一，火焰清理机借助于这两组辊道才能完成进坯。

　　清理机前后辊道的辊道部分与一般集中传动辊道的结构不同之处在于这两组辊道靠近清理机一端均设有夹辊装置，以便克服火焰清理时的阻力（清理阻力因不同的清理条件而异。美国 L-TEC-CM-90-8-1 型四面清理机的清理阻力 $F = 14kN$），平稳地送进板坯。图 3-11-79a、图 3-11-79b 分别为夹辊部分的主视图和俯视图。

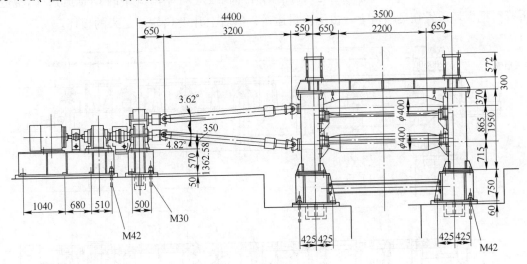

a

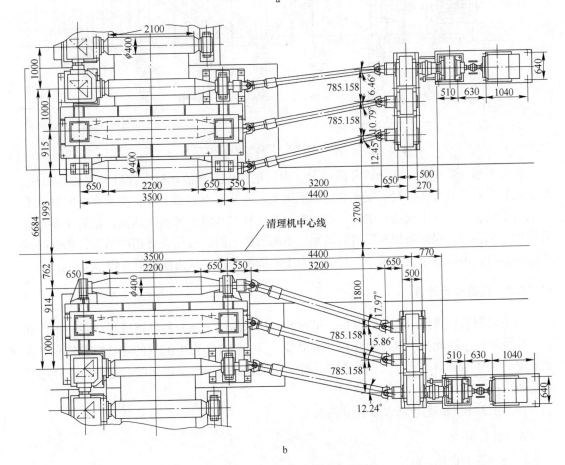

b

图 3-11-79　清理机用辊道夹辊部分

a—主视图；b—俯视图

C　升降辊道

图 3-11-80 是下表面局部清理运输机前的升降辊道（图 3-11-3 中的 C_2 辊道），C_2 辊道下降时把板坯放置在运输机上，由运输机运送，然后上升接 C_1 辊道运来的板坯。

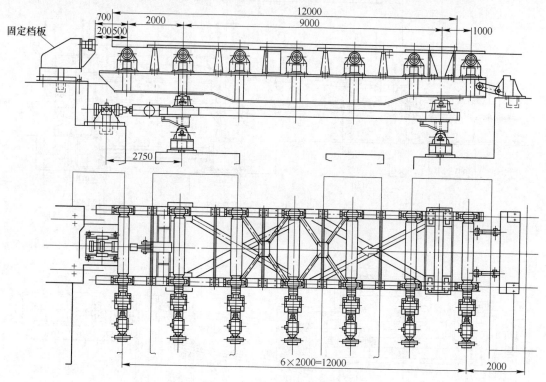

图 3-11-80　升降辊道

升降辊道主要由辊道部分、升降框架、中间框架、升降液压缸、连杆及滚轮等组成。辊子运转采用单独传动。辊子安装在升降框架上，升降框架靠四个滚轮支承在中间框架上的耐磨轨道上，可在上面相对滚动。中间框架用连杆与基础上的支架连接，以防止辊道在升降时产生移动，保证与相邻辊道的间距。中间框架下面设有供升降用的斜面，当升降液压缸动作时，斜面在滚轮上运动，就能带着中间框架平动，从而使辊道升降。

11.10.3　辊道设计计算

辊道是钢铁厂里使用较早的设备，早在连铸技术出现之前，各种辊道就已在轧钢厂获得了广泛应用。因此关于辊道的计算方法很多。但板坯连铸机中配置的辊道有其特点。主要是连铸板坯温度高、定尺长，且冷却后容易出现翘曲变形等。以下结合这些特点介绍连铸机辊道的计算方法。

11.10.3.1　辊道电机容量计算及校核

A　设计参数

D_r——辊子直径，m；

G_r——辊子重量，kN；

m_r——辊子根数；

v_r——辊道速度，m/s；

W_M——板坯重量，kN。

B 辊道驱动所需静功率及初选电机

辊子自重产生的阻力矩

$$T_{Gr} = G_r M_r \mu_1 \frac{d_m}{2} \tag{3-11-11}$$

辊道输送板坯时产生的阻力矩

$$T_{WM} = W_m \left(\frac{\mu_1 d_m + \mu_2 D_r}{2} \right) \tag{3-11-12}$$

满载运行时辊道传动所需的静力矩为

$$T_j = T_{Gr} + T_{WM} = (W_M + m_r G_r)\mu_1 \frac{d_m}{2} + W_M \frac{\mu_2 D_r}{2} \tag{3-11-13}$$

式中　T_{Gr}——辊子自重产生的阻力矩，kN·m；

T_{WM}——板坯重量产生的阻力矩，kN·m；

T_j——辊道满载运行时需要克服的静阻力矩，kN·m；

d_m——轴承的平均直径，mm，当使用滚动轴承时

$$d_m = \frac{内径 + 外径}{2} \tag{3-11-14}$$

μ_1——轴承的摩擦系数，对滚动轴承 $\mu_1 = 0.02$；

μ_2——板坯与辊面间的摩擦系数，$\mu_2 = 0.04$。

因此，满载运行时传动辊道所需的电机静态功率为

$$N_j = \frac{T_j n_r}{9.55 \eta} \tag{3-11-15}$$

式中　n_r——辊子转速，$n_r = \frac{60 v_r}{\pi D_r}$，r/min；

η——机械效率，$\eta = 0.85$。

根据上述计算的 N_j，初选电机一般取

$$N \geq (1.5 \sim 2) N_j \tag{3-11-16}$$

减速器速比　　　　　　　　　　　$i = n/n_r$

式中　N——初选电机的额定功率，kW；

n——初选电机的额定转速，r/min。

C 电机功率校核

a 电机轴上的转矩

稳定运行时的转矩

有板坯时：
$$T_i = T_j / (i\eta) \tag{3-11-17}$$

无板坯时：
$$T_{i0} = T_{Gr} / (i\eta) \tag{3-11-18}$$

加速时的转矩

有板坯时：
$$T_a = \frac{GD^2 n}{3.68 t_a} \tag{3-11-19}$$

无板坯时：
$$T_{a0} = \frac{GD_0^2 n}{3.68 t_a} \tag{3-11-20}$$

式中　GD^2——满载时各部件换算到电机轴上的飞轮矩，$kN \cdot m^2$，

$$GD^2 = \frac{1}{i^2}(GD_1^2 + m_r \cdot GD_2^2 + GD_3^2 + GD_4^2) + GD_5^2 + GD_6^2 + GD_m^2 + GD_b^2$$

$\quad GD_1^2$——板坯由直线移动换算到辊子轴上的飞轮矩，$GD_1^2 = W_M \cdot D_r^2$，$kN \cdot m^2$；

$GD_2^2 \sim GD_4^2$——分别为单个辊子、长轴装置（含伞齿轮）、减速器长轴侧联轴器的飞轮矩，$kN \cdot m^2$；

$GD_5^2 \sim GD_b^2$——分别为减速器、减速器入轴侧联轴器、电机及制动轮的飞轮矩，$kN \cdot m^2$；

$\quad GD_0^2$——辊道上无板坯时各部件换算到电机轴上的飞轮矩，$GD_0^2 = GD^2 - \dfrac{GD_1^2}{i^2}$，$kN \cdot m^2$；

$\quad t_a$——加速时间，s，

$$t_a \geqslant \frac{v_r}{g \cdot \mu}$$

$\quad g$——重力加速度，$g = 9.8 m/s^2$；

$\quad \mu$——板坯与辊道之间的滑动摩擦系数，冷坯时取 $\mu = 0.15$，热坯时取 $\mu = 0.3$。

一般辊道可取 $t_a = 1 \sim 2s$，图 3-11-3 所示的出坯精整区实际设计时，集中传动辊道取 $t_a = 2 \sim 4s$，单独传动辊道取 $t_a = 0.5 \sim 2s$。

辊道启动时的转矩

有板坯时：
$$T_s = T_i + T_a \tag{3-11-21}$$

无板坯时：
$$T_{S0} = T_{i0} + T_{a0} \tag{3-11-22}$$

辊道制动时的转矩

有板坯时：
$$T_b = T_i - T_a \tag{3-11-23}$$

无板坯时：
$$T_{b0} = T_{i0} - T_{a0} \tag{3-11-24}$$

在辊道电机功率选定时，一般取电机的额定转矩 $T = (1.5 \sim 2)T_i$，在稳定运行时电机的过载率在下述范围

$$K_i = \frac{T_i}{T} \times 100\% = 50\% \sim 80\% \tag{3-11-25}$$

启动时电机的过载率

$$K_s = \frac{T_s}{T} \times 100\% = 100\% \sim 150\% \tag{3-11-26}$$

同时还应注意使 T_s 必须小于电机允许的启动转矩。

b　电机发热校核

如图 3-11-81 所示，首先根据辊道工作制度绘制负载图，一般辊道为反复短期工作制。在辊道的工作周期内，要求等效转矩小于电机的额定转矩，即：

$$T_{dx} = \sqrt{\frac{T_s^2 \cdot t_s + T_i^2(t_{i1} + t_{i2} + \cdots) + T_b^2(t_{b1} + t_{b2} + \cdots)}{\alpha_d(t_s + t_{b1} + t_{b2} + \cdots) + (t_{i1} + t_{i2} + \cdots)}} \leqslant T \tag{3-11-27}$$

式中　T_{dx}——电机轴上的等效转矩；

　　　T——电机的额定转矩；

t_s——电机启动时间；

t_{i1}，t_{i2}，……——电机稳定工作时间；

t_{b1}，t_{b2}，……——电机制动时间；

α_d——电机启动、制动过程中的散热恶化系数，$\alpha_d = (1 + \beta_d)/2$；

β_d——为电机停转时的散热恶化系数，取值见表 3-11-5。

在图 3-11-81 中，t_0 表示停歇时间。

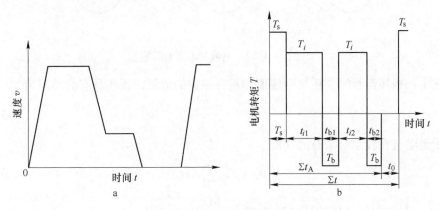

图 3-11-81   辊道负载

a—辊道的工作制度；b—辊道的工作负载

辊道电机一般选用封闭式自带内冷风扇电机。

表 3-11-5 β_d 值

电机冷却方式		β_d 值
封闭式电动机	带独立通风机	0.9 ~ 1.0
	自带内冷风扇	0.45 ~ 0.55
防护式电动机，自带内风扇		0.25 ~ 0.35

电机的实际过载率可由下式求得

转矩过载率

$$\lambda_T = \frac{T_{dx}}{T} \times 100\% \tag{3-11-28}$$

负载持续率

$$\lambda_t = \frac{\sum t_A}{\sum t} \times 100\% \tag{3-11-29}$$

式中 $\sum t_A$——电机一个工作周期中的工作时间，s；

$\sum t$——电机一个工作周期的总时间，s。

D   板坯几何形状变化对辊道电机的影响

火焰切割后在板坯的切割端会产生毛刺（切割瘤），此外在板坯冷却后往往会产生翘曲，有时即使向上翘，但由于板坯经过清理、翻钢等工序，在部分辊道上仍有可能输送向下弯曲的板坯。在这种情况下，辊道需要克服因板坯头部毛刺及向下弯曲而产生的附加阻力，并因此需要验证所选电机的容量。

a   板坯在冷却之前切割毛刺对辊道电机的影响

如图 3-11-82 所示，δ_{m} 为切割毛刺高度，一般取 $\delta_{\mathrm{m}} = 10 \sim 15\mathrm{mm}$，校核分下述两种情况进行。

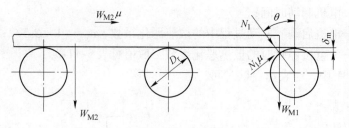

图 3-11-82　毛刺对辊道的影响

情况 Ⅰ：板坯运行时，板坯和辊道都具有一定的能量，板坯具有的动能为

$$U_1 = \frac{1}{2}\frac{W_{\mathrm{M}}}{g}v_{\mathrm{r}}^2 \qquad (3\text{-}11\text{-}30)$$

辊子至电机在转动时具有的动能

$$U_2 = \frac{1}{2}\sum I_i\omega_i^2 \qquad (3\text{-}11\text{-}31)$$

式中　I_i——各部分转动体的转动惯量，$I_i = \dfrac{GD_i^2}{4g}$；

　　ω_i——减速器出、入轴侧各部分的角速度，rad/s，其中

　　　　减速器出轴侧　　　　　　$\omega_1 = \dfrac{2v_{\mathrm{r}}}{D_{\mathrm{r}}}$

　　　　减速器入轴侧　　　　　　$\omega_2 = \dfrac{2v_{\mathrm{r}}i}{D_{\mathrm{r}}}$

系统全动能　　　　$U = U_1 + U_2 = \dfrac{1}{2}\left(\dfrac{W_M}{g}v_r^2 + \sum I_i\omega_i^2\right) \qquad (3\text{-}11\text{-}32)$

所能抬起板坯头部的高度 $h_{\max}$

$$h_{\max} = \frac{2U}{W_{\mathrm{M}}}\times 1000 \qquad (3\text{-}11\text{-}33)$$

式中，U_1、U_2、U 单位为 kN·m；$h_{\max}$ 单位为 mm。

且应有　　　　　　　　　　　$h_{\max} > \delta_{\mathrm{m}}$

情况 Ⅱ：板坯停止时，根据所能运输板坯的状态按静力平衡分析，如图 3-11-82 所示，有

$$W_{\mathrm{M2}}\mu\frac{D_{\mathrm{r}}}{2}\cos\theta + N_1\mu\frac{D_{\mathrm{r}}}{2} = W_{\mathrm{M1}}\frac{D_{\mathrm{r}}}{2}\sin\theta \qquad (3\text{-}11\text{-}34)$$

$$N_1 = W_{\mathrm{M1}}\cos\theta + W_{\mathrm{M2}}\mu\sin\theta \qquad (3\text{-}11\text{-}35)$$

$$W_{\mathrm{M2}}\mu\cos\theta + (W_{\mathrm{M1}}\cos\theta + W_{\mathrm{M2}}\mu\sin\theta)\cdot\mu = W_{\mathrm{M1}}\sin\theta \qquad (3\text{-}11\text{-}36)$$

根据上式可以求出板坯与辊子之间的摩擦系数 μ

$$\mu = \frac{1}{2}\left\{\sqrt{\left(\frac{\lambda + 1}{\tan\theta}\right)^2 + 4\lambda} - \frac{\lambda + 1}{\tan\theta}\right\} \qquad (3\text{-}11\text{-}37)$$

$$\lambda = \frac{W_{\mathrm{M1}}}{W_{\mathrm{M2}}}$$

$$\theta = \arccos\left(\frac{D_r - 2\delta_m}{D_r}\right) \tag{3-11-38}$$

W_{M1} 和 W_{M2} 可按下述方法计算。如图 3-11-83 所示，首先求出在毛刺高度和板坯自重作用下引起的变形区长度 x

$$x = \sqrt[4]{\frac{24EI\delta_m}{q}} \tag{3-11-39}$$

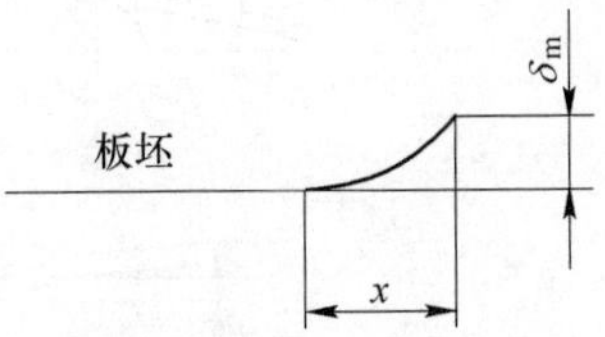

图 3-11-83　变形区长度

式中　I——板坯几何断面系数，$I = \frac{1}{12}BA^3 \ \mathrm{mm^4}$；

　　　E——高温下钢的弹性模量，600℃时，$E = 75\mathrm{kN/mm^2}$；

　　　q——板坯单位长度的重量，kN/mm；

　B，A——分别为板坯宽度和厚度，mm。

这样，由前端辊子支承板坯前端的力 W_{M1} 为

$$W_{M1} = \frac{1}{2}xq \tag{3-11-40}$$

由其他辊子支承的板坯的其余重量 W_{M2} 为

$$W_{M2} = W_M - W_{M1}$$

将上述计算值代入式（3-11-35），就能计算出前端辊子所受的正压力 N_1，此时电机轴上所需的转矩 T_m 为

$$T_m = \frac{(N_1 + W_{M2})\mu\dfrac{D_r}{2} + (N_1 + W_{M2} + m_r G_r)\mu_1\dfrac{d_m}{2}}{i\eta} \tag{3-11-41}$$

要求过载率　　　　$$K_T = \frac{T_m}{T} \times 100\% \leqslant 100\% \tag{3-11-42}$$

b　板坯冷却后向下变形对辊道电机的影响

如图 3-11-84 所示，板坯头部的下沉量 δ_c 可由下述方法求得

$$\theta_0 = 90° - \arccos\frac{(D_r/2)^2 + R_r^2 - (R_m - \delta_m)^2}{D_r \cdot R_r} + \arccos\frac{S_b}{R_r} \tag{3-11-43}$$

式中　θ_0——冲击角，（°）；

　　　R_m——板坯弯曲后的曲率半径，mm，

$$R_m = \frac{(L/2)^2 + \delta_q^2}{2\delta_q}$$

　　　R_r——前端辊子中心到板坯弯曲中心点的距离，mm，

$$R_r = \sqrt{(R_m - D_r/2)^2 - S_a^2 + S_b^2}$$

　　　L——板坯长度，mm；

　　　δ_q——板坯冷却后最大翘曲量，此处取变形值，mm/m，$\delta_q/L = 5$；

　　　S_a——前端辊子的相邻辊中心与板坯中心线间的距离，$S_a = S_b - L_p$（辊距），mm；

　　　S_b——前端辊子中心距板坯中心线间的距离，mm，$S_b \approx L/2$；

　　　δ_m——板坯头部的残留毛刺量，如果未设置去毛刺设备，则 δ_m 的高度与切割毛刺相同。

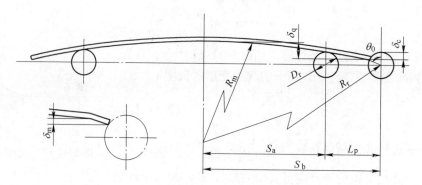

图 3-11-84　板坯向下弯曲对辊道的影响

故板坯头部的下沉量 δ_c 为

$$\delta_c = \frac{D_r(1 - \cos\theta_0)}{2} \tag{3-11-44}$$

板坯移动时，辊道电机可按板坯未经冷却时仅有毛刺影响的情况计算。对于单独传动辊道，需要考虑出现翘曲变形后，可能仅由两个辊子支承的不利情况，其辊道的转动惯量（或飞轮矩）只能按两个辊子进行计算。

板坯最小移动速度的确定：考虑了摩擦由电机产生的最大转矩所能抬起板坯的高度 δ_a 时辊子能产生的最大转矩 $T_{r\,max}$

$$T_{r\,max} = T_{max}i\eta$$

式中　T_{max}——考虑过载时电机的最大转矩，可由电机产品目录中查得。一般 $T_{max} = 1.8 \sim$
　　　　$2.2T$；

　　$i,\ \eta$——减速器速比和机械效率，% 。

辊道输送板坯所需的转矩 T_{jr}

$$T_{jr} = \frac{W_M D_r}{4}\sin\theta + (W_M + m_r G_r)\mu_1 \frac{d_m}{2} \tag{3-11-45}$$

式中　θ——能抬起板坯头部时的角度。

根据 $T_{r\,max} = T_j$，可以求出 θ 角

$$\theta = \arcsin\left(\frac{4T_{r\,max} - 2(W_M + m_r G_r)\mu_1 d_m}{W_M \cdot D_r}\right) \tag{3-11-46}$$

因为在这种情况下板坯与辊面间的滑动摩擦系数取 $\mu = 0.2$

若有　　　　　　　　　　　　　$\tan\dfrac{\theta}{2} < \mu$

则

$$\delta_a = \frac{D_r(1 - \cos\theta)}{2} \tag{3-11-47}$$

当 $\tan\dfrac{\theta}{2} \geqslant \mu$ 时，则考虑打滑极限取 $\theta = 2\arctan\mu$，即摩擦角不能大于打滑时的极限摩擦角，按此式计算出 θ 角，从而计算出能使板坯头部抬起的高度值 δ_a。

不考虑摩擦，电机产生的能量能抬起板坯的高度 δ_b（与速度无关）时，辊子具有的最大能量 $U_{r\,max}$

$$U_{r\,max} = 102N_{max}t_r\eta \tag{3-11-48}$$

式中　N_{max}——考虑过载后电机的最大输出功率，kW；

　　　t_r——在辊子最大转速时，转 θ_0—θ 所需的时间，s。

$$t_r = \frac{\theta_0 - \theta}{\omega} = \frac{60(\theta_0 - \theta)}{360n_r}$$

则在 θ_0—θ 角区域中电机产生的能量把板坯抬起高度为

$$\delta_b = \frac{2U_{r\,max}}{W_M} \times 1000 \tag{3-11-49}$$

对于工作辊道，为了使板坯有较高的停止精度，一般设计两种速度，即在接近停止点前，板坯由高速移动变为低速移动，而这个低速移动速度应大于板坯最小移动速度（$v_{r\,min}$）。

根据上述计算，若 $\delta_a + \delta_b < \delta_c$，则需由板坯移动时的动能来保证，即

$$\frac{v_{r\,min}^2}{v_{r\,max}^2} = \frac{h_{min}}{h_{max}}$$

$$v_{r\,min} = v_{r\,max}\sqrt{\frac{h_{min}}{h_{max}}} \tag{3-11-50}$$

式中　h_{min}——板坯不动时，辊道所能抬起板坯头部下沉量（δ_c）的剩余量，$h_{min} = \delta_c + (\delta_a + \delta_b)$ mm；

　　　$v_{r\,max}$——板坯最大移动速度，m/s；

　　　h_{max}——板坯以 $v_{r\,max}$ 运行时，板坯及辊道的动能所能克服的最大沉头量，由公式（3-11-33）得，mm。

若 $\delta_a + \delta_b \geqslant \delta_c$，则不必进行最小移动速度计算，因为在这种情况下，板坯在任何速度下（包括静止状态）都能克服板坯沉头引起的附加阻力而通过。

上述计算结果表明，板坯几何形状的变化对辊道电机负载影响较大，要克服这些附加阻力，可从以下几个方面考虑。

（1）使电机有足够的能力。但若按板坯出现翘曲和有毛刺情况进行电机能力计算时，所需的电机能力一般比所选电机能力大，改选电机则不经济，此时可从下面两点加以考虑。

（2）使辊道的最小移动速度大于板坯所需要的最小移动速度（$v_{r\,min}$）。

（3）控制辊道减速后（此时移动速度小于 $v_{r\,min}$）的移动范围和停止精度，使板坯停在两辊间距之间，并尽可能远离前端辊，以保证板坯有足够的起动距离。

在单独传动电机计算时，按不利情况，即全部板坯重量仅由两根辊子承受，其他条件同上。

E　辊道的停止精度

在后部出坯辊道中，有许多需要与其他设备协同工作的辊道，如去毛刺辊道、喷印及称量辊道，图 3-11-3 中的 A_3、A_5 辊道等都对板坯的停止精度有较高要求，其他送坯辊道也对板坯停止点的精度、减速范围等有一定的要求。图 3-11-85 分别显示了板坯直接从移动速度进行制动停止和由移动速度减为低速后进行制动的状况。

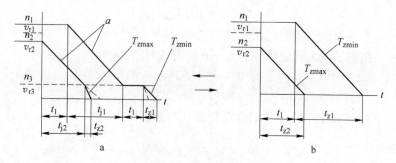

图 3-11-85　辊道减速曲线

a—减速后制动状况；b—直接制动状况

n_1—电机最高转速，取 $n_1 = 1.03n$（额定转速），r/min；

n_2—电机最低转速，$n_2 = 0.97n$，r/min；

n_3—电机减速后的转速，r/min；

$T_{z\,max}$—最大制动转矩，$T_{z\,max} = 1.3T$（额定转矩），kN·m；

$T_{z\,min}$—最小制动转矩，$T_{z\,min} = 0.7T$，kN·m；

v_{r1}—与 n_1 对应的板坯移动速度，mm/s；

v_{r2}—与 n_2 对应的板坯移动速度，mm/s；

v_{r3}—与 n_3 对应的板坯移动速度，mm/s

$$v_{ri} = \frac{1000 n_i \pi D_r}{60 i}$$

a　制动时间

直接制动时

$$t_{z1} = \frac{GD^2 n_1}{375(T_{z\,min} + T_i)} \; ; \qquad t_{z2} = \frac{GD_0^2 n_2}{375(T_{z\,max} + T_{i0})} \tag{3-11-51}$$

经减速后制动时

$$t_{z1} = \frac{GD^2 n_3}{375(T_{z\,min} + T_i)} \; ; \qquad t_{z2} = \frac{GD_0^2 n_3}{375(T_{z\,max} + T_{i0})} \tag{3-11-52}$$

b　减速时间 t_{j1}、t_{j2}

$$t_{j1} = \frac{v_{r1} - v_{r3}}{a} \; ; \qquad t_{j2} = \frac{v_{r2} - v_{r3}}{a} \tag{3-11-53}$$

式中　a——加（减）速度，可取 $a = 500\text{mm/s}^2$。

c　惯性移动距离及停止精度

直接制动时

$$S_{z1} = v_{r1}(t_1 + t_{z1}/2) \; ; \quad S_{z2} = v_{r2}/2 + t_{z2} \tag{3-11-54}$$

经减速后制动时

$$S_{z1} = (v_{r1} + v_{r3})t_1 + (v_{r1} + v_{r3})\frac{t_{j1}}{2} + v_{r3}\frac{t_{z1}}{2} \; ; \quad S_{z2} = (v_{r2} + v_{r3})\frac{t_{j2}}{2} + v_{r3}\frac{t_{z2}}{2}$$

$$\tag{3-11-55}$$

式中　S_{z1}——辊道接到停止指令后转过的最大距离，mm；

S_{z2}——辊道接到停止指令后转过的最小距离，mm；

t_1——停止指令滞后时间，可取 $t_1 = 0.1\mathrm{s}$。

这样，辊道的停止精度 ΔS_z

$$\Delta S_z = \pm \frac{S_{z1} - S_{z2}}{2} \tag{3-11-56}$$

11.10.3.2 强度校核计算

A 驱动系统计算转矩

a 集中传动系统的计算转矩

（1）辊道在全负荷工作时的负荷转矩 T_R

$$T_R = T_r + T_{WM} \tag{3-11-57}$$

（2）一根辊子的负荷转矩 T_{R1}

$$T_{R1} = T_r/m_r + T_{WM}/2 \tag{3-11-58}$$

T_R、T_{R1} 分别作为系统和一根辊子长期工作的计算转矩。

（3）集中传动作用在长轴上的启动转矩 T_c

$$T_c = T_R + T_{aL}i \tag{3-11-59}$$

式中 T_{aL}——减速器出轴以外部分换算到电机轴上的加速转矩，kN·m。

$$T_{aL} = \frac{GD_L^2 n}{375 t_a} \tag{3-11-60}$$

式中 GD_L^2——减速器出轴以外部分换算到电机轴上的飞轮矩，kN·m^2；

t_a——加速时间，s。

（4）作用在一根辊子轴上的启动转矩 T_{c1}

$$T_{c1} = T_{r1} + \frac{GD_{L1}^2 n n_i}{375 t_a} \tag{3-11-61}$$

式中 GD_{L1}^2——一根辊子部分换算到电机轴上的飞轮矩，kN·m^2。

$$GD_{L1}^2 = \frac{GD_{L0}^2}{m_r} + \frac{GD_{1L}^2}{2}$$

式中 GD_{L0}^2——减速器出轴以外部分（不含板坯）换算到电机轴上的飞轮矩；

GD_{1L}^2——板坯换算到电机轴上的飞轮矩；

T_c，T_{c1}——分别作为系统和一根辊子的短期计算转矩。

b 单独传动系统的计算转矩

（1）辊子在满载运转时的负荷转矩 T'_R

$$T'_R = T_{R1} + T_{M1} \tag{3-11-62}$$

式中 T_{R1}——辊子自重产生的阻力矩，kN·m；

T_{M1}——板坯重量在辊子上产生的阻力矩，考虑不利情况，板坯总重仅由两个辊子承受，即

$$T_{M1} = \frac{W_M}{2}\left(\mu_1 \frac{D_m}{2} + \mu_2 \frac{d_r}{2}\right) \tag{3-11-63}$$

（2）单独传动作用在辊子轴上的启动转矩 T'_c

$$T'_c = T'_R + T'_{aL}i \tag{3-11-64}$$

式中　T'_{aL}——减速器出轴以外部分换算到电机轴上的加速转矩,

$$T'_{aL} = \frac{GD_L^2 n}{375 t_a}$$

GD_L^2——减速器出轴以外部分换算到电机轴上的飞轮矩,应注意板坯飞轮矩按照最大板坯重量的一半计算;

T'_R, T'_c——分别作为单独传动辊道的长期工作时的计算转矩和短期工作时的计算转矩。

　　B　辊子强度计算

　　a　辊子载荷

　　(1)静载荷

$$W_{jr} = W_M/2 + G_r \tag{3-11-65}$$

　　(2)冲击载荷

　　辊道运送板坯过程中,由于前端有毛刺和冷却后出现的翘曲变形,造成板坯头部向下弯曲,从而对辊子产生冲击,下面以实心辊为例说明冲击载荷的计算方法。

$$P_r = \alpha_0 \sqrt{\frac{U_k}{E_{r1} + E_{r2} + E_{r3}}} \tag{3-11-66}$$

式中　P_r——冲击载荷,kN;

　　　α_0——冲击系数,

$$\alpha_0 = 0.6\tan\theta_0 \sqrt{\frac{L_q}{1250 v_r}}$$

　　　θ_0——冲击角,可由式(3-11-38)和式(3-11-43)求得,(°);

　　　L_q——辊子跨度,m;

　　　v_r——板坯运送速度,m/s;

　　　U_k——冲击能,kN·mm,

$$U_k = \frac{W_M}{2g}(v_r\sin\theta_0)^2 \times 1000 \tag{3-11-67}$$

　　　E_{r1}——单位载荷作用下辊子的弯曲变形能,

$$E_{r1} = \frac{1}{12E_g}\left(\frac{L_1^3}{I_{i1}} + \frac{L_2^3 - L_1^3}{I_{i2}} + \cdots\right) \tag{3-11-68}$$

　　　E_g——辊子材料的弹性模量,常用材料的弹性模量见表 3-11-6,对于 35 号碳钢,$E_g \approx 200\text{GPa}$;

　　　I_{ri}——各断面惯性矩,mm^4,

$$I_{ri} = \frac{\pi D_{ri}^4}{64}$$

　　　D_{ri}——各断面直径,mm;

　　　L_i——各断面至轴承中心线的距离,mm(见图 3-11-86);

　　　E_{r2}——单位载荷作用下辊子的剪切变形能,

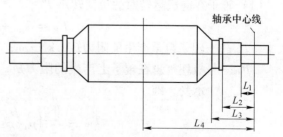

图 3-11-86　辊子强度校核

$$E_{r2} = \frac{1}{4G_t}\left(\frac{L_1}{A_{r1}} + \frac{L_2 - L_1}{A_{r2}} + \cdots\right) \tag{3-11-69}$$

G_t——辊子材料的剪切弹性模量，$G_t \approx 79$GPa；

A_{ri}——各断面面积，mm^2；

E_{r3}——单位载荷作用下板坯的变形能，

$$E_{r3} = \frac{L}{2E_c S_b}$$

E_c——板坯材料的弹性模量，E_c主要由板坯的温度决定，如在图 3-11-3 中 $A_1 \sim A_8$、$B_1 \sim B_3$ 辊道处（未经冷却的板坯，温度大约为 500℃），$E_c \approx 170$GPa；在 $A_9 \sim A_{18}$、B_7、B_8、C_1、C_2 等辊道处（冷却后板坯），$E_c \approx 207.16$GPa；部分常见板坯材料的弹性模量见表 3-11-7；

S_b——板坯断面积，mm^2。

表 3-11-6　常见材料的弹性模量、剪切模量和泊松比

序号	材　料	弹性模量 $E/$GPa	剪切弹性模量 $G/$GPa	泊松比 μ
1	镍铬钢、合金钢	206	79.38	0.25 ~ 0.3
2	碳钢	196 ~ 206	79	0.24 ~ 0.28
3	铸钢	172 ~ 202	73 ~ 76	0.3
4	球墨铸铁	140 ~ 154		
5	灰口铸铁、白口铸铁	113 ~ 157	44	0.23 ~ 0.27

表 3-11-7　部分板坯材料的弹性模量

序号	材　料	温　　度/℃					
		20	100	200	300	400	500
		弹性模量/GPa					
1	45 号	209	207	202	196	186	174
2	20g	209	206	197	191	183	174
3	2Cr13	228	214	208	200	189	180
4	1Cr18Ni9	180	—	170	164	—	—
5	12Cr1MoV	214	211	206	195	187	179
6	20CrMnTi	212	209	203	197	187	177
7	35CrMo	213	209	205	199	181	177
8	16MnR	209	207	201	193	185	172

（3）作用在辊子上的弯矩

对辊子所受的静载荷和动载荷进行比较，取其中大者作为强度计算载荷，一般 $P_r > M_{jr}$，故辊子各断面所受的弯矩 M_{ri} 为：

$$M_{ri} = \frac{P_r}{2}L_i \tag{3-11-70}$$

b　强度校核

（1）在冲击载荷作用下辊子的弯曲应力

$$\sigma_{ri} = \alpha_r \frac{M_{ri}}{Z_{ri}} \tag{3-11-71}$$

式中　σ_{ri}——辊子各截面处应力，GPa；

α_r——辊子各段形状参数，

$$\alpha_r = 1 + (c_1 + c_2 \cdot \sigma_b)(1 - e^{c_3 d_1})(1 - e^{-c_4 \times d_1/R_i})[1 - e^{-c_5(1 - d_1/d_2)}]$$

d_1——辊子直径 D_i 和 $D_{(i+1)}$ 的小头直径，mm；

d_2——辊子直径 D_i 和 $D_{(i+1)}$ 的大头直径，mm；

R_i——辊子直径 D_i 和 $D_{(i+1)}$ 的过渡圆角半径，mm；

σ_b——辊子材料抗拉强度，kN/mm^2；

c——系数，由表 3-11-8 查得；

Z_{ri}——抗弯截面模量，$Z_{ri} = \dfrac{\pi D_{ri}^3}{32} mm^3$。

表 3-11-8　c 值

C_1	C_2	C_3	C_4	C_5
0.71	0.016	0.1	0.07	5.75

（2）强度校核

对于未经冷却即仅考虑毛刺产生的冲击或冷却后仅考虑板坯翘曲引起头部下沉产生冲击这两种情况时，要求：

$$\sigma_i < \sigma_a \tag{3-11-72}$$

$$\sigma_a \approx 0.28\sigma_b$$

式中　σ_a——辊子材料的弯曲疲劳极限，MPa；

σ_b——辊子材料的抗拉强度，MPa。

对冷却后的板坯，既考虑翘曲又考虑毛刺存在而产生冲击时，要求

$$\sigma_i < \sigma_s \tag{3-11-73}$$

式中　σ_s——辊子材料的屈服极限，MPa。

11.11　火焰清理机

火焰清理机是保证板坯质量的重要设备，目的是去除板坯的表面缺陷，而对冷板坯或热板坯进行表面清理。特别是对于要求高的薄板和硅钢板，板坯表面的小缺陷轧制成材后会扩展成几米长的缺陷。机械火焰清理工序又是提高生产率的重要环节，一个年产量为140 万～150 万吨的连铸工厂，每天就有 3000～4000t 坯料需要清理。人工清理一块板坯需要 2～3h，对于大型板坯连铸生产单靠人工清理是根本无法完成的。另外，要实现热送，也需要在线对板坯进行机械清理。

目前世界上可提供成套火焰清理机设备及技术的厂商有若干家，如德国艾弗茨公司、

GeGa 公司、瑞典伊沙公司、美国 L-TEC 公司等。其中美国 L-TEC 公司（原来一直称美国 UCC）在世界上最早研发火焰清理技术，可提供各种型号的火焰清理设备。日本、德国等国家有公司可提供一些小型的局部清理机。国内也有公司在开发火焰清理机，但技术水平及市场占有率均有限。目前美国 L-TEC 公司生产的火焰清理设备在市场中仍占主导地位。

11.11.1 L-TEC 公司的火焰清理机

11.11.1.1 设备分类及性能

美国 L-TEC 公司生产的火焰清理机大致可分为三类：

（1）热钢坯火焰清理机：这类清理机主要用于温度在 1000℃ 以上的板坯、大方坯、小方坯及圆坯等的火焰清理，见表 3-11-9 和表 3-11-10。

表 3-11-9 热钢坯清理机

型号 / 项目	CM-58	CM-71	CM-68	CM-78
①可能清理的钢坯尺寸 宽度 厚度	（小方坯、方坯） 102～367mm 51～367mm	（方坯、板坯） 102～1091mm 64～548mm	（方坯、板坯） 153～2177mm 76～548mm	（板坯） 356～2448mm 76～548mm
	上述尺寸可根据烧嘴的数量多少而选择			
②烧嘴	No6 或No9 PMSU	No9 SPSU	No9 SPSU	No9 SPSU
③清理面	既能上、下、两侧面同时清理，又能有选择清理			
④清理深度	1.5～4.5mm（单面）			

表 3-11-10 热/冷钢坯局部清理机

型号 / 项目	CM-18	CM-18	CM-81S	CM-69S	CM-98
①可能清理的钢坯尺寸 宽度 厚度	（板坯）	（板坯、方坯） 没有特别规定 没有特别规定	（板坯、方坯）	（板坯） 200～2200mm 约400mm	（板坯） 600～2200mm 125～400mm
				尺寸不同，所选烧嘴数量不同	
②烧嘴	No8 SSU	No4 或No8 SSU	No8 SSU	No8 SSU	No8 SSU
③清理面	在板坯上面以烧嘴宽为 200mm 进行选择清理	以烧嘴的宽度对板坯上面及一个侧面进行选择清理		以烧嘴宽度 200mm 对板坯的上面及一个侧面同时清理或有选择的局部清理	以烧嘴宽度 200mm 对板坯的上、下两侧面，同时清理或有选择的局部清理
④清理深度	1.5～6mm	1.5～6mm	1.5～6mm	1.5～4.5mm	1.5～4.5mm

（2）冷钢坯/温钢坯火焰清理机：这类清理机主要用于温度在常温～200℃（冷坯）以及 600～900℃（温坯）连铸板坯的火焰清理，见表 3-11-11。

表 3-11-11　冷/温钢坯清理机

项　目 ＼ 型　号	CM-69	CM-90	CM-91
①可能清理的钢坯尺寸	（板坯）	（板坯）	（板坯）
宽度	397～2448mm	548～2448mm	102～548mm
厚度	76～548mm	152～548mm	102～548mm
		上述尺寸可根据烧嘴的数量多少而选择	
②烧嘴	No6 或No9 PMSU	No9 PMSU	No9 PMSU
③清理面	上面及一个侧面同时清理，又能进行有选择的清理	上、下、两侧面同时清理，又能进行有选择的清理	
④清理深度	1.5～4.5mm（单面）		

（3）冷钢坯/热钢坯局部火焰清理机：以上两类清理机工作时都是将被清理的表面整个除去一层，而局部火焰清理机则是在冷或热的连板坯表面缺陷比较少或比较分散时进行局部的缺陷去除，它可以对局部缺陷进行数次去除，也可以一次对几个局部缺陷进行清理。另外，它与上两类清理机另一个不同点是钢坯不动，而清理机可以沿纵向和横向移动，以便让烧嘴很方便地对准缺陷进行清理工作。其性能见表 3-11-10。

除了上述三大类清理机外，还能根据用户要求设计制造特殊型号的火焰清理机，如特宽（2448mm）、特厚（819mm）板坯。其尺寸的变化是基于增减烧嘴的个数得来的，各清理机中的各个系统，控制原理以及所选用元件的类型基本相同。

火焰清理机的技术水平主要体现在工作安全可靠，操作维修简便，清理后板坯表面光滑平整，清理效率高，成本低。

11. 11. 1. 2　清理机烧嘴

火焰清理机烧嘴是清理机的关键部件，也是美国 L-TEC 公司的专利之一，烧嘴的技术性能如何，直接关系到清理的可靠性、质量、效率等。最初的清理烧嘴是把若干个手工清理枪并列安装，使用内混式结构，预热气体多采用氧—乙炔。因这些烧嘴氧气孔道是圆形的，所以清理出的钢坯表面呈波浪状，而且峰谷差值大。为了改善被清理表面的质量，研究开发了细长孔状的氧气喷孔，又把这种形式的烧嘴并列安装，从而获得了比较平滑的清理表面。因内混式结构回火现象频发，又研究开发了外混式烧嘴。下面介绍常用的几种烧嘴。

（1）HCSU 型烧嘴。如图 3-11-87 所示 HCSU 型烧嘴供热坯清理用。采用外混式结构。为了达到 1.5～4mm 的清理深度，烧嘴的氧射流速度高，用 X 型橡胶圈密封效果好，安全可靠。

（2）SPSU 型烧嘴。SPSU 型烧嘴如图 3-11-88 所示，它与 HCSU 有互换性，是一种屏蔽预热烧嘴，在 1971 年以后制作的热清理机中使用，具有下述特点：①可对钢坯的四面同时进行清理，并能得到均匀、初始清理深度小的良好清理表面；②开始清理时，钢坯不需逆送，可以从钢坯前端附近进行清理；③能对比通常温度低的钢坯进行预热和清理；④预热时间短；⑤可以深清理，清理深度可达 6～7mm。

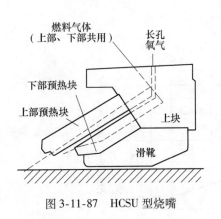

图 3-11-87　HCSU 型烧嘴

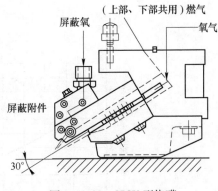

图 3-11-88　SPSU 型烧嘴

（3）FSSU 型烧嘴。如图 3-11-89 所示，FSSU 型烧嘴是一种快速清理烧嘴，用于清理冷坯。以前对冷钢坯进行清理采用加铁粉预热的方法，但由于采用加铁粉作业对环境污染较大，故研究开发了 FSSU 型烧嘴。它的主要特点是在短时间内即能预热开始清理。结构上是内混与外混并用，由于有内混式结构，有时会产生回火。

（4）PMSU 型烧嘴。如图 3-11-90 所示，PMSU 型烧嘴由于采用外混式结构和去掉了混合室，因而消除了回火现象，使预热区变大，开始清理时的深度小，1979 年生产的冷清理机都配置这种烧嘴。

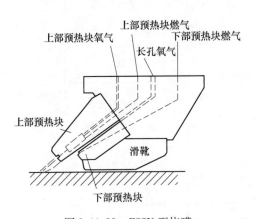

图 3-11-89　FSSU 型烧嘴

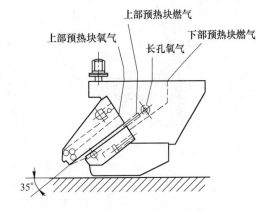

图 3-11-90　PMSU 型烧嘴

（5）SSU 型烧嘴。SSU 型烧嘴是局部清理机用烧嘴，其清理宽度有 100mm、200mm、270mm 三种，这种烧嘴以前用内混式，后被外混式代替，清理过的部分不产生翘片。

11.11.1.3　影响清理速度的因素

影响清理速度的因素很多，如氧气纯度，燃气的种类，清理深度，钢坯温度和材质，清理烧嘴的效能等。一般来讲，氧气纯度越高，钢坯温度越高，清理速度越快。含碳量越高清理速度越慢。

使用纯度为 99.5% 氧气和天然气、乙炔、甲烷或精制焦炉煤气作为燃气，清理比较平直的低碳钢坯的特性曲线如图 3-11-91 ～图 3-11-98 所示。

A　冷坯清理

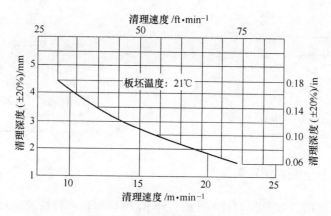

图 3-11-91　清理深度的影响

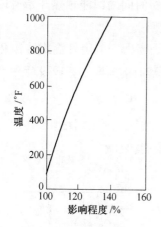

图 3-11-92　温度的影响

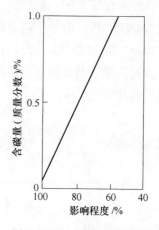

图 3-11-93　含碳量的影响

B　温坯清理

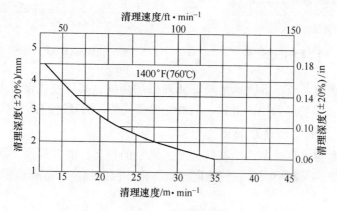

图 3-11-94　清理深度的影响

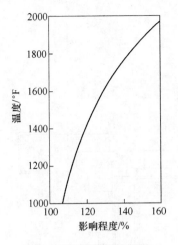

图 3-11-95　温度的影响

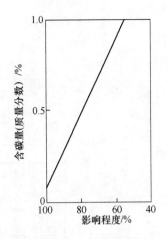

图 3-11-96　含碳量的影响

C　热坯清理

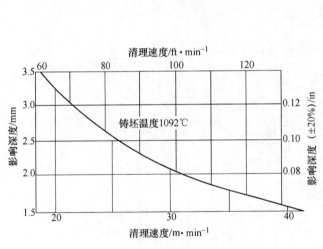

图 3-11-97　清理深度的影响

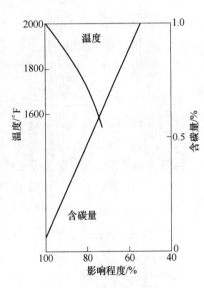

图 3-11-98　温度及含碳量的影响

11.11.1.4　CM-90-8-1 型火焰清理机

A　设备概况

这种火焰清理机如图 3-11-99 所示，设备布置在 A 钢铁公司连铸车间机械清理线 B_5 与 B_6 辊道之间，如图 3-11-3 所示。清理机本体框架是左右一对立柱和其连接的上下十字构件组成的坚固焊接框架，框架的两根立柱安装在有铁路车辆用车轮的台车上，台车一边的一对车轮靠气动马达驱动，以使清理机进出生产线，方便维修。图 3-11-100 是火焰清理机的结构原理图，上下浮动梁（件）沿立柱的导向槽上下垂直和水平滑动，在上下浮动梁上各自安装着靠气缸进行驱动的水平滑块，在水平滑块上安装有垂直滑块。这些水平及垂直滑块各自配备了带有氧气流动所需的连续沟槽型清理烧嘴的气体分配器。

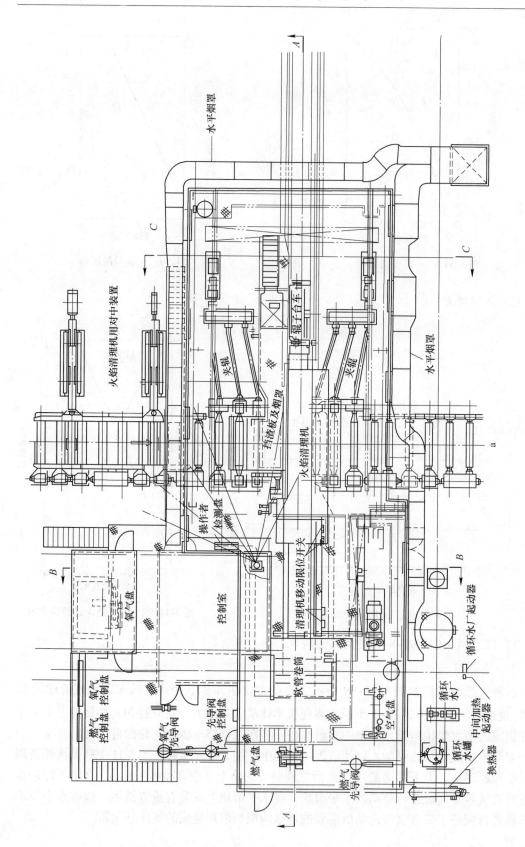

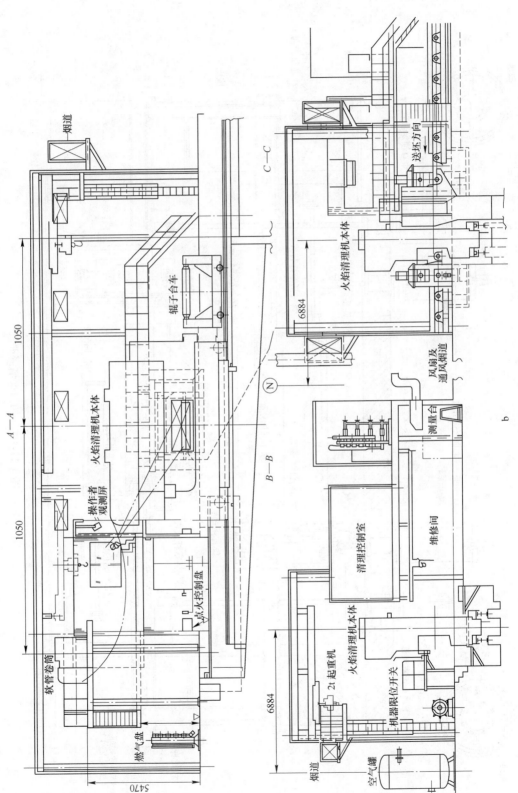

图 3-11-99 火焰清理机配置

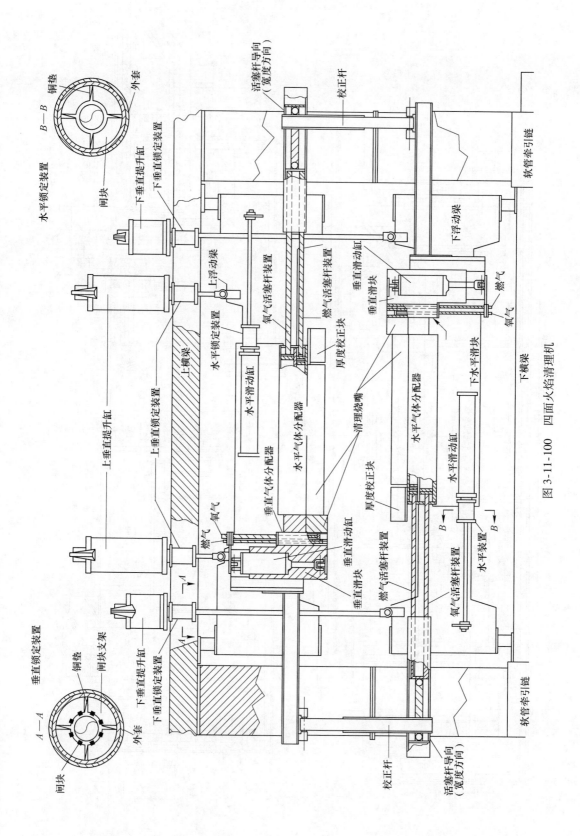

图 3-11-100　四面火焰清理机

　　在能够进行火焰清理的尺寸范围内，清理机直接与板坯接触，自动确定尺寸，只要与板坯断面相符合，就能选择好喷出氧气及燃气的孔。为了有效地清理好板坯角部，喷出氧气孔的宽度设定比板坯断面尺寸要稍许宽一些，气孔宽度的选择以30mm为单位进行调节。

　　火焰清理烧嘴的靠拢首先是上下烧嘴与板坯接触，为了使两个侧面的烧嘴在水平方向靠拢，上下喷嘴要从板坯表面作稍许后退。为了最后确定尺寸，侧面两烧嘴水平靠拢结束后，也须从板坯表面作稍许后退。板坯如有少许翘曲，能以适当的跟踪力使清理烧嘴上的靴块与板坯表面接触。

　　为防热和防渣，火焰清理机的动作部分均设置了保护罩，保护罩受热辐射较重处采用了水冷却结构。

　　控制火焰清理机的氧气及燃气供送方式为四面、上面、下面或上下面。

　　B　火焰清理机主要技术性能

可清理板坯尺寸：	厚度 150 ~ 270mm
	宽度 819 ~ 2177mm
	长度 5800mm，8000 ~ 12000mm
板坯温度：	室温 ~ 900℃
同时清理面：	四面同时、仅上面、仅下面，仅上下面
清理深度：	1.5 ~ 4.5mm（根据有关设备的性能而定）
清理速度：	例（一）板坯温度21℃时，8 ~ 25m/min
	例（二）板坯温度760℃时，13 ~ 40m/min
清理机形式：	CM-90-8-1 带自动点火装置
烧嘴形式：	№9　PMSU
清理钢种：	低碳钢、低合金钢等
尺寸设定方式：	厚度、宽度均自动设定
烧嘴动作：	气动式
清理作业周期时间：	见表3-11-12
火焰清理机本体质量：	46.7t

表 3-11-12　清理作业周期时间　　　　　　　　　　　　　　　（s）

清理作业项目	760℃板坯的情况	冷态板坯的情况
把板坯推进到设定位置	13[1]	13[1]
使烧嘴接触板坯，锁紧及稍许后退	12	12
逆送	3[1]	3[1]
预热	18[2]	28[2]
清理	L/v	L/v
烧嘴后退	5	5
合计	$51s + L/v$	$61s + L/v$

注：L—板坯长度，v—清理速度。

①根据有关设备的性能而定；

②表面平整，不带氧化铁皮及渣滓的板坯在上述时间可以近端启动，所谓近端启动，意味着在板坯前端75 ~ 100mm 以内。

能源介质：各种流体介质及电力参数详见表 3-11-13 和表 3-11-14。

表 3-11-13　MS、CM-90-8-1 用流体

流 体 种 类		压力/MPa		最大流量/m³·min⁻¹
		最大	最小	
氧气（标态）		17.6	12.3	496.8①
COG（标态）		6.3	4.9	53.22①
压缩空气（标态）		8.8	6.3	34.8
排烟		—	—	2832
高压水	清理时	17.6	14.1	21.98
	非清理时			10.61
低压水	喷雾	8.8	2.8	2.3
	热交换器			1.0
水道水			2.8	0.001

①是在清理机可能最大钢坯尺寸（四面同时）的流量。

表 3-11-14　MS、CM-90-8-1 用电力

项 目	种 类	最大功率/kW	接电率/%
清理机控制	AC380V，50Hz，3Φ	3.91	80
循环水泵	AC380V，50Hz，3Φ	22.4	100
清扫空气用鼓风机	AC380V，50Hz，3Φ	29.8	100
插入式加热器	AC380V，50Hz，3Φ	7.5	50

注：电磁阀为 AC115V，50Hz。

C　能源介质系统

清理机上主要有六个能源介质系统，参见图 3-11-101，包括氧气系统、燃气系统、压缩空气系统、清洁风系统，配电系统和电气仪表系统。

a　氧气、燃气系统

为了达到较好的清理表面，要求系统中的氧气、燃气的压力和流量能根据清理过程中各阶段不同要求稳定地调节和供给。

氧气系统主要由氧气盘、氧气一级减压先导盘、氧气控制盘等组成。

氧气盘包括大流量氧气调节器、阀门、过滤器等，能把火焰清理烧嘴所需要的氧气，进行正确的调整、控制、并进行适当的分配。

氧气一级减压先导盘包括为控制大容量二级式氧气调节器第一级出口压力的先导调节器及压力计，为了防止氧气管的主压力过高，设置了压力保护开关。

氧气控制盘包括控制大流量二级式氧气调节器最终出口压力所需要的压力计、先导调节器及远距离控制先导阀，能单独按冷、热态清理状态切换和控制输送到板坯上下面和两侧面的氧气压力。

燃气系统主要由燃气控制盘，燃气盘等组成。燃气控制盘包括为控制大流量一级式燃料气体调节器最终出口压力所必需的压力计、先导调节器及远距离操作先导阀，能单独按

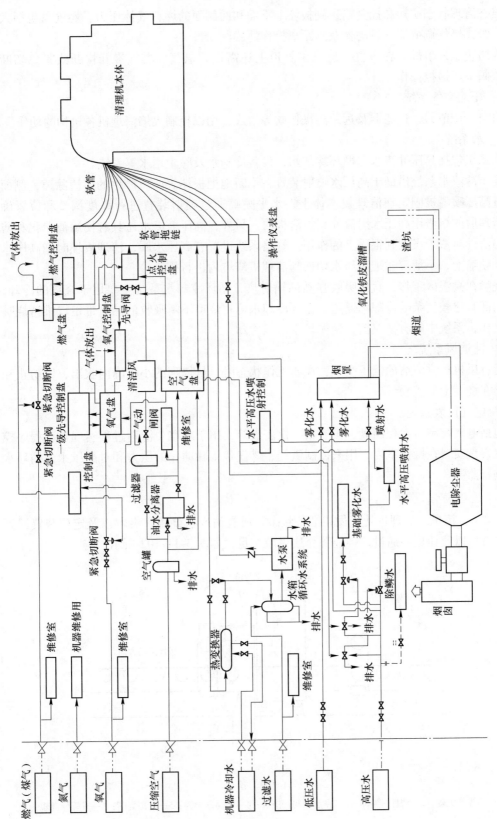

图 3-11-101 清理机能源介质控制系统

冷、热态清理状态切换和控制输送到板坯上下面和两侧面的燃料气体压力。燃气盘包括大流量一级式燃气调节器、过滤器及远距离操作薄膜阀。

为防止意外事故，在氧气、燃气主管道上还需设置氧气、燃气慢开快断式紧急切断阀，该阀采用遥控操作。

　　b　压缩空气系统

由空气调节器、过滤器及远距离操作阀等组成，用以控制火焰清理机各机构的动作。

　　c　水系统

水系统包括高压冲渣水，循环冷却水，设备冷却水及除尘用水等系统。

高压冲渣水系统借助于高压水喷射装置，不断地把板坯表面所产生的熔渣除掉，侧面的垂直高压喷嘴被固定在清理机本体上，水平喷嘴通过喷射装置进行高度调整和位置确定。清理后的熔渣用高压水射流冲到挡渣板内。另外，高压射流水还具有使熔渣粒化和防止火焰清理时渣子飞溅到辊道上的作用。管路系统设置有高压水阀，清理板坯时把高压水供送到喷嘴上，不清理时把高压水切换到清理机渣坑内进行排渣。

烧嘴在高温区工作，直接吸收强烈的辐射热，循环冷却水系统主要用于烧嘴的冷却，烧嘴内部有比较复杂的冷却水通道，循环冷却水可将烧嘴不断吸收的热量带走以维持烧嘴正常工作，系统中配有换热器，使循环水得以冷却。

　　d　清洁风系统

通过风机提供清洁的低压空气，在非工作状态时，从烧嘴的小喷嘴内吹出，以防止和吹掉落在烧嘴上的脏物。

　　e　电气仪表系统

包括电气控制台、控制盘、按钮站、仪表盘等，用于对整个清理过程实现自动程序控制，仪表盘安置在操作室内，用来控制氧气、燃气各步骤动作的压力和对高压水、循环水压力进行监测。

　　D　设备动作概要

步骤 0：待机。清理机处于最初准备状态，所有清理机烧嘴、夹辊以及定位装置回到原始位置，以便让板坯通过，各能源介质供应充足，如图 3-11-102 所示。

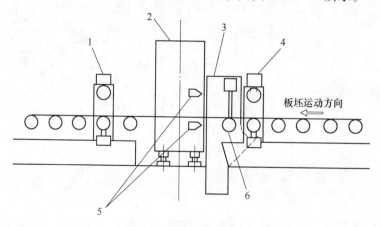

图 3-11-102　待机

1—后浮动夹辊；2—清理机本体；3—排烟罩和挡渣板；4—前浮动夹辊；5—清理烧嘴；6—升降导向辊

步骤1：进坯、对中。板坯进入清理机之前，在送进辊道上通过定位装置对中，使板坯位于清理机中心位置，如图3-11-103所示。

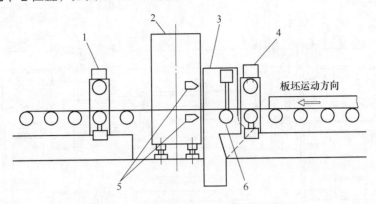

图3-11-103   清理机前辊道送坯并对中

1—后浮动夹辊；2—清理机本体；3—排烟罩和挡渣板；4—前浮动夹辊；5—清理烧嘴；6—升降导向辊

步骤2：进坯。对中后的板坯由前送坯辊道和夹辊运送至清理机内规定的位置定位，此时，清理机烧嘴仍处于原始位置，如图3-11-104和图3-11-105所示。

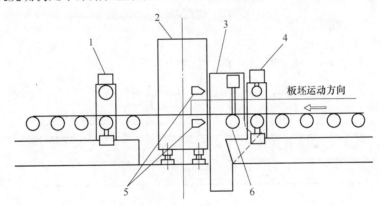

图3-11-104   进坯

1—后浮动夹辊；2—清理机本体；3—排烟罩和挡渣板；4—前浮动夹辊；5—清理烧嘴；6—升降导向辊

步骤3：烧嘴定位。坯头停止在规定的位置定位。

（1）上下烧嘴向板坯表面移动"闭合"，以便位置检测。然后抬起，自动定位如图3-11-106～图3-11-108所示，以保证烧嘴和板坯表面间留有适当的间隙，约为12mm。

（2）两侧烧嘴"闭合"，然后抬起，如图3-11-109和图3-11-110所示。

（3）侧烧嘴定位，如图3-11-111所示。

上述动作完成后，烧嘴定位完毕。

步骤4：逆送。当烧嘴定位后，接到信号，板坯由定位位置返回到预热位置。如图3-11-112所示。

步骤5：预热、再次闭合。在预热位置，当板坯预热到适当的时间，辊道和前夹辊开始送板坯，进行清理。当板坯大约运行至烧嘴定位位置时，烧嘴以浮动状态重新平缓地靠在板坯表面上，并按照所要求的清理速度进行清理，如图3-11-113和图3-11-114所示。

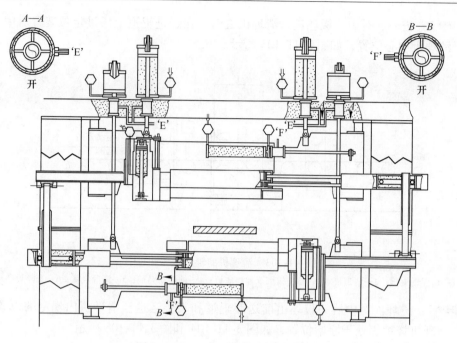

图 3-11-105　非工作状态原始位置

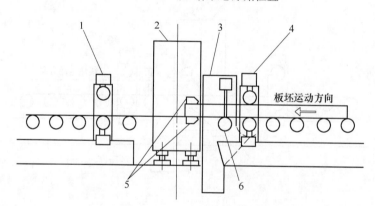

图 3-11-106　上下烧嘴闭合

1—后浮动夹辊；2—清理机本体；3—排烟罩和挡渣板；4—前浮动夹辊；5—清理烧嘴；6—升降导向辊

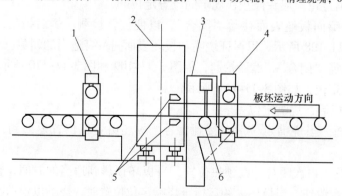

图 3-11-107　上下烧嘴打开

1—后浮动夹辊；2—清理机本体；3—排烟罩和挡渣板；4—前浮动夹辊；5—清理烧嘴；6—升降导向辊

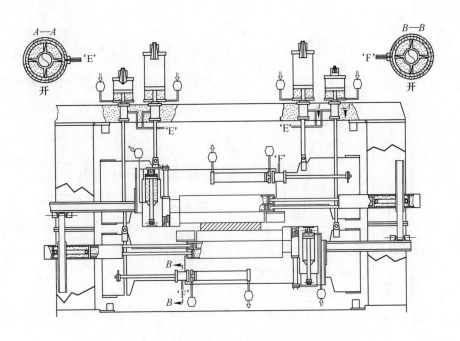

图 3-11-108 上下烧嘴闭合

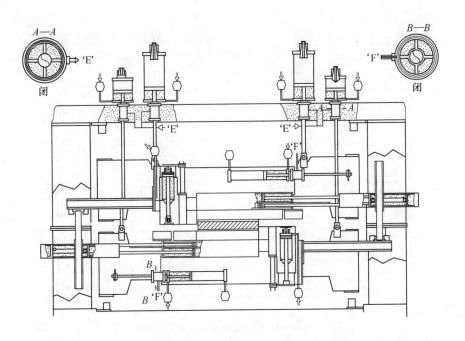

图 3-11-109 上下垂直缸锁定，上下烧嘴定位，两侧烧嘴闭合

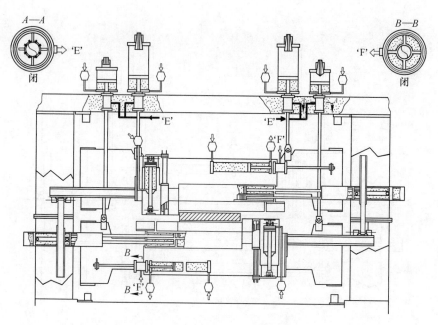

图 3-11-110　水平缸锁定、两侧烧嘴定位

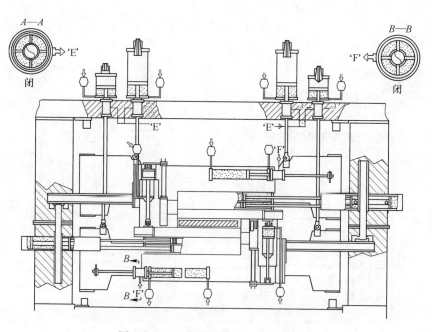

图 3-11-111　侧烧嘴定尺、定位完毕

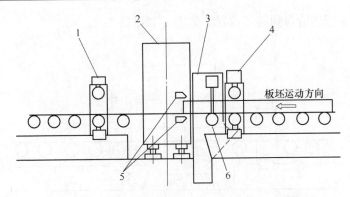

图 3-11-112　板坯逆送

1—后浮动夹辊；2—清理机本体；3—排烟罩和挡渣板；4—前浮动夹辊；5—清理烧嘴；6—升降导向辊

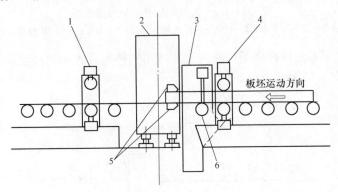

图 3-11-113　预热

1—后浮动夹辊；2—清理机本体；3—排烟罩和挡渣板；4—前浮动夹辊；5—清理烧嘴；6—升降导向辊

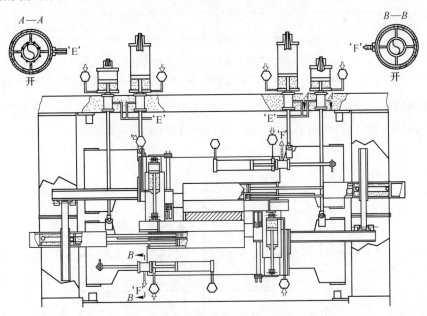

图 3-11-114　垂直、水平气缸锁定被打开、烧嘴浮动

步骤 6：当坯头通过后夹辊时，前后夹辊接换夹送。前夹辊复位，由后夹辊送板坯继

续进行清理，直至板坯清理到终了位置。如图 3-11-115 所示。

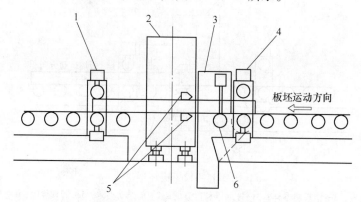

图 3-11-115　前夹辊松开，后夹辊送坯

1—后浮动夹辊；2—清理机本体；3—排烟罩和挡渣板；4—前浮动夹辊；5—清理烧嘴；6—升降导向辊

步骤 7：当坯尾通过清理终了位置后，清理用气体断开，辊道停止运转，烧嘴和后夹辊复位。如图 3-11-116 所示。

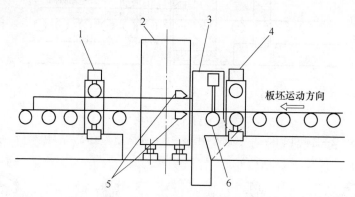

图 3-11-116　板坯前送及清理停止

1—后浮动夹辊；2—清理机本体；3—排烟罩和挡渣板；4—前浮动夹辊；5—清理烧嘴；6—升降导向辊

清理烧嘴和后夹辊完全复位后，如图 3-11-117 所示，将清理后的板坯继续往后续辊道送坯，一块板坯的清理周期完毕。后续板坯的清理仍按上述步骤进行。

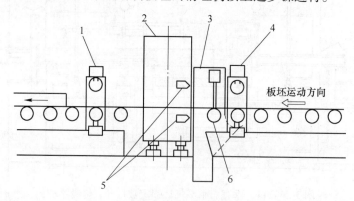

图 3-11-117　复位

1—后浮动夹辊；2—清理机本体；3—排烟罩和挡渣板；4—前浮动夹辊；5—清理喷嘴；6—升降导向辊

E 两面与四面火焰清理机的比较

火焰清理机型式的选择与配置应根据板坯的清理要求、清理机的性能、清理量及具体配置方式等方面综合分析确定。表3-11-15是CM-69型两面清理机与CM-90型四面清理机的比较。

表3-11-15 火焰清理机的比较

机型 比较项目		CM—69型两面清理机	CM—90型四面清理机
1	被清理板坯断面尺寸	厚76~548mm 宽1633~2991mm 根据用户要求可更改	厚153~548mm 宽1633~2991mm 根据用户要求可更改
2	同时清理面	上面及一个侧面	4面 同时清理
3	清理深度	1.5~4.5mm	1.5~4.5mm
4	清理面形状	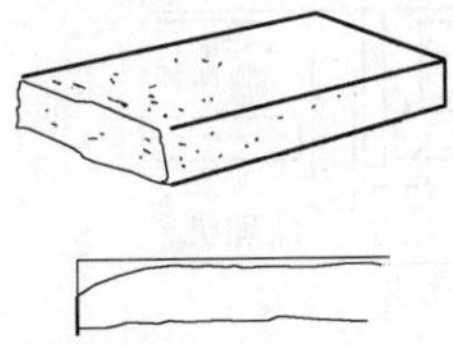 无未清理部分	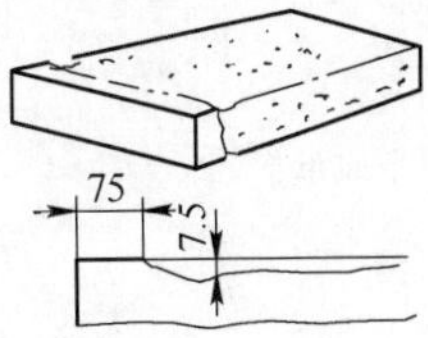 未清理部分长约75mm 开始清理深度：平均7.5mm
5	清理速度	温坯（760℃）15~40m/min 冷坯（21℃）8~25m/min	温坯（760℃）15~40m/min 冷坯（21℃）8~25m/min
6	清理后的翘曲	单面清理会出现翘曲，两面清理后可消除	清理后无翘曲
7	清理周期（s） (1) 板坯位置确定 (2) 烧嘴闭合定位 (3) 预热位置逆送 (4) 预热 (5) 清理 (6) 烧嘴复位	12[①] 10 12[②] 冷坯18[③] 温坯15[③] 坯长/清理速度 5	13[①] 12 3[①] 28[③] 18[③] 坯长/清理速度 5
		计：冷坯：60+清理时间 温坯：54+清理时间	计：冷坯：61+清理时间 温坯：51+清理时间
8	处理量	(1) 用一台清理机进行两面清理，翻钢、逆送，再进行另两面清理的场合： 10万~12万吨/月 (2) 用一台清理机，设置旁线，清理两面后的板坯翻坯时，另一块板坯进行清理的场合： 15万~18万吨/月 (3) 两台清理机有辅助设施的场合： 约25万吨/月	一台四面清理机约 25万吨/月

比较项目 　　　　机型	CM—69 型两面清理机	CM—90 型四面清理机
9　平面布置	（1）清理量小于 10～12 万吨/月的情况 （2）清理量在 15～18 万吨/月的情况 （3）清理量大于 25 万吨/月的情况	清理量在 10～25 万吨/月通用的情况
10　清理机单台价格比较	100%	170%
11　所必须的辅助设施	（1）电除尘及风机　　1 套 （2）高压水泵　　　　1 或 2 套 （3）翻坯机　　　　　1 套 （4）侧导向　　　　　1 套 （5）夹辊装置　　　　2 或 4 套	（1）电除尘及风机　　1 套 （2）高压水泵　　　　1 套 （3）对中装置　　　　1 套 （4）夹辊装置　　　　1 套 （5）辊道台车　　　　1 套

注：当四面同时清理存在未清理部分时，应考虑有必要进行手工清理。

① 可根据用户要求规格。

② 两面清理机的逆走距离 300mm 且需要 ±3mm 精度的正确预热位置。四面清理机的逆走距离约 230mm，且逆长的精度要求不高。

③ 预热时间与预热部分的板坯形状，以及氧化皮附着状况有关。

11.11.2　与宽厚板坯连铸机配套的火焰清理机

A 钢铁公司在其宽厚板坯连铸机生产线后配置了 GeGa 公司提供的 PFM-F4-S2 型火焰清理机，以下对其做简要介绍。

11.11.2.1　设备主要结构

该清理机包括机械设备和能源介质系统两大部分，机械设备主要由烧嘴滑架、摇杆、喷水管、钢结构四部分组成。能源介质系统包括氧气—燃气控制装置、高压水阀台和低压水阀台。

A　机械设备

清理机上配置了四套烧嘴滑架，每套烧嘴滑架中装有八个移动辊和 4 个支撑辊，这些辊子均装有偏心轴，可对辊中心位置进行调整。烧嘴滑架采用变频电机—减速器—小齿轮驱动，可在钢结构台架上往复移动，根据需要对板坯的不同部位进行清理。

摇杆用于烧嘴的上下摆动，由带水冷的两个平行杆组成，便于将烧嘴移动到所需要的工作位置。

喷水管中装有水平喷嘴和垂直喷嘴，通过高压水将火焰清理时产生的熔渣击碎、冷却，然后通过冲渣沟排走。

钢结构是火焰清理机的主体机架，以上三部分设备均安装在钢结构上。

B　能源介质系统

火焰清理机工作时消耗的氧气、燃气、高压和低压水通过各自的供送管路汇集到清理机附近的能源介质交接点后，均使用软管通过电缆拖链供应到火焰清理机上。四个烧嘴使用的氧气压力和燃气压力都可以独立调节，高压水和低压水则通过各自的阀台送往各用户点。

11.11.2.2　主要技术参数

工作方式：　　　　　同时清理板坯上表面和一个侧面
板坯厚度：　　　　　220mm，250mm，320mm
板坯宽度：　　　　　1200 ~ 2300mm
板坯长度：　　　　　4200mm，7000 ~ 10500mm
钢种：　　　　　　　所有不用辅加铁粉可以切割的钢种，但合金成分总含量需低于 5%
板坯温度：　　　　　≤1100℃
清理能力：　　　　　400，000 ~ 600，000t/a

能源介质参数见表 3-11-16。

表 3-11-16　火焰清理机能源介质参数

介 质 种 类	峰值耗量（标态）/m³·h⁻¹	压力/MPa	纯 度/%
氧气（4 个烧嘴总量）	7850	15	≥99.5
焦炉煤气	890	58	净化的，无沉淀颗粒
氮气	80	48	无沉淀颗粒
设备冷却水	150	46	工业用水，进水温度最高 35℃
烧嘴冷却水	—	—	闭路循环水
粒化水	400	12 ~ 16	工业用水
喷水罩	150	6	工业用水

11.11.2.3　板坯温度、清理速度与清理深度

板坯温度、清理速度与清理深度的关系如图 3-11-118 所示。

11.11.3　对中装置

对中装置属火焰清理机的配套设备，设置在火焰清理机前的送坯辊道上，如图 3-11-119 所示。该装置通过两侧可动的导板使板坯位置处于辊道中心。

两侧的可动导板在两个液压缸作用下移动，齿轮齿条装置使得两侧可动导板同时动作。上下臂及导板均采用钢板焊接结构，可动导板的板坯入口侧有板坯导板，以便使板坯容易导入，在左右两侧臂上分别由两个车轮和四个导轮水平支承，可作横向移动。同步齿轮与前车轮同轴并采用滚动轴承，而其他各导轮轴承以用轴衬为宜。对于热坯进行清理时，还应考虑相应的防热措施，如在导板中通水冷却等。A 钢铁公司连铸火焰清理机用的对中装置采用这种型式，其主要技术参数如下：

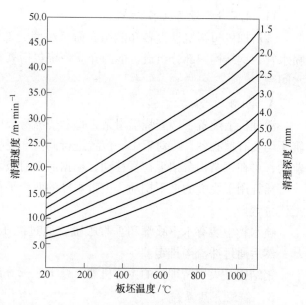

图 3-11-118　板坯温度与清理速度和清理深度的关系

型　　式	液压缸驱动两侧可动式
推动板坯最大重量	约 44.5t
推动速度	8m/min
定位行程	约 650mm
可动导板	长约 8800mm（若包括板坯导入导板，则其长度为 11900mm）

11.11.4　除尘设备

除尘设备用来除去火焰清理机清理时所排废气中的氧化铁粉、灰尘等，并将净化后的气体排放到大气中，属火焰清理机的配套设施。从清理机中排出的气体通过吸尘罩烟道引入除尘器，除尘后，再通过风机从烟囱释放到大气中。没有被吸入的含尘气体，通过设置在清理机上部的厂房换气风管，送入烟道，进而除尘。在吸尘罩及厂房换气风管的烟道中可设置切换阀门，火焰清理时从吸尘罩引入含尘气体；不清理时，从厂房换气风管引入含尘气体，进入除尘器，使得整个车间空气得到净化。

11.11.4.1　除尘器的选定

A　除尘器使用范围及工作原理

几种型式除尘器的使用范围见表 3-11-17，其中离心式、过滤式为干式除尘，文丘里式为湿式除尘，电除尘器可用于干式或湿式除尘，几种除尘器的工作原理如图 3-11-120 所示。

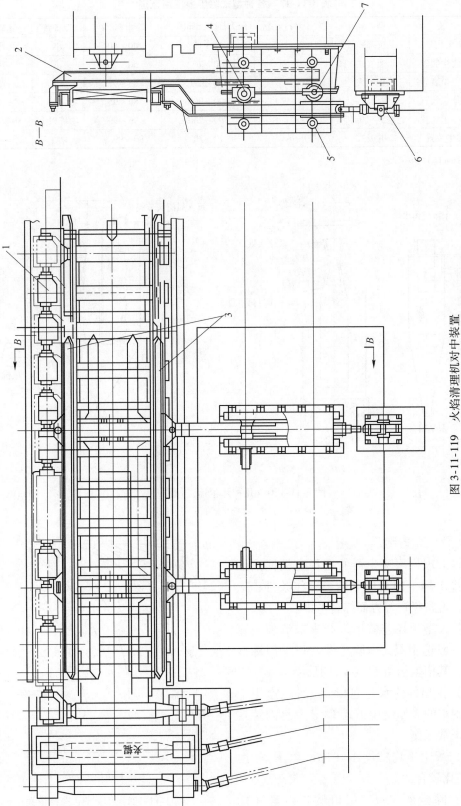

图 3-11-119　火焰清理机对中装置

1—火焰清理机前辊道；2—下臂；3—导板；4—同步齿轮及车轮；5—导轮；6—液压缸；7—车轮

表 3-11-17　各种型式除尘器使用范围

分　类	型　式	灰尘粒度/μm	压力损失/mmH₂O	除尘率/%	设备费	运转费
重力集尘装置	沉降式	1000～50	10～15	40～60	小	小
惯性力集尘装置	通气式	100～50	30～70	50～70	小	小
离心力集尘装置	旋风式	100～3	50～150	85～95	中	中
洗净式集尘装置	文丘里式	100～0.1	300～900	80～95	中	大
过滤式集尘装置	过滤式（布袋）	20～0.1	100～200	90～99	中等以上	中等以上
电气集尘装置	电极式	20～0.05	10～20	90～99.9	大	小～中等

注：1mmH₂O=9.8Pa。

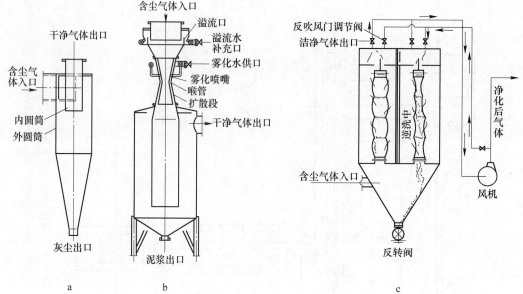

图 3-11-120　几种除尘器工作原理
a—离心式（旋风式）；b—文丘里式；c—过滤式（布袋式）

B　除尘器的选择

火焰清理机用除尘器的选择应根据火焰清理机排出烟尘的具体参数、工作条件、除尘效率、设备投资等方面综合考虑。

现代大型板坯连铸生产线火焰清理用除尘设备一般选用湿式电除尘器（以下简称湿式 EP），其依据如图 3-11-121 所示。

（1）排出气体水分饱和，这种状态用干式是很困难的。如使用干式 EP，容易因结露而不能正常工作。

（2）灰尘平均粒度小（1μm 以下），用湿式 EP 比较合适。

（3）除尘效率高，出口侧含尘量（标

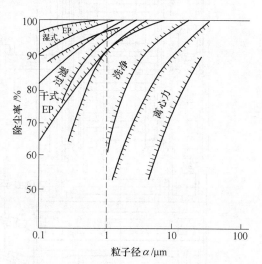

图 3-11-121　湿式 EP 选择依据

态）为 0.05g/m³（干的）以下。

（4）系统压力损失小，运转费用较低。

11.11.4.2 湿式 EP 的除尘原理

湿式 EP 的除尘原理如图 3-11-122 所示，在电除尘器中，集尘极和放电极交替并排设置在这些电极之间，加上较高的直流电压。在这个电场的作用下，气体中的灰尘粒子由于带有静电电荷，就会粘附在集尘极上。

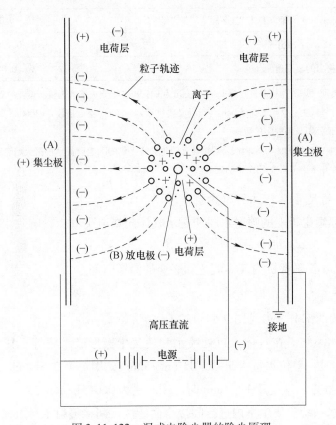

图 3-11-122　湿式电除尘器的除尘原理

常用水清洗集尘极板，灰尘同水一起经下部灰斗排向排水坑，并被送往水处理设备。除尘器的操作既可手动又能自动，操作和监视可在火焰清理操作室里进行。

11.11.4.3 湿式 EP 的基本设计（以 CM-90-8-1 火焰清理机为例）

A　集尘面积

集尘面积主要取决于排气量、除尘率、含尘量等参数。由多依奇公式计算：

$$\eta = 1 - \exp\left(-\frac{A}{Q}\omega\right) = \frac{C_i - C_o}{C_i} \tag{3-11-74}$$

式中　η——除尘效率，%；

A——集尘有效面积，m²；

Q——排气量，m³/s；

ω——粉尘的驱进速度，m/s；

C_i，C_o——分别为入口、出口的气体含尘量（标态），g/m^3。

A 钢铁公司用湿式 EP 集尘面积的主要设计参数见表 3-11-18。

表 3-11-18　集尘面积的主要设计参数

火焰清理机排气量/m^3·s^{-1}	$Q = 51$
干气体入口含尘量（标态）/g·m^{-3}	$C_i = 23$
干气体出口含尘量（标态）/g·m^{-3}	$C_o = 0.05$
除尘率/%	$\eta \approx 0.9783$
粉尘的驱进速度/m·s^{-1}	$\omega = 0.07$

注：1. Q 为基于美国火焰清理机制造厂家 L-TEC 公司为 CM-90-8-1 型火焰清理机所设计的必要风量。再考虑烟道的漏损，计算式为：$Q = 2832 m^3/min$（设计必要风量）$\times 1.08$（安全系数）$= 3060 m^3/min = 51 m^3/s$；

2. C_i 为 L-TEC 公司长期的实验数据；

3. ω 为日立 PLANT 公司（为 A 钢铁公司板坯连铸生产线提供的除尘设备）根据火焰清理排气用湿式 EP 的实际使用经验并考虑 10% 的安全率确定的。

B　湿式 EP 的尺寸及气体的机内流速

为了防止破坏集尘板上的喷射水膜和含水气体向烟道飞散，影响除尘效果，机内气体流速基准为 1.0 ~ 1.5m/s。

湿式 EP 的尺寸要确保机内气体流速和必要的滞留时间。

C　喷射水洗系统

该系统可分为两部分，参见图 3-11-123。

（1）连续喷水系统。在气体入口处喷水和使集尘极形成水膜等。其中水膜喷射水量为：集尘板宽 1m 时，单位水量 4.5 ~ 5.0L/(m·min)，用每个 2.5L/min 的空心圆锥形喷嘴；EP 室喷射水量为：排气量 1m^3/min 时，用水量为 0.045L/min。

（2）间接喷水系统。集尘室内进行间接全面清洗。间接喷射水量可取水膜喷射水量的 1.5 倍。

D　直流高压电源

采用可控硅整流方式，供电电源装置容量由选用的湿式 EP 确定，当除尘效率要求高时，应选择多电场除尘器除尘，用湿式 EP 双电场除尘时，电源容量为：

第一电场：65kV，0.35mA/m^2；第二电场：65kV，0.5mA/m^2

E　材料的选择

长期运转的湿式 EP 主要零部件，如集尘极、放电极、除尘器内部配管等一般选用不锈钢，壳体等可用一般钢板焊接，外部配管用优质碳素钢管。

F　A 钢铁公司连铸火焰清理用除尘系统

A 钢铁公司连铸火焰清理用湿式 EP 的配置及结构如图 3-11-124 和图 3-11-125 所示。

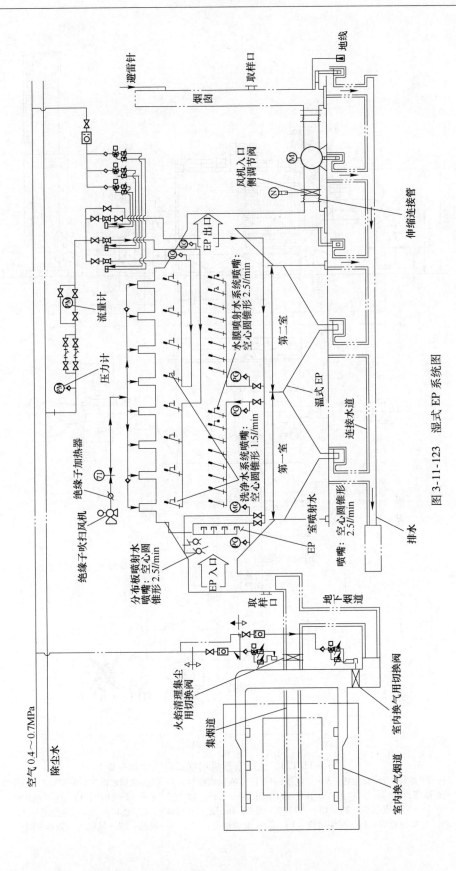

图 3-11-123　湿式 EP 系统图

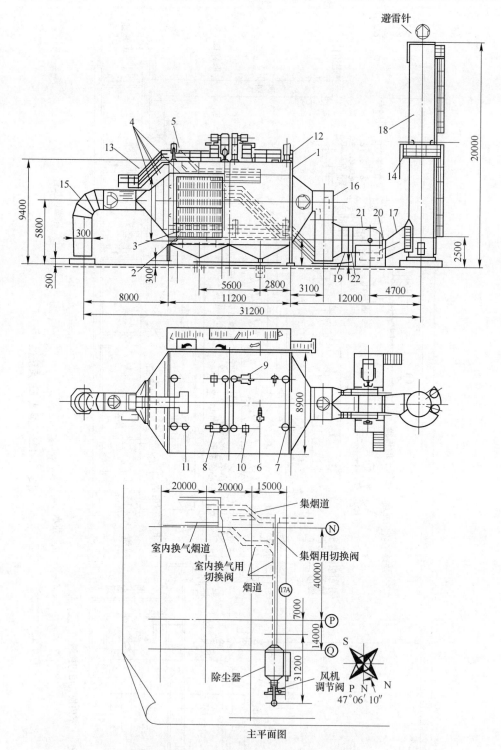

图 3-11-124　火焰清理机用湿式电除尘器配置

1—EP 本体；2—集尘板；3—放电板；4—连续喷射水配管；5—间接喷射水配管；6—热空气净化器；
7—绝缘室；8—第一室电流；9—第二室电流；10—人孔；11—安全孔；12—扶梯；13—测定点扶梯（1）；
14—测定点扶梯（2）；15—入口连接烟道；16—出口连接烟道（1）；17—出口连接烟道（2）；
18—烟囱；19—伸缩烟道（1）；20—伸缩烟道（2）；21—风机；22—风机入口侧调节阀

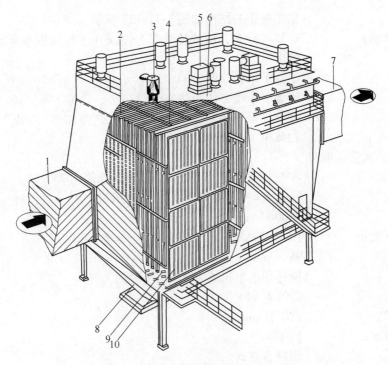

图 3-11-125 火焰清理机用电除尘器

1—入口烟道；2—气体整流分布板；3—绝缘子座；4—水膜水配管；5—电源装置；

6—洗净水配管；7—出口烟道；8—漏斗；9—集尘极排；10—放电极排

a 除尘器主要结构及技术性能

型式：湿式电除尘器

处理烟气量：　　　　　　3060m³/min

温度：　　　　　　　　　约60℃

烟气成分（体积比）：CO₂为1.5%　N₂为77.6%　CO为0.6%　O₂为20.3%

粉尘成分：　　　　　　　氧化铁（Fe_3O_4，Fe_2O_3）

粉尘粒度分布：　　　　　1μm以下

入口含尘量（标态）：2.3g/m³（干）

出口含尘量（标态）：0.05g/m³（干）

序列×室数：　　　　　　1序列×2室

集尘板面积：　　　　　　2823m²/台

机内气体流速：　　　　　11.01m/s

带电时间：　　　　　　　8.3s

电源容量及配置：　　　　第一电场500mA；第二电场700mA

n极间距离：　　　　　　300mm

箱体：　　　　　　　　　材料：SS400（相当于Q235）；箱体板厚：4.5mm；灰斗板

　　　　　　　　　　　　厚：6.0mm

放电极：　　　　　　　　材料SUS304（相当于06Cr19Ni10不锈钢），月牙形，公称长度6m

　　　　　　　　　　　　放电极排结构如图3-11-126所示

集尘板：　　　　　　　　公称高度6m，板厚1mm；材料SUS304

集尘极排的结构如图 3-11-127 所示

清洗水水量：　　　　1.33m³/min，清洗持续率为连续（水膜喷射水系统），喷水中带电

绝缘子：　　　　　　绝缘子结构如图 3-11-128 所示

绝缘子干燥方法为热空气清扫法；风量 14m³/min（1 台），温度为气温 + 10℃；加热方式为电热器加热（6kW），绝缘子吹扫风机用电机 AC2.2kW×4P

b　风机、风管、烟囱

风机吸入压力：　　　在与烟罩连接的风管部分要求达到静压 750Pa

型式：　　　　　　　马达直联，两面吸入的涡流型风机

风量：　　　　　　　3060m³/min

压力与密度：　　　　压力 2.2kPa；60℃时，密度 $\gamma = 1.04kg/m^3$

转速：　　　　　　　980r/min

温度：　　　　　　　所选用的电机能吸入 0.8℃时的大气

风机电机：　　　　　200kW×8P

风管内径：　　　　　约 1900mm

风管内流速：　　　　约 18m/s

烟囱型式：　　　　　钢制直立式

内径：　　　　　　　上口约 $\phi2.3m$，下口约 $\phi3m$

高度：　　　　　　　约 20m

烟囱出口流速：　　　约 12m/s

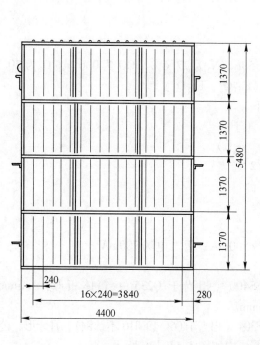
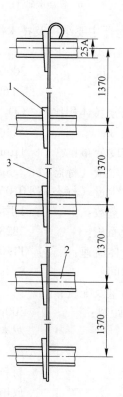

图 3-11-126　放电极排结构
1—楔；2—框架；3—月牙形放电丝

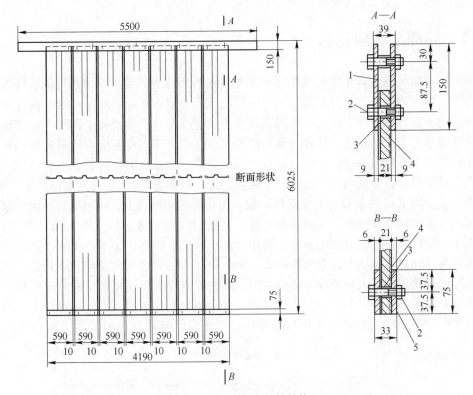

图 3-11-127 集尘极排结构

1—上部缘铁；2—连接螺栓；3—衬套；4—电极板；5—下部缘铁

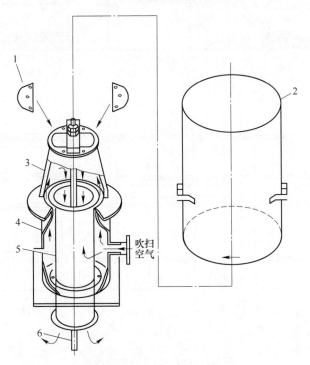

图 3-11-128 绝缘子室结构

1—上盖；2—外壳；3—绝缘子；4—架台；5—套筒；6—吊杆

11.12　局部清理输送机

局部清理输送机（以下简称输送机）是把经过冷却或火焰清理机清理过的板坯进行在线局部手工清理的设备。放置在输送机上的板坯按照一定的间隔、间断移送，在移动间隙中对板坯的表面进行清理。在输送机周围设有手工清理作业用的操作平台和手工清理枪用的软管吊架等。为了防止手工清理时氧化铁皮飞溅，在清理作业范围内还设置有挡板。操作者在操作平台上对板坯进行目测，检查出表面缺陷，然后在围有挡板处进行清理。一般输送机需设置两台，分别用于上表面和下表面的手工局部清理。

图 3-11-129 是一种装载链式输送机，板坯直接放置在链条上，由电动机→齿轮联轴器→减速器→链轮轴驱动链轮，从而拖动板坯。链条的结构如图 3-11-130 所示，因载荷大，要求辊子、链板、销轴有足够的强度，转动灵活，摩擦系数小。为了防止氧化铁皮落入链条，设计时，在必要的地方设置有防护罩，图 3-11-131 是链条导轨支承及防护罩，在返回侧也要考虑氧化铁皮落入和清理熔渣的粘附，需设置清理渣和氧化铁皮的导向流槽，返回侧导轨及导向溜槽参考图 3-11-132。链条导轨用高强度钢板制成，链辊接触面为凹形，以防止链条作蛇行运动。为使链条导轨磨损后便于更换，导轨与导轨梁间采用螺栓联接固

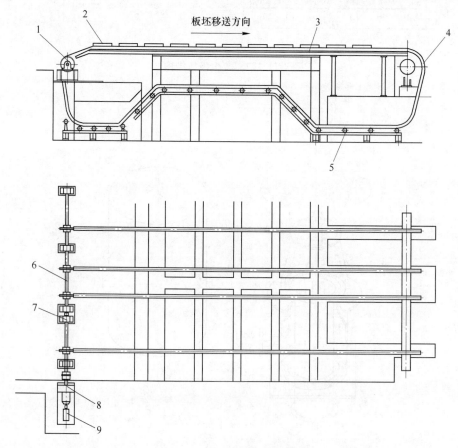

图 3-11-129　局部清理输送机

1—链轮；2—板坯；3—链条轨道；4—链条；5—返回侧导轮；6—链轮轴；7—联轴器；8—减速器；9—电机

定。返回侧配置链条返回用的导向辊道，采用导辊式结构，以减少运行阻力和磨损。

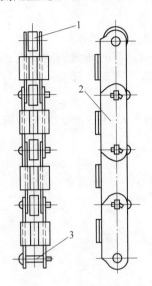

图 3-11-130 装载式链条
1—辊子；2—链板；3—销轴

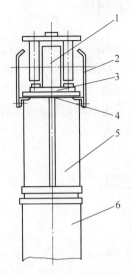

图 3-11-131 链条导轨支承及防护罩
1—链条；2—防护罩；3—链条导轨；
4—调整垫片；5—导轨梁；6—支撑梁

　　轨道支承梁安置在混凝土基础上，操作平台在链条之间，两侧面用型钢或钢板焊成格子结构，上面铺花纹钢板。链条的润滑多采用定期手动润滑。

　　A 钢铁公司连铸精整的手工局部清理输送机采用装载链式运输机，移载机 CT-2 以 1.5m/min 速度和约 2.4m 间距，把板坯输送到上表面局部清理输送机上，每接受一块板坯就前进一步。上表面局部清理输送机和 C_1 辊道之间设置了翻钢机，将进入 C_1 辊道的板坯进行翻转，然后送往 C_2 升降辊道；板坯进入 C_2 辊道之后，C_2 辊道下降，并将板坯送往下表面局部清理运输机上，完成清理作业后，再送到移载机上。

　　手工局部清理输送机的主要技术参数如下：

型式	装载链式输送机
装载质量	最大约 400.5t（相当于 9 块板坯质量）
搬运速度	0～1.5m/min
链条根数	4 条
出坯线标高	FL+900mm
减速器型式	行星减速器（油浴润滑）
电动机	AC 15kW，500r/min
手工清理用软管吊架	3 个/每面
运转方式	连续式及板坯约按 2.4m 间距运转

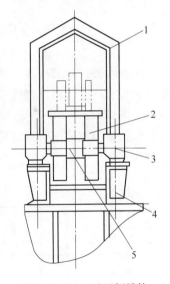

图 3-11-132 返回侧导轨
及防护罩
1—导向溜槽；2—导轮；
3—轴承座；4—支承；5—导轮轴

11.13　翻钢机

翻钢机用来将板坯的上下面翻转。在板坯精整设备中常与两面火焰清理机、局部火焰清理机及手工局部清理输送机等配合，以满足板坯上下两个表面清理的要求。另外，也可用于换线等用途。

目前多采用单面两列转臂翻钢型式（杠杆式），如图 3-11-133 所示，翻钢机两面的转臂均由液压缸直接驱动。

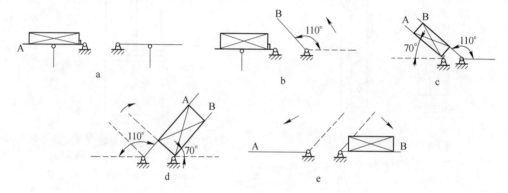

图 3-11-133　翻钢机工作步骤

a—铸坯进入；b—B 臂回转；c—A 臂回转抬起铸坯；d—两臂同时夹持，铸坯回转；

e—A 臂返回，B 臂支持铸坯，转到翻转位置

A 钢铁公司局部清理区域使用的翻钢机即采用这种型式，其配置如图 3-11-134 所示，翻钢机设置在上表面清理输送机和 C_1 辊道中间，用来将上表面已局部清理完毕的板坯从输送机上翻到 C_1 辊道上，以便进行下表面的局部清理。翻钢机工作区域板坯掉落下的氧化铁皮，经铁皮溜槽流落到地坑里。翻钢机翻转时可手动操作，也可与周边相关设备配合进行自动操作。

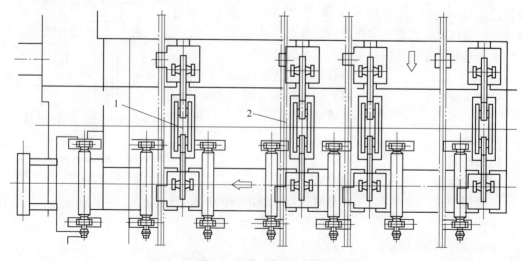

图 3-11-134　翻钢机配置

1—翻钢机；2—清理运输机

翻钢机主要由转臂、转臂轴及支座、基础框架、走台及栏杆、液压缸及油压系统等部分构成，转臂结构如图 3-11-135 所示，翻钢机主体结构如图 3-11-136 所示。转臂体由钢板、套管焊接而成，并热装在转臂轴上。由于在翻坯过程中，板坯与转臂间会有相对滑动，因此在转臂体上装有若干滚轮，以减少板坯翻转中的摩擦。转臂轴承采用滑动轴承，以最大程度地适应低速大载荷的工况条件。转臂的配置及根数主要取决于板坯的长度范围，如 A 钢铁公司板坯长度分别为 5.8m 和 8～12m，所以板坯停止基准端的两根转臂相距较大，用以翻转 5.8m 长度的板坯，而中间两根又相距较近，这样在板坯长度大于 8m 时均可由 3 根或 4 根转臂支撑板坯进行翻转，且在翻坯时板坯重心均位于转臂之间，处于稳定状态。另外，两转臂之间的距离不能过大，要考虑因板坯自重引起的变形。液压缸为摆

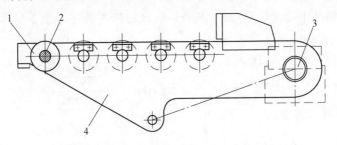

图 3-11-135 转臂结构
1—滚轮；2—滚轮轴；3—转臂轴；4—转臂

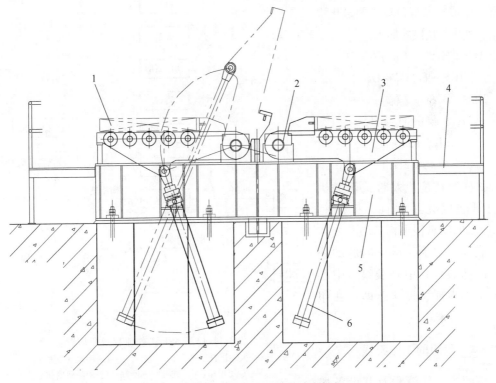

图 3-11-136 单面两列转臂式翻钢机
1—板坯；2—转臂轴；3—转臂；4—维修走台及栏杆；5—基础框架；6—液压缸

动式，采用头部铰接形式安装，通常翻钢机会布置 4 ~ 5 个转臂，要求这些转臂在翻坯时同步动作。其同步动作控制通过液压系统实现。

11.14　快速硫印设备

快速硫印设备（ISE 设备），是连铸板坯内部质量的检验设备。它把连铸过程中在线火焰切割下来的试样在 ISE 操作室通过切削、研磨等手段，制备成适合做硫印的试样，然后通过硫印法对板坯内部质量进行分析标定，借以尽早发现板坯内部缺陷和连铸机设备的早期异常，保证板坯质量。

硫印法是把钢坯中的［FeS］或［MnS］所含的硫直接在印纸上显示出来，供人们凭肉眼加以分析、标定的一种检验方法，此方法最早由德国人 Heyn 发明，后经改良，一直沿用至今。

11.14.1　硫印原理及方法

钢坯中的硫化铁或硫化锰与稀硫酸发生化学反应后生成硫化氢，硫化氢再与印纸上的氯化银反应并在纸上生成有茶褐色斑点的硫化银印记，其化学反应式如下：

$$FeS + H_2SO_4（稀）\longrightarrow$$
$$H_2S + FeSO_4 + H_2$$
$$MnS + H_2SO_4（稀）\longrightarrow$$
$$H_2S + MnSO_4 + H_2$$
$$H_2S + 2AgCl\longrightarrow$$
$$Ag_2S + 2HCl$$

试样经切削机及带式研磨机切削研磨成光滑表面，把涂有［AgCl］的印纸浸上稀硫酸并贴在试样表面上显影。试样内部的缺陷如内部裂纹、中心裂纹、中心偏析带等内部特性状态即可在印纸上检查出来。

11.14.2　硫印的工作流程

硫印的工作流程及其设备如图 3-11-137 和图 3-11-138 所示。

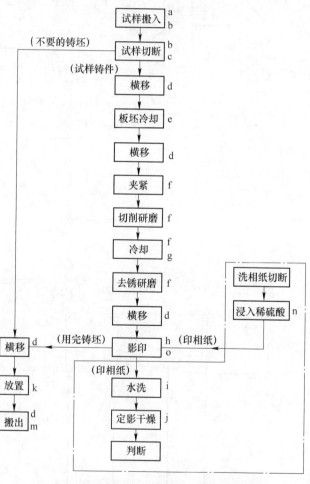

图 3-11-137　ISE 工作流程及所需设备
a—板坯试样手推车；b—受料台；c—手动切割机；
d—专用吊车；e—试样空气冷却；f—切削研磨机；
g—水冷却工具；h—影印机；i—水洗箱；j—自动显像机；
k—放置台；m—小车；n—显像液槽；o—印相纸压辊

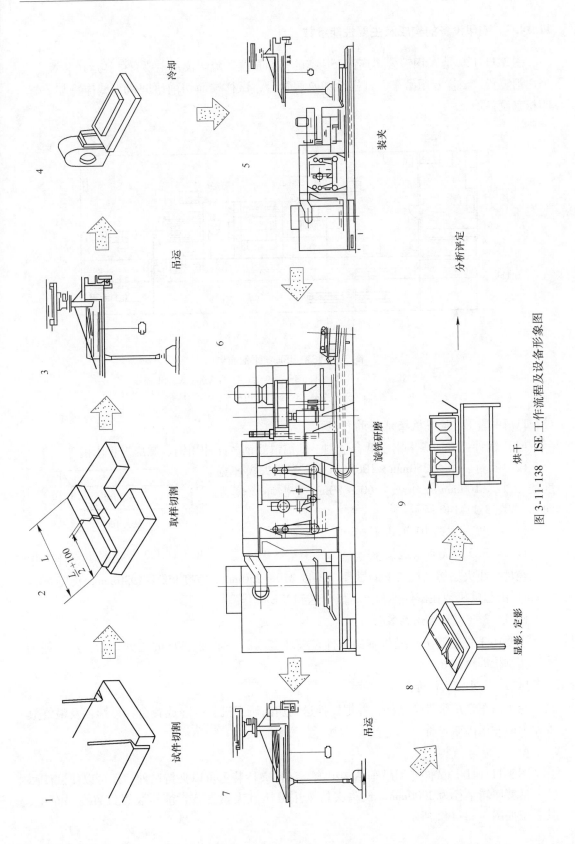

图 3-11-138　ISE 工作流程及设备形象图

11. 14. 3　硫印设备的构成及主要性能参数

图 3-11-139 是 A 钢铁公司连铸 ISE 室的平面布置，硫印设备主要有试样运送装置，火焰切割装置，试样专用吊车，试样冷却及放置台，试样端面切削研磨机，试样冷却装置，印相室设备等。

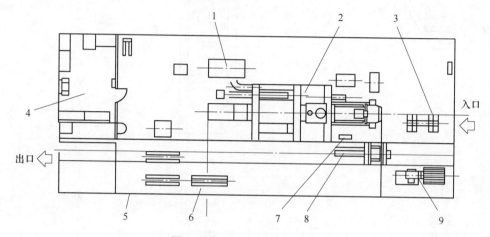

图 3-11-139　ISE 室平面布置

1—集尘装置；2—切削研磨机；3—受料台；4—印象室；5—ISE 室；
6—放置台；7—操作室；8—试件专用吊车；9—空冷台

11. 14. 3. 1　硫印板坯试样的参数

（1）钢种：普通碳素钢、低合金钢、低铝镇静钢、深冲用钢、螺旋焊管用钢等。

（2）尺寸：最大 250mm × 1065mm（宽为最大板坯宽度的一半 + 100mm），长度：60 ～ 80mm（板坯长度方向），如图 3-11-140 所示。

（3）温度：大约 100℃ 以下。

图 3-11-140　试样尺寸及硫印面

11. 14. 3. 2　试件搬运装置

经过在线火焰切割机切下的试件（厚度 210 ～ 250mm × 宽度 900 ～ 1930mm × 长度 60 ～ 80mm）由起重机装在试件推车上，然后送到 ISE 操作室。

11. 14. 3. 3　火焰切割装置

主要用于把运到 ISE 操作室的试件在板坯宽度的一半加 100mm 之处切断，用一般的手工切割枪即可。

11. 14. 3. 4　试件专用吊车

专用吊车是用来夹持试件，并把试件送到切削研磨机、空冷放置台、显影台及最终放置台上的专用吊搬设备。

A　功能与结构

图 3-11-141 是试件专用吊车结构组成，试件夹持装置可以夹持试件，还可以使试件回转，吊臂回转半径为 3000mm。试件夹持采用液压缸夹紧方式，液压装置设置在吊车上，其系统如图 3-11-142 所示。

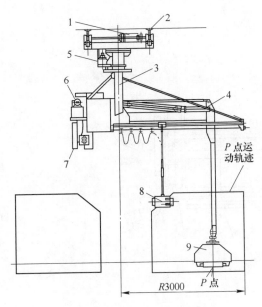

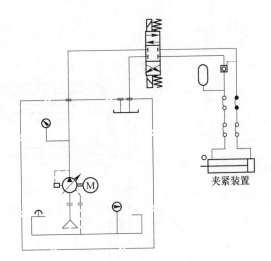

图 3-11-141　试件专用吊车　　　　　　　　图 3-11-142　试件夹持液压系统

1—走行装置；2—轨道；3—吊杆；4—吊臂；

5—回转装置；6—液压装置；7—控制盘；

8—操作盘；9—试件夹持装置

吊臂采用连杆结构，能做水平、上下移动，吊杆能旋转，如图 3-11-143 所示。水平及上下移动分别由两台电机驱动，通过齿轮齿条使连杆相互配合动作。水平移动时（图 3-11-143a 中的 a 点固定，b 点水平移动到 b' 时），c 点即可水平移动到 c' 点。上下移动时图 3-11-143b 中的 b 点固定，a 点上下移动到 a' 点时，c 点上升至 c'' 点。吊臂的旋转采用传动小齿轮齿圈方式。

吊车用 8 个滚轮挂在吊车的工字梁轨道上由电机驱动，使整台吊车行走。

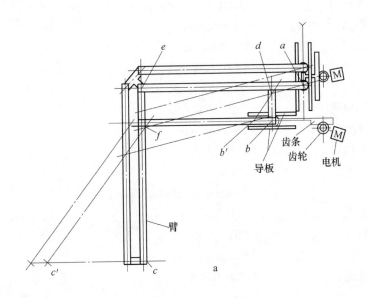

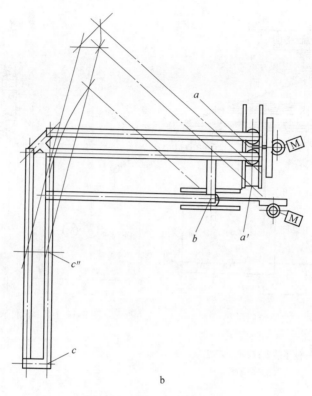

图 3-11-143　吊车升降原理

B　主要技术性能

最大搬运重量　　　　　　约 1.65kN

试件允许温度　　　　　　最高 900℃

上下移动距离　　　　　　约 1850mm

上下移动速度　　　　　　0 ~ 15m/min

上下移动用电机　　　　　AC4kW，1000r/min

水平移动距离　　　　　　约 3000mm

水平移动速度　　　　　　0 ~ 20m/min

水平移动用电机　　　　　DC0.2kW

吊臂旋转速度　　　　　　0 ~ 2.5r/min

吊臂旋转用电机　　　　　DC0.5kW

吊车走行速度　　　　　　0 ~ 15m/min

吊车走行电机　　　　　　DC1.5kW

轨道跨度　　　　　　　　1500mm

使用轨道　　　　　　　　1300mm × 150mm × 8mm

试件夹紧方式　　　　　　液压缸夹紧

夹头回转角度　　　　　　350°

夹头回转速度　　　　　　约 3r/min

夹头回转电机　　　　　　DC0.04kW

液压缸容量	约 20L
液压泵压力	约 3.5MPa
液压泵用电机	AC0.75kW，1500r/min

11.14.3.5　试件冷却及放置台

为了延长切削研磨机刀具的使用寿命，试件需冷却到 100℃ 左右。一般将试件放在试件放置台上进行空冷，放置台用钢板焊接而成，3 个放置台可同时放置冷却 3 块试件。

11.14.3.6　试件端面切削研磨机

试件端面切削研磨机是硫印的主要设备，目的在于对试件端面进行切削和研磨加工，使之有良好的可做硫印的表面。其结构如图 3-11-144 所示，试件用液压缸固定在工作台上，刀具和研磨砂带位置不动，由工作台水平往返运动，进行切削和研磨加工。切削加工采用圆盘铣刀进行旋铣。研磨采用砂带研磨，可通过加压装置中的液压缸调整研磨时的压

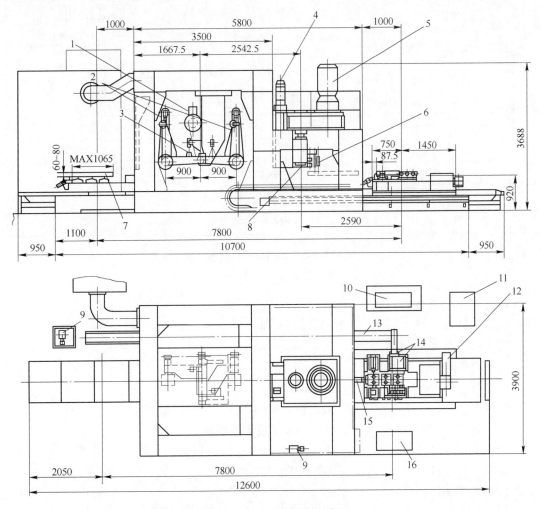

图 3-11-144　试件切削研磨机

1—研磨用电机；2—研磨砂带；3—加压装置；4—切削头升降电机；5—切削电机；6—试件高度检测元件；
7—试件；8—切削刀具；9—润滑油泵；10—液压装置；11—控制柜；12—工作台送进电机；
13—电缆拖链；14—试样夹具；15—挡板；16—操作盘

紧力。切削研磨机有独立的液压系统，如图 3-11-145 所示。为了防止切削、研磨时的粉尘飞散，污染环境，还配置了除尘装置和切屑输送带。切削研磨机的主要技术性能如下。

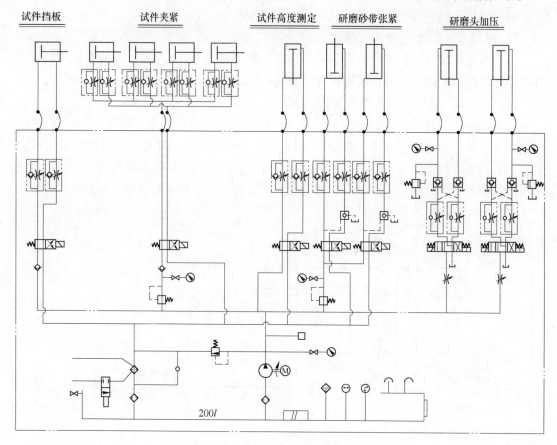

图 3-11-145　切削研磨机液压系统

（1）结构型式　　　　　　试件移动式

（2）切削装置

切削刀具　　　　　　　　$\phi 315\text{mm} \times 18\text{t}$

切削圆周速度　　　　　　最大 140m/min

切削刀具升降行程　　　　100mm

切削量　　　　　　　　　约 3mm/次

切削深度　　　　　　　　最大约 9mm（3 次）

切削时间　　　　　　　　约 21min（最大断面时）

切削头升降电机　　　　　DC3.7kW，0～600r/min

切削刀具电机　　　　　　AC55kW，750r/min

（3）研磨机

研磨砂带尺寸　　　　　　宽度 300mm，长度 3350mm

砂带线速度　　　　　　　最大约 2000mm/min

升降行程　　　　　　　　100mm

砂带压着方式   液压缸

研磨压力范围   0.5~1kN

试件表面粗糙度   15μm 以下

砂带用传动电机   AC37kW，1500r/min

（4）移动式工作台

移动速度   0.5~7m/min

移动距离   最大约7800mm

传动电机   DC 3.7kW，1000r/min

（5）液压装置

液压缸容量   200L

工作油质   一般矿物油

系统压力   约10MPa（泵出口压力）

液压泵用电机   AC11kW，1500r/min

（6）除尘装置

型式   布袋式

风机容量 $150m^3/min×4.5kPa$（风机静压）

入口粉尘浓度（标态） $0.3g/m^3$

出口粉尘浓度（标态） $0.05g/m^3$

过滤面积 $64m^2$

（7）试件冷却

为了及时获得硫印，需要把切削研磨的表面温度冷却到100℃以下。因此采用洒水喷头向放置的试件上洒水使之尽快冷却，所喷洒的冷却水流入两侧的排水沟中。

（8）印相设备

印相设备主要包括试件印相台、显像液（稀硫酸）、定影液，相纸、有机溶剂（稀硫酸用中和剂），显像池、水洗池、相纸压辊、自动显像干燥机等。

将切削研磨后表面粗糙度在15μm以下、温度在100℃以下的试件放置在印相台上，把相纸放在稀硫酸池里浸湿后贴在试件表面，并用相纸压辊滚压进行显像，然后进行水洗，即用流动水不停地冲洗水洗池里的相纸，相纸经水洗后，进行定像和干燥。

除了上述硫印设备外，还应考虑硫印后和中途废弃不用的试件片的收集和运出等设备。

11.14.4   试样处理块数确定

11.14.4.1   前提条件

（1）试件搬入等待时间没有考虑。

（2）不考虑设备的维修时间和切割嘴的更换时间。

（3）不考虑操作者的熟练程度。

（4）作业时间按24h/天×30.4天/月计算。

（5）按最大试件宽度计算。

11. 14. 4. 2　周期时间

（1）试件搬入、切断及冷却时间（69min），见表 3-11-19。

（2）试件切削研磨时间（43.5min/块），见表 3-11-20。

（3）硫印作业时间（13min），见表 3-11-21。

表 3-11-19　试件搬入、切断及冷却时间

项　目	试　样　冷　却	
	搬入、切断	空　冷
时间/min	8	61

表 3-11-20　试件切削及研磨时间

项　　目	切　削　研　磨					
	夹紧	切削	研磨	水冷	去锈研磨	移动
时间/min	11	11	3	13	2	3.5

表 3-11-21　试件硫印作业时间

项　目	硫　印　作　业		
	显像	水洗	定形干燥
时间/min	4	3	6

11. 14. 4. 3　设备能力

快速硫印设备的能力主要取决于试件切削研磨的能力（块/月）。

$$设备能力 = \frac{设备开动时间 \times 每月开动天数}{试件的切削研磨时间} \qquad (3\text{-}11\text{-}75)$$

A 钢铁公司 ISE 设备能力为 1006 块/月。

11. 15　不锈钢板坯修磨设备

自 20 世纪初不锈钢问世以来，随着技术不断进步，生产成本逐渐降低，不锈钢产品的应用如今已经几乎遍及我们生活和工作的方方面面。

相对于碳钢板坯，不锈钢由于含有更多的合金成分，因而在连铸过程中对生产操作及控制要求更为严格。当生产条件不够稳定时，例如冷却强度、设备状态、浇铸速度出现波动时，不锈钢板坯更容易出现表面缺陷。对于某些种类的不锈钢，其表面缺陷几乎是无法避免的。即使不锈钢连铸生产水平较高的公司，其奥氏体不锈钢、铁素体不锈钢、马氏体不锈钢的修磨率分别在 20%～30%，70%～80%，85%～90% 之间，因此在板坯从连铸机中浇铸出来后，必须对其表面进行修磨，方可将无表面缺陷的板坯交给轧钢厂进行轧制。

铬是不锈钢的主要合金元素，在本书第 3 篇第 9 章《切割设备》中曾经指出，不锈钢中富含的 Cr 元素会在切割火焰的高温影响下形成高熔点、高黏度的 Cr_2O_3 氧化物，其熔点可高达 1990℃，难以清除。因此不锈钢板坯表面缺陷或皮下缺陷不能用火焰清理，只能用砂轮进行打磨。不锈钢修磨设备是一个机组，由多台设备组成。修磨方式包括人工修磨和机械自动修磨两种。自动修磨方式又可划分为高温修磨（板坯温度 300～900℃）、中温

修磨（板坯温度 100~300℃）和低温修磨（板坯温度 100℃以下）三种类型。A 钢铁公司于 2015 年把机械自动修磨应用于火焰清理后的碳钢连铸板坯精整当中。

图 3-11-146 所示是 T 钢铁公司为其不锈钢板坯连铸机配套的不锈钢板坯修磨设备。该厂装备一台单流不锈钢板坯连铸机，板坯最大断面为 220mm×1600mm，年产奥氏体和铁素体不锈钢板坯 60 万吨。现以该厂板坯修磨区为例，对修磨设备的生产流程和设备组成作以简要介绍。

11.15.1　不锈钢修磨生产流程

从图 3-11-146 可以看到，该修磨区采用了双工位布置，也就是双线修磨。修磨主线的布置近似一个"工"字，在工字的左右两处腹地分别布置了板坯接收—输出区和移载—翻坯区，修磨工作过程如下。

首先，通过车间起重机将板坯放置在板坯存放台架上，装、卸料机随后会将板坯移送到任意一条修磨线的移动式修磨工作台上，工作台随即载着板坯前往修磨工位，在该修磨线上对板坯的一个宽面、一个侧面及其棱角进行修磨。然后由移载机将该板坯移出到翻钢工位，翻钢机把板坯翻转 180°后，再送往另一条修磨线修磨板坯的另一个宽面、另一个侧面及其棱角。全部修磨操作完成后，修磨工作台移动到装、卸料位置，再由装、卸料机将板坯放回到板坯存放台架上，最后由车间起重机将已修磨好的板坯运走。

除了上述工作模式外，两条修磨线还可以作为两个独立的机器，借助翻钢机进行翻坯操作后，即可在同一台磨床上完成两个宽面和两个窄面的修磨操作。

11.15.2　不锈钢修磨设备的组成

整个修磨区主要包括三大区域：修磨机主线、板坯接收-输出区以及移载-翻坯区。此外还包括配套的液压润滑系统、电控装置、除尘通风系统等。

11.15.2.1　修磨机主线设备

修磨机主线设备如图 3-11-147 所示，通过局部或全面修磨去除板坯表面、窄面和角部缺陷。主要设备包括修磨台架、磨屑分离器、除尘器和磨屑收集箱；横移小车；摆动式主修磨工作头；修磨主轴；修磨台轨道；修磨台驱动装置；修磨台；砂轮更换装置；噪声隔离装置；座舱式操作室；边角部修磨头等。

（1）修磨台架、磨屑分离器、除尘器和磨屑收集箱。修磨台架是修磨机的主体骨架结构，采用牢固的钢梁焊接结构，顶部装有供横移小车行走用的轨道。台架下方安装有除尘器和磨屑分离器，最下边是磨屑收集箱。修磨时产生的磨屑，粒度较大的在重力作用下直接落入下方的收集箱内，粒度较小的则随着气流运动，在流经磨屑分离器时被过滤出来，通过管道导入收集箱内。

（2）横移小车。横移小车采用牢固的焊接结构，车轮内装有滚动轴承。台车上装有沿水平方向固定且采用弹簧支承的导向轮。台车的走行由采用伺服控制的液压缸实现，并采用编码器控制台车的走行及停止位置。

（3）摆动式主修磨工作头。摆动式主修磨工作头安装在横移小车上，由于砂轮工作时的线速度达到 80m/s，因此在砂轮外围安装了专门的防护罩。工作头上还装有修磨驱动电机，通过油浴润滑的锥齿轮驱动修磨主轴。工作头还配置了摆动装置，可根据修磨工作流程的需要将工作头摆动到与板坯纵轴线垂直，或与板坯纵轴线成 45°夹角的位置，以获得

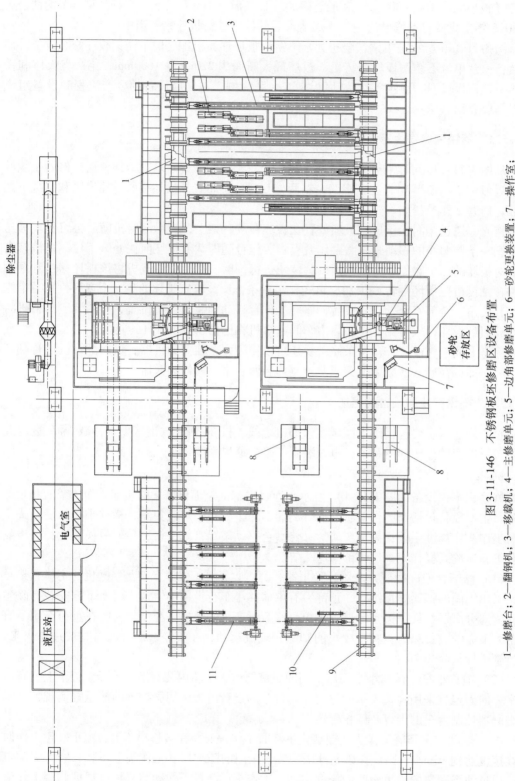

图 3-11-146　不锈钢板坯修磨区设备布置

1—修磨台；2—翻钢机；3—移载机；4—主修磨单元；5—边角部修磨单元；6—砂轮更换装置；7—操作室；
8—修磨屑收集箱；9—修磨台轨道；10—板坯存放台架；11—装、卸料机

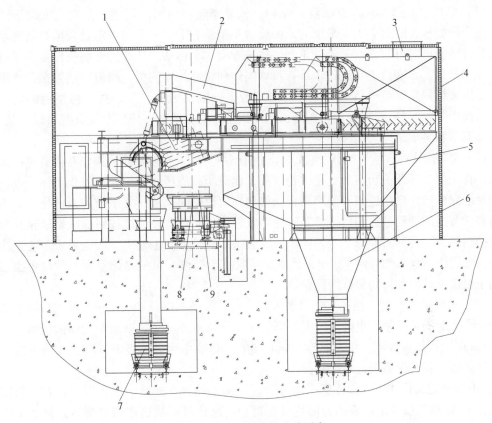

图 3-11-147　修磨机主线设备

1—摆动式修磨工作头；2—横移小车；3—除尘器抽风口；4—降噪隔声室；
5—修磨台架；6—磨屑分离器；7—磨屑收集箱；8—修磨台；9—板坯

最佳的修磨效果。摆动装置由液压缸驱动，并配有液压制动器，以保持工作头的位置不变。

（4）修磨主轴。修磨主轴由主电机通过锥齿轮驱动，主轴和锥齿轮均采用了"SP"（special precision，特殊精度）精度级的滚动轴承。这组独立（设备）单元分为主轴和齿轮两个部分，通过专用联轴器联接。轴承内配备了检测温度的传感器，可优化轴承的维护周期。主轴和锥齿轮采用独立的循环润滑系统进行润滑。

（5）修磨台轨道。将焊接 H 型钢做成的短梁当做枕木埋设在混凝土基础里，其上安装耐磨钢轨，由电机驱动的修磨台可在轨道上往复行走。轨道两端设置了限位开关，当修磨台走行到装、卸料位置或者翻钢机位置时，限位开关发出的信号会自动控制修磨台停止运行。轨道最端头安装的缓冲器和升降挡板，起着安全防护作用。

（6）修磨台驱动装置。4 套齿轮与电机一体的驱动设备单元直接安装在修磨台的 4 个走行车轮轴上，这些驱动单元采用 VVVF 控制。动力电源和控制信号通过普通拖缆系统传输。修磨台控制系统通过车轮轴上安装的绝对值编码器实时获取修磨台行走位置，当修磨台走行到装、卸料位置或者翻钢机位置时，绝对值编码器发出的信号会自动控制修磨台停止。修磨台行走到轨道两端时，轨道端部安装的限位开关将强制修磨台停止，保证设备安全。

（7）修磨台。修磨台为钢板焊接结构，依靠车轮在轨道上行走，车轮内安装滚动轴承。由于修磨板坯时会产生水平推力，因此台车上装有沿水平方向固定且采用弹簧支承的导向轮，在修磨时可防止台车沿砂轮磨削轨迹方向水平移动。从而为修磨操作提供尽可能好的受力条件。修磨台上装有若干具有独立隔热和缓冲结构的梁，当板坯放置在这些梁上时，不用夹持固定即可进行修磨操作。修磨台上的隔热板进一步加强了修磨台的耐热能力。为便于装-卸料机装卸板坯，在与板坯支架对应的位置处，修磨台设有开口以便装-卸料机（移载机）驶入。

（8）砂轮更换装置。砂轮更换装置采用机械手形式，更换砂轮的操作在修磨机停机后进行。首先把选择开关切换到更换砂轮位置，此时所有液压元件都处于停止工作状态，以便安全地完成砂轮更换操作。修磨头自动移动到轨道中间位置，并下降到最低位置。当法兰盘和已磨损的砂轮被拆卸后，将新砂轮固定在换轮装置上，通过按钮操纵新砂轮升起并缓慢摆动调整，将其对准修磨主轴轴头，随后将新砂轮推到主轴上，就位后重新装上法兰盘。以上操作过程大约耗时 12min，具体时间取决于操作人员的熟练程度。砂轮更换装置可用于更换主砂轮和边角部修磨砂轮。

（9）噪声隔离装置。摆动式主修磨头和边角部修磨头以及修磨工作区都用防护罩防护起来，既阻隔噪声扩散，也防止较大的磨屑飞溅伤及人员。防护罩用型钢和面板制作。用 1.25mm 厚钢板做内外墙，中间填充 50mm 厚的矿物棉作为隔热吸声材料。在有可能飞溅磨屑的区域，还对内墙进行了特别加固。

（10）座舱式操作室。操作室采用座舱式结构，设置在主修磨头附近，在朝向修磨台轨道、装-卸料机以及翻钢机的方向均设有窗户，操作者可从这些窗户观察到修磨工作全过程，并可在操作台上完成对每个设备和每一步动作的操作控制。

操作室窗户上装有防护栅格，有空调和隔声措施，室内噪声可控制在 75dBA 以下。

（11）边角部修磨头。边角部修磨头用来修磨板坯边缘和角部的缺陷，其结构与主修磨头相似，但与横移小车的车体呈 90°安装在横移小车内，并用水冷板进行保护。修磨头通过交流电机和皮带驱动，转速恒定。

修磨机主线设备的主要技术参数如下：

横移小车移动距离	约 2200mm
主修磨头垂直移动距离	约 750mm
修磨角度	90°/45°
主砂轮规格	直径 915 ~ 610mm/305mm，厚度 100mm/125mm
砂轮线速度	80m/s
静态修磨力	最大 20kN
修磨头电机功率	AC315kW，VVVF 控制
修磨台轨道长度	约 51m
修磨台驱动电机功率	4 × AC18kW，VVVF 控制
修磨台走行速度	最大 60m/min（可调）
边角部修磨电机功率	AC90kW
静态修磨力	最大 10kN
边角部砂轮规格	直径 610mm/203mm，厚度 75mm

水平移动距离	700mm
垂直移动距离	400mm

11.15.2.2 板坯接收—输出区设备

板坯接收—输出区设备也叫装、卸料设备，如图 3-11-148 所示，每次可将一块待修磨的板坯装载到修磨台上，反之，也可将已完成修磨的一块板坯从修磨台上卸下，重新放置到板坯存放台架上。装、卸料设备主要包括板坯存放台架；装载机；轨道和驱动装置；板坯对中台。

(1) 板坯存放台架。修磨区共布置了两套存放台架，每套台架由 4 个相同的焊接结构横梁组成，它们穿插安装在装、卸料机轨道之间。车间起重机每次将一块板坯放置到存放台架上，放置时板坯纵轴线与修磨工作台纵轴线平行。

(2) 装、卸料机。在装、卸料机中直接用于承载板坯的部件是移动小车，每台装、卸料机配置 4 台移动小车。车体为焊接结构件，由 4 个车轮支承，可沿着轨道往复行走。移动小车两端与驱动链条连接，车身与链条共同构成环状结构。装、卸料机端部装有驱动装置，电机-减速器通过长轴上安装的 4 个链轮同时驱动 4 台移动小车行走，可确保小车运载板坯时同步运动。装、卸料机每次可从存放台架上托起一块板坯，行走到修磨台位置，将板坯下落，放置到修磨台上。板坯的升降动作通过液压方式实现。

(3) 轨道和驱动装置。装、卸料机的轨道安装在一个焊接梁上，焊接梁下方通过若干短立柱固定在基础上。驱动装置安装在梁的一端，采用双驱动方案，两台电机通过行星减速器同时驱动长轴，在长轴与 4 个轨道梁对应的位置都装有链轮，通过链条就可以带动装、卸料小车往复移动，并可保证 4 个小车的动作完全同步。小车各个停止位置通过编码器信号进行控制。在小车行程的端部还装有行程开关，用于安全保护。

(4) 板坯对中台。板坯对中台就像一台液压缸驱动的升降挡板，在板坯被装入修磨台前，可通过升降挡板对板坯位置进行调整。板坯接收—输出区设备主要技术参数如下：

板坯存放台架能力	每次 1 块板坯
驱动电机数量	2 个/套
电机功率	18kW，VVVF 控制
对中台负载能力	最大 35t

11.15.2.3 移载—翻坯区设备

如图 3-11-149 所示，移载—翻坯区设备每次可卸载一块板坯，或者利用翻钢机翻转一块板坯。移载—翻坯区设备主要包括装、卸料机；轨道及驱动装置；翻钢机。其中装、卸料机和轨道及驱动装置的功能及结构与前边描述的板坯接收—输出区设备相同。但在本区域配置了两套装、卸料机，其 4 组轨道梁相互穿插布置，且轨道长度有所不同。

移载—翻坯区中配置的翻钢机按重载条件设计，为全液压驱动。在自动模式下，其动作顺序由 PLC 控制，而在手动模式下，不管控制指令来自操作室，还是来自机上操作盘，翻钢机的动作都按照操作者的指令进行。

工作时，由装、卸料机把板坯放置到翻钢机的转臂上，随后翻钢机的两组转臂把板坯翻转 180°。翻转完成后，装、卸料机再把板坯从转臂上抬起，将其放回到修磨工作台上，或是转交到另一组装、卸料机。

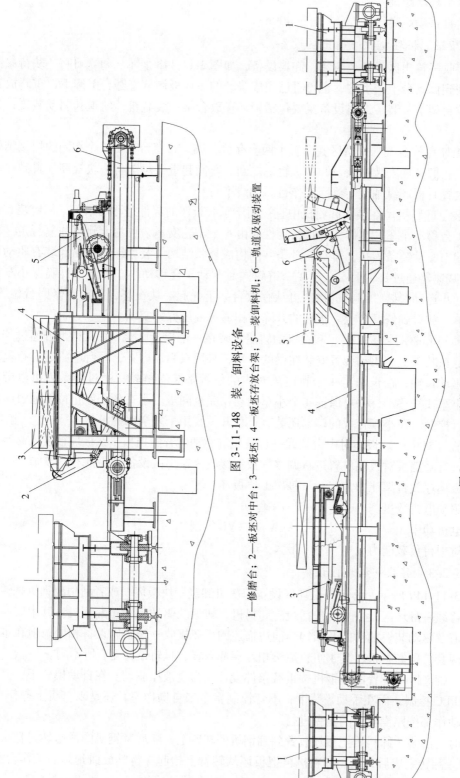

图 3-11-148　装、卸料设备

1—修磨台；2—板坯对中台；3—板坯；4—板坯存放台架；5—装卸料架；6—轨道及驱动装置

图 3-11-149　移载—翻坯区设备

1—修磨台；2—装、卸料机驱动装置；3—装、卸料机轨道；4—装、卸料小车；5—板坯；6—翻钢机

移载—翻坯区设备的主要技术参数如下：

装、卸料驱动电机数量	2 个/套
电机功率	18kW，VVVF 控制
翻钢机液压缸数量	16 个

参 考 文 献

［1］刘明延，李平，等．板坯连铸机设计与计算［M］．北京：机械工业出版社，1990：634~655，739~783．

［2］谢东钢，杨拉道．常规板坯连铸技术［M］．北京：冶金工业出版社，2002：55~56．

［3］干勇，倪满森，余志祥．现代连续铸钢实用手册［M］．北京：冶金工业出版社，2010：214~229．

［4］机电一体化技术手册编委会．机电一体化技术手册［M］．第 2 版，第 2 卷．北京：机械工业出版社，1999：4-26~4-35．

12　中间罐维修场设备

12.1　概述

中间罐维修设备，是为了维修中间罐在使用过程中，其内衬、塞棒、浸入式水口及快换机构等被高温钢液冲刷、侵蚀直至出现剥落损坏的设备。在出现浇注事故时，须立即将中间罐吊离生产线，同时换上修好待用的中间罐，减少设备的在线安装、调整、事故处理等作业时间，提高连铸机作业率。中间罐、中间罐盖、塞棒及浸入式水口的维修是以维修耐火材料为主，而滑动水口（或水口快换机构）的维修是以维修机械部分为重点。虽然该区域维修设备不属于在线生产设备，但却是保证连铸机能正常生产的一个重要组成部分。

考虑到对中间罐的吊运方便，一般都将中间罐维修区设置在浇注跨靠近连铸机操作平台附近。但也有个别老钢铁公司由于厂房高度较低，在进行老连铸机改造或新建连铸机时，为满足连铸机本体机械设备在维修区起吊高度的要求，有将按常规布置在切割跨或出坯跨的机械维修设备设置在浇注跨靠近连铸机操作平台附近，而将中间罐维修区设备设置在切割跨或出坯跨，甚至有的钢铁公司受厂房内场地所限不得已在厂房外另辟地方单独设置中间罐的某些维修设备。

中间罐维修区通常设有中间罐冷却、倾翻、除尘、维修及干燥等设备。在此区域内可对中间罐进行冷却、残钢及废料的倾翻和清除、耐火材料的修补，或者在所有耐火材料被清理后隔热层的填充，永久层的砌筑或工作层的喷涂等，同时进行浸入式水口及滑动水口机构（或浸入式水口快换机构）的拆装等维修工作，维修好的中间罐经过烘干后可以吊入连铸生产线上，再经预热后即可直接接受钢液进行连铸生产。

典型的中间罐维修区设备布置及中间罐维修流程如图 3-12-1～图 3-12-5 所示，其中图 3-12-1、图 3-12-2 分别为 A 钢铁公司两台 4 机 4 流板坯连铸机和一台双机双流宽厚板坯连铸机中间罐维修区设备平面布置，图 3-12-3 为 B 钢铁公司单机单流宽厚板坯连铸机中间罐维修区设备平面布置，图 3-12-4 为 E 钢铁公司 4 台单机单流板坯连铸机中间罐维修区设备平面布置，图 3-12-5 为 A 钢铁公司中间罐维修流程。

如图 3-12-5 所示，中间罐的冷却是维修中间罐的第一道工序。浇注完了的中间罐，首先吊运到冷却维修台上，拆下塞棒、滑动水口机构（或水口快换机构）和中间罐盖后，通常由设置在冷却维修台上的冷却罩车或冷却罩进行强制性冷却，但也有钢铁公司靠自然冷却方式进行冷却，经过 4h 左右的自然冷却即可达到能维修的程度。冷却维修台上设置的冷却罩车或冷却罩一般为 2 台，但如果设置的是冷却罩车，就必须考虑同时能放置三个中间罐，即其中一个中间罐的位置为冷却罩车的待机位，也就是说只能同时冷却 2 个中

本章作者：李淑贤，刘赵卫；审查：王公民，黄进春，杨拉道

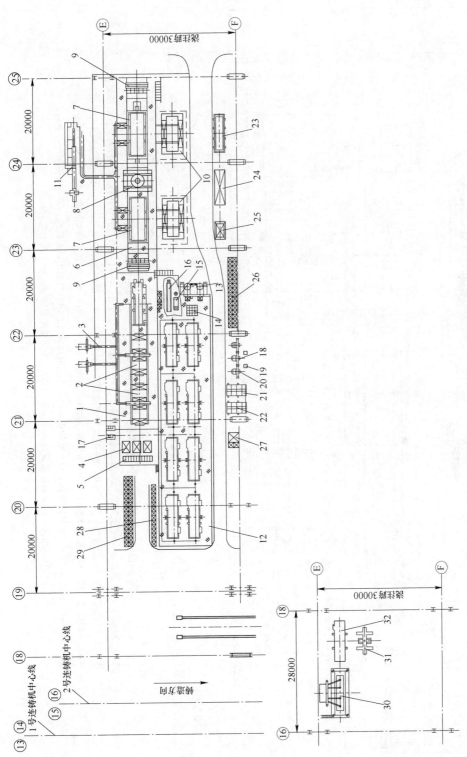

图 3-12-1　A 钢铁公司两台两台 4 机 4 流板坯连铸机中间罐维修区平面布置

1—中间罐冷却台架；2、9—冷却台车；3—蒸汽排出装置；4—中间罐盖放置车；5—挡渣墙放置场；6—中间罐倾翻台架；7—倾翻装置；8—解体装置；10—废料台车；11—倾翻用除尘器；12—中间罐维修台架；13—混砂机；14—切砖机；15—切砖机用除尘器；16—塞棒制作台架；17—冷风装置；18—滑动水口箱拆装机；19—滑动水口面压负荷拆除装置；20—滑动水口翻转操作台；21—滑动水口放置场；22—悬挂型齿轮传动吊运车；23—废料罐放置场；24—残钢放置场；25—中间罐盖干燥场；26—砂浆放置场；27—工具放置场；28—下部水口放置场；29—消耗砖放置场；30—中间罐干燥装置场；31—中间罐吊具放置场；32—中间罐放置场

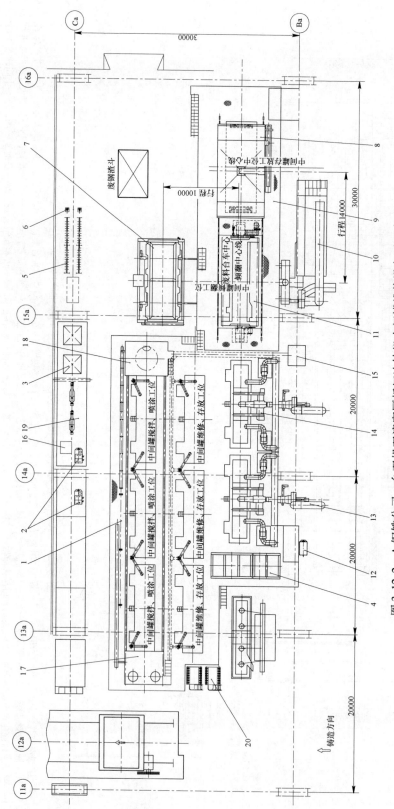

图 3-12-2　A 钢铁公司一台双机双流宽厚板坯连铸机中间罐维修设备平面布置

1—中间罐冷却维修作业平台及中间罐座架；2—滑动水口拆装车；3—滑动水口存放车；4—中间罐盖放置托架；5—浸入式水口托架；6—浸入式水口制作架；7—废料台车及废钢斗；8—除尘罩车及顶冷钢装置；9—中间罐倾翻装置；10—中间罐倾翻作业平台；11—中间罐倾翻装置；12—切砖机排出装置；13—中间罐冷却热气排出装置；14—中间罐冷却罩；15—维修合用冷风装置及冷风管道；16—中间罐滑动水口；17—喷涂液压站；18—大型搅拌机车；19—滑动水口翻转机；20—塞棒制作存放台；21—耐火泥浆斗和泥浆盘（图中未示）；22—中间罐维修区域配管（图中未示）

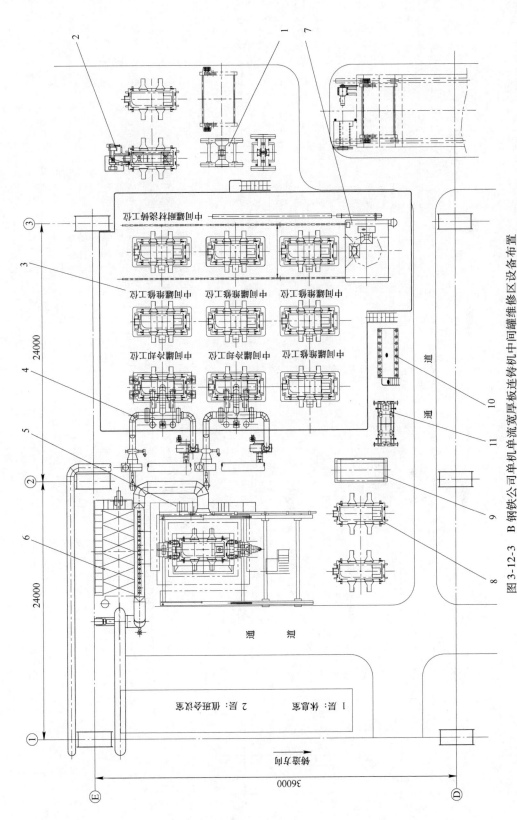

图 3-12-3 B 钢铁公司单机单流宽板连铸机中间罐维修区设备布置

1—中间罐吊具及存放架; 2—中间罐干燥装置; 3—中间罐冷却维修作业平台; 4—冷却罩及热气排出装置; 5—中间罐倾翻装置及作业平台; 6—除尘系统; 7—搅拌机用移动车; 8—中间罐存放支座; 9—中间罐盖支架; 10—塞棒存放台; 11—中间罐胎膜; 12—浸入式水口快换机构用升降小车 (外购, 图中未示); 13—中间罐维修区域配管 (图中未示)

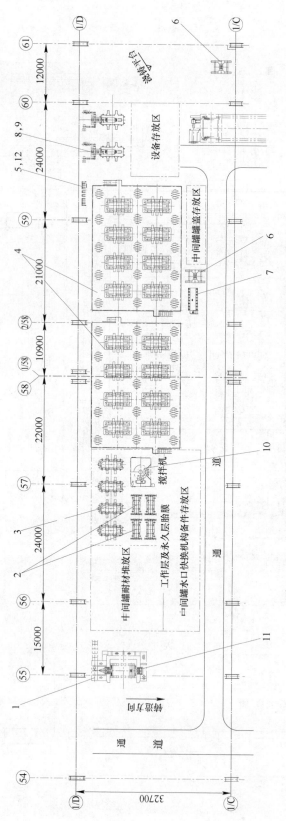

图 3-12-4 E钢铁公司4台单机单流单流板坯连铸机中间罐维修区设备布置

1—中间罐倾翻装置及作业平台; 2—中间罐工作层及永久层胎膜; 3—中间罐存放支座; 4—中间罐冷却维修作业平台;
5—浸入式水口快换机构均布装置; 6—中间罐吊具及存放架; 7—塞棒维修放台; 8—中间罐干燥装置; 9—中间罐干燥装置支座;
10—搅拌机及泥浆斗(外购); 11—中间罐维修区或配管; 12—浸入式水口快换机构用升降小车(外购机电一体品,图中未示)

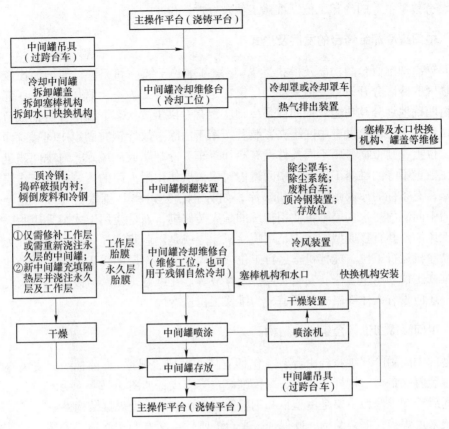

图 3-12-5　中间罐维修流程

间罐。这种强制的冷却方式一般均是空冷和水冷同时进行，因而，在冷却罩车上装有用于空冷的"冷风机"和用于水冷的"冷却水管"装置。由于在冷却时产生大量蒸汽，所以又需同时设置相应的冷却热气排出装置，通过管道把蒸汽排出厂房外。

　　中间罐冷却之后进行清理，这时把中间罐吊到倾翻台上，用倾翻装置进行翻转，使中间罐底部向上，由顶冷钢装置的液压千斤顶顶掉冷钢和残渣，然后翻转成正常状态。由于在倾翻时会产生大量粉尘，从而用除尘系统的罩车把中间罐罩上，使漂浮扬起的灰尘被吸收到除尘器里，大颗粒较重的废耐火材料、冷钢、钢渣则倒入倾翻台下面废料台车上的废料斗里，由废料台车从倾翻装置下面拉出来，用起重机吊走。

　　中间罐清理之后，再将其吊运到中间罐维修台上，进行修补工作层或重新充填隔热层、浇注永久层并喷涂工作层、浸入式水口机构和塞棒机构及罐盖的安装，然后在此进行干燥或吊运到连铸机生产线附近的干燥台上进行干燥、待用。

12.2　中间罐冷却维修台

12.2.1　中间罐冷却维修台的功能

　　中间罐冷却维修台是冷却并维修被高温钢液冲刷、侵蚀或剥落损坏的中间罐的设施，一般均设有数量不等的冷却工位、维修工位及存放工位。

12.2.2   中间罐冷却维修台的发展及形式

中间罐冷却维修台的功能及模式近 10 年来基本趋于统一和完善，即场地比较宽阔的厂家将热区和冷区分开设置，但大部分厂家都是将两者合二为一，只是将合在一起的冷却维修台再明确地划分其功能。如同样是冷却区，有专供事故状态下罐中存留钢液自然冷却的工位，在这个工位上设有中间罐夹紧装置，用于清除事故冷钢时固定中间罐。而在另外的冷却工位上，则根据各厂不同条件设有冷却罩车、冷却罩或冷风扇，对中间罐进行强制冷却。在数量不等的维修工位上，中间罐内衬永久层使用耐火砖的厂家，其工作层一般用人工涂抹，有条件的厂家则用喷涂机喷涂，如 A 钢铁公司和 D 钢铁公司等。近年来一部分厂家的中间罐内衬永久层不再使用传统的耐火砖修砌，而是使用干式料采用胎膜浇注永久层和工作层使其直接成型。无论是用喷涂机涂层或是用胎膜浇注，这类维修均为专用工位，即喷涂机运行工位、搅拌机车运行工位或胎膜浇注工作层的烘干工位，而其他无特定意义的维修工位则用来维修、安装、养护及存放等。在维修工位，为改善操作人员的工作环境一般还应设有人体降温冷风管道，为维修工位送冷风。

12.2.3   中间罐冷却维修台组成与结构

典型的中间罐冷却维修台由台架（包括立柱、框架、斜撑）、铺板组、支承座、拔冷钢的定位装置、走梯、栏杆、轨道、塞棒维修台等组成，如图 3-12-6 所示。

中间罐冷却维修台主要是由型钢和钢板等焊接而成的大型焊接结构件。

台架采用焊接式框架结构，既保证了平台的刚性，又有利于制造、安装。设计中在满足刚性前提下应尽可能减少立柱数量，这样可以使平台下有足够的空间以适应滑动水口盒拆装车的通行和维修人员的操作。整个台架在现场组装，用螺栓把合，调整好后焊接加固。

支承座是中间罐的存放和维修座，设置在混凝土基础上。它是由两个焊接部件构成，底部由型钢焊接连成整体，上部为中空的凹形结构。每个维修工位设一个。它除支承中间罐外，还与冷却维修台架的横梁相联，这样更加增强了冷却维修台架的稳定性。

定位装置位于冷却工位上，设置在中间罐放置位置长度方向的两端。定位装置压紧头的型式为可旋转筒套式，底架为型钢焊接结构，整体固定于混凝土基础上，用来承受拔冷钢时所产生的巨大力量。

铺板是由型钢和花纹钢板焊接而成的框架结构，安装时焊接在冷却维修台架的框架上表面，作为操作平台。

铺板周围的栏杆有内外之分，均为型钢焊接而成。外栏杆焊在铺板的外侧面上，内栏杆焊在中间罐周围的铺板上面，起安全保护作用。

12.2.4   中间罐冷却维修台主要参数

12.2.4.1   中间罐冷却维修台的承载能力

A   台架承载能力

根据连铸工厂使用中间罐内衬材料和操作习惯的不同，设计时确定台架承受的均布载

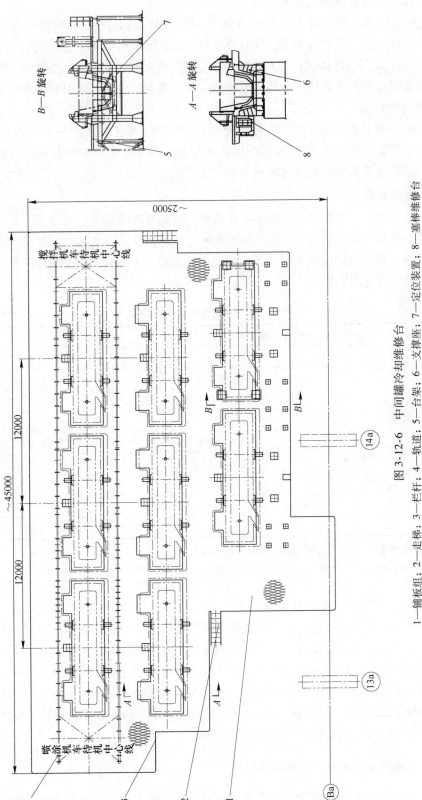

图 3-12-6 中间罐冷却维修台

1—铺板组；2—走梯；3—栏杆；4—轨道；5—台架；6—支撑座；7—定位装置；8—塞棒维修台

荷应有所不同，需要考虑的内容大致如下：

（1）使用耐火砖的连铸工厂为修砌方便，一般习惯将耐火材料、耐火砖、滑动水口及中间罐盖等部件放置在维修台架上，这时台架设计时的承载负荷可考虑为30kPa；

（2）使用干式料的连铸工厂若在维修台架上浇注中间罐内衬时，台架上放置部分干式料，由料斗将混合好的料直接向中间罐胎膜与罐体腔里进行浇注，这时台架设计时的承载负荷可考虑为20kPa；

（3）使用干式料的连铸工厂若在维修台架上以外的地面混合或浇注中间罐内衬时，台架上仅放置工具箱及相应工具、供维修及参观人员操作及行走、临时存放部分安装部件等，这时台架设计时的承载负荷可考虑为10kPa。

B　支承座承载能力

支承座承载能力一般是按中间罐事故状态下满罐钢液时的最大质量考虑，最大质量应包含中间罐及罐盖的壳体质量、中间罐及罐盖的耐火材料质量、滑动水口装置（或水口快换机构）质量、塞棒装置质量及中间罐溢流位钢液质量。A 钢铁公司 1930mm 板坯连铸机支承座的装载质量见表3-12-1。

表 3-12-1　中间罐支承座装载质量

装　载　物　名　称		质量/t
中间罐装配	中间罐壳体	26.5
	中间罐盖壳体	6.5
	中间罐本体用耐火材料	24.6
	中间罐盖用耐火材料	7.7
	滑动水口装置	1.4
	塞棒装置	1.7
	合　计	68.4
中间罐残钢		10（事故时 67.4）
总　计		78.4（事故时 135.8）

注：1. 此表数据是以 A 钢铁公司板坯连铸机为例，仅供参考。
　　2. 事故质量是指浇注过程中或浇注开始因某种原因停浇时中间罐内剩余钢液质量。

12.2.4.2　中间罐冷却维修台架高度

冷却维修台架高度的确定，要考虑到中间罐放在台架上时，其罐体下表面安装和拆卸滑动水口比较方便，从这个条件出发，离地面标高 1700～1800mm 比较合适（A 钢铁公司 1930mm 板坯连铸机为 1740mm），而台架上表面的高度，要考虑到中间罐盖的装卸方便，一般认为台架上表面到中间罐本体上表面距离为 500～600mm 适宜，操作台的最合适高度在中间罐壳体上表面高度以下 500～600mm。A 钢铁公司 1930mm 板坯连铸机中间罐壳体上表面高度为 3465mm，操作台的高度为 2900mm。

12.2.5　中间罐冷却维修台立柱稳定性计算

以 A 钢铁公司厚板连铸机中间罐冷却维修台为例，本台架中的立柱均属于等断面立柱受压缩时的静力稳定性及强度计算。

12.2.5.1 已知条件

立柱规格：工字钢 25b；立柱截面惯性矩 $J_X = 5280\text{cm}^4$，$J_Y = 309$；立柱截面面积 $F = 53.541\text{cm}^2$；立柱高度 $L = 245.5\text{cm}$；立柱材料：Q235B；Q235B 钢的弹性模量 $E = 200\text{GPa}$，比例极限 $\sigma_p = 200\text{MPa}$，屈服极限 $\sigma_s = 235\text{MPa}$，台架总面积 587m^2，平台所受载荷 30kPa。

12.2.5.2 立柱（压杆）柔度

A 材料的极限柔度 λ_1

$$\lambda_1 = \pi\sqrt{\frac{E}{\sigma_p}} \tag{3-12-1a}$$

对 Q235B 钢

$$\lambda_1 = \pi\sqrt{\frac{200 \times 10^9}{200 \times 10^6}} \approx 99.35$$

B 立柱的实际柔度 λ

$$\lambda = \frac{\mu L}{i_{min}} \tag{3-12-1b}$$

式中 μ——压杆长度系数，对两端固定的立柱，$\mu = 0.5$；

i_{min}——压杆截面的最小惯性半径，cm。

$$i_{min} = \sqrt{\frac{J_{min}}{F}} = \sqrt{\frac{J_Y}{F}} \tag{3-12-1c}$$

对所计算立柱

$$i_{min} = \sqrt{\frac{309}{53.541}} = 2.40\text{cm}$$

$$\lambda = \frac{0.5 \times 245.5}{2.40} = 51.15$$

C 最低界限柔度 λ_2

$$\lambda_2 = \frac{a - \sigma_s}{b} \tag{3-12-1d}$$

式中 a，b——与材料性质有关的常数，对于 Q235B 钢，$a = 304\text{MPa}$，$b = 1.12\text{MPa}$

$$\lambda_2 = \frac{304 - 235}{1.12} = 61.61$$

由材料力学知，当 $\lambda_2 \leqslant \lambda \leqslant \lambda_1$ 时，称为中等柔度压杆，需要用线性经验公式计算压杆的稳定性；当 $\lambda > \lambda_1$ 时，为大柔度压杆，需要用欧拉公式计算压杆的稳定性；当 $\lambda < \lambda_2$ 时，属于小柔度压杆，不必计算压杆的稳定性，而应计算压杆的压缩强度。

中间罐冷却维修台立柱柔度计算表明 $\lambda < \lambda_2$，只计算立柱压缩强度即可。

12.2.5.3 立柱压缩强度

$$\sigma = \frac{P}{F} \tag{3-12-2}$$

式中 P——每个立柱的受力，kN；

F——每个立柱的面积，m^2。

$$P = P_z/m \qquad\qquad (3\text{-}12\text{-}3)$$

式中　P_z——由全体立柱支承的总载荷，kN；

　　　m——立柱的总数量，$m = 115$ 根。

$P_z =$ 单位载荷 × 台架总面积 + 铺板组自重 + 轨道自重 + 其他质量

$\qquad = 30 \times 587 + 700 + 650 + 80 + 350$

$\qquad \approx 19400\text{kN}$

$$P = 19400/115 \approx 169\text{kN}$$

$$\sigma = \frac{169}{0.0053541} = 31565\text{kPa} \approx 31.57\text{MPa}$$

立柱安全系数为

$$n = \sigma_s/\sigma = 235/31.57 \approx 7.4$$

可见，中间罐冷却维修平台立柱安全系数很高，即使考虑立柱不均匀承载，也非常安全稳定。

12.2.6　中间罐冷却维修台安装顺序与安装精度

12.2.6.1　安装顺序（仅供参考）

中间罐支承座—定位装置—台架—轨道—铺板组—梯子—栏杆。

12.2.6.2　安装精度要求

（1）台架纵向中心线偏差和横向中心线偏差 ±2mm。

（2）台架立柱中心线的垂直度偏差为 1/1000。

（3）台架各立柱间中心距偏差为 ±1.5mm。

（4）立柱上表面标高偏差 ±1mm。

（5）两条轨道各接缝处其高差值为 ±0.5mm，且在全长范围内其水平度 ≤0.1/1000。

（6）两条轨道中心距偏差为 ±2mm。

（7）两条轨道对中心线的平行度 ≤0.1/1000。

（8）定位装置中心距偏差 ±1.5mm。

12.3　中间罐冷却设备

12.3.1　中间罐冷却设备的功能

中间罐冷却方式有强制性冷却和自然冷却两种形式，中间罐冷却设备是用来冷却浇注完了或事故状态从连铸生产线上吊下的中间罐，采用空冷或空冷加水冷同时进行，强制性把残钢从 1500℃ 冷却到 800℃ 以下，以便清除残钢为下一道工序作好准备。由于水冷会产生氢，渗入到中间罐内衬中后，浇注对氢有含量要求的钢种时，会产生有害作用，例如管线钢的氢致裂纹就是要严格防止的，因此中间罐冷却方式的选用是有规定的。

12.3.2　中间罐冷却设备的发展及形式

中间罐强制性冷却设备从 20 世纪 80 年代初期使用的移动式冷却罩车逐渐演变为当今

使用的固定式冷却罩，固定式冷却罩既简化了结构又节省了维修空间，因为采用冷却罩车的形式必须设有待机工位，而采用冷却罩的形式就可与冷却工位一一对应。冷却罩又可根据维修场地的空间状况将风机按两种形式布置，一种形式是将风机布置在罩体之上随可旋转罩体一同旋转，另一种形式是将风机固定在地面上用可伸缩式管道与可旋转罩体相连接。还可以单纯选用低噪声轴流风机对中间罐采用直吹的方式进行冷却。为保证连铸产品质量、节省能源并提高耐火材料的使用寿命，目前多数厂家已单纯使用空冷而不再进行水冷，而且有的厂家在冷却工位的布置上充分考虑了与连铸机的产量、生产节奏及更换周期和参考类似连铸机使用经验确定合适的操作更换件数量。

12.3.3 中间罐冷却设备组成与结构

12.3.3.1 中间罐冷却罩车的组成与结构

中间罐冷却罩车是门型的走行台车，主要由冷却罩、台车架、驱动装置、空冷装置、水冷装置（根据需要设置）、滑动通风管道（滑槽装置）、拖链、声光报警、走梯及护栏等组成，如图 3-12-7 所示。

驱动装置主要有电动机、减速器、链条等部件并驱动两个走行车轮。

空冷装置的结构是鼓风机与空气配管相连接，在空气管道上有间隔约 300mm 的排气孔，其出口方向与中间罐底面成 30°角。

如果进行喷水冷却，则水冷用配管设在冷却罩内，在横向水管上设置一定间隔的垂直喷水管。

滑动通风管道（滑槽装置）设置在台车上是可伸缩的，待移动式台车运行至工作位置时其固定管道通过电动缸驱动的滑动管道进行连接，滑动管道通过管内密封结构，把活动端和固定端可靠、有效的联接起来，充分提高引风机的工作效率。

12.3.3.2 中间罐冷却罩的组成与结构

中间罐冷却罩为悬臂倾转式，主要由冷却罩、转臂、冷风管、底座、热风管、支座、电液推杆、配重、鼓风系统及声光报警等组成，如图 3-12-8 所示。

与冷却罩车的最大区别就是将冷却罩与一个能够旋转的转臂连接成一体，转臂的转动轴设在中间罐冷却工位的外侧并与工位中心线平行，转动轴由两个轴承座通过支座固定在冷却台架立柱上，该转臂上共有三个曲柄，其中间部位伸出的一个曲柄与电液推杆相联接，通过其电机正反向转动，使液压油经过双向齿轮泵输出压力油带动液压缸实现活塞杆往返运动，用以驱动转臂带动冷却罩旋转。而两侧的两个曲柄用以悬挂配重，以减轻和调节转臂的偏载。冷却作业结束后，将盖在冷却工位上方的冷却罩通过转臂旋转 90°举起，使冷却罩垂直地停放在冷却工位的斜上方，即非工作状态冷却罩不会影响中间罐的吊出吊入。

鼓风系统设置在罩子中部背在冷却罩上方，与转臂把合在一起，冷风通过接管进入罩内风管，并通过管上风口吹入罐体，与残钢进行热交换以冷却残钢，同时冷风温度升高。设计时罩内压力应保持微正压，加热后的热风由罩子两端的两个出口使其进入热风管并排出厂房。

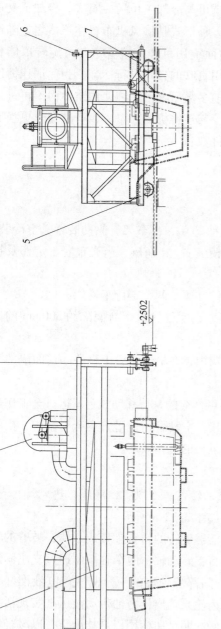

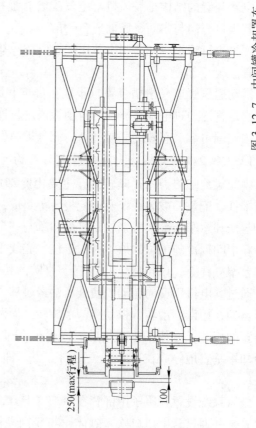

图 3-12-7 中间罐冷却罩车

1—滑动通风管道；2—冷却罩；3—空冷装置；4—水冷装置；5—台车架；6—声光报警；7—驱动装置；8—拖链；9—走梯及护栏

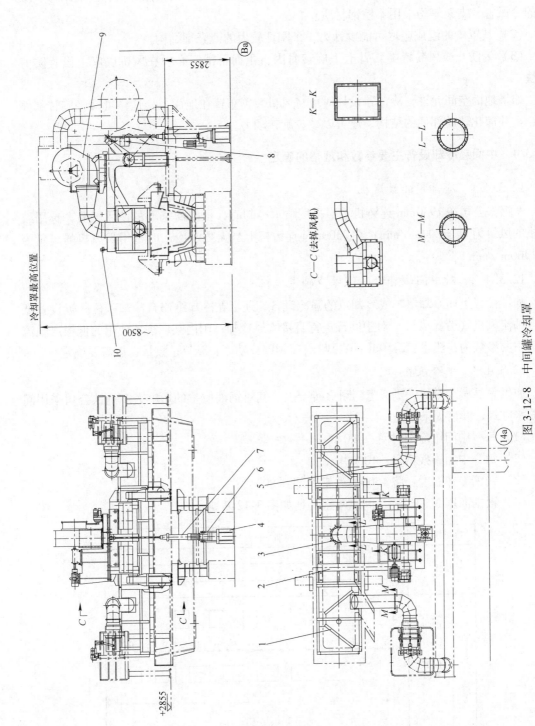

图 3-12-8　中间罐冷却罩

1—冷却罩；2—转臂；3—冷风管；4—底座；5—热风管；6—支座；7—电液推杆；8—配重；9—鼓风系统；10—声光报警

冷却罩的结构设计需特别考虑以下因素。

（1）在减轻旋转罩自重的同时为避免水汽腐蚀影响冷却罩的使用寿命，建议罩体、罩内的冷风管、支架等均采用不锈钢材质。

（2）其罩体的组成应尽可能设计为一个刚性较大的薄壳型结构。

（3）为防止鼓风装置随转臂上下旋转时因自重而下滑，必须在风机底座上设置防剪挡块。

如果地面空间允许，冷却罩设计时可将风机装置布置在地面上，这样可减轻旋转部件的自重并简化转动部件的结构，还可以减少旋转动力。

12.3.4　中间罐冷却设备主要参数和规格的确定

12.3.4.1　冷却用的鼓风机

A 钢铁公司在 1930mm 连铸机上当采用喷水冷却时，根据商家 L 的使用经验，选用鼓风机的风量为 $Q_a = 200 \text{m}^3/\text{min}$；在 2300mm 连铸机上当无喷水冷却时选用鼓风机的风量为 $Q = 400 \text{m}^3/\text{min}$。

12.3.4.2　对中间罐直吹时低噪声轴流风机

如不设置上述冷却罩车或冷却罩的强冷设备，还可在冷却维修台冷却工位附近设置低噪声轴流风机（劳保风机）对中间罐进行直接吹风冷却，国内某厂现场使用的低噪声轴流风机主要参数为：流量：2450m³/h；风压：350Pa；功率：3kW；数量：按需要确定。

12.3.4.3　水冷装置

如果需要喷水冷却，要考虑到耐火砖产生氢气对钢液质量的影响，A 钢铁公司采用间歇喷水方式，其前提条件是：

（1）每一中间罐冷却时间：120min；

（2）每一中间罐残钢量：10000kg；

（3）残钢冷却温度：将 1500℃ 残钢冷却到 800℃；

（4）根据商家 N 的经验，间歇喷水周期如图 3-12-9 所示。

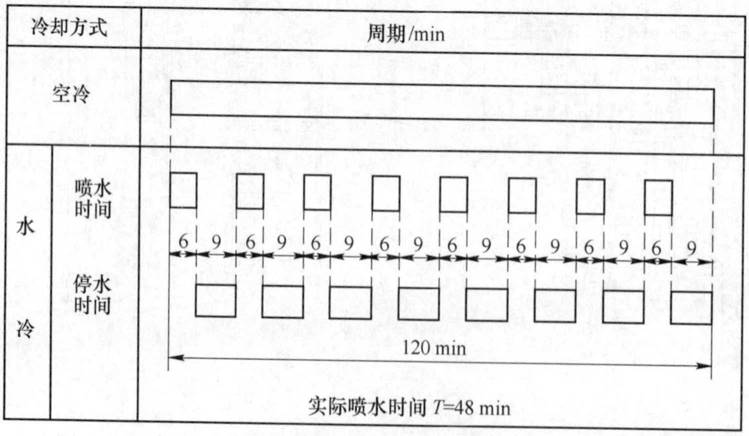

图 3-12-9　间歇喷水周期

必要的喷水量 f 的计算方法如下：

$$f = \frac{Q_t W}{(2257 + 314) T} \qquad (3\text{-}12\text{-}4)$$

式中　f——必要的喷水量，kg/min；

Q_t——单位钢及其他物质放出的热量，kJ/kg；

W——残钢质量，$W = 10000$kg；

2257——1kg、100℃的水变成蒸汽所需的热量，kJ/kg；

314——1kg、25～100℃的水所需的热量，kJ/kg；

T——喷水时间，$T = 48$min。

首先求出冷却时单位钢及其他物质放出的热量 Q_t：

$$Q_t = Q_{t1} + Q_{t2} + Q_{t3} + 36 \qquad (3\text{-}12\text{-}5)$$

其中 36 为单位其他物质的放出热量（kJ/kg），不同温度单位钢的放出热量 $Q_{t1} \sim Q_{t3}$ 如下：

当温度从 1500℃冷却到 1400℃时，单位钢的放出热量

$$Q_{t1} = 0.71 \times 100 = 71 \text{kJ/kg}$$

当温度从 1400℃冷却到 1000℃时，单位钢的放出热量

$$Q_{t2} = 0.65 \times 400 = 260 \text{kJ/kg}$$

当温度从 1000℃冷却到 800℃时，单位钢的放出热量

$$Q_{t3} = 0.59 \times 200 = 118 \text{kJ/kg}$$

将单位钢及其他物质放出的热量代入式（3-12-5），得

$$Q_t = Q_{t1} + Q_{t2} + Q_{t3} + 36$$
$$= 71 + 260 + 118 + 36 = 485 \text{kJ/kg}$$

将数值代入式（3-12-4）得必要喷水量

$$f = \frac{Q_t W}{(2257 + 314) T} = \frac{485 \times 10000}{(2257 + 314) \times 48} = 39.3 \approx 40 \text{kg/min}$$

12.3.5　中间罐冷却设备安装顺序

（1）冷却罩车安装顺序。车体—从动及驱动装置—冷却罩—空冷装置—水冷装置—滑槽装置—拖链—走梯及护栏。

（2）冷却罩安装顺序。底座—电液推杆—转臂—冷却罩—冷风管—热风管—鼓风系统—配重。

12.4　中间罐冷却热气排出系统

12.4.1　中间罐冷却热气排出系统的功能

冷却热气排出系统用以收集冷却罩车或冷却罩内冷却中间罐时产生的热气，并通过管道排出厂房。

12.4.2　中间罐冷却热气排出系统的型式

为减小热气排出用引风机的规格，同时便于操作和控制各冷却工位不一定同时作业的

工况，需根据冷却工位的数量确定热气排出系统。如果冷却工位数量为两个（或三个）时，则是由两个（或三个）相互独立又基本上相同的排出装置组成，它们分别对应两个（或三个）冷却工位，但各个工位的操作互不影响。

12.4.3　中间罐冷却热气排出系统组成与结构

中间罐冷却热气排出系统由吸气管道、滑槽装置、排气管道、操作平台、风机装置、电动双摇杆蝶阀、支架等组成，如图 3-12-10 所示。

由于冷却罩罩体是可旋转的，而主体管道及引风机等部件均固定不动，所以每个工位上与罩体相连的 2 根吸气支管道与主体管道不能是连续的，需将与罩体相连的支管道与固定的主体管道之间设计成断开式的，本结构是采用滑槽装置来实现活动端和固定端的衔接，其中与冷却罩连在一起的 2 根吸气支管可随罩体旋转，而与滑槽装置连接在一起的衔接管可做伸缩运动，活动端和固定端断开处的两节管口中心只有在罩体处于冷却工况时才相互对中，其他工况均为分离状态。当然各自管口之间又留有足够的间隔，以保证冷却罩旋转时互不干扰。

滑槽装置是靠电动缸带动一节衔接管作往返运动，该衔接管可以同时套在连接处的活动端和固定端吸气支管上，通过管内的密封结构，使活动管端部和固定管端部可靠、有效地连接起来，充分提高引风机的工作效率，汇合在吸气总管道里的热气经电动双摇杆蝶阀最终由引风机通过排气管道排出厂房。

为了减小引风机空载启动电流，在引风机入口前吸气总管道上装有电动双摇杆蝶阀，便于风机启动前后调节其压力。

12.4.4　中间罐冷却热气排出系统风机能力计算

12.4.4.1　常温状态时的空气体积流量（即常态下引风机流量）

$$Q_1 = Q_a + Q_b \qquad\qquad (3\text{-}12\text{-}6a)$$

式中　Q_1——常温状态时空气的体积流量（标态），m^3/min；

Q_a——中间罐空冷用鼓风机风量（标态），$Q_a = 400 m^3/min$；

Q_b——冷却罩开口部吸入风量（标态），$Q_b = 60Av_1 = 60 \times 1.15 \times 0.8 = 55.2 m^3/min$，其中 A 为冷却罩开口部面积，$A = Ch = 22.9 \times 0.05 = 1.15 m^2$，$C$ 为冷却罩体的周长，$C = 22.9m$，h 为冷却罩体距中间罐壳体上口之间的间隙，$h = 0.05m$；

v_1——开口部控制风速，m/s。

将 Q_a、Q_b 数值代入式（3-12-6a）得

$$Q_1 = 400 + 55.2 = 455.2 m^3/min$$

12.4.4.2　升温后空气的体积流量

设定常温状态时空气温度升高 100℃，由此算出常温气体膨胀后的体积流量。根据气态方程（按恒压过程）平衡式 $Q_1/T_1 = Q_2/T_2$ 得出

$$Q_2 = (Q_1/T_1)T_2 \qquad\qquad (3\text{-}12\text{-}6b)$$

式中　Q_2——升温后空气的体积流量（标态），m^3/min；

T_1——常温状态时空气的绝对温度，$T_1 = 273 + 20$，℃；

T_2——升温后空气的绝对温度，$T_2 = 273 + 100$，℃。

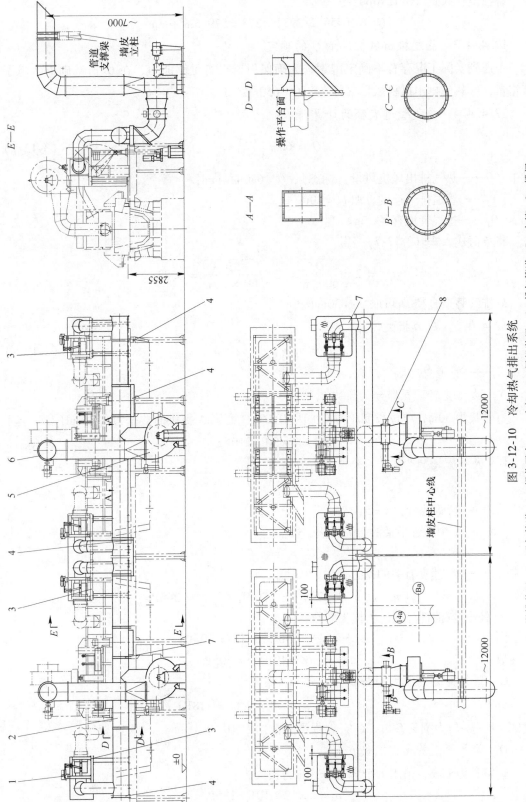

图 3-12-10 冷却热气排出系统

1—滑槽装置；2—吸气管道；3—操作平台；4—支架；5—风机装置；6—排气管道；7—卡箍；8—蝶阀

将数值代入式（3-12-6b）得

$$Q_2 = (455.2/293) \times 373 = 579.5 \text{m}^3/\text{min}$$

12.4.4.3　热气排出风机风量 Q 的确定

考虑到实际工况存有不确定因素，为确保引风机有足够能力，在 Q_2 值基础上考虑了富裕量，取热气排出风机风量（标态）$Q = 650 \text{m}^3/\text{min}$。

12.4.4.4　排气管道直径的计算

$$Q = 60\pi \left(\frac{D_1}{2}\right)^2 v_2 \qquad (3\text{-}12\text{-}7)$$

式中　Q——热气排出风机风量（标态），$Q = 650 \text{m}^3/\text{min}$；

v_2——管道排气速度，取 $v_2 = 20 \text{m/s}$；

D_1——排气管道直径，m。

将数值代入式（3-12-7），得

$$D_1 = 2\sqrt{\frac{Q}{60\,v_2\pi}} = 2\sqrt{\frac{650}{60 \times 20\pi}} = 0.83 \text{m}$$

故排气管道直径 D_1 可取 $\geqslant \phi 830 \text{mm}$。

12.4.4.5　压力损失计算

$$p = p_1 + p_2 + p_3 + p_4 \qquad (3\text{-}12\text{-}8)$$

式中　p——管道总的压力损失，Pa。

A　吸气管道直管部分的压力损失 p_1

直管长为 30m，单位长度压力损失为 7Pa/m（商家 A 提供的数据为 $0.7 \text{mmH}_2\text{O/m}$）。

$$p_1 = 7 \times 30 = 210 \text{Pa}$$

B　吸气管道 90° 弯管部分的压力损失 p_2

$$p_2 = p_r Z$$

式中　Z——弯管数量，$Z = 5$；

p_r——1 个弯管半径的压力损失，Pa。

$$p_r = p_v \xi$$

式中　p_v——与速度有关的压力损失，Pa，

$$p_v - (v_2/1.274)^2 = (20/1.274)^2 = 246 \text{Pa}$$

ξ——弯曲部分的压力损失系数，$\xi = 0.41$。

则　　　　　　　　　$p_r = p_v \xi = 246 \times 0.41 = 101 \text{Pa}$

故　　　　　　　　　$p_2 = p_r Z = 101 \times 5 = 505 \text{Pa}$

C　罩体部分的压力损失 p_3

$$p_3 = F p_v = 0.48 \times 246 = 118 \text{Pa}$$

式中　F——压力损失系数，商家 A 提供的数据 $F = 0.48$。

D　排气管道的压力损失 p_4

直管长为 12m，采用 1 个弯管，其压力损失为：

$$p_4 = 7 \times 12 + 101 = 185 \text{Pa}$$

将 $p_1 \sim p_4$ 各值代入式（3-12-8），得总的压力损失

$$p = 210 + 505 + 118 + 185 = 1018\text{Pa}$$

12.4.4.6 确定热气排出风机电机功率

$$N_\text{f} = \frac{Qp_\text{j}}{10 \times 6120\eta}k \tag{3-12-9}$$

式中　N_f——排出风机电机功率，kW；

　　　Q——热气排出风机风量（标态），取 $Q = 650\text{m}^3/\text{min}$；

　　　p_j——风机静压力，取 $p_\text{j} = 1500\text{Pa}$；

　　　η——风机效率，取 $\eta = 75\%$；

　　　k——富裕系数，取 $k = 1.2$。

将数值代入式（3-12-9），得电机功率 N_f

$$N_\text{f} = \frac{650 \times 1500}{10 \times 6120 \times 0.75} \times 1.2 = 21.2\text{kW}$$

取风机电机功率 $N = 37\text{kW}$，$n = 1500\text{r}/\text{min}(4\text{ 极})$。

12.4.5 中间罐冷却热气排出系统安装与调整

（1）安装顺序。操作平台—滑槽装置—排气管道—风机系统—各支架—排气总管道。

（2）安装调整。

1）分别调整各滑槽的排风管道，使其管道中心分别与冷却罩相连的热风管中心对齐，并确保滑槽伸缩自如。

2）调整电动缸行程，使其最大行程（150mm）时，其移动速度为25mm/s，滑槽内弹簧被压缩10mm。

3）检查管路密封：在1MPa压力下，保压30min，各处均不得有泄漏现象。

12.5 中间罐倾翻系统

12.5.1 中间罐倾翻系统的功能

中间罐倾翻系统主要用于拆衬或处理残留冷钢。

待修的中间罐经冷却后吊放于倾翻装置的框架中，卡紧机构将中间罐紧固。倾翻作业时，先将在待机工位的除尘罩车及顶冷钢装置运行到倾翻工位（有的倾翻工位上的倾翻装置自带顶冷钢装置，也有起重机配合单独设在地面上的夹具式顶冷钢装置），若中间罐内含有残留的冷钢直接翻不下去需要顶冷钢操作时，将中间罐翻转180°，通过液压顶杆将其钢壳强制性顶掉，使其沿导料板滑入下方的废料台车料斗内。若需要拆除永久层耐火材料时，则通过拆衬机或风镐捣碎内衬再进行清除。当需要倾倒中间罐内废渣和松动的耐火材料时，为避免灰尘飞扬，应将除尘罩车的管道密封装置紧贴除尘装置粉尘收集管道入口，当中间罐翻转180°后，所产生的灰尘经吸尘管吸入除尘器中过滤，最终将净化气体排出。

倾翻作业完成后，倾翻台下的废料台车料斗内的物料会积攒到一定程度，这时废料台车便可将其开出倾翻区之外，由起重机吊出废料斗将废料运出厂外。

在倾翻装置转至 90°时还可进行滑动水口盒的维修,而转到 180°时也可吊换滑动水口盒,为中间罐的维修做前期的准备工作。

12.5.2　中间罐倾翻系统的发展与设备形式

本节介绍的倾翻系统所包含的设备是比较齐全的,从 20 世纪 80 年代初期至目前阶段,各设备的主要结构大体有如下类型。

(1) 倾翻装置的传动机构可分为机械传动和液压传动两种形式,倾翻装置的中间罐夹紧机构可分为电动机械夹紧、人工手动机械夹紧和液压夹紧三种形式。

(2) 顶冷钢装置的主体形式基本为液压顶杆式,但其设置方式有多种,简述如下:

1) 早在 80 年代初期,倾翻系统虽然同时设有顶冷钢装置和除尘罩设备,且均为移动台车式,两者是相互独立的,即顶冷钢装置和除尘罩分别设置在各自对应的待机工位,两台车共用同一轨道,即倾翻时的除尘作业和顶冷钢操作不同时进行。

2) 90 年代末期大部分厂家已不再单独设置移动台车式的顶冷钢装置,有的厂家倾翻传动装置采用机械传动且倾翻系统设有移动式除尘罩车,而顶冷钢装置则固定在除尘罩车顶部随罩车一起移动;有的厂家还采用液压驱动倾翻传动装置,虽然也设有除尘罩车,但顶冷钢装置设在倾翻框架底部,跟随倾翻框架一同旋转,既简化了结构也便于倾翻和顶冷钢操作。

3) 进入 21 世纪后,有的厂家将顶冷钢装置以夹具的形式单独设置在倾翻工位附近的地面上,其顶杆仍为液压驱动,在需要顶冷钢作业时由起重机将顶冷钢装置吊至倾翻工位上方由起重机配合进行顶冷钢操作。

将台车式的顶冷钢装置与其他设备合二为一的形式不仅简化了设备结构和节省了空间,同时顶冷钢和除尘作业可同时进行,从而省掉了单纯顶冷钢装置用移动台车。除夹具式的顶冷钢装置以外其他形式的顶冷钢装置其顶杆数量均可根据单、双流连铸机确定。

(3) 除尘罩有移动罩车式和固定罩两种形式。移动罩车式的除尘罩又有一体式罩车和伸缩式罩车两种形式,可根据中间罐长度尺寸及维修场地空间确定除尘罩车的形式。固定式除尘罩是在倾翻工位处沿周边围墙上方,采用固定罩将其封闭,倾翻工位处由倾翻装置本身与其周边围墙形成自密封腔体。

12.5.3　中间罐倾翻系统设备

中间罐倾翻系统设备以 A 钢铁公司为例进行叙述。该系统主要由倾翻作业平台、翻转装置、拆衬机和风镐、除尘罩车及顶冷钢装置、除尘装置、废料台车等组成,下面分别介绍。

12.5.3.1　中间罐倾翻作业平台

A　倾翻作业平台的组成与结构

倾翻作业平台用于支承除尘罩车及顶冷钢装置,并为维修操作人员提供通道及作业空间。主要由台架(包括立柱、横梁、斜撑)、栏杆、铺板及活动平台、梯子、防上浮卡板、中间罐支承座、轨道、导料板、倾翻装置检查平台及除尘围墙等组成,如图 3-12-11 所示。

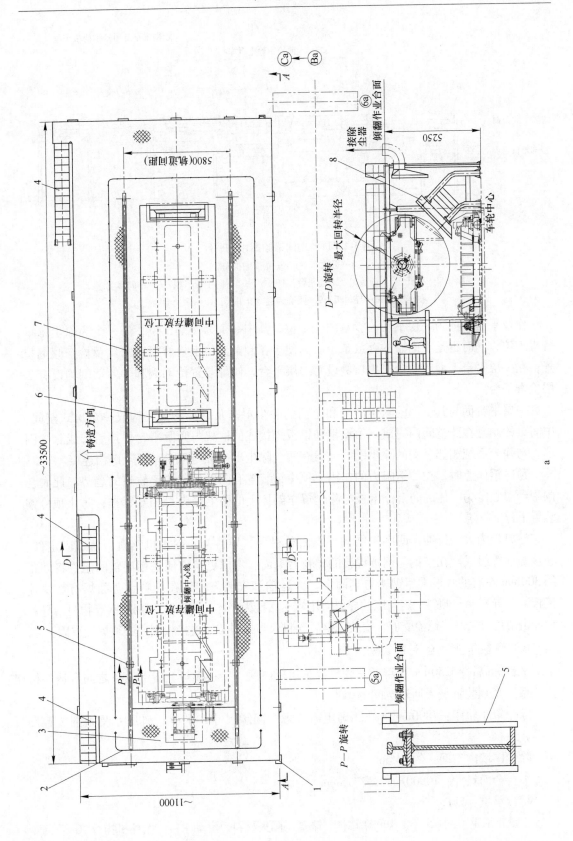

a

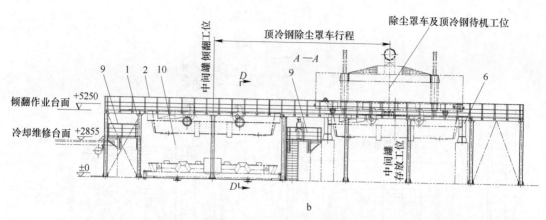

图 3-12-11 中间罐倾翻作业平台
a—平面布置；b—立面侧视图
1—台架；2—栏杆；3—铺板组及活动平台；4—梯子；5—防上浮卡板；6—中间罐支座；
7—轨道；8—导料板；9—倾翻装置检查平台；10—除尘围墙

作业平台主体为一层平台，设有两个工位，其中一个为倾翻工位，另一个为除尘罩车待机工位，同时也是中间罐的存放工位。为便于在倾翻工位上检修滑动水口及检查倾翻装置，在一层平台下面废料台车出口侧设有二层平台，倾翻装置传动端和非传动端均设有二层检查平台。

一层平台面与其下部的除尘围墙和上面的除尘罩车及顶冷钢装置构成一个房式空间，中间罐的倾翻在此空间内完成。由型钢和钢板焊接成的框架与倾翻平台焊接后形成除尘围墙，与除尘系统相邻一侧的除尘围墙上设有两个除尘出口，与除尘系统入口相连接。

顶冷钢作业时，在冷钢阻力的作用下顶冷钢装置有向上抬起脱离轨道的趋势，此时与倾翻台架固定为一体的防上浮卡板与除尘罩车架体上的防上浮夹具相互紧扣，防止顶冷钢装置上浮。

导料板为大型抗冲击耐磨钢结构件，由导料台、导料架、起重机钢轨、轨道固定件、联接螺栓等组成。在型钢与钢板焊接的导料台上面，考虑更换方便采用导轨固定件将间距约300mm左右的数根重型钢轨与其固定。为运输和安装方便，在导料台背面焊有数块连接板，将导料台与倾斜一定角度的导料架用螺栓联接为一体。为防止倾翻冷钢等物料沿导料台冲击滑落时其联接螺栓受剪，安装调整后导料台与导料架沿连接板周边必须焊接牢固。

B 倾翻作业平台主要参数

平台标高：+5250mm（需考虑废料台车运行高度、导料板与上、下设备之间合适的衔接关系、倾翻装置最大回转空间等因素）

除尘罩车轨距：5800mm（轨距确定需考虑中间罐尺寸，平台开口尺寸及倾翻装置尺寸等）

除尘围墙内空间：约645m³

平台台面尺寸：10900mm×33375mm

平台承重：5kPa

支承座承重：约82t（含中间罐罐体、罐盖、耐火材料、滑动水口、塞棒机构及10t残钢）

C　倾翻作业平台安装顺序与精度

（1）安装顺序。中间罐支承座—主平台—轨道—检查平台—铺板—梯子—栏杆—导料板—除尘围墙。

（2）安装精度要求。同中间罐冷却维修作业平台，参见12.2.6小节。

12.5.3.2　中间罐倾翻装置

A　倾翻装置的组成与结构

a　机械传动式倾翻装置的组成与结构

机械式倾翻装置主要由传动端（包含驱动梁、卡紧机构、锁紧机构、传动端底座和传动装置等）、非传动端（包含从动端底座、从动梁、卡紧机构、电缆卷筒等）、平台装配（包含有连接梁、小平台、润滑配管及电缆配管）等组成，如图3-12-12所示。

（1）倾翻装置传动端。

1）驱动梁。驱动梁是一个刚性较大的焊接件，通过平台装配中的连接梁与从动梁连接在一起，其上具有中间罐吊入时的导向面，以保证中间罐顺利可靠就位。在驱动梁上设有中间罐卡紧机构，倾翻时卡紧中间罐。传动端驱动梁的外侧是销齿轮，它与传动装置出轴上的齿轮相啮合。驱动梁通过转轴、轴承座与坐在基础上的传动端底座相连接。

2）中间罐卡紧机构。中间罐卡紧机构为电动机械夹钳式，卡紧机构是靠电动缸推动转架，转架又推动连杆，连杆带动卡爪转动。卡爪处于夹紧状态时，应考虑到大型结构件的制造误差，所以在卡爪与中间罐上表面之间仍留有相应的间隙作为补偿。卡紧机构共有2套，分别安装在驱动梁和从动梁上。为检测卡爪是否到位，每套卡紧机构有两个限位开关，从电气控制上能够实现四个卡爪既可单独动作也可同时动作。

卡紧机构的四个电动缸及八个行程开关随着驱动梁和从动梁一起旋转，电缆卷筒中的滑动转子将旋转的动力线、控制线与固定线路接通，达到供电的目的。

3）传动装置。传动装置由电机、制动器、减速器、销齿轮等组成，可以在 -15°~205°范围内旋转，以确保废料全部倾倒出去。为了使倾翻装置转动平稳并充分发挥电机的驱动能力，设计中应尽可能将回转中心与倾翻装置重心的距离缩小，甚至重合。为了检测转动位置，倾翻装置在0°、90°、180°、205°、-15°、0°（面对传动端看，逆时针旋转标定为正）的位置设置了六个限位开关，由装在驱动梁上的触头来碰触从而使倾翻装置处于不同的位置。

4）锁紧机构。锁紧机构用于消除安全隐患，防止倾翻装置在待机位置或某个工作位置随意转动。锁紧机构由插销、插销座、电动缸、电动缸支座、垫板及螺栓等组成，安装在传动端底座上。在倾翻驱动梁上0°、90°、180°位置均设有锁紧销孔，当倾翻装置转至上述三个位置时，锁紧机构的插销由电动缸推出插入驱动梁的销孔内，在需要的位置锁定倾翻装置确保安全无误。

（2）倾翻装置非传动端。

1）从动梁。从动梁除没有销齿轮之外，其结构与驱动梁基本相同。

2）卡紧机构。见驱动梁中的叙述。

3）电缆卷筒。电缆卷筒安装在从动梁一侧。为了让电缆整齐有序，从动梁上还设有线盘，线盘与从动梁同向同步转动，线盘放线时，靠从动梁的转动驱动线盘。当从动梁反

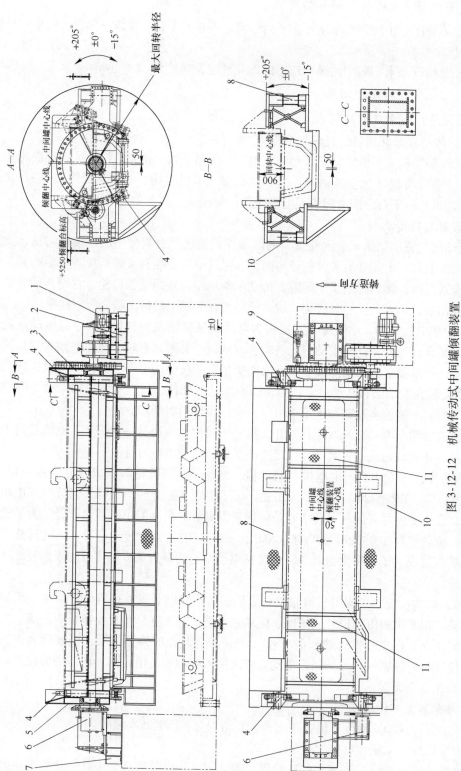

图 3-12-12　机械传动式中间罐倾翻装置

1—传动装置；2—传动端底座；3—驱动梁；4—卡紧机构；5—从动机构；6—电缆卷筒；7—从动端底座；
8—平台装配（一）；9—锁紧机构；10—平台装配（二）；11—小平台

转时，卷线通过电缆卷筒自身的发条做动力把线收紧。

（3）平台装配。平台装配含平台装配（一）和平台装配（二），平台装配（一）、（二）中的连接梁将倾翻装置驱动端和从动端的两个梁连成整体倾翻框架。在连接梁上设置了几个小平台，倾转时这几个小平台跟着倾翻框架一同旋转，倾转力矩通过中间罐、连接梁及平台传递到从动端，带动从动梁一起倾翻。维修滑动水口就可在该平台上进行，该平台相互呈90°配置，在180°的范围内转动时使滑动水口可改变两种方位，即90°立起工位和180°底朝上工位，以便进行滑动水口的维修。

b 液压传动式倾翻装置的组成与结构

液压传动式倾翻装置主要由倾翻台架、倾翻传动装置（含直联液压马达行星减速器）、滑动轴承座、底座、夹紧装置、顶冷钢装置、行程检测装置、声光报警装置、电缆配管及液压配管等组成，如图3-12-13所示。

（1）倾翻台架。倾翻台架是一个刚性很大的焊接件，通过左、右轴连接在一起。倾翻台架上有中间罐吊入时的导向面及中间罐支承面，以保证中间罐顺利就位。倾翻台架通过滑动轴承座与安装在两侧基础上的底座连接在一起。

（2）倾翻传动装置。整个台架倾翻的传动装置由行星减速器直联液压马达组成。驱动力矩由一端固定在基础上的力矩板进行平衡，倾翻角度0°~205°。通过安装在液压马达内部的编码器进行控制，并在0°、180°位置具有锁定功能，倾翻过程中为避免发生意外设有声光报警装置，声光报警器安装在机旁操作盘附近平台的栏杆上。

（3）夹紧装置。夹紧装置有液压夹紧和手动夹紧两种方式。

1）液压夹紧。在倾翻台架上设有四个夹紧液压缸、转臂及支座，液压缸由销轴与转臂和支座相连，倾翻作业前通过夹紧液压缸推动转臂夹紧中间罐，使其与倾翻台架紧固在一起，四个转臂卡爪是否到位由行程开关检测，如图3-12-13所示。

2）手动夹紧。在倾翻台架上设有四套夹紧装置，夹紧装置由夹紧螺杆、压盖、底座及定位螺栓组成，如图3-12-14所示。倾翻作业前，人工手动合拢压盖并拧紧夹紧装置上的螺杆副将中间罐夹紧，并定压盖水平垂直方向的两个定位螺栓，防止中间罐倾翻时沿水平方向窜动。

（4）顶冷钢装置。顶冷钢装置由液压缸、顶杆及连接螺栓等组成，顶杆和液压缸安装在倾翻框架底部，顶杆数量根据单双流连铸机确定。当中间罐倾翻180°而罐内残钢不能掉下时，由液压缸推出顶杆将残钢顶出，反之顶杆在收回位待机。

倾翻装置各液压执行元件的供油方式。有的厂家是通过液压回转接头来实现转动部件和固定管路的衔接，这种供油方式配管布置简洁整齐不缠绕且安全，但造价高。也有相当一部分厂家是通过留有一定余量的液压软管直接供油，让活动端随倾翻装置旋转时自由伸缩，其余管路用管夹固定。

B 倾翻装置主要参数和规格的确定

（1）倾翻速度。根据商家L的实际经验确定，一般为0.85r/min。

（2）倾翻角度。根据商家L的经验数值为-5°~205°，通常为0°~180°。国内多数厂家仍采用此角度，也有厂家使用的角度范围为-15°~205°。

（3）倾翻负荷。倾翻装置最大负荷含有的各项内容见表3-12-2。

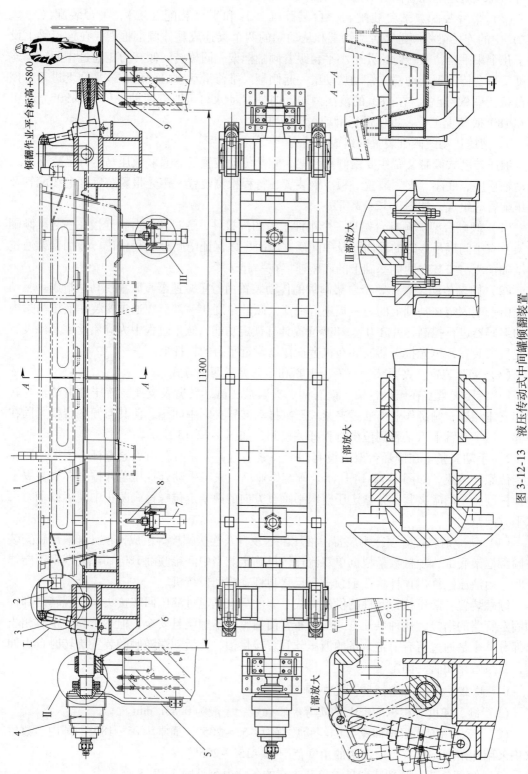

图 3-12-13　液压传动式中间罐倾翻装置

1—倾翻台架；2—转臂；3—夹紧液压缸；4—直联液压马达行星减速器；5—力矩板；6—滑动轴承座；7—顶冷钢液压缸；8—顶杆；9—底座

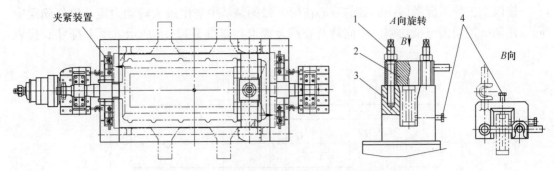

图 3-12-14　中间罐倾翻装置（液压传动手动夹紧）
1—夹紧螺杆；2—压盖；3—底座；4—定位螺栓

表 3-12-2　中间罐倾翻装置的最大载荷

载　荷　物　名　称		质量/t
中间罐	中间罐壳体	32.3
	中间罐本体用耐火砖	27.8
	滑动水口	0.8
	塞棒机构	1.3
	小　计	62.2
中间罐残钢		<30
总　计		90（未含倾翻框架自重）

注：表中数据是以 A 钢铁公司宽厚板坯连铸机为例，仅供参考。

通常情况下倾翻中间罐时，罐内残钢最好小于满罐钢液的三分之一质量，这样确定的倾翻装置比较经济合理，尤其对倾翻装置下部的相关设备损害较小，可延长相关设备的使用寿命。事故状态下可能会有满罐钢液或大于满罐钢液三分之一的质量，这种情况下不要在倾翻装置上直接倾翻，以免损坏倾翻装置及相关设备甚至发生安全隐患。此时应将中间罐吊到中间罐冷却维修台事故工位，插入钢钎待钢液冷却到一定程度，由该工位上的四个压紧头压紧中间罐，通过拔冷钢形式将凝固后的冷钢拔出。

（4）最大回转半径。根据中间罐尺寸确定的倾翻框架的最大外廓来决定，在不影响拆装并在回转空间内互不干扰的前提下，尽可能减小回转半径。

C　倾翻装置主要计算

以 A 钢铁公司机械传动式倾翻装置为例。

a　主传动电机功率的确定

（1）中间罐重心位置的确定。中间罐体因形状和结构基本上是对称的，因此只需考虑垂直方向（即 Z 轴方向）的重心位置，其余方向忽略不计，中间罐的重心位置随不同工况是变化的，基本分三种工况考虑。

工况 1：耐火材料和冷钢均存在的原始状态，即保存约 30t 冷钢，内衬基本完好；

工况 2：顶掉冷钢，内衬全部捣碎成松散状态，并假设其充满中间罐体；

工况 3：内衬全部倒掉。

　　按以上三种工况考虑中间罐的重心位置，目的是从中选出最大转动力矩，以便确定中间罐倾翻所需最大电机功率。中间罐及倾翻装置重心如图 3-12-15 所示，图中符号 G 代表重量。

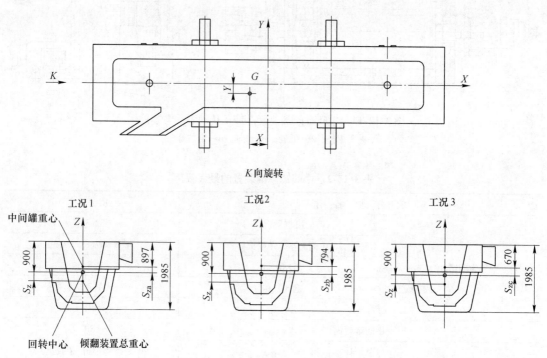

图 3-12-15　中间罐及倾翻装置重心简图

　　中间罐重心计算可参考有关教科书或设计手册，这里直接给出三种工况下的重心值，见表 3-12-3。

表 3-12-3　不同工况下的中间罐重心位置

序号	项　目　名　称	工况类型	质量 G/kg	重心位置/mm		
				x	y	z
1	中间罐本体	3	32347	8.5	42	670
2	耐火材料		27805	71	23	911
3	中间罐本体 + 耐火材料		60152	35	33	781
4	中间罐本体 + 耐火材料 + 塞棒		60952	34.5	15	777
5	中间罐本体 + 耐火材料 + 塞棒 + 水口	2	61952	34.5	13	794
6	中间罐本体 + 耐火材料 + 塞棒 + 水口 + 冷钢	1	90000	34.5	9	897

　　1）工况 1：中间罐对回转中心的重心位置 S_{za} 及总质量 G_a。由图 3-12-15 可知，回转中心至中间罐上表面的距离为 900mm，由表 3-12-3 可知，中间罐重心位置 $Z = 897$mm，工况 1 的偏心距离及总质量为：

$$S_{za} = 900 - 897 = 3\text{mm}; G_a = 90000\text{kg} \tag{3-12-10}$$

　　2）工况 2：中间罐对回转中心的重心位置 S_{zb} 及总质量 G_b。由表 3-12-3 可知，中间罐

重心位置 $Z=794\text{mm}$，工况2的偏心距离及总质量为：

$$S_{zb} = 900 - 794 = 106\text{mm}; G_b = 61952\text{kg} \tag{3-12-11}$$

3）工况3：中间罐对回转中心的重心位置 S_{zc} 及总质量 G_c 由表3-12-3可知，中间罐重心位置 $Z=670\text{mm}$，工况3的偏心距离及总质量为

$$S_{zc} = 900 - 670 = 230\text{mm}; G_c = 32347\text{kg} \tag{3-12-12}$$

（2）倾翻装置各部件（不含中间罐）的重心距回转中心的距离与质量。倾翻装置各部件由传动端、非传动端和平台装配三大旋转件组成。

1）传动端重心距回转中心的距离 S_{zq} 与质量 G_q。传动端旋转部分含有驱动梁和卡紧机构两大部件，该部分结构均为左右对称，故重心在对称中心垂直线上，作简化处理并忽略详细计算步骤，近似计算如下。

①驱动梁重心距回转中心的距离 Z_q 与质量 G_{qq}

$$Z_q \approx \frac{\sum (G_i Z_{qi})}{\sum G_i} \approx 197\text{mm} ; G_{qq} \approx 6782\text{kg}$$

②卡紧机构重心距回转中心的距离 Z_k 与质量 G_k

$$Z_k \approx \frac{\sum (G_i Z_i)}{\sum G_i} \approx 262\text{mm} ; G_k \approx 1445\text{kg}$$

所以传动端重心距回转中心的距离 S_{zq} 与质量 G_q 为

$$S_{zq} \approx \frac{\sum (G_i Z_i)}{\sum G_i}$$

$$\approx \frac{6782 \times 197 + 1445 \times 262}{6782 + 1445}$$

$$\approx 208.4\text{mm}$$

$$G_q = 8227\text{kg} \tag{3-12-13}$$

2）非传动端重心距回转中心的距离 S_{zf} 与质量 G_f。非传动端旋转部分含有的部件与传动端基本相同。

①从动梁重心距回转中心的距离 Z_c 与质量 G_{cc}

$$Z_C \approx \frac{\sum (G_i Z_i)}{\sum G_i} \approx 114\text{mm} ; G_{cc} \approx 5100\text{kg}$$

②卡紧机构重心距回转中心的距离 Z_k 与质量 G_k（同驱动端）

$$Z_k \approx \frac{\sum (G_i Z_i)}{\sum G_i} \approx 262\text{mm} ; G_k \approx 1445\text{kg}$$

所以非传动端重心距回转中心的距离 S_{zf} 与质量 G_f 为

$$S_{zf} \approx \frac{\sum (G_i Z_i)}{\sum G_i}$$

$$\approx \frac{5100 \times 114 + 1445 \times 262}{5100 + 1445}$$

$$\approx 146.7 \text{mm}$$

$$G_f \approx 6545 \text{kg} \tag{3-12-14}$$

3）平台装配重心距回转中心的距离 S_{zp} 与质量 G_p。平台装配划分成三个旋转的部件，由其中的连接梁将传动端和非传动端连接成倾翻框架。该部分结构左右基本对称，经简化处理后基本数据如下。

①平台（一）重心距回转中心的距离 Z_{p1} 与质量 G_{p1}

$$Z_{p1} \approx -75 \text{mm}$$

$$G_{p1} \approx 4901 \text{kg}$$

（Z_{p1} 基本在平台上下对称中心）

②平台（二）重心距回转中心的距离 Z_{p2} 与质量 G_{p2}

$$Z_{p2} \approx -815 \text{mm}$$

$$G_{p2} \approx 5630 \text{kg}$$

③平台（三）重心距回转中心的距离 Z_{p3} 与质量 G_{p3}

$$Z_{p3} \approx -1030 \text{mm}$$

$$G_{p3} \approx 700.6 \text{kg}$$

所以平台装配重心距回转中心的距离 S_{zp} 与质量 G_p 为

$$
\begin{aligned}
S_{zp} &\approx \frac{\sum (G_i Z_i)}{\sum G_i} \\
&= \frac{-4901 \times 75 - 5630 \times 815 - 700.6 \times 1030}{4901 + 5630 + 700.6} \\
&= -505.5 \text{mm}
\end{aligned}
$$

$$G_p = 11231.6 \text{kg} \tag{3-12-15}$$

（3）倾翻装置旋转部件（不含中间罐）重心距回转中心的距离 S_z 和质量 G_z

$$S_z \approx \frac{\sum (G_i S_{zi})}{\sum G_i} \tag{3-12-16}$$

$$G_z = G_q + G_f + G_p$$

式中　S_z——倾翻装置旋转部件重心距回转中心的距离，mm；

G_z——倾翻装置旋转部件质量，kg；

G_i——各旋转部件质量，G_i 之中：$G_q = 8227 \text{kg}$，$G_f = 6545 \text{kg}$，$G_p = 11231.6 \text{kg}$；

S_{zi}——各旋转部件竖直方向坐标，S_{zi} 之中：$S_{zq} = 208.4 \text{mm}$，$S_{zf} = 146.7 \text{mm}$，$S_{zp} = -505.5 \text{mm}$。

将式（3-12-13）~式（3-12-15）各值代入式（3-12-16），得出倾翻装置旋转部件重心距回转中心的距离 S_z 和质量 G_z 为

$$S_z = \frac{8227 \times 208.4 + 6545 \times 146.7 - 11231.6 \times 505.5}{8227 + 6545 + 11231.6} = -115.5 \text{mm}$$

$$G_z \approx 26003.6 \text{kg}$$

（4）最大转矩 M_{Qmax} 的确定

$$M_{Qi} = |G_i S_{zi} + G_z S_z \pm M_{fi}| \tag{3-12-17}$$

式中 M_{Qi}——按不同工况分别计算出的转矩，kN·m；

      G_i——不同工况下中间罐质量，G_i 之中：$G_a = 90000\text{kgf}$（$\approx 900\text{kN}$）

                                $G_b = 61952\text{kgf}$（$\approx 620\text{kN}$）

                                $G_c = 32347\text{kgf}$（$\approx 320\text{kN}$）；

      S_{zi}——不同工况下中间罐重心距回转中心的距离，S_{zi} 之中：$S_{za} = 0.003\text{m}$

                                $S_{zb} = 0.106\text{m}$

                                $S_{zc} = 0.230\text{m}$；

      G_z——倾翻装置旋转部件质量，$G_z = 26004\text{kgf} \approx 260\text{kN}$；

      S_z——倾翻装置旋转部件重心距回转中心的距离，$S_z = -0.116\text{m}$；

      M_{fi}——不同工况下倾翻装置转轴的摩擦转矩，kN·m。

对于滑动轴承

$$M_{fi} = \frac{4}{\pi} f_0 R Q_i \tag{3-12-18}$$

式中 f_0——平面摩擦系数，取 $f_0 = 0.2$；

      R——转轴半径，$R = 0.215\text{m}$；

      Q_i——不同工况下载体（即中间罐）质量，kN。

其中：工况 1 载体质量 $Q_1 = G_a + G_z = 116004\text{kgf} \approx 1160\text{kN}$；

       工况 2 载体质量 $Q_2 = G_b + G_z = 87956\text{kgf} \approx 880\text{kN}$；

       工况 3 载体质量 $Q_3 = G_c + G_z = 58351\text{kgf} \approx 580\text{kN}$。

1）对工况 1，由式（3-12-10）、式（3-12-16）~式（3-12-18）计算的转矩为

$$\begin{aligned} M_{Q1} &= \left| G_a S_{za} + G_z S_z \pm M_{f1} \right| \\ &= \left| 900 \times 0.003 - 260 \times 0.116 - \frac{4}{\pi} \times 0.2 \times 0.215 \times 1160 \right| \\ &\approx 91\text{kN} \cdot \text{m} \end{aligned} \tag{3-12-19}$$

2）对工况 2，由式（3-12-11）、式（3-12-16）~式（3-12-18）计算的转矩为

$$\begin{aligned} M_{Q2} &= \left| G_b S_{zb} + G_z S_z \pm M_{f2} \right| \\ &= \left| 620 \times 0.106 - 260 \times 0.116 - \frac{4}{\pi} \times 0.2 \times 0.215 \times 880 \right| \\ &\approx 12.6\text{kN} \cdot \text{m} \end{aligned} \tag{3-12-20}$$

3）对工况 3，由式（3-12-12）、式（3-12-16）~式（3-12-18）计算的转矩为

$$\begin{aligned} M_{Q3} &= \left| G_c S_{zc} + G_z S_z \pm M_{f3} \right| \\ &= \left| 320 \times 0.23 - 260 \times 0.116 - \frac{4}{\pi} \times 0.2 \times 0.215 \times 580 \right| \\ &\approx 12\text{kN} \cdot \text{m} \end{aligned} \tag{3-12-21}$$

由式（3-12-19）~式（3-12-21）可知，工况 1 时的转矩最大，即

$$M_{Q\max} = M_{Q1} = 91\text{kN} \cdot \text{m}$$

（5）主电机功率的确定

$$N_q = \frac{M_{Q\max} n}{9.55 \eta_z} \tag{3-12-22}$$

式中　　N_q——倾翻传动装置主传动电机功率，kW；

M_{Qmax}——旋转部件的最大转矩，$M_{Qmax} = 91$kN·m；

n——旋转速度，$n = 0.86$r/min；

η_z——传动总效率，$\eta_z = \eta_j \times \eta_x = 0.66 \times 0.7 = 0.46$；

η_j——减速器效率，$\eta_j = 0.66$；

η_x——销齿传动效率，$\eta_x = 0.7$。

将数据代入式（3-12-22），得

$$N_q = \frac{91 \times 0.86}{9.55 \times 0.46} = 17.8 \text{kW}$$

考虑到负荷特性为不确定性质，且在实际工作中负荷还有可能增加，例如冷钢可能超过10t，耐火材料厚度有时可能增加，同时考虑到滑动轴承在制造中的精度、电机带负荷且可能经常在最大负荷下启动等情况，最终电机的实际功率取 $N = 37$kW。

　b　销齿传动计算

销齿传动的几何尺寸与负荷如图3-12-16所示。

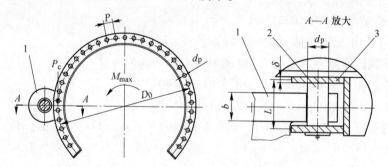

图3-12-16　销齿传动的几何尺寸及负荷

1—小齿轮；2—销齿；3—销齿夹板

（1）销齿传动的圆周力计算

$$p_c = \frac{2M_{Qmax}}{D_0} \tag{3-12-23}$$

式中　　p_c——销齿传动圆周力，kN；

M_{Qmax}——三种工况中的最大转矩，$M_{Qmax} = 91$kN·m；

D_0——销轮节圆直径，$D_0 = 2.55$m。

将数据代入式（3-12-23），得

$$P_c = 2 \times 91/2.55$$
$$= 71.4 \text{kN}$$

（2）销齿传动强度校核。

1）已知条件：

本传动级速比 $i_x = 5.1$；

转　　速 $n = 0.86$r/min；

齿　　距 $p = 174.533$mm；

轮齿宽度 $b = 105$mm；

销轮销齿直径 $d_p = 80\text{mm}$；

齿宽系数 $\varphi = b/d_p = 1.3125$；

销齿计算长度（夹板间距）$L = 160\text{mm}$。

2）强度验算。

①销齿接触强度验算：

$$d_p \geqslant \frac{310}{\sigma_{Hp}} \times \sqrt{\frac{1000p_c}{\varphi}} \tag{3-12-24}$$

式中　σ_{Hp}——许用接触应力，对于 45 号调质钢，$\sigma_{Hp} = 1176\text{MPa}$。

$$d_p \geqslant \frac{310}{1176} \times \sqrt{\frac{71400}{1.3125}} = 61.5\text{mm}$$

因为设计取销齿直径 $d_p = 80\text{mm}$，安全系数为 1.3，所以满足要求。

②对称循环载荷时的弯曲强度验算：

ⓐ销齿弯曲应力 σ_{F2} 计算

$$\sigma_{F2} = \frac{2.5p_c}{d_p^3} \times 1000(L - b/2) \tag{3-12-25}$$

$$\sigma_{F2} = \frac{2.5 \times 71.4 \times 1000}{80^3}(160 - 105/2) \approx 37\text{MPa}$$

销齿许用弯曲应力　　　　　$$[\sigma_{F2}] = \frac{\sigma_{-1}}{K} \times \frac{1}{[S]} \tag{3-12-26}$$

$$\sigma_{-1} = 0.43\sigma_b \tag{3-12-27}$$

式中　σ_{-1}——销齿材料的疲劳极限，MPa；

$\quad [S]$——许用安全系数，取 $[S] = 1.5$；

$\quad\ \ K$——销齿表面状态系数，当车削加工粗糙度 $Ra = 3.2\mu\text{m}$ 时，$K = 1.2$；

$\quad\ \ \sigma_b$——销齿材料的强度极限，对于 40Cr 调质钢，$\sigma_b = 750\text{MPa}$。

将数据代入式（3-12-27）和式（3-12-26），得

$$\sigma_{-1} = 0.43 \times 750 = 322.5\text{MPa}$$

$$[\sigma_{F2}] = \frac{322.5}{1.2 \times 1.5} \approx 179\text{MPa}$$

由于 $\sigma_{F2} < [\sigma_{F2}]$，则销齿弯曲强度足够。

ⓑ小齿轮弯曲应力 σ_{F1} 的计算

$$\sigma_{F1} = \frac{16 \times 1000p_c}{bp} \tag{3-12-28}$$

$$\sigma_{F1} = \frac{16 \times 1000 \times 71.4}{105 \times 174.533} \approx 62.3\text{MPa}$$

小齿轮许用弯曲应力　　　　　$$[\sigma_{F1}] = \frac{\sigma_{-1}}{K} \times \frac{1}{[S]} \tag{3-12-29}$$

小齿轮材料为 40Cr 调质钢，$\sigma_b = 650\text{MPa}$，则

$$\sigma_{-1} = 0.43\sigma_b = 279.5\text{MPa}$$

将数据代入式（3-12-29），得小齿轮许用弯曲应力

$$[\sigma_{F1}] = \frac{279.5}{1.2 \times 1.5} = 155\text{MPa}$$

由于 $\sigma_{F1} < [\sigma_{F1}]$，所以小齿轮弯曲强度通过。

ⓒ夹板挤压应力 σ_{pc} 计算

$$\sigma_{pc} = \frac{1000p_c}{2d_p\delta} \tag{3-12-30}$$

式中　　δ——夹板厚度，$\delta = 22\text{mm}$。

$$\sigma_{pc} = \frac{1000 \times 71.4}{2 \times 80 \times 22} = 20.3\text{MPa}$$

夹板材料为 Q345，许用挤压应力 $[\sigma_{pr}] = 160\text{MPa}$。

由于 $\sigma_{pc} < [\sigma_{pr}]$，则夹板挤压强度足够。

由计算可知，销齿传动的综合强度完全满足要求，因计算应力较小，结构特点决定了刚度较好，所以不再作刚度计算。

D　倾翻装置安装顺序与安装精度

a　安装顺序

（1）机械传动式倾翻装置。传动端底座—从动端底座—驱动梁—主传动减速器—主电机—从动梁—电缆卷筒—连接梁—平台。

（2）液压传动式倾翻装置。平台、立柱—倾翻装置底座—滑动轴承座—倾翻架—压紧装置—顶冷钢装置—力矩板座、直联液压马达行星减速器。

b　安装精度

（1）机械传动式倾翻装置。

1）驱动梁和从动梁的转轴中心应在同一水平面内，同轴度为 $\phi1.2\text{mm}$；

2）电机与减速器间联轴器轴线同轴度 $\leqslant 0.1\text{mm}$；

3）销齿传动中心距偏差允许为 $\pm2\text{mm}$，传动副沿齿面轴线的接触线不小于齿面宽度的 80%；

4）锁紧机构电动缸推杆插销座孔中心线与回转轴中心线平行度 $\leqslant 0.5\text{mm}$；

5）回转中心至卡爪工作面之间垂直距离允许偏差为 $+2\text{mm}$；驱动梁和从动梁支承中间罐的平面应在同一平面内，其平面度不大于 2mm；

6）电缆卷筒安装时，应保证线盘的输出转矩。检验方法是保证电缆在从动梁的线盘与电缆卷筒之间的自然下垂度应在 $50 \sim 100\text{mm}$ 之间为宜，调整方法是拧动电缆卷筒转子后端头，同时转动电缆卷筒后盖，调好后用螺栓紧固。

（2）液压传动式倾翻装置。

1）倾翻装置两侧两底座的安装平面应在同一平面内，其平面度 $\pm2\text{mm}$；

2）倾翻台架的转轴中心应在同一水平面内，同轴度为 $\phi1\text{mm}$；

3）倾翻台架纵向和横向中心线允许偏差 $\pm2\text{mm}$；

4）各立柱上表面标高允许偏差 $\pm1.5\text{mm}$。

12.5.3.3　拆衬机和风镐

A　拆衬机

拆衬机用来破碎中间罐内部黏附的残钢、耐火砖或罐内的其他耐火衬材，拆衬机能在最高600℃的温度下工作。拆衬机由走行台车、横移台车、升降装置、回转装置、头部破碎器、残钢去除辅助装置和操作室等组成。

（1）走行台车。台车是龙门走行式，台车的上部放置横移台车，走行装置通过电机、减速器和链轮驱动。

（2）横移台车。横移台车架体的中部放置升降柱和升降装置，在车架上设置有残钢去除辅助装置和头部破碎器用液压缸，横移台车采用电动螺旋千斤顶驱动。

（3）升降装置。升降装置由固定在横移台车回转轴承上的固定柱和固定柱内部靠导向辊支持的升降柱构成。升降柱的上下行程靠液压缸驱动。

（4）回转装置。回转装置安装在横移台车上，采用电机齿轮驱动回转。

（5）头部破碎机。头部破碎机设置有前进、后退用液压缸和摆动用液压缸。

（6）残钢去除辅助装置由液压缸驱动。

（7）操作室。操作室设在横梁下部，能看见破碎机的头部，它和柱一起旋转，具体参数和规格吸收了商家 L 的经验。操作方式为室内远距离手动操作。

B 风镐

风镐的功能类似于拆衬机，只不过为人工手动操作。一般厂家均配置风镐，在大块冷钢已在拔冷钢的专用工位上除掉以后，再用风镐来拆除中间罐内部黏附的耐火砖以及其他内衬材料，风镐是气动机械式，由人工手动操作，其作业需有合适的环境温度。

风镐为专用标准工具，规格和数量可根据需要在市场上采购。

12.5.3.4 除尘罩、除尘罩车及顶冷钢装置

A 组合形式与工作原理

a 与机械传动式倾翻装置配套时

与机械传动式倾翻装置配套使用时，除尘罩车及顶冷钢装置典型组合形式是将两者合并在一起，即顶冷钢装置设置在除尘罩车顶部随罩车一起运行。一般来说，倾翻装置设有一个工位，除尘罩车及顶冷钢装置可在待机工位和倾翻工位之间来回行走，需要进行顶冷钢作业时，将除尘罩车及顶冷钢装置移至倾翻工位处，此时液压顶杆处于最高位，由倾翻装置将中间罐翻转180°后，启动液压系统，使顶杆下降接近中间罐水口时，再由横向微调电动缸进行找正对中，然后继续使液压顶杆下降，接触冷钢后将其顶落在下方的废料台车料斗中。若只需倾翻罐内耐火材料时，除尘罩车及顶冷钢装置移至倾翻工位后使其管道密封装置紧贴除尘管道扬尘收集口，开启除尘系统后即可将中间罐倾翻180°，由此产生的灰尘经收集管吸入除尘器中。顶冷钢或倾翻作业完成后，除尘罩车及顶冷钢装置返回待机位置。

b 与液压传动式倾翻装置配套时

一般来说，与液压传动式倾翻装置配套时，顶冷钢装置与倾翻装置有两种组合方式，而除尘罩通常独立设置，仅用于需倾翻罐内耐火材料时密封其工位上方并与除尘器管道相衔接。

（1）两种组合方式的顶冷钢装置与倾翻装置。

第一种方式。通常将顶冷钢装置与倾翻装置组合在一起，顶冷钢装置设在倾翻框架底部，随着倾翻装置一同翻转，当液压顶杆处于最高位时中间罐倾翻180°后，需要顶冷钢时直接启动顶冷钢液压系统，顶杆下降至中间罐水口内部顶出冷钢，使其掉落在下方的废料

台车料斗中。这种结构的顶冷钢装置与倾翻装置是一体的，顶杆无需对中微调，不仅简化了结构，而且方便操作。

第二种方式。顶冷钢装置与倾翻装置单独设置，互相独立。顶冷钢装置设置在平台附近的地面上。

（2）独立设置的除尘罩。对于液压传动式倾翻装置，除尘罩的结构可根据需要设计成移动式除尘罩车或固定式除尘罩两种形式。而移动式除尘罩车根据倾翻工位空间大小又可设置为一体式除尘罩车或伸缩式除尘罩车两种形式。固定式除尘罩是在倾翻工位周边围墙上方，采用固定罩体将其封闭，而倾翻工位裸露的空间则由倾翻装置本身与其周边围墙形成自密封腔体。

B　除尘罩、除尘罩车及顶冷钢装置的组成与结构

a　除尘罩车及顶冷钢装置的组成与结构（工作原理）

该除尘罩车为一体式除尘罩车，与顶冷钢装置合为一体。该设备主要由左、右传动装置，从动车轮组件，车架，防上浮夹具，密封罩，拖链装置，液压缸及顶杆，横向微调装置，管道密封装置，行程限位装置，缓冲器、梯子、声光报警器，卷帘门，液压装置及电控系统等组成，如图 3-12-17 所示。

（1）传动装置。传动装置为两套，均由电机、减速器、链轮传动副、车轮及链轮罩等组成。电机直联摆线针轮减速器经链传动驱动车轮在轨道上行走。

（2）车架。车架体为焊接的加工结构件，为便于加工和运输，车梁之间采用螺栓联接。车架需具有一定高度，上下留有顶冷钢液压缸行程和翻转后的中间罐高度空间。

（3）防上浮夹具。该夹具为焊接结构件，用螺栓固定在车架底部的纵梁上。夹具下部有一折边，顶冷钢作业时在冷钢阻力的作用下，顶冷钢装置有向上抬起脱离轨道的趋势，此时由防上浮夹具的折边与固定在倾翻工位平台梁上的另一带折边的固定板相扣，从而防止顶冷钢装置工作时受反力作用而上浮。

（4）密封罩。密封罩由数块密封板组成，各密封板在安装现场与车架四周及顶部焊接。为方便检修和操作，密封罩的前后端面均设置有密封门，为了不影响除尘罩车向倾翻工位往返运行时罩体端面与中间罐相碰，必须将此处罩体局部设计成软帘式结构，使其在除尘作业时能够形成一个良好的密封腔，防止顶冷钢作业和中间罐倾翻时产生的灰尘外逸。为便于观察顶冷钢作业和倾翻作业，在相关位置设置有透明的观察口。

为了提高整个系统的密封性及灰尘捕集率，除车体的密封罩以外，不仅管道法兰与除尘管道接口相贴密封，且罩车下部的废料台车出入口处最好也用卷闸门或折叠门等类似的软门密封。

（5）管道密封装置。该装置由液压缸、移动小车、导槽架、接管及波纹补偿器等组成。导槽架安装在除尘罩车上方，波纹补偿器两侧的接管其下方及移动小车和导槽架各自端部均设有连接板，液压缸两端耳环分别与导槽架及对应侧接管相连，而移动小车则与另一侧接管相连。倾翻除尘作业时由液压缸拉动接管带动小车沿导槽前移，使含有波纹补偿器的接管法兰与除尘装置的扬尘收集管道入口紧密贴合。

（6）液压装置。该装置用于顶冷钢液压缸和管道密封液压缸的往复运动，顶冷钢作业时根据需要可同时驱动两个液压缸使两个顶杆（双流连铸机用中间罐）同时工作，也可使两个顶杆分别工作，以缩短作业时间，提高工作效率。

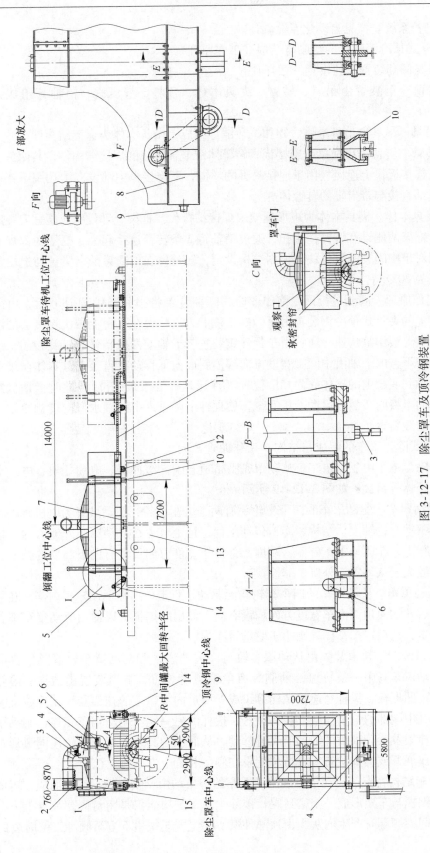

图 3-12-17 除尘罩车及顶冷钢装置

1—梯子；2—管道密封装置；3—液压缸及顶杆；4—液压装置；5—密封罩；6—横向微调装置；7—行程限位装置；8—车架；9—缓冲器；10—防上浮夹具；11—拖链装置；12—从动车轮组件；13—卷帘门；14—左、右传动装置；15—声光报警器

（7）电控系统。详见自动化专业叙述。

b　夹具式顶冷钢装置的组成与结构（工作原理）

该设备与倾翻装置单独设置，相互独立。

夹具式顶冷钢装置由吊具、转臂、夹具本体、顶杆、液压缸、销轴等组成，如图 3-12-18 所示。

（1）吊具。吊具由吊具本体、卸扣、环链等组成，吊具本体为焊接结构件。

（2）转臂。转臂是由横梁、连接板、转臂体及卡轴组成的焊接结构件，共两件。横梁上下均设有连接板，上连接板用于连接吊具的环链，下连接板中部设有销孔用于连接夹具本体，而底部直接与带卡轴的转臂体焊为一体。

（3）夹具本体。夹具本体为矩形框架式焊接结构件。框架上部设有液压缸安装座及顶杆伸出孔，框架两侧设有转臂连接孔，通过销轴将 2 条转臂连接起来，框架底部焊有顶冷钢作业时相对于中间罐的限位块。根据结构设定，转臂体在中间罐的卡紧位与退出位之间可旋转角度为 20° 左右。

（4）工作原理。需要进行顶冷钢作业时，倾翻装置将中间罐倾翻 180° 后，由吊车将设置在地面上的夹具式顶冷钢装置吊至倾翻工位上方，将设在平台上带快换接头的液压软管与顶冷钢装置液压缸快速接通，由于顶冷钢装置带卡轴的两条转臂是可旋转的，吊车继续下降使转臂下方的卡轴沿中间罐宽度方向罐体斜面向下移动，直至夹具本体横梁下的四个限位块接触到底朝上的罐体底面相应位置（液压顶杆处于最高位），此时卡轴自然挂进中间罐本体的卡板内，然后启动液压系统，使顶杆下降进入中间罐水口内接触冷钢后将其顶落在下方的废料台车料斗中。

c　伸缩式除尘罩车的组成与结构（工作原理）

伸缩式除尘罩车由驱动罩车、从动罩车、轨道装配、缓冲器、电缆托架、电缆滑道装置及声光报警器等组成，如图 3-12-19 所示。

（1）驱动罩车。驱动罩车的四个车轮中有两个为驱动轮，驱动装置为电机直联减速器直接悬挂在驱动车轮轴上，结构紧凑，传动平稳，行走轨道在从动罩车外侧，为了拖动从动罩车一起行走，在驱动罩车外侧后端面上部沿车宽度方向设置有向下凸伸的挡板，驱动罩车车体内腔大于从动罩车外廓。

（2）从动罩车。从动罩车的四个车轮均无驱动，行走轨道在驱动罩车内侧。在从动罩车外侧前、后两端面顶部沿车宽度方向均设有向上伸出的挡板，以便由驱动罩车拖着一起正、反向行走，从动罩车车体外廓小于驱动罩车内腔。

（3）轨道装配。轨道装配由从动罩车轨道（内轨道）和驱动罩车轨道（外轨道）等组成。在驱动罩车其中一条轨道的外侧装有电缆滑道装置，滑道装置由滑道、滚轮、挂架、弧形板、凹形板、拨杆及连接螺栓等组成。滑道内滚轮上的挂架其下端连着支撑电缆的弧形板，其中端部的一个挂架上装有拨杆，拨杆的另一端与驱动罩车相连，驱动罩车往返行走时该挂架及滚轮由拨杆带动沿滑道移动，从而推动其余挂架及滚轮连同弧形板上的电缆沿轨道成展开或合拢状态。轨道装配设在倾翻装置上方两侧立柱上。

（4）罩车结构特点。驱动罩车和从动罩车的车架均由型钢与钢板焊接而成，罩体由数块彩涂板及钢板与车架形成一个密封腔，该除尘罩车的功能仅是密封倾翻装置上方，防止顶冷钢和中间罐倾翻时产生的灰尘由顶部外逸。除尘罩车轨道下方至倾翻工位周边的密封

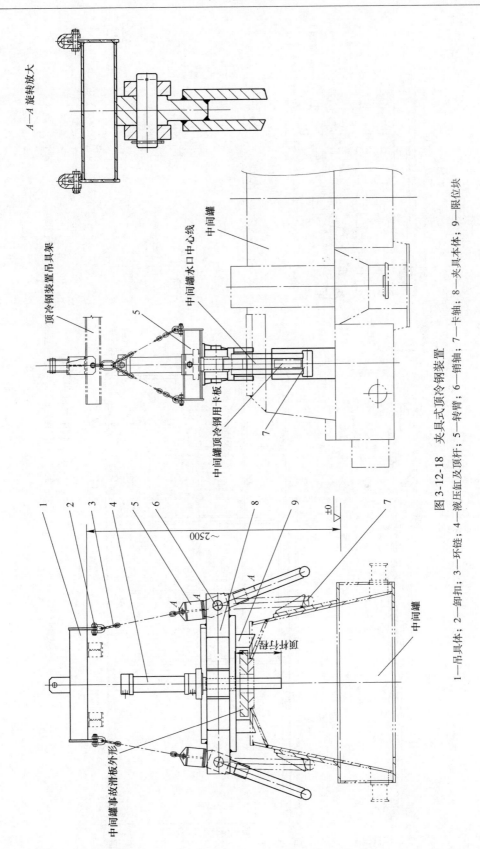

图 3-12-18 夹具式顶冷钢装置

1—吊具体；2—卸扣；3—环链；4—液压缸及顶杆；5—转臂；6—销轴；7—卡轴；8—夹具本体；9—限位块

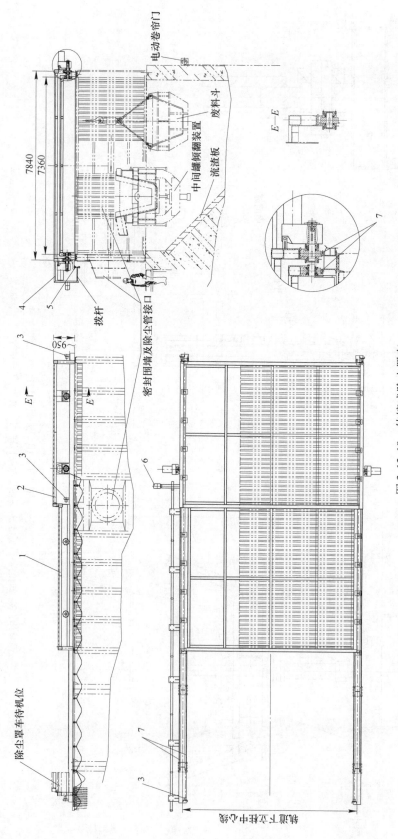

图 3-12-19　伸缩式除尘罩车

1—从动罩车；2—驱动罩车；3—缓冲器；4—电缆清道装置；5—电缆托架；6—警灯；7—轨道装配

靠与除尘管道接口相连接的围墙及卷帘门来实现的。与前面所叙述的除尘罩车及顶冷钢装置中的除尘罩车相比，该除尘罩车功能单一且结构简单，罩车的车体高度较低重量轻，为节省待机位的占地空间，采用了由驱动罩车和从动罩车组成的伸缩蛇复式结构，即在倾翻工位两车是拉开状态，而返回在待机工位从动罩车是套在主动罩车内部成重叠状态，除尘罩车的供电方式为电缆悬挂式，挂架滚轮在滑道内移动，电缆由挂架中的弧形板支撑悬挂在轨道下方。

为了设计、供货及组装方便，可将除尘罩车的轨道装配、缓冲器、电缆滑道装置及拨杆划分到中间罐倾翻装置设备范围内。

（5）罩车工作原理。当倾翻工位需要除尘时，首先开启驱动罩车向倾翻工位运行，驱动罩车行至其外侧后端面上部的挡板与从动罩车外侧前端面上部的挡板接触时，驱动罩车就推着从动罩车一同向前运行，直至到达倾翻工位上方两车成拉开状态。驱动罩车由轨道侧的行程开关限位停止运行，轨道上还设有缓冲器限位。此时从动罩车前端由轨道上的缓冲器限位也停止运行。待关闭废料出入口处的卷帘门，便可开启除尘系统。

倾翻作业完成后，反向开启驱动罩车向待机位运行，当驱动罩车行至其外侧后端面上部的挡板与从动罩车外侧后端面上部的挡板接触时，驱动罩车即推着从动罩车一同运行，直至到达待机位两车成重叠状态，驱动罩车由行程开关限位停止运行，轨道上仍设有缓冲器限位。此时从动罩车后端由轨道上的缓冲器限位也停止运行。

d　固定式除尘罩的组成与结构

固定式除尘罩由除尘顶盖、挡风板、活动密封板、连接螺栓等组成，如图3-12-20所示。

除尘顶盖设置在倾翻工位前方两侧围墙的顶部，顶盖中间有与除尘管道连接的法兰口，现场用螺栓直接与除尘系统的管道相连；与两侧围墙垂直的端面在不影响废料台车运行的出入口处，其上部由固定挡风板将围墙端面封起，下部开口处则采用分体门帘式的活动橡胶板将其密封，而倾翻工位处则由倾翻装置本身与其周边围墙形成自密封腔体。

C　除尘罩车及顶冷钢装置的主要参数

a　除尘罩车及顶冷钢装置

（1）除尘罩车。

型　　式	台车式，电机驱动
行走距离	约15m（根据中间罐最大长度尺寸和工位数量确定）
行走速度	4～12m/min
轨　　距	5800mm（根据中间罐最大旋转半径确定）
驱动机构	电机直联减速器变频调速，带制动
电机数量	2台
供电方式	电缆拖链

（2）顶冷钢装置。

顶冷钢型式	液压驱动
液压缸推力	按耐火材料种类及冷钢量确定，一般以最大冷钢重量的2～3倍确定
液压缸行程	根据结构尺寸确定
顶冷钢速度	15～25mm/s
顶杆回程速度	约30mm/s

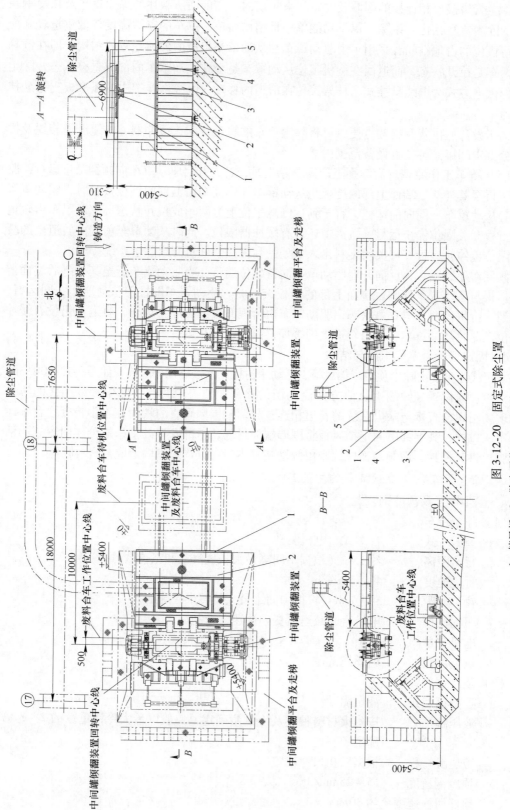

图 3-12-20　固定式除尘罩

1—挡风板；2—除尘顶盖；3—活动密封板；4—连接螺栓；5—栏杆

（3）横向微调机构。

    驱动机构　　　　电动缸

    横移行程　　　　±75mm

b　夹具式顶冷钢装置

    顶冷钢型式　　　液压驱动

    顶冷钢液压缸　　推力参数确定同上，行程根据结构尺寸确定

    吊具承载能力　　根据夹具式顶冷钢装置质量确定

    转臂摆角　　　　根据中间罐外形尺寸，一般为20°左右

c　伸缩式除尘罩车

    型　　式　　　　伸缩式台车

    台车数量　　　　驱动和从动台车各1台

    行走距离　　　　约12m（根据中间罐最大长度尺寸和工位数量确定）

    行走速度　　　　4～10m/min

    轨　　距　　　　7840（7360）mm（根据中间罐倾翻装置及下方的废料斗能吊出的空间尺寸确定）

    驱动型式　　　　电机直联减速器悬挂于车轮，带制动

    电机数量　　　　2台

    供电方式　　　　悬挂式电缆支架

D　除尘罩车及顶冷钢装置的安装顺序与安装要求

（1）安装顺序。车体及驱动装置—车体上部密封罩—管道密封装置—车体密封罩—液压缸及顶杆—横向微调装置—液压装置—防上浮夹具—拖链。

（2）安装要求。

1）除尘罩车及顶冷钢装置在轨道上行走平稳，无跑偏和卡阻现象；

2）管道密封装置的接管中心线与罩车轨道中心线应垂直，接管在液压缸推拉下带动小车沿车轮导槽行走自如无卡阻，往返伸缩满足行程要求；

3）管道密封装置接管中心与除尘装置扬尘收集管中心应准确对应，确保工作状态时两者紧密贴合；

4）顶冷钢液压缸顶杆中心线与罩车两组轨道面垂直度偏差≤1mm，即与中间罐水口中心线应平行，对于双流板坯连铸机，两顶杆中心线应平行，顶杆升降平稳且满足行程要求；

5）横向微调装置的电动缸中心线与顶冷钢液压缸顶杆中心线垂直度偏差≤1mm，确保电动缸推动顶冷钢液压缸横移时两顶杆中心线与中间罐两水口中心线平行；

6）除尘罩车内的照明灯应对准中间罐水口，以便操作人员观察。

12.5.3.5　除尘装置

A　除尘装置的类型与选用原则

除尘装置虽然有多种类型，但用于连铸车间中间罐倾翻处的除尘装置多为布袋式除尘器，因其具有除尘效率高、适应性强、性能稳定可靠、结构简单、操作方便等优点，在众多的高效率除尘器中，成为优先选用的一种除尘器。

对于除尘效果要求高，厂房及场地面积受限制但投资和设备订货皆有条件的厂家，可

以采用脉冲喷吹布袋式除尘器。

对于中小型企业，有足够的厂房及场地空间，投资费用受限制，设备维修及管理力量薄弱等，可以考虑采用机械振打布袋式除尘器或电振反吹布袋式除尘器。

对于处理较大烟气量，又有一定场地空间的场合，一般可采用大气反吹布袋式除尘器。

大气反吹布袋式除尘器有正压反吹风和负压反吹风之分，在实际选用时，按以下三条原则确定：

（1）以含尘 $3g/m^3$ 为界，浓度超过 $3g/m^3$ 时采用负压式，低于 $3g/m^3$ 时采用正压式。

（2）根据烟尘粒度来选择，粒度较粗者采用负压式，粒度较细者采用正压式。

（3）按尘粒硬度（磨啄性）来判断，硬度高、磨啄性强的烟尘采用负压式；硬度低、磨啄性差的烟尘采用正压式。

本节介绍的除尘装置是大气负压反吹风布袋式除尘器。

B　除尘装置的组成与结构

除尘装置由布袋式除尘器机械设备、扬尘收集管、中间排风管、净化气体排出管、风机及底座、管道支架及进、出口检测平台等组成，如图 3-12-21 所示。

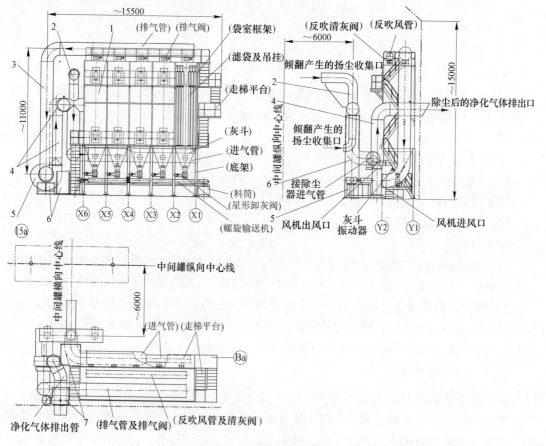

图 3-12-21　除尘装置

1—除尘器本体；2—扬尘收集管；3—中间排气管；4—净化气体排出管；
5—风机及底座；6—管道支架；7—进、出口检测平台

布袋式除尘器机械设备主要由底架、外壳、袋室框架、灰斗及振动电机、滤袋及吊挂、进气管及调节阀、排气管及排气阀、反吹风管及清灰阀、压力计、卸灰阀及螺旋输送机、走梯平台等组成。

C　布袋式除尘器主要部件的结构特点及用途

（1）底架及袋室。底架及袋室均由型钢及钢板制作组装焊接而成。底架主要支撑整个袋室、灰斗，袋室的外壳需以气密性加强焊缝焊接，以承受 –8000Pa 压力，每个袋室之间也需用钢板与钢板焊接的平板作为密封的隔墙。在袋室框架的顶部安装有排气管、反吹风管、排气阀和反吹清灰阀。为方便检查、检修和更换滤袋，每个袋室都应设置上、下检查门和内部检修平台。

（2）滤袋及吊挂。滤袋是除尘器关键的部件之一，含尘气体通过滤袋过滤后变为清洁的气体。滤袋对布袋式除尘器的工作性能、造价、运行费用影响很大，因此滤袋材质应选用高强低伸、缝制方便、阻力小、清尘性能好、使用寿命长的涤纶覆膜材料。

在圆形滤袋沿长度方向上，每隔一定距离需缝制一个金属环作为支承，以防止反吹时滤袋变瘪黏结，影响清灰效果。滤袋要有卡箍固定，吊挂可采用链环式吊具，这种结构对滤袋安装的张紧和更换操作都比较方便。

（3）灰斗。灰斗共有 5 个，位于每个袋室的下部。灰斗既是含尘气体进入除尘器通道的一部分，又可贮存滤袋清下来的粉尘。为便于灰尘滑落及收集，棱锥形灰斗的斗壁倾角应大于粉尘的自然堆角，灰斗倾角为 55°。灰斗上设有人孔、振动器和料位计。

（4）进气管和排气管。根据依次进气量，进气管采用变径管，位于除尘器下部，由底架上的支架支撑。排气管位于除尘器上部，与排气阀相联接。

（5）进气调节阀。进气调节阀位于除尘器灰斗的烟气进口处和进气管之间，有两种用途，一是用于调节各灰斗的风量，二是当某一袋室需要检修时可将其关闭，该袋室与除尘器断开单独进行检修，不需要关闭整台除尘器。

（6）反吹清灰阀和排气阀。反吹清灰阀和排气阀是除尘器最为关键的部件，阀的好坏直接影响到清灰效果。两种阀均位于袋室顶部，它与袋室和反吹风管及排气管相连通。两个阀成对配置，均采用电动执行器驱动。反吹清灰阀和排气阀的动作原理与结构基本相同，均选用专业厂制造的具有双偏心无泄漏的蝶阀，具有如下特点：

1）阀轴采用双偏心结构，具有越关越紧的功能，密封可靠；

2）密封圈安装在阀板上，密封过盈量可调整，能确保密封过盈量；

3）可实现远距离集中控制。

在正常情况下，排气阀阀板处于开启状态，而反吹清灰阀阀板处于关闭状态，这时烟气在风机的抽引下，过滤后的干净气流经排气阀及排气管道排走。当开始清灰时，关闭排气阀阀板，开启反吹清灰阀阀板，利用大气反吹将滤袋中的粉尘清除，两种阀门轮流动作几次就可以达到清灰目的。

（7）检测用压力计。为了掌握和确定每个袋室滤袋的阻力值，更好地确定清灰制度，应设置检测用压力计，每个压力计的两个接口分别与每个袋室和相应的灰斗相连接，压力计量程范围为 0～3000Pa。

D　布袋式除尘器工作原理

布袋式除尘器如图 3-12-22 所示，它是利用含尘气流通过滤布收集尘粒的办法来净化含尘烟气的。在抽风机的作用下，含尘气体由粉尘收集管进入进气管及灰斗，然后进入袋室内部的滤袋内部迫使滤袋胀鼓进行过滤。这样，粉尘就被留在滤袋内表面，干净气体逸出袋外到袋室空间，经排气阀和排气管道由中间排气管引入抽风机，再由风机出风口的排出管道将除尘后的净化气体排入大气。

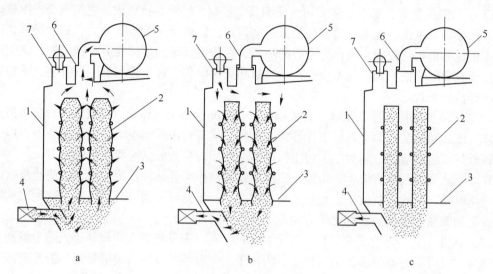

图 3-12-22　反吹清灰工作原理

a—过滤状态（排气阀开，反吹清灰阀关）；b—静止状态（排气阀关，反吹清灰阀关）；

c—反吹清灰状态（排气阀关，反吹清灰阀开）

1—壳体；2—滤袋；3—灰斗顶板（花板）；4—进气管；5—出气管；6—排气管；7—反吹风管

在正常工作阶段，布袋式除尘器各个袋室全部处于上述过滤状态中，当按照设定时限（可根据实际情况进行调整）进行清灰时，先从第一个袋室开始关闭排气阀，此时袋室处于既不过滤又不清灰的静止状态，即"沉降"过程。这时打开反吹清灰阀，使袋室处于反吹清灰状态。大气经反吹风管进入袋室，由滤袋外部被吸入滤袋内部，再经过灰斗倒流进入进气支管，最后同进气总管的含尘气体混合，进入其他几个正常过滤的袋室，被过滤后由风机抽回。

大气被反吸通过滤袋，滤袋体由鼓胀变瘪，集积在滤袋内表面的灰尘层被弯曲破坏而剥落，这时较厚的粉尘聚集物由于大气流的冲刷和自重的作用，落到下面的灰斗中，其他微粒粉尘则由反吸的大气流冲刷而带走。从而达到清灰的目的。根据实际情况，反吹清灰阀和排气阀可实施不同时限的开、关动作，清灰后滤袋的阻力明显下降。

第一个袋室的清灰动作完成后，排气阀和反吹清灰阀的阀板复位，又处于正常的过滤状态。然后再对第二个袋室清灰，重复上述动作和过程，直到最后一个袋室清灰完成，即一个清灰周期完成。

粉尘落入灰斗内，下滑到出口，经螺旋输送机、星形卸灰阀卸入料斗内，再由叉车将料斗运走。

E　除尘装置主要参数及确定

a　前提条件

（1）烟气处理量约 69000m³/h；

（2）烟气温度 50～60℃；

（3）烟气入口含尘浓度（标态）≤60g/m³；

（4）烟气出口含尘浓度（标态）≤35mg/m³。

b 布袋式除尘器机械设备主要规格及性能

（1）型式。负压、内滤、大气反吹清灰、下进气型；

（2）过滤面积。需根据含尘浓度、滤料种类及清灰方式等确定。

$$A = \frac{Q}{60v_f} \tag{3-12-31}$$

式中　A——总过滤面积，m²；

　　　Q——处理烟气量（标态），m³/h；

　　　v_f——过滤风速，m/min。

过滤风速是重要的设计和操作指标之一，一般情况下根据清灰方式而定，对于大气反吹布袋式除尘器，一般为 0.6～1.2m/min。

这里介绍的布袋式除尘器的过滤面积为 1100m²。

（3）滤袋规格。滤袋规格主要取决于滤袋的形式、清灰方式及过滤风速等因素。机械振动清灰滤袋直径一般为 0.125～0.2m，长度 2.8～7.4m。

滤袋长度 L 与直径 D 之比是衡量布袋式除尘器性能的一个参数，L/D 的选取与滤袋的过滤风速、气体的入口含尘浓度、粉尘分散度及粉尘的磨损性有关。对于一定直径的滤袋，L/D 越大，每条滤袋的风量越大，滤袋的入口风速也越大，滤袋的磨损相应也就增加。L/D 选择的范围一般为 5～40，高的可达 50～60，常用范围 15～25。这里介绍的布袋式除尘器滤袋直径为 0.18m，滤袋长度为 6.1m，L/D 为 33.9。

（4）反吹清灰方式。反吹清灰方式分"二状态"清灰方式和"三状态"清灰方式。二状态清灰，由于每次反吹时间较短（10～20s），滤袋又较长，滤袋上部所抖落的粉尘来不及落入灰斗，"反吹"时间即结束，被接着而来的过滤气流又带回到滤袋上，产生"二次吸附"的弊端。采用"三状态"清灰时，滤袋在每次"反吹"与"过滤"之间安排了一段静止时间，即"沉降"过程，使滤袋内侧的粉尘脱落后有自然沉降的时间，减少了再吸附的机会，有较好的清灰效果。A 钢铁公司及其他很多厂家的大气反吹布袋式除尘器多采用"三状态"清灰方式，如图 3-12-22 所示。

（5）反吹清灰周期应根据生产状况、烟气特性及滤料的不同而定。一般情况下，根据工程经验或试验初定清灰周期及反吹、静止等时间，然后在实际运行过程中再进行调整。"三状态"清灰的各阶段时间可参考下列数据：

反吹时间（t_1）约 30s；

过滤鼓胀时间（t_2）5～10s；

静止时间（t_3）30～90s；

正常过滤时间（t_4）2～10min；

一个袋室清灰周期（T）4～16min；

反吹风清灰周期（4～16）$n$min，n 为袋室数量。

滤袋每次清灰时间的反吹动作次数，一般为 2～4 次。当气体含尘浓度（标态）为

$5g/m^3$ 以下时为 2 ~ 3 次，当浓度（标态）大于 $5g/m^3$ 时为 3 ~ 4 次。

（6）反吹风量及反吹风压。选择反吹风布袋式除尘器的反吹风量较为关键，若反吹风量过大，不仅加大了除尘器负荷，还会使滤袋吸得过瘪，妨碍其内表面粉尘下落。并且滤袋会被严重折曲，影响使用寿命。反吹风量可取单室过滤风量的 0.5 ~ 1.0 倍。

反吹风压主要用来克服滤袋在反吹清灰时透过滤袋所需的压力损失。在一般情况下，除尘器可不设反吹风机，只是在下列情况下才考虑设置反吹风机：

1）采用正压反吹布袋式除尘器时，当风机前负压小于反吹管道和滤袋压力损失值时；

2）采用负压反吹布袋式除尘器时，当除尘器入口管道的负压小于反吹管道和滤袋压力损失值时；

3）当捕集的粉尘特别细而黏时以及在用户有特殊要求时。

c　除尘鼓风机能力 Q 计算（略）

F　除尘装置安装（组装）与安装精度

（1）安装（组装）顺序。底架—袋室框架—外壳—走梯平台—灰斗—进气管及调节阀—滤袋及吊挂—排气阀、反吹清灰阀—风机装置—管道连接—卸灰阀及螺旋输送机。

（2）安装精度。为制造、运输及安装方便，除尘器的壳体、灰斗、底架、袋室框架等结构件，大部分工作量在现场拼接、组焊及组装，以减少设备变形，提高安装精度。

1）各立柱中心距偏差 ±1mm；

2）各立柱中心线的垂直度偏差 ≤ ±2mm；

3）底架顶面高度偏差 ≤ ±1mm，水平度偏差 ≤0.1mm/m；

4）进气管水平度偏差 ≤1mm/m；

5）灰斗上、下口中心点偏差 ≤2mm，上、下法兰面平行度偏差 ≤0.5mm/m；

6）灰斗与除尘器中心线（X、Y 方向）应重合，偏差 ≤ ±2mm；

7）漏风率 ≤2%。

12.5.3.6　废料台车

A　废料台车的组成、工作原理与结构

废料台车主要由台车架、废料斗、支承梁、液压缸及支座、行走装置、拖链、轨道及组件、液压站及罩、机内配管，行程限位装置、声光报警装置等组成，如图 3-12-23 所示。

为避免中间罐倾翻时滑落下来的冷钢废料砸坏设备，同时又方便废料斗的运出运进，废料斗需考虑可升降式结构。车体上装有两条可升降的支承梁，支承梁承载着废料斗，两条支承梁共由四个液压缸支撑作升降运动。当台车在待机位空载向倾翻位运行时，先开动液压站，由支承梁带着废料斗一起升到高位使其离开地面后，再启动台车行走驱动装置，当台车运行到倾翻工位之下的指定位置后，行走电机制动台车停止运行，此时液压缸下降使升降梁载着的料斗坐落到基础之上准备接料，这样，倾翻滑落下来的冷钢、废料产生的冲击力就直接递传到基础上，以保护台车免受砸损。

台车架由车体（一）、车体（二）及连接体三部分相互连接而成，均采用钢板和型钢焊接结构，液压站及传动装置固定于台车架上，废料斗从台车架中间穿过，机内电气配管、

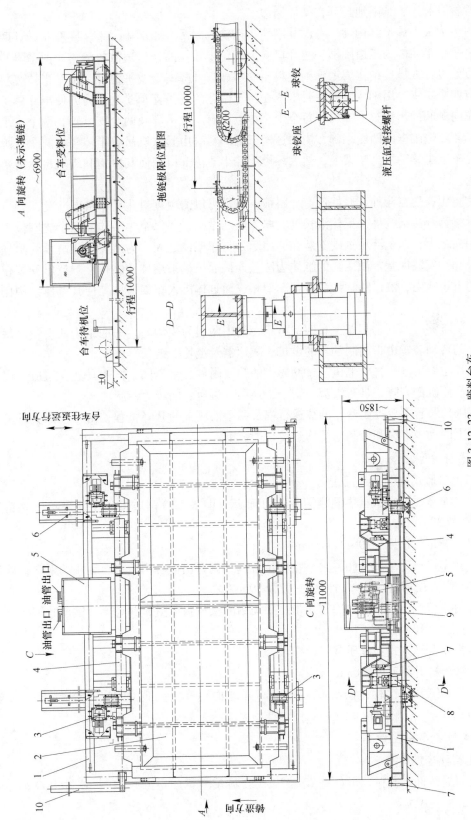

图 3-12-23 废料台车

1—台车架；2—废料斗；3—行走装置；4—支承梁；5—液压站及支座；6—轨道及支座；7—行程限位装置；8—液压缸及组件；9—机内配管；10—拖链

液压配管整齐有序、紧凑地排列在架体周边。

废料斗为大型焊接结构件。考虑其刚性、运输、起吊及倾倒等因素，废料斗设计两个半斗体，每个半斗体为三边围框一边开口。为避免半斗体的开口边散料滑落，两个半斗体底部衔接处设计成搭接结构。考虑到废料斗的承载、升降安全及平稳性，每个半体废料斗均设计有四个支座，用于斗体升降时坐落在台车两侧的两条支承梁上。为方便半斗体吊离废料台车向车间的运输车上卸料，每个半斗体上设有 4 个吊耳及两个支承轴，两个支承轴位于半体斗三边围框的两侧端部，当向运输车上卸料时由起重机吊着半体斗将两个支承轴先支承在车上可移动的高座架上，然后缓慢下降半斗体开口侧使其冷钢和废料自然滑落在运输车上。

为防止撒料落在斗外，最好设有导料板，这样可以避免废料斗尺寸做得过大。

支承梁为焊接结构件，梁体沿长度方向为凹凸结构，即每个半斗体的四个支座位于两条梁的凹面之上，四个液压缸则安装在梁凸起处与车架体之间，为避免液压缸承受附加横向载荷及补偿安装误差，液压缸的缸体为法兰连接而杆端采用球铰结构。球铰座安装在梁凸起处的下边缘上，液压缸缸体法兰与车架相连而缸体沉入车架体内，使其整体结构比较紧凑。

行走装置共有两套，车架上有四组车轮，其中两组为驱动轮，另两组为从动轮。每组驱动轮上的传动装置由带内制动器的电机、减速器及链轮、链条等组成。

液压站主要由液压泵、电机、过滤器、油箱及附件、液压阀、同步马达等组成。用于驱动四个液压缸的升降，具有溢流、安全、换向、调速、同步等控制功能。

行程限位装置主要控制台车的往返行程及四个液压缸的升降行程，由行程开关发出信号。台车上的动力电缆和控制电缆均敷设在拖链上。

B　废料台车主要参数

（1）台车形式：电动走行式；

（2）台车载质量：根据中间罐倾翻能力确定（即最大冷钢质量和中间罐耐火材料质量），一般为 30 ~ 60t；

（3）台车走行速度：10 ~ 12m/min；

（4）台车走行距离：从倾翻台下接料位置起，到开出倾翻作业平台为止的距离，确保废料斗在车间方便吊离台车并运出，一般为 10m 左右；

（5）料斗容积：根据最大冷钢质量、中间罐耐火材料质量，并考虑冷钢尺寸等综合因素确定，一般为 10 ~ 25m³；

（6）料斗升降方式：液压升降；

（7）液压缸升降速度：6mm/s 左右；

（8）液压缸升降行程：按料斗落地至离开地面台车行走时的安全距离考虑，一般为 200mm。

C　废料台车主要计算

a　电机功率的计算

（1）前提条件。废料台车自重 $G_1 = 70t$；废料及冷钢质量 $G_2 = 60t$；总重力 $G = G_1 + G_2 = 130t = 13 \times 10^5 N$。

废料台车共有两套驱动装置,单台电机功率 N' 主要包括台车平稳运行时克服摩擦阻力矩所需功率 N_1 及台车起动加速时电机输出功率 N_2。

(2)台车稳态运行时克服摩擦阻力矩所需功率。

$$N_1 = cN_1' \qquad (3\text{-}12\text{-}32)$$

式中 N_1——废料台车稳态运行时所需功率,kW;

c——车轮运行时附加阻力系数,取 $c = 1.8$;

N_1'——废料台车不考虑车轮运行时附加阻力系数时的电机输出功率,kW,

$$N_1' = \frac{T\omega}{1000} \qquad (3\text{-}12\text{-}33)$$

T——电机输出扭矩,N·m,

$$T = \frac{M}{i_1 i_2} \qquad (3\text{-}12\text{-}34)$$

M——每组驱动轮滚动摩擦力矩,N·m;

i_1——摆线针轮减速器速比,取 $i_1 = 71$;

i_2——链传动速比,$i_2 = \frac{Z_2}{Z_1} = \frac{33}{15} = 2.2$;

ω——角速度,$\omega = \frac{\pi n}{30}$ rad/s;

n——电机轴转速,$n = 1440$r/min。

每组驱动轮滚动摩擦力矩

$$M = \frac{1}{2} G(\mu_1 + R\mu_2) \qquad (3\text{-}12\text{-}35)$$

式中 μ_1——车轮与钢轨滚动摩擦力臂,对于 $\phi420$mm 车轮踏面直径,$\mu_1 = 0.5$mm;

μ_2——滚动轴承摩擦系数,对于调心滚子轴承,$\mu_2 = 0.004$。

选用调心滚子轴承,内径 $\phi150$mm,外径 $\phi270$mm,宽度 73mm,则车轮轴轴半径 $R = 75$mm,将数据代入式(3-12-35),得出每组驱动轮滚动摩擦力矩

$$M = \frac{1}{2} \times 13 \times 10^5 \times (0.5 + 75 \times 0.004)$$

$$= 520000 \text{N} \cdot \text{mm} = 520 \text{N} \cdot \text{m}$$

电机输出扭矩 $$T = \frac{M}{i_1 i_2} = \frac{520}{71 \times 2.2} = 3.33 \text{N} \cdot \text{m}$$

$$N_1' = T \frac{\pi n}{1000 \times 30} = 3.33 \times \frac{\pi \times 1440}{1000 \times 30} = 0.5 \text{kW}$$

台车稳态运行时克服摩擦阻力矩所需电机功率

$$N_1 = cN_1' = 1.8 \times 0.5 = 0.90 \text{kW}$$

(3)废料台车考虑惯性影响的电机功率。

$$N_2 = K_d \cdot N_1 \qquad (3\text{-}12\text{-}36)$$

式中 N_2——台车考虑惯性影响的电机功率,kW;

K_d——考虑到电机启动时惯性影响的功率增大系数,根据有关设计手册,取 $K_d = 1.5$。

$$N_2 = 1.5 \times 0.9 = 1.35 \text{kW}$$

（4）考虑到传动效率及整机安装情况的电机功率。

$$N_3 = \frac{N_2}{\eta \lambda_j \lambda_{as} k^2} \tag{3-12-37}$$

$$\eta = \eta_1 \eta_2 \eta_3$$

式中　N_3——考虑到传动效率及整机安装情况的电机功率，kW；

　　　　η——整体传动效率；

　　　　η_1——摆线针轮减速器传动效率，取 $\eta_1 = 0.935$；

　　　　η_2——滚子链传动效率，取 $\eta_2 = 0.96$；

　　　　η_3——滚动轴承传动效率，取 $\eta_3 = 0.98$；

　　　　λ_j——整机安装精度对台车的影响系数，取 $\lambda_j = 0.6$；

　　　　λ_{as}——平均启动转矩倍数，取 $\lambda_{as} = 2$；

　　　　k——电网压降系数，取 $k = 0.9$。

由此得

$$N_3 = \frac{1.35}{0.935 \times 0.96 \times 0.98 \times 0.6 \times 2 \times 0.9^2} = 1.58\,\text{kW}$$

结合实践经验选电机功率　　　　$N_3 = 5.5\,\text{kW}$

（5）核算废料台车主动车轮处于打滑状态下单台电机功率。

$$N_4 = N_1 + F_{max} r\omega \frac{1}{1000 i_1 i_2} \tag{3-12-38}$$

$$F_{max} = \frac{1}{4} Gg\mu$$

式中　N_4——台车主动车轮处于打滑状态下单台电机功率，kW；

　　　F_{max}——主动车轮与钢轨能提供的最大滑动摩擦力，N；

　　　　r——车轮半径，$r = 0.21\,\text{m}$；

　　　　μ——车轮与钢轨之间的动摩擦系数，取 $\mu = 0.1$。

代入已知数据得

$$F_{max} = \frac{1}{4} Gg\mu = \frac{1}{4} \times 13 \times 10^5 \times 0.1 = 32500\,\text{N}$$

将数值代入式（3-12-38），得台车主动车轮处于打滑状态下单台电机功率为：

$$N_4 = N_1 + F_{max} r\omega \frac{1}{1000 i_1 i_2}$$

$$= 0.90 + 32500 \times 0.21 \times \frac{\pi \times 1440}{30 \times 1000 \times 71 \times 2.2}$$

$$= 7.49\,\text{kW}$$

尽管打滑时的电机功率 7.49kW 大于电机额定功率 5.5kW，但是一般交流电机的过载系数在短时间内均大于 1.5，则所选电机安全可靠。

　　b　确定链条型号及中心距

（1）前提条件。同前，即 $i_1 = 71$，$i_2 = 2.2$，$n = 1440\,\text{r/min}$，则小链轮转速 $n_1 = n/i_1 = 20.3\,\text{r/min}$。

（2）链条设计功率。

$$N_d = K_A N_S \tag{3-12-39}$$

式中　N_d——链条设计功率，kW；

　　K_A——工作情况系数，$K_A = 1.5$。

　　于是　　　　　　$N_d = 1.5 \times 5.5 = 8.25 \text{kW}$

（3）特定条件下单排链条传递功率。

$$N_0 \geqslant \frac{N_d}{K_z K_p} \tag{3-12-40}$$

式中　N_0——特定条件下单排链条传递功率，kW；

　　K_z——小链轮齿数系数，$K_z = 0.775$；

　　K_p——排数系数，$K_p = 1$。

　　于是　　　　　$N_0 \geqslant \frac{8.25}{0.775 \times 1} = 10.6 \text{kW}$

（4）链条的传动速度。

$$v_c = \frac{Z_1 n_1 p}{60 \times 1000} \tag{3-12-41}$$

式中　v_c——链条传动速度，m/s。

　　根据 N_0 及 n_1，初选链条型号为 40A，节距 $p = 63.5 \text{mm}$，传动速度为

$$v_c = \frac{15 \times 20.3 \times 63.5}{60 \times 1000} = 0.32 \text{m/s}$$

（5）滚子链静强度计算。

初选的链条传动速度 $v_c < 0.6 \text{m/s}$，属于低速传动，载荷较大，静强度占主要地位。按静强度计算比用疲劳强度计算要经济。

1）选链条，计算传动速度。

选链条 28B，节距 $p = 44.45 \text{mm}$，传动速度为

$$v_c = \frac{Z_1 n_1 p}{60 \times 1000} = \frac{15 \times 20.3 \times 44.45}{60 \times 1000} = 0.23 \text{m/s}$$

2）链条静强度校核。

$$n = \frac{Q}{F_t} \geqslant [n] \tag{3-12-42}$$

$$F_t = \frac{1000 N_d}{v_c} \tag{3-12-43}$$

式中　n——安全系数；

　　Q——链条极限拉伸载荷，对于 28B 链条，$Q = 200000 \text{N}$；

　　F_t——有效圆周力，N，

$$F_t = \frac{1000 \times 8.25}{0.23} = 35870 \text{N}$$

　　$[n]$——许用安全系数，$[n] \geqslant 4 \sim 8$。

将数据代入式（3-12-42）得 $n = \dfrac{Q}{F_t} = \dfrac{200000}{35870} = 5.58$。

静强度校核通过，所以选取链条满足要求。

3）初定中心距 a_0。

$$a_0 = 0.2 Z_1 (i_2 + 1) p \tag{3-12-44}$$

代入数据得　　　$a_0 = 0.2 \times 15 \times (2.2 + 1) \times 44.45 = 426.72 \text{mm}$

4）以节距计的初定中心距 a_{0p}。

$$a_{0p} = \frac{a_0}{p} \tag{3-12-45}$$

代入数据得　　　$a_{0p} = \frac{426.72}{44.45} = 9.6 \text{ 节}$

5）链条节数 L_p。

$$L_p = \frac{Z_1 + Z_2}{2} + 2a_{0p} + \frac{k}{a_{0p}} \tag{3-12-46}$$

式中　k——系数，由成大先主编《机械设计手册》第五版第三卷表13-2-4，得 $k = 8.207$。

代入数据得　　　$L_p = \frac{15 + 33}{2} + 2 \times 9.6 + \frac{8.207}{9.6}$

$$= 44.055 \text{ 节}$$

即链条节数最少应为44节，实选 $L_p = 58$ 节。

6）链条长度 L。

$$L = \frac{L_p p}{1000} \tag{3-12-47}$$

代入数据得　　　$L = \frac{L_p p}{1000} = \frac{58 \times 44.45}{1000} = 2.578 \text{m}$

7）计算中心距 a_c。

$$a_c = p(2L_p - Z_1 - Z_2) k_a \tag{3-12-48}$$

式中　k_a——系数，由《机械设计手册》第三卷表13-2-5，用插入法计算，取 $k_a = 0.24639$。

代入数据得　　$a_c = 44.45 \times (2 \times 58 - 15 - 33) \times 0.24639 = 744.7 \text{mm}$

8）实际中心距 a。

$$a = a_c - \Delta a \qquad \Delta a = (0.002 \sim 0.004) a_c \tag{3-12-49}$$

$$\Delta a = 1.4894 \sim 2.9788 \text{mm} \qquad a = 743.21 \sim 741.72 \text{mm}$$

为保证链条松边具有合适的垂度，取 $a = 743 \text{mm}$，正好将图纸上 x、y 方向上的两个尺寸圆整成 $x = 360$，$y = 650$，即实际中心距

$$a = \sqrt{650^2 + 360^2} = 743 \text{mm}$$

D　废料台车的安装精度

（1）各钢轨长度方向接缝处，上表面应在同一高度，高度允许偏差 ±0.5mm；

（2）两条轨距偏差 ±2mm；

（3）两条轨道应在同一平面内，允许偏差 ≤0.15/1000。两条钢轨对中心线的平行度在全长内 ≤4mm，各自钢轨其直线度在全长范围内 ≤2mm；

（4）4个液压缸应同步升降，运行平稳无卡阻，升降限位的8个行程开关位置准确、动作灵活；

（5）驱动车轮与从动车轮踏面中心线沿轨道长度方向应平行，其误差 ≤1.5mm；

（6）行走装置的四个车轮，行走时无卡死及跑偏，往返限位的行程开关位置准确，动作灵活，倾翻台架端的行程开关，应确保倾翻的全部废料顺利倒入料斗中的最佳位置。

12.6　中间罐维修辅助设备

中间罐维修辅助设备包括大型搅拌机车及搅拌机、中间罐胎膜、中间罐喷涂机、切砖机及排水装置。

12.6.1　大型搅拌机车及搅拌机

12.6.1.1　大型搅拌机车及搅拌机的功能

中间罐内衬采用耐火砖的厂家，为了方便内衬的修砌，一般在维修台的几个维修工位上，设置一台大型搅拌机车，车上装载一台大型搅拌机。根据工位数量，搅拌机车可在任意工位间运行，搅拌机车待机位设在不影响中间罐吊入、吊出的维修工位端部。搅拌机在待机位将耐火材料混合后，由搅拌机车运至相应工位处，将搅拌机的泥浆卸入中间罐内，供修砌耐火砖用。搅拌机为非标的机电一体品设备，搅拌机车为非标设备。

当中间罐内衬采用干式料或中间罐容量不是很大的厂家，也可在维修台上或附近地面上仅设置一台固定式搅拌机，混合耐火材料，将混合好的泥浆卸入料斗中，再由起重机吊运送至相应工位注入中间罐内。

12.6.1.2　大型搅拌机车及搅拌机的组成与结构

大型搅拌机车由支撑台、车架、主动轮、从动轮、下料斗及支架、操作平台、走梯栏杆、缓冲器、警灯及拖链装置等组成，如图 3-12-24 所示。

支撑台由型钢、花纹钢板焊接而成，用以支撑大型搅拌机及其辅助设备，并作为大型搅拌机车运行的操作平台。支撑台与车架用螺栓连接，全部负载通过车架、车轮、钢轨传递到维修平台上。为了运输方便，支撑台须分体设计，工地组装。

车架是承上启下的箱型焊接结构件，考虑制造和运输方便，同样应分体设计，工地组装。车架上面连接支撑台，下面安装车轮，支撑大型搅拌机。

一对车轮为主动轮，另一对为从动轮。主动轮由两台电机直联减速器驱动。

拖链装置用来支承搅拌机车和大型搅拌机所用动力电缆、控制电缆、水管和气管。其进线位置设在三个维修工位的中部，出线位置设在搅拌机车待机位的端部。

所配置的搅拌机形式一般均为蜗浆强制搅拌式，由搅拌机本体、供水系统、气动系统、操作台等组成，出料门由气缸推动开启和关闭。订货时根据厂家现场情况，对其配套设施可选择取舍。本例搅拌机因用户在中间罐维修区有特定压力的水源和经过处理的气源，所以随搅拌机本体供货的配套设施只含操作台，其余配套设施全部包含在搅拌机车当中，电缆、管线统一由搅拌机车的拖链装置承载分别接到各使用点。

12.6.1.3　大型搅拌机车及搅拌机主要参数

A　大型搅拌机车

　　形式　　　　　　　　电动行走式
　　驱动形式　　　　　　电机直联减速器（内制动），车轮悬挂式

驱动装置数量　　　2 套

载重量　　　　　　10t（不含搅拌机车自重）

行走速度　　　　　约 22m/min

行走距离　　　　　约 35m（满足三个工位需求）

轨距　　　　　　　5000mm

供电方式　　　　　电缆拖链

B　大型搅拌机

出料容量　　　　　1000L（按工位数量及中间罐容量确定，一般为 250～1000L）

进料容量　　　　　1600L（一般为 400～1600L）

工作循环次数　　　40 次/h

骨料最大粒径　　　60mm

搅拌桶外形尺寸　　$\phi 3000 \times 830$mm（直径×高度）

拌叶转速　　　　　20r/min

搅拌电机功率　　　55kW

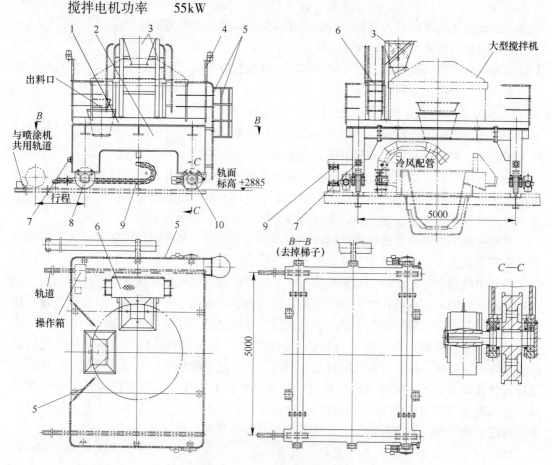

图 3-12-24　大型搅拌机车

1—支撑台；2—车架；3—下料斗及支架；4—警灯；5—直梯及栏杆；6—操作平台；7—缓冲器；
8—从动轮；9—拖链；10—主动轮

12.6.1.4　大型搅拌机车安装精度

同废料台车，参见 12.5.3.6D。

12.6.2　中间罐胎膜

12.6.2.1　中间罐胎膜的功能

中间罐胎膜用于中间罐内衬采用干式料的用户，包含永久层和工作层两种胎膜，分别用于浇注中间罐两种厚度的内衬成型。

永久层胎膜起浇注成型作用，所浇注的料层较厚。浇注内衬时将搅拌机混合好的打结料通过胎膜自带的管座或专用料斗灌入中间罐隔热层与胎膜之间的空腔，再通过胎膜自带的振动器或人工手持的振动棒依次将其捣实，使之均匀致密充满成型空间。而浇注成型的中间罐永久层，待取出胎膜并卸除液压缸，即可通过专用的干燥装置对其进行干燥。

工作层胎膜所浇注的料层较薄，一般将工作层胎膜和内衬干燥所需的介质管道等设计为一体，即浇注完工作层的胎膜利用自身携带的介质管道接通各介质后就可直接将工作层干燥到所需要求，所以中间罐工作层胎膜一般均由耐火材料专用厂家提供，为机电一体品。

12.6.2.2　中间罐永久层胎膜的组成与结构

中间罐永久层胎膜主要由永久层胎膜、胎膜对中框架、缓冲器及安装螺栓、内斜楔和外斜楔、调节螺栓、连接螺栓、螺纹板及螺钉、提升链条、螺杆及插头、软管及快换接头、液压缸、振动器及快速卡件、液压软管及手动泵、气锤等部件组成，如图 3-12-25 所示。其中：

（1）永久层胎膜。永久层胎膜是中间罐永久层成型的主要部件，由胎膜体、管座及吊具架等组成，均为焊接结构件。其中吊具架为框型结构，上方有 4 个起吊耳板，胎膜起吊时可穿入提升链条的吊钩。吊具架下方的 4 个斜撑连接至胎膜体上方支撑 4 个液压缸的两条横梁托架，胎膜体悬吊于两条横梁之下。胎膜体为薄壳件其外形尺寸是中间罐内腔与工作层厚的缩小体，胎膜内腔及上表面焊有型钢支撑及法兰盖板以确保其刚性。为使耐火材料混合浆均匀顺利浇入中间罐隔热层与胎膜之间的空腔中，在胎膜四周焊有 6 个带外螺纹接口的管座，各管座出口直通永久层与中间罐隔热层之间的空腔。待浇注中间罐永久层时由快换接头将搅拌机的软管与胎膜上的管座快速接通，混合好的打结料便通过管座流入中间罐隔热层与胎膜之间的空腔。

（2）胎膜对中框架。胎膜对中框架由框架体、缓冲器安装法兰、接受托架等组成。框架体为框型焊接结构，上方设有四个缓冲器安装法兰，沿中间罐宽度方向的架体外侧焊有四个接受托架，接受托架的相关位置均设有相应的调整螺栓。当浇注中间罐永久层时将胎膜对中框架上的四个接受托架插入中间罐的四个起吊耳轴，然后在托架中沿耳轴上下横向插入内、外斜楔并调整相应的螺栓，使其胎膜高低及四周位置均达到中间罐隔热层与胎膜之间规定的尺寸。

（3）胎膜附属设施。在胎膜吊具架与对中框架之间装有缓冲器，以减少对设备及底座的冲击。同时在胎膜的横梁托架与中间罐上面法兰面之间设有手动液压缸用做"起膜"。浇注过程中为使胎膜与中间罐隔热层内腔之间的打结料较好地流动，接通胎膜体内腔相应的振动器依次进行振动将其捣实，使之均匀致密充满成型空间。

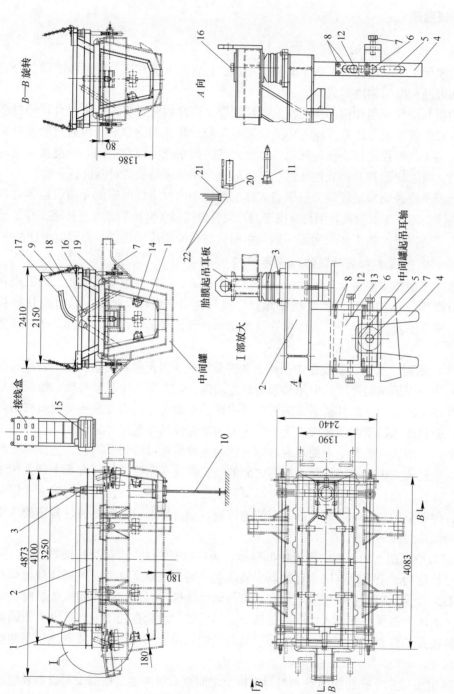

图 3-12-25　中间罐永久层胎膜

1—永久层胎膜；2—胎膜对中框架；3—缓冲器及安装螺栓；4—接受托架；5—外斜楔；6—调节螺栓（1）；7—调节螺栓（2）；8—螺纹板及螺钉；9—提升链条；10—螺杆及插头；11—气锤；12—调节螺栓（3）；13—内斜楔；14—振动器及快速卡件；15—变频器；16—连接螺栓；17—接搅拌机的软管；18—快速连接器外接头；19—液压缸；20—手动泵；21—供油分配盘；22—液压软管

　　以上所述的中间罐永久层胎膜是比较典型和规范的一种，无论从调整和对中手段、起膜和吊运工具、专门浇注管口及自带振动成型、拆除内衬配备的工具等，一应俱全，而且调整和使用方便，同时永久层尺寸及质量容易保证。

　　在实际应用中各用户使用的中间罐永久层胎膜有所不同，有的供货商提供的永久层胎膜结构非常简单，仅胎膜体及吊板而已，其余如对中、调整、浇注管口、起膜、自振器等均未配备，只配置手持振动棒、浇注料斗及铁锤等工具。这种形式的胎膜使用时需起重机配合移动进行位置调整，且浇注料需专用料斗小心分次倒入内腔，同时由人工手持振动棒对四周内腔的打结料依次进行捣实。起膜时由人工用铁锤缓慢用力、轮番敲打胎膜内腔周边使其与永久层松动以便脱模。这种胎膜造价低，但调整和对中费力，工人劳动强度大。

12.6.2.3　中间罐永久层胎膜的使用与调整

　　如图 3-12-25 所示。

　　（1）永久层胎膜 1 插入中间罐前的准备。

　　1）四个斜楔 5 必须从四个接受托架 4 中取出。

　　2）旋转八个调节螺栓 6 和四个调节螺栓 7，使之旋入接受托架 4 之内侧不得外露。

　　3）检查四个缓冲器 3 和八个螺纹板 8 处的连接螺栓是否拧紧。

　　4）检查胎膜 1 外侧是否残留打结料，有残留时，全部清除。

　　5）对胎膜 1 外侧需涂抹干油进行润滑。

　　（2）永久层胎膜 1 插入中间罐及对中过程。

　　1）将 4 根链条 9 的两端分别挂入起重机钩及胎膜 1 的起吊耳板孔中。

　　2）通过起重机提吊吊运中间罐胎膜 1 并小心缓慢地将其插入中间罐内腔，确认中间罐的四个起吊轴位于胎膜对中框架 2 的四个接受托架 4 之中。

　　3）取掉 4 根链条 9。

　　4）调整螺栓 12 处的四个内斜楔 13 平稳位于中间罐起吊轴之上，使胎膜 1 的横梁下缘距中间罐上表面约 80mm 以上，再拧入调节螺栓 12。纵向核准内斜楔 13 外形并将其顶紧。

　　5）此时胎膜 1 必须由四个斜楔 5 紧固。

　　6）拧入调节螺栓 6 和 7，调整胎膜与中间罐内腔纵向和横向永久层厚度使其满足尺寸要求。

　　7）连接 6 个振动器 14 的电缆。

　　8）检查 6 个振动器 14 在其快速卡件中的紧密匹配及其功能。

　　（3）通过永久层胎膜 1 打结中间罐永久层。

　　1）将搅拌机的软管 17 通过快换外接头 18 与胎膜管座相连，由压力混合输送机输送并充填打结料。

　　2）振动器 14 按充填工作的顺序依次接通。

　　3）带有两套变频器的控制柜安装在将进行充填的中间罐旁，并与电气工作网络连接，6 个振动器的插头全部插入控制柜的相应插座。

　　4）变频器在空载状态下通电，6 个开关均为"0"位置。

　　5）单独接通柜中的振动器 14。

　　电源接通的振动器开始工作，浇注充填的打结料中，产生很多气泡时且周边充填空间高度相同时，则浇注充填过程结束。

（4）从中间罐中取出胎膜 1。经过一定时间，填充的耐火材料凝固后，就可将永久层胎膜从中间罐中取出，取出程序如下。

1）松开 8 个调整螺栓 6。

2）抽出四个斜楔 5。

3）松开 4 个调整螺栓 7。

4）四个液压缸 19 放置在横梁托架下的中间罐上，与供油分配盘 21 上侧的四根液压软管 22 连接，供油分配盘 21 下侧的一根液压软管 22 和手动泵 20 供油口接通，然后对液压缸减压。

（5）关闭液压缸 19 的各阀门，手动泵需一直运行到胎膜与永久层松动为止。

（6）将提升链条 9 两端分别挂入起重机吊钩及胎膜 1 的起吊耳板孔，由起重机将胎膜 1 从中间罐内缓慢吊出。

12.6.3　中间罐喷涂机

12.6.3.1　中间罐喷涂机的功能

中间罐砌好耐火砖或浇注成型永久层后，需在耐火砖或永久层表面再喷涂工作层，喷涂机在待机工位沿轨道移动到喷涂工位，对中间罐内壁进行工作层的自动喷涂作业。为喷涂作业方便将喷涂机设置在冷却维修台上，根据需要可设多个喷涂工位，喷涂机可对任一工位进行喷涂作业。

自动喷涂作业是喷涂机在 PLC 控制下完成的，中间罐喷涂机有大车行走、小车横移和喷头旋转、升降、摆动等多种功能。自动喷涂作业不仅减轻了工人劳动强度，而且提高了喷涂效率及涂层质量。

12.6.3.2　中间罐喷涂机的应用情况

目前，国内还没有完全自行设计的中间罐工作层自动喷涂机，近 10 年来国内凡引进连铸机的用户，有的也同时引进了中间罐工作层喷涂机。

如 D 钢铁公司中间罐工作层的喷涂就是引进的立柱悬臂式喷涂机，在中间罐维修平台上两个工位之间设置 1 台立柱固定式悬臂自动喷涂机，由可旋转的悬臂对两个工位的中间罐进行工作层的喷涂，而永久层的成型则采用胎膜用干式料进行浇注。

又如 A 钢铁公司早期引进一台国外的固定式喷涂机，对中间罐工作层进行自动喷涂。由于各喷涂工位离喷涂机较远，实际应用中为满足多工位喷涂，喷头联接的胶管较长致使阻力增大，喷管堵塞现象比较严重，以致影响喷涂作业。另外喷涂作业由人工手持喷头进行，效率较低。而永久层的成型则采用耐火砖砌筑。后期对这台固定式喷涂机进行了改造，改造后的喷涂机具有多种功能，详见后续叙述。

对于中间罐工作层的制作，目前普遍采用如下两种方式：

（1）若永久层耐火材料采用的是耐火砖则工作层基本采取手工涂抹方式。

（2）采用干式料的用户，则永久层和工作层基本都用两种胎膜进行浇注，或永久层用胎膜浇注而工作层采取手工涂抹方式。

12.6.3.3　中间罐喷涂机的组成与结构

这里叙述的喷涂机是将原引进国外的固定式喷涂机改造而成。

改造后的喷涂机为车载移动式多功能自动喷涂。该喷涂机主要由两大部分组成，其中一部分利用引进的喷涂机进料斗、螺旋输送机、混合料斗和搅拌、螺旋挤压机；另一部分为新增设备，主要含大车行走机构、横移小车、喷头升降装置、喷头旋转机构、喷头摆动机构、拖链装配、梯子平台及护栏、干油润滑装置、气路、水路及电气控制系统等组成，如图 3-12-26 所示。

A 喷涂机利用引进设备的部件结构

（1）进料斗。进料斗为焊接件，进料斗上装有振动器，防止堵料。

（2）螺旋输送机。螺旋输送机分为两段，前段为螺旋输送干料，后段为螺旋输送加湿料到混合料斗中，驱动机构为直联型电机减速器。

B 喷涂机新增设备的部件结构

（1）大车行走机构。大车行走机构主要由传动装置、非传动车轮及检测链轮副、行走车架、平台及横移小车用轨道、操纵平台等组成。

传动装置共有两套，左、右侧分别传动。两套传动装置均由带电机的摆线针轮减速器、链轮副、传动链及驱动车轮等组成。

两组非传动车轮的其中一组车轮侧面带有检测链轮副，大链轮直接挂于车轮轴上而小链轮安装在车轮架体上，小链轮轴身安装的编码器控制行走距离，以便自动喷涂作业。

行走车架及平台等均为焊接结构件，考虑制造、运输及安装方便，车架为分体式结构。

（2）横移小车。横移小车主要由传动装置、非传动车轮及检测链轮副、车架、挡轮及支架等组成。

传动装置的结构形式同大车，由带电机的摆线针轮减速器、链轮副、传动链及驱动车轮等组成。传动装置只有一套，在单边驱动一个车轮，两个车轮的同步由长轴刚性连接。

两个非传动车轮也由长轴刚性连接，其中一个车轮侧带有检测链轮副及编码器，横移距离由编码器控制，以便实行自动喷涂作业。

（3）结构件。车架及四个挡轮支架均为焊接结构件，挡轮支架与车架用螺栓连接，其挡轮由支架悬挂在横移小车轨道大梁翼板下。

（4）喷头升降装置。喷头升降装置含升降装置和升降杆装配两大部分。其中升降装置由带电机的摆线针轮减速器、箱体、齿轮轴、编码器、导向轮及连接轴等组成。升降杆装配由含齿条的升降杆、导向套、轴承座等组成。

升降装置与横移小车架体底部相连，升降杆装配中的上法兰与旋转机构的轴承支架把合在一起。喷头的上下升降是通过电机减速器驱动齿轮轴带动升降杆齿条上升或下降，齿轮轴带编码器，升降距离由编码器控制，升降过程中有 8 个导向轮为升降杆导向。

升降杆装配中设有导向套，用于旋转机构中旋转杆旋转时的导向。

（5）喷头旋转机构。喷头旋转机构由带电机的摆线针轮减速器、小齿轮、大齿轮、旋转杆及轴承支架等组成。

该机构的功能主要是带动喷头旋转，以扩大喷涂面积，提高生产效率。

喷头旋转机构的安装方式是通过该机构的轴承支架与升降杆装配的上法兰相连接，从升降杆内腔穿出的旋转杆其下端法兰与喷头相连接，喷头旋转时由升降杆装配中的导向套

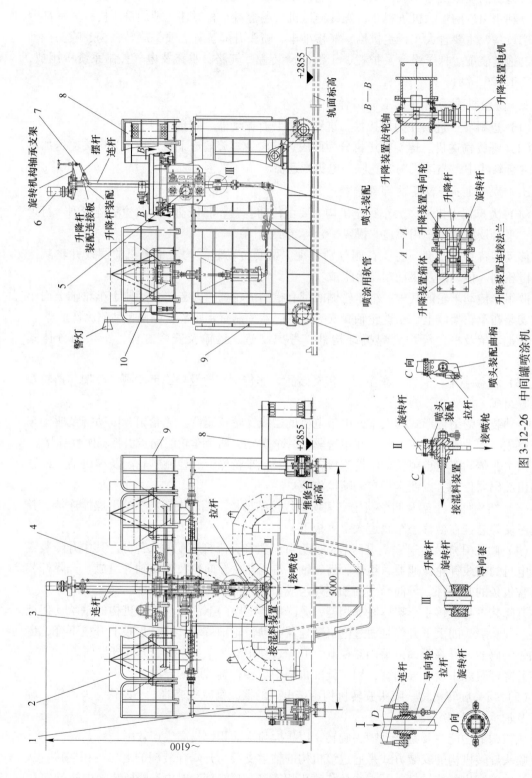

图 3-12-26　中间罐喷涂机

1—大车行走机构；2—进料斗；3—螺旋输送机；4—横移小车；5—升降机构；6—旋转机构；7—摆动机构；8—拖链装置；9—梯子平台及护栏；10—干油润滑装置

为旋转杆进行导向。

喷头可正、反向旋转360°，旋转角度由接近开关控制。

（6）喷头摆动机构。喷头摆动机构主要由手轮、螺杆副、摆杆、连杆、轴承座、拉杆、导向轮等组成。其中螺杆副及摆杆分别安装在旋转机构的轴承支架及升降杆装配的连接板上，而连杆上下两端分别与摆杆及导向轮装配的轴承座耳轴相连接，与导向轮装配轴承座相连接的拉杆其另一端安装有喷头曲柄。

由人工旋转手轮使喷头摆动，螺杆推动摆杆提升连杆，再由拉杆带动喷头的曲柄实现喷头的上下摆动功能。当穿过升降杆装配下端轴承座耳板孔的两根连杆带动拉杆沿旋转杆上下移动时，该机构的8个导向轮沿旋转杆上下方向为其导向。

喷头的摆动角度为以水平面为基准大约在15°~ -105°之间摆动，摆角大小由操作人员根据需要确定。

（7）拖链装配。拖链装配有长短两种，分别用于大车行走机构及横移小车。拖链装配主要由托架、支架、拖链、支撑轮及胶管总成等组成，拖链功能是用来敷设电缆、气管、水管及干油润滑配管等。

（8）梯子、平台及护栏。梯子、平台及护栏均为焊接件，分别安装在行走机构的车架上部及周边，随同大车一起运行。该部件用于支承和操作喷涂设备，方便操作人员安全上下，并对任意工位的中间罐进行工作层的喷涂作业。

（9）干油润滑装置。干油润滑装置主要由干油泵、干油过滤器、双线给油器和胶管等组成。干油通过干油泵、干油过滤器经双线给油器分配到各润滑点。

12.6.3.4　中间罐喷涂机的主要参数

A　大车行走机构

行走距离	约42000mm（三个工位）
行走速度	1.5~18.5mm/min
轨　距	5000mm
电　机	变频调速、带内制动

B　横移小车

横移距离	约1800mm
横移速度	2~18.4m/min
轨　距	1000mm
驱动电机	变频调速、带内制动

C　喷头升降装置

升降行程	约1500mm
升降速度	1.5~10m/min
驱动电机	变频调速、带内制动

D　喷头旋转机构

驱动电机	变频调速、带内制动
喷头转速	约30r/min

E　喷头摆动机构

摆动角度　　　　　　　人工调节

摆角调节范围　　　　　0°~120°左右

12.6.3.5　中间罐喷涂机的安装调整、运转及日常维护

A　中间罐喷涂机的安装与调整

(1) 装配好的行走机构和平台被整体吊放在轨道上，测量及调整四个车轮与轨道面之间的间隙，使各车轮与轨道良好接触。

(2) 梯子、平台与护栏装配并焊接在行走机构上。

(3) 装配好的横移小车吊放在行走机构平台的轨道上，测量及调整四个车轮与轨道面之间的间隙。

(4) 升降装置安装在横移小车架体底部，将升降杆穿过升降装置经上、下导向轮并与齿轮轴调整好啮合位置，再调整升降装置上的 8 个导向轮，保证升降杆的垂直度和升降杆与导向轮之间的间隙。

(5) 旋转机构的旋转杆穿过升降杆内腔并调整好相对位置，再将旋转机构上部的轴承支架与升降杆装配的上法兰连接在一起。

(6) 摆动机构的两根连杆穿过升降装置箱体，再将装配好的摆杆支座与升降杆装配上部的连接板把合在一起，同时把手轮螺杆的螺母支架与旋转机构上部的轴承支架紧固在一起，最后将拉杆与连杆装配在一起。

(7) 把喷枪装配的上部法兰与旋转杆的下部法兰紧固在一起，将喷枪装配的曲柄安装在摆动机构拉杆的下端。调节摆动机构的连杆长度，以调整喷头的摆动角度。

(8) 最后安装其余零部件诸如拖链、链轮罩、编码器、限位开关等，并现场配管完成水、气及干油润滑系统的装配。

B　中间罐喷涂机的运转

(1) 空负荷联机试运转完成后方能进行负荷试运转。

(2) 将喷涂机移至待机工位，打开喷涂机混料系统，进行加料混料作业。

(3) 先由人工操作进行喷涂作业试运转。

(4) 调节电气控制系统，启动喷涂机大车行走机构至工作位置，升降杆下降，接近开关限位，螺旋输送机、送料机工作，进入喷涂作业。

(5) 喷涂作业时，大车行走机构、横移小车、喷头升降装置、喷头旋转机构和喷头摆动机构均处在工作状态。

(6) 喷涂作业完成后，大车行走机构、横移小车、喷头升降装置、喷头旋转机构和喷头摆动机构停止工作，升降杆复位，喷涂机返回待机工位。

(7) 整个喷涂机在作业过程中，各个动作应平稳，无剧烈冲击、振动和异常噪声，电机电流无异常波动。

C　中间罐喷涂机的日常维护

(1) 每次喷涂作业完成后，应及时将喷涂剩余湿料及喷涂管内部的湿料清洗干净。

(2) 经常注意设备工作时有无异常振动和噪声，各润滑点的润滑情况是否良好，各联接件是否联接牢固等。

（3）经常检查链条的张紧程度，如发现链条过松时用调整螺栓及时予以调整。

（4）干油泵里应有足够的干油，消耗后应及时补充。

（5）密封件如有损坏，应及时更换。

（6）定期对整套设备进行大修和中修，其周期由用户根据设备实际运行状况确定。

12.6.4 切砖机及排水装置

12.6.4.1 切砖机及排水装置的功能

采用耐火砖作为中间罐永久层的厂家，还需设置一台切砖机及相应的排水装置，切砖机用于锯切和加工耐火砖，排水装置将污水收集起来集中排至下水沟。

12.6.4.2 切砖机及排水装置的组成与结构

切砖机电机驱动，由刀具、架体、电机及除尘罩等组成。为修砌及排水方便，切砖机一般放置在维修台上修砌工位附近的边角处，以便在台架下设置切砖机的排水装置。为防止切割过程漂浮的粉尘危害人体及污染环境，除尘罩可将切割粉尘收集在一起。

排水装置由车架、前轮装置、车轮及水箱等组成。水箱放在车架上，待水箱收集一定的水量后，用手推杆推动小车至下水沟旁，拧开水箱球阀将水放掉。

12.7 滑动水口维修设备

滑动水口维修设备包括滑动水口拆装车、滑动水口翻转机及滑动水口放置架。

12.7.1 滑动水口拆装车

12.7.1.1 滑动水口拆装车的功能

滑动水口拆装车具有升降、左右移动、前后移动及旋转功能，由手动泵为升降液压缸提供压力油，具有噪声小、结构紧凑、运动平稳等特点。

该设备用于将下线存放在冷却维修台中间罐底部待修的滑动水口拆卸下来，运至滑动水口翻转机上进行分解、维修及组装，再将维修组装好的滑动水口运往冷却维修台中间罐下方进行安装待用。当拆装车位于待拆卸、安装滑动水口的中间罐下方时，液压缸推动升降装置将左右滑架、前后滑架、旋转工作台、上水口安装器及装于其上的滑动水口升起，并调整左右滑架、前后滑架及上水口安装器，把上水口安装器调整到合适位置，然后进行滑动水口的拆卸和安装。

12.7.1.2 滑动水口拆装车的组成与结构

滑动水口拆装车主要由行走与升降装置、升降架、左右滑架、前后滑架、旋转工作台、上水口安装器、手动油泵及胶管总成等组成，如图3-12-27所示。

（1）行走与升降装置。行走装置由车体、前轮装置及车轮等组成。车体为型钢与钢板焊接而成，小车行走由前轮装置的手推杆推动车体带动后轮行走。

升降装置由转臂（一）、转臂（二）、辊子、大方轴及液压缸等组成。液压缸两端分别安装在大方轴中部与车体下部支架上，内侧的转臂（二）与大方轴两端耳轴相连，而转臂（一）、转臂（二）在其回转中心用销轴连接在一起，其中转臂（一）、转臂（二）的固定端分别与升降架及车体紧固在一起，活动端分别与车体上的滑槽及升降架的滑槽相连接。拆装车需要升降时，通过手推杆将小车推至作业工位下方，由手动泵给液压缸供油推（拉）大方轴上升或下降，从而带动转臂（一）、转臂（二）沿回转中心旋转，此时转臂（一）、转臂（二）上的辊子分别沿车体上的滑槽及升降架的滑槽移动，从而将升降架升起或降下。

（2）升降架。升降架由底架、手轮及长轴、大小锥齿轮、螺杆轴及滑动螺母、轴承座等组成。底架上设有左右滑架辊子移动用的滑道及升降装置转臂回转时辊子移动用的滑槽和转臂安装支座，同时底架上的手轮长轴及与其垂直的螺杆轴上设有一对锥齿轮副，通过旋转手轮带动螺杆轴上与左右滑架固结在一起的滑动螺母移动，从而实现左右滑架相对于升降架水平方向的左右移动。

（3）左右滑架。左右滑架由架体、手轮、螺杆轴、滑动螺母、轴承座、辊子等组成。架体下方固定的辊子安装在位于升降架底架的滑道内，手动旋转手轮带动螺杆轴上的与前后滑架紧固在一起的滑动螺母移动，即可实现前后滑架相对于左右滑架在水平方向的前后移动。

（4）前后滑架。前后滑架由架体、辊子、滑动轴承、滚动轴承及支座等组成。架体下方固定的辊子安装在位于左右滑架底架的滑道内，前后滑架即与左右滑架相对水平方向作前后移动，同时该架体上方沿圆周方向设有滚动轴承，而架体中心用销轴将旋转工作台连接在一起，旋转工作台在滚动轴承支撑下可绕前后滑架中心作圆周方向旋转。

（5）旋转工作台。旋转工作台为焊接结构件，上面设有支撑架及导向板。工作台由销轴支撑在前后滑架中心的滑动轴承内，手动旋转工作台可使其围绕前后滑架中心旋转。

12.7.1.3　滑动水口拆装车的主要参数

行走方式	手推车式
升降方式	手动油泵
升降行程	610mm（按照冷却维修台中间罐存放座高度确定）
最大载荷	5000N（按照滑动水口盒最大质量考虑）
左右移动行程	±150mm
前后移动行程	±150mm
工作台旋转角度	手动，任意角度
油缸连接型式	销轴及耳环
手动油泵	压力约18MPa；最大手推力约270N；储油量约3L

12.7.1.4　滑动水口拆装车的安装与维护

（1）对于滑动水口拆装车整机而言，各部件的运动应灵活，无卡阻现象。

（2）安装滑动水口时，应将图 3-12-27 所示的液压缸支座移走，待安装液压缸时再将其放回图示位置。

12.7.2　滑动水口翻转机

12.7.2.1　滑动水口翻转机的功能

从下线的中间罐底部拆下来的滑动水口，由拆装车运至翻转机之下并升起到合适位置，

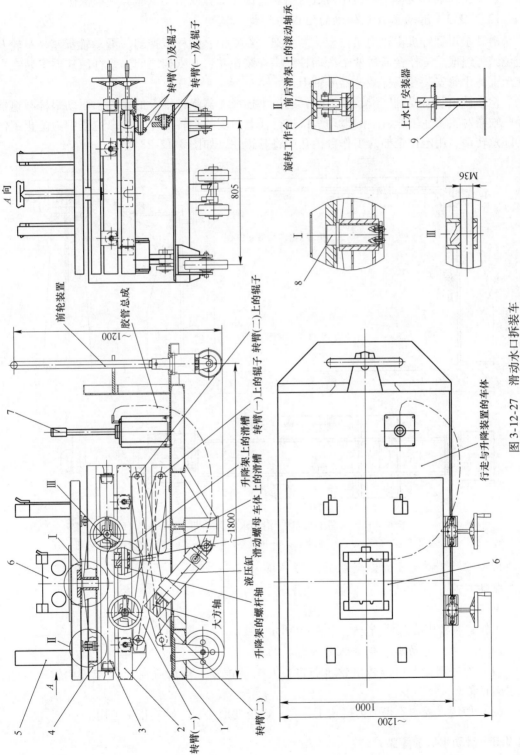

图 3-12-27 滑动水口拆装车

1—行走与升降装置；2—升降架；3—左右滑架；4—前后滑架；5—旋转工作台；6—油缸支座；7—手动油泵及胶管总成；8—轴；9—上水口安装器

再将其与翻转机紧固在一起可进行任意角度翻转。在此，可进行滑动水口的检查、分解、清扫、更换衬板，检修更换完毕再进行组装、面压试验及滑动试验等维修操作。

12.7.2.2　滑动水口翻转机的组成与结构

滑动水口翻转机主要由工作台、左支架、右支架、蜗杆减速器、滑动轴承座、手轮及定位销等组成。工作台通过两个滑动轴承座安装在左、右支架之间，蜗杆减速器安装在右支架上，手轮安装在蜗杆减速器入轴上。

检修或组装需要翻转滑动水口时，通过手摇减速器蜗杆轴上的手轮，驱动蜗杆减速器经联轴器对安装在工作台上的滑动水口进行任意角度的翻转操作，检修过程中为防止工作台随意转动，用定位销插入工作台销孔中将其锁住，如图 3-12-28 所示。

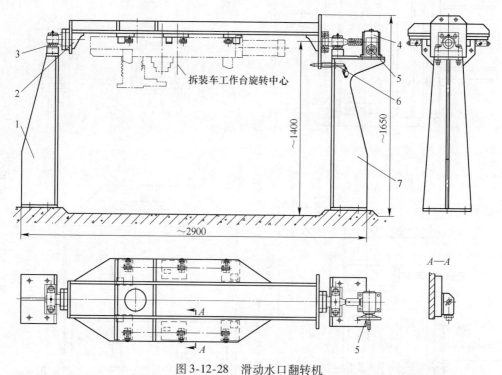

图 3-12-28　滑动水口翻转机
1—左支架；2—工作台；3—轴承座；4—减速器；5—手轮；6—定位杆；7—右支架

12.7.2.3　滑动水口翻转机的主要参数

驱动方式　　　　　　　　人工手轮
旋转角度　　　　　　　　360°
工作台旋转中心线标高　　约 1400mm

12.7.2.4　滑动水口翻转机的安装与维护

（1）对于滑动水口翻转机整机而言，人工手轮及工作台应在 360° 范围内转动灵活，无卡阻现象。

（2）使用过程中不得强力碰击工作台，以免变形受损，影响正常使用。

12.7.3　滑动水口放置架

滑动水口放置架为焊接件，放置架上可存放多个待修或已修好组装完毕的滑动水口装置。

12.8　中间罐干燥装置

12.8.1　中间罐干燥装置的功能

通过燃气燃烧释放出的热量对新砌或浇注成型的中间罐内衬和罐盖缓缓加热，按照预定的升温曲线进行干燥，使中间罐耐火材料内衬中的水分逐渐蒸发，以满足连铸生产操作和产品质量要求。

12.8.2　中间罐干燥装置结构形式

按钢厂所使用的燃气种类和热值的不同，目前中间罐干燥装置有直燃式和蓄热式两种结构形式。对于燃气热值较高的钢厂，可采用直燃式干燥装置；而燃气热值较低（如转炉煤气、高炉煤气等）的厂家，则可采用蓄热式干燥装置。

12.8.3　直燃式中间罐干燥装置

12.8.3.1　直燃式中间罐干燥装置的组成与结构

直燃式中间罐干燥装置由机架、烘烤臂、燃烧器、旋转分气轴、助燃空气及燃气供给与控制系统、煤气管路排水及氮气管路吹扫系统、点火系统、压力检测、流量显示、安全保护、电气仪表控制系统等组成。

（1）机架。机架为焊接件，采用型钢制作，为直立于地面的三角形桁架结构。

（2）烘烤臂。烘烤臂由电液推杆、曲柄及烧嘴臂等组成。烧嘴臂旋转的驱动力由电液推杆（或卷扬机）供给，可在中间罐上方旋起或落下。为便于中间罐吊入吊出，烧嘴臂倾角应大于90°，其行程由机械限位和行程开关控制并用，确保设备动作的安全可靠。采用电液推杆作为动力源，结构简单、运行平稳并大大节省了空间。若采用卷扬机作为驱动源，则由卷扬机、钢丝绳、定滑轮、动滑轮组等组成。

（3）燃烧器。燃烧器是直接影响到烘烤效果好坏、能源消耗高低的关键部件。目前国内专业厂家开发的高效旋转层流外混式燃烧器，具有效率高、能耗低的特点。其工作原理是：燃气与助燃空气经各自的仓室反方向旋转，经多级半预混，在喷出后继续混合然后再进行燃烧。既能增加燃气与助燃空气之间的接触面积，达到最佳掺混，使燃气得到充分燃烧，又能提高火焰强度和喷射速度，将燃烧的高温气流射向罐底，火焰长度可达 4 ~ 8m。高速气流还能够相对地冷却喷口，提高燃烧器的使用寿命。

（4）旋转分气轴。旋转分气轴是中间由盲板隔开的空心轴，与机架顶部的滑动轴承配套安装，轴的两端是助燃空气和燃气进口，轴的前、后部是烧嘴臂和曲柄。既能旋转又能将助燃空气和燃气按各自管路送入燃烧器，采用旋转分气轴时，设备结构紧凑并能减少管路分布。

（5）助燃空气供给与控制系统。助燃空气供给与控制系统由高压风机、柔型联接、电动调节阀和电动执行机构、一次仪表、手动调节阀等组成。根据风机特性与阀的流量调节，满足中间罐干燥的升温烘烤曲线。并在风机进风口安装减噪装置，保护环境。

（6）燃气供给与控制系统。燃气供给与控制系统由截止阀、电动调节阀和电动执行机构、膜合压力表、快速切断阀、流量环型孔板、差压变送器、流量显示仪表、手动调节阀等组成。也是干燥装置实现温度自动控制和安全运行的必要硬件设备，若以柴油为介质，则管路由过滤器、电磁阀、减压阀、调节阀、针阀等组成。

快速切断阀具有在电网掉线、燃气压力波动范围大等意外情况下快速切断燃气的功能。

（7）煤气管路排水系统。由于燃气在回收过程中常带有水蒸气，经输气管路凝结成的水存留在输气管路中，阻碍燃气输送，在干燥设备燃气管路上设置排水系统，能及时将水排除。

（8）氮气吹扫系统。煤气管路上设置氮气支路，安装电磁阀，在每次开机使用前和干燥完毕后对煤气管路进行吹扫，带走残留在管道内的煤气及杂质，起到安全保护作用。

（9）点火系统。有长明火或自动点火两种形式可选择。

长明火由先导燃气管路、助燃风管路、调节阀等构成，安装在主烧嘴旁边，可长期保持燃烧状态。每次干燥时，主烧嘴不需要人工点火，自动引燃。长明火的特点是安全、便捷、省时。

自动点火由先导燃气管路、助燃风管路、电磁阀、调节阀、电子点火器等构成，安装在主烧嘴旁边，实现自动点火。每次干燥时，电子点火器自动点火，引燃主烧嘴。自动点火点火成功率高。

（10）电气、仪表控制系统。均有手动和自动两种控制方式可选择。

选择手动操作时，设备可实现普通控制形式进行开关起停的手动操作。由人工根据中间罐的初始温度、目标温度及所需时间，对干燥装置进行点火、开阀、控制烧嘴臂位置等操作，通过空气、煤气调节阀，调节所需火焰大小，通过电液推杆（或电动卷扬）控制烧嘴臂的位置。在干燥过程中如有紧急情况，按下急停按钮，立即终止所有动作。

选择自动控制方式时，根据不同的干燥控制程序，对干燥装置的机械动作顺序、仪表检测信号、干燥流程等全部通过 PLC 进行自动控制。也可设置人机界面，操作人员在人机界面上进行操作，对设备参数进行设置、不同干燥曲线调用、各种参数的实时检控与显示等。还可根据需要与上位机进行通讯，对中间罐干燥装置进行监控。自动控制方式，具有降低工人劳动强度、保证中间罐干燥质量、提高耐火材料使用寿命、降低燃料消耗等优越性。

12.8.3.2　直燃式中间罐干燥装置的工作原理

本装置设在中间罐干燥工位上方，烘烤作业时，烧嘴臂水平落在中间罐上方，烧嘴臂上的介质输送管顶端的燃烧器，正对中间罐干燥装置的烘烤孔，垂直向下对中间罐内衬进行喷火烘烤。为方便调整火焰大小，燃气、空气输送支路上分别装有蝶阀，可单独控制燃烧器的进气量；烘烤作业完成后，由电液推杆驱动转轴后方的曲柄，通过空心转轴带动烧嘴臂及其上的介质输送管向上抬起到待机位置。烧嘴臂的往返行程由机械限位和行程开关控制并用，以确保设备动作的安全可靠。

12.8.4　蓄热式中间罐干燥装置

12.8.4.1　蓄热式燃烧技术简介

蓄热式燃烧技术在工业上的使用已有一百多年的历史。初始曾受蓄热材料的限制，热回收装置体积庞大，热利用率低、预热温度低且温度波动大，无法推广应用。

如今蓄热式燃烧技术采用新型陶瓷材料，热利用率高，节能效果极为显著，且由于燃烧方式完全改变，使得燃烧稳定且燃烧温度十分均匀。随着钢铁生产者对钢铁产品质量及成本的重视，对中间罐干燥温度和能耗提出了更高要求，一方面要求把中间罐干燥到均匀而较高的温度，另一方面要求能耗低、环境污染少，还可以应用低热值燃料。目前，蓄热式燃烧技术充分体现了可燃烧劣质燃料、大幅度节约燃料、提高中间罐温度等诸多优越性。

蓄热式燃烧技术本质上是一种极限余热回收技术，其工作原理是尽可能地回收燃烧加热装置的废气显热，降低排烟热损失，提高燃烧装置的加热效率。目前，中间罐烘烤时烟气的排出温度高达 1000℃，中间罐排烟热量损失占燃料燃烧总热量的 50%~70%，因此提高中间罐热效率的最佳途径就是最大限度地降低其排烟温度。蓄热式燃烧技术能够很容易地将排烟温度降低到200℃以下。

12.8.4.2　蓄热式中间罐干燥装置的结构型式与组成

有双烧嘴一体式和多烧嘴交替式两种结构型式，下面以 E 钢铁公司为例进行介绍。

蓄热式中间罐干燥装置由底座、摆动臂装配、罐盖、燃气系统、点火烧嘴系统、氮气吹扫系统、助燃空气系统、蓄热系统、温控系统及电控系统等组成。

（1）底座。底座是由矩形钢管焊接而成的半封闭结构，靠近中间罐一侧的上部设置隔热板，底座通过预埋螺栓安装在基础上。

（2）摆动臂装配。由电液推杆、曲柄、摆动臂等组成。摆动臂为焊接结构件，由矩形钢管、钢板及旋转轴等组成。摆动臂旋转轴的一端安装有曲柄摇臂，摆动臂上部安装有 1 套引风管道、1 套气动四通换向阀、2 套蓄热式烧嘴、燃气管道、霞普气管道、压缩空气管道及氮气管道等。为便于中间罐的吊入和吊出，由电液推杆牵拉旋转轴上的曲柄，带着摆动臂装配在中间罐上方做≥90°的往返摆动。

（3）罐盖。设置在摆动臂之下，罐盖由本体及耐火材料组成。本体是钢板焊接而成的壳体，壳体内腔镶衬耐火纤维组块及硅酸铝纤维毯。

（4）燃气系统。由阀台、高转混合煤气管道、霞普气管道、管道支架、金属软管及管道连接件等组成。阀台上装有气动蝶阀、手动调节阀、燃气快速启闭阀、低压保护开关、压力表、排空阀。

（5）点火烧嘴系统。由手动球阀、针型调节阀、燃气电磁阀及金属软管等组成。点火烧嘴气源是另外一路高热值的霞普气。点火烧嘴的助燃空气是压缩空气经减压后提供。

（6）氮气吹扫系统。由阀台及连接管道等组成。阀台上装有总阀、电磁阀、减压阀及压力表。在烘烤点火前，将管道中的残留燃气吹扫干净，确保点火时不引起事故。

（7）助燃空气系统。该系统由鼓风机、管道、支架、连接件、旋转接头、金属软管及阀台等组成。阀台上装有手动调节阀、低压保护开关、压力表。

助燃空气通过手动调节阀、四通换向阀输入蓄热式烧嘴。

（8）蓄热系统。该系统由蓄热式燃烧器、两位气动换向阀、引风系统及废气测温装置等组成。该系统由安装在摆动臂上的两组蓄热式烧嘴，通过蓄热箱将助燃空气进行蓄热式预热。

蓄热式燃烧器采用双烧嘴形式，即分为 A、B 两组。蓄热式燃烧器由蓄热箱体、耐火内衬、燃料管路等构成。蓄热箱内设陶瓷材料制成的薄壁多孔蜂窝状蓄热体，以此作为热工作中间介质。国内某厂家研制生产出的这种中间罐专用蓄热式燃烧器，充分利用陶瓷材料比金属材料热容量大、热膨胀率小和耐高温性能好等特点，吸收废气中的热量，再用来加热助燃空气。

蓄热式燃烧器具体结构是，A、B 两组蓄热箱的一端通过换向阀引出主风管和引风管，分别与鼓风机和引风机连接，另一端则通过摆动臂上 2 套蓄热式烧嘴干燥或烘烤中间罐。

换向阀为四通道，安装在鼓风机、蓄热式燃烧器和引风机之间，作交替供热用。换向系统采用气动以开闭不同的进风和引风通道。

燃气通过安装在阀台上的截止阀、常开气动蝶阀（氮气吹扫时关闭）、针型调节阀、快速启闭阀，将其输入蓄热式烧嘴。

引风系统设置在换向阀后部，由引风管、气动执行器、引风机及烟囱等组成。

（9）燃气控制。燃气分2组控制，一组由煤气管道连接在蓄热式烧嘴上，另一组是霞普气管道连接在煤气管道上。当中间罐干燥或烘烤后期，如需快速提温，则打开霞普气管道中的电磁阀，渗入霞普气至煤气管道中混合使用，以提高燃气热值保证快速提温。

（10）温控系统。通过安装在摆动臂上的热电偶在烘烤期间对中间罐进行测温，并通过温控仪表和PLC来控制烟气四通换向阀的开关频率来实现自动升温和保温。

（11）电控系统。采用PLC控制，机旁电控箱内配置点火变压器，开关按钮、点火烧嘴控制器，火焰检测装置，UV探测装置连接电缆及PLC信号线，热电偶及温度显示控制仪等。

12.8.4.3　蓄热式燃烧器的工作原理

如图3-12-29所示，蓄热式燃烧器的工作原理是：从鼓风机出来的常温空气由换向阀切换进入A组蓄热式燃烧器，由上向下经过箱体内的蜂窝式蓄热体时被加热，被加热的高温空气进入中间罐后，卷吸周围罐内的烟气形成一股含氧量大大低于21%的稀薄贫氧高温气流，同时在A蓄热式烧嘴处向稀薄高温空气附近注入燃料（燃油或燃气），燃料在贫氧（2%~20%）状态下实现燃烧；与此同时，中间罐内已完全燃烧的高温烟气又被引入B组蓄热式燃烧器的蓄热箱，对其蓄热体进行加热。当中间罐内高温烟气通过B组蓄热式燃烧器时，将显热储存在B组蓄热式燃烧器内，然后以小于150℃的低温烟气经过换向阀由引风机抽至烟囱将其排放。经过一定时间，换向阀换向使助燃空气再进入B组蓄热式燃烧器的蓄热箱；采用同样的过程，高温烟气则通过A组蓄热式燃烧器的蓄热箱排出。工作温度

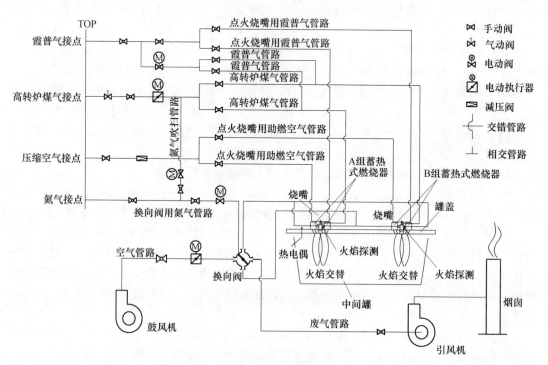

图3-12-29　蓄热式中间罐干燥装置工作原理

不高的换向阀以一定的频率进行切换，使 A、B 两个蓄热式燃烧器始终处于蓄热与放热的交替工作状态，从而达到节能和降低有害物体排放量等目的，交替工作时，常用的切换周期为 30~200s。

12.8.5 中间罐干燥装置主要参数

加热能力	约 2000kcal/h（8.3736MJ/h）
可燃气体	混合煤气、转炉煤气、焦炉煤气、城市煤气、发生炉煤气、液化气、石油天然气等
烧嘴臂倾动角度	≥90°（以不影响中间罐吊入及吊出为原则）
烧嘴臂倾动方式	机械或电动俯仰式
终了干燥温度	≥800℃
干燥时间	大约 36h（包括自然冷却和烘干时间）
烧嘴点火方式	自动和手动

12.9 中间罐主要维修设备能力计算

以 A 钢铁公司两台 4 机 4 流板坯连铸机为例。

12.9.1 前提条件

（1）生产计划，见表 3-12-4。

表 3-12-4 生产计划

项　　目		数　值	备　　注
浇钢量		420 万吨/年	为 2 台 4 流连铸机浇钢总量，35 万吨/月 每年浇 14040 炉，每月浇 1170 炉
连铸机作业率		80%	
钢包容量		300t	
浇注时间		49min	
连浇炉数		3.88 炉	平均值
中间罐容量		60t	正常钢液面
中间罐耐火材料		耐火砖	
中间罐盖数量		3 分节	
CCM 流数×台数		2 流×2 台	
CCM 停 机时间	定修	8h×3 次/月	
	年休	3 天/年	
TD 预热时间		120min	
TD 钢流控制方式		塞棒 + 滑动水口	
中间罐维修工作制		3 班工作制	

（2）中间罐维修性质区分定义，见表 3-12-5。

表 3-12-5 中间罐维修性质区分定义

维修性质区分	定　　义
中间罐小修	仅去除工作层涂料
中间罐大修	去除磨损的耐火砖及一部分永久层
中间罐全修	去掉永久层

（3）中间罐维修设定条件，见表 3-12-6。

表 3-12-6　每台中间罐维修设定条件

维修性质区分	项　目	数　值	备　注
修理频度	小修	3.88 炉	平均值，1 炉平均浇注时间 49min
	大修	250 炉	平均值（设定为 24h 作业）
	全修	1000 炉	平均值（设定为 24h 作业）
干燥时间	大修	1440min	24h/TD
	全修	2160min	36h/TD

（4）中间罐维修作业标准时间，见表 3-12-7。

表 3-12-7　中间罐维修作业标准时间　　　（min）

维修性质区分	中间罐维修场	浇注平台	合　计
小修	865（约 0.6 天或 14.4h）	325（预热 120 + 浇注 190 + 起重机 15）	1190，细目见表 3-12-10
大修	10095（约 7 天或 168.3h）	325	10420，细目见表 3-12-11
全修	13755（约 9.6 天或 229.3h）	325	14080，细目见表 3-12-12

（5）每月修理中间罐数量，见表 3-12-8。

表 3-12-8　每月修理中间罐数量　　　（台）

维修性质区分	维　修　台　数
小修	1170 炉/月 ÷ 3.88 炉/TD - 5.9TD/月 = 295.65TD/月，取 295.7TD/月
大修	1170 炉/月 ÷ 250 炉/TD = 4.68TD/月，取 4.7TD/月
全修	1170 炉/月 ÷ 1000 炉/TD = 1.17TD/月，取 1.2TD/月
合计	即每月维修中间罐总台数：301.6TD/月

12.9.2　中间罐维修设备工位数量计算

$$N = HRS\rho$$

式中　N——维修台工位的参考数量，个；

　　　H——在维修工位上占有时间，h；

　　　R——维修比率；

　　　S——常数，

$$S = \frac{350000 \frac{t}{月}}{300 \frac{t}{炉} \times 3.88 \frac{炉}{TD} \times 24 \frac{h}{天} \times 30 \text{ 天} \times 80\%} = 0.522$$

　　　ρ——峰值（修正系数）。

计算结果见表 3-12-9。

表 3-12-9　各维修设备工位数量　　　（台）

主要设备名称	必要的维修工位数量	实际设置维修工位数量
中间罐冷却台	2.3	3
中间罐倾翻台	1.61	2
中间罐维修台	7.16	8
中间罐干燥台	0.85	1

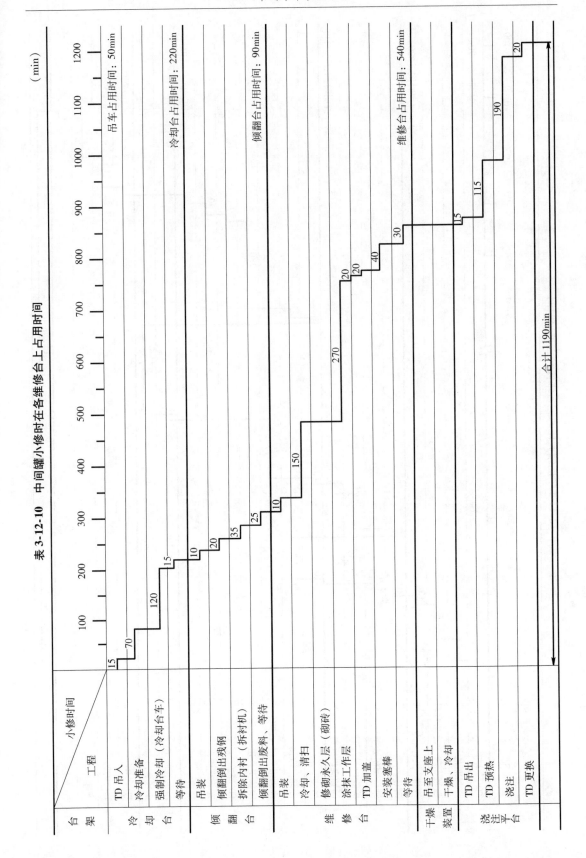

表 3-12-10 中间罐小修时在各维修台上占用时间

表 3-12-11　中间罐大修时在各维修台上占用时间

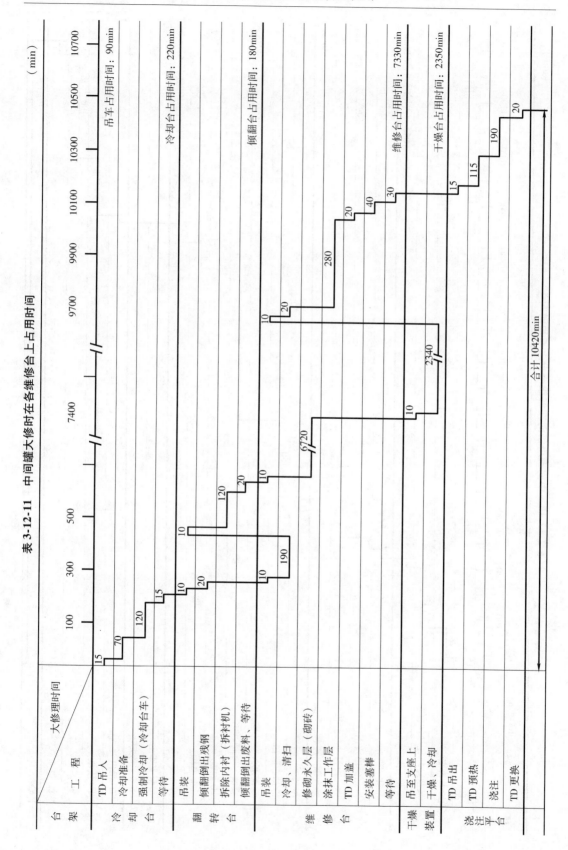

表 3-12-12 中间罐全修时在各维修台上占用时间

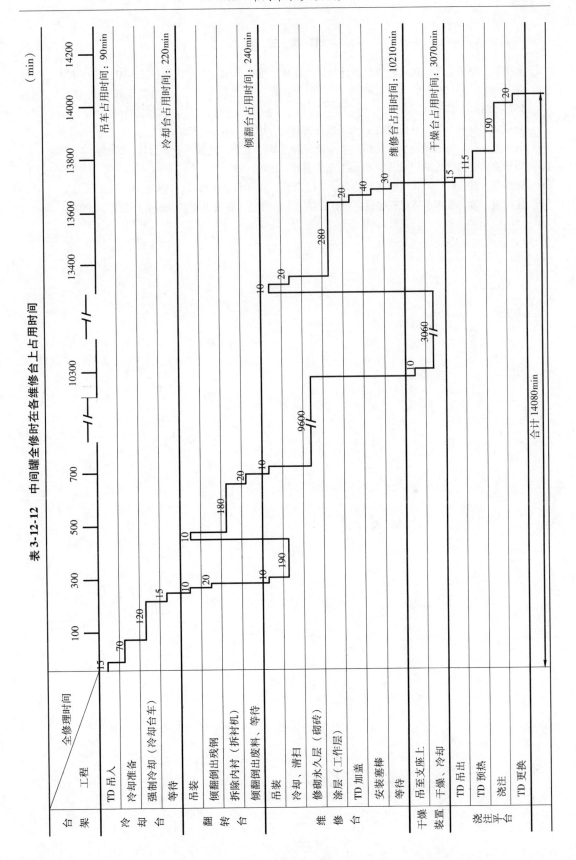

参 考 文 献

[1] 刘明延，李平，等. 板坯连铸机设计与计算 [M]. 北京：机械工业出版社，1990：823～834.

[2] 张质文，王金诺，等. 起重机设计手册（上册）第二版 [M]. 北京：铁道部出版社，2013：557～558.

[3] 刘鸿文. 材料力学 [M]. 湖北：人民教育出版社，1979：168～172.

[4] 成大先，等. 机械设计手册（第三卷）第五版 [M]. 北京：化学工业出版社，2008：14～558.

[5] 周筠清. 传热学 [M]. 北京：冶金工业出版社，1999：335.

[6] 周海平，黄俊峰. 工业锅炉基础知识 [M]. 北京：科学普及出版社，1982：16.

[7] 杨拉道，等. 常规连铸机机械设备设计标准 [S]. 西安：西安重型机械研究所发布，2002.

13　机械维修场设备

13.1　概述

在板坯连铸生产中，为减少设备在线安装、调整、更换和漏钢事故的处理时间，把连铸生产线上的设备根据使用状态定期更换下来，立即换上已经维修完毕、完好待用的操作更换件，是设计好现代化连铸工厂的必然选择。为了达到此目的，必须设置相关的机械维修场，如连铸机机械设备维修场、辊子堆焊场等。这些维修场虽不属于在线生产设备，却是保证连铸机能够正常生产的重要组成部分。

在早期的板坯连铸机设计中，一般注重在线设备，而对维修设备重视不够，结果在生产中造成了"先天不足"。早期的板坯连铸机车间维修设备参差不齐，维修场地不够，管理比较混乱，工人劳动强度大，存在着安全隐患，这些严重地影响了连铸机生产能力的发挥。随着市场机制的引入和文明生产的需要，对板坯连铸成套设备的经济性、可靠性、先进性及生产效率等方面提出了更高的要求。因此，重视并设计好板坯连铸机的维修设备，是保证成套板坯连铸设备充分发挥其能力所必需的重要环节。搞好机械维修设备的重要意义如下：

（1）提高连铸机作业率，提高生产能力；

（2）保证机械设备完好率，保证铸坯质量；

（3）强化生产管理，改善劳动环境，减小劳动强度，实现安全、文明生产；

（4）经济效益及综合效益显著提高。

一般大型板坯连铸机的维修设备有40多个品种，约80台，总重量约400t，占地面积约5000m²。表面看来，一次性投资较大，但综合来看经济效益显著，这主要表现在：

1）连铸机产量的提高可产生直接经济效益。例如，对一个具有三吹二冶炼制度的50t转炉全连铸的车间，作业率在80%时，年产板坯约100万吨，如果作业率提高1%，则年增产板坯1.25万吨；对于同样条件的300t转炉全连铸的车间，年产板坯600万吨，如果作业率提高1%，则年增产板坯7.5万吨。

2）提高了铸坯质量，减少了报废坯和次品坯，减少了金属清理损失，提高了金属收得率和成材率，产生了直接经济效益。

3）由于被维修的连铸机设备始终处于最佳使用状态，从而延长了设备使用寿命，产生了间接经济效益。

4）高效率专业化的维修作业，精简了作业人员，同样产生了间接经济效益。

5）消除了安全隐患，减少了因安全因素带来的经济损失。

因此，一些现代化的连铸工厂，都配置有为连铸机服务的各种维修场。机械维修场所

本章作者：李淑贤，刘赵卫；审查：王公民，黄进春，杨拉道

维修的主要设备是连铸机核心部位的结晶器、结晶器振动装置、支撑导向段（也叫弯曲段、零号扇形段、扇形段 0、Seg0 等）、扇形段 4 大件，习惯上往往称作 4 大操作更换件，或 4 大周转件。

13.2　机械维修场设备平面布置和更换周期

13.2.1　机械维修场设备平面布置

对板坯连铸机主要设备维修场进行平面布置时需考虑下列因素：

（1）设备拆、装、清洗、对中及水压和油压试验等各种维修工作的操作顺序，应尽量减少吊装次数，尽量避免反复、迂回的路线流程，按优化进行维修设备布置。

（2）考虑整台设备重量和吊车起吊能力。20 世纪 80 年代，板坯连铸机主机设备中的一些主要设备基本上都是以快速更换台（QC 台）的形式进行上下线更换的，亦即结晶器、支撑导向段、振动装置和 QC 台组装在一起从连铸生产线上吊离或检修后再以同样的方式吊装上线，由于设备重量大（A 钢铁公司连铸机的上述设备重达 150t），如果在维修场布置这么大吨位的吊车，肯定是不经济的。而只有利用浇铸跨的大吊车来完成。这样，结晶器、支撑导向段、振动装置和 QC 台的维修场就应设在浇铸跨，才能实现上述要求。即便到 21 世纪初期至今，虽然不再采用 QC 台的拆装方式，但对于连铸机的这几大主要设备的维修，在维修场平面布置时同样应考虑各设备重量与吊车起吊能力相匹配，这一点尤为重要。

（3）连铸机的生产能力、设备维修周转期、操作空间、试验时的相关条件。

图 3-13-1、图 3-13-2 是 A 钢铁公司两台 4 机 4 流板坯连铸机机械维修场平面布置，其中图 3-13-1 是结晶器、支撑导向段和 QC 台维修设备平面布置，图 3-13-2 是扇形段维修设备平面布置，这两个维修场的长度均为 135m，宽度分别为 30m 和 34m；图 3-13-3 是 A 钢铁公司一台双机双流宽厚板坯连铸机机械维修场设备平面布置，该维修场长度为 100m，结晶器、支撑导向段维修场宽度为 34m，扇形段维修场宽度为 30m；图 3-13-4 为 E 钢铁公司 4 台单机单流板坯连铸机机械维修场设备平面布置。图中 Seg 表示扇形段，M/D 或 MD 表示结晶器，S/G 表示支撑导向段，CCM 表示连铸机。

13.2.2　主要设备更换周期

主要设备的更换周期、维修能力、维修周期以及占用维修台时间等，都直接与连铸机产量、连铸机台数、机型与结构、操作水平等多种因素有关。因此，对机械维修场只能结合具体厂家进行叙述。下面是以 A 钢铁公司两台 4 机 4 流板坯连铸机为例予以叙述。

13.2.2.1　前提条件

前提条件，见表 3-13-1。

表 3-13-1　前提条件

项　目	数　量	备　注	项　目	数　量	备　注
年浇钢量/t	4.2×10^6	指两台 4 机 4 流浇钢总量	连浇率/炉	3.88	平均值
连铸机作业率/%	80		4 流月浇铸炉数/炉	1170	平均值
钢包容量/t	300		两台铸机流数 n	4	
每炉浇注时间/min	49		作业形式	正常一班制[①]	

①在特殊情况下采用两班制。

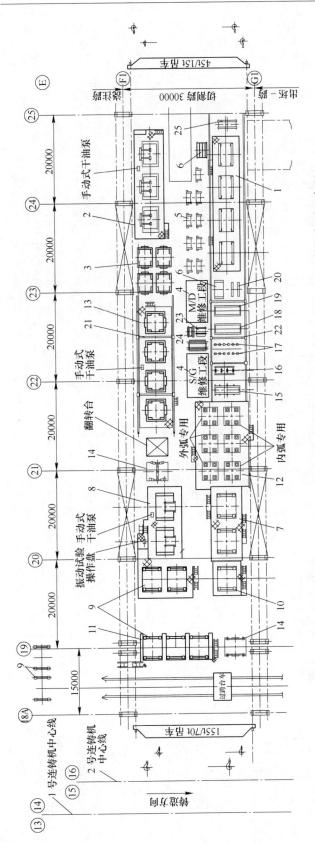

图 3-13-1 A 钢铁公司两台 4 机 4 流板坯连铸机结晶器、支撑导向段和 QC 台维修设备平面布置

设备名称	序号	项 目	数 量
结晶器维修设备	1	维修台	4
	2	对中台	3
	3	存放台	4
	4	维修间	97m²
	5	水箱、铜板维修台	9
	6	水箱、铜板存放台	2

设备名称	序号	项 目	数量
QC台维修设备	7	维修台	2
	8	对中台	2
	9	存放台	7
	10	洗净台	1
	11	QC台吊具	4

设备名称	序号	项 目	数 量
支撑导向段维修设备	12	维修台	6
	13	对中台	4
	14	存放台	2 (4工位)
	15	3分段辊子清扫、翻转台	1 (清扫4工位、翻转1工位)
	16	3分段辊维修台（分解、装配）	1 (4工位)
	17	3分段单个辊分解、维修装配台	1 (12工位)
	18	整体辊维修装配台	1 (3工位)

设备名称	序号	项 目	数 量
支撑导向段维修设备	19	辊子试验台	1 (5工位)
	20	辊子对中台	2
	21	3t悬吊式吊车	2
	22	3t悬吊式吊车	3
	23	φ165 辊子存放台	1
	24	φ250 辊子存放台	1
	25	φ190 辊子存放台	1

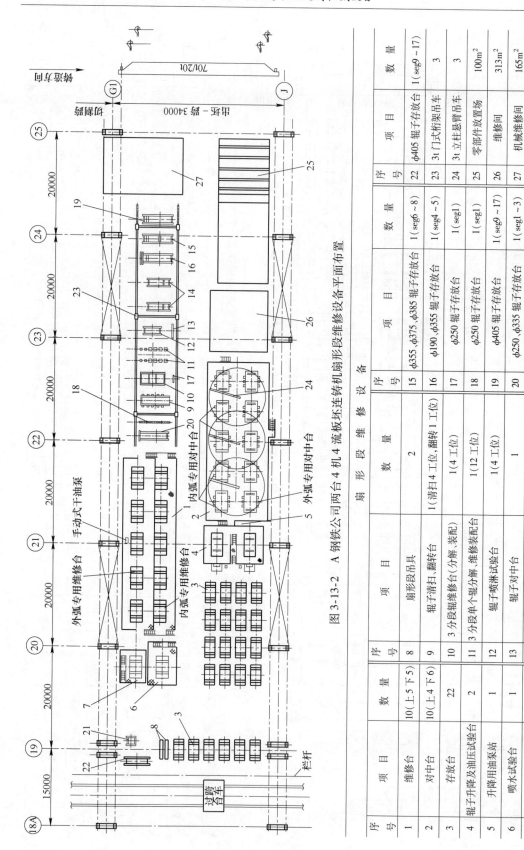

图 3-13-2 A 钢铁公司两台 4 机 4 流板坯连铸机扇形段维修设备平面布置

扇 形 段 维 修 设 备

序号	项 目	数 量	序号	项 目	数 量	序号	项 目	数 量
1	维修台	10(上5下5)	8	扇形段吊具	2	15	φ355、φ375、φ385 辊子存放台	1(seg6~8)
2	对中台	10(上4下6)	9	辊子清扫、翻转台	1(清扫4工位、翻转1工位)	16	φ190、φ355 辊子存放台	1(seg4~5)
3	存放台	22	10	分段辊维修台(分解、装配)	1(4工位)	17	φ250 辊子存放台	1(seg1)
4	辊子升降及油压试验台	2	11	分段单个辊分解、维修装配台	1(12工位)	18	φ250 辊子存放台	1(seg1)
5	升降用油泵站	1	12	辊子喷淋试验台	1(4工位)	19	φ405 辊子存放台	1(seg9~17)
6	喷水试验台	1	13	辊子对中台	1	20	φ250、φ335 辊子存放台	1(seg1~3)
7	洗车台	1	14	整体辊及6分段辊维修台	2(6段辊1位、整体辊12位)	21	φ375、φ385 辊子存放台	1(seg7~8)
						22	φ405 辊子存放台	1(seg9~17)
						23	3t 门式桁架吊车	3
						24	3t 立柱悬臂吊车	3
						25	零部件放置场	100m²
						26	维修间	313m²
						27	机械维修间	165m²

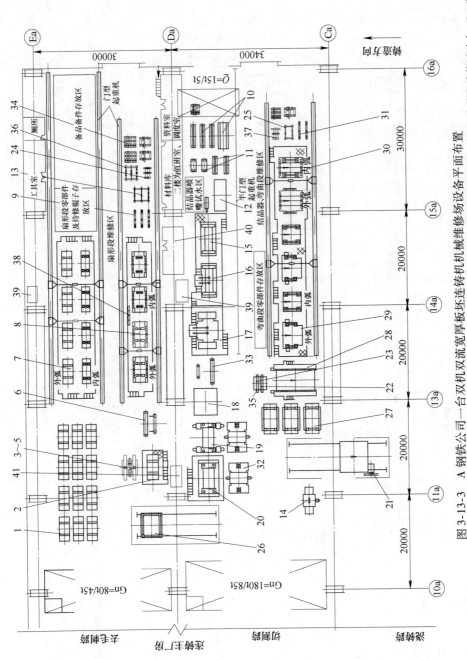

图 3-13-3 A 钢铁公司一台双流机双流宽厚板坯连铸机机械维修场设备平面布置

1—扇形段存放台；2—扇形段清洗台；3—扇形段内弧翻转吊具；4—扇形段内弧翻转台；5—扇形段吊具放置架；6—扇形段内弧辊维修；7—扇形段内弧翻转台；8—扇形段维修试验台；9—扇形段对中台；10—结晶器宽；11—结晶器铜板升温试验台；12—结晶器铜板水箱维修；13—扇形段分段辊装拆台；14—结晶器；窄边铜板水箱存放台；15—结晶器维修试验台；16—结晶器对中台；17—结晶器对中检查台；18—弯曲段存放台；19—结晶器/弯曲段清洗台；20—结晶器/弯曲段分段辊拆装台；21—过跨车（一）及设备运输支座；22—弯曲段内弧翻转吊具；23—弯曲段内弧翻转台；24—弯曲段分段辊单辊维修；25—弯曲段分段辊拆装台；26—过跨车（二）；27—结晶器存放台；28—弯曲段存放台；29—弯曲段维修试验台；30—弯曲段对中台；31—弯曲段辊子对中台；32—结晶器弯曲内弧翻转台；33—弯曲段内弧翻转台；34—弯曲段翻转吊具吊放置架；35—辊子存放台；36—弯曲段内弧驱动辊装配维修；37—弯曲段分段辊维修台；38—在线样板及存放台；39—液压站；40—电气室；41—污水处理坑

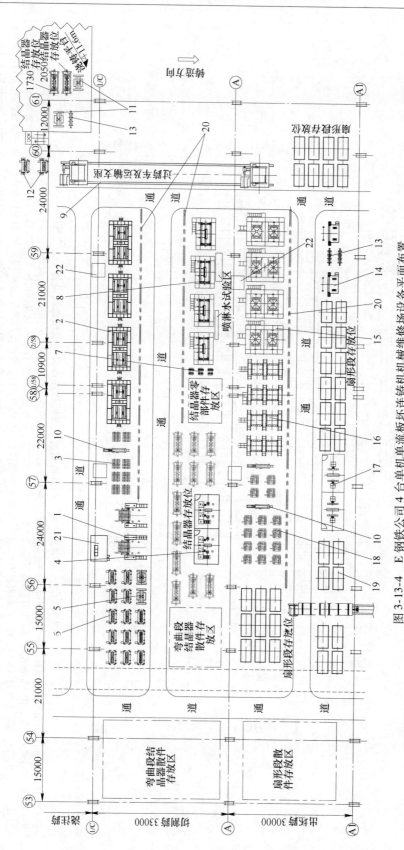

图 3-13-4　E 钢铁公司 4 台单机单流板坯连铸机机械维修场设备平面布置

1—弯曲段内弧翻转台；2—弯曲段足辊存放台；3—弯曲段辊子存放架；4—弯曲段辊架；5—MD，Seg0 吊具及存放台；6—弯曲段存放台；7—结晶器足辊存放架；8—结晶器维修对中台；9—过跨车及弯曲段运输支座；10—辊子拆装台；11—MD，Seg0 浇注跨吊具及存放台；12—弯曲段事故吊具及存放台；13—扇形段足具吊具及存放台；14—扇形段内弧翻转台；15—扇形段吊具及存放台；16—扇形段整体维修对中台；17—扇形段喷嘴检查及水压试验台；18—扇形段辊子存放架；19—扇形段内弧翻转台；20—半门型起重机；21—维修区电气室；22—移动式干油站

13.2.2.2 设备的更换周期（指一台2机2流连铸机）

（1）结晶器。

1）正常情况，每台连铸机250炉更换1次，每流125炉更换1次；

2）漏钢情况，考虑每台连铸机每月2次，每流每月1次；

3）结晶器出现异常，如铜板镀层剥落、长短边之间间隙增大、结晶器漏水等无法浇注时，考虑每台连铸机每月1次，每流每月0.5次。

（2）支撑导向段。

1）正常情况，每台连铸机500炉更换1次，每流250炉更换1次；

2）漏钢情况，考虑每台连铸机每月2次，每流每月1次。

（3）QC台。

1）正常情况，每台连铸机500炉更换1次，每流250炉更换1次；

2）漏钢情况，考虑每台连铸机每月2次，每流每月1次。

（4）扇形段。

1）正常情况。

扇形段1~8：每台连铸机2500炉更换1次，每流1250炉更换1次；

扇形段9~17：每台连铸机5000炉更换1次，每流2500炉更换1次；

其中，1号连铸机装有电磁搅拌器（DKS）的扇形段4，每浇1000炉更换1次，每流500炉更换1次。

2）漏钢情况。

扇形段1：每台连铸机每月更换1次，每流每月更换0.5次；

扇形段2：每台连铸机每两个月更换1次，每流每月更换1/4次。

13.2.2.3 主要设备维修作业时间

设备维修作业时间针对维修一台设备而言。

（1）结晶器。

正常维修：6天；

处理漏钢事故：为正常维修时间的1.3~1.5倍，即7.8~9天。

（2）支撑导向段。

正常维修：9天；

处理漏钢事故：为正常维修时间的1.3~2倍，即11.7~18天。

（3）QC台。

正常维修：5.5天；

处理漏钢事故：为正常维修时间的1.2~1.5倍，即6.6~8.25天。

（4）扇形段。

正常维修：扇形段1~17，11天；

处理漏钢事故：扇形段1~2，为正常维修时间的1.2~1.5倍（指1台扇形段的维修时间，即13.2~16.5天）。

带电磁搅拌（DKS）的扇形段4，正常维修15天（相当于扇形段2处理漏钢事故时的维修时间）。

13.3　主要设备每月维修台数、维修流程及维修周期

13.3.1　主要设备每月维修台数

主要设备每月准备台数是按实际生产经验得出的，它与连铸机月产量、生产操作和管理水平等多种因素有关。表 3-13-2 是 A 钢铁公司两台 4 机 4 流板坯连铸机主要设备每月维修的台数。

表 3-13-2　主要设备各种情况下每月维修的台数

设备名称	每月维修台数/台 （指两台 4 流 CCM 每月维修总量）	相当于每流 CCM 每月维修台数/台
1. 结晶器（MD）		
定期更换	9.4	2.35
结晶器漏钢	4	1
结晶器异常	2	0.5
合　计	15.4	3.85
2. 支撑导向段		
定期更换	4.7	1.2
支撑导向段漏钢	4	1
合　计	8.7	2.2
3. 快速更换台（QC 台）		
定期更换	4.7	1.2
漏钢更换	4	1
合　计	8.7	2.2
4. 扇形段		
扇形段 1~17 定期更换	11.7	2.93
扇形段 1~2 漏钢	3	0.75
带 DKS 的扇形段 4	1.2（仅 1 号 CCM 上装有 DKS）	1.2/2 = 0.6
合　计	15.9	4.28

13.3.2　每月维修台数计算方法

13.3.2.1　主要设备定期更换台数的计算

以 A 钢铁公司两台 4 机 4 流板坯连铸机为例进行叙述，板坯连铸设备总生产能力 4×10^6 t，成材率 95%，其中连铸机成材率 97%，精整工序成材率 98%，则年实际浇钢量 Q 为：

$$Q = 4 \times 10^6 \times 1/0.95 = 4210526 \text{t}/（年 \cdot 两台 \text{CCM}）$$

一台双流板坯连铸机每月浇钢炉数

$$q_i = \frac{Q}{12 \times n \times W} \tag{3-13-1}$$

式中 q_i——一台双流板坯连铸机每月浇钢炉数，炉；

n——连铸机台数，台；

W——每炉产钢量，t。

对 A 钢铁公司连铸机：$n=2$，$W=300t$，按式（3-13-1）得：$q_i=585$ 炉/（1 台·两流·每月）

则两台连铸机全年浇注的总炉数 $q_\Sigma=585\times12\times2=14040$ 炉

主要设备每月定期更换的台数

$$N=\frac{q_\Sigma}{12C_H} \tag{3-13-2}$$

式中 N——主要设备每月定期更换的台数，台；

q_Σ——两台板坯连铸机全年浇注的总炉数，炉；

C_H——正常情况下每流主要设备更换一次前的浇注炉数，炉。

例如：两台连铸机用结晶器每月定期更换台数 N_a

$$N_a=\frac{14040}{12\times125}\approx9.4\ 台$$

13.3.2.2 漏钢维修台数的估计

在连铸生产中，漏钢事故虽然可通过预报检测进行预防，但仍不能完全避免。由于漏钢因素是多方面的，因此，难以用一个公式表示出来。20 世纪 90 年代现代化的板坯连铸机上普遍采用的是快速更换台的结构方式，一旦发生漏钢，需要一起更换。目前采用的新型液压振动技术装备，当漏钢较为严重时，结晶器、支撑导向段及扇形段 1 仍然可能需全部进行更换，鉴于上述情况，一般按实际生产经验来估算漏钢时的维修台数。

对 A 钢铁公司两台 4 机 4 流板坯连铸机，漏钢时设备维修台数是由其生产操作指导厂日本新日铁君津厂确定的，如每台板坯连铸机每流每月因漏钢而需维修的结晶器、支撑导向段，快速更换台各定为 1 台。对两台 4 流连铸机的扇形段 1、2 定为 3 台，即平均每流因漏钢需更换的台数所占几率为 75%。

13.3.3 结晶器维修流程、维修周期和各维修设备占用时间

13.3.3.1 结晶器维修流程和维修周期

在图 3-13-5 所示的结晶器维修流程中，每一步骤所维修的内容在维修周期表 3-13-3 中作出规定。

13.3.3.2 结晶器在各维修设备上占用时间

在不考虑各维修设备之间移送时间和维修工段占用时间时，从维修周期表 3-13-3 中可看出，当定期维修时，在维修台上占用时间 32h，在对中台上占用时间 15.5h。当结晶器出现漏钢时，在维修台上占用时间 48h，在对中台上占用时间 15.5h。

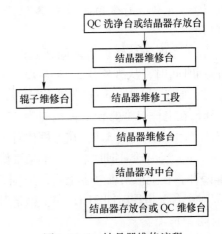

图 3-13-5 结晶器维修流程

表 3-13-3　结晶器维修周期（括号内为漏钢维修时间）

序号	维 修 内 容	维修时间/h					吊车使用时间/min
		10	20	30	40		
1	从QC洗净台或结晶器存放台运送到结晶器维修台上	0.5					15
2	在结晶器维修台上进行分解和清扫	13　(19.5)					60
3	在维修工段对结晶器进行维修修补、部分组装并将足辊运送到辊子维修台上进行维修		24　(36)				60
4	在结晶器维修台上进行装配和调宽、水压等各种试验			19　(28.5)			60
5	结晶器从维修台运送到对中台				0.5		15
6	结晶器在对中台上进行对中				15.5		15
7	结晶器从对中台运送到存放台或QC维修台备用					0.5 →	2×15
8	合　计	结晶器定期维修时间/48h 漏钢维修时间/64h					255

13.3.4　支撑导向段维修流程、维修周期和各维修设备占用时间

13.3.4.1　支撑导向段维修流程和维修周期

图 3-13-6 所示的支撑导向段维修流程中，每一个步骤所维修的内容在维修周期表 3-13-4 中作出规定。

13.3.4.2　支撑导向段在各维修设备上占用时间

在不考虑各维修设备之间运送时间和维修工段占用时间时，从维修周期表 3-13-4 中可看出，当定期维修时，在下框架维修台上占用时间 28.5h，在上框架维修台上占用时间 25h，在下框架对中台上占用时间 31h，在上框架对中台上占用时间 21h。当出现漏钢时，在下框架维修台上占用时间 57h，在上框架维修台上占用时间 50h，在下框架对中台上占用时间 31h，在上框架对中台上占用时间 21h。

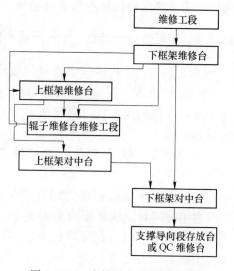

图 3-13-6　支撑导向段维修流程

表 3-13-4　支撑导向段维修周期（括号内为漏钢维修时间）

序号	维修内容	维修时间/h	吊车使用时间/min	
		10　20　30　40　50　60　70	155t/75t	45t/15t
1	支撑导向段从QC洗净台或存放台运送到维修工段	0.5	25	
2	在维修工段进行清扫和清除漏钢废钢	11.5(19)		
3	从维修工段将支撑导向段吊入下框架维修台	0.5	10	
4	在下框架维修台上进行上、下框架分解。取出下框架辊子进行修补、组装和喷水试验	28.5(57)		60
5	将上框架吊入上框架维修台	0.5		20
6	在上框架维修台上拆卸辊子进行修补、组装和喷水试验	25(50)		60
7	将上框架从维修台吊入上框架对中台	0.5		15
8	在上框架对中台上进行上框架的辊子对中和调整	21		
9	将下框架从维修台吊入下框架对中台。进行下框架的辊子对中和调整	0.5		15
10	在下框架对中台上进行上、下框架总装配和对中	31	送入存放台 25	60
11	合　计	支撑导向段定期维修时间/72h　漏钢维修时间/108h	60	230

13.3.5　扇形段维修流程、维修周期和各维修设备占用时间

在图 3-13-7 所示的扇形段维修流程中，每一个步骤所维修的内容在维修周期表 3-13-5 中作出规定，扇形段在各维修设备上的占用时间见表 3-13-6。

从维修周期表 3-13-5 中可看出，当定期维修时，在下框架维修台上占用时间 37h，在上框架维修台上占用时间 21.5h，在下框架对中台上占用时间 15.5h，在上框架对中台上占用时间 13h。当出现漏钢时，在下框架维修台上占用时间 50.5h，在上框架维修台上占用时间 32.5h，在下框架对中台上占用时间 15.5h，在上框架对中台上占用时间 13h。

表 3-13-5　扇形段维修周期（括号内为漏钢维修时间）

序号	维修项目	维修时间/h								吊车使用时间/min	
		10	20	30	40	50	60	70	80	155t/70t	70t/20t
1	由过跨台车或存放台移动到洗净台	1.0								10	15
2	在洗净台上清扫、洗净	7.5(11.5)									
3	从洗净台运送到下框架维修台	0.5									15
4	在下框架维修台上分解、维修等		24(37.5)								90
5	将上框架运送到上框架维修台		2								40
6	在上框架维修台上分解、维修等			21.5	(32.5)						70
7	将上框架从维修台吊到上框架对中台				0.5						15
8	在上框架对中台上进行对中和调整				13						
9	将上框架吊到等待装配处					2					40
10	将下框架从维修台吊到下框架对中台上				0.5						15
11	在下框架对中台上进行对中和调整				15.5						
12	将下框架从对中台吊到下框架维修台					0.5					15
13	在下框架维修台上进行上、下框架装配					13					60
14	将装配好的扇形段吊入辊子升降试验台						0.5				15
15	在辊子升降台上进行升降试验							15			
16	将扇形段从升降试验台吊入喷水试验台								0.5		15
17	进行喷水试验								8		
18	将试验好的扇形段吊到存放台或过跨台车上去								1.5	10	30
19	合　计	扇形段定期维修时间/88h								20	435
		漏钢维修时间/105.5h									

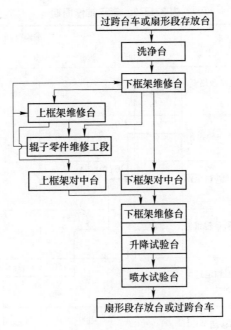

图 3-13-7   扇形段维修流程

表 3-13-6   扇形段在维修设备上占用时间（不含各维修设备之间的运送时间）

维修设备名称	定期维修占用时间/h	漏钢维修占用时间/h
洗净台	7.5	11.5
下框架维修台	37	50.5
上框架维修台	21.5	32.5
下框架对中台	15.5	15.5
上框架对中台	13	13
辊子升降试验台	15	15
喷水试验台	8	8

13.3.6 辊子维修流程、维修周期和各维修设备占用时间

辊子维修流程如图 3-13-8 所示，维修周期见表 3-13-7，在不考虑各维修设备之间运送时间时，辊子在各维修设备上占用时间见表 3-13-8。

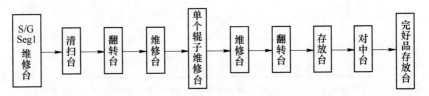

图 3-13-8   三分段辊子维修流程

表 3-13-7　辊子维修周期

序号	维修项目	维修时间/min（100～600）
1	S/G、Seg1 三分段辊从维修台吊至辊子清扫台	(5)　<140>
2	在清扫台上清理和拆卸并运送至翻转台上	90　(10)
3	辊子在翻转台上翻转 180° 并吊至维修台	20 (10)
4	在维修台上维修和运送到单辊维修台上	80　(15)
5	在单辊维修台上维修装配和运送至维修台上（为三分节的单个辊）	150　(15)
6	在维修台上装配、调整和移送至试验台上	105　(25)
7	在试验台上加油脂和运送至对中台上	65　(10)
8	在对中台上对中、调整和运送至装配处	60　(10)
9	合　计	辊子定期维修时间 / 670 min　　漏钢维修时间 /720 min

注：1.（ ）内数值为运送时间；< >内数值为漏钢时的清理和拆卸时间；

　　2. 单辊维修台上辊子的维修周期仅含三分节的单辊维修装配，不含整体辊和 DKS 的六分节辊。

表 3-13-8　辊子在维修设备上占用时间（不含各维修设备之间的运送时间）

维修台名称	定期维修占用时间/h	漏钢维修占用时间/h
清扫台	90	140
翻转台	20	20
维修台	185	185
单辊维修台	150	150
试验台	65	65
对中台	60	60
整体辊及六分段辊维修台（仅 1 号 CCM 的 Seg4 上装有 2 对 DSK 辊且为六分段辊）	(300)	(450)

注：1. 表 3-13-7 辊子维修周期中，辊子定期及漏钢维修的汇总时间均不含本表中（ ）内数值；

　　2. 本表中，辊子在各维修设备上所占用时间，均指维修 1 台设备上全部辊子的时间。

13.4　维修设备数量、作业率确定

13.4.1　维修设备数量计算公式

$$N_{\text{ma}} = \frac{MT}{W_{\text{m}}D_{\text{m}}\eta_1}\eta_2 \qquad\qquad (3\text{-}13\text{-}3)$$

式中　　N_{ma}——估算的数量，台；

　　　　M——主要设备每月维修的数量，台（见表3-13-2）；

　　　　T——在维修设备上占用时间，min；

　　　　W_{m}——每月实际工作时间，取 $W_{\text{m}} = 30$ 天；

　　　　D_{m}——每班工作时间，$D_{\text{m}} = 8\text{h}$；

　　　　η_1——维修效率，一般取 $\eta_1 = 0.8$；

　　　　η_2——过负荷系数，取 $\eta_2 = 1.2$。

下面以结晶器为例，说明有关的计算方法。

13.4.2　结晶器维修设备台数确定与作业率计算

13.4.2.1　结晶器维修台数量计算

已知：结晶器每月定期更换11.4台（其中有2台是结晶器异常更换台数），漏钢更换4台。在维修台上占用时间为定期更换32h，漏钢更换48h（一般漏钢维修时间视具体情况而定，这里按正常维修时间的1.5倍考虑）。

将数据代入式（3-13-3）

$$N_{\text{ma}} = \frac{11.4 \times 32 + 4 \times 48}{30 \times 8 \times 0.8} \times 1.2 = 3.48 \text{ 台}$$

结晶器维修台实际设置数量为4台，其作业率为

$$a = 3.48/4 = 87\%$$

13.4.2.2　结晶器对中台数量计算

已知：结晶器每月维修15.4台，其中在对中台上占用时间15.5h，则

$$N_{\text{mb}} = \frac{15.4 \times 15.5}{30 \times 8 \times 0.8} \times 1.2 = 1.49$$

结晶器对中台实际设置数量为3台，其作业率为

$$b = 1.49/3 = 50\%$$

13.4.2.3　结晶器维修设备台数及作业率汇总

结晶器维修设备台数及作业率，见表3-13-9。

表 3-13-9　结晶器维修设备台数及作业率

维修设备	在此占用时间/h	计算数量/台	设置数量/台	作业率/%
维修台	32（48）	3.48	4	87
对中台	15.5	1.49	3	50
足辊维修台	包含在支撑导向段辊子维修台中			

13.4.3 支撑导向段维修设备台数及作业率

计算方法同前，省略计算过程，直接给出计算结果和实际设置台数。

（1）支撑导向段维修设备台数及作业率汇总见表 3-13-10。

表 3-13-10 支撑导向段维修设备台数及作业率

维修设备	在此占用时间/h	估计数量/台	设置数量/台	作业率/%	备 注
维修台（下框架专用）	28.5(57)	2.3	3	76	每月定期更换 4.7 台，漏钢更换 4 台
维修台（上框架专用）	25(50)	1.98	3	67	
对中台（下框架专用）	31	1.69	2	85	
对中台（上框架专用）	21	1.14	2	58	

（2）支撑导向段辊子维修设备台数及作业率汇总见表 3-13-11。

表 3-13-11 支撑导向段辊子维修设备台数及作业率

维修设备		在此占用时间/h	估计数量/台	设置数量/台	作业率/%	备 注（估计每月维修数量）
三分段辊清扫及翻转台	清扫位	90(140)	1.84	1（4 个工位）	46	支撑导向段共 12 对辊，其中 3 对整体辊，9 对三分段辊
	翻转位	20	0.33	1（1 个工位）	33	
三分段辊维修台（分解、装配）		185	3.02	1（4 个工位）	76	
三分段辊单个辊维修台（分解装配）		150	7.34	1（12 个工位）	61	
三分段辊试验台		65	1.06	1（5 个工位）	21	
三分段辊对中台		60	0.98	2（各 1 工位）	49	
1 根整体辊子维修台		300(450)	2.01	1（3 个工位）	67	

13.4.4 扇形段维修设备台数及作业率

计算方法同前，省略计算过程，直接给出计算结果和实际设置台数。

（1）扇形段维修设备台数及作业率汇总见表 3-13-12。

表 3-13-12 扇形段维修设备台数及作业率

维 修 设 备	在此占用时间/h	估计数量/台	设置数量/台	作业率/%	备 注（估计每月维修台数）
洗净台	7.5(11.5)	0.85	1	85	11.7 + (3 + 1.2)
维修台（下框架专用）	37(50.5)	4.0	5	80	11.7 + (3 + 1.2)
维修台（上框架专用）	21.5(32.5)	2.40	5	48	11.7 + (3 + 1.2)
下辊对中台（扇形段 1 ~ 6 用）	15.5	0.94	2	47	5.5 + (3 + 1.2)
下辊对中台（扇形段 7 用）	15.5	0.10	1	10	1
下辊对中台（扇形段 8 用）	15.5	0.10	1	10	1
下辊对中台（扇形段 9 ~ 17 用）	15.5	0.41	2	21	4.2

续表3-13-12

维 修 设 备	在此占用时间/h	估计数量/台	设置数量/台	作业率/%	备 注（估计每月维修台数）
上辊对中台（扇形段1～6用）	13	0.80	1	80	
上辊对中台（扇形段7用）	13	0.08	1	8	
上辊对中台（扇形段8用）	13	0.08	1	8	
上辊对中台（扇形段9～17用）	13	0.34	1	34	
辊子升降试验台	15	1.49	2	75	11.7+（3+1.2）
喷水试验台	8	0.80	1	80	11.7+（3+1.2）

（2）扇形段辊子维修设备台数及作业率汇总见表3-13-13。

表3-13-13　扇形段辊子维修设备台数及作业率

维 修 设 备		估计数量/台	设置数量/台	作业率/%
三分段辊清扫及翻转台	清扫位	0.39	1（4工位）	9.8
	翻转位	0.06	1	6
三分段辊维修台（分解、装配）		0.58	1（4工位）	15
三分段辊单个辊维修台（分解、装配）		1.41	1（12工位）	12
三分段辊喷淋试验台		0.2	1（4工位）	5
三分段辊对中台		0.20	1	20
整体辊及六分段辊维修台		4.0	2（6分段辊1工位，整体辊12工位）	15

注：1. Seg1～17每个扇形段均为5对辊，其中仅Seg1为三分段辊；

2. Seg2～17，除1号连铸机的Seg4上装有两对六分段辊外，其余均为整体辊。

13.4.5　吊车台数及作业率

1台70t/20t吊车，作业率72.6%。

13.5　结晶器铜板与各种辊子备件数量的确定

13.5.1　连铸机主要设备的必要台数

$$N_m = \frac{C_0 + S_1 + S_2 + C_t}{C_0} Q_m \qquad (3\text{-}13\text{-}4)$$

式中　N_m——连铸机主要设备的必要台数（含在线设备和离线操作更换件）；

C_0——设备在线平均使用时间，天；

S_1——等待维修的时间，天；

S_2——维修时间，天；

C_t——等待使用时间，天；

Q_m——两台4流连铸机在线设备数量，台。

在公式（3-13-4）算出N_m值的基础上，考虑到浇注过程中不可预测的因素，特别是漏钢事故对设备台数的影响，并结合实际使用经验来确定设备的总台数。表 3-13-14 是按式（3-13-4）对 A 钢铁公司两台 4 流板坯连铸机主要设备必需台数计算汇总表。

表 3-13-14　A 钢铁公司两台 4 流板坯连铸机主要设备必须台数汇总

本体设备	在线平均使用时间/天	等待维修时间/天	维修时间（天/每台）			等待使用时间/天	在线、离线必需数量/台	在线、离线设备数量/台
			定期维修（天数/定修量）	漏钢维修（天数/漏修量）	平均			
结晶器	7.8	2	6/11.4	8/4	7/1	7	12.2	20
支撑导向段	13.8	2	9/4.7	13.5/4	11.3/1	7	9.9	20
QC 台	13.8	2	5.5/4.7	6.6/4	6/1	7	8.3	14
扇形段 1	40	2	11/1	13.2/2	12.1/1	7	6.1	7
扇形段 2	60	2	11/1	13.2/1	12.1/1	7	5.4	6
扇形段 3	120	2	11/1	—	11/1	7	4.7	6
扇形段 4~6	97.3	2	11/2.5	DKS: 15/1.2[①]	13/1	7	14.7	17
扇形段 7	120	2	11/1	—	11/1	7	4.7	6
扇形段 8	120	2	11/1	—	11/1	7	4.7	6
扇形段 9~17	257.1	2	11/4.2	—	11/1	7	38.8	42

①相当于漏钢工况时的维修。

13.5.2　按一年需要量确定结晶器铜板备件的数量

A　设备数量

由于板坯连铸机通常不止生产一种厚度的板坯，在确定铜板数量之前，应按照连铸机生产不同厚度板坯的比例，首先确定各厚度板坯所用结晶器的数量。如 A 钢铁公司两台 4 流板坯连铸机，结晶器总台数为 20 台，其中：250mm 厚度板坯用结晶器 16 台，230mm 厚度板坯用结晶器 2 台，210mm 厚度板坯用结晶器 2 台。还备有宽边铜板 18 块（9 台份），250mm 厚度板坯结晶器用窄边铜板 28 块（14 台份）和窄边部件 12 套（6 台份）。铜板总块数分配见表 3-13-15。

表 3-13-15　铜板块数分配

板坯厚度　　名称	250mm	230mm	210mm	合计/块
宽边铜板/块	50	4	4	58
窄边铜板/块	72	4	4	80

B　宽、窄边铜板循环备件必需块数的确定

$$N_{CL}(N_{CS}) = N_{Ch} + N_{Ct} + N_{CR} + N_{CM} + N_{CC} + N_{Ce} + N_{CO} \tag{3-13-5}$$

式中　N_{CL}——宽边铜板必需数量，块；

　　　N_{CS}——窄边铜板必需数量，块；

　　　N_{Ch}——一年内报废数量，块；

N_{Ct}——等待使用的备件数量，块；

N_{CR}——准备装配用的数量，块；

N_{CM}——维修中的铜板数量，块；

N_{CC}——电镀中的铜板数量，块；

N_{Ce}——预备的铜板数量，块；

N_{CO}——在线使用的数量，块。

C 一年内报废的铜板块数 N_{Ch}

$$N_{Ch} = \frac{\sum Chn_0}{\dfrac{T}{\dfrac{t_1 + t_2}{2}}Ch_1(\text{或} Ch_2)} \tag{3-13-6}$$

式中 $\sum Ch$——一年浇钢总炉数，炉；

n_0——一个结晶器设置的宽、窄边铜板数量，$n_0 = 2$；

T——铜板从开始使用到报废前的总刨削量，对 A 钢铁公司 $T = 13\text{mm}$；

t_1——一次最小的平均刨削量，$t_1 = 1\text{mm}$；

t_2——一次最大的平均刨削量，$t_2 = 1.5\text{mm}$；

Ch_1——宽边铜板平均刨削周期，炉；

Ch_2——窄边铜板平均刨削周期，对 A 钢铁公司 $Ch_1 = Ch_2 = 250$ 炉。

D 等待使用的备件块数 N_{Ct}

$$N_{Ct} = (N_{C1} + N_{C2})n_0 \tag{3-13-7}$$

式中 N_{C1}——操作台上等待使用的数量，取 $N_{C1} = 2$ 块；

N_{C2}——常备等待使用的数量，取 $N_{C2} = 4$ 块。

$$N_{Ct} = (2 + 4) \times 2 = 12$$

E 准备装配用的铜板块数 N_{CR}

$$N_{CR} = \frac{M_m \times n_0 \times \alpha_1}{W_m} \tag{3-13-8}$$

式中 M_m——一个月内维修的结晶器数量，台；

W_m——每月实际工作时间，取 $W_m = 30$ 天；

α_1——保管时间，对 A 钢铁公司取 $\alpha_1 = 5$ 天。

F 维修中的铜板块数 N_{CM}

维修中的铜板块数是以每月维修台数计算出来的，可取 $N_{CM} = N_{CR}$。

G 电镀中的铜板块数 N_{CC}

$$N_{CC} = \frac{N_{P1}(\text{或} N_{P2}) \times \alpha_2}{W_m} \tag{3-13-9}$$

式中 N_{P1}——宽边铜板每月电镀数量，块；

N_{P2}——窄边铜板每月电镀数量，块；

α_2——电镀一块铜板的时间，在 A 钢铁公司取 $N_{P1} = 20$ 块，$N_{P2} = 30$ 块，$\alpha_2 = 7$ 天。

H　在线使用的铜板块数 N_{CO}

在线使用的铜板块数 N_{CO} 由连铸机台数和流数直接算出。

I　预备的铜板块数 N_{Ce}

$$N_{Ce} = N_{CL}(N_{CS}) - (N_{Ch} + N_{Ct} + N_{CR} + N_{CM} + N_{CC} + N_{CO}) \qquad (3\text{-}13\text{-}10)$$

表 3-13-16 为 A 钢铁公司该板坯连铸机铜板块数汇总表，图 3-13-9 为铜板维修流程图。

表 3-13-16　A 钢铁公司两台 4 流板坯连铸机铜板块数汇总

项　目	宽边铜板/块	窄边铜板/块		
		板坯 250mm 厚度	板坯 230mm 厚度	板坯 210mm 厚度
一年内报废的铜板块数（N_{Ch}）	10.8	8.6	1.1	1.1
等待使用的铜板块数（N_{Ct}）	12	12		
准备装配用的铜板块数（N_{CR}）	5.2	5.2		
维修中的铜板块数（N_{CM}）	5.2	5.2	2.9	2.9
电镀中的铜板块数（N_{CC}）	4.7	7		
在线使用的铜板块数（N_{CO}）	8	8		
预备的铜板块数（N_{Ce}）	12.1	26		
合　计	58	72	4	4

13.5.3　结晶器至扇形段各种辊子备件数量的确定

设备各种辊子的备件总数为 R_n，共有 7 个种类，总数量为一年用量。分别为在线设置的辊子根数 R_o；一年内报废的辊子根数 R_a；准备装配用的辊子根数 R_b；维修中的辊子根数 R_c；堆焊中的辊子根数 R_d；等待使用的辊子根数 R_e 及预备的辊子根数 R_f，即

$$R_n = R_o + R_a + R_b + R_c + R_d + R_e + R_f$$

$$(3\text{-}13\text{-}11)$$

（1）在线设置的辊子根数 R_o，见表 3-13-17 和表 3-13-19。

（2）一年内报废的辊子根数 R_a。

$$R_a = \frac{\sum Ch_1 n_1}{xCh} \qquad (3\text{-}13\text{-}12)$$

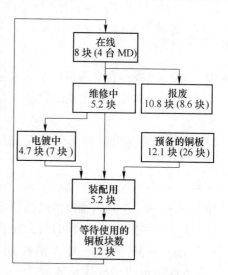

图 3-13-9　A 钢铁公司板坯连铸机
铜板维修流程
（括号内数字为 250mm 板坯厚度用铜板块数）

式中　$\sum Ch_1$——一年内 1 流浇注的炉数，炉（该连铸机 $\sum Ch_1 = 14040/4 = 3510$ 炉）；

n_1——各辊子在线设置数量（4 流），根；

x——到报废为止平均修补次数，次；对 A 钢铁公司板坯连铸机：足辊、支撑辊 $x = 3$；扇形段辊子、分段辊 $x = 5$；

Ch——各种辊子堆焊修补周期，h（见表 3-13-17）。

表 3-13-17 A 钢铁公司两台 4 流板坯连铸机各种辊子规格及数量

项目	辊径/mm（1 流用量/对）	在线设置根数 R_o	待用备件根数 R_e	预备的根数 R_f	每月堆焊根数 R_p（推算）	辊子堆焊修补周期/h
足辊	$\phi155$（1 对）	8	32（16 台份）	32（16 台份）	9	≈1500
	$\phi165$（1 对）	8	32（16 台份）	32（16 台份）	9	
支撑辊	$\phi190$（3 对）	24	96（16 台份）	96（16 台份）	8	≈2000
	$\phi250$（9 对，三分段）	72 / 112	288（16 台份）	72（4 台份）	2	≈10000
扇形段 1	$\phi250$（5 对，三分段）	40	30（3 台份）	40（4 台份）		
1 号机的扇形段 4	$\phi190$（2 对，六分段）	8（2 流量）	4（1 台份）	12（3 台份）	—	≈10000
扇形段 2~3	$\phi335$（8 对 I）	64	26（3 台份）	26（3 台份）	(5) / 9	
	$\phi335$（2 对 D，仅 Seg3 用）	16	4（1 台份）	16（4 台份）	(4)	
扇形段 4~6	$\phi355$（11.5 对 I）	84（不含 DKS 辊）	19（3 台份）	32（4 台份）	(13) / 19	≈3750
	$\phi355$（3.5 对 D）	28	7（3 台份）	22（7.5 台份）	(6)	
扇形段 7~8	$\phi375$（2 对 I）	16	4（1 台份）	8（2 台份）	(2) / 3	
	$\phi375$（0.5 对 D）	4	1（1 台份）	2（2 台份）	(1)	
	$\phi385$（4.5 对 I）	36	9（2 台份）	14（2 台份）	(6) / 7	
	$\phi385$（1 对 D）	8	2（2 台份）	4（4 台份）	(1)	
扇形段 7~17	$\phi405$（41.5 对 I）	332	38（6 台份）	50（6 台份）	(15) / 25	≈8500
	$\phi405$（5.5 对 D）	44	6（4 台份）	20（10 台份）	(10)	

注：1. I—非驱动辊，D—驱动辊；

2. 在线设置数量仅扇形段 4 的 $\phi190$ 六分段辊为 1 号连铸机 2 流用量，其余均是两台连铸机 4 流用量；

3. Seg1~17 各段均为 5 对辊。

R_a 计算结果见表 3-13-19。

（3）准备装配用的辊子根数 R_b。

$$R_b = m_m n_2 \alpha_1 / W_m \qquad (3\text{-}13\text{-}13)$$

式中　m_m——主要设备每月维修的数量（见表 3-13-2 和表 3-13-18），台；

n_2——1 台主要设备所需的辊子数量，根；

W_m——每月实际工作时间，$W_m = 30$ 天；

α_1——保管时间，在这里取 $\alpha_1 = 7$ 天。

R_b 计算结果见表 3-13-19。

（4）维修中的辊子根数 R_c。

$$R_c = m_m n_2 \alpha_2 / W_m \qquad (3\text{-}13\text{-}14)$$

式中　α_2——按不同设备每月维修台数的集中维修时间，A 钢铁公司取 $\alpha_2 = 5$ 天。

R_c 计算结果见表 3-13-19。

（5）堆焊中的辊子根数 R_d。

$$R_d = R_p \alpha_3 / W_m \qquad (3\text{-}13\text{-}15)$$

式中　R_p——每月内堆焊的辊子数量（见表 3-13-17），根；

　　　α_3——辊子在堆焊场停留的时间，A 钢铁公司取 $\alpha_3 = 7$ 天。

R_d 计算结果见表 3-13-19。

（6）等待使用的辊子根数 R_e。

$$R_e = M_{ms} n_2 \qquad (3\text{-}13\text{-}16)$$

式中　M_{ms}——等待使用的台数（见表 3-13-18），台。

R_e 计算结果见表 3-13-17 和表 3-13-19。

（7）预备的一年用辊子根数 R_f 作为装配用，见表 3-13-17 和表 3-13-19。

表 3-13-18　A 钢铁公司两台 4 流板坯连铸机主要设备配置及每月维修台数

名　称	在线设置数量/台	备件数量/台	最多时等待使用的备件数量/台	每月维修的设备数量/台	备　注（辊子根数为每流用量）	
1. 结晶器	4	16	16	15.4	$\phi155 \times 2$ 根；$\phi165 \times 2$ 根	
2. 支撑导向段	4	16	16	8.7	$\phi190 \times 6$ 根；$\phi250$（3 分段）$\times 18$ 根	
3. 扇形段						
扇形段 1	4	3	3	3	$\phi250$（3 分段）$\times 10$ 根	
扇形段 2	4	2	3	2	$\phi335 \times 10$ 根	有互换性
扇形段 3	4	2		1	$\phi335(I) \times 6$ 根 $\phi335(D) \times 4$ 根	
扇形段 4（带 DKS 的扇形段）	2	1	1	1.2（仅 2 号 CCM）	$\phi355(I) \times 4$ 根；$\phi355(D) \times 2$ 根 $\phi190$（6 分段）$\times 4$ 根	
扇形段 4	2	2	—	0.5（仅 2 号 CCM）	$\phi355(I) \times 8$ 根 $\phi355(D) \times 2$ 根	有互换性，但扇形段 6 比扇形段 4、5 的维修周期长
扇形段 5	4	—	1	2	1	$\phi355(I) \times 8$ 根 $\phi355(D) \times 2$ 根	
扇形段 6	4	2	1	1	$\phi355(I) \times 7$ 根 $\phi355(D) \times 3$ 根	
扇形段 7	4	？	1	1	$\phi375(I) \times 4$ 根（内弧）$\phi375(D) \times 1$ 根（内弧）$\phi385(I) \times 2$ 根（外弧 1 号、5 号）$\phi385(D) \times 1$ 根（外弧）$\phi405(I) \times 2$ 根（外弧 2 号、4 号）	
扇形段 8	4	2	1	1	$\phi385(I) \times 7$ 根（内弧 5 根、外弧 1 号辊、5 号辊共 2 根）$\phi385(D) \times 1$ 根（外弧）$\phi405(I) \times 2$ 根（外弧 2 号、4 号）	
扇形段 9 ~ 17	36	6	4（其中 seg9 ~ 10 为 2 台）	4.2（其中 Seg9 ~ 10 为 2 台）	$\phi405(I) \times 8$ 根 $\phi405(D) \times 2$ 根	扇形段 9 ~ 10
					$\phi405(I) \times 9$ 根 $\phi405(D) \times 1$ 根	扇形段 11 ~ 17

表 3-13-19　A 钢铁公司两台 4 流板坯连铸机各种辊子一年的准备数量

名称	辊径/mm	在线设置根数 R_0	一年内报废根数 R_a	准备装配用根数 R_b	维修中的根数 R_c	堆焊中的根数 R_d	待用的根数 R_e	预备根数 R_f	合计 R_n/根数	
足辊	φ155	8	6.3	7.2	5.2	2.3	32	32	93	
	φ165	8	6.3	7.2	5.2	2.3	32	32	93	
支撑辊	φ190	24	14	12.2	8.7	2.1	96	96	253	
	φ250（3 分段）	72	8.4	36.8	26.3	0.5	288	72	504	629
扇形段 1	φ250（3 分段）	40	3.0	7.0	5.0	—	30	40	125	
1 号机的扇形段 4	φ190（6 分段）	8	0.7	1.3	1.0	—	4	12	27	
扇形段 2～3	φ335（I）	64	12	6.3	4.5	1.2	26	26	140	
	φ335（D）	16	3.0	1.1	0.8	1.1	4	16	42	
扇形段 4～6	φ355（I）	84（不含 DKS 辊）	15.5	5.5	4.0	3.0	19	32	163	
	φ355（D）	28	5.2	2.0	1.4	1.4	7	22	67	
扇形段 7～8	φ375（I）	16	3.0	0.9	0.6	0.5	4.0	8	33	
	φ375（D）	4.0	1.0	0.4	0.3	0.3	1.0	2	9	
	φ385（I）	36	6.8	2.2	1.6	1.4	9.0	14	71	
	φ385（D）	8.0	1.6	0.6	0.4	0.4	2.0	4	17	
扇形段 7～17	φ405（I）	332	27.5	9.3	6.7	3.5	38	50	467	
	φ405（D）	44	3.8	1.6	1.1	2.5	6	20	79	

13.6　结晶器维修设备

13.6.1　结晶器主要维修设备种类的变迁

20 世纪 80 年代初至 90 年代末期间，结晶器的主要维修设备中基本都含结晶器/支撑导向段清洗台、快速更换台（即 QC 台）和结晶器/支撑导向段整体对中台。从 2000 年至今随着连铸机本体设备结构的改变及维修区现场操作人员的实际维修经验，结晶器主要维修设备的设置也随之有所调整，即绝大部分厂家基本取消了清洗台、QC 台和 MD/Seg0 整体对中台三种设备，而且大部分厂家也都将过去独立设置的结晶器维修试验台与结晶器对中台合并为 1 台设备，即结晶器维修对中试验台。这样不仅简化了维修设备种类，最重要的是减少了结晶器本体设备的周转吊装次数，大大提高了维修工作效率并减轻了维修工人的劳动强度。目前比较常用和典型的结晶器主要维修设备有结晶器维修对中试验台，结晶器/弯曲段吊具及存放台，结晶器宽、窄边铜板维修台，结晶器铜板升温试验台，结晶器及足辊存放台。

13.6.2　结晶器维修对中试验台

13.6.2.1　功能

结晶器维修对中试验台具有维修，试验，对中和调整等多种功能。

在维修方面，主要用来对结晶器进行清扫，内、外弧框架、各铜板水箱及其足辊进行拆卸、维修与组装，并给各个润滑点充满润滑油。

在试验项目中，对宽边足辊喷淋管先单独进行喷水试验（即喷嘴检查），并对重新维修组装后的结晶器进行整体水压试验、窄边足辊喷淋管的喷嘴试验。

在对中方面，主要以外弧线为基准对结晶器外弧铜板及外弧足辊进行对中。当结晶器外弧铜板对中完毕，且内、外弧铜板夹紧后，通过调整内外弧足辊的距离达到对弧的目的。

在调整方面，主要对结晶器宽面内腔尺寸和窄面锥度进行调整与测量。

结晶器无论是手动或电动乃至液压调宽装置一般都随结晶器一起整体下线，在维修台上一般不再设置调宽传动装置，只配设相应的电源和液压源即可，利用结晶器自身装置完成调宽和调锥。

13.6.2.2　结晶器维修对中试验台的组成与结构

20 世纪 80 年代初至 90 年代末期，结晶器的对中、维修及试验等工作是在独立设置单一功能的各自台位上完成的，以往典型的对中台结构形式及组成如图 3-13-10 所示。

从 2000 年至今，比较典型和常用的结晶器维修设备与以往最大的区别就是将维修、对中和试验多项功能合并，用一台设备完成，从而减少了设备台位种类及设备在各工序间的吊运次数。

新型结晶器维修对中试验台主要由支撑框架、走梯平台、对中样板、测量模拟辊装置、宽边足辊喷淋管喷水试验支架、水压和喷水试验及压缩空气配管、干油润滑装置及液压系统等组成，其结构形式如图 3-13-11 所示。

干油加注方式一般不再单独在维修工位上设置固定的润滑管路，而是在维修工位附近设置一台或数台可移动的电动干油站或气动润滑加油泵。

对于 A 钢铁公司宽厚板坯连铸机的结晶器液压调宽而言，为了节省投资，在线外维修台上单独设置一套手动机械调整装置，用于更换不同板坯厚度的结晶器窄边时调整液压缸中心线位置，使其调宽装置液压缸中心线对准新换窄边的中心线。

液压系统及管路主要用于液压调宽时窄边宽度和锥度调整。若单纯仅为柱塞油缸顶开结晶器内弧进行调宽时，也可用特殊工器具即手动泵来实现。接口形式均为快换接头。

A　支撑框架

支撑框架为箱式框架，现场组装焊接。沿框架宽度方向设有结晶器定位槽座、结晶器吊入吊出用导向板、结晶器各冷却水入口相对应的法兰座及钢管。在框架厚度方向（即结晶器外弧侧）设有外弧基准测量块，测量模拟辊支架的安装面及连接孔。

组合式的箱式框架均由型钢及钢板焊接，各框架上伸出的支架用于连接走梯和平台。

定位槽座是由垫板、垫片组及连接螺栓组成，其中槽座焊接在框架两侧，沿宽度方向各设一个，垫板及垫片组通过螺栓与槽座相连。结晶器定位后通过框架上的活节螺栓将其固定在框架上。不同规格的钢管其一端与框架出水口焊接，另一端现场安装时与水配管系统相接。冷却水入口处各法兰座通过螺栓与框架相连，法兰座内设有密封套和平面密封圈。水压和喷水试验时，结晶器通过该平面密封，水路自动接通。

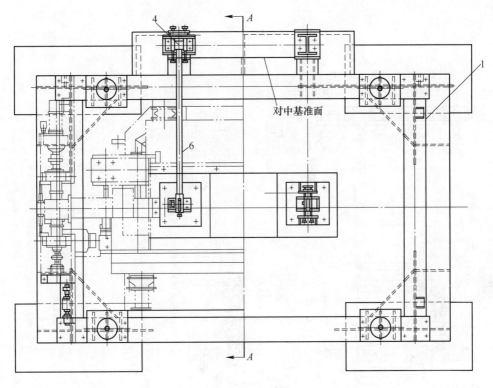

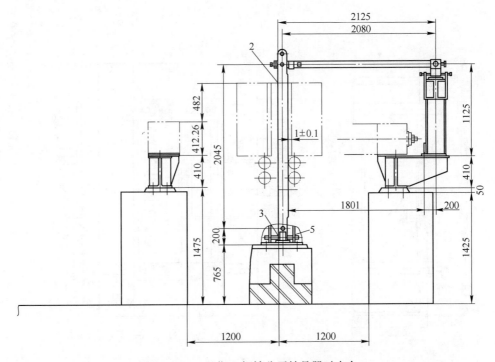

图 3-13-10　以往 A 钢铁公司结晶器对中台
1—对中框架；2—对中样板；3—下部导向支撑座；4—上部导向支撑座；5—下部框架；6—支撑杆

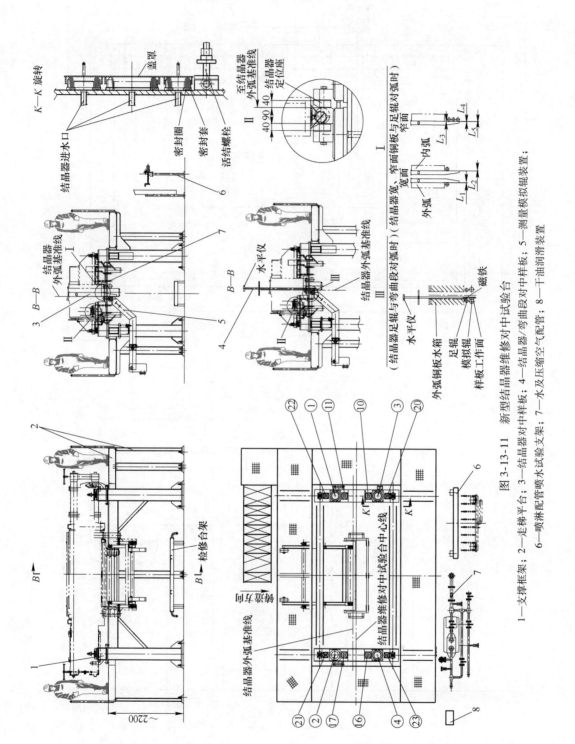

图 3-13-11　新型结晶器维修对中试验台

1—支撑框架；2—走梯平台；3—结晶器对中样板；4—结晶器/结晶器/弯曲段对中样板；5—测量模拟辊装置；
6—喷淋配管喷水试验支架；7—水及压缩空气配管；8—干油润滑装置

B　对中样板

对中样板包括结晶器对中样板以及结晶器与弯曲段对中样板。以往结晶器对中样板以及结晶器与弯曲段对中样板（含对中台）的结构形式如图 3-13-10 和图 3-13-12 所示。

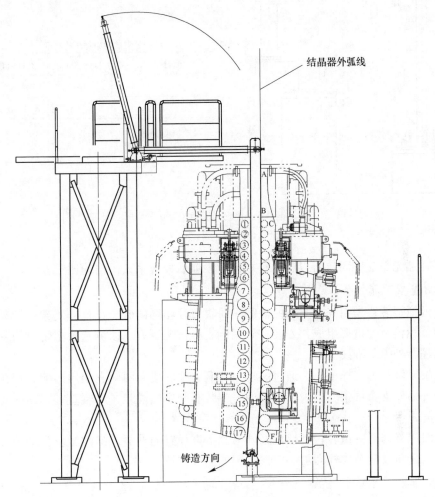

图 3-13-12　以往 A 钢铁公司结晶器与弯曲段对中台

与图 3-13-11 的对中样板相比较，可以看出，以往无论是结晶器对中还是结晶器与弯曲段对中，所用样板与图 3-13-11 所示目前普遍采用的样板其结构形式和固定方式差异很大。

以往的两种对中样板均比较长，且样板材料均用钢材制作，重量较大。而且样板穿过结晶器以及结晶器与弯曲段时，上下两端均需支座支撑，下支座固定在对中台内腔基础上，上支座固定在对中台上方，每次对中前后均需将样板上下两端与其支座联接和拆卸，无论是对中台设备和对中样板及样板联接方式均较为复杂，以往 A 钢铁公司的结晶器对中样板安装形式及安装精度如图 3-13-13 所示。

如今不再设结晶器与弯曲段整体对中工位，取而代之的是图 3-13-11 的结构形式，这样对中样板比较简单，还有一个根本性变化就是样板普遍采用台阶式结构，即放开了一维控制。材质采用航空硬铝合金 7075，弹性模量 $\geqslant 0.70 \times 10^5 \mathrm{MPa}$，抗变形能力强且重量轻，

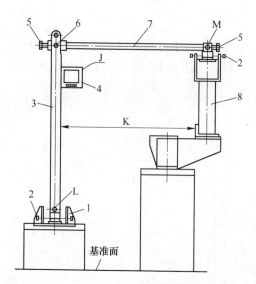

安装对中样板的精度		
测量位置	目标值/mm	允许值/mm
K	±0.05	±0.05
J	≤0.04	≤0.06
L、M 处销轴至对中台基准面高度	±0.5	±0.5

图 3-13-13　以往 A 钢铁公司结晶器对中样板安装形式及安装精度

1—支架；2—调整螺栓；3—结晶器对中样板；4—水平仪；5—调整螺栓；6—销轴；7—支撑杆；8—立柱

加之上下两端无需支座固定所以长度较短，对中前后样板吊入吊出均比较方便。

C　测量模拟辊装置

测量模拟辊装置是由一个与弯曲段第一对辊直径相同的辊子部件、支架、转动架、垫片组、活节螺栓及配重等组成，安装在外弧侧支撑框架下方。以测量模拟辊作为基准，准确定位结晶器外弧基准线。

转动架以轴承为支撑中心，通过螺栓与两侧支架联接，两侧支架用螺栓固定在维修对中试验台外弧侧支撑框架下方。转动架的一端装有与弯曲段第一对辊直径相同的辊子，另一端装有配重。

安装时以维修对中试验台支撑框架外弧侧下方设置的外弧基准测量块为基准，通过调整垫片组、配重及活节螺栓即可确定模拟辊的基准位置。

D　喷淋架喷水试验装置

喷淋架喷水试验装置设置在维修对中试验台附近，用于单独对结晶器足辊宽面喷淋架进行喷水试验，单独试验的目的是便于检查调整和更换。该装置主要由立柱、挡水板等组成，立柱和挡水板均为焊接结构，其中喷水用配管与整体水压及喷水试验配管共用一套供水系统。

E　水压和喷水试验配管系统

为节省投资，一般钢铁公司供到维修区的水源压力只有 0.3MPa，所以在维修试验台上设置的水配管系统要自成体系并设置增压泵，将水压升到维修试验所需要的压力。为防止喷水管锈蚀及水管中杂质堵塞喷嘴，管路系统中需安装过滤器，经过滤器后的钢管及管件均采用不锈钢材料制作。

典型的水配管系统工作原理如图 3-13-14 所示。

水系统工作原理图中各接水点用途见表 3-13-20。其中宽面固定侧为外弧侧，移动侧为内弧侧。

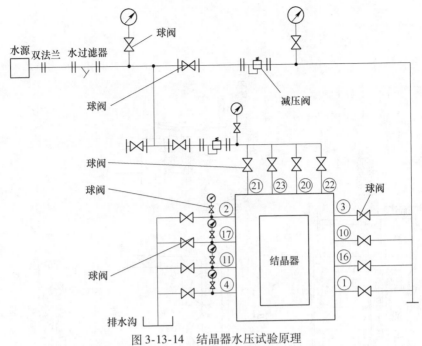

图 3-13-14 结晶器水压试验原理

表 3-13-20 水压试验原理图中各接水点用途

编 号	用 途	编 号	用 途
①	结晶器宽面固定侧进水	⑯	结晶器窄面右侧进水
②	结晶器宽面固定侧回水	⑰	结晶器窄面右侧回水
③	结晶器宽面移动侧进水	⑳	结晶器宽面移动侧足辊喷水
④	结晶器宽面移动侧回水	㉑	结晶器宽面固定侧足辊喷水
⑩	结晶器窄面左侧进水	㉒	结晶器窄面左侧足辊喷水
⑪	结晶器窄面左侧回水	㉓	结晶器窄面右侧足辊喷水

F 走梯平台

走梯平台设置在支撑框架四周，主要由平台体、立柱、走梯及栏杆等组成。主体操作平台为一层结构，为便于检修，在局部增设了辅助小平台，各平台与立柱相连。

走梯平台各部件均由型钢和钢板焊接而成，考虑制造和运输便利，整个平台分为若干块，现场进行组装，各平台及立柱相互结合处用螺栓紧固，调整后再焊接牢固。

设计中，应考虑操作平台上、下留有足够的空间以满足维修人员操作和通行。

G 压缩空气配管

压缩空气不仅用于结晶器维修时进行必要的清扫，同时还为风动工具及润滑系统（若为气动加油泵）提供动力源，一般设置在平台体下方，根据用户点需要确定接口数量。其工作压力为 0.4~0.7MPa，进气交接点处管子通径按用户点同时工作的最多点用量流速确定。

H 窄边调宽液压缸中心手动调整装置

如需设置，则在结晶器外弧侧的维修平台左右两侧各设一套，如 A 钢铁公司的图 3-13-15 所示。

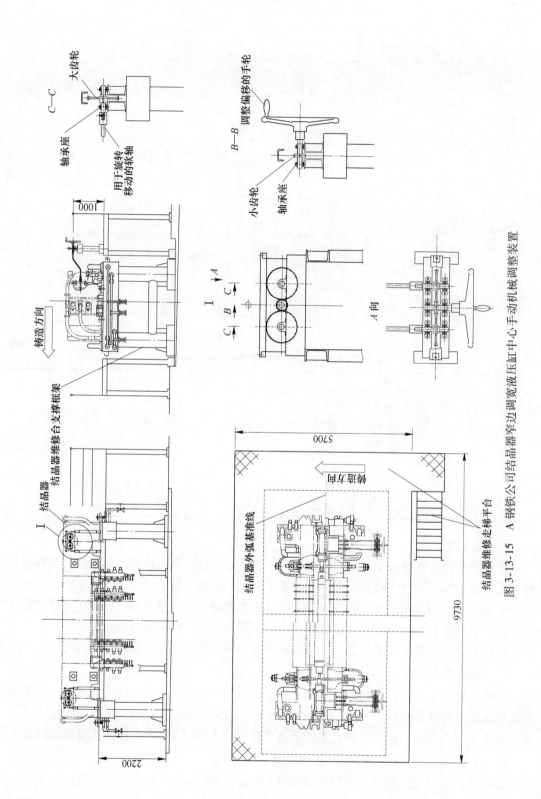

图 3-13-15　A 钢铁公司结晶器宽边调液压缸中心手动机械调整装置

该装置主要由旋转移动的软轴、主动轴、从动轴、轴承座、齿轮、调整偏移的手轮及支架等组成。支架底部与结晶器维修平台现场焊接，软轴两端分别与结晶器窄边调宽液压缸装置及手动调整装置相连，通过旋转手轮带动齿轮副经软轴拉动结晶器窄边调宽液压缸，使其中心满足浇注不同厚度铸坯的要求。

13.6.2.3 结晶器维修对中试验台主要参数

操作平台标高	根据平台下的操作空间一般取净高 2200mm 左右
操作平台承载	一般按 5kN/m^2 左右
维修对中台工位	根据每月被维修的结晶器台数及维修时间经计算或经验确定
水压试验工作压力	1.0 ~ 1.2MPa
喷嘴检查工作压力	0.6MPa
压缩空气压力	0.4 ~ 0.7MPa
维修用液压系统数量	1 套（一般均为公用，且该液压系统不含在本设备范围内）
维修液压系统工作压力	21MPa

13.6.2.4 结晶器调宽调锥操作规程

维修组装完成后的结晶器，在维修对中试验台上须进行结晶器内腔宽度和锥度的调整与检测。结晶器调宽有机械调宽和液压调宽两种形式，其中机械调宽又分为手动调宽和电动调宽，需根据不同的结晶器调宽方式采用相对应的调整手段。手动调宽一般在线外维修台上进行；电动调宽一般在生产线上停机调宽的较多，也可在线外维修台上进行；而液压调宽为在线调宽。但液压调宽根据结构形式，在调宽前其窄边调宽液压缸沿板坯厚度方向的中心需根据板坯厚度手动调整移动时，仍需在线外维修台上进行对中调整。

A 手动机械调宽操作规程

(1) 在维修对中试验台上进行结晶器内腔宽度及锥度的调整，亦可停浇时在线上进行。

(2) 启动液压系统，使结晶器夹紧装置液压缸松开。

(3) 调宽装置的手动机构是经过两对蜗轮蜗杆及两对齿轮传动系统，分别带动与支撑板联接的上、下丝杠和螺纹套筒，通过转动手轮即可实现窄面装配的移动。

(4) 由于上、下两对蜗杆传动系统的速比不同，因此，可同时进行窄面装配的移动和锥度的调节。

(5) 当锥度不能满足工艺要求时，可脱开上、下传动装置之间的半联轴节，以实现上、下单独调节，最终实现结晶器内腔宽度和锥度达到上线时需要的尺寸。

B 电动调宽操作规程

(1) 电动调宽路线。伺服电机──→蜗杆──→蜗轮──→丝杠──→铰链。

(2) 电动调宽及调锥步骤（左右两侧调整方法相同）。

1) 微调驱动电机使窄面铜板面垂直。

2) 同时开动上、下电机带动窄面铜板移动，使铜板面达到某一特定坯宽下口设定尺寸。

3) 开动上方电机带动上侧窄面铜板向外移动，使铜板上边缘达到特定板坯宽度所要求的结晶器上口设定尺寸。

4）分别微调上、下电机，使铜板上、下口边缘尺寸达到设定精确要求。若为在线调整，特定板坯宽度所要求的结晶器上、下开口度尺寸及锥度调整好后，由控制系统的 PLC 记忆，其余板坯宽度所要求的结晶器上、下开口度尺寸按控制设定程序自动进行。

5）结晶器开口度尺寸调整好以后，电机制动器锁紧，防止锥度跑偏。

C　结晶器在线液压调宽时操作过程和方法

详见液压专业操作规程。

D　手动调整窄边调宽液压缸中心位置操作规程

实际上是对窄边调宽液压缸中心沿板坯厚度方向进行移动。

（1）浇注不同厚度的板坯需更换窄边时，首先松开结晶器内弧装配件并将其向内弧侧水平方向拉开一点距离。

（2）然后把需要更换的窄边吊走，换上所需板坯厚度的窄边。

（3）人工操作手动机械调整装置的手轮，拉动调宽液压缸，使其液压缸中心线与新换窄边的中心线重合。

（4）如果只换窄边且不改变板坯宽度时，就不需调整液压缸中心，此时把内弧装配件用液压缸推动使移动一点距离，把窄边吊走进行更换即可。

（5）调宽液压缸中心的调整工作必须在结晶器/弯曲段整体对中完成后进行。

13.6.2.5　结晶器对中以及结晶器与弯曲段对中操作规程

A　结晶器在以往对中台上的找正及铜板与足辊的对中

结晶器从连铸生产线上更换下来后，先进行清扫并将各部分在维修台上维修和装配，之后吊到对中台上进行位置找正和弧线对中。找正和对中按下述步骤进行。

（1）将组装试验完毕的结晶器吊到对中台上，该对中台的设计与结晶器安装到连铸机在线振动台上的位置是相同的，因此，结晶器在对中台上找正位置后即可安装到振动台上而无须再对结晶器各部件进行调整。

（2）安装对中样板如图 3-13-13 所示，对中样板从结晶器上口装入，样板的上、下端分别通过销轴与支撑杆和支架相连，上部支撑杆通过销轴固定在对中台的立柱上。由于对中台上支架与立柱上的销孔位置是按结晶器的安装位置预先试调好的，因此，在装入结晶器后，只须作微量调节，如检查水平度等。

（3）结晶器在以往对中台上的找正简图和对中示意如图 3-13-10、图 3-13-16 所示。

由于结晶器外弧侧铜板在支撑框架上安装时并未与外弧线重合，它与样板之间有一间隙，通过图 3-13-16 上的螺杆 6 可使结晶器前后移动；定位销 15 能使之左右移动（定位销的位置可调）；在水平面，结晶器夹紧装置兼作倾动装置用。通过上述方法，就可达到调整结晶器的目的。这里须说明三点：

1）对于板坯连铸机结晶器外弧线的调整，是在宽面上取两点同时用样板对中，两样板之间的距离视结晶器铜板宽度而定，在 A 钢铁公司板坯连铸机上为 1700mm。

2）图 3-13-16 中的 A 和 A_1 尺寸，不仅在结晶器调整时需要测量，而且在调整 QC 台的相对位置时也要测量。当尺寸有变化时，说明振动台与支撑框架之间有变化，应重新调整。

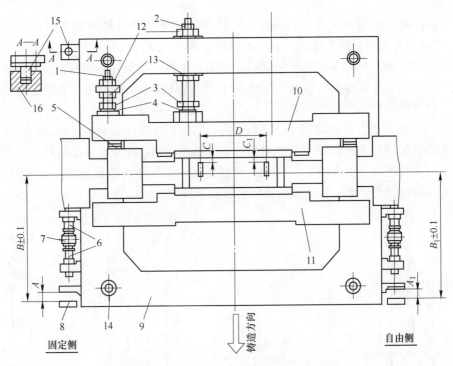

图 3-13-16 以往 A 钢铁公司结晶器装配调整结构

1，2—螺纹轴；3，12，13—螺母；4—蝶形弹簧；5—铜板再加工垫块；6—调整螺杆；7，8—振动台基准块；
9—支撑框架；10—外弧侧冷却水箱；11—内弧侧冷却水箱；14—结晶器夹紧装置；15—定位销；16—振动台定位槽

3）对中时不仅要检查样板与外弧侧宽边之间的尺寸精度，还应同时检查支撑框架及冷却水箱的水平度与垂直度。

（4）结晶器对中的位置和精度如图 3-13-17 所示。

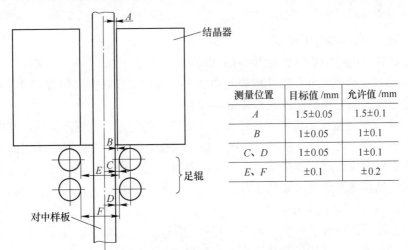

测量位置	目标值 /mm	允许值 /mm
A	1.5±0.05	1.5±0.1
B	1±0.05	1±0.1
C、D	1±0.05	1±0.1
E、F	±0.1	±0.2

图 3-13-17　以往结晶器对中的位置和尺寸精度

另外图 3-13-18 为弧形结晶器对中装置简图。对中样板安装在对中和试验台上，样板与宽边侧铜板之间的间隙为 0.2mm，对中时需用两个对中样板。

B　结晶器在新型维修对中试验台上的找正以及铜板与足辊的对中

a　结晶器在新型维修对中试验台上的找正步骤

（1）当初次组装结晶器或铜板刨修后位置的找正时，需对外弧铜板表面进行位置调整及找正，即在安装外弧冷却水箱到支撑架上时，通过外弧冷却水箱法兰上的定位键进行对中找正，使之确定外弧铜板与框架的相互位置，如图 3-13-19 所示。

（2）当外弧铜板与框架的相互位置确定后，结晶器外弧线相对于维修对中台上的确切位置（亦即在振动台上的确切位置）可通过调节结晶器偏心栓角度和维修对中台上两个定位槽座各自垫片组的厚度来确定，此时的调整是支撑架与外弧冷却水箱一起作位置移动，把结晶器外弧线调整到连铸生产线振动台上所要求的位置。

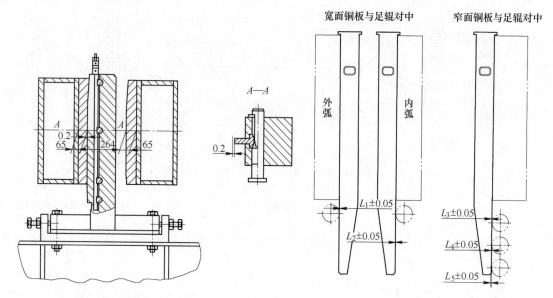

图 3-13-18　弧形结晶器对中装置简图　　　　　图 3-13-19　如今结晶器铜板与足辊的对中

b　结晶器宽边足辊对中步骤

结晶器宽边足辊对中步骤，如图 3-13-19 所示。

（1）结晶器宽面铜板外弧线在维修对中台上的确切位置调整完毕后，即可将结晶器对弧样板的宽边工作面分别靠在内、外弧铜板的表面上。

（2）用塞尺测量宽面足辊辊面与样板工作面之间的间隙，根据不同板坯宽度应在铜板宽度方向两侧各三分之一处分别测量一次，通过调整宽面足辊的位置，使宽面足辊达到与结晶器宽边铜板的对弧尺寸及精度要求，其偏差值为 ±0.05mm。表 3-13-21 为 E 钢铁公司不同断面的结晶器宽面足辊对弧尺寸表。

c　结晶器窄边足辊的对中步骤

结晶器窄边足辊的对中步骤，如图 3-13-19 所示。

（1）将结晶器对弧样板的窄边工作面靠在窄面铜板的表面上。

（2）用塞尺测量窄面足辊辊面与样板工作面之间的间隙，调整窄面足辊的位置，使窄面足辊达到与结晶器窄边铜板的对弧尺寸及精度要求，其偏差值为 ±0.05mm。表 3-13-22 为 E 钢铁公司结晶器窄面 3 对足辊对弧尺寸。

C 结晶器与弯曲段（测量模拟辊）的对中

此项实际为结晶器足辊与弯曲段第一对辊子的对中。

表 3-13-21 E 钢铁公司不同断面的结晶器宽面足辊对弧尺寸

结晶器厚度/mm		170	210	230
测量位置及尺寸/mm	结晶器外弧足辊 L_1	1.06	1.06	1.06
	结晶器内弧足辊 L_2	1.03	1.05	1.06

表 3-13-22 E 钢铁公司结晶器窄面足辊对弧尺寸

辊 号	1 号		2 号		3 号	
测量位置及尺寸/mm	L_3	1.62	L_4	2.23	L_5	2.85

a 以往结晶器与弯曲段的对中

以往结晶器与弯曲段的对中，如图 3-13-12 所示。

（1）结晶器与弯曲段两位一体对中台，其上用于结晶器及弯曲段的各定位座是完全模拟连铸生产线的安装及定位方式，在此对中台上进行对中的结晶器和弯曲段，事先在各自的对中台上已经单独对中完毕，即各自内部的相互关系和位置已完全调好，在这里对中仅仅是调整弯曲段入口首辊和出口末辊与结晶器足辊及扇形段 1 第一对辊子两处直线及弧线的连续性。因此对中时分别把已单独对中完毕的两台设备吊入到结晶器和弯曲段两位一体对中台的相应位置上，调整并固定好，然后测量调整，达到要求的精度。

（2）将结晶器与弯曲段对中样板用吊车从结晶器上方插入并用销轴固定在下部对中支架上。

（3）用支撑杆从上部将对中样板固定。由于对中台上支撑对中样板的上、下支架销孔位置已事先调整好，因此，一般对中样板无需再进行调整。

（4）测量对中样板与弯曲段首、末辊辊面的间隙值，当有误差时，通过调节弯曲段上、下耳轴轴承座的位置来实现。

（5）测量结晶器铜板与对中样板之间的间隙值，当有误差时，通过对结晶器支撑框架的调整来达到。结晶器和弯曲段对中精度目标值和允许值见表 3-13-23。

表 3-13-23 A 钢铁公司结晶器和弯曲段的对弧精度

测量项目	目标值/mm	允许值/mm
A	1.5 ±0.05	1.5 ±0.15
B	1.0 ±0.05	1.0 ±0.15
C、D、E	1.0 ±0.05	1.0 ±0.15

b 如今结晶器与弯曲段的对中

以往采用的两位一体对中台，因结晶器与弯曲段设备自身重量很大，钢质对中样板又重又长，对中台结构复杂且体积庞大，不仅操作不便，而且设备也容易产生变形。

随着结晶器与弯曲段自身结构的不断改进，现在很少再用两位一体对中台的结构形式及那么长的样板了。如今，结晶器与弯曲段在维修区的对中，采用的是结晶器足辊与测量模拟辊对中方法，如图 3-13-20 所示，其结晶器及弯曲段（模拟辊）的找正及对中步骤如下。

（1）结晶器的找正步骤同 13.6.2.5.B。

（2）模拟辊（即弯曲段第一对辊）的找正是以维修对中试验台支撑框架上的平面支

撑及外弧侧基准测量块为基准，通过调整纵向及横向两处不同的垫片组、配重及活节螺栓，复核确定模拟辊的准确位置。

（3）放入结晶器和弯曲段在线对弧样板（该样板在线与离线共用），用样板下部的钩子钩在宽面足辊上，同时将样板上的磁铁与宽面足辊侧面吸合。

（4）将样板的工作面靠在模拟辊的表面上（若为在线对弧时，则将样板的工作面靠在弯曲段第一根辊子的表面上），观察样板上的水平仪是否显示水平。

（5）若水平仪显示不水平，则再次调整结晶器框架两侧的调整装置，使结晶器带动足辊整体移动，直到样板上的水平仪显示水平为止。调整过程中注意样板上的磁铁及样板的工作面不得与辊面分离。

13.6.2.6 结晶器水压试验操作规程

A 水压试验

（1）维修组装完毕的结晶器整体试压时，先打开维修对中试验台支承框架下部放水管中的各球阀。

（2）然后打开水压试验管路中的总阀及各球阀如图3-13-14所示，待水通入结晶器水箱排尽箱内空气后，再将支承框架下部放水管中的球阀关闭，直至水箱充满水进行试压。

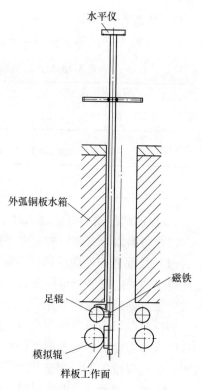

图 3-13-20 结晶器足辊与
测量模拟辊的对中简图

（3）水压试验工作压力一般为 1.0 ~ 1.2MPa，保压时间为 30min，压力降不得超过 0.02MPa，否则应重新检查各个联接部位，直到水压试验完全合格为止。

（4）水压试验完毕，关闭各进水管路上的球阀和总进水阀，然后打开各出水管路上的球阀，将水直接放到地面流入排水沟。

B 喷水试验

（1）喷水试验与整体水压试验共用一套系统，当需进行宽边喷淋架喷水试验或对组装后的窄边足辊喷水管喷嘴试验时，首先要打开水系统管路中的总阀，通过调节减压阀的出口压力，观察水压使其达到0.6MPa。

（2）当水压达到0.6MPa时，再分别打开喷水管路中的各相关球阀，即可进行喷水试验。

（3）先对未与结晶器组装的宽边足辊喷淋架进行喷水试验，以便检查和更换；然后再对组装后的窄边足辊喷水管喷嘴进行喷水试验。

（4）喷水试验主要检查喷嘴是否堵塞，更换不畅通及损坏的喷嘴并调整各喷嘴角度，观察喷水形状，使其达到最佳状态。

（5）保压试验和喷水试验应分别进行，以便检查各自系统是否正常。

C 试验水质要求

由于喷水试验与整体水压试验共用一套系统，则所用水质必须与连铸机在线结晶器所用水质一致，保证结晶器铜板水缝洁净度。

13.6.2.7 结晶器加润滑脂操作规程

维修组装及对中试压完毕的结晶器，上线前最后一道程序就是给各润滑点加油，这项工作至关重要，必须予以高度重视。

（1）凡手动润滑点均需通过油枪或油杯定期或不定期地补充油脂。

（2）对于集中润滑点需将可移动的电动或气动润滑泵站上的快换接头插入结晶器上的润滑管路总接口，对结晶器宽、窄边足辊轴承等各润滑点自动集中加油脂。

（3）油脂是否加满的衡量标准是目视各润滑点均需流出新油脂，即告加油脂结束。

（4）若有未出油脂的润滑点应及时查找原因，排除故障，直至这些未出油脂的润滑点流出新油脂才可结束加脂操作。

（5）至此一台完好的结晶器方可待机或直接上线使用。

13.6.2.8　结晶器维修对中试验台设计注意事项

（1）支撑框架（亦称对中框架）的刚性。单纯的对中台工作内容单一，而对中与维修试验等多项工作组合在一起变得复杂，且拆卸维修及组装时难免对支撑框架产生一定冲击，所以设计时必须对支撑框架刚性予以充分重视，确保其具有足够大的刚性及强度，以满足对中精度要求。

（2）支撑框架的基础负荷。为确保对中精度，不是单纯地提高支撑框架自身结构的刚性，而是同时要尽可能保证基础坚实不下沉，所以对支撑框架提基础负荷资料时应留有足够的富裕量，并对土建施工提出特殊要求，以便土建施工时采取措施确保基础的稳定性。

（3）支撑框架上用于支撑结晶器的四个表面其水平度偏差要≤0.2mm。

（4）测量模拟辊的水平度偏差要≤0.5mm。

（5）测量模拟辊与支撑框架外弧测量基准线水平距离为0±0.1mm。

（6）平台立柱上表面标高偏差为±1mm，立柱中心线垂直度偏差要≤0.5/1000mm。

13.6.2.9　结晶器维修对中试验台维护与保养

（1）支撑框架上各支撑面及定位面平时注意清洁且不得磕碰，定期进行基准尺寸的校核。同时对各通水口用的O形密封圈进行检查，发现损坏及时更换。

（2）不工作时，支撑框架上的各通水口应严密封盖起来，以防灰尘、污物进入。

（3）每周最少对测量模拟辊装置各基准尺寸与结晶器定位基准进行一次检查，发现偏离，及时调整。

（4）样板的工作面应严加保护，每三个月至少须用原形样板对使用样板的工作面进行一次检测和校正。

（5）样板在工作、运送及存放过程中，应特别注意保护样板工作面。样板进出结晶器时应轻拿轻放，不工作时涂防锈油，工作时将防锈油擦干净。

（6）水、压缩空气及液压管路中各软管及快换接头应注意保持端部接口的清洁，勿使其沾染污物，不工作时应将管端接口包扎好，妥善保管或悬挂于维修台立柱上，以免磕碰踩压，损坏工作面。

（7）水配管系统中过滤器的滤网应定期清洗、更换。

（8）每月至少检查一次各连接部件的紧固螺栓、螺母，发现松动及时拧紧。

（9）寒冷的冬季，各类水配管应考虑防冻措施，即维修作业前或水压、喷水试验后，应及时放掉管路中的残水。

13.6.3　吊具

用于结晶器及弯曲段的吊具有单纯的结晶器吊具和结晶器/弯曲段吊具两种，因结晶器基本为对称结构，故有的厂家不单独设置结晶器吊具而是用钢丝绳起吊。该类吊具属于专用设备，与吊具存放架同时配备，为方便在线设备或线外设备的吊运，一般在连铸机机旁和维修区各设置一套。

13.6.3.1　结晶器及结晶器/弯曲段吊具功能

结晶器吊具，其功能单一，只单独吊运结晶器。

结晶器/弯曲段吊具为多功能吊具，根据其结构形式既可分别单独吊运结晶器或弯曲段，也可整体吊运结晶器/弯曲段两台单机设备。若连铸机线上结晶器/弯曲段在事故状态下，吊车起吊能力不够时，就不再整体起吊含事故坯的这两台单机设备了，而是分别吊运。即先单独吊离结晶器，然后再吊运含事故坯的弯曲段。除非此跨吊车能力及该吊具能力足够大时，在事故状态下也可连同事故坯一起整体吊运，但由于这种工况下起吊对设备损伤较大，生产中极少应用。

13.6.3.2　结晶器吊具组成与结构

结晶器吊具有钢丝绳式、链条式等结构形式。链条式结晶器吊具由吊具梁、卸扣、成套链条索具及长吊环等组成。其中吊具梁由型钢和钢板焊接，下部的四个吊耳及吊轴与吊具梁焊接成为整体。如图 3-13-21。

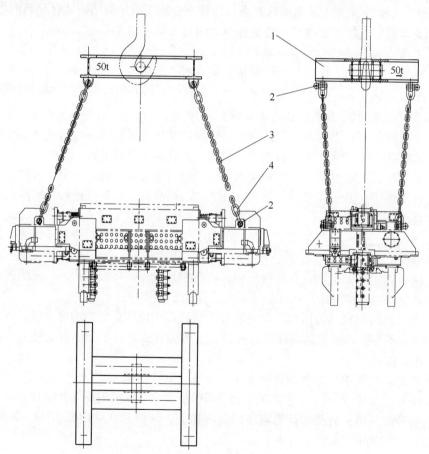

图 3-13-21　结晶器吊具

1—吊具梁；2—卸扣；3—成套链条索具；4—长吊环

13.6.3.3 结晶器/弯曲段吊具组成与结构

结晶器/弯曲段吊具有钢丝绳式、单（或双）链条式及链板式等多种结构形式，主要都由吊具梁、成套钢丝绳索具（或成套链条索具及成套链板锁具）、卸扣、吊轴、销轴、调整螺栓及配重块（或调整环）等组成。这几类吊具除了吊运两位一体设备外，均可以单独吊运弯曲段。图 3-13-22 为钢丝绳式结晶器/弯曲段吊具，图 3-13-23 和图 3-13-24 分别为单、双链条式结晶器/弯曲段吊具，图 3-13-25 为链板式结晶器/弯曲段吊具。

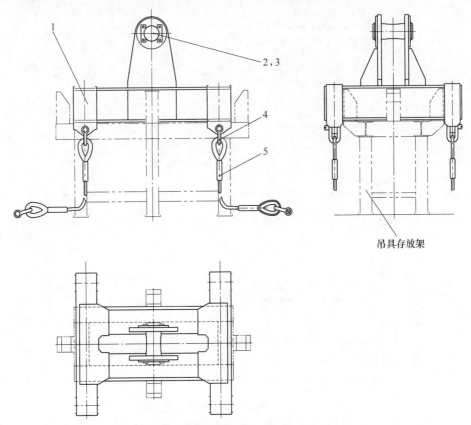

吊具存放架

图 3-13-22　钢丝绳式结晶器/弯曲段吊具
1—吊具梁；2—吊轴；3—挡板；4—卸扣；5—成套钢丝绳索具

这几种形式的吊具，其吊具梁均为框架式焊接结构，根据承载大小吊具梁可分为整体式和分体式两种结构。

A　整体式吊具梁

如图 3-13-22 所示的钢丝绳吊具为整体式吊具梁，即吊具体和吊架为整体焊接式，由型钢和钢板组成框架式结构，其中吊具梁框架上部吊板装有起吊吊轴，下部焊有连接卸扣的 4 组吊耳。图 3-13-23 所示的单链条吊具也为整体式吊具梁，区别在于吊轴直接装在吊具梁内部，结构简单同时降低了起吊高度，适用于起吊高度受限的厂家。

B　分体式吊具梁

a　双链条吊具的分体式吊具梁

如图 3-13-24 所示的双链条吊具为分体式的吊具梁，即吊具体和吊架为两个独立体，

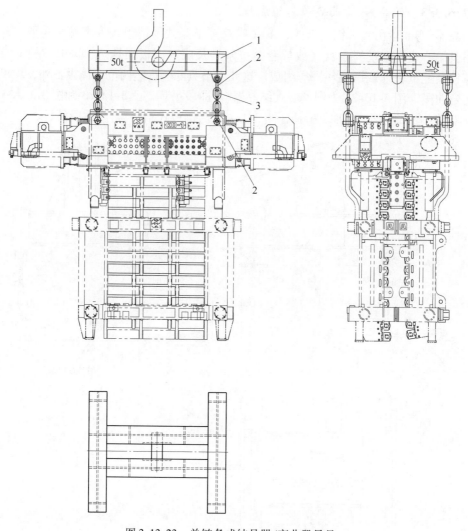

图 3-13-23　单链条式结晶器/弯曲段吊具
1—吊具梁；2—卸扣；3—成套链条索具

均为型钢和钢板焊接的框架结构。吊架上部装有供起吊用的吊轴，中部设有定位轴套，而下部两侧伸出有耳板用于支撑吊具体。为了安装吊架，在框架式的吊具体中间设有沿连铸机出坯方向为长边的开口，吊具体下部按两种起吊方式的不同吊点分别设有两组主、副吊耳，每组 4 个吊耳均通过卸扣与链条相连接，同时吊具体两侧设有安装配重的螺孔。

　　吊架与吊具体的组装方式是将吊架从吊具体框架中间向上穿出，将定位轴穿入吊架的轴套孔，待沿铸造方向调整好吊架的吊点中心位置后将挡块焊在吊具体框架上，此时吊架下部两侧伸出的耳板与吊具体框架两结合面基本为贴合状态。当吊具起吊重物时，由吊架上的两组耳板撑起吊具体框架。

　　不同重物有不同的重心，起吊重心的平衡通过两侧的 4 组配重块进行调整。

　　双链条吊具起吊的弯曲段由上下两段组成（即扇形段 1 和扇形段 2），吊具体框架上有两组相互垂直的连接卸扣的吊耳，有一组吊耳连接的主吊链在正常工况下用于起吊结晶

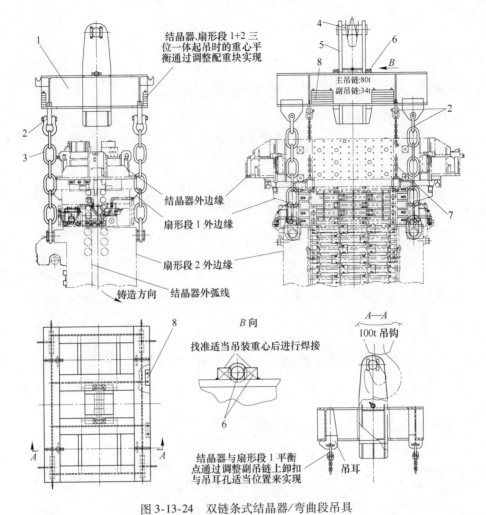

图 3-13-24　双链条式结晶器/弯曲段吊具

1—吊具体；2—主、副卸扣；3—主吊链；4—吊轴；5—吊架；6—定位轴及挡块；7—副吊链；8—配重

器和弯曲段，而事故状态下起吊事故坯以及弯曲段。另一组吊耳连接的副吊链用于起吊结晶器和扇形段 1。

b　链板吊具的分体式吊具梁

图 3-13-25 所示的链板吊具也为分体式吊具梁，与链条吊具的分体式吊具梁结构类似，即吊具体和吊架也为两个独立体，均为型钢和钢板焊接的框架结构。因所起吊的设备重量大，厂房吊车为双排板钩，为此特设置两组吊架以满足起吊要求。在每组吊架上部同样装有供起吊用的吊轴，为了与吊具体相连接，在吊架下部设有轴套，根据承载能力及起吊的平稳性，每组吊架下部吊板均设计成双排轴套结构，两组吊架与吊具体通过 4 根销轴组装在一起。

框架式的吊具体上方设有两组双排吊板，用于插入吊架并与其相连，为方便调整吊架在吊具体中的位置，每块吊板外侧均设计有顶推用螺栓孔。在吊具体下方设有 4 组双排吊耳，与链板相连。因起吊的设备不仅重量大且外形尺寸也大，为了挂钩、摘钩操作方便，在吊具体框架周围设置有平台和栏杆，考虑起吊高度，栏杆应设计成活动结构。

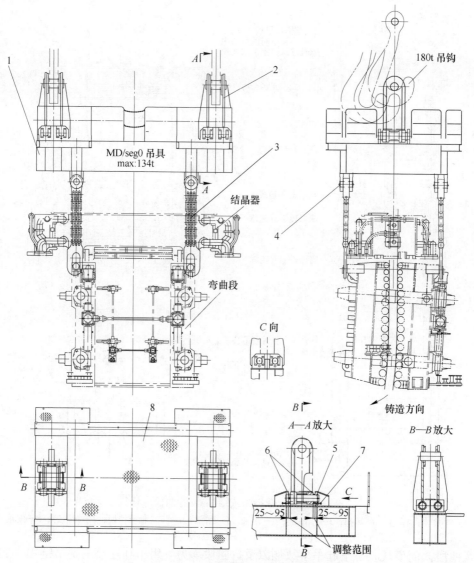

图 3-13-25 链板式结晶器/弯曲段吊具

1—吊具体；2—吊架；3—成套链板锁具；4—销轴（一）；

5—销轴（二）；6—调整环；7—顶推螺栓；8—平台栏杆

成套链板锁具共 4 条，为非标部件。每条链板装配均由上下两端的连接板、吊板（一）、吊板（二）、销轴及挡圈组成。因链板锁具受力大，连接板材质的力学性能不应低于 35CrMo 钢，吊板材质不应低于 Q345 钢。

吊具装配时，吊架与吊具体的组装是先将销轴穿入吊具体与吊架轴套孔中，再将吊架与吊具体之间的销轴两端装入对开式调整环，把调整环套在销轴上再用螺栓紧固使之成为整体。4 组成套链板锁具上端的连接板与吊具体上的吊耳通过销轴连接。

不同起吊类型起吊重心的平衡通过吊架与吊具体连接销轴两侧的调整环进行调整，调整时用顶推螺栓把吊架推至吊具体中的相应位置，根据需要装入不同起吊工况时修磨好的调整环，最终锁定顶推螺栓及销轴。

13.6.3.4　结晶器/弯曲段吊具主要参数确定

（1）安全系数。吊具本体和选用的钢丝绳安全系数 $n = 4 \sim 5$，不宜过大。对于重心偏离起吊中心的起吊体，因每个起吊点受力有差距，可按照受力较大的起吊点选取安全系数。

（2）吊具自重的经验数据。根据经验，吊具自重通常是其起吊重量的 10% 左右，起吊重量大时，百分比低，起吊重量小时，百分比高。不能盲目将吊具的自重加大，从而加大吊车起重量，增加厂房投资。

13.6.3.5　结晶器/弯曲段吊具设计注意事项

（1）设计的吊具应操作方便，沿铸造方向要充分考虑重心的调整手段并工作可靠。

（2）各种吊具本体结构、吊耳、吊轴等受力件及焊缝必须进行强度计算，主要部件和主要焊缝必须进行探伤检查，其检查结果符合国家有关标准。

（3）吊具焊接件所用材料的力学性能不低于 Q345C 钢。

（4）在吊具的装配图中，应将所用吊车其吊钩及所吊设备的外形图用假想线表示出来，并表示出挂钩和脱钩状态和几种不同的起吊类型，以便核实吊架的空间及各吊点的位置尺寸，同时注意核实吊车提升极限是否满足吊出浇注平台或维修设备的操作平台。

（5）对带有操作平台及护栏的吊具，为节省起吊高度空间，应考虑将护栏设计成活动式的分体结构。

（6）出厂前进行负荷试验（若制造厂家不具备试验条件，可在用户现场使用前进行），试验负荷按起吊重量的 1.3 ~ 1.5 倍考虑，试验时反复起吊 20 次，每次悬挂重物起吊后持续 10min，然后对各零部件及焊缝进行检查和超声波探伤，吊具各零部件不应发生永久变形及出现裂纹、开焊等现象。

13.6.3.6　结晶器/弯曲段吊具使用注意事项

（1）起吊过程中，切记吊车要匀速慢行，不得突然加速或停止，以免设备摇摆发生意外。

（2）定期进行负荷试验，试验方法同 13.6.3.5 小节（6）。

（3）吊具使用过程中应随时检查，并定期对主要焊缝、销轴进行超声波探伤，发现有永久变形、裂纹、开焊等现象，应立即停用，进行修补或更换。

（4）对各铰接点的销轴处应经常加注润滑脂，保持转动灵活。

（5）钢丝绳报废标准按国家相关安全标准执行。

（6）吊具不工作时，应放在吊具存放架上，不得随意放置。

13.6.4　结晶器铜板升温试验台

13.6.4.1　功能

结晶器铜板升温试验台用于检查结晶器内、外弧铜板上每个热电偶连接状况，试验时将结晶器整体放置在支撑台上，对结晶器内腔用蒸汽加热，根据热电偶的温升状况将其紧固。

13.6.4.2　结晶器铜板升温试验台组成与结构

A 钢铁公司结晶器铜板升温试验台主要由结晶器支撑台、走台、盖板组件及蒸汽配管等组成，如图 3-13-26 所示。

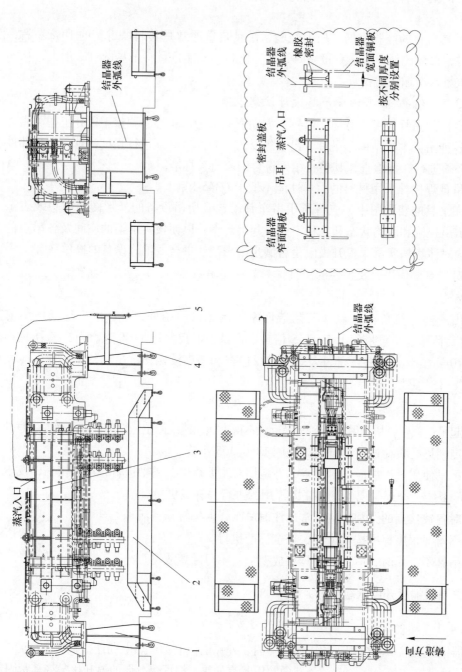

图 3-13-26　A 钢铁公司结晶器铜板升温试验台

1—支撑台；2—走台；3—密封盖板；4—管支架；5—蒸汽配管

盖板组件按浇铸不同板坯厚度的结晶器分别设置，盖板为焊接结构，分成上、下两层，上层盖板设有通蒸汽的螺纹接口及吊耳，上、下盖板周边均设有螺栓孔用来紧固橡胶密封板。

支撑台及走台均为焊接件，蒸汽配管由管支架、钢管、金属软管、截止阀及联接法兰等组成，管支架与支撑台现场焊接。

13.6.4.3 结晶器铜板升温试验台工作原理与介质参数

结晶器铜板升温试验台的工作原理是将每种规格的盖板组件插入相应断面的结晶器内腔，由盖板周边的橡胶板和结晶器四周铜板内腔形成一个密封箱体，试验时将软管接头与上层盖板螺纹口相连，打开管路中的截止阀即可向密封的结晶器铜板内腔通蒸汽，通过观察每个热电偶的温度来检查热电偶的紧固状况。

蒸汽工作压力：0.6MPa，流量（标态）：约 $18m^3/h$。进汽交接点处通径按流量和流速确定。

13.6.4.4 操作维护与注意事项

（1）通蒸汽前务必检查盖板周边的橡胶板与结晶器铜板是否完全密封，软管接头与盖板上接口连接正确，确认合格后方可做试验。

（2）试验时操作人员尽量远离结晶器上、下口，防止万一蒸汽泄漏被烫伤。

（3）经常检查盖板周边的橡胶板，如发现磨损或与结晶器铜板接触不严时，应及时进行调整或更换。

（4）经常检查蒸汽配管联接处及软管，发现问题及时处理。

13.6.5 其他设备

进行结晶器维修的其他设备还有结晶器存放台，吊具存放台，宽边和窄边铜板维修台及存放台，足辊存放台等。目前大多数结晶器自身设有支腿，这样就可取消结晶器存放台。

这几类设备均为焊接件，结构相对简单，根据需要的数量和维修场地具体情况适当设置，这里不再叙述。

13.7 弯曲段维修设备

13.7.1 弯曲段主要维修设备种类的变迁

弯曲段主要维修设备的变迁与 13.6.1 所描述结晶器主要设备种类的变迁基本相同，即绝大部分厂家取消了清洗台、QC 台和 MD/Seg0 整体对中台三类设备，而且针对厚钢板焊接框架的弯曲段，大部分厂家也都将过去独立设置的弯曲段维修试验台与对中台重新组合为弯曲段维修对中台和喷淋水试验台。目前比较常用和典型的弯曲段维修设备有弯曲段维修对中台、弯曲段翻转台、弯曲段喷淋水试验台、结晶器/弯曲段吊具及存放台、芯轴式辊子拆装台、弯曲段存放台、弯曲段运输支座及辊子存放台。

但 2000 年初期投产的连铸机，按弯曲段结构形式设置的弯曲段维修试验台、弯曲段对中及喷淋水试验台、断开式分段辊子的维修设备及结晶器/弯曲段清洗台目前仍在应用。

13.7.2　厚钢板焊接框架弯曲段维修对中台

13.7.2.1　功能

厚钢板焊接框架的弯曲段维修对中台具有维修、对中和弯曲段的整体分解与组装多种功能。

在维修方面，主要是对弯曲段进行内、外弧框架的分解、清扫、再分别对内、外弧框架辊子组件进行拆卸、框架修理、零部件更换等维修工作。对拆下的内、外弧辊子部件经维修装配，确认合格后，返回各维修对中工位重新与框架组装。

在对中方面，主要是利用预先精确定位的样板，在各自的内、外弧对中工位对组装后的弯曲段内、外弧辊子表面弧线分别进行测量、调整和对中等操作。

弯曲段上线前，还要通过设在维修工位附近可移动式电动干油站或气动润滑加油泵给弯曲段各润滑点加满润滑油。

13.7.2.2　弯曲段维修对中台的组成与结构

内、外弧工位成对设置的弯曲段维修对中台，如果结构尺寸不允许内、外弧工位通用，则一个工位专用于内弧，另一个工位专用于外弧，而且外弧工位还用于弯曲段的分解与组装。若结构尺寸允许内、外弧工位通用，则内外弧及其弯曲段可任意放置。弯曲段维修对中台主要由内、外弧支撑框架、耳轴式支导座、平面式支导座、测量轨及支撑梁、对中样板、平台走梯及护栏等组成，如图 3-13-27 所示。

（1）支撑框架。支撑框架分内、外弧两个工位或两个工位相互通用，是由型钢与钢板焊接而成的结构件。每个工位沿铸造方向出口和入口的框架两侧各设有两组支架，每组支架上方均用于安装测量轨的支撑梁，每组支架内侧还设有导向装置，用于弯曲段吊入吊出时的导向。

（2）支导座。支导座按照结构形式分为耳轴式及平面式两种。这两种支导座均为焊接结构，分别用于弯曲段上部耳轴及下部耳轴的定位与支撑，同时这两种支导座上均设有对弯曲段上、下耳轴端面进行限位的导向板。耳轴及平面支导座用于弯曲段在维修对中台上定位与支撑，为便于调整各支座与支撑框架的相对位置，均用螺栓连接，其精确位置可通过调整各自垫片组予以实现。同时两种支座的耐磨性也会直接影响对中精度，因此在其表面应堆焊一定厚度的不锈钢层。

（3）测量轨。测量轨用于支撑对中样板，头部形状可以设计成平顶结构、球面结构或锥形螺旋千斤顶结构等多种形式，相对于耳轴支导座及平面支导座，测量轨高度是保证整个对中精度的关键，所以这个高度尺寸需精确调整。测量轨安装在支撑框架两侧支架的支撑梁上，为方便调整，该支撑梁与支撑框架的安装及测量轨与其支撑梁的安装均通过螺栓相连，其高度尺寸根据测量轨的结构形式通过垫片组或螺纹副进行调整。为防止表面锈蚀，测量轨应进行发黑处理。

（4）对中样板。对中样板也称对弧样板，当前，对中样板的形状也不止以往单一的变半径式弧形结构，应用的样板普遍为结构简单的阶梯形状，该形式的样板在对中台上的相对位置也简单明了。

阶梯式对中样板主要由样板体、限位板、手柄及连接螺栓等组成。样板体为焊接件，为了既减轻重量又能提高抗弯性能，一方面样板材质推荐采用 7075 航空硬铝，同时样板

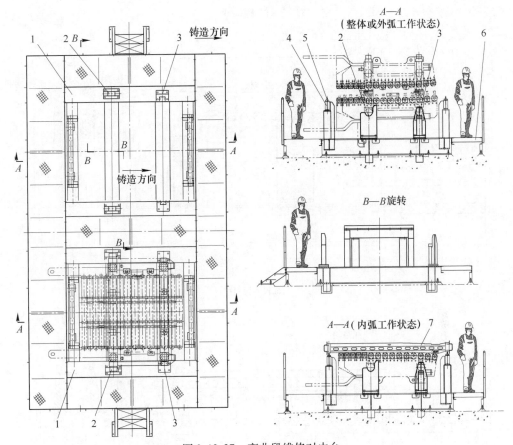

图 3-13-27　弯曲段维修对中台

1—支撑框架；2—耳轴式支导座；3—平面式支导座；4—支撑梁；5—测量轨；6—平台走梯；7—对中样板

本体形状最好采用抗弯截面模量高的工字形结构。为安装限位板和把手，在样板长度方向的两端双面上、下均焊有垫块。为节省投资又方便操作人员使用，样板上、下两面均可以设计成阶梯式工作面，即一条样板可分别用于内、外弧辊面的对中，对中装置简图及不同形状的测量轨如图 3-13-28 所示。

（5）平台走梯及压缩空气配管。其结构、组成及用途基本同 13.6.2.2 小节中相关内容，但该平台的高度很低。

13.7.2.3　弯曲段维修对中台主要参数

操作平台标高　　　　　　　+500mm 左右

操作平台承载　　　　　　　5kPa 左右

维修对中台工位　　　　　　一般内、外弧工位成对设置，具体设置几对工位根据每月被维修的弯曲段台数及维修时间经计算或经验确定

压缩空气压力　　　　　　　0.4~0.7MPa

对中精度　　　　　　　　　±0.1mm

13.7.2.4　各种类型的对中装置安装和调整

A　阶梯形样板对中装置的安装和调整

针对厚钢板焊接框架的弯曲段，如图 3-13-28 所示。

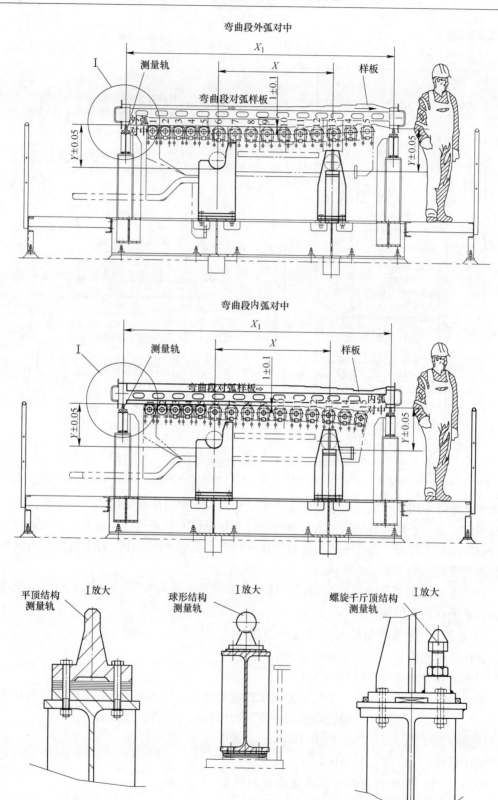

图 3-13-28　弯曲段内、外弧辊面对中及不同形状的测量轨

（1）支撑框架与耳轴支导座、平面支导座及支撑梁的安装面，其水平度偏差≤0.10mm。

（2）耳轴支导座及平面支导座其高低差≤0.05mm。

（3）两条测量轨与耳轴支导座及平面支导座平行度≤0.05mm，其测量轨与耳轴支导座及平面支导座之高度 Y 坐标尺寸精度≤0.05mm。

B A钢铁公司弯曲段弧形样板对中装置及其安装和调整

针对箱型焊接框架的弯曲段，弧形样板内、外弧对中装置分别如图3-13-29、图3-13-30所示。对中装置的安装和调整如下。

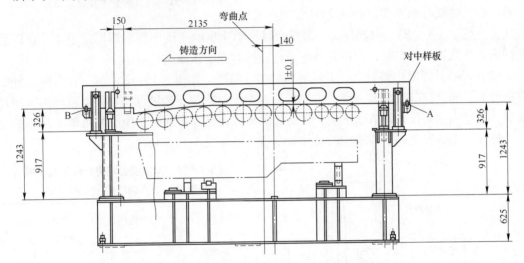

图 3-13-29 A钢铁公司弯曲段弧形样板内弧对中装置

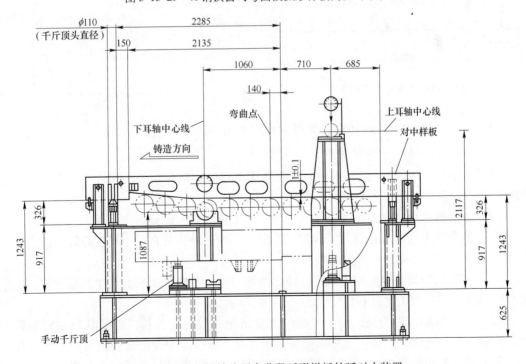

图 3-13-30 A钢铁公司弯曲段弧形样板外弧对中装置

（1）调节支撑对中样板的螺旋千斤顶高度。如图 3-13-31 所示，在弯曲段内外弧对中台上均利用样板的背面，通过控制尺寸 A、B 的公差来调节三个螺旋千斤顶的高度，使 A、B 尺寸允差在 ±0.05mm 以内，且 $A-B$ 的差值小于或等于 0.05mm，用内径千分尺测量。而 A、B 两尺寸是按弯曲段的结构尺寸确定的，这一高度尺寸在对中内、外弧时都不变，在 A 钢铁公司

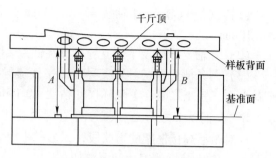

图 3-13-31　调节螺旋千斤顶高度

板坯连铸机上，$A（B）$ = 1243mm。而三个螺旋千斤顶的高度调好后即固定下来，在以后进行内、外弧辊子对中时，亦按此高度通过样板对辊子弧面进行对中。

（2）调整外弧对中装置上、下耳轴座的尺寸精度。如图 3-13-32 所示，在弯曲段外弧对中台上，通过控制尺寸 E 及其公差，保证在对中时把辊子精度调整在许可范围内。通过块规、直尺和水平仪来调节水平度，装块规的地方也是外弧框架对中时装可调千斤顶的地方。外弧对中装置上、下耳轴座的尺寸精度值要求见表 3-13-24。

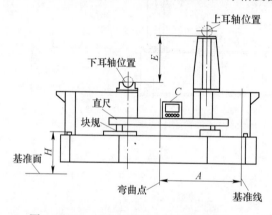

图 3-13-32　调整外弧对中装置上下耳轴座

表 3-13-24　A 钢铁公司弯曲段外弧对中装置上、下耳轴座的尺寸精度值

测定项目	目标值/mm	允许值/mm
距离 A		≤3.0
高度 H	±1.0	
水平度 C	≤0.04	≤0.08
尺寸 E		±0.2

13.7.2.5　不同类型的对中装置对中操作规程

A　阶梯形样板对中装置对中操作规程

（1）参看图 3-13-28，确认对中装置各部件之间尺寸符合要求，并将支撑弯曲段的耳轴座、平面座及测量轨各表面擦洗干净。

（2）小心谨慎地将弯曲段分别吊入维修对中工位，切勿磕碰对中装置。

（3）擦净测量点附近各辊面及样板工作面，将内、外弧各自对中样板轻轻吊放在测量轨上并确认其铸造方向与对中台方向一致。

（4）用塞尺测量各辊面与样板工作面之间的间隙，在辊身全长上至少测量三点，调整各辊子高度，名义间隙尺寸和精度达到（1 ±0.1）mm。

（5）需要特别说明的是，由于弯曲段自身结构一般都比较长，因此其对中样板跨度大，为确保对中精度，一般应将样板自身由于自重下垂引起的变形量数值考虑到名义尺寸中，即弯曲段对弧精度表所列的样板与辊子之间的垂直距离已包含了对中的名义尺寸及样

板相应各点自身变形引起的偏差，各辊子测量时应以所列数值为准，其公差为 ±0.1mm。表 3-13-25 为 E 钢铁公司弯曲段对弧实际尺寸。

表 3-13-25　E 钢铁公司弯曲段对弧尺寸

弯曲段	考虑了样板偏差的辊子与样板之间的垂直距离（"Y"方向坐标值）/mm														
	辊　号														
	1	2	3	4	5	6	7	8	9	10	11	12	13	14	15
内弧	0.97	0.95	0.94	0.93	0.92	0.91	0.91	0.90	0.90	0.91	0.92	0.93	0.94	0.95	0.97
外弧	0.97	0.95	0.94	0.93	0.92	0.91	0.91	0.90	0.90	0.91	0.92	0.93	0.94	0.96	0.97

（6）内、外弧辊缝尺寸超过允许值时，通过加减垫片进行调整。

B　A 钢铁公司弧形样板内外弧对中装置对中操作规程

a　弧形样板内弧对中装置对中操作规程

弯曲段内弧辊子对中如图 3-13-29 所示，当确认好方向的弯曲段内弧吊至对中台上后，先将样板吊放到对中装置的样板架内并支承在高于千斤顶顶面的 A、B 两支点上，然后调整两侧样板架上的顶丝，使样板体沿长度方向垂直于辊子轴线，最后向下调节 A、B 两处的螺栓，使样板与已调好的千斤顶接触至样板完全支撑在左右两个千斤顶上为止。

测量样板与辊面之间的间隙值，按规定各辊面与样板的名义间隙均为 1mm，偏差目标值为 ±0.05mm，允许值为 ±0.1mm。

b　弧形样板外弧对中装置对中操作规程

弯曲段外弧辊子对中如图 3-13-30 所示，由于该结构的弯曲段解体后外弧框架与侧框架是联结在一起的，重量很大，当把外弧放到对中台上并由上、下耳轴支撑到对中装置相应耳轴座上后，由于弯曲段的自重产生变形而影响对中精度，为此，在外弧框架的背部设有四个手动千斤顶，在上、下耳轴处的垂线上方各安装一个千分表，然后调节手动千斤顶至千分表上指针都开始转动 1～2 个刻度为止。此时，表明由弯曲段自重产生的挠度已得到校正，之后放上对中样板并调节其高度，使样板完全支撑到已调好的千斤顶上并测量辊缝值，尺寸精度要求同内弧。

内、外弧辊缝尺寸超过允许值时，通过加减垫片进行调整。

c　弯曲段为整体辊或三分段辊时对中操作规程

（1）当弯曲段为整体辊时，在辊身长度方向应采用两条样板同时进行辊子对中。

（2）当弯曲段为三分段辊时，则在辊身长度方向应用三条样板同时进行对中，图 3-13-33 是用三条样板同时进行对中的对中装置。

（3）对于三分段辊沿轴线的对中如图 3-13-34 所示，样板与辊子的间隙值为 1±0.1mm。

（4）对中方法同前所述。重点须说明的是各条样板必须与辊面垂直，这可通过对中装置夹持样板的支架两侧的螺栓进行调整。

特别要说明的是，弯曲段的对弧至关重要，尤其是和结晶器之间的对弧必须高度重视。

13.7.2.6　其他事项

（1）参照 13.6.2.7 小节结晶器加润滑脂操作规程的内容对弯曲段加注油脂。

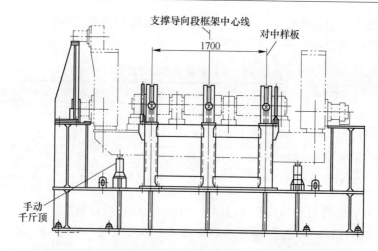

图 3-13-33　A 钢铁公司弧形样板弯曲段三分段辊对中装置

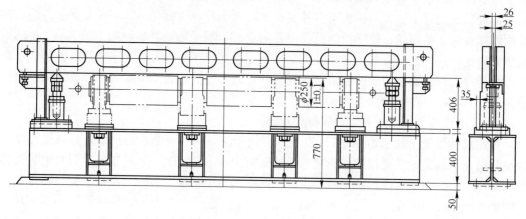

图 3-13-34　A 钢铁公司弯曲段三分段辊沿轴线对中装置

（2）支撑框架（亦即对中框架）的刚性及其基础负荷等设计注意事项参照 13.6.2.8 小节内容。

（3）在维护方面，每周最少对测量轨及弯曲段定位基准进行一次检查，发现偏差，应及时调整。其余维护与保养事项参见 13.6.2.9 小节结晶器维修对中试验台维护与保养。

13.7.3　弯曲段翻转台

由于弯曲段在线安装时呈竖直状态，故吊至维修区首先应进行整体翻转，待整体翻转至水平状态放置在维修对中工位后，再对其内、外弧框架进行解体，解体后辊面向下的内弧框架还需将其翻转为辊面向上，才能放置到内弧维修对中工位。所以，对弯曲段的翻转需设置整体翻转和内弧翻转两种翻转台。

13.7.3.1　弯曲段整体翻转台

A　功能

将竖直状态的弯曲段通过整体翻转台或者用吊具、钢丝绳索具及吊车相互配合支撑台架（或支撑滚轮）将其翻转至水平状态，或将水平状态的弯曲段按相反操作顺序翻转为竖直状态。

B　弯曲段整体翻转台的形式

弯曲段整体翻转台有液压式翻转台；吊车、吊具与支撑台架配合式的翻转台；吊具、支撑滚轮、钢丝绳索具及吊车配合式翻转台等多种形式。

C　弯曲段整体翻转台的组成与结构

a　液压式整体翻转台

W钢铁公司的弯曲段液压式整体翻转台如图3-13-35所示，由倾翻底座、倾翻框架、支撑轴、轴套、上下支撑耳轴、锁紧装置、液压缸及销轴、液压缸中间耳轴座、液压及润滑配管、行程限位装置及操作平台组成。

（1）倾翻底座。倾翻底座是两个结构相同且对称布置在弯曲段宽度方向两侧的底座。每个倾翻底座均由倾翻支撑轴座架、转臂正反向旋转时的极限限位安全挡块及左、右底座组成。这三个部件相互之间均为焊接相连。其中支撑轴座架上镶焊的轴套，用于安装支撑轴2。左、右底座下部设有安装液压缸中间耳轴的耳轴座螺孔及地脚螺栓孔。

（2）倾翻框架。倾翻框架由左、右倾翻臂及横梁组成，沿弯曲段宽度方向的两个L形倾翻臂和横梁之间用螺栓连接。L形状的倾翻臂与横梁均为框架式焊接结构。倾翻臂下部设有用于悬挂倾翻支撑轴的轴孔，通过该孔将倾翻臂悬挂在倾翻底座支撑轴座架中悬出的支撑轴上；悬挂孔轴心方向左上侧即倾翻臂中部设有连接液压缸活塞杆的双耳板；倾翻臂与横梁法兰面的垂直侧（亦即沿铸造方向侧）其上下分别设有支撑弯曲段上下耳板的耳轴座架联接法兰，同时在倾翻臂相应位置还设置有安装锁紧板的锁紧座。

（3）液压缸。液压缸的中间耳轴安装在与倾翻底座固定在一起的液压缸耳轴座13中，活塞杆端通过销轴9与倾翻臂连接在一起。弯曲段需要整体翻转时，活塞杆推动或拉动倾翻臂即可实现，当活塞杆推动倾翻臂顺时针旋转时可将水平状态的弯曲段翻转成竖直状态，而当活塞杆回拉倾翻臂逆时针旋转时可将竖直状态的弯曲段翻转成水平状态。

（4）锁紧装置。锁紧装置由锁紧板、锁紧盖、安全销轴、小链及连接螺栓组成。组装时将锁紧板插入锁紧座由锁紧盖将其挡在座中，锁紧盖再用螺栓与锁紧座把合。通过锁紧板上的把手推动锁紧板沿座体上的长孔往返滑动，不工作时将锁紧板拉回到非锁紧状态，以便不影响弯曲段的吊入和吊出。需要倾翻时，吊入弯曲段将其上下耳轴挂板坐落在倾翻臂的上下耳轴上，然后将锁紧板推出至弯曲段上部的锁定位置，为确保倾翻时安全无误，需将锁紧座上由小链拴着的安全销插入，使其锁紧板可靠地锁定在弯曲段上方。

（5）限位装置。限位装置由开关支架、感应板、接近开关等组成，用来控制液压缸工作行程即转臂正、反向旋转的正常停止位置。感应板安装在倾翻臂上，正反向接近开关通过支架分别安装在支撑轴座架不同位置上，倾翻臂上的感应板随着转臂的旋转到达正、反向相应位置的开关时发出信号使之停止。液压缸的极限行程即转臂正、反向的极限停止位置由倾翻底座上的安全挡块来控制。

（6）上耳轴座架。上耳轴座架位于左右倾翻臂上部，由耳轴座、轴、轴端挡板及轴套等组成。装有轴套的轴身两端支撑在外侧带导向的耳轴座上，弯曲段吊入翻转台时其上部耳板沿导向板导入并直接挂在两耳轴座架的轴套上，为防止轴套旋转，在耳轴座一侧支板下方设有螺孔用于安装防转挡块，上耳轴座架通过底板安装孔与倾翻臂上部法兰用螺栓紧

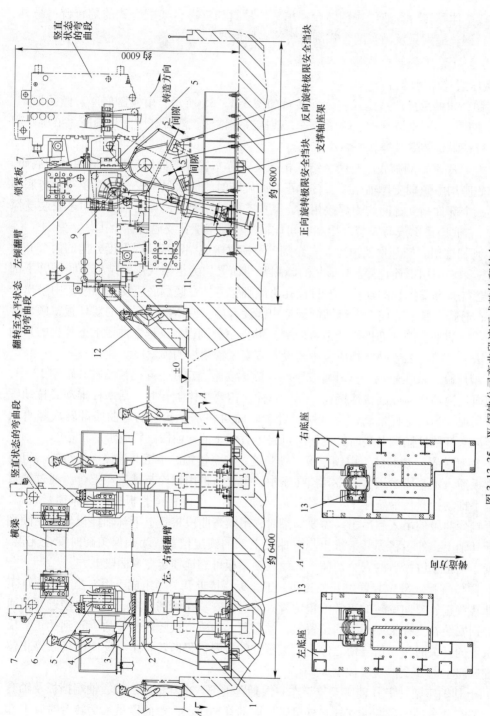

图 3-13-35　W 钢铁公司弯曲段段液压式整体翻转台

1—倾翻底座；2—支撑轴；3—轴套；4—限位装置；5—下耳轴座架；6—倾翻框架；7—上耳轴座架；
8—锁紧装置；9—销轴；10—液压缸；11—液压及润滑配管；12—走梯平台；13—液压缸耳轴座

固在一起。

（7）下耳轴座架。下耳轴座架位于左右倾翻臂中部，由耳轴座、轴、轴端挡板等组成。轴的两端支撑在两侧带导向板的耳轴座中，当弯曲段吊入翻转台时，其下部耳板沿导向板导入并直接挂在两耳轴座架的轴上。下耳轴座架通过底板的安装孔与倾翻臂中部法兰用螺栓紧固在一起。

（8）液压配管。专为两个液压缸提供动力源的液压配管由连接块、冷管、高压软管、管接头及管夹等组成，用管夹固定在液压缸缸体上。

（9）润滑配管。用于倾翻支撑轴及上部耳轴的干油润滑配管由连接块、分配器、管接头、钢管、铜管及管夹等组成。

（10）防剪用挡块。为防止弯曲段倾翻时，倾翻装置各部件的连接螺栓受剪切力，需考虑在上下耳轴座架及液压缸底座的相关位置用挡块固定并将其焊牢。

b　吊车、吊具与支撑台架配合式的弯曲段整体翻转台

A 钢铁公司采用的这种整体翻转台实用于箱形焊接框架的弯曲段，是由支撑台架、翻转吊具及吊车的主副钩相互配合来完成翻转的。

支撑台架为焊接结构，由耳轴支座及平面支座组成，如图 3-13-36 所示。

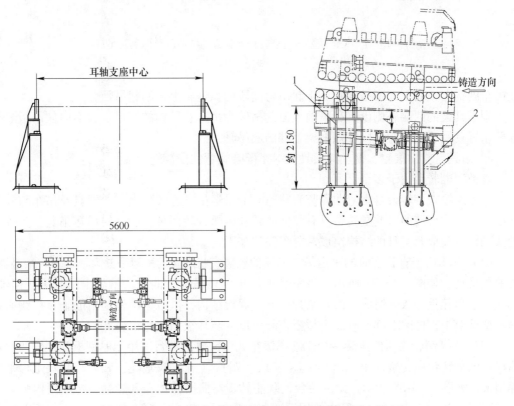

图 3-13-36　A 钢铁公司吊具配合的弯曲段整体翻转支撑台架
1—台架（一）；2—台架（二）

与该支撑台架配合应用的翻转吊具由主、副两套吊具组成，如图 3-13-37 所示。

主吊具梁的上下两端均设有吊耳，用于悬挂四条索具，其中上部两条索具交叉后悬挂

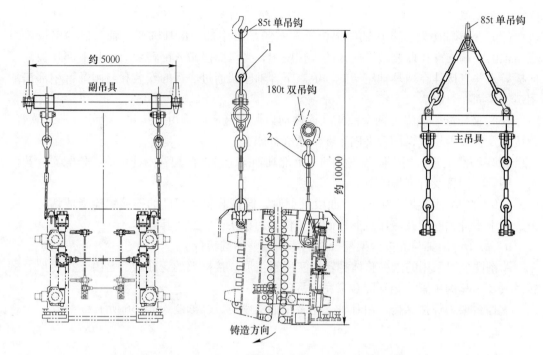

图 3-13-37　A 钢铁公司与翻转台架配合的弯曲段整体翻转吊具
1—主吊具；2—副吊具

在吊车副钩上，而下部两条索具用于起吊弯曲段内弧框架上部的起吊轴。

副吊具梁的两端外侧设有起吊轴，该起吊轴为吊车双吊钩的起吊点，而内侧吊板悬挂的两条索具用于起吊弯曲段外弧框架上部的起吊轴。

c　吊具、支撑滚轮、钢丝绳索具及吊车配合式弯曲段翻转台

该类型翻转台用于多个厂家。

支撑滚轮式翻转台是由弯曲段竖直状态时的吊运吊具、成套钢丝绳索具及吊车与其相互配合来完成翻转的。此翻转台具有整体翻转和内弧翻转两种功能。对吊运吊具、支撑滚轮式翻转台及成套索具的结构组成及分工简述如下。

（1）弯曲段竖直状态时的吊运吊具。弯曲段竖直状态时的吊运吊具为单链条式结晶器/弯曲段吊具，如图 3-13-23 所示。该吊具可用来单独吊运弯曲段。吊具由吊具梁、销轴、卸扣及成套起重链条等组成，吊具梁为框架式焊接结构，供吊车吊钩起吊的轴直接镶嵌在吊具梁框架中，框架下部设有四个耳板，起重链条与耳板用卸扣相连。

（2）支撑滚轮式弯曲段翻转台。支撑滚轮式弯曲段翻转台实用于厚钢板焊接框架的弯曲段。该翻转台由支架（一）、（二）、（三）、（四）、（五）及滚轮、轴、轴套及走梯平台等组成，如图 3-13-38 所示。此翻转台，既能翻转弯曲段整体，又能翻转弯曲段内弧。其中支架（一）、（二）、（三）和木块用于弯曲段整体翻转，而支架（一）、（二）、（三）再配合支架（四）、（五）又共同用于弯曲段内弧翻转。所有支架均为焊接结构，在两侧的支架（二）上均设有支撑弯曲段翻转时的双滚轮及耳轴导向架，当弯曲段整体翻转时，利用其外弧框架的下耳轴支撑在双滚轮上进行翻转，而当弯曲段内弧翻转时则利用内弧框架的下耳轴支撑在双滚轮上进行翻转。

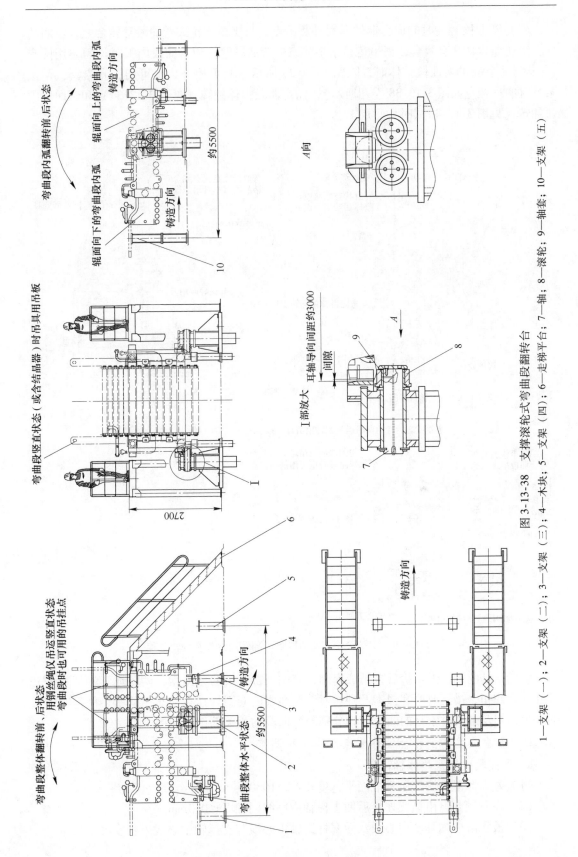

图 3-13-38　支撑滚轮式弯曲段翻转台

1—支架（一）；2—支架（二）；3—支架（三）；4—木块；5—支架（四）；6—走梯平台；7—轴；8—滚轮；9—轴套；10—支架（五）

（3）弯曲段翻转时的成套钢丝绳索具及吊点。与支撑滚轮式弯曲段翻转台配合应用的成套钢丝绳索具共有两套，当吊运呈水平状态的弯曲段整体和弯曲段内弧时均需要用两套（吊运竖直状态的弯曲段整体时，除图3-13-23所示吊具可用外，也可用该套索具，用该索具时的吊挂点如图3-13-38左图所示），而弯曲段整体翻转（见图3-13-39）和弯曲段内弧翻转（见图3-13-40）时均只用1套。

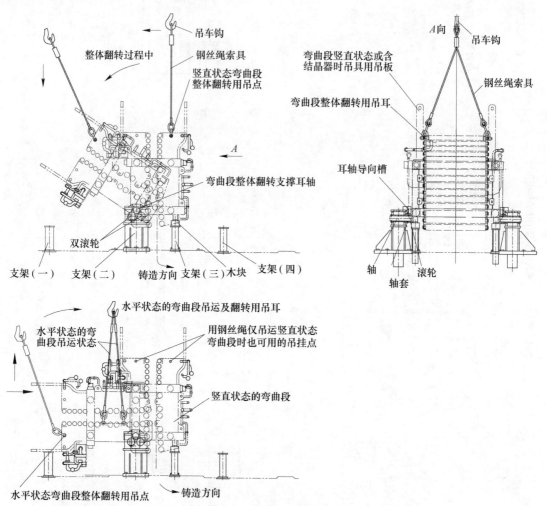

图3-13-39　支撑滚轮式弯曲段整体翻转用索具及翻转过程

每套索具的钢丝绳对折后打结成套圈，套圈下部分成两条绳索，两条绳索端部均为套环并穿有卸扣，吊运时两套绳索及翻转时1套绳索的套圈均挂在吊车吊钩上，吊运时索具的4个卸扣及翻转时索具的两个卸扣分别与弯曲段的相关部位相挂接。

D　弯曲段整体翻转台设计要点及安装和调整

a　弯曲段液压式整体翻转台

（1）左右倾翻底座安装基准面平行度≤0.2/1000。

（2）左右倾翻臂由横梁连接后两支撑轴中心线同轴度≤0.3mm。

（3）液压缸中间耳轴中心线及活塞杆销轴中心线与支撑轴中心线平行度≤0.3mm。

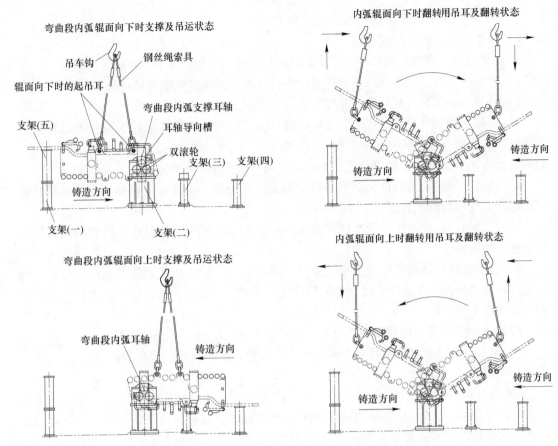

图 3-13-40　支撑滚轮式弯曲段内弧翻转用索具及翻转过程

（4）两支撑弯曲段上（下）耳板的耳轴中心线同轴度≤0.3mm，且与支撑轴中心线平行度≤0.3mm。

（5）用于倾翻框架旋转的支撑轴及轴套孔、活塞杆与倾翻臂相连的销轴、支撑弯曲段上（下）耳板的耳轴及其上的轴座孔各表面粗糙度不应低于 $Ra3.2\mu m$，且均应进行表面淬火，表淬硬度应控制在 45～50HRC，表淬层深度应大于 1.2mm。

（6）液压缸须带双向缓冲、活塞杆镀铬、氟橡胶密封、微型测压换气接头，泄露速度不超过 0.3mL/min 为宜。

b　吊车、吊具与支撑台架配合式的弯曲段整体翻转台

（1）主、副吊具主要参数的确定，参见 13.6.3.4 小节。

（2）主、副吊具相应的两条无缝钢丝绳其理论长度应相等，偏差≤±5mm 为宜。

（3）两类索具均应由专业生产厂制作，尤其轧制接头连接处的强度等级应大于钢丝绳的安全系数。

（4）其余可参照弯曲段液压式整体翻转台相关内容。

c　吊具、支撑滚轮、钢丝绳索具及吊车配合式弯曲段翻转台

两侧支架（二）上的双滚轮中心线同轴度≤0.5mm。其余可参照 13.7.3.1 小节 D.b及弯曲段液压式整体翻转台相关内容。

E 弯曲段整体翻转操作规程及注意事项

a 弯曲段液压式整体翻转台

（1）竖直状态弯曲段翻转成水平状态时的操作规程。如图 3-13-35 所示。

1）检查确认液压缸活塞杆在伸出时的待机位置，即倾翻框架为竖直状态。

2）检查确认锁紧板被拉回在非锁定状态，即不影响弯曲段的吊入。

3）由吊车用钢丝绳索具或吊具将弯曲段吊入，使弯曲段上耳轴挂板位于倾翻框架上耳轴座架的耳轴上方，此时吊车缓慢下降，使弯曲段下耳轴挂板沿着倾翻框架下耳轴座架的导向板逐渐下移，直至弯曲段上、下耳轴挂板平稳坐落在倾翻臂上、下耳轴上。

4）通过拉手将锁紧板推出至弯曲段上部的锁定位置，再将安全销插入，使其锁紧板可靠地锁定在弯曲段上方。

5）启动液压站使液压缸活塞杆腔进油，由活塞杆返回拉动载着弯曲段的倾翻臂沿支撑轴逆时针旋转。

6）当弯曲段被逐渐翻转成水平状态时，倾翻臂上的感应板随着转臂逆时针旋转，到达支撑轴座架相应位置的开关时，发出信号使倾翻臂停止旋转，此时竖直状态的弯曲段已被翻转成水平状态。

（2）水平状态弯曲段翻转成竖直状态时的操作规程。如图 3-13-35 所示。

1）检查确认液压缸活塞杆在收回时的待机位置，即倾翻框架为水平状态。

2）同前。

3）由吊车用钢丝绳索具将弯曲段吊入，使弯曲段上耳轴挂板位于倾翻框架上耳轴座架的耳轴左前方，此时吊车缓慢下降并右移，使弯曲段下耳轴挂板沿着倾翻框架下耳轴座架的导向板逐渐右移，直至弯曲段上、下耳轴挂板平稳支撑在倾翻臂上、下耳轴上。

4）同前。

5）启动液压站使液压缸活塞腔进油，由活塞推动载着弯曲段的倾翻臂沿支撑轴顺时针旋转。

6）当弯曲段被逐渐翻转成竖直状态时，倾翻臂上的感应板随着转臂顺时针旋转，到达支撑轴座架相应位置的开关时，发出信号使倾翻臂停止旋转，此时水平状态的弯曲段已被翻转成竖直状态。

（3）液压式翻转台翻转时的注意事项：

1）吊运弯曲段至翻转台上方时，切记吊车应匀速慢行，不得突然加速或停止，以免起吊的设备摇摆碰撞损坏翻转台。

2）各状态的弯曲段进入翻转台前，切记检查锁紧板是否在非锁紧位（即收回状态），以免砸坏锁紧装置。

3）各状态的弯曲段翻转前，切记检查锁紧板是否在锁定的工作位并插好安全销，以免翻转时发生意外。

4）弯曲段翻转前，还要检查限位开关及感应板是否在正常状态，以免翻转到正常停止位时限位开关失灵，限位开关一旦失灵则靠翻转台的极限安全挡块使弯曲段停止旋转。

b 吊车、吊具与支撑台架配合式的弯曲段整体翻转台

（1）竖直状态弯曲段翻转成水平状态时的操作规程。以 A 钢铁公司为例，如图 3-13-41 所示。

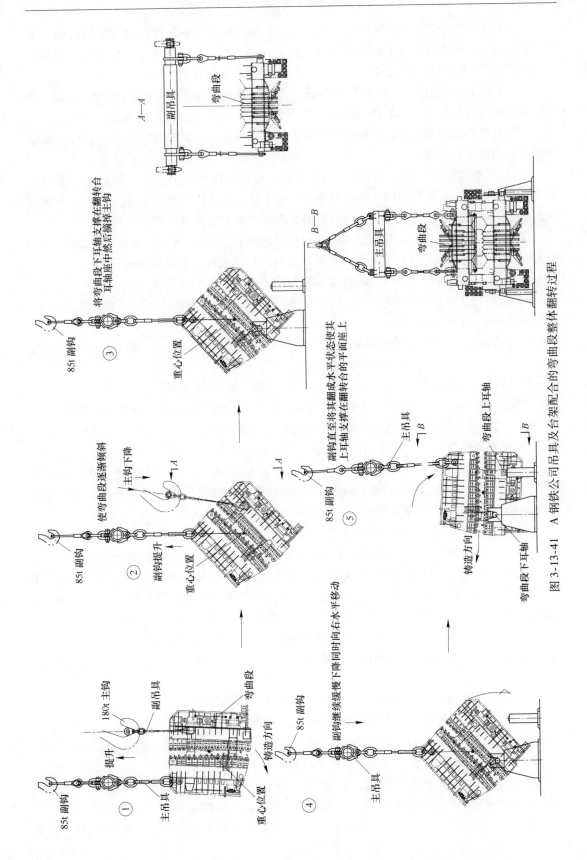

图 3-13-41　A 钢铁公司吊具及台架配合的弯曲段整体翻转过程

1）在弯曲段清洗台或存放台上，首先将主吊具上部的两条钢丝绳交叉后同时挂于吊车 85t 副钩上，再把吊车两个 180t 主钩分别挂在副吊具梁两侧吊轴上，然后将主、副吊具下部各自两条钢丝绳分别挂于弯曲段内、外弧框架的两个吊耳上。

2）吊车将弯曲段吊运至该翻转台附近，然后缓慢提升 85t 副钩并下降 180t 主钩，待弯曲段重心与其吊耳及主吊具钢丝绳中心线重合在同一垂直面内，再将弯曲段吊至翻转台上部。将外弧框架下部两耳轴缓慢落在支撑台架的耳轴座内，此时才可摘掉弯曲段外弧框架副吊具的两条钢丝绳。

3）吊车继续缓慢下降并水平移动 85t 副钩，使弯曲段外弧框架的下耳轴围绕支撑台架的耳轴座旋转，直至弯曲段外弧框架的上耳轴平稳落在支撑台架的平面支座上。至此把竖直状态的弯曲段翻转成水平状态，然后摘掉内弧框架上主吊具的两条钢丝绳。

（2）水平状态弯曲段翻转成竖直状态时的操作规程。以 A 钢铁公司为例，如图 3-13-41 所示。按照竖直状态弯曲段翻转成水平状态时的操作规程的相反顺序进行即可。

（3）吊车、吊具与支撑台架配合式翻转台翻转时的注意事项。

1）起吊、翻转及下落弯曲段的过程中，切记吊车应匀速慢行，不得突然加速或停止，以免起吊的设备摇摆发生意外。

2）翻转时，切记弯曲段外弧框架的下部耳轴始终要保持在翻转台的耳轴座内，不要离开。

c　吊具、支撑滚轮、钢丝绳索具及吊车配合式的弯曲段翻转台

如图 3-13-38 所示，该类型翻转台可分别用于弯曲段整体翻转和弯曲段内弧翻转。

（1）竖直状态弯曲段整体翻转成水平状态时的操作规程。

1）检查两侧支架（二）上的四个滚轮，要求转动灵活、无卡阻。

2）将图 3-13-23 所示的弯曲段竖直状态的吊运吊具梁下部的四条吊链分别挂在弯曲段吊板孔中，吊车吊钩则直接挂在吊轴上将竖直状态的弯曲段吊入翻转台上方（弯曲段竖直状态时的吊运也可用两套如图 3-13-39 所示的钢丝绳索具）。

3）吊钩缓慢下移，弯曲段外弧侧的下耳轴沿支架（二）的导向槽下降，使下耳轴支撑在双滚轮中，同时弯曲段内弧侧下部的支撑腿坐落在支架（三）放置的木块上。

4）通过操作平台摘掉弯曲段竖直状态的吊运吊具（或钢丝绳索具），将整体翻转用的 1 套钢丝绳索具（即两套吊运钢丝绳索具之一）的套圈端悬挂在吊车吊钩上，两条绳索的卸扣分别与铸流入口处内弧框架的吊孔固结，如图 3-13-39 所示。

5）利用吊车小车的左移及吊钩下降使弯曲段支撑耳轴围绕双滚轮逆时针旋转 90°，待弯曲段翻转成水平状态时，弯曲段外弧侧整体起吊板则支撑在支架（一）上，翻转过程结束。

（2）水平状态的弯曲段整体翻转成竖直状态时的操作规程。

1）在维修对中台上，组装完毕呈水平状态的弯曲段，将两套钢丝绳索具的套圈悬挂在吊车吊钩上，4 条绳索的卸扣分别与弯曲段外弧侧的 4 个吊耳固结，如图 3-13-39 所示。

2）由吊车将水平状态的弯曲段整体吊入翻转台上方。

3）吊车吊钩缓慢下移，弯曲段外弧侧的下耳轴沿支架（二）的导向槽下降，使下耳轴支撑在双滚轮中，同时铸流入口处外弧框架上的竖直吊板则支撑在支架（一）上。

4）摘掉外弧框架 4 个吊耳上的卸扣，并摘掉吊钩上的 1 套索具，将吊钩上另一套索

具的两个卸扣分别与铸流入口处外弧框架的吊孔固结，如图 3-13-39 所示。

5）利用吊车小车的右移及吊钩上升使弯曲段支撑耳轴围绕双滚轮顺时针旋转90°，待弯曲段翻转成竖直状态时，内弧侧下部的支撑腿坐落在支架（三）放置的木块上，则翻转过程结束。

（3）辊面向下的弯曲段内弧翻转成辊面向上时的操作规程。

1）在维修对中台上解体后的弯曲段内弧，将两套钢丝绳索具的套圈悬挂在吊车吊钩上，4 条绳索的卸扣分别与内弧框架上方的 4 个吊耳固结，如图 3-13-40 所示。

2）将支架（五）放置在支架（一）上，同时取掉支架（三）上放置的木块，由吊车将辊面向下的弯曲段内弧吊入翻转台上方。

3）吊车吊钩缓慢下移，弯曲段内弧的下耳轴沿支架（二）的导向槽下降，使下耳轴支撑在双滚轮中，此时弯曲段内弧框架上的整体起吊板支撑在支架（五）上。

4）分别摘掉内弧框架上方 4 个吊耳上的卸扣，并摘掉吊钩上的 1 套索具。将吊钩上另一套索具的两个卸扣分别与铸流入口处内弧框架上的吊孔固结，如图 3-13-40 所示。

5）吊车小车右移，吊钩上升，弯曲段内弧的支撑耳轴围绕双滚轮顺时针旋转90°，把弯曲段内弧翻转成竖直状态。当弯曲段内弧重心偏过吊点中心时，吊钩开始下降，小车继续右移，使弯曲段内弧的支撑耳轴继续围绕双滚轮顺时针旋转，当翻转为辊面向上的水平状态时，其弯曲段内弧的整体起吊板支撑在支架（四）上，则翻转过程结束。

（4）辊面向上的弯曲段内弧翻转成辊面向下时的操作规程。

1）对于在维修对中台上维修对中完毕辊面向上的弯曲段内弧，将两套钢丝绳索具的套圈悬挂在吊车吊钩上，4 条绳索的卸扣分别固定在弯曲段内弧辊面侧的 4 个吊耳上，如图 3-13-40 所示。

2）以下翻转步骤参照辊面向下时翻转过程的2）、3）、4）项内容，只是内弧框架上的整体起吊板支撑在支架（四）上，再采用上述第5）项内容相反顺序，即可将弯曲段内弧翻转为辊面向下。

（5）吊具、支撑滚轮、钢丝绳索具及吊车配合式翻转台翻转时的注意事项。

1）参照 E 中 b 项（3）吊车、吊具与支撑台架配合式翻转台翻转时的注意事项。

2）在翻转过程中必须保证支撑在翻转台双滚轮上的弯曲段轴头始终在导向槽内，保证翻转过程安全进行。如果出现异常情况应立即停止翻转动作，并将其吊离翻转台。

F 设备的维护与保养

a 弯曲段翻转台及其各支撑台架

（1）注意保护各台架支撑面及支撑耳轴，凡转动部位应定期添加润滑脂，确保其转动灵活，无卡阻。

（2）对翻转框架及其他各类支撑台架的主要焊缝，要定期检查。发现有裂纹、开焊等现象，应及时修补。

（3）每月最少检查一次各连接部件的紧固螺栓、螺母，发现松动，及时拧紧。

（4）定期检查液压系统及其管路是否正常，若有破损及泄漏现象，及时检修及更换。

（5）定期检查限位开关及限位板是否处于完好状态，发现问题及时调整或更换。

b 吊具及钢丝绳索具

参照 13.6.3.6 小节中相关内容。对钢丝绳索具也要定期进行负荷试验并经常检查外观，若发现有断丝及断裂现象应立即停止使用并进行更换，以免发生意外。

13.7.3.2　弯曲段内弧翻转台

A　功能

这里介绍的弯曲段内弧翻转台仅具有单一的翻转功能，就是将在弯曲段维修对中台上解体后辊面向下的内弧或在内弧维修对中台上维修对中完毕后辊面向上的内弧，翻转为所需要的状态。

B　弯曲段内弧翻转形式

弯曲段内弧翻转虽有多种形式，但都大同小异，除 13.7.3.1 小节介绍的内弧翻转（兼具整体翻转）形式外，还有诸如绳索具（即钢丝绳索具）、台架与吊车配合式的内弧翻转形式。

C　弯曲段内弧翻转台的结构及组成

（1）支撑滚轮、钢丝绳索具及吊车配合式的弯曲段内弧翻转台。参见 13.7.3.1 小节 C. c.（2）及图 3-13-38。

（2）W 钢铁公司弯曲段内弧翻转台。这种绳索具、台架与吊车配合式的弯曲段内弧翻转台，是由 4 个平面支座、2 个耳轴支座、2 个固定压盖及连接螺栓组成，如图 3-13-42 所示。4 个平面支座分别用于内弧翻转前、后的框架支撑，为满足翻转前、后其框架高低位置的不同，通过土建基础高低尺寸不同以实现 4 个支座的通用性。各支座及压盖均为焊接结构。弯曲段内弧翻转时，为确保耳轴始终围绕耳轴座旋转，在耳轴座上设有压盖，翻转时将耳轴置于压盖与轴座中。绳索具不再赘述。

（3）A 钢铁公司弯曲段内弧翻转台。这种绳索具、台架与吊车配合式的弯曲段内弧翻转台是由木块、支架、耳轴支座、挡块、螺栓等组成，如图 3-13-43 所示。与（2）项所述的内弧翻转结构基本相同，区别在于平面支座为两个可移动的木块，根据内弧翻转前、后其框架的支撑位置不同可进行移动。耳轴支座与支架均为焊接结构，两者用螺栓相连并用挡块焊牢。

D　弯曲段内弧翻转台的设计要点及安装与调整

参见 13.7.3.1 小节 D 相关内容。

E　弯曲段内弧翻转操作规程

a　W 钢铁公司弯曲段内弧翻转台翻转操作规程

基本同 13.7.3.1 小节 E. c 中相关内容。

b　A 钢铁公司弯曲段内弧翻转台翻转操作规程

（1）辊面向下的弯曲段内弧翻转成辊面向上时操作规程。如图 3-13-44 所示。以图 3-13-43 所示的翻转台为例予以叙述。

1）在弯曲段外弧维修台上解体内、外弧，将两条吊运绳索具分别挂于 85t 吊钩及内弧框架上部的 4 个吊耳上，然后将其吊至内弧翻转台上方，将铸流入口侧与内弧辊子邻接的框架面及铸流出口侧下部耳轴分别支撑在翻转台的木块及耳轴支座上。

2）摘掉两条吊运绳索具，同时将 1 条翻转用的绳索两端分别挂于 85t 吊钩及铸流入口侧内弧框架的两个吊耳上，然后以铸流出口侧内弧框架下耳轴及翻转台耳轴支座为旋转中心，缓慢提升并水平向右移动 85t 副钩，将弯曲段内弧翻转成竖直状态。

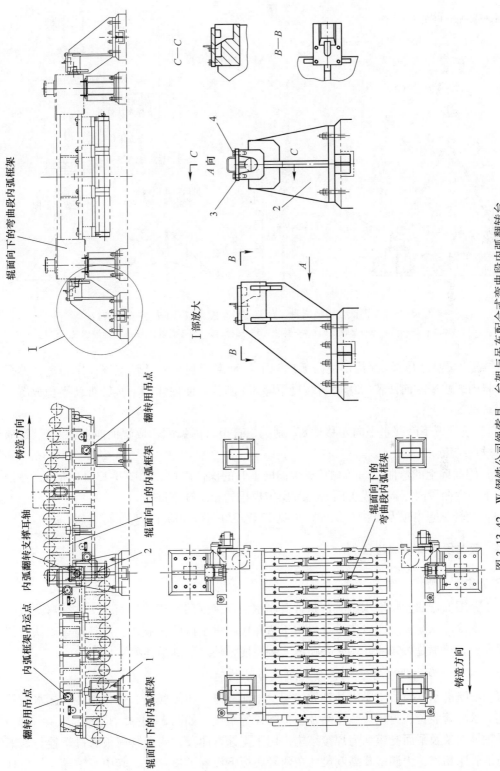

图 3-13-42　W 钢铁公司绳索具、台架与吊车配合式弯曲段内弧翻转台

1—平面支座；2—耳轴支座；3—固定压盖；4—螺栓

C—C

B—B

A 向

I 部放大

辊面向下的弯曲段内弧框架

铸造方向

翻转用吊点

内弧框架吊运点

内弧翻转支撑耳轴

翻转用吊点

辊面向上的内弧框架

辊面向下的内弧框架

辊面向下的弯曲段内弧框架

铸造方向

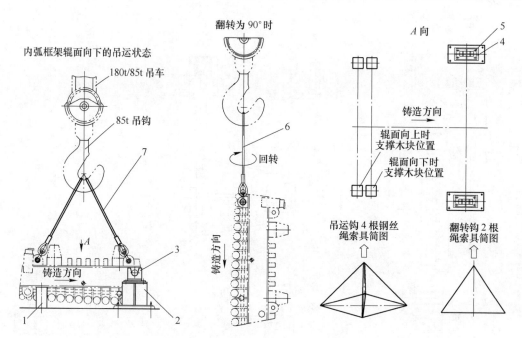

图 3-13-43　A 钢铁公司绳索具、台架与吊车配合式弯曲段内弧翻转台

1—木块；2—支架；3—耳轴支座；4—挡块；5—螺栓；6—翻转绳索具；7—吊运绳索具

3）继续缓慢提升 85t 副钩，使内弧框架下耳轴离开翻转台耳轴支座一定距离，然后在空中将内弧水平方向回转 180°，再缓慢下降 85t 副钩，使内弧的下耳轴重新平稳放置于翻转台耳轴支座上；

4）继续缓慢下降并水平向左移动 85t 副钩，直至将内弧翻转成辊面向上的水平状态，则翻转过程结束。

（2）辊面向上的弯曲段内弧翻转成辊面向下时的操作规程。如图 3-13-44 所示，按照辊面向下的弯曲段内弧翻转成辊面向上时操作规程的相反顺序进行。

（3）翻转注意事项及维护与保养。参见 13.7.3.1 小节相关内容。

13.7.4　弯曲段喷淋水试验台

13.7.4.1　功能

这里介绍的弯曲段喷淋水试验台是针对厚钢板焊接框架的弯曲段而言，这种弯曲段只有铸坯二次冷却水配管，所以该设备仅用于弯曲段喷淋水试验作业，主要是检查确认管路有无泄漏，各喷嘴是否畅通并调整各喷嘴安装角度，使之达到最佳喷淋状态。

13.7.4.2　弯曲段喷淋水试验台的组成与结构

弯曲段喷淋水试验台主要由耳轴导向架及平面支座、防滑底座、操作平台、配水盘及支撑座、水配管装置、封板、垫片组及连接螺栓等组成，如图 3-13-45 所示。

耳轴导向架及平面支座均为焊接结构，用于支撑弯曲段，两者其底板通过螺栓与其下部的防滑底座相连，为调整其高度尺寸在两者底板下设置了垫片组。其中耳轴导向架由耳轴座、导向架及底板组成，用于支撑弯曲段外弧框架下耳轴，导向架为其进出进行导向。

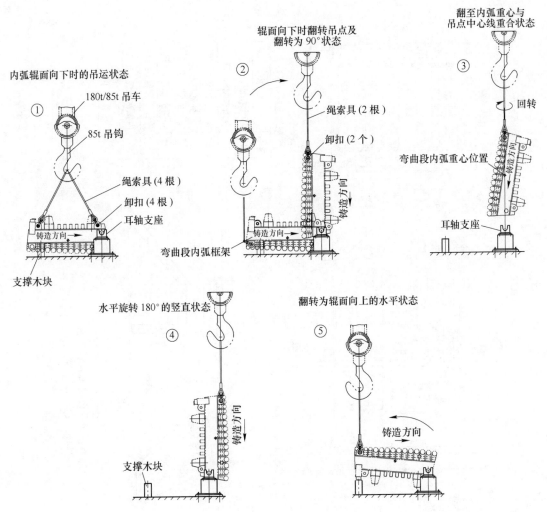

图 3-13-44　A 钢铁公司绳索具、台架与吊车配合式弯曲段内弧翻转过程

走梯平台为焊接结构，为喷淋水试验时提供操作空间。

配水盘与支撑座之间以及支撑座与平台之间通过螺栓连接，配水盘与支撑座之间以及支撑座高度方向设置了垫片组，以便调整配水盘空间位置，并待配水盘确切位置调好后再用销轴定位。

配水盘由支架、法兰、过渡接管、销、平面密封接头、O 形密封圈及螺栓等组成。支架与法兰均为焊接结构，法兰与支架通过螺栓连接。过渡接管上、下两端在现场分别与法兰及水配管系统焊接。法兰上、下两面均设有用于平面密封的橡胶接头及 O 形密封圈，喷淋水试验时，弯曲段的接水板直接坐落在法兰的平面密封接头上，而法兰的 O 形密封圈用于密封过渡接管的出水口。

水配管装置由过滤器、减压阀、压力表、球阀、支架、钢管及管子连接件等组成。一般工厂供水压力仅为 0.3MPa，此处喷水试验压力需要 0.6MPa，而结晶器和扇形段维修区域还需要 1.0MPa 的水压。所以这些区域的试验用水均需由增压泵提升至所需压力。为了节省投资，弯曲段喷淋水试验台水配管中可不设增压泵，视现场布置情况，就近与结晶器

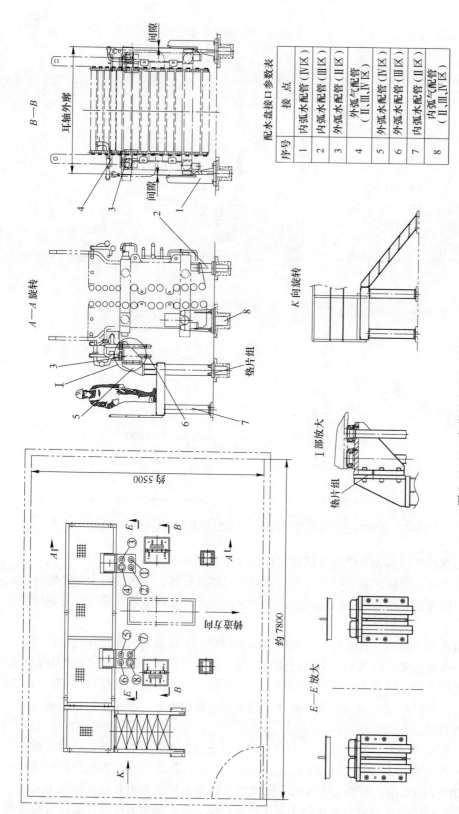

配水盘接口参数表

序号	接　点
1	内弧水配管（IV区）
2	内弧水配管（III区）
3	外弧水配管（II区）
4	外弧水配管（II、III、IV区）
5	外弧水配管（IV区）
6	外弧水配管（III区）
7	外弧水配管（II区）
8	内弧气配管（II、III、IV区）

图 3-13-45　弯曲段喷淋水试验台

1—耳轴导向架；2—平面支座；3—配水盘；4—封板；5—支撑座；6—水配管装置；7—走梯平台；8—防滑底座

或扇形段维修区共用压力水源，在此单独设置减压阀即可，但管路仍需安装过滤器，且过滤器之后钢管及管件均采用不锈钢制品。

喷淋水配管原理如图 3-13-46 所示，图中各接水点用途见表 3-13-26。

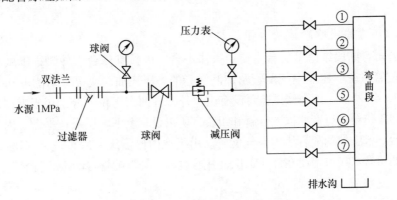

图 3-13-46　弯曲段喷淋水试验原理

表 3-13-26　喷淋水试验原理图中各接水点用途

编　号	用　　途	编　号	用　　途
①	内弧水配管（Ⅳ区）	⑤	外弧水配管（Ⅳ区）
②	内弧水配管（Ⅲ区）	⑥	外弧水配管（Ⅲ区）
③	外弧水配管（Ⅱ区）	⑦	内弧水配管（Ⅱ区）

13.7.4.3　弯曲段喷淋水试验台主要参数

试验工作压力　　　　0.6MPa
进水交接点处通径　　DN50mm（按同时工作的最多工位数确定）
喷水试验用水量　　　200L/min（按同时工作的最多工位数确定）

13.7.4.4　弯曲段喷淋水试验操作规程

（1）喷水试验前取掉不工作时盖在配水盘上的封板，检查各平面密封结合面是否完好无损，是否清洁无杂物。

（2）待喷淋水试验结束，弯曲段吊离后，将封板及时盖在配水盘上。

（3）其余各项参照 13.6.2.6 小节结晶器水试验操作规程。

（4）需要特别说明的是：弯曲段所处的位置是连铸生产过程极易发生事故的重灾区，喷嘴易损坏或堵塞，检查喷嘴的喷射状态至关重要，务必引起高度重视。

13.7.4.5　设备设计注意事项及维护与保养

（1）支撑弯曲段的耳轴座及平面支座其工作面应堆焊厚度≥3mm 的不锈钢层。

（2）两侧导向架导槽底之间水平距离误差≤±0.5mm，导向槽垂直度≤0.5mm。

（3）其余参照 13.6.2.9 小节结晶器维修对中试验台维护与保养中的相关内容。

13.7.5　箱形焊接框架弯曲段维修试验台

13.7.5.1　功能

本设备是针对早期箱形焊接框架的弯曲段且辊子装配为断开式分段辊。该维修试验台主要用来对弯曲段进行清扫、拆卸、框架修理、零部件更换及组装、机冷水试压和喷淋水试验等维修试验工作。即从内、外弧拆下的辊子部件分别送往分段辊拆装台、分段辊单辊维修台及分段辊对中台，进行辊子零部件的维修、对中和轴承座试压，确认合格后再返回到本维修试验台进行内、外弧组装，并对重新组装后的弯曲段进行水压和喷水试验并加注润滑油。

13.7.5.2　弯曲段维修试验台组成与结构

A 钢铁公司弯曲段维修试验台主要由操作平台、内弧维修台、外弧维修试验台、水压及喷水试验配管系统、压缩空气配管及加润滑脂的高压注油器或可移动的电动干油站等组成，如图 3-13-47 所示。该维修试验台设有内、外弧各两个工位，分别用于支撑内、外弧框架。因在外弧工位要进行弯曲段的分解和组装，所以设有上下两层操作平台，内弧工位只设一层操作平台。各工位均配有压缩空气配管。由于弯曲段需组装后再进行水压和喷水试验，所以做试验的所有水接口均设在外弧工位，并通过内、外弧配管自动接通装置进行水试验。

A　内弧维修台

内弧维修台主要由支架（一）和（二）、定位块和垫板等组成，用于支撑弯曲段内弧框架。两支架为对称的焊接结构，分别布置在沿铸造方向的两侧。为便于加工、调整及更换，位于两侧支架顶部与弯曲段内弧支承面结合的两个定位块及其垫板分别用螺栓与其连接，支架底部安装在基础上。

B　外弧维修试验台

外弧维修试验台主要由支架（一）和（二）、耳轴支座、平面支座、内弧配管自动接通装置、外弧配管自动接通装置等组成。弯曲段吊入时，上、下耳轴分别支承在耳轴支座和平面支座上。两支架为对称的焊接结构，分别布置在沿铸造方向的两侧。考虑加工、安装和调整方便，耳轴支座和平面支座以及内弧和外弧配管自动接通装置均为独立部件，安装时分别用螺栓与两侧支架装配为一体。为确保弯曲段上、下耳轴及内、外弧配管自动接通装置在外弧维修试验台上的相对位置，各支座及支架其水平及垂直方向均应考虑可调整手段，同时为便于弯曲段顺利吊入吊出外弧维修试验台，在两个耳轴支座外侧还设有导向板。

a　内弧配管自动接通装置

内弧配管自动接通装置主要由支撑架、连接架、连杆、连接轴式螺母、连接板、销轴、螺杆、接头及 O 形密封圈等组成，见图 3-13-47 中的 Ⅱ 部放大、M 向及 L 向视图。该装置在每个工位共两套，左右对称布置。其中连接架（实为配水盘）及与其装配在一起的试水接头，具有旋转功能，目的是避免弯曲段吊入吊出时与连接架及其接头相互干涉。

支撑架为焊接结构，其主体为圆形截面的立柱，立柱底板支承在外弧维修台支架的托座上，通过螺栓与托座连接。立柱上部不同方位焊有铰链、轴承座及支架。

装配时将支撑架、连接架、螺杆、连接板、轴承座分别用连杆、连接轴式螺母、销轴及螺栓装配为一个整体（即通过连杆将连接架与支撑架的立柱相连；螺杆尾端装入立柱上部的轴承座；连接轴式螺母拧入螺杆头端（手柄侧）；两条连接板的一端套在连接轴式螺母两侧轴伸上，通过销轴将两条连接板的另一端与连接架相连；用于支撑螺杆头端的轴承座通过螺栓与立柱上部支架相连），形成可沿水平方向转动的旋转机构。

旋转机构是通过转动螺杆头端的手柄，实现连接轴式螺母沿螺杆往复运动，通过螺母轴推拉连接板，从而带动连接架及连接架上的接头绕连杆中心水平旋转，即把连接架向外

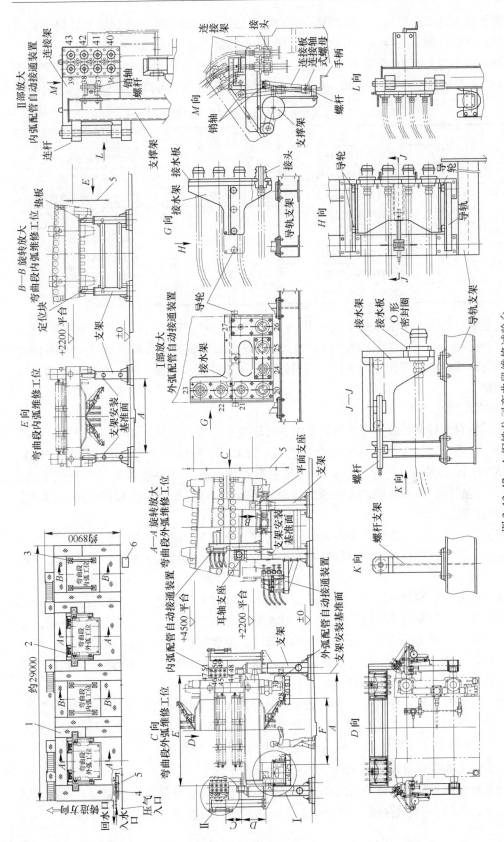

图 3-13-47　A 钢铁公司弯曲段维修试验台

1—操作平台；2—外弧维修试验台；3—内弧维修台；4—水压及喷水试验配管系统；5—压缩空气配管；6—润滑装置

推开一段距离，待弯曲段吊入外弧维修试验台就位后，再转动手柄将连接架及其接头旋回到工作位，使连接架上的接头与弯曲段内弧的 16 个接口自动接通。

两侧连接架上共有 16 个带有 O 形密封圈的接头，其中 8 个进水口（表 3-13-27 中编号 44~51）；两个回水口（编号 36、40）；其余 6 个为雾化空气入口。

表 3-13-27　内弧配管自动接通装置各接口用途

编　号	用　　途	编　号	用　　途
36	辊子冷却水回口	44	轴承座冷却水进口
37	上部两侧雾化气进口	45	上部中心喷淋水进口
38	中部两侧雾化气进口	46	中部中心喷淋水进口
39	下部两侧雾化气进口	47	下部中心喷淋水进口
40	轴承座冷却水回口	48	辊子冷却水进口
41	上部中心雾化气进口	49	上部两侧喷淋水进口
42	中部中心雾化气进口	50	中部两侧喷淋水进口
43	下部中心雾化气进口	51	下部两侧喷淋水进口

8 个进水口和两个回水口接头的另外一侧已与水试验配管的入水和回水管路连接好，6 个雾化空气入口接头的另外一侧已用螺塞封堵，所以做水试验时只需把 16 个带密封圈的接头插入弯曲段内弧框架相应的接口，即可做内弧水压及喷水试验。对于弯曲段外弧，也是如此设置。

b　外弧配管自动接通装置

外弧配管自动接通装置主要由导轨支架、导轨及导轨座、螺杆支架、导轮装配、接水架、螺杆、接水板、接头及 O 形密封圈等组成，见图 3-13-47 的 I 部放大、G 向、H 向、J—J 及 K 向图。该装置在每个工位共设两套左右对称布置。其中接水架（实为配水盘）及接水架上的接头，具有沿铸造方向前后移动的功能，目的是避免弯曲段吊入吊出时与接水架及其接头相互干涉。

导轨支架、导轨座及螺杆支架均为焊接结构件。导轨支架的立面连接板与外弧维修台支架的立柱侧面通过螺栓连接。而导轨座及螺杆支架均支承在导轨支架上，相互均采用螺栓连接。

接水架为导轮沿导轨移动式。即每侧接水架上均装有 4 个导轮及 8 个接头，通过转动接水架上的螺杆，使导轮沿导轨往复运动，接水架及其接头的前后移动行程为 180mm，即可满足弯曲段吊入吊出时的空间尺寸。待机状态时，接水架及接头在退后的待机位，当弯曲段吊入外弧维修台就位后，进行水试验时再转动接水架上的螺杆，使接水架及其接头前移与弯曲段外弧的 16 个接口自动接通。

为便于安装和调整，导轨座与导轨支架以及导轨支架与维修台的支架均用螺栓把合。两侧接水架上共计有 16 个带 O 形密封圈的接头，其中 8 个进水口（表 3-13-28 中编号 28~35）；两个回水口（编号 22、23）；其余 6 个为雾化空气入口。

C　水压及喷淋试验配管系统

水压及喷淋试验配管系统的组成及工作原理类似于结晶器维修对中试验台，机冷水试压和喷水试验为同一供水管路并需增压，在此不做赘述，可参见 13.6.2.2 小节 E。

表 3-13-28　外弧配管自动接通装置各接口用途

编　号	用　途	编　号	用　途
20	上部中心雾化气进口	28	下部两侧喷淋水进口
21	上部两侧雾化气进口	29	下部中心喷淋水进口
22	辊子冷却水回口	30	中部中心喷淋水进口
23	轴承座冷却水回口	31	中部两侧喷淋水进口
24	中部两侧雾化气进口	32	上部中心喷淋水进口
25	中部中心雾化气进口	33	上部两侧喷淋水进口
26	下部两侧雾化气进口	34	辊子冷却水进口
27	下部中心雾化气进口	35	轴承座冷却水进口

D　压缩空气配管

参见 13.6.2.2 小节 G 相关内容。

E　操作平台

参见 13.6.2.2 小节 F 相关内容。

13.7.5.3　弯曲段维修试验台主要参数

参见结晶器维修对中试验台 13.6.2.3 小节相关内容。

13.7.5.4　弯曲段水压及喷淋水试验操作规程

A　弯曲段吊入、吊出时必须确认的事项

弯曲段吊入外弧维修工位前（或水压和喷水试验完毕后吊离前），必须确认弯曲段内弧和外弧配管自动接通装置是否在待机位，即上部的内弧配管自动接通装置旋出在外侧，下部的外弧配管自动接通装置在退后的待机位，确认无误后方可吊入或吊出弯曲段。

B　水压试验操作规程

（1）弯曲段水压试验既可整体试，也可内、外弧分别试。内弧辊子和轴承座进水接口均在弯曲段自由侧，外弧辊子和轴承座进水接口均在弯曲段固定侧。

（2）整体水压试验前，先分别将内弧和外弧配管自动接通装置旋入和移动到工作位，待各自接头全部插入弯曲段相应的水口后，即可关闭内弧、外弧机冷水回水支路和喷水支路及泵站支路上的球阀，再打开内弧、外弧机冷水进水支路上的球阀，最后打开泵站主管路上的球阀即可进行整体水压试验。若内、外弧分别试，则只需关闭和打开相应的球阀即可。

（3）其余参见 13.6.2.6 小节结晶器水压试验操作规程相关内容。

C　喷水试验操作规程

（1）弯曲段喷水系统分为内、外弧两个区域，各区互相独立。内弧区域的喷水接口均在弯曲段自由侧，外弧区域的喷水接口均在弯曲段固定侧。一般情况下内、外弧应逐区试，以观察确认，也可两个区域同时试。

（2）喷水试验时，仍分别将内弧和外弧配管自动接通装置旋入和移动到工作位，待各自接头全部插入弯曲段相应的水口后，关闭内弧、外弧机冷水回水和进水支路上的球阀。

（3）因喷水和水压试验共用一套系统，所以以喷水试验时先将泵站支路上的球阀半打开起溢流作用，再打开泵站主管路上的球阀，通过调节泵站支路上球阀的开启程度，观察水压使其达到 0.6MPa，也可通过调节减压阀的出口压力使其达到 0.6MPa。

（4）其余参见 13.6.2.6 小节结晶器水压试验操作规程相关内容。

需要注意的是，喷水试验前，最好在结晶器/弯曲段对中台上将喷嘴升到便于观察的地方，检查时只需少量的水即可观察喷嘴是否畅通，有无泄漏，喷嘴喷射角度是否正确。

需要特别说明的内容同 13.7.4.4 小节（4）。

13.7.5.5　弯曲段加润滑脂操作规程

参照 13.6.2.7 结晶器加润滑脂操作规程相关内容。

13.7.5.6　弯曲段维修试验台安装与调整

A　内弧维修台安装与调整

（1）两侧支架上的定位块其 90°顶角线应调整在同一直线，至维修台中心线距离误差 ≤ ±1mm。

（2）两侧支架上的定位块及垫板的上表面应调整至同一水平高度，其误差 ≤ ±1mm。

B　外弧维修台安装与调整

（1）两侧支架的安装基准面之间水平尺寸 A 误差 ≤ ±1mm，且与维修台中心线要对称。

（2）两侧耳轴支座中心线及两平面支座上表面与支架安装基准面垂直度 ≤0.5mm。

（3）两侧耳轴支座中心至平面支座上表面高度尺寸 B 误差 ≤ ±0.5mm。

（4）两侧耳轴支座轴向中心同轴度 ≤0.5mm。

（5）内弧配管自动接通装置。

1）两侧支撑架立柱中心线与外弧维修台的耳轴支座轴向中心线应垂直，确保连接架转至工作位时，其上的各接头中心线垂直于耳轴支座轴向中心线。且接头端面至耳轴支座轴向中心线距离误差 ≤ ±1.0mm。

2）螺杆与连接架装配后，摇动手柄，螺母轴推拉连接板沿螺杆行走自如。两侧连接架绕支撑架上的连杆中心转动灵活无卡阻。

3）两侧连接架上，横向最下排接头轴向中心与两耳轴支座轴向中心之垂直距离 C 及纵向内侧接头轴向中心水平距离 E，应调整至确保弯曲段吊入后连接架转至工作位时各个接头均能自如插进弯曲段内弧配水盘的相应接口。

（6）外弧配管自动接通装置。

1）两侧的导轨其导轮各工作面与外弧维修台的平面支座应平行，确保接水架上的各接头中心线垂直于耳轴支座轴向中心线，且接水架在工作位时接头端面至耳轴支座轴向中心线距离误差 ≤ ±1.0mm。

2）两侧的螺杆与螺杆支架及接水架装配后，转动螺杆各自接水架上的 4 个导轮沿导轨面行走自如，无卡阻，满足待机位与工作位之行程要求。

3）两侧接水架上，横向最上排接头轴向中心与两耳轴支座轴向中心之垂直距离 D 及纵向内侧接头轴向中心水平距离 F，应调整至确保弯曲段吊入后接水架移动至工作位时各个接头均能自如插进弯曲段外弧配水盘的相应接口。

13.7.5.7　弯曲段维修试验台的维护与保养

参照 13.6.2.9 小节结晶器维修对中试验台维护与保养相关内容。

13.7.6　扇形段 1 + 2（弯曲段）对中和喷嘴检查台

W 钢铁公司扇形段 1 + 2 实际上就是通常所说的弯曲段，因弯曲段比较长，而将其分解为两台独立的设备，即直线区 5 对小辊径的辊子划分成一段称为扇形段 1，分布在直线区和弯曲区的 13 对大辊径的辊子划分成另一段称为扇形段 2。我们通常所说的扇形段 1 在这里就变成了扇形段 3。

13.7.6.1　功能

扇形段 1 + 2 对中和喷嘴检查台具有对中和通水试验两种功能。对中功能是针对扇形段 1 + 2（弯曲段）的对中（但对中时无需扇形段 1 在此），对中的前提是扇形段 2 已完成内、外弧各自对中且已组装完毕，这里的对中仅仅是调整扇形段 2 入口第一对辊与样板之间（亦即扇形段 2 入口第一对辊与扇形段 1 出口末辊之间），及扇形段 2 末辊与扇形段 3 入口第一对辊之间两处弧线的连续性，实际为扇形段 1 与 2 及扇形段 2 与 3 两处外弧线的整体对中。通水试验功能主要是针对扇形段 1 + 2（弯曲段）完全分段的辊子装配进行设备机冷水（即辊子和轴承座冷却）压力试验及铸坯二次喷淋水的试验。

13.7.6.2　扇形段 1 + 2 对中和喷嘴检查台的组成与结构

W 钢铁公司扇形段 1 + 2 对中和喷嘴检查台主要由框架、顶部支架、上耳轴支架装配、下耳轴支座装配、连接轴支架装配、配水盘连接架装配、外部水配管系统、对中样板、垫片组、挡块及连接螺栓等组成，如图 3-13-48 所示。

A　框架

框架为两个大型焊接件，左右对称安装，分别布置在（面对铸造方向）扇形段 1 + 2 对中试验台中心两侧，框架上安装有顶部支架、上耳轴支架装配、下耳轴支座装配、配水盘连接架装配等四大部件，框架是该设备承上启下的主体构件。

沿铸造方向的框架呈 L 形结构，而面对铸造方向则为上小下大的多边形结构。框架与相关部件及基础的安装均通过螺栓联接。L 形框架内侧竖直面的上方安装有上耳轴支架，竖直面的下方以及 L 型框架内侧水平面上，安装着具有两个互垂面的下耳轴支座，而在紧邻下耳轴支座的外侧（面对铸造方向）还安装有配水盘连接架。同时，L 形框架外侧的竖直面及水平面则直接支撑在基础上并用地脚螺栓紧固，而外侧竖直面的上方，还与坐落在基础上的顶部支架把合。

B　顶部支架

顶部支架为焊接结构，共两件，左右对称安装，分别布置在（面对铸造方向）扇形段 1 + 2 对中试验台中心两侧的顶部，相互垂直的两法兰通过螺栓分别与框架及基础相连，是传递框架上部载荷的主要承载部件。

C　上耳轴支架装配

该部件由耳轴支架、销轴、轴座（相当于滚轮）、保持板、轴端挡板、固定键、垫片组、油杯及连接螺栓等组成，用于支撑扇形段 2 的上部挂耳。耳轴支架为焊接件，镶嵌着轴座的销轴支撑在耳轴支架上。当扇形段 2 吊入后其上部挂耳则支撑在轴座弧面上。受力后防止轴座在销轴上转动则由安装在耳轴支架内侧的保持板限位。销轴及轴座的精确位置，可通过耳轴支架法兰面的垫片组进行调整。销轴和轴座共两组，装配后为左右对称结

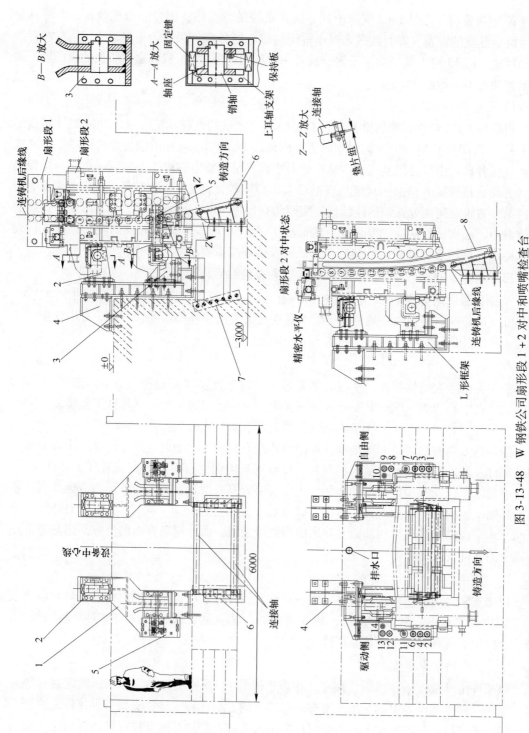

图 3-13-48 W 钢铁公司扇形段 1 + 2 对中装配

1—框架; 2—上耳轴支架装配; 3—下耳轴支架装配; 4—顶部支架; 5—配水盘支座连接; 6—连接轴支架装配; 7—外部水配管系统; 8—对中样板

构，分别用螺栓把合在（面对铸造方向）框架上部，为防止耳轴支架在重力作用下移位及螺栓受剪，待其位置确定后将与耳轴支架有配合尺寸（面对铸造方向）的上、下固定键与框架焊牢。

D 下耳轴支座装配

该部件由耳轴支座、销轴、轴端挡板、双向调整用垫片组及连接螺栓等组成，用于支承扇形段 2 的下部挂耳。耳轴支座为焊接件，销轴支撑在耳轴支座上，为确保销轴的精确位置，可通过耳轴支座两个垂直法兰安装面的垫片组进行调整。下耳轴支座装配共两组，装配后为左右对称结构，分别用螺栓把合在一起。

E 连接轴支架装配（即模拟辊装配）

该部件由支架、上下两根连接轴（即两根模拟辊）、垫片组、挡块及连接螺栓组成。上部连接轴位置是模拟扇形段 3 入口 1 号外弧辊子的坐标，下部连接轴是模拟扇形段 3 外弧线上相应点的坐标，两根连接轴径表面（即模拟辊面）是外弧线基准，以此用来支撑样板下端工作面。

支架共两组，为对称的焊接结构，分别布置在（面对铸造方向）扇形段 1 + 2 对中试验台中心两侧的下部，两支架背面通过螺栓与基础相连；而上、下两根连接轴的两端分别与左、右支架用螺栓相连，两者之间设有垫片组用来调整连接轴径表面（即模拟辊辊面）至外弧线的精确位置，当连接轴弧线位置调整好后，用挡块焊牢。

F 配水盘连接架装配

该部件共两组，对称布置在（面对铸造方向）框架中部下耳轴支座的外侧，每侧配水盘其上下两面均设置 7 个接水口，分别用于扇形段 1 + 2 两侧配水盘相对应水口的自动接通和外部水配管系统各软管的衔接。

该部件由配水盘连接架、固定键、内接头、垫圈、挡圈及连接螺栓等组成。

连接架沿铸造方向为丁字形焊接结构，分别用螺栓与框架连接。每个连接架上面通过垫圈和挡圈配有 7 个与扇形段 1 + 2 各外接头水口相对应的内接口水套；而连接架下面对应各水套的则为内螺纹接口，分别与外部水配管系统金属软管末端相连。为确保其定位并固定，当安装调整后，将与连接架有配合尺寸（面对铸造方向）的上、下固定键与框架焊牢。

当扇形段 1 + 2 吊入时，其上的 14 个外接头水口则与本连接架中各内接水套自动接通，扇形段 1 + 2 对中和喷嘴检查台各接水口用途见表 3-13-29。

表 3-13-29 扇形段 1 + 2 喷嘴检查台各接水口用途

编 号	用 途	编 号	用 途
1	扇形段 1 辊座冷却进水	8	扇形段 2 轴承和箱体冷却回水
2	扇形段 1 辊座冷却回水	9	扇形段 2 外弧下部喷淋进水
3	扇形段 1 内弧中间喷淋进水	10	扇形段 2 内弧下部喷淋进水
4	扇形段 1 内弧边部喷淋进水	11	扇形段 2 辊子冷却进水
5	扇形段 1 外弧中间喷淋进水	12	扇形段 2 轴承和箱体冷却进水
6	扇形段 1 外弧边部喷淋进水	13	扇形段 2 外弧上部喷淋进水
7	扇形段 2 辊子冷却回水	14	扇形段 2 内弧上部喷淋进水

G　外部水配管系统

根据用户供到维修区的水源压力，视情况决定本配管系统是否需要配置增压泵。该配管系统的压力水集中供至固定在基础上的集成块，不同规格的金属软管其两端外接头分别与该集成块和配水盘上相对应的内接口相连即可。该系统的组成及原理与结晶器维修试验台及弯曲段喷淋水试验台大同小异，这里不再赘述，可参见图 3-13-14 和图 3-13-46 以及13.6.2 和 13.7.4 小节的相关内容。

H　对中样板

对中样板比较长，其功用相当于三位一体对中样板。用于调整扇形段 2 与其上下相邻两段各自出入口处外弧线的连续性，即满足与扇形段 1～3 之间的对弧要求。

对中样板为组合件，由样板本体、支撑板、青铜套、销轴、垫片及垫板、调整板、水平仪参考基准板、定位销及连接螺栓等组成，如图 3-13-49 所示。

样板本体断面形状采用抗弯性能好的工字形结构，其工作面为直弧形。样板上部在宽度和厚度（工作面侧）两个方向分别设有吊运孔及水平仪参考基准板。该基准板与样板体之间设有垫板通过螺栓将三者紧固在一起。

样板本体上部宽向两侧设有支撑板，进行对中时将样板支撑在扇形段 2 入口辊面上。两块支撑板与样板体之间设有垫片并通过销轴将镶有青铜套的样板体与其组合在一起，样板吊装时其本体可绕销轴转动以免损坏工作面。为确保支撑板的刚性，在支撑区域内两支撑板之间设有相应厚度的垫板，通过螺栓及定位销将其精确组装为一体。

样板本体及支撑板材料推荐采用航空硬铝 7075，其余连接件材料建议采用不锈钢。

13.7.6.3　扇形段 1＋2 对中和喷嘴检查台操作规程

A　对中操作规程

（1）将已完成内、外弧各自对中并组装后的扇形段 2，吊至该对中试验台上，使其上、下挂耳分别支承在上部耳轴轴座及下部耳轴上。

（2）由吊车吊运对中样板，将其从扇形段 2 上口缓慢装入，吊钩继续缓慢下降使样板体随着辊逢形状自然绕销轴转动的同时沿着辊逢逐渐下移，当样板两侧支撑板坐落在扇形段 2 入口第一对辊面上时，样板即安装到位，可摘掉吊车吊钩。此时样板下部外弧面则支撑在两根连接轴径（模拟辊面）上。

（3）将水平仪的磁性立面贴合在样板基准板上，检查样板直线段的垂直度，如图 3-13-49 所示，确认样板下端外弧面与两根连接轴径（模拟辊面）是否为无间隙贴合状态。

（4）当水平仪测出样板直线段不垂直，且塞尺测出样板与扇形段 2 首辊、末辊及扇形段 3 首辊之间有误差时，则通过调整扇形段 2 上、下挂耳相应的位置来消除间隙，使样板与测量的辊面之间的间隙误差其目标值为 0 ± 0.05mm，允许值为 0 ± 0.10mm。

（5）对于板坯连铸机扇形段外弧线的对中，是在宽面上取两点同时用 2 条样板对中，两样板之间的距离视辊身长度而定（至于是否取 2 条以上的样板同时对中，则视板坯宽度而定）。

B　水压及喷淋水试验操作规程

水压及喷淋水试验操作规程与结晶器维修试验台及弯曲段喷淋水试验台大同小异，不再赘述，可参见 13.6.2 和 13.7.4 小节相关内容。

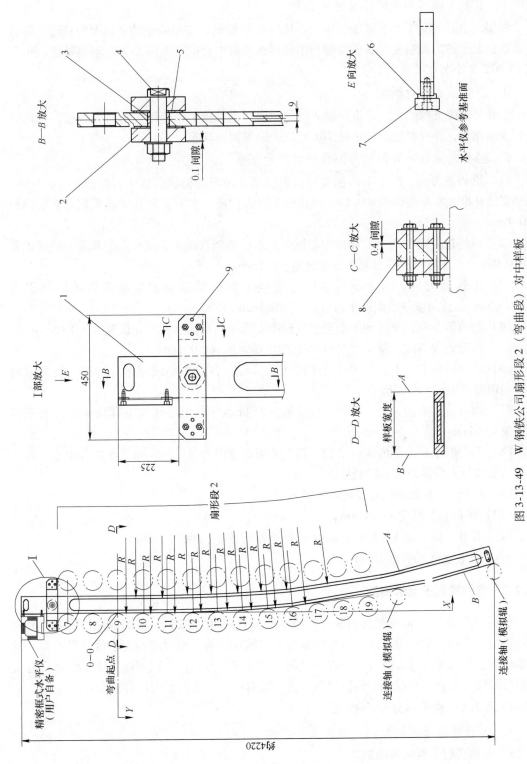

图 3-13-49　W 钢铁公司扇形段 2（弯曲段）对中样板

1—样板本体；2—支撑板；3—铜套；4—销轴；5—垫片；6—调整板；7—基准板；8—垫板；9—定位销

13.7.6.4　扇形段 1 + 2 对中和喷嘴检查台设计注意事项

A　主要支撑部件的刚性及基础负荷

框架、上耳轴支架、下耳轴支座及连接轴（模拟辊）支架的刚性及框架的基础负荷直接关系到辊子的对弧精度，其重要性与结晶器维修对中台框架大同小异，不再赘述。可参照 13.6.2.8 小节相关内容。

B　各支撑面的耐磨度

上耳轴轴座支撑面及上、下耳轴表面的耐磨性也直接关系到辊子的对弧精度，所以应进行表面淬火，淬火硬度≥40 ~ 45HRC，淬火层深度≥2mm。

C　主要支撑部件的形位公差及样板尺寸精度

（1）沿铸造方向，两个 L 形框架竖直安装基准面至连铸机后线平行度误差≤0.1mm，水平安装基准面水平度误差≤0.1mm，且每个框架竖直与水平安装基准面相互垂直度误差≤0.1mm。

（2）沿铸造方向，两个上耳轴中心线至 L 形框架竖直和水平两个安装基准面距离误差≤±0.05mm，且与两个基准面平行度误差≤0.1mm。

（3）沿铸造方向，两个下耳轴中心线至 L 形框架竖直安装基准面的距离误差≤±0.05mm，且与该基准面的平行度误差≤0.1mm。

（4）沿铸造方向，下耳轴中心至上耳轴中心纵向和横向坐标尺寸误差≤±0.05mm。

（5）面对铸造方向，两个上（两个下）耳轴同轴度≤0.1mm。

（6）沿铸造方向，上、下两根连接轴（模拟辊）各自中心线至下耳轴中心线的纵向和横向距离误差≤±0.05mm。

（7）面对铸造方向，上、下两根连接轴（模拟辊）各中心线与下耳轴中心线的平行度误差≤0.1mm。

（8）两个配水盘上各内接口水套，其上表面高度误差≤±0.5mm，各水套中心位置应满足弯曲段吊入后其外接头顺利插入。

（9）样板 A、B 面的尺寸精度≤0.05mm。

（10）样板总长度变形≤0.5mm。

13.7.6.5　扇形段 1 + 2 对中和喷嘴检查台的维护与保养

参见 13.6.2.9 小节相关内容。

13.7.7　弯曲段辊子维修设备

根据弯曲段（或 W 钢铁公司所称呼的扇形段 1、扇形段 2）辊子装配结构形式，其辊子维修设备有不同的设置方式，即辊子装配为芯轴式结构，则对应的辊子维修设备有芯轴式辊子拆装台及相应的存放台；而辊子装配为断开式分段结构，则对应的辊子维修设备应设有分段辊拆装台、分段辊单辊维修台、分段辊对中试验台及相应的存放台。

13.7.7.1　辊子维修设备功能

A　芯轴式辊子拆装台的功能及工作原理

a　芯轴式辊子拆装台功能

用于对连铸机设备中各类芯轴式辊子装配进行拆装。通常结晶器、弯曲段维修设备布置在同一跨（有时称机械维修一区），而扇形段维修设备则布置在另外一跨（有时称机械维修二区），为便于辊子拆装时的吊运及安装，两个维修区应分别设置拆装台，即机械维修一区设置的拆装台专门用于拆装结晶器足辊和弯曲段不同辊径的辊子装配，而机械维修二区设置的拆装台则专门用于拆装扇形段不同辊径的辊子装配。

近年来，在板坯连铸机中较多地采用了芯轴结构的辊子装配，其结构特点是多个辊套和轴承装配在同一个芯轴上，虽然辊子装配结构简单，减轻了设备重量，但采用传统的拆装方式和工具来拆装这种辊子装配往往劳动强度大，拆装效率低，且零部件易损伤，难以满足连铸机生产对设备维修周期的要求。芯轴式辊子拆装台（图 3-13-50）是针对芯轴式辊子装配件的结构特点而开发的，专门用于拆、装板坯连铸机不同辊径的芯轴式辊子装配。

b　芯轴式辊子拆装台的工作原理

芯轴式辊子是通过液压缸产生的顶推力来分离或装配芯轴、轴承和辊套。

对芯轴式辊子进行解体操作时，将辊子装配放置在小车上，再用卡紧定位装置对待拆的辊套进行定位，液压缸后腔供油时，缸前端的推压件即可将芯轴与轴承或轴承与辊套分离，逐段拆除辊套和轴承，拆下的辊系各零件落在支撑小车上。辊子组装时的操作过程与此类似。

所拆装的辊子直径不同，轴承座的外形也不同，在拆装台上设置了若干组专用卡板，即卡辊套或卡轴承座，拆装时根据需要对应选择。由于不同辊径的辊子装配均要适应液压缸顶杆的中心高度，故支撑辊子的小车还应具有升降功能。小车升降可采取两种结构形式，其一可采用支撑板方式通过调节不同孔距将辊子升降在不同高度，另外也可采用手轮丝杠升降小车的方式将辊子升降在不同高度，两种升降方式均可实现拆卸不同直径的辊子装配（见图 3-13-50）。图中所示拆装的辊子规格为结晶器足辊与弯曲段的各种辊子装配。布置在机械维修二区用于拆装扇形段各种规格辊子装配的拆装台，其拆装台结构形式与此相同，拆装时只需更换对应的顶杆及卡板即可实现同样的功能。

B　断开式分段辊拆装台功能

该类型的拆装台是用于将弯曲段（或扇形段）整根的分段辊装配人工拆分成单段的辊子装配，以及人工再将已更换或维修好的单段辊子装配组装成整根的分段辊。

C　断开式分段辊单辊维修台功能

该单辊维修台是将经弯曲段（或扇形段）分段辊拆装台由人工已拆分成的单段辊子装配，在此由人工再对单段辊子装配进行辊子与直属零件的拆卸，以及人工再将已更换或维修好的单段辊子与其零件重新组装成单段辊子装配。

D　断开式分段辊对中试验台功能

该对中试验台用于对弯曲段（或扇形段）人工维修组装完毕的各分段辊进行检查、调整及对中，并对其轴承座进行水压试验，以减少与各自框架组装时的工作量及返工几率，更有效地提高维修质量与工作效率。

13.7.7.2　辊子维修设备的组成与结构

A　芯轴式辊子拆装台的组成与结构

本设备主要由机架、液压缸及操作阀装置、顶杆、夹紧装置、卡紧定位装置、抗剪销、小车、支撑小车、足辊轴承座定位架、支撑板、若干组卡板、插销及液压配管等组成，其特点是一套辊子拆装台可适用于多种规格辊子的拆装（见图 3-13-50）。而图 3-13-51a、b 为拆卸滚针轴承的专用工具及拆卸过程。

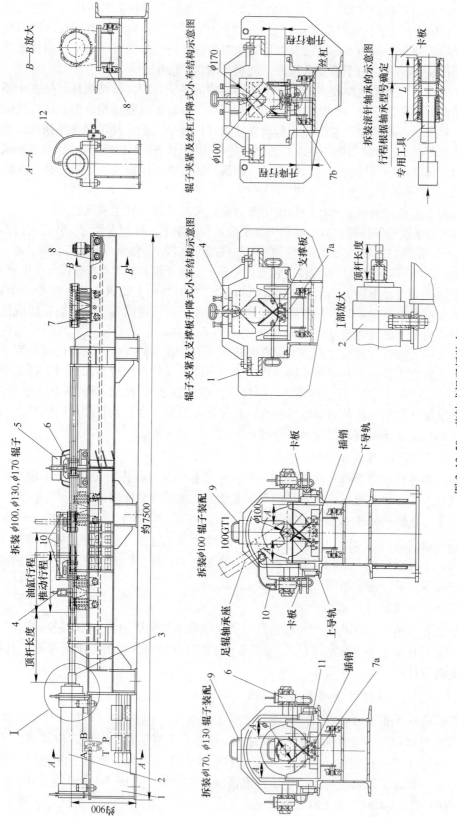

图 3-13-50　芯轴式辊子拆装台

1—机架；2—液压缸及阀装置；3—顶杆；4—夹紧装置；5—卡紧装置；6—抗剪装置；7a—支撑板升降式小车；
7b—丝杠升降式小车；8—支撑小车；9—卡板；10—轴承座定位架；11—支撑板；12—液压配管

a　机架

机架是辊子拆装台的主体结构，若将辊子拆装台比喻为一台车床，则机架就是这台车床的床身。机架为焊接结构，底脚处设有与基础紧固的螺栓孔，现场安装时将其固定在基础上。

机架顶部的一端用于安装液压缸，另一端在不同高度上设置有两组轨道，小车和卡紧装置可在轨道上移动。机架中部的两个侧边均加工有若干定位孔，拆卸辊子时将抗剪销插入定位孔，即可将小车和卡紧装置固定在机架的某处位置上，便于拆卸辊子。在机身两侧

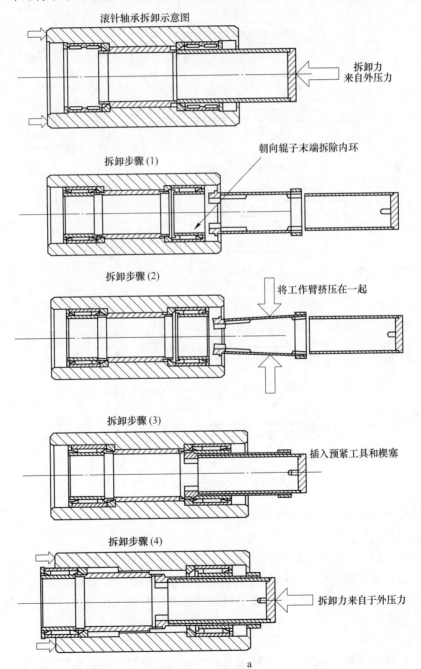

滚针轴承拆卸示意图

拆卸力来自外压力

朝向辊子末端拆除内环

拆卸步骤 (1)

拆卸步骤 (2)

将工作臂挤压在一起

拆卸步骤 (3)

插入预紧工具和楔塞

拆卸步骤 (4)

拆卸力来自于外压力

a

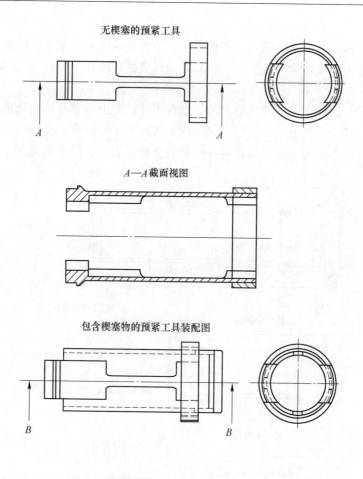

无楔塞的预紧工具

A—A截面视图

包含楔塞物的预紧工具装配图

装配图的B—B视图

b

图 3-13-51　滚针轴承拆卸示意

立面的相应位置还设有液压缸顶杆及各类插板的存放架。

　　b　液压缸及操作阀装置

　　液压缸用来提供拆装辊子时所需的顶推力及行程，它是辊子拆装台工作的主体部件之一。操作阀装置配有球阀、节流阀以及手动换向阀等，用于控制液压缸的动作。液压缸工作时所需的动力油由维修区液压站提供。机旁设有电控箱和操作盒，操作工人就地操作并观察拆、装情况。

　　c　顶杆

　　顶杆是根据所拆装的不同辊子直径及分段辊长度，确定其规格和数量。按行程顶杆共有两种形式，其一是仅为内螺纹的连接头兼顶杆的结构形式，另一种是内螺纹连接头及顶杆并存的结构形式。拆装辊子时根据需要将对应的顶杆其内螺纹连接头与液压缸前端外螺杆相连接即可。不同辊子直径对应的顶杆规格见表3-13-30。

表3-13-30　不同辊子直径对应的顶杆规格

顶杆编号	适用辊子装配名称	顶杆规格/mm		备　注
		连接头直径/顶杆直径	顶杆长度	
1	结晶器宽面 $\phi100$ 足辊装配	$\phi100/\phi47$	850	不含连接头长度
2	弯曲段 $\phi130$ 辊子装配	$\phi100/\phi60$	850	不含连接头长度
3	弯曲段 $\phi170$ 辊子装配	$\phi100/\phi70$	850	不含连接头长度
4	扇形段 $\phi200$ 辊子装配	$\phi100/\phi87$	850	不含连接头长度（包括自由辊和驱动辊）
5	扇形段 $\phi230$ 辊子装配			
6	扇形段 $\phi250$ 辊子装配	$\phi100$	130	仅连接头长度（包括自由辊和驱动辊）

　　d　卡紧装置

卡紧装置由车架、车轮、轴、轴承及挡圈等组成。车架为焊接的拱形结构，前后均设有拉手，在拱形架下方两侧装有4组车轮，通过拉手即可推拉车架沿机架的上层轨道自由移动。拱形车架的上方和左右两侧都开有方形槽孔用以安装不同规格的卡板。拆装辊子时先将卡紧装置移至机架所需位置并插入抗剪销予以固定，然后再将对应的卡板分别插入槽孔，即可卡住辊套或轴承座以便传递拆装推力。拆装各种辊子所用卡板组合及功能，见表3-13-31。

表3-13-31　拆装各种辊子所用卡板组合及功能　　　　　　　（mm）

序号	辊子装配名称	卡板号		支撑板定位孔编号	定位距离A	备　注
		卡轴承座	卡辊套			
1	结晶器宽面 $\phi100$ 足辊装配	—	100GT	6	128.94	卡辊套进行拆装
2	弯曲段 $\phi130$ 辊子装配	—	130GT	5	109.36	
3	弯曲段 $\phi170$ 辊子装配	—	170GT	4	83.25	
4	扇形段 $\phi200$ 辊子装配	200ZC	200GT	3	63.5	卡辊套或卡轴承座进行拆装（含自由辊和驱动辊）
5	扇形段 $\phi230$ 辊子装配	230ZC	230GT	2	44	
6	扇形段 $\phi250$ 辊子装配	250ZC	250GT	1	31	

　　注：1. 表中支撑板定位孔编号，是针对支撑板升降辊子高度的拆装台；
　　　　2. 采用丝杠升降小车的拆装台，升降距离是由固定的竖直刻度线标志与随小车升降的指引箭头对应确定的。

　　e　小车

按升降方式的不同有两种结构形式的小车，它们的主体结构基本相同，均由车架、车轮、轴、轴承及挡圈等组成。其功能都是在拆装辊子之前，先用两个小车支撑1根辊子使其升降，调整至待拆装的辊子中心线与液压缸中心线同轴线。根据情况可任意选择一种小车结构，现分述如下。

（1）支撑板升降式小车。其车架为平板形焊接结构，车体上面按一定间距设有竖直隔板并在其上分别开有定位孔，且两侧外侧隔板上还设有拉手，并在车架下方设有 4 组车轮，手扶拉手可推拉车架沿机架的下层轨道自由移动至所需位置。

拆装辊子时，将带有不同孔距的支撑板分别插入车架竖直隔板中间，根据所拆辊子的直径，将支撑板上对应辊子直径的孔号与车架上竖直隔板的定位孔对齐，并用插销将两者固定，此时将对应的辊子吊放在小车上，辊子中心标高即与液压缸中心标高自动对齐，随后即可进行该规格辊子的拆装操作程序。

（2）丝杠升降式小车。其车架仍然为平板形焊接结构，行走机构与支撑板升降式小车相同。该车架与上述小车的区别是，车架周边设有 4 根导向柱，用于支撑辊子并镶有导向套的升降架则安装在导向柱上。穿过车架中心用于顶推升降架的顶套与升降架定心固定，顶套内镶有向心球轴承并采用单侧密封。支撑轴承的丝杠轴其轴头通过升降架中心并在其上装有手轮，而丝杠下部穿过固定在车架之下的螺母。

小车升降通过转动手轮带动丝杠，由顶套推动，使升降架沿导向柱上下往复运行。升降距离由固定在车架上的竖直标尺及升降架上的箭头标志用目测控制。拆装辊子时将辊子吊放在小车升降架上，转动手轮使升降架上的箭头标志升降在标尺对应位置，使辊子中心线升降在与液压缸中心线同标高处，即可进行该规格辊子的拆装操作程序。

f　支撑小车

支撑小车由车架、车轮、轴、轴承及挡圈等组成。车架也为平板形的焊接结构，行走机构与上述两种小车相同。支撑小车用于支撑拆装下来的各种规格辊子的轴承座，以便存储、吊装及运输。

g　夹紧装置

夹紧装置用于 $\phi100 \sim 170mm$ 小辊径的辊子拆装（即结晶器足辊和弯曲段的辊子装配），目的是防止辊子受到液压缸推力时而发生倾斜。夹紧装置主要由夹紧梁、V 形压头、螺栓及手柄组成。夹紧梁为弓形焊接结构，手柄穿过夹紧梁，V 形压头通过伸出夹紧梁的手柄螺杆联接并吊挂在夹紧梁之下。V 形压头随不同辊径而上下浮动。在弓形梁上、下方两侧，分别设有两个顶紧螺栓及螺栓孔。设备工作时，先将夹紧装置中的弓形梁用螺栓固定在机架上，再将落压在辊套上的 V 形压头用顶紧螺栓紧固，以夹住辊子的受力端，防止拆装时辊子发生倾斜。

B　断开式分段辊拆装台的组成与结构

该设备为焊接结构，无论是哪种规格的工位其结构均相同，分别设有辊身及轴承座的支撑与导架，区别仅是轴承座位置及辊子直径尺寸有所不同，如图 3-13-52 所示。根据弯曲段（或扇形段）分段辊直径的种类及各轴承座的安装位置，确定拆装台的规格及工位数量。

C　断开式分段辊单辊维修台的组成与结构

该设备为焊接结构，无论是哪种规格的工位其结构均相同，分别设有辊身及轴承座的支撑位置，区别仅是轴承座位置及辊子直径尺寸有所不同，如图 3-13-53 所示。根据弯曲段（或扇形段）单段辊子直径的种类及辊身长度，确定单辊维修台的规格及工位数量。

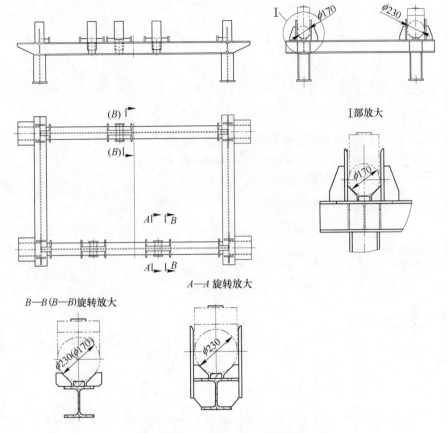

图 3-13-52 断开式分段辊拆装台

D 断开式分段辊对中试验台的组成与结构

该对中试验台主要由支撑框架、样板、螺旋千斤顶、样板定位架、起重螺栓、调整螺栓及水配管等组成，如图 3-13-54 所示。其中支撑框架、样板定位架及样板均为焊接件。各对中试验工位的对中框架结构基本相同，分别设有样板架、千斤顶及轴承座的定位及安装孔，对中框架的区别仅在于轴承座的安装尺寸有所不同。螺旋千斤顶由顶头、螺杆、螺杆座及锁紧螺母等组成。

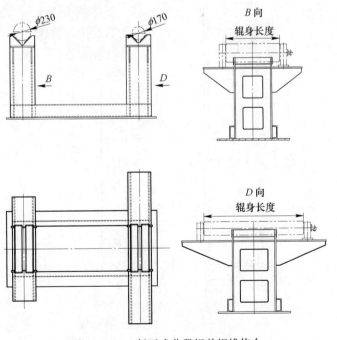

图 3-13-53 断开式分段辊单辊维修台

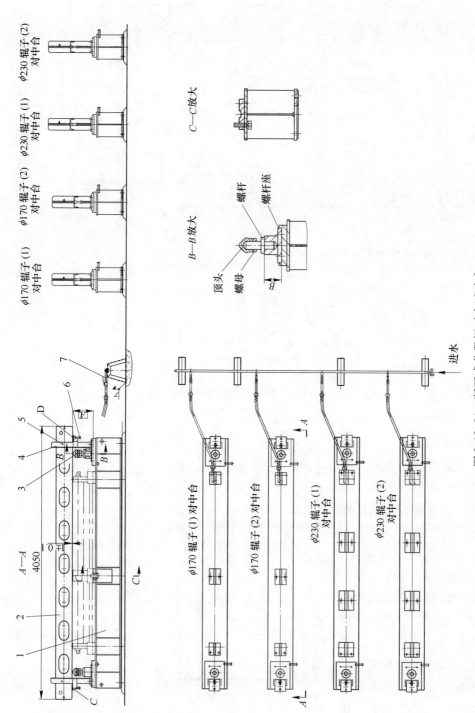

图 3-13-54　断开式分段辊对中试验台

1—支撑框架；2—样板；3—螺旋千斤顶；4—样板定位架；5—调整螺栓；6—起重螺栓；7—水配管

　　每个对中试验台应以弯曲段（或扇形段）分段辊直径的种类、各轴承座定位及安装尺寸为前提，来确定工位规格与数量。

13.7.7.3　辊子维修设备的主要参数

A　芯轴式辊子拆装台主要参数

设备型式	液压缸推动式
液压缸推力	负荷阻力不确定或计算不精确时，对于一般规格的辊子装配，按照经验取约 70tf（700kN）
液压系统压力	16～20MPa（额定压力：25MPa）
推动速度	应缓慢且无级调节
工作行程	大、小不同，根据分段辊长度确定
返回行程	无外负荷
操作方式	手动

B　断开式分段辊维修设备的主要参数

（1）辊子维修设备的数量。每台连铸机或者在一个车间内的多台连铸机具体需要设置几个拆装台、单辊维修台及对中试验台，应根据每月被维修的弯曲段（或扇形段）台数及维修时间经计算或根据经验确定。

（2）断开式分段辊对中试验台主要参数。轴承座水压试验压力为 0.6MPa，保压时间为 30min。

13.7.7.4　辊子维修设备的安装与调整

A　芯轴式辊子拆装台的安装与调整

芯轴式辊子拆装台，如图 3-13-50 所示。

（1）确定设备中心线，调整液压缸活塞杆中心线与机架的上轨面平行，在液压缸行程范围内活塞杆中心线至上轨面垂直距离误差 ≤ ±0.5mm。

（2）将液压缸活塞杆中心线与机架的两条上轨面中心线调整对称，对称度误差在液压缸行程范围内 ≤1.0mm。

（3）液压缸安装调整好以后，将挡块焊在机架上。

（4）液压管路和液压系统液压油清洁度应达到 NAS8 级，否则视为不合格。

（5）试运转前需确认液压系统压力正常，然后通过手动换向阀操纵液压缸往复动作，液压缸的动作应平稳，若出现窜动现象，可考虑液压缸内是否滞留有空气，必要时通过液压缸前后端的排气口将空气排出。

B　断开式分段辊对中试验台的安装与调整

参见图 3-13-54。参照 13.7.2.4 小节 B.（1），调节支撑对中样板的螺旋千斤顶高度内容。其他要求如下。

（1）对中框架上部各基准面（辊子轴承座及千斤顶支座的安装面）在全长范围内的水平度 ≤0.1mm。

（2）两个千斤顶顶头工作面理论正确高度尺寸 A 允差值 ≤ ±0.05mm。

（3）两个千斤顶顶头理论正确高度尺寸调好后，将千斤顶与螺母锁紧并沿周边点焊牢固。

（4）两个样板支架的样板槽中心与千斤顶中心应对称（即样板槽中心与千斤顶中心应在一条直线上）。

13.7.7.5　辊子维修设备的操作规程

A　芯轴式辊子拆装台操作规程

（1）使用前确认维修区液压站工作正常，液压系统压力处于正常范围且压力稳定。

（2）正常启动设备之前，切记检查液压缸的活塞杆是否在待机位（即活塞杆处于完全收回状态）。

（3）上述内容确认后，吊入 1 根辊子放置在两台小车上，根据所拆装的辊子规格通过小车将辊子中心线升到与液压缸中心线同轴线的位置（具体所需小车数量视辊子分节情况而定）。

（4）根据所拆装的辊子规格，将对应的顶杆装在液压缸前端。

（5）将卡紧装置移动到所需位置，用抗剪销与机架固定，并将对应的卡板插入槽孔以便卡住待拆装的轴承座或辊套。

（6）若拆装 $\phi100 \sim 170$mm 小辊径的辊子时，还需将夹紧装置吊放至辊子受力端位置，并将弓形梁用螺栓固定在机架上，再用顶紧螺栓固紧 V 形压头以夹住辊子的受力端。

（7）若拆装结晶器足辊时，还需将足辊轴承座定位架临时安装在机架的适当位置，然后将钢管放于其上以扶持轴承座（拆卸其他规格的辊子时不用此件）。

（8）用操作阀装置上的手动阀控制液压缸动作，开始拆卸或装配辊系零部件，并随时观察辊子的拆装状况，完成操作后及时停止液压缸动作并收回液压缸的活塞杆至待机位。

（9）拔出抗剪销、抽出各卡板、松开 V 形压头，视情况决定是否需要卸掉该规格的顶杆，并将卸下的顶杆、卡板等各零件整齐有序地放置在机架上相应的存放位待用。

（10）将小车移至适当位置，吊离芯轴及辊系各零件至其他地方进行清洗、维修。

（11）清洁机身及设备周围，等待下次拆装操作。

B　断开式分段辊对中试验台操作规程

a　分段辊对中操作规程

（1）确认对中台各零部件按图示位置已安装调整正确。

（2）吊入弯曲段（或扇形段）辊子装配，按图示位置安装好。

（3）向上旋转起重螺栓，如图 3-13-54 所示，使其端面 C、D 高于千斤顶顶头工作面之上。

（4）将样板放入定位架，并支撑在两个起重螺栓 C、D 端面上。

（5）通过旋转两个调整螺栓，使样板轻轻靠于定位架一侧，仍需强调说明的是，调整后样板工作面必须与辊面垂直。

（6）向下旋转起重螺栓，使样板稳定地支撑在两个千斤顶工作面上，且 C、D 端面须位于两个千斤顶顶面之下。

（7）调整各分段辊子高度，同时用塞尺测量各辊面与样板之间的距离，使其均达到 (1 ± 0.1)mm，且同一辊子的固定侧和自由侧其高度差 $\leqslant 0.05$mm。

（8）对中结束后，把样板吊挂在支撑框架侧面支架上，以免变形。

b　分段辊水压试验操作规程及维护与保养

（1）对维修组装完毕的分段辊其轴承座试压时，先用螺塞将轴承座出水口堵上，再将进水管的软管接头接入轴承座进水口。

（2）分别或同时打开各自支路上的球阀，即可进行单个辊子或多个辊子的水压试验；

（3）其余参见13.6.2.6及13.6.2.9小节相关内容。

13.7.7.6　辊子维修设备设计注意事项

A　芯轴式辊子拆装台设计注意事项

（1）由于拆装辊子装配时液压缸推力非常大，所以机架的刚性显得尤为重要，特别是机身上部沿机架受力方向必须要足够刚度，以免受力后发生扭曲变形，影响使用。

（2）芯轴式辊子装配由于受轴承座与辊套间的位置所限，卡板的工作面尺寸有限，是拆装台的主要易损件。因此卡板在材料的选用及热处理方面应十分重视，尽量避免其工作面过软及过硬，使其发生永久变形或崩碎现象，以至于无法胜任拆装工作。

（3）除本文介绍的卡板形式及卡紧位置外，关于如何更好更有效地卡住待拆装的辊套或轴承座，其卡件的结构形式及卡紧位置有待进一步完善及开发。

B　断开式分段辊对中试验台设计注意事项

参照13.6.2.8小节结晶器维修对中试验台设计注意事项相关内容。

13.7.7.7　辊子维修设备的维护与安全技术

A　芯轴式辊子拆装台的维护与安全技术

（1）每次使用前，应检查设备外观无明显损坏，检查操作阀装置、液压缸和液压配管等，若有泄漏及时处理。

（2）定期检查所有紧固件是否紧固，各操作件如按钮、阀门、手柄等功能是否正常，液压配管是否密封完好，保持设备清洁及时排除故障并更换已损坏的元件、零件等。

（3）维修辊子拆装台之前，应首先关闭液压动力电源（做必要的动作试验时除外）。

（4）在设备检修过程中，应着重注意以下零、部件的磨损或损坏情况，必要时予以更换。

1）顶杆及卡板。

2）液压系统及配管中的阀类、接头等。

B　断开式分段辊对中试验台的维护与安全技术

参照13.6.2.9小节结晶器维修对中试验台维护与保养相关内容。

13.7.8　结晶器/弯曲段清洗台

13.7.8.1　功能

结晶器/弯曲段清洗台是用来清洗黏附在结晶器、弯曲段上的残钢、氧化铁皮、保护渣及其他污物，同时亦可用于结晶器和弯曲段的存放。

13.7.8.2　设备的组成与结构

结晶器/弯曲段清洗台为型钢焊接结构，设有各自设备的支承座、两层操作平台、水和压缩空气配管系统（以往的清洗台上还设有蒸汽管路，目前均已取消该介质）。为防止清洗水外溅，四周焊有挡水墙（见图3-13-55），或用混凝土墙围挡。

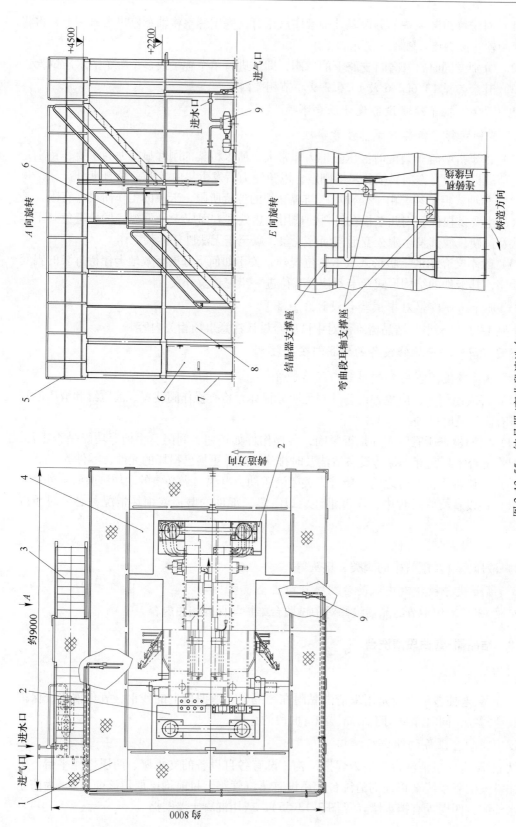

图 3-13-55　结晶器/弯曲段段清洗台

1—平台；2—支撑座；3—走梯；4—活动平台；5—栏杆；6—门；7—立柱；8—密封墙；9—水气配管系统

水配管系统是否设置增压泵，根据维修区的供水压力确定。

13.7.8.3　结晶器/弯曲段清洗台主要参数

清洗用水压力	0.6MPa
清洗用水耗量	约200L/min
压缩空气压力	0.5～0.7MPa
压缩空气耗量（标态）	约100m³/h

压缩空气耗量（标态）对应数值约为 $100\text{m}^3/\text{h}$。

13.7.8.4　结晶器/弯曲段清洗台操作规程及维护与保养

可借鉴13.6.2.6及13.6.2.9小节相关内容。

13.7.9　其他设备

配合弯曲段维修的其他设备还有弯曲段存放台、结晶器/弯曲段存放台、弯曲段运输支座以及各种规格的辊子存放台。

13.7.9.1　功能

（1）弯曲段存放台。是按照结晶器和弯曲段单独吊离生产线的吊装方式而设置的，专门用于存放弯曲段的单体设备。

（2）结晶器/弯曲段存放台。是按照结晶器和弯曲段两台单机设备整体吊离生产线的吊装方式而设置的，专门用于存放两位一体的设备。

（3）运输支座。在过跨车上运输弯曲段时起支撑作用。

（4）辊子存放台。专门用于存放各种规格的辊子。

13.7.9.2　设备的组成与结构

（1）弯曲段存放台。弯曲段存放台为焊接结构。根据其承载及操作特性应设置两种结构形式，分别布置在连铸机机旁及弯曲段维修区内。

设置在机旁的弯曲段存放台，其承载能力及操作方面须考虑含有事故坯的重量及处理事故坯的方便性。布置在维修区的弯曲段存放台其承载能力一般仅考虑设备自重且只具有存放功能。根据弯曲段的规格，如果尺寸比较高大，尤其设在机旁的弯曲段存放台除设有支撑座以外还需设置人梯、平台及安全护栏，以方便操作工人摘、挂吊车吊钩及处理事故坯。由于弯曲段外廓形状不规则，重心不对称，所以必须设置地脚螺栓将弯曲段存放台固定在基础上。

（2）结晶器/弯曲段存放台。结晶器/弯曲段存放台为焊接结构。其主体支撑结构形式基本与结晶器/弯曲段清洗台相同（参见图3-13-55），只是该存放台仅需在设备四周各设一层局部操作平台及竖直人梯，供操作工人摘、挂吊车吊钩。结晶器/弯曲段这两台单机设备一体存放，外廓尺寸大且形状不规则，重心也不对称，所以必须设置地脚螺栓将结晶器/弯曲段存放台固定在基础上，以防倾倒。

（3）弯曲段运输支座。弯曲段运输支座放在过跨车上运输弯曲段用。当过跨车需要运输弯曲段时临时将其吊放在车上支撑弯曲段。当过跨台车需要运输其他设备时，若空间紧张可把其吊离。

弯曲段运输支座为焊接结构，设有支撑座及吊耳，因过跨车在浇注跨与机械维修跨之间往返运输的不仅是弯曲段，所以该运输支座与过跨车无固定连接，而是根据需要随时吊放。为此该运输支座在过跨车行走过程中其结构的稳定性应慎重考虑，同时还应考虑工人摘挂吊钩时的方便性。

（4）辊子存放台。辊子存放台按照弯曲段（或扇形段）辊子规格和种类成套设置，同时应考虑不同长度分段辊的兼容性。辊子存放台为焊接结构，各种规格辊子存放台的数量应根据每月被维修的弯曲段（或扇形段）台数及维修时间经计算或根据经验确定。辊子存放台不用地脚螺栓固定，根据不同位置随时吊放，必须设置吊耳。

13.8　扇形段维修设备

13.8.1　扇形段主要维修设备种类的变迁

对于扇形段维修设备，目前绝大部分厂家已不再单独设置清洗台，而且针对厚钢板焊接框架的扇形段，大部分厂家也随之将过去独立设置的扇形段维修台、对中台及油压试验台重新组合为整体维修对中试验台、内弧维修对中台、喷嘴检查及水压试验台。

目前比较常用和典型的扇形段维修设备有扇形段整体维修对中试验台、扇形段内弧维修对中台、扇形段内弧翻转台、扇形段喷嘴检查及水压试验台、扇形段吊具及存放台、芯轴式辊子拆装台、断开式分段辊辊子维修设备、扇形段存放台及辊子存放台。

但 2000 年初期投产的连铸机，按箱形焊接框架扇形段结构形式设置的扇形段维修试验台、扇形段对中台、扇形段内弧翻转吊具及翻转台、断开式分段辊辊子维修设备、扇形段油压试验台及扇形段清洗台目前仍在应用。

13.8.2　厚钢板焊接框架扇形段整体维修对中试验台

13.8.2.1　功能

（1）对扇形段整体进行内、外弧的分解及清扫。

（2）吊离内弧后，在此对外弧框架上的辊子组件进行拆除、框架维修，并对修好返回的外弧辊子装配进行组装。

（3）对维修并组装好的外弧辊子进行外弧辊面的对中。

（4）待内弧维修、对中完毕，再次返回到此，进行扇形段整体组装。

（5）组装后的扇形段整体填充润滑脂。

（6）组装后的扇形段整体进行驱动辊升降及液压辊缝调整试验。

13.8.2.2　扇形段整体维修对中试验台组成与结构

扇形段整体维修对中试验台主要由支撑框架、测量轨、基准梁、支撑板、对中样板、导向架、操作平台、液压配管、压缩空气配管及润滑脂油泵等组成。共设置两个工位，每个工位均设有四个支撑座，分别用于支撑不同段号的扇形段整体或外弧，如图 3-13-56 所示。

每套维修对中试验台设置的工位数量，应根据连铸机所有扇形段的结构尺寸，兼顾同类扇形段能在一个工位的分组情况确定，该设备的两个工位所适用的扇形段号分组如下。

工位 Ⅰ：用于扇形段 1~6、9~15；

工位 Ⅱ：用于扇形段 7、8。

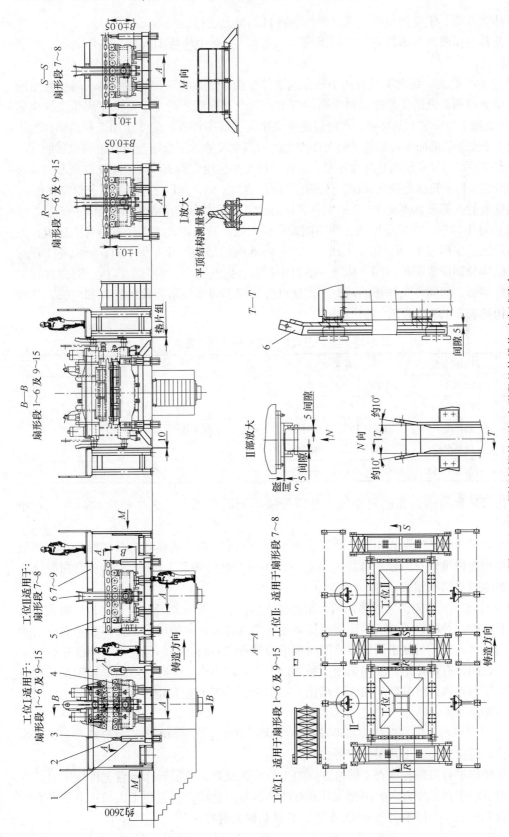

图 3-13-56 厚钢板焊接框架扇形段整体维修对中试验台

1—支撑框架；2—测量划；3—基准梁；4—支撑板；5—对中样板；6—导向架；7—操作平台；8—液压配管；9—压缩空气配管

驱动辊升降、辊缝调整等液压试验均在各自工位上进行。

根据各扇形段外弧所具有的不同弧线（或直线），对中样板的尺寸也各不相同，见表 3-13-32。

（1）支撑框架。每个工位有两个独立的支撑框架，框架为大型焊接结构，每个独立的支撑框架上有两个低的支撑座及两个高的支架。两个支撑框架的 4 个支撑座用于支撑扇形段，4 个支架上方安装有基准梁，再通过测量轨来支撑对中样板。为便于加工和精确调整扇形段的 4 个安装基准面至两条测量轨工作面之间的高度尺寸，支撑座上与其单独设置的支撑板以及支架顶面与其安装的基准梁各结合面处均设有垫片组，即支撑框架与支撑板和基准梁以及基准梁与测量轨都是独立部件，分别用螺栓组装为一体，用以支撑扇形段及对中样板。

测量轨的头部形状参见 13.7.2.2 小节弯曲段维修对中台的组成与结构相关内容。

（2）对中样板。按照扇形段弧线不同设有弧形区、矫直区及水平区三类对中样板，但同为弧形区的扇形段 1 ~ 6，因扇形段 1 ~ 3 及 4 ~ 6 两组结构尺寸有所不同，所以还需针对扇形段结构分别设置两种不同坐标尺寸的对中样板，因此共有 4 种对中样板，对中样板均为双面阶梯形，即同一条样板的两个工作面可分别用于同一组扇形段的外弧和内弧，其种类及结构见表 3-13-32 和图 3-13-57。

表 3-13-32　扇形段内外弧对中样板一览表

序号	扇形段分组	样板用途	数量	样板形式
1	扇形段 1 ~ 3	扇形段 1 ~ 3 内、外弧对中	1	阶梯形双面样板（即同一组扇形段内、外弧共用同一条样板）
2	扇形段 4 ~ 6	扇形段 4 ~ 6 内、外弧对中	1	
3	扇形段 7	扇形段 7 内、外弧对中	1	
4	扇形段 8	扇形段 8 内、外弧对中	1	
5	扇形段 9 ~ 15	扇形段 9 ~ 15 内、外弧对中	1	直线双面样板

在进行扇形段内外弧的对中时，必须按照不同的扇形段，选择相应的内外弧对中样板。

以上四种样板结构形式相同，区别仅在于坐标尺寸不同。各样板的具体结构与厚钢板焊接框架弯曲段维修对中台用样板基本相同，不再赘述。参见 13.7.2.2 小节弯曲段维修对中台的组成与结构相关内容。

（3）导向架。导向架为焊接结构，由架体、导向板、导轮槽及法兰连接板等组成。每个工位有两件，导向架通过法兰连接板用螺栓与垂直铸造方向的扇形段整体维修对中台操作平台内口相连接，为便于调整导轮槽与扇形段导轮之间的合理间隙，导向架连接板与平台安装面之间设有垫片组。导向架用于扇形段吊入吊出维修工位时，以扇形段辊身长度方向两侧导轮为导体，将其顺利吊入（吊出）导轮槽，为其到达预定位置进行导向，以减少对设备的冲撞。

（4）操作平台。因扇形段在扇形段整体维修对中台各工位都需要进行分解和组装，所以各工位均需设置上、下两层操作平台。

下层操作平台只需在垂直于铸造方向的工位两侧设置，下层操作平台宽度较窄且高度较低。沿下层平台长度方向的两侧，分别有两个台阶的走梯，为方便工人操作下层平台仅在外侧设置护栏。二层平台参见 13.6.2.2 小节 F 相关内容。

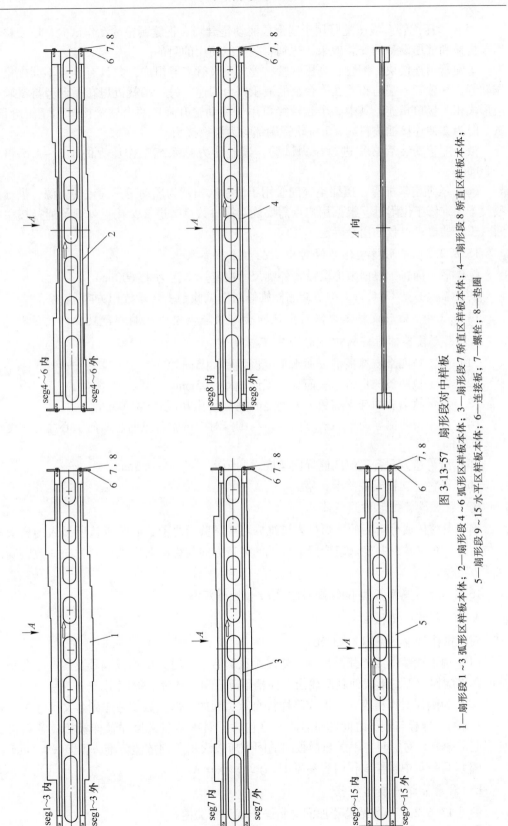

图 3-13-57 扇形段对中样板

1—扇形段 1~3 弧形区样板本体；2—扇形段 4~6 弧形区样板本体；3—扇形段 7 矫直区样板本体；4—扇形段 8 矫直区样板本体；

5—扇形段 9~15 水平区样板本体；6—连接板；7—螺栓；8—垫圈

（5）液压配管。液压配管用于扇形段驱动辊升降、辊缝调整等动作试验，以便检验扇形段机械和液压设备的安装效果，达到直接上线使用的目的。

该配管由连接块、钢管、高压软管、管接头及管夹等组成，共计有 5 条不同规格的高压软管，其软管一端与布置在平台上的液压阀台相连，另一端就近甩在平台旁待试验时与扇形段相关接口相连。其中 3 个软管接口用于驱动辊升降；两个软管接口用于辊缝调整。试验时为方便连接插拔自如，5 条软管端部均为快换接头。

液压配管安装后必须进行压力试验，试验压力是系统工作压力的 1.2 ~ 1.5 倍，保压 30min。

（6）压缩空气配管。压缩空气配管用于设备吹扫及为风动工具提供动力源，供气点一般设置在维修工位附近，根据用户点需要确定接口数量。进气交接点处管子通径按用户点同时工作的最多点数的用量确定。

13.8.2.3　扇形段整体维修对中试验台主要参数

操作平台标高，根据扇形段设备外廓尺寸决定。本台为 +2600mm。

其余参数参见 13.6.2.3 小节结晶器维修对中试验台主要参数相关内容。

13.8.2.4　扇形段整体维修对中试验台安装与调整以及扇形段就位时的注意事项

A　扇形段整体维修对中试验台安装与调整

（1）各工位四个支撑板上表面水平度误差≤0.05mm。

（2）各工位两条测量轨上表面水平度误差≤0.05mm。

（3）测量轨上表面与支撑板上表面之间垂直尺寸 B 误差≤0.05mm。

（4）各工位两侧导向槽纵横方向开口与维修对中试验台纵向、横向中心线对称度误差均≤0.5mm。

（5）沿铸造方向各工位两侧导向槽底之间距离误差≤±0.5mm。

（6）平台、立柱安装要求，略。

B　扇形段就位时的注意事项

扇形段整体或分解后的外弧吊入该维修对中试验台之前，必须确认所吊入的扇形段与工位对应关系一致，并确认扇形段上标示的铸造方向与维修对中试验台方向一致，确认无误后方可吊入。

13.8.2.5　扇形段整体维修对中试验台操作规程

A　对中操作规程

对中操作规程参见图 3-13-56。

（1）扇形段整体或外弧吊入其维修对中试验台上方时，扇形段编号及铸造方向相互对应时，再缓慢落下扇形段使其滚轮沿导向槽下降直至坐落在支撑座上。

（2）为确保对弧精度，一般应将样板自重引起的变形量数值考虑到名义尺寸中，表3-13-33 所列的样板与辊子之间的垂直距离已包含了对中的名义尺寸及样板相应各点自身变形引起的偏差，对中时各辊子与样板间的间隙应以表中所列数值为准，偏差 ±0.1mm。

（3）其余对中操作规程内容参见 13.7.2.5 小节 A。

B　润滑脂填充操作规程

参见 13.6.2.7 小节结晶器加润滑脂操作规程相关内容。

表 3-13-33　扇形段外弧对弧时，各辊子与样板间的间隙

考虑了样板自重变形的辊子与样板之间的垂直距离，即"Y"方向坐标值/mm　　铸造方向 ⇒								
扇　形　段	辊　　号							
	1	2	3	4	5	6	7	8
扇形段 1~3	0.98	0.98	0.97	0.97	0.97	0.97	0.98	0.98
扇形段 4~6	0.98	0.97	0.96	0.96	0.96	0.97	0.98	—
扇形段 7	0.98	0.97	0.96	0.96	0.96	0.97	0.98	—
扇形段 8	0.98	0.97	0.96	0.96	0.96	0.97	0.98	—
扇形段 9~15	0.98	0.97	0.97	0.97	0.97	0.97	0.98	—

C　液压试验操作规程

(1) 扇形段维修、对中、组装及润滑脂填充完成后，方可进行驱动辊升降、辊缝调整等液压试验。

(2) 试验时只需将液压管路中各接口的快换接头与各扇形段相对应的快换接头接通，打开平台上液压阀台开关，即可做油压试验。

(3) 试验压力是工作压力的 1.2~1.5 倍，保压 30min。

(4) 检查扇形段各液压软管、连接件及密封圈、阀块等结合处是否有泄漏、渗漏现象。

(5) 如有泄漏、渗漏现象，查找原因，及时更换损坏的软管、元件及密封件，直至达到上线使用要求。

(6) 试验合格后，关闭液压阀台上的开关，拔开软管结合处的快换接头。

(7) 至此，扇形段的全部维修工作即告完成，将完好的扇形段吊离本试验台待用或直接上线。

13.8.2.6　扇形段整体维修对中试验台维护与保养

参见 13.7.2.8 小节弯曲段维修对中台及 13.2.6.9 小节结晶器维修对中试验台等维护与保养相关内容。

13.8.3　厚钢板焊接框架扇形段内弧维修对中台

13.8.3.1　功能

(1) 对内弧框架与辊子装配进行清扫、分解、维修和组装。

(2) 对内弧框架与辊子重新组装，之后，进行辊子表面弧线（或直线）的调整及对中。

(3) 对维修、组装及对中后的扇形段内弧充填润滑脂。

13.8.3.2　扇形段内弧维修对中台的组成与结构

扇形段内弧维修对中台仅用于扇形段内弧的维修与对中，所以无需导向架、二层操作平台及液压配管，除此而外，其余结构基本与扇形段整体维修对中试验台相似，主要由支撑框架、测量轨、基准梁、支撑板、对中样板、一层操作平台及压缩空气配管等组成，共设置两个工位，每个工位均设有四个支座，用于支撑扇形段内弧，如图 3-13-58 所示。

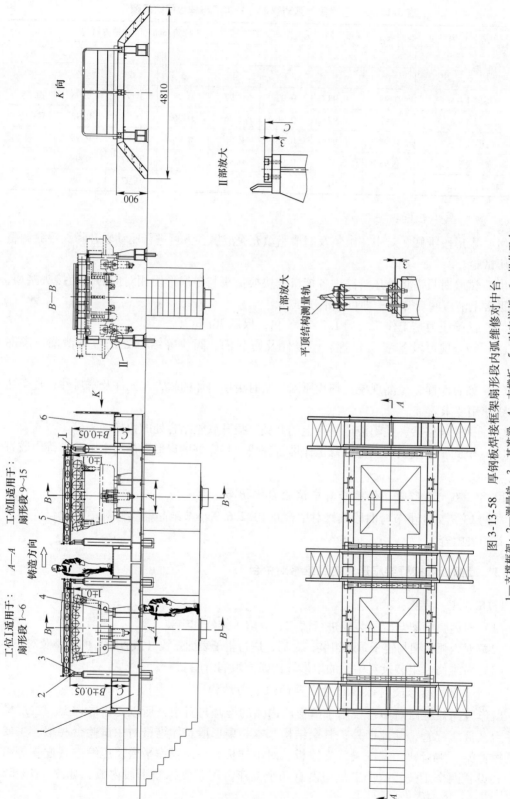

图 3-13-58　厚钢板焊接框架扇形段内弧维修对中台

1—支撑框架; 2—测量轨; 3—基准梁; 4—支撑板; 5—对中样板; 6—操作平台

每套内弧维修对中台具体设置几个工位，应根据扇形段内弧结构尺寸确定。该设备的两个工位用于不同扇形段的情况是：

工位Ⅰ：用于扇形段 1～6；

工位Ⅱ：用于扇形段 7～15。

根据各扇形段内弧不同弧线（或直线），对中样板的尺寸也各不相同，见表 3-13-32 及图 3-13-57 所示。在进行扇形段内弧对中时，必须按照不同的扇形段，选择相应的内弧对中样板。

各部件的具体结构基本与扇形段整体维修对中试验台相同，润滑脂油泵与其共用，参见 13.8.2.2 小节相关内容。

13.8.3.3　扇形段内弧维修对中台主要参数

操作平台标高，根据扇形段设备外廓决定，本台为 +900mm。

其余参见 13.6.2.3 小节结晶器维修对中试验台主要参数相关内容。

13.8.3.4　扇形段内弧维修对中台的安装与调整

参见 13.8.2.4 小节扇形段整体维修对中试验台安装与调整及扇形段就位时的注意事项相关内容。

13.8.3.5　扇形段内弧维修对中台对中操作规程

如图 3-13-58 所示，各扇形段内弧对中时，各辊子与样板间的间隙以表 3-13-34 中所列数值为准，偏差 ±0.1mm。其余参见 13.8.2.5 小节扇形段整体维修对中试验台操作规程相关内容。

表 3-13-34　扇形段内弧对弧时，各辊子与样板间的间隙

扇形段	考虑了样板自重变形的辊子与样板之间的垂直距离，即"Y"方向坐标值/mm　　铸造方向 ⟹							
	辊号							
	1	2	3	4	5	6	7	8
扇形段 1～3	0.98	0.98	0.97	0.97	0.97	0.97	0.98	0.98
扇形段 4～6	0.97	0.97	0.96	0.96	0.96	0.97	0.97	—
扇形段 7	0.98	0.97	0.96	0.96	0.96	0.97	0.98	—
扇形段 8	0.98	0.97	0.96	0.96	0.96	0.97	0.98	—
扇形段 9～15	0.98	0.97	0.97	0.97	0.97	0.97	0.98	—

13.8.3.6　扇形段内弧维修对中台维护与保养

参见 13.7.2.8 小节弯曲段维修对中台设备的维护与检修相关内容。

13.8.4　扇形段内弧吊运、翻转吊具及内弧翻转台

13.8.4.1　功能

无论是哪种形式的扇形段，对应的内弧吊运、翻转吊具及翻转台的功能都大同小异，各自的具体功能如下：

（1）扇形段内弧吊运吊具。扇形段内弧吊运吊具用于将分解后或维修、对中完毕的扇形段内弧吊至相应工位，进行维修、对中或组装工作。

670 · 第3篇 直弧形板坯连铸机械设备

（2）扇形段内弧翻转吊具。扇形段内弧翻转吊具与专门设置的内弧翻转台配合使用，将扇形段内弧翻转 180°，即由辊面向下状态翻转成辊面向上状态（或相反之），以满足在维修、对中或组装时所需要的辊面状态。

（3）扇形段内弧翻转台。扇形段在分解及组装时，内弧均为辊面向下状态，而在内弧维修对中台上维修或对中作业时，辊面应处于向上状态，故需在机械维修区设置专用的扇形段内弧翻转台，用于将扇形段内弧翻转 180°，使其达到所要求的辊面向上或辊面向下状态，以便对内弧进行维修、对中或与外弧进行组装。

13.8.4.2　扇形段内弧吊运、翻转吊具及内弧翻转台的形式

（1）扇形段内弧吊运、翻转吊具。由于扇形段内弧基本为对称结构，重量相对较轻，所以吊运及翻转吊具一般都采用成本低、更换和采购方便，配置简单并且与设备连接和拆卸方便的钢丝绳索具。

（2）扇形段内弧翻转台。无论是厚钢板焊接框架或箱形焊接框架的扇形段，其内弧翻转台的形式大同小异。翻转过程也都是由吊车挂着专用吊具或特制的钢丝绳以单独设置的内弧翻转台为依托相互配合来完成的。目前比较常用和典型的扇形段内弧翻转台有三种类型，各类型的翻转台相同之处均是以耳轴支座为旋转中心，其区别是以各自的调节方式来适应不同尺寸的扇形段。根据调节方式可分为移动架式、翻转架式及垫块式三种类型的内弧翻转台。

13.8.4.3　扇形段内弧吊运、翻转吊具及内弧翻转台的组成与结构

A　扇形段内弧吊运及翻转吊具的组成与结构

以 A 钢铁公司扇形段内弧吊运及翻转吊具为例，如图 3-13-59 所示。

（1）扇形段吊运吊具为钢丝绳索具。扇形段吊运吊具由两条钢丝绳索具组成，包括钢丝绳、接头、重型套环及卸扣等。其中钢丝绳的两端头通过轧制接头将套环串接在一起，每个套环中再穿挂卸扣。吊运内弧时，将两条钢丝绳索具对折后同时挂在吊车吊钩上，自然形成 4 个吊点，吊点处的卸扣再分别挂在扇形段内弧框架的吊耳上。

（2）扇形段翻转吊具亦为钢丝绳索具。扇形段翻转吊具就是一条钢丝绳索具，由钢丝绳、接头组成。其中钢丝绳的两端头均对折成套环状，并通过轧制接头固结成环形。内弧翻转时将索具两端的套环分别挂在吊车吊钩和内弧翻转专用耳轴上。

B　扇形段内弧翻转台的组成与结构

a　移动架式扇形段内弧翻转台

如图 3-13-60 所示。

A 钢铁公司移动架式内弧翻转台由支承架、导轮座、导轮轴托座、移动架、底座、调整装置、拉紧装置、顶杆及走梯平台等组成。翻转前后根据扇形段内弧不同外廓尺寸，使移动架前行或后移，再通过拉紧装置及顶杆配合，稳住扇形段不致倾倒。

（1）支承架。支承架为左右对称结构，是支撑扇形段内弧及其翻转过程的承载部件。支撑架上部设有导轮座及导轮轴托座，下部由螺栓与基础相连。为了制造、运输及安装调整方便，支承架与导轮座及导轮轴托座均为独立部件，焊接结构，安装时通过螺栓及调整垫片将其连接为一体，并用挡块固定。

（2）移动架。移动架是翻转台能够适应不同外廓尺寸扇形段内弧翻转的核心部件。

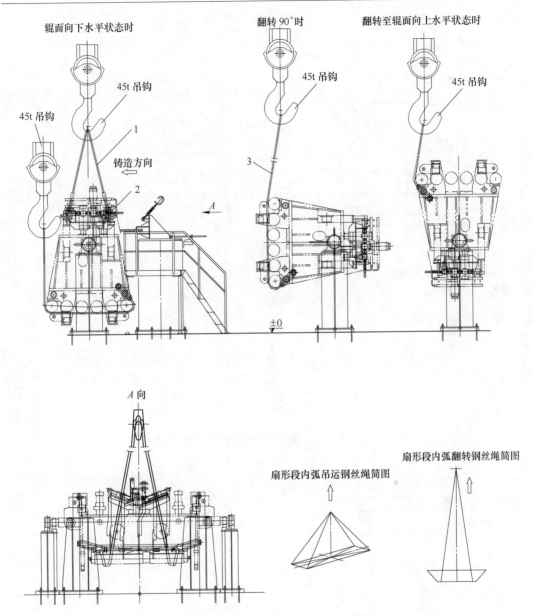

图 3-13-59　A 钢铁公司扇形段内弧吊运及翻转吊具

1—吊运用钢丝绳；2—卸扣；3—翻转用钢丝绳

　　移动架为焊接结构，其中架体前侧上下两个部位均设有连接件，分别用以联结拉紧装置和顶杆，架体后侧下部设有竖直固定板用以联结调整装置的螺杆头部，而架体底板下表面两侧为滑动面则支撑在底座滑槽内。

　　当辊面向上的扇形段内弧吊至翻转台支承在导轮座上时，由于重心不稳，为便于套挂翻转用索具或吊运索具，可针对不同外廓尺寸的扇形段内弧，通过转动调整装置的螺杆，推、拉移动架使其沿底座上的滑道往复移动，待移动架到达合适位置，再用拉紧装置钩头拉住扇形段内弧框架上部专用耳轴，同时再将顶杆旋转至相应位置顶住扇形段内弧。使辊面向上的扇形段内弧得到平衡。

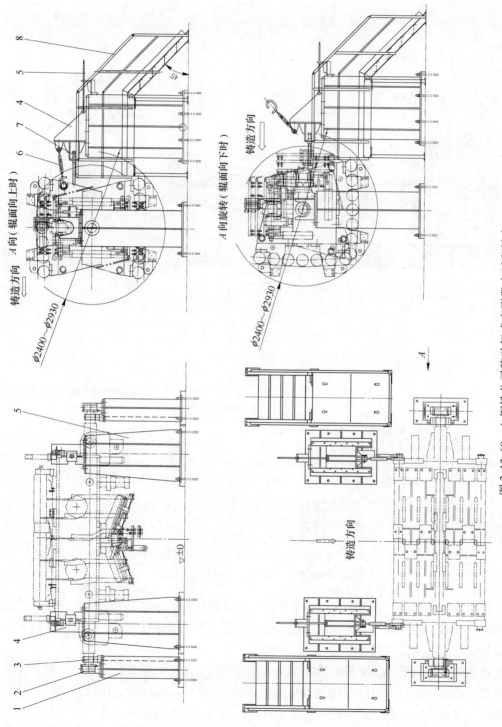

图 3-13-60 A 钢铁公司移动架式扇形段内弧翻转台

1—支承架；2—导轮座；3—导轮轴托座；4—移动架；5—底座及调整装置；6—拉紧装置；7—顶杆；8—走梯平台

（3）底座。底座为焊接结构，其上部两侧为滑道，装配时通过固定在底座上部的两条压板形成滑道槽。沿滑道端部设有垂向连接板用以安装调整装置的螺杆支承架。底座下部通过地脚螺栓紧固在基础上。

（4）调整装置。调整装置由支承架、螺杆、螺母及螺栓等组成，支撑架通过螺栓与底座滑道端部垂向连接板联结。螺杆尾部穿过支撑架由双螺母紧固，而螺杆头部则与移动架后侧的固定板联结。

（5）拉紧装置。拉紧装置由耳板接头、钩形接头、螺旋扣、左右旋螺母及销轴等组成。耳板接头通过销轴与移动架前侧上方的连接件相连。

（6）走梯平台：安装在底座两侧，便于翻转操作。

b 翻转架式扇形段内弧翻转台

如图 3-13-61 所示。

W 钢铁公司翻转架式内弧翻转台由耳轴支承架、平面支承座（一）和平面支承座（二）等组成。通过多层次的支承面，以适应不同规格的扇形段内弧在此完成双向翻转。

（1）耳轴支承架。由支架、压盖、螺栓及螺母等组成。支架为焊接结构，上部设有耳轴座，用于支承扇形段内弧翻转用耳轴。支架下部与基础相连。为避免翻转时耳轴脱开耳轴座，故在耳轴座上方用螺柱连接可前后水平移动的压盖，翻转前后根据需要随时将压盖推入压住耳轴，或推离耳轴座外侧以便设备吊入或吊出。

（2）平面支承座（一）。平面支承座（一）由固定座、折叠座、销轴等零部件组成。固定座和折叠座均为焊接结构，通过销轴将两者连接在一起。固定座下部直接与基础相连。为适应不同外廓尺寸的扇形段内弧在同一个翻转台上翻转，不仅固定座上方设有高低不同层次的支承面，而且通过折叠座的旋起又形成一个支承面，辊面向上时，该支承座可支撑三种外廓尺寸的扇形段内弧框架。

（3）平面支承座（二）。平面支承座（二）为焊接结构，设有高低不同尺寸的两层支撑面，可用于支撑辊面向下时三种外廓尺寸的扇形段内弧框架。

c 垫块式扇形段内弧翻转台

如图 3-13-62 所示。

近年来，垫块式扇形段内弧翻转台在多家钢铁公司应用，图 3-13-62 是用于 E 钢铁公司的典型结构。这种形式的内弧翻转台与 W 钢铁公司翻转架式内弧翻转台基本相同，均由耳轴支承架、平面支承座（一）及平面支承座（二）等组成。所不同的是平面支承座（一）为固定高度，其中设计高度适用于数量较多的扇形段 9~15 内弧翻转。当翻转其他段号的内弧时，在支承座（一）之上，由人工根据需要临时抽出或垫入不同厚度的垫块。厚度相对薄的垫块采用钢板制作，用于扇形段 4~6 内弧翻转，较厚的垫块采用枕木用于扇形段 1~3 内弧翻转。

13.8.4.4 扇形段内弧吊运及翻转吊具主要参数确定

参见 13.6.3.4 小节结晶器/弯曲段吊具主要参数确定。

13.8.4.5 扇形段内弧吊具及内弧翻转台设计要点及注意事项

A 扇形段内弧吊具设计制作要点及注意事项

参见 13.7.3.1 小节 D.b。

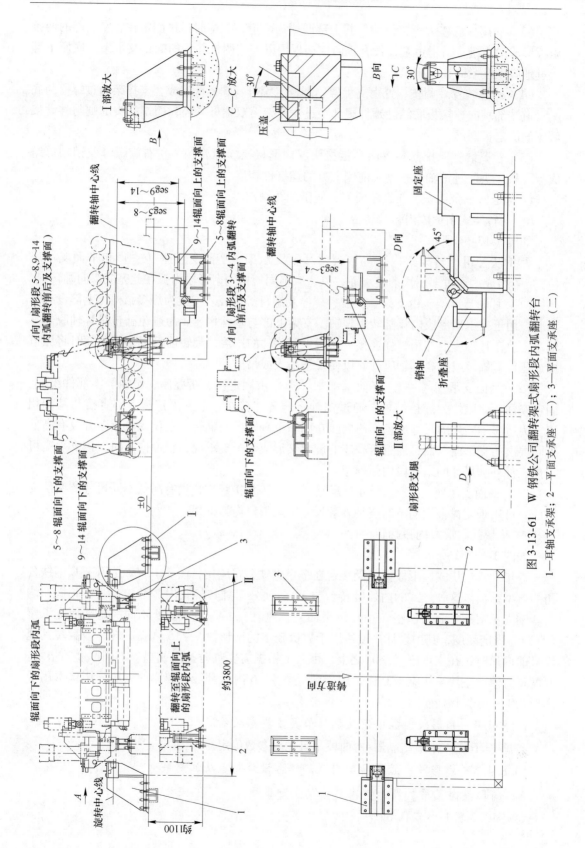

图 3-13-61　W 钢铁公司翻转式扇形段内弧翻转台

1—甲轴支承架；2—平面支承座（一）；3—平面支承座（二）

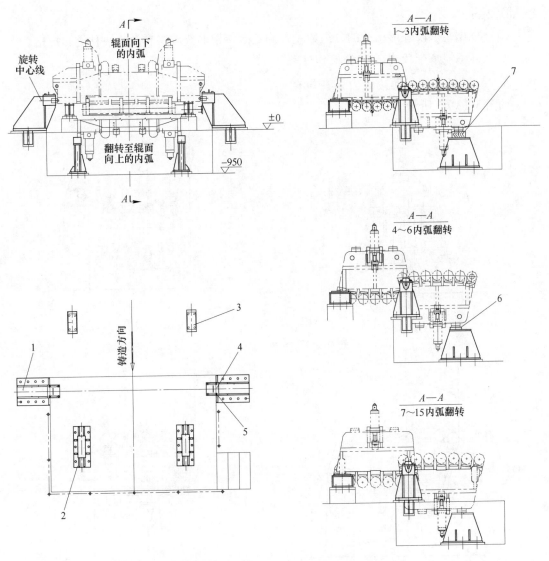

图 3-13-62　E 钢铁公司垫块式扇形段内弧翻转台

1—耳轴支承架；2—平面支承座（一）；3—平面支承座（二）；4—压盖；5—螺栓；6—垫块；7—木块

B　扇形段内弧翻转台设计要点及注意事项

（1）无论是哪种形式的内弧翻转台，应重点考虑维修作业的方便性和安全性，据此确定是否设置操作平台和走梯。

（2）移动架式内弧翻转台，翻转前、后的状态，仅仅是内弧框架上的两个导轮支撑在翻转台导轮座中，由于重心摆动有倾倒的可能性。所以设计时应充分考虑拉紧装置及顶杆的强度和刚性。安装时，调整两组导轮座及导轮轴托座中心线，使其同轴度误差≤1.0mm，拉紧装置及顶杆中心线与导轮座中心线应垂直。

（3）采用 A 钢铁公司结构形式的内弧翻转台，所需高度空间相对大一些，因此应特别注意核实吊车起吊极限。

（4）翻转时为减少导轮与导轮座之间的摩擦阻力，导轮座工作面粗糙度不应低

于 $Ra3.2\mu m$。

（5）根据扇形段外形尺寸的分组数量，确定翻转架的叠放层次及垫块种类和规格。

13.8.4.6　扇形段内弧翻转操作过程

A　A 钢铁公司移动架式内弧翻转台

如图 3-13-63 所示。

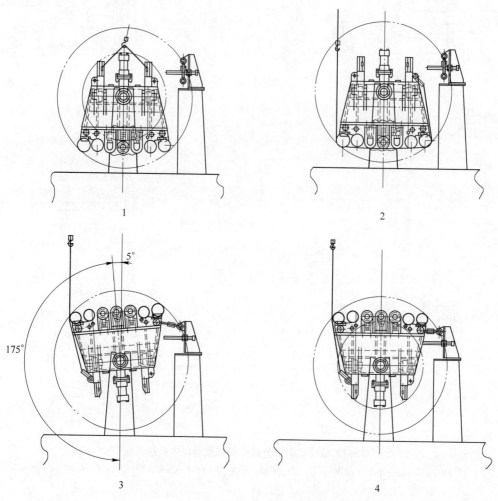

图 3-13-63　A 钢铁公司扇形段内弧翻转过程
1—吊入翻转台上方；2—挂钢丝绳索具；3—翻转；4—摘掉钢丝绳索具

（1）在扇形段整体（外弧）维修工位，将两条吊运钢丝绳索具对折后挂于吊车的 45t 吊钩上，再将 4 个吊点处的卸扣分别穿挂于辊面向下的内弧框架吊耳上，然后将其吊至内弧翻转台上方。将内弧框架的两个导轮放置在翻转台支承架的导轮座中，然后摘掉钢丝绳索具。再将 1 条翻转钢丝绳索具的两端分别挂于 45t 吊钩及内弧框架上流侧的两个翻转用耳轴上。

（2）以内弧翻转台导轮座中心为旋转中心，缓慢提升并水平移动 45t 吊钩，当翻转钢丝绳索具将扇形段内弧重心垂线翻转至导轮中心左侧 5°时，将拉紧装置钩头挂于内弧框架另外两个耳轴上并拉紧，通过调节拉紧装置的螺旋扣，逐渐将内弧框架拉至辊面向上的水平状态，为防止扇形段内弧在翻转过程中突然倾倒，再用顶杆顶在内弧框架侧面使其平衡。

（3）至此翻转过程结束，摘掉翻转钢丝绳索具，挂上两条吊运钢丝绳索具，将扇形段内弧吊运至扇形段内弧维修工位。

（4）采用与上述操作相反的步骤，可将辊面向上的扇形段内弧翻转至辊面向下状态。

B　E钢铁公司垫块式扇形段内弧翻转台

如图 3-13-62 所示。

（1）吊运钢丝绳索具的形式及吊挂方式不再赘述。

（2）辊面向下的扇形段内弧吊入翻转台上方，将内弧框架两侧翻转用耳轴和框架底部专用支撑面分别放置在耳轴支承架和平面支承座（一）上，然后将退离在耳轴座外侧的压盖推入耳轴座上方压在耳轴之上，再将 4 个螺栓拧紧。

（3）在平面支承座（二）上，根据所需高度提前放置垫板或枕木。

（4）将翻转钢丝绳索具一端固定在内弧框架侧面的筋板上，另一端悬挂在吊车吊钩上，以耳轴座中心为旋转中心，吊车吊钩缓慢提升、水平移动再逐渐下降，将扇形段内弧旋转 180° 至辊面向上状态，此时内弧框架上部的定位面坐落在平面支承座（二）上，翻转工作即告完成。

（5）按照上述步骤反向进行，可将辊面向上的扇形段内弧翻转至辊面向下状态。

13.8.4.7　翻转注意事项和操作规程

（1）扇形段内弧吊入或吊出翻转台之前，首先必须查看移动架、顶杆的位置是否在安全位，避免与扇形段外廓发生干涉或碰撞；对于翻转架式和垫块式翻转台，则需查看耳轴压盖是否在推离状态。

（2）根据所吊入扇形段内弧框架的外廓尺寸，调整好拉紧装置、移动架位置，同时将顶杆长度调整至合适位置，并锁紧螺母，使其最有利于扇形段内弧的翻转和防止在翻转过程中由于重心的变化突然倾倒。

（3）翻转时，切记注意内弧框架的导轮（耳轴）始终不离开翻转台耳轴座。对于翻转架式和垫块式翻转台，则需将耳轴压盖推入并压紧耳轴。

（4）翻转及下落过程中，切记吊车应匀速慢行，不得突然加速或停止，以免发生意外事故。

13.8.5　厚钢板焊接框架扇形段喷嘴检查及水压试验台

13.8.5.1　功能

该喷嘴检查及试验台是针对厚钢板焊接框架的扇形段设置的，用于扇形段设备冷却水和板坯二次喷淋冷却水的试验作业，检查管路有无泄漏，各喷嘴是否畅通，喷嘴安装高度及冷却水喷射角度是否正确，经检查、维修、调整、确认完好后，扇形段才能上线使用。

13.8.5.2　喷嘴检查及水压试验台的组成与结构

厚钢板焊接框架扇形段喷嘴检查及水压试验台主要由耳轴导向架、支承框架、配水盘、封板、支承板、水配管装置、垫片组及连接螺栓等组成，如图 3-13-64 所示。

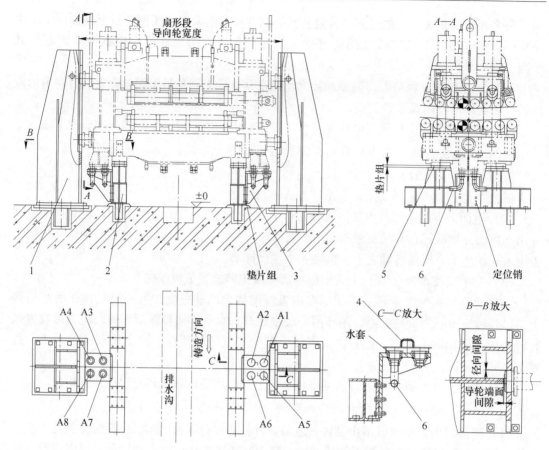

图 3-13-64　厚钢板焊接框架扇形段喷嘴检查及水压试验台

1—耳轴导向架；2—支承框架；3—配水盘；4—封板；5—支承板；6—水配管装置

（1）耳轴导向架。耳轴导向架为焊接的框架式结构，对称布置在支承框架两侧，内侧立面设有导槽，用于扇形段吊入吊出时通过导轮为其导向，使扇形段两侧的 8 个通水接头准确插入配水盘上的水套接口。导向架安装在基础上。

（2）支承框架。支承框架为焊接件，共两件对称布置在导向架内侧，每个框架上方设有两个支座用于支撑扇形段。为加工、调整方便，支座上与扇形段支承面接触的支承板通过垫片组调整后用螺栓把合在支座上。支撑框架安装在基础上。

（3）配水盘。配水盘为直角支架式焊接结构，两个配水盘支架竖直面通过垫片组及螺栓对称安装在支撑框架外侧，调整安装后并用销轴定位。每个配水盘水平面上均设有 4 个间距相同的水套孔，用以安装不同规格的水套以满足不同规格的扇形段。

（4）水配管装置。水配管装置的组成基本与 13.7.4 弯曲段喷淋水试验台中的水配管装置相同，不再赘述。与其不同的是本喷嘴检查及水压试验台需用同一套供水管路做两种水试验。配管系统原理如图 3-13-65 所示，图中各接水点用途见表 3-13-35。

喷水试验时只试水不试气，因此，A5、A6 接口用管堵住。尽管配水盘各水套口间距尺寸相同，但不同扇形段内、外弧喷淋气和喷淋水的通径不同（即 A5 ～ A8 接口的通径不同），喷水试验时需要根据不同的扇形段更换 A5、A6 处的管堵和 A7、A8 处的水套弯管接头，以便使配水盘上的不锈钢水套与相应的扇形段相匹配。

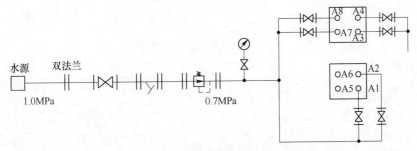

图 3-13-65　扇形段喷淋水试验及水压试验原理

表 3-13-35　扇形段喷淋水试验及水压试验原理图中各接水点用途

编　号	用　　途	编　号	用　　途
A1	内弧辊子、轴承冷却（进水）	A2	外弧辊子、轴承冷却（进水）
A3	外弧辊子、轴承冷却（回水）	A4	内弧辊子、轴承冷却（回水）
A5	内弧铸坯喷淋（进气）	A6	外弧铸坯喷淋（进气）
A7	外弧铸坯喷淋（进水）	A8	内弧铸坯喷淋（进水）

13.8.5.3　其他事项

喷嘴检查及水压试验台主要参数参见 13.6.2.3 小节结晶器对中试验台及 13.7.4.3 小节弯曲段喷淋水试验台中的相关内容。喷嘴检查及水压试验台操作规程参见 13.6.2.6 小节结晶器水压试验及 13.7.4.4 小节弯曲段喷淋水试验中的相关内容。设备维护与保养参见 13.7.4.5 小节相关内容。

13.8.6　箱型焊接框架扇形段维修试验台

13.8.6.1　功能

箱型焊接框架扇形段维修试验台是针对 2000 年初期投产的板坯连铸机所采用的箱型焊接框架扇形段而设置的。其功能与 13.8.2 小节扇形段整体维修对中试验台基本相似，两者最大的区别就是本维修试验台无对中功能，而具有液压试验功能，同时还设有内弧维修工位。具体功能如下。

（1）对扇形段进行分解、清扫、各零部件的拆卸、内外弧维修及组装。

（2）对组装后的扇形段整体填充润滑脂。

（3）对组装后的扇形段整体进行设备冷却水及板坯二次喷淋水试验。

（4）对组装后的扇形段进行驱动辊升降、辊缝调整及喷淋架升降等液压试验。

13.8.6.2　扇形段维修试验台的组成与结构

以 A 钢铁公司一台双机双流宽厚板坯连铸机的扇形段维修试验台为例，如图 3-13-66 所示。

该维修试验台包括内弧维修台、外弧维修台、操作平台、水压及喷淋试验配管、压缩空气配管、液压配管及油脂填充用的高压注油器等。其中内、外弧各设有 4 个工位，与其他类型的维修试验台不同的是，该试验台的内弧工位或外弧工位具有互换性，即不同规格的扇形段可在自身设有的四个工位上任意放置。在外弧维修台上进行扇形段的分解和组装，需设置两层操作平台，内弧维修台只设一层即可满足要求。由于扇形段组装后整体进

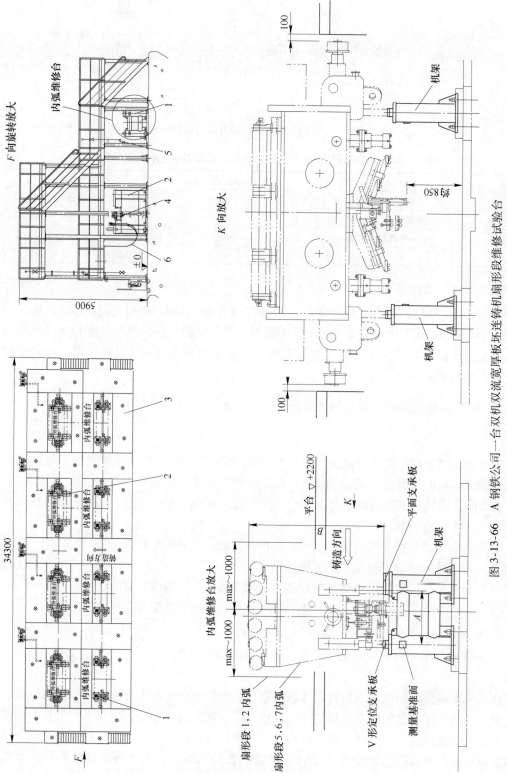

图 3-13-66　A 钢铁公司一台双机双流厚板宽流宽板坯连铸机扇形段局部段维修试验台

1—内弧维修台；2—外弧维修台；3—操作平台；4—水压及喷淋试验配管；5—压缩空气配管；6—液压配管

行水压和喷水试验，所以做试验的水口接头仅需设在外弧维修台上。

A　内弧维修台

内弧维修台主要由机架、支承板、连接螺栓及调整垫片等组成。

每个维修台设有两组机架共 4 个支承面，用于支承扇形段内弧。机架沿扇形段辊身宽度方向各 1 组，为对称结构。机架的立柱及横梁为圆形结构，由钢管与钢板焊接而成。为便于加工、调整及更换，机架顶部的支承板与机架分体设计，用螺栓紧固在机架上，4 块支承板表面高度通过垫片组调整，机架底部与基础相连。

支承板有 V 形定位支承板和适应所有内弧框架支撑的平面支承板两种。

B　外弧维修台

外弧维修台主要由机架、支承板、销轴、斜楔、移动架、角钢定位架、调整垫片、连接螺栓、接管及密封圈等组成。

由于各扇形段沿铸造方向四个支撑点位置及配水盘上水口接头尺寸不同，即相对于维修台机架中心而言各扇形段支撑中心尺寸 A 及扇形段配水盘中心尺寸 B 是变化的，不同规格扇形段，A、B 尺寸不同，见图 3-13-67 主视图。为满足不同扇形段各自配水盘上进出水接口尺寸，该维修台在各工位上均设有可移动式的配水盘（也叫移动架），使放置在外弧任一工位上的扇形段，做水试验时只需根据扇形段的规格，提前调整好移动架上水口接头的对应位置即可。各水口接头代号及用途如图 3-13-67 和表 3-13-36 所示。

（1）机架。与内弧维修台机架的结构及布置方式大同小异，即每个工位也设有两组机架共 4 个支承面，用于支撑扇形段外弧。机架立柱及连接梁由型钢与钢板焊接而成。机架与其顶部的支承板也为分体结构，其安装与调整同内弧维修工位。机架外侧设有托架用以支撑移动架，托架滑道两端设有行程限位挡块。机架内侧及铸造方向均应设置测量基准面，以便定位销及水口接头的安装与调整。机架底部与基础相连。

（2）支承板。支承板有两种形式，即安装销轴的支承板和适应所有扇形段外弧支撑的平面支承板，销轴与支承板采用配合安装，用斜楔固定销轴，用于外弧框架在维修台上的定位。为防止带销轴的支承板移位，四周焊有挡块。四块支承板上表面与接管上各水口接头端面之间的相对位置，可通过垫片组进行调整。为了防止结合面锈蚀，支承板采用不锈钢材质。

（3）移动架。两组移动架分别设置在机架外侧的托架上。移动架其上部为水口接头，下部为行走滚轮。移动架由配水盘、衬板、滚轮、油杯及连接螺栓等组成。

配水盘为焊接框形结构，由互垂支承板、位置锁定板及拉手等组成。水平支承板上设有与各水口接头相对应的插孔，水口接头插入后通过形状各不相同的不锈钢衬板将其固定。水平支承板下方两侧的立板上装有镶嵌滚针轴承的滚轮，为便于推拉移动架行走及定位，在平面支承板的四周还分别设有拉手及锁定孔。

为适应不同扇形段各自配水盘上进出水接口尺寸，根据需要可推拉两侧移动架，下部的 4 个滚轮在滑道上沿铸造方向往返移动行走至相应位置。扇形段规格不同，其移动架（含接管上的水口接头）的移动行程也不同。吊放扇形段之前，需根据不同规格扇形段事先将移动架上的水口接头位置设定好，再将小链上的插销插入配水盘支承板及托架上角钢定位架的销孔中，把移动架位置锁定。然后吊入相应的扇形段，使移动架上带密封圈的 12 个水口接头自动插入外弧框架配水盘接口，即可做水压和喷水试验。

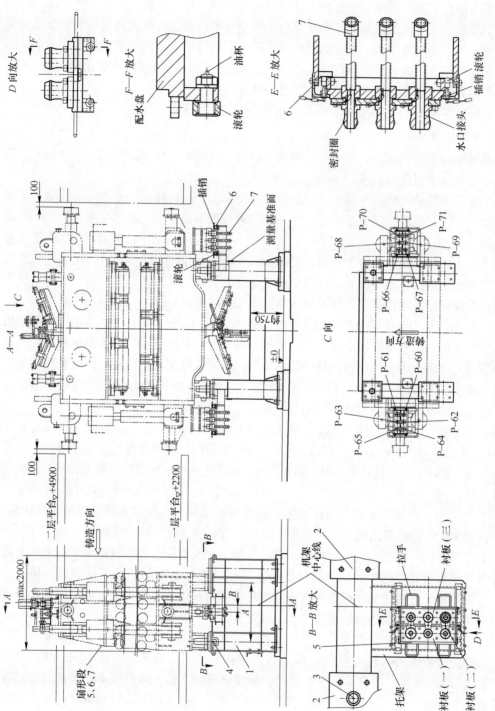

图 3-13-67　A 钢铁公司一台双机双流宽厚板坯连铸机扇形段维修试验台外弧维修工位

1—机架；2—支承板；3—销轴；4—斜楔；5—移动架；6—角钢定位架；7—接管

表 3-13-36　扇形段维修试验台外弧维修台各水口接头代号及用途

编　号	用　途	编　号	用　途
P60	外弧框架冷却回水	P66	外弧铸坯喷淋进水
P61	外弧铸坯喷淋进气	P67	外弧框架冷却进水
P62	外弧辊子、轴承冷却回水	P68	内弧框架冷却进水
P63	内弧框架冷却回水	P69	外弧辊子、轴承冷却进水
P64	内弧铸坯喷淋进气	P70	内弧辊子、轴承冷却进水
P65	内弧辊子、轴承冷却回水	P71	内弧铸坯喷淋进水

（4）角钢定位架。角钢定位架由角钢、小链、插销及螺栓等组成。定位架上表面根据不同规格扇形段设置相对应的锁定孔，定位架侧面通过螺栓与托架相连接。当移动架移至所需位置，插销插入将移动架锁紧定位，拴着插销的小链焊在托架近旁，以防丢失。

（5）接管。接管为焊接件，由水口接头、密封圈、钢管、内接头及螺塞组成。根据各扇形段配水盘接口尺寸，需设置对应规格的水口接头及密封圈。其中水口接头、钢管及内接头采用不锈钢材质。

C　液压配管

液压配管用于扇形段驱动辊升降、辊缝调整和喷淋架升降等动作试验，共计 16 个接口。其中 5 个接口分别用于内、外弧喷淋架的升降；3 个接口分别用于驱动辊升降；其余 8 个接口分别用于辊缝调整。接口形式均为快换接头。

D　其他事项

水压及喷淋试验配管系统原理及配管组成基本与 13.8.5.2 小节喷嘴检查及水压试验台的组成与结构相同，不再赘述。压缩空气配管参见 13.6.2.2 小节结晶器维修对中试验台的组成与结构第 G 项内容，但各点润滑通过气动高压注油器，分别为组装完毕的扇形段加足润滑油。操作平台参见 13.6.2.2 小节 F。

13.8.6.3　扇形段维修试验台主要参数

喷嘴检查试验工作压力	0.6MPa
水压试验工作压力	1.0MPa
喷水和水压试验耗水量	$100 \times 4 L/min$
增压泵：　型号	DF25-30×4
流量	$25m^3/h$
扬程	120m
电动机	Y160L-2，18.5kW
高压注油器：型号	GZ-1
工作压力	30MPa；
输油量	$0 \sim 0.85 L/min$
压缩空气耗量（标态）	$120m^3/h$
清扫及风动工具用压缩空气耗量（标态）	$220m^3/h$
液压配管工作压力	21MPa

其余参见 13.6.2.3 小节结晶器维修对中试验台主要参数相关内容。

水、气及液压配管，在制造厂或现场安装完毕后均应进行压力试压检查，试验压力是工作压力的 1.2 ～ 1.5 倍，保压 30min，检查密封性。

13.8.6.4　内、外弧维修台安装精度及扇形段就位时的注意事项

A　内弧维修台安装精度

（1）两组机架上部的 V 形定位支承板，其 90°顶角线应调整在同一直线，至维修台中心线距离误差 ≤ ±1.0mm。

（2）V 形定位支承板及平面支承板与机架装配后，两组机架四个支撑面高度误差 ≤ ±1.5mm。

B　外弧维修台安装精度

（1）两组机架测量基准面之间的水平尺寸误差 ≤ ±1mm，且与维修台中心线要对称。

（2）两组机架顶部的销轴支承板及平面支承板上表面与机架测量基准面垂直度 ≤0.5mm，且四个支承板上表面高度误差 ≤1.5mm。

（3）两个销轴与支承板表面垂直度误差 ≤0.2mm，两个销轴中心距离尺寸误差 ≤ ±0.5mm。

（4）沿铸造方向两侧的移动架与机架装配后，推拉移动架使其 4 个滚轮沿托架滑道面行走自如，无卡阻。

（5）移动架配水盘上各水口接头其端面至机架顶部支承板上表面之间的垂直距离误差 ≤1.0mm。

（6）沿铸造方向两侧，各移动架上的三排水口接头其中心尺寸，应调整至确保扇形段吊入后各个接头均能自如插进扇形段配水盘的相应接口。

（7）沿铸造方向两侧，各移动架上垂直铸造方向的两排水口接头，其对称中心至维修台中心尺寸 B（见图 3-13-67）是变化的，需根据不同扇形段规格推、拉移动架的行程来确定。移动架及其水口接头的移动行程分别是：扇形段 1 ～ 2 的 B 值为 0mm；扇形段 3 ～ 4 的 B 值为 50mm；扇形段 5 ～ 7 的 B 值为 150mm；扇形段 8 ～ 17 的 B 值为 185mm。对不同规格的扇形段做水压试验时，两侧共计 12 个水口接头各自中心尺寸均应调整至确保扇形段吊入后各个接头均能自如插进扇形段配水盘的相应接口。

C　扇形段就位时的注意事项

扇形段整体或分解后的外弧吊入本台前，首先必须确认移动架上的水口接头位置是否与所吊入的扇形段配水盘接口位置一致，且小链上的插销是否插入移动架与角钢的销孔中。确认无误后方可吊入扇形段或扇形段外弧。

13.8.6.5　水压试验及喷水试验操作规程

（1）水压试验既可整体试，也可内、外弧分别试。整体水压试验前，首先关闭喷水和回水支路上的球阀及泵站支路上的球阀，然后打开内、外弧各自设备冷却水进水支路上的球阀和泵站主管路上的球阀即可进行整体水压试验。若内、外弧分别试，则只需关闭和打开各支路上相应的球阀即可。

（2）水压试验时，在规定时间内，如压力降小于 0.02MPa 为合格。

（3）水压试验完毕，先关闭泵站主管路上的球阀，然后打开回水管路上的球阀，将水直接放到地面流入排水沟。

（4）喷水系统分为内、外弧两个区域，各自互相独立。一般情况下应逐区域试，也可两个区域同时试。主要检查各喷嘴是否畅通，并调整各喷嘴角度，使其达到最佳状态。

（5）喷水试验时，先分别关闭各冷却水回水和进水支路上的球阀，再打开内弧或外弧（或同时打开）喷水支路上的球阀，然后将泵站支路上的球阀少量打开起溢流作用（因泵站为同一个，但水压试验和喷水试验压力数值要求不同），最后再打开泵站主管路上的球阀，通过调节泵站支路上球阀的开启程度，观察水压达到 0.6MPa 时即可进行扇形段内弧或外弧（或内外弧一起）的喷水试验。

13.8.6.6　液压试验操作规程

扇形段经水压、喷水试验完成后，才能进行驱动辊升降、辊缝调整和喷淋架升降等液压试验。试验时将液压管路中各接口处的快换接头与扇形段相对应的快换接头接通即可。最终要分别确认扇形段夹紧缸和压下缸的上、下运行是否正常，辊子的最大、最小开口度数值及喷淋架上升和下降的行程是否达到要求，液压管路是否漏油。

13.8.6.7　试运转

移动架与滚轮装配后，推拉移动架，滚轮在托架滑道上转动灵活，无卡阻现象。

13.8.6.8　设备维护与保养

参见 13.6.2.9 小节结晶器维修对中试验台维护与保养相关内容。

13.8.7　箱型焊接框架扇形段对中台

13.8.7.1　功能

该类型的对中台也是针对 2000 年初期投产的板坯连铸机，多点矫直箱型焊接框架扇形段而设置的，仅具有单一的对中功能，专门用于扇形段内、外弧辊子弧线（或直线）的对中。有的厂家也在这种对中台上分别为扇形段内弧或外弧添加润滑脂。

13.8.7.2　扇形段对中台的组成与结构

以 A 钢铁公司两台 4 机 4 流板坯连铸机的扇形段对中台为例，根据内、外弧框架的结构尺寸、每月被维修的扇形段数量及对中所需时间等因素综合，共设置 10 个对中工位，其中 4 个内弧工位，6 个外弧工位。该对中台由内弧对中台、外弧对中台及操作平台等组成，如图 3-13-68 所示。

A　对中工位的分配

用于内弧对中的 4 个工位相互不能通用，每个工位都对应专属的内弧框架，即扇形段 1~6、扇形段 7、扇形段 8 及扇形段 9~17，各占用 1 个工位。

用于外弧对中的 6 个工位，其中有 2 个工位相互不能通用，另外两两工位可在各自对应范围内通用。即扇形段 1~6 为 2 个工位，扇形段 9~17 为 2 个工位，扇形段 7、扇形段 8 各占用 1 个工位。

B　内弧（外弧）对中台

内、外弧对中台结构及组成基本相同，均由对中框架、对中装置托座、千斤顶、样板定位架、起重螺栓、调整螺栓、预紧螺栓、样板、销轴及定位件等组成，如图 3-13-69 ~ 图 3-13-71 所示。

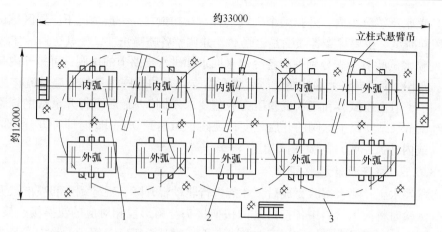

图3-13-68　A钢铁公司两台4机4流板坯连铸机扇形段对中台布置

1—内弧对中台；2—外弧对中台；3—操作平台

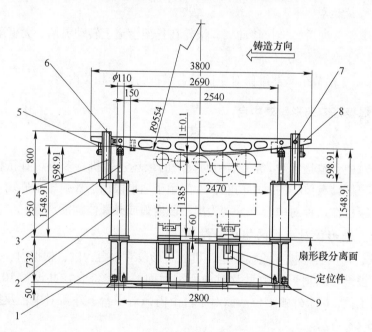

图3-13-69　扇形段1~6外弧对中

1—对中框架；2—托座；3—千斤顶；4—样板定位架；5—起重螺栓；
6—调整螺栓；7—预紧螺栓；8—样板；9—定位销轴

a　对中框架

内、外弧对中框架均为焊接的箱形结构，是对中台的主要部件，用以支撑扇形段和对中装置托座。其上各设有四个扇形段支承座，其中内弧对中台与扇形段定位基准相对应的是U形块，外弧对中台与扇形段定位基准相对应的是销轴、插板及斜铁。为安装用于支承样板的千斤顶及样板定位架，沿铸造方向在框架两侧各设有三个带定位止口的安装面，对中台装配时将托座与框架用螺栓紧固。

b　对中装置托座

对中装置托座为柱式焊接构件，其底部法兰用螺栓与对中框架连接并以柱销定位，顶

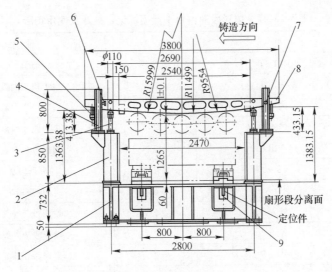

图 3-13-70　扇形段 7 外弧对中
1—对中框架；2—托座；3—千斤顶；4—样板定位架；5—起重螺栓；
6—调整螺栓；7—预紧螺栓；8—样板；9—定位销轴

部沿铸造方向内侧用于安装支撑样板的千斤顶，外侧用于安装样板定位架。每条样板下设置两个对中装置托座。

　　c　千斤顶

　　千斤顶由螺杆座、千斤顶螺帽及锁紧螺母组成，用于对弧时支撑样板。对于不同半径尺寸的弧形扇形段，其辊面沿铸造方向入口侧及出口侧与其安装基准面高度尺寸有所不同，所以具体需要几种高度尺寸的千斤顶及千斤顶的数量，要根据对中台工位数、沿辊身长度方向设置样板的条数及不同弧形半径的各扇形段辊子坐标尺寸来确定。例如 A 钢铁公司扇形段 1～6 内、外弧对中台，沿铸造方向入口侧和出口侧各设置 3 条样板，扇形段 7～17 内、外弧对中台，沿铸造方向入口和出口侧各设置 2 条样板。综上所述，千斤顶标记、数量及使用场所见表 3-13-37。

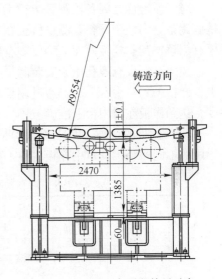

图 3-13-71　DKS 扇形段外弧对中

　　d　样板定位架

　　样板定位架为型钢与钢板焊接结构，用于定位并夹持样板。沿铸造方向每条样板定位架外侧设有螺母座用以安装起重螺栓，与其垂直的两侧面均设有预紧螺栓用螺孔，通过预紧螺栓将样板沿其长度方向调至与辊面垂直并夹紧。

　　e　样板

　　(1) 样板的组成和形式。样板由弧形样板和直形样板组成，其结构由钢板焊接而成，材质为碳钢。为减轻样板自重在本体中心适当位置制成空心结构，同时在本体周边焊有加强筋以增加样板刚性。

表 3-13-37　扇形段对中台千斤顶标记、数量及使用场所

序　号	标　记	数　量	使 用 场 所
1	内 1 ~ 6	6	扇形段 1 ~ 6 内弧
2	内入 7	2	扇形段 7 内弧（入口侧）
3	内出 7	2	扇形段 7 内弧（出口侧）
4	内入 8	2	扇形段 8 内弧（入口侧）
5	内出 8	2	扇形段 8 内弧（出口侧）
6	内 9 ~ 17	4	扇形段 9 ~ 17 内弧
7	外 1 ~ 6	6	扇形段 1 ~ 6 外弧
8	外入 7	2	扇形段 7 外弧（入口侧）
9	外出 7	2	扇形段 7 外弧（出口侧）
10	外入 8	2	扇形段 8 外弧（入口侧）
11	外出 8	2	扇形段 8 外弧（出口侧）
	外 9 ~ 17	4	扇形段 9 ~ 17 外弧

对于弧形样板因各段圆弧半径不同，所以样板中心与对中台中心重合度要求很高，需精确调整。为便于调整及测量样板在对中台上沿铸造方向的位置，首先在样板两面中心均要有刻痕，其次样板两面上均要刻有以箭头为标记的铸造方向。同时样板两端临近对中台千斤顶附近，设有螺孔用于安装测量座，并且在铸造方向出口侧还设有调整螺栓用的螺母板，样板吊到对中台上时，通过调整螺栓推拉样板使其满足千斤顶与测量座之间的尺寸精度，达到样板在对中台上准确位置。

（2）样板的种类。因是多点弯曲、多点矫直的直弧形连铸机，所以弧形样板根据各扇形段的不同圆弧，其对中样板也各不相同。样板的种类、数量及使用场所见表 3-13-38。

表 3-13-38　扇形段对中台对中样板标记、数量及使用场所

序　号	标　记	样板工作面形状	数　量	使 用 场 所
1	内 1 ~ 6	单圆弧	3	扇形段 1 ~ 6 内弧
2	内 7	三圆弧	2	扇形段 7 内弧，其背面可用于 9 ~ 17 段
3	内 8	两圆弧及直线	2	扇形段 8 内弧
4	内 9 ~ 17	直线	2	扇形段 9 ~ 17 内弧，可用扇形段 7 内弧样板背面
5	外 1 ~ 6	单圆弧	3	扇形段 1 ~ 6 外弧
6	外 7	三圆弧	2	扇形段 7 外弧，其背面可用于 9 ~ 17 段
7	外 8	两圆弧及直线	2	扇形段 8 外弧
8	外 9 ~ 17	直线	2	扇形段 9 ~ 17 外弧，可用扇形段 7 外弧样板背面

（3）样板的制作及检验样板用的量具。

1）样板的制作。在 2000 年之前，在各种对中台上和生产线上用的对中样板，大多是用 SS400（相当于我国的 Q235）材料制作的，对中样板制作流程如图 3-13-72 所示。

划线时留 5mm 余量，粗加工时留 2mm 余量。

机械加工时，工件应水平放置以减少变形，当需要垂直加工时，应选择好支点。

样板在制作厂装配平台上装配时，应确保水平度和垂直度，样板检查时应水平放置。

为减轻样板重量，应除去不必要的金属。图 3-13-73a、b 分别为 A 钢铁公司两台 4 机 4 流板坯连铸机扇形段 1~6 和扇形段 7 的内弧辊子对中样板。

图 3-13-74 为 A 钢铁公司两台 4 机 4 流板坯连铸机扇形段 9~17 外弧辊子对中样板，图中带长方框的数值必须用数控机床加工，加工精度为 ±0.05mm。图中所示"C20"字符代表 45°的倒角尺寸为 20mm×20mm，"口 20 刻印"字符代表矩形刻印尺寸为 20mm×20mm。

样板加工检查合格后，表面不能涂防锈漆，而应涂防锈剂。

2）检验对中样板用的量具。检验样板用的量具通常也称作母样板，该量具是用来定期校正、检验样板用的，采用 SKS3（相当于我国合金工具钢 CrWMn）材料制作的，图 3-13-75 是 A 钢铁公司两台 4 机 4 流板坯连铸机扇形段 7 内外弧对中样板检测用量具。量具的毛坯在切割和粗加工后应在 750~800℃温度退火，图中带长方框内的数值应用数控机床加工，加工精度为 ±0.05mm，加工后涂防锈剂，并存放在专门的恒温房间内。

2000 年以后，机械维修场各对中台和连铸生产线上用的对中样板，很多厂家采用了航空硬铝合金材质，其性能及优越性见有关章节，不再赘述。

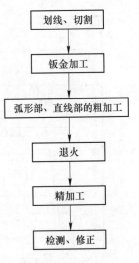

图 3-13-72　对中样板制作流程

C　操作平台

参见 13.6.2.2 小节中 F。

13.8.7.3　内、外弧对中台安装精度及调整方法

内、外弧对中台安装过程基本相同，以图 3-13-69 和图 3-13-70 的外弧对中台为例进行说明。

（1）对中框架中扇形段四个支承面水平度：目标值≤0.05mm，允许值≤0.08mm。

（2）各托座千斤顶安装面水平度误差≤0.2mm。同一条样板对应的两个千斤顶其定位孔中心线与对中框架中心线要对称，托座位置调好后柱销定位。

（3）各千斤顶部件装配后，先初步调整顶头，使其顶部至安装面满足设定的尺寸要求。

（4）初调后的千斤顶，先确认其使用位置，然后分别安装到各自托座相应的定位孔中。

（5）对应同一条样板所用的两个千斤顶，若高度尺寸相同，则可借助 9~17 段直样板检测其高度，使其顶部至托座安装基准面之距离同时达到图中设定的尺寸及精度值，如图 3-13-69 中尺寸 1548.91。

（6）对应同一条样板所用的两个千斤顶，若高度尺寸不相同，则需分别测量、调整两千斤顶高度，使其顶部至托座安装基准面之距离分别达到图中设定的尺寸及精度值，如图 3-13-70 中尺寸 1363.38 和 1383.15。

（7）为保证扇形段入口侧及出口侧一定间距的两条或三条样板其千斤顶高度尺寸一致，安装时可借助专用平尺进行检测。先将 2 条专用平尺各自放置在同一侧的两个千斤顶

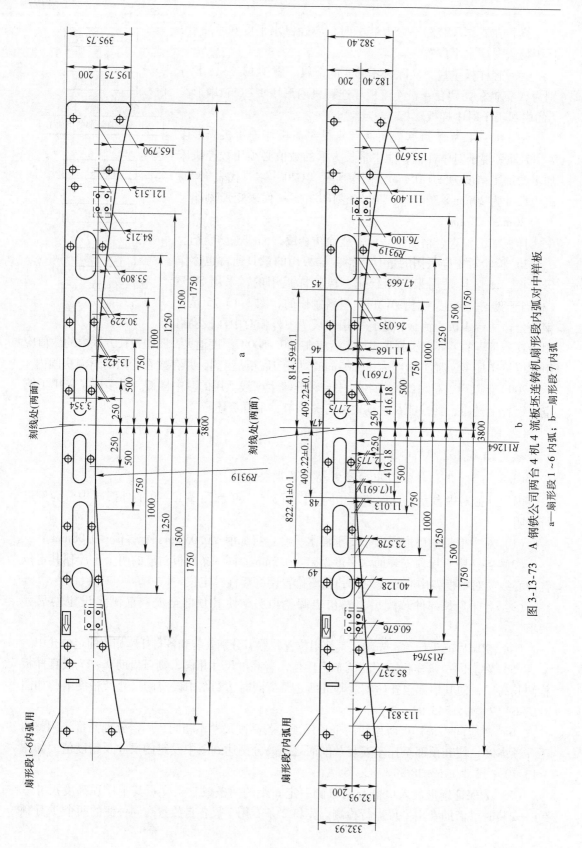

图 3-13-73　A 钢铁公司两台 4 机 4 流板坯连铸机扇形段内弧对中样板
a—扇形段 1～6 内弧；b—扇形段 7 内弧

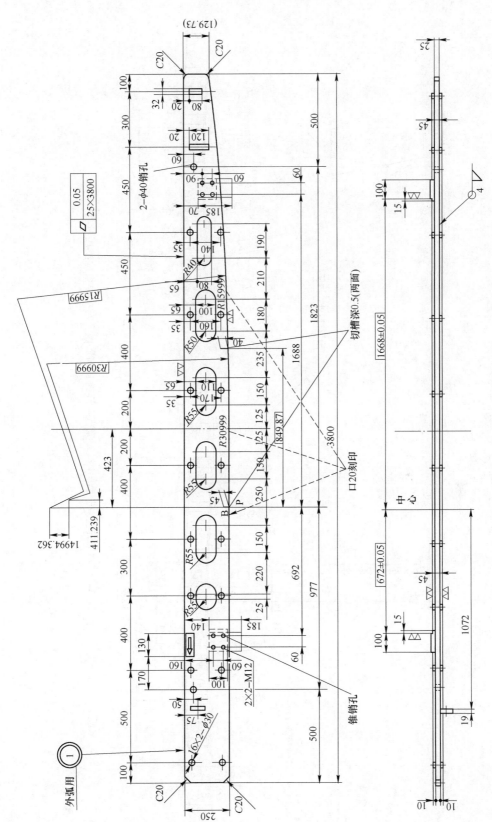

图 3-13-74　A 钢铁公司 4 机 4 流板坯连铸机扇形段 9～17 外弧对中样板

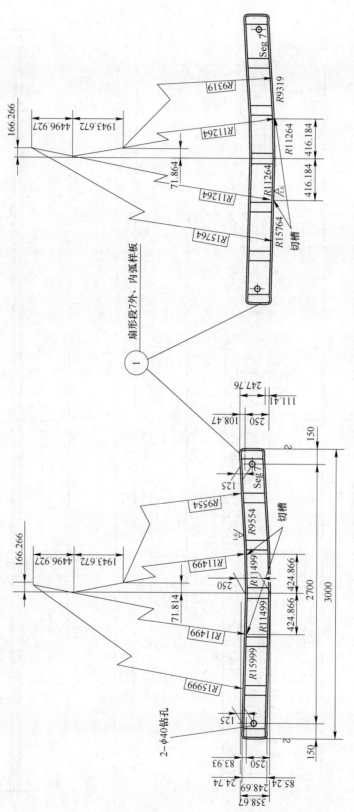

图 3-13-75   A 钢铁公司两台 4 机 4 流板坯连铸机扇形段 7 对中样板检测用量具

上，并由样板定位架（序号4）予以约束，然后测量、调整同一侧两个千斤顶高度，使其顶端至托座安装基准面之距离均达到图中规定尺寸，如图 3-13-70 中尺寸 1363.38 及 1383.15。

（8）各千斤顶高度全部调好后，用螺母锁紧，并将螺母与顶头点焊 3 点，以防松动。

（9）对中装置全部调好后，各自托座上的千斤顶均要再次确认其位置号，以便对中操作时，根据需要按标记替换千斤顶，仍能确保其各就各位，准确无误。

（10）各千斤顶高度尺寸的安装精度：目标值 ≤ ±0.05mm，允许值 ≤ ±0.10mm。

（11）铸造方向入口侧与出口侧千斤顶的高度差 ≤ 0.05mm。

13.8.7.4　扇形段对中操作规程

箱形焊接框架扇形段及其对中样板，对中操作规程基本与 13.7.2.5 小节 B（弯曲段弧形样板内外弧对中）相似，详述如下。内、外弧对中过程相同，仅以图 3-13-69 ~ 图 3-13-71 扇形段外弧对中台为例进行说明。

（1）按照不同的扇形段，选择相应的对中工位、样板及千斤顶，并将支承扇形段的表面、样板工作面及千斤顶头部的防锈剂擦洗干净。

（2）将起重螺栓（序号5）调整到高于千斤顶的起始位置。

（3）将扇形段内弧或外弧辊面向上吊入对中框架，并安放在各自支承座上，扇形段吊入时应注意其铸造方向与对中框架所示铸造方向一致，不得有误。并与定位座、定位销轴很好地配合。

对于扇形段外弧还应将压板插到定位销轴的颈部（见图 3-13-69 和图 3-13-70），压住扇形段，再将两个楔销打入销轴的长孔中锁紧。

（4）用 3t 立柱式悬臂吊将相应的样板（序号8）吊到样板架（序号4）中（同样要注意样板的方向），并支承在起重螺栓上，轻轻地向下旋转起重螺栓，使样板即将接触千斤顶（序号3）为止。

（5）旋转调整螺栓（序号6）使样板上的测量座与千斤顶头圆柱段轻轻靠拢并测量其间隙，然后用螺母锁紧螺栓。

（6）轻轻地向下旋转起重螺栓，使样板完全被支承在千斤顶上。

（7）用塞尺测量各辊子与样板之间的距离，并调整辊子高度使各辊面与样板间距离达到 1 ±0.1mm，而每个辊子的固定侧和活动侧高度差不应超过 0.05mm。

（8）样板不工作时，应平稳地放置在样板架上。不用的千斤顶插在千斤顶放置座孔中。

需要特别注意的是，在内、外弧框架上安装辊子装配件时，要用力矩扳手按照设定的力矩拧紧螺栓，否则垫片组的翘曲会造成辊子表面弧线对弧时虽然准确，而当在线浇钢受到鼓肚力作用时，表面弧线又出现较大偏差的现象。这一点对所有形式的对中台对中操作都适用。

关于扇形段对中台设计注意事项及维护与保养参照 13.6.2.8 及 13.7.2.8 小节相关内容。

13.8.8　扇形段吊具

13.8.8.1　功能

扇形段吊具是在连铸机线外吊运扇形段的专用吊具，为方便吊运放置在连铸机机旁的扇形段及维修区的扇形段，一般设置两台，机旁和维修区各1台。因机旁和维修区两跨吊车的起吊吨位通常是不一样的（即吊车吊钩尺寸不同），所以两台吊具虽然结构形式相同但一般都不能通用，只能在各自区域内专用。

13.8.8.2　扇形段吊具的形式

无论是哪种形式的扇形段基本都为对称结构，所以扇形段吊具大多为单梁结构，比较典型和常用的有矩形梁吊板式、圆形梁吊板式、矩形梁钢丝绳式及框架钢丝绳式。

13.8.8.3　扇形段吊具的组成与结构

A　矩形梁吊板式扇形段吊具

矩形梁吊板式扇形段吊具主要由吊具体、板式吊钩、挡板、销轴及油杯等组成，应用于 A 钢铁公司，如图 3-13-76 所示。

吊具体为矩形截面梁的焊接结构，梁体上部焊有吊板，其上装配有供吊车起吊用的吊轴。梁体下部焊有吊耳，通过销轴将吊挂扇形段的板钩与吊耳连接在一起。为使吊挂扇形段的板钩转动灵活，通过油杯定期填充润滑脂。这种吊具需要的起吊高度较高。

B　圆形梁吊板式扇形段吊具

圆形梁吊板式扇形段吊具主要由吊具体、吊板、滑动轴承、挡板、螺钉、销轴及油杯等组成，应用于 W 钢铁公司，如图 3-13-77 所示。

吊具体为圆形截面的焊接结构梁，梁体上部焊有吊板，其上直接开有供吊车起吊用的吊孔，这种形式的吊板降低了起吊高度。在梁体两侧轴头上装配吊板，为使吊挂扇形段的吊板转动灵活，在两者之间设有滑动轴承，并通过油杯定期填充润滑脂。吊板下部为双耳板并设有销轴，吊运扇形段时通过销轴将扇形段的吊板串接在一起。该吊具的结构形式相对 A 钢铁公司吊具的结构，所需的起吊高度相对低一些。这种吊具适合厂房高度受限且自带吊板的扇形段。

C　矩形梁钢丝绳式扇形段吊具

国内某钢铁公司采用的这种形式的扇形段吊具结构简单，主要由吊具体、吊环、卸扣及钢丝绳等组成。具有两种功能，即扇形段整体起吊和内（外）弧起吊，如图 3-13-78 所示。

吊具体为矩形截面的焊接结构梁，梁体上部焊有两块耳板，通过各自耳板上的吊环（卸扣）和卸扣将挂于吊车吊钩上的两条钢丝绳组合在一起，形成两条主索具。吊具梁两端分别设有两种间距的耳轴，其上挂有预制为环状规格尺寸不同的两组共4条钢丝绳。其中，间距为 3305mm 内侧的两条钢丝绳用于扇形段整体起吊，而间距为 3470mm 外侧的两条钢丝绳与另外一种吊具配合，共同完成扇形段内、外弧的吊运及内弧翻转。

D　工字形框架钢丝绳式扇形段吊具

国内某钢铁公司采用的这种形式的扇形段吊具结构简单，主要由吊具体、卸扣、成套钢丝绳索具及长吊环等组成，具有扇形段整体起吊和内（外）弧起吊两种功能，如图 3-13-79。

吊具体为工字形框架式焊接结构，在框架内部直接焊有供吊车起吊用的吊轴，这种形式的吊具大大降低了起吊高度。在梁体底面四个角部均焊有吊板，吊板将4条钢丝绳索具通过卸扣连接在一起。钢丝绳索具与设备的连接端为长吊环上穿挂卸扣。待吊运扇形段整体或内（外）弧时，将各卸扣分别穿挂在设备上即可。

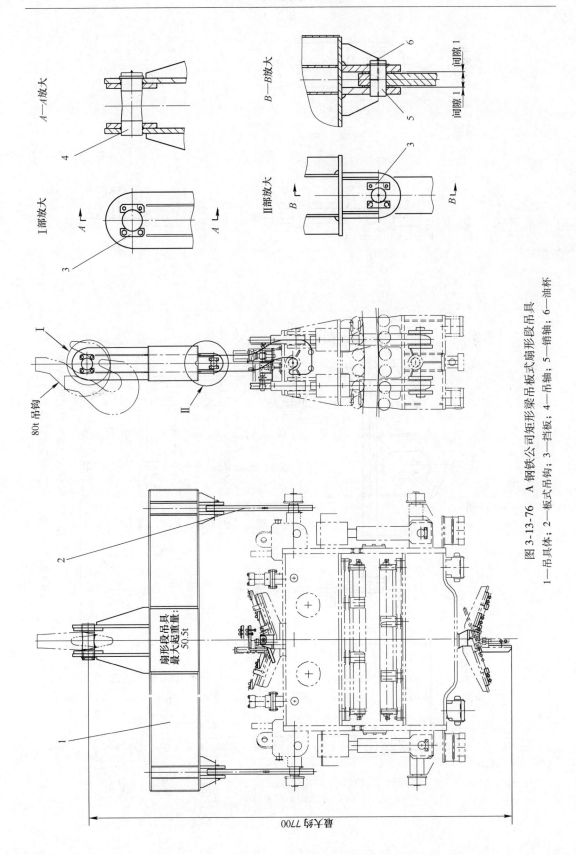

图 3-13-76　A 钢铁公司矩形梁吊板式扇形段吊具
1—吊具体；2—板式吊钩；3—挡板；4—吊轴；5—销轴；6—油杯

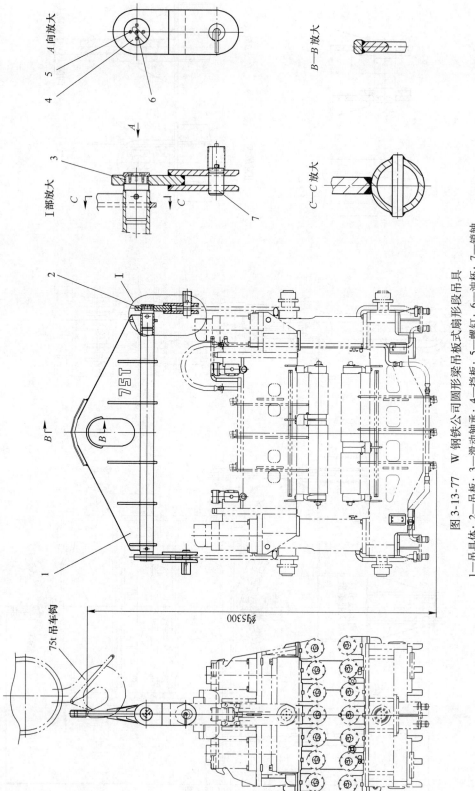

图 3-13-77 W 钢铁公司圆形梁吊板式扇形段吊具

1—吊具体；2—吊板；3—滑动轴承；4—挡板；5—螺钉；6—油杯；7—销轴

13.8.8.4　扇形段吊具的参数确定、设计及使用注意事项

参照 13.6.3.4 ~ 13.6.3.6 小节内容。

13.8.9　扇形段辊子维修设备

扇形段辊子维修设备的功能、种类及设置方式，基本同弯曲段辊子维修设备，不再赘述。参见 13.7.8 小节弯曲段辊子维修设备相关内容。

13.8.10　扇形段清洗台

扇形段清洗台的功能及结构形式基本同结晶器/弯曲段清洗台，不再赘述，参见 13.7.8 小节。

13.8.11　扇形段其他维修设备

配合扇形段维修的其他设备还有扇形段存放台、各种规格的辊子存放架、吊具存放架等。

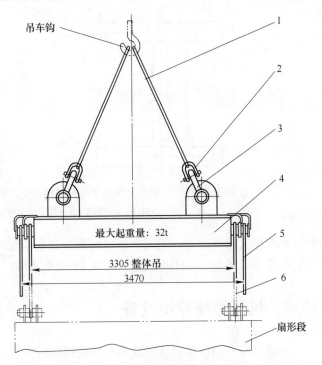

图 3-13-78　矩形梁钢丝绳式扇形段吊具
1—主钢丝绳；2—吊环（卸扣）；3—卸扣；4—吊具体；
5—内、外弧吊运钢丝绳；6—扇形段整体吊运钢丝绳

扇形段整体起吊示意图

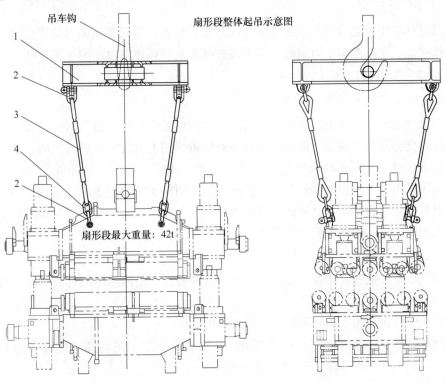

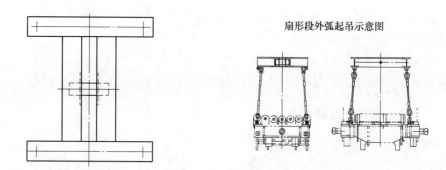

图 3-13-79　某钢铁公司工字形框架钢丝绳式扇形段整体及内、外弧吊具
1—吊具体；2—卸扣；3—成套钢丝绳索具；4—长吊环

有些扇形段自带支撑腿，无需再单独设置存放台。至于上述设备的功能及结构形式基本与弯曲段维修设备类似，不再赘述。参见 13.7.9 小节。

13.9　机械维修专用设备

机械维修专用设备包括离线和在线对弧样板及设备过跨车，其中离线对弧样板已分别在各对中台中叙述，本节仅对在线对弧样板和设备过跨车予以叙述。

13.9.1　在线对弧样板

13.9.1.1　功能

在线对弧样板用于连铸机在线设备的在线测量，检查连铸机各设备（即段与段）之间外弧线衔接状况，是结晶器、弯曲段及扇形段在线安装、调整及对弧的专用量具。

13.9.1.2　在线对弧样板的构成

A　在线对弧样板种类的确定原则

在线对弧样板种类的构成，需根据连铸机辊列图中各设备所在直线区、弧线区、矫直区及水平区的交界点数量确定。即同一条样板对应辊列图上所含的各设备之间其弧线或直线均为连续的区域内，则该样板为同一种类可应用于此区域内多个两相邻设备之间的对弧。如果该区域内同一种类的样板其结构形式不同，则样板的数量也随之变化。若同一条样板对应辊列图上两相邻设备之间的直线或弧线有变化的区域，则该样板只能应用于这两相邻设备之间的对弧，如图 3-13-80 所示。

B　在线对弧样板的组成

图 3-13-80 为 E 钢铁公司板坯连铸机在线对弧样板，共由四组不同种类的 6 条样板组成，用途如下：

结晶器对中样板：用于结晶器与弯曲段之间的对中。

同弧段对弧样板：样板（一）用于弯曲段与扇形段 1 之间的对弧；样板（二）用于
　　　　　　　　扇形段 1~6 之间的对弧。

矫直段对弧样板：样板（一）用于扇形段 6 与扇形段 7 之间的对弧；样板（二）用

于扇形段 7 与扇形段 8 之间的对弧。

水平段对中样板：用于扇形段 8～15 之间的对中。

数　　　　量：各 1 块。

13.9.1.3　在线对弧样板操作规程

连铸机在线设备的对弧找正非常重要，精度要求高，其操作也比较困难，因此必须耐心细致地反复进行该项工作。对弧找正时必须按照图 3-13-80 所示使用不同样板，用塞尺或专用量规检查辊面与样板工作面之间的间隙，而且水平扇形段还应采用水平仪检查辊面的水平度。

为了达到相邻两设备之间衔接的弧线或直线其精度要求，应调整各单体设备支撑面相应位置处的垫片组，必要时将结晶器、弯曲段及扇形段重新吊离连铸生产线运到维修区再次检查核对各单体设备的对弧状况。

13.9.1.4　在线对弧精度

使用各个样板检查测量时，辊面与样板工作面之间的间隙为 $1 \pm 0.15\text{mm}$ 时为合格，水平扇形段的不水平度应小于 $0.04\text{mm}/\text{m}$。

13.9.1.5　在线对弧样板的维护与保养

(1) 在线对弧样板使用前应利用原型样板进行检查校对，确认无变形时方可使用。在使用一阶段后，如发生变形，应立即校正。

(2) 在使用样板过程中必须小心谨慎，以防碰伤、砸伤、变形。不使用时样板最好保存在室温为 15～25℃ 的房间内，以保证自身精度。

(3) 对弧时必须使样板平行于连铸机中心线平面。

(4) 对弧找正结束后，务必将所有样板搬离连铸机，妥善保管。

13.9.2　设备过跨车

2000 年以前，各钢铁公司连铸机车间，跨与跨之间运送设备的过跨车，几乎都是随连铸机设计配套的非标设计。2000 年以后至今的连铸机设计供货中，以往非标设计的设备过跨车都逐渐由标准选型取代，按承载规格及外廓条件由专业平板车生产厂家设计供货，比较经济适用。现将以往非标设计的设备过跨车简要介绍如下。

13.9.2.1　功能

设备过跨车是连铸车间机械设备维修跨至连铸机浇注跨，跨与跨之间往返运输机械设备的专用车辆。一般机械维修区设备分别布置在切割跨、精整跨（一）或精整跨（二）。需要运输的设备不同，过跨台车上运输支座的形式也不同。

如果在过跨车上设置单一形式的支撑座，且与车体为固定式连接，则至少需要设置两台过跨车。往返于浇注跨和切割跨之间的过跨车，一般运输结晶器和弯曲段；而往返于浇注跨至精整跨（一）或精整跨（二）之间的过跨车，一般运送扇形段。

若在过跨车上设置一个组合式的支座，或设置多个活动的专用支座，则往返于浇注跨、切割跨和精整跨（一）或精整跨（二）之间的过跨车，虽为一台车则可分别运输结晶器、弯曲段（即扇形段 1＋2）及其他扇形段。

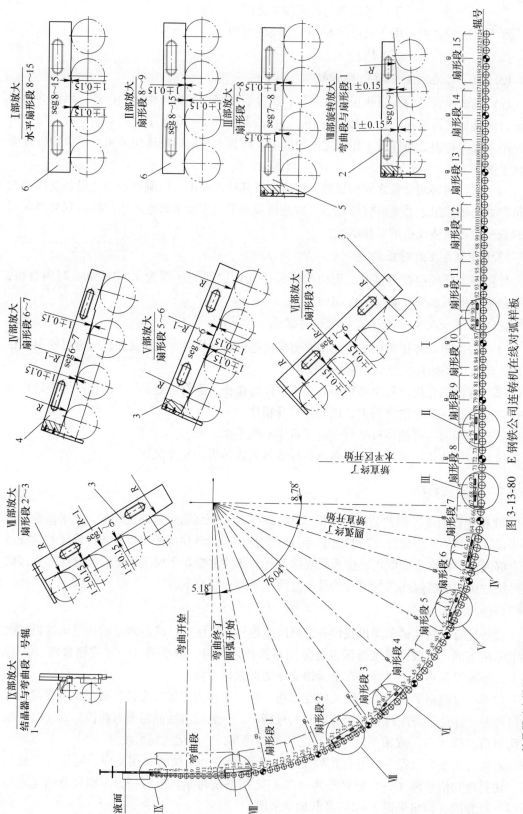

图 3-13-80　E 钢铁公司连铸机在线对弧样板

1—结晶器对中样板；2—同弧区对弧样板（一）；3—同弧区对弧样板（二）；4—矫直区对弧样板（一）；5—矫直区对弧样板（二）；6—水平区对中样板

13.9.2.2 设备过跨车的组成与结构

A 单一支座设备过跨车

这种过跨车是单独运输结晶器/弯曲段和单独运输扇形段的两台过跨车，一般这两台车的结构形式相同，区别仅在于车体宽度及设置在车上用于支撑设备的运输支座不同，如图 3-13-81 所示。该图为 A 钢铁公司板坯连铸机用的设备过跨车（一）和过跨车（二），该车主要由车架、车轮装配、传动装置、供电装置、声光报警器、运输支座、行程控制、干油润滑配管、钢轨及基础预埋装置等组成。与一般平板车结构大致相同。其中过跨车（一）上连接着结晶器/弯曲段的运输支座，过跨车（二）上连接着扇形段运输支座。

（1）车架及运输支座。由于两台车架外廓尺寸均超运输界限，为便于运输和制造，车架应分体设计，将其分解成电机支架、电缆卷筒支架和车体三个部件，为保证分体加工的三个部件满足装配和使用要求，这三者之间连接处均采用垫片、定位销和螺栓进行调整和连接。车体为一大型焊接结构件，上部设有连接设备运输支座的螺纹孔，下部设有安装车轮轴承座的法兰板，考虑摘、挂钩时操作方便，车架上设有直梯。因其承载负荷大，应充分考虑车体各支撑梁的强度及各部位的焊接强度。

两种运输支座均为型钢与钢板焊接结构，其底板法兰设有螺孔用螺栓与各自车架连接。现场安装调整后再将其与车架焊接成一体。

（2）车轮装配。车轮装配包括一组驱动车轮装配和两组从动车轮装配。驱动车轮装配是用一根接中间套鼓形齿式联轴器将两个车轮轴连接成一体，在其中一侧车轮轴上装有双排滚子链轮；从动车轮装配除驱动轴外，其余结构形式与驱动侧相同。车轮采用50CrMnMo 材质，强度高，许用轮压大，两侧轴承座内装有调心滚子轴承，以满足重载要求。

（3）传动装置。传动装置为一台带内制动的电机直联行星减速器，经双排滚子链驱动一组主动车轮，带动车体以实现其往返运行。由于电机内制动，结构简单，重量减轻。

（4）供电装置。采用电缆卷筒供电。电缆卷筒安装在过跨车的一端，随车体移动收、放电缆。该装置有一根可以转动的卷筒轴，卷筒轴的一端是卷盘，用以卷绕带状电缆。当车体背离供电点（固定端）时，电缆拉着卷盘旋转让电缆放开并铺在地面上。当车体靠向供电点时，电缆就由力矩电机带动，使卷盘反转将带状电缆收回；卷筒轴的另一端装有滑环，滑环与电刷接触，电流通过电刷、滑环被送到车上各用电点。卷筒轴支撑在两个滑动轴承座上，驱动卷筒轴的是一台力矩电机—减速器—链轮链条组成的传动装置。即放线时由电缆拉着电机反转，使其处于发电状态。收线时力矩电机正转，电机输出力矩，把带状电缆卷到卷盘上。

（5）行程控制装置。过跨车的行程由车架两端的 4 个接近开关及轨道两端的两组感应板控制。当接近开关靠近地面底座上的感应板时发出信号，控制台车的行走、正常停位和极限停位。

过跨车的润滑主要为 8 个轴承和滚子链条，需要人工定期加润滑脂。

B 组合支座设备过跨车

W 钢铁公司板坯连铸机上应用的这种组合支座设备过跨车，如图 3-13-82 所示。该车的结构与组成与上述过跨车基本相同，区别仅在于运输各类设备的支撑座均集中设置在该

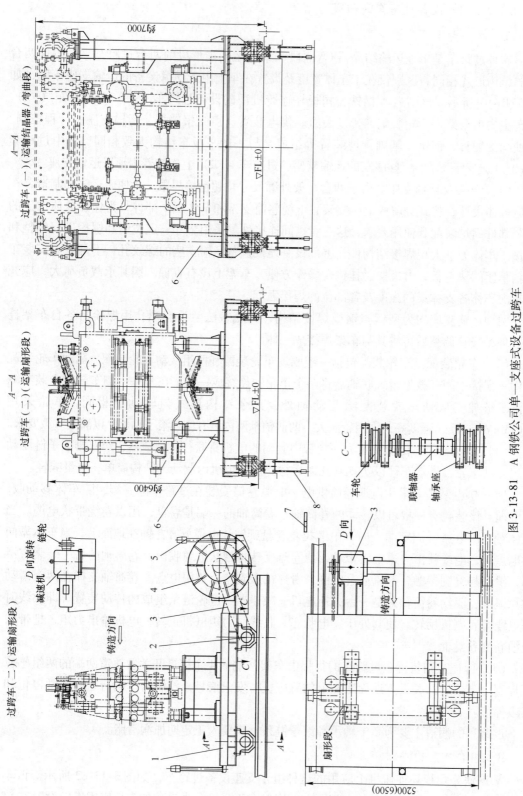

图 3-13-81　A 钢铁公司单一支座式设备过跨车

1—车架；2—车轮装配；3—传动装置；4—供电装置；5—声光报警器；6—运输支座；7—行程控制；8—钢轨及基础预埋装置

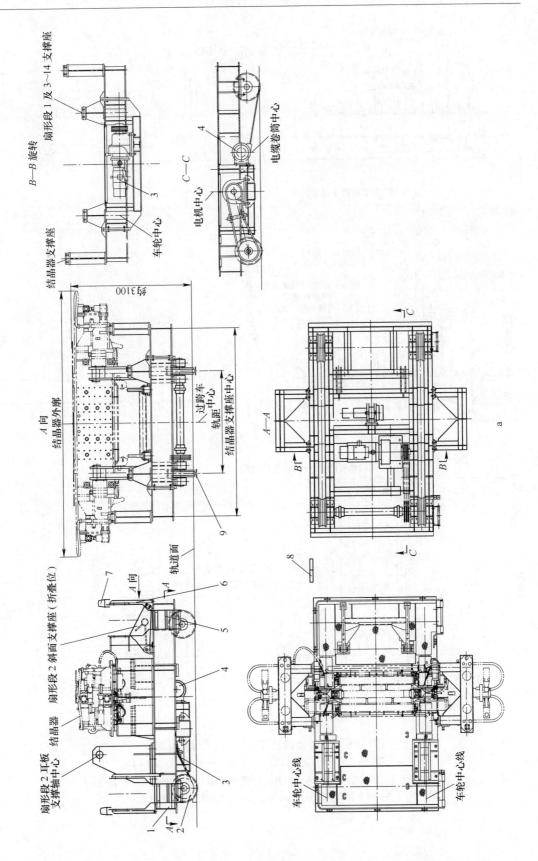

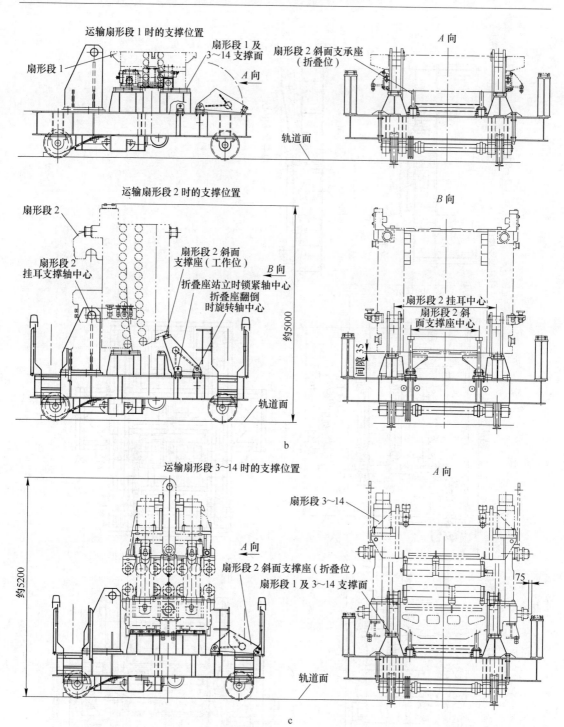

图 3-13-82　W 钢铁公司组合支座式设备过跨车

a—运输结晶器；b—运输扇形段 1 及 2；c—运输扇形段 3～14

1—车架；2—车轮装配；3—传动装置；4—供电装置；5—竖梯；6—平台栏杆；

7—声光报警器；8—行程控制；9—钢轨及基础预埋装置

车上，可谓多功能运输车。其中图 3-13-82a 为运输结晶器时的支撑状态，图 3-13-82b 为运输弯曲段（即扇形段 1 和 2）时的支撑状态，而图 3-13-82c 为运输扇形段 3～14 时的支撑状态。

　　组合支座设备过跨车的车架上，有三种形式的运输支座，其中支撑扇形段 2 的支座为折叠座，为避免与其他设备干扰，运输结晶器和扇形段 1 及扇形段 3～14 时，该折叠座是转至叠放位放倒的，仅运输扇形段 2 时将该支座旋转至上位状态，使其斜面到达支撑扇形段 2 内弧侧所需位置。

　　该车的其他结构不再赘述，参见本节 A 单一支座设备过跨车相关内容。

参 考 文 献

［1］刘明延，李平，等．板坯连铸机设计与计算［M］．北京：机械工业出版社，1990：42，112，
　　　788～810．
［2］杨拉道，谢东钢，等．常规板坯连铸技术［M］．北京：冶金工业出版社，2002．
［3］杨拉道，等．常规连铸机机械设备设计标准［S］．西安：西安重型机械研究所发布，2002．
［4］李淑贤，杨拉道，等．板坯连铸机机械维修设备漫谈［J］．西安：重型机械编辑部，1995：58～65．

14　液压系统设备

14.1　板坯连铸设备液压技术简述

随着液压技术的发展，液压传动和液压控制越来越多地被板坯连铸机所采用。目前，板坯连铸机中包括钢包回转台、中间罐车、结晶器、结晶器振动设备，铸流导向扇形段等关键设备，几乎全部采用了液压传动和控制技术。在有些设备中，液压传动和控制技术甚至具有不可替代的作用。板坯连铸机液压系统设备性能的优劣很大程度上影响着板坯连铸设备的整体性能。

14.2　板坯连铸设备液压执行机构

板坯连铸机中各区域设备普遍采用液压执行机构进行驱动和控制，各液压执行机构在相应设备中担当着不同角色，完成相应的功能。一般地说，板坯连铸机设备的液压执行机构包括板坯连铸机浇注平台上设备的液压执行机构、板坯连铸机本体设备的液压执行机构、引锭收集及输送设备的液压执行机构、出坯及精整设备的液压执行机构、离线维修设备的液压执行机构等。

14.2.1　浇注平台设备液压执行机构

板坯连铸机浇注平台上的浇钢设备中带有液压执行机构的主要有钢包回转台、中间罐车、长水口操作机械手等。

钢包回转台是钢包的支承和运转设备。以连杆式钢包回转台为例，其液压执行机构包括钢包回转台的包盖升降液压缸、包盖旋转液压缸、钢包倾动液压缸、钢包升降液压缸、钢包滑动水口液压缸、事故回转液压马达、回转制动液压缸、事故回转离合器液压缸等。其中包盖升降液压缸、包盖旋转液压缸用于钢包加盖机构的控制和驱动；钢包倾动液压缸用于在钢包中钢液已浇注到接近钢包底部时，使钢包向其水口方向倾动一个小的角度，以增加钢包中的可浇注钢液量；钢包升降液压缸用于控制和驱动钢包升降；钢包滑动水口液压缸用于控制和驱动钢包滑动水口，实现钢包滑动水口的开闭控制功能；回转制动液压缸用于钢包回转台回转停止时的回转定位；事故回转液压马达、事故回转离合器液压缸用于钢包回转台的回转主传动断电或失效时，控制和驱动钢包回转台进行事故回转。

中间罐车用于承载中间罐，将中间罐往复运送到烘烤位和浇注位等。中间罐车的液压执行机构包括中间罐升降液压缸、中间罐对中液压缸、浸入式水口快速更换液压缸、中间

本章作者：郭星良，丘铭军；审查：王公民、黄进春，杨拉道

罐滑动水口或水口塞棒伺服液压缸等，中间罐升降液压缸用于控制和驱动中间罐车上中间罐升降；中间罐对中液压缸用于控制中间罐在中间罐车上的前后位置，从而达到中间罐底部安装的浸入式水口在结晶器中沿板坯厚度方向对中的目的；浸入式水口快速更换液压缸用于控制和驱动浸入式水口快速更换机构，实现浸入式水口快速更换；中间罐滑动水口或水口塞棒伺服液压缸通过对中间罐滑动水口或水口塞棒启闭位置的控制，进而控制从中间罐向结晶器注入钢液的流量，以保证结晶器中钢液液面的稳定。

　　长水口操作机械手用于钢液浇注时钢包底部长水口的夹持安装，长水口操作机械手液压缸用于驱动和控制长水口机械手上下运动机构，使长水口与钢包下水口结合或脱离。

14.2.2　主机本体设备液压执行机构

　　本体设备是板坯连铸机的核心设备，带有液压执行机构的板坯连铸机本体单机设备主要有结晶器、结晶器振动装置、弯曲段、二冷扇形段等。

　　结晶器是铸坯的成型设备，也是连铸机的心脏设备。结晶器的液压执行机构包括结晶器夹紧释放液压缸、结晶器调宽液压缸等。结晶器夹紧释放液压缸用于控制结晶器宽面和窄面间的夹紧、软夹紧、松开状态；结晶器调宽液压缸用于结晶器内腔板坯宽度的调整。

　　结晶器振动装置使结晶器按给定的波形、振幅、频率等参数，沿连铸机结晶器内铸坯浇注方向上下往复运动，以便脱模，防止铸坯在凝固过程中与结晶器铜板粘结而产生粘挂漏钢事故。结晶器振动装置是连铸机的关键设备之一，主要有机械振动装置和液压振动装置。由于结晶器液压振动装置具有易于实现各种振动波形，且振幅、频率非常易于按要求调整等诸多优点，已成为现代板坯连铸机的必然选择。振动伺服液压缸是结晶器液压振动装置的液压执行机构，用于驱动和控制包括结晶器、结晶器支撑单元等振动体，使结晶器按给定的波形、振幅、频率等参数进行振动。

　　弯曲段紧接结晶器足辊，是液芯铸坯的支承导向、喷水冷却和铸坯弯曲设备。弯曲段的液压执行机构为夹紧液压缸，用于弯曲段厚度的调整和控制。

　　二冷扇形段布置在弯曲段下方，由多台单独的扇形段组成，用于装送引锭、提供拉坯力、导向铸坯、矫直铸坯、对铸坯进行厚度控制、对铸坯进行气水冷却等。每台扇形段的液压执行机构包括扇形段夹紧液压缸和扇形段驱动辊压下液压缸等。扇形段夹紧液压缸用于扇形段辊缝的调整和控制，可远程调节辊缝和控制扇形段夹紧缸，实现对铸坯的动态轻压下功能；扇形段驱动辊压下液压缸用于驱动辊对引锭和铸坯提供夹持力，实现拉坯功能。

14.2.3　引锭收集及输送设备液压执行机构

　　引锭用于塞堵结晶器底部出口，使最先注入结晶器内的钢液快速凝固与引锭头部连成一体，然后在扇形段驱动辊的驱动下，把带着铸坯的引锭和铸坯连续不断地拉出连铸机。引锭收集及输送设备用于收集存放和输送引锭，引锭收集及输送设备分为下装引锭系统和上装引锭系统两种形式。引锭系统中的液压执行机构包括脱引锭液压缸、引锭对中液压缸。脱引锭液压缸驱动脱引锭装置实现引锭头部与铸坯的脱离；下装引锭系统的引锭对中液压缸用于引锭在出坯辊道上的位置对中，上装引锭系统的引锭对中液压缸用于引锭在引锭车上的位置对中，以使引锭顺利插入结晶器。

14.2.4　出坯及精整设备液压执行机构

出坯设备通常是指板坯连铸机最后一对铸坯诱导辊以后的连铸机在线设备，精整设备是指铸坯的在线或离线清理等相关设备。带有液压执行机构的板坯连铸机出坯及精整设备主要有切割（下）辊道、去毛刺机、称量机、推钢机、堆垛机、升降挡板、移载机、翻钢（坯）机等。

在切割火焰到达切割（下）辊道时，切割（下）辊道摆动液压缸或切割（下）辊道平移液压缸驱动切割（下）辊道摆动或水平移动，以躲避切割火焰，防止割伤切割（下）辊道。去毛刺辊升降液压缸用于控制和驱动锤刀式去毛刺辊的升降。称量机液压缸用于控制和驱动称量机升降。推钢机液压缸驱动推钢机推动铸坯下线或上线作业。堆垛机液压缸驱动堆垛机升降体上下移动使铸坯成垛，以便起重机吊运。升降挡板液压缸控制和驱动升降挡板上下运动，按指令阻挡或允许铸坯运行。移载机液压缸控制和驱动移载机的移载升降机构升降，完成相互平行的各条出坯辊道线间的铸坯移动。翻钢（坯）机液压缸控制和驱动翻钢（坯）机的翻坯臂动作，实现对钢坯上下面的翻转，以便对钢坯上下面都能进行表面检查和清理。

14.2.5　离线维修设备液压执行机构

带有液压执行机构的离线维修设备主要有中间罐倾翻台、弯曲段翻转台、扇形段翻转台、扇形段维修试验台、结晶器维修试验台、结晶器振动试验台等。

中间罐倾翻台的液压执行机构包括中间罐翻倾用液压马达或摆动液压缸、中间罐冷钢顶出用液压缸。弯曲段翻转台液压缸控制和驱动弯曲段翻转机构进行弯曲段整体或内弧侧部件的翻转。扇形段翻转台液压缸控制和驱动扇形段翻转机构进行各扇形段内弧侧部件的翻转。扇形段维修试验台上的液压执行机构位于被维修试验的扇形段上，包括扇形段夹紧液压缸和扇形段驱动辊压下液压缸。结晶器维修台液压装置用于驱动和控制下线维修的结晶器的宽边铜板的松开和夹紧结晶器内腔宽面尺寸的调节等。结晶器振动试验台液压缸用于在离线状态下模拟结晶器的伺服振动，以便检查液压伺服振动缸、液压元器件以及机械部件是否能满足使用要求。

14.3　板坯连铸机液压系统液压介质

液压介质是液压系统传递运动和动力的载体，合理选择液压介质对液压系统是非常重要的。液压系统对液压介质的性能有如下要求。

（1）适当的黏度。根据连铸机的设备特点和工作环境，一般选择运动黏度在 $35 \sim 75\, \text{mm}^2/\text{s}$ 之间的液压介质作为液压系统的工作介质。黏度过高，则油液输送阻力大，系统压降大，传动效率低，液压泵易发生因吸油不畅引起的十分有害的空穴现象。黏度过低，则系统容易泄漏，容积效率低，液压执行机构的压力、速度、位置难以精确控制。

（2）较高的黏度指数。黏度指数反映介质黏度随介质温度变化的程度，黏度指数越大，介质黏度随介质温度变化的程度越小。一般连铸机液压系统液压介质的黏度指数不应低于 90，才能在温度变化时使系统保持较为稳定的性能。

（3）具有良好的润滑性和耐磨性，以提高液压元件的使用寿命。

（4）良好的抗氧化安定性和抗剪切性，油液不易变质。

（5）良好的抗泡沫性。

（6）在高温环境和有着火危险区域工作的液压系统，使用的液压介质应具有防火抗燃性。

另外，使用的液压介质还应具有良好的抗乳化性、良好的防锈性并不腐蚀金属、对密封材料良好的适应性、化学稳定性、低温启动和流动性、足够的清洁度、无毒、无异味等。

板坯连铸机液压系统具有自身的特点，如独立工作的系统多、系统工作压力高、工作环境恶劣、部分系统在高温环境和有着火危险区域工作、系统可靠性要求高等。根据上述特点，板坯连铸机液压系统通常采用抗磨液压油、脂肪酸酯、水乙二醇等作为工作介质。

抗磨液压油是采用深度精制润滑油馏分油作为基础油，加有抗磨、抗氧化、防锈、抗泡、降凝等多种添加剂调配制成。抗磨液压油除具有普通液压油良好的抗氧化性、防锈性、抗泡性、润滑性、黏度指数较高以外，还具有抗磨性更好、摩擦系数小、凝点低等优良品质，适用于各种工作压力尤其适用于工作压力大于 14MPa 的液压系统，使液压泵等液压元件具有较长的工作寿命。其缺点是抗燃性不足，在高温环境和有着火危险区域工作的液压系统应慎用。抗磨液压油的主要技术性能指标见表 3-14-1。

表 3-14-1 抗磨液压油的主要技术性能指标

项 目	黏度等级（牌号）	
	N46	N68
运动黏度（40℃）/mm² · s⁻¹	41.4 ~ 50.6	61.2 ~ 74.8
黏度指数	≥95	≥95
倾点（开口）/℃	≤ -15	≤ -15
闪点（开口）/℃	≥180	≥200
铜片腐蚀（100℃，3h）/级	≤1	≤1
防锈性(A + B)法	无锈	无锈
泡沫性（泡沫倾向/泡沫稳定性）/mL · mL⁻¹，93 ± 0.5℃	100/10	100/10
抗乳化性（40 - 37 - 3）/min，54℃	≤30	≤30
氧化安定性（酸值到 2.0mgKOH/g 的时间）/h	1000	1000

脂肪酸酯是聚酯族中的一种合成有机聚合物。脂肪酸酯在润滑性、抗磨性等各方面与抗磨液压油相当，与抗磨液压油最大的区别在于脂肪酸酯为难燃介质，具有火源撤除后的自熄灭性能，弥补了抗磨液压油在抗燃性方面的不足，适用于高温环境和有着火危险区域工作的各种液压系统。脂肪酸酯的缺点是价格较贵。以奎克化学（Quaker Chemical）公司的产品昆特 888-46（Quintolubric 888-46）、昆特 888-68（Quintolubric 888-68）为例，脂肪酸酯的主要技术性能指标见表 3-14-2。

表 3-14-2   脂肪酸酯的主要技术性能指标

项　目	奎克化学公司牌号	
	昆特 888-46	昆特 888-68
运动黏度（40℃）/mm² · s⁻¹	46	68
黏度指数（DIN51564）	220	215
倾点（ASTM D97）/℃	< -20	< -20
闪点（ASTM D92）/℃	275	275
燃点（ASTM D92）/℃	325	325
自燃温度（DIN51794）/℃	450	450
腐蚀性试验（ASTM D665 A）	通过	通过
抗燃性（Factory Mutual Research）	通过	通过
泡沫试验（ASTM D892）/mL · mL⁻¹	50/0	50/0
抗乳化性（ASTM D1401）/30min	40-38-0	40-38-0

　　水乙二醇是由乙二醇、水、增黏剂及其他添加剂调配而成。水乙二醇具有良好的抗燃性、稳定性和流动性，其黏度可调配，凝点低，黏度指数高，彻底地解决了液压介质抗燃性方面的问题，适用于在高温环境和尤其是有着火危险区域工作的各种液压系统。水乙二醇的缺点是抗磨性和润滑性比抗磨液压油和脂肪酸酯差，使得液压泵的寿命降低，一般最高压力最好低于 18MPa，液压泵的转速应限制在最高转速的 80% 以下。另外，需注意水乙二醇与锌、锡、镁、镉及普通耐油油漆不相容。水乙二醇的主要技术性能指标见表3-14-3。

表 3-14-3   水乙二醇的主要技术性能指标

项　目	国产牌号 （北京石油科学研究院）		好富顿牌号
	WG-38	WG-46	SAFE-620
运动黏度（40℃）/mm² · s⁻¹	38.12	45.19	43.3（38℃）
黏度指数	167	>160	200
凝点/℃	-54	-56	-46（流动点）
闪点/℃	无	无	无
燃点/℃	无	无	无

　　根据抗磨液压油、脂肪酸酯、水乙二醇的主要技术性能，并综合考虑价格因素，对于板坯连铸机而言，在抗燃性没有特殊要求的区域如出坯区设备液压系统等，应尽量使用抗磨液压油作为工作介质；在对抗燃性有特殊要求的区域如钢包滑动水口液压系统、结晶器液面控制液压系统等，应使用脂肪酸酯或水乙二醇作为工作介质；对抗燃性介于上述两者之间的区域如钢包回转台液压系统和本体设备液压系统，根据对系统外泄漏控制措施的完备程度和生产管理的严格程度，可选择使用抗磨液压油或脂肪酸酯作为液压介质，一般对系统外泄漏控制措施十分完备且生产管理十分严格时，可使用抗磨液压油作为液压介质；否则，应尽量使用脂肪酸酯作为液压介质以减轻火灾造成的巨大危害。

14.4 板坯连铸机生产和机械设备对液压系统的要求

板坯连铸机生产方面和机械设备方面对液压系统的要求主要表现在对液压执行机构运动速度、输出力或力矩、相互间运动关系、运动规律和运动精度、缓冲和安全保护等方面。

对液压执行机构运动速度的要求主要是为了满足板坯连铸机的整体生产节奏，一般板坯连铸机的整体生产节奏较快时要求液压执行机构运动速度也相应较快。

对液压执行机构输出力或力矩的要求主要是为了满足所驱动机构载荷的大小，一般驱动机构载荷越大，要求液压执行机构能够输出的力或力矩也相应越大。

对液压执行机构相互间运动关系的要求主要表现在有相互间运动关系要求的相关液压执行机构之间的运动次序、运动同步性等方面。

板坯连铸机生产方面和机械设备方面对有些液压执行机构的运动规律具有一定要求，如要求结晶器振动液压缸能够驱动结晶器实现正弦和非正弦的运动规律，满足连铸生产要求。对有些液压执行机构的运动精度具有一定的要求，如扇形段夹紧液压缸的位置控制精度等。

对于承受冲击载荷的液压执行机构，要求相应的液压控制油路具有缓冲和安全保护方面的性能，使设备能安全可靠工作，实现相应的功能。

总之，应尽可能详细具体地了解板坯连铸机生产方面和机械设备方面对液压系统的要求，使所设计的液压系统能可靠和高质量地完成相应的功能。

14.5 板坯连铸机主要液压系统

准确详细地了解板坯连铸机生产方面和机械设备方面对液压系统的要求，进行必要的系统主要参数的初步计算，即可以着手绘制连铸机某一单机设备或者机组设备的液压系统原理图或者方案图。以下结合板坯连铸设备的特点及动作要求，对其主要液压回路特点予以重点介绍，鉴于液压元件的功能在诸多教科书均有详细描述，此处不作过多叙述。

一般来说，处在同一区域或相邻区域、使用同一液压介质、系统对清洁度要求相当、大多数有使用同一系统最高压力要求的液压执行机构，原则上可划归同一液压系统。板坯连铸机液压系统划分数量越少，设备投资和运行成本就越低，但设备运行相互干扰的可能性就越大。所以，合理划分板坯连铸机液压系统，对于满足板坯连铸生产操作和机械设备对液压系统的要求、对连铸机安全可靠地运行、对降低运行成本和能源消耗都是非常重要的。

根据板坯连铸机的设备组成，一般可分为以下相互独立的液压系统：连铸机主机设备液压系统、钢包滑动水口液压系统（为了节省投资，如果主机设备液压系统采用阻燃液压介质时，钢包滑动水口液压系统也可以不单独设置液压站而并入主机设备液压系统中）、结晶器液面控制液压系统、结晶器伺服振动液压系统、出坯区设备液压系统、板坯精整翻钢机液压系统、维修区各维修设备用液压系统等，这些系统除维修区各维修设备用液压系统外均为在线设备液压系统。

各液压系统分别由各自的液压系统液压站、各液压控制阀站及液压控制装置、各液压执行机构以及中间配管组成。

14.5.1　连铸机主机设备液压系统液压站

图 3-14-1 为某钢铁公司板坯连铸机主机设备液压站工作原理。板坯连铸机设备各独立液压站的组成元件和连接方式都相似，均由油箱装置、过滤装置、循环冷却装置、主泵装置、蓄能器装置等组成，仅泵、阀、过滤器、冷却器、蓄能器、管路的数量、规格及尺寸有所不同，此处不对各独立液压站作分别介绍，只针对连铸设备液压站的共性技术问题进行叙述。

连铸机主机设备液压系统液压站因使用环境较为恶劣，需连续不间断工作，是连铸机的核心设备，考虑到维护和管理的方便性、系统工作的安全可靠性，在设计液压站时一般将在线设备液压系统液压站设置在液压室内，且在管路压降损失许可的条件下，尽可能将多个液压站设置在同一液压室以方便维护和管理。譬如：在连铸机二冷区附近通常设置一个主机设备液压室，主机设备液压系统液压站、钢包滑动水口液压站、结晶器液压伺服振动液压站均可置于该液压室内。根据具体连铸机不同的总体布置，主机设备液压室可以设置在地面，也可以设置在地下。设置在地面的液压室土建投资较小，维护管理方便，被大部分新建连铸机所采用。设置在地下的液压室土建投资较大，但占用地面面积小。无论液压室设置在地面或地下，液压室内都应考虑通风、照明、排污、消防、液压设备的维修起吊等设施，还应考虑必要的设备维修空间、维修通道、人员安全通道等。图 3-14-2 为某钢铁公司板坯连铸机主机设备液压站布置图。

14.5.1.1　油箱装置

油箱的主要功能是储存液压系统所需的液压工作介质、分离工作介质中的气体、沉淀工作介质中的污物、散发系统运转中产生的部分热量。连铸机液压系统一般采用开式油箱，即油箱内油液液面通过设置在油箱盖上的空气滤清器与大气相通，这种油箱其内部油液液面在系统运转过程中可自由波动。在油箱外形上，连铸机液压系统一般采用矩形油箱，容量大于 2000L 的油箱也可采用圆筒形油箱，但圆筒形油箱占地面积较大。

连铸机液压系统油箱的有效容量一般是液压工作主泵（不含备用泵）总流量（单位：L/min）数值的 5~7 倍。油箱的有效容量是油箱总容量的 80%，即油箱总容量是油箱有效容量的 1.25 倍。选定油箱总容量时还需考虑液压系统的蓄能器中油液排回油箱的附加容量。

矩形油箱的长、宽、高的比例一般在 1:1:1~3:2:1 之间。

某连铸机主机设备油箱装置如图 3-14-3 所示。

连铸机液压系统油箱应尽量采用不锈钢材料制造，以避免油箱锈蚀物对系统造成污染。油箱若采用碳钢制造，则应充分考虑内部的防锈措施（如喷沙、化学处理或涂防锈底漆等）。

油箱内应设置隔板，各液压泵的吸油管应与系统各回油管、泄油管分别置于隔板两侧，且液压泵的吸油管与系统各回油管、泄油管的距离应尽量远些，以降低液压泵吸入污物的可能性。

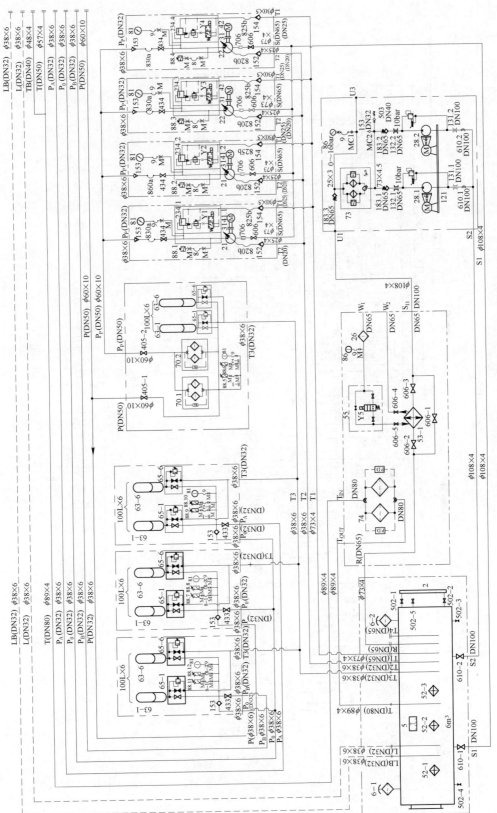

图 3-14-1 某板坯连铸机主机设备液压站工作原理

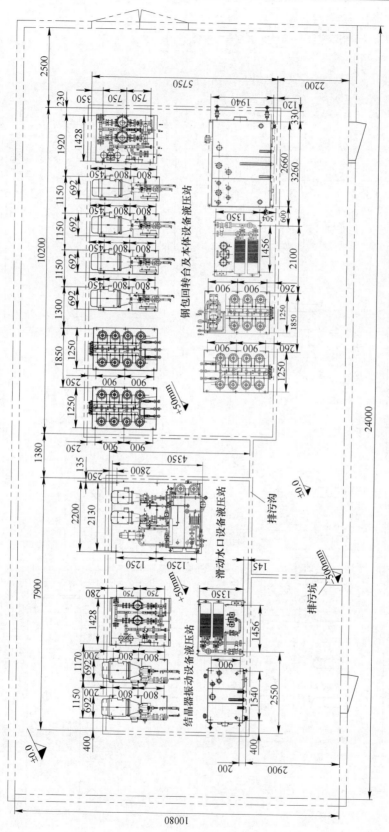

图 3-14-2　某板坯连铸机主机设备液压站站布置

吸油管、回油管、泄油管在油箱中的管口均应在最低油面以下，以避免发生吸空和回油冲溅在油液中产生气泡。管口切制成 45°斜角以增大吸油和出油截面，管口应面向油箱侧壁。吸油管距离箱底面 ≥ 2 D(D 为吸油管管径)，距离油箱侧面 ≥3 D(D 为吸油管管径)；回油管距离油箱底面 ≥ 3 D(D 为回油管管径)。设置循环泵的液压系统，主泵和循

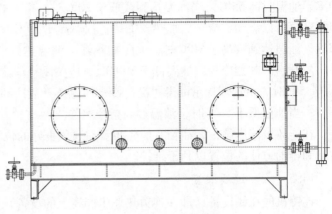

图 3-14-3　油箱装置

环泵吸油口可不设置吸油过滤器；未设置循环泵的液压系统，主泵吸油口应设置吸油过滤器以保护主泵。

油箱顶部应设置空气滤清器，使油箱内部与大气相通并兼作油箱注油口，可采用滤油小车通过此注油口向油箱加注油液。油箱底部最低位置应设置排污口和排污闸阀，在换油时通过排污口和排污闸阀使油箱中的油液和污物顺利流出。在油箱侧面应设置清洗人孔，以便对排出油液后的油箱中的沉淀污物和油箱内部进行人工清理。

油箱应设置液位计，以观察油箱内油液的存量。

连铸机液压系统油箱还应设置液位控制器，使系统在油箱的过高液位、低液位、极低液位时作出相应的控制。油箱的过高液位设置稍大于油箱有效容量，一般为油箱总容量的 85% 左右，液位达到或高于设定的油箱过高液位值时，指示灯应报警指示液位过高，若经常处于指示灯报警指示液位过高状态，须从油箱中排出部分油液。油箱的低液位设置在油箱有效容量的 70%，即油箱总容量的 56%，液位值达到或低于设定的油箱低液位时，应予报警，此状态下所有未启动的液压泵不能启动，但已经运转的液压泵可继续运转，维护人员应立刻采用滤油小车向油箱中加注油液并检查系统是否发生漏油。油箱的极低液位设置在油箱有效容量的 60%，即油箱总容量的 48% 左右，液位值达到或低于设定的油箱极低液位值时，应予报警，此状态下所有液压泵应自动停止运转，维护人员应立刻检查系统是否有漏油发生并采用滤油小车向油箱中加注油液。油箱液位低和油箱液位极低会严重影响整个连铸机的生产运行，应尽量避免出现这种现象，在油箱液位接近液位低状态前就及时向油箱中加注油液。

油箱中油液的工作温度一般在 30 ~ 50℃ 为宜，最高不应高于 60℃，最低不应低于 15℃。为了将油箱中油液的工作温度控制在合适的范围内，系统一般都设置冷却器和加热器。有循环泵的系统冷却器应设置在循环油路中，无循环泵的系统冷却器应设置在回油油路中。加热器一般设置在油箱侧壁最低液位液面以下，也可设置在循环油路中，设置在循环油路中的加热器必须在循环泵正常运转状态下进行加热工作，否则会引起局部过热。在油箱上应设置温度继电器或电接点温度计以检测油箱中油液的工作温度，当油液工作温度过低、低、高、过高时作出相应的控制。例如，在主机设备液压站中，可将油箱上的温度继电器或电接点温度计的温度控制点分别设为：油温过低 20℃、油温低 30℃、油温高

50℃、油温过高 55℃。当油温达到或低于 20℃时，指示灯指示油温过低，主泵不可启动，但循环泵可以启动，应开启加热器加热；油温高于 20℃时，主泵可以启动，油温过低指令解除。油温达到或高于 30℃时，关闭加热器。油温达到或高于 50℃时，指示灯指示油温高，应开启冷却器冷却；油温低于 30℃时，应关闭冷却器，油温高指令解除；油温达到或高于 55℃时，指示灯指示油温过高，冷却器继续开启冷却，此时应检查系统压力参数是否正常；当油温低于 55℃时，油温过高指令解除。

在连铸机液压站中，油箱一般应布置在通风良好的位置以利于自然散热，同时兼顾加注油和排油方便的位置以利于维护。

14.5.1.2　过滤装置

连铸机的在线设备（即在连铸热坯生产线上的设备）由于要进行连续性生产，若生产中设备发生故障将导致严重的生产损失，所以提高连铸机在线设备液压系统的可靠性、保证生产中长期稳定运行是连铸机在线设备液压系统追求的主要目标之一。实践证明，已经正常运行的液压系统大多数故障是由于系统污染所引起的，所以提高连铸机在线设备液压系统的可靠性、保证生产中长期稳定运行的最关键因素之一是保持系统液压介质良好的清洁度，而保持液压介质清洁度良好的最主要方法就是油液过滤。

对于连铸机在线设备的各液压系统，为保证系统液压介质具有良好的清洁度，一般采用循环过滤、压力油过滤、回油过滤的综合方式来共同保证液压介质的清洁度。

所有过滤器及其滤芯材料，必须与液压系统的工作介质相匹配，以免不匹配产生腐蚀反而污染系统。

根据液压系统中循环过滤、压力油过滤器、回油过滤器所处的不同部位，对过滤器的额定压力、流量大小、过滤精度等应充分考虑。

在确定过滤器的大小时，应按其过滤的流量和产品样本的规定选择过滤器的规格。在条件允许的情况下可选择较大流量规格的过滤器，不允许选择流量太小的过滤器。

A　循环过滤

循环过滤系统通常由循环泵和循环过滤器、冷却器等组成，循环泵直接从油箱中吸油并输送给相互串接的循环过滤器、冷却器后再使油液返回油箱。循环过滤器用于连续过滤油箱中的油液，清除油液中的颗粒性杂质，使油箱保持清洁从而保护液压系统中的元件；冷却器一般与位于油箱上的加热器配合对油液的温度进行管理和控制。对连铸机而言，采用单独的循环过滤系统是提高系统工作可靠性的重要保证措施之一。

在线液压系统考虑不间断工作，视系统的重要性，通常最好采用两台螺杆泵或齿轮泵作为循环动力源，一用一备制度；循环过滤器最好采用双筒式，能在线切换，满足连续生产的需要。离线液压系统由于不是长期连续工作的液压系统，与在线液压系统相比允许有比较充足的设备维修和元件更换时间，为节约投资成本，通常采用单台螺杆泵或者齿轮泵作为循环泵使用，无备用循环泵，而过滤器通常也采用单筒式过滤器。

连铸设备液压系统因设置了单独的循环过滤回路，就要充分发挥其过滤效能。循环过滤回路的特点是工作压力低（一般在 1MPa 之内）、流量稳定，一般选择过滤精度很高的 5μm 甚至 3μm 的回油过滤器作为循环过滤器使用以保证其优良的过滤效能。伺服系统较普通系统而言，应选择具有较高过滤精度的循环过滤器。

循环过滤器的额定压力应高于循环过滤系统的最高工作压力，一般为1.6MPa。循环过滤器的规格应根据所通过的液压介质黏度和流量确定，通过过滤器壳体和滤芯的压降总和一般小于0.05～0.06MPa。循环过滤器一般应设置堵塞指示器，该堵塞指示器的发讯压差一般选0.2MPa，当堵塞指示器堵塞发讯报警时，应及时更换滤芯。

B 压力油过滤

压力过滤器主要用来保护系统中除主泵以外的液压元件，一般设置在主泵压力油出口。对于系统中的伺服阀等清洁度敏感元件或系统中的关键元件，则设置在被保护元件的上游。

压力过滤器在系统使用压力下工作，承受着系统的全压力工况，所选择的压力油过滤额定压力应高于系统的最高工作压力。

连铸机一般液压系统的总压力油路上的压力过滤器选择过滤精度为10μm的高压过滤器，液压伺服系统总压力油路上的压力过滤器一般选择过滤精度为5μm的高压过滤器，伺服阀等清洁度敏感元件上游也另外设置过滤精度5μm甚至3μm的高压过滤器对其进行保护。

压力过滤器的规格应根据所通过的液压介质黏度和流量确定，其通过过滤器壳体和滤芯的压降总和一般小于0.1～0.15MPa。压力过滤器一般应设置堵塞指示器，发讯压差一般选0.5MPa，当堵塞指示器堵塞发讯报警时，应及时更换滤芯。

C 回油过滤器

由于系统中各液压阀等液压控制元件、液压缸等液压执行元件在系统运行过程中会产生磨损使一些磨损污物进入系统，而系统的设备维修、软管和液压执行元件的更换等也会使一些污物进入系统，设置回油过滤器是必要的。一般回油过滤器设置在系统的总回油油路上，位于靠近油箱附近的位置。

总回油油路上设置回油过滤器会使总回油油路上总回油背压附加回油过滤器的压降，而总回油背压过高会影响某些液压控制元件的性能，为了减少系统的回油背压，回油过滤器通常选择过滤精度较低，容量更大的过滤器作为回油过滤器。连铸机一般液压系统的总回油油路上选择过滤精度为20μm的回油过滤器，液压伺服系统的总回油油路上选择过滤精度为10μm的回油过滤器。

回油过滤器应选择带有旁通阀的回油过滤器，以免因回油过滤器堵塞引发系统控制故障，旁通阀的开启压差一般选0.3MPa。回油过滤器的额定压力应高于总回油油路上的最高工作压力，一般为1.6MPa。回油过滤器的规格应根据所通过的液压介质黏度和流量确定，其通过过滤器壳体和滤芯的压降总和一般小于0.05～0.06MPa。回油过滤器一般应设置堵塞指示器，发讯压差一般选0.2MPa，当堵塞指示器堵塞发讯报警时，应及时更换滤芯。

14.5.1.3 主泵装置

主泵装置作为在液压系统中提供动力的核心设备，它的工作性能及可靠性对整个连铸机的生产起着至关重要的作用。连铸机液压系统可分为在线液压设备及离线液压设备两类，其中：

（1）在线液压设备为连续工作制，要求主泵装置工作可靠性高，效率高。为了高效节能，通常在线液压设备主泵采用柱塞式恒压变量泵；为了适应连铸机连续性生产对可靠性的要求，应设置备用泵。当某一台液压主泵出现故障时，通过压力元器件的检测，电气控制可自动停止故障主泵，启用备用主泵，保证连铸的连续生产需要。某连铸机主机设备主泵装置如图 3-14-4 所示。

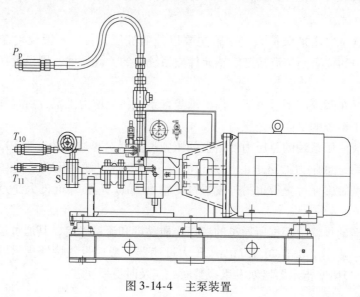

图 3-14-4　主泵装置

（2）离线液压设备为非连续工作制，对可靠性的要求一般不高于连铸在线液压设备。离线液压设备根据工作频度决定是否设置备用泵，一般维修区的液压系统可不设置备用泵。根据使用压力的大小决定泵的形式，通常采用柱塞式恒压变量泵，有些场合也可使用叶片泵或者齿轮泵，以降低造价及后期维护成本。

主泵装置上设置有压力卸载阀，用于电机无载启动、电机卸载停止，防止电机启动和停止时对电网的冲击及影响；同时压力卸载阀还用于主泵装置的超载安全保护，保证系统安全工作。

主泵装置上设置有压力继电器，用于把远程压力信号输送到中央操作室的操作画面上，同时还用于检测主泵的运行状态，并能自动切换启动备用主泵。

14.5.1.4　蓄能器装置

蓄能器在液压系统中的主要功能是储存能量、补充流量、吸收压力脉动、消除压力冲击等；根据蓄能器在连铸设备液压系统中所起的作用及功能，连铸设备液压系统多数采用活塞式蓄能器、皮囊式蓄能器、隔膜式蓄能器。

A　活塞式蓄能器

活塞式蓄能器利用气体的可压缩性进行液压能量贮存。活塞式蓄能器是圆柱形压力容器，利用浮动式活塞把液压油和高压气体分开，其一端充以一定压力氮气或氩气并可连通多个高压储气钢瓶，另一端连通需要蓄能器的压力油路，即可起到为此压力油路储存有压油的作用。

活塞在活塞式蓄能器除两端外的中间任何位置时，活塞式蓄能器中液压压力和气体压力相平衡（基本相等）。活塞式蓄能器本身的总容量和其所连通高压储气钢瓶的数量可根据要求蓄能器供油的使用压降范围利用气体的状态方程计算决定，高压储气钢瓶的数量越多，高压气体的容积就越大，蓄能器供油压降就越小。

活塞式蓄能器的容积大、结构简单、寿命长。但由于活塞惯性大，有密封摩擦阻力等原因，反应灵敏性差，一般不用于作吸收脉动和压力冲击用，通常被用作储存能量，在主泵无法供油等故障状态下作为完成后续工艺动作的那部分液压执行机构的压力油源，如钢包回转台事故回转、滑动水口紧急关闭、塞棒紧急关闭、事故闸板紧急关闭、扇形段驱动辊压下液压缸的事故保压和事故抬起等，起到在主泵装置出现故障后储存并提供能量的作用。正常工作状态下，活塞式蓄能器被用作补充用油尖峰时间内主泵供油量的不足，如钢包回转台钢包升降液压缸、中间罐车升降液压缸同时动作时，所需要的流量较大，为了减少液压主泵的容量，通常采用多组蓄能器联合供油的方式，来满足系统短时对大流量的要求。某连铸机主机设备活塞式蓄能器装置如图 3-14-5 所示。

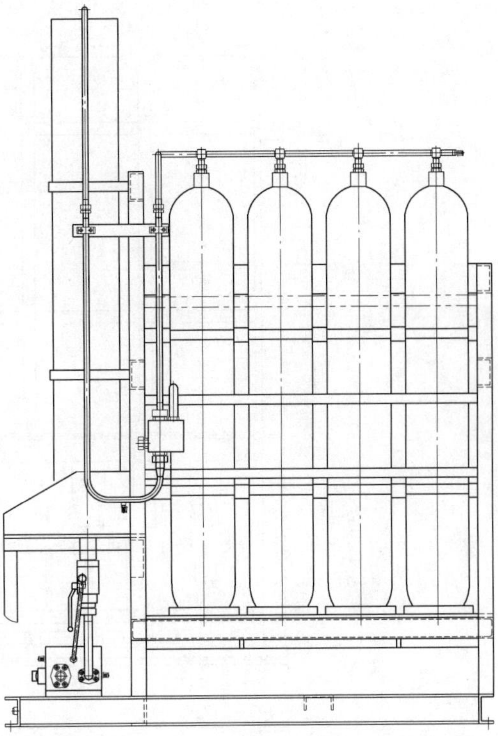

B 皮囊式蓄能器

图 3-14-5 某连铸机主机活塞式蓄能器装置

皮囊式蓄能器有带球面封头的圆形外壳，壳内有橡胶皮囊。气体被封在皮囊内，油液储存在皮囊周围的空间里。壳体上端有往皮囊里充气的气阀，壳体下是油液进出的油口，油口处有保护皮囊防止其鼓出壳体的菌形阀。

当皮囊式蓄能器的皮囊中充以一定压力的氮气或氩气后，在高压油没有完全排出蓄能器前，蓄能器中的液压压力和气体压力相平衡（基本相等）。皮囊式蓄能器在初始充入氮气或氩气时要在蓄能器内的油液为放油状态下（油液放回油箱，油液压力为 0）进行，初始充入皮囊的氮气或氩气压力根据蓄能器所在位置的工作压力和所起的作用而有所不同，利用气体的状态方程可计算决定蓄能器的总容量。

皮囊式蓄能器（如图 3-14-6 所示），气腔与油腔之间密封可靠，两者之间无泄漏；皮囊惯性小，反应灵敏；结构紧凑，尺寸小，重量轻；容易维护；且已标准化。这种蓄能器被广泛用作储存能量、作为辅助动力油源、吸收脉动和压力冲击的各种场合。如连铸设备的以下液压系统中。

（1）在钢包升降液压缸阀组控制回路中，用于吸收钢包回转台受包时的冲击，防止造成设备损坏。

（2）在钢包回转台主电机驱动失效的状态下，为钢包回转台的事故回转提供应急动力源。

（3）在液压动力站失效的状态下，为钢包滑动水口的紧急关闭提供应急动力源。

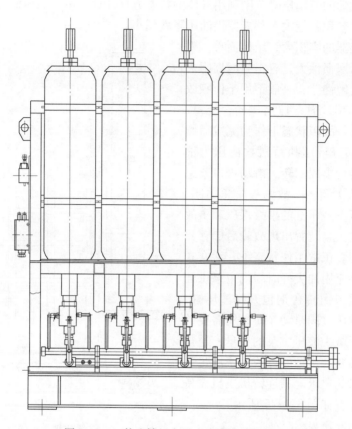

图 3-14-6　某连铸机主机皮囊式蓄能器装置

（4）在液压动力站失效的状态下，为塞棒的紧急关闭提供应急动力源。

（5）在结晶器液压伺服振动回路压力管路中，由于变量泵变量机构的惯性滞后，主泵输出的流量不能实时满足结晶器伺服振动的最大瞬时流量需求，设置高压蓄能器用于补充系统的瞬时流量不足；在回油管路中，由于伺服阀后部回油管道比较长，回油管路不能随时排出伺服阀瞬间变化的回油流量，造成回油管道出现较大的冲击和振动，设置回油蓄能器，充氮压力在 0.15MPa 时，能大大降低回油管路的振动，改善连铸生产要求的振动曲线的动、静态品质特性。

（6）二冷区多流连铸扇形段同时动作时，为了减少系统对主泵装置的流量需求，以及减少各流设备动作时的相互影响，设置蓄能器组来满足这一需求。

（7）用于二冷区扇形段驱动辊压下液压缸的事故保压和事故抬起。

C　隔膜式蓄能器

隔膜式蓄能器以耐油橡胶隔膜代替气囊，把油和气分开。其壳体为球形，重量和体积之比最小，但容积小。

隔膜式蓄能器多用在安装空间受限制、要求提供的油液容积不大的场合。如在有些受到安装空间限制的结晶器振动液压缸装置中的压力油口及回油口上，也可以采用隔膜式蓄能器，同样可以起到改善结晶器振动的动、静态特性的效果。

14.5.2　连铸机主机设备液压系统主要回路

主机设备液压系统用于连铸机主机设备（平台上设备、本体二冷区设备）各液压执行机构的驱动和控制。

主机设备液压系统服务的平台上设备主要有钢包回转台、中间罐车、长水口机械手等。这些设备的液压执行机构主要有钢包回转台 A 臂和 B 臂的包盖升降液压缸、包盖旋转液压缸、钢包倾动液压缸、钢包升降液压缸、事故回转液压马达、回转制动液压缸、事故回转离合器液压缸等；中间罐车的中间罐升降液压缸、中间罐对中液压缸、浸入式水口快速更换液压缸等；长水口装卸机械手升降液压缸等。

主机设备液压系统服务的本体设备主要有结晶器、弯曲段、二冷扇形段等。结晶器的液压执行机构包括结晶器夹紧释放液压缸、结晶器调宽液压缸等；弯曲段的液压执行机构为夹紧液压缸；每台二冷扇形段的液压执行机构包括扇形段夹紧液压缸和扇形段驱动辊压下液压缸等。

图 3-14-7（见插页）为某钢铁公司板坯连铸机主机设备液压系统工作原理，以下结合板坯连铸机主机设备的特点及动作要求，对其主要液压回路的特点予以叙述。

14.5.2.1　平台上设备各液压控制回路

A　钢包升降液压控制回路

钢包升降液压控制回路用于驱动和控制钢包回转台钢包支撑臂的上升和下降动作，为了提高安全性，防止在液压管路失压的情况下造成事故，该控制回路的阀装置通常被设计并安装在钢包升降液压缸上，控制钢包的升、降和各位置的停止。

对于钢包支撑臂的液压控制，除升、降及停止的基本功能外，钢包在受包位应能够吸收受包时钢包对钢包支撑臂的冲击，在钢液浇注位长时间的钢液浇注时间内应具有位置的锁定等功能，同时还应重点考虑液态钢液对设备平稳性和安全性的要求，所以该控制回路应该具有换向平稳，减少冲击、升降速度可调整，以及液压失压后的位置安全保护等控制功能。

在设计中通常可以采用比例阀附加平衡阀的控制回路，如图 3-14-8 所示。采用比例阀形式的控制回路，换向冲击小，速度调整方便而且在升降过程中速度无级可调，被广泛应用于现代连铸机中。

由于钢包升降液压缸尺寸比较大，所需要的流量也比较大，在控制回路的设计中，也有采用插装阀组成的逻辑控制回路来控制钢包升降液压缸的形式，如图 3-14-9 所示。但是设计该控制回路时，应该考虑在控制回路中增设必要的阻尼器，以减少控制回路工作时的压力冲击。

B　钢包加盖及回转控制回路

钢包加盖及回转控制回路用于控制钢包盖升降液压缸、钢包盖回转液压缸。该控制回路的阀台设置在钢包回转台的门型框架内。由于钢包盖内嵌有耐火材料，在包盖的升降以及回转过程中要求运行平稳，防止耐火材料由于钢包盖悬挂臂的升降抖动而掉进钢包中，或者从高处坠落，造成事故，所以钢包盖升降液压缸上设置有失压位置锁定；同时，由于钢包盖悬挂臂回转角度大，而且钢包盖内部通常填充有重量较大的耐火材料，造成钢包悬挂臂回转惯性大，所以钢包盖回转液压缸多数采用比例阀控制回路。

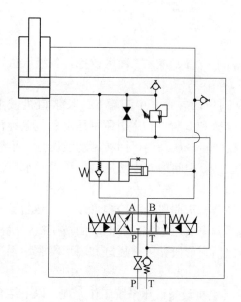
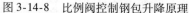
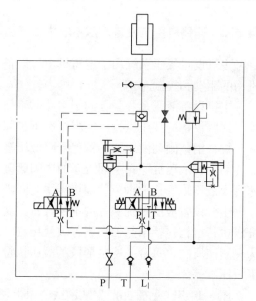

图 3-14-8　比例阀控制钢包升降原理　　　　　　　图 3-14-9　逻辑阀控制钢包升降原理

C　钢包事故回转控制回路

钢包事故回转控制回路控制事故回转液压马达及相关的制动器液压缸，用于在回转台回转电机失效状态下，控制制动器液压缸解锁和事故回转液压马达驱动回转台回转，将钢包旋转至事故包位置，完成规定的事故操作；当回转台升降臂处于受包位和浇注位时，制动器液压缸可使回转台准确定位并将其锁紧，保证浇注过程安全可靠。由于回转台回转惯量大，事故回转液压马达的液压控制回路应考虑安全溢流功能以及能从回油油路补油以防止吸空的功能。所以事故回转控制回路应该具有换向、调速、减压和安全保护等控制功能。

D　中间罐车控制回路

中间罐车控制回路用于控制中间罐升降、中间罐对中。阀台安装在中间罐车上，压力油源通过中间罐拖链与中间管路连接。该控制回路具有换向、调速、同步和安全保护等控制功能。

中间罐的升降通常由四个（或两个）液压缸来控制，机械设备要求在中间罐的升降过程中四个（或两个）液压缸必须保证同步动作。并且根据连铸生产要求在连续浇钢一段时间后需要调整浸入式水口的渣线位置即具有渣线调节功能，防止浸入式水口过早断裂。

根据机械设备对中间罐的升降控制要求，中间罐的同步升降控制有多种方式，无论哪种方式，都应考虑各液压缸的位置锁定功能和安全溢流功能，并将该功能阀装置直接安装于中间罐升降液压缸上。目前常用的中间罐同步升降控制方式有如下三种（以四个液压缸同步升降为例）。

（1）由四个比例阀对四个液压缸的升降动作进行独立控制，安装在液压缸上的位移传感器实时采集液压缸的位置信号并进行反馈，通过电气自动控制比例阀的阀芯开口度来完成对中间罐的位置控制。采用比例阀控制方式，液压缸的位置控制精度高，但成本高，价格昂贵。图 3-14-10 为比例阀控制中间罐升降工作原理。

（2）由一个大流量电液换向阀（或大流量比例阀）对四个液压缸进行升降控制，同

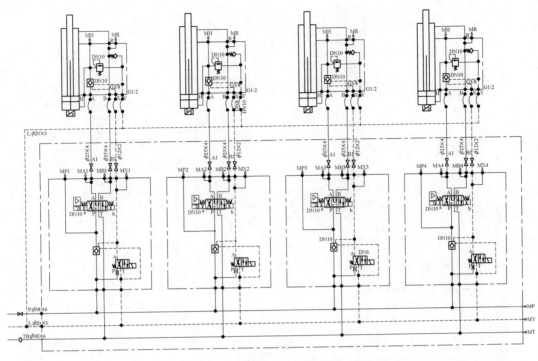

图 3-14-10 比例阀控制中间罐升降工作原理

步马达完成对四个液压缸的同步动作，采用该控制方式，液压缸的位置精度完全由同步马达决定，可以采用精度较高的柱塞式同步马达。由于同步马达的磨损同步控制精度降低，以及液压缸及液压阀等元件内部泄漏造成各液压缸的位置变化所产生的相互位置误差在连续浇注过程中无法控制，而且同步误差只能在液压缸的行程端部才能得到消除，不能满足具有渣线调节功能的连铸生产需求。

为了解决同步马达控制中间罐同步升降的上述问题，由此派生出来的另外一种具有误差补偿的同步马达控制方式：液压缸上的位置由位移传感器检测，同步马达可以用价格低廉的齿轮式同步马达代替柱塞式同步马达，在同步马达的每一流液压缸控制回路中增加一个小通径的普通换向阀，用于在该换向阀对应的液压缸回路中单独纠偏误差。如果一个液压缸较其他液压缸慢（快）时，补充（泄放）压力油，使液压缸加快（减小）上升或者下降速度，对同步误差进行补偿，纠偏速度由设置在普通换向阀回路中的固定节流孔来实现，并在连铸生产要求的中间罐升降位置上由电气自动控制该位置精度。图 3-14-11 是具有误差补偿的同步马达控制中间罐升降工作原理。

（3）由一个大流量电液换向阀（或大流量比例阀）对四个液压缸进行升降控制，四个调速阀完成对四个液压缸的同步动作。采用该控制方式，液压缸的位置精度完全由调速阀决定，调速阀受负载影响且由于制造、加工的误差较难调整液压缸的同步性，同步控制精度较低，同时采用调速阀的控制方式不能实现单独某一个液压缸的独立调整。由于调速阀较难保证四个液压缸的同步动作，且不能单独调整某个液压缸的位置，所以衍生出来另外一种控制方式：调速阀附加单独纠偏的控制回路，具体控制方式同（2），即在调速阀的每一个液压缸控制回路中增加一个小通径的普通换向阀，在对应的液压缸回路中可以实现

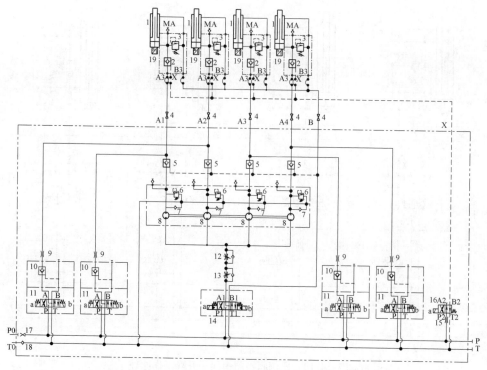

图 3-14-11　具有误差补偿的同步马达控制中间罐升降工作原理

单独纠偏误差，在液压缸较其他液压缸慢（快）时，补充（泄放）压力油，使液压缸加快（减小）上升或者下降速度，纠偏速度由设置在普通换向阀回路中的固定节流孔实现，并在连铸生产要求的中间罐高度位置上由电气自动控制该位置精度。这种具有误差补偿的调速阀控制中间罐升降控制原理与图 3-14-11 所示的回路类似，将同步马达改成调速阀即可。这里不再赘述。

E　长水口装卸机械手控制回路

长水口装卸机械手控制回路用于驱动和控制长水口装卸机械手的动作，实现其升降和平衡等控制功能，根据连铸生产操作要求的压紧力将水口紧密压紧在钢包滑动水口上。在长水口与钢包结合后，为保证钢包升降时长水口能可靠压紧在钢包上，该控制回路应具有控制长水口与钢包随动的功能。长水口装卸机械手安装在浇钢平台或中间罐车上，相应的液压控制装置及阀台也相应安装在浇钢平台或中间罐车上。某板坯连铸机长水口装卸机械手的液压控制原理参见图 3-14-7b，该液压控制回路具有换向、减压、平衡、随动和安全保护等控制功能。

14.5.2.2　连铸机本体设备各液压控制回路

A　结晶器宽边夹紧释放控制回路

a　关于结晶器热调宽技术

结晶器在线热调宽技术是在不停止浇注的状态下使结晶器窄面无级移动，改变铸坯宽度到所需尺寸，大大提高连铸机的生产能力和效率，增加金属收得率。热调宽技术的核心之一是板坯宽度在线调整时控制结晶器宽边铜板对窄边铜板的夹紧力，使宽边铜板对窄边铜板的夹紧力一方面要保证结晶器的角缝值，防止漏钢事故的发生；另一方面又要减少宽边铜板与窄边铜板的摩擦力，减少窄边移动时的负荷。

国外对结晶器热调宽技术研究较早，理论体系也比较完善。国内对该技术研究起步晚，国内各大钢厂对结晶器热调宽技术的应用大多是从国外引进，从而制约了我国连铸技术向高精细化、自动化程度发展的需求。

由于该技术一直被国外垄断，近几年国内也有的连铸设计单位对该调宽液压技术方面进行了系统的研究。本文作者对在线热调宽结晶器的宽边夹紧力液压比例控制系统进行了建模及仿真，并将该仿真结果用于指导现场实际使用，通过现场的实际应用，证明了该模型的正确性以及液压系统选型的合理性。

b　结晶器宽边夹紧释放两种控制方式

用于连铸机本体设备的结晶器夹紧释放液压缸的驱动和控制，实现结晶器在正常工作时的夹紧和热态调宽时的夹紧力释放，两种控制方式如下。

(1) 停机冷调宽控制方式，该控制回路主要由普通减压阀、电磁换向阀、压力继电器、压力表等组成。该系统功能简单，满足连铸机停机以后的冷态调宽即可，其功能是完全打开结晶器的宽边，允许结晶器窄边移动。

(2) 在线热调宽控制方式，该控制回路主要由比例减压阀、电磁换向阀、压力继电器、压力表等组成，能实现连铸机在不停止浇铸状态下，无级调整结晶器内腔的板坯宽度。

c　结晶器宽边夹紧装置载荷分析

(1) 结晶器的结构。在线热调宽结晶器的宽边夹紧装置如图3-14-12所示，通过安装在结晶器宽边铜板装置上的四组拉杆夹紧两套窄边装置，拉杆通过碟簧组保持夹紧力，拉

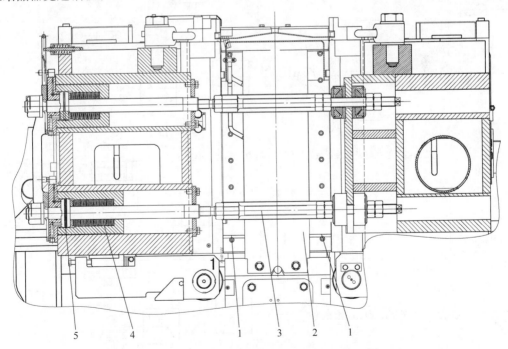

图 3-14-12　结晶器的宽边夹紧装置

1—宽边铜板装置；2—窄边铜板装置；3—拉杆；4—碟簧组；5—夹紧液压缸

杆上的夹紧液压缸可以在调宽过程中部分或全部释放碟形弹簧对结晶器的预夹紧力，以使窄边在热调宽时能容易移动而不会划伤铜板，同时防止宽边与窄边铜板的接触缝隙过大发生漏钢事故。

在热调宽过程中，液压缸压力可连续调节，根据板坯的宽度变化来调节夹紧力，实现结晶器的软夹紧功能。

（2）结晶器宽边夹紧装置的载荷。结晶器采用上下四组拉杆将两个宽面和两个窄面夹紧结合起来，拉杆通过弹簧组保持夹紧力，拉杆上的液压缸可以在液压压力作用下压缩碟簧组，使结晶器宽面对窄面的夹紧力减小并能使宽面打开。

所以结晶器宽边夹紧装置的主要参数计算是碟形弹簧夹紧力和液压缸释放压力的计算。见本篇 6.5.1"夹紧装置夹紧力计算"和 6.5.2"夹紧释放装置用液压缸的计算"。

d　仿真分析

（1）在线热调宽结晶器宽边夹紧装置液压比例系统的压力控制仿真模型。在线热调宽结晶器宽边夹紧装置液压伺服系统的仿真利用 HyPneu 仿真软件完成。HyPneu 软件提供了各类可用于控制系统仿真的模块，支持各种机、电、液耦合控制系统的建模与仿真研究。图 3-14-13 所示为在 HyPneu 软件下建立的在线热调宽结晶器宽边夹紧装置液压比例系统的压力控制模型。

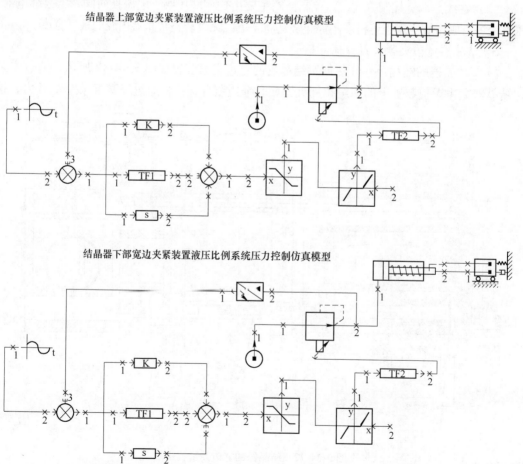

图 3-14-13　结晶器宽边夹紧装置液压比例系统压力控制仿真模型

　　结合结晶器宽边夹紧装置的载荷图及计算公式，代入结晶器机械结构的相关参数，可以得出结晶器宽边夹紧载荷的结果，在 HyPneu 软件环境下，对结晶器宽边夹紧载荷进行构建并赋值。该项目实际液压系统中，高压油源完全能满足系统使用要求，所以在本模型中，压力源选用恒压模块，压力比例控制阀选用 REXROTH 公司的某系列比例阀产品。该系统在控制过程中属于线性定常系统，在控制模型中采用普通 PID 参数控制，在建立模型的基础上，对 PID 参数进行修正，观察系统响应，使控制系统的动、静态特性满足设计要求。

　　在各种控制环节中，虽然 D 环节（微分环节）能使系统有较高的响应速度，但是该环节会放大有害噪声，这些噪声常产生较大的数值，对系统的稳定性很不利，所以该模型中不采用 D 环节（微分环节）参与对系统的控制。

　　（2）仿真分析。结晶器在线热调宽过程对宽边夹紧装置的夹紧力控制精度要求较为严格，以提高铸坯的表面质量，精确控制宽边对窄边的夹紧力以防止造成对铜板的划伤，同时防止宽边与窄边的夹紧力过小在热调宽过程中发生挂钢漏钢事故。所以在热调宽过程中，结晶器上部和下部液压缸的压力将必须随着铸坯宽度的变化而变化，同时在压力调节过程中，对该压力的控制要求平稳且不能有超调。

　　图 3-14-13 所示的结晶器宽边夹紧装置液压比例系统的压力控制仿真模型中，输入信号为 3.8MPa；比例系数为 1.2，积分时间常数为 400ms 时，系统的响应如图 3-14-14 所示。

　　图 3-14-13 所示的结晶器宽边夹紧装置液压比例系统的压力控制仿真模型中，输入为信号 4.8MPa；比例系数为 1.1，积分时间常数为 350ms 时，系统的响应如图 3-14-15 所示。

　　该仿真结果表明，控制系统对夹紧液压缸释放压力的控制精度较高，对误差的纠偏能跟随输入要求，响应较为平缓，无超量调节。

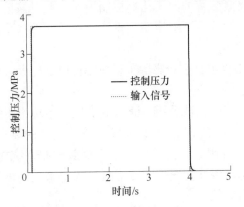

图 3-14-14　输入信号 3.8MPa 时结晶器上部宽边夹紧装置液压缸压力释放响应特性

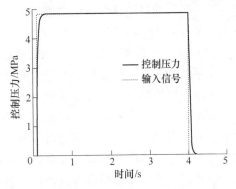

图 3-14-15　输入信号 4.8MPa 时结晶器下部宽边夹紧装置液压缸压力释放响应特性

　　e　试验研究

　　某钢铁公司新建连铸机生产线中，结晶器具有在线热调宽功能。在调试过程中，结合对结晶器的载荷分析及借助 HyPneu 软件的仿真结果对现场的生产调试进行指导。图 3-14-16 为结晶器在线热调宽过程中，结晶器上部宽边夹紧液压缸释放压力的变化。图 3-14-17

为热调宽过程中，结晶器下部宽边夹紧液压缸释放压力的变化。

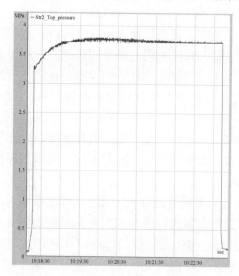

图 3-14-16　结晶器上部宽边夹紧装置
液压缸压力释放曲线

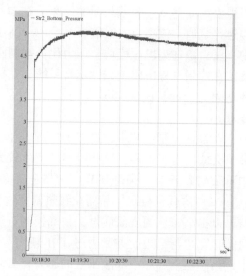

图 3-14-17　结晶器下部宽边夹紧装置
液压缸压力释放曲线

　　该实测的夹紧液压缸释放压力曲线特性表明，在热调宽过程中，宽边夹紧装置液压缸压力释放调节过程平稳，对给定压力的跟随性较好，完全能满足连铸生产要求。

　　f　结论

　　（1）采用结晶器在线热调宽技术能在不停机状态下连续浇注出不同宽度的板坯，使产量增加，减少质量差的头、尾铸坯及其切头、切尾损耗，提高连铸坯质量及金属收得率。

　　（2）通过对在线热调宽结晶器宽边夹紧装置进行受力分析，结合 HyPneu 软件提供的各种控制模块，建立了在线热调宽结晶器宽边夹紧装置的液压比例控制模型，并对该模型进行了分析，通过仿真分析的结果指导现场试验，验证了液压系统设计、液压元件选型的正确性及控制模型参数设置的合理性。

　　（3）通过仿真及试验，证明该软件在实际工程中具有较高的工程应用价值，能大大缩短液压系统的开发时间及控制系统的调试时间。

　　液压伺服控制技术在结晶器宽边夹紧力的控制中也被采用，液压伺服控制系统用于结晶器宽边夹紧力的控制较比例控制系统响应快，控制精度更高，能满足连铸生产的要求。其缺点是压力闭环容易受外界信号、油液清洁度等因素干扰，所以采用伺服控制系统时，在液压控制回路的设计上需要采取应急保护措施，保证在线热调宽运行过程中系统的可靠性，防止压力波动导致结晶器宽边打开造成漏钢事故。

　　B　结晶器窄边调整液压控制回路

　　铸坯宽度的调整由结晶器窄边调整机构实现。结晶器的窄边调整有停机冷态下的冷调宽模式和在线浇注状态下的热调宽模式。结晶器窄边调整机构有两种型式，即伺服电机驱动机械传动型式和液压伺服控制驱动型式。

　　伺服电机驱动机械传动型式通过控制伺服电机驱动结晶器窄边运动，并由安装在伺服电机后部的编码器检测结晶器窄边的位置，但是机械传动中的蜗轮丝杆传动副、各齿轮传动副及关节轴承连接处不可避免存在机械加工间隙及使用磨损，所以在实际使用中经常出现编码器的检测值与结晶器窄边实际位置不一致的情况。

液压伺服控制驱动型式是在浇注过程中通过液压伺服系统调整结晶器窄边的位置来改变铸坯的宽度，或者在钢液浇注过程中，通过液压伺服系统实时在线调整结晶器窄边使结晶器在宽度方向的锥度值始终保持在设定状态。

液压伺服控制驱动型式由于布置灵活、中间传动部件少、控制精度高等优点被越来越多地应用在结晶器窄边驱动控制中。该控制方式通过伺服阀控制带高精度位移传感器的伺服液压缸驱动结晶器窄边铜板，形成了对窄边铜板位置的闭环控制系统。由于液压伺服系统具有控制方便且位置精度高，在钢液浇注过程中窄边采用实时位置闭环控制等特点，只要液压伺服系统设计及选型合理、控制策略得当，那么由液压伺服系统驱动的结晶器窄边控制方式将能很好地实现各种控制功能。同时，因所处位置为高温、潮湿的工作环境，液压伺服控制驱动型式应充分注意利用压缩空气和冷却水进行局部环境改善以提高系统的工作稳定性。图 3-14-18 为某板坯连铸机结晶器窄边调整液压伺服控制系统工作原理。

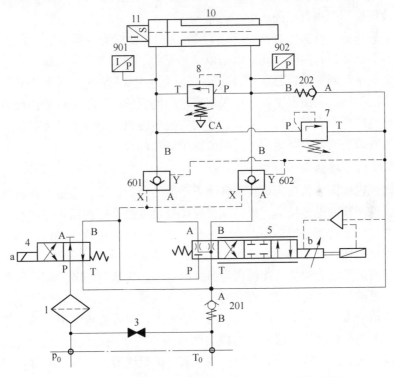

图 3-14-18　结晶器窄边调整液压伺服控制系统工作原理

C　扇形段驱动辊压力调节回路

板坯连铸机主机设备液压系统除主泵装置直接输出的压力 p_0 压（通常为 21MPa）以外，还有另外二种主要油液压力，分别为 p_I 压、p_{II} 压，p_I 压、p_{II} 压是连铸机扇形段设备的工艺压力和板坯连续铸造的工艺压力。扇形段驱动辊压力调节回路用于 p_I 压、p_{II} 压的压力控制。

p_I 压：p_I 压亦称引锭压，调压回路为机侧手动调压，调节压力一般为 12～18MPa，用于驱动辊压下液压缸，既可作为压引锭的压力，也可作为重拉坯的压坯压力。该调压回路配置有蓄能器组用于事故停电时保持一定时间的压力，防止引锭滑落。该压力根据连铸生产要求，可分为 p_{11}、p_{12}、p_{13} 等多组压力，分别用于不同组别扇形段的驱动辊压下缸，压力值经压力变送器传送至连铸机主控室显示。

p_{II} 压：p_{II} 压亦称热坯压，调压回路为远程电动调压，同时具有机侧手动调压的功能，调节压力一般为 2.5~18MPa。该压力根据连铸生产要求，可分为 p_{II1}、p_{II2}、p_{II3} 等多组压力，分别用于不同组别扇形段的驱动辊压下缸对热坯的压下动作，压力值经压力变送器传送至连铸机主控室显示和控制。

调压回路主要由手动三通减压阀、比例三通减压阀、换向阀、压力变送器、压力继电器、压力表、单向阀、单向节流阀等组成。具体的液压控制原理参见图 3-14-7c。

D　驱动辊压下回路

驱动辊压下回路用于连铸机本体设备各扇形段的驱动辊压下液压缸的驱动和控制，实现各扇形段驱动辊 p_I 压压引锭、p_I 压压事故坯、p_I 压抬起、p_{II} 压压正常铸坯等控制功能。具体的液压控制原理参见图 3-14-7c。

要实现上述功能，就必须有 p_I 和 p_{II} 压的压力切换功能，驱动辊的抬起和压下功能，另外还必须有驱动辊抬起的锁定功能以防驱动辊下落。

此处需要着重强调的是，驱动辊压下液压缸在生产过程中，一直处于带压力压下状态，由于二冷区的钢坯表面温度高，如果扇形段上的驱动辊压下液压管路胶管破裂或者管路泄漏，容易造成重大生产事故，所以设计时需要考虑驱动辊压下液压缸压下时的超压保护和扇形段胶管破裂或者管路泄漏时的断流保护等功能。

E　扇形段远程辊缝调节控制回路

扇形段远程辊缝调节是连铸机实现轻压下功能的必要技术，也是实现改变铸坯厚度规格快速完成设备调整的先进技术，更是现代连铸机设备最重要的标志性技术。

连铸机的轻压下功能是指铸坯生产中在其凝固末端前后对铸坯进行连续少量压下的工艺过程，对防止铸坯内部出现中心疏松和偏析具有明显作用。

配备扇形段远程辊缝调节的连铸机是通过扇形段远程辊缝调节控制装置与带位移传感器的扇形段夹紧缸构成对扇形段夹紧缸的位置闭环控制，以实现对扇形段辊缝的远程调节功能。具体的调节方式是对扇形段的入、出口侧辊子设定目标辊缝值，通过扇形段远程辊缝调节控制装置与带位移传感器的扇形段夹紧缸构成的对扇形段夹紧缸的位置闭环系统，自动将扇形段的入、出口侧辊子的辊缝值调整到目标辊缝值。这样，根据生产中铸坯凝固末端的位置及要求的辊缝值，可以实现连铸机的轻压下功能。另外，由于采用辊缝调节装置构成的位置闭环控制系统，能自动将扇形段的辊缝值调整到目标辊缝值，因而使连铸机变更铸坯厚度变得十分容易，大大减轻了连铸生产现场的调整时间及工人的劳动强度，提高了作业率。

扇形段远程辊缝调节控制装置通常有两种安装方式，一种为整体安装方式，即辊缝调节装置安装于扇形段夹紧液压缸上，对扇形段夹紧缸（带位移传感器）进行位置闭环控制，实现扇形段远程辊缝调节功能和动态轻压下功能。另一种安装方式为分散安装方式，即辊缝调节装置与扇形段夹紧液压缸分开安装，辊缝调节阀装置安装于连铸机线外的液压阀台上，通过液压管路与扇形段夹紧液压缸相连接。

采用整体安装方式，液压管路少，系统安全可靠，动态性能好，位置控制精度高，故障率较低，采用快速阀或普通比例阀就可达到控制要求。对于整体安装方式，应采用压缩空气对扇形段夹紧缸的带位移传感器和扇形段远程辊缝调节控制装置进行热防护。

采用分散安装方式，动态性能较整体安装方式差，实现同样位置控制精度需要更高级的液压元件（伺服阀），从辊缝调节装置到夹紧液压缸的管路较多，更换扇形段不方便且外部污染物容易进入液压管路。所以通常需要在管路上增加多个过滤器，阻挡外部污物进入液压系统。对于分散安装方式，应采用压缩空气对扇形段夹紧缸的带位移传感器进行热防护。

从上述特点可见，扇形段远程辊缝调节控制装置采用整体安装方式要优于分散安装方式。

扇形段远程辊缝调节在整个浇注过程中是否能稳定可靠运行，达到 ±0.1mm 的辊缝控制精度，关键在于液压闭环控制系统的动作快速响应性。一方面是要追求扇形段夹紧液压缸对计算机指令的快速响应性，应采用低摩擦密封形式；另一方面是要求构成闭环系统的液压控制阀具有一定的快速响应性，液压控制阀通常采用伺服阀、比例阀、快速响应换向阀等作为位置闭环的控制元件。无论采用哪种液压控制阀，都应考虑各扇形段夹紧液压缸的位置在停电等故障时的液压锁定功能。

扇形段远程辊缝调节控制装置中构成闭环系统的液压控制阀，辊缝调节装置与扇形段夹紧液压缸分开安装的分散安装方式一般采用伺服阀，而对于辊缝调节装置安装于扇形段夹紧液压缸的整体安装方式则可以采用比例阀、快速响应换向阀甚至普通电磁换向阀。采用比例阀时扇形段辊缝调节速度快且辊缝精度高（很容易达到 ±0.1mm）；采用快速响应换向阀时扇形段辊缝调节精度达到 ±0.1mm 的辊缝调节速度适中，且特殊设计的快速响应换向阀本身就具有对液压缸的液压锁定功能；采用普通电磁换向阀时扇形段辊缝调节精度达到 ±0.1mm 的辊缝调节速度必须很低，且容易产生位置不稳定现象。

值得提出的是，近几年随着连铸技术的发展日趋完善，液压传动及电气自动化控制技术的长足发展，现代连铸机扇形段辊缝调节装置中，普通电磁换向阀及快速响应换向阀被广泛应用于扇形段辊缝调节中，并取得了满意的控制效果。扇形段远程辊缝调节具体的液压控制原理参见图 3-14-7d。

14.5.3　钢包滑动水口液压系统控制回路

钢包滑动水口液压系统控制钢包滑动水口的启闭，对系统的可靠性和安全性要求极高。控制回路的设计应该着重考虑可靠性和安全性的要求，液压介质通常选用抗燃性能较好的水乙二醇或者阻燃性能较好的脂肪酸酯。

钢包滑动水口控制回路用于控制钢包回转台 A 臂和 B 臂上钢包滑动水口驱动缸的动作，实现钢包滑动水口的正常打开和关闭、安装滑动水口液压缸时管路的压力释放、事故状态下的紧急关闭，以及电气失效下的手动控制水口打开和关闭等控制功能。某板坯连铸机钢包滑动水口的液压控制原理参见图 3-14-7a。

钢包滑动水口控制回路由以下两部分组成。

（1）钢包滑动水口控制阀台。该控制阀台设置在钢包回转台附近，一般位于浇注平台或其下方的二层平台上，通过管路连接钢包旋转接头，再经由钢包回转台上的设备配管与钢包回转台 A 臂和 B 臂上钢包滑动水口液压缸连接。

该控制阀台应该具有换向、调速和安全保护等控制功能，以实现钢包滑动水口的正常打开和关闭、安装滑动水口液压缸时管路的压力释放、事故状态下的紧急关闭。

（2）钢包滑动水口手动操作阀装置。该手动操作阀装置设置在操作工能随时操作的钢包操作走台上，在钢包滑动水口本体控制阀台操作失效的情况下紧急使用。

14.5.4　结晶器液面控制液压系统回路

结晶器液面控制液压系统用于控制从中间罐注入结晶器内钢液的流量，将结晶器内的钢液面稳定在要求的高度。其方法是：通过钢液面高度检测传感器检测结晶器内的钢液面实际高度值，使之与给定的结晶器内钢液面高度进行比较，通过电气控制伺服阀，进而控制伺服液压缸驱动中间罐塞棒机构，调节注入结晶器内钢液的流量，使结晶器内的钢液面稳定在要求的高度。这是一种对结晶器内的钢液面高度进行闭环控制的液压伺服系统。目前国内外先进板坯连铸机的结晶器液面控制液压系统几乎全部采用这种形式，其特点如下。

（1）结晶器液面控制液压系统液压站视系统的总体布局综合考虑，可以设置独立的液压站，也可以由连铸机主机液压站或者振动液压站供油。液压工作介质一般为阻燃性能较好的脂肪酸酯。由于使用的安全性及塞棒驱动功率较小，结晶器液面控制液压系统的使用压力较低，通常小于 10MPa，当选择用主机或者振动液压站作为结晶器液面控制液压系统的动力油源时，应该考虑液压工作介质的一致性和减压以及压力超压保护功能，以保证系统的安全可靠；

（2）结晶器液面控制液压系统控制回路的控制模式，有手动、半自动、自动三种，可以在中央控制室或者机旁悬挂的操作箱上的切换开关进行操作。手动和半自动运转模式用于连铸开始浇注或者浇注终了时结晶器钢液面无法达到稳定状态或者已超出液位计的检测范围时的工况。自动运转模式是利用熔钢液面高度检测传感器测得的实际值与给定值相比较，经电气控制系统的放大和调制，借助液压伺服阀和伺服液压缸连续、自动控制塞棒开口度，保持结晶器液面稳定。

（3）结晶器液面控制液压系统控制回路中，设置有过滤器装置，确保从液压站进入控制系统的液压油源经过有效过滤而保障系统（特别是伺服阀）工作的可靠性；设置有压力超压保护及报警装置，保证系统的安全性；同时还设置有卸压装置，用于当液压或者电气失效时，作为一种临时性紧急措施，人为控制使液压缸两腔卸压或均压，稳定塞棒机构的动作。

（4）结晶器液面控制液压系统控制回路中，设置有蓄能器装置，根据阀装置安装空间的具体条件，可采用皮囊式蓄能器，保证在液压站失效状态下，塞棒能紧急关闭；同时，控制回路还设置有事故控制功能，即在事故、停电状态下，塞棒能自动紧急可靠地关闭，防止发生事故。

（5）结晶器液面控制液压系统中，实现塞棒的自动控制功能的关键和核心元件是伺服阀，它把微弱的电信号借助外部的液压源线性放大并控制塞棒的位置开度，从而保证流入结晶器的钢液量保持恒定。该系统的工作环境为多粉尘的钢包浇注平台，为了保证长期工作的可靠性，必须选用抗污染能力较强的伺服阀或高性能比例阀。高频响比例阀，性能指标介于伺服阀及比例阀之间，在动态特性与抗污染能力方面均有较大的优势，能较好地满足结晶器液面控制液压系统的控制要求，被广泛应用于该系统中。

某板坯连铸机结晶器液面控制系统原理如图 3-14-19 所示。该系统通过液压缸装置、控制单元中的高频响比例阀、减压阀、各种电磁换向阀、过滤器、单向阀、蓄能器等组成独特的液压控制回路，根据连铸生产设定的结晶器液面要求，通过塞棒液压控制机构及电控设备构成的位置闭环控制系统，不仅可以高精度地实现给定位置信号所要求的塞棒位置，进行可靠、自动的正常开启和关闭工作，而且在事故状态下仍能快速自动关闭塞棒，防止钢液流出，保证生产安全。

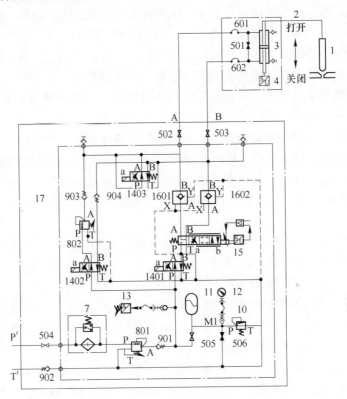

图 3-14-19 结晶器液面控制系统工作原理

14.5.5 结晶器振动液压伺服系统控制回路

结晶器振动的目的是为了防止铸坯在结晶器内凝固过程中与结晶器铜板发生粘结而出现粘挂拉裂或者拉漏事故。在结晶器上下振动时，按振动曲线周期性地改变钢液面与结晶器铜板的相对位置，不仅便于脱模，而且通过保护渣沿结晶器壁向下的渗透，可改善其润滑状况，减少拉坯时的摩擦阻力和粘结的可能性，从而有利于提高铸坯表面的质量。

采用低振幅、高振频的振动，能减少振痕深度，可有效地防止横向裂纹产生，是提高铸坯表面质量的有效措施之一。随着连铸技术的不断发展，用于改善铸坯质量、提高连铸可靠性的正弦、非正弦曲线被广泛采用。结晶器液压伺服振动技术由于振动参数设定的灵活性好、控制精度高、动态响应特性好、跟随给定曲线快速等优点，而被广泛应用在现代连铸机结晶器振动中。

结晶器振动液压伺服系统为高精度位置伺服系统，通常采用独立的液压站供油，其特点如下。

（1）该系统液压功耗较高，系统发热较大，尤其是采用间隙密封或者静压支撑形式的振动液压缸。同时该系统为连续工作制度，液压站冷却器应具有足够的冷却面积，以防止液压系统工作油温过高。

（2）结晶器振动液压系统的伺服阀对动态性能要求较高，对工作的可靠性要求也较高，所以需要采用动态性能和抗污染能力均较好的伺服阀。射流管式伺服阀动态性能和抗污染能力均较强，能很好满足结晶器振动液压伺服系统的控制要求而被广泛应用。

（3）伺服阀与振动液压缸的安装方式。一般伺服阀通过阀块直接安装在液压缸上以提高其快速性。由于伺服阀到液压缸之间没有连接管路，连通容积小，所以动态特性好，连接方式简单。但注意需要设置保护罩防护伺服阀、位移传感器、压力传感器等元器件，并往保护罩内通冷却用压缩空气，使伺服阀、位移传感器、压力传感器等元器件得到防热、防潮和防尘等方面的保护。

（4）为提高系统快速性和稳定性，在结晶器振动液压伺服系统控制回路中，伺服阀的压力油路、控制油路、回油油路一般均设置蓄能器（皮囊式或者隔膜式蓄能器）。

（5）位移传感器用于实时检测振动液压缸的位置，并反馈给电气控制系统，通过伺服阀构成对振动液压缸位置的闭环控制。位移传感器通常设置在振动液压缸内，对于连杆式振动装置也可设置在振动液压缸旁侧。

1）尾部安装。位移传感器测量部分直接插入液压缸的活塞杆。该安装方式用在液压缸前部端盖法兰与振动单元体直接连接的形式，因振动液压缸后部没有机械设备，拆卸、维护、更换位移传感器变得非常方便。

2）旁侧安装。由于振动液压缸与振动单元体的安装形式不同，设置在尾部的位移传感器应该考虑传感器维修时的方便性，避免造成维修位移传感器时必须拆卸整个振动装置的情况。如果振动液压缸的后部端盖还安装有机械设备，比如振动液压缸采用前部及后部关节轴承安装的方式，那么检修位移传感器将变得十分麻烦，对这种振动装置，通常将位移传感器设置在振动液压缸的侧面，检修位移传感器时，只需要拆卸位移传感器即可，提高了检修效率，大大减少检修时间。

无论位移传感器采用哪种安装方式，都应该注意对位移传感器采取严密的保护措施，防止在工作期间由于外界温度、湿度影响其工作的可靠性。通常的做法是设置位移传感器保护罩，并往保护罩里通冷却用压缩空气。

（6）振动液压缸的寿命。普通伺服液压缸作为结晶器振动液压缸使用存在着寿命低这一较难解决的问题。进口最先进的结晶器振动液压缸在实际生产中寿命在 1 年以上，有的寿命甚至可达到 2 年。由于现代连铸机普遍采用结晶器振动液压缸驱动结晶器振动，结晶器振动液压缸使用寿命已成为各冶金生产企业连铸生产过程中最为关注的问题。采用进口先进的结晶器振动液压缸寿命较长，但价格昂贵，采购周期长；采用国产普通的结晶器振动液压缸则寿命较短，影响生产，难以满足连续生产的要求。所以，国内目前迫切需要长寿命结晶器振动液压缸来满足连铸生产的需求。

通过自主创新开发，结合工程实际应用，以及对结晶器振动液压缸失效机理的研究，通过大量的试验与仿真分析，已寻找出了控制振动液压缸失效的对策。目前国内有的连铸设计单位已经成功研制出使用寿命能达 2 年以上的长寿命结晶器振动液压缸，并已成功用于多个连铸项目中。

14.5.6　板坯连铸设备其他液压系统主要控制回路

14.5.6.1　连铸出坯区设备液压系统控制回路

连铸出坯区设备液压系统控制回路，包括脱引锭液压缸（对于下装引锭方式的连铸机）、切下辊道平移（摆动）液压缸、引锭对中液压缸、脱引锭液压缸、去毛刺辊升降液压缸、升降挡板液压缸、推钢机液压缸、堆垛机液压缸、移载机液压缸、称量辊道液压缸等。

出坯区设备液压系统控制回路要求动作可靠且能满足生产节奏，部分液压执行机构（即液压缸或者液压马达）动作所需流量较大，但液压控制回路相对简单，多为由方向、调速、安全保护等功能构成的常规控制回路，此处不展开叙述。但以下几点需引起注意。

（1）设计出坯区设备液压系统液压站时，应该详细分析各液压执行机构动作的要求，通过合理设置一定数量的蓄能器，能大大降低液压主泵装置的数量，减少能量消耗。由于连铸出坯区较连铸机主机而言为非热危险区，所以液压介质可以采用普通抗磨液压油，以降低成本。

（2）切下辊道平移控制回路由于切下平移辊道惯性大、要求移动速度快，可采用比例阀构成控制回路，能有效降低设备及系统的冲击。

14.5.6.2　板坯精整翻钢（坯）机液压系统控制回路

板坯精整翻钢（坯）机液压系统控制回路，用于人工检查板坯表面质量时对板坯进行翻转 180°的液压缸的驱动和控制。翻钢（坯）机由两侧翻转臂组成，一侧由多组液压缸控制，多组液压缸要求同步动作；两侧翻转臂协同动作，保证板坯的可靠翻转。控制回路设计应该考虑多缸同步动作时的大流量要求，采用比例阀或者逻辑插装阀控制。同时还应该考虑板坯翻转时对液压缸的负载反作用力，防止液压缸失速造成设备损坏。

14.5.6.3　维修区各维修设备用液压系统控制回路

板坯连铸机维修区设备庞杂，应根据维修区各维修设备的特点及要求，设置相应的液压系统，实现相应的维修试验功能。此处仅对最常用的扇形段维修试验液压系统和中间罐倾翻液压系统略作叙述。

（1）根据扇形段维修试验要求，设置单独的扇形段维修试验液压系统，用来控制和驱动维修区扇形段驱动辊压下缸和扇形段夹紧缸，对其有关动作和性能进行试验，以检查扇形段的安装检修质量。该液压站还可为维修区结晶器振动液压缸的动作试验和结晶器宽边夹紧释放液压缸等提供压力油源。该液压系统液压介质与连铸机主机液压系统保持一致。同时扇形段、结晶器等设备上的液压配管由于在维修中需要多次拆卸及安装，为了检查该配管的再次安装质量，要求扇形段维修试验液压系统的主泵压力具有一定的富裕量，同时应考虑设备维护人员能方便地对使用压力进行调整。

（2）中间罐倾翻液压系统。根据中间罐维修区中间罐倾翻设备的要求，设置单独的中间罐倾翻液压系统，控制和驱动中间罐倾翻台上的中间罐夹紧液压缸、顶冷钢液压缸、倾翻马达等执行机构。倾翻马达控制回路应该考虑中间罐倾翻时的负载反作用力，防止液压马达失速发生倾翻事故。

14.6　板坯连铸机液压系统设备的安装

14.6.1　安装前提条件

（1）厂房和基础已经施工完毕；

（2）基础必须水平、平整；

（3）设备和管道必须进行调整；

（4）设备的调整必须根据管道图纸进行调整；

（5）工作地点不允许存在不必要的工具、安装辅助装置和废弃材料，以避免对被安装的部件造成损坏或者污染；

（6）焊接电流不允许通过轴承、轴套、齿轮、称重压头和液压缸本体；

（7）在焊点旁边需要接地；

（8）清洁的加工零件和表面必须使用稀油或者干油进行防锈保护；

（9）所有螺纹必须进行防损坏和防腐蚀保护；

（10）在装配之前必须对所有螺纹进行干油润滑；

（11）各个部件完整安装所需要的所有零件，包括辅件和安装辅助设施，必须运输到安装区，进行完整性检查；

（12）安装人员必须吃透图纸、技术资料、安装指导资料等，制定安装方案。

14.6.2　安装前准备

（1）施工前，施工技术人员根据设计文件、施工图及标准规范的结合，向各工种施工人员进行技术交底；

（2）参加施工人员必须认真熟悉施工图、设计文件及安装标准规范规定和要求，深刻领会设计意图，了解管道施工的方法、程序、技术要求和质量标准；

（3）做好施工机具、设备的准备工作，切割机、电焊机、空压机、焊条烘干箱等状态良好，随时可用。计量、调校及测量用仪器经过校验合格，并在复检期内；

（4）液压系统安装流程如图 3-14-20 所示。

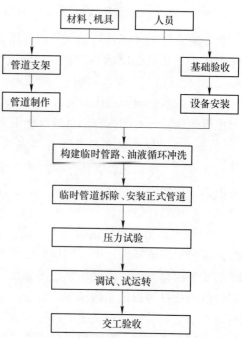

图 3-14-20　液压系统安装流程

14.6.3 液压设备的安装

液压设备到达现场时，应该检查设备有无锈蚀现象。设备及元件在安装前，必须具有制造厂的出厂合格证或质量证明文件，同时还应对其进行外观检查。外观检查时重点核对设备中各种元件的型号、规格是否符合设计要求，设备上所有外露油、气口是否封闭且无损伤。

液压系统设备由起重机吊至各安装站点，再由站内检修电葫芦或临时手动葫芦吊至设备安装点。某钢铁公司连铸机主要液压设备位置见表3-14-4，液压系统设备安装具体规定见表3-14-5。

表3-14-4 某钢铁公司板坯连铸机主要液压设备位置

序号	设 备 名 称	标高/m	设备布置位置
1	主连铸机液压站	±0.0	主机区液压站内
2	结晶器振动液压站	±0.0	主机区液压站内
3	滑动水口液压站	±0.0	主机区液压站内
4	扇形段压下1号阀台	±0.0	主机区液压站内
5	扇形段压下2号阀台	±0.0	主机区液压站内
6	脱引锭阀台	±0.0	主机区液压站内
7	钢包事故阀台	+10.8	+10.8m平台
8	结晶器振动阀台	+6.5	+6.5m平台
9	滑动水口液压阀台	+10.8	+10.8m平台
10	出坯液压站及阀台	±0.0	出坯区液压站内

表3-14-5 液压系统设备安装具体规定

序号	名 称	安装允许偏差/mm		检查方法
1	泵组	纵横中心线	±10	拉线，用尺量
		标高	±10	钢尺量
		泵轴向水平度	<0.5/1000	水平仪
2	油箱	纵、横中心线	±10	拉线，用尺量
		标高	±10	钢尺量
		垂直度	1.5/1000	吊线尺量
3	阀架	纵、横中心线	±10	拉线，用尺量
		标高	±10	钢尺量
		水平度	1.5/1000	水平仪
4	蓄能器	纵、横中心线	±10	拉线，用尺量
		标高	±10	钢尺量
		垂直度	1/1000	吊线尺量
		垂直度	1/1000	吊线尺量

液压设备安装需注意的问题如下：

（1）液压阀台按设计图布置在便于操作、调整和维修的位置；

（2）液压系统压力继电器安装在无振动的管路上；

（3）液压系统管路上的球阀等需要操作的元件安装时需要考虑操作、维护及更换的方便性；

（4）安装好的设备要注意防污染，避免高温、灰尘和水气的侵蚀，最好用彩条布遮盖。

14.6.4 管道制作与安装

14.6.4.1 钢管及管路附件的检查验收

（1）钢管具有制造厂的材质证明书。到货钢管的规格、材质和精度级别必须与设计和材质证明书相符，否则不能使用。

（2）软管总成具有制造厂的合格证明书，其规格、型号及长度与设计相符。软管总成的接头其加工面应光滑、无裂纹、毛刺及飞边，接头螺纹应与配套相连的螺纹相符。

（3）管路附件具有制造厂的合格证明书，其规格、材质与设计相符。

（4）密封件的表面应光滑平整。凡有老化变质、杂质、凹凸不平、伤痕等缺陷，均不能使用，密封件的材质要与使用介质相匹配。

14.6.4.2 管道加工

（1）对于液压、润滑、气动用的管道均采用机械切割的方法下料。管道的切割面应平整，不能有裂纹、重皮，管口切削粉末、毛刺、熔渣、氧化铁皮等须清除干净。

（2）液压、润滑、气动系统管道的弯管采用冷弯，其弯曲半径不得小于钢管外径的三倍。对于压力高的管道，弯曲半径应加大；对于大直径管道，按设计要求选用弯头。

（3）需要螺纹加工的管道螺纹加工后表面应无裂纹、凹陷、毛刺等缺陷。

14.6.4.3 管道焊接

（1）管件、钢管的坡口形式、尺寸及接头组对间隙按表3-14-6规定执行。

表3-14-6 管件、钢管的坡口形式、尺寸及接头组对间隙

（2）钢管、管件的对口做到内壁平齐。施焊前，坡口附近20mm范围内的内外壁都须进行清理，除去表面油污、锈蚀和水等脏物。

（3）液压、小直径润滑管道的焊接采用氩弧焊焊接。大直径润滑管道采用氩弧焊打底，电弧焊填充、盖面。气动管道采用电弧焊焊接。焊接管道所用焊丝、焊条必须与所焊管材相匹配，必须具有制造厂的材质证明书及合格证。

（4）管道对口焊接后，须对焊缝外观进行检查。焊缝外观质量检查合格后，还应对焊缝进行无损探伤，高压管道（工作压力 6.3～31.5MPa）抽检量为焊缝总长的 15%，低压管道（工作压力 <6.3MPa）抽检量为焊缝总长的 5%。在压力试验前进行探伤，对探伤不合格的焊缝要铲除另行施焊，并在施焊完成后再次探伤。

14.6.4.4　管道的安装

（1）管道安装要遵循液压、气动、润滑原理图，尽量减少拐弯。管道走向应符合设计要求，并且便于检修，且不妨碍生产人员的行走以及机电设备的运转、维护和检修。

（2）管道支架的安装、焊接应牢固，布置横平竖直，符合设计要求。支架制作采用机械切割。钢管不得直接焊在支架上。

（3）管道安装时，同一平面上排管和间距、高低应一致。

（4）整个管道安装过程中，所有外露油口、气口均应用封口胶带封口，或者用干净的塑料布包扎，以防灰尘进入系统。

（5）软管安装应避免急转弯，禁止在靠近接头的根部弯曲，软管应有一定的长度余量，不能和其他配管和软管相互摩擦。

14.6.5　管道系统的冲洗

管道系统的冲洗应当将管道系统内部的所有锈斑、铁屑、焊渣和其他的碎屑完全清除。包括在制造厂已经预制设备所带的管道系统和其他管道系统。

14.6.5.1　液压管道的冲洗步骤

（1）碳钢管道。1）使用压缩空气或者氮气吹出管道中的污物；2）清除油渍；3）酸洗；4）中和；5）在线用油循环冲洗。

（2）奥氏体不锈钢管道。1）使用压缩空气或者氮气吹出管道中的污物；2）在线用油循环冲洗。

14.6.5.2　液压管道冲洗技术要求

（1）管道安装方应当向设计单位提交一份内容清楚的说明书，对所有相关系统的每一工作步骤进行说明。该说明书应当包括但不限于化学试剂、量、测试步骤、加注及排除、酸洗系统的草图等。

（2）被冲洗的稀油应当是操作稀油。根据液压系统的组成，可能需要一个分离器，用于钝化剂残留物的分离。

（3）在冲洗泵压力油出口后部，管道中必须安装一个临时过滤器（10μm），回流管道中也必须安装一个临时过滤器（20μm）。

（4）稀油冲洗的循环温度应当在 40～60℃，流速为 7m/s，直至达到 ISO 清洁等级要求。该清洁度等级由液压系统设计方依据不同的液压系统需要给出。

（5）彻底清洗油箱和过滤器，对液压系统设备重新进行正确装配。

14.7　连铸液压系统运转要领

14.7.1　液压装置通用运转要领

14.7.1.1　试运转要领

试运转是指开始向油压管道输油，确认向各传动机构给予所需负荷，油压装置已满足设计规定的一系列作业。

A　回路的确认

（1）确认现场施工的配管与液压回路图相符无差错。

（2）确认现场施工的电气配线与电气接线图相符无差错。

B　给油的准备

（1）确认现场施工配管的清扫、酸洗、冲洗已实施完毕。液压装置的故障大多是由异物混入油液的污染而引起的，特别是在装配清洗完毕的配管时，要细心注意从结合部处有无异物混入。

（2）油箱内有无异物、砂、棉纱、焊渣、水分及锈蚀现象。当确认有异物时，将异物除去后，用液压油把油箱内表面揩拭干净。此时如用棉纱揩拭，会残留布屑及污物等，故应用清洁的海绵擦拭。同时，注意此时的操作者在清扫时不要把衣服和鞋子上的垃圾和沙土掉落在油箱内。

（3）确认各配管接头部的螺纹、螺栓、螺母、油箱盖、人孔盖的螺栓已经紧固。

C　给油

（1）向油箱注油。拆除油箱上部给油口的盖板或空气滤清器，通过滤油机向油箱注油。注入油箱的油必须是规定的清洁油品。

（2）油面的确认。把油加至液位计所规定的位置。

（3）向管内输油。将液压回路中的截止阀全部打开，使管路充满油液。

（4）向泵及马达腔内充油。对开式液压泵通过调节器上部的排气孔，充油并排气。对闭式泵，从壳体的泄油口充油。对液压马达，除特别场合或技术文件规定外，无须向壳体灌油。

D　运转准备

（1）向蓄能器注入氮气，注意注入氮气的压力。

（2）确认截止阀、切换阀等手动操作阀的开、闭处于规定状态。

（3）压力控制阀的调整。把液压泵用的溢流阀全部打开。安全溢流阀，压力控制阀类，原则上都要在运转中进行调整。但在现场运转中，不加上所需的负载（压力），而在制造厂出厂时设定了压力的压力控制阀，则可保持其原定状态。

（4）液压泵轴的转动。人工手动盘转液压泵联轴器，确认在回转方向上转动灵活。当液压泵出口管道上有加载回路且处于加载状态时，转动起来较为沉重。

（5）向管路给油及油面再确认。点动电动机，确认液压泵回转方向正确无误。此时即向管道供油。随着管道供油的进行，油箱液面下降，应逐步向油箱补油。要注意不要使油箱液面低于最低液面。

由于液压执行机构（液压缸等）的动作，油箱液面会上下波动，把油液加到使变动的上限液面达到液位计的上限位置。

在使用蓄能器的液压装置中，蓄能器的正常循环使油箱液面上下变动时，同样将变动的上限液面设定在液位计的上限位置。对于蓄能器全部放出的油液，油箱应能够接纳其容积。

（6）液压系统回路内的排气。利用液压缸的排气阀、管路内的空气排气阀彻底排除管道中的气体。如果空气排放不彻底，不仅会妨碍液压缸和油马达的平稳运转，同时对液压元件的寿命也会带来重大影响。

E　预备运转

（1）点动启动电机，确认无异常音响及震动。

（2）当油箱油温在20℃以下时应进行无负荷或轻负荷暖机运行。

（3）无负荷运转后，将液压泵的安全溢流阀及必要的与之相应的压力阀压力逐渐升高，使之达到规定值。

（4）液压执行机构（液压缸）往复运动，充分排出管路中的空气。

F　试运转

在运行的同时，要注意压力、液压缸速度、油箱液面的变化、油温的变化以及有无泄漏，确认得到规定的系统输出（参数）能力。运转中记录事项如下：1）环境温度；2）油箱液面的变动；3）各液压执行机构的动作压力；4）各液压执行机构的动作速度；5）各液压执行机构的动作状态（平稳性）；6）液压泵的吸入压力；7）压力控制阀的调整压力。

G　试运转后的油液更换

即使配管工程、给油、调整运转中的检查、维修等各项工作都做得相当仔细，仍难免有较多的异物残留和混入，由此而产生的生产运转中的故障并不少见。试运转中即使很少发生异物混入而引起故障，仍建议在试运转后，对油液全部进行更换，并对油箱内进行清扫。

在有磁净化的液压装置中，试运转之后，必须取出磁净化器进行清扫，检查磁净化器上附着物及污染程度，可看出油液的污染程度，可清洗滤芯的过滤器和过滤网也作同样处理。

14.7.1.2　通用运转要领

A　运转准备

（1）确认油箱油面。确认油箱油面是否在规定位置。运转停止时，如果配管接头处产生漏油，油箱液面就会下降。若油箱液面较前一次运转停止时有异常下降，则应考虑有漏油发生，应立即检查维修。

（2）确认液压元件的切换位置并进行启闭操作。液压泵启动前，须确认或实施以下事项：

1）确认各切换阀处于规定的切换位置。

2）根据液压回路规定，对截止阀进行相应的关闭或开启。

3）确认变量泵的倾转位于中间位置。

（3）油箱油温。确认油箱内油温在正常运转的温度范围之内。一般当油温低于 20℃时，应进行无负荷或轻负荷暖机运转。

B　运行

（1）在运行状态下，须注意各接点压力，液压缸速度，油温变化，液面变化，噪声情况以及有无泄漏。参考维护管理要领的日常维修点检项目并作详细记录。

（2）若有任何异常发生，要迅速停止电机，查明原因并及时处理。

C　停止

（1）液压泵停止前要确认换向阀是否处于规定切换位置。

（2）液压泵停止后切换主电源并使截止阀等处于回路性能规定的启闭状态。

14.7.2　连铸机液压装置试车要领

试运转是工作人员、操作人员、安全人员、技术人员合作进行的工作。参与试运转的工作人员应在理解连铸机操作的要领、设计单位提供的使用说明书、图纸、机械设备的动作之后，从事试运转作业。不允许安装作业与试运转作业同时进行，试运转中若发现液压设备安装不当，应立即停止试运转作业，重新安装。

14.7.2.1　试运转总流程

板坯连铸机液压装置单独试车及电气液压联动试车基本流程如下：1）检查设备、工具、材料并确定人员；2）确认水、电、气等公用设施情况；3）确认配管系统；4）检查电气配线系统；5）进行液压装置单独运转；6）进行操作台系统单独试车；7）液压联动试车。

14.7.2.2　试运转项目

A　液压装置（机械类）

（1）试运转前准备。1）全面检查液压装置；2）单独调整、确认电气装置；3）液压泵调整前的准备；4）确认绝缘电阻值。

（2）试运转调整。1）循环泵运转；2）主泵运转；3）安全阀调整；4）加载卸荷动作确认；5）主蓄能器动作确认；6）位于液压装置和阀台间管道通油情况确认；7）确认阀台蓄能器氮气压力；8）确认各接点压力；9）确认各阀台动作；10）确认各蓄能器动作；11）确认停电时动作。

B　液压装置（电气类）

（1）试运转前的准备。1）检查控制盘和阀台间接线；2）通电检查。

（2）试运转调整。1）控制台指令调整电动调压阀试运转；2）控制台与相关装置接口确认；3）单体电动试运转；4）液压联动试运转。

14.7.2.3　试运转程序

A　试运转前准备

（1）有关技术资料。1）安装使用说明书；2）液压系统图、原理图；3）各装置装配图；4）各系统用工作介质说明；5）安装工程施工与验收规范。

（2）工器具。1）秒表，用于液压缸速度测定；2）绝缘电阻表，用于电气绝缘电阻测定；3）交流电表，用于电机电流测定；4）噪声计（35~130dB），用于泵电机组噪声测定；5）充氮气工具，用于蓄能器充气；6）温度计。

（3）材料准备。1）工作介质（油品）按各系统用工作介质表准备；2）准备氮气若干瓶。

（4）试运转时关联设备确认。1）确认向液压装置供水、供电的可靠性；2）确认电气元件调整结束后从操作台操作运转的可靠性。

（5）液压装置试运转前准备。

1）按下述要求对液压装置进行全面检查和处理。①将液压装置周围的灰尘、安装残料清除干净；②检查各液压装置基础螺栓有无松动；③对安装后，液压装置有无破损等进行检查；④在液压装置周围设置安全缆绳阻止无关人员进入现场并严禁在液压装置内外动火。

2）检查配管系统。①根据系统图及装配图进行配管装配检查；②对中间配管，油箱延伸配管、装置配管的法兰安装部位进行目测检查；③确认阀门安装状态良好；④确认阀门安装支架按要求施工；⑤确认是正确地做了耐压测试和冲洗工作。

3）电气元件单独调整。①确认电动机的旋转方向和电流值；②取出油箱中的液位计，用手移动浮标确认开关功能；③确认温度传感器动作及功能；④电气元件（液位开关、温度传感器、压力开关）按要求进行调整和设定。

4）泵运转前的准备。①全开启吸入阀门及安全和油冷却器的出入口阀门；②向冷却器通水，确认各部位是否漏水；③主泵运转时需确认液压泵冷却循环油阀门是否开启；④用手转动液压泵确认是否均匀旋转；⑤松开安全阀的调整螺丝；⑥电磁阀加载确认处于加载状态；⑦电磁阀卸载确认处于卸荷状态；⑧确认油箱内油液用量是否合适；⑨确认电气元件中的绝缘电阻。

B 试运转调整

（1）循环泵运转。

1）接通电源开关，点动操作确认转向；

2）泵运转时，检查是否异常，漏油等，测量电动机的电流值；

3）运转预热回路确认油箱温升。

（2）主泵运转。

1）接通电源开关，点动操作确认转向；

2）在安全阀全开状态启动泵，保持这种状态10min检查异常噪声、漏油等情况；

3）无异常情况时慢慢调整安全阀，加压直到最高使用压力，并检查泵有无声音异常、振动和漏油，检查后设定输出压力；

4）在最高使用压力下连续运转1~2h，检查电机电流、液压泵温升、噪声及各部位是否漏油；

5）对各台泵作同样试验。

（3）调整安全阀。运转试验结束后，按规定压力设定加载装置的安全阀压力。

（4）确认加载、卸荷动作。操作液压室机旁操作盘中加载、卸荷按钮。确认加载和卸荷动作，检查是否有冲击现象。

（5）确认主蓄能器动作。

1) 蓄能器油压侧完全卸荷时，充氮侧按规定压力值进行充氮工作；

2) 设定安全阀；

3) 确认压力下限及压力最下限报警用压力开关的动作。

（6）确认液压装置至阀台间的配管有无漏油，确认配管系统的振动情况。

（7）确认阀台用蓄能器的氮气压力。

（8）确认液压系统工作压力。

1) 确认 0 压系统压力（蓄能器直接压力 P_0 及阀台供油压力 P_0、P_A、P_B）是否调整到规定压力；

2) 将 Ⅰ 压系统压力（压引锭压力 P_{I1}，P_{I2}，P_{I3} 等）调整到规定的压力范围；

3) 将 Ⅱ 压系统压力（压铸坯压力 P_{II1}，P_{II2}，P_{II3} 等）调整到规定的压力范围；

4) 设定液压阀台各液压压力开关到规定的压力值；

5) 将循环泵装置的供油回路压力调整到 0.1 ~ 0.6MPa；

6) 设定各阀台安全阀压力。

（9）各阀台功能动作确认。

1) 确认各液压缸已经排气；

2) 确认液压泵的输出压力；

3) 调整电动远程调压阀和手动调压阀的压力值；

4) 调整各阀台上的反向平衡阀；

5) 借助于各阀台上的流量阀、节流阀调整各液压缸的动作速度；

6) 确认各液压缸及执行部件动作的平稳性和同步性；

7) 确认各软管的可动作性。

（10）停电时动作的确认。驱动辊压下液压缸用 Ⅰ 压压下测定停电用蓄能器的压力保持时间。

14.7.2.4　液压联动试车概要

（1）确认供电电压的正确性。

（2）确认液压装置各端子箱接线是否正常。

（3）确认液压缸装置动作功能是否正常。

（4）控制 P_{II1}、P_{II2}、P_{II3} 等压力的比例减压阀电气液压联动试车。

1) 确认比例减压阀给定正向信号和反向信号时压力值是否随之升降；

2) 主控制台 P_{I1}、P_{I2}、P_{I3}、…，P_{II1}、P_{II2}、P_{II3}、…压力显示值的标定。

参 考 文 献

[1] 杨拉道，谢东钢. 连续铸钢技术研究成果与应用 [M]. 昆明：云南科技出版社，2012：467 ~ 472.

[2] 刘明延，李平，等. 板坯连铸机设计与计算 [M]. 北京：机械工业出版社，1990：911 ~ 995.

[3] 丘铭军，郭星良，等. 结晶器热调宽夹紧力比例系统仿真与试验研究 [J]. 重型机械，2013 (5)：153 ~ 156.

[4] 王捷，杨拉道. 连铸轻压下技术的最新发展 [J]. 重型机械，2001 (6)：1 ~ 7.

[5] 丘铭军，郭星良，等. 扇形段辊缝调节装置比例方向阀死区补偿技术研究 [J]. 重型机械，2010 (S1)：312 ~ 316.

［6］王春行. 液压伺服控制系统［M］. 北京：机械工业出版社，1987：1～7.

［7］Fitch E C, Hong I T. Hydraulic System Design for Service Assurance［M］. 2004：16～32.

［8］许万凌，肖志权. 高速连铸结晶器液压伺服振动系统［J］. 冶金设备，1999（6）：4～7.

［9］黄人豪，濮凤根. 二通插装阀控制技术在中国的应用研究和发展综述［J］. 液压气动与密封，2003（2）：1～12.

［10］丘铭军，郭星良，等. 结晶器在线热调宽液压伺服系统仿真与试验研究［J］. 重型机械，2012（5）：1～6.

［11］黎启柏，电液比例控制与数字控制系统［M］. 北京：机械工业出版社，1997：12～43.

［12］丘铭军，郭星良，等. 结晶器在线热调宽夹紧力液压伺服控制系统仿真与试验研究［A］. 中国金属学会连铸分会. 2015 连铸装备的技术创新和精细化生产技术交流会论文集［C］，2015：95～100.

［13］梅晓榕. 自动控制原理［M］. 北京：科学出版社，2002：1～9.

［14］Fitch E C, Hong I T. Hydraulic Component Design and Selection［M］. 2004：25～43.

［15］方一鸣，焦晓红，等. 液压伺服驱动连珠结晶器振动控制系统的设计［J］. 冶金自动化，2000（1）：43～45.

［16］阎朝红. 凝固末端轻压下技术在连铸中的应用［J］. 宝钢技术，2001（5）：51～55.

［17］张大鹏，王经甫，李洪人. P-Q 伺服阀及力控制系统的键图建模［J］. 液压气动与密封，2005（4）：21～23.

［18］范士娟，杨超. 液压系统故障诊断方法综述［J］. 机床与液压，2009（5）：188～192＋195.

［19］黄长征，谭建平. 液压系统建模和仿真技术现状及发展趋势［J］. 韶关学院学报，2009（3）：44～48.

［20］Fitch E C, Hong I T. Hydraulic System Modeling and Simulation［M］. 2004：55～63.

［21］晁智强，宁初明，等. 液压系统动态特性研究方法分析［J］. 液压气动与密封，2014（4）：21～23.

［22］曹克强，李永林，等. 液压系统热特性建模方法与仿真技术的研究现状与展望［J］. 机床与液压，2014，15：174～179，193.

［23］施锦丹，王凯，等. 液压系统故障诊断方法综述［J］. 机床与液压，2008（11）：175～179.

［24］丘铭军，郭星良，等. "TRIZ" 理论在中间包车液压升降系统改造上的应用［J］. 重型机械，2010（S2）：18～24.

［25］刘少军，夏毅敏，等. 高速开关电磁阀的 PWM 控制机改进技术［J］. 机床与液压，1998（4）：52～53.

［26］朱苗勇，林启勇. 连铸的轻压下技术［J］. 鞍钢技术，2004（1）：1～6.

［27］李洪人. 液压控制系统［M］. 北京：北京国防工业出版社，1981：1～16.

［28］丘铭军，郭星良，等. 一种塞棒液压控制装置：中国，ZL2013205692599［P］. 2014-1-3.

［29］丘铭军，郭星良，等. 一种结晶器钢水静压力模拟试验装置：中国，ZL ZL201310015987X［P］. 2015-10-7.

［30］姚荣康，朱昌明，等. 带皮囊式蓄能器的油压缓冲仿真及试验［J］. 系统仿真学报，2005（11）：2741～2744.

［31］董玮，秦忆，等. 用 C 语言和 MATLAB 构造 PWM 控制仿真模型的一种方法［J］. 电气传动，2001（1）：60～62.

15　润滑系统设备

润滑是用润滑剂减少摩擦副的摩擦和降低温度，或改善其他形式表面破坏的措施。在各种机械传动设备中，通常在摩擦副之间加入润滑剂，形成润滑保护膜，用来控制摩擦、降低磨损，以达到延长运动部件使用寿命的目的。

板坯连铸机生产线集成了钢包回转台、中间罐车、结晶器、铸流导向设备、出坯辊道、精整设备等许多机组，广泛地应用了润滑系统。按照润滑机理划分，应用于连铸设备的润滑系统有干油集中润滑系统和油气润滑系统两大类。有些连铸机铸流导向设备中采用的智能干油润滑，按照使用功能分类，应属于干油集中润滑系统。

15.1　板坯连铸机干油集中润滑系统

干油集中润滑系统作为技术最成熟、性能最稳定、使用最广泛的润滑方式被最早应用于润滑点数多、工作温度高、环境粉尘多、润滑区域相对集中的板坯连铸机设备上。

15.1.1　板坯连铸机干油集中润滑系统的分类

干油集中润滑系统是以润滑脂作为机械摩擦副的润滑介质，通过干油站、分配器和润滑管道等向润滑点供送润滑脂的整套设备。

15.1.1.1　按照向润滑点供脂的管线数量分类

A　单线干油集中润滑系统

单线干油集中润滑系统是由单线干油润滑泵站输出润滑脂，经单线分配器分配后定量注入各润滑点的干油集中润滑方式。单线分配器为多片分配器组合式（至少 3 片），在有润滑脂输入的状态下，同一单线分配器的各片分配器中的柱塞从第一片至最后一片将连续进行顺序并循环动作，直至在去除润滑脂输入后才会停止动作。单线分配器每循环动作一次，所包含的每片分配器中的柱塞也会动作一次并输出固定量的润滑脂，所以通过检测动作的循环次数，就可确定分配器的润滑脂输出量。

在单线干油集中润滑系统中，单线干油润滑泵站输出润滑脂可以通过一层单线分配器分配后注入润滑点，也可以通过多层串接的单线分配器分配后注入润滑点。多层单线分配器结构一般将与润滑泵站最近的分配器成为亲分配器，亲分配器定量输出润滑脂给下一级子分配器或润滑点，对于有更下一级的孙分配器的系统，再由子分配器分配给孙分配器，由孙分配器分配给各润滑终端，其工作原理如图 3-15-1 所示。

本章作者：郭星良，丘铭军；审查：王公民、黄进春、杨拉道

单线干油集中润滑系统设计时，要根据润滑点的运动副参数计算分配器组合数量和型号，再推算上级分配器的组合数量和型号。一般上一级分配器的规格（动作一次润滑脂输出量）应大于下一级分配器的规格。单线干油润滑系统的每个润滑点是沿其对应的唯一一条输送线路将润滑脂经各级分配器输送到各润滑终点，所以每个输送线路中，不允许任何一个环节出现问题，否则将会影响到该环节或者该环节后部的所有润滑点的润滑效果。为了实现及时准确的排除故障，在各级分配器上安装有堵塞指示器以便于观察润滑效果，在亲分配器上安装有循环指示器显示装置运行情况。

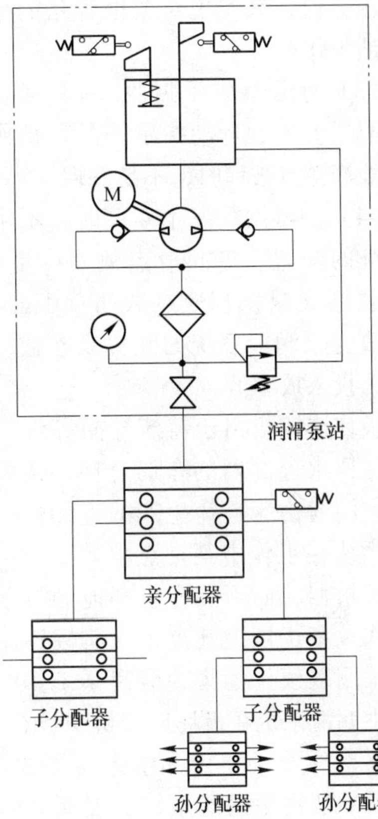

与双线干油集中润滑系统相比，单线干油集中润滑系统具有以下优点：

（1）结构紧凑体积小，重量轻。

（2）供脂线路简单，节约管材。

（3）对于某些使用干油集中润滑点数不太多的单机设备，采用单线供脂更为合适。

但单线干油集中润滑系统的缺点是：

（1）单线给油器制造精度要求高，制造工艺性较差。

图 3-15-1 单线干油集中润滑系统工作原理

（2）供脂距离不能像双线供脂那样长。

单线干油集中润滑系统因其原理所限，从供油系统来的润滑脂经过一级分配器，再由一级分配器经过其出油口分配给二级分配器，经过二级分配器出油口再分配给下一级分配器，就这样一级一级地将润滑脂分配到润滑终点。如果中间任意分配器或分配器出油口不能动作就会影响其下一级的所有润滑点的润滑可靠性。

也正是由于单线干油集中润滑系统的这一特性，可以利用计算机控制系统对每个润滑点进行检测及监控，从而衍生了单线智能式润滑系统，并被应用于板坯连铸机上。

B 双线干油集中润滑系统

双线干油集中润滑系统是通过两根润滑脂输送管路交替升压供脂，经若干个双线分配器将润滑脂先后输送到润滑点，所有的双线分配器都是并联在这两根交替升压供脂润滑的管路上。双线干油集中润滑系各双线分配器互不干扰，运行可靠，初期投入成本低，但润滑故障点的查找较为困难。系统工作原理如图3-15-2所示。双线干油集中润滑系统的特点如下。

（1）从泵站送来的润滑剂，可以直接进入各分配器，推动活塞运动后依次向润滑点供油。背压低以及阻力小的润滑点首先得到供油。其中，有一处或多处受堵后，系统尚能继续工作。

（2）供油管必须为两根，依次轮流工作。通过检测安装在两根管路中的压差发讯器的切换压力值，来实现对两根管路的循环切换供油工作。

（3）分配器是否供油，只是通过观察该分配器上方的运动指示杆是否动作来判别，故润滑点被堵时，不易发现。

（4）润滑点数发生变更时，不用改变原系统的配置。当润滑点数发生变化时，只需要增（减）相应点数的分配器即可，不用改变原润滑系统的配置及参数，更改方便，投入成本低。

板坯连铸机由于铸流导向等设备结构紧凑，要求分配器的布局合理，维修更加便捷；同时由于连铸生产的连续性，要求润滑系统在工作中某一点出故障，不能马上停机检修，而不能影响其他润滑点的正常工作；基于以上几点，目前板坯连铸机大多采用双线干油集中润滑系统。单线干油集中润滑系统在板坯连铸机中也有采用，但较之双线干油集中润滑系统要少得多。由单线干油集中润滑系统发展而来的智能

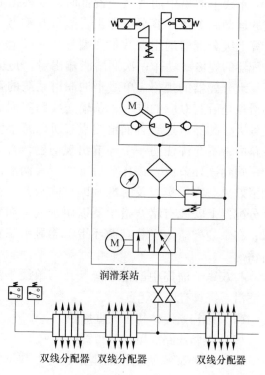

润滑泵站

双线分配器 双线分配器   双线分配器

图 3-15-2 双线干油集中润滑系统工作原理

干油集中润滑系统，在某些板坯连铸机中也有应用，但维护要求高，系统复杂，可靠性一般。

15.1.1.2 按照供脂的操作方式分类

A 手动干油集中润滑系统

对某些润滑点数不多且不需要经常使用润滑剂的单机设备，广泛采用手动干油润滑系统对机组进行供脂润滑。根据润滑点多少，也有人工定期用加脂枪向润滑点或润滑脂杯添加润滑脂的润滑方式。

B 自动干油集中润滑系统

该润滑系统，由于动力源不同，可分为电动干油润滑系统和风动干油润滑系统两类。

连铸机设备中的扇形段，辊道等设备由于轴承数量多、高温、高湿，工作条件受限制，用人工加脂不可能实现设备连续生产的要求，所以必须采用干油集中润滑系统定期加注润滑脂。但连铸机中间罐车升降导轨及各轴承，平台引锭车各轴承、引锭卷扬装置各轴承等，润滑点数量相对较少，需要润滑部位的载荷小，且设备作业率及动作频率较低，所以采用手动干油集中润滑系统进行加脂。

15.1.2 板坯连铸机干油润滑脂的选择

为了保证所有润滑点始终处于良好的润滑状态，要求选用稠度变化小、离油度小、吸附能力强、润滑性好、承载能力强、具有较高熔点、氧化安定性好、受热分解稳定性好、

燃烧生成气体少、燃烧生成物无毒、对环境污染少，而且压送性好、流动阻力小、易于输送的润滑脂。连铸机常用的润滑脂如下。

（1）极压锂基润滑脂。极压锂基润滑脂是目前冶金设备上使用最为广泛的润滑脂品种。该产品具有优良的抗水性、耐湿性、泵送性、机械安定性、氧化安定性及防锈性，主要用于润滑传送辊道、扇形段等承受重负荷和冲击负荷的工作部位。

（2）复合铝基脂。复合铝基脂滴点一般在180℃以上，它是一种短纤维结构，具有良好的机械安定性和泵送性，在机械作用下不会因为剪切而变稀或流失，流动性好，适用于集中润滑系统。由于复合铝基脂的抗水性能、抗氧化安定性优于复合锂基脂，因而在连铸机上也得到了推广。

（3）聚脲基脂。聚脲基脂滴点在250℃以上，具有良好的耐高温性能。同时抗水性、防腐性均较好，使用寿命长。在高温环境下的优点表现在两个方面。

1）在200℃以下正常使用时不变软、不流失、可保持正常的稠度和黏附性能；

2）在过高温度下不炭化、不结焦，不会出现堵塞输油管路的现象。

基于上述特点，聚脲基脂越来越多地被用于现代板坯连铸机上。

15.1.3 板坯连铸机干油润滑系统的设计计算与说明

当润滑方式（如单线集中供油方式还是双线集中供油方式）确定后，根据各方面综合考虑选定相关润滑脂，即可以进行具体系统的设计，通常包括以下几个方面。

15.1.3.1 润滑部位供脂量的计算

关于润滑点耗油量的计算，国内外不同轴承生产企业及各有关机构发表了不同的计算公式，但是很多时候会受其他因素的影响。例如摩擦面的材料，表面的平滑程度，运转条件（速度、旋转数、荷载、运转及周围温度、周围的有害物质等），润滑剂的种类、密封的状态等。因此没有绝对准确的公式，各计算公式，最终还需要根据润滑点的各项条件，调整油量的计算值。设备的给脂量 Q 常按以下公式计算。

A 滚动轴承

$$Q = DL \times \frac{4}{10^5} \tag{3-15-1}$$

式中 Q——给脂量，$cm^3/(4h)$；

$\quad\quad D$——轴承内径，mm；

$\quad\quad L$——轴承宽度，mm。

B 滑动轴承

$$Q = \pi DL \times \frac{4}{10^5} \tag{3-15-2}$$

C 滑动面

$$Q = W(L_j + S) \times \frac{4}{10^5} \tag{3-15-3}$$

式中 W——接触面宽度，mm；

$\quad\quad L_j$——接触面长度，mm；

$\quad\quad S$——滑动行程，mm。

D　齿轮副

当 $D_{1c} \leqslant 2D_{2c}$ 时，

$$Q = \pi(D_{1c} + D_{2c})L_c \times \frac{4}{10^5} \tag{3-15-4}$$

当 $D_{1c} > 2D_{2c}$ 时，

$$Q = 2\pi D_{2c}L_c \times \frac{4}{10^5} \tag{3-15-5}$$

式中　D_{1c}——大齿轮外径，mm；

　　　　D_{2c}——小齿轮外径，mm；

　　　　L_c——齿轮宽度，mm。

E　蜗杆副

$$Q = \pi(D_{1w} + D_{2w})W_w \times \frac{4}{10^5} \tag{3-15-6}$$

式中　D_{1w}——蜗杆外径，mm；

　　　　D_{2w}——蜗轮外径，mm；

　　　　W_w——蜗轮宽度，mm。

F　迷宫式密封

$$Q = 30\pi D_m L_z \times \frac{4}{10^5} \tag{3-15-7}$$

式中　D_m——轴颈，mm；

　　　　L_z——接触长度总和，mm。

以上给脂量计算公式是在一般通用润滑脂每 4h 进行一次给油的情况。此外还应注意：尽管轴承的尺寸大小、工作转速相同，但载荷、密封状态、周围环境、润滑脂特性、清洁度等不同，实际需要的给脂量也将有所不同，公式中给出的计算公式仅供参考。

连铸设备与其他设备相比，工作条件十分恶劣，对计算的给脂量还应该按照实际使用经验做进一步的修正，投入运行后还应该根据现场实际情况对给脂量进行适当调节，以满足使用要求。在具体实际现场，经一段时间对设备运行的观察和摸索，通过调整润滑周期或调整每次进行润滑的时间对实际给脂量进行修正，以达到既能使润滑点得到充分润滑，又能减少油脂浪费的良好效果。

连铸设备供润滑脂计算时，需要列出板坯连铸机设备所需的供油点，计算每个供油点所需的给脂量，列出表格或者清单。

15.1.3.2　润滑泵站容量计算

根据系统的大小计算出总的耗脂量来选择相应规格的润滑泵，一般以 3～5min 完成供油为原则。泵站容量的选择通常采用以下公式进行核算。

$$Q = \frac{Q_1 + Q_2 + Q_3 + Q_4}{T} \tag{3-15-8}$$

式中　Q——润滑脂泵的最小流量，mL/min（电动泵）或 mL/每循环（手动泵）；

　　　　Q_1——全部分配器给脂量的总和，若单向出脂时为 mL/min（电动泵）或 mL/每循环（手动泵），mL；

Q_2——全部分配器损失脂量的总和，具体数值与所选的分配器有关，可以查阅相关样本，mL；

Q_3——液压换向阀或压力操纵阀的损失脂量（mL），具体数值与所选取的阀有关，可以查阅相关样本，mL；

Q_4——在使用压力下，系统管路内润滑脂的压缩量，mL；

T——润滑脂泵的工作时间，指全部分配器都工作完毕所需要的时间。电动泵以5min为宜，最多不超过8min；手动泵以25个循环为宜，最多不超过30个循环（电动泵用min，手动泵用循环数）。

15.1.3.3　系统工作压力的确定

润滑系统的工作压力，主要用于克服主油管、给油管的压力损失和确保分配器动作所需要的给油压力，以及压力控制单元所需要的压力等。干油集中润滑系统主油管、给油管的压力损失可以参考《机械设计手册》相关内容，分配器的结构及所需的给油压力请参考所选分配器供货商家的相关样本。

考虑到干油集中润滑系统的工作条件随季节而变化，且系统的压力损失也难以精确计算，因此，在确定系统的工作压力时，通常以不超过润滑泵额定工作压力的85%为宜。

15.1.3.4　润滑制度（工作循环时间）的确定

润滑制度或干油站的工作循环时间（干油泵站的工作时间加上油泵的停歇时间），通常决定于摩擦表面的特点和工作条件（如工作温度、载荷、速度、周围环境是否有水落入、潮湿、多灰尘、受腐蚀介质的影响等）。

15.1.3.5　板坯连铸机干油集中润滑系统说明

根据板坯连铸机在线设备的组成特点、单机设备的配置状况、润滑点的数量、主润滑管路的长度和润滑泵的供油能力，选择干油集中润滑系统和润滑方式。由于环境恶劣、多粉尘、多水汽，主管道及次级管道等多数采用不锈钢材质。

A　润滑系统的划分

板坯连铸机的干油集中润滑系统考虑到机械设备布局、管路长短、压力等级、润滑制度等的不同，通常可以划分为以下几个相互独立的润滑系统。

a　钢包回转台干油集中润滑系统

板坯连铸机钢包回转台的润滑属于单机干油集中润滑设备，一般对于其中旋转体上的润滑点，润滑管路需经过旋转接头，所以钢包回转台干油集中润滑系统泵的使用压力可选用21MPa。

电动干油泵	1套（一般为2台，其中1台备用）
额定压力	21MPa
输脂量	195mL/min 左右
电动加脂泵	1台
双线干油分配器	若干
润滑管路	1套

b　连铸机本体干油集中润滑系统

该系统用于连铸机铸流导向设备包括从结晶器起至最后一个扇形段为止的连铸机本体

设备的润滑。

对于每流连铸机,按照铸流导向段沿铸流方向温度的变化所规定润滑制度的不同,该集中润滑系统常按照机械设备多少分为本体前部干油集中润滑系统和本体后部干油集中润滑系统,且前、后部集中润滑系统的润滑周期可以单独调整。

本体前部干油集中润滑系统主要由以下设备组成:

电动干油泵　　　　1 套(一般应配置 1 台备用泵)
额定压力　　　　　40MPa
每台泵输脂量　　　根据具体润滑点按计算确定
电动加脂泵　　　　1 台
双线干油分配器　　若干
润滑管路　　　　　1 套

本体后部干油集中润滑系统主要由以下设备组成:

电动干油泵　　　　1 套(一般应配置 1 台备用泵)
额定压力　　　　　40MPa
每台泵输脂量　　　根据具体润滑点按计算确定
电动加脂泵　　　　1 台
双线干油分配器　　若干
润滑管路　　　　　1 套

c　　出坯区干油集中润滑系统

该系统用于连铸机出坯设备的润滑,对于每流连铸机,主要由以下设备组成。

电动干油泵　　　　1 套(一般应配置 1 台备用泵)
额定压力　　　　　40MPa
每台泵输脂量　　　根据具体润滑点按计算确定
电动加脂泵　　　　1 台
双线干油分配器　　若干
润滑管路　　　　　1 套

d　　维修区移动式干油集中润滑系统

该系统为移动式干油集中润滑设备,用于维修区被维修设备的润滑脂添加,如下线维修的结晶器及扇形段等。主要出以下设备组成。

移动式电动干油泵　1 台
额定压力　　　　　40MPa
每台泵输脂量　　　120mL/min 左右

B　润滑制度的确定

板坯连铸机各系统的主要润滑部位的润滑循环周期受摩擦表面、环境温度等影响,给油制度按经验列入表 3-15-1 中。

表 3-15-1　板坯连铸机给油制度

润滑部位	给油制度
钢包回转台大齿轮、大轴承	钢包回转台回转即给油
钢包回转台其他部件	50~60min/循环
结晶器足辊、弯曲段	10~15min/循环
扇形段	30min/循环
出坯区辊道	50~60min/循环

15.1.4 板坯连铸机干油集中润滑系统设备的安装与调试

板坯连铸机干油集中润滑系统主要由电动（手动）润滑泵，液压（电磁）换向阀，干油过滤器，干油分配器，各类管接头，无缝钢管，铜管，软管和各类管夹等组成。

在板坯连铸机干油集中润滑系统中，安装和调试对整个润滑系统的正常使用起到非常重要的作用，所以要求安装人员必须对润滑系统中各个设备正确安装，在调试过程中按照操作说明书要求正确使用。以下对板坯连铸机润滑系统中常用润滑设备的安装和调试进行说明。

15.1.4.1 电动润滑泵的安装、调试与维护

A 安装

（1）润滑泵应安装和固定在便于维修及灰尘较少的地方，并注意环境温度是否在泵的工作温度范围内。因润滑泵的工作压力主要决定于润滑泵到最远润滑点的距离，通常连铸机干油润滑站安装于尽量靠近相关润滑区域并处于相关润滑区域中部的位置，置于液压室或者独立的干油室内，安装时应该考虑检修和添加润滑脂的方便，设置必要的手动或电动起吊葫芦。

（2）润滑管道内部应清洗干净，且清洗干净后应充满润滑脂。

（3）电动机旋转方向应与润滑泵转向标牌方向一致。

（4）必须使用干净的润滑脂，因为含有杂质的润滑脂往往是润滑泵和系统产生故障的主要原因。充填润滑脂时必须使用专用加油泵，通过加油口加入。润滑泵在首次充填润滑脂前，最好先加些润滑油，因为润滑油流动性好，会充满所有的部位，有利于排除空气。如有的润滑部位不能使用润滑油，那么润滑泵必须运转至无空气存在的润滑脂从管道末端排出为止。

（5）为了防止润滑脂进入压力表前空气混入，在首次启动润滑泵前，应拆下带有压力表的接头和弯管，启动润滑泵，直至润滑脂从接头处排出为止，然后重新装上弯管并紧固，在弯管内注满润滑油，最后装上带有压力表的接头。

B 维护和保养

（1）过滤网。过滤网应定期清洗，必要时还需用汽油或煤油清洗。

（2）限压阀。限压阀可以从 0 压到润滑泵额定压力之间任意调节，调节螺钉右旋压力调高，左旋则调低，限压阀的设定压力不能超过泵的额定工作压力。

（3）保险片。由于某些故障原因而使系统中压力超过润滑泵额定压力一定数值时，保险片破裂，润滑脂从管中溢出。在新的保险片装入前，首先应查明系统超压的原因并排除故障。调换保险片时须把凸面朝上，且须放入两片。如保险片装反，润滑泵会因压力超过允许值而遭到损坏。

C 常见故障及排除

（1）电动润滑泵压力表无压力。检查溢流阀压力是否调得太低，顺时针旋转调高压力，逆时针调低压力。

（2）电动润滑泵不出油。可能是吸入空气，检查油桶内润滑脂的状态，如果黏度太大适当加入稀油调稀，直至管道内正常出油。

（3）过滤器堵塞。清洗过滤网。

15.1.4.2　手动润滑泵的安装、调试与维护

A　安装

（1）手动润滑泵应垂直安装，操作手柄向上，手动泵上方留有指示杆上升空间。如安装在室外或多粉尘的环境时，应增设手动泵防护罩；

（2）贮油桶内无润滑脂时，不准操作手柄动作；

（3）向贮油器内充填润滑脂，必须使用专用加油泵从润滑泵加油口内充入；

（4）手动泵使用压力不允许超过其公称压力。

B　操作方法

（1）将换向阀手柄推进至极限位置，第二供油管供油；

（2）摆动手柄前后运动，压力表指针波动变化，证明干油分配器正在给油动作；

（3）手动泵上压力表指示压力值上升并保持稳定，证明系统分配器第一周期动作完成；

（4）将换向阀手柄拉出至极限位置，第一供油管供油按上述（2）、（3）动作进行操作；

（5）卸除管路压力，换向至第一供油管供油，为下一个工作循环做准备。手柄扳至垂直位置。

C　手动泵常见故障及排除方法

手动泵常见故障及排除方法，见表 3-15-2。

表 3-15-2　手动泵常见故障及排除方法

故　障　现　象	故　障　原　因	排　除　方　法
泵的压力不能上升	（1）压力表损坏； （2）贮油器和配管里进入空气； （3）使用时间长，柱塞与套过度磨损； （4）单向阀失灵	（1）更换压力表； （2）打开排气阀排气； （3）更换柱塞； （4）清洗单向阀、更换弹簧
泵的压力急剧上升	（1）换向阀没换向到位； （2）管路阻塞； （3）分配器动作不良	（1）换向到位； （2）检查管路； （3）观察分配器动作情况

15.1.4.3　液压（电磁）换向阀的安装、调试与维护

换向阀是用于双线干油集中润滑系统中开闭供油管道或者转换供油方向的一种集成化换向控制装置，主要有液压换向阀和电磁换向阀两种形式。液压换向阀的换向动力来自干油集中润滑系统的干油介质压力，通过调定换向压力并由阀体上的溢流阀来设定；电磁换向阀的换向动力来自外部换向电机的旋转推动偏心轮带动阀芯运动，换向指令主要依靠设置在管路末端的压差发讯器来设定。

A　液压换向阀

a　安装和使用

（1）液压换向阀为二位四通自动液压换向阀，阀体上平面设有两块压力表和调压装置。换向压力由调压装置调节，顺时针旋转调压装置的调压螺钉，润滑系统工作压力升

高，反之工作压力降低。换向阀进油口与泵出油口连接，回油口接贮油桶，供油口 A、B 分别与两条供油管路连接。当 A 路工作时油压达到设定压力时，换向阀自动切换到 B 路，这样润滑泵就能循环往复地向两条管路供送润滑脂。换向阀两条油路相互切换时，电气指示器将切换信号输送到电气控制中心。液压换向阀结构如图 3-15-3 所示。

（2）液压换向阀安装位置应合理，上方须有足够的空间调节调压螺钉。

b　常见故障及排除

（1）换向阀不换向。先看调压螺钉是否旋得太低，弹簧已无压缩量；否则通常为润滑脂中有杂质，活塞卡死。应将活塞取出，然后清洗阀体内腔与活塞。

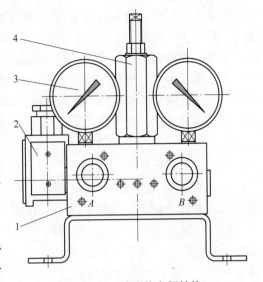

图 3-15-3　液压换向阀结构
1—阀体；2—指示器；3—压力表；4—调压装置

（2）压力表不显示压力。压力表损坏，更换新的压力表；系统不工作，检查电气线路。

B　电磁换向阀

a　工作原理

电磁换向阀主要由直流电机、限位开关、换向阀体、整流变压器装置等元件安装于同一底板上并置于防护罩壳内。适用于公称压力为 40MPa 以下的干油集中润滑系统的主、支管路中。

工作时，润滑系统末端压差开关发出换向信号，电控系统控制直流电机作旋转运动，并通过偏心轮带动阀芯作直线往复运动。当阀芯从原来位置切换到所需要的换向位置时，阀芯端部的挡板触动限位开关动作，发出电信号至电控系统，电控系统控制直流电机停止旋转，完成换向过程。

b　使用说明及故障排除

（1）电磁换向阀安装在润滑系统被控主、支管路的前端，且位于通风、干燥处，便于检查及周围无运动机构干扰的部位；

（2）换向阀不换向，可能无换向信号输入电机，线脚焊接脱落；电机轴与偏心轮松动未紧固；阀腔内进入杂物造成阀芯卡阻等原因，查明后排除即可；

（3）阀芯两端漏油，主要是两端密封圈损坏引起，可能是密封圈库存已久或者长时间使用引起的老化，更换密封圈即可。

15.1.4.4　双线分配器的安装、调试与维护

A　工作原理

双线分配器与每两个润滑点相连通的活塞孔中分别有一个控制活塞和一个工作活塞，两个进油口分别与两条供油管连接，当一条供油管加压力时，另一条供油管则卸荷。由润滑泵输送来的润滑脂，经供油管进入分配器控制活塞的上端，控制活塞首先向下移动，这

时控制活塞下端挤压的润滑脂则进入卸荷的供油管，使工作活塞的上腔与控制活塞的上腔接通，然后工作活塞向下移动，这时受工作活塞挤压的润滑脂经过控制活塞的环形槽被压送到出油口至润滑点，完成第一周期给油动作。

当分配器动作完成后，润滑系统压力继续上升，当上升至预先设定的压力时必须进行换向，如果是电动润滑系统，换向阀将自动换向，如果是手动润滑系统，必须人工进行换向，切换至另一根供油管开始第二周期给油动作，分配器活塞按相同顺序反向进行前述动作。

B　安装与使用

（1）在灰尘大、潮湿、环境恶劣的场合使用，分配器应配防护罩。

（2）双线分配器在系统中优先采用并联安装法，供油管与分配器在左边或右边联接均可，但另一侧必须采用螺塞进行封堵，否则润滑脂供到外部致使系统压力升不上去；其次采用串联安装法，须把一侧进油口上起封闭管道作用的两个螺塞卸掉，最多串联数不允许超过两个，必要时可并串组合安装。

（3）带运动指示调节装置的分配器，其给油量的调整应在指示杆缩回去的状态下旋转限位器的调节螺钉，根据润滑点实际需要在最大和最小给油量范围内进行调整。

（4）给油口数变为奇数时，将相对应出油口间的螺堵取出，并把不用的出油口用螺塞封堵，上下出油口连通，活塞正反向动作均从此出油口供油，这一点应该特别提醒。

（5）为便于拆卸，从分配器到润滑点的管道最好弯成 90°或者使用焊接（卡套）式接头。

（6）与分配器安装的平面应光滑平整，安装螺栓不宜拧得过紧以免使用时变形，影响正常工作。

C　常见故障和排除

（1）分配器不动作。检查供油管路有无压力油输送，润滑点是否阻塞，给油管是否被压扁，分配器活塞腔是否进入杂质致使活塞孔拉毛等，查明后排除故障即可。

活塞取出清洗后必须将其安装在原拆卸孔内，任意两个活塞之间不得相互调换，因为每个活塞与活塞孔都是经过配磨而成，并一一对应。

（2）动作指示调节装置指示杆处漏油。拆下限位器体更换密封圈，可能是密封圈库存或使用时间过长引起老化，也可能超过规定的使用环境温度，查明后更换。

15.1.4.5　润滑管道的安装、调试、维护

润滑管道敷设位置应便于装拆、检修，且不妨碍生产人员的行走，以及机电设备的运转、维护和检修。设备机上的管道应尽量贴近设备，但不得妨碍机器动作。

管道的安装常用卡套式和焊接式两种方式，现对这两种管接头的装配方法进行说明。

A　卡套式管接头装配方法

卡套式管接头的性能好坏除了与零件的材料、制造精度、热处理等有关外，与装配质量的关系也很大，因此规定按如下方法进行装配。

（1）安装前检查钢管表面不得有裂纹、折叠、离层和结疤缺陷存在。检查钢管壁厚时，除壁厚本身的负偏差值外还应包括同一表面部位的锈蚀、划道、刮伤深度，其总和不应超过标准规定的壁厚负偏差。

（2）碳钢钢管必须经过酸洗及钝化处理。

（3）管道附件的螺纹部分应无裂纹及影响使用和装配的碰伤、毛刺、划痕、双分尖、不完整等缺陷。

（4）润滑系统的钢管一般应用机械方法切割，也可以手工锯切，切口平面与钢管中心线垂直度公差为钢管外径的 1/100。

（5）钢管切割表面必须平整，不得有裂纹、重皮。管端的切屑粉末、毛刺、熔渣、氧化铁皮等必须清除干净。

（6）用钢管割刀切割的管口，应将内壁被钢管割刀挤起部分除去。

（7）在卡套刃口、螺纹及各接触部位涂少量的润滑油。按顺序将螺母、卡套套在钢管上，然后将钢管插入接头体内锥孔底部、放正卡套。在旋紧螺母的同时转动钢管直至不动为止，然后旋紧螺母。

B　焊接式管接头的装配方法

焊接式管接头的性能好坏除了与零件的材料、制造精度、热处理等有关外，与装配质量的关系也同样重要。因此规定按如下方法进行装配。

焊接式管接头的装配方法中，步骤（1）~步骤（6）与卡套式管接头相同，可供参考。以下为其不同之处。

（7）将焊接式管接头安装在设备上，然后根据现场实际测量钢管长度进行配管，配管时要求钢管、管件的对口应做到内壁平齐，配管时先采用点焊焊接，待钢管配焊好以后将螺母和接管连同钢管拆下，在焊接台上进行焊接，焊接一般采用氩弧焊，确保钢管焊缝处不会发生漏油。

（8）管道对口焊接后必须进行外观检查，且应在无损探伤和压力试验前进行，检查前应将妨碍检查的渣皮和飞溅物清理干净。

C　胶管的安装方法

（1）安装前检查胶管的壁厚是否匀称，内表面是否平滑，有无妨碍使用的伤痕、气泡、老化变质等缺陷。

（2）胶管总成的接头，其加工表面应光滑、无裂纹、毛刺及飞边，各密封面应无纵向或螺旋状划痕，螺纹应无毛刺、断扣及压伤等缺陷。

（3）应避免急弯，外径大于 30mm 的胶管，其最小弯曲半径应不小于胶管外径的 9 倍，外径小于及等于 30mm 的胶管，其最小弯曲半径应不小于胶管外径的 7 倍。

（4）与管接头的连接处应有一段直线过渡部分，其长度不小于胶管外径的 6 倍。

（5）胶管在静止和随设备移动时，均不得有扭转变形现象，可以采用拖链固定胶管，如中间罐车胶管、上装引锭系统的引锭车等采用的胶管均采用拖链固定的形式。

（6）不应使胶管位于易磨损之处，否则应予保护。

（7）当长度过长或承受急剧振动的情况时，宜用管夹夹牢，但在高压下使用的胶管应尽量少用管夹，如果胶管自重会引起过分变形，胶管应有充分的支托或使管端下垂布置。

D　管夹的安装方法

（1）钢管在其端部与沿长度上应采用管夹加以牢固支承，管夹间距应符合下列规定：

钢管外径小于 10mm，管夹间距离应小于 1m；

钢管外径在 10 ~ 25mm，管夹间距离应小于 1.5m；

钢管外径在 25 ~ 50mm，管夹间距离应小于 2m。

（2）管夹不得焊于钢管上，也不应损坏管路。

（3）管夹焊接应采取满焊。

15.1.4.6　润滑系统管道的冲洗

为了保证整个干油集中润滑系统的清洁，并供给机械设备润滑点干净的润滑脂，必须对整个润滑系统进行冲洗。

板坯连铸机干油集中润滑系统管道通常采用不锈钢管，安装完成后将主管和分配器的接口断开，用氮气（或干燥洁净的压缩空气）进行吹扫，直至合格为止，然后回装，进入润滑脂充填阶段。

15.2　板坯连铸机油气润滑系统

在连铸设备中，除了广泛采用干油集中润滑外，近些年在许多连铸关键设备例如连铸机铸流导向设备、出坯辊道中逐渐采用了油气润滑方式。

15.2.1　油气润滑简述

15.2.1.1　油气润滑的工作原理

油气润滑技术由油雾润滑发展而来。19 世纪后期，人们用矿物油润滑蒸汽缸，出现了油气润滑的雏形。在 20 世纪初，空压机得到广泛应用，同时空压机润滑需要一种类似油雾润滑装置的润滑器，在工业的应用过程中发现，从空压机里出来的空气中含有油，并且像"雾"一样沉积在设备周围，起到润滑作用。20 世纪 60 年代，人们发现可以用压缩空气作为载体将润滑油通过管路输送到润滑点，初步奠定了油气润滑的基础。到 20 世纪 70 年代，油气润滑技术工业应用得到了发展，使润滑技术进入了一个新的时代。

油气润滑是一种集中润滑方式，其原理是运用连续流动的压缩空气对间歇供给的稀油产生作用以形成涡流状的液态油滴并沿管壁输送至润滑点。这一新型的流体被称为"气液两相流体"。油气润滑原理如图 3-15-4 所示。

在油气润滑中，喷入轴承的油滴的状态在很大程度上取决于喷嘴的设计、压缩空气的速度和润滑油的表面张力。当油气混合物进入油气管道时，由于压缩空气的作用，在初始段，润滑油以较大的颗粒状间断地粘附在管壁周围，当压缩空气快速向前移动时，管壁上的油滴也向前移动，并逐渐被吹散、变薄，但并

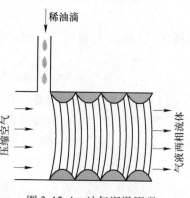

图 3-15-4　油气润滑原理

不会凝聚，油和气也不会真正融合，也不会被雾化。在管道末端，原来是间断地黏附在管壁周围的油滴形成波浪式的油膜，被压缩空气导入到各润滑点。

15.2.1.2　油气润滑的主要特点

油气润滑技术作为一种新型的润滑手段，已经在各行业中广泛应用，与传统油脂润滑和稀油润滑相比有以下特点。

(1) 油气润滑耗油量小。与传统脂润滑相比，油气润滑的润滑剂消耗量仅为油脂消耗量的 1/20～1/100，并且油气润滑的润滑剂利用率为 100%，而油脂润滑的利用率较低。

(2) 适合连铸等高温低速场合以及连轧等高速重载场合。在连铸机上，轴承环境温度较高，干油基础油容易炭化，并且冷却水和氧化铁皮等杂物容易进入轴承内部。油气润滑可以将高黏度润滑油输送至轴承内部，并保证轴承内部至少 $2\mathrm{bar}(1\mathrm{bar} = 10^5\mathrm{Pa})$ 的气压来阻止外界杂质的进入，同时高速气流可以带走轴承大部分热量，降低轴承的温度。

(3) 能够实现润滑油的精量控制。油气润滑是精量润滑的一种，根据相关公式计算出轴承建立润滑油膜所需要的润滑油量，并定量定时供给，既避免了润滑油过多引起的轴承温升又能节约润滑剂，因此能够实现精量控制。

(4) 环保节能。油气润滑与油雾润滑最大不同在于油气润滑系统中，润滑油不被雾化，而是以连续油膜输送到润滑点，对人体无害也不污染环境。在油雾润滑系统中，大约有 20%～50% 的润滑剂通过排气进入外界空气中成为可被吸入的油雾，对人体肺部极其有害并污染环境。油雾润滑在西方工业国家中已不再应用。

(5) 完善的监控功能。油气润滑系统具有完善的监控功能，无论是供油压力、供气压力、油气混合物的流动、轴承座内的压力等方面均可以方便检测并实时进行监控，整个系统一旦出现异常，系统能快速监测并提供报警功能，保障了设备的安全运行。

15.2.1.3　油气润滑的主要性能参数

(1) 润滑油介质：推荐采用黏度 $\leq 760\mathrm{mm}^2/\mathrm{s}(40℃)$。

(2) 气源条件：经干燥的洁净压缩空气（露点不低于 $+25℃ \pm 2℃$），压力 0.44～0.6MPa。

(3) 液压系统油压：5～7MPa。

(4) 压缩空气消耗量：用于闭式容腔润滑（如轴承座）时，须在润滑点保持一定气压，这时空气的消耗量取决于润滑点的密封状态及油量分配中存在的节流情况；用于开式容腔润滑（如开式齿轮）时，空气的消耗量则和压缩空气的压力、流速以及喷嘴所喷射的频率有关。一般常温工况下每点在 20NL/min 左右，高温、恶劣工况条件下每点在 30NL/min 以上。

(5) 润滑油消耗量：

$$Q = DBA \tag{3-15-9}$$

式中　Q——耗油量，mL/h；

　　　D——轴承外径，mm；

　　　B——轴承列宽，mm；

　　　A——润滑系数，一般取 $A = 0.00003～0.00005$。

15.2.2　板坯连铸机油气润滑的应用

油气润滑技术在国外研究的很早，推广应用也较早。20 世纪 70 年代，美国亚特兰大某方坯连铸机上对辊子轴承的润滑进行了与干油集中润滑系统的对比试验，显示出了明显的优越性。在中国，油气润滑开始于 20 世纪 90 年代，随着宝钢、武钢等企业从国外大批引进具有油气润滑配套的轧机、高线等设备。

在连续铸钢领域，油气润滑技术首先在方坯连铸机上应用，并逐步开始在板坯连铸生产线乃至其他各个领域推广使用。

15.2.2.1　油气润滑在板坯连铸机中的应用

每一流板坯连铸本体设备由结晶器及其足辊、弯曲段和十几台独立的扇形段组成，这些设备包含几百根辊子甚至上千个轴承，轴承一般采用滚珠轴承或滚柱轴承，轴承在重载、高温环境和极低转速下运行。

迄今为止，干油集中润滑依然是连铸机上最普遍的润滑方式，但是干油的消耗量是困扰生产企业的因素之一；且机组运行经常受到恶劣工况下轴承运转不良的影响，轴承座因为受到高温蒸汽的影响而要求密封良好，但却又要在重载情况下使轴承转动件之间形成一层润滑油膜并维持，否则将严重影响轴承的寿命；而且，对废干油的处理、干油从轴承座泄漏出来后对开路冷却水系统的污染、干油回油管堵塞导致轴承座密封损坏进而缩短轴承寿命、高温状况下轴承座中的干油容易炭化并堵塞供油管路，以及杂物和水等侵入轴承座对其造成的危害等，这些都是干油集中润滑在连铸使用中比较棘手的问题。

由于油气润滑有着诸多较干油集中润滑的优势，油气润滑应用于连铸方面的研究一直在进行着。方坯连铸由于润滑点数相对较少，油气润滑早期成功应用于方坯连铸中；随着技术的发展，采用一套油气润滑系统对上千个润滑点甚至是几千个润滑点的板坯连铸机进行润滑的技术已经变得成熟并得到了广泛的应用。

从众多板坯连铸机成功应用油气润滑的实例中，可以证明采用油气润滑的使用效果如下：

（1）供油连续，润滑效果好，轴承寿命长，减少了维修和轴承备件，综合效益好。

（2）稀油耗量少，对于 $\phi65\text{mm}$ 内径的轴承，其油耗量为 2mL/h，500L 的油箱可以给 400 个以上的润滑点供油。

（3）环保效果明显，彻底杜绝了干油外泄对设备及开路冷却水造成的污染和对连铸生产的困扰。有些生产厂家的使用表明，原来水中的油分（包括干油、液压系统稀油）为 3.2×10^{-6}，在采用油气润滑后降低为 0.6×10^{-6}。

（4）由于气体的作用，使轴承的环境得到改善，灰尘、水、蒸汽及其他有害气体不能进入，另外，压缩空气还可以对轴承起冷却作用。

（5）省去了机械设备维修时人工清除油泥的工作，维护和运行成本大幅减少。

（6）油气润滑时，轴承密封圈的安装方向与干油润滑时正好相反，少量的气体可以流出，从而润滑了密封圈，延长了密封圈的使用寿命。

和传统的干油润滑系统相比较，油气润滑的缺点如下：

（1）一次性投资较高。更重要的是需要较大量的压缩空气，增加了空压站的容量。运行成本较高。

（2）运行当中，车间噪声也可能会增加。

（3）车间配管增加，机上配管增加。

（4）一旦油气润滑系统出现事故，由于轴承内部储存的润滑油较少，容易烧坏轴承。

15.2.2.2　连铸机对油气润滑系统的要求

（1）系统工作介质需采用高黏度稀油。由于轴承在高温、重载及低速下工作，为了在转动表面之间建立起稳固的油膜层以避免金属表面直接接触，采用高黏度的稀油作润滑剂是必要的。

（2）系统工作状态应进行检测。由于连铸机组工况恶劣，许多润滑点不但处于高温而且可能是在封闭的环境中，维护人员很难接近并检查，因此系统的监控功能就显得尤为重要，如供油、供气是否正常，轴承是否得到适度的润滑等，以便出现异常及发生故障时能立即找出问题所在。

油气润滑系统异常及故障检测见表 3-15-3。

表 3-15-3　油气润滑系统异常及故障检测

检测内容	实　现　手　段
油箱储油量	液位开关监视
空气压力	压力开关设定最低压力监测
供油	递进式分配器接近开关监视供油情况
油气混合物输送	流量监控装置对通往润滑点的油气流量进行监控

（3）轴承座内维持连续正压。实际工况中，杂物及水是很容易进入轴承座内部的，除非轴承座能维持一种连续的正压状态。也正是这样，对轴承密封型式的选择至关重要。既要考虑维持正压状态，又要考虑密封唇的磨损。

（4）系统能在恶劣工况下长时间不间断运转。在连铸机运行过程中，如果轴承座内压力出现异常，由于安全及机组生产等方面的原因，维护人员不可能马上清除故障，因此要求润滑系统即使在比较恶劣的工况下也能保证稳定可靠地长时间不间断运转。

（5）辊组更换时，润滑管路应易于连接及拆卸。每个扇形段会有多达数十个轴承，每个轴承座有一根或两根钢管连在上面。因此应有一个简单易行的办法，即不需要每根钢管都拆下来再装回去，可能的话最好只拆少数钢管，否则将严重增加工人的维护工作量。

（6）在更换辊组时，系统还应维持连续运转状态。机组停机更换辊组时，为了在轴承座内维持连续的正压以阻止杂物、水等侵入轴承座，不仅要求油气润滑系统在停机时间里维持运转，还要求通向所换辊组的润滑剂应暂时终止供应，待辊组更换结束后再行恢复供应。

15.2.2.3　油气润滑在板坯连铸机中的应用实例

基于油气润滑的诸多优点，国内外越来越多连铸生产企业采用油气润滑技术对板坯连铸设备进行润滑。现以国内某钢铁公司的板坯连铸机为例，对油气润滑技术在板坯连铸机中的应用举例说明。

A　工艺参数及油气润滑技术参数

（1）润滑点数及耗油量，见表 3-15-4。

表 3-15-4　润滑点数及耗油量

润滑对象名称	润滑点数/个	油量/mL·h^{-1}
结晶器	28	56
弯曲段	192	384
扇形段第 1 段	56	112
扇形段第 2 段	56	112
扇形段第 3 段	56	112
扇形段第 4 段	56	112
扇形段第 5 段	56	112
扇形段第 6 段	56	112
扇形段第 7 段	56	112
扇形段第 8 段	56	112
扇形段第 9 段	56	112
扇形段第 10 段	56	112
扇形段第 11 段	56	112
扇形段第 12 段	56	112
合　计	892	1784

（2）轴承座密封形式要求。采用油气润滑时密封的结构如图 3-15-5 所示，此时需在轴承座内部维持一定程度的正压，尤其是油气能在密封唇上施加较高的压力。轴承采用油气润滑时，密封圈的安装方向与干油润滑时正好相反，少量的气体可以流出，从而润滑了密封圈，延长了密封圈的使用寿命。

轴承座排油口的位置必须比密封滑动位置低，以能收集到轴承座的泄漏油为原则。另外，将排油口设置在轴承内比最低位置的滚珠（柱）直径高一半的位置上也是适当的，这样做是为了保持轴承座内部始终有一定量的油，供油出现异常时运转照样进行。当轴承座装配于辊子的两端时，排油口的位置应预先设计以便于加工；当轴承装在辊子中央时，排油口最好位于轴承内部。换句话说，轴承座的装配及排油口的设计取决于辊组的设计布置。

（3）润滑介质。推荐采用 ISOVG320—460 等级的耐高温极压齿轮油或合成油。

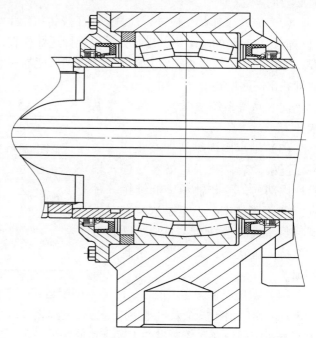

图 3-15-5　油气润滑轴承密封结构

（4）气源条件。经干燥的洁净压缩空气（露点不低于 25℃ ±2℃）。

（5）油气润滑系统的技术参数。

1）系统油压：5 ~ 7MPa；

2）系统气压：0.4 ~ 0.6MPa；

3）系统电源：AC380V，50Hz，三相五线制；

4）系统工作方式：间歇制工作，按照设定的工作/间隔周期运行，齿轮泵输出油量 1.4L/min，最大压力 14MPa；

5）系统电耗：约 10kW/h；

6）压缩空气消耗量（标态）：约 1338m³/h；

7）润滑油消耗量：约 1784mL/h；

8）系统能实现连续运行并保证设备运行速度下稳定供给润滑油，保证轴承处于良好的润滑状态；

9）系统具备远程，就地，测试三种工作状态。

（6）系统能在给定范围内对供油量进行调节。

（7）系统能对润滑状况进行监测，系统内部设置有可目测给油状况的管路。

B　系统组成及工作原理

该板坯连铸机油气润滑系统由 1 个主站、6 个卫星分站、中间连接管道、电气控制及仪表监控装置以及两级油气分配器等组成，润滑原理如图 3-15-6 所示。如图所示，该油气

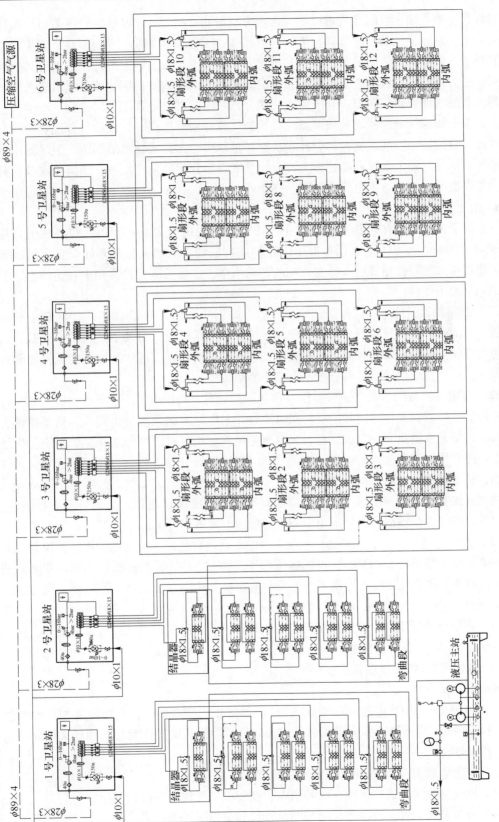

图 3-15-6 某板坯连铸机油气润滑原理

润滑站设有一根供油主管向连铸扇形段供送压力润滑脂，6 个油气卫星站的进油口均接在供油主管上。油气卫星站的进气口与工厂气源相接，工作时压缩空气常通。6 个卫星站之间相互独立，当某个油气卫星站须供油时，该卫星站内主压力油路上的两位两通电磁换向阀开启，压力油进入单线递进式油分配器，油分配器把润滑油按设定比例分配后送入油气混合器，在油气混合器中润滑油与压缩空气混合并在压缩空气的作用下输送到一级油气分配器中，由一级油气分配器均分成多路，将该油气流分别输送到下一级油气分配器中，在该二次油气分配器中，油气流被均分并输送至各轴承座内，完成轴承的润滑。卫星站中的单线递进式油分配器上设置有监控开关，电控系统设定分配器动作次数，当监控次数达到设定动作次数时，卫星站上电磁阀关闭，供油停止。

　　a　液压主站

　　主要用于向油气分站供送润滑剂，主站出口润滑油压力为 5～7MPa。润滑油可选用 ISOVG320-460mm^2/s/40℃耐高温重极压齿轮油或合成油，虽然系统内多处设置有过滤装置，仍建议在加油时使用带过滤分水作用的加油小车。主要液压元件都集中在主站上。液压主站包括如下元件：

　　（1）油箱及其附件。内部经防锈处理的洁净的钢质油箱（容量 1000L）。油箱上配有人孔盖、加油孔、通风过滤器、目视液位计、液位控制继电器、自动加热器及排油截止阀等附件及方便安装的地脚孔。液位继电器时刻监测油箱内油量，能实现液位的低报警和过低报警，当发出过低报警信号时，油泵电机不能启动。

　　（2）泵组件。有两台泵，一台工作一台备用。设有一块压力表用于显示油压。泵为齿轮泵，间歇工作制，工作时间和间歇时间可通过相关电气控制系统进行调节。油泵排量为 1.4L/min。每台泵进口有一个过滤器，出口有溢流阀，用来过滤润滑油并保护系统。供送的润滑油经高压过滤器进入蓄能器。当油压低于 5MPa 时开始工作，油压达到 7MPa 时停止工作，整个过程由电气自动控制完成。

　　油泵卧式安装在油箱顶部，每台泵均配有吸油管及吸油过滤器，泵出口配有单向阀、分流块等，经压力泵输出的润滑剂由中间管道输送至递进式分配器中。

　　（3）蓄能器组件。一个蓄能器与一个压力继电器组合使用，对泵的起停进行控制，并使供油主管压力保持在 5～7MPa（可根据实际工况调整），起蓄能及稳压作用。蓄能器的使用使齿轮泵不用连续工作，提高了齿轮泵和电动机的使用寿命，降低了能耗，同时也提高了系统的稳定性。

　　（4）高压过滤器组件。该组件装设于泵出口位置，用于对润滑剂进行过滤处理，再次对润滑油进行过滤，高压过滤器设有压差开关，当滤芯堵塞时报警。

　　b　电气控制及仪表检控装置

　　包括如下部分：

　　（1）AC380V，50Hz 电源（三相五线制）。预留相应接线端子；主站电缆配有伸缩阻燃网管；采用西门子 S7200 系列 PLC；采用液晶显示触摸式的操作面板；现场采用屏蔽电缆，沿桥架敷设。

　　（2）控制电源 DC24V 及相关的整流、配电装置。

　　（3）电线排线采用进口接线，编号清晰，便于电气操作人员检测，维护。

　　（4）液位监控装置。液位计检测油箱报警位和故障（停泵）位。

（5）圆柱式报警灯。可全方位目视故障报警信号。

（6）自动开关照明灯。主站电控柜开门灯亮，关门灯闭，以方便黑暗处进行柜体内部检测操作。

（7）马达保护开关。电机过载保护。

以上电气组件与 PLC 等附件集成在一个控制柜内，对主站系统进行有效控制检测。

c　接线电缆

（1）用户机组主电源至油气润滑系统主站控制柜的接线电缆。

（2）系统主站和各个分站之间的接线电缆。

d　分站

每个油气分站都能将主站供送来的润滑剂用递进式分配器按需进行分配。6 个分站中，每个分站的工作状态与其他分站互不干扰，即可以任意地关闭某几个分站而不影响其他分站的正常工作。

（1）递进式分配器。用于将主站供给的润滑剂在此按润滑点的实际需要进行精确分配。递进式分配器由一个起始片、若干个中间片和一个终止片组成，每一个递进式分配器上均装配有接近开关对其工作情况（润滑油供给及故障）进行监视。递进式分配器供出的油会在分站内与压缩空气进行混合形成油气流供给油气分配器。

（2）油气混合块。根据需要将递进式分配器供给的润滑剂进行混合形成油气流，从递进式分配器出来的润滑剂在油气混合块中和压缩空气进行混合；油气混合块的每一个出口都装配有可目视油气流动情况的透明塑料管，连接处配有衬套，防止油液渗漏，污染箱体，使各分站平台更加干净。

（3）手动高压球阀与电磁截止阀。用于控制油流以实现对润滑的关、停等操作。

（4）压缩空气压力监控。压力开关检测压缩空气工作压力。

e　气源处理装置

油气系统每个分站均有一套气源处理装置，用于调节主气源向系统提供带有合适压力的压缩空气（减压并检测压力是否正常，压力可调）并对压缩空气进行干燥过滤处理，为系统提供干净稳定的压力气源，保证系统在运行中的空气洁净，气路不被堵塞。每套气源处理装置是一个完整的组件，由手动截止阀，空气滤清器，电磁换向阀，减压阀，压力开关等组成。

f　两级油气分配器

两级油气分配器安装在油气混合块出口至润滑点之间的中间管路上，经一级油气分配器分配至二级油气分配器，分配后输送到润滑点对轴承进行润滑，其中压缩空气从轴承座溢出时带走轴承的摩擦热并使轴承座内部产生 0.01～0.03MPa 的微正压以防止外界粉尘与冷却水等杂质的侵入，保护轴承内部环境，提高轴承使用寿命。

g　中间连接管道及管道附件

该油气润滑系统的中间连接管道及管道附件见表 3-15-5。

C　油气润滑系统说明

（1）经优化的管路设计，虽然每台扇形段需要润滑的数量较多，但是设置有 PLC 自动控制系统，可以对全系统的运行工况实行程序化全自动控制。

表 3-15-5　中间连接管道及管道附件

序号	管道名称	管 道 用 途	管子规格与材质
1	压缩空气管	工厂车间压缩空气管路（总气源）至各卫星站供气部分的中间接口连接管道	选用 $\phi89 \times 4$ 和 $\phi28 \times 2$ 的不锈钢管及管路附件
2	油管	液压主站油路出口至各卫星站之间的中间连接管道	选用 $\phi18 \times 1.5$ 与 $\phi10 \times 1$ 不锈钢钢管及管路附件
3	油气管	卫星站油气出口到一级分配器之间的连接管道	选用 $\phi18 \times 1.5$ 不锈钢钢管及管路附件
4	油气管	一级分配器到二级分配器之间的连接管道	选用 $\phi10 \times 1$ 不锈钢钢管及管路附件
5	油气管	二级分配器到润滑点之间的连接管道	选用 $\phi6 \times 1$ 不锈钢钢管及管路附件
软管以及油气管路上所需柔性连接的软管组件			

（2）各卫星站设置有相互独立计量循环计数检测控制的单线递进式定量分配器和油气混合器以及压缩空气带通断电气控制功能的预处理装置。

（3）油气分配器部件内没有相对运动部件，可以适应连铸机铸流导向设备长时间高温辐射下工作，特别适合应用于连铸扇形段的恶劣工况。

（4）在需要增、减润滑点的润滑系统中，油气润滑系统具备良好的扩展性。

参 考 文 献

[1] 杨拉道，谢东钢. 连续铸钢技术研究成果与应用 [M]. 昆明：云南科技出版社，2012：467～472.

[2] 刘明延，李平，等. 板坯连铸机设计与计算 [M]. 北京：机械工业出版社，1990：1040～1064.

[3] 孔祥东，姚静，等. 油气润滑系统发展综述 [J]. 润滑与密封，2012（6）：91～95.

[4] 张剑丰，姚建青，等. 油气润滑在宝钢4#板坯连铸机上的应用 [J]. 润滑与密封，2008（11）：112～113.

[5] Sato Y, Ito M, Amano Y. 连铸机的油气润滑系统 [J]. 传动及控制，1995：659～661.

[6] 高承彬. 油气润滑的特点及实用 [J]. 一重技术，2009（5）：57～59.

[7] 李寅，胡以元，周宁生. 油气润滑方式在板坯连铸机上的应用 [J]. 润滑与密封，2004（6）：111～112.

[8] 刘艳萍. 油气润滑技术及其在有色行业的应用 [J]. 有色设备，2004（5）：31～33.

[9] 陈显著，刁玉兰，侯风岭，等. 油气润滑技术及在莱钢的应用 [J]. 莱钢科技，2004（4）：9～10.

[10] 陈学莹. 浅谈油气润滑技术及其应用 [J]. 浙江冶金，2006（2）：58～60.

[11] 杨和中，刘厚飞. TURBOLUB 油气润滑技术（一）[J]. 润滑与密封，2003（1）：107～110.

[12] 闫通海，田爱华. 气液两相流体润滑技术及其应用 [J]. 实用技术，1998（9）：55～56.

[13] 张永锋. 油气润滑系统应用理论与实验研究 [D]. 秦皇岛：燕山大学，2011：1～7.

[14] 启东润滑设备有限公司 [DB/OL]. 油气润滑系统设备选型手册. 2005.

[15] 南通立新机械制造有限公司 [DB/OL]. 润滑设备，2005.

[16] 山东烟台华顺机械工程设备公司 [DB/OL]. 润滑设备，2014.

[17] RBES，连铸机 TURBOLUB 油气润滑技术 [DB/OL]. 2006.

[18] 丁光健. 现代设备润滑在国外钢铁企业中的实践与效益 [J]. 太原科技大学学报，2006，27（z1）：7～10.

[19] 张剑，金映丽，等. 现代润滑技术 [M]. 北京：冶金工业出版社，2008：254～260.

[20] 周宁生，侯利庆．轴承寿命长效化改造的研究与应用［J］．中国市场润滑技术，2004（12）．

[21] Hou Suxia. Two-phase flow instability in a parallel multichannel system ［J］. Nuclear Science and Techniques, 2009（2）：111～117.

[22] 阎昌琪．气液两相流［M］．哈尔滨：哈尔滨工程大学出版社，2007：19～23.

[23] 李志莲，周学巨．一种环保节能的新型精细润滑方式油气润滑［J］．南方金属，2006（12）：39～43.

[24] 徐卫东．油气润滑和油雾润滑及其对高速线材质量的影响［J］．金属制品，2000（26）：35～37.

[25] 蒋家强．油气润滑在轧机轴承上的应用［J］．液压与气动，2009（12）：33～34.

[26] 黄成．油气润滑在热轧平整机上的应用［J］．液压与气动，2005（12）：40～42.

[27] 崔凯．油气润滑在吊车车轮及轨道上的应用［J］．机床与应用，2006（7）：265～266.

[28] 曹恩平．莱伯斯轮缘润滑系统［J］．城市轨道交通研究，2007，10（2）：69～74.

[29] 杨柳欣，李松生．高速电主轴轴承的油气润滑及其应用［J］．轴承，2003（3）：23～25.

[30] 张俊国．油气润滑滚动轴承温度场有限元分析研究［D］．上海：华东理工大学．2006：1～5.

[31] 蒋天合．高速滚动轴承油气两相流润滑实验研究［D］．南京：东南大学．2008：40～42.

[32] 翁志远．基于油气润滑的滑动轴承试验研究［D］．哈尔滨：哈尔滨工程大学．2010：6～13.

[33] 卢森高．静压轴承油气润滑机理性研究［D］．广州：广东工业大学．2010：2～5.

[34] 王大中．现代润滑新理念对工矿企业的影响［C］．第八届全国设备与维修工程学术会议暨第十三届全国设备监测与诊断学术会议．北京，2008：142～144.

[35] 李殿家，高峰太．设备润滑技术［M］．北京：兵器工业出版社，2006：85～86.

[36] 高承彬．油气润滑的特点及实用［J］．一重技术，2009（5）：57～59.

第4篇　直弧形板坯连铸自动化设备

冶金生产电气自动化是冶金生产过程中的重要组成部分，其控制水平离不开冶金工业技术本身发展的需要，随着我国冶金工业的大飞跃，冶金生产过程自动化技术得到极为明显的进步，我国电气自动化的控制设备和控制水平已和世界发达国家不相上下，在某些方面甚至处于国际领先地位。

冶金生产过程自动化技术是集电气控制技术、自动化仪表检测与控制、现代控制理论、计算机技术及网络通讯技术等为一体的综合应用领域，先进的 FCS（现场总线控制技术）和 DCS 系统（分布式计算机控制技术）、ERP（企业资源计划）和 MES（制造执行系统）、数字传动技术及自动化仪表等已在冶金生产上得到广泛应用，发挥了巨大的经济和社会效益，其电气自动化控制设备的装机水平已成为衡量一个国家冶金行业生产力发展的重要标志之一。

20 世纪 70 年代，由于连续铸钢技术在金属收得率、能源消耗、自动化控制、减轻工人劳动强度以及安全生产等方面的明显优势，开始大规模应用于钢铁生产的流程中，成为钢铁冶金领域的最重要技术之一。与此同时，连续铸钢生产线电气自动化技术也得到日新月异的发展。

1　综　　述

1.1　连铸机生产线自动化现状

连续铸钢的目的是把钢液直接浇注成合格的铸坯，它是飞速发展起来的铸钢新工艺，现已大规模地用于实际生产，并逐步形成了今天的现代连续铸钢技术。连铸生产线习惯上也称为连铸机，连铸生产线电气自动化是冶金生产过程自动化的重要组成部分，它不仅是现代连铸机生产水平的主要特征，而且是必不可少的关键技术。

连铸生产线是一条连续运作的热金属生产线，其各类设备的复杂性、多样性和生产流程的连续性，单靠人工控制很难实现快速、高产并使铸坯质量达标。要达到此目的，必须

本章作者：仝清秀，蔡大宏；审查：周亚君，米进周，王公民，黄进春，杨拉道

对连铸生产过程实行自动化管理和控制。综观连铸生产过程，其控制的复杂性和困难性体现在：

（1）连铸过程各个环节繁琐的联锁关系和相互耦合；

（2）用于过程参数测量的传感器和测量仪表受周边环境如高温、电磁及噪声的干扰和影响比较大；

（3）存在可预见或不可预见的动态扰动；

（4）连铸过程本身和执行机构固有的较大滞后；

（5）控制过程的时变性和控制对象的非线性特征；

（6）控制数学模型的建立和常规 PID 控制方法的限制；

（7）连铸与炼钢、轧钢之间需要的协调控制和调度。

目前，现代化连铸机电气自动化控制从控制层面上分，可分为 Level 0 级（现场控制设备层）、Level 1 级（基础自动化层）、Level 2 级（过程自动化层）及 Level 3 级（生产管理控制层）共 4 级结构。图 4-1-1 为自动化分级结构示意图。

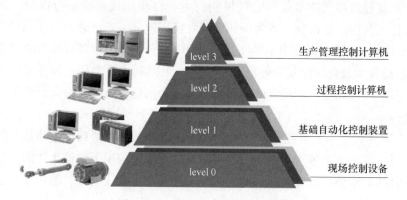

图 4-1-1　自动化分级结构示意图

现场控制设备（L0 级）。包括传动电机、MCC 马达控制中心、交流变频装置、电磁阀、传感器、操作控制元器件、智能和模拟仪表等设备，这类设备是连铸机必备的不可缺少的检测和控制设备。

基础自动化级（L1 级）。主要是采集现场操作及检测元器件发来的设备及生产过程运行状态信息，对这些运行状态信息参数进行处理，然后发出控制命令给驱动设备，按生产过程的设定模式，控制连铸机自动运转。目前基础自动化级的核心部件——控制器，普遍采用 PLC 可编程序控制器。基础自动化级是保证连铸生产线正常生产及产品质量的最重要的必设的控制级别项目，在所有类型的连铸机上均得到广泛应用。

过程自动化级（L2 级）。以过程计算机为控制核心，在连铸生产过程中进行数据采集、计算、设定、控制数学模型计算及质量跟踪等，目的是用来对连铸机生产进行最佳操作指导和生产过程优化。20 世纪后期，即 80、90 年代，过程控制级在国内还未得到实际广泛的普及，仅从国外引进的连铸设备上有少量的应用实例。从 90 年代末到目前，随着连铸生产过程的日趋成熟和对产品质量的严格要求，同时伴随着计算机技术的飞跃发展，过程控制级已得到了广泛的应用，尤其在中、大型板坯连铸机上，和基础自动化级一样，已成为必不可少的控制层级。

生产管理控制级（L3 级）。是对较高层次管理水平的现代连铸机设置的控制级别。过去在过程自动化级的计算机中已设置有部分连铸机的生产管理功能，但也仅仅局限于连铸机生产过程和设备本身。随着 ERP（企业资源计划）和 MES（制造执行系统）在生产企业的渗透发展，生产管理控制级也日渐列入钢铁生产流程的议事日程上来。生产管理控制级（L3）主要目的是解决当生产过程发生各种问题时，调整生产计划的适应性，加强内部管理控制和资源优化，为上层企业管理系统提供实时的决策支持信息。

计算机技术和自动化技术的迅速发展为连铸生产线的更进一步发展提供了坚实的技术基础，近年来逐步发展起来的电磁搅拌技术、钢包下渣检测技术、中间罐钢液加热技术、自动开浇控制技术、结晶器钢液面控制技术、氩气流量自动控制技术、结晶器漏钢预报技术及专家系统、结晶器在线热调宽技术、铸坯轻压下和重压下技术以及铸坯热送直接轧制技术等，也使连铸自动化上升到了一个新的高度。

目前，连铸过程的建模、自适应控制、铸坯质量的诊断、判定等预测控制、模糊控制、神经元网络及专家系统的推广应用，已成为国内外在冶金自动控制领域的研究热点，相信这些技术成果将会对钢铁企业生产过程自动化的提升和现代企业信息化管理等方面，发挥巨大作用。

1.2　连铸机自动化控制功能和项目

1.2.1　连续铸钢的原理与生产流程

1.2.1.1　连续铸钢的原理

连续铸钢就是将储存在钢包中的钢液连续不断地注入到具有一次间接冷却功能的铜模（结晶器）中，结晶器带活底（引锭头），钢液的注入使钢液很快与铺垫金属碎料的引锭头凝结在一起，待钢液凝固成一定厚度的坯壳后，依靠连铸机驱动装置（或拉矫机）将引锭杆和引锭头逐渐拉出，这样就形成一定断面形状的铸坯。铸坯被拉出的过程中在二次冷却区喷水（或气水）继续冷却，带有液芯的铸坯一边凝固一边被矫直，待铸坯移出二次冷却区完全凝固后，用火焰切割机将铸坯切成一定长度尺寸的铸坯，并送至后部出坯区进行去毛刺、喷号、精整、输送或堆垛等后续运输与处理。

连铸设备按机械设备类型划分有立式连铸机、立弯式连铸机、直弧形连铸机、全弧形连铸机等；按铸坯断面尺寸划分有板坯连铸机、方坯连铸机、方圆坯连铸机、异形坯连铸机等；按铸坯钢种来划分有普碳钢连铸机及合金钢连铸机等。虽然分类复杂，但其生产流程大体一致，都是直接由钢液连续凝固，再按需要长度切割后，成为最终连铸产品——铸坯。

1.2.1.2　连续铸钢的生产流程

连续铸钢作业的前提是：中间罐预热到设定温度、液压泵站启动并正常运行、引锭杆送至结晶器内、各种介质供给系统准备就绪、蒸汽排出风机开始运转、非标设备及机电一体化设备处于待机状态等。一个典型的板坯连铸机生产流程如图 4-1-2 所示，主要过程为：

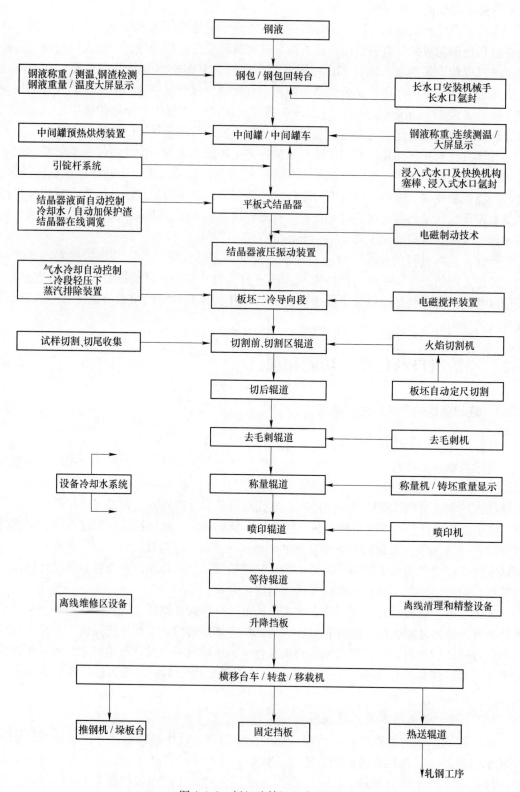

图 4-1-2　板坯连铸机生产流程

（1）炼钢转炉（或电弧炉）钢液注入钢包内；

（2）钢液二次精炼达到符合连铸温度、化学成分及其他指标的合格钢液；

（3）用起重机将钢包运至连铸机钢包回转台的受包位；

（4）钢包回转台将钢包旋转至浇注位；

（5）预热到要求温度的中间罐经中间罐车运送，置放在钢包下方；

（6）钢液通过钢包底部的水口经过滑动水口控制，注入到中间罐内；

（7）中间罐水口位置预先调好，对准下方的结晶器中央；

（8）结晶器进行通水冷却；

（9）控制中间罐塞棒（或滑动水口），将钢液注入下口由引锭头封堵的水冷结晶器内；

（10）至结晶器内钢液面距结晶器上沿一定距离且下端出口坯壳有一定厚度；

（11）连铸机驱动装置（或拉矫机）和结晶器振动装置同时启动（拉速由低速逐步到正常拉速），二冷气、二冷水按程序依次打开；

（12）连铸机驱动装置（或拉矫机）驱动引锭杆带动含有液芯的铸坯在二次冷却区域运行，并接受水、气冷却；

（13）二冷区按一定规律布置的喷嘴，喷出雾化水对铸坯强制冷却，对冷却水流量、雾化空气流量、水流量与雾化空气流量之比，进行实时控制；

（14）引锭头部拉出连铸机的矫直段和水平段后，将引锭头与铸坯分离，送引锭到存放位置；

（15）完全凝固和矫直的铸坯经火焰切割机切割成一定长度的铸坯；

（16）由去毛刺机去掉铸坯切割端面的毛刺；

（17）按需求进行铸坯称量和喷号；

（18）经输送辊道和输送设备（横移台车、转盘或移载机等），送往轧钢工序或精整、堆垛处理。

板坯连铸机自动化控制系统配置如图 4-1-3 所示。

1.2.2　板坯连铸自动化控制项目

按板坯连铸生产过程的控制级别，表 4-1-1 列出主要类别的自动化控制项目。

1.3　自动化设备及控制系统的组成

连铸机电气自动化系统包括电气设备和自动化控制装置两部分。

1.3.1　连铸机电气设备

连铸机的电气设备包括交、直流传动电机、伺服电机、各类电磁阀（伺服阀、比例阀及开关阀等）、现场信号状态检测元器件、显示元器件、各类传感器、自动化检测仪表和执行器、操作台（箱）及供配电设备等。

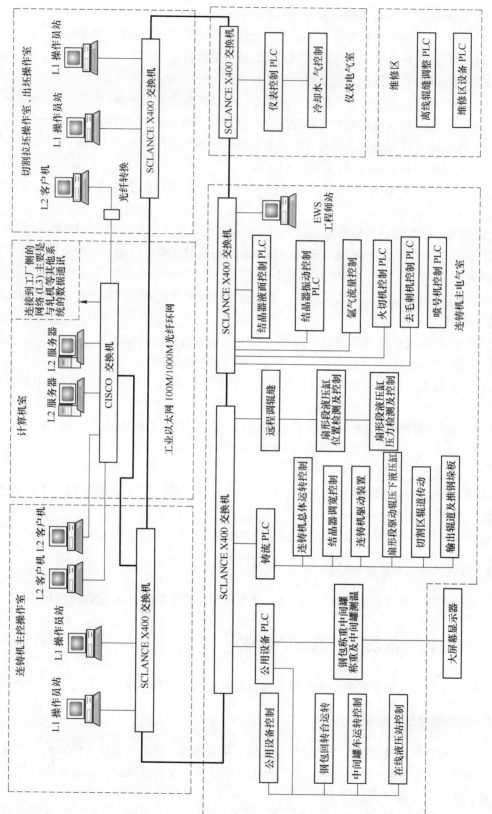

图 4-1-3　板坯连铸机自动化控制系统配置

表 4-1-1　板坯连铸生产过程主要类别的自动化控制项目

序号	检测、控制项目	板坯连铸机		
		大型	中型	小型
	L1 级基础自动化			
1	钢包钢液测温	▲	▲	▲
2	钢包钢液称重	▲	▲	△
3	钢包回转台运行控制	▲	▲	▲
4	钢包钢液下渣检测装置	▲	△	
5	中间罐钢液间断测温	▲	▲	▲
6	中间罐钢液连续测温	▲	△	
7	中间罐钢液称重	▲	△	
8	中间罐钢液液面控制	▲	△	
9	中间罐车运行控制	▲	▲	▲
10	中间罐车预热烘烤控制	▲	▲	▲
11	结晶器振动台控制（液压振动或机械振动）	▲	▲	
12	结晶器钢液面检测和控制	▲	▲	▲
13	结晶器离线和在线调宽控制	△	△	
14	结晶器漏钢预报及专家系统	▲	△	
15	结晶器冷却水总管温度、压力监测	▲	▲	▲
16	结晶器冷却水各支管进、出水温差及低限报警	▲	▲	▲
17	结晶器冷却水各支管流量检测及控制	▲	▲	▲
18	引锭运行控制	▲	▲	▲
19	二冷段辊缝自动测量	▲	▲	
20	二冷段辊缝远程调节控制	▲	△	
21	连铸机驱动辊驱动控制	▲	▲	▲
22	连铸机驱动辊压力测量和控制	△	△	
23	二次冷却水总管压力、温度检测	▲	▲	▲
24	二次冷却水各冷却区流量检测	▲	▲	▲
25	二次冷却水各冷却区流量自动调节控制	▲	▲	
26	二次冷却压缩空气总管压力检测	▲	▲	
27	二次冷却压缩空气各冷却区压力检测	▲	▲	
28	二次冷却压缩空气各冷却区流量自动调节控制	▲	▲	
29	铸坯表面温度测量	▲	△	
30	电磁搅拌控制	▲	△	
31	火焰切割机运转控制	▲	▲	▲
32	火焰切割机定尺切割控制	▲	▲	△

序号	检测、控制项目	板坯连铸机		
		大型	中型	小型
L1 级基础自动化				
33	切割区辊道控制	▲	▲	▲
34	输送和出坯辊道控制	▲	▲	▲
35	去毛刺机控制	▲	△	
36	喷印喷号机控制	▲	▲	
37	板坯称量系统控制	△	△	△
38	其他后部出坯设备控制	▲	▲	
39	设备闭路冷却水压力、温度及流量检测	▲	▲	▲
40	设备闭路冷却水流量切断控制	▲	▲	▲
41	设备开路冷却水压力、温度及流量检测	▲	▲	▲
42	设备开路冷却水流量切断控制	▲	▲	▲
43	液压系统参数监测和液压泵站控制	▲	▲	▲
44	润滑系统参数监测和控制	▲	▲	▲
L2 级过程自动化				
1	接收来自 L3 级的连铸作业计划	▲	▲	
2	炉次、铸流和铸坯跟踪	▲	▲	
3	过程数据采集和处理	▲	▲	
4	冶金数据库管理	▲	▲	
5	结晶器在线调宽设定	△	△	
6	二次冷却水动态控制数学模型的建立和计算控制	▲	▲	
7	切割长度优化计算和设定	▲	▲	
8	铸坯质量评估和控制	▲	△	
9	铸坯凝固状态建模和动态轻压下控制	▲	△	
10	结晶器漏钢预报及专家系统	▲	△	
11	电磁搅拌设定	▲	△	
12	铸坯喷印打号标识设定	▲	▲	
13	数据记录及报表	▲	▲	
14	生产操作指导	▲	▲	
15	数据通讯	▲	▲	
L3 级管理控制				
1	生产计划管理	▲	△	
2	作业计划和产品规格下达	▲	△	
3	设备管理	△		

序号	检测、控制项目	板坯连铸机		
		大型	中型	小型
	L3 级管理控制			
4	铸坯库存管理、备品备件管理	△		
5	生产管理报表	▲	△	
6	与炼钢、轧钢工序的协调	▲	△	
7	铸坯热装热送计划的执行	▲	△	

注：▲表示必须设置的项目；△表示可选的项目。

对连铸机而言，供配电设备为连铸设备和控制系统提供动力电源，其余所有电气设备的控制及相互之间的联锁均在 PLC 控制站中进行。同时，一些独立的单体设备，如火焰切割机、去毛刺机、喷号机、铸坯称量机等，都配备专用的控制装置。

1.3.2 连铸机自动化系统控制装置

连铸机自动化系统控制装置包括 PLC 控制站、交/直流传动控制装置、HMI 人机界面、面向过程控制的计算机以及与其成套的控制柜和现场远程控制装置等。连铸机自动化控制系统组成如图 4-1-4 所示。

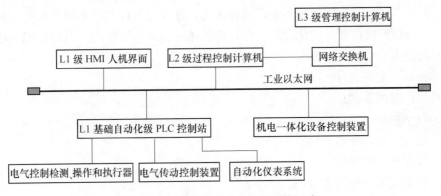

图 4-1-4 连铸机自动化控制系统组成

1.3.2.1 PLC 控制站

PLC 控制站是基础自动化的核心，依据分散控制、集中管理的控制原则，PLC 控制站可根据控制区域及控制设备设置为若干套，与传统的继电器控制不同，设备的控制和相互之间的联锁控制全部在 PLC 装置内部依靠软件执行，因此，PLC 控制站也可以看作是一种工业化的计算机控制系统。

1.3.2.2 传动装置

交、直流传动控制装置直接面向设备驱动电机，早期的连铸设备，为了保证传动系统的精度，在某些区域段，如结晶器振动装置、连铸机驱动装置（拉矫机）等还采用直流电机传动，但随着交流变频控制技术的发展及交流电机制造水平的提高，目前，现代化连铸机几乎全部采用交流传动，它不但能保证系统对传动功能的要求，而且大大减少了设备投资和设备维护工作量。

交流传动可分为恒速和调速两类，恒速交流电机的传动装置一般选用传统的 MCC 马达控制中心，调速交流电机的传动大都采用交流变频调速控制装置。当前，交流变频调速控制技术和装置发展很快，各种品牌和各种功能的控制装置任由用户选用。

1.3.2.3　HMI 人机界面

HMI 人机界面（监视操作站）提供了集中管理和监控的可视化监视操作工具，它提供给操作员各类设备监控和操作指示画面，在设备处于自动运行状态时可监视系统的工作状态，在出现问题时，又可以让操作员进行必要的人工干预，并协助操作员查找到故障原因。HMI 人机界面在设计上依照下述原则：

（1）对用户的友好性。通过图示直观的操作员接口可以观察到工艺和设备状态。

（2）冗余性。为避免发生硬件故障时，系统受影响，在主要的生产区域设置了相互冗余的监视操作站。

1.3.2.4　过程控制计算机

过程控制计算机是连铸机连续生产，发挥连铸机潜能，提高综合效益以及提高连铸坯质量的重要保证，连铸生产与转炉（或电弧炉）冶炼、炉外精炼、轧钢等前后工序须相互协调，特别是在多炉连浇的情况下更显重要。因此，建立一个炼钢——连铸——轧钢一体化的生产管理、生产调度和质量保证体系是现代化连铸生产线的重要标志。

为了保证连铸生产流程顺畅和生产过程优化，过程控制计算机必须具有复杂的数学模型计算、控制模型的执行、优化设定、良好的铸坯质量评估和控制、及时的通讯联络等功能，主要功能为：

（1）数据采集与处理；

（2）生产过程控制；

（3）数学模型运算；

（4）输入铸造命令和计划；

（5）数据和画面显示；

（6）数据记录和报警指示；

（7）设备诊断和设备状况评价；

（8）完善的数据通讯。

1.3.2.5　专用控制计算机

连铸机控制设备中除了过程控制计算机外，一些特殊设备还配备了专用控制计算机，如结晶器漏钢预报、电磁搅拌、钢包下渣检测、结晶器在线热调宽等设备，这些控制计算机完成独立的控制功能，使连铸机的整体自动化控制更趋合理。

1.4　连铸机的系统控制

连铸机要实现提高生产过程自动化程度，尽量减少操作人员的劳动强度，除了一般的电气传动、自动化仪表及计算机控制等方法外，一些特殊的、先进的生产控制技术也是必不可少的，如中间罐钢液液位自动控制技术、连铸开浇自动控制技术、保护渣加入自动控制技术、结晶器液面自动检测和控制、结晶器漏钢预报及专家系统、结晶器液压振动、二次冷却水动态控制、二冷扇形段板坯动态轻压下及重压下控制技术以及各种保证铸坯质量的数学模型与控制策略的应用等。这些先进的技术已在现代连铸机中得到普遍推广。近年来各个钢铁企业也在不断地开发和应用新技术，以提高连铸机的系统控制和生产过程控制的自动化和智能化水平。

连铸机系统控制除一般的控制工作方式和系统运转模式外，也包括上述的现代先进的控制技术的应用，这部分内容将在后面的章节中介绍。

连铸机的工作方式及系统运转模式如图 4-1-5 所示。

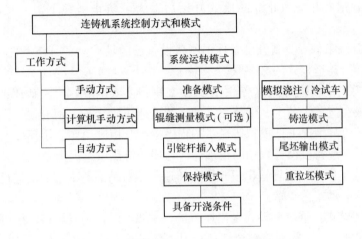

图 4-1-5　连铸机工作方式和系统运转模式

1.4.1　工作方式

连铸机的工作方式是生产指挥系统的主要组成部分，依控制操作要求可分为手动、计算机手动和自动三种方式。

（1）手动工作方式。手动工作方式时，连铸机的在线设备都可以在相应的操作台或操作箱上操作，系统的大部分联锁控制都被解除，仅保留有限的安全联锁，避免设备被损坏以及人身受损伤。手动工作方式一般用于系统调整、维修和试车。用手动操作各单机运转，可确认各单机性能的正确性。

（2）计算机手动方式。计算机手动方式其实也是手动工作方式的一种，仅是操作界面和设备不同而已，计算机手动方式即是在 HMI 人机界面计算机上手动远程操作。作为系统运行前的调试及必要时的人工干预，这一点在自动浇注过程中，作为出现某些异常情况下的紧急应对措施，尤为重要。

（3）自动工作方式。自动工作方式是连铸机的主要工作方式，连铸机控制系统根据生产要求，按照设定的程序，控制连铸机自动运转。

1.4.2　运转模式

连铸机运转模式有：准备模式/辊缝测量模式/引锭杆插入模式/保持模式/准备开浇及具备开浇条件/铸造模式/尾坯输出模式/重拉坯模式等。

（1）准备模式。在准备模式中，除单体设备保护所需要的安全联锁外，所有设备的联锁均被解除，此时各类设备的工作方式均可选择在"手动"档。

（2）辊缝测量模式（可选模式）。采用专门的辊缝测量仪表，进行扇形段辊缝的测量和提供辊缝校准数据。

（3）插入引锭模式。插入引锭是指在开浇前，控制有关的设备把引锭插入到结晶器规定的位置，根据引锭头部和尾部在二冷段的不同位置，提升、压下相应的扇形段驱动辊。

（4）保持模式。保持模式是把引锭头固定在结晶器内，等待钢液浇注的模式，从送引锭模式结束到钢液开浇为止。此模式开始后，为了防止引锭下滑，驱动辊处于制动状态。

（5）具备开浇条件。具备开浇条件说明各设备已满足"具备开浇条件联锁"的要求，此开浇条件是转入铸造模式的必要联锁。

（6）铸造模式（模拟铸造）。铸造模式是在钢包注入钢液后，控制必要的设备来操作连铸机，使钢液在连铸设备中，保持正常的连续铸造作业（若无钢液就是模拟铸造，它是在没有钢液和铸流的情况下，模拟铸造时的程序控制及相应动作。用模拟的方法来体现正常生产过程或试验连铸机设备联锁的正确性，为连铸机热试车提供必要的保证）。

（7）尾坯输出模式。尾坯输出模式用于铸造末期对结晶器中钢液面进行封顶处理后的操作。只能从铸造模式后开始。

（8）重拉坯模式。重拉坯模式是当连铸机正常浇注时，突发滞坯、漏钢等故障，停止铸造作业一段时间后，而需要将滞留铸坯拉出连铸机的一种模式，随着异常停机时间的延长，滞留铸坯温度会愈来愈低，需用较大的拉坯力将铸坯运送出来。

1.5　电气室、操作室及操作站设置

连铸机除变电所和变压器室外，一般设电气室（包括电缆室）、操作控制室、计算机室、仪表配水室、维修区电气室及现场操作站等，其数量和规模视连铸机设备规格（以及涉及到的台、机、流数）、生产操作要求及自动化设备配置的状况来决定。

变压器室设置有连铸机供电电力变压器，布置在靠近电气室的位置并注意安全防范；电气室（包括维修区电气室）、操作控制室和控制站等由于有电气控制设备置放及操作维护人员工作，设计时应考虑一定的地坪负荷、通风、温度等参数要求；计算机室置放计算机服务器及其他计算机设备，对环境、温度有更严格的要求；操作站一般布置在现场工作面，鉴于连铸机有水蒸气和烟尘的特点，对操作站内的电气控制设备须有一定的防护等级要求。

以上建筑物布置可根据连铸机土建条件、生产流程及机械设备的安装位置合理设计，以保证控制操作最适宜、维护工作更安全、电缆路径最便捷等。

另外，还在连铸机旁设置若干操作点，可根据生产操作的具体要求和连铸机设备的种类规模，灵活设置。

图 4-1-6 是一单机单流板坯连铸机电气室、操作室及操作站及操作点的布置简图。

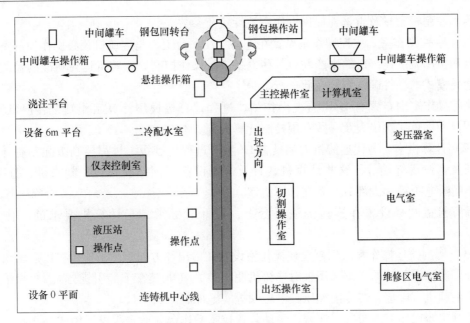

图 4-1-6 单机单流连铸机电气室、操作室等布置

1.5.1 电气室

连铸机电气室是安装所有电气控制设备的建筑物，如低压受电柜、低压动态功率补偿柜、低压配电柜、交流电机控制 MCC 柜、交流调速电机变频器控制柜、PLC 控制柜、机电一体品装置控制柜及 UPS 电源柜等。

连铸机供电变压器单独设变压器室，380V/AC 动力电源由变压器室的电力变压器的低压端引至电气室的低压受电柜进线端。

一般连铸电气室布置在浇注平台下 0 平面（也有布置在浇注平台下 +6m 平面），根据控制设备的数量确定电气室面积，柜体的布置可根据功能划分为若干区域排列，排列时须充分考虑电缆布线路径的合理性及便捷性。

电气室下方为电缆室（也称电缆夹层），设置电缆桥架，电气控制柜间的互连电缆及通向外部设备的所有电缆，均经此电缆桥架放置，为保证线路设备安装方便，电缆室（电缆夹层）应有一定的高度要求。

电气室周边环境条件比较恶劣，灰尘及湿气较大，电气室设计要注意防尘去湿，室内要安装空调机和必要的通风设施，室内温度应保持在 0 ~ 30℃ 之间。根据电气室布置的控制柜数量及重量，提供电气室地坪负荷参数。

由设备制造厂配套提供的电气设备（含机电一体品中的电气设备），按照尽量靠近机械设备的原则布置，如火焰切割机、去毛刺机、板坯称量机及喷号机等可布置在切割操作控制室（或在切割操作控制室下方设置出坯电气室）。

1.5.2 操作控制室

根据连铸机的设备布局，可在不同的地点设置若干操作控制室，操作控制室设计也应注意防尘保温，室内安装空调设施，室内温度应保持在 5 ~ 28℃ 之间。根据操作室布置的操作台和控制柜数量及重量，提供操作室地坪负荷参数。

（1）主控操作室。主控操作室设置在连铸浇注平台上，是连铸机核心操作控制室，用来监视和指挥调度连铸机的生产并对某些设备进行操作控制。连铸机运转状况的监测、连铸机运转模式的条件确认等均在此进行。

主控操作室内布置有 HMI 监视操作站、过程计算机模型计算工作站、客户机终端、钢液测温和称重二次仪表及一些专用控制计算机等。

（2）计算机室。现代连铸机大都具有 L2 生产过程控制级，过程控制级配备有计算机服务器及客户机终端等，这些计算机装置及外围设备（网络交换机、刻录机、打印机、UPS 不间断电源等）大部分布置在计算机室。

计算机室同样设置在连铸浇注平台上，设计时必须满足计算机要求的工作环境条件。

（3）切割拉坯操作室。切割拉坯操作室设置在沿出坯方向铸坯出连铸机以后，切割区辊道处、有电机驱动的一侧，用来对连铸机驱动装置（尤其在下装引锭方式）、火焰切割机、去毛刺机、辊道、二冷段液压缸电磁阀等实施控制。

切割拉坯操作室内布置有连铸机驱动装置控制操作台（此台也可以做成操作箱，挂在连铸机驱动设备附近）、火焰切割机操作台、去毛刺机操作台、切割区辊道和输送辊道操作台、HMI 监视操作站、L2 级过程计算机客户机终端等。

对于单流连铸机，火焰切割机和去毛刺机等的电气控制柜也可放置在切割拉坯操作室内，但对双流及其以上的连铸机一般将切割拉坯操作室设计为二层结构，上层为切割拉坯操作室，这样可增强操作工操作视野，下层为出坯区电气室，可布置多台火焰切割机和去毛刺机等的电气控制柜，也可适当布置后部出坯区的一些电气控制设备。

（4）出坯操作室。出坯操作室设置在连铸机后部出坯区，用来对后部辊道、横移台车或转盘、推钢机和堆垛机、热送辊道以及可能设置的喷号机、铸坯称量机、二次火焰切割机等设备进行控制。

出坯操作室内布置有 HMI 监视操作站、后部辊道传动操作台、横移台车或转盘操作台、推钢机、堆垛机及热送辊道操作台以及设备配置的机电一体品控制操作台等。

1.5.3 操作站

连铸机操作站一般都设置在设备现场或某些特定的区域，选型时以操作箱或小型操作台为主，要求具有 IP54 防护等级。

（1）钢包操作箱。钢包操作箱设置在钢包操作平台上，可执行钢包回转台的旋转、回转臂的升降及钢包盖的旋转和升降以及事故紧急操作等功能，连铸作业开始时，要求将盛满钢液的钢包从待钢位准确地旋转至浇钢位合适的高度位置。

（2）中间罐车操作箱。中间罐车操作箱可设置在浇注平台上某个合适的位置，可分别对两台中间罐车进行操作控制，包括中间罐车快速和慢速行走、中间罐升降和对中、中间罐浸入式水口渣线调节等。两台中间罐车可交替工作，按生产要求分别停放在浇钢位、排渣位或预热位。

（3）浇注悬挂操作箱。浇注悬挂操作箱设置在浇注平台结晶器附近，为一回转臂结构，操作工按需要旋转到一定位置进行操作。

浇注悬挂操作箱是连铸机的重要操作设备，操作箱上配备有操作控制元器件、显示仪表、声光报警显示、触摸式控制面板等。在悬挂操作箱上，可显示连铸机系统工作方式、可选择并显示连铸机的运转模式、可控制浇注的起停、设置连铸机驱动装置的拉坯速度、结晶器振动的起停操作、结晶器钢液液面高度显示及液面控制自动投入操作、结晶器调宽操作及显示画面等。

（4）二冷扇形段辊缝调节控制操作箱。为了在连铸机铸造过程中对铸坯实行动态轻压下或重压下操作，二冷扇形段辊缝需要有远程调节功能，二冷扇形段是连铸机的核心设备之一，数量较多，辊缝检测和控制要求精度较高，为方便调试和近距离控制，系统配置若干二冷扇形段辊缝调节控制操作箱，也可以用触摸屏来代替这些操作箱，一般设置在各二冷扇形段附近，在主控室的监控站也可以进行手动调节辊缝，并可在画面上实时监控辊缝值。

（5）液压站操作台、箱。连铸机液压站按功能设置在不同位置，液压站操作台、箱就分别设置在各液压站内，承担着液压设备介质参数的监测、控制液压设备的运行及液压系统故障报警等综合功能。

液压站操作台、箱是就地操作控制设备，主要在调试阶段使用。连铸机正常工作时，液压站设备可在主控操作室远距离操作，并可显示设备运行状态。

（6）机旁操作点。除上述操作站及操作台、箱外，系统还在连铸机旁设置若干操作点，如钢包滑动水口的操作、中间罐车对中操作、中间罐预热操作、氩气流量控制操作、引锭杆存放操作、脱锭设备操作、横移台车或转盘的操作、推钢机和堆垛机等的操作，这一系列操作点的设置，可根据连铸机设备种类和规模，按需求灵活掌握。

1.6　电信设施

电信设施包括行政电话、调度电话、工业有线对讲机、无线对讲机、工业电视监视系统、火灾自动报警及消防联动控制系统等。

1.6.1　行政电话系统

为满足生产和行政管理所需的对内对外业务通信联系，在连铸机各调度室、操作室、电气室、仪表室、管理部门、检修部门等有关场所设置自动电话分机，行政电话外线由用户电信网络接入，相互通话通过电话总机联系，也可与市区内电话用户连接通话。行政电话分机设置见表4-1-2。

表 4-1-2　行政电话用户

序　号	位　置	数　量
1	连铸机浇注平台休息室	1
2	连铸机主控操作室	2
3	连铸机计算机室	1

序　号	位　置	数　量
4	连铸机切割拉坯操作室	1
5	连铸机出坯操作室	1
6	连铸机电气室	1
7	连铸机电气值班室	1
8	连铸机液压站	3
9	连铸机维修区	2
10	连铸机水处理操作室	1
小　计		14

1.6.2　调度电话系统

为满足生产指挥调度人员及时下达生产作业的各种命令和指示，在连铸机各调度室、操作室、电气室、仪表室等有关工作岗位设置调度电话分机，调度电话外线由设置在炼钢厂调度室内的调度电话总机引出。调度电话通信的特点是通话迅速、无阻塞，是各所属部门的调度人员及时掌握和指挥生产作业、及时处理生产问题、协调生产的一种不可缺少的通信工具。调度电话分机设置见表 4-1-3。

表 4-1-3　调度电话用户

序　号	位　置	数　量
1	连铸机浇注平台休息室	2
2	连铸机主控操作室	2
3	连铸机计算机室	1
4	连铸机切割拉坯操作室	1
5	连铸机出坯操作室	1
6	连铸机电气室	1
7	连铸机液压站	3
8	连铸机机械维修区	1
9	连铸机中间罐维修区	1
10	连铸机试样分析室	1
11	连铸机水处理操作室	1
12	连铸机污泥处理间	1
13	预留	8
小　计		24

1.6.3　工业有线对讲扩音系统

工业有线对讲扩音通信是现代板坯连铸机生产的重要通信联络工具，为满足生产现场各部门之间的对讲联络，一般在连铸车间设置一套 64 门数字对讲主机，该主机与炼钢厂数字对讲主机联网运行。对讲分机根据使用场所分别采用桌上型和壁挂型，各用户处均设有扬声器，各站用户可以有选择地用指令广播的形式呼叫部分用户或全体用户。对讲主机与对讲分机之间采用通信电缆联接。对讲分机设置见表4-1-4。

表 4-1-4　工业有线对讲机用户

序 号	位 置	数 量	备 注
1	连铸机主操作室	1	桌上型
2	连铸机出坯操作室	1	桌上型
3	连铸机切割拉坯操作室	1	桌上型
4	连铸机计算机室	1	桌上型
5	连铸机电气室	1	壁挂型
6	连铸机液压站	2	壁挂型
7	连铸机回转台操作室	1	桌上型
8	连铸机浇注平台	1	壁挂型
9	连铸机切割机旁	1	壁挂型
10	中间罐维修区	1	壁挂型
11	机械维修区	1	壁挂型
12	配水阀站	2	壁挂型
13	预留	11	
小 计		25	

1.6.4　无线对讲通信

无线对讲通信适用于移动人员及高空作业人员使用，如地面操作人员与起重机操作人员之间及时、迅速可靠的作业联系，另外一些无法设置有线通信设备的场所，如操作室人员与二冷室内工作人员之间的作业联系，无线对讲通信是最好的选择。

无线对讲通信设备可根据工厂人员和生产管理状况，进行必要的配置。

1.6.5　工业电视监视系统

为了监视关键生产部位的运行情况，在连铸机及其铸坯辊道运输系统区域设置工业电视监视系统，在各操作控制室的监视器上可观测整个连铸机的生产运转状况，并将其中的重要监视信号通过视频配置，分别送至工厂调度室。

系统分别由前端系统（摄像机）、传输系统、控制系统、显示系统（电视监视器）四个部分构成，具有对图像信号的摄像、分配切换、存储、处理、还原、监视等功能。

摄像机选用彩转黑低照度型，图像水平清晰度不低于650TVL，采用全方位电动云台及风冷/吹扫防护罩。

视频信号采用光缆传输。在相关操作室采用硬盘录像机对图像进行存储及显示。工业电视设置见表4-1-5。

表4-1-5　工业电视用户

序号	摄像机位置	数量	监视器位置	数量	备　注
1	连铸机浇注平台区域	2	主控室	4	主控室可监视连铸机所有设备
2	连铸机火焰切割机区域	1	切割拉坯操作室	2	切割拉坯室监视平台和切割机设备
3	连铸机喷印机区域	1	出坯操作室	1	出坯室监视输送辊道和喷号机等设备
4	连铸机铸坯输送下线区域	2	出坯操作室	1	在主操作控制室和出坯室监视
5	预留	4	预留	4	可分别设在各区域和操作室内
小　计		10		12	

1.6.6　火灾自动报警及消防联动控制系统

为及时发现和通报火灾，防止和减少火灾，按照国家有关规范，应在连铸机区域设置火灾自动报警及消防联动系统。火灾探测器设置在变压器室、低压配电室、电气室、操作室、液压站、电缆夹层等处，火灾自动报警控制器安装于主操作控制室内。

设于主操作控制室的行政电话兼作消防报警电话。

1.7　电缆的敷设及特殊控制要求

1.7.1　电缆选型及敷设

1.7.1.1　电缆选型

（1）阻燃动力、控制电缆。

（2）耐高温控制电缆。

（3）屏蔽控制电缆。

（4）控制软电缆。

（5）耐高温屏蔽软电缆。

（6）变频电机专用动力电缆。

（7）耐高温动力软电缆。

所有电力、控制电缆均采用铜芯电缆，高温区采用阻燃耐高温硅胶电缆，其他区选用阻燃电缆。变频器和变频电机连接选用变频器专用连接电缆，PLC系统所有模拟量输入/输出电缆采用屏蔽电缆，通讯网络选用专用通讯电缆。

1.7.1.2　电缆敷设

电缆敷设采用电缆隧道（电缆通廊）、电缆沟、电缆桥架、电缆穿管和配管等方式。

电缆隧道（电缆通廊）一般为高压电缆、低压大电流供电电缆、工厂车间配电电缆等设施的供电通道，电缆隧道的电气设计主要包括：电缆桥架敷设、隧道内照明、隧道内通风和排水以及隧道内消防设施的控制设计。电缆隧道内的用电设备主要有：隧道内照明灯具、散热通风机、排水泵等，这部分设计任务大都由工厂设计单位承担。

连铸工段的电缆敷设，优先采用电缆桥架方式，其次为电缆沟。高压电缆、低压电缆、控制电缆应分层敷设。车间内电缆桥架上层加盖。电气室、操作室等出入口处采用防火门（隔板）、防火堵料加以封堵并考虑防火涂料。

电缆桥架具备相应的承重能力。电缆敷设避免通过高温、爆炸、易燃、腐蚀等区域，否则要采取相应的防护措施。电缆桥架应由厚度不小于 2.0mm 的热轧镀锌钢板制成，每层桥架考虑预留敷设 10% 电缆的富裕量。

电缆沟应按现场位置和设计标准选择其宽度和深度，沟侧的电缆托架也应分层布置，电缆按电力电缆、控制电缆、通讯电缆等分类分层敷设。电缆敷设完工后要加盖处理，电缆沟的盖板要有一定的抗压强度。

电缆在经过机械设备或混凝土建筑物等障碍物时，一定要穿管和配管处理，而配管的材料、管径、长度、必要的弯曲度等设计数据，依照所选用电缆的外径、电缆穿过障碍物的状况及工业设计标准进行选择。

1.7.2　特殊控制技术

由于板坯连铸机的外形、断面尺寸及生产钢种等的不同，因之在设备的配置和控制要求上就有所不同。除了一般的传动控制、自动化仪表控制及过程控制外，其他一些特殊或专用的控制设备和控制技术也得到了广泛的应用，例如：

（1）钢包下渣检测；

（2）中间罐钢液加热设备；

（3）中间罐钢液连续测温；

（4）电磁搅拌系统；

（5）结晶器漏钢预报及专家系统；

（6）结晶器钢液面控制技术；

（7）结晶器在线热调宽模型和控制；

（8）铸坯凝固末端状态跟踪和二冷扇形段轻压下、重压下技术；

（9）结晶器电磁制动系统；

（10）氩气流量检测控制。

以上这些新技术、新工艺，可依照连铸机的类型、用途、浇注的钢种、生产流程和生产条件以及产品质量要求等，进行选择。

2　连铸机供配电系统

连铸机供配电系统是指提供给连铸机所有在线和离线设备、检修用电设备、照明、通风空调等使用的供电电源，供电电源来自连铸车间的低压电力变压器（6～10kV AC/380V AC）。

本章节描述包括供电电压标准、供电负荷及计算、供电方式及安全保证、供电路由和馈电分配、断电自动保护装置及防雷接地系统等。

2.1　供电电压标准

连铸机供电对象是直接和连铸生产过程有关的电气设备，用电设备负荷类型和数量众多，归结起来，各类负荷的标准电压为：

380V AC ±10%	低压交流电动机电源、动力电源、检修电源、润滑电源等
220V AC ±10%	PLC、仪表、计算机及 MCC 等装置控制电源
380/220V AC	设备和房间照明电源（三相四线）
12VAC　36V AC	安全照明电源
24V DC	信号灯（LED）、PLC 模块供电电源
24V DC ±10%	电磁阀供电电源

以上负荷标准电压适用于大多数设备，当选用一些特殊设备或接口模板时，也可能会用到其他等级电源，如 12V DC、5V DC 等，可根据需要配置。若成套控制装置设备出口到国外，其电压等级必须符合所在国的通用电压标准。

2.2　供电负荷及计算

连铸机用电设备包括在线机械和液压设备、维修区设备、机电一体品设备及照明和辅助检修设备等，其功率容量、利用系数及控制要求各不相同，因此要对设备装机容量、用电设备有功功率、无功功率、视在功率及动态无功功率补偿等进行计算。

2.2.1　供电负荷

2.2.1.1　用电设备负荷

下面为一台单机单流宽厚板坯连铸机的用电负荷计算实例，表4-2-1～表4-2-8是其各部分的装机容量。

本章作者：仝清秀，蔡大宏；审查：周亚君，米进周，王公民，黄进春，杨拉道

表 4-2-1　液压系统设备装机容量

序号	设备电机名称	功率/kW	电流/A	cosφ	tanφ	数量	装机容量/kW
1	主机设备液压站主泵	90	164	0.89	0.51	4（1）	360
2	主机设备液压站循环泵	22	42.5	0.86	0.59	2（1）	44
3	主机设备液压站加热器	4	18.2	1	0	3	12
4	振动液压站主泵	75	140	0.88	0.54	2（1）	150
5	振动液压站循环泵	22	42.5	0.86	0.59	2（1）	44
6	振动液压站加热器	4	18.2	1	0	3	12
7	出坯区液压站主泵	75	140	0.88	0.54	3（1）	225
8	出坯区液压站循环泵	22	42.5	0.86	0.59	2（1）	44
9	出坯区液压站加热器	4	18.2	1	0	3	12
合计							903.0

注：括号中的数字为备用数量。

表 4-2-2　主机区域装机容量

序号	设备电机名称	功率/kW	电流/A	cosφ	tanφ	数量	装机容量/kW
1	二冷段传动1	5.5	14.5	0.71	0.99	10	55
2	二冷段传动2	7.5	19.0	0.72	0.96	10	75
3	二冷段传动3	11	25	0.88	0.54	8	88
4	二冷段电机的风机	0.1	0.5	0.71	0.99	28	2.8
5	蒸汽排风机	160	179	0.88	0.54	2	320
6	蒸汽排风机调节门	3	6.8	0.82	0.7	2	6
7	结晶器排烟风机	11	25.0	0.88	0.54	2	22
8	结晶器调宽控制	4	9.9	0.73	0.94	4	16
9	二冷检修电葫芦	4	9.9	0.73	0.94	1	4
合计							588.8

表 4-2-3　切割出坯区域装机容量

序号	设备电机名称	功率/kW	电流/A	cosφ	tanφ	数量	装机容量/kW
1	火焰切割机	7.5	17.7	0.83	0.67	1	7.5
2	切割前辊道	5.5	13	0.83	0.67	4	22
3	切割下辊道	7.5	17	0.83	0.67	6	45.0
4	切割后辊道	11	29	0.83	0.67	7	77
5	输送辊道	11	29	0.83	0.67	14	154
6	喷号辊道	11	29	0.83	0.67	7	77
7	喷号机	30	59	0.83	0.67	1	30
8	称量辊道	11	29	0.83	0.67	7	77
合计							489.5

表 4-2-4   平台设备装机容量

序号	设备电机名称	功率/kW	电流/A	cosφ	tanφ	数量	装机容量/kW
1	钢包回转电机	75	139.0	0.875	0.55	1	75
2	中间罐车行走	15	30.0	0.85	0.62	4	60
3	中间罐预热装置	30	59	0.85	0.62	2	60
4	中间罐电动塞棒	0.5	1.5	0.85	0.62	4	2
5	引锭杆车输送链	18.5	36	0.89	0.51	1	18.5
6	引锭杆车行走	5.5	11.5	0.83	0.67	2	11
7	引锭杆提升	22	42.5	0.89	0.51	1	22
8	引锭头更换电葫芦	5.3	13.5	0.83	0.67	2	10.6
合计							259.1

表 4-2-5   出坯区装机容量

序号	设备电机名称	功率/kW	电流/A	cosφ	tanφ	数量	装机容量/kW
1	出坯辊道	11	29	0.83	0.67	9	99.0
2	移载机	45	92	0.83	0.67	1	45
3	离线输送辊道	11	29	0.83	0.67	14	154.0
合计							298

表 4-2-6   机电一体品装机容量

序号	设备电机名称	功率/kW	电流/A	cosφ	tanφ	数量	装机容量/kW
1	电磁阀计算机 PLC	25		0.8	0.75	1	25
2	干油泵站	17.73		0.8	0.75	1	17.73
合计							42.73

表 4-2-7   机械维修区设备装机容量

序号	设备电机名称	功率/kW	电流/A	cosφ	tanφ	数量	装机容量/kW
1	二冷段试验台液压主泵	18.5	35.9	0.86	0.59	2	37
2	二冷段试验液压循环泵	3	6.82	0.86	0.59	1	3
3	二冷段试验液压加热器	2	9.2	1	0	2	4
4	移动式润滑泵	5	11	0.74	0.91	2	10
5	辊子拆装台	7.5	15	0.82	0.70	1	7.5
6	设备过跨车	22	43	0.86	0.59	1	22
7	设备过跨车电缆卷筒	75	125	0.86	0.59	1	75
8	5t 龙门吊	3.0	7.5	0.82	0.7	2	6.0
合计							164.5

表 4-2-8　中间罐维修区设备装机容量

序号	设备电机名称	功率/kW	电流/A	cosφ	tanφ	数量	装机容量/kW
1	中间罐干燥装置	30	59.6	0.86	0.59	1	30
2	中间罐倾翻液压站主泵	18.5	35.9	0.86	0.59	2	37
3	中间罐倾翻液压站循环泵	3	6.82	0.86	0.59	1	3
4	中间罐倾翻液压站电加热器	2	9.2	1	0	2	4
5	搅拌机	55	105	0.86	0.59	1	55
合计							129.0

2.2.1.2　负荷汇总

（1）表 4-2-1 ~ 表 4-2-6 在线设备总负荷，为 2581.13kW；

（2）表 4-2-7 和表 4-2-8 维修区装机容量，为 293.5kW；

（3）车间辅助电源容量为三路，每路 100A，共 190kW。

所以本连铸生产线设备总装机容量为 2581.13kW + 293.5kW + 190kW = 3064.63kW。

2.2.2　供电负荷计算

2.2.2.1　采用需要系数法计算负荷

$$P_{JS} = K_{\Sigma Y} \sum (K_X P_S) \tag{4-2-1}$$

$$Q_{JS} = K_{\Sigma W}(K_X P_S \tan\phi) \tag{4-2-2}$$

$$S_{JS} = (P_{JS}^2 + Q_{JS}^2)^{1/2} \tag{4-2-3}$$

式中　P_{JS}——有功功率，kW；

　　　Q_{JS}——无功功率，kvar(1var = 1W，后同)；

　　　S_{JS}——视在功率，kW；

　　　P_S——用电设备组的设备功率，kW；

　　　K_X——需要系数；

　　　$\tan\phi$——功率因数角的正切值；

$K_{\Sigma Y}$，$K_{\Sigma W}$——有功、无功功率的同时系数，为简化计算，取 $K_{\Sigma Y} = K_{\Sigma W} = 1$。

2.2.2.2　设备功率的确定

按设备功率的换算规定

（1）连续工作制电动机的设备功率 P_s 等于其铭牌的额定功率。

（2）断续周期工作制或短时工作制电动机的设备功率，当采用需要系数法时，应统一换算到负载持续率为 25% 时的额定功率。

$$P_s = P_e(FC_e/FC_{25})^{1/2} = 2P_e(FC_e)^{1/2} \tag{4-2-4}$$

式中　FC_e——电机铭牌上规定的负载持续率；

　　　P_e——电机铭牌上的功率。

2.2.2.3　按需要系数进行设备分组

（1）液压站的主泵和循环泵为 24h 长期工作制，其需要系数 K_{X1} 取 0.9。在表 4-2-1 中

除备用泵和加热器外均属于此组设备，于是

$P_1 = 0.9 \times (90 \times 3 + 75 \times 3 + 22 \times 3) = 504.9 \text{kW}$

$Q_1 = 0.9 \times (90 \times 3 \times 0.51 + 75 \times 3 \times 0.54 + 22 \times 3 \times 0.59) = 268.3 \text{kvar}$

$S_1 = (P_1^2 + Q_1^2)^{1/2} = 571.8 \text{kV} \cdot \text{A}$

（2）主机设备及切割出坯区设备。

1）主机设备，取需要系数 $K_{X21} = 0.65$，表 4-2-2 中 1 ~ 7 项属此组设备，设备负荷为

$P_{21} = 0.65 \times (55 + 75 + 88 + 2.8 + 320 + 6 + 22) = 369.7 \text{kW}$

$Q_{21} = 0.65 \times (55 \times 0.99 + 75 \times 0.96 + 430 \times 0.54) = 233.1 \text{kvar}$

2）切割出坯区设备，取 K_{X22} 为 0.35，表 4-2-3 属此组设备，设备负荷为

$P_{22} = 0.35 \times 489.5 = 171.3 \text{kW}$

$Q_{22} = 0.35 \times 489.5 \times 0.67 = 114.8 \text{kvar}$

3）本体设备及切割出坯区总的负荷为

$P_2 = 369.7 + 171.3 = 541.0 \text{kW}$

$Q_2 = 233.1 + 114.8 = 347.9 \text{kvar}$

$S_2 = (P_2^2 + Q_2^2)^{1/2} = 644.2 \text{kV} \cdot \text{A}$

（3）钢包、中间罐平台上设备，取 K_{X3} 为 0.25，表 4-2-4 中的设备属此组，设备负荷为

$P_3 = 0.25 \times 259.1 = 64.8 \text{kW}$

$Q_3 = 0.25 \times (75 \times 0.55 + 122 \times 0.62 + 40.5 \times 0.51 + 21.6 \times 0.67) = 38.0 \text{kvar}$

$S_3 = (P_3^2 + Q_3^2)^{1/2} = 75.1 \text{kV} \cdot \text{A}$

（4）出坯区设备，K_{X4} 取 0.35，表 4-2-5 中的设备属此组。设备负荷为

$P_4 = 0.35 \times 298.0 = 104.3 \text{kW}$

$Q_4 = 0.35 \times 298 \times 0.67 = 69.9 \text{kvar}$

$S_4 = (P_4^2 + Q_4^2)^{1/2} = 125.5 \text{kV} \cdot \text{A}$

（5）机电一体品的负荷

干油泵，K_{X51} 取 0.2，电磁阀、PLC、计算机等设备 K_{X52} 取 0.9，于是

$P_5 = 0.9 \times 25 + 0.2 \times 17.73 = 26.0 \text{kW}$

$Q_5 = 0.9 \times 25 \times 0.75 + 0.2 \times 17.73 \times 0.75 = 19.5 \text{kvar}$

$S_5 = (P_5^2 + Q_5^2)^{1/2} = 32.5 \text{kV} \cdot \text{A}$

（6）维修区设备中机械维修区设备，取 K_{X61} 为 0.5，表 4-2-7 属此组设备，中间罐维修区设备，取 K_{X62} 为 0.2，表 4-2-8 属此组设备，初步计算为

$P_6 = 0.5 \times 164.5 + 0.2 \times 129.0 = 108.1 \text{kW}$

$Q_6 = 0.5 \times (137 \times 0.59 + 10 \times 0.91 + 13.5 \times 0.70) + 0.2 \times (125.0 \times 0.59) = 64.4 \text{kvar}$

$S_6 = (P_6^2 + Q_6^2)^{1/2} = 125.8 \text{kV} \cdot \text{A}$

（7）辅助电源供照明、空调、维修用，需要系数取 0.5，于是

照明灯：荧光灯 $\cos\phi = 0.3 \sim 0.7$ 取 0.8；其他设备 $\cos\phi$ 取 0.8（$\tan\phi = 0.75$），于是

$P_7 = 0.5 \times 190 = 95 \text{kW}$

$$Q_7 = 0.5 \times 190 \times 0.75 = 71.3\text{kvar}$$

$$S_7 = (P_7^2 + Q_7^2)^{1/2} = 118.8\text{kV} \cdot \text{A}$$

（8）液压站的备用泵、电加热器、结晶器调宽控制、制动器及电气设备本体的损耗、二冷室照明、消防、称重、测温等其他设备功率等，没有进行负荷计算。

2.2.2.4　按电气控制范围进行负荷计算

A　总负荷

$$\sum P = P_1 + P_2 + P_3 + P_4 + P_5 + P_6 + P_7 = 1444.1\text{kW}$$

$$\sum Q = Q_1 + Q_2 + Q_3 + Q_4 + Q_5 + Q_6 + Q_7 = 879.3\text{kvar}$$

$$\sum S = (\sum P^2 + \sum Q^2)^{1/2} = 1690.7\text{kV} \cdot \text{A}$$

相应的计算电流为

$$I_{\text{JS}} = \sum S/(3^{1/2} U_e) = 1690.7/(3^{1/2} \times 380) = 2.568\text{kA} = 2568\text{A}$$

其中，$\cos\phi = 0.85$

由上述计算可得出结论：电气控制需要用 2 台 2000kVA 的变压器来供电。每一台变压器在半负荷状态下运行，当有任意一台变压器或有一路供电有故障时，可用母联开关手动切换到与之互为备用的变压器供电，保证连铸机正常运行。

B　分配到每一台变压器的负荷

（1）第一台变压器 TM1 供电范围是：连铸机本体电气设备、切割出坯区电气设备、机电一体品、出坯区电气设备。其计算值为

$$\sum P_1 = P_2 + P_5 + P_4 = 541.0 + 26.0 + 104.3 = 671.3\text{kW}$$

$$\sum Q_1 = Q_2 + Q_5 + Q_4 = 349.7 + 19.5 + 69.9 = 439.1\text{kvar}$$

$$\sum S_1 = (\sum P_1^2 + \sum Q_1^2)^{1/2} = 802.2\text{kV} \cdot \text{A}$$

相应的计算电流为

$$I_{\text{JS1}} = \sum S_1/(3^{1/2} U_e) = 802.2/(3^{1/2} \times 380) = 1.22\text{kA} = 1220\text{A}$$

其中 $\cos\phi = 0.84$

（2）第二台变压器 TM2 供电范围是：液压站电气设备、钢包平台的电气设备、维修区电气设备、辅助电源设备。其计算值为

$$\sum P_{\text{II}} = P_1 + P_3 + P_6 + P_7 = 504.9 + 64.8 + 108.1 + 95 = 772.8\text{kW}$$

$$\sum Q_{\text{II}} = Q_1 + Q_3 + Q_6 + Q_7 = 268.3 + 38.0 + 64.4 + 71.3 = 442.0\text{kvar}$$

$$\sum S_{\text{II}} = (\sum P_{\text{II}}^2 + \sum Q_{\text{II}}^2)^{1/2} = 890.3\text{kV} \cdot \text{A}$$

相应的计算电流为

$$I_{\text{JS\,II}} = \sum S_{\text{II}}/(3^{1/2} U_e) = 890.3/(3^{1/2} \times 380) = 1.35\text{kA} = 1350\text{A}$$

其中，$\cos\phi = 0.87$

结论：两台 2000kV·A 的供电变压器 TM1 与 TM2 互为备用、互相切换，切换时的容

量为：890.3kVA，电流 1350A。也就是说，供电用的两台变压器，TM1 和 TM2 用载流量为 2500A 的电缆把电分别输送到主电室的控制柜的下方，当有任意一路变压器有故障时，就由与之互为切换的变压器供电，使连铸机正常运行。功率因数分别为 0.84 和 0.87。

以上计算可供板坯连铸机设计时参考。

2.2.3　动态无功功率补偿

在供电系统中，无功功率的增加会造成很多不良影响，如导致供电设备视在功率增大、供电总电流增大、线路损耗增加等，特别是由于变压器及线路压降增大会引起电网电压的剧烈波动，而电压的波动主要是由无功波动引起的。

随着生产规模的不断扩大和设备用电量的增加，供电电能的质量越来越被重视，动态无功功率补偿，即功率因数校正（PFC）技术得到大量的应用，通过改善和提高功率因数来提升输电效率，不仅节约能源、净化电网，也是有极高回报率的一项投资。

2.2.3.1　功率因数的补偿计算

$$Q_c = \alpha q_c P_{30} \tag{4-2-5}$$

式中　Q_c——需要补偿的无功功率，kvar；

　　　α——平均负荷系数，取 0.7 ~ 0.8；

　　P_{30}——有功计算负荷，kW；

　　q_c——补偿率，kvar（$\cos\phi_1$、$\cos\phi_2$ 为补偿前、后的计算负荷功率因数，查表而得）。

2.2.3.2　无功功率补偿装置选型

仍以上述单机单流板坯连铸机为例，计算需要补偿的无功功率及对应的无功功率补偿装置选型。前面两台变压器：TM1 变压器 $\cos\phi_1 = 0.84$，TM2 变压器 $\cos\phi_1 = 0.86$，提高后的 $\cos\phi_2$ 取 0.95。

（1）TM1 变压器 $P_{301} = 671.3$kW，$\cos\phi_1 = 0.84$，查表得 $q_c = 0.317$

$Q_{c1} = (0.7 ~ 0.8) \times 671.3 \times 0.317 = 149.0 ~ 170.2$kvar

（2）TM2 变压器 $P_{302} = 772.9$kW，$\cos\phi_1 = 0.86$，查表得 $q_c = 0.278$

$Q_{c2} = (0.7 ~ 0.8) \times 772.9 \times 0.278 = 150.4 ~ 171.9$kvar

（3）整个连铸机 $P_{30} = 1444.2$kW，$\cos\phi_1 = 0.85$，查表得 $q_c = 0.291$

$Q_{c1} = (0.7 ~ 0.8) \times 1444.2 \times 0.291 = 294.2 ~ 336.2$kvar

设计时，可选用两套补偿柜：TM1 侧选用 CJK2W-180kvar 一台

　　　　　　　　　　　　　　TM2 侧选用 CJK2W-180kvar 一台

2.3　供电方式、输电效率及安全保障

2.3.1　供电方式

连铸机负荷用电取自连铸车间专用供电电力变压器。一般供电电力变压器设置 4 台，其中两台为设备供电变压器（两台均分担负荷运行，一台出现故障时，切换到正常运行变压器），高压进线来自工厂电网；一台为连铸机照明、检修和其他辅助设施电源供电，高压进线也来自工厂电网；另外一台为保安变压器，是工厂电网出现故障时的安全电源，其

高压进线来自工厂特设的独立自备电网。

连铸电源采用两路电源进线，380VAC/220VAC 三相四线制（A、B、C 和 N），低压动力电源由变压器室引至连铸机主电气室低压受电柜进线端。两台设备供电变压器分段供电，互为备用。当两路变压器供电同时出现故障时，投入保安变压器。

为使照明、检修和辅助设施等在用电时不影响连铸机正常工作，此类用电负荷可专设变电器供电。

连铸机供电系统示意如图 4-2-1 所示。

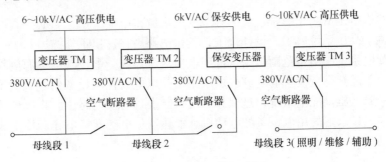

图 4-2-1　连铸机供电系统

2.3.2　输电效率和安全保障

2.3.2.1　谐波控制和无功功率补偿

电力系统中的负载大多呈感性，如电动机、电磁阀等，它们必须消耗无功功率才能正常工作，这是由其用电特性决定的，尤其变频器、整流器等电力电子装置通常采用相控方式，其交流侧的电流常常滞后于电压，它们不但要消耗大量的无功功率，还会产生大量的谐波电流。而这种谐波污染对电力系统的安全、稳定、经济运行构成潜在威胁，给周围电气环境带来极大的影响。

过去，采用有源电力滤波器、无源电力滤波器或两者相结合使用，是用于抑制谐波、补偿无功的有效手段之一，但这些传统的控制方式都没有对系统的稳定性和鲁棒性进行分析研究，目前，在传统的控制方式基础上，将现代控制理论应用在此领域，如智能控制、自适应控制、模糊控制、人工神经元网络等，用于综合解决谐波干扰信号跟踪、干扰抑制及参数波动等主要问题。

无功功率补偿的合理选择以及补偿容量的确定，能够有效地维持系统的电压水平，提高系统的电压稳定性，避免大量无功功率的远距离传输，从而降低有功网损，减少费用。如果是在配电电力变压器低压侧进行补偿，既可降低线路耗损，也可降低配电电力变压器损耗，供电电压的质量也会有较大的改善。

低压功率因数补偿设备可提高输电效率和净化电网，设备中每一变压器供电回路配置功率补偿装置，采用动态无功功率补偿，功率因数可达 0.92 以上。

2.3.2.2　安全保障

除了上述变压器互备和设置保安变压器外，连铸机在紧急停电时还可采用以下措施。

（1）不间断电源 UPS（交流）和 UPD（直流）供电，时间不少于30min。主要供电负荷为电气、仪表和计算机等重要控制设备（如 PLC、HMI 监控站、L2 级计算机、重要仪表和电磁阀等）。

（2）事故照明采用带有内部蓄电池的应急照明灯照明，持续供电时间不少于 30min。

（3）钢包回转台在事故停电时采用液压马达或气动马达驱动。

2.4　供电路由、馈电分配

2.4.1　供电路由

连铸机的供电是从高压系统经电压等级变换后取得电能，所以它必须与高压系统的技术要求相协调，高压系统属工厂设计范围，其供电路由在这里不作描述。

低压供配电系统的指定范围是指从低压电力变压器到受电设备的电源侧端子，现代工程设计中，由于成套供货设备的划分，供电路由是以电气控制设备的电源端子为界面，受电端子以前的属低压供配电系统，这部分电气控制设备的供电路由，将体现在低压供配电系统的设计中。最末端的用电设备如电动机、加热器、电磁阀、电光源等由成套电气控制设备设计与供货。

2.4.2　馈电分配

连铸机设备组成种类繁多、分布面广，而供电等级和要求又各不相同，在确定馈电分配时，原则上按分系统和分层次两方面来定制确定，采用辐射式馈电分配。图 4-2-2 是一台连铸机馈电分配示意图。

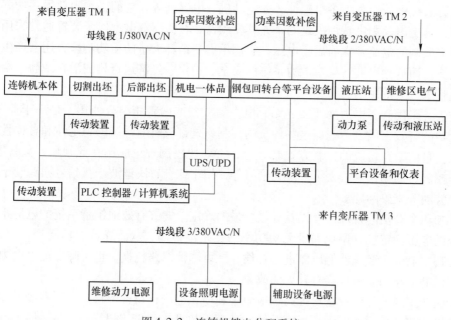

图 4-2-2　连铸机馈电分配系统

设计时，馈电分配遵循下述原则。

2.4.2.1　分系统

按用电设备的功能、布置区域、对电源的特殊要求等条件，可将系统分为若干分系统，它可以是一个配电箱、一组低压配电柜或一组电动机控制中心等。

按用电设备的功能可分为：传动控制装置（交流 MCC 和变频调速 DRIVES）、自动化控制装置（PLC 和计算机）、仪表设备、照明、检修、特殊设备等。

按布置区域可分为：主操作（浇注）平台、连铸机本体设备、出坯区设备、配水阀站设备、维修区设备等。

按对电源的要求不同可分为：生产电源或检修电源、电网电源或保安电源、一般供电或由 UPS\UPD 供电、特殊电源（如电磁搅拌）等。

2.4.2.2 分层次

为了使供电路由更加清晰和节约配电设备投资，常将系统先分几个大系统如分段母线，然后再向下分若干分系统，分系统下又可分一些功能子系统，他们之间的关系是上下层关系，这种层次的组合，也符合构成分系统的原则。由于系统保护设备功能的限制，低压配电系统的层次一般不宜超过三级。

直接接在供电电力变压器出口的第一级回路不能太多，因为该处短路电流最大，其开关设备的价格昂贵，这也是系统要分层的重要原因。

2.5 断电自动保护装置

连铸机是自动化程度高、连续作业性强的冶金设备，在出现紧急事故停电时，为保证设备状态和控制信息不致丢失及设备被安全锁定，系统设置 UPS 交流不间断电源和 UPD 直流不间断电源，可选定断电保持时间。例如一台单机单流板坯连铸机可参考设置如下。

电气，仪表，计算机等控制操作电源采用 20kVA 交流不间断电源（UPS）供电，蓄电池型式为铅酸免维护蓄电池，时间为 30min；断电需保持的 DC 24V 电磁阀等电源采用 100~150A 直流不间断电源（UPD）供电（或者从 UPS 取电再降压整流为 DC 24V），时间为 30min。

2.5.1 UPS 交流不间断电源

UPS 装置用于给 PLC、计算机控制系统及一些机电一体化装置供电。在电源故障时，UPS 装置为 PLC、人机接口（HMI）、L2 级计算机及机电一体化装置提供一段时间的供电。UPS 为在线式，其技术参数如下：

(1) 输出功率　　　　20kVA；
(2) 输入电压　　　　3 相，380VAC，50Hz±10%；
(3) 输出电压　　　　单相，220VAC，50Hz；
(4) 频率误差　　　　±5%（输入）；
(5) 电压误差　　　　±1%（稳态时）；
(6) 电池供电　　　　密封，免维护，电源故障时能工作 30min。

2.5.2 UPD 直流不间断电源

UPD 装置用于给关键的断电需保持的 DC 24V 电磁阀供电，其技术参数如下：
(1) 输入电压　　　　　　3 相，380VAC，50Hz±10%；

（2）输出电压　　　　　　　　DC 24V；

（3）输出电流　　　　　　　　100～150A；

（4）输出电压调节范围　　±10%；

（5）电压误差　　　　　　　　±1%（稳态时）；

（6）电池供电　　　　　　　　密封，免维护，电源故障时能工作 30min。

2.6　防雷及接地系统

2.6.1　防雷系统

供电系统要求采取防雷措施，主厂房防雷接地网尽量与车间接地网分开，此部分内容属工厂设计范畴，不在此叙述。

2.6.2　接地系统

2.6.2.1　接地类型

系统接地类型有下列几种：保护接地 PE（屏蔽接地）、计算机接地 TE（逻辑接地）、变压器中性点接地 N（安全接地）线等。

2.6.2.2　接地设计的制式

（1）TN-C 制式，中性点接地，全系统内 N 线与 PE 线合为一根线；

（2）TN-S 制式，中性点接地，全系统内 N 线与 PE 线分开；

（3）TN-C-S 制式，系统前一部分为 TN-C 制式，后一部分为 TN-S 制式；

（4）TT 制式，中性点接地，设备外壳导电部分接地极单独直接接地；

（5）IT 制式，中性点接地或经阻抗接地，设备外壳导电部分接地极单独直接接地。

对于设备低压系统中三次谐波电流较大，或单相负荷很多时，多采用 TN-C 制式，这也是一种常用的接地制式。

对于连铸设备，供电一般采用三相五线制 TN-S 系统。全系统的 N 和 PE 线是分开的。即变压器副边采用星形接法，中性线 N 接地，接地电阻小于 10Ω，PE 为保护接地，其接地电阻小于 4Ω。计算机要求一个单独的无噪声接地 TE，接地电阻小于 2Ω。

防雷接地和变压器中性点接地（N 线）可引至主厂房接地系统，保护接地 PE（屏蔽接地）和计算机接地 TE（逻辑接地）分别设置独立接地系统。

在各电气室的控制柜中，可设专用的接地小母线（如中性点接地、保护接地，计算机接地等），在柜内相互绝缘。

2.7　构划供配电系统时的注意事项

（1）供配电系统中，为提升输电效率，提高功率因数，在供电回路中应考虑设置动态功率因数补偿装置。

（2）为了减少负荷起动时大电流对电源系统特别是对供电变压器的冲击，大容量的用电设备要求具有限制大电流起动的措施。

（3）为保证正常生产的连续性不受或尽量少受供电电源的影响，设备工作电源和系统检修电源、照明电源及其他辅助电源等的供电变压器应分别设置，在设备投资增加不多的情况下，对生产运行管理也是有利的。

（4）供配电系统中有大量的单相用电设备，它们的用电一般取自三相电源，配电设计时必须考虑电力三相平衡，使三相供电线路中每一路的负荷尽量平均分配。若不能达到完全平衡时，由单向负荷不平衡所引起的中性线电流不得超过变压器低压线圈额定电流的25%，此时任一相电流在满载时不得超过额定电流。

在设计时还应注意到单相负荷在实际生产中，未全部投入运行的不平衡情况。

（5）在低压配电系统中若存在谐波源时，应分析其严重程度，在构成系统时，采取相应的对策，避免其他用电设备受干扰和影响，特别是对现场的检测元器件、传感器及仪表等的影响。

（6）在构划低压配电系统时，必须考虑留有备用回路，一般不少于馈电回路总数的10%～15%，并注意均衡分配。

预留的馈电回路应是可以投入使用的，这样在供电变压器计算选型时，也应留有相应的富裕容量。

3　电气传动控制系统

电气传动控制在工业领域应用范围极广，在板坯连铸机上有大量的使用，由于连铸机的设备特点，电气传动控制在技术上既有它的普遍性，亦有它的特殊性。

本章描述包括电气传动控制系统状况、连铸机电气传动控制对象及分类、电气传动控制方式、保证电气传动自动化的检测元器件、电气传动控制装置类型、电气传动的操作方式、板坯连铸机主要设备传动控制技术的应用及电气传动中的一些关键技术等。

3.1　电气传动控制系统构成及状况

3.1.1　电气传动控制系统构成

鉴于微电子技术的发展，连铸机的电气传动控制系统包括的内容如下：

（1）传动执行器。传动执行器包含控制设备级的电力驱动电机（交、直流电机，变频调速电机，伺服电机等）、液压驱动设备（液压缸、液压马达、电磁阀等）及其他相关设备。

连铸机除单机单流配置外，还大量采用多机多流的配置，除了公用设备部分外，每一流的传动设备都基本相同。

（2）电气传动控制器。电气传动控制器是电控系统的主干控制装置——PLC 可编程序控制器，它是按系统的功能和区域划分配置，在多流连铸机的情况下，在考虑控制器配置时，应以"流"为单位，设置各自独立的主干控制装置可编程序控制器，以防止其中某一流发生故障时，影响整台或者其他流连铸机的正常工作。

主干控制装置应具备自己的数据总线及 I/O 远距离现场扩展总线，以实现电控系统与上位计算机及仪表控制系统的数据通讯，也便于与分散在现场的各种 I/O 设备的连接并进行有效的实时控制，构成高级的网络化控制模式。

（3）传动控制检测器。传动控制检测器主要有位置检测传感器、电机转速检测传感器两种。位置检测传感器是连铸机传动控制系统的重要组成部分，检测器提供的信息是设备联锁及设备实现自动运转的必要条件。电机转速检测传感器主要用于调速传动电机的速度检测，提供电机的实际转速值，并和调速控制装置一起构成精确的速度闭环控制系统。

（4）电气传动装置。电气传动装置是直接面对设备级的控制单元，由于控制对象分恒速电机、交流调速电机、直流调速电机、交流伺服电机、直流伺服电机等多种多样，而对每一种控制对象的控制实施又可以有多种方法，因此，电气传动装置的选择范围是很广的。对现代板坯连铸机，大多选用交流传动，主要的选型种类有 MCC 马达控制中心、交

本章作者：仝清秀，蔡大宏；审查：周亚君，米进周，王公民，黄进春，杨拉道

流变频调速装置、交流伺服控制器等。

电气传动控制系统的构成如图 4-3-1 所示。一个典型的板坯连铸机电气传动控制系统的主要配置如图 4-3-2 所示。

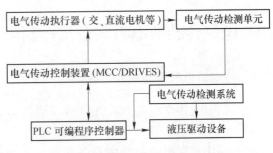

图 4-3-1　电气传动控制系统的构成

3.1.2　电气传动控制系统状况

连铸机电气传动控制主要分恒速传动和调速传动两种，以往的连铸机设备中，恒速电机传动由 MCC 马达控制中心控制，调速电机传动装置的调速方式有直流调速和交流调速两种。直流调速由直流电机和直流调速装置组成；交流调速由交流电机和交流调速装置组成。在现代连铸机设备中，直流传动电机已很少见，基本上为全交流传动。

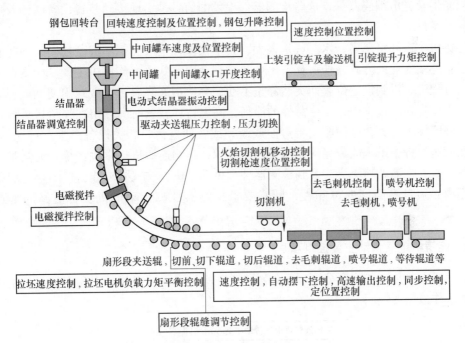

图 4-3-2　大型板坯连铸机电气传动控制系统的主要配置

交流传动的优越性体现在交流电机造价低、维护方便、动态特性好等方面。连铸设备中，交流电动机均采用鼠笼型电动机，根据使用的场合，又可分为普通型交流电机、变频调速电机、辊道变频调速电机等。交流调速的方式有很多种，如改变极对数、改变定子回路电压、改变转子回路电阻、交流伺服系统、串级调速、变频调速等。实践证明，在连铸机的传动系统中，交流变频调速技术是最主要和最有发展前途的一种交流调速控制方式。

在交流调速装置中，目前大都采用全数字化交流变频调速技术，它具有调速精度高、调速范围大、调速效率高、节约能源、可实现无级调速及有利于数字化控制等优点，这也是它能在连铸机中得到广泛应用的根本原因。随着交流变频调速技术的日趋成熟和完善，交流变频调速在连铸机传动控制技术中，将会发挥出越来越巨大的作用。

3.2　电气传动的电力装备及控制项目

3.2.1　连铸机电气传动电力装备

连铸机电气传动的电力装备包括传动电动机、限位开关、光电编码器等执行和检测器件。

连铸机中需用电机驱动的设备很多，如钢包台回转、中间罐车行走、结晶器调宽装置、结晶器排烟机、二冷段蒸汽排风机、扇形段驱动辊、引锭提升及存放装置、各类辊道传动、火焰切割机、去毛刺机、横移台车及液压和润滑系统动力站等，各类不同的电机对控制方法也有不同的要求。

连铸机中设置了众多的检测器件，如机械式行程开关、电子式接近开关、光电开关、光电探测器及光电编码器等，这些检测器件提供的信号是实现传动装置设备联锁及实现自动运转的基础。

连铸机生产环境恶劣，水蒸气量很大，粉尘很多，钢液和钢坯温度极高，同时它又是多种设备连续作业的方式，任一环节出现故障都会影响到整个连铸机生产。如钢包回转台在回转过程中，没到设定位置而突然停止不动，会使钢液降温过大或凝固使钢液报废，须费时处理；在拉坯过程中，发生意外的滞坯，高温铸坯较长时间驻留在连铸机里再重新起动时，静摩擦阻力大，会使驱动辊弯曲或断裂或者使连铸机相关设备产生不可逆的变形；铸坯在输送过程中出现故障会使作业线铸坯堆积，影响连铸机正常生产等。尤其是当出现漏钢事故时，钢液的喷溅会波及到检测器件和传动电机，这就要求连铸机的电力装备及其控制系统必须具有高度的可靠性，同时要求检测器件和传动电机要有更高的密封防护性能。

3.2.2　连铸机电气传动主要控制项目

连铸机电气传动的主要控制项目如图 4-3-3 所示。下面仅就其中几个主要控制项目的控制要求作以简要说明。

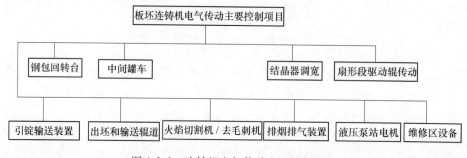

图 4-3-3　连铸机电气传动主要控制项目

3.2.2.1　钢包回转台运转

钢包回转台的回转等控制主要考虑以下几个方面：

（1）负载力矩较大，钢包回转时其负载主要有两个悬臂钢包以 1r/min 转速旋转。当两个钢包满包时具有最大的轴向力矩。当一臂钢包满包，而另一臂无钢包时，具有最大的径向力矩。电气传动系统必须能适应这两种极限负载情况，并保证有足够的起动力矩。

（2）要求起动、停止平稳，并且在停止时有足够的力量锁定，起动时迅速解除锁定。为保证钢液不致外溅，不允许在起、停过程中有较大的冲击。

（3）要求停位准确，误差不大于 0.5°。钢包所处位置有受包位、浇注位、事故位。由于回转台运转后，存在着较大的惯性力矩，所以在停位的设计中，须考虑停位前先减速，并采取合适的制动控制。

（4）回转方向要求可逆，在钢包回转台上电气设备电源及信号传输不是采用滑环而是采用电缆的情况下，回转控制回转角不得超过 360°。

（5）考虑停电时的回转。当停电或主干控制设备出事故时，应能采用其他方式如液压马达或气动马达使钢包回转，这时转动速度为 0.5r/min，旋转角度 180°以上。

（6）钢包回转台的位置由设置在回转电机传动轴上的旋转光电编码器来检测和定位，为保险起见，在不同位置还设置了限位开关，可起到双重保险作用。

（7）钢包臂的升降、钢包盖的旋转和升降等控制项目，目前大多采用液压驱动，但也有的设备采用电机驱动。

3.2.2.2　中间罐车行走、升降与对中

中间罐车可停放在不同的位置：待机时，停放在预热烘烤位，对中间罐预热烘烤；正常工作时，满罐钢液中间罐放置在中间罐车上，停放在浇注位，进行正常浇注作业；浇注完毕或更换中间罐时，先将中间罐车开到排渣位，对中间罐中钢液在浇注完毕后的残留钢渣进行排放，最后停放在烘烤位等待下一轮作业前的烘烤准备工作。

浇钢前将停放在预热烘烤位上且耐火材料内壁温度达到一定要求的中间罐移送到浇注位，使中间罐水口对准结晶器中央。中间罐车移动行走时，加、减速应平稳，防止钢液溅出并保证停止准确到位。

中间罐车行走的位置控制，是依靠设置在不同位置的限位开关和接近开关；中间罐车的行走速度控制，选用交流变频调速装置。

中间罐升降控制和对中调整等有电机驱动和液压驱动两种类型，液压驱动当前应用比较普遍。

3.2.2.3　结晶器振动装置

连铸机结晶器振动可分为机械振动（电机传动）和液压振动两种，以往连铸机大多采用机械振动的形式。现代连铸机，尤其近年来，鉴于液压振动形式的优越性，在连铸机特别是板坯连铸机上，得到极为广泛的应用。

液压振动的振动装置由液压缸驱动，该装置由板坯宽度方向左右两个液压缸驱动，通过调整液压缸控制参数实现振动参数的优化选取。振动装置采用无磨损板式导向系统，液压缸直接连接到结晶器振动台上，减少了系统弹性变形，控制执行器采用伺服比例阀控制振动体上下运动。控制装置可在线调节振动参数，如：振幅、频率、正滑动和负滑动系数、非正弦参数波形偏斜率等。

液压振动控制装置有其专用的 PLC 控制器。

3.2.2.4　结晶器调宽装置

结晶器调宽主要是调节结晶器的窄面使之改变板坯的宽度，调宽装置要求必须满足宽度调整和锥度调整两种功能。调宽作业可以离线进行，也可以在线进行。离线时即为冷调宽，控制比较容易；在线时又可分冷调宽和热调宽两种，在线冷调宽是连铸机不工作时宽度调整，而在线热调宽是连铸机在铸造过程中，按生产要求，根据板坯宽度改变的需要进行调宽运转，此时亦有调锥和调宽及顺序要求，必须按一定的数学控制模型进行。

结晶器调宽装置有电动调宽和液压调宽两种方式。

电动调宽方式是每个窄边由上下两个电机驱动，一般选用交流变频电机或交流伺服电机，由交流变频调速装置或交流伺服控制器控制。

液压调宽方式是每个窄边由上下两个液压缸或液压马达驱动，由比例阀或伺服阀控制，控制装置可设专用的 PLC 运动控制器（同步精度高），也可集成在连铸机其他 PLC 控制器中（同步精度较低）。

不管哪种控制方式，均要求具有较高的位置控制精度，采用旋转编码器或位移传感器等组成闭环控制环节是必不可少的控制方案。

3.2.2.5　连铸机驱动辊

布置在连铸机二冷段（弧形段、矫直段和水平段）的多个辊具有拉坯、夹送引锭等作用。无论是在送引锭模式或铸造模式下工作，这些驱动辊大部分是速度控制类型，在不同的拉坯速度下，要求所有驱动辊的速度要保持一致，还要考虑负荷平衡、压下率补偿以及张力控制等。连铸机长期运行后，因辊子的磨损须微调转速以补偿辊径变化引起的速度变化，这在拉坯过程中尤为重要。

处于连铸机矫直区域的连铸机驱动辊，其电机负载状况和其他区域的电机有所不同，在整体传动系统中，矫直区域驱动电机电流大于其他区域的驱动电机电流。

连铸机拉坯速度可在 $0.1 \sim 5 \mathrm{m/min}$ 之间调整，调速范围宽，调速精度要求控制在 0.5% 以内，响应时间不大于 $0.5 \mathrm{s}$，连铸机驱动辊调速装置要选用控制精度高的矢量控制型变频调速装置。

3.2.2.6　引锭提升和存放

按照引锭装入连铸机的方式可分为上装引锭和下装引锭两种形式。

上装式引锭存放在浇注平台的引锭车上，工作时，由引锭车及车上的链式运输机将引锭由结晶器上方装入连铸机。浇钢后，待引锭从连铸机拉出并与铸坯脱离后，由卷扬提升装置将引锭提升至浇注平台，重新存放到引锭车上。引锭车、链式运输机、提升装置的速度控制选用交流变频调速装置。

对引锭存放车、链式运输机和引锭提升装置传动电机除提出速度控制要求外，引锭提升传动电机在提升引锭时必须与拉坯速度同步。

下装式引锭存放在连铸机输送辊道旁的专用台架上，工作时，由引锭移送链装置将引锭送到连铸机引锭输送辊道上，依靠引锭输送辊道、切割辊道、连铸机驱动辊反向运转将引锭头部送至结晶器内设定位置，浇钢后待引锭从连铸机拉出并与板坯脱离后，由切割区辊道快速将引锭输送到引锭输送辊道，然后由引锭移送装置将引锭移送到存放引锭的专用台架上。引锭移送装置由电机驱动，速度控制选用交流变频调速装置。

一般引锭存放台架和连铸机辊道之间设置倾斜导轨，移送引锭的几个小车靠链条牵引。引锭是一重负载负荷，其传动电机在引锭经由倾斜导轨时将其送往引锭输送辊道和由该辊道回收到引锭存放台架上，这两种工作状态决定了电机的运行方式，因此要特别考虑交流变频调速装置的制动特性和相应制动单元和制动电阻的选择。

3.2.2.7　输送和出坯辊道传动

引锭输送辊道和出坯辊道传动为一般的调速控制，为节约投资，大多采用集中传动方式，即一台交流变频调速装置可带两台以上的传动电机。

3.2.2.8　火焰切割机、去毛刺机等

火焰切割机、去毛刺机等均为机电一体化装置，传动控制除自身的特殊要求外，运行速度必须与连铸机相配合。

3.2.2.9　结晶器排烟风机和二冷密封室蒸汽排出风机电机

结晶器排烟和二冷密封室蒸汽排出风机电机为一般交流电机，恒速控制，无调速要求。控制装置选用 MCC 马达控制中心。

结晶器排烟风机电机一般在 15kW 以下，可直接起动。二冷密封室蒸汽排出风机电机容量较大，一般在 90kW 以上，为避免设备在起动时对电网的冲击，须选用软起动器或交流变频器装置来限制过大的起动电流。

3.2.2.10　液压、润滑系统动力站传动

液压、润滑系统动力站为一般交流电机，恒速控制，无调速要求。控制装置选用 MCC 马达控制中心。

连铸机液压站中，主传动液压泵容量一般均在 55kW 以上，有的可达 90kW，对于容量 75kW 的电机，可采用传统的 丫-△ 起动，容量在 75kW 以上的电机，可选用软起动器或交流变频器装置，其他小容量电机均直接起动。

3.2.2.11　维修区设备传动

维修区设备包括中间罐维修区和机械维修区内的传动电机和维修液压站中的泵站电机，可按维修区的设备特点选型，进行电气传动装置的配置。

3.3　保证电气传动自动化的检测元器件

检测元器件是连铸传动控制系统的重要组成部分，传动控制检测器主要用于位置检测和传动电机速度检测，如引锭头、尾部的位置、铸坯头、尾部的位置、铸坯的跟踪位置、单体设备运转所处的位置、铸坯定尺长度、传动电机速度的实际值等，检测器提供的信息是实现传动装置的起动、增速、减速、制动、停止及速度采集等运行状态的基础，也是设备联锁、控制及设备实现自动运转的必要条件。连铸机常用的检测元器件如图 4-3-4 所示。

（1）机械式限位开关。机械式限位开关一般用在精度要求不高而环境又很差的场合，例如钢包转动位置、中间罐车行走位置及变速的位置、火焰切割机行走的位置、推钢机、垛板机的运行位置等。

（2）凸轮控制器。在设备现场安装机械式限位开关比较困难或控制点数较多的场合，可采用凸轮控制器，将其安装在传动轴上进行位置检测，如中间罐拆衬时的翻转机、翻坯

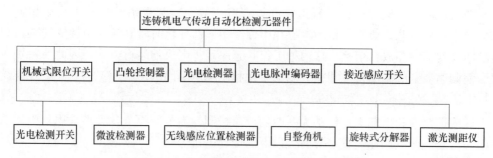

图 4-3-4　　连铸机电气传动自动化检测元器件

机、垛板机等的位置检测。

（3）光电管检测器。这种检测器是由发射装置和接收装置组成，根据光源的不同共有两种，一种是激光式光电管检测，用在高温、多蒸汽、多烟尘的恶劣环境下；第二种是普通光电管检测，即红外式光电管检测，用在环境条件较好的情况下，如精整区铸坯是否到位、横移台车的到位等位置检测。这种普通红外光电检测，又分为对射式和反射式两种，对射式是一个发射器一个接收器分别放在被测物的两侧；反射式是发射器和接收器都放在被测物的一侧，而反射镜放在另一侧，采用特殊结构的角矩阵反射镜，为了增加抗干扰性，这种光源一般采用 400Hz 的调制光源。

（4）光电脉冲编码器。当需要对行程位置进行比较准确的检测和控制时，常采用这种检测器。它发出的脉冲正比于行程，对其进行计数，即可间接测量行程位置。通常采用的脉冲当量为 0.1~1mm/脉冲（或根据选用的标准编码器在 PLC 控制器中进行脉冲当量换算），在钢包转动、引锭和铸坯跟踪、火焰切割等方面多有采用，其精度可达到 ±1mm。

光电脉冲编码器还多用于调速传动电机的速度反馈，和调速装置一并构成速度闭环系统，提高调速装置的控制精度。

（5）自整角机。当需要远距离对行程位置进行测量与调整时，采用这种检测器。它也是以转角大小计量行程的检测器，装于传动轴上的自整角机旋转时，输出一个正弦波信号，经同步数字变换处理，即可变换为数字量，输出至相应的行程显示装置。这种检测装置的特点是抗干扰能力强。目前在连铸机上应用的比较少。

（6）接近开关。接近开关又称无触点行程开关，作用距离为 5~30mm 或更大，它可以弥补机械式行程开关因经常机械碰撞而容易损坏的缺点，但它对安装精度要求较高，一般安装在铸坯横移台车及其他便于安装维修的设备上。

（7）微波检测器。当被测设备运动超过一维空间时，采用一般的光电管之类的对射式检测器无法满足要求，在连铸坯精整区中，与横向移载机、翻钢机交换的辊道上，铸坯有三个坐标方向的运动，这时采用微波检测器比较适宜。

（8）无线感应式位置检测器。这是铸坯横移台车行走控制设计的一种专用位置检测器。它由安装在控制台内的无线感应主数据传送器、环行天线和安装在铸坯横移台车上的无线感应从动数据传送器组成。

当铸坯横移台车行走时，其位置信号即可通过天线被主数据传送器接收，并将两车的位置信号传送至相应的控制器，从而实现对两车的速度进行自动调节，并确保不发生两车碰撞事故。

3.4 电气传动控制装置

现代板坯连铸机，大多为全交流传动系统，控制对象分恒速电机、交流调速电机及少量伺服电机等，主要的电气传动控制装置选型种类有 MCC 马达控制中心、交流变频调速装置、交流伺服控制器。

一套完整的电气传动系统由电动机、电源装置和控制装置三部分组成，本节主要描述电气传动控制装置及相应的电源装置等。

3.4.1 MCC 马达控制中心

MCC 马达控制中心适用于控制交流恒速电机，它实质上是继电器—接触器控制装置，与母线供电装置配合使用。MCC 马达控制中心装置可设计为固定式、固定分隔式及抽出式多种形式，智能式马达控制中心还具备完整的通讯控制功能。

MCC 马达控制中心组成如图 4-3-5 所示。图 4-3-5a 为电机直接起动或降压起动，单向、可逆、直接起动、丫-△起动等回路控制包含在 MCC 控制装置中；图 4-3-5b 为大功率电机经软起动器起动。

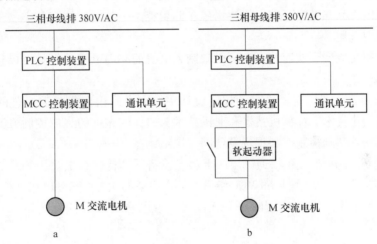

图 4-3-5　MCC 马达控制中心组成

a—MCC 直接或降压起动；b—MCC 经软起动器起动

（1）电源装置。MCC 马达控制中心动力电源为三相 380V AC，母线供电，控制中心装置柜顶设母线室，各装置控制柜母线排相通；控制电源为单相 220V AC。电源取自相应的配电装置柜。

固定式、固定分隔式控制柜体多为非标设计，抽出式在标准设计中，除设置在柜体上方的水平母线将每个柜体联结在一起外，同一柜体同时设置有垂直母线，各组合功能单元则并联在垂直母线上。

（2）控制装置。控制装置的电气控制线路采用断路器、接触器、继电器、主令开关、限流保护器等低压电器元件组成的触点控制系统，用于对电动机和其他用电设备进行起动、制动、正转、反转等控制，实现生产机械的自动化。

用于交流恒速电机的控制装置，在主回路中，采用带电磁脱扣器的低压断路器作为短路保护，用热继电器作为过载保护。控制回路中，主令开关、控制按钮、接触器、继电器等为主要电器控制元器件，根据电机的应用场合不同，控制原理上有单向、可逆、直接起动、Y-△起动、是否带制动要求等区别。

为了便于监视装置的运行状态，控制装置柜上设置有指示仪表和指示灯。

（3）软起动装置。连铸机用电设备中有一些容量超过75kW以上的电机，此类电机若直接起动将对电网形成很大的冲击，严重时将会使供电电力变压器电压降低到允许的电压范围以下，从而影响其他设备的正常运转。

传统的解决方法是采用串接电阻起动、自耦降压起动、Y-△起动等，但此类起动设备体积大、重量重，在由降压起动切换至全压运行瞬间会出现很高的电流尖峰，产生破坏性的转矩，对电机转子、联轴器及负载都是有害的，且传统的起动设备维修率高，与负载匹配的电机转矩很难控制。现代连铸控制设备中，除还少量应用Y-△起动外，功率75kW以上的电机起动大多选用软起动器。

专用电机软起动器，设备体积小、重量轻，具有多种保护功能，适用于各种负载的交流电动机的起动控制，有起动平滑、减少对电网的冲击、保护拖动系统、延长电机寿命等优点，在传动控制技术中已得到广泛的应用。目前无论是国外产品如西门子、ABB、施耐德等公司或国内产品如西安西普、天津诺尔、四川英杰等公司，均有各类型号和容量的软起动装置供用户选用。

当然，应用交流变频调速装置也可以限制大电机的起动电流，而且可以较灵活地编程控制，目前在有些领域得到广泛应用。

（4）通讯装置。现代连铸机自动控制设计中，大多采用全集成的先进的网络控制技术，它是集自动化技术、计算机技术和通讯技术为一体的先进的集成控制方案。网络控制包括上层信息网、基础控制网和现场设备网三层结构。

MCC装置是现场控制设备，通讯层次上属于设备网结构，它主要和PLC控制站进行通讯。PLC控制站发出的命令信息和MCC装置及用电设备的状态信息可以在设备网之间传递。

通讯装置可采用远程PLC控制站I/O模块，通讯总线技术多选用Profibus-DP、DeviceNet等。

3.4.2　交流变频调速控制器

交流变频电动机变频调速系统主要由交流变频电动机、变频器两大部分组成，如图4-3-6所示。

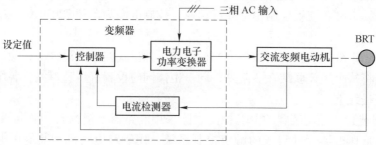

图4-3-6　变频器及变频调速系统

图中虚线框部分为交流变频器，由主电路（电力电子功率变换器）、控制器及电量检测器三部分组成。

在交流调速装置中，目前大都采用全数字化交流变频调速装置，它具有调速精度高、调速范围大、调速效率高、节约能源、可实现无级调速及有利于数字化控制等优点。交流变频调速技术可分为两大类，即交-直-交变频器和交-交变频器，交-直-交变频器又可分为电压源型和电流源型两种，交-交变频器多为电压型。表4-3-1列出交-直-交变频器和交-交变频器主要特性比较。

表4-3-1 交-直-交变频器和交-交变频器主要特性比较

比较内容	变 频 器 类 型	
	交-直-交变频器	交-交变频器
换能方式	二次换能，效率略低	一次换能，效率略高
换流方式	强迫换流或负载换流	电源电压换流
元件数量	较少	较多
元件利用率	较高	较低
调频范围	频率调节范围宽	输出最高频率为电源频率的1/3~1/2
电源功率因数	用斩波器或PWM方式调压，功率因数高	较低
使用场合	各种传动装置	低速大功率传动

交-直-交变频方式正朝着脉宽调制（PWM）方向发展，也是目前在连铸机上广泛应用的控制技术；交-交变频方式主要应用在低速大容量电机上，如冷轧、热轧设备上，连铸机上应用不多。图4-3-7是交-直-交变频器主回路结构，图4-3-8是交-交变频器主回路结构。

图4-3-7 交-直-交变频器主回路结构

以下简要介绍在连铸机传动控制中普遍应用的交-直-交变频器功能及控制方式。

图4-3-8 交-交变频器主回路结构

3.4.2.1 交-直-交变频器控制特点

目前大部分变频器几乎均采用交-直-交电压型PWM变频控制方式，输出正弦波电流。采用微机全数字化控制和产品通用化是这类变频器的突出特点，表现为：

（1）输出频率范围宽。目前通用变频器的输出频率范围可达400Hz或更高，不但能够用于工频电机的调速控制，也可用于中频电机的调速控制。

（2）高精度和高分辨率。高性能的变频器其频率分辨率和控制精度可达0.002Hz，以适应高精度调速设备的需要。

（3）转差补偿功能。由于采用微计算机或 DSP 高速数字化控制，能够进行瞬间转矩检测和计算，根据负载转矩的大小对转差进行补偿，使电机在速度开环控制的情况下，也能得到较硬的特性，满足速度稳定运行的要求。

（4）转矩提升功能。瞬间转矩检测和控制可使起动电机的转矩增加到额定转矩的 150%，以适应某些需要大起动力矩设备的需要。

（5）转矩限定功能。通过对转差的控制，可将电机的转矩限定在预置的某一数值，可以避免电机负载突变而引起变频器过电流跳闸。

（6）自动加、减速。利用转矩限定功能，在加、减速过程中，可根据负载转矩的大小，自动调整加、减速时间。

（7）瞬时停电后的电机自动再起动。在发生短时间电源故障，由于机械的惯性，当又恢复供电时，电机的实际速度尚未降到零，此时变频器可以根据电源恢复时电机的实际速度计算出对应的输出频率，并以此频率为起始频率使电机重新起动到停电前的运行状态。

（8）通讯和联网功能。变频器均设有 RS485、RS422 通讯接口，或根据需求配置不同的现场控制总线通讯适配模板，如 PROFIBUS、DEVICENET、FIELDBUS 等，可以和 PLC 控制器通讯及联网运行。

（9）参数预置功能。变频器的运行参数均可事先预置，如 V/f 曲线、转矩提升曲线、转矩限制曲线及起、制动时间等。起、制动时间的选择范围宽达 $0.2 \sim 3600\mathrm{s}$，起、制动曲线可以选择线性加减速，也可以选择指数曲线或 S 曲线加减速。转差补偿的设定，即可预置其机械特性的硬度。变频器的可预置参数有几十种之多，可满足各类传动控制系统的要求。

3.4.2.2　交-直-交变频器分类

交-直-交变频器根据中间回路直流环节的不同，可分为电压源型变频器和电流源型变频器两种。两种变频器的主回路结构如图 4-3-9 所示。

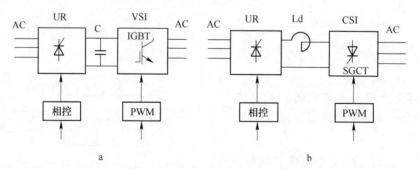

图 4-3-9　两种变频器主回路结构

a—电压源型变频器主回路结构；b—电流源型变频器主回路结构

（1）电压源型变频器。电压源型变频器主电路的中间回路采用大电容滤波器 C，使直流电压比较平直，对于负载来讲，是一个内部阻抗为零的恒压源。

电压源型功率变换器其整流部分又可分为不可控整流器、相控式整流器、PWM 控制整流器三种。该功率变换器逆变部分采用自关断器件，如 IGBT、IGCT、IEGT 等，组成 PWM 逆变器。

（2）电流源型变频器。电流源型变频器主电路的中间回路采用大电感滤波器 Ld，使直流电流比较平直，电源内部阻抗很大，对于负载来讲，是一个内部阻抗很大的恒流源。

电流源型变频器也采用 PWM 控制方式，有利于改善低频时的电流波形（接近正弦波）。

3.4.2.3　电压源型变频器和电流源型变频器性能比较

（1）电压源型变频器属于恒压源，对于可控整流器的电压源型变频器，其电压控制的响应较慢，故适用于多台电机同步运行时的变频电源，当然对单电机传动控制也同样可行。

电流源型变频器属于恒流源，系统对负载电流的变换反应迟缓，因而适用于单电机传动，可以满足快速起、制动和可逆运行的要求。

（2）电流源型变频器本身具有四象限运行能力，不需要额外的电力电子器件；而电压源型变频器在电网侧，必须附加一个有源逆变器。

（3）电流源型变频器的动态响应与 PWM 电压源型变频器相比，较为迟缓。

（4）电流源型变频器需要连接一个最小负载才能正常运行，这种缺陷限制了它的应用范围，而电压源型变频器，很容易在空载情况下运行，应用范围宽广。连铸机传动调速控制广泛使用的 SIEMENS SINAMICSS120 系列变频器就属于电压源型变频器。

应用实践证明，从成本、效率和动态响应来看，电压源型 PWM 变频器更具有优势，目前在工业上普遍使用的是交-直-交电压源型 PWM（SPWM、SVPWM）变频器，其中整流器采用二极管组成的电压源型变频器应用最多、最广泛。

3.4.2.4　交-直-交变频器的应用和控制方式

变频器有低压变频器和高压变频器之分，连铸机中常用的变频器均为低压变频器，低压变频器是指电压等级为 690V、660V、400V（380V）、220V 的变频器，用其驱动相应电压等级的交流电机。交-直-交变频器的控制方式有下列几种：

A　标量控制方式

由电机学可知，异步电动机转速公式为

$$n = \frac{60f_s}{n_p}(1-s) = \frac{60\omega_s}{2\pi n_p}(1-s) = n_s(1-s) \tag{4-3-1}$$

式中　　f_s——电机定子供电频率；

n_p——电极对数；

ω_s——定子供电角频率，$\omega_s = 2\pi f_s$；

s——转差率，$s = \dfrac{n_s - n}{n_s} = \dfrac{\omega_s - \omega}{\omega_s} = \dfrac{\omega_{s1}}{\omega_s}$，其中，$n_s = \dfrac{60f_s}{n_p} = \dfrac{60\omega_s}{2\pi n_p}$ 为同步转速，

$\omega_{s1} = \omega_s - \omega$ 为转差角频率。

由式（4-3-1）可知，如果均匀地改变异步电动机的定子供电频率 f_s，就可以平滑地调节电动机转速 n。然而，在实际应用中，不仅要求调节转速，同时还要求调速系统具有优良的调速性能。

在额定转速以下调速时，保持电机中每极磁通量为额定值，如果磁通减少，则异步电动机的电磁转矩 T_{el} 将减小，这样，在基速以上时，无疑会失去调速系统的恒转矩机械特

性；反之，如果磁通增多，又会使电机磁路饱和，励磁电流将迅速上升，导致电机铁损大量增加，造成电机铁芯严重过热，不仅会使电机输出效率大大降低，而且造成电机绕组绝缘降低，严重时有烧毁电机的危险。可见，在调速过程中不仅要改变定子供电频率 f_s，而且还要保持（控制）磁通恒定。

标量控制方式可以分为两类：

a　恒压频比（$U_s/f_s = K$，常数）控制方式

由电机学可知，气隙磁通在定子每相绕组中感应电动势有效值 E_s 为

$$E_s = 4.44 f_s N_s K_s \Phi_m \tag{4-3-2}$$

式中　　N_s——定子每相绕组串联匝数；

　　　　K_s——基波绕组系数；

　　　　Φ_m——电机气隙中每极合成磁通。

令 $C_s = 4.44 N_s K_s$，由式（4-3-2）可看出，要保持 Φ_m 不变（通常为 $\Phi_m = \Phi_{mN}$，Φ_{mN} 为电机气隙额定磁通量），则必须使 $E_s/f_s = C$，这就要求，当频率 f_s 从额定值 f_{sN}（基频）向下降低时，E_s 也必须同时按比例降低，则

$$E_s/f_s = C_s \Phi_m = C \tag{4-3-3}$$

式（4-3-3）表示感应电动势有效值 E_s 与 f_s 频率之比为常数的控制方式，通常称为恒 E_s/f_s 控制，这是一种较为理想的控制方式。然而由于感应电动势 E_s 难以检测和控制，实际可以检测和控制的是定子电压，因此，基频以下调速时，往往采用变压变频控制方式。这种基频以下变频调速属于恒转矩调速方式。

当定子频率 f_s 较高时，感应电动势的有效值 E_s 也较大，这时可以忽略定子绕组的阻抗，可认为定子相电压有效值 $U_s \approx E_s$，在实际工程中是以 U_s 代替 E_s 而获得电压与频率之比为常数的恒压频比控制方程式，即

$$U_s/f_s = C_s \Phi_s = C \tag{4-3-4}$$

其控制特性如图 4-3-10 中虚线所示。

为了使 $U_s/f_s = C$ 的控制方式在低频情况下也能适用，在实际工程中往往采用 $I_s R_s$ 补偿措施，即在低频时把定子相电压有效值 U_s 适当抬高，以补偿定子阻抗压降的影响。补偿后的 U_s/f_s 的控制特性如图 4-3-10 实线所示。通常把 $I_s \times R_s$ 补偿措施也称之为转矩提升方法。

在基频以上调速时，定子供电频率 f_s 大于基频 f_{sN}。如果仍维持 $U_s/f_s = C$ 是不允许

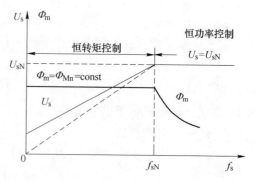

图 4-3-10　交流电机变频调速控制特性

的，因为定子电压超过额定值会损坏电动机的绝缘，所以，当 f_s 大于基频时，往往把电机的定子电压限制为额定电压，并保持不变，其控制方程式为

$$U_s = U_{sN} = C_s \Phi_m f_s = \text{const} \tag{4-3-5}$$

由式（4-3-5）可以看出，当 $U_s = U_{sN} = \text{const}$ 时，将迫使磁通 Φ_m 与频率 f_s 成反比降低。由于频率提高而电压不变，气隙磁通势必减少，导致最大转矩的减小，但转速却提高了，可以认为输出功率基本不变，如图 4-3-10 所示，所以基频以上变频调速属于恒功率调

速方式。

把基频以下和基频以上两种情况结合起来，得到图 4-3-10 所示的异步电动机调速控制特性。

b 转差频率控制方式

转差频率控制是对 $U_s/f_s = K$ 常数控制方式的一种改进，相对于恒压频比控制方式，采用转差频率控制方式，有助于改善异步电动机变压变频调速系统的静、动态性能。

异步电动机电磁转矩与转差角频率 ω_{s1} 近似成正比。可见，通过控制转差角频率 ω_{s1} 来实现控制电磁转矩的目的，是转差频率控制的基本思想，其具体内容在此不作详细描述。

B 矢量控制方式

恒压频比控制或转差频率控制的异步电动机变压变频调速系统，由于它们的基本控制关系及转矩控制原则是建立在异步电动机稳定数学模型的基础上，被控制变量（定子电压、定子电流）都是在幅值意义上的标量控制，而忽略了幅角（相位）控制，因而异步电动机的电磁转矩未能得到精确的、实时的控制，自然也就不能获得优良的动态性能。

矢量控制 VC（Vector Control）成功地解决了交流电动机定子电流转矩分量和励磁分量的耦合问题，从而实现了交流电动机电磁转矩的实时控制，大大提高了交流电动机变压变频调速系统的动态性能。经历了 30 多年的发展，交流电动机矢量控制系统的性能至今已经可以与直流调速系统的性能相媲美，甚至超过直流调速系统的性能。

目前普遍应用的是 PWM 矢量控制（包括电压矢量、磁通矢量、磁场定向等），这种控制方式能像直流电机调速控制那样对磁场和产生转矩的电流分别控制。一般来说矢量控制要求检测电机轴的位置和速度，但现在的矢量控制变频器可以做到不用检测这些值，均由变频器本身的自适应功能来实现，使用起来更加简单。

实际应用的交流电机矢量控制系统是根据磁链是否为闭环控制而分为两种类型，一是直接矢量控制系统，这是一种转速、磁链闭环控制的矢量控制系统；二是间接矢量控制系统，这是一种磁链开环控制的矢量控制系统，通常称为转差性矢量控制系统，也称为磁链前馈型矢量控制系统。两种控制类型在工程设计中可根据需要进行选择。

C 直接转矩控制方式

近年来发展起来的直接转矩控制（DTC）技术，直接控制电机的关键变量：磁通和转矩，不像 PWM 矢量控制那样，而是根据变频器中预先确定的矩阵来完成功率元件的通断控制。通过改变磁通角的大小，达到控制电机转矩的目的。

具体来讲，直接转矩控制技术是通过电压空间矢量 $U_s(t)$ 来控制定子磁链的旋转速度，实现改变定子、转子磁链矢量之间的夹角，达到控制电动机转矩的目的。

在实际运行中，保持定子磁链矢量的幅值为额定值，以充分利用电动机的铁芯，转子磁链矢量的幅值由负载决定。要改变电动机转矩的大小，可以通过改变磁通角 $\theta(t)$ 的大小来实现。而转矩、磁链闭环控制所需要的反馈控制量则由电机定子测转矩、磁链的观测模型经计算后得出数据。

D 伺服控制方式

连铸机中有些需要精确调速的设备，会用到伺服控制方式，如结晶器调宽装置在应用交流伺服电机驱动时，可用交流伺服变频调速装置对交流伺服电机进行控制。此时实现闭环控制时，配置位置检测编码器可对结晶器窄边作准确移动定位。

3.4.2.5　变频器在工业上的应用优势

目前，国内推广应用的低压变频器 95% 以上是从国外引进的变频器。现在低压变频器技术已十分成熟，产品质量、性能、可靠性、价格等都已趋于稳定，在工业上已得到广泛的应用，变频器在工业上的应用优势体现在：

（1）功率元件高频化。广泛应用 IGBT 作为变频器的功率元件，几乎完全取代了 SCR（晶闸管）、GTR（大功率晶体管）等功率元件。某些小容量变频器，则利用性能更加优异的 IPM（集成功率单元模块）作为功率元件，有效地保证了变频器的性能和质量。

（2）变频器产品的实用化。目前的变频器多为通用变频器，适合于各种负载条件和各种控制对象的传动。为了满足用户需求，降低用户使用变频器的成本，许多厂商在通用变频器系列中派生出一些专用变频器系列，如风机水泵传动用变频器，这种变频器的电流过载容量大，所以与通用变频器同一型号规格的变频器可适用于更大一级的电机，价格也相对便宜。它具有优化的键盘，操作简单，调试、编程也相对容易。而对于一些特殊要求的控制，如位置控制、同步控制、速度控制、转矩控制等，则可选用相应的类型和选件，以适应这类要求高的应用场合。

（3）网络公开化。目前先进的变频器都配有总线适配器模块作为选件，外部总线可以通过双绞线与适配器连接，变频器则作为系统的智能终端。

（4）技术规格国际化。现在国外著名变频器生产厂家所生产的变频器的技术规格已统一成国际性标准，尽管不同厂家的产品有差异，但都大同小异，通用性很强。

（5）配置灵活化。根据用户需要，变频器可灵活配置，如标准的通用变频器均为 6 脉冲整流单元，但对于用户提出的要求减少变频器对电网的谐波污染（国家对电网谐波有严格规定），特别是中、大容量的变频器，更有可能提出这种要求，可选择 12 脉冲整流单元，即并联的两个 6 脉冲整流单元和逆变单元分开配置，采用公用直流母线方式，这特别适合多台变频器应用的场合。根据不同的控制传动对象，是否需要频繁的正、反方向运行以及是否需要能量回馈，可以选择单象限或四象限运行的变频器。

（6）容量扩大化。目前低压变频器的容量范围已大大扩展，从 0.2kW 到 25MW 容量的各种规格的变频器均已产品化，覆盖了全部低压电动机的容量范围。

3.4.3　交流伺服控制器

交流伺服控制器主要用于对交流伺服电机的控制，一般用于位置精确控制的生产设备，控制系统中，交流伺服电机多为低惯性、小容量电机，新一代交流伺服控制器具有下述优点：

（1）实现高速定位，改善平滑时间。

（2）配置绝对值编码器，闭环控制，提高位置控制精度。

（3）交流伺服控制器安装紧凑灵活。

（4）在采用滚珠丝杠为驱动轴时，可抑制机器中末端的振动或机器中的滞留脉冲波动。

（5）良好的同步运行精度。

（6）完善的监控和诊断功能。

3.5 电气传动的操作方式

电气传动系统的操作方式可分为三类，即自动方式、半自动方式和手动方式，如图4-3-11所示。

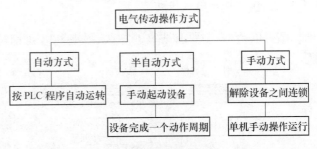

图4-3-11 连铸机电气传动操作方式

（1）自动方式。自动方式是指电气传动装置根据主干控制器（PLC可编程序控制器）设定的运转程序、联锁和设定值进行自动运转，如钢包旋转和升降、中间罐车行走、对中及升降、结晶器振动（在采用电动方式时）、结晶器在线调宽、连铸机驱动辊、输送辊道、出坯区辊道等。

（2）半自动方式。半自动方式，设备的动作也是按规定的运转程序和联锁要求进行，但每次动作要通过控制按钮来起动，完成一个动作周期后即刻停止。这种控制方式多用在一些有独立功能的控制设备上。动作的执行顺序仍然依靠PLC可编程序控制器中的运转程序，起动一次，完成一个动作周期后，返回到起始位置。

（3）手动操作方式。手动方式时，解除联锁，可机旁单独操作，用作单机调试和维修。

以上三种操作方式中，手动方式是级别最高的，所有能按自动方式和半自动方式运转的设备都能按手动方式操作。所有设备操作方式的选择开关均设置在机旁或附近的操作台上，用于维修调试或现场出现特别情况时。另外在连铸机铸造作业时，一般选择自动运转方式，特别是连铸机驱动辊必须在自动运转方式下进行。

3.6 板坯连铸机主要设备传动控制技术的应用

板坯连铸机设备传动控制技术是连铸机自动化控制的重要组成部分，板坯连铸机采用的电气传动控制主要单体设备及功能有：

（1）钢包回转台，回转和升降；

（2）中间罐车，行走、升降和对中；

（3）引锭车，行走、引锭提升，引锭送入结晶器中；

（4）结晶器振动装置；

（5）结晶器在线调宽；

（6）连铸机扇形段电气传动控制；

（7）火焰切割机的行走，割枪平移，割枪升降；

（8）切割区前后辊道；

（9）出坯区辊道；

（10）去毛刺机、喷号机；

（11）板坯横移台车、推钢机、堆垛机、卸垛机；

（12）板坯机械清理设备、机械修磨设备；

（13）中间罐维修场设备、机械维修场设备。

3.6.1　钢包回转台电气传动控制

钢包回转台控制要求见 3.2.2.1，图 4-3-12 是钢包回转台运转示意图。

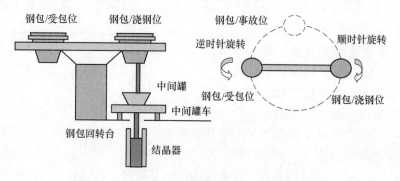

图 4-3-12　钢包回转台运转示意图

（1）钢包的回转。根据钢包回转的控制要求，现在一般采用交流变频电机，全数字式交流变频调速装置，带有制动单元和制动电阻，回转电机传动轴上设置有光电编码器进行位置检测，为保险起见，在不同位置还设置了限位开关，可起到双重保险的作用。

钢包回转控制曲线如图 4-3-13 所示。

（2）钢包及钢包盖的控制。钢包升降通常采用液压缸升降，操作在浇注前进行，所以机旁设有手动操作按钮。

钢包盖的旋转和升降也采用液压驱动，但也有的采用电机驱动。

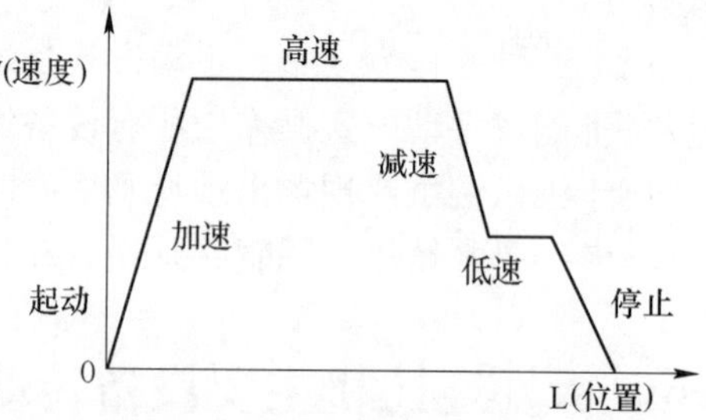

3.6.2　中间罐车电气传动控制

图 4-3-14 是中间罐车运转及位置控制示意图。

图 4-3-13　钢包回转台回转控制曲线

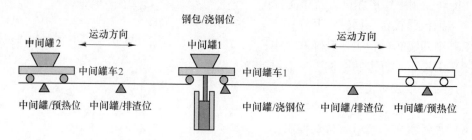

图 4-3-14　中间罐车运动及位置控制示意图

（1）中间罐车行走。中间罐车的行走要求有较准确的停止位置，特别是向结晶器方向行走时，为了把浸入式水口准确地运行到结晶器中央位置，有时需要用手动按钮盒进行手动点动对准。以前的连铸机多采用双速鼠笼电机高低速传动，现代连铸机大都选用变频电机，中间罐车的行走速度控制，选用交流变频调速装置带有制动单元和制动电阻来控制。设备运行时，由限位开关发出减速指令，中间罐车到达停止位置之前进行减速。为了实现连续浇注，通常一台连铸机设置两台中间罐车分别设置在钢包回转台的两侧，这时要注意两台中间罐车之间的联锁以及与钢包回转台之间的联锁。

（2）中间罐升降及对中。相对钢包回转台升降钢包而言，中间罐升降负荷较轻，主要是要考虑行走与升降之间的必要联锁。现代连铸机中间罐升降及对中控制，多采用液压驱动，为了准确控制中间罐升降位置，液压缸配置有位移传感器及位置指示装置。

（3）中间罐浸入式水口渣线控制。每台中间罐车上设置 1 个外装式位移传感器及数值显示表，用于中间罐升降位移显示及浸入式水口调渣线（见图 4-3-15）。

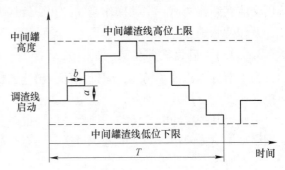

图 4-3-15　浸入式水口调渣线目标控制
a—步长高度，5mm；b—步长时间，15min

调渣线控制按照预定的程序，中间罐在循环周期内按一定的步长时间和步长高度开始动作。浸入式水口调渣线时中间罐升降应慢速进行，速度大约 10mm/s；调渣线程序应留有用户二次开发的余地，亦即多种调渣线曲线的应用可能。

3.6.3　引锭车、链式输送机、引锭卷扬电气传动控制

引锭装入连铸机可以分为下装引锭和上装引锭两种方式。详细叙述见 3.2.2 节。

上装送引锭时，和引锭运输有关的单体设备的电气传动有引锭车电气传动、链式输送机电气传动和引锭提升装置电气传动。引锭车、链式输送机、提升装置的传动均为变频电机，其速度控制选用交流变频调速装置。上装式送引锭时，控制设备及控制要求叙述如下。

3.6.3.1　引锭车

（1）引锭在向结晶器内装入时主要载荷是引锭的重量，在装完引锭返回时，载荷是空载，这两种载荷状态在整个运行过程中是保持不变的。送引锭的过程因还没有开始浇注，可以用机侧手动操作按钮来进行操作，在悬挂操作箱上应该设置完成整个运行过程的操作按钮和点动按钮。

（2）电气传动为可逆传动。

（3）把引锭装在引锭车上的位置和向结晶器插入引锭的位置需要停位准确，因而需要变速运行，到位前先减速。根据以上特点，通常采用变频电机或多速鼠笼型电动机（现在运用的较少），减速和停止用限位开关控制。

3.6.3.2　链式输送机

链式输送机的电气传动主要考虑以下几个问题：

（1）链式输送机在输送引锭时情况比较复杂，在向引锭车上装载、对准结晶器时的运行，以及引锭插入结晶器后的输送速度都不一样，因而要求电气传动有较大的调速范围，

但调速精度要求不高。

（2）要求可逆传动，并在机侧操作箱进行手动操作。

（3）引锭长度的一半进入结晶器和二冷区域的情况下，要有防止引锭自由落下的措施，通常变频器必须设置制动单元和计算合适的制动电阻，电机应设置电磁制动器。

（4）要求有较高的停位精度（≤±1mm）。检测引锭在引锭车上的行程，必须采用光电编码器。

根据以上要求，链式输送机电气传动需要采用具有较大调速范围的调速变频电动机，选用交流变频器调速。手动操作箱安排在引锭提升装置的一端和结晶器一端，两地分别操作，并保持联锁。

3.6.3.3　引锭提升装置

为了节省连铸设备场地，引锭尾部一出连铸机就会被引锭提升装置的吊钩钩住，严格与拉坯速度配合提升，因此，调速范围要求宽，调速精度要求较高。

引锭提升装置的电气传动系统要考虑停电时，防止引锭由于重力而下落，通常须采用电磁制动器。另外在方向上要考虑可逆，要有较高的定位精度。

综上所述，引锭提升装置可采用变频调速电动机，交流变频调速装置采用矢量控制方式，提升位置控制可采用光电编码器。

3.6.4　结晶器振动装置电气传动控制

为了防止钢液在结晶器内冷凝时粘结在结晶器壁上，产生坯壳拉损而引起漏钢事故，在拉坯时必须使结晶器以一定的频率和振幅上下振动。由于结晶器在振动时，周期性地改变结晶器液面与结晶器壁的相对位置，有利于保护渣向结晶器壁的渗透，改善润滑状况，减少拉坯时的摩擦阻力，使拉坯得以顺利进行。

结晶器振动装置有电动振动方式和液压振动方式两种。以往连铸机几乎全部采用结晶器电动振动方式，随着连铸技术的发展及控制水平的提高，现代连铸机多采用液压振动方式。结晶器液压振动方式与电动振动方式相比，具有设备简化、控制灵活、参数更改容易、控制精度高及寿命长等优点。

3.6.4.1　结晶器电动振动方式

连铸机结晶器电动振动由电动机驱动，有同步式、负滑脱式和正弦式三种。图 4-3-16 是结晶器电动振动特性曲线。

A　同步振动方式

同步振动方式是结晶器和铸坯以同一速度下降，然后再以三倍的速度上升，如图 4-3-16 中曲线 1 所示。这种结晶器振动机构和拉坯机构之间要

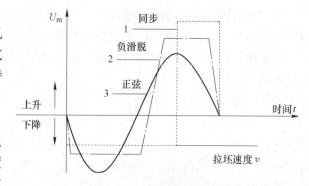

图 4-3-16　结晶器电动振动特性曲线

实行严格地联锁，而且在结晶器上升与下降的转折点处，速度变化很大，会产生较大的冲击力，对结晶器振动的平稳性和铸坯质量都不利，这种振动方式目前已不再使用。

B　负滑脱振动方式

负滑脱振动方式是结晶器下降速度略大于拉坯速度,使铸坯在向下运动时,与结晶器壁产生负滑动,然后结晶器以下降速度2～3倍的速度值上升,如图4-3-16中曲线2所示。

C　正弦振动方式

正弦振动方式是结晶器振动速度按正弦曲线变化,如图4-3-16中曲线3所示。正弦振动方式可以保证结晶器在整个振动过程中,速度一直是变化的,铸坯与结晶器壁之间始终存在着相对运动,并且在下降时有一小段负滑脱,能防止坯壳与结晶器壁粘结,上升与下降速度的过渡比较平稳,对结晶器冲击力小,易于实现高频振动,同时可减少振痕深度,对改善铸坯表面质量效果较好。正弦振动可以用曲柄连杆偏心轮机构来实现,结构比较简单,易于加工和维护,采用电动振动方式的连铸机广泛采用这种振动方式。

正弦振动方式有下列优点:

(1)在振动过程中,结晶器和铸坯没有同步时段,而有负滑脱阶段,因而有利于脱模。

(2)正弦振动结晶器的加速度是按余弦规律变化,故过渡点平稳,无大的冲击。

(3)正弦振动可用曲柄连杆机构来实现,因而结构简单。故连铸机大都采用正弦振动方式。在采用正弦振动方式的情况下,电气传动系统的负荷也是与振动频率相同的交变负荷。其结晶器振动的力矩与位移的关系如图4-3-17所示。

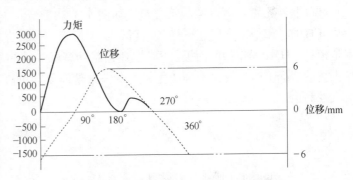

图4-3-17　结晶器振动力矩与位移的关系

为了适应交变负荷,传动控制系统应采用可逆系统,即负荷力矩为正时,处于电动状态正桥工作,系统从电网吸收能量;负荷力矩为负值时,处于发电制动状态,反桥工作,系统能量回馈电网。

为了保证拉坯速度变化时,铸坯的负滑脱率基本不变,要求振动频率与拉坯速度成比例变化,因此振动装置的电气传动控制系统必须具有与拉坯速度变化相适应的调速范围和一定的调速精度(<1%),即振动频率$f = av_c + b$,式中a,b均为常数。当结晶器液位到达基准值后,由PLC发出"浇钢信号",结晶器振动及连铸机驱动辊自动起动。当拉坯快要结束,铸坯离开结晶器后,结晶器振动自动停止。选择手动方式仅用于维修状态,这时结晶器振动的起动和停止,均采用浇注平台悬挂操作箱上的手动开关进行操作。

综上所述,电动方式下的结晶器振动装置可采用交流调速电动机,交流变频调速装置采用矢量控制方式。

3.6.4.2　结晶器液压振动方式

结晶器液压振动方式是由带有伺服阀块的液压缸驱动结晶器振动装置从而带动结晶器进行振动的方式,根据连铸生产需要,采用正弦波或非正弦波进行振动。在连铸生产中能够实时采用非正弦波是结晶器液压振动方式的最大优势。

结晶器液压振动设备包括机械设备、液压伺服系统、电气控制系统三部分。

A　结晶器液压振动机械设备

机械设备主要部件有振动基础框架，具有支撑、对中、固定结晶器的振动台（振动单元体），无磨损与预应力板式导向系统，自动供水系统等。

B　结晶器液压振动液压伺服系统

结晶器振动液压伺服系统主要用于控制和驱动结晶器振动液压伺服液压缸。包括结晶器振动液压泵站、液压伺服设备两大部分设备。

结晶器振动液压泵站由油箱装置、循环泵装置、循环冷却加热过滤装置、主泵装置、高压蓄能装置等组成。

结晶器振动液压伺服设备主要由振动用伺服液压缸、蓄能器装置和中间配管组成，由液压泵站提供液压振动所需要的压力油。振动用伺服液压缸带有伺服阀块，液压缸内部装有位移传感器，伺服阀块上装有电液伺服阀、压力传感器等。蓄能器装置是为了吸收振动用伺服液压缸油路的液压脉动，提高系统的动态性能而设置。

C　结晶器液压振动电气控制系统

结晶器液压振动电气控制系统组成如图 4-3-18 所示。包括 PLC 控制器，高性能 CPU 中央处理器，工业以太网通讯模板，PLC 功能模板、I/O 功能扩展模板、I/O 模拟量和数字量模板，HMI 操作控制面板，IPC 工业控制计算机（结晶器液压振动装置作为机电一体品供货的情况下需配置，若自动化装置由一家整体设计供货，则由 L2 过程计算机替代），电气控制柜。

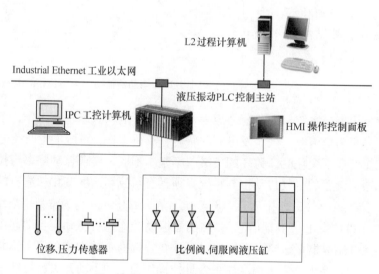

图 4-3-18　结晶器液压振动控制装置

D　主要技术参数

振幅　　　　　0 ~ ±5mm；
振动频率　　　40 ~ 360c/min；
振动曲线　　　正弦波或非正弦波，非正弦波最大偏斜率 40%；
导向精度　　　在板坯宽度方向 ±0.15mm，在板坯厚度方向 ±0.10mm；

振幅精度　　　 3%（全行程）；

相位差　　　　 1 度以内（特定条件下）。

E　主要特点

（1）当结晶器被放置在振动台上时，一次冷却水自动连接；

（2）可实现振动频率和振幅的最佳组合，再加上最合适振动波形和波形偏斜率，适用各类浇注条件和生产钢种；

（3）在线调节振幅、频率、正滑动和负滑动时间、波形偏斜率等振动参数；

（4）液压非正弦振动可在最佳负滑动时间和正滑动时间的情况下降低振动频率，提高设备的使用寿命和稳定性；

（5）采用伺服比例阀控制振动运动，控制精度高；

（6）无磨损板式精确导向系统；

（7）通过螺旋弹簧进行振动体重量补偿和缓冲，减小液压缸及液压系统的负荷；

（8）振动装置拆卸时间短；

（9）易于更换和维修。

3.6.5　结晶器调宽装置电气传动控制

结晶器调宽装置有电动调宽和液压调宽两种方式。电动调宽方式是每个窄边由上下两个电机驱动，一般选用交流变频电机或交流伺服电机，由交流变频调速装置或交流伺服控制器控制。液压调宽方式是每个窄边由上下两个液压缸或液压马达驱动，由比例阀或伺服阀控制。

结晶器宽度调整系统可实现离线宽度、锥度调节；铸造过程中在线宽度、锥度调节；拉坯速度和冷却系统连续监视。

结晶器宽度调整系统主要包括结晶器夹紧和调宽装置；在线宽度和锥度调节数学模型（与铸坯规格、钢种、过热度、拉速、冷却等有关）；拉坯速度和冷却系统连续监视系统；在线宽度和锥度调节控制模型。

在连铸生产过程中，浇注不同断面尺寸的铸坯，要求不同尺寸的结晶器。为了提高连铸机生产效率和金属收得率并降低能耗，特别是实现板坯热送或连铸-连轧时，需要在不停机的情况下改变板坯的宽度，这就需要结晶器在生产过程中进行调宽。

结晶器在线调宽装置的运转流程分为三个阶段：

第一阶段：引锭插入之前，标定宽度和锥度的初始值。

第二阶段：引锭插入之后，在引锭保持方式中，根据板坯宽度和锥度的尺寸初始值，进行调宽运转。

第三阶段：在铸造过程中，根据所要浇铸的板坯宽度进行变宽、变窄、调锥的运转。宽度调整完毕，按照调整后的新宽度和锥度运转。

按照生产要求，结晶器在线调宽必须满足调整宽度和调整锥度两种功能，调整方式有两种。

（1）调宽和调锥分离型。采用滚珠丝杠调宽，偏心轴调锥，互相独立，互不干涉。调宽装置由电动机、减速器，通过滚珠丝杠带动窄边前进或后退进行调宽。而调锥是通过电动机、减速机带动偏心轴转，使整个窄边和调宽装置一起绕支点摆动以改变窄边的锥度。

（2）调宽调锥复合型。两个平行丝杠可同步进行调宽，单独实现调锥，调宽和调锥交叉进行。

图 4-3-19 所示是结晶器调宽系统原理。

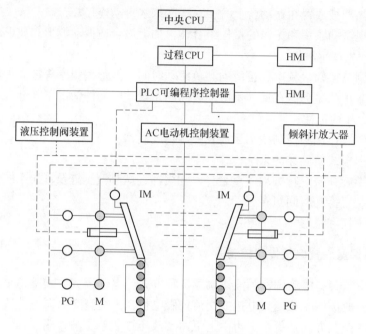

图 4-3-19　结晶器调宽系统原理示意图
M—电动机；PG—光电编码器；IM—锥度计

图 4-3-19 中，M 为电动机（或液压马达），同时调整结晶器宽度、锥度和支撑辊位置，PG 为光电编码器，IM 为锥度计。

连铸机自动化系统采用分级控制。L2 级过程计算机按生产计划下达铸造过程中在线调宽指令，同时下达结晶器尺寸、锥度的移动量及宽度的变化速度、宽度变更的时刻、宽度变更时拉速等控制参数。

L1 级基础自动化 PLC 可编程序控制器按 L2 级过程计算机下达的指令，按一定的顺序执行控制操作，如计算和控制锥度量、执行控制锥度和宽度的移动顺序、设定移动速度（包括加、减速设定）、设定最终位置、校核锥度计指示数值与计算锥度之间的差值并监视调宽时的锥度值，还可利用锥度计监视调宽之外的结晶器锥度变化等。

结晶器调宽装置应设有位置检测光电编码器或位移传感器，实现位置闭环控制，保证调宽位置定位精度。

结晶器在线调宽动作时序如图 4-3-20 所示。

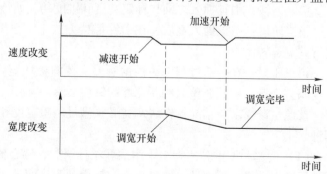

图 4-3-20　结晶器在线调宽动作时序

按连铸生产要求，调宽移动速度一般低速为 2~20mm/min，高速为 100~200mm/min，因而对调宽装置的调速范围要求达 1:100 左右。在停机调宽时，要求高速，一般为 100~200mm/min。而在铸造过程中在线调宽时，由于调宽速度过快会产生漏钢事故，要求低速，一般为 2~20mm/min，而且还要求两边移动速度及距离完全与设定值保持一致。当由窄向宽调整时，还要求速度更慢些，一般不超过 10mm/min。调锥速度，偏心轴的回转速度一般取 3°/s。为了防止高速铸造时，在线调宽时结晶器下方铸坯产生鼓肚，结晶器下方可增设支撑辊，并实行在线调宽时，这一支撑辊同时作位置跟踪控制用。

每个窄边有上下两套移动机构来实现，调整的顺序可以有以下两种形式：

（1）结晶器窄边上、下机构多次小步移动法，如图 4-3-21 所示，每个窄边按照 1、2、3、4、5、6 次序多次小步向外或向内移动。

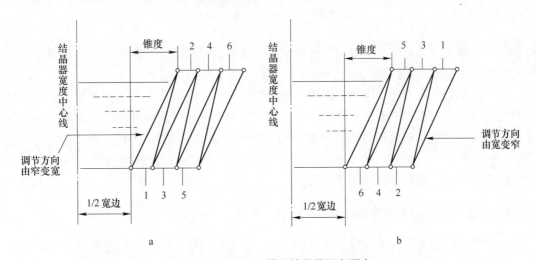

图 4-3-21   板坯连铸机结晶器调宽顺序
a—由窄变宽调节方向；b—由宽变窄调节方向

（2）结晶器窄边先调锥度——上、下同步调宽——再调锥度的方法。

1）由窄变宽时，如图 4-3-22a 所示，步骤如下：

①移动窄边下部减小锥度，调锥时，偏心轴的回转速度一般取 3°/s；

②窄边上、下同步移动，可设定低速——高速——低速值，一直达到铸坯要求的宽度尺寸；

③移动窄边上部，增大锥度，达到结晶器宽度设定值。

2）由宽变窄时，如图 4-3-22b 所示，步骤如下：

①移动窄边上部减小锥度，调锥时，偏心轴的回转速度一般取 3°/s；

②窄边上、下同步移动，可设定低速——高速——低速值，一直达到铸坯要求的宽度尺寸；

③移动窄边下部，增大锥度，达到设定值。

结晶器调宽时，调宽速度 v_B 和拉速 v_C、钢种类别系数 K_1 有关。

$$v_B = f(v_C, K_1) \tag{4-3-6}$$

由于结晶器本身和调宽调锥的电气传动设备是一个整体，随板坯厚度规格改变及维修

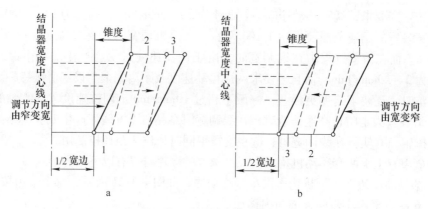

图 4-3-22　板坯连铸机结晶器调宽顺序

a—由窄变宽调节方向；b—由宽变窄调节方向

需要，应方便更换结晶器，所以电气接线采用插接方式，并设有接地保护。在结晶器维修现场应设置一套供单边调整的电控装置，调整时两个短边分别进行。

另外结晶器处在高温、多尘、多蒸汽的恶劣环境下，电气设备的防护很重要。调锥电动机应与电磁制动器和减速机制造成一体，调宽的电动机应与热敏开关、减速器及绝对值光电编码器（把电动机的回转变换为唯一数字量识别信号）制造成一体。上述的电气设备和限位开关等都应是防水、防尘和耐热型的。电动机采用变频调速电机和矢量控制变频器，或交流伺服电机和交流伺服控制器。

3.6.6　连铸机扇形段电气传动控制

连铸机扇形段电气传动控制包括三部分：一是扇形段驱动辊正反向速度控制，二是扇形段辊缝调节控制，三是压缩铸造时的电气传动控制。

3.6.6.1　扇形段驱动辊正反向速度控制

连铸机内的铸坯由于存在着运行阻力，不会自动从连铸机里出来，需要用外力将它拉出来，为此扇形段中需要设置驱动辊。板坯连铸机扇形段驱动辊分别具有拉坯和拉送引锭的作用。

对于直弧形连铸机，在弧形区的铸坯自重具有下滑力，但它不能完全克服铸坯的运行阻力，仍需要扇形段中设置驱动辊进行拉坯。

对于立式连铸机，铸坯自重产生的下滑力很大，往往大于它的运行阻力，所以能自行下滑，为了平衡下滑力并控制拉坯速度，连铸机仍需设置驱动辊，此时驱动辊不是产生拉力，而是让它产生制动力来平衡铸坯自重产生的下滑力。

扇形段驱动辊（也叫连铸机驱动辊，以下简称驱动辊）电气传动控制是一个非常复杂的过程，在现代大型板坯连铸机上往往有几十根驱动辊，电气控制均采用独立驱动。因此在确定驱动辊的电气传动控制时应考虑以下因素。

（1）在连铸机实际生产过程中，要求拉坯速度是可变的，比如，送引锭时，要求采用比最高拉坯速度高出一倍的速度送引锭；拉坯时又有低速/过渡速度/高速的要求。因此要求驱动辊的传动系统具有相差数十倍的调速范围，如 0.1 ~ 5m/min。同时，由于拉速稳定是保证连铸生产稳定的重要前提条件，因此，对调速的精度要求很高，一般误差不大于1%，响应时间不应大于0.5s。

（2）为保证驱动辊传动负荷的均衡，防止某一驱动辊负荷过大而产生系统故障，需要采取负荷平衡措施。

（3）在高速拉坯时，为了防止铸坯内裂，当采用压缩铸造时，水平段需要进行制动力的分配与控制，以抵消由于矫直作用在铸坯两相界所产生的拉应力。

（4）在拉坯初期或在送引锭过程中，若发生停电故障，应保证铸坯或引锭不致滑落，在某些驱动辊上（如弧形区域和矫直区域的驱动辊）应安装电磁制动器。

（5）由于驱动辊的直径是不同的（尤其在细辊密排的情况下），在使用精确的光电编码器计算驱动电机转速的条件下，既要保证驱动辊的线速度保持相对一致，又要考虑在铸坯的逐渐冷却过程中，驱动辊因热胀冷缩所造成的线速度的微小差别。

现代连铸机驱动辊的电气传动控制已大多使用数字矢量控制的交流变频调速方式，但在这种情况下不能采用分组集中控制，必须使变频器与电动机构成1对1的组合。

3.6.6.2 扇形段辊缝调节

扇形段辊缝调节（有时也叫连铸机辊缝调节）是在开始浇钢前连铸机最重要的调节控制内容之一。以各种连铸机而论，直弧形板坯连铸机驱动辊的辊缝调节最为复杂，下面就以此为例进行说明，其他类型的连铸机的辊缝调节就比较简单了。

直弧形板坯连铸机通常由一个或两个驱动辊（一个驱动辊时，一般出现在内弧；两个驱动辊时，往往内外弧成对布置）再加若干自由辊组成一个扇形段，而每流由十多个扇形段组成。扇形段辊缝调节实质是一个位置自动控制系统，有电动调节和液压驱动调节两种方式。

电动调节辊缝时，每个扇形段由一台交流电动机驱动，为进行辊缝的增大或减小的调节，该电气传动装置由带可逆接触器的电机控制中心供电，每台电动机装有一台光电编码器，由它将电动机转动产生的行程信号作为扇形段辊缝实际值送入PLC控制站，并与设定值比较，形成指令下达给电动机，指示其起动或停止，以实现辊缝自动调节。这种电动调节辊缝方式，目前应用较少。

液压驱动调节辊缝是目前广泛应用的辊缝调节技术，采用扇形段远程调辊缝装置（包括液压装置和电控装置）进行辊缝调节，也是实现扇形段内板坯动态轻压下和重压下的硬件基础。

液压调节装置中的液压设备包括每个扇形段上的4个夹紧液压缸，每个液压缸由快速换向阀（或比例阀）、液控单向阀、溢流阀以及位移传感器、压力传感器等组成。每个扇形段配置有扇形段夹紧控制装置，主要由电磁换向阀、电液换向阀、液控单向阀等组成。连铸机液压调节辊缝的电控装置控制原理如图4-3-23所示。

电气控制系统中，设置远程调辊缝PLC控制主站一台，每一扇形段设一控制从站，共N台，另有一远程控制站，用于液压站内阀站的控制。主站、从站及远程I/O站之间用现场总线Profibus-DP连接。

PLC控制从站可采集位移传感器及压力传感器的信号，控制快速换向阀（或比例阀）的动作，为减少现场干扰和信号的准确传送，控制单元一般设置在扇形段附近，并在设备附近设置操作控制箱，便于现场调整。

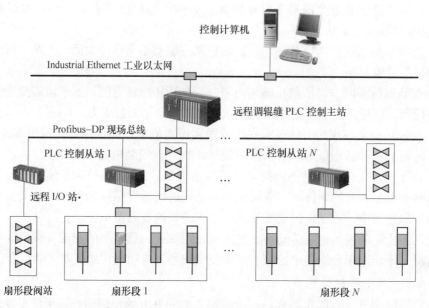

图 4-3-23　扇形段液压调辊缝电控原理

　　远程调辊缝 PLC 控制主站连接在 Profibus-DP 现场总线上，当连铸机生产没有动态轻压下要求时，控制计算机可认作 L1 级 HMI 监视操作站，数据设定和画面监控由 HMI 监视操作站完成；若连铸生产需要进行动态轻压下时，控制计算机可认作 L2 级过程计算机，数据设定、动态轻压下数学模型和控制模型、实时监控等均由 L2 级过程计算机执行。

　　在辊缝的实际调节过程中，为避免机械间隙造成辊缝误差，应按照使辊缝增大的方向来调整辊缝。即当实际值小于设定值时，朝增大辊缝的方向起动调整装置；而当实际值大于设定值时，应先朝辊缝减小的方向起动调整装置，令辊缝减小直至实际值小于设定值减去 1mm 为止，然后再朝增大辊缝的方向起动调整装置，并使二者偏差小于预先设定的允许值。

3.6.6.3　压缩铸造时的电气传动

　　现代高拉速的连铸机由于出现液芯矫直，因此会使铸坯两相界产生裂纹，严重损害铸坯质量。为了防止这一现象的产生，可采用压缩铸造技术。

　　直弧型板坯连铸机在矫直区内对铸坯矫直时，其铸坯内弧受拉应力，外弧受压应力，而内弧的拉应力过大是铸坯凝固前沿产生裂纹的主要原因。

　　压缩铸造技术的本质是在铸坯矫直的同时，施加一个反向力，抵消内弧由矫直力产生的拉应力，这样使内弧受到的拉应力相应减少，而外弧受到的压应力相应增加，因此也就减少了内弧两相界的变形量，带液芯矫直时就不用担心铸坯产生内裂。图 4-3-24 是压缩铸造原理示意图。

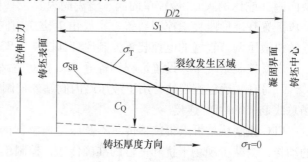

图 4-3-24　压缩铸造原理

图 4-3-24 中，当坯壳强度限 σ_T 小于由矫直所产生的拉应力 σ_{SB} 时，铸坯会出现内部裂纹，此时若给矫直区域内铸坯一个可产生制动力的压缩力 C_Q，使其在坯壳中产生压应力，并让这个压应力等于拉应力 σ_{SB}，让铸坯的两相界合成应力等于 0，如图中虚线所示，这样就可以防止铸坯内部裂纹的产生。

图 4-3-24 中，S_1 为坯壳厚度，σ_T 为坯壳强度限，σ_{SB} 为矫直产生的拉应力，$D/2$ 为铸坯厚度的 1/2。一般连铸机采用压缩铸造技术后，比不用压缩铸造技术铸坯的内部裂纹可减少 90% 左右，而拉坯速度能提高 30%~50%，尤其对厚板坯连铸机效果更为明显。

采用压缩铸造时，连铸机水平扇形段驱动辊驱动电机处于发电制动状态，其制动力矩产生的与铸造方向相反的水平力即为压缩力，图 4-3-25 所示为压缩铸造时电机特性与工作点变化示意图。

图 4-3-25 中，n_H 为额定拉坯速度对应的转速，A 点（曲线 1）为该驱动辊处于拉坯作用即电动状

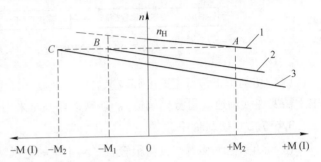

图 4-3-25 压缩铸造时电机特性与工作点变化示意图

态时的工作点，当拉坯作用变为压缩作用时，首先要使相应驱动辊电机工作特性下移，即改变速度设定值。使该辊速度降低，但由于铸坯将迫使该辊继续保持与拉速同步，因此，电机将由电动状态过渡到发电制动状态运行，这时控制系统相应由正桥导通、反桥封锁转变为反桥导通、正桥封锁，该驱动辊的工作点由 A 点过渡到 B 点（曲线 2）或 C 点（曲线 3），B，C 点所对应的力矩 $-M_1$，$-M_2$ 为负力矩，也就是该驱动辊所产生的压缩力。实际工作时，压缩力的大小将由压缩力设定器或上位计算机计算予以设定。通过压缩力设定器与实际压缩力测量信号的比较，调整主回路的电流，从而得到不同的压缩力。

压缩铸造时，压缩力的测量可以通过检测传动电机的电流间接得出，这种方法比较简单，但精度较差，所以一般采用在制动辊轴承处安装测力元件的方法直接进行测量。

压缩铸造控制系统的组成可以有多种不同的方案，其控制方法也各不相同。现代连铸机大量采用鼠笼式交流变频电机、交流变频矢量控制，完全能满足要求，其基本原理是一样的。

3.6.7 火焰切割机电气传动控制

火焰切割机是用以将连铸坯按产品规格要求，切割成一定长度的铸坯。它的电气传动控制分别由火焰切割车的行走、切割枪的移动和升降三部分组成。图 4-3-26 是火焰切割机电气传动控制功能。

3.6.7.1 切割车的行走

（1）正常切割时，切割车行走仅有返回状态控制行走，而在切割时，切割车是夹紧在铸坯上与铸坯同步而被动运行，其行走速度与连铸机铸坯拉速相同。

（2）完整的铸坯切割过程包括坯头切割、试样切割、坯尾切割、尾坯切割等多种方式，因此切割机行走的状态与停止位置依切割方式而定。

（3）为了保证定尺切割的准确性，要求切割车返回时准确定位（包括初始位、定尺位、切头位、切尾坯位等），并在到达设定位置前 300~500mm 时开始减速。

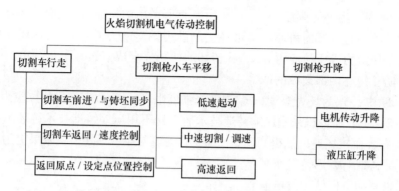

图 4-3-26　火焰切割机电气传动控制功能

（4）切割车正常行走速度和减速后行走速度一经调整确定则固定不变，因此工作过程中不需要连续调速（可分档调速）。通常，切割车采用交流电机、变频调速、电磁制动器。

3.6.7.2　切割枪平移

（1）切割枪平移时，负荷很轻，平移小车的电机功率通常在 0.5kW 以下。

（2）为了保证切割质量，要求平移速度稳定。

（3）按切割要求，切割枪平移应该慢速起切，中速切割，高速返回，调速范围一般按 0.1~3.0m/min 考虑。

（4）由于铸坯的温度、钢种、断面不同，要求切割枪的平移速度连续可调。

因此切割枪平移必须采用高精度调速系统，如直流电气传动，晶闸管可逆装置供电，通过弱磁实现高速返回移动；或交流电气传动，交流变频调速装置供电，采用矢量控制方式。

3.6.7.3　切割枪升降

切割枪升降仅是位置控制，无特殊要求，因此使用交流鼠笼电机即可。

3.6.8　切割区辊道电气传动控制

切割区辊道主要功能是合理输送铸坯和承载由火焰切割机实施定尺切割的铸坯。控制时要防止切割火焰损坏铸坯下的辊道。采用下装引锭，在送引锭模式时，辊道要逆向高速输送引锭。

（1）切割机前辊道，在送引锭时设定为送引锭速度逆向运行，拉坯时和拉坯速度同步，输送尾坯时，根据需要进行速度设定。

（2）在切割机工作时，切割机下辊道传送速度要求与连铸机拉坯速度同步，以减少拉坯阻力，保证铸坯质量。当板坯切割完毕后，切割机后部辊道切换为高速，迅速将板坯送出切割区，切割区辊道应选择可调速传动装置。通常可采用调速的交流传动，这时要能保证高速出坯。

（3）当切割火焰到达相应辊子上方时，为保证辊子不受切割火焰或熔钢的损伤，通常采取两种方式：一种平移法，即把整个切割区辊道安装在一个整体移动框架上，当切割枪快要接近辊子时，向前或向后快速平行移动框架，使辊子避开切割枪；第二种方式是采用摆动辊，当切割枪快要接近某一辊子时，该辊子利用摆动升降机构向下摆动，避开切割枪，当切割枪随铸坯向前移动过后，摆动升降机构把辊子抬起来，继续支撑铸坯，保证切割区辊道不受损。无论是采用哪一种方式，平移和摆动的机构通常均由液压缸驱动，由电气进行控制。

3.6.9 出坯区各类辊道电气传动控制

出坯区辊道一般包括切割区以后的各类辊道，如等待辊道、去毛刺辊道、称量辊道、二次切割辊道、喷印辊道等，这些辊道一般采用交流传动，多选用辊道变频电机，由交流变频调速装置控制，电气传动控制主要考虑以下几点：

（1）出坯区辊道的作用是运送铸坯，铸坯属于重负荷负载，除保证正常传送力矩外，还需考虑因某些外因引起铸坯驻留的工况，此时，一是要注意电机的堵转特性，二是要核准交流变频调速装置的输出电流容量。

（2）出坯区各类辊道电机大多成组配置，每一组电机性能和容量相同，在交流变频调速装置和交流电机控制组合时，可选用 1:N 组合，即一台变频器可控制 N 台电机。

（3）一些专用的辊道，如去毛刺辊道、称量辊道、二次切割辊道、喷号辊道等，其控制还要和去毛刺机、称量机、二次火焰切割机、喷号机等控制装置协调配合，根据生产过程状态，确定其速度控制和顺序控制要求。

（4）在交流变频调速装置选型时，均应注意所有辊道都有带负载起动的要求。

3.6.10 出坯区各类铸坯输送设备电气传动控制

在一台多机多流的板坯连铸设备中，出坯区铸坯输送设备包括横移台车、转盘、铸坯移载机等，用以接受各流铸坯，合并送往精整作业线，提高精整作业线的效率。下面仅以横移台车为例，说明其电气传动控制功能，其他设备与其大同小异。

横移台车的电气传动包括两项内容：第一，横移台车沿与出坯方向垂直的方向行走；第二，在台车辊道上的铸坯运送传动。台车上的辊道平面和前后铸坯输送辊道平面标定在同一个水平面上。

3.6.10.1 横移台车行走

（1）为保证连铸作业流畅，要求横移台车高速行走、低速定位。

（2）台车行走，要求准确定位和与固定输送辊道对接，因此应考虑停车前先行减速。

（3）在正常工作时，台车在各流中心线与精整作业中心线之间频繁往复行走，因此传动装置应可逆，而且起动停止制动性能良好。

（4）当多机多流采用两台横移台车时，要求考虑运转的协调、联锁、具有防碰撞的功能，通常采取检测两车之间的距离、适时减速或另一台车避让的方法。

因此，台车行走的电气传动应该采用可逆可调速的传动控制，横移台车行走驱动电机可选用交流变频电机，由交流变频调速装置控制。

（5）由于横移台车行走区间较大又是移动设备，横移台车上的用电设备供电多采用滑触线式结构。

3.6.10.2 台车上的运输机构

台车上的运输机构由台车上的辊道组成，它只是接收铸坯或将铸坯输送到精整线辊道或热送线辊道上，因此台车上的辊道要求和接坯辊道或送坯辊道速度同步，并要求定时减速，准确停位，一般也选用交流变频电机，由交流变频调速装置控制，电机设置电磁制动器。为防止铸坯在送往横移台车上时冲出台车端面，可在台车进坯的前后端设置升降挡板或固定挡板，起防护作用。

3.6.11　推钢机和垛板台控制

现代连铸机推钢机和堆垛机多采用液压缸驱动，推钢机也有采用电机驱动的，可根据设备配置和生产过程的要求，进行电气控制装置的设计。

3.7　电气传动设计中的共性问题及关键技术

在板坯连铸设备中，随着微电子技术的迅速发展及其本身的优势，交流电气传动控制技术已被越来越广泛地应用，下面就其在设计和使用过程中的几个共性问题和关键技术加以说明。

3.7.1　减少电机起动冲击的保护技术

如前所述，连铸机用电设备中有一些容量超过 55kW 的电机，此类电机若直接起动，将会对电网产生很大的冲击，严重时将会使供电电力变压器电压降低到允许的电压范围以下，以致影响到其他设备的正常运转。

传统的解决方法是采用串接电阻起动、自耦降压起动、Y-△起动等。现代连铸控制设备中，除还少量应用Y-△起动外，大功率容量的电机起动应选用软起动器。

软起动器，体积小、重量轻，具有多种保护功能，它适用于各种负载交流电动机的起动控制，有起动平滑、减少对电网的冲击、保护拖动系统、延长电机寿命等优点，在传动控制领域得到广泛应用。

交流变频调速装置对电机的起动电流也有设定和抑制功能，对有些大容量电机也可选用变频调速装置来限制起动电流。

3.7.2　交流变频装置的选型

交流变频装置配置选型和容量的确定在传动系统设计中至关重要，设计时，应该考虑调整特性的影响。在对鼠笼电机的等值电路进行简化并忽略次要因素的条件下，分析鼠笼电机变频调速特性时，其主要参数之间的关系如下：

转速　　　　　　　　　　　　　$n = 60f/p(1 - S)$

气隙磁通　　　　　　　　　　　$\Phi \propto U/f$

转子电流　　　　　　　　　$I_2 \propto \Phi f_{\mathrm{SL}} \propto U f_{\mathrm{SL}}/f$

电磁转矩　　　　　　　　$M \propto \Phi I_2 \propto (U/f)^2 f_{\mathrm{SL}}$

定子电势　　　　　　　　　　　$E = Kf\Phi$

输出功率　　　　　　　　$P \propto U I_2 \propto U^2 f_{\mathrm{SL}}/f$

式中　p——极对数；

　　　K——定子绕组系数；

　　　S——滑差率；

f_SL ——滑差频率；

U ——定子供电电压；

f ——定子供电频率。

由上式可以看出，电机的转速与供电电源频率成正比，因此改变频率可以调整速度。然而当频率变化时，电机的气隙磁通也将发生变化，从而造成磁通过弱或过饱和，引起铁损增加，此时电机就有产生过热和过流的危险。

因此，在变频调速时，通常要求维持磁通不变，而磁通 $\Phi = E/Kf \approx U/Kf$，这就要求 U/f 为常数，即恒压频比方式。

从另一方面看，当频率变化时，电磁转矩将随频率的平方成反比变化，从而使调节性能变坏，得不到恒转矩调速。因此要求在调节频率的同时，相应地调节电源电压。但是电机所允许的最高电压有一定的限度，故当电机电压升高到电机的额定电压时，只能单纯升高频率进行调速，这时电机转矩将随频率的平方成比例下降，输出功率也将随之下降，如图 4- 3- 27 所示。

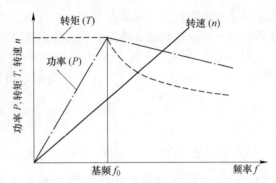

图 4-3-27　输出功率、转矩、转速和频率的关系

因此，在选用调频调压的调速装置时，若要求调速范围超过电机的额定速度，此时电压已达到极限值，不能再升高，当仅仅提高频率时，必须充分考虑装置调节特性的变化，电机转矩将随之下降，这时或对电机容量作适当修正，或选用矢量控制逆变装置，以保证在额定速度以上获得近似的恒功率特性。

3.7.3　电气传动的控制形式

变频器在结构形式上有一体化变频器装置和共用整流器的逆变器装置两种形式。

3.7.3.1　一体化变频器装置

一体化变频器装置包含整流单元、直流单元和逆变单元三部分，输入为三相交流电源，输出为逆变后的调制三相电源，带动电动机负载。其主回路结构见图 4-3-7。

3.7.3.2　整流器、逆变器装置

整流器、逆变器装置是整流器和逆变器分开，为两个独立的装置，一般整流装置（整流器）是单独整流单元（可供若干逆变器用），逆变器仅有直流单元和逆变单元两部分，输入为两相直流单元电源，输出为逆变后的调制三相电源，直接带动电动机负载。图 4-3-28

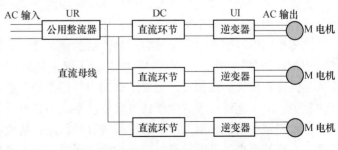

图 4-3-28　整流器-逆变器装置主回路结构

是整流器–逆变器装置的主回路结构。

3.7.3.3　传动形式

无论是变频器装置，还是整流器、逆变器装置，其调速装置与电动机的匹配，可按1:1组合（即一台调速装置带一台电机），也可按 1:N 组合（即一台调速装置带 N 台电机），依使用场合决定。但对于采用矢量型变频调速装置或多台电机控制需进行负载平衡时，必须按1:1的组合传动形式。连铸机扇形段驱动辊的传动控制就是典型的应用实例。

连铸机在发展前期，扇形段驱动辊一般采用直流传动，直流电机在应用时，通常采用分组集中传动，即由一套晶闸管装置并联向多台直流电动机供电，其负荷平衡可以借助调节主回路外接电阻予以保证。但在采用交流电机时，由于其速度/力矩曲线难以改变，即使因制造上的误差而造成特性曲线的微小差异，也会引起负荷的较大不平稳。

同一规格的两台交流电机由于制造上的差别，如果其额定滑差率分别为 0.05 和 0.035，当工作速度 n 相同时，其力矩可以近似计算如下

$$
\begin{cases}
M_1 = M_{\mathrm{H}} \dfrac{s_1}{0.05} = 20 M_{\mathrm{H}} \dfrac{n_0 - n}{n_0} \\[2mm]
M_2 = M_{\mathrm{H}} \dfrac{s_2}{0.035} = 28.5 M_{\mathrm{H}} \dfrac{n_0 - n}{n_0}
\end{cases}
\tag{4-3-7}
$$

式中　s_1, s_2——分别为电机 1、电机 2 在转速 n 时的滑差率；

　　　M_{H}——额定力矩；

　　　n_0——同步转速。

由式（4-3-7）可以看出，在速度 n 时，两台电动机的不平衡力矩（M_2/M_1）已达到 1.43倍，这在连铸扇形段驱动辊的电气传动中是不允许的。因此，当采用交流电气传动时，电机必须采用单独的传动方式。图 4-3-29是一采用逆变器形式的电机单独传动示意图。

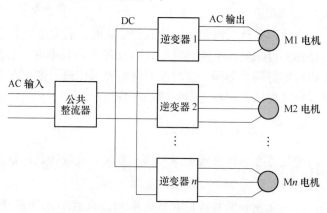

图 4-3-29　逆变器形式的电机单独传动示意图

3.7.4　传动控制中的负载平衡和负载分配技术

连铸机传动全交流化的普及，使传动控制中的负载平衡和负载分配技术在连铸机扇形段驱动辊电力拖动控制中得到广泛的应用。

连铸机扇形段驱动辊是功能要求最严格的设备之一，它的特点是多台电机驱动同一设备（引锭或铸坯）。在正常铸造过程中，为了保证铸坯质量，必须保持恒速铸造，而且由于铸坯内含有狭长的液相穴，更要求驱动力尽量平稳，避免瞬间冲力。但连铸机在实际生产过程中，由于连铸过程的生产特点及驱动系统的各种误差，导致各台异步电机负荷分配不均，致使某些电机长期工作于满负荷或过载状态，造成过早的损坏；而另一些电机处在低载、空载甚至再生发电状态，效率极低。同时，由于电机负荷不均导致驱动辊在铸坯表面施加的拉坯力不等，对铸坯质量造成一定的影响。

　　连铸机工作时，由于扇形段驱动辊所处的位置不同，各个驱动辊的负荷因受鼓肚力（钢液静压力）的不同而不同。而实际生产中，为了节省投资，驱动辊在液压压下系统是分组控制的，正常拉坯时，一组压下（驱动）辊的压下力设定为小于一组驱动辊中鼓肚力最小的驱动辊一定数值。实际上板坯连铸机不是夹着板坯往出拉坯，而是在鼓肚力的作用下，往出拉坯。这就会造成明显的负荷不平衡，甚至引起某些电机负荷过载。另外，液芯板坯在矫直区域所受矫直力不同，也成为各驱动电机负荷不均的主要原因之一。

　　通过对连铸机拉矫电机的工作状态理论分析（可参阅有关文献和资料）可知，电机的外界负载转矩增量与拉坯速度增量成正比，而电机电磁转矩增量又与转矩电流增量成正比。故传动控制装置除根据设定速度指令进行各自独立的速度控制外，还要根据力矩（转矩电流）指令进行负荷平衡控制，这样方能保证连铸机的平稳运转。

　　经过计算分析，微调电机转速可以改变拉坯速度，电机转速的变化可以通过电磁转矩进行控制，而电磁转矩的变化可以通过转矩电流进行控制。由此可知，只要调节各台电机的转矩电流，使之相等，即可使电磁转矩、电机转速及外界负载转矩随转矩电流的变化而成正比例的变化。

　　连铸机在正常生产过程中，所有驱动电机的工作速度都是由 PLC 控制站统一设定，并下传至每一个变频器或逆变器，使其保持同步。故连铸机扇形段驱动辊驱动控制系统是以拉坯速度（即电机转速）为控制量和被控制量，是一典型的速度随动控制系统，而转矩电流作为内部变量，并不能直接控制，需要利用转速对其进行间接控制。当对电机的电磁力矩不进行控制时，速度随动控制系统中的每一电机电磁力矩综合外界负荷力矩相平衡。

　　由于电机转矩电流的增量与转速的增量成正比，因此可以利用程序计算各电机转矩电流的平均值，计算并反馈每台电机转矩电流的增量，以此为参考，在小范围内分别改变各台电机的转速，使各电机转矩电流分量相等，从而使电机的电磁转矩与外作用的负载转矩大体均匀分布，甚至同步。

　　换句话说，负载分配控制技术的原理是根据所有驱动电机上的总电流，由负载分配控制器为电机计算出一个相应的速度设定值（速度偏差），把修正后的设定值与电机的实际给定值叠加，将它们的和作为新的速度给定值送给相应的驱动辊控制变频器，这种速度的偏差，将改变电机的转矩电流，从而改变其负载力矩，即可以通过变频器的矢量控制实现对电机的负载分配，达到负荷平衡的目的。图 4-3-30 为引入负载分配的电机速度控制示意图。

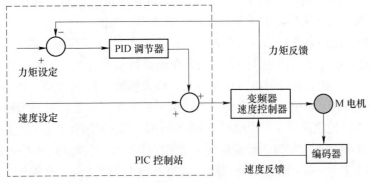

图 4-3-30　带负载分配的电机速度控制

实际应用中，根据连铸机所有驱动辊的总负载，可以通过设定每台电机的各自负载因数，对每台电机的负载进行校正，负载因数可在 −100%～ +100% 之间变化，一个正的负载因数产生的力矩作用于出坯方向；一个负的负载因数产生的力矩反作用于出坯方向。这样就可以使整个连铸机扇形段上的每台驱动电机力矩基本上为一常数。

表 4-3-2 是 G 钢铁公司 2 号直弧式板坯连铸机在实施驱动辊负载分配控制系统前后，实测数据的比较。

表 4-3-2　动态等负荷分配控制系统应用前后的驱动辊速度和电机负荷

电机号	动态等负荷分配控制系统应用前		动态等负荷分配控制系统应用后		
	拉速设定 /m·min⁻¹	电机负荷 /N·m	拉速设定 /m·min⁻¹	电机负荷 /N·m	系统转矩平均值 /N·m
M41	1.10	26.20	1.08	14.20	
M42	1.10	−3.30	1.13	13.14	
M51	1.10	28.60	1.07	14.31	
M52	1.10	1.04	1.12	13.19	
M61	1.10	30.79	1.07	14.39	
M62	1.10	0.22	1.12	13.16	
M71	1.10	10.58	1.10	13.61	
M72	1.10	12.92	1.10	13.79	
M81	1.10	8.34	1.11	13.52	13.73
M91	1.10	3.53	1.12	13.21	
M101	1.10	6.27	1.11	13.48	
M111	1.10	8.89	1.11	13.79	
M121	1.10	7.74	1.11	13.60	
M131	1.10	23.06	1.08	14.07	
M141	1.10	22.91	1.08	13.81	
M151	1.10	7.72	1.11	13.08	
M161	1.10	9.29	1.11	13.73	
M171	1.10	13.93	1.10	13.25	

G 钢铁公司 2 号板坯连铸机二冷区由 17 个扇形段组成，前三个扇形段并未压下参与拉坯，表中电机按所在扇形段的位置进行标号，如电机 M41 表示第 4 扇形段的上驱动电机；电机 M42 表示第 4 扇形段的下驱动电机，其余以此类推。

驱动辊负载分配控制系统的投入与否，可由人工在 HMI 监控站上选定。

系统的稳态性能分析，由表 4-3-2 可见，在未进行负荷分配前，各电机设定相同的拉坯速度 1.10m/min，稳态运行时负荷相差很大，最大幅值差为 34.07N·m。负荷分配系统投入后，经短时间的动态调节，整个驱动系统重新处于稳定状态，当系统稳定后，在总拉速设定值（由 PLC 控制器设定）仍为 1.10m/min 时，采集各驱动电机的实际速度不再相同，但均在 ±0.04m/min（相对于设定速度）范围内波动，而各电机负荷近似相等，并在系统平均值（13.73N·m）附近波动，最大幅值差为 1.31N·m，各台电机负荷的稳态误差控制在 5% 以内。

系统的动态性能分析。当触发动态负荷分配控制系统后，系统处于动态过程，由于扇形段各驱动电机控制系统结构相同，动态响应特性由转矩变化最大的电机决定。表4-3-2中电机M61转矩变化最大，经采样分析，电机M61在4.8s后进入稳定状态，故系统最大调节时间为4.8s，同时整个响应过程无大的超调现象出现。图4-3-31为电机M61的动态性能分析示意图。

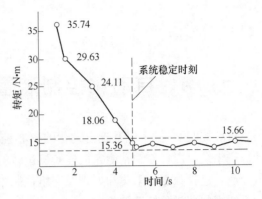

图4-3-31　电机M61的动态性能分析

这种用调整拉速来实现负载平衡的控制原理，由于速度调整范围较小，对连铸过程中拉坯速度稳定性的影响可忽略不计，因此对板坯连铸生产的稳定性是十分有益的。

3.7.5　传动对铸坯内部质量的影响及消除措施

负载平衡和负载分配技术的应用，改善铸坯的表面质量是一个方面，更重要的是为提高连铸机的拉坯速度、稳定连铸生产、消除铸坯的内部裂纹、减少设备故障率创造了一定条件。

下面是国内引进的一直弧形板坯连铸机，为保证产品质量，提高连铸机驱动电机寿命，采用负载平衡和负载分配技术，对20台驱动电机的负载进行了分配控制，取得了满意的结果和良好的经济效益。

3.7.5.1　控制策略

为了实现负载分配控制技术，采用SIEMENS的S7-400系列PLC作为控制主站，SIE-MENS全数字化SINAMICS S120系列矢量型变频器作为从站，主站与从站之间通过PROFI-BUS-DP总线进行通讯。

PLC控制主站从变频器中读取驱动电机实际力矩数据，用作负载控制器的输入信号，它与电机的设定力矩进行比较，经过一个PID调节器处理后，输出一个偏差值，这个偏差值作为速度偏移量被附加到速度设定值上，形成新的速度给定值。

变频器从PLC控制主站中读取速度给定值（速度设定值＋负载控制器输出的速度偏差值），用作变频器的速度给定信号，系统采用光电编码器检测速度反馈组成速度闭环，实现矢量控制。在这里，电机的实际力矩数据是至关重要的，它直接反映电机的工作状态，通过对各个电机力矩的检测和速度的调节，达到负载平衡和负载分配的目的。控制原理参见图4-3-30。

3.7.5.2　控制效果

这台直弧形板坯连铸机投入运行以来，采用负载平衡和负载分配控制技术浇注200mm厚的板坯，当拉速为1.1～1.4m/min时，铸坯内部裂纹比平时减少了90%～95%，浇注速度提高了30%～50%。

因此，在多台电机驱动同一台连铸扇形段的过程中，使用负载平衡和负载分配控制技术，会产生很好的综合效益，具有极大的应用价值。

4　自动化控制装置 —— PLC 控制站

　　PLC 控制站是 L1 级基础自动化的核心控制装置，它也可以看作是一种工业化的控制计算机系统。PLC 控制站能完成连铸机运转的程序顺序控制、自动化仪表的检测及 PID 调节控制、过程数据的采集和处理及网络控制中通讯数据的传送等功能，在连铸机自动化控制系统中起着举足轻重的作用。

　　本章简要介绍 PLC 可编程序控制器的概况及在工业现场大量使用的有代表性的几种 PLC 控制器产品。同时介绍板坯连铸机基础自动化中 PLC 控制站的设置，系统组成，以及有关 PLC 控制系统的电源配置、软件编制、网络通讯等。

4.1　PLC 可编程序控制器

4.1.1　可编程序控制器概述

　　早期的可编程序控制器称为可编程逻辑控制器（Programmable Logic Controller）。于 20 世纪 60 年代末问世的最早的可编程逻辑控制器是一种用于逻辑运算的控制器，专为工业环境下应用而设计的，它主要用来代替继电器实现逻辑控制。随着科学技术的发展，到现在为止，可编程序控制器的功能已经大大超越了逻辑控制的范围，成为最可靠、应用最广泛的工业控制器。因此，现在被称为可编程序控制器 PC（Programmable Controller），但是为了避免与个人计算机（Personal Computer）的简称 PC 混淆，所以仍将可编程序控制器简称为 PLC。

　　1987 年，国际电工委员会（IEC）颁布了新的 PLC 标准及其标准定义：可编程序控制器是一种数字运算操作的电子系统，专为工业环境应用而设计。它采用一类可编程的存储器，用于其内部存储程序，执行逻辑运算、顺序控制、定时、计数与算术操作等面向用户的指令，并通过数字或模拟式输入/输出，控制各种类型的机械或生产过程。可编程序控制器及其有关的外部设备，都按易于与工业控制系统连成一个整体并易于扩充其功能的原则设计。

　　总之，PLC 可编程序控制器是一台计算机，它是专为工业环境应用而设计制造的计算机，是一种工业化的控制计算机系统。PLC 可编程序控制器具有如下特点：

　　（1）采用模块化结构，便于集成。

　　（2）I/O 接口种类丰富。包括数字量（交流和直流）、模拟量（电压、电流、热电阻、热电偶等）、脉冲量、串行数据等。

本章作者：仝清秀，蔡大宏；审查：周亚君，米进周，王公民，黄进春，杨拉道

（3）运算功能完善。除基本的逻辑运算、浮点算术运算外，还有三角运算、指数运算、定时器、计数器和 PID 运算等。

（4）编程方便、可靠性高、易于使用和维护。

（5）系统便于扩展，与外部连接极为方便。

（6）通讯功能强大，配合不同通讯模块（以太网模块、各种现场总线模块等）可以与各种通讯网络实现互联。

（7）另外，通过不同的功能模块（如模糊控制模块，视觉模块，伺服控制模块等）还可完成更复杂的任务。

4.1.2　连铸机上常用的几种 PLC 可编程序控制器

现在世界上比较著名的 PLC 可编程序控制器生产厂商有美国 GE 公司、美国罗克韦尔公司、德国西门子公司、法国施耐德公司、日本三菱公司、日本欧姆龙公司等。表 4-4-1 是几种在连铸机自动化控制系统中比较常用的 PLC 可编程序控制器产品。

表 4-4-1　常用的 PLC 可编程序控制器产品

GE 公司 GE90-70	SIEMENS 公司 S7-400	SIEMENS 公司 S7-300	SIEMENS 公司 S7-200
GE 公司 GE90-30	ROCKWELL 公司 PLC-5	ROCKWELL 公司 ControlLogix	MODICON 公司 TSK Quantum

4.1.2.1　GE90-70 系列 PLC

早期 GE Fanuc PLC 的产品 GE-20、Series Ⅲ、Series Ⅵ等可编程序控制器在小方坯、矩形坯及小型板坯连铸机都有应用的实例，由于规模及编程条件的限制，现在已很少使用。

目前，GE90-70 系列可编程序控制器是 GE Fanuc PLC 中功能十分强大的一款产品，它适用于中大规模自动化系统，是国际上少数采用开放式结构的 PLC 控制器之一。它采用了最新的设计和制造技术，系统配置和安装简易。机架总线采用开放式的 VME 总线结构，因此除了能使用 GE Fanuc 公司自己的 I/O 卡和通讯卡外，还可与第三方 VME 产品兼容，如基于 VME 总线的高速 I/O 卡、RESOLVER 输入卡、磁尺卡、高速内存映象网卡等特殊模块，因而便于用户集成性能完善的强大的 PLC 控制系统和分布式计算机控制系统。GE90-70 可编程序控制器的 CPU 模块具有一系列不同性能规格的型号。在系统配置中，除本身的机架 I/O 模块外，还可通过工业现场总线网络与远程 I/O 模块相连接，构成一个功能强大，价格合理的控制系统平台，以满足各种大规模、复杂的高速控制要求。GE90-70 硬件结构具有以下特点：

（1）CPU 模块具有浮点运算功能；

（2）系统机架采用标准的 VME 总线结构；

（3）开关量最大为 12288 点，模拟量最大为 8192 点；

（4）CPU 内存从 512K 字节到 6M 字节；

（5）具有高密度（32 点）的 AC 或 DC I/O 模块；

（6）简易的模板锁卡，可防止错误安装 I/O 模块；

（7）具有标准的硬件方式，可响应开关量或模拟量中断输入；

（8）很方便的系统和模块自诊断功能，且极易排除故障。

而软件结构的特点如下：

（1）具有功能很强的编程和组态软件，采用结构化编程方式。除可采用一般的梯形图逻辑编程外，还具有 C、SFC、STATE、LOGIC 等多种编程语言的编程能力；

（2）在 PLC 中采用多任务结构（多达 16 个任务），其中一个为 RLD（梯形图）或 SFC（顺序流程图）外，其余的全部为独立的 C 语言程序；

（3）RLD（梯形图）采用模块化结构，整个梯形图程序是由许多 BLOCKS 构成（其中一个是主块 MAIN-BLOCK）。梯形图结构化有利于程序的编制和调试，并便于功能间的联系和隔离；

（4）允许用户用 C 语言开发和定义新的功能块，可在梯形图中调用，增加系统开发能力。

由于 GE90-70 系列 PLC 具有以上几方面的优良性能，因此在冶金行业得到了广泛应用，在板坯连铸机自动化控制中也有很好的使用业绩。

4.1.2.2　GE90-30 系列 PLC

GE90-30 系列 PLC 是 GE Fanuc 系列 90PLC 家族的一员，它与 GE90-70 系列 PLC 相比，属于外形较小的 PLC，它成本较低，但仍具有强大的功能，如内置 PID 调节、结构化编程、丰富的功能模块和 I/O 模块等，应用在中小型板坯连铸机上具有良好的性价比。

4.1.2.3　西门子公司 SIMATIC S7-400 PLC

西门子 SIMATIC S7 系列 PLC 是西门子公司 S5 系列 PLC 的升级换代产品，也是目前在冶金行业，尤其在板坯连铸机自动控制中应用极广的 PLC 产品。S7 系列 PLC 以其功能强大、模块化、易扩展、坚固耐用、网络支持面广和界面友好的设计而成为高性能控制领域所首选的解决方案，同时它的产品种类齐全和选择范围宽广也是它得到广泛应用的重要原因。

西门子 SIMATIC S7 系列 PLC 有 S7-200、S7-300、S7-400 等多种型号，而 S7-400 是西门子公司 SIMATIC S7 系列 PLC 中功能最强大的大中型可编程序控制器之一，具有模块化、无风扇的设计，坚固耐用、扩展方便，极强的通讯能力和友好的用户操作性等特点。S7-400 备有各种级别的 CPU 模板供用户选用，方便的使用功能和种类齐全的信号模板和特殊功能模板，使得用户能为各种自动化项目找到合适的解决方案。SIMATIC S7-400 适用于各种应用场合，由于有很高的电磁兼容性，可允许环境温度高达 60℃，它抗冲击、耐振动、能最大限度地满足各种工业标准的考验，其模板可在通电的状态下实现热插拔。图 4-4-1 是 SIMATIC S7-400 PLC 控制器的外形图。

S7-400 的编程语言为 STEP7，为生成用户程序，STEP7 提供了 3 种标准的编程语言：（1）语句表（STL）；（2）梯形图（LAD）；（3）控制系统流程图（FBD）。

STEP7 具有较完整的操作集，包括二进制逻辑、

图 4-4-1　SIMATIC S7-400 PLC

括号命令、结果分配、保留、计算、装入、传输、比较、生成补码、块和定点、浮点运算函数、阶跃函数、三角函数、根函数及对数函数等。

系统功能包括中断屏蔽、数据复制、时钟功能、诊断功能、故障和出错处理、模板参数分配及中断和信号发送功能等。

SIMATICS7 PLC 主要由以下组件组成：（1）背板；（2）电源模板；（3）CPU 主板；（4）I/O 信号模板；（5）通讯模板；（6）功能模板。

SIMATICS7 PLC 中的 CPU 主要技术参数（以 S7-400 的 CPU416-2DP 为例说明）为：

（1）内置 2.8MB/2.8MB RAM；

（2）每条二进制指令的执行时间最小为 30ns；

（3）最大可支持到 16K 数字 I/O 或 8192 个模拟 I/O 通道；

（4）带有钥匙开关选择操作方式，拔下钥匙可限制用户对数据的访问权限；

（5）设有口令保护，确定访问权限；

（6）提供诊断寄存器，诊断缓冲条目数量最大 3200；

（7）内置 Profibus DP 接口可直接接入 Profibus 网，速率最快达 12Mb/s。

西门子公司于 2004 年 8 月又推出了新一代 S7-400CPU，如 CPU417 等，它将控制硬件平台推向了一个新的高度。新的 S7-400 处理速度更快，系统资源富裕量更大，通讯能力更强，性能也更加稳定可靠。这些增加的特性允许集成一些额外的功能，或者增加设备的运行周期率而无须再增加硬件投资。

新的功能包括：保存和处理质量数据、便捷的诊断或垂直集成到主 MES 解决方案中。改进的通讯性能允许进行快速的以太网通讯以及对使用 Profibus 的现场设备进行有效的链接，以实现同步功能等。新 CPU 最为明显的一大特色是显著提高了处理速度。对于位指令的执行时间大约缩短了一半。由于使用更多复杂的指令，使其运行速度提高 13 ~ 70 倍。新 CPU 在程序方面与旧 CPU 兼容。主存储器的容量也大大扩大，如 CPU417 的主存储器可通过插入附加的存储器模板进行扩展，最大容量可达 20MB。

除了标准的 S7-400PLC 外，西门子公司还提供 S7-400H 容错冗余型PLC 和 S7-400F/FH 故障安全型 PLC。图 4-4-2 为 SIMATIC S7-400F/FH PLC及 I/O 配置图。

S7-400H 容错冗余型 PLC 是通过两个并行的 CPU 互为热备来实现的，这两个 CPU 通过光纤连接，并通过冗余的 Profibus DP 线路对冗余 I/O 进行控制。在发生错误时，将会出现一个无扰动的控制传输，即未受影响的热

图 4-4-2　SIMATIC S7-400F/FH PLC 及 I/O 配置

备设备将在中断处继续执行而不丢失任何信息。容错冗余型 PLC 的编程方式与非冗余标准型 PLC 的编程方式相同，都使用 STEP7 编程语言平台。

S7-400F/FH 故障安全型 PLC 是对 S7 系统控制器的一个补充，是基于容错冗余型 S7-400H PLC 技术的安全型 PLC。当错误事件发生时，S7-400F/FH 立即进入安全状态或安全模式，这就确保了人、机器、环境和生产过程的高度安全，它将标准自动化功能和与安全技术相关的技术融为一体。

S7-400F/FH 的 CPU 基于 S7-400H 系统的 CPU，并增加了 F 库。F 库包括经德国技术监督委员会认可的预装配的基本功能模块以及安全型 I/O 模块的参数化工具。

S7-400 PLC 通过网络可以与远程 I/O 站进行数据交换，ET200M I/O 站就是一种通用的紧凑型 I/O 站，它可通过 SINEC L2 网联到 SIMADYN D 和 S7-400 等设备中。作为一种经济的远程 I/O 站，通过 Profibus-DP 或 Profibus FMS 现场总线通讯，其通讯距离可达 23.8km。ET200 远程输入输出接口的模块与 S7-300 模块相同，但没有 CPU 模块。

基于 S7-300 模块的 ET200M 远程 I/O 站，广泛应用于系统的远距离控制。

4.1.2.4　西门子公司 SIMATIC S7-300 PLC

SIMATIC S7-300 PLC 是一种体积小巧、功能强大的通用型 PLC，能适于自动化工程中的各种应用场合。S7-300 PLC 具有以下显著特点。

（1）循环周期短、处理速度快；

（2）指令集功能强大、可用于复杂运算功能；

（3）产品设计紧凑；

（4）模块化结构；

（5）支持多种通讯协议，如工业以太网、Profibus、AS-Interface、EIB、MPI 等；

（6）免维护。

S7-300 PLC 具有各种不同档次的 CPU 可供控制器使用，因此从范围广泛的基本功能、集成功能和集成 I/O 模块，到多种通讯模块中进行选项，总会有一款 CPU 能满足不同用户的需要。

此外，S7-300 PLC 中的许多 I/O 模板与远程 I/O 站 ET200M 的模板完全一致，这就为分布式计算机控制的设计、选型、运行和维护带来了便利。

4.1.2.5　西门子公司 SIMATIC S7-200 PLC

S7-200 PLC 是西门子公司 SIMATIC S7 家族中的小型 PLC。系统的硬件主要由 CPU 模块及其丰富的扩展模块组成，能够满足各种设备的自动化控制需要，有以下优点：

（1）功能强大的指令集，包括位逻辑指令、计数器、定时器、数学运算指令、PID 调节器、通讯指令、字符指令等；

（2）丰富强大的通讯指令，提供了近 10 种通讯方式以满足不同用途，它的通讯功能已远远超出了小型 PLC 的整体通讯水平；

（3）编程软件的易用性，STEP7-Micro/WIN32 编程软件为用户提供了开发、编辑和监控的友好环境。

S7-200CPU 模块由一个微处理器、一个集成的电源和若干个数字量 I/O 点集成在一起并封装起来，组成一个功能强大的 PLC。S7-200PLC 有多种可供选择的 CPU 以适应不同的使用要求，不同类型 CPU 有不同数字量 I/O 点数以及内存容量等规格参数。S7-200PLC 为了扩展 I/O 点和执行特殊功能，还可以连接扩展模块。扩展模块主要有：数字量 I/O 模块、模拟量模块、通讯模块、特殊功能模块。同时，S7-200CPU 模块还提供了一个可选卡插槽，可根据需要插入 MC291 存储器卡或 CC292 日期/时钟电池卡或 BC293 电池卡。

4.1.2.6 Modicon TSX Quantum

施耐德电气公司推出的 Quantum PLC 具有强大的处理能力，继承了 Modicon 的传统。Modicon 是第一台 PLC 的发明者，在世界范围的控制领域处于领先地位达 30 年之久。Quantum PLC 可以满足大部分离散和过程控制的要求，它容易和 Modicon 984/584 以及 Sy/Max控制系统集成。

Quantum 系统同时提供了 IEC 要求的全部 5 种编程方式：LD、FBD、SFC、IL、ST，将传统 DCS 与 PLC 的优势完美地结合于一体，是一种先进的控制器。

它包括 Quantum 系列 CPU 模板、I/O 模板、远程 I/O 模板、通讯模板、电源模板、底板等。

A Quantum 系列 CPU 模板

Quantum 系列 PLC 提供 4 种功能强大的 CPU 模板，可以满足从简单的逻辑控制到复杂的生产过程控制对 CPU 的最佳选择。其中 140CPU11302 和 140CPU11303 都为 80186 处理器，时钟频率 20MHz；140CPU43412A 为 80486 处理器，时钟频率 66MHz；140CPU53414A 为 80586 处理器，时钟频率 133MHz，用此 CPU 的单机控制器能支持超过 300 个控制回路和 65000I/O 点，背板总线速率高达 80Mb/s。

B Quantum 系列 I/O 模板

Quantum 系列 I/O 模板将送至和来自现场装置的信号转换成 CPU 能够处理的信号电平和格式。所有与总线相连的 I/O 模板都经过光电隔离，以确保安全和无故障操作，所有 I/O 模板都可以由软件进行组态配置。

C Quantum 系列电源模板

Quantum 系列电源模板为插在底板为的 CPU 模板、I/O 模板、通讯模板等所有模板供电。根据系统不同的配置，电源有以下三种可选模式：

（1）独立电源。

（2）独立可累加电源。当 PLC 总消耗量大于一个电源模板的额定电流时，可采用两个以上独立电源模板插在同一底板上，各个电源模板输出电源累加。

（3）冗余电源。对于那些不可中断的控制系统，需要电源热备冗余。

D Quantum 系列网络接口模板

（1）通过同轴电缆连接的单/双通道远程 I/O 接口模板；

（2）通过双绞线的 Modibus Plus 电缆连接的单/双通道分布式 I/O 接口模板；

（3）通过双绞线的 Modibus Plus 电缆连接的单/双通道网络可选模板；

（4）通过光纤 Modibus Plus 电缆连接的光纤模板；

（5）通过双绞线或光纤电缆连接的单通道以太网 TCP/IP 接口模板；

（6）通过双绞线连接的 InterBus 接口模板；

（7）通过双绞线或光纤电缆连接的 SY/MAX 以太网模板；

（8）通过双绞线连接的 LonWorks 接口模板；

（9）通过光纤电缆连接的 MMS 以太网模板。

E Quantum 系列智能/专用 I/O 模板

在模板参数或程序初始下装以后，在 Quantum 控制器的最小介入情况下进行。Quantum 系列智能/专用 I/O 模板包括下列部分：（1）高速计数器模板；（2）ASC Ⅱ 接口模板；（3）高速中断模板；（4）单轴运动模板；（5）多轴运动模板。

　　F　Quantum 系列模拟器模板

　　模拟器模板分为离散量和模拟量两种仿真模拟板，其中离散量模拟器模板用于产生多至 16 个二进制输入信号，而模拟量模拟器模板有 2 通道输入、1 通道输出，采用 4~20mA 模拟信号。

4.1.2.7　RockWell（罗克韦尔）公司 PLC 控制器

　　RockWell（Allen-Bradley 简称 A-B）公司的 PLC-5 是其早期产品，它在包括冶金、石化、水处理、矿山等几乎所有的行业都有广泛的应用，同样在板坯连铸机自动控制中也有不少应用的实例。PLC-5 技术成熟，在大中型应用领域是一种比较好的选择。最近几年，PLC-5 又增加了多种通讯功能，增加了分布式控制能力。

　　而 ControlLogix 控制器是 RockWell（Allen-Bradley）公司的新一代控制器，它将顺序控制、过程控制、传动控制、运动控制、通讯技术、最新 I/O 技术等集成在一个小型的具有竞争力的平台里。由于 ControlLogix 控制器采用了模块化结构，因此用户就有可能设计、建立和更改控制平台。该控制器采用了 RSLogix5000 系列编程环境，提供了易于使用的符合 IEC 1131-3 标准的接口，采用结构和数组的符号化编程，以及专用于顺序控制、运动控制、过程控制和传动控制的指令集，大大提高了编程效率。它的 Netlinx 开放式网络结构提供了通用的通讯工具，适用于各种不同类型的网络，例如 Ethernet、ControlNet、DeviceNet 等。

　　ControlLogix 控制器可以是一个简单的机架，也可以是由多个机架和网络共同组成的高度分布式控制系统。用户还可以将 ControlLogix 控制器作为一个网关（geteway）使用，包括和其他网络连接所需要的通讯模块，这样的 ControlLogix 系统并不需要控制器。如果将 ControlLogix 网关集成在现有的 PLC 系统中，现有网络的用户就可以同其他网络收发信息。ControlLogix 控制器提供了各种各样的输入输出模块，以适应从高速离散控制到过程控制的多种应用场合。ControlLogix 控制器采用了生产者/客户（producer/consumer）技术，这种技术允许多个 ControlLogix 控制器共享输入信息和输出状态。

　　RockWell（Allen-Bradley）公司开发的 RSView32 软件是一种集成的基于部件的 HMI，可用来监视和控制自动化设备与过程。RSView32 软件对 Logix 系列产品提供了优先兼容性，用户可以采用 RSView32 软件和 RSLinx 软件来采集、控制和传送工厂级数据。也可以和微软产品共享数据，RSView32 的标签组态、报警组态、记录数据都是与 ODBC 兼容的，可以直接把这些数据记录存入 ODBC 数据源，例如微软 SQL 服务器、Oracle、SyBase，并通过图形观察数据趋势。

　　在应用上，RockWell 公司 PLC 控制器 ControlLogix 和 Siemens 公司 PLC 控制器 S7-400 一样，在板坯连铸机 PLC 控制器选型方面是首选产品。

4.2　PLC 控制站的配置和系统组成

　　PLC 控制站是基础自动化级的控制核心，电气控制和自动化仪表控制均由它完成，

PLC 控制站的设置是根据控制功能区域划分为分散式的控制单元，每台 PLC 分管一个区域设备，PLC 控制站之间用网络联接，采用开放式网络结构，使网络信息透明、易于扩展。

下面以一台典型的单机单流板坯连铸机为例，简要介绍 PLC 控制站的设置、控制功能及通讯网络联接等。

4.2.1　PLC 控制站配置

一台典型的单机单流板坯连铸机，按设备的区域大致可分为浇注平台区、结晶器振动设备、二冷扇形段、出坯区、液压站、维修区等，按控制范围可分为公用设备、电机传动、液压传动、自动化仪表、机电一体化设备等。图 4-4-3 是单机单流板坯连铸机 PLC 控制站设置简图。

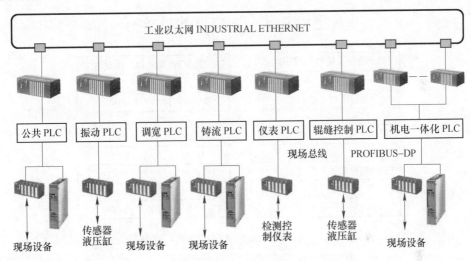

图 4-4-3　单机单流板坯连铸机 PLC 控制站设置

根据设备的区域和控制范围，PLC 控制站配置如下：

（1）连铸机浇注平台及公用设备 PLC 控制站。主要对浇注平台上设备的电气、公用仪表及在线设备液压站等设备进行控制。

（2）结晶器液压振动 PLC 控制站。结晶器振动控制有电动方式和液压方式两种，现代连铸机大多采用液压振动方式，因此要单独设置一台 PLC 控制站。若采用电动控制方式，结晶器振动的功能控制可合并在铸流控制的 PLC 控制站中。

（3）结晶器在线调宽 PLC 控制站。结晶器调宽有冷态调宽和热态调宽之分，若需在线热态调宽，设置专用的结晶器在线调宽 PLC 控制站是必要的。

（4）铸流设备 PLC 控制站。铸流设备控制包括结晶器振动（电动方式）、二冷扇形段直到出坯辊道的电气控制、二冷扇形段压下缸的控制等。

（5）冷却水仪表 PLC 控制站。连铸机冷却水（包括结晶器冷却水、二次冷却气和水、设备开路和闭路冷却水等）自动化仪表控制。

（6）扇形段远程辊缝调节和轻压下 PLC 控制站。现代连铸机大多设有扇形段远程辊缝调节和轻压下功能，可设控制主站和从站，各个独立的控制从站可完成每一扇形段的辊缝远程调节，系统的轻压下功能由过程计算机提供的数学模型通过 PLC 控制站执行。

（7）维修区辊缝试验 PLC 控制站。在维修区对扇形段辊缝进行调整、检测和试验。

（8）维修区设备 PLC 控制站。对机械维修区和中间罐维修区的设备（机械和液压）进行控制，是一种离线控制站，不连接到连铸生产线网络系统。

（9）机电一体化设备 PLC 控制站。板坯连铸设备中的火焰切割机、去毛刺机、打号机、板坯称量机及一些整体检测控制仪表等均属机电一体化设备，由各自单独的 PLC 控制站控制。

以上设置的 PLC 控制站，可作为 PLC 控制站的配置参考，针对一台具体的板坯连铸机，根据需求可适当增减。对多机多流连铸机，每一流的设备基本相同，铸流设备控制、冷却水控制及远程辊缝调节和轻压下控制等的 PLC 控制站，可按流设置，互不影响，编程和调试方便。图 4-4-4 是一台 N 机 N 流的连铸机 PLC 控制站配置简图。

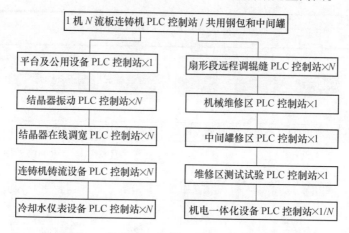

图 4-4-4　一台 N 机 N 流板坯连铸机 PLC 控制站设置

4.2.2　PLC 控制站主要控制功能

4.2.2.1　PLC-1 浇注平台及公用设备控制站

用于浇注平台上的电气、仪表设备控制、在线所有液压站控制、在多流连铸机中公用仪表及公用出坯区设备的控制。其主要控制功能有：

（1）钢包回转台运转控制；

（2）中间罐车运转控制；

（3）钢包及中间罐钢液测温数据采集及显示；

（4）钢包及中间罐钢液重量测量数据采集及显示；

（5）连铸机区域能源介质检测；

（6）主机设备（包含滑动水口）液压站控制；

（7）结晶器液压振动液压站控制；

（8）出坯区设备液压站控制；

（9）多流连铸机中公用仪表检测控制；

（10）多流连铸机中公用出坯区设备控制。

控制站配置如下：

（1）PLC 选型为德国 SIEMENS S7-400；

（2）CPU414-2DP 及 S7-400 I/O 和功能模板；

（3）远程 I/O 为 ET-200M 及德国 SIEMENS S7-300 I/O 和功能模板；

（4）I/O 点配置保留有 15% ~ 20% 的余量。

4.2.2.2　PLC-2 结晶器液压振动 PLC 控制站

采用液压振动方式时，用于对振动液压缸的控制，主要控制功能有：

（1）液压缸位移检测和控制；

（2）液压缸进、出油压力检测和控制；

（3）振动频率设定和控制；

（4）振幅设定和控制；

（5）振动波形及偏斜率设定和控制；

（6）振动频率和浇注速度的同步跟踪等。

控制站配置为：

（1）PLC 选型为德国 SIEMENS S7-400；

（2）CPU416-2DP 或 CPU414-2DP 及 S7-400 I/O 和功能模板；

（3）功能模板 FM458-1 DP 功能模板和 FM438-1 I/O 功能扩展模板等；

（4）I/O 点配置保留有 15% ~ 20% 的余量。

4.2.2.3　PLC-3 结晶器在线调宽 PLC 控制站

结晶器在线热态调宽分为液压伺服阀调宽和电控伺服马达调宽两种。液压伺服阀调宽是通过西门子 SIMOTION C 运动控制器对伺服阀进行位置闭环控制。电控伺服马达调宽是通过西门子 SIMOTION D 运动控制器对伺服马达进行位置闭环控制。主要控制功能有：

（1）结晶器窄边宽度调节和控制；

（2）结晶器窄边锥度调节和控制；

（3）调宽时速度设定和控制；

（4）结晶器调宽闭环控制；

（5）宽度调节过程监测；

（6）宽度调节过程和浇注速度的协调控制等。

控制站配置如下：

（1）选型为德国 SIEMENS SIMOTION C230-2；

（2）SIMOTION D410 DP。

4.2.2.4　PLC-4 铸流设备 PLC 控制站

用于连铸机主机区铸流设备和出坯区设备（机械和液压）电气控制，主要控制功能有：

（1）连铸机总体运转控制。

（2）结晶器调宽控制（不配置结晶器调宽 PLC 控制站时，仅冷态调宽）。

（3）结晶器振动控制（采用电动方式控制时）。

（4）结晶器振动频率与拉速之间的同步控制。

（5）二冷扇形段驱动辊传动控制。

（6）二冷扇形段各段驱动辊压下液压缸控制。

（7）切割区辊道液压缸控制。

（8）送引锭及连铸机铸流和铸坯运行自动跟踪控制等。

连铸机铸流和铸坯运行跟踪系统是保证连铸机自动运转和进行铸坯质量管理的一项关键技术。

铸流跟踪是对引锭和成型的铸坯在扇形段内全程跟踪，一方面实时命令在线控制装置如扇形段驱动电机、液压缸等动作，以保证连铸机自动运转；另一方面，对切割后铸坯的全程跟踪可实时采集到过程参量数据。铸流跟踪依靠安装在扇形段驱动辊电机上的若干光电编码器和 PLC 装置中的功能模板来实现。

铸坯跟踪将对切割后的铸坯进行位置跟踪，为 L2 级铸坯管理提供手段。铸坯跟踪依靠光电开关及其他检测元器件来实现。

（9）切割区辊道运转控制。

（10）结晶器排烟及蒸汽排出风机运转控制。

（11）出坯区各类辊道运转控制。

（12）横移台车、转盘、移载机等铸坯输送设备及附设辊道驱动运转控制。

（13）升降挡板控制等。

控制站配置为：

（1）PLC 选型为德国 SIEMENS S7-400。

（2）CPU416-2DP 及 S7-400 I/O 和功能模板。

（3）远程 I/O 为 ET-200M 及德国 SIEMENS S7-300 I/O 和功能模板。

（4）I/O 点配置保留有 15% ~ 20% 的余量。

4.2.2.5　PLC-5 冷却水仪表 PLC 控制站

用于连铸机结晶器冷却水、二次冷却水、二次冷却压缩空气、设备冷却水等自动化仪表参数数据采集、参数测量及过程调节控制。主要控制功能有：

（1）结晶器冷却水温度（温差），压力，流量测量。

（2）结晶器冷却水流量调节控制。

（3）二冷水温度、压力、流量测量。

（4）二冷气-水冷却用压缩空气压力测量、调节（PID 调节）。

（5）二冷水流量调节（PID 调节）。

（6）二冷水二位切断阀控制。

（7）各冷却区总管二位切断阀控制。

（8）设备冷却水（开路水、闭路水）压力、流量、温度测量。

控制站配置如下：

（1）PLC 选型为德国 SIEMENS S7-400。

（2）CPU414-2DP 及 S7-400 I/O 和功能模板。

（3）远程 I/O 为 ET-200M 及德国 SIEMENS S7-300 I/O 和功能模板。

（4）I/O 点配置保留有 15%~20% 的余量。

4.2.2.6 PLC-6 扇形段远程辊缝调节和轻压下 PLC 控制站

用于连铸机扇形段辊缝远程自动调节和动态轻压下（动态重压下）控制，主要控制功能有：

（1）连铸机各扇形段夹紧液压缸位置检测和控制。

（2）连铸机各扇形段夹紧液压缸压力检测和控制。

（3）连铸机各扇形段辊缝远程调节等。扇形段辊缝可实现远程控制调节，为保证扇形段液压缸同步压下和准确的压下位置，系统设位置传感器，实现位置闭环控制。

（4）扇形段轻压下模型控制。

（5）其他液压设备控制等。

控制站配置为：

（1）PLC 选型为德国 SIEMENS S7-400 S7-300。

（2）主控制站 CPU416-2DP 及 S7-400 I/O 和功能模板。

（3）从控制站 CPU315-2DP 及 S7-300 I/O 和功能模板。

（4）I/O 点配置保留有 15%～20% 的余量。

4.2.2.7 PLC-7 机械维修区辊缝试验 PLC 控制站

用于机械维修区扇形段辊缝调节设备试验和功能测试，主要控制功能有：

（1）扇形段夹紧液压缸位置检测和控制。

（2）扇形段夹紧液压缸压力检测和控制。

（3）扇形段辊缝调节测试。

控制站配置为：

（1）PLC 选型为德国 SIEMENS S7-300。

（2）CPU315-2DP 及 S7-300 I/O、功能模板。

4.2.2.8 PLC-8 维修区设备 PLC 控制站

用于机械维修区和中间罐维修区其他设备控制，主要控制功能有：

（1）中间罐倾翻装置控制。

（2）中间罐干燥装置控制。

（3）中间罐维修区液压站控制。

（4）结晶器振动和对中试验台控制。

（5）弯曲段和扇形段喷嘴试验台控制。

（6）辊子拆装台液压缸控制。

（7）机械维修区液压站控制。

控制站配置为：

（1）PLC 选型为德国 SIEMENS S7-300。

（2）CPU315-2DP 及 S7-300 I/O 模板和功能模板。

4.2.3 PLC 控制站通讯功能

图 4-4-5 是 PLC 控制站的通讯功能示意图。

（1）PLC 控制站和现场检测以及执行设备的通讯。PLC 控制站和现场检测以及执行设

备有两种连接方式，即通过现场
总线连接的远程 I/O（一般的开
关量、模拟量）或直接通过现场
总线（智能化元器件、智能仪
表）连接。

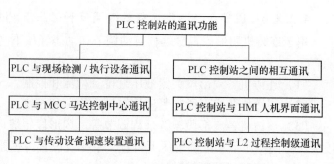

图 4-4-5　PLC 控制站的通讯功能示意图

（2）PLC 控制站和 MCC 马
达控制中心、交流变频器的数据
通讯。PLC 控制站与 MCC 马达
控制中心的数据通讯通过现场总
线控制器或远程 I/O 设备进行；PLC 控制站与交流变频器的数据通讯通过现场总线进行，
不同类型的 PLC 和变频器可选用不同的通讯适配器和现场总线。

（3）PLC 控制站之间的数据通讯。PLC 控制站配备有工业以太网通讯模块，通过交换
机连接到工业以太网上，PLC 控制站之间的数据通讯通过工业以太网进行。

（4）PLC 控制站和 HMI 人机界面的通讯。HMI 人机界面（监视操作站）同样挂接在
工业以太网上，PLC 控制站和 HMI 人机界面的通讯也是通过工业以太网进行的。

（5）PLC 控制站和 L2 过程计算机的通讯。数据库服务器通常配备有和工业以太网通
讯的模板卡，实际上工业以太网也是 PLC 控制站和 L2 过程计算机之间的数据通讯通道。

有关数据通讯的内容将在后面第 6 章和第 7 章作详细描述。

4.3　PLC 控制系统软件编制

按板坯连铸生产要求组态的用户程序是用 PLC 的编程软件来编制的，编制好的程序送
入 PLC 控制站的 CPU 模板的 RAM 存储器或 EPROM 存储器，PLC 控制站即按编制好的程
序工作，完成连铸生产要求的各种控制指令。

4.3.1　编程软件和用户程序

编程软件可对不同的 PLC 供货厂商提供专用的 PLC 编程软件，如 Siemens 公司的
STEP 7 编程软件、RockWell 公司的 RSLogix5000 编程软件等。

Siemens 公司的 STEP 7 编程软件可为用户提供：①STL　语句表；②LAD　梯形图；
③FBD　控制系统流程图 3 种编程语言：

Siemens 公司 S7 系列 PLC 用户程序结构是一个组织程序结构，根据各被控制设备的性
能参数要求编制成若干个程序块，一般一个生产设备各占用一个程序块。程序块的类型有
下列几种：

（1）OB 组织块。OB 组织块是系统程序和用户程序之间的连接环节，只能由操作系
统调用。用户在组织块中可编制若干程序进行规定的操作。如 OB1 为循环处理块，循环程
序以 OB1 中的第一条程序开始执行直至最后一条程序为止，然后又自动返回第一条循环。
OB2 为冷态启动处理程序，当主机接通电源启动时，如果有某些必要的操作，如系统的数
据清零等都要编写在此程序块中。

（2）FB 功能块。FB 功能块是用来编制比较复杂的功能程序或需要多次重复调用的程序。它的指令范围比较广，可以使用一些系统指令和特殊指令。Siemens 公司提供了一部分标准功能块程序，用户也可以根据需要自己编制功能块。

（3）FC 程序块。FC 程序块用来编制用户程序。编制用户程序时按照一定的生产设备，将程序分成若干程序块，每个程序块内编制与其对应的生产设备的控制程序，最后由编制成的组织块 OB 来确定如何调用各种功能块和程序块。

（4）DB 数据块。DB 数据块是在编制程序时存放在程序中使用的各种数据。大量的 DB 数据块中的数据，有的是在程序运行前由人工设定输入的原始数据，有的是在程序运行中经过运算后更新的数据，这些 DB 数据块为控制程序的运行提供数据支撑。

实施编程时，应根据生产操作要求，对每个设备逐个进行编程，而每个设备的控制程序编制成一个程序块，较复杂的控制程序编制成功能块。

RockWell 公司的 RSLogix5000 编程软件环境，提供了易于使用的符合 IEC 61131-3 标准的接口，采用结构和数组的符号化编程，以及专用于顺序控制、运动控制、过程控制和传动控制的指令集，大大提高了编程效率。

4.3.2　编程环境和编程语言

PLC 控制器的编程环境一般都是基于 WINDOWS 系统，编程语言可以采用 C 语言，也可以采用符合国际标准的 IEC 61131-3 规定的语言形式。IEC 61131-3 编程环境是经过 PL-COpen 认证，包括梯形图、功能块图、语句表、顺序功能图和连续功能图等。

IEC 61131-3 编程环境为控制程序图形化提供了一整套工具，包括：

（1）符号编程；

（2）接点、线圈、计时器和计数器；

（3）多路器、格式转换；

（4）整数型、布尔型、实数型等数据类型的计算；

（5）数据在线的监控和修改；

（6）程序和 I/O 仿真；

（7）控制程序下装；

（8）信号的强制；

（9）工程备份和文件管理等。

4.4　PLC 控制电源和 I/O 模块供电电源的配置

PLC 控制站的 CPU 模板、I/O 输入/输出模板、通讯模板、功能模板等均需配置控制和供电电源，按照所选用的 CPU 类型及模板类型，可配置不同电压等级的电源，常用的是：（1）AC 220V/110V；（2）DC 24V。

连铸机控制系统中，PLC 控制器的 CPU 控制电源大都选用 AC 220V 供电类型；I/O 输入/输出模板大多选用 DC 24V 供电类型，也有选用 AC 220V 供电类型的。图 4-4-6 是 PLC

控制器的电源配置示意图。

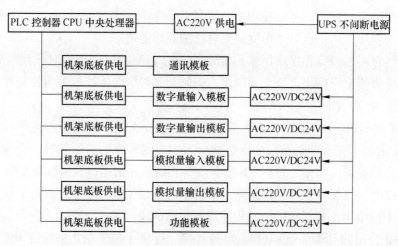

图 4-4-6　PLC 控制器供电电源配置

　　为了保证系统在瞬间或短时间内断电不对 PLC 控制器产生影响，PLC 控制电源和 I/O 模块供电电源大多取自 UPS 不间断电源，另外为了减少现场输入通道和输出通道相互之间的影响，I/O 输入/输出模板的输入/输出负载电源最好分别供电，即 PLC 控制站的外部输入电源和外部输出电源分别由两组电源提供。

5 自动化仪表设备

近年来，由于板坯连铸机新工艺、新技术的不断涌现，对连铸生产中的自动化控制和检测仪表提出了更高的要求。在连铸生产中，铸坯的质量是第一位的，要保证铸坯的高质量，就必须把设备运转和生产操作控制在最佳的工况条件，要达到此目的，在生产过程控制中，自动化检测和控制仪表将起着举足轻重的作用。自动化仪表在过程控制系统中的功能大体可以分为如下几类：

（1）生产过程中参数的检测，常使用检测仪表、变送器或传感器。

（2）信号的变换与调节及参数数据送入计算机，常使用变送器、变换器、运算器、调节器等。

（3）控制功能的执行，常用执行器、运算器、调节阀、切断阀等。

（4）指示、报警、记录。

检测和控制仪表的应用区域大致可以分为钢包、中间罐、结晶器、二次冷却区、能源介质等几部分，这些自动化仪表的安装环境都是很苛刻的，高温、高粉尘、多蒸汽、热辐射等，在安装这些检测仪表时，一定要注意环境的改善和选择，以保证检测仪表的正常运行，选用仪表时必须根据连铸生产过程的要求，保证测量范围、精确度、分辨率、动态响应特性等要求。

本章节将阐述常规检测和控制仪表及自动化仪表在连铸过程参数检测和控制方面的应用。

5.1 常规检测和控制仪表

连铸机常规检测仪表主要包括重量检测仪表、温度检测仪表、压力检测仪表、流量检测仪表、拉速检测仪表等。

连铸机常规控制仪表主要是执行器，即流量控制仪表，如调节阀、切断阀等。

5.1.1 重量检测仪表

在连铸机中重量检测应用很普遍，而且在连铸生产过程中是一个很重要的过程检测变量，连铸机中有关重量的检测有以下几项。

（1）钢包钢液重量。钢包中钢液的重量检测关系到如何控制钢包的滑动水口、何时启动钢液流检测系统以及预计浇注完成时间等生产数据。

（2）中间罐钢液重量。中间罐中钢液的重量数据是中间罐钢液液面控制的依据，同时钢包钢液浇注完毕不再连浇时，要依据中间罐中钢液的重量数据进行最佳切割控制的优化

本章作者：仝清秀，蔡大宏；审查：周亚君，米进周，王公民，黄进春，杨拉道

计算。

（3）铸坯重量。最后出坯时铸坯的重量，可进行连铸坯的产量计算及各项经济技术指标的评估。

一般重量检测都是由电子称重装置来完成，电子称重装置由负荷传感器（有电阻应变片式和压磁式两种）、控制器、操作盘、显示器及附属装置组成。

5.1.2　温度检测仪表

连铸机温度检测一般包括：高温钢液温度快速测量（钢包和中间罐钢液）、中间罐钢液温度连续测量、冷却水温度测量、板坯表面温度检测。

5.1.2.1　钢液温度快速测量

钢包中的钢液温度大约在 1600℃，而中间罐中的钢液温度一般在 1550℃左右，钢液快速测温一般采用消耗性快速热电偶进行，其温度测定原理如图 4-5-1 所示。

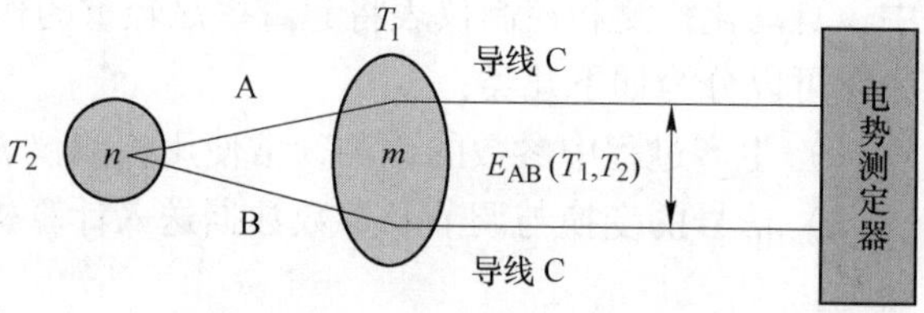

图 4-5-1　热电偶温度测定原理

在图 4-5-1 中，A、B 是两种不同的金属，在钢液测温中采用的是铂铑-铂或者不同含量的铂铑-铂铑，在 n 点进行焊接，另一端为 m 点，n 点的温度 T_2 和 m 点的温度 T_1 之差为（$T_2 - T_1$），由于温度差，产生电势 E_{AB}（$T_2 - T_1$）。对于金属 A、B 热电偶，m 点为基准点或者称冷端环境温度，n 点为测温点或者称热端，把电势 $E_{AB}(T_2 - T_1)$ 称为热电势。由于冷端温度 T_1 和热端温度 T_2 和 E_{AB}（$T_2 - T_1$）之间存在着一定的关系，而其中 T_1 变化不大，视为不变化，那么根据对热电势 E_{AB}（$T_2 - T_1$）的测定就可以知道测温点或者热端的温度 T_2。用导线 C 把 m 点和电势测定器连接起来，因为是同种金属的关系，这之间的热电势就不再产生，另外电势测定器的输入阻抗必须很高，才能保证测量精度。

可以看出，当冷端温度 T_1 发生波动时，就造成测量的误差，为了减少冷端温度的影响，需要进行补偿。连铸机上常用的是补偿导线法。补偿导线法是用一对温度在 0 ~ 100℃ 的范围内且与热电偶热电特性相同的导线，将热电偶与电势测定器连接起来。

另外要注意，热电偶所接的显示仪表的动态特性须与快速热电偶特性相适应，并注意取样点应能反映被测温度的真实性。

5.1.2.2　中间罐钢液连续测温

中间罐钢液连续测温是近年发展起来的一项关键测温技术，中间罐钢液温度是连铸机生产过程的一个重要参数，中间罐钢液温度的准确测量对动态二冷水的模型控制，铸坯凝固模型的建立和控制，以及为提高铸坯质量而建立的动态轻压下控制模型等都有着很重要的意义。

由于中间罐钢液温度很高及测量环境的苛刻，过去很长一段时间都是一个技术难题，近年来，随着工业保护材料和测量技术的不断创新和提高，目前无论是国外还是国内，均可提供质量可靠的中间罐钢液连续测温装置，此部分内容将在 5.2.1.2 一节中详细描述。

5.1.2.3　冷却水温度测量

冷却水的温度，在正常情况下不会超过 60℃，对它的检测，采用热电偶或热电阻均可实现，一般采用热电阻测温较为方便。

热电阻测温是利用金属导体的电阻值随温度变化而变化的特性制成温度传感器。它具有性能稳定、测量精度高、测量范围广等特点，已在工业上得到广泛应用。连铸机上常用的热电阻有铂电阻和铜电阻，其测试温度和电阻值比的关系如图 4-5-2 所示。

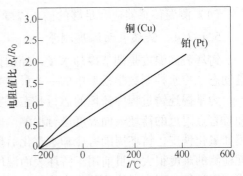

图 4-5-2　测试温度和电阻值比的特性

R_t—温度 t℃时的电阻值；R_0—温度 0℃时的电阻值

（1）铂电阻的温度特性由下式表示：

在 $-200 \sim 0$℃之间，$R_t = R_0[1 + At + Bt^2 + Ct^3(t - 100)]$

在 $0 \sim 65$℃之间，$R_t = R_0(1 + At + Bt^2)$　　　　　　　　　　（4-5-1）

式中，t 为温度；R_0 为 $t = 0$℃时电阻值；A、B、C 为常数，对于工业热电阻，它们的值为：$A = 3.9687 \times 10^{-3}1/$℃；$B = -5.647 \times 10^{-7}1/$℃；$C = -4.22 \times 10^{-12}1/$℃。

（2）铜电阻的温度特性由下式表示：

在 $-50 \sim 0$℃之间，$R_t = R_0(1 + At + Bt^2 + Ct^3)$

在 $0 \sim 100$℃之间，$R_t = R_0(1 + \alpha t)$　　　　　　　　　　（4-5-2）

其中，$A = 4.28899 \times 10^{-3}1/$℃；$B = -2.133 \times 10^{-7}1/$℃；$C = 1.233 \times 10^{-9}1/$℃；$\alpha = 4.28 \times 10^{-3}1/$℃。

铜电阻的代号为 WZC，铂电阻的代号为 WZP_0，在应用热电阻测温时，需要将热电阻置于被测量温度场中，用较长的导线把热电阻接到远离被测量场处的电桥回路中，导线将有一定长度处于现场的自然环境中，当环境温度变化时，会使导线电阻发生变化，而引起测量误差，为了解决这一问题一般可采用下列办法。1）采用三线制，即连接热电阻与测量电桥的导线使用三条线，使导线分别置于电桥的两个臂上从而克服导线电阻所带来的变化。为了更加精密的测量亦可以采用四线制，即使电压检测导线和电流供给导线完全独立，使在检测电压导线中没有电流流过，这样就能完全正确地检测该电阻的电阻值。2）采用一体化热电阻温度变送器，此种变送器是把电桥及相应的电路小型化，并装在热电阻接线端处，使热电阻与变送器成为一个整体，不需要用长导线去连接热电阻和电桥，因而避免了导线的影响。

现代化连铸机仪表控制装置也大多选用 PLC 可编程序控制器，PLC 控制器的 I/O 接口模板类型是十分丰富的，其中有专门针对热电阻测量而提供的模拟量输入模板，可直接连接热电阻输入，测量准确，使用方便。

为了保证温度测量的准确性，以上两种测温传感器的安装必须注意以下几个方面。

（1）测温传感器在管道上安装应保证测温传感器与流体充分接触，因此要求测温传感逆着被测介质的流向，至少要与被测介质的流向成 90°，切勿与被测介质成顺流。

（2）对于热电偶传感器，如果所安装的管道公称直径小于 50mm；对于热电阻传感器，如果所安装管道公称直径小于 80mm，以上两种情况，应将传感器安装在加装的扩大的管道上。

（3）传感器的工作端应处于管道中流速最大之处。热电偶、热电阻保护套管的末端应超过流速中心线。

（4）测温传感器应有足够的插入深度，以减少测量误差。

5.1.2.4　铸坯表面温度测量

铸坯表面温度是调节冷却水量，控制拉坯速度，确定液相穴深度的一个重要参数，也是动态二冷水控制数学模型中的一个最主要的参数。因此，其检测十分重要。

为掌握连铸过程中铸坯的运行状态并实施自动控制，需要对结晶器出口处，扇形段区和矫直点附近的铸坯表面温度进行检测。但这些区域温度高，铸坯表面有冷却水形成的水膜和氧化铁皮，铸坯周围有冷却水汽化后形成的雾状蒸汽，在这种情况下进行铸坯表面温度检测的难度很大。目前用于铸坯表面温度检测的仪表有辐射高温计、比色温度计和光纤式高温计等。下面对这几种仪表作简单叙述。

A　辐射式高温计

辐射式高温计的工作原理是根据物体在绝对 0°K 以上时，均以某种光的形式从表面向外放射辐射能，辐射能的强度与物体的温度和物体的表面状态（即辐射系统）有关，其关系式为

$$E(\lambda, T) = C\varepsilon_\lambda C_1 \lambda^{-5} \frac{1}{e^{C_2/(\lambda T)} - 1} \tag{4-5-3}$$

式中，λ 为辐射光的波长；C_1、C_2 为普朗克第一、第二常数；ε_λ 为辐射系数或黑度系数；C 为常数；T 为物体表面温度；确定 $\lambda\varepsilon_\lambda$ 后，测得辐射强度 E，则可求出物体表面的温度。

辐射高温计由透镜、光学系统、传感器及信号处理等部分组成。透镜、光学系统将高温计视野内的热辐射能聚集到传感器上。传感器将热辐射能转换为电信号，常用的有光电池、热电偶或其他热电元件。信号处理主要功能为前置放大、线性化、辐射系数修正、峰值及平均值修正等。此种高温计可实现非接触式检测，为了防止高温蒸汽对检测精度的影响和保护仪表本体，需要加保护外套。

B　比色温度计

比色温度计是利用热源物体的辐射光谱中两个相邻的波长频带之间辐射能比率的变化来检测温度变化。

辐射能是热源物体的温度和波长的函数，在黑体情况下，光谱辐射强度 $E_0(\lambda, T)$ 与物体温度之间的关系由普朗克定律给出：

$$E_0(\lambda, T) = \frac{2C_1}{\lambda^5} \frac{1}{\exp\left(\dfrac{C_2}{\lambda T}\right) - 1} \tag{4-5-4}$$

式（4-5-4）表示一连续光谱，式中 C_1、C_2 为普朗克第一、第二常数；λ 为辐射光的波长。取两个相邻的波长频带辐射能之比 $R(T)$，则有

$$R(T) = \left(\frac{\lambda_2}{\lambda_1}\right)^5 \exp\left[\frac{C_2}{T}\left(\frac{1}{\lambda_2} - \frac{1}{\lambda_1}\right)\right] \tag{4-5-5}$$

式中，λ_1、λ_2 为测温仪表选定的波长。可见 $R(T)$ 仅由温度 T 来决定，只要检测出 $R(T)$，即可得到被测温度 T 值。这种高温计由于取的是两个波长辐射能之比，有效地克服了环境干扰和黑度系数变化对测量值的影响。

C　光纤式高温计

光纤式高温计是利用光导纤维作为传输光的器件而制成的测温仪表，其原理如图 4-5-3所示。

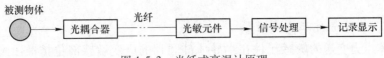

图 4-5-3　光纤式高温计原理

其中光耦合器的作用是把被测物体表面温度所辐射出的红外线收集到传感器视场内，并送入光纤，或使光纤中传输的被测光照射到光电转换器件上，光电转换器件可选与被测光谱相适应的光电池、光敏晶体管等。光电转换器把光信号转换为电流、电压信号。信号处理器的作用是把光电转换的输出变成为与被测温度相对应的输出显示值，它有放大、运算、线性化、黑度系数补偿等功能。

光纤式高温计的特点是：

（1）由于用光纤把光传至远离热源处，避免了环境温度变化对光电转换器件特性的影响。

（2）由于用光纤传光，可避免光路干扰对测量的影响，提高了测量精度。

（3）可以使光耦合器尽可能接近被测物体表面，以提高测量精度。

5.1.3　压力检测仪表

压力检测仪表在连铸机中主要用于冷却水压力、氩气压力、氮气压力、氧气压力、燃气压力和压缩空气压力等的检测。这些介质及其压力都是保证连铸机正常生产运行的重要条件，需要对它们进行检测，以便进行监视和控制。

常用的压力指示仪表有膜片压力表、膜盒压力表、弹簧管式压力表等，常用的压力（差压）变送器有电容式压力（差压）变送器、硅半导体压力（差压）变送器等。

压力变送器是以流体的压力作为测定对象而进行信号传输的仪表，对应于这个测定对象的测定范围，经过电子电路，使其变换成标准化的信号（一般为 4～20mA），并进行传输。

5.1.3.1　电容式压力（差压）变送器

电容式压力（差压）变送器的敏感元件为差动电容，它的结构如图 4-5-4 所示。

差动电容的电极板为两个形状尺寸相同的凹面体。动电极板为金属圆形膜片。当压力 $P_1 = P_2$ 时，动电极板处于两固定电极板的中间位置，使电容 $C_1 = C_2$。当压力 P_1 与 P_2 不相等时，例如当 $P_1 > P_2$ 时，动电极向右偏移，使 $C_1 < C_2$ 经测量电路进行变换和运算，将电容 C_1、C_2 的变化转换成标准的 4～20mA 信号输出，输出信号 I_0 的大小就代表了压差的大

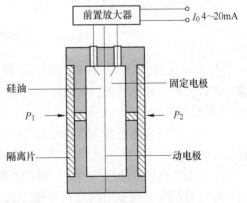

图 4-5-4　电容式压力（差压）变送器结构

小。若将 P_1 或者 P_2 的入口接入大气，另一端接被测介质，则可进行此介质压力的检测。

电容式压力（差压）变送器具有安装使用方便、精度高（0.25%）、性能稳定、坚固耐振、单项过载保护性能好、安全防爆等优点，因此在介质压力（差压）测量中得到广泛

的应用。

5.1.3.2　硅半导体压力变送器

硅半导体压力变送的敏感元件在半导体硅圆片的应变敏感部位扩散出阻值相同的电阻，并做成膜盒状，如图 4-5-5 所示，其上端 P_2 为参考端压力。

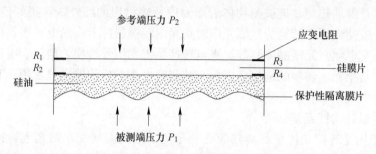

图 4-5-5　硅半导体压力变送器部件的原理

被测压力 P_1 作用在保护性隔离膜片上，经硅油再传给硅膜片，使硅膜片产生变形，若 $P_1 > P_2$，硅膜片向上凸，则使 R_2、R_4 受拉阻值增加，R_1、R_3 受压阻值减小。将 R_1、R_2、R_3、R_4 组成一个测量电桥，如图 4-5-6 所示。

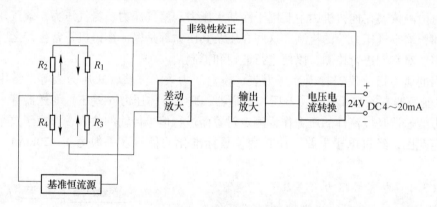

图 4-5-6　硅半导体压力变送器测量电路

当 $P_1 = P_2$ 时，$R_1 = R_2 = R_3 = R_4$，电桥平衡。当 $P_1 > P_2$ 时，$R_1 = R_3 < R_2 = R_4$，电桥的输出前置放大，输出放大，电压电流转换、非线性矫正，将 P_1 的变化转换成标准的 4 ～ 20mA 的电流输出。

硅半导体压力变送器具有精度高（0.1%）、适应温度变化性能好、使用维修方便、可直接安装在管道上、抗干扰能力强、能在恶劣的环境中工作等特点。

压力检测仪表的使用范围，一般正常操作压力取在仪表量程的 1/3 到 2/3 之间。这是因为如压力仪表长期被用在测量范围上限，弹性元件会产生弹性后失效，即当外力去除后，弹性元件不立即恢复原状，尚有一小部分弹性变形，有的甚至产生永久性残余变形，因而引起仪表的零漂和量程的改变。特别是在被测介质波动剧烈的情况下，更会引起元件老化，所以必须限制测量上限。但压力检测仪表的使用范围如果低于量程的 1/3，仪表的指示虽然有，但精度下降，相对测量误差会成倍增加。

　　另外，压力检测仪表检测不同的介质，在管道上取压口的位置应该不同。

　　在测量气体的压力时，为了使气体内的少量凝结液能顺利地流回流体管路，而不流入测量管路和仪表内部，取压口应在流体管道的上部。

　　在测量液体时，为了让液体内部析出的少量气体能顺利地返回流体管道，而不进入测量管道和仪器内部，取压口应在流体管道水平中心线以下成 0°~45° 的夹角内。

　　对于蒸汽介质，应保持测量管道内有稳定的冷凝液，同时也防止流体管道底部的固体杂质进入测量管道和仪器内部，取压口最好选在流体管道水平中心线以上成 0°~45° 的夹角内。

5.1.4　流量检测仪表

　　流量检测仪表在连铸机中主要用于冷却水的流量检测，包括结晶器冷却水、二次冷却水、设备的闭路和开路冷却水以及连铸机各类介质的流量检测。

　　根据连铸机生产过程的特点、精度要求、介质的特性以及建设投资的考虑，在流量检测上，可选用不同的检测仪表。

5.1.4.1　冷却水流量的检测

　　连铸设备用冷却水包括结晶器冷却水、二次冷却水和设备冷却水三种。冷却水流量的检测不仅是保证设备安全运行、铸坯质量合格的重要因素，也是确定热交换程度和计量能源消耗的基础。其中结晶器冷却水和二次冷却水的检测尤为重要。确定它们的流量值，主要是依据铸坯断面尺寸、钢种、拉坯速度、水压、钢液温度以及冷却水进口温度等生产过程参数。

　　由于二次冷却区的水流量变化很大，而普通的孔板流量计是与其差压方根成正比，所以当测量范围超过 4:1 时，其下限很难准确，故它不适用于连铸机冷却水流量的检测。

　　常用的冷却水流量检测仪表可选用电磁流量计、射流式流量计（又叫涡流式流量计）等，电磁流量计由于其测量范围广、对水质要求不严格及可利用电流变化来改变量程等特点，而在连铸机上得到广泛的应用。

　　A　电磁流量计

　　电磁流量计的原理如图 4-5-7 所示。

　　选一段不导磁、不导电的管道接入冷却水管道，作为检测用的管道。在流体流进的垂直方向安装一对磁极，使其磁力线与流向垂直。在与流速及磁感应强度的垂直方向上安装一对电极。当冷却水在交变磁场 $B\sin\omega t$ 中流过时，冷却水切割磁力线而产生感应电动势 E，从安装在测量管壁上的电极上检测出感应电动势其值为

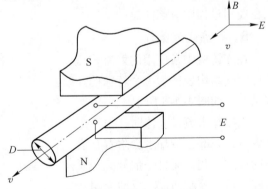

图 4-5-7　电磁流量计原理

$$E = BDv\sin\omega t \times 10^{-8} \tag{4-5-6}$$

而流速

$$v = \frac{E}{BD\sin\omega t} \times 10^{8}$$

式中　B——磁感应强度，Gs；

D——管道直径，cm；

v——冷却水流速，cm/s。

流过管道的水量 $Q = vS$，S 为管道的截面积（cm^2），由此可知流量与感应电势的关系为

$$Q = \frac{ES}{BD\sin\omega t} \times 10^8 = KE \tag{4-5-7}$$

式中，K 称为仪表系数，若测得感应电势 E 即可得知流量 Q。因为感应电势 E 为交流毫伏信号，需经相应的测量电路进行阻抗变换、整流放大及抗干扰补偿等将其转换成为标准信号 $4 \sim 20mA$ 输出。

电磁流量计是非接触测量，没有运动部件，因此运行可靠、维护方便、寿命长，电磁流量计也没有电压损失，测量精度高，线性好，测量范围大，而且不受被测介质温度、密度、黏度、压力等参数变化的影响，可进行正反两个方向流量测定。在使用中须注意周围环境中强电磁场对测量的影响，该仪表价格比较昂贵。

在安装电磁流量计时，应保证介质满灌条件，即安装在任何时候测量导管内部都能充满介质的地方，以防止由于测量管内没有介质，而指针不在零位造成错觉。当被测介质中固体颗粒多时，应垂直安装，使衬里均无磨损。因为电磁流量计信号较弱，满量程时仅 $2.5 \sim 8mV$，流量很小时仅为几微伏，外界略有干扰就会影响测量精度。因此，变送器外壳、屏蔽线、测量导管以及变送器两端的管道都应接地，并要单独设置接地点，绝不能连接在电机、电器等用地或上下水管道上。信号线和激励线应分开敷设，避免两者平行，尤其须注意远离动力电缆。还有，变送器和转换器必须使用同一相电源，否则由于检测信号和反馈信号相差 120°相位，致使仪表不能正常工作。另外，变送器的上游侧应有大于 $5D$ 的直管段，以保证介质能够稳定流动。

在连铸机中，二次冷却水是浊循环水，水中杂质较多，很容易污染电磁流量计中的励磁电极，造成短路现象，从而损坏电磁流量计中的传感器；其次电压波动过大，或者带负载送电，电磁流量计置于强电场周围，也容易造成电路损坏。以上提到的这些情况都是我们在使用过程中应该注意的。

B　射流式流量计

在连铸机中常使用的射流式流量计，其结构表征为一个特殊的几何结构，如图 4-5-8 所示。

当冷却水流过表体时，由于附壁效应，一部分冷却水会附着在表体内壁的一侧，而另一部分流经反馈腔并返回控制通道。反馈流阻止了主射流在同一侧内壁的附着，而处于自由状态的主体流又吸附在另

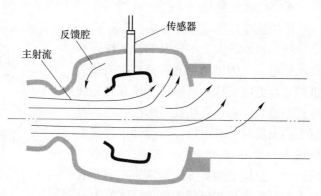

图 4-5-8　射流式流量计结构示意图

一侧内壁上。这种反馈作用循环往复，由此在表体内产生一个持续的振荡。随着流体在两侧内壁的振荡，反馈腔内的流体由零到最大往复变化，置于反馈侧的传感器检测出此振荡频率，而这一振荡频率和容积流量呈线性关系，经变送器把频率信号变成标准信号，即可

进行实际流量的检测。

射流式流量计具有精度高、调节比大、过载能力强、维护量小等特点，在测量过程中无磨损、无阻塞现象，停止测量时无粘连现象。

除了上面说的两种冷却水流量计外，还有超声波流量计、应力检测式流量计、浮子式流量计等，这里不再叙述。

5.1.4.2　各种气体的流量检测

连铸设备的气体系统主要有钢液吹氩和浇注保护用氩气、中间罐干燥与预热用煤气和压缩空气及清扫用氮气、切割机用燃气和氧气、雾化冷却用的压缩空气等，为了保证铸坯的质量和生产的安全运行，需要对上述气体介质进行流量检测。

连铸机气体流量检测一般采用孔板流量计。孔板流量计一般由孔板、差压变送器、开方器及显示记录装置所组成。

孔板是节流装置的一种。根据气体的性质及量程选用一定厚度的金属圆盘，中间开一定直径的孔，即形成孔板。孔板安装在水平的气体管道上后，在管道内的气体的流动状态发生变化，在孔板两侧产生压力差 Δp，这个压差 Δp 与气体流量 Q 有着确定的函数关系

$$Q = \alpha \varepsilon a \sqrt{\frac{2}{\rho} \Delta p} \qquad\qquad (4\text{-}5\text{-}8)$$

式中　α——流量系数，查表确定；

　　　ε——气体压缩系数，查表确定；

　　　a——孔板的开孔面积；

　　　ρ——被测气体的密度。

两侧导压管之间引入差压变送器，差压变送器检测孔板两侧气体的压差 Δp，并转换为标准的 $4 \sim 20\text{mA}$ 信号输出。

因为孔板两侧的压差 Δp 与流量 Q 为平方关系，差压变送器输出电流 I_0 与压差 Δp 为线性关系，则 I_0 与 Q 也为平方关系，这就需要差压变送器与显示记录仪之间加一个开方器。

在安装孔板以后，引入差压变送器的两侧导压管尽量靠近敷设，并且保持垂直或水平之间成不小于 1:12 的倾斜度，弯曲处应为均匀的圆角，导压管应当既不受外界热源的影响，又要注意保温。在加热时则不要过热，以免使气体凝结水汽化，产生假差压。另外，在导压管中应装有必要的切断、冲洗、排污等阀门。

在安装孔板时，一定要注意其前端面应与管道轴体垂直，不垂直度不得超过 1°。并且孔板应与管道同心，不同心度不得超过 $0.015D(1/\beta - 1)$，式中 $\beta = d/D$，d 为孔板内径，D 为管道直径。另外，在管道系统安装孔板时，必须在吹扫管道之后进行，并保证在管道和孔板连接处管道直径不能有任何的突变，以免造成测量的不准确性。

5.1.5　拉速检测仪表

拉速检测仪表用来对连铸机的拉坯速度进行检测。

拉速是由连铸机设备条件和产量要求而确定的重要生产参数，拉坯速度对结晶器液面高度、冷却水流量及切割速度等各方面都有影响，同时也是这些参数控制的主要依据。在连铸生产过程中，需要对拉速进行实时有效的检测。

拉速的检测可以直接检测铸坯的线速度，可以利用相关方法测线速度，也可以通过增

设测量辊或者利用铸坯的支撑辊先测量它们的转速，再通过转速转换为线速度。测量转速的方法较多，可选用测速发电机、光码盘、光栅、磁电式转速测量装置等。

5.1.5.1　测速发电机

测速发电机是转速测量仪表的一种，它的功能是将输入的机械转速变换为与之成正比的电压信号，测量电压信号的大小，即可得到被测转速值。当已知铸坯驱动辊或附设的测量辊的直径就可以换算成铸坯运动的线速度。

5.1.5.2　光电数字式转速表

光电数字式转速表是由光源、光调制器、光电转换部件及信号处理等组成。光源发出恒定的光，光调制器根据被测转速将光源发出的光调制成光脉冲或光码信号，光电转换部件将光信号变成电信号，经信号处理器对信号进行运算和加工，变换成被测转速的输出显示值。

光调制器有不同的型式，根据光调制器的不同型式，可制成不同类型的转速表，一般可分为直射式和反射式两大类。

（1）直射式光电转速表。直射式光电转速表的光调制器有光栅式、光码盘等形式。光码盘（直射、反射式均可用）是在一个圆盘上制作若干条按一定编码规律（如二进制、循环码）排列的圆形码道。光照在光码盘上，当光码盘随被测物体转动时，就输出正比于转速的编码。码道的个数越多，测量的精度就越高。

（2）光栅式光电转速表。光栅式光电转速表的光调制器包括固定的遮光光栅和旋转的扫描光栅，遮光光栅与扫描光栅按照相同半径做成，沿径向开槽而且刻线密度相同。光源和光电转换元件分别装在光栅的两边。当被测物体带动扫描光栅转动时，光电转换元件就输出正比于转速的脉冲。光栅刻线密度越大，测量精度越高。

（3）反射式光电转速表。反射式光电转速表结构如图 4-5-9 所示。在被测旋转轴上标刻上黑白相间条纹，白线作为反射条纹。当被测轴转动时，光源发出的光经透镜 1、半透镜和透镜 2 投射到被测轴上，白色反射光线将光反射回透镜 2、半透镜和透镜 3，由光敏元件转换成电脉冲，经信号处理，可测得转速值 n
(r/min)。如果被测旋转轴上有 Z 条反射光线，在采样时间 $t(\mathrm{s})$ 内计有 N 个电脉冲，则被测旋转轴的转速为：

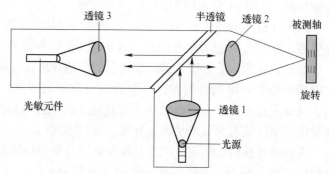

图 4-5-9　反射式光电转速表结构示意图

$$n = 60\,\frac{N}{Zt}\tag{4-5-9}$$

5.1.5.3　磁电式转速表

磁电式转速表又称磁阻式转速表。它是根据磁路磁阻的变化所引起的磁通变化，从而磁线圈内产生感应电势的原理进行工作的。这类转速表分为开磁路和闭磁路两种。

当被测轴带动感应齿轮转动，铁芯和感应磁座之间磁阻变化时，被测轴的周期由齿间距决定，磁路磁阻的变化使感应线圈上有感应电势产生，形成一个电脉冲，经转换可得到被测转速 n。当齿轮的齿数 Z 确定，测得电脉冲的频率为 f，则被测转速为

$$n = 60f/Z \tag{4-5-10}$$

目前在板坯连铸机上广泛使用的是光电脉冲编码器，它被安装在扇形段驱动辊电机的传动轴上，电机经减速机带动驱动辊旋转，根据光电脉冲编码器的脉冲数、电机的实际转速及减速机的减速比、驱动辊的辊子直径等参数，即可得到连铸机的拉坯速度。

5.1.6   液位检测仪表

液位检测仪表是对各类容器中的液体液位进行检测的仪表。

在连铸机的生产过程中，液位是一个非常重要的物理参数，主要体现在结晶器内钢液液位的检测和水处理各种罐体内的液位检测等。前者因检测的原理和结构非常复杂，我们将在后面 5.2 节过程参数检测和控制章节中加以叙述，现在仅就水处理中液位检测仪表的原理和结构加以说明。

水处理中的液位检测仪可分为差压式液位计、超声波式液位计、电容式液位计等多种形式，下面分别加以说明。

5.1.6.1   差压式液位计

差压式液位计的原理，是以容器中液位的任意一点作为静压，该点的静压力与该静压点到液面的距离、流体的密度以及重力加速度的乘积成正比，假设流体的密度和重力加速度已知，就能根据所测压力求得到液面的距离，也就是知道了液位，如图 4-5-10 所示。

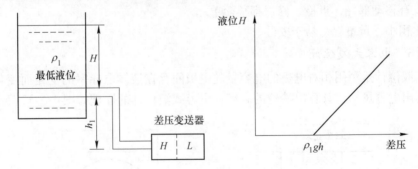

图 4-5-10   差压式液位计原理

压力、液体的密度、重力加速度以及液位间的关系为

$$p = \rho_1 g(H + h_1) \tag{4-5-11}$$

式中 p——压力，Pa；

ρ_1——液体密度，kg/m^3；

g——重力加速度，m/s^2；

H——从最低液位到液面的垂直距离，m；

h_1——从差压变送器受压元件到最低液位的垂直距离，m。

从式（4-5-11）中我们可以看出变送器的压差输出和液位呈直线关系。这种液位检测仪在使用时必须注意以下几个方面。

（1）差压变送器安装的位置必须低于最低液位。

（2）如果液体密度发生了变化必须对仪表进行校正。

（3）液体的波动能给差压变送器带来不稳定的
输出信号，因此在采集数据时要进行滤波。

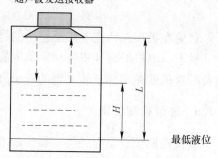

（4）导压配管应做成直线配管。

5.1.6.2　超声波液位计

超声波液位计的原理是，从超声波发送接收器
发出的超声波在液面发生反射，然后再由超声波发
送接收器接收，测得从发出到接收的时间，就可以
知道液位。超声波液位计的原理如图 4-5-11 所示。

液位、超声波发出和反射返回的时间关系由下
式表达

图 4-5-11　超声波液位计原理

$$2(L - H) = tu \tag{4-5-12}$$

式中　L——从最低液位到超声波发送接收器的距离，m；

　　　H——液位，m；

　　　t——从发送到接收所需的时间，s；

　　　u——超声波的速度，m/s。

这种液位检测仪的特征如下：

（1）超声波的速度随气体的种类、温度不同而不同，所以要进行气体温度补偿。

（2）超声波是非接触测定，设备使用寿命长。

（3）没有移动部件，点检、修护都很简单。

（4）体积小、重量轻、易于安装。

5.1.6.3　电容式液位计

电容式液位计是利用相对电极的电容量随电极间存在液体电导率的变化而变化的原理
制成的，测出电容量即可计算出液位的高度。电容式液位计的原理如图 4-5-12 所示。

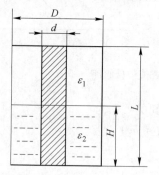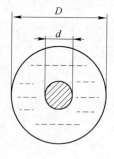

图 4-5-12　电容式液位计原理

从图中我们可以看出，相对电极的电容量是随电极间存在液体电导率的变化而变化
的，在同心圆筒之间有液体变化的情况下，其电极与电极间的电容量由下式表示

$$C = \frac{2\pi\left[(\varepsilon_2 - \varepsilon_1)H + \varepsilon_1 L\right]}{L(D/d)} \tag{4-5-13}$$

式中　C——电极间静电容量，F；

　　　ε_1——空间气体的电导率，F/m；

　　　ε_2——液体的电导率，F/m；

　　　H——液位，m；

　　　L——电极高度，m；

　　　D——液体容器直径，m；

　　　d——内侧电极直径，m。

由于 L、D、d、ε_1、ε_2 是定数，所以测得 C 就可以求出液位高度 H。这种电容式液位计的特点是：

（1）检测器构造简单。

（2）测量时没有移动部位，使用寿命长。

（3）因液体温度、密度的变化，引起电导率变化，易造成误差。

5.1.7　执行控制仪表

执行控制仪表，由执行器和调节机构（调节阀）两部分组成，在过程控制系统中，它的作用是根据调节器的命令，直接带动调节阀、挡板等控制设备，通过改变调节参数达到调节温度、压力、流量、液位等系统参数的目的。

根据使用能源不同，执行器可分为气动、电动和液动三种形式，目前在工业上使用最多的是电动执行器和气动执行器，而在连铸机上较为广泛应用的是气动执行器，主要用于冷却水和压缩空气的流量和压力控制。本节简要说明气动执行器和电动执行器两种结构的控制原理以及在连铸机上广泛使用的气动调节阀的控制特性。

5.1.7.1　电动执行器

电动执行器的控制原理如图 4-5-13 所示。

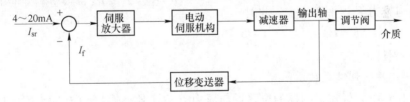

图 4-5-13　电动执行器控制原理

来自调节单元的输入信号 I_{sr}（4～20mA DC），先与位置反馈信号 I_f（4～20mA DC）相比较，其差值（正或负）经伺服放大器放大后，控制电动伺服机构动作，经减速器后，控制输出轴产生位移（直线位移或旋转角位移），输出轴的位移又经位移变送器转换成 4～20mA DC 信号，作为位置指示和位移反馈信号 I_f，反馈信号 I_f 送到伺服放大器输入端。当反馈信号 I_f 等于输入信号 I_{sr} 时，电动伺服机构停止动作，输出轴即达到了设定位置，因此，输出轴的位移与输入信号 I_{sr} 成比例关系，同时是带有位置反馈的闭环控制系统。

当然，电动执行器也可以通过电动操作器进行远距离人工操作，控制灵活方便。

电动执行器中伺服放大器是输入信号和反馈信号的比较和放大，增益很高，需要精细地调整。电动伺服机构可用来驱动各种调节机构如调节阀、挡板等，是一种将电功率变换成机械功率的动力装置，由于其转速较高、输出力矩较小，必须通过减速器，将高速小力矩转换成低速大力矩后，带动调节阀等执行元件。在选用电动伺服机构时，需要考虑伺服机构的输出力或力矩，应与负荷的力或力矩合理匹配。

电动执行器由于结构较复杂、价格偏高、维修工作量大等原因，虽然性能可靠，但也限制了它的应用范围，目前在连铸机中应用较少。

5.1.7.2　气动执行器

以压缩空气（或氮气）为动力能源的气动执行器，由于其结构简单、动作可靠、维修方便、价格低廉、输出功率大、特别适用于防火、防爆等场合，已广泛应用于冶金、化工、石油、电力等工业领域，连铸机中也大量使用。下面以气动调节阀为例，简要说明气动执行器的工作原理及应用中的注意事项。

A　气动调节阀的结构与工作原理

气动调节阀的简单结构如图 4-5-14 所示。它由执行机构和调节机构两部分组成，执行机构按控制信号（气体）压力的大小产生相应的推力，推动调节机构动作。调节机构直接与介质相接触，可调节流体介质的流量。

压力 P 由膜头顶部引入，它在膜片上产生向下的推力 F

$$F = PA \qquad (4\text{-}5\text{-}14)$$

式中　A——膜片的有效面积。

在此推力作用下，固定在膜片上的推杆（阀杆）向下移动，并压缩弹簧，直至弹簧的反作用力与推力 F 相平衡为止，此时

$$SK = PA \qquad (4\text{-}5\text{-}15)$$

式中　S——阀杆位移；

　　　K——弹簧的弹性系数。

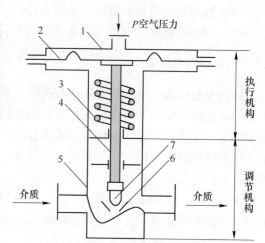

图 4-5-14　气动调节阀结构示意图

1—上盖；2—膜片；3—平衡弹簧；4—阀杆；
5—阀体；6—阀座；7—阀芯

由式（4-5-15）可知，阀杆的位移量与压力 P 成正比，当压力 P 增大时，阀杆下移，使调节阀关小；压力 P 减小时阀杆上移，调节阀开大。

气体压力 P 来自调节单元的电信号，并进行电—气转换。

B　气动调节阀的选用

气动调节阀的选用，主要考虑生产操作条件（温度、压力、流量、介质特性等）和过程控制系统的质量要求。

（1）调节阀尺寸的选择。调节阀的尺寸通常用公称直径 D_g 和阀座直径 d_g 来表示。D_g 和 d_g 是根据计算出来的流通能力 C 来选择的。各种尺寸调节阀的 C 值可查表取得。

流通能力 C 表示调节阀的容量，其定义为：调节阀全开、阀前与阀后压差为 0.1MPa、流体密度为 1g/cm³ 时、每小时通过阀门的流体流量（为 m³ 或 kg）。

流通能力 C 表示了调节阀的结构参数，对于不同口径、不同结构形式的调节阀，由于

阻力不同，则流通能力 C 也不相同。

（2）气开、气关类型的选择。气动调节阀分气开、气关（相当于电动调节阀的电开、电关）两种类型。有气压信号时阀开、无气压信号时阀关称作气开型；有气压信号时阀关、无气压信号时阀开称作气关型。在选择调节阀气开、气关时，主要是从生产过程的安全要求原则出发，即当调节阀输入气压信号中断时，应保证设备和操作人员的安全。

（3）调节阀的结构形式和材料的选择。调节阀的结构形式多种多样，调节阀的材料，如阀体、阀芯等也有不锈钢和碳钢之分，可根据不同的生产操作条件、使用要求（如温度、压力、介质的物理和化学特性等）以及应用环境（海拔高度、湿度、防火、防爆等）来选用。

C　阀门定位器

气动阀门定位器是气动执行器的主要附件，它与气动执行器配套使用，组成闭环控制系统。阀门定位器利用反馈的原理，可改善调节阀的定位精度并提高调节阀的灵敏度，能增大执行器的输出功率，加快阀杆的移动速度，克服阀杆的摩擦力和介质不平衡力的影响，从而使调节阀按照调节器送来的控制信号准确定位。图 4-5-15 是阀门定位器与执行器连接的示意图。

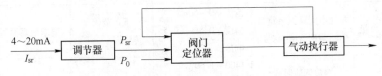

图 4-5-15　阀门定位器与执行器连接示意图

气动阀门定位器接受调节器的输出信号，产生和调节器输出信号成比例的气压信号，用以控制气动调节阀。

5.2　过程参数检测和控制

为了实现连铸机生产流程的优化、保证铸坯质量并高效率生产，连铸机生产过程参数检测和控制是必不可少的，如采集数据、在线过程控制优化及提供生产过程参数数据支撑等。板坯连铸机对过程参数检测和控制的要求如下。

（1）快速准确地测量钢液温度，并将其控制在一定范围内；

（2）钢包和中间罐钢液重量的实时监测，以便在多炉连浇时及时更换钢包并严格控制中间罐内钢液的液面高度；

（3）测量和控制结晶器液面的高度并使其在较小的范围内波动，尽量保持稳定状态，保证连铸机稳定生产；

（4）对结晶器冷却水的进水温度、进出水温差、冷却水压力、各支路冷却水流量等的测量和调节，保证铸坯的冷凝条件。

（5）为了使铸坯在二冷区均匀冷却，实施气-水冷却方式，需对二冷区域冷却水温度、压力和压缩空气压力进行检测，并对二冷区域各冷却分区水流量进行测量和调节，对二冷区域各冷却分区压缩空气压力进行检测和对空气流量进行调节；

（6）对设备冷却水温度、压力、流量进行检测；

（7）正确测量铸坯定尺长度，保证切割精度；

（8）通过离线和在线辊缝测量调整，使连铸机辊列有正确的辊缝；

（9）对结晶器开口度倒锥度精确测量，保证铸坯的断面尺寸；

（10）准确测量铸坯表面温度，为动态二冷水控制和铸坯凝固过程动态轻压下建立温度参数条件，这些对提高铸坯质量是很关键的。

连铸机中常用的过程参数测量仪表和传感器见表4-5-1。图4-5-16是大型板坯连铸机自动化仪表检测和控制项目示意图。

表 4-5-1　连铸机主要过程参数检测仪表和传感器一览表

序号	检测目标	检测分类	检测目的	检测规范和精度	检测方式传感器类型	传感器要求	备注
1	钢包内钢液重量	重量	监视钢包钢液重量	范围：0~200t 精度：0.5% ±0.5t 响应：<1s	称重负荷传感器	要求耐高温	根据钢包容量确定称重范围
2	钢渣流出检测	熔渣	由钢包流到中间罐钢液中熔渣	识别钢液和熔渣 响应：<1s	电磁感应式光导式检测水口振动	要求高精度最好非接触	
3	中间罐钢液重量	重量	监视中间罐钢液重量中间罐钢液液面控制	范围：0~60t 精度：0.5% ±0.5t 响应：<1s	称重负荷传感器	要求耐高温	根据中间罐容量确定称重范围
4	钢液温度快速测量	温度	钢包钢液温度中间罐钢液温度	1400~1700℃ 精度：0.05% ±1℃ 响应：<1s	快速热电偶	响应快速	
5	中间罐钢液连续测温	温度	中间罐钢液温度连续检测	1400~1600℃ 精度：±1℃ 响应：<1s	红外热辐射	长时间耐高温	
6	保护渣厚度	厚度	测量渣层厚度，稳定操作防止钢液氧化	范围：0~30mm 精度：±1mm	磁性涡流传感器	耐高温	
7	结晶器钢液面	高度	中间罐钢液自动注入提高铸坯质量	范围：0~30mm 精度：±1mm 响应：<1s	射线式电磁涡流式激光式等	较大量程响应迅速耐高温	
8	结晶器锥度	角度	稳定作业防止铜板表面严重磨损	范围：0~20mm 精度：±0.1mm 响应：<1s	电磁感应式	耐热性要好可靠性要高	
9	铸坯表面温度	温度	铸坯冷却与凝固提高铸坯质量	600~1300℃ 精度：±3℃ 响应：<1s	辐射式温度计	不受外界蒸汽及杂质的影响	根据布置位置确定测温范围
10	漏钢预报	温度场	防止拉漏提高作业率和金属收得率，保护机械设备	使用热电偶 范围：0~200℃	热电偶	热电偶合理布局、提高预报准确率	
11	铸坯长度	长度	定尺切割优化产量计算提高金属收得率	定尺要求长度精度：±5mm	驱动辊编码器测量辊编码器激光测距红外成像	耐热辐射提高精度	

序号	检测目标	检测分类	检测目的	检测规范和精度	检测方式传感器类型	传感器要求	备注
12	冷却水温度	温度	结晶器冷却水温度 二次冷却水温度 设备冷却水温度 冷却效果	0~100℃ 精度：±1℃ 响应：<1s	热电阻	提高精度	
13	冷却水压力	压力	结晶器冷却水压力 二次冷却水压力 设备冷却水压力	合适的量程范围 精度：0.1% 响应：<1s	压力变送器	压力量程在仪表量程的1/3~2/3之间	
14	压缩空气压力	压力	二次冷却 压缩空气压力 其他介质气体压力	合适的量程范围 精度：0.1% 响应：<1s	压力变送器	压力量程在仪表量程的1/3~2/3之间	
15	冷却水流量	流量	结晶器冷却水流量 二次冷却水流量 设备冷却水流量	DN15~DN400 精度：±0.3% 响应：1~10s	电磁流量计	正确公称通径的选择	注意周围电磁场的影响
16	气体介质流量	流量	二次冷却 压缩空气流量 其他介质气体流量	合适的量程范围 精度：0.1% 响应：<1s	孔板＋差压变送器	仪表量程合理选择	注意孔板的安装

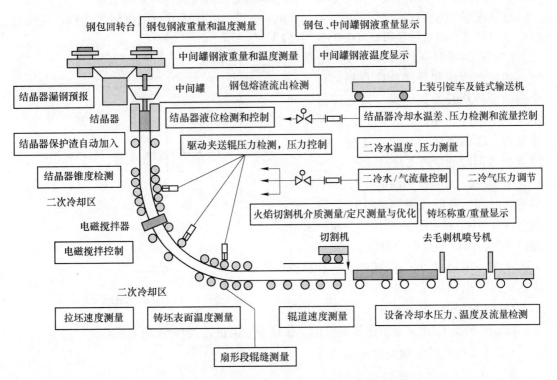

图 4-5-16　大型板坯连铸机自动化仪表检测和控制项目

5.2.1　钢液温度检测

5.2.1.1　钢包钢液温度检测

钢液温度检测分快速测温和连续测温两种，钢包钢液温度一般采用快速测温法，仅仅是在间断的时间，间隔地对钢液温度进行检测。测温仪表为数字式钢液测温仪，采用插入式热电偶测量，系统包括分度 S 的铂铑-铂热电偶、测温枪、补偿导线、接线盒、带微处理机的数字式钢液测温仪主控制器（包含温度数字显示）及现场大屏幕显示器组成。

快速热电偶测温原理参看 5.1.2.1 节及图 4-5-1。

数字式钢液测温仪测量温度的运算处理公式为

$$U = U_x + e + [U_0 - (U_t + e)] \tag{4-5-16}$$

式中　U——实际钢液温度的电压值，mV；

　　　e——放大器电压的漂移值，mV；

　　　U_x——测量回路的电压输入值，mV；

　　　U_0——0℃时的电压值，mV；

　　　U_t——环境温度时的电压值，mV。

从式（4-5-16）可以看出，经过软件处理后，消除了放大器的漂移量，实现了冷端温度的最佳补偿，提高了实际测量精度。

测温仪表把对应分度 S 的热电偶 400 ~ 1800℃的每度 mV 值存储在微处理器中，测量值和存储的表格值比较，显示出的温度克服了测温曲线非线性带来的误差。该数字式钢液测温仪结构简单、使用方便、反应迅速，热电偶头插入钢液后即可开始工作。

数字式钢液测温仪输出信号有：4 ~ 20 mA 信号、串行或并行数据输出接口、现场总线标准信号等，测量精度可达 ±0.05% 或 ±1℃。

数字式钢液测温仪由微处理器根据编制好的控制程序和处理程序自动运行，一个测温过程从开始到结束，微处理器要调用几十个标准功能程序块，对仪表进行自动诊断、自动测量、判断和处理，图 4-5-17 是钢液温度测量的飞升曲线。

图中，Δe 为采样测温值，T_P 为平台采样测温时间，测温仪表判断处理直到采样测温值 Δe 小于设定的灵敏度 E 为止，求出测温平台，以达到对钢液温度精确地测定。灵敏度 E 与平台时间 T_P 需正确选择，E 设定过大，测出的温度值误差大；E 设定过小，会使测温平台求不出来，测温成功率

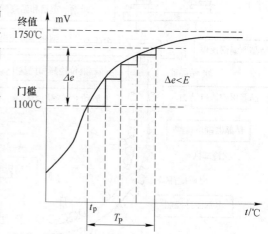

图 4-5-17　钢液温度测量的飞升曲线

低。因此，E 及 T_P 设定通常采用经验值，保证一个测量过程在 6s 内完成。

5.2.1.2　中间罐钢液温度检测

A　中间罐钢液快速测温

中间罐钢液快速测温和钢包钢液快速测温同理，不再赘述。

B　中间罐钢液连续测温

钢液温度的连续测量是冶金生产上需要而曾经在很长时间内未能很好解决的世界难题。中间罐钢液的连续测温对确定连铸拉坯速度、保证铸坯连续均匀冷却、实现二冷水动态控制、正确建立铸坯凝固数学模型及实行铸坯凝固过程的轻压下控制等具有重大意义。

国内经过十多年的研究和技术开发，已成功地研制出新型的钢液连续测温仪表，并在国内许多大钢铁公司板坯连铸机的中间罐钢液测温方面得到广泛应用，其中东北大学自动化仪器仪表中心研制成功的黑体空腔钢液连续测温系统（BCT-V）具有代表性，以下简要介绍该系统的测温原理、系统组成、技术参数、性能指标及安装要求。

a　连续测温原理

黑体空腔钢液连续测温原理如图4-5-18所示。将黑体空腔传感器插入到钢液中，钢液为其加热，形成近似密闭等温的腔体，利用专用的测温探头，测量该腔体的近似黑体辐射能量，通过计算得出钢液温度。

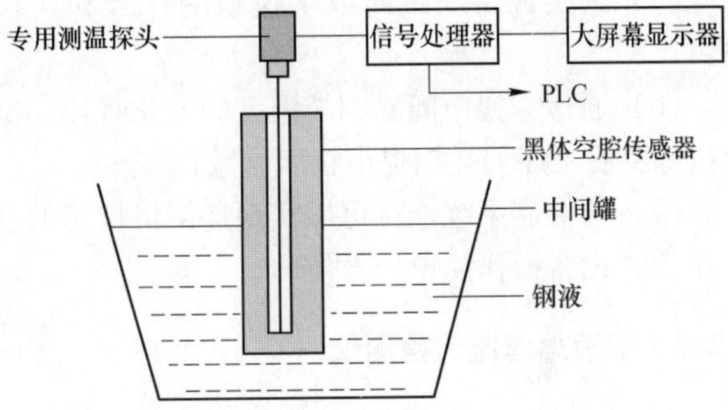

b　连续测温系统组成

黑体空腔钢液连续测温系统由以下四部分组成：

图 4-5-18　黑体空腔钢液连续测温原理

（1）钢液连续测温管	型号：BCT-V-1-A
（2）钢液连续测温探头	型号：BCT-V-1-B
（3）钢液连续测温信号处理器	型号：BCT-V-1-C
（4）大屏幕显示器	型号：BCT-V-1-SI

c　技术参数和性能指标

（1）测量范围：$1400 \sim 1600℃$（中间罐钢液温度）；$800 \sim 1400℃$（中间罐工作层耐火材料烘烤温度）。

（2）测量误差：$\leqslant \pm 3℃$（$1400 \sim 1600℃$）；$\leqslant \pm 7℃$（$800 \sim 1400℃$）。

（3）钢液连续测温管寿命：$20 \sim 40h$。

（4）输出信号：$4 \sim 20mA$。

（5）供电电源：$220 \pm 10V$ AC/50Hz。

（6）响应时间：$4 \sim 6min$（冷态响应）；75s（热态响应）。

（7）测温管长度：834mm/950mm/964mm/1100mm。

d　系统安装要求

一套钢液连续测温系统包括两台信号处理器、两只测温探头、一台大屏幕显示器。每个中间罐车分别安装一台信号处理器、一只测温探头组合，保证测温设备可随中间罐车移动。

信号处理器安装在中间罐车靠近测温孔位置的安全部位，并考虑信号处理器的环境温度不宜过高，避免中间罐烘烤对设备环境温度的影响。两台信号处理器通过屏蔽电缆输出信号去大屏幕显示器。

设备供电电源：UPS 不间断电源 AC 220V。

设备冷却风源：洁净氮气，气压 $>0.4\mathrm{MPa}$、流量约为 $12\mathrm{Nm^3/h}$。

e　中间罐钢液连续测温的应用意义和特点

（1）实现了中间罐钢液温度的连续、准确测量；

（2）提高了测量的稳定性与可靠性，避免人为因素带来的测量误差，克服快速测温的分散性误差；

（3）随时监测钢液温度变化情况及变化趋势，可及时采取措施防止由于钢液温度偏高或偏低而导致的漏钢或絮钢现象；

（4）为二冷水动态控制数学模型的计算和实现二冷水动态控制提供可靠参数；

（5）为实现铸坯凝固数学模型的计算和实现铸坯凝固过程的轻压下控制提供可靠参数；

（6）通过掌握中间罐钢液温度的变化规律，据此向连铸生产过程的前工序如炼钢、钢液精炼及后工序如轧钢提供技术参数；

（7）与控制系统连接可以实现连铸机拉速的自动控制；

（8）设备操作简单、方便。

5.2.2　钢液熔渣流出检测仪

在连铸机中，为了避免钢液熔渣进入结晶器，需要检测钢液从钢包到中间罐的长水口和中间罐到结晶器的浸入式水口钢流中是否夹带渣子，如有，则表示钢液即将用尽，应尽快关闭水口，否则将会严重影响到铸坯质量。生产应用中，一般只检测钢包浇注末期钢液流入中间罐时的熔渣流入状况。而一个浇注周期中，中间罐浇注末期则用控制钢液液面高度的方法不让渣流入到结晶器中，例如当中间罐钢液面 $<200\sim300\mathrm{mm}$ 时停浇，就可阻止钢渣流入结晶器中。

溶渣流出检测仪有三种形式，第一种为涡流感应式，第二种为光导电式，另外一种是振动方式。

5.2.2.1　涡流感应式溶渣流出检测仪

涡流感应式溶渣流出检测原理如图 4-5-19 所示。

涡流感应式熔渣流出检测仪是在钢包出钢口下方的钢流保护装置上，安装一个闭合的通以高频电流的检测线圈，这一检测线圈产生磁通 Φ_1，在 Φ_1 的作用下，钢液产生电涡流 i_e，而 i_e 又产生磁通 Φ_2，Φ_2 和 Φ_1 方向相反，由于钢液与熔渣的电导率不同，当钢

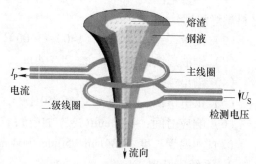

图 4-5-19　涡流感应式熔渣检测原理

液下流变成熔渣下流时，电导率减小，从而使 i_e 减小，Φ_2 也就随之减小，这时检测线圈中总磁通为 $\Phi=\Phi_1+\Phi_2$ 也就发生变化。当钢液成分、检测线圈及安装位置一定时，Φ 的变化说明检测线圈阻抗发生变化。测得阻抗的变化经信号处理就能区别流出来的是钢液还是熔渣。当发现熔渣时就紧急关闭钢包滑动水口，保证熔渣基本上不流入中间罐，从而保证了钢液质量和铸坯质量。

涡流感应式熔渣流出检测仪原理如图 4-5-20 所示。

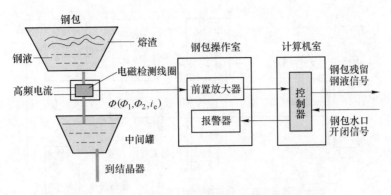

图 4-5-20 涡流感应式熔渣流出检测仪原理

5.2.2.2 光导式钢液熔渣流出检测仪

光导式熔渣流出检测仪原理如图 4-5-21 所示。该检测仪将光导棒安装在钢包与中间罐之间的钢流保护装置上，由光导棒并经光纤引至光强度检测器，钢液中有渣无渣所对应的光的强度不同，如果发现光强度有明显的变化，经信号处理后可发出报警信号，立即关闭钢包的滑动水口。

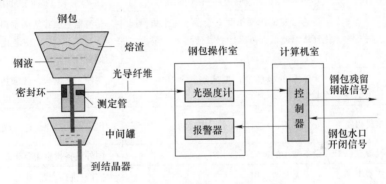

图 4-5-21 光导式熔渣流出检测仪原理

5.2.2.3 振动式钢液熔渣流出检测仪

在钢液浇注过程中，钢液流经长水口注入中间罐时，钢液冲击长水口内臂必然会引起用来支撑长水口的机械操作臂的振动，由于熔渣密度还不到钢液密度的一半且浮在钢液表面，在一包钢液即将浇注完毕时，熔渣才有流入中间罐的危险。

由于熔渣轻、黏度大、流动性差，钢液与熔渣的混流对长水口臂的冲击作用与纯钢液对长水口臂的冲击作用存在明显的差异，因此，通过测量分析机械操作臂的振动差异，就能检测到钢包长水口的钢流中是否有熔渣出现。

振动式熔渣流出检测系统工作原理如图 4-5-22 所示。振动式熔渣流出检测装置采用特别的信号处理程序，对振动信号的不平稳性给出评价指标，并根据大量的试验数据，形成熔渣诊断与识别知识库，并由此获得表征钢液流动状态的特征参数，并进行熔渣预报。

振动式熔渣流出检测仪和传统的感应式熔渣流出检测仪，性能比较见表 4-5-2。

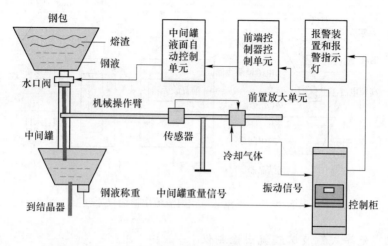

图 4-5-22　振动式熔渣流出自动检测系统的工作原理

表 4-5-2　振动式熔渣流出检测仪和传统的感应式熔渣流出检测仪性能比较

序号	比较项目	振动式钢渣流出检测仪	感应式钢渣流出检测仪
1	检测的有效性	达 94% 以上，受卷渣影响小	达 96% 以上，但受卷渣影响较大
2	传感器安装位置	传感器安装在操作臂末端，远离水口，周围环境温度低，可靠性强，使用寿命至少三年以上	传感器安装在滑动水口处，周围环境温度高达 800℃，易老化，寿命短，需定期更换
3	现场接插件	无通常的接插件，更换钢包不需要其他作业	每换一次钢包，就需接插一次，传感器接插头易损坏，影响生产
4	设备安装难易程度	安装方便，对原设备不用作改动	钢包滑动水口要进行改造
5	设备投资	设备费用低	国外设备投资需 200 万～300 万元
6	安装改造费用	几乎无改造费用	国产/进口均需 20 万～60 万元不等
7	设备维护费用	设备使用维护费用低，易损器件少	进口设备：30 万～60 万/年 国产设备：10 万～20 万/年

振动式熔渣流出检测仪与采用其他技术的检测仪相比，具有以下优势：

（1）设备安装方便，易于安装，适合钢铁企业的基本情况，便于推广。

（2）由于传感器的安装远离钢液，故传感器可以有较长的使用寿命。

（3）采用特别的信号处理方法，获取钢包熔渣的振动特征参数，用大量的试验数据形成的知识库来推理判断熔渣，大大提高了熔渣报警的准确性。

（4）可使用多级柱状灯，直观地显示出钢液与熔渣的流动状态。

（5）功能完善的熔渣检测软件，能够实时的显示钢液及溶渣的流动状态。

5.2.3　钢液和铸坯重量检测

连铸机中重量检测包括钢包钢液重量检测、中间罐钢液重量检测及铸坯重量检测三项内容。

钢包钢液称重的作用，一是可控制浇注时间，以便为多炉连浇及时提供下一包钢液；

二是控制残余钢液量，防止熔渣卷入中间罐；三是当连铸机设置有钢包熔渣自动检测仪表系统时，称重系统与熔渣自动检测仪表系统互为参照，协调运行。

中间罐钢液称重的作用，一是可检测、控制和稳定中间罐钢液面，从而稳定结晶器钢液面；二是控制残钢量，防止熔渣卷入结晶器；三是连铸机设备在多机多流的情况下，在浇注末期，可根据钢液及时控制流数，为最佳切割优化模型提供计算数据，减少铸坯定尺不合格的数量。

铸坯称重的作用是提供最终连铸产品数据，进行外销或轧钢等物流传送并进行生产效益分析。

5.2.3.1　钢包钢液称重

钢包钢液重量测量主要是使用应变式测压头作为称重负荷传感器，称重负荷传感器一般布置在钢包回转台两个钢包托臂的合适位置，每个托臂上安装 4 只称重负荷传感器，对钢包进行重量检测，除去钢包自重和溶渣估重就是钢液的实际重量。

图 4-5-23 是钢包钢液重量测量原理示意图。

称重负荷传感器一般有压磁式

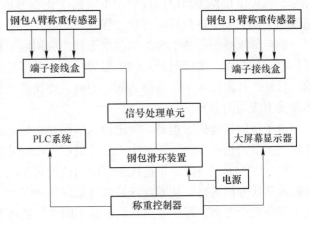

图 4-5-23　钢包钢液重量检测原理

压力传感器和应变式压力传感器两种，在连铸生产中负荷传感器绝大多数是采用电阻应变片式传感器。下面就该种传感器的工作原理、结构简述如下。

电阻应变片式传感器主要由筒状弹性体、电阻应变片、应变胶及测量电桥等部分组成，弹性体用弹簧钢制成筒状，用以承受重量，在重力的作用下弹性体产生应变 ε，ε 的大小与被测重量成正比。电阻应变片由底基、电阻片、引出线和覆盖层组成，如图 4-5-24 所示。

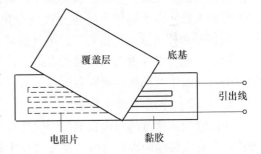

图 4-5-24　电阻应变片结构

底基有纸基和胶基两种，用以固定电阻片；电阻片与康铜箔用光刻技术制成特定形状的器件，在力的作用下，沿力的作用方向产生应变，从而使其电阻值发生变化，完成应变到电阻变化的转换；覆盖层一般为应变胶，用以对电阻片起固定和保护作用；测量电桥为不平稳电桥，可以利用精度较高的直流或交流电源供电，四个桥臂的电阻均由起始值相等的同规格电阻应变片构成，以电压或电流的方式输出。传感器的结构和测量电桥的工作原理如图 4-5-25 所示。

柱式应变式传感器的工作原理是，在重力 P 的作用下弹性体发生应变，由于弹性体与电阻应变片用应变胶粘贴成为一个整体，弹性体的应变完全传递给电阻应变片，电阻应变片的电阻值随之变化 ΔR，经过测量电桥转换，输出电压 U 或输出电流 I 发生变化，经过

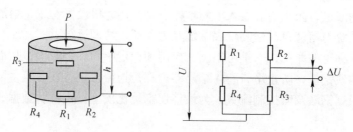

图 4-5-25　柱式应变式传感器的工作原理

标定，就可以根据输出电压或输出电流的变化得知所检测的重量。这种传感器结构简单、精度高、动态响应好且环境适应性强。

钢包称重系统习惯上称为钢包电子秤，应用电子秤进行实际重量换算时，要达到电子秤所制定的精度，关键问题是传感器的精度，要保证传感器的垂直受力不受侧向分力的影响。另外，在需要多个传感器共同受力时，要保证多个传感器在同一个受力平面上，即传感器受力应均匀分布。

电子秤的精度标定也是一项比较麻烦而又必须要进行的工作，因为电子秤的精度不仅受仪表本身的精度限制，还取决于安装精度。在安装完成后，使用以前，必须进行标定。

电子秤的标定一般采用迭代法，即用精度高于电子秤所标精度的砝码和一定数量的重物彼此迭代分段进行，从零点开始到满量程的 90% 以上。由于称量过程的复杂性，精度标定工作分五个方面，即从零点开始重量不断增加的进程精度；从满量程开始重量不断减少的退程精度；同一重量重复数次的重复性精度；在一定重量的情况下用少许砝码进行的感度标定；一定重量下的漂移标定。以上五个方面必须标定使之达到精度要求，否则该电子秤就是不合格的电子秤，不能应用。

钢包的称重负荷传感器一般安装在承载钢包的钢包回转台 A、B 两个回转臂上，每只臂上安装 4 只。由于钢包回转台允许任意角度旋转，因此称重负荷传感器（经转换器转换）的信号和控制器的连接要经过电气滑环。

当然，也可以采用无线传输的方法，设置无线发送和接受设备即可达到称量信号传输的目的。一般生产现场均配置有醒目的大屏幕显示器，即时显示钢包中的钢液重量。

5.2.3.2　中间罐钢液称重

中间罐钢液称重的原理和钢包钢液称重相同，称重信号和称重控制器之间传输也有无线传输和有线传输两种，有线传输要考虑中间罐在中间罐车上随中间罐车移动的因素。

5.2.3.3　铸坯称重

切割完的定尺长度铸坯，可在称量辊道上对其重量进行称量。铸坯称重装置平时也称铸坯电子秤，在称量机械设备上安装有称重传感器，重量信号传输至控制器进行数据处理并直接显示铸坯重量，同时将数据传送给 PLC 控制站。

每一块铸坯重量是连铸产品的重要数据之一，存储完整的数据记录，是连铸管理控制计算机进行物流管理、产品分析和生产效益评价的重要手段。

5.2.4　结晶器钢液位检测和控制

结晶器钢液位检测用于结晶器钢液面高度的检测，该系统是连铸机中十分重要的自动化控制系统，是连铸生产过程的关键技术之一，准确测量结晶器液面高度，进而精确控制，对保证铸坯质量，特别是在防止非金属夹杂物卷入，防止漏钢事故，保护设备，提高连铸机生产率和改善操作条件等方面起着重要作用。

由于结晶器钢液面处于高温工作状态，而且在浇注时，中间罐处于结晶器上方，安装检测设备的空间有限，在这样的使用环境中，实施钢液面的检测难度很大。

结晶器液位检测仪表装置有同位素放射式液位检测仪、电涡流式液位检测仪、电磁式液位检测仪、热电偶式液位检测仪、激光式液位检测仪、超声波式液位检测仪、外辐射式液位检测仪、电极跟踪式液位检测仪等。

结晶器钢液位自动控制有三种方法：

（1）流量型：根据结晶器钢液面高度控制进入结晶器的钢液流量，通常采用控制塞棒的开口度或滑动水口的开口位置，以保持结晶器液位稳定，此种方法广泛应用在板坯连铸机上。

（2）速度型：即控制拉坯速度以保持液位稳定，这种方法喷溅较少，主要用于方坯连铸，板坯连铸机应用较少。

（3）混合型：一般控制拉坯速度以保持液位稳定，但当拉速超过某一百分比仍不能保持给定液位时，则控制塞棒或滑动水口开口度，这种两者可同时选择的方法主要用于大方坯连铸机上。

5.2.4.1 结晶器液位仪

A 同位素放射式液位仪

同位素放射式液位仪工作原理如图4-5-26所示。它由放射源、探测器、信号处理及输出显示等部分组成。放射源通常采用钴60或者铯137两种放射性元素，铯137放射剂量极小被广泛应用，主要是利用放射源中的 γ 射线，当 γ 射线穿过被测钢液时，一部分被吸收，而使 γ 射线强度变化。其变化规律是随着钢液面高度的增加，能吸收 γ 射线的区域扩大，γ 射线强度减弱的越多。检测出 γ 射线强度变化就可以转换出钢液面高度的变化。同位素放射液位检测仪的特点是结构简单，性能稳定，精度高。但由于放射源防护措施要求较严，目前除在方坯连铸机上有应用外，在板坯连铸机上已很少应用。

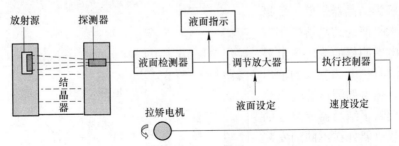

图 4-5-26 同位素放射式液位仪工作原理

B 电涡流式液位仪

电涡流式液位仪工作原理如图4-5-27所示。在结晶器钢液面上方安装一个高频励磁线圈，它产生的高频磁场在钢液面产生电涡流，而这感生电涡流又产生磁场，由于该磁场与

高频线圈产生的磁场方向相反，
故而使高频线圈的阻抗发生变
化。线圈阻抗的变化，在线圈材
料及结构、钢种及温度不变的情
况下只与钢液面高度成单值函数
关系。只要检测出高频线圈阻抗
的变化，就可以转换成结晶器钢
液面位置的变化。

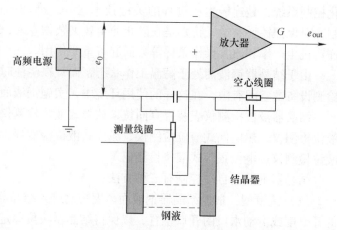

图 4-5-27　电涡流式液位仪工作原理

　　由于高频线圈阻抗的变化与
线圈到钢液面距离的变化不是线
性关系，在实用仪表中均采取一
定措施解决非线性问题。例如，
采用正反馈式测量放大器，并将高频电源设计成随输出信号的相位而变化的可变式电源，
或采用互感差动式测量线圈等。

　　这种液位仪的测量范围为 $0 \sim 150mm$（目前也有的做到了 $250mm$），分辨率为 $\pm 1mm$，
不受保护渣的影响，控制简单，无射线防护问题，运行稳定、可靠，此种检测仪表在板坯
连铸机中应用很广。

　　C　电磁式液位仪

　　电磁式液位仪的传感器由发射线圈和接收线圈组成，把传感器安装在结晶器上方。传
感器的发射线圈用交流励磁，在结晶器钢液内形成电涡流，此电涡流又产生磁通并被接收
线圈所接收，接收线圈接收这两次磁通后即产生感应电势。当结晶器钢液面高度产生变化
时，接收线圈产生的感应电势随之变化，通过信号处理和标定就能检测出钢液面高度的变
化数值。这种液位仪因为用交流励磁，结构简单，但传感器安装面积增大，在高温区使用
和维护都比较困难，应用较少。

　　D　热电偶式液位仪

　　热电偶式液位仪是在结晶器铜板壁内部安装一定数量彼此间隔保持一定距离的热电偶，
热电偶的正极为结晶器铜壁，负极
用康铜。在水平面的结晶器内部有
钢液时，热电偶测得的输出热电势
较大，无钢液时热电偶测得的输出
热电势较小。热电偶测得的输出热
电势大小，反映了结晶器壁温度的
高低。根据热电偶处在不同的安装
位置所测得的输出热电势大小来实
现对结晶器液位高度的监控。该液
位仪的工作原理如图 4-5-28 所示。

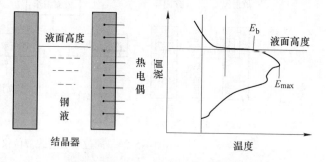

图 4-5-28　热电偶式液位仪工作原理

　　从图 4-5-28 中可以看出，$E_b \approx E_{max} \times 0.6$，测量出 E_b 温度这一点的高度就是结晶器液
面的位置。

热电偶液位仪使用简便价格低廉。由于热电偶附属在铜壁上，所以响应速度较慢，又因为热电偶间距不能太小，故它的分辨率不高。

另外，由于现代连铸机大多设置有漏钢预报系统，漏钢预报装置的结晶器温度场检测器件也是预埋在结晶器壁内的热电偶，故热电偶检测液位的方式已逐渐被淘汰。

E 激光式液位仪

激光式液位仪由激光发生器、激光接收器组成，如图 4-5-29 所示。该液位仪是根据测得的激光从发射到返还的时间间隔 Δt，通过计算来测得钢液面的高度。这种液位仪测量精确，响应速度快，但价格昂贵。

其他如超声波式液位仪、红外辐射式液位仪，其工作原理都和激光式液位仪相似，只是发射源不同。

F 电极跟踪式液位仪

电极跟踪式液位仪工作原理如图 4-5-30 所示。

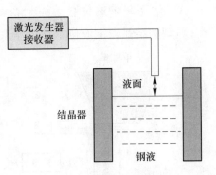

图 4-5-29 激光式液位仪

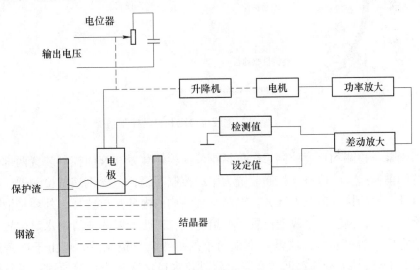

图 4-5-30 电极跟踪式液位仪工作原理

浇注过程中，在钢液表面的保护渣厚 50mm 左右处，长期插着电极。电极、保护渣、钢液、结晶器形成一条电流通路，电阻值随钢液面高度而变化。设定某一最佳液面高度的电阻值为定值，用电阻设定器给定电阻设定值。当钢液面高度变化时，电极—保护渣—钢液—结晶器电路的电阻值变化，经电阻测定器、差动放大器、功率放大器、驱动电机改变电极高度，使回路电阻值与设定电阻值相等。同时电机带动另一电位器，改变输出触点的位置，电位器的输出电压就代表了电极的升降位移，经换算就可以检测出结晶器钢液面高度值。这种液位计由于保护渣加入厚度和种类不同，钢液温度不同等原因，误差比较大，再加上有一定的机械运动，误差更大，响应时间也较长。

以上所介绍的各种结晶器液位仪较为普遍使用的是同位素放射式钢液液位仪和电涡流

式钢液液位仪，其他几种方式由于各种原因已经很少采用或不被采用。

5.2.4.2　结晶器钢液位自动控制

结晶器钢液位波动不但直接影响铸坯质量（卷渣、坯壳收缩加剧、坯壳不均匀生成、润滑功能恶化等），而且在浇注过程中破坏了拉速稳定和生产过程稳定，易发生溢钢甚至漏钢事故，所以结晶器钢液位自动控制是连铸机的一项关键技术。

A　结晶器钢液位自动控制系统的构成

典型的结晶器钢液位自动控制系统如图 4-5-31 所示。

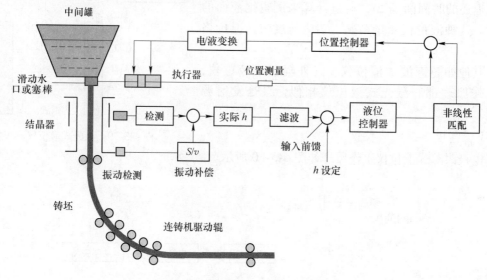

图 4-5-31　结晶器钢液位检测和自动控制系统

结晶器钢液位检测和自动控制系统包括钢液面检测装置和液面控制装置两部分，钢液面检测装置如前所述，液位自动控制装置为串级控制系统，包含钢液位检测器、控制器及中间罐水口开口度的执行器三大部分。控制系统结构的内环是位置环，外环是液位环。当液位偏离给定值时，偏差信号改变位置环的给定值，以改变塞棒或滑动水口位置，使钢液液位回到给定值。初看起来，这是一个很简单的串级负反馈系统，但由于连铸过程复杂（特别是水口和塞棒粘上凝固钢液或突然脱落以及水口堵塞和烧损等原因，以致流量突然变化，这些将使系统失控），生产条件苛刻（高温、高粉尘、更换中间罐时又要求液面检测装置安装和拆卸方便），因而使常规控制系统控制效果不好，或控制质量不高、波动很大，不能满足工艺要求。因而世界各国都极力研究有效的、调节质量高且鲁棒性良好的自动控制系统。

B　结晶器液面检测和自动控制系统的改进及控制策略

结晶器钢液位控制系统除了要检测钢液面高度作为控制系统的主反馈信号外，还需考虑对液面控制有影响的各种干扰因素，这些干扰因素有：

（1）结晶器振动频率和振幅对液面检测器的影响；

（2）结晶器在线热态调宽对控制系统的影响；

（3）中间罐钢液重量变化对控制系统的影响；

（4）拉坯铸造速度对控制系统的影响；

（5）水口（或塞棒）黏上凝固钢液或金属氧化物，或者粘结物突然脱落，以及水口堵塞烧损的影响。

上述干扰因素的影响，使用通常的 PID 调节系统将难以控制，因而使结晶器钢液液面波动较大，达不到预期的控制指标。

改进后的结晶器钢液面控制系统工作原理如图 4-5-32 所示。控制的难点是由于中间罐水口及塞棒的长期侵蚀，即使同样的塞棒位置，钢液流量也可能不同，另外，水口和塞棒粘上凝固钢液或金属氧化物突然脱落以及水口堵塞和烧损等意外情况，使常规 PID 系统难以有效控制，这也导致结晶器钢液面波动很大（超过 10mm 甚至更大）。为此研究了许多方法，图 4-5-32 所示的系统是最常见的控制系统，其特点是：加入前馈控制，设有防止水口堵塞控制，系统放大系数补正以及其他非常规事故的处理措施。

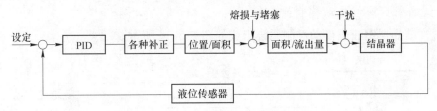

图 4-5-32 改进后的结晶器钢液面控制系统

为了适应高效连铸以及常规连铸日益要求的高质量和减少操作人员数量等要求，国内外开发了许多种新的控制算法以代替常规 PID 算法，这些算法和控制策略有：

（1）基于常规 PID 方法的补正和改良方法，如使用自动调整 PID 参数方法、带死区变增益的非线性控制、非线性串联补偿、线性串联补偿、高频抖动补偿（如引入振动信号并自动调整其振幅和周期，以消除塞棒或滑动水口摩擦和死区等）；

（2）采用控制理论的算法，如基于零极点配置的液位控制策略（相角超前滞后补偿控制、扰动补偿控制）、自校控制器、预测控制、自适应控制策略和状态观测器等；

（3）智能控制，主要有模糊控制和专家系统。

目前，在实际生产中已经得到应用的有：

（1）模糊控制。这在欧洲许多钢厂使用，效果良好，使液面波动减少约 40%，液位受干扰时间缩短 80%，提高机械部分的安全性，并已为法国 Sert 公司作为整套结晶器钢液位控制系统提供装置并推广应用，控制原理如图 4-5-33 所示。

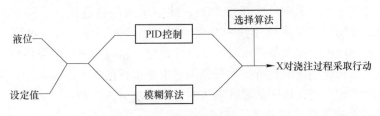

图 4-5-33 模糊控制液位原理

图 4-5-33 中的 PID 算法是在钢流正常时，对塞棒位置进行控制，以保证钢液位为设定值，模糊控制算法为并行操作，由一个随机函数按照简单的决策算法决定对过程采取什么

动作，即所设计的模糊算法只是在浸入式水口发生开堵，造成液位突然升高，PID 控制器难以控制时才进行工作，这种方式的优点是在正常时采取行之有效的 PID 控制液位（它带自整定 PID 参数），而在 PID 不能完成时，模糊逻辑控制器开始工作。

（2）专家系统。它是日本住友金属工业公司采用的方法，根据各传感器采集的数据如浇注速度、结晶器钢液位、滑动水口或塞棒的状态、中间罐钢液重量等，对整个操作过程进行状态、原因以及各参数进行评选与推理，同时确定哪一个参数对波动产生影响，从而确定所需对策，并及时调节，使 PID 控制参数为最佳。整个系统约有 300 条规则，该系统的应用获得良好的效果，液面波动在 4~5mm 之间。

（3）使用状态观测器。这是日本川崎钢铁公司使用的方法，它已在该公司的 4 号连铸机（拉坯速度达 2.5m/min）上使用，波动小于 20mm，而常规方法波动峰值大于 20mm，且几分钟才能稳定。

C　结晶器钢液位自动控制的执行器

通常，结晶器钢液位自动控制系统组成如图 4-5-34 所示。

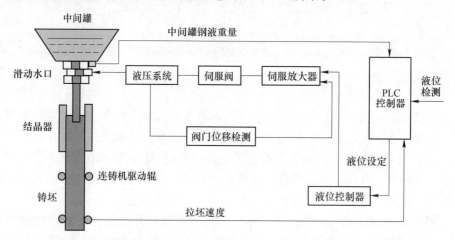

图 4-5-34　结晶器液位控制系统组成

执行器一般选用液压伺服系统，它具有性能稳定、反应快、抗干扰能力强等特点，它是根据控制器的输出去调整中间罐的水口开度。

在结晶器钢液位自动控制系统中，控制好执行器是很关键的一环，和其他控制系统相同，结晶器钢液位自动控制系统控制器一般都采用 PLC 实现控制，PLC 根据检测出的钢液面高度、拉坯速度、中间罐钢液重量等参数，按一定的控制算法，控制中间罐水口开口度。同时，PLC 控制器还要实现钢液面高度、滑动水口开口度、拉坯速度等的监测和记录，同时要具有钢液面高度和滑动水口开口度的设定、钢液位高度的限位报警等功能。

以往的控制系统无法正常运行的主要原因是由于执行器性能不良所致，对连铸机结晶器液位自动控制系统而言，由于高温环境，对它的要求更为严格：

（1）能够适合连铸的恶劣环境，包括粉尘与高温；

（2）易于安装、更换和维护，特别是在生产中需要更换中间罐的情况下；

（3）具有极小的死区，滞后时间要小，响应要快；

（4）具有较好的线性度。

目前结晶器钢液位自动控制的执行器有三种方式。

（1）液压执行器方式。液压执行器方式的特点是速度快、线性好，国内及进口的结晶器钢液位控制系统，大多是这种方式，但由于中间罐的移动，而油泵、油箱等又布置在地面上，虽然使用软管连接，也会给安装带来不便。另外，为了实现位置控制，需要位置传感器（一般为差动变压器）进行位置反馈，如图4-5-34所示，以前，位置传感器输出大多是模拟量，数字控制时需要进行模数转换，会带来一定的误差。

当前，随着液压技术的发展和传感器数字化技术的改进，以上缺陷均得到了克服，液压执行器应用在结晶器钢液位自动控制方面也越来越广泛。

（2）电气交流无刷伺服电机执行装置方式。这是近年来发展起来的，我国兰州钢厂薄板坯连铸的结晶器钢液位自控系统就是采用这种方式，但由于使用了减速器而难以做到体积小、重量轻，且会堵住电动机使之容易损坏。

（3）高精度气动数字缸方式。高精度气动数字缸方式是最近我国开发的一种新型连铸结晶器钢液位自控执行器，它是把机床的气动数字缸方式技术用于连铸，其优点是全数字化、脉冲控制，精度高、不怕堵住和损坏设备，而且是开环的，具有速度快、无位置测量装置、便于维护等优点。目前已在国内大多数板坯连铸机中使用。

连铸结晶器钢液位自动控制系统对连铸生产是很重要的关键装置，国外在这方面已是完全成熟的技术，它在工程设计上，大都采用PID方式，加上各种补偿或模糊控制。国内引进的系统都是这样的技术，如宝钢、天津钢管公司（其圆坯连铸是引进的，由意大利ITALIMPIANTI成套，控制设备是贝利公司的N90型DCS，其钢液位自控系统类似于图4-5-34所示的功能）等，都在使用。

但是，要使连铸结晶器钢液位自动控制系统良好运行，必须做到以下几点：

（1）良好的控制系统、可靠的设备；

（2）良好的管理和维护；

（3）精心调整与不断改进。

这是因为PID算法在正常情况下是没有问题的，但对突然干扰（如浸入式水口开、堵，在拉坯过程中强烈的冲击等），常规的PID控制难以适应，甚至不可能控制，例如堵塞，它一般是由渐近性的金属氧化物堆积在浸入式水口中，然后这些氧化物突然脱落而造成堵塞，这将造成流动特征和塞棒位置的显著变化，从而导致在堵塞时液位突然升高。在最好的情况下，常规PID在经历1min的不稳定期之后会使液位渐渐恢复正常。在某些情况下，会发生钢液溢流，这可能迫使连铸机停机。为此必须进行补偿，例如当钢液位超过高位、高高位时，应加入不同的前馈以保证不但不发生钢液溢流，而且能使钢液位尽可能平衡和波动最小，这就需要精心调整前馈量，摸索规律，而且必须随时修正。上述第（2）点和第（3）点是我国许多引进系统未能良好应用的主要原因。有人认为模糊控制可以解决，其实模糊控制也需要调整，这就是为什么国内外控制装置大多仍然使用PID控制的原因。

D　结晶器钢液位自动控制系统的技术指标

（1）结晶器钢液面检测精度 < ±1mm；

（2）钢液面高度检测范围 >250mm 以上；

（3）控制范围线性段保证值 100～150mm（依结晶器长度而有所变化）；

（4）钢液面控制精度在 ≤ ±3mm；

（5）动态响应时间 <0.5s；

（6）适应高温环境条件和高抗干扰能力。

E　结晶器钢液位自动控制系统的控制方式

（1）自动方式。自动方式是钢液面闭环全自动控制，通过液压伺服阀自动控制中间罐滑动水口开口度或塞棒的升降。

（2）半自动方式。半自动方式是由开口度设定器，通过液压伺服阀手动设定中间罐滑动水口开口度或塞棒升降。

（3）手动方式。手动方式由人工操作开、闭按钮直接控制中间罐滑动水口开口度或塞棒升降。

在浇注过程中，由于滑动水口（或塞棒）烧损或黏结，仅操作滑动水口的开口度而钢液面仍超过设定最大偏差值时，应具有适当调节拉坯速度以维持钢液位面稳定的功能。另外，在结晶器悬挂操作箱应设有水口开口度设定器、滑动水口手动点动开闭按钮以及自动、半自动、手动选择开关。在浇注操作盘上应设置钢液位给定电位器、液面指示计，水口开口度指示计以及钢液面高限、正常、低限信号指示灯。

目前现代化连铸机一般在操作盘上设置智能化的触摸屏控制面板，使用更为灵活方便。在操作室的 HMI 监视操作站上应有钢液面自动控制全部生产过程数据的动态画面。

5.2.5　一次冷却（结晶器冷却）过程参数检测和控制

结晶器冷却水流量对铸坯凝固、坯壳厚度和铸坯质量有重要的影响，通常是控制水压使之恒定，这样冷却水流量也就恒定了，或直接控制冷却水流量使之恒定，两种控制方式都是简单的负反馈系统，但其设定值都是人工按钢种、铸坯尺寸、钢液温度等情况来设定。流量控制检测传感器为电磁流量计，控制执行器为调节阀，流量 PID 调节有实际流量及结晶器进、出口冷却水温差等参数。

结晶器冷却水流量、温差检测控制系统如图 4-5-35 所示。

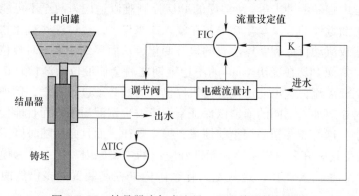

图 4-5-35　结晶器冷却水流量、温差检测控制系统

图 4-5-35 中，采用结晶器进出冷却水温差进行控制，假设结晶器内钢液的热量全部由冷却水带走，则结晶器钢液凝固放出的热量与冷却水带走的热量相等，即

$$Q = Wc\Delta T \qquad W = Q/(c\Delta T) \tag{4-5-17}$$

式中　　Q——结晶器内钢液凝固放出的热量，kJ/min；

　　　　W——结晶器全部进水量，L/min；

　　　　c——水的比热容，kJ/(kg·℃)；

　　　　ΔT——结晶器进出水温差，℃。

其中结晶器内钢液凝固放出的热量 Q 包括钢液过热、潜热和显热三部分。

钢液过热——指从浇注温度冷却到液相线温度放出的热量；

凝固潜热——指钢液从液相线温度冷却到固相线温度放出的热量，对某一钢种来说是确定值，低碳钢为310kJ/kg；

显热——指从固相线温度冷却到结晶器铸坯表面温度所放出的热量。

所以，上述三部分之和为

$$Q = Lev_p\rho\left[c_L(T_c - T_L) + L_f + c_s(T_s - T_0)\right] \qquad (4\text{-}5\text{-}18)$$

式中　　L——结晶器横断面周边总长，m；

　　　　v_p——拉坯速度，m/min；

　　　　e——出结晶器坯壳厚度，m；

　　　　ρ——钢液密度，7000~7200kg/m³；

　　　　c_L——钢液比热容，0.84kJ/(kg·℃)；

　　　　c_s——固体钢比热容，0.67kJ/(kg·℃)；

　　　　L_f——凝固潜热，低碳钢为310kJ/kg；

　　　　T_c——钢液浇注温度，℃；

　　　　T_L——液相线温度，℃；

　　　　T_s——固相线温度，℃；

　　　　T_0——工作环境下的铸坯温度，℃。

求得结晶器内钢液凝固放出的热量后，代入式（4-5-17）中，即能得到结晶器冷却所需要控制的水流量 W。

连铸机设计时，结晶器冷却水直接由结晶器的宽面和窄面进水管进入结晶器，在结晶器各回水管设电磁流量计和调节阀进行流量调节控制。

5.2.6　二次冷却过程参数检测和控制

铸坯从结晶器拉出后，凝固坯壳较薄，内部还是液芯，需要在二次冷却区继续冷却使之完全凝固。冷却要均匀，才能获得质量良好的铸坯，同时要保持尽可能高的拉速，以获得高的产量。

二次冷却是把整个二次冷却区域分成若干冷却区，每个冷却区又包括若干冷却回路进行控制，从而按照一定的生产要求达到冷却铸坯的目的。现代板坯连铸机二次冷却区一般均采用气水冷却，冷却水在具有一定压力的压缩空气作用下雾化，通过气水雾化喷嘴均匀地喷射到铸坯表面上，达到均匀冷却铸坯的效果，从而提高铸坯质量。

气水冷却系统由水控制回路和气流量控制回路两大部分组成，水控制回路由电磁流量计、控制器（PLC 控制器）、截止阀、压力变送器、气动调节阀组成；气流量的控制回路由孔板差压变送器、压力变送器、控制器（PLC 控制器）、截止阀、气动调节阀组成。

5.2.6.1　二次冷却水自动控制

图 4-5-36 是板坯连铸机常用的二次冷却水控制系统。整个二次冷却区域根据连铸坯凝固规律分为若干冷却区，每个冷却区装设测量水流量的电磁流量计、压力变送器、执行器和调节阀门等，根据工艺要求来设定每个冷却区所需控制的水流量。如果钢种、拉速等参数改变，各区的水量也应相应改变，二次冷却水的流量计算参看第 2 篇有关章节。

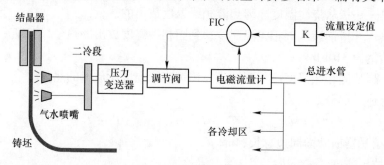

图 4-5-36　二次冷却水控制系统

二次冷却空气的控制原理与冷却水控制原理相似，不同的是二次冷却空气控制是由压力变送器和调节阀构成调节回路，即空气冷却的流量由空气压力表征，检测冷却空气的压力即可对空气流量进行调节。

5.2.6.2　拉速串级控制的二次冷却水自动控制系统

拉速串级控制的二次冷却水自动控制系统如图 4-5-37 所示。在 PLC 中存入按钢种和铸坯尺寸所需要的二冷水量设定值以及根据凝固计算及连铸经验确定修正二冷水量与拉速的关系式及其常数，使用时由 PLC 调出即可。有关二冷水量与拉速的关系式如下所示，拉速 1.0m/min，用一元一次方程，而拉速 ≥1.0m/min，大都用一元二次方程，但近些年都使用一元二次方程。

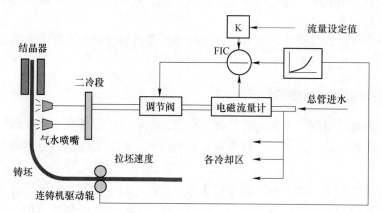

图 4-5-37　拉速串级控制的二次冷却水控制系统

$$
\begin{array}{ll}
\text{一元一次方程} & F = Av + B \\
\text{一元二次方程} & F = Av^2 + Bv + C
\end{array}
\tag{4-5-19}
$$

式中　A，B，C——常数；

　　　F——某个冷却回路的冷却水量。

这样，当拉速变化时，自动改变二冷水流量控制系统的水量设定值而使喷出的二冷水流量变化。这种方式较简单，为许多小型板坯连铸机所使用。

5.2.6.3　铸坯表面温度修正的二次冷却水自动控制系统

表面温度修正的二次冷却水控制系统，实质上是在拉速串级控制的二次冷却水控制系统的基础上，加上铸坯表面温度修正，如表面温度超出规定值则对各段二冷水流量进行修正。铸坯表面温度由设在几处的高温计来进行测量。

控制系统的冷却水量按下式计算：

$$F_i = F_i^0(1 + A_i B) \tag{4-5-20}$$

式中　　F_i——i 段控制输出；

F_i^0——速度串级控制时，i 段冷却水基本流量；

A_i——i 段冷却影响系数；

B——修正系数。

系统将每个二次冷却区域分成若干个虚拟小段，每一虚拟段的目标温度是按凝固要求设定的，然后与一些实测点比较，根据温度偏差按式（4-5-20）调节水量。

用 i 段的温度信号作为后一段（$i+1$ 段）的前馈信号，如果温度变化太大，因有前馈信号，后一段能及时控制。因此，i 段的温度信号作为 i 段的反馈控制，同时又作为（$i+1$ 段）的前馈控制，而（$i-1$ 段）的温度信号作为 i 段的前馈控制。当然，不可能每个虚拟段都装设温度计，故要选择有代表性的位置装设温度计，由 PLC 读数并计算出一虚拟段的温度范围，即可用来与目标温度比较，进行水量控制。

但由于铸坯温度检测值的真实性很难理想化实现，因此这种二冷水自动控制系统生产中并不常用，一般用于研究性项目。

5.2.6.4　温度推算的二次冷却水自动控制系统

温度推算的二次冷却水自动控制系统原理是基于：由于表面温度修正的二次冷却水控制受到装设温度计台数的限制和准确测温的困难，于是出现了温度推算法以解决表面温度修正中的问题。它在铸坯长度方面，虚拟了很多小段，按连铸机的实测数据和热传导理论，以每隔 20s 一次的速度，计算虚拟段的温度，然后与事先设定的目标温度比较，给出最合适的冷却水流量，供二次冷却水流量控制系统作为设定值。可在适当位置测量铸坯温度以作为对计算结果进行修正之用。

推算铸坯表面温度也受一些因素的影响，如铸坯内部未凝固钢液的流动、铸坯表面接触情况、与铸坯温度有关的铸坯密度等，因此，推算出的温度还须根据实际经验加以修正才能使用。

5.2.7　铸坯长度检测和定长切割自动控制

铸坯经过矫直机且全部凝固后，需要切割成一定长度的铸坯，而铸坯长度的检测在铸坯定尺长度切割的自动控制中是十分重要的。目前在板坯连铸机中常用的测长方法为脉冲编码器测长法和红外线摄像测长法以及激光测距等多种方法。

5.2.7.1　脉冲编码器测长及定长切割自动控制

脉冲编码器是一个红外脉冲发生器，一般选增量式脉冲编码器，脉冲编码器可以安装在连铸机驱动辊轴上,也可以与专用测量辊(非驱动辊)连接,靠与铸坯摩擦力带动,测量长度。它能把机械位移转换成电脉冲信号输出,然后进入 PLC 控制站进行数据处理。在使用环境温度上要求不超过 55℃。

铸坯定尺长度单枪切割自动控制系统如图 4-5-38 所示。该系统是一套顺序控制系统,首先由光电脉冲编码器计数以测定铸坯长度,当达到设定长度时,使切割车随铸坯同步移动,同时启动切割枪移动装置。当切割枪位置探头探得铸坯边缘时,系统自动开气点火,并开始预热和切割,当切割到铸坯另一边缘时,自动停止,而切割车则返回到原始位置,然后当铸坯又达到设定长度时重复上述动作,再进行下一块铸坯切割。

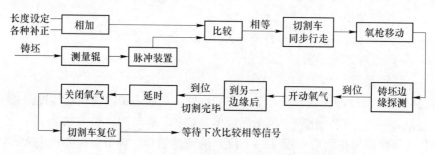

图 4-5-38　铸坯定尺长度单枪切割自动控制系统

更精确的切割要经过一系列补正以便得到长度更精确的铸坯,这些补正有:初期补正,即补正火焰切割枪和测长仪之间的距离;冷热补正,这是由于切割是在热态下进行的,而铸坯长度通常按冷态计算;切割补正,这是由于火焰切割枪有切缝宽度,切割时会熔掉一部分钢而使铸坯长度变短;此外,还有一些其他补正,所有这些补正现在都可以在 PLC 上执行。

5.2.7.2　红外线摄像法测长及定长切割自动控制

红外线摄像法测长是一种非接触式铸坯切割长度检测仪。

铸坯长度检测仪主要用于在拉坯过程中铸坯总长度的检测,这种方法也可用于铸坯切割长度的检测。采用脉冲编码器测长的方法,由于电机驱动的连铸机辊子或测量辊打滑,测量精度不高,造成最终切割完成后,定尺长度会出现较大误差。因此,非接触式铸坯切割长度检测仪是一个很好的选择。

图 4-5-39 是采用摄像原理的非接触式铸坯长度测量示意图。

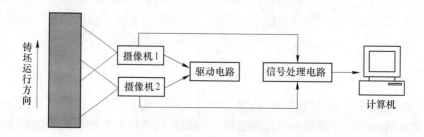

图 4-5-39　非接触式铸坯长度检测仪工作原理

从图 4-5-39 可以看出,铸坯的定尺长度测量是由高速高分辨率 760×560/帧的红外摄像机 1 和摄像机 2 配合来完成，只要所切铸坯的长度小于摄像机 1 和摄像机 2 总的覆盖范围即可进行测量。该检测仪根据两台摄像机采集到的图像，经相关的图像处理算法，测出铸坯在行进过程中的长度，当测出长度和设定值相等时，向切割机发出开始切割的指令。这种检测法由于是非接触式的，没有损耗，寿命长，长度误差小，已在钢铁企业普遍使用。

5.2.8　氩气流量检测和控制

现代化连铸机对氩气流量检测和控制要求越来越高。氩气流量控制系统包括传感器部分（流量传感器和气流分离器）和控制部分。控制部分包括一个电气直接控制的比例调节阀和一个流量控制器。

5.2.8.1　氩气流量控制器的主要优势

（1）防振动、耐热、防尘、防污垢，具备极为宽广的量程范围；

（2）透气砖防回火保护装置；

（3）自带高压强吹及高压强吹气体计量；

（4）不间断供气保护；

（5）阀体具备出口气体压力补偿功能，不受进气压力波动的影响，当进气压力在 0.1 ~ 1.6MPa 之间波动时，控制器仍能正常工作不受影响；

（6）保养维护简单方便。

5.2.8.2　E 钢铁公司的氩气流量检测和控制系统

E 钢铁公司配置两套氩气流量监测及控制系统，每套系统独立控制四个回路。连铸机氩气流量监测及控制系统包含一路氩气稳压过滤系统、四路独立控制的气体阀柜和一套具备触摸屏显示可调节的操作箱。

A　主要技术参数

主吹控制精度：　　　　　　　　　±1% FS

压力精度：　　　　　　　　　　　±0.5%

氩气气源压力：　　　　　　　　　0.3 ~ 0.8MPa

正常工作压力：　　　　　　　　　0.3 ~ 0.5MPa

钢包滑动水口氩封吹气流量：　　　1.25 ~ 50NL/min

塞棒主吹流量：　　　　　　　　　1 ~ 40NL/min

浸入式水口上水口氩封吹气流量：　5 ~ 200NL/min

浸入式水口下水口氩封吹气流量：　1.25 ~ 50NL/min

适应环境温度范围：　　　　　　　- 15 ~ 55℃

B　系统配置

连铸机氩气流量监测及控制系统共用于两台中间罐车，每台车一套，一套有四个点需要流量独立控制，采用氩气作为连铸保护气体，要求对氩气进行单独控制和计量。每台车的四路保护系统共用一套阀站，阀站包括：

（1）四路独立控制系统；

（2）四路手动事故吹气系统；

（3）氩气稳压过滤系统；

（4）PLC 系统；

（5）现场操作箱。

流量控制采用瑞士 FC Technik 冶金专用流量控制器，气体的流量大小可在远程上位机上控制、现场操作箱控制以及手动事故控制三种模式。

C　系统组成及功能

（1）气体流量控制系统（包括冶金专用控制器、过滤器、稳压系统、切换阀、压力传感器等）的质量流量控制器为冶金底吹专用产品。在正常吹氩（氮）搅拌时，质量流量控制器使用最大压力 1.6MPa，冶金专用控制器出口具有机械式和电子式双重压力自动补偿功能。

（2）流量调节为线性变化，连续可调。流量调节稳定时间≤3s。气体流量控制范围在 0~200NL/min 之间进行，连续微调精度 ±0.5%。

（3）正常进入控制柜的主管道气体压力保持在 0.3~0.8MPa 之间。

（4）设备具有透气孔或管线堵塞监测功能，当有一路透气孔或管线堵塞时，系统会发出灯光和字幕报警；

（5）冶金专用气体质量流量控制器单独标定氩气。每个支路都安装有手动旁路（手动调节阀控制），保证设备出现故障情况下不间断供气；

（6）系统有透气孔防回火保护，提高耐火材料使用寿命，降低消耗；

（7）在线系统检修时，可显示系统的入口压力及各支路出口压力；

（8）系统具备检修照明及环境温度补偿功能；

5.3　过程参数检测仪表及传感器的技术指标

连铸机过程参数检测仪表及传感器的性能对保证连铸机在良好的工况下运行和产品质量的提高具有至关重要的作用。

选择合适的连铸机参数检测仪表及传感器，主要应考虑其测量范围、仪表精度、分辨率、动态响应、使用环境和安装条件等。

图 4-5-40 是过程参数检测仪表及传感器技术指标示意图。

5.3.1　仪表测量范围

测量范围是指仪表或传感器所能检测参数的最大值、最小值之间的范围，最大值与最小值之差称为量程，被测参数的变化范围应在量程范围之内，常用的被测量值应在量程的 2/3 以下，最小的测量值也应在量程下限的 10% 以上。

5.3.2　仪表精度

仪表精度是由仪表或传感器的最大测量误差与量程之比的百分数表示的，精度等级由百分号前的有效数字确定。其中，测量误差 Δ 是测量显示值 x 与被测量的真实值 x_L 之差，即

$$\Delta = x - x_L$$

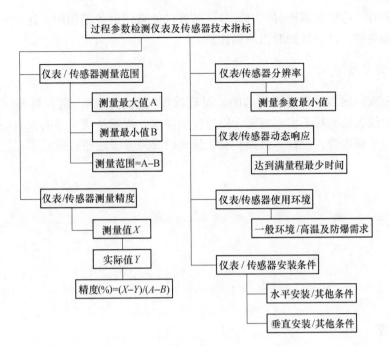

图 4-5-40 检测仪表及传感器技术指标

例如，一温度传感器测量范围是 800 ~ 1800℃，最大测量误差为 10℃，它的精度等级为 1.0 级，即

$$\frac{10℃}{1800℃ - 800℃} = 1\%$$

应根据工业（连铸）生产要求或控制系统总的精度要求，合理地选择检测仪表或传感器精度。选择的精度过高会增加成本，甚至很难达到，选择的精度低则不能满足要求。

5.3.3　仪表分辨率

分辨率是指仪表或传感器能够检测（区分）最小被测信号的能力，能够检测参数的最小值越小，分辨率就越高。分辨率也是灵敏度的一种表现形式。它的选择主要依据的是总体设计提出的要求，在电子秤的应用中也被称为敏感度。

5.3.4　仪表动态响应

动态响应是指在规定的精度范围内，仪表或传感器在输入满量程信号时，达到指示满量程所需要的时间，例如 10ms、0.5s 等。这个过渡时间越短，动态响应越好。对于检测变化较快的参数的仪表和传感器，动态响应指标应特别重视。

5.3.5　仪表使用环境

一般检测仪表或传感器都会给出使用环境条件，例如环境温度 0 ~ 50℃，相对湿度 75%，供电电压约 220% ±15% 等。当不能满足规定的使用条件时，需要增加一些措施，例如冷却、加热、密封等，以保证检测仪表或传感器的正常使用。

另外，还有一些仪表制造材料有区分，防爆性能指标也各不相同，这些都是和仪表使用环境密切相关的，仪表选型时需特别注意。

5.3.6　仪表安装条件

有些仪表或传感器是有安装要求的，设计选型时就应考虑，例如需要水平或垂直安装，流量检测仪表还有对于水平直管管段长度的要求，称量系统安装的仪表要求压力传感器必须在同一平面内等，设计、选择和安装仪表时必须考虑这些特殊要求。

6　计算机控制系统

6.1　板坯连铸机分级控制

现代化连铸机电气自动化控制从控制层面可分为 4 级控制：

Level 0　检测和设备驱动级；

Level 1　基础自动化级；

Level 2　过程控制级；

Level 3　管理控制级。

自动化控制分级结构如图 4-6-1 所示。

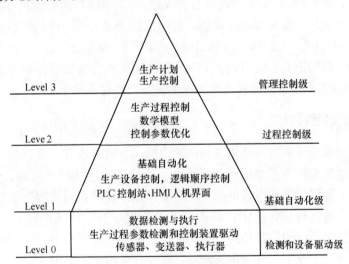

图 4-6-1　自动化控制分级结构

6.1.1　L0 级检测和设备驱动级

L0 级为检测和现场设备控制级，是面向连铸机设备的最底层的控制级别，它包含设置在现场的生产过程参数数据检测器和控制命令执行设备，包括操作按钮、主令开关、转换开关、限位开关、光电元器件、传感器、变送器、温度、压力、流量、液位、交流变频装置、执行器、智能仪表和模拟仪表、传动电机等。

板坯连铸机按照控制类型和范围，现场检测和设备控制驱动级可分为电气控制、仪表控制和液压控制三大类。

本章作者：全清秀，蔡大宏；审查：周亚君，米进周，王公民，黄进春，杨拉道

6.1.2　L1 级基础自动化级

　　L1 基础自动化级从 L2 过程控制级接收设定数据，经过相应的运算处理后再下达给 L0 级（传动装置和执行机构），同时，基础自动化级还要从 L0 级（检测器和仪器仪表）采集实时数据并反馈给过程控制级以便于过程控制级进行自学习和统计处理。基础自动化级的基本任务是完成顺序控制、设备控制和质量控制。

　　现代基础自动化级与过程控制级之间大多通过工业以太网或其他网络通讯。基础自动化级与传动系统或现场执行机构、智能仪表之间一般采用现场总线（如 ProfiBus-DP、Genius、ModBus Plus、DH +、DeviceNet 等）交换数据。另外基础自动化级与操作台、就地控制柜等远程 I/O 系统之间也采用现场总线连接，与人机界面系统采用以太网通讯。因此基础自动化级除了完成控制任务外，还要完成大量的多种方式的通讯工作。

　　基础自动化级所采用的控制器有各种各样，如智能化控制仪表、PLC 可编程序控制器、通用工控机、专用计算机、DCS 控制器、各种总线型控制器等，在我国冶金工业现场大量使用的基础自动化级数字控制器主要是 PLC 可编程序控制器。

　　一般情况下，我们将 L0 检测和设备驱动级并入 L1 基础自动化级，故板坯连铸机基础自动化级可认为包括现场检测和驱动设备、自动化控制装置——PLC 控制站、监视操作站——HMI 人机界面、EWS 工程师工作站、编程终端等诸多设备。

　　另外，根据工程的需要，还可设置 FDAS 数据采集和快速数据分析系统，它是借助于 L1 级数据采集功能的一种生产过程参数数据的采集、管理及分析工具。

6.1.3　L2 级生产过程控制级

　　过程控制级是板坯连铸机自动化控制系统中的一个重要环节，其控制范围是从钢包到达钢包回转台开始直至铸坯下线或者热送为止。主要任务包括标准管理、命令计划管理、过程跟踪和控制、实绩收集和报表生成，根据生产操作过程和相关数学模型对生产线上的各个机组和各个设备进行优化设定，以使设备处于良好的工作状态并获得优良的产品质量。随着计算机控制系统的控制功能不断完善，应用领域控制范围的日益扩大以及控制精度要求的不断提高，工业生产自动化系统对过程控制级的要求也越来越高。因此，过程控制级在自动化控制中的作用越来越重要。

　　过程控制级的核心任务是应用软件的开发，所有的设定及实时数据的收集都依靠应用软件来完成。过程控制级计算机的应用软件是实时软件，实时软件是必须满足时间约束的软件，除了具有多道程序并发特性以外，还要具有实时性、在线性、高可靠性等。

　　（1）实时性是指在没有其他进程竞争 CPU 时，某个进程必须能在规定的响应时间内执行完毕；

　　（2）在线性是把计算机作为整个生产过程的一部分，生产过程不停，计算机工作也不停；

　　（3）高可靠性是为了避免因软件故障引起的生产事故或设备事故的发生。

　　如果把过程控制级计算机所承担的功能整体看作一个实时系统的工作过程的话，这个过程可以被抽象为实时数据采集—实时数据处理—实时输出的工作过程。

6. 1. 4　L3 级生产管理控制级

L3 级生产管理控制计算机是企业管理计算机与 L2 级过程控制计算机之间的计划执行控制层，设置 L3 级生产管理控制计算机的主要目的是为了实现生产作业计划和实绩管理、控制解决生产计划的适应性、应付生产过程中由于计划安排发生的各种问题等，同时也可以实现生产动态调度、准确的数据指导以期最终达到高效生产的目的。

生产管理控制级是工厂自动化系统的重要组成部分，是企业管理系统与过程控制系统之间衔接的桥梁，它可实现过程控制信息的时效性及与生产管理信息关联性的匹配，生产管理控制级将上级部门下达的生产管理计划转换为可由生产现场执行的生产控制指令，并实时采集现场生产实绩信息将之整合为上级管理系统所需要的面向企业管理的生产信息。

生产管理控制级可使工厂资源得到合理的分配和优化调度，实现优化作业顺序、降低生产成本、保证生产计划的执行和生产过程物流的顺畅。

生产管理控制级是炼钢厂的炼钢、连铸及轧钢等工序的生产作业指挥中心，对于板坯连铸机而言，它仅是实行管理控制的一个层面。

6. 2　L1 级基础自动化

6. 2. 1　现场检测和驱动设备

现场检测和驱动设备也可划分为 L1 基础自动化级的现场层，设备状态参数及控制输出，均由此层面采集和执行。

板坯连铸机按照控制类型和范围，现场检测和设备控制驱动级可分为电气控制、仪表控制及液压控制三大类。

（1）电气控制类。包括：1）机械式限位开关；2）电子式接近开关；3）红外光电开关；4）凸轮控制器；5）光电管检测器；6）绝对式光电脉冲编码器；7）增量式光电脉冲编码器；8）控制按钮和转换开关；9）显示指示灯和显示屏；10）交流变频电机和交流伺服电机；11）交流电动机；12）MCC 马达控制中心；13）DRIVES 全数字式交流变频调速装置。

（2）仪表控制类。包括：1）测温热电偶和测温热电阻；2）温度变送器；3）压力和差压变送器；4）流量变送器；5）重量负荷传感器；6）截止切断阀；7）调节控制阀。

（3）液压控制类。包括：1）液位传感器；2）液压缸位移传感器；3）介质温度传感器；4）介质压力传感器；5）液压缸；6）二位电磁阀；7）比例阀、伺服阀；8）液压马达。

6. 2. 2　自动化控制装置

基础自动化级所采用的自动化控制装置有各种各样，如智能化控制仪表、PLC 可编程序控制器、通用工控机、专用计算机、DCS 集散控制系统、各种总线型控制器等。在板坯连铸机现场大量使用的基础自动化级数字控制器主要是 PLC 可编程序控制器。

PLC 可编程序控制器可以看作是一种工业化的控制计算机系统。由 PLC 可编程序控制器构成的 PLC 控制站能完成连铸机运转程序的顺序控制、自动化仪表的检测及 PID 调节控制、过程数据的采集和处理及网络控制中通讯数据的传送等功能，是连铸机自动化控制系统中的核心控制装置。

有关 PLC 可编程序控制器的应用介绍可参阅第 4 章内容，在此不再赘述。

6.2.3　HMI 人机界面——监视操作站

HMI 人机界面——监视操作站是现代计算机控制系统的一个重要的人机操作和监视界面。它采用大屏幕高分辨率显示器显示生产流程和数据状态，画面内容丰富，可以动态地显示数字、棒图、模拟表、趋势图等，结合薄膜键盘、触摸屏、鼠标器、跟踪球等设备，使得生产操作人员、设备维护人员和现场技术人员可以方便地进行操作。

HMI 人机界面监视操作系统是一种为操作人员提供用来对生产过程和设备进行监控的工具，在设备处于自动运行的状态时可监视系统的工作状态，在出现问题时，又可以让操作员进行必要的人工干预，并协助操作员查找到故障的原因。HMI 人机界面的设计依照下述原则。

（1）对用户的友好性。通过图示直观的操作员接口可以观察到生产过程和设备状态。

（2）冗余性。为避免发生硬件故障时，系统受影响，在主要的生产过程区域设置了相互冗余的监视操作站。

图 4-6-2 为一个 HMI 人机界面——监视操作站外观实例。

6.2.3.1　HMI 人机界面基本功能

（1）丰富的工艺流程和监视操作画面。

1）连铸机生产流程图；2）连铸机设备状态；3）浇钢总体图；4）炉次跟踪；5）操作员注释和操作执行记录；6）故障报警。

（2）生产过程监控操作员接口。

（3）连铸机生产过程和设备参数设置。连铸

图 4-6-2　HMI 监视操作站

机生产过程和设备参数以及生产程序存储在过程计算机冶金数据库（MDB）中，它可以自动地由冶金数据库下载到监视操作站，并按需要下载到设备控制级。同时，监视操作站也具备提供连铸机生产过程和设备参数设置的功能，并显示出连铸机的生产过程和设备参数表。

（4）操作员可以在任意时刻通过 HMI 监视生产过程的有关参数，包括过程变量、基准值、控制器输出值和反馈值等。

（5）具有生产过程和设备过程数据的实时显示和历史记录功能。

（6）操作员操作过程及失误记录。

（7）控制系统出错和设备故障显示报警。报警功能能够在监视操作站上显示并在打印机上打印，报警系统可设置有不同的优先权级别，利用彩色编码区分，对于不同的优先权级别采取不同的处理方式，如立即停机处理、浇注完一炉后再处理、一个连浇次完成后再处理、仅仅为故障提示、可等待系统自动恢复正常等不同的处理方法，以保证连铸生产的安全性和连续性。

（8）应用多媒体技术，使得画面更加生动活泼、还可以提供语音功能。

6.2.3.2 HMI人机界面配置

HMI人机界面——监视操作站的配置及数量是根据连铸机设备的选型及需要布置的场合，来决定采用的配置方式和装置数量。

监视操作站的配置方式一般有两种：一是独立的HMI监视操作站，它们是相互平行的工作结构，即各自配置有和工业以太网通讯的通讯适配卡，分别连接至交换机上，通过工业以太网数据通道和PLC控制站、L2级过程计算机通讯；二是采用服务器/客户机结构，由高性能的服务器完成对PLC控制站的数据采集和发送，同时完成和L2级过程计算机的数据交换，其他客户终端机仅从服务器中采集数据，并可操作显示实时数据。

两种配置方式可分别应用在不同类型的连铸设备上，一般若是单机单流连铸机，多选用独立的HMI监视操作站工作结构；而对于多机多流连铸机，选用服务器/客户机结构，可减轻工业以太网上数据流量，防止通讯通道阻塞，同时在经济上也可以节约投资，降低设备成本。

A 独立的HMI监视操作站结构

对于单机单流连铸机或规模较小的连铸机系统，可以配置几台独立的HMI监视操作站，布置在不同的操作区域，如浇注平台主控操作室、切割拉坯操作室、出坯操作室等，按需要进行设置。这种结构形式的特点是，每台HMI监视操作站都直接在工业以太网上发送和读取数据，而自身的硬件结构和软件组态完全一样，这就给装置的冗余要求创造了条件，比如在关键的浇注平台主控操作室，可设置两台或两台以上的HMI监视操作站，互为冗余，当有一台出现故障时，可由其他装置顶替工作，不至于影响系统正常运行。

这种配置结构的缺点是，由于每台HMI监视操作站都要直接在工业以太网上传送数据，因而会使工业以太网上数据流量增大，影响网络通讯速率，甚至有可能出现通讯通道阻塞，尤其在配置装置数量较多时更为严重。

图4-6-3为独立的HMI监视操作站结构示意图。

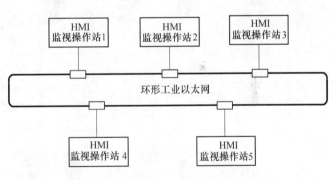

图4-6-3 独立的HMI监视操作站结构

B 服务器/客户机型HMI监视操作站结构

对于多机多流连铸机或规模较大的连铸机系统，HMI监视操作多采用服务器/客户机结构，由两台高性能的服务器完成对PLC数据的采集和发送，其他客户机从服务器中采集数据，并可操作显示实时数据。把两个服务器作成了双机热备（主/从服务器，互为冗余），两台机器运行相同的程序，客户机只由其中的主服务器中读取数据，当主服务器出现故障时，客户机自动转到由从服务器读取数据。

两台服务器分别挂在不同的交换机中，当一台交换机发生故障时，另一交换机仍正常运行，构成了交换机间的网络备用关系。此种结构对用户来说，操作地点集中，维护方便，网络系统稳定。软件上，对于两台服务器使用一定点数的组态软件加上服务器和冗余选件即可。

这种结构形式的特点是，通过和工业以太网进行数据通讯仅由两台服务器完成，众多的现场客户终端只和服务器交换数据，这种结构数据通讯通道清晰，通讯速率高，尤其减少了工业以太网上的通讯量，可提高通讯效率。

在对网络通讯有冗余要求时，这种结构形式更能体现它的优越性。图4-6-4为服务器/客户机型HMI监视操作站结构示意图。

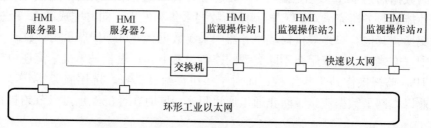

图4-6-4　服务器/客户机型HMI监视操作站结构

6.2.3.3　HMI人机界面网络结构和装置选型

A　HMI人机界面网络结构

下面以一台两机两流板坯连铸机为例，介绍HMI人机界面的网络结构。图4-6-5为一台两机两流板坯连铸机HMI人机界面网络结构图。

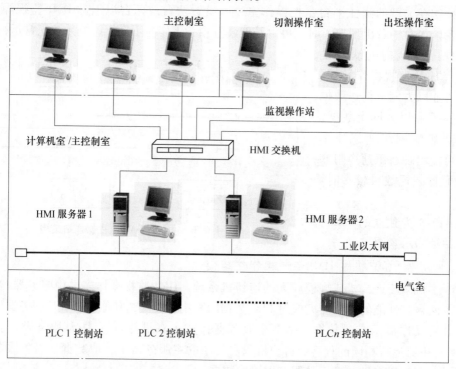

图4-6-5　一台两机两流板坯连铸机HMI人机界面网络结构

一台两机两流板坯连铸机共用浇注平台设备，从结晶器开始，两流分开成独立设备，如结晶器、振动装置、扇形段、切割区辊道、切割机、输送辊道等，由横移台车（或其他铸坯输送设备）以后为两流共用设备。HMI 监视操作站除对共用部分监控外，对每一流设备要单独监控和操作。

连铸机 HMI 监视操作站选用两台高性能服务器，互为冗余，配置 6 台客户机终端，3 台布置在主控操作室，2 台布置在切割拉坯操作室，1 台布置在出坯操作室。

服务器也可作为监视操作站使用（放置在主控制室）。客户机终端配置完全相同，可设置不同的权限，由操作员监控不同的设备区域。监视操作站互为冗余，当一台出现故障时，由另一台对全部信息进行监控。

HMI 人机界面网络系统由西门子 SCLANCE X400 交换机构成 100M/1000Mbps 环网，以多模光纤为传输介质，各 HMI 监控操作站终端设备均配置通信卡，采用百兆连接挂在交换机上。工业以太网通信采用 TCP/IP 协议，网上每台终端设备都分配了专用的 IP 地址，实现监控操作站间数据通信。

B　HMI 监视操作站装置选型

a　服务器

（1）硬件配置。包括：1）Intel Xeon X5460 3.16G（四核）；2）4G ECC 内存/2×2M 二级缓存；3）RAID5 冗余磁盘阵列 4 块 146G SCSI 硬盘；4）22 寸彩色液晶显示器；5）操作键盘、光电鼠标；6）CD-ROM 光驱；7）集成 100/1000M 以太网卡；8）热插拔交流冗余电源。

（2）软件配置。包括：1）Windows 2008 Server 中文标准版；2）Microsoft Office 2010 中文专业版；3）WinCC 7.2 中文开发版 8000 点；4）WinCC V7 选件 WinCC/SERVER（服务器）；5）WinCC V7 选件 WinCC/REDUNDANCY（冗余）。

b　客户机选用（研华工业控制计算机）

（1）硬件配置。包括：1）酷睿双核 2.4G CPU；2）4G 内存；3）160GB 硬盘；4）22 寸彩色液晶显示器；5）操作键盘、光电鼠标；6）DVD-ROM 光驱；7）集成 100/1000M 以太网卡。

（2）软件配置。包括：1）Windows 7 中文专业版；2）Microsoft Office 2010 中文专业版；3）WinCC 7.2 中文运行版 128 点。

c　外围设备

A4 彩喷打印机

6.2.3.4　HMI 人机界面画面设置

HMI 监视操作站提供给操作员各类设备监控和操作指示画面，控制系统的自动运转可以通过监控画面的操作得以实现。主要监视操作画面设置为：

（1）连铸机控制总体图；

（2）工艺参数图表；

（3）浇注准备条件；

（4）系统操作功能实施表；

（5）连铸机浇注生产过程流程图；

（6）钢包回转台运动监视；

（7）钢包、中间罐钢液温度、重量监测；

（8）中间罐车运动监视；

（9）结晶器液位状况及结晶器振动状况；

（10）连铸机浇钢自动跟踪画面；

（11）扇形段传动电机工作状态监测；

（12）连铸机自动化仪表监控流程图；

（13）结晶器冷却水和二次冷却回路调节画面（设定值、实际值等）；

（14）仪表工艺参数的变化；

（15）火焰切割机设备运转；

（16）引锭装置运转状况；

（17）出坯区铸坯跟踪；

（18）各液压站工作状态监控画面；

（19）各设备润滑系统状态；

（20）连铸机各电气设备手动操作功能；

（21）重要参数实时和历史趋势；

（22）PLC 功能诊断画面及网络通讯诊断画面；

（23）报警汇总表。

图 4-6-6 ～图 4-6-10 为一台连铸机的几种典型画面。

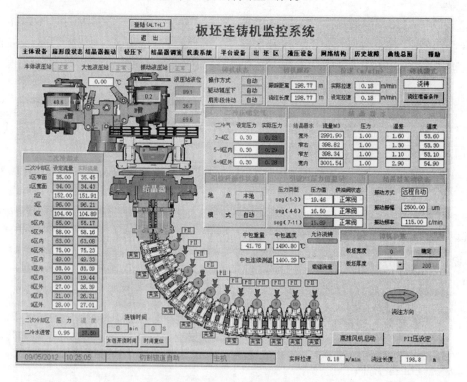

图 4-6-6　连铸机主体设备画面

6.2.3.5　HMI 人机界面的软件实现

HMI 人机界面一般都运行在以 PC 机为基础的环境下，而 Windows 又是最流行的操作

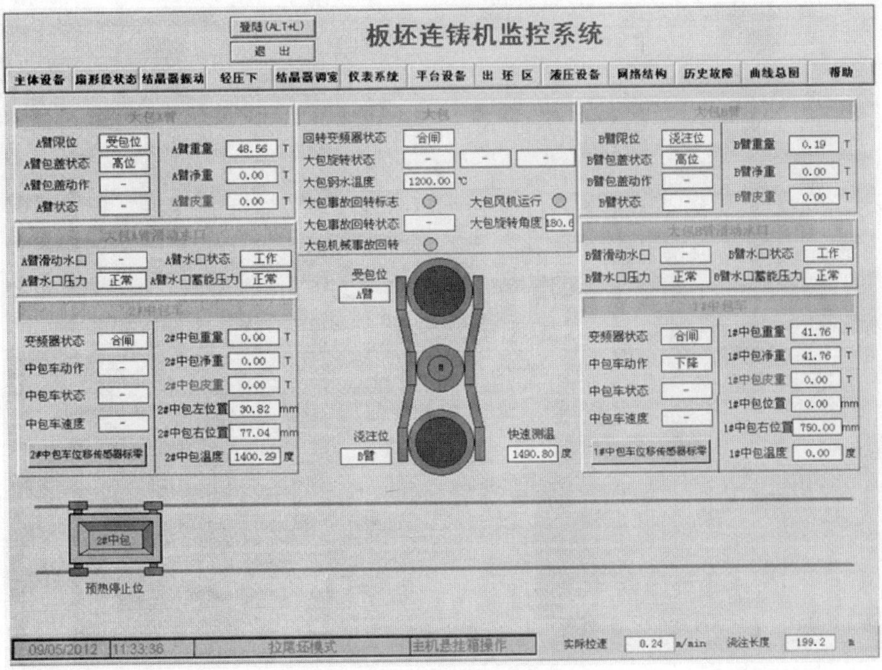

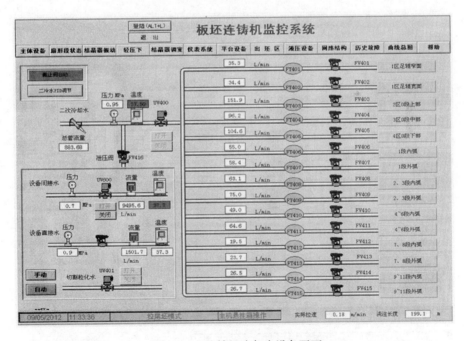

图 4-6-7 连铸机浇注平台设备画面

图 4-6-8 连铸机冷却水设备画面

系统。因此，人机界面的软件一般都是基于 Microsoft Windows NT/2008 和 Windows 7 Professional 操作系统。Microsoft Windows 平台为这些产品提供了高速、灵活和易于使用的环境，利用这些特点可以加快人机界面应用程序的开发速度，降低开发成本，缩减项目实施

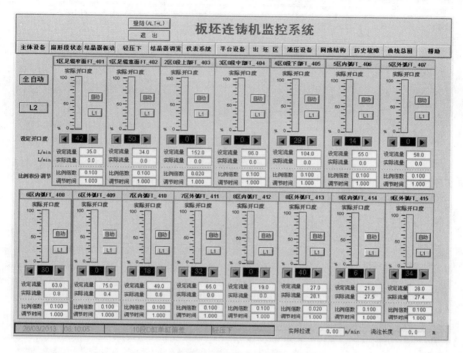

图 4-6-9　连铸机冷却水 PID 调节画面

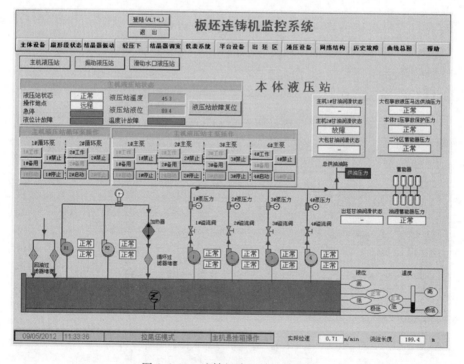

图 4-6-10　连铸机液压站监控画面

和运行周期，减少维护费用。一般来说，人机界面软件至少应该具有下述基本功能。

（1）集成化开发环境；

（2）增强的图形功能；

（3）报警组态；

（4）趋势图功能；

（5）数据库连接能力；

（6）画面模板及向导；

（7）项目管理功能；

（8）开放的软件结构 OPC、ODBC、DDE、SDK/API（EDA）；

（9）演示系统；

（10）提供多种通讯驱动，可以与多种品牌的控制器建立通讯连接。

更进一步的人机界面软件还应该具有内嵌高级编程语言，如 C 语言、VB 等增强功能，它们是：

（1）支持 ActiveX；

（2）全面支持 OPC 技术；

（3）具有交叉索引功能；

（4）支持分布式数据库、C/S 网络结构；

（5）提供多重冗余结构；

（6）灵活的专业报表生成工具；

（7）支持多国语言。

现在比较常用的国外的人机界面组态软件有 iFix、InTouch、Cimplicity、WinCC、RS-View32 等。但国外的软件价格比较昂贵。相比之下国产的人机界面软件便宜许多，功能上也不逊色于国外软件，而且更符合中国人习惯。比较常见的国产软件有组态王、力控、FameView 等。

HMI 人机界面与 PLC 可编程序控制器之间一般采用工业以太网或现场总线进行通讯，也可以通过串行接口通讯。

6.2.4 EWS 工程师工作站

上面介绍的 HMI 人机界面监视操作系统是一种为操作人员提供用来对生产过程和设备进行监控的工具，而系统的扩展和功能开发须在 EWS 工程师工作站进行。因此，EWS 工程师工作站是为自动化专业工程师提供的测试、扩展、程序调整及装置维护的工具。

EWS 工程师工作站在硬件和软件设置上与 HMI 监视操作站基本相同，HMI 监视操作站的所有功能都可以在 EWS 工程师工作站体现。与此同时，在工作站还安装有 PLC 编程软件、HMI 组态软件、变频器调试软件及其他工具软件，供维护工程师使用。

EWS 工程师工作站一般是布置在主控操作室或连铸机的电气室，也是通过交换机连接在工业以太网上。

6.2.5 便携式 PC 编程器

便携式 PC 编程器是专门提供给工程技术人员编制 PLC 程序的工具，一般选用便携式笔记本电脑即可，笔记本电脑需安装适用于该 PLC 可编程序控制器的编程软件，如 SIE-MENS 的 STEP7、ROCKWELL（A-B）的 RSLogix5000 等。

一般 PLC 可编程序控制器的 CPU 模板上均配备有串行接口，如 RS-232、RS-422、RS-485 等数据标准接口，笔记本电脑可以很方便地通过适配器和 PLC 可编程序控制器连接，进行一对一编程。

当然，便携式编程器经适当的配置后，也可以连接在现场控制总线或工业以太网上，这样可以对由多台 PLC 可编程序控制器构成的系统，分别编程，编制程序更为灵活方便。

图 4-6-11 是 EWS 工程师工作站和 PC 编程器的结构示意图。

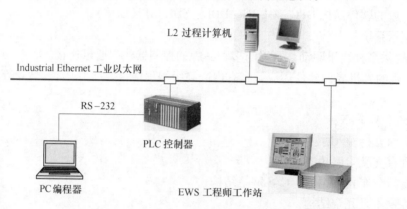

图 4-6-11　EWS 工程师工作站和 PC 编程器结构

6.2.6　基础自动化级的通讯

6.2.6.1　基础自动化级通讯的主要特点

基础自动化级控制功能多样、设备众多，既分散又集中，需要与不同层次的计算机系统进行通讯，交换数据的速率要求也不一样，因而不同层次间的通讯要采用不同的网络系统。对于冶金工业如炼钢企业而言，各级计算机系统的通讯速度大致是：L3 级和 L2 级之间数据交换周期为 1s 以上；L2 级和 L1 级之间数据交换周期为 50～100ms；不同区域之间的 L1 级数据交换周期，对于冶炼过程为 200ms、对于连铸过程为 200ms、对于轧钢过程为 50～100ms；而同一区域 L1 级的不同控制器之间数据交换周期，对于冶炼过程为 20～50ms、对于连铸过程为 20～50ms、对于轧钢过程为 1～10ms；L2 级和 L1 级与 HMI 之间数据交换周期为 500～1000ms。L1 级控制器与控制对象之间的通讯周期也不尽相同，如对于控制周期为 2～3ms 的快速液压回路，通讯周期应在 1ms 以内；而对于控制周期在 20ms 以内的厚度、宽度等参数的回路，通讯周期应在 10ms 以内，因此应该合理地设计通讯网络并配置合适的通讯功能模板。

另外，为了尽可能减少系统的硬线连接，在基础自动化级，大量地采用远程 I/O 技术，同时与传动（电气及液压）及其他系统之间也通过通信网络连接。一般而言，基础自动化级与下级执行器级之间采用现场总线通讯，而与 HMI 及上级（L2 过程控制级）通过工业以太网通讯，在基础自动化级内，局部对实时性要求很高的部分还可能需要使用更高速的通讯网络，如内存映象网，全局数据内存网等。

由此可见，基础自动化级的通讯具有通讯类型多、实时性好、稳定性高、数据量少、连接设备多等特点。

6.2.6.2　基础自动化级通讯的分类

基础自动化级通讯主要有串行通讯、现场总线通讯、远程 I/O 技术、以太网通讯及超高速网络通讯等多种形式，图 4-6-12 是一个基础自动化级通讯网络的示意图。

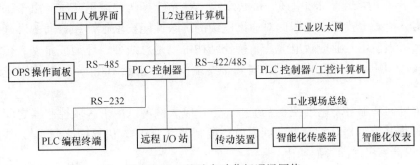

图 4-6-12　基础自动化级通讯网络

A　基于串行接口的通讯

串行通讯是最常见的通讯方式。它是指通信的发送方和接收方之间数据信息的传输是在单根数据线上，以每次一个二进制的 0 或 1 为最小单位进行传输。串行接口通讯的特点是：数据按位顺序传送，最少只需一根传输线即可完成，成本低，但传输速度慢。串行通讯的距离可以从几米到几千米。

RS-232、RS-422 与 RS-485 都是串行数据的标准接口。

RS-232 是计算机与通信工业中应用最广泛的一种串行接口。RS-232 被定义为一种在低速率串行通信中增加通信距离的单端标准，它采取不平衡传输方式。由美国电子工业协会（EIA）作为工业标准在 1962 年发布并命名为 EIA-232-E。RS-232 的接口形式为 DB25 和 DB9 两种标准 D 形接口。RS-232 的传送距离最大约为 15m，常见的传输速率一般为 4.8/9.6/19.2/38.4kbps。

RS-422、RS-485 与 RS-232 不一样，其数据信号采用差分传输方式也称为平衡传输。它使用一对双绞线，传输距离可以达到几公里。RS-422 的标准称为 TIA/EIA-422-A，它克服了 RS-232 通信距离短、速率低的缺点，它将传输速率提高到 10Mb/s，传输距离可达 1.2km。RS-422 是一种单机发送、多机接收的单向、平衡传输规范。在 RS-422 基础上，EIA 又于 1983 年制定了 RS-485 标准，称为 TIA/EIA-485-A，它增加了多点、双向通信能力，即支持多主结构，并增加了发送器的驱动能力和冲突保护特性。

RS-232 在计算机上使用很广泛，但在工业环境中，由于受环境影响则很少采用，而 RS-422/485 却使用很广泛。现在有很多厂家能够提供小巧的 RS-232——RS-422/RS-485 转换器，可以方便地实现计算机与控制器之间的连接。

一般工业控制器的 CPU 模板上均提供串行接口，主要用于连接编程器和进行模板配置。当使用便携式编程器时，可通过 RS-232 串行数据的标准接口，连接编程器和 PLC 控制器的 CPU 模板，进行模板初始组态及程序编制。还有一些特殊功能模块上也设有串行接口，用于完成固件升级和参数配置。另外，许多在线检测仪表，如高温计、测厚仪、测宽仪等均提供串行接口。因此，许多控制器生产商还提供专门的串行控制器模板，通过编程来实现串行通讯任务。

B　基于以太网的通讯

以太网是目前应用最广泛的一种网络。以太网是开放式广域网，可以用于复杂和广泛的、对实时性要求不高的通讯系统。工业上使用的以太网称为工业以太网，它符合国际标准 IEEE802.3，使用屏蔽同轴电缆，屏蔽双绞线和光纤等几种通讯介质。由于工业现场环境比较恶劣，电磁干扰很强，因此对通讯电缆的屏蔽性能要求很高，普通的屏蔽已经无法满足需要，必须使用专业屏蔽电缆。其拓扑结构可以是总线型、环型或星型，传输速率为 10M/100M/1000Mb/s。采用电气网络时两个终端间最大距离 100m，如果使用光纤可达几十公里。

在连铸机的基础自动化级控制系统中，工业以太网可以用于区域控制器之间或与人机界面之间的通讯，如 PLC 控制器之间、PLC 控制器和 HMI 人机界面之间、L1 基础自动化级和 L2 过程计算机之间等的通讯。

C　基于现场总线的通讯

现场总线是应用于生产现场、在微机化测量与控制设备之间实现双向串行多节点数字通信的系统，是一种开放的、数字化的、多点通信的底层控制网络。

现场总线技术将专用的微处理器置于传统的测控仪表中，使它们具有计算和通信能力，使用公开的、规范的通信协议，以双绞线等作为介质，把多个分解站点连接成一个网络系统，实现数据与信息交换。

现场总线对工业控制系统的体系结构带来巨大的变革。现场总线标准起草工作始于 1984 年，经过十多年的努力，国际电工委员会（IEC）在 2000 年 1 月 4 日通过了 IEC61158 国际标准。该标准包括 8 种类型的现场总线标准：Profibus、FF-H1、FF-HSE、ControlNet、WorldFIP、Interbus、P-NET 和 Swift Net。

如今在连铸机的基础自动化级控制系统中，大量使用现场总线技术，如 PLC 控制器和远程 I/O 之间、PLC 控制器和现场总线控制器之间、PLC 控制器和智能化传感器及智能化仪表之间等均采用现场总线技术。一方面是因为在系统中使用现场总线技术可以大大减少系统硬线连接的数量，增强系统的可维护性和简洁性，另一方面是因为许多现场总线技术已经十分成熟，硬件功能完善，且价格也比较适中。

D　新的超高速网络

目前世界许多控制系统集成和制造商都采用超高速网络来满足高速控制和调速数据交换的要求。它不占用 CPU 时间，也无需其他软件支持，是工业领域中一种最先进的，最快速的、实时的网络解决方案。具有代表性的是美国 GE VMIC 公司的"内存映象网"和德国西门子公司的"全局数据内存网"这两种超高速网络。目前，这种超高速网络在连铸机的自动化控制中也有应用，其内容包括。

a　内存映象网

内存映象网又称为 RTNet（实时通讯网），它是目前工业领域中最快速的通讯网络。最新一代的内存映象网的通讯速率达到了令人吃惊的 2.12Gb/s 波特率。这使得具有不同操作系统或根本没有操作系统的计算机、工作站、PLC 和其他控制器可以实时地共享数据。用于快速控制对象的 GE VMIC 多 CPU 控制器组成的分布式计算机控制系统都采用了该内存映象网。内存映象网的基本特点如下。

（1）拓扑形式为总线型或环型；

（2）通讯速率 170~2120Mb/s；

（3）允许站与站之间距离 300~10000m；

（4）网上最多可连接 256 个站，并提供自动旁路开关；

（5）网上任一站可以向网上发送信息及中断信号到指定站或网上所有站；

（6）不需要主处理器开销。主处理器仅是向网卡内存中写入信息（实时传向网上各站）或从网卡内存读取信息（由网卡其他站写入内存映象网卡中）；

（7）网卡共享内存可有 256kB~4MB；

（8）适用于 VME 总线、PCI 总线、CPCI 总线、PMC 总线，同一网中允许不同总线同时存在；

（9）具备错误检测功能，冗余传输模式，用于抑制额外错误。

b　全局数据内存网

全局数据内存网 GDM（Global Data Memory）是西门子公司使用的另外一种调整通讯网络。它多应用于西门子的 SIMATIC TDC 控制器系统中，具有下述特点：

（1）采用星形拓扑结构；

（2）通讯速率可达 640Mb/s；

（3）中央根站点是由一块具有 2M 字节点共享内存的中央内存模板和若干模块接口模板组成；

（4）其他站点通过专用的存取模板，经光纤电缆与中央根站点建立通讯联系；

（5）每个站点距中央根站点最远距离为 200m；

（6）一个 GDM 网络最多可以支持 44 个站点，可以实现最多达 836 个 CPU 模板之间的数据通讯；

（7）具备故障状态监测功能。

罗克威尔（A-B）公司的 PLC 在网络通讯功能中，也有类似全局数据内存网的结构，使得 PLC 控制器之间的通讯变得更快速、更简洁。

E　本地和远程 I/O 技术

a　本地 I/O 与远程 I/O

控制器的 I/O 按信号的接入途径可以分为本地 I/O 与远程 I/O 两大类。所谓本地 I/O 指的是，信号取自其 I/O 接口模板插在与 PLC 控制器 CPU 模板在同一机架中或本地扩展机架中的 I/O 信号。本地 I/O 可以由一个主机架和多个扩展 I/O 机架组成，主机架与扩展机架间通过并行总线扩展电缆相连。远程 I/O 是指现场信号首先进入控制器的远程 I/O 站（与主控制器柜不在同一个地点），然后再通过网络将信号送入主控制器。

一般来说，每个控制系统都会有很多的现场输入和输出信号，如操作台的开关、按钮、就地设备的接触器、空气开关，机械设备的行程开关和接近开关数字量输入，编码器的脉冲输入，变送器的模拟量输入，泵、阀、液压润滑站的信号等，这些信号都要输入到控制器中。如果这些信号都接到本地 I/O，会带来两个问题：一个是会造成机柜的接线数量巨大，现场敷设电缆的任务将十分繁重；另一个是对于大型控制器来说本地 I/O 模板的价格都比较高，大量使用会使工程成本很高。而相比之下远程 I/O 模板则成本低、比较廉价。因此综合考虑之下，除了可以将用于快速闭环控制的信号，如高速模拟量 I/O，位置传感器输入，高速脉冲输入等，接在本地 I/O 外，那些与现场就地设备联系紧密的非快速的 I/O 信号均接在远程 I/O 站上。

　　b　基于现场总线的远程 I/O 技术

　　随着现场总线技术的发展，基于总线技术的远程 I/O 逐渐发展起来。几乎世界上所有的 PLC 和控制器的集成制造商都推出了各自的适用于不同现场总线的网络接口模板。根据总线形式不同，可以配置不同的网络接口模块，而 I/O 模块是通用的，不受总线类型的限制。因此可以将不同总线的 I/O 信号都接入到同一个主控制器中。

　　现在许多智能仪表也都可以配置网络接口模板，如编码器、调节阀、流量计等，可以直接经过现场总线网络与主控制器建立连接，克服了模拟信号易受环境干扰的难题，并解决了测量值和反馈值的精确传输问题。

　　这些总线 I/O 产品的体积都比较小，且在设计时就考虑到维护的方便性，在现场不用拆线就可以更换故障模块。为了适应工业现场的恶劣环境，许多现场总线 I/O 产品的防护等级都可以达到防尘、防水、抗震动、抗电磁干扰的 IP67 标准。有些还具有自诊断功能，可以向系统发出诊断信息，帮助技术人员进行排障和查错。

　　目前世界上比较典型的几种远程 I/O 产品有：SIEMENS 公司的 ET200 系列（包括 ET200B，ET200M，ET200L，ET200X 等几种），GE 公司的 VersaMax，FieldControl，I/O Block，A-B 公司的 CNB-CNBR I/O 模块（ControlNetI/O 链路），DNB I/O 模块（DeviceNet I/O 链路），DHRIO I/O 模块（Remote I/O 链路）系列等。另外，还有一些专业生产制造现场总线产品的公司，如德国的 TURCK 公司、P + F 公司、PHOENIX 公司等。

　　c　基于以太网的远程 I/O 技术

　　随着网络技术的大量使用，目前，设计控制室的操作台时，已经不再大量使用开关、按钮、指示灯等的传统组合了，取而代之的是采用"OPS + OPU + 少量开关"的设计形式（OPS 为操作员 HMI 站，OPU 为带灯功能键盘或 HMI 操作面板）。因此整个操作台显得简洁美观大方，而功能却丝毫不逊色于传统的操作台。

　　一般来说，操作台都有以太网通讯接口，用于 HMI 画面与主控制器之间的通讯。对于那些对快速性和实时性要求不高的操作台，若想通过网络将操作台信号接入主控制器，可将操作台上 OPU 和开关器件通过现有以太网接口接入主控制器，一方面可减少接线工作量，另一方面可省去现场总线接口模板的费用。

　　在使用以太网进行远程 I/O 信号通讯时要注意以下两点，一是该 I/O 信号对实时性要求不严格，二是现场环境干扰小，距离近。如果使用以太网屏蔽双绞线进行通讯，最远距离不应超过 100m。

6.2.7　连铸机 FDAS 数据采集和快速数据分析系统

　　随着钢铁企业自动化水平和信息化水平的不断提高，生产过程中收集的数据量也与日俱增。但大量的数据量使技术人员、操作人员及维护人员提取数据进行分析的工作变得更加复杂，从而对生产中出现的问题不能及时分析并给出相应的解决方案。

　　随着连铸机新技术的开发应用（如液压振动技术，铸坯凝固末端轻压下、重压下等新技术的应用）逐渐增多，工艺对生产中大量数据的快速采集提出了更高的要求（高频率时每秒钟产生的数据量可达上千字节），但一般的采集软件速率均在 500ms 左右，而常规用的示波器和纸张记录再也不能满足生产中对大数据量的处理、存储和分析需求，需要一套高效实用的软、硬件技术来替代。

基于以上原因，产生了 FDAS（Fast Data Analysis System）数据采集和快速数据分析系统，该系统提供了数据采集、存储、自动生成在线趋势、历史趋势，并可对数据进行分类处理和分析的一套完整功能。它可以帮助用户更快更准确地了解生产情况和更容易分析生产中出现的故障原因、存储历史数据、及时排除故障，保证生产的正常运行，减少查找故障的时间。

按照连铸生产要求，连铸机单独配置 FDAS 数据采集和快速数据分析系统，对连铸生产过程中的各种实时过程变量参数采用查询模式，进行在线趋势、历史曲线、时段曲线、分类曲线等的生成、采集和快速分析，给技术人员提供较完整的实用生产过程数据库及分析结论。

数据采集分析系统由一台计算机服务器、客户机、通讯网卡、打印机等硬件及相应的系统软件和应用软件组成。图 4-6-13 是 FDAS 数据采集和快速数据分析系统的硬件结构示意图。

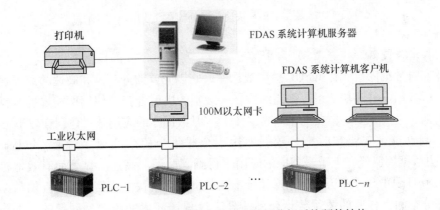

图 4-6-13　FDAS 数据采集与快速数据分析系统硬件结构

目前中国应用的 FDAS 数据采集和快速数据分析系统软件主要有：OSI 公司的 PI 实时数据库系统、AspenTech 公司的 InfoPlus.21 实时数据库系统、Wonderware 公司的 INSQL 实时数据库系统，国内自主开发的实时数据库系统软件有浙江中控的 ESP-iSYS、北京亚控的 KingHistorian 等。

按照使用内核不同，实时数据库可分为采用专用内核的实时数据库与采用关系数据库内核的实时数据库两类，前者的典型代表是 AspenTech 公司的 InfoPlus.21 及 OSI 公司的 PI；后者的典型代表是 Wonderware 公司的 INSQL。对于采用专用内核的实时数据库而言，由于它是面向工业生产的产品，故系统的响应速度、可靠性、容量以及面向过程应用的支持方面有较大优势；对于采用关系数据库内核的实时数据库而言，由于它是在关系数据库基础上增加了实时数据采集和调用机制及面向过程的可视化产品，系统的开放性、通用性比较强。

下面以 Wonderware 公司的 FDAS 数据采集和快速数据分析系统应用为例进行描述。

6.2.7.1　FDAS 数据采集和快速数据分析系统构成

FDAS 数据采集和快速数据分析系统是面向工业生产的一套大数据采集和存储，自动生成在线趋势、历史趋势、并可对数据进行分类处理和分析的完整系统。它可以帮助用户更快更准确地了解生产情况和更容易分析生产中出现的故障原因，以便及时排除故障，减少查找故障的时间，保证生产的正常运行。图 4-6-14 是 FDAS 数据采集和快速数据分析系统数据结构和数据流程图。FDAS 数据采集和快速数据分析系统由工业实时数据库（服务器端软件）和实时生产绩效分析与报表工具（客户端软件）两部分组成。

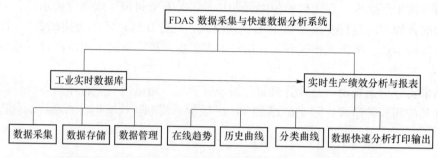

图 4-6-14　FDAS 数据采集与快速数据分析系统数据结构和数据流程

A　工业实时数据库（服务器端软件）

工业实时数据库也叫作 InSQL 历史数据库，它以完整的分辨率和高速的数据速率广泛地收集工厂数据。这些功能可以使组织中任一级别的决策者获得他们所需要的数据，从而拥有提高工厂生产率至关重要的推动力。工业实时数据库的应用效果体现在以下方面。

（1）高性能。工业实时历史数据库用于全球每个角落的很多行业，Industrial SQL Server 历史数据库已经在上千个不同的应用中得到了验证。高速、显著而有效地存储工厂数据 Industrial SQL Server 历史数据库比标准的数据库系统快上百倍，同时存储数据仅占用很小一部分空间。普通的关系数据库不适合工厂现场环境的需要。创新的 Industrial SQL Server 历史数据库将前端高速的数据收集和将时间序列扩展到一个嵌入式的 Microsoft SQL Server 关系数据库进行了结合。"旋转门"数据存储算法在保留重要的数据特性的同时，大大降低了数据存储空间。它还将数据库配置信息与事件、概要和生产数据进行了集成。

（2）高可用性。Industrial SQL Server 历史数据库通过 Industrial SQL 数据采集服务（IDAS）或者 Industrial Application Server（IAS）从 I/O 服务器上采集分布的工厂数据。IDAS 和 IAS 可以远程地运行和冗余配置，而工厂网络发生故障时不会影响到数据收集，根本消除了对昂贵的冗余处理硬件的需要。如果与主 Industrial SQL Server 节点通讯出现问题，IDAS 和 IAS 会自动地提供存储和转发功能。此外，InSQL 软件的故障切换功能可以显著减少与 I/O 服务器连接中断后有关数据的丢失。

（3）存储和转发功能避免数据丢失。如果与 Industrial SQL Server 节点的网络连接或者是节点本身出现问题，存储和转发功能将自动地工作。通过 IDAS 或者 IAS 冗余功能来缓冲你的数据源，IDAS 或者 IAS 从一个 I/O 服务器上采集数据，并将其转送到 Industrial SQL Server 节点来进行数据存储。可以配置一个冗余的备份节点，这样，如果主节点丢失了，那么备份节点就会自动地采集数据。通过几次鼠标点击，可以很容易地、快速地进行远程配置。而且这些服务可以位于工厂网络的任何地方。

（4）I/O 故障切换和冗余系统保护数据。可以配置多个 I/O 服务器，当主 I/O 服务器出现问题时，可以自动地切换到备份 I/O 服务器。数据流得到了保持。还可以利用 I/O 服务器到每个 PLC 的双通讯路径。因此，如果一个网络出现了问题，仍然可以通过第二个网络路径采集数据。对于特别苛刻的应用，对于特殊的冗余硬件系统已经进行过测试并具有提供 99.9999% 以上正常运行时间的能力。

（5）平台冗余支持 Microsoft 故障切换集群。Industrial SQL Server 企业版支持在两个 PC 集群上支持主动-被动的集群配置的切换，从而显著提高历史数据库的可用性。在这种集群方式下，一台 PC 会运行 Industrial SQL Server 软件，而集群中的第二台 PC 处于空闲（安装了 Industrial SQL Server 但是没有运行）状态。如果运行 Induatrial SQL Server 的 PC 出现故障，集群软件自动地启动第二台 PC 上的 Industrial SQL Server 企业版，并同时将工作切换到第二台 PC 上。

（6）广泛的数据连接。当使用 Wonderware 公司软件产品时，由于 Wonderware 的无与伦比的设备集成工具采用了广泛的、大量的通讯方式的选项，通过集成访问最大量的数据，Industrial SQL Server 历史数据库可以与上百种现场设备和工厂系统进行连接，例如 Net DDE；OPC 技术；Wonderware SuiteLink 协议。

工业标准的 SQL 和 ODBC 数据库连接。来自任何现场设备、工厂系统或者数据库的数据都能够被采集，并将它们存储在一个特定工厂范围的数据库中，为整个生产企业的用户提供实时和历史的工厂数据。

（7）易于配置和维护。使用特定工厂模型和增强的数据分析简化以及有效地配置系统。采集完整的数据记录，即使是从慢速或者断续的网络，采用灵活的数据源配置和动态的重新配置来熟练地获取信息。

B　软件实时生产绩效分析与报表工具（客户端软件）

Wonderware 的 ActiveFactory 软件作为 InSQL 的客户端，完成数据分析和报表功能。

ActiveFactory 软件提供一整套数据分析和报表功能，从而可以方便地适用于任何制造业或者其他工业应用。组织结构中任一级别的用户都可以通过他们的桌面电脑用 Internet 方便地访问实时的和历史的工厂数据。这样他们就可以分析这些数据，制定快速、有效的决策，从而带来运行的提高和竞争力以及利润率的提升。

（1）灵活和强大的趋势分析。ActiveFactory 9.0 软件的趋势功能利用一个简单但强大的数据趋势工具，通过加速过程故障的排查和工厂活动的提高，再也不用冗长的数据搜索过程。当发生了一个严重的问题，员工可以快速地访问来自多个 Industrial Server 数据库的数据，同时使用简单的拖拽方式构建一个数据趋势显示，从而快速并有效地展示出生产过程或物流过程的问题。总之，趋势功能帮助工厂人员专注于解决问题和优化工厂绩效而不是跟踪停机数据。

对于新的、多个时间段的支持，允许基于相同的过程参数进行实时数据和历史数据之间的比较，即当前的性能表现可以与以前出现的好的性能表现相比较。操作员还可以从新的历史回放模式中获益，历史数据可以进行回放就像是实时的一样，这可以帮助操作人员更好地看到运行参数之间的重要关系。

而且，"趋势"可以将来自 Industrial SQL Server 历史数据库模拟的、离散的和事件数据的任何一个结合进行绘制。用户说明和注释还可以包括到趋势显示中，来增加运行的注解和提高数据分析。一整套规模的比例、缩放和图形配置选项可以使用户创建具有丰富信息、专业的趋势显示，通过电子邮件或者通过 Web，利用 ActiveFactory 报表网站或者 Wonderware 的 SuiteVoyager 门户可以被合作的工作人员分享。

（2）快速、复杂的查询。ActiveFactory 9.0 软件的查询功能可以使工厂人员在 Industrial Server 数据库中进行查询和查看结构，既无需得到 IT 人员的特别帮助，也不需要具备结构化查询语言（SQL）的特别专长。查询是配置的，不需要写代码，生成可以被将来的查询重用的 SQL 代码。

查询是一个通用的、提供一个广泛的标准查询类型的工具，它可以针对专门的应用快速地修改。查询功能还可以为 SQL 兼容的数据库创建 SQL 查询，从而使查询成为一个对于任何以解决问题和优化工厂运行为任务的人员的有价值的工具。

（3）基于 Web 的分析和报表。当 ActiveFactory 客户端与 Wonderware 的 SuiteVoyager 生产和绩效管理门户结合使用时，工厂信息可以做得更加丰富。例如，ActiveFatory 趋势，工作簿和报表可以通过 SuiteVoyager 门户发布给 Web，可以使组织结构中任一级别的人员从中获益。使用这两个 Wonderware 软件产品，无需客户化的 Web 开发或者专门的 IT 支持，员工可以访问关于工厂操作的非常准确和及时的信息。管理人员和工程师可以通过任何一台可访问 Web 的 PC 查看历史数据和实时数据，同时在全球任何地方都能了解工厂活动。

（4）ActiveFactory 软件和 Microsoft Office。ActiveFactory 软件内的工作簿功能提供有价值的和节省时间的 MicrosoftExcel 插件，可以使工厂人员利用他们基本的 Excel 经验分析 Industrial SQL Server 历史数据库内的历史和实时的工厂数据。

另外，报表功能显示嵌入了 Industrial SQL Server 查询的 Word 模板可以利用已有的 Word 经验创建强大的工厂数据报表。这些报表可以根据一个有规律的时间表运行或根据要求运行。

除此之外，可以利用 ActiveFatory 查询工具创建嵌入的查询，无需 SQL 经验。为适应更多的解决方案，可以使用更先进的技术如脚本或者 OLE 自动化实现报表自动化。

（5）对于第三方应用的拓展。ActiveFactory 9.0 软件采用了基于组件的设计，使客户化工业应用的开发人员只需下很少功夫就可将强大的数据趋势和查询功能应用到他们的工作中。ActiveFactory 9.0 软件提供 NET 和 ActiveX 控件，能对 Industrial Server 数据库进行趋势、查询、人工数据录入和标记浏览。这些控件与其他的 Wonderware 软件产品完全集成，如与 InTouchHMI 软件产品集成。与第三方应用，比如基于 Microsoft Internet Explorer、Excel 和 VisualBasic 软件的应用也完全能够集成。基于 Web 的应用可以从 ActiveFactory 9.0 软件的数据趋势和查询中大大获益，有了这些新的 NET 版本的控件，软件集成变得非常简单。

6.2.7.2　连铸机 FDAS 数据采集与处理范围

图 4-6-15 是连铸机 FDAS 数据采集的范围和时间示意图。连铸机所采集的数据可归结为以下 7 类。

（1）与出钢钢号有关的数据。一般由炼钢计算机或炉外精炼计算机输入，包括炉次实绩（终点温度及时刻、出钢温度及时刻、钢液重量、脱气最终温度及时刻等）、炼钢质量异常（品质异常代码）、转炉（或电弧炉）脱气、炉外精炼实绩和工作状况、分析值（钢

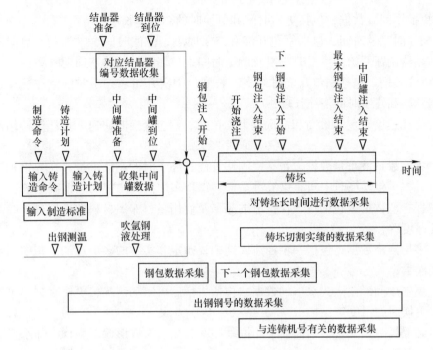

图 4-6-15　连铸机 FDAS 数据采集范围和时间

液、气体和夹杂物等情况）和炉次报告等数据。以上数据均在 HMI 人机界面上设有后备输入。

（2）与钢包有关的数据。由 HMI 人机界面的键盘输入，包括转炉（或电弧炉）号、在回转台上的钢包号和钢种及钢包使用次数、滑动水口直径、塞棒次数、钢包到达时间、钢液温度及测温时间、钢液吹氩氩气压力及吹氩时间等。

（3）与中间罐有关的数据。由 HMI 人机界面的键盘输入，包括在中间罐车上的中间罐号和形式、使用次数、预热时间、吹氩量、在浇注位置和预热位置的中间罐车号等。

（4）与结晶器有关的数据。由 HMI 人机界面的键盘输入，包括使用中及已登记入计算机的结晶器编号、使用次数、结晶器四周铜板厚度和各自的编号等。

（5）与连铸机号有关的数据。与连铸机号有关的数据是大量的输入数据，由连铸过程控制系统自动采集或者由 HMI 人机界面的键盘输入，它是以炉为单位或以浇次为单位收集连铸的实绩，多炉连浇时，若异钢种连浇，以接缝位置作为炉次区分点；同钢种连浇，以板坯切割点作为炉次区分点。采集的数据有：

1）钢包开浇日期与时刻、连铸机号、预定出钢记号、决定出钢记号等；

2）炉次实绩，包括出钢温度和测温时间，钢液重量和熔渣重量等；

3）转炉（或电弧炉）运行情况，包括冶炼开始和结束时刻及温度等；

4）脱气运行情况，包括脱气开始和结束时刻、脱气时间、钢包到达和离开脱气处理站时刻等；

5）炼钢质量异常情况，包括出钢、脱气、喷粉及合金微调等；

6）钢液处理实绩，包括钢包到达和离开钢液处理站时刻，处理开始和终了时刻，处理时间和温度等；

7）更换中间罐数据，包括更换时间和更换时的总铸造长度；

8）操作时刻及时间，包括钢包开浇和终了时刻，浇注时间、中间罐预热时间、板坯连铸的结晶器调宽开始和终了时刻以及调宽时间，拉坯时间及铸造周期时间；

9）浇注长度，包括钢包开浇时的浇注长度、炉次开始和终了时的浇注长度、板坯连铸的调宽开始和终了时的浇注长度；

10）浇注速度，包括最高和最低及平均拉速、钢包交换时拉速、板坯连铸结晶器调宽时拉速等；

11）中间罐钢液重量数据，包括中间罐开浇和终了时的钢液重量，在异钢种多炉连浇的情况下，在钢包开浇时中间罐钢液重量，异钢种多炉连浇时中间罐钢液重量；

12）保护渣数据，包括投入保护渣的品名及使用量，保温材料的使用量、结晶器内保护渣熔层厚度等；

13）多炉连浇数据，包括一个浇注周期中，预定和实际的多炉连浇数、中间罐个数和连续使用次数；

14）更换中间罐浸入式水口的数据，包括更换后再启动情况、更换时刻、更换时总浇注长度、更换时的温度等；

15）结晶器数据，包括结晶器平均振动频率、振幅、波形偏斜率、冷却水量、冷却水进出口温度及温差等；

16）重量参数，包括钢液重量、合格坯重量、废钢重量、铸坯数量及收得率等；

17）质量异常数据，包括质量异常代码及发生位置等；

18）二次冷却数据，包括每个冷却区喷水量、喷水方式及气水比等。

（6）与浇注长度及时间有关的数据。从浇注开始到浇注结束的时间内，按规定周期扫描，由 L1 基础自动化级的 PLC 采样与时间相对应的过程数据，每当浇注长度达到规定长度时，计算机就对相应时间的数据进行处理并取平均值，得到与浇注长度及时间相对应的数据，再供收集切割实绩和与连铸机号有关的数据时使用。采集数据还有中间罐数据、结晶器数据及二次冷却数据等。

（7）切割实绩数据。它是由 L1 基础自动化级的 PLC 扫描的数据通过 L2 过程控制系统进行跟踪、处理得到的数据，以铸坯为单位采集切割实绩数据，包括铸坯号、铸坯尺寸、重量、表面温度、可否热送、是否在精整时进行火焰清理、进行人工清理、机械修磨或人工修磨，还包括切割日期和时间等。

6.2.7.3　FDAS 数据采集和快速数据分析系统特点

FDAS 数据采集和快速数据分析系统使用工业实时数据库和专业分析工具，能够通过以太网高速采集 L1 基础自动化级控制器中的工艺数据并存储，同时使用专业实时绩效及报表分析工具对数据库中的数据进行及时准确地分析。FDAS 数据采集和快速数据分析系统特点如下。

（1）采用强大的查询模式简化了数据查询；

（2）更加有效的数据存储；

（3）增强了对慢速/或断续的数据网络的支持；

（4）Microsoft Windows 验证方式以及提高的系统日志；

（5）高性能的历史数据库加速了来自上千个传感器的信息流；

（6）面向任何应用规模的灵活性；

（7）应用工业快速以太网技术；

（8）毫秒级快速采集；

（9）完全集成用于在线趋势、历史曲线、时段曲线、分类曲线、报表、停机分析，以及生产过程监控；

（10）推动生产力的提升；

（11）随时可用的易用性；

（12）可以从任何来源采集数据；

（13）简单和快速的配置；

（14）强大的过程事件监视；

（15）对重要应用的高可用性；

（16）强大的远程系统管理。

6.2.7.4 FDAS 数据采集和快速数据分析系统基本硬件和软件配置

本系统采用高速工业以太网网络，配置高端的 HP 服务器、客户机组成了 C/S 结构平台，数据库采用 SQL Server 技术。

A 基本硬件配置

（1）HP 高性能计算机服务器和客户机；

（2）22" 液晶显示器；

（3）100M 以太网网卡；

（4）打印机。

B 基本软件配置

（1）Windows Server 2008 操作系统；

（2）Office 2010 软件；

（3）Prodave MPI/IE V6.0 数据采集通讯软件；

（4）SQL Server 2008 数据库软件；

（5）VB6.0 企业版语言软件；

（6）Wonderware 工具软件；

（7）ActiveFactory 软件；

（8）L1 级基础自动化程序快速采集应用程序；

（9）数据快速分析应用程序。

6.3 L2 级过程自动化

现代化连铸生产对铸坯质量和控制管理信息化水平要求越来越高，其设备和生产操作过程对自动化系统也提出更高的要求，随着炼钢厂自动化控制的日趋完善，设置连铸机过程控制级系统将成为必不可少的选项，连铸过程控制级主要完成下述功能：

（1）连铸冶金数据库管理；

（2）连铸生产跟踪管理；

（3）通过几种控制数学模型应用提高产品质量；

（4）通过操作员接口的操作指导功能为操作员提供信息；

（5）收集生产过程数据制成生产报表供统计分析使用；

（6）为钢厂 L3 级生产控制系统提供数据支撑；

（7）炼钢、轧机计算机系统通讯。

连铸机 L2 级过程自动化对生产过程的控制主要是根据连铸生产过程连续性的要求，把连铸各生产时段的控制功能联接起来，并不断发出指令形成一个完整的连铸自动化生产线。为了满足连铸生产过程的优化，控制系统必须具有复杂的数学模型计算、优化设定、良好的质量评估及快速实时的通讯联络等功能，而以上功能的实现都得依靠设置过程控制计算机来解决。L2 级过程控制级控制方式如图 4-6-16 所示。

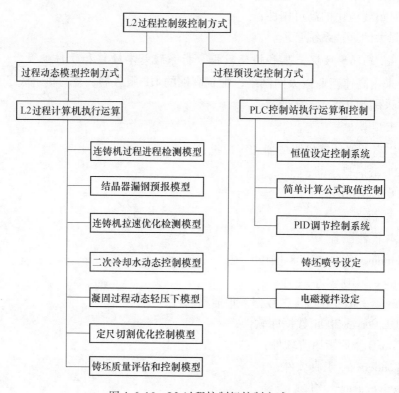

图 4-6-16   L2 过程控制级控制方式

连铸机生产过程有两种控制方式，一种是动态模型控制方式，另一种是预设定控制方式。

动态模型控制方式是以在线数学模型运算结果来执行控制，这些数学模型包括：连铸过程进程检测模型、漏钢预报模型、连铸机拉坯速度优化模型、根据目标温度进行铸坯温度过程控制的二次冷却水动态控制模型、铸坯凝固过程动态轻压下或重压下控制模型、铸坯定尺优化切割控制模型、铸坯质量跟踪和评估控制模型等。

预设定控制方式是指由过程控制级计算机对某些由 L1 基础自动化级执行的控制系统进行设定控制，这些设定除了各种恒值控制系统外，还包括要经某些公式计算，这些公式一般比较简单，由基础自动化级 PLC 控制站即可完成，但计算公式中的常数设定（如二次冷却水量计算公式中的变量系数），则要由过程控制计算机经模型计算后确定。另外，铸坯喷号设定和电磁搅拌设定也属于过程控制级的预设定控制方式。

6.3.1　L2 过程控制级主要功能

过程控制级的主要任务是连铸过程生产管理及数据库管理，作业计划执行，操作员指导，数据通讯，物料跟踪，生产报表及 HMI 人机界面等。其中最主要的核心任务是根据连铸机生产过程和相关数学模型对生产线上的各机组和各设备的运行控制进行优化设定和设计计算，以使设备处于良好的工作状态并获得优质的产品质量。L2 过程控制级主要功能如图 4-6-17 所示。

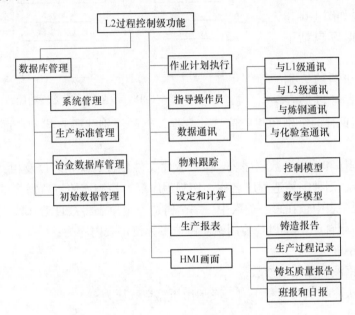

图 4-6-17　L2 过程控制级主要功能

6.3.1.1　连铸过程的生产管理及数据库管理

A　系统管理

（1）连铸数据库管理系统运行所需的编码、变量定义；

（2）连铸数据库管理提供数据录入、修改、查询等手段；

（3）连铸数据库管理系统的启动/停止；

（4）连铸数据库管理用户定义和用户权限；

（5）连铸数据库打印机管理；

（6）连铸数据库管理的日常维护；

（7）连铸数据库管理的建立和访问数据库的安全体系（即显示、修改和拷贝数据库的授权）；

（8）连铸数据库管理应用系统的日常维护和相关过程的管理。

B　生产标准管理

接受 L3 系统下达的与连铸生产相关的产品标准，进行相应的存储、处理和显示，同时 L2 过程控制级自身也具有输入连铸机相关的生产产品标准的功能，而输入的生产产品标准要符合上级管理部门对连铸铸坯产品的标准要求，必要时也可以对标准进行局部修改。

C　冶金数据库管理（MDB）

连铸机 L2 过程控制级冶金数据库管理功能包括生产程序数据库管理、钢种信息数据库管理以及用户数据库管理三个方面，它们之间的关系如图4-6-18所示。冶金数据库包括下述内容。

（1）钢种和钢的级别表。钢的级别表可以储存

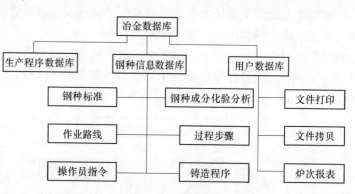

图 4-6-18　冶金数据库管理功能

和修改各种类型钢种的级别和相关信息的数据，钢的级别代码将辨别产品的质量和作业路线。

（2）生产程序和铸造参数程序表。生产程序文件包含炉次列表以及相关信息，如炉次名称、炉次序号、钢种、铸造程序名称、切割程序等，控制连铸机所需要的参数设定均保存在铸造参数程序表中，在每一炉次中，一个铸造设定值表将被自动（或人工通过操作员命令）传送给基础自动化级 PLC 控制站。铸造参数设定表内容为：

1）中间罐钢液位；

2）结晶器钢液位和振动参数；

3）一、二次冷却水流量和压力、冷却用压缩空气压力；

4）拉坯速度；

5）扇形段驱动辊压力；

6）切割长度。

（3）用户数据库。

对于用户数据库数据，可以进行包括数据文件打印、数据文件备份和炉次报表生成等。

D　初始数据管理

过程控制级计算机为了进行设定计算以及对生产过程进行跟踪和控制，需要一些原始数据，如来料数据、成品数据、生产指令等。这些数据可以由操作员输入，也可以从外部系统获得。另外，操作员还需要对这些数据能够进行修改、查询、复制、删除等操作。

6.3.1.2　作业计划执行

通过网络接收 L3 级管理系统下达的连铸浇注计划（或由 L2 过程控制级输入），进行相应的存储、处理和显示，进行生产过程计算机控制，指导连铸生产作业。

设计手工录入方式（即 L2 过程控制级输入），以保证 L3 级管理系统异常时作后备处

理。作业计划可以在连铸调度室的终端上输入，在开始铸造之前可以在主操作室的终端上修改。

作业计划的主要内容包括浇次号、炼钢炉次号、连浇炉数、钢种、铸造开始时间、钢包重量、铸造铸坯数量、铸坯尺寸等。

6.3.1.3　操作员指导

L2 级计算机在客户机画面上实时显示连铸生产过程中的过程数据，包括图、表、趋势显示监视、操作指导、数据设定、报警等功能。

操作人员通过客户机画面与计算机进行交流，了解设备运转状况，监视生产过程，确认、记录计算机设定的控制参数和控制反馈信息，有利于生产管理和最佳过程控制。操作人员也可以通过客户机画面修改设定数据，改变过程运行状态，提高铸坯质量。

6.3.1.4　数据通讯

过程控制级计算机需要与 L1 基础自动化级、L3 生产管理控制级以及其他生产工序的过程控制级计算机或控制器通讯。

过程控制级计算机设定计算结果需要发送到 L1 基础自动化级，并且需要从 L1 基础自动化级获取自学习和报表需要的实测数据。另外，如果有 L3 生产管理控制级，过程控制级计算机还可能需要从生产管理控制级获得生产控制指令信息，而生产管理控制级系统为了达到自动的生产组织控制功能，也需要从过程控制级获取一些实际的生产数据。

不同工序的过程控制级系统之间也需要进行通讯，假如没有 L3 生产管理控制级，热连轧的过程控制级系统就需要从连铸的过程控制级系统获得铸坯的有关数据。数据通讯系统采用 TCP/IP 协议，实现与其他系统的互联，这些系统如下。

（1）与 L1 级系统通信，完成连铸生产现场数据采集并下送控制设定数据。

（2）与 MES L3 级计算机系统通信，以接收生产计划数据并上传连铸车间实际生产的有关数据。

（3）与 LF 炉、转炉炼钢过程计算机通信，以得到前一工序的生产实绩数据。

（4）与钢铁化验室的数据通讯。

6.3.1.5　物料跟踪

物料跟踪的目的是确定被跟踪物料在生产线上的实际位置和有关状况，以便在规定的时间启动相关应用程序，完成过程控制级的其他功能。

为了便于进行跟踪处理，一般需要根据生产设备布局以及生产流程要求，将整个跟踪范围划分为许多小的跟踪区域。当铸坯在生产线上的实际位置与过程控制级系统中的计算位置不一致时，还要提供操作接口以修正这些偏差。

板坯连铸机物料跟踪从钢包到达回转台开始跟踪直至铸坯到推钢机、垛板机、卸板机或者铸坯直接热送去轧钢厂为止。物料跟踪按照铸造流程顺序，分为炉次跟踪、铸流跟踪和板坯跟踪。

A　炉次跟踪

炉次跟踪主要包括每一钢包钢液信息（浇次、炉次、钢种、钢液成分等）；钢液从到达钢包回转台直至离开钢包回转台的信息采集（到达、离开的时间、重量、温度等）；这些数据均保存在数据库中，用于操作员查询、分析和报表生成。

　　B　铸流跟踪

　　铸流跟踪从中间罐、结晶器、连铸机本体到板坯切割整个过程中的生产信息，系统会自动跟踪记录铸造过程中的各铸流长度、拉速、钢包钢液重量、中间罐钢液重量、中间罐温度、结晶器振动频率、结晶器振幅、波形偏斜率、结晶器水量、二冷区水量等；自动生成坯号并记录板坯切割实绩（包括铸坯号、炉次、钢种、坯序等信息）。这些数据都存入数据库，将用于操作员查询、分析和报表生成。

　　C　板坯跟踪

　　跟踪板坯输出区（从切割机到板坯下线或热送为止）的板坯位置，收集每块板坯经过的处理信息（包括喷号、去毛刺、称重、下线或热送等）；同时也收集上线板坯的信息。这些数据都存入数据库，将用于操作员查询、分析和报表生成。

　　在铸造期间，物料跟踪功能特别需要跟踪那些对于铸坯质量有较大影响的铸坯段或连铸机的各类操作事件，例如：

　　（1）铸坯头部和铸坯尾部。

　　（2）检测到的异常生产运转的开始/结束。

　　计算机管理连铸过程中的主要操作事件，收集钢包回转台、中间罐车、铸流以及切割机、操作方式、状态以及操作时间信息，从而掌握这些设备的操作状态以及操作时间，并在终端上显示相关数据。

　　（3）钢包回转台的操作事件主要有钢包到达、钢包回转开始、钢包回转结束、钢包浇注开始、钢包浇注结束、钢包是否烧氧等。

　　（4）中间罐车的操作事件主要有中间罐运行状态、中间罐更换开始、中间罐更换结束、中间罐钢液温度异常时段及异常程度等。

　　（5）铸流的操作事件主要有连铸机的运转方式、引锭装入开始、引锭装入结束、中间罐注入开始、中间罐注入结束、铸造开始、铸造结束、拉坯开始、拉坯结束、拉坯中异常现象等。

　　（6）切割机的操作事件主要有切割开始、切割结束、切割失败等。

　　物料跟踪功能将检查连铸机操作顺序的正确性并决定计算机系统的运行状态，对主要设备运行的状态（运行、停机、故障）要求监视、记录，并形成报表。

　　（7）测量值诊断。

　　对从 L1 级系统得来的与 L2 级系统控制模型相关的检测变量进行周期性的检查，以保证二级计算机系统中的控制模型的正确计算。当检测出有不一致发生时，将报警信息提供给操作人员。

6.3.1.6　设定和计算

　　设定和计算是指过程控制级计算机通过一系列的数学模型计算，得到各种生产设备和生产过程参数的设定值或设定方式。设定是指过程控制级计算机在规定的时序内，将计算结果传送给基础自动化 PLC 控制站或 PC 计算机。

　　有关板坯连铸机的优化数学模型及计算控制部分，将在 6.3.4 节进行描述。

6.3.1.7　生产报表

　　在组织生产过程中，过程控制级计算机需要将生产时各种数据汇总并制作成各种报表保存，便于在电子档案中查找以及供管理人员分析和决策。一般有以下几种连铸生产报表。

A　浇注报告

浇注报告以炉次为单位，报告设备初始数据、操作状态及时序等信息，如：

（1）一般数据；

（2）钢液数据；

（3）生产操作状态及时序数据；

（4）操作时间等。

B　生产过程记录报告

生产过程记录报告以炉次为单位，报告测量的数据和变量计算的统计数据，如：

（1）一般数据；

（2）中间罐数据；

（3）结晶器数据；

（4）二次冷却系统数据；

（5）设定计算输入数据和计算结果；

（6）设定值数据；

（7）实际测量值数据；

（8）自学习计算数据等。

C　铸坯质量报告

铸坯质量报告以铸坯为单位，它包括和连铸产品有关的测量数据，如：

（1）产品的质量分类数据；

（2）有关生产过程数据；

（3）切割数据；

（4）班报和日报等。

班报和日报以运转班组和日期为单位，包括铸坯规格、产量、质量及操作事故等信息，如：1）产品代码、规格、产量；2）金属收得率；3）铸坯质量事件；4）操作员操作事故记录；5）设备停机及恢复时间等。

6.3.1.8　HMI画面

HMI画面可分成显示画面和输入画面两种类型。操作人员通过显示画面了解过程控制级的有关信息，通过输入画面和键盘向计算机输入必要的数据和命令。

在冶金自动化系统中，过程控制级HMI画面和基础自动化级的HMI功能相似，包括公共画面（HMI画面目录、菜单、计算机再启动、数据设定等画面），生产流程画面、数据处理画面（各类过程数据测定值、通道、扫描状况、采集许可标志、状态、未加工生产数据等画面），数学模型计算结果以及设定控制或操作指导专门显示画面，工艺参数画面（如时间序列曲线、趋势曲线、历史数据曲线等画面），各类报表画面等。

连铸作业顺序信息画面是根据基础自动化PLC和操作员发出的信号，确认连铸机控制范围内的所有设备的过程状态及状态改变时刻，并以炉为单位对作业中的炉次进行跟踪，操作人员可及时了解连铸生产状态和设备运行状态，当出现作业顺序异常情况时，进行报警。

过程控制级 HMI 设置的主要画面有生产管理、钢种管理、炉次跟踪、二冷水控制、结晶器模型、拉速优化、质量判定、系统事件报警、生产报表和网络信息等，每一个主要画面下设若干级子画面供技术人员和操作人员调用。

图 4-6-19 ~ 图 4-6-24 为 L2 级几种 HMI 主要画面示意图。

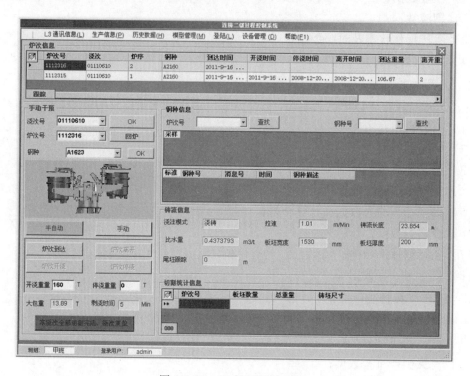

图 4-6-19　L2 级 HMI 主画面

6.3.2　L2 过程控制级硬件配置

过程控制级系统的硬件包括服务器、客户机、外部设备、网络通讯设备、人机接口设备、网络打印机、UPS 电源等。系统硬件配置是系统设计的一项十分重要的内容，在某种意义上说，系统配置是否正确，是否合理，决定了系统设计能否成功。系统配置的成功，将为钢铁公司带来生产的高安全性、高效益及产品的高质量。

过程控制级硬件核心部分是过程控制计算机，计算机的选型和性能的保证，对自动化系统的先进性、稳定可靠性及扩展开发功能将是十分重要的。L2 过程控制级的硬件配置如图 4-6-25 所示。

6.3.2.1　服务器和客户机

服务器和客户机是过程控制级计算机系统的核心硬件，一般设数据库服务器和模型计算应用服务器各一台，数据库服务器进行连铸机冶金数据库管理和实时、历史数据库管理，模型计算应用服务器进行控制用数学模型的设定和计算。设置若干台客户机，可进行过程数据监控、重要的程序控制和数据库维护。在服务器和客户机的配置方面，下面几个

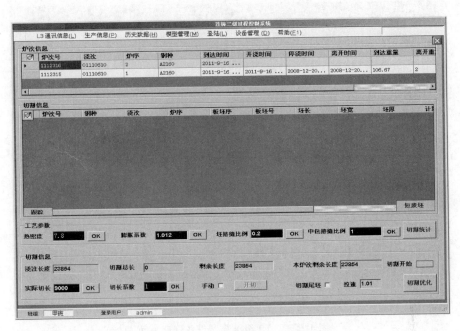

图 4-6-20　L2 级切割信息 HMI 画面

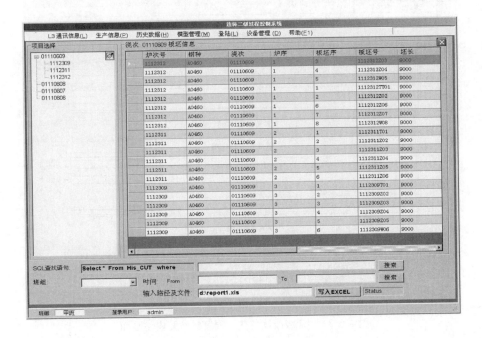

图 4-6-21　L2 级历史数据及报表生成画面

问题是必须考虑的。

A　服务器和客户机的选型

(1) 硬件水平和生命周期。连铸机自动化系统具有周期长、投资大的特点，因此应该

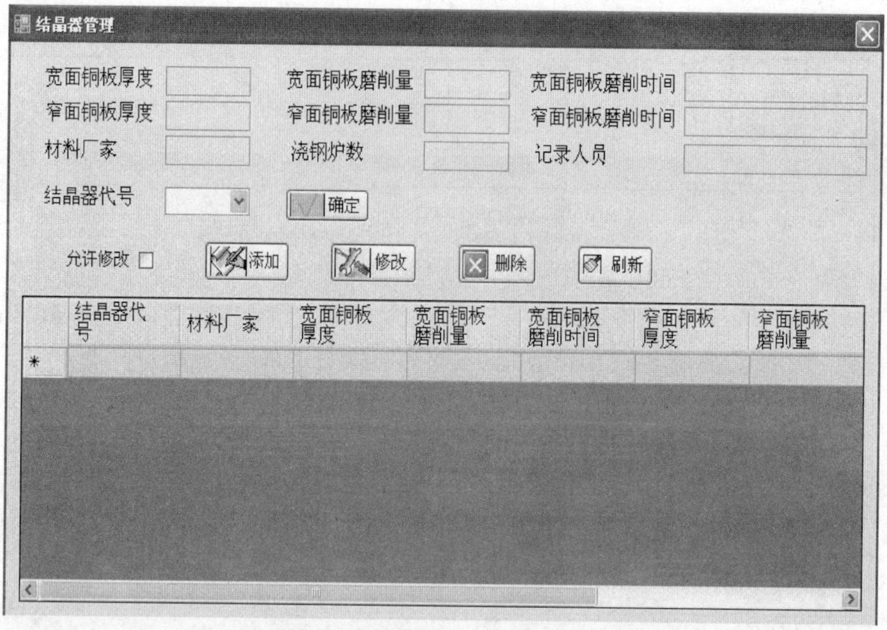

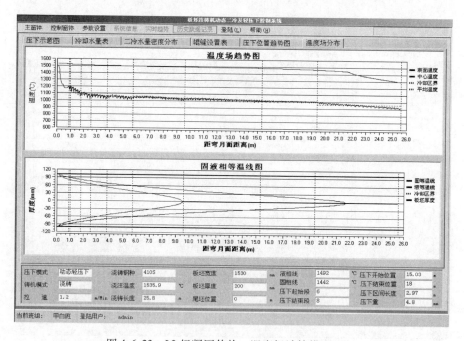

图 4-6-22　L2 级结晶器设备管理画面

图 4-6-23　L2 级凝固传热、温度场计算模型画面

选择水平先进、生命周期长的计算机硬件，以便延长系统的运转时间，减少系统更新升级的次数。

（2）较高的性价比。在能够满足生产过程和工艺发展需要的前提下，要追求较高的性价比。计算机硬件水平的发展很快，即使系统配置时选择当前最先进的硬件，过不了多

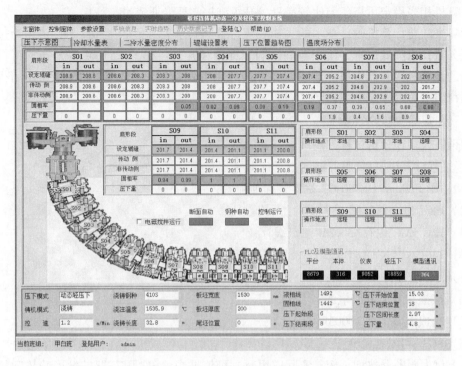

图 4-6-24　L2 级动态轻压下画面

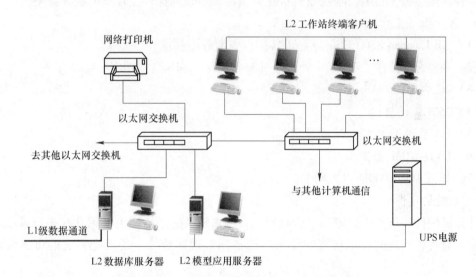

图 4-6-25　连铸机 L2 过程控制计算机硬件配置

久，也会落后。因此追求较高的性价比是明智的选择。

（3）可扩展性。系统必须具备较强的可扩展性，以便为增加新的硬件提供便利条件，为开发新的应用软件留有充分的余地。

（4）开发和维护。系统应具备方便、灵活的软件开发环境和维护手段，或者说要有一定的中间环节（支持软件）来支持软件功能的扩展。

连铸机发展初期，过程控制级服务器一般采用小型计算机，如 HP 的 ALPHA 计算机。

这种计算机相当稳定可靠，但比较昂贵，升级维护需要专业人员。

近年来随着计算机硬件技术的飞速发展，连铸机大都采用高档 PC Server 作为过程控制级服务器，以降低成本，便于备件采购、维护和升级。如 HP、IBM 等公司均可提供性能优良的计算机服务器供用户选用。客户机选用工作站型 PC 机或高性能 PC 商用机都可满足用户要求。

B　服务器和客户机配置

某钢铁公司连铸机过程控制级服务器配置如下：

a　过程计算机—PC 服务器（数据库服务器和模型计算应用服务器各一台）

（1）HP Proliant DL380 G7 机架式标准配置；

（2）Intel Xeon X5660 2.8GHz（六核心）；

（3）12G ECC 内存/2×2M 二级缓存；

（4）146GB 10K ULTRA320 SCSI 热插拔硬盘（4 块）；

（5）1 个智能阵列 P410i；

（6）热插拔交流冗余电源；

（7）集成电路 100/1000M 网卡；

（8）LG22 寸液晶彩色显示器。

以上仅为服务器选型一例，实际应用时，可依据当前 PC 服务器的发展趋势和最新标准，结合具体连铸项目的需求及投资状况，选定最适宜和性价比较高的服务器硬件。

b　客户机（工作站）

（1）HP Compaq 8300 Elite 立卧可转换台式商务电脑；

（2）英特尔©酷睿™ i7-3770 处理器（3.40GHz、8MB 高速缓存，4 核）；

（3）4G 内存；

（4）250GB 硬盘；

（5）LG 系列 22 寸彩色液晶显示器；

（6）DVD-ROM 光驱；

（7）集成 100/1000M 以太网卡。

c　系统稳定性

计算机硬件一旦发生故障，会造成停产，带来较大的经济损失。因此在进行系统配置时，除了对各种系统的技术功能和使用性能指标合理评价外，还要把系统的可靠性放在首位。

服务器是过程控制计算机系统的核心硬件，它的稳定性关系全局，特别是采用 PC Server 作为过程控制级服务器时要多加考虑，一般可采用以下几点措施。

（1）设置备用服务器。在线过程控制级服务器发生故障时，切换到备用服务器，继续控制生产过程。切换方式分手动切换和自动切换。最新的备份容错技术可以通过一条不占用网络带宽的专用调速链路使两台服务器互为热备。在双方互相而持续地监控镜像资源的过程中，如果其中一台由于硬件原因发生故障失效，另外一台可在保证提供自己原有服务的同时，启动失效服务器的应用程序、文件系统、IP 地址和打印机等网络资源服务，取代失效服务器的功能。

以上切换过程完全可由用户根据环境要求和硬件设备能力自行定义，切换时间短且对用户完全透明。

（2）采用磁盘阵列（Redundant Array of Independent Disks，RAID），提高硬盘的可靠性和读写性能。由于所有复杂的储存、备份、侦错、检查工作，完全由 RAID 控制器负责，不占用服务器资源，使服务器的可利用率达到最高。一般的磁盘阵列系统都可使用热备份功能，它是在建立磁盘阵列系统的时候将其中一磁盘指定为后备磁盘，此磁盘在平常并不操作，但若阵列中某一磁盘发生故障时，磁盘阵列系统即以后备磁盘取代故障磁盘，并自动将故障磁盘的数据重建在后备磁盘上，因为反应快速，加上快取内存，减少了磁盘的存取时间，所以数据重建很快即可完成，对系统的性能影响很小。对于要求不停机的大型数据处理中心或控制中心而言，热备份更是一项重要的功能，因为可避免晚间或无人值守时发生磁盘故障所引起的种种不便。

（3）关键部件支持热插拔和冗余，如风扇、机箱电源、网卡等。

（4）采用 UPS 不间断电源，以保证服务器的供电质量。

6.3.2.2　通信网络

过程控制级计算机系统的通信网络比较简单，一般采用以太网连接，自适应通信速度 100/1000M。图 4-6-26 是一台连铸机过程控制级系统通信网络典型拓扑图。

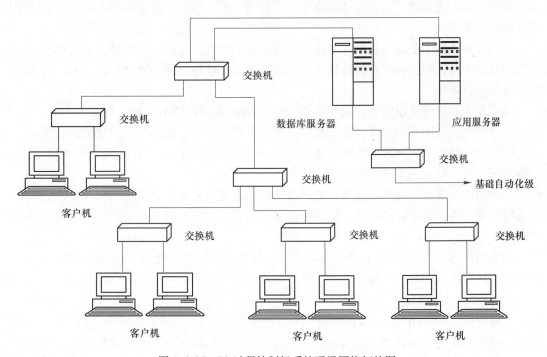

图 4-6-26　L2 过程控制级系统通讯网络拓扑图

6.3.3　L2 过程控制级软件组成

L2 过程控制级计算机的软件由系统软件、支持软件（工具软件）、应用软件等组成，软件构成如图 4-6-27 所示。

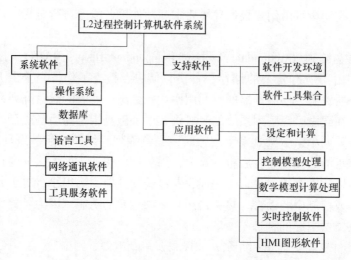

图 4-6-27　L2 过程控制级计算机软件构成

6.3.3.1　系统软件

系统软件是面向计算机的软件，与应用对象无关。系统软件一般包括以下内容：（1）操作系统；（2）汇编语言；（3）高级语言；（4）数据库；（5）通信网络软件；（6）工具服务软件。

系统软件中的主要部分是操作系统。操作系统是裸机上的第一层软件，它是整个系统的控制管理中心，控制和管理计算机硬件和软件资源合理地组织计算机工作流程，为其他软件提供运行环境。

过程控制系统常采用的操作系统有 Windows 2008 Server、Windows 7 等。

尽管操作系统因不同形式（超级型、大型、中型、小型、超小型、微型）的计算机而异，但就每种操作系统所进行的工作而言是基本相同的，工作内容有进程及处理器管理；存储管理；设备管理；文件管理等。

一般来说，选用什么样的操作系统，主要取决于三个方面：系统的目标与需求；系统的规模和复杂性；选用哪种硬件，希望得到（或者说习惯于）什么样的软件开发和软件管理系统。

如果硬件选用 PC 服务器，建议选取的系统软件有：操作系统为 Windows 2008 Server；防火墙为病毒防火墙，网络防火墙；编程工具为 Microsoft Visual Studio 2012。

6.3.3.2　支持软件

支持软件（Support Software）又称为工具软件，它是介于系统软件和应用软件之间的软件。支持软件是一种软件开发环境，是一组软件工具集合，它支持一定的软件开发方法，或者按照一定的软件开发模型组织而成。

支持软件与应用软件不同，它独立于应用对象。目前对支持软件的结构和功能没有统一标准。

国际上各大电气公司提供的用于工业过程控制级系统和生产控制系统的支持软件虽然各不相同，但就其功能而言，却是十分相似的。也正是有了这类支持软件，使得最终用户在进行应用系统开发时，更加方便，更加灵活，更加高效率。

目前，过程控制服务器硬件大都向 PC Server 配置方向发展，北京科技大学高效轧制国家工程研究中心自主研发了一套基于 PC Server、Windows 2008 操作系统下的支持软件。这些支持软件是针对冶金行业过程控制系统而研制的，当然也可给板坯连铸机过程控制自动化设计提供参考。该支持软件主要包括以下组件。

（1）RDFM：实时数据文件管理。RDFM 组件可以自动根据配置文件信息（对象名、最大记录数、记录长度等）在内存中创建一块共享内存区域，应用程序可以通过简单的接口函数按记录方式访问该内存区域，以实现不同应用程序之间实时数据的共享。

（2）IPC：进程间通讯管理。IPC 组件的功能是提供应用程序之间进行通信的手段。它为每个进程建立一个消息循环队列，发送给该进程的消息按照先进先出的原则进行列队。

（3）HubWare：外部通讯管理。HubWare 组件负责管理过程控制级计算机与外部系统的通讯。它既可作为服务器端，又可作为客户端。它根据文件配置信息自动建立连接、监视连接状态、缓存通讯数据。

（4）Logger：日志报警管理。Logger 组件负责日志报警管理，它可以在指定的终端屏幕上实时滚动显示报警信息（可通过指定报警级别来控制显示信息的多少）以及根据各种查询条件查询当天的报警信息。它还可以自动定时保存报警信息（每天存储一个文件）。

（5）TaskWatch：进程管理。TaskWatch 组件负责进程管理，功能包括系统启动、系统停止、进程状态监视、进程状态查询、进程强制结束、在线系统与备份系统的切换等。

（6）TagCenter：HMI 变量管理。TagCenter 组件负责为 HMI 提供实时变量数据。一旦创建变量连接后，服务器中的过程数据将能实时地反映到 HMI 画面上，HMI 改变了某个变量值也实时反映到服务器中。

（7）DBLinker：数据库连接管理。DBLinker 组件负责与远程数据库服务器建立连接和向数据库里保存数据。当应用程序需要写入数据库时，只需要将数据交给 DBLinker 组件即可，由 DBLinker 组件来完成数据库操作，并保证将数据准确完整地写入数据库。当数据库服务器需要停机维护、出现死机或通信出现故障时，DBLinker 会自动将数据缓存在本地硬盘上，并当数据库服务器恢复应用后再自动写入数据库，确保生产过程的历史数据不会丢失。

6.3.3.3 应用软件

应用软件是直接面向用户的控制应用软件，L2 过程控制级除完成数据库管理和与其他系统的通讯等功能外，一个最重要的任务是过程数学模型计算和处理功能。

连铸机过程数学模型主要有：连铸过程进程检测模型，连铸机拉坯速度优化模型，二次冷却水动态控制模型（由 L1 级和 L2 级共同完成），铸坯凝固过程动态轻压下，重压下控制模型，铸坯定尺优化切割控制模型，铸坯质量跟踪和评估控制模型等。

要执行完成上述的管理、通讯及模型计算处理控制任务，一套完整的、便于执行的应用软件是十分重要的。

A 实时软件应具有的特性

过程控制级计算机的应用软件是实时软件。实时软件是必须满足时间约束的软件，除了具有多道程序并发特性以外，还具有以下特性：

（1）实时性。如果没有其他进程竞争 CPU，某个进程必须能在规定的响应时间内执行完。

（2）在线性。计算机作为整个连铸机生产过程的一部分，连铸机生产过程不停，过程控制计算机工作也不能停。

（3）高可靠性。避免因软件故障引起的生产事故或设备事故的发生。

如果把过程控制级计算机所承担的功能整体看作一个实时系统的工作过程，这个过程可以被抽象为实时数据采集→实时处理→实时输出。

B 任务划分应遵循的原则

过程控制级计算机应用软件结构设计的主要问题是如何把应用系统分解成若干个并行任务，如何实现任务间通信，如何实现任务间的同步与互斥。在进行应用软件结构设计时，任务划分一般遵循以下原则。

（1）受相同事件激发的功能尽量划分在同一个任务中，以便一次性统一调度。

（2）响应时间要短（例如0.1s）的功能适当地划分为独立任务，以便进行调度的调整来满足特殊要求。

（3）信息交换频繁的功能尽量划分在同一任务中，以便降低任务之间通信带来的通讯通道阻塞。

6.3.4 优化过程控制数学模型及应用

优化过程控制数学模型是为优化连铸生产流程、提高铸坯质量逐渐形成的一系列控制手段和实施依据，同时为操作人员提供有关连铸机过程趋势的信息，并完成对连铸生产过程的监控和管理。对于板坯连铸机，过程数学模型主要有：连铸过程进程监测模型、结晶器漏钢预报数学模型、连铸机拉坯速度优化模型、二次冷却水动态控制模型（由 L1 级和 L2 级共同完成）、铸坯凝固过程动态轻压下或重压下控制模型、铸坯定尺优化切割控制模型、铸坯质量跟踪和评估控制模型等。L2 过程控制级的模型处理应完成三种功能：从 L1 级基础自动化系统获得数据；向 L1 级基础自动化系统提供设定值、计算公式中的变量系数及常数值；根据需要运行其他控制模型。

下面对连铸机常用的主要控制模型的功能、机理和应用简要描述。

6.3.4.1 连铸过程进程监测模型

在连铸机生产过程的各个阶段（如等待、钢包处于浇钢位置、浇钢开始、铸坯切割、铸坯清理和喷号、移走钢包、浇钢结束等），过程进程监测模型由 L1 级基础自动化系统或通过 L2 级过程计算机获得后，向操作人员提供如下重要数据：（1）钢包和中间罐在浇注结束前分别需要停留的时间；（2）浇钢时间；（3）生产效率；（4）测量数据（包括铸坯温度、重量、浇注速度、生产数据等）；（5）系统故障提示及报警；（6）钢包和中间罐中剩余钢液的重量；（7）铸坯切割数据；（8）铸坯跟踪数据。

6.3.4.2 结晶器漏钢预报数学模型

漏钢预报是20世纪80年代开始发展起来的一种连铸机结晶器故障诊断和维护技术，通过研究漏钢成因与机理，建立起结晶器漏钢预报数学模型并不断使之完善，这个数学模型可以检测出结晶器漏钢的征兆并报警和控制。

目前在工程应用上，多采用热电偶检测结晶器内温度场分布的方法，使用人工智能技术（人工神经元网络）、多模型和多种技术直接在 HMI 显示屏上显示出结晶器内钢液及铸坯各部分的温度并以不同颜色显示（称为热成像图），从而可直接观察出铸坯凝固壳的润滑状况或粘结状况。

从本质上来说，国内外连铸机的结晶器漏钢预报均采取常规的模式识别方法，即是从结晶器温度上升数据、温度上升速度、上下布置的热电偶之间温度峰值的转移时间等参数，用统计的方法建立铸坯温度模型，根据由此计算的温度与实测温度的偏差来判断是否会在结晶器内发生粘钢或漏钢事故。故当前漏钢预报数学模型主要是以分析结晶器铜板温度为基础而建立的一种控制模型。图 4-6-28 是连铸机漏钢预报系统工作原理框图。

图 4-6-28　连铸机结晶器漏钢预报系统工作原理

漏钢预报的机理及数学模型分析可参考有关资料和文献，在此不再赘述。下述的几种漏钢预报技术在工程应用上是可行的，分别叙述如下。

A　计算结晶器的热交换防止漏钢

计算结晶器的热交换防止漏钢是通过监视结晶器的总吸热量，根据统计数据，确定最低吸热量，在拉坯前确定一个合适的铸坯坯壳厚度。为了预报拉漏，只需监测总的吸热量，它可定义为"单位吸热量"（即用每千克铸坯的热量来度量），也可用流经结晶器壁的热流量（kW/m^2）来度量。

图 4-6-29 为漏钢前结晶器吸热量降低的示意图。

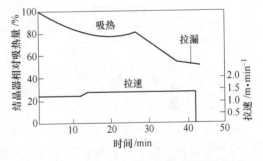

图 4-6-29　拉漏前结晶器吸热量降低示意图

B　检测结晶器温度和逻辑式判断模型预报拉漏

利用检测结晶器温度和逻辑式判断模型预报拉漏是基于粘结性漏钢应力模型和对于特定的连铸机设备由生产操作过程建立的逻辑式判断模型，根据各个热电偶实测值（如温度上升、升温速率、上下排热电偶温差等）和预设定值比较进行判断。这种逻辑式判断模型由各家设计公司开发，模型表达式也不尽相同。

如果结晶器安装若干排的热电偶，采用纵向传播的形式，其逻辑式判断模型为：检查温度偏差、温度变化速度、各层热电偶变化延迟及温度下降等数据，列出各类处理运算式，根据规定的逻辑判断流程逐一计算。当温度偏差检查、温度变化速度检查后发现温度异常时，即发出漏钢轻报警信号。然后再判断相邻列、低层次的热电偶信号是否有异常变化，若有，则发出漏钢重报警信号。

C　使用神经元网络建立模型预报漏钢

漏钢预报实际上是波形模式识别问题，即要从结晶器铜板上预埋的热电偶检测得到的大量温度波形中识别出具有漏钢征兆的温度波形，并考虑其传播，对即将发生的漏钢进行预报。

结晶器铜壁预埋有纵横若干排热电偶，为了提高可靠性，对粘结破裂口的横向传播和纵向传播均进行检测，系统由横向神经元网络和纵向神经元网络组成，每一个横向神经元网络和纵向神经元网络都是将时序判断和空间判断功能综合在一起的单个神经元网络，这些神经元网络的输出变换为逻辑变量，经综合逻辑处理，其结果为系统输出。系统输出按逻辑划分为无报警、轻报警和重报警三类。图 4-6-30 是神经元网络预报漏钢系统的网络结构。在图中，横向网络取上排热电偶时序的 13 个采样点作为输入，纵向网络取同一列上下两个热电偶时序的 13×2 个采样点作为输入。

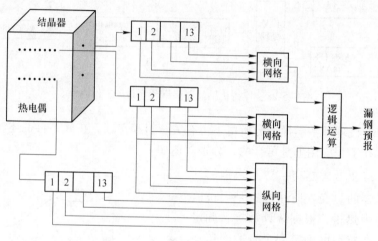

图 4-6-30　神经元网络漏钢预报系统网络结构

D　利用多种技术直接显示结晶器内铸坯坯壳状态预报漏钢

由于计算机技术、图像处理技术的发展进步及数学模型的深化，可视化技术已应用在结晶器漏钢预报系统中，它把连铸机若干传感器检测的数据，如中间罐钢液温度、钢液重量和液位、行程升降和滑动水口开度、结晶器钢液液位、埋入铜板热电偶温度、结晶器冷却水温度和流量、氩气流量和压力、结晶器宽度、厚度、倒锥度、拉坯速度等，送入专用可视化 PC 计算机，进行数据处理和数模（物理推定数模、按水口开口度和中间罐钢液位推导的理论钢液流量数模、按凝固热传导理论推定坯壳生成数模以及钢液温度下降数模等）运算而得出的可靠的过程指标（水口堵塞系数、弯月面高度、钢液温度、结晶器冷却水温差、氩气流量、压力和铸造速度等）数据，并和预设定的钢种和消除铸坯缺陷所需的作业比较，然后形成可视化画面。

可视化画面包括结晶器内钢液温度场分布、凝固和坯壳状况、要求可靠的中间指标、要求水平和现在关系等，可视化 PC 计算机还可以输出指令，提出保证铸坯质量的作业和动作建议，如电磁闸门、电磁搅拌等磁场控制以及中间罐等离子温度控制等的设定。

目前广泛应用的是神经元网络加数学模型及可视化技术进行漏钢预报，可显示连铸过程中的浇注速度、液相穴深度、温度场分布等参数，并为操作人员提供清晰的过程状态图像。

6.3.4.3 连铸机拉坯速度优化模型

连铸机拉坯速度优化模型用于计算连铸机每一流（连铸机是多机多流设备配置时）的拉坯速度以及浇注满包钢液所需的浇注时间，保证炼钢厂炼钢和连铸工段之间的作业匹配，即炉机匹配。拉坯速度优化模型所需参数包括：钢液密度、钢液温度、钢包中钢液的实际重量、各铸流的实际拉坯速度、铸坯尺寸、下一炉钢液预计到达浇钢工位的时间等。图 4-6-31 是连铸机拉坯速度优化模型示意图。

图 4-6-31 连铸机拉坯速度优化控制

为了防止出现错误，在下述情况下对拉速进行滤波：

（1）多炉连浇时，第一炉起动阶段 10min 之内不进行拉速计算；

（2）拉速连续变化时，速度计算采用前一分钟的平均拉速；

（3）如果某一铸流停止拉坯不超过 5min，则认为是临时停机，并保持该铸流此前的最新有效拉速。

另外，所有的时间常数和计算常数都在冶金数据库的参数寄存器中有明确定义，必要时可对其进行修改。

6.3.4.4 二次冷却水控制数学模型

连铸生产过程中，将钢液浇注成铸坯，实质上是一个散热过程，需要放出大量的热，不但钢液的过热和熔解热得以释放，而且凝固后铸坯温度下降过程的热量也会散发出去。液相区散热的方式主要是对流和传导，而固相区则以热传导方式散热。铸坯拉出结晶器后，要进一步在二冷区进行喷水或气水进行冷却，以实现对铸坯连续的、可控的冷却控制。而铸坯进入空冷区后，主要以辐射和与空气的自然对流方式散热。为了二冷区二冷水量自动控制，必须了解铸坯经历二冷区的传热状态，以计算为了获得规定的铸坯表面温度要带走热量所需的冷却水量。为此，铸坯温度分布应用傅里叶热传导方程式进行计算。

热传导方程式可以用积分法求解，也可以用有限差分法求解，计算域为铸坯的横断面。对要浇注的所有钢种，都可以适时地计算从弯月面到切割区的铸坯凝固情况。在传热计算模型中，考虑到数据是非线性的，所有钢液的冶金参数均用曲线进行描述，而计算结果（如凝固曲线、坯壳厚度曲线等）以及冷却水最优控制的建议参数可在 L2 级模型计算工作站上进行图形界面显示。

二次冷却水控制模型正是基于各冷却区域配水的冶金准则和热传导理论为基础建立起来的热传导数学模型，它可计算出各区域铸坯表面温度的分布，在满足与目标温度相吻合的条件下，给出各冷却回路的最佳配水参数，以实现二冷水的最佳动态控制。因此，建立准确的铸坯凝固过程数学模型对实现可预测的冷却控制和提高铸坯质量是很重要的手段。

有关铸坯凝固传热数学模型的前提条件、传热方程的建立、确定的初始条件和边界条件及铸坯凝固传热数学模型的求解等详细内容可见第 2 篇有关章节。

在连铸机生产过程中，动态二冷水控制模型的应用一是为二次冷却水的优化提供保证，二是为动态轻压下和重压下提供可靠的数据依据和实施参考。

过程计算机根据不同的钢种，铸坯断面尺寸和其他生产操作参数，根据热传导理论计算推导出二次冷却水数学控制模型，根据现场采集到的过程参数进行实时控制模型计算，同时根据采集到的实际拉坯速度和铸坯表面温度值对配水量进行补偿和修正，动态地计算出最佳的冷却水流量和冷却用压缩空气压力，并下传至 PLC 控制站进行控制。其动态特征是指在任一铸造条件下，使二次冷却水量跟随拉速连续变化，且沿拉速方向按最佳状态分布，以控制铸坯表面温度达到设定的目标温度，获得良好的铸坯质量。下面仅就动态二冷水的控制流程及实现动态控制的控制方法和策略作一简要说明。图 4-6-32 是动态二冷水控制流程图。

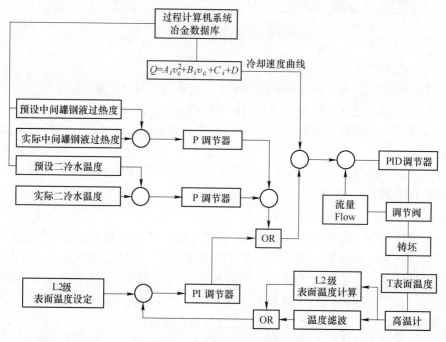

图 4-6-32   动态二冷水控制流程

从图 4-6-32 可以看出，二次冷却水动态控制是根据二冷区各回路水量调节随拉速连续变化（速度冷却曲线 Q/v）、铸坯表面温度变化、及中间罐钢液过热度变化等而综合实现的。在控制方式上，速度参数是作为前置控制；表面温度是作为反馈控制；在具备中间罐钢液连续测温的条件下，若中间罐钢液过热度或者二冷进水温度与预置标准数值相差较大时，可加入水量修正，使各回路的配水量可随过热度或者二冷进水温度有相应的变化。

A   基于有效拉速和冶金经验的控制方式

基于有效拉速和冶金经验的控制系统如图 4-6-33 所示。

基于有效拉速和冶金经验的控制方式是针对没有高温温度计在线测量，也没有在线凝固传热数学模型实时计算温度场，不能得到实际的铸坯表面温度的情况下，采用的一种动态配水方法。其关系表达式为：

$$Q_i = A_i v_{\rm c}^2 + B_i v_{\rm c} + C_i + k_1 \Delta T_1 + k_2 \Delta T_2 \qquad (4\text{-}6\text{-}1)$$

式中　　Q_i——各冷却回路流量设定值;

　　　　$v_{\rm c}$——冷却区有效拉坯速度;

A_i, B_i, C_i——各冷却回路的水量调节系数;

　　　　ΔT_1——中间罐钢液过热度实际值与预设置钢种的过热度的差值;

　　　　ΔT_2——二冷水进水温度实际值与预设置的二冷进水温度的差值;

　　k_1, k_2——二冷水量修正系数。

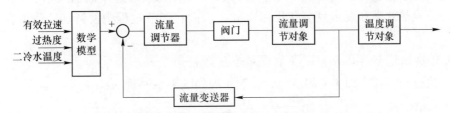

图 4-6-33　基于有效拉速和冶金经验的控制系统

　　控制系统首先通过有效拉坯速度和冶金数据库中提供的二冷水曲线参数计算出基础水量,然后,实时采集中间罐钢液温度和二冷进水温度,将实时采集到的中间罐钢液温度经过计算转化为钢液过热度,根据实际钢液过热度与系统预设置钢种的过热度进行比较的差值,计算过热度冷却水量修正值;根据实际二冷进水温度与系统预设置的二冷进水温度进行比较的差值,计算二冷水温度冷却水量修正值。

　　二冷水曲线参数计算过程是:首先根据钢种的碳当量、液相线温度和钢种特性将钢种划分为不同的钢种组。根据连铸生产经验设定各冷却区的目标表面温度,每组钢种的过热度、二冷进水温度等过程参数,再结合所要浇注铸坯的断面尺寸,根据热传导理论计算出某一拉速下的各二次冷却区冷却水流量,再采用最小二乘法进行二次方程拟合,使每个冷却区每个冷却回路的二次冷却水量与拉速之间形成二次方程函数关系,并以水表的形式保存二次方程系数 A_i、B_i、C_i。实际生产过程中,可以对 A_i、B_i、C_i 三个系数进行修正。

　　冷却区有效拉坯速度的计算,$v_{\rm c}$ 是此方法实施的关键,它是两个速度的加权平均值,表达式为:

$$v_{\rm c} = (1 - K_j)v + K_j v_j \qquad (4\text{-}6\text{-}2)$$

式中　v——铸坯的实际瞬时速度,来自拉矫机电机控制变频器的模拟输出;

　　　　v_j——冷却区平均拉坯速度,来自铸坯的生成模型;

　　　　K_j——冷却区速度加权系数,决定两种速度所占的权重(也可人工进行设定)。

　　这里,K_j 在 0 ~ 1 之间取值,冷却区有效拉坯速度在实际瞬时拉速和冷却区平均拉坯速度之间,按照铸流的运行方向,冷却区从前到后的 K_j 取值逐渐增加。

　　冷却区平均拉坯速度是根据"传热—距离"原理,对每个铸坯切片在生产过程中所经历的时间和当前所在的位置进行跟踪记录。每个切片的平均拉坯速度计算方法是:用该切片距离结晶器弯月面的距离除以切片所经历的浇注时间,每个冷却区的平均拉坯速度为该冷却区内所有切片速度的平均值。表达式为

$$v_j = \left[\sum (P_j k / T_j k) \right] / N_j \tag{4-6-3}$$

式中　v_j——第 j 冷却区的平均拉坯速度；

　　　$P_j k$——第 j 冷却区第 k 个切片当前距离结晶器弯月面的距离；

　　　$T_j k$——第 j 冷却区第 k 个切片在铸流中经历的时间；

　　　N_j——第 j 冷却区的切片数目。

　　直接应用瞬时拉坯速度计算二冷水量较适合恒定拉速的稳态工况，拉速变化时，单独用瞬时速度对水量进行修正将导致铸坯过冷或过热，有效拉坯速度的引入相当于加入了动态环节，使换热效率和配水量变化得以缓和，从而在调节过程中使铸坯获得最佳的冷却效率。

　　B　有效拉速与铸坯表面实测温度结合反馈控制方式

　　有效拉速与铸坯表面实测温度结合控制系统如图 4-6-34 所示。

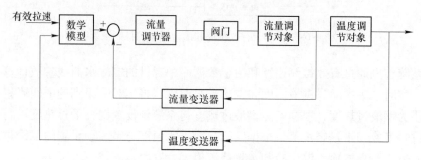

图 4-6-34　有效拉速与铸坯表面实测温度结合反馈控制系统

　　此方法采用安装在连铸机区域的高温计实时在线测量铸坯多个关键位置点的温度，并反馈到二冷水控制系统中，与工艺设定表面温度比较，根据两者的差值对有效拉速计算出的基础水量进行补偿，最终达到使实际铸坯表面温度逼近设定铸坯表面温度，使铸坯表面温度分布更符合连铸冶金准则。

　　温度控制采用常规的 PI 控制器

$$Q_f = K_p \times \Delta T + K_i \times \sum \Delta T \qquad \Delta T = T_{set} - T_f \tag{4-6-4}$$

式中，Q_f 是对流量的反馈修正值；K_p、K_i 分别是比例和积分控制增益；T_{set} 为铸坯在测量处的表面温度设定值；T_f 为经温度滤波后铸坯表面温度的测量值。

　　因此，有效拉速与实测温度铸坯表面相结合控制二冷水量的数学表达式为

$$Q_i = A_i v_c^2 + B_i v_c + C_i + Q_f \tag{4-6-5}$$

　　温度滤波是为防止由于现场水雾、氧化铁皮等原因引起测量误差，在数据采样上包括取最大值和取平均值两部分，保证在一个时间段（即一定长度的铸坯）内温度测量的准确性。

　　C　有效拉速与凝固传热模型计算铸坯表面温度结合的控制方式

　　有效拉速与凝固传热模型计算铸坯表面温度结合控制系统如图 4-6-35 所示。这种控制方法与有效拉速与铸坯表面实测温度相结合的控制方式原理基本相同，只是铸坯表面温度的反馈由凝固传热数学模型计算得出。与用高温计实测铸坯表面温度相比，此种方式实施成本低、实施可操作性强，在目前应用较多，但其凝固传热模型参数需要大量冶金数据

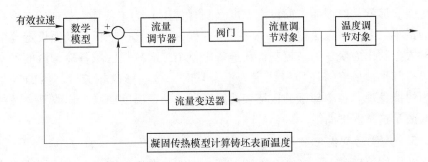

图 4-6-35　有效拉速与凝固传热模型计算铸坯表面温度结合控制系统

库数据和冶金经验数据支持，其温度场计算精确度需要不断校正。

D　有效拉速与铸坯表面实测温度、凝固传热模型结合的控制方式

有效拉速与铸坯表面实测温度、凝固传热模型结合控制系统如图4-6-36所示。

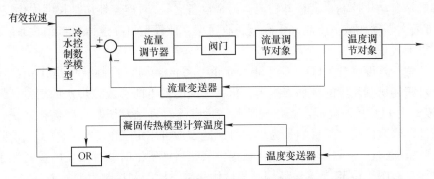

图 4-6-36　有效拉速与铸坯表面实测温度、凝固传热模型结合控制系统

　　有效拉速与铸坯表面实测温度、凝固传热模型结合的控制方式，既在连铸机区域安装有高温计实测铸坯表面温度，同时，凝固传热数学模型也在实时计算温度场。正常情况下，一方面，高温计实时采集的铸坯表面温度作为反馈传送到二冷水控制系统，另一方面，高温计实时采集的铸坯表面温度发送到凝固传热模型，对凝固传热模型内的计算参数进行不断修正。当高温计发生故障或损坏不能再使用时，由凝固传热模型计算得到的铸坯表面温度作为反馈传送到二冷水控制系统。由于高温计高昂的价格和恶劣环境下测量不稳定，在实际实施中，往往是在工程初期应用高温计测量，并用其持续对凝固传热模型进行参数修正，当凝固传热模型计算精度达到一定程度后，就完全使用凝固传热模型计算得到的铸坯表面温度作为反馈。

　　事实上，以上四种二冷水控制系统最实用的是第一种。因为在有实测温度控制的系统里，实测温度的准确性就一直被质疑，把一个不准确的实测温度数据送入控制系统，会造成整个控制系统的混乱。而采用铸坯目标温度和模型计算温度结合控制二冷水就存在一个先有鸡还是先有蛋的问题，对某一类钢种和特定连铸机，所谓目标温度（铸坯表面设定温度）就应该是一套正确的温度数据，而再采用凝固模型计算出来的温度去修正"目标温度"就会出现"目标温度"到底是正确的还是错误的质疑，越修正越乱，将会给系统带来灾难。

　　最可靠的还是第一种冷却控制系统，或者把第一种冷却控制系统变个形式进行控制更

会被用户接受。那就是以板坯表面设定温度（目标温度）为主要输入数据的二冷水计算结果，不是用最小二乘法等方法拟合成一元二次方程，而是直接把板坯表面设定温度值为主的这一套输入参数作为变量，来控制板坯连铸机整个二次冷却区域各冷却区的各个回路的水量，如果冷却水被最终铸坯质量认定为不合理时，直接修改相关冷却区的板坯表面温度，就更为便捷直观。各冷却区的板坯表面温度形成一条温度曲线，修改某一冷却区的温度就等于修改了这条温度曲线。

6.3.4.5　最佳切割优化数学模型（CLO）

钢铁企业中炼钢厂基本上都是全连铸工厂，模铸和电渣重熔等非连铸铸造方式已经极少，国产炼钢厂的主要产品就是连铸坯。无论是企业内部自用（轧钢）或成品销售的连铸坯，对其品种、规格及质量均有严格的要求。为了提高连铸坯质量、降低成本和原材料的充分利用，生产过程中除了严密的生产技术保证外，要求自动化系统能够提供实施产品生产计划控制模型。

连铸机是自动化控制程度较高的成套冶金设备之一，"连铸坯切割长度优化控制模型"（CLO）可最大限度地减少废品和提高金属收得率，此模型可在连铸机自动化系统的 L2 级过程计算机上实现。

连铸坯切割长度优化 CLO（Cutting Length Optimization）控制模型是建立在连铸机生产过程中对铸坯切割长度的计划安排上，每一炉次的发生即形成该炉次的切割计划，并下达至 L1 级，由 PLC 控制完成。若出现某些临时事件时将触发切割长度优化系统，对切割长度计划进行修改优化，其目的是为最大可能地增加可用定尺的数量，减少或消除不合格的铸坯长度，能够在连铸作业中给操作员提供某些事件发生时，可接受的连铸坯预切割长度的有关信息。图 4-6-37 是连铸坯切割长度优化数学模型和控制模型处理策略。

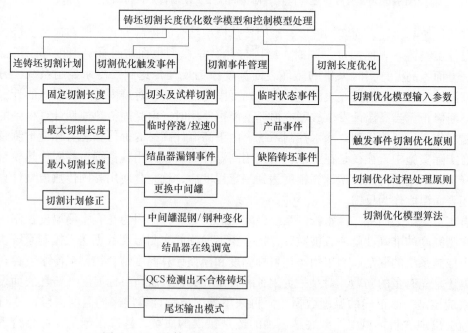

图 4-6-37　连铸坯切割长度优化控制模型处理策略

A　切割计划

切割计划是连铸机的生产计划安排，属于生产数据库的一部分，一般由厂级 L3 管理计算机系统铸坯产品计划数据库（PDB）中得到并下达到 L2 级，或由冶金工程师在连铸机开始生产以前输入，输入的项目内容包括即将浇注的铸坯数量、长度、可变切割长度的"最大-最小"范围或者可替代的铸坯长度等。

切割计划中有固定切割长度和可变切割长度两项指标，固定切割长度是即将浇注的铸坯的规定长度，L1 级依据此数据进行不需要优化的切割作业。可变切割长度为"最大-最小"长度范围，计算机可在此范围内进行切割长度优化。

B　切割优化事件及事件管理

切割优化事件分两类，一类来自 L1 级基础自动化 PLC 的自动跟踪系统，另一类来自铸坯质量控制系统 QCS（Quality Control System），系统根据事件类别依次分别处理。

可触发切割长度优化系统的事件包括铸坯切头和试样切割、因故临时停浇（拉速为零）、结晶器漏钢事件的出现（紧急停浇）、更换中间罐（停浇 3.5min 左右）、结晶器在线热调宽、钢种变化（中间罐混钢）、铸造作业结束（即拉尾坯模式开始）、QCS 质量控制系统检测到不合格铸坯事件、操作员因某种原因修改了切割计划、切割下来的铸坯长度和计划长度（固定切割长度）不一致等。切割长度优化系统的事件管理内容如下。

（1）状态事件管理。状态事件来自 L1 级铸流 PLC 的触发事件，对每一炉次都有相应的状态事件管理模块，事件编码号应与 L1 级定义的事件变量一致。事件管理模块的功能应包括状态事件按时间顺序发生的排队序列、发生新状态事件的判断和位置处理、本炉次是否浇注结束及新炉次是否开始等。当有新的炉次开浇后，事件管理模块的内容将予以更新。上一炉次的事件管理模块内的数据则交由数据服务器保存。

（2）产品事件管理。产品事件是指切割下来的铸坯长度是原计划（包括优化切割新计划）的产品规格还是非计划的产品规格。如果是前者，即按正常产品事件管理并记录以及对原计划的优化重排；若是后者（如切头、切接缝、切试样及切明显废坯等），就应重新安排切割计划并对该产品事件进行记录。

（3）缺陷铸坯事件管理。缺陷铸坯事件主要来自 QCS 质量控制系统，管理此类缺陷铸坯事件须根据铸坯的缺陷等级，确定其优化切割计划原则，是作特殊标记还是按废坯切掉，然后重新安排切割计划。

C　切割长度的优化

切割长度的优化模型是冶金数据库的一部分，它是建立在切割计划中固定切割长度基础之上制定的可变切割长度的"最大-最小"值范围，模型通过修改相关"铸坯数量"和过程变量"最合适的铸坯长度"来生成新的切割计划并下载到 L1 级系统。

由切割长度优化计算制定的新的切割程序（铸坯数量和铸坯长度）在执行完成后，系统将转入正常的切割程序并向操作人员发送信息，直至下一个触发切割长度优化系统的事件发生。当结晶器内已无钢液（漏钢事故、意外铸流停浇或拉尾坯模式）时，即为浇注结束，此时优化应考虑：一是保证正常切割长度最多可能的铸坯数量；二是从所有可能的额定长度和可替换长度组合中选择最小的尾坯长度。

a　切割优化模型的输入参数

切割优化模型 CLO 运行需接收从外部来的各种参数作为输入数据。

（1）铸坯产品计划数据库（PDB）。包括铸坯规格和生产计划、可替换的铸坯长度、铸坯的产品标志以及切割试样的设定和采样类型（铸坯头部、中间部位或尾部）等。

（2）冶金数据库（MDB）。包括连铸机中铸坯的总长度（由结晶器钢液面到切割起始点的距离）、铸坯允许的绝对最大切割长度、铸坯允许的绝对最小切割长度、切割缝隙的宽度、试样切割时设定的试样长度、热铸坯切割的长度补偿系数（计划长度是冷铸坯长度，热铸坯切割时应乘以热补偿系数）等。

（3）L1 基础自动化级（PLC）。连铸机铸流控制 PLC 的跟踪系统周期性地向 CLO 发送有关数据和事件信息，包括连铸机中铸坯的总长度、结晶器内有无钢液逻辑判断、有无铸坯正在切割逻辑判断、结晶器钢液炉次号、正在切割的铸坯所用钢液炉次号、切割下来铸坯的炉次号、切割下来铸坯的长度、当前的铸造速度、需要触发切割优化的各类事件信息（事件的类别代码、发生的时间记录、事件开始和结束的位置）等。

（4）质量控制系统（QCS）。质量控制系统检测评估出质量有缺陷的铸坯时，将以事件的方式通知 CLO 系统，包括事件的信息代码、铸坯质量等级、事件开始和结束的位置（即缺陷铸坯在连铸机中的区域）等。

b　触发事件的切割优化原则

可触发切割优化的事件有多种，CLO 要分门别类地进行相应的优化处理，当处理不同的触发事件时，切割优化系统遵循下述原则：

（1）当 CLO 接受到切头或试样切割事件后，须考虑切头铸坯和试样铸坯的长度，即在正常的切割计划中加入切头铸坯和试样铸坯的长度，形成新的切割计划。

（2）当 CLO 接受到诸如因故临时停浇、更换中间罐、结晶器在线热调宽、钢种的变化（中间罐混钢）等事件中的任一事件时，此时在形成的铸坯中将有一区域有别于其他铸坯，CLO 首先应判断是否切下来或仅给出位置标记和类别代码，然后再执行：若要将此区间铸坯切下来，CLO 模型根据事件发生的位置，对此位置前的铸坯按最佳长度组合进行优化，形成新的切割计划，并将此区间铸坯需切下来的铸坯长度安排在新的切割计划之后，然后安排往后的切割计划，并下传至 L1 级 PLC。若此区间铸坯不需要切下来，这时 CLO 系统不进行优化，CLO 模型仅是在安排切割计划时要考虑此特殊铸坯区间的接缝，同时要提供操作员相应的信息。

（3）当 CLO 接受到结晶器漏钢事件、铸造作业结束（拉尾坯模式）时，即认为铸造结束，这时要根据事件发生的位置，对剩余在连铸机中的铸坯进行长度优化，优化方法是依据目前炉次剩余下的切割计划中，选择最佳的长度组合进行优化，优化后形成新的切割计划下传至 L1 级 PLC。

（4）当 CLO 接受到 QCS 质量控制系统检测到不合格铸坯事件时，CLO 系统将对事件发生位置以前的良好铸坯进行优化组合，重新安排切割计划下传至 L1 级 PLC。

（5）当出现多种触发事件时，原则上是对每个事件单独处理优化，处理中若发现两个或两个以上事件需要优化，而在产品计划数据库（PDB）中很难找到合适的铸坯长度组合时，可将连续发生的几个事件合并为一个事件，然后进行优化。

c　优化过程的处理原则

除了以上不同触发事件发生时应遵循的原则外，优化过程中也有一些具体的处理原则可循。

（1）在发生优化事件时，CLO 根据事件的起始点，首先确定事件发生点前需要优化的铸坯长度，然后启动优化算法，在当前炉次的生产计划中寻求不同的长度组合来满足优化长度。产品计划数据库中存有铸坯的计划切割长度、可替代的切割长度以及"最大-最小"铸坯长度，优化的前提是首先满足计划切割长度和可替代的切割长度，满足不了时，再在"最大-最小"长度之间寻求最佳切割长度。

（2）优化切割后的结果要求尽可能地将良好铸坯和有缺陷的铸坯分开，两者不要共存。优化后实在难分开的，也尽量使此区段铸坯最短或将有缺陷的区段放置在铸坯的端头。

（3）CLO 在优化过程中寻求最佳长度组合时，如果同时得出几组不同的长度组合，系统还应遵循下列顺序优先的原则：产品生产计划的计划顺序和计划长度；产品生产计划中正常长度下的最大产品计划序号；产品生产计划中正常长度下的最小产品计划序号；产品生产计划中长度较长的产品。

（4）处理两炉次接缝位置时，优先安排接缝位置前的炉次的切割计划。若最后一块铸坯到接缝位置已超过该铸坯长度的二分之一，则安排在前炉次的切割计划中，即接缝位置属于前一炉次；若最后一块铸坯到接缝位置未超过该铸坯长度的二分之一，则安排在下一炉次切割计划中，即接缝位置属于后一炉次。

d　切割长度的优化算法

切割长度的优化算法是基于铸坯总长度为确定值时，为保证铸坯的充分利用，依照产品的生产计划，从中计算得出最佳的切割长度组合。

铸坯产品计划数据库（PDB）下达的产品计划中，对每一炉次均包含有 N 种产品号及与其对应的产品数量、目标长度、最大长度及最小长度等，切割长度组合实际上是得到一个数组组合，即 $n1$，$n2$，$n3$，…，nN，其中 $n1$ 为 1 号产品的切割数量，$n2$ 为 2 号产品的切割数量，$n3$ 为 3 号产品的切割数量，…，nN 为 N 号产品的切割数量。表 4-6-1 为某个炉次生产计划表，表中列出产品号、产品数量及铸坯长度指标。

表 4-6-1　某炉次生产计划表

炉次号	产品号	产品数量	最小长度/mm	目标长度/mm	最大长度/mm
H12-0703	1	$n1$	5500	6000	6500
H12-0703	2	$n2$	7000	8000	8500
H12-0703	3	$n3$	8500	9000	10000
⋮	⋮	⋮	⋮	⋮	⋮
H12-0703	N	nN	6500	7500	8000

N 为数组（$n1$，$n2$，$n3$，…，nN）内的元素最大值，即为该产品号的最大计划切割数量，优化计算时，将在最大数组的范围之内进行排列组合优化。对于需优化的铸坯，CLO 在计算最佳切割长度组合时，总是首先考虑目标长度，若优化计算后得到的数组（$n1$，$n2$，$n3$，…，nN）内的各个产品号的切割数量和其对应的目标长度相乘并将结果相加，恰好等于需优化铸坯的长度，则最为理想（计算时必须考虑切缝长度），由此可确认为最佳长度组合；若用目标长度优化时找不到合适的数组，此时再考虑用最大长度或最小

长度进行组合优化。

CLO 在寻找到最优长度组合后，这一优化事件计算结束，此时将优化的切割计划和缺陷铸坯的处理方法下传到 L1 级 PLC，等待下一触发事件的发生。

6.3.4.6　质量评估控制（QCS）数学模型

质量评估和控制（Quality evaluation and control）数学模型就是在生产过程中建立的自动检查连铸坯产品质量的软件系统。

钢铁生产过程中，产品的质量控制是利用生产过程中的动态信息进行质量预测，并提供给生产操作人员，以便调整过程参数时作为依据。进行质量预测必须建立生产过程的质量模型，即以各种决定产品质量的参数变量作为输入，以产品各项质量指标作为输出的控制数学模型。

质量评估和控制系统可向冶金技术人员和生产操作者提供的信息和建议有：在线生产操作信息；跟踪和存储生产过程中与质量有关的设备与操作参数；检查和报告实际生产条件和计划生产操作间的各个偏差；如果需要对某些板坯进行检查，提出建议。图 4-6-38 是 QCS 铸坯质量评估控制数学模型和控制模型处理策略。

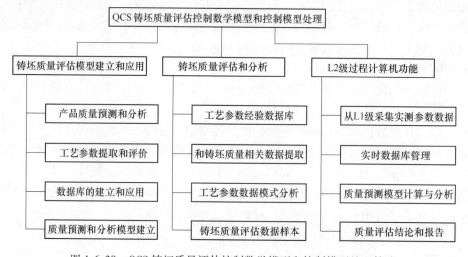

图 4-6-38　QCS 铸坯质量评估控制数学模型和控制模型处理策略

A　质量评估模型的建立和应用

对于连铸机，众多的过程参数变量（钢液成分、钢包中间罐钢液温度、结晶器液位、拉坯速度、二冷水流量等）都以不同的方式影响铸坯的质量，故决定铸坯质量的参数输入变量是多维的。要建立描述铸坯质量指标和输入变量的数学模型是十分困难的。但通过大量的生产实践，可以积累和定义每一个过程变量的优化值或各个过程变量之间关系的优化值。这种含有大量数据及数据关系的数据库为铸坯质量评估提供了模型的信息资源。

建立数据及关系数据库的过程实际上是一种从大量的数据中寻求规律的方法，其特点是能从大量的数据中自动分析并提取出未知的、有用的知识，用于复杂系统的行为建模和行为预测。在钢铁生产过程中，现场采样来的大量数据通常都是以时间为系列的数据排序表，即包含有时间信息的数据。这样通过对生产过程历史记录的数据分析，寻找出各个生产环节对产品质量的影响及隐藏于其中的生产规律，如此建立的质量预测模型为企业改进生产过程和方法提供了决策支持。

a 产品质量的预测和分析

生产过程中假设可检测的参数为 n 个：$x1$，$x2$，$x3$，$\cdots$，xn。

假设可预测的产品质量指标为 m 个：$y1$，$y2$，$y3$，$\cdots$，ym。

系统即可形成下列一群工艺参数和产品质量指标序列表：

$$Xi(t) = \{x1(t + \Delta ti)，x2(t + 2\Delta ti)，\cdots，xi(t + n\Delta ti)\} \qquad i = 1,2,\cdots,n$$

$$Yj(t) = \{y1(t + \Delta tj)，y2(t + 2\Delta tj)，\cdots，yj(t + m\Delta tj)\} \qquad j = 1,2,\cdots,m$$

$$(4\text{-}6\text{-}6)$$

计算机的功能即是要详细表列出每一时刻质量指标与生产过程各参数的对应关系，并从中找出有规律的东西，这也是质量模型求解的过程。

b 数据的提取和评价

系统中存放有按时间序列采样的实时数据，数据的提取是按产品质量缺陷的模式假设，根据理论分析和实践经验，构造与产品质量有关生产过程各种参数模式类型。当在没有任何经验可借鉴的情况下，可构造可能的有物理意义的模式参数，如瞬间值、平均值、最大值及最小值等，求解与标准值的偏差来进行产品质量评价。

c 数据库的建立和应用

首先要确定 m 个与产品质量有关的质量指标，这对某些单一的产品在质量定量指标上是比较容易可行的，但对连铸机铸坯质量的指标是多重化的，很难用几个有清晰物理意义的标准来表述，只能用铸坯质量有无缺陷的逻辑判断评估。这种逻辑判断是建立在大量数据分析基础上的，而且必须通过一定的检验手段才能确定其真伪。例如铸坯的表面纵向裂纹，"有"和"无"可作逻辑判断，真正的质量缺陷要通过铸坯切片低倍检测来验证。

确定了产品质量指标后，应根据理论分析和实践经验，确定可能影响质量指标的因素，并列出 n 个可测的有关参数及相应的模式评价指标集合，从而建立生产过程各种参数测量值（含有时间的数值序列）的数据样本实时数据库，此数据库应用于对产品质量的评估。

d 建立质量预测和分析模型

对于质量预测而言，其目标是根据生产过程各种参数和质量指标的测量值序列历史记录来建立质量预测模型，该模型可以在线和离线应用。在线使用时，根据生产过程中的参数 $x1$，$x2$，$\cdots$，xn 的测量值时间序列，可实时预测生产过程中产品的质量指标，从而进行质量控制。离线使用时，根据生产过程中的参数 $x1$，$x2$，$\cdots$，xn 的设计值进行设计验证，也可将新的生产过程中的参数设计值输入质量模型，验证其对产品质量的影响。

对于质量分析，其目标是根据生产过程中的参数和质量指标的测量值时间序列历史记录，求解质量分析模型。质量分析仅是一种离线应用，根据生产过程中的参数 $x1$，$x2$，$x3$，$\cdots$，xn 和质量指标 $y1$，$y2$，$y3$，$\cdots$，ym 的测量值，判断哪几个工艺参数与质量指标有关，为分析事故发生原因和改进生产工艺提供数据支持。

B 连铸机铸坯质量评估和分析

表 4-6-2 为可能影响铸坯质量的主要生产过程参数。表 4-6-2 列出的各项参数，一部分是产品固有的特征值，如钢液成分、保护渣成分、铸坯规格、钢种等参数，其余大部分参数要由生产现场的传感器采样，按时序所得。采样周期可人工设定，最短可设 5s（如结

晶器冷却水温差和二次冷却水温度、流量等），最长可设 1min（如铸坯表面温度等）。图 4-6-39 是连铸机生产过程参数过程变量的质量跟踪曲线图。

表 4-6-2　影响铸坯质量的主要生产过程参数

序号	工 艺 参 数	提取数据模式	备 注
1	铸坯规格参数（宽度、厚度等）	实际值	特征值
2	铸坯钢种	实际值	特征值
3	钢液成分 C、Mn、S、Al 等含量	平均值、实际值	特征值
4	保护渣成分 CaO、Al_2O_3、SiO_2	平均值、实际值	特征值
5	钢包钢液温度	平均值、最大值、最小值	
6	中间罐钢液温度	平均值、最大值、最小值	
7	中间罐更换时间	平均值、最大值、最小值	
8	结晶器液面高度	平均值、最大值、最小值	
9	结晶器液面波动	平均值、最大值	
10	结晶器冷却水进、出水温度和温差	平均值、标准差	
11	结晶器冷却水进、出水压力和流量	平均值、标准值、最大值、最小值	
12	结晶器振动参数（振动波形、振频、振幅等）	设定值、实际值、标准差	
13	二次冷却水进水温度	平均值、标准差	
14	二次冷却水进水压力	平均值、最大值、最小值	
15	二次冷却各冷却区冷却水流量	设定值、实际值、最大值、最小值	
16	连铸机驱动辊压力 P_0 P_1 P_2	平均值、实际值、最大值、最小值	
17	各连铸机驱动辊电机力矩（电流值）	平均值、实际值、最大值、最小值	每个电机
18	铸造速度（拉速）	平均值、瞬时值、最大值、最小值	
19	特定区域铸坯表面温度	平均值、标准差	指定区域

在图 4-6-39 中，设定采样周期为 T_{set}，T（T_1 或 T_2）为过程变量超出范围的时间，如果 $T < T_{set}$，则认为过程变量正常；如果 $T > T_{set}$，则认为过程变量超出范围，此时须对相关铸坯作出标记。

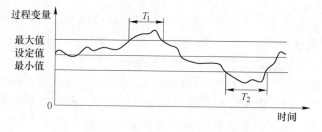

图 4-6-39　过程变量质量跟踪曲线

连铸机生产是一个连续不间断的生产过程，不同参数在不同的时段会对产品的质量发生影响，因此，应在生产参数测量值的时间序列中，将对某个质量检验结果有影响的一段序列提取出来，并和质量指标测量值放在一起，组成评估数据样本。

出现产品质量缺陷的原因通常，一是生产参数设计值的错误，二是生产过程参数未能控制在规定范围之内（即超出参数最大值—最小值范围）。生产参数设计值的错误可以在生产实践验证后予以修正，而生产过程中工艺参数的实测值样本数据可真实地反映出对产品质量的影响，实测样本数据应用于质量模型中，作为质量评估和预测依据。

举例来讲，根据实践经验，铸坯拉速不稳定时，很容易出现铸坯表面纵向裂纹，评估和预测的过程即是将铸坯拉速测量值时间序列表作为影响铸坯纵向裂纹事故的一个模式，并寻找出质量事故的定量关系，而这种定量关系就是建立在质量逻辑判断基础之上的，它需要积累大量的生产实践经验才能做出较准确的结论。

C 质量评估中过程计算机的功能

连铸机一般都分两级控制，即基础自动化级（L1）和过程控制级（L2），L2级过程控制计算机完成质量评估和预测模型的建立、模型的分析、数据库的管理以及最终的评估结论。而生产参数的实测值样本数据可从L1基础自动化级获得。

在铸坯形成的过程中，过程控制计算机可对每一根一定长度的铸坯形成一个文件，同时将每一根铸坯划分成若干一定长度的"段"。在每一段经过实时过程参数监控点时可以对参数不断地进行检测和提取，并将此类变量按时序列表，并作为铸坯质量的评估参数贮存起来。过程计算机将实测值与设定值（包括经验值）进行比较，处在控制范围之内的认为好（标为1），超出允许范围的认为不好（标为0），最后将每根铸坯的各种控制参量在各个段对应为"1"的加权值占划分段数的比例大小值与设定的值进行比较来确定该铸坯质量的优劣和质量等级并进行喷号记录，与设定值偏出较大的铸坯发出质量评估警报并可打印上特殊标记，送入检验区进行进一步质量检测。

系统可贮存上百个控制过程变量的典型设定表，这些表被赋予不同的名称，并与钢液代码相对应，按名称可区分表。操作员可以对设定表进行显示、更新或删除等操作，也可向控制器传送设定的数据表。数据设定表中包括参数设定值，质量控制需要的最大值和最小值并附加控制变量以保证铸坯质量所允许的误差值。

D 质量评估报告和结论

连铸机铸坯质量有多种质量等级分类，除有"优质"和"缺陷"两种逻辑判断外，"缺陷"中又可分"可用"（有潜在的问题，需要检查和清理）和"报废"（有严重缺陷）两种类型，质量评估报告中应做特别提示。同时在质量评估过程中，系统应有详尽的质量评定记录和质量数据。控制系统向技术人员和操作人员提供的质量评估报告结论应包含：

（1）铸坯质量特性的技术报告；

（2）铸坯质量参数和"超出范围"变量信息清单；

（3）根据所有检查结果，质量控制模型提供铸坯的质量分配等级；

（4）将铸坯的质量信息发送到有关的监控操作站。

质量评定记录和质量数据应包含以下内容：

（1）铸坯代码（炉次号、铸流编号、产品序列号等）；

（2）铸坯断面（宽度和厚度）、铸坯长度和重量；

（3）铸坯切割时间；

（4）检测出每个质量缺陷的代码；

（5）检测出每个质量缺陷所在的部位；

（6）检测出质量缺陷铸坯的冷却水量、浇注速度等重要信息。

以上列出的质量评估报告、质量评定记录和质量数据应能在 HMI 上显示，能够打印生成技术报告，并存储在生产数据库中，可供系统的 L3 级和其他系统的 L2 级（如炼钢 L2 级系统、轧机 L2 级系统）调用。

6.3.4.7　铸坯轻压下跟踪数学模型

以往，板坯连铸机的扇形段受到结构限制辊缝都是固定的，是根据板坯的厚度预先调整好的，在拉坯过程中固定不变。近年来，随着连铸技术和自动化技术的发展，出现了一种可以远程调节辊缝的扇形段及控制技术。

中心偏析与疏松是连铸坯的主要缺陷之一。中心偏析和疏松将会引起钢材的一系列质量问题，如钢材的延展性能、焊接性能、抗裂纹能力差等。

中心偏析是存在于铸坯凝固末端附近的富集偏析元素钢液的流动造成的，中心疏松是在钢液凝固时发生体积收缩而得不到钢液的及时补充时形成的。凝固末端附近钢液流动的动力一方面来源于坯壳的鼓肚，另一方面来源于钢液凝固时的体积收缩。通过使用小辊径分节辊设备可以大大减小鼓肚，但是钢液凝固时的体积收缩是不可避免的。轻压下技术就是在凝固末端给铸坯进行轻微压下，以补偿富集偏析元素钢液凝固时的体积收缩，防止该处钢液的流动，从而减少或消除铸坯的中心偏析与疏松。

动态轻压下技术是以远程可调辊缝的连铸机扇形段为基础，以凝固传热等多个数学模型和控制模型为手段，在连铸生产过程中，根据铸造条件（冷却水量、浇注速度、钢种等）和数学模型计算所获得的凝固末端液芯及两相区固相率，动态调整扇形段夹紧液压缸压力设置，改变扇形段出入口辊缝值和压下量，从而达到连续铸造过程的轻压下效果，消除中心疏松和中心偏析，为生产出优质合格的连铸坯提供保证。

铸造过程中凝固末端动态轻压下控制装置配置如图 4-6-40 所示。

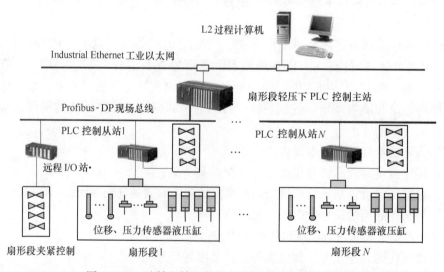

图 4-6-40　连铸机铸坯凝固末端轻压下控制装置配置

在自动化控制中，铸坯凝固末端轻压下的功能实现是建立在铸坯凝固传热数学模型（也称温度场模型）、轻压下控制模型和远程辊缝调节系统的基础上，关于"板坯连铸动态轻压下"在第 2 篇第 11 章已有大篇幅描述，这里仅结合自动化控制系统作以简要说明。

A 凝固传热数学模型

凝固传热数学模型是连铸生产中铸坯凝固过程的数学模型，此模型实时计算铸坯的温度分布状况、铸坯的凝固过程、实时铸坯坯壳、凝固末端两相区及液芯的状态，进行铸坯的"切片"跟踪，为凝固末端轻压下控制提供准确的压下位置及辊缝收缩量。

凝固传热数学模型所需要的冶金参数主要包括来自 L1 级的铸坯数据（钢种、断面尺寸等）、连铸机生产数据（拉速、二冷水量、轻压下液压缸位置等）以及 L2 级数据库中钢液和结晶器等的物理特性参数。

B 轻压下控制模型

轻压下控制模型的主要功能包括压下参数计算和压下规则制定两个部分。合理的轻压下参数是有效消除铸坯中心偏析与疏松的前提条件，准确的扇形段动作规则是准确实施压下动作的保证。

钢种压下参数包括压下总量、压下区间、压下量在两相区的分布参数，这些参数是根据不同钢种特性和铸坯厚度以及生产经验值得到的。轻压下实施的位置一般在两相区，通常以固相率区间来定义压下区间，两相区间的固相率数据来自凝固传热数学模型的计算结果。对于 300mm 以下的连铸板坯厚度，总压下量为 3~6mm，压下率为 0.5~1.5mm/m，压下区间为固相率 0.3~0.9 之间。

扇形段动作规则主要包括开始浇注时的扇形段动作规则；拉尾坯时的扇形段动作规则；稳定拉速时的扇形段动作规则；升高拉速时扇形段的动作规则；降低拉速时扇形段的动作规则和异常情况下的扇形段动作规则。具体体现为实施轻压下的各扇形段在执行动作时的动作先后顺序和压下量的平缓变化这两个指标。

在轻压下过程实施时，轻压下控制模型根据实时反馈的压力信息和报警信息可对压下区间和压下量进行自适应调整，同时能够对凝固传热数学模型进行校正。

C 远程辊缝调节系统

轻压下控制模型依据凝固传热数学模型计算出铸坯凝固末端轻压下的位置及辊缝的收缩量，下传至 L1 级 PLC 远程辊缝调节系统，完成铸坯轻压下功能。

板坯连铸机远程辊缝调节系统是建立在远程辊缝调节扇形段动作的基础上，每个扇形段框架的 4 个角部分别安装有 1 个夹紧液压缸，沿铸流运行方向分为入口侧油缸（2 个）和出口侧油缸（2 个），每个油缸都可单独控制，一般扇形段入口侧油缸和出口侧油缸分别同步控制。在实施轻压下过程中，通过控制入口和出口油缸行程来实现扇形段的辊缝及其锥度，最终实现铸坯凝固末端轻压下功能。液压缸控制系统的主要部件包括液压缸、伺服阀或者高频开关阀、位移传感器和压力传感器。

基础自动化 PLC 远程辊缝调节系统接收来自轻压下控制模型计算的各扇形段入口侧和出口侧的目标辊缝值，由于各油缸安装的位置不同、与水平面形成的夹角也不尽相同，所以需要将目标辊缝值经过扇形段几何尺寸的数据计算转化为油缸的目标位置，通过液压执行机构（伺服阀或高频开关阀）驱动压下液压缸动作，同时以各扇形段的入口侧和出口侧实际测量的当前油缸位置作为反馈进行油缸位置 PID 闭环控制，再将位移传感器检测到的实际位移数据经过几何尺寸数据计算转化为扇形段的辊缝值进行显示，最终实现扇形段目标辊缝尺寸及锥度的调节。高精度的位移传感器，测量精度可以达到 $5\mu m$，在稳定生产状态下，扇形段辊缝控制精度可达到 $\pm0.1 \sim \pm0.15mm$。

6.3.4.8　结晶器振动数学模型

A　概述

随着连铸技术的不断发展，以高拉速、高作业率、多连浇炉数、低漏钢率为特点，生产高温无表面缺陷铸坯的高效连铸技术成为连铸技术研究的重点，结晶器振动技术是连铸机最主要的技术之一。

结晶器振动的作用和振动方式见第 3 篇第 7 章，结晶器振动理论见第 2 篇第 14 章。结晶器振动参数包括"振动频率"、"振幅"、"负滑动时间"、"负滑动速度比率"、"负滑动时间比率"、"负滑动超前量"、"正滑动速度差"、"正滑动时间"等。其中"振动频率"、"振幅"、"负滑动速度比率"、"负滑动时间"和非正弦振动的波形偏斜率（也称偏斜系数）是结晶器振动数学模型控制中的主要变量，目前各种结晶器振动波形（包括正弦波、各种非正弦波）及参数在第 2 篇第 14 章均有描述。在这里就几个振动参数作补充说明，负滑动时间的取值一般须大于 0.12s，太小易产生漏钢。正滑动时间长，可增加保护渣消耗量，改善结晶润滑，减小摩擦率。NKK 采用非正弦振动时，正滑动时间为 0.24 ~ 0.47s。非正弦振动的偏斜率生产中不超过 40%，一般取值为 15%~30%。

B　同步控制模型的建立

由液压伺服系统驱动的液压振动装置使得振动行程 h 和振动频率 f 可以同样方便地实现在线自动控制。设 $Z = h/v_c$，其中 v_c 为拉速。

a　负滑动时间曲线

控制模型的建立依赖于负滑动时间曲线，即在非正弦振动偏斜率 α 和 Z 值给定时，负滑动时间 t_N 随频率 f 变化的曲线，如图 4-6-41 所示。负滑动时间曲线的特点是：

（1）和正弦振动一样，任何 Z 值的负滑动时间 t_N 曲线都有临界频率 f_0，当 $f \leqslant f_0$ 时不出现负滑动，即 $t_N = 0$，计算出 $f_0 = 1000(1 - \alpha)/\pi Z$，所以在同一个 Z 值下的非正弦振动的临界频率仅是正弦振动临界频率的 $(1 - \alpha)$ 倍。

（2）任何 Z 值的负滑动时间 t_N 曲线，将 t_N 对 f 求导，其最大值 $t_{N\,max}$ 所对应的频率 $f_1 = 976(1 - \alpha)/2Z$（此时 $t_{N\,max} = 0.033675Z$，负滑动速度比率 $NS = 2.4\%$）。该频率小于正弦振动时的频率。因此，非正弦振动 t_N 曲线的峰顶向坐标原点移动了一个距离。

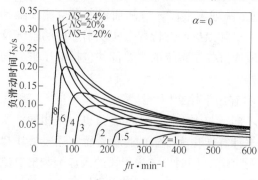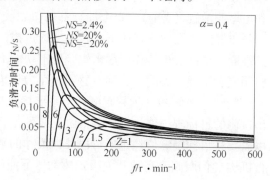

图 4-6-41　负滑动时间曲线

（3）任何 Z 值的负滑动时间 t_N 曲线，其 $t_{N\,max}=0.033675Z$，由于该值与偏斜率 α 无关，所以和正弦振动时的 $t_{N\,max}$ 值相同。

（4）负滑动率等值曲线 $NS=2.4\%$ 将曲线簇划分为两个单调变化的区域，当 $NS>2.4\%$ 时，t_N 随着 f 的增加而上升，当 $NS<2.4\%$ 时是下降的，这一变化趋势与正弦振动相同，但变化速度更快了，因此 t_N 曲线变陡了。

由于 t_N 曲线以上特点，使得非正弦振动采用较低的振动频率就可以取得较短的负滑动时间，较长的正滑动时间，从而使得铸坯表面质量及结晶器保护渣润滑性能均得到改善。

b　h-v_c 同步控制模型的建立

根据以上分析可以得出建立 h-v_c 同步控制模型的具体方法如下：首先根据钢种确定最佳的 t_N 值，并作为某一 Z 值 t_N 曲线的 $t_{N\,max}$，然后再由公式 $Z=h/v_c$ 算出 h。所选的 Z 值应保持不变，同时所选的振动频率 $f_1=$ 取低值，且为常数，此时所建立的 h 与 v_c 的对应关系即为所建立的 h-v_c 同步控制模型。该模型的特点是 t_N 取得最佳值，且保持恒定，由于 f_1 低值、恒定，所以正滑动时间取得较大值，也恒定。该模型的缺点是当 v_c 提高，h 增大时均使保护渣消耗量下降而对润滑不利，所以该模型仅适用于拉速较低的板坯连铸机。

c　f-v_c 同步控制模型的建立

画出 f-v_c 的负滑动时间 t_N、正滑动速度差 Δv 和负滑动速度比率 NS 等值曲线，以便能够比较全面直观地照顾到各个参数，如图 4-6-42 所示。

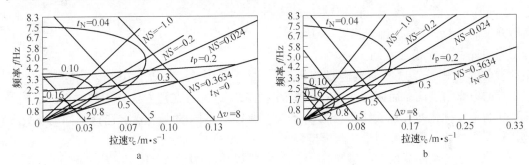

图 4-6-42　负滑动时间等值曲线

a—$h=6$mm，$\alpha=40\%$；b—$h=10$mm，$\alpha=40\%$

对比图 4-6-42 可知，h 值较大的 t_N，等值曲线所对应的拉速范围较大。因此，可根据拉速选择 h，若板坯连铸机 $v_c\leqslant2$m/min，选择 $h=6$mm，即可根据图 4-6-42a 建立 f-v_c 同步控制模型，再根据所浇钢种，如选择 $t_N=0.1$s 为最佳，并在浇注过程中基本保持不变。因此，可以顺着 $t_N=0.1$s 的等值曲线画一条向下倾斜的直线段来近似 t_N 曲线，根据对 NS 值的要求可以将该直线段的下端点选在 t_N 曲线与 $NS=2.4\%$ 射线的焦点上，或选在曲线与 $NS=-20\%$ 射线的焦点上。当然用直线代替曲线时要将误差分布在直线两侧。

若拉速较高，如 $v_c\leqslant3.5$m/min 时，可选 $h=10$mm，即可根据图 4-6-42b 建立 f-v_c 同步控制模型，该模型的特点是分段控制 h、连续控制 f。其优点是在每个 h 分段内 $h=$ 常数，f 随 v_c 增高而降低，t_N 取得最佳值基本保持恒定，t_p 随着 v_c 的增大而增大，因此能补偿由于 v_c 提高而引起保护渣消耗量的下降，使板坯表面质量及保护渣润滑性能均能得到保证；由于 f 随 v_c 增高而降低与传统的控制相反，因此它也是一种反向振动控制模型，同时它还具有能在机械驱动的结晶器正弦、非正弦振动装置中应用的优点。其缺点是对于不同的拉速范围需事先选择不同的 h 值，这个值要由实践经验获取，不易把握。

d　h、f-v_c 的同步控制模型的建立

为了克服 h-v_c 及 f-v_c 同步控制模型各自的缺点，将其合并或将 f-v_c 同步控制模型中分段控制的 h 变为连续控制，即可以建立 h、f-v_c 的同步控制模型。

该模型的建立仍依赖于时间曲线，首先选择波形偏斜率 α，并以 $Z = h/v_c$ 为参数画出与曲线族，如图 4-6-41 中 $\alpha = 0.4$ 的曲线，然后根据所浇注的钢种确定 t_N 的取值范围，如 $t_N = 0.1 \sim 0.12s$，过 $t_N = 0.1s$ 及 $t_N = 0.12s$ 的两个点作两条水平线，分别与 $Z = 3$ 及 $Z = 8$ 的两条 t_N 曲线单调下降部分相交于两点，该两点的水平投影确定了频率的控制范围；$f = 110 \sim 130r/min$；当所给的拉速控制范围为 $v_c = 0.5 \sim 2.5m/min$ 时，即 $v_c = 0.5m/min$ 时对应的频率 $f = 130r/min$，$v_c = 2.5m/min$ 时对应的频率 $f = 110r/min$，再根据 $Z = h/v_c$ 知 $Z = 3$ 时，对应的拉速 $v_c = 2.5m/min$，求得 $h = 2.5 \times 3 = 7.5mm$；$Z = 8$ 时，对应的拉速 $v_c = 0.5m/min$，求得 $h = 0.5 \times 8 = 4mm$。至此，h、f-v_c 的同步控制模型可用三坐标轴平面坐标系表示，如图 4-6-43 所示。

h、f-v_c 的同步控制模型的主要优点是 f 随 v_c 的增高而降低，从而补偿由于 v_c 提高而引起保护渣消耗量的下降，同时，t_N 近似恒定，t_p 随着 v_c 的增大而增大。该模型与奥钢联所开发的"反向振动控制模型"一致。

当然，由上面描述获得的连铸结晶器振动参数的优化是以这些参数满足连铸生

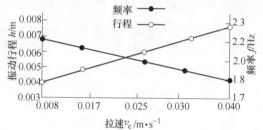

图 4-6-43　h、f-v_c 的同步控制模型

产要求的值作为基础，而振动参数的取值范围也较宽，况且在建立优化函数时，以不同的参数作为主要优化参数，其结果会有所不同。所以对不同的生产要求选择不同的优化函数，甚至要求建立不同的同步控制模型。

目前，连铸结晶器振动参数确定以后，主要以振动幅值 $h = a_1 v_c + b_1$，振动频率 $f = a_2 v_c + b_2$，偏斜率 $\alpha = $ 常数的形式，对应不同钢种，将参数保存到冶金数据库中。式中，v_c 为拉坯速度，a_1、b_1、a_2、b_2 为经验性系数，当生产开始时，L1 级结晶器振动控制系统根据当前浇注钢种从冶金数据库中获取相应的振动参数进行结晶器振动动作的实施。在第 2 篇第 14 章第 8 节中介绍了很多实际生产应用的振动模式可供参考。

C　连铸结晶器液压振动装置的自动控制

板坯连铸结晶器液压振动装置由布置于板坯宽度方向两侧完全对称的两套独立振动单元体组成，振动单元体两侧设有双层板式导向机构，其下方中部设有油缸驱动装置，前后侧设有弹簧缓冲装置。两侧的独立振动单元体分别配有一套独立的控制系统，每套控制系统的主要部件包括油缸、位移传感器、压力传感器和液压伺服阀。

由于液压振动对实时响应和系统控制精度要求较高，所以必须选用高速率的控制器和高精度的检测元件，应用较多的控制器是 SIEMENS 公司的 FM458 高速控制器，其最快响应时间可达 0.1ms，选用具有强抗干扰能力的 SSI 信号位移传感器，其分辨率最高达到 0.001mm。

系统运行时，首先，控制系统根据生产钢种从冶金数据库获取相对应的振幅、振动频

率和波形偏斜率的参数值；控制系统
生成设定的振动曲线；最后，系统随
着时间的移动实时获取振动曲线上当
前的时间对应的振幅值，并将其转化
为两侧油缸当前的位移设定值，传给
伺服阀驱动油缸动作。同时，位移传
感器实时检测的油缸位移值传送到控
制系统，形成了液压振动的位置 PID
闭环控制系统。通过压力传感器检测
反馈的实时压力值，可以监控系统运
行时的实时负载变化情况，对设备状
态进行监控和报警。结晶器液压振动
控制原理如图 4-6-44 所示；液压振
动位置控制系统如图 4-6-45 所示。

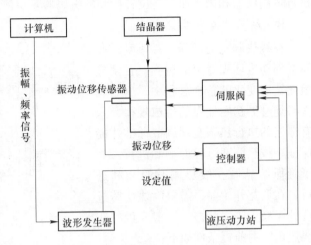

图 4-6-44　结晶器液压振动控制原理

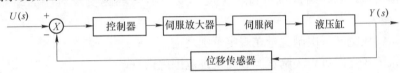

图 4-6-45　结晶器液压振动位置控制系统

6.3.4.9　结晶器在线热调宽数学模型

结晶器在线热调宽技术是板坯连铸生产中的核心技术之一，它是连铸机在铸造过程中
借改变结晶器内腔宽度达到改变连铸板坯宽度的目的。采用该技术可避免采用传统方式更
换结晶器或停机在线冷态调整结晶器宽度，会造成生产时间损失及二次开浇的原材料损
耗。从而提高金属收得率和生产作业率，增加铸机产能。特别是在满足热装热送和连铸连
轧的生产需要时在线调宽技术显得尤为重要。

结晶器调宽装置一般分为伺服电机调宽和液压调宽两种方式。由于伺服电机传动技术
比液压技术出现早，更加成熟，控制简单，因此，以伺服电机作为调宽方式的应用案例较
多。下面就伺服电机调宽方式进行描述。

A　结晶器调宽装置

结晶器在线调宽装置可实现调宽和调锥两种功能。基本结构是结晶器由宽、窄面各两
块铜板组成，宽面铜板分为活动侧和固定侧铜板，共同支撑板坯的厚度方向，同时对窄面
铜板提供足够的夹紧力，防止钢液流出，结晶器对窄边的夹紧是通过安装在宽面的碟形弹
簧和柱塞式液压缸来实现的，在结晶器宽面上、下各安装了两套碟形弹簧和液压缸，一般
液压缸安装在结晶器宽面的固定侧，碟形弹簧安装在活动侧。每个液压回路中各安装有 1
个压力传感器用于测量夹紧压力，在不调宽的连铸生产中，结晶器通过碟形弹簧夹紧，在
热态调宽时，通过液压缸的油压产生的推力抵消部分碟形弹簧产生的夹紧力（该夹紧力的
数值随着结晶器宽度变化而变化），以实现软夹紧。两侧窄面铜板沿板坯宽度方向支撑板
坯的窄面。每个窄边铜板装配背面的上部和下部，各安装一个由伺服电机驱动的传动装置
和丝杠系统，分别或同时移动窄边的上部和下部，用来改变结晶器的宽度和锥度，伺服电

机自带制动器和用于速度与位置检测的编码器。单侧调宽装置如图 4-6-46 所示。

B　结晶器在线热调宽条件

在线热调宽的过程，是改变结晶器宽面初生坯壳宽窄的过程。在实施板坯宽度变化的整个过程中，所有动作必须遵循初生坯壳的生成规律，只有严格的执行热态宽度调节标准才能保证在线热调宽过程的顺利进行。为了确保结晶器在线热调宽的顺利进行，在调宽开始前，需要确认连铸过程处于稳定铸造状态。一般来说，在线热调宽的前提条件如下：

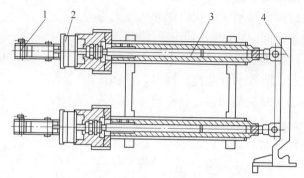

图 4-6-46　调宽装置单侧示意图
1—伺服电机；2—高精度减速机；
3—高精度滚珠丝杠；4—结晶器窄面铜板

（1）连铸机处于"铸造模式"。

（2）根据铸造计划，确认现有铸坯宽度和变更后铸坯宽度及对应的结晶器上下口尺寸。

（3）确认铸坯宽度每次调宽量在规定范围之内。

（4）确认铸坯宽度每炉次调宽次数在规定范围之内。

（5）确认铸坯宽度每个浇次（1 流）调宽次数在标准范围之内。

（6）确认宽面夹紧缸处于夹紧状态且工作正常

（7）确认窄面调宽伺服电机、编码器等设备状态正常。

（8）结晶器液面波动 ≤ ±3mm。

（9）保护渣融化状况良好。

（10）结晶器铜板角间隙 ≤0.3mm，无冷钢嵌入现象。

（11）铸造速度在目标范围之内。

C　L2 级结晶器调宽模型

连铸机自动化系统采用分级控制。L2 级过程计算机按生产计划下达热态在线调宽指令，同时下达结晶器宽面尺寸、锥度的变化量及宽度的变化速度、宽度变更的时刻、宽度变更时的铸造速度等调宽模型中的控制参数。

L1 级基础自动化 PLC 按 L2 级过程计算机下达的指令，按调宽模型给定的顺序执行控制过程，如计算和控制锥度量、执行控制锥度和宽度的移动顺序、设定移动速度（包括加、减速设定）、设定最终位置等。

a　结晶器宽面夹紧力设定

热调宽第一步是调整宽面夹紧力到设定的软夹紧力，软夹紧力的作用有如下：

（1）保证结晶器宽边对窄边的夹紧力，保证结晶器在铸造过程中的角缝小于 0.3mm，防止漏钢。

（2）保持窄边与宽面的摩擦力，保证结晶器窄面的锥度，同时也要保证窄面铜板移动过程不能给铜板造成划痕。

（3）抵消部分弹簧夹紧力，减小窄面铜板移动时的阻力。

软夹紧力是根据钢液静压力、窄面铜板受力情况、宽面铜板与窄面铜板侧面摩擦力计算而得出。软夹紧力与结晶器宽度及结晶器夹紧装置距液面的高度成正比关系,越接近结晶器底部,软夹紧力越大,所以结晶器宽面上部软夹紧力小于下部软夹紧力。自动控制是通过比例伺服阀和压力传感器反馈组成的压力 PID 闭环来控制软夹紧力的。宽面上部、下部软夹紧力公式为

$$
\left.\begin{array}{l}
F_1 = A_1 X + B_1 \\
F_2 = A_2 X + B_2
\end{array}\right\}
\tag{4-6-7}
$$

式中,F_1、F_2 分别表示宽面上、下部软夹紧力;A_1、B_1 和 A_2、B_2 分别为上、下部软夹紧力系数;X 为铸坯宽度。有文献提到,商家 D 为某钢铁公司设计的结晶器在线热调宽系统,在热调宽过程中,结晶器上部的软夹紧力保持恒定,只有下部软夹紧力随结晶器底部宽度而变化,即公式中 $A_1 = 0$。

b 结晶器在线热调宽模型

保证结晶器在线热调宽顺利进行的主要参数有结晶器宽面夹紧力 F、调宽最大速度 v_m、加速度 a,结晶器上部和下部速度差 Δv,调锥速度 v_t 等。

为了降低在调宽过程中发生漏钢的几率,调宽过程中调宽电机通过调宽模型进行控制。调宽过程中控制上部和下部电机速度,保持一个稳定的加速度 a。结晶器调宽过程中,为了得到变化的锥度,结晶器的上部和下部移动保持一定的偏移量,但调宽的速度限制在最大值 v_m 以内。根据钢种的调宽要求,在 HMI 上输入对应的加速度 a,最大的调宽速度 v_m,结晶器上部和下部的速度差 Δv 则是根据加速度 a、拉速和结晶器高度计算得出的

$$
\Delta v = aH/v_c
$$

式中 H——结晶器高度;

      v_c——拉坯速度。

调宽模型可分为 4 种时间-速度曲线,进行结晶器宽度的调大和调小控制,见表4-6-3。

表 4-6-3 调宽模型曲线

方 式	条 件	曲 线 号
1	宽度变大($W_{change} > W_{lim}$)且 $B_f \geqslant B_i$	A_1 曲线
2	宽度变大($W_{change} \leqslant W_{lim}$)且 $B_f \geqslant B_i$	A_2 曲线
3	宽度变小($W_{change} > W_{lim}$)且 $B_f < B_i$	B_1 曲线
4	宽度变小($W_{change} \leqslant W_{lim}$)且 $B_f < B_i$	B_2 曲线

W_{change} 表示调宽后单侧面铜板底部距结晶器中心线的距离减去调宽前单侧面铜板底部距结晶器中心线的实际值的绝对偏差值。

W_{lim} 是单侧面宽度限制值,该参数为调宽模型计算参数,用来识别调宽过程需要运行不同的曲线。

B_i、B_f 分别表示调宽前后单侧铜板窄边锥度。

模型曲线中,横坐标为时间,纵坐标为速度,将整个调宽过程分为多个时间段 $t_0 \sim t_n$,对应于结晶器窄面上下两个电机速度进行控制。

(1)A_1 曲线,宽度变大($W_{change} > W_{lim}$)且 $B_f \geqslant B_i$。

在图 4-6-47 中：

v_m 表示最大调节速度；

v_1 表示当最终锥度大于初始锥度，宽度变大过程中 T_2 时刻时下部丝杠的速度，$v_1 = (B_\mathrm{f} - B_\mathrm{i})v_\mathrm{c}$；实线代表结晶器宽度调整装置的上部丝杠，虚线代表结晶器宽度调整装置的下部丝杠。

A_1 曲线调宽过程如下：

1）当宽度变大的调宽过程启动后，在时间 t_0 区间内，上部丝杠和下部丝杠分别按照加速度（a）运动，但是两者之间有一个固定的速度差 Δv。

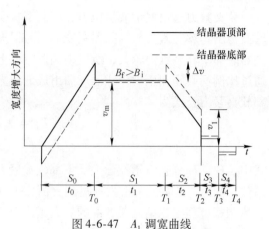

图 4-6-47　A_1 调宽曲线

2）当宽度变大的调宽过程启动后，在时间 t_1 区间内，上部丝杠和下部丝杠分别按照最大调节速度 v_m 运动。

3）当宽度变大的调宽过程启动后，在时间 t_2 区间内，上部丝杠和下部丝杠分别按照加速度（$-a$）运动，但是两者之间有一个固定的速度差 Δv。当到达 T_2 时刻时，下部电机的丝杠速度为 v_1，而上部电机的丝杠速度为 $v_1 - \Delta v$。

4）当宽度变大的调宽过程启动后，在时间 t_3、t_4 区间内，进行反冲运动过程。此时上部电机和下部电机的速度相同。

（2）A_2 曲线，宽度变大且（$W_\mathrm{change} \leqslant W_\mathrm{lim}$）且 $B_\mathrm{f} \geqslant B_\mathrm{i}$。

在图 4-6-48 中：

v_m 表示最大调节速度；

v_r 表示下部丝杠所达到的最大调节速度；

v_1 表示当最终锥度大于初始锥度，宽度变大过程中 T_1 时刻时下部丝杠的速度，$v_1 = (B_\mathrm{f} - B_\mathrm{i})v_\mathrm{c}$；

实线代表结晶器宽度调整装置的上部丝杠，虚线代表结晶器宽度调整装置的下部丝杠。

A_2 曲线调宽过程如下：

1）当宽度变大的调宽过程启动后，在时间 t_0 区间内，上部丝杠和下部丝杠分别按照加速度（a）运动，但是两者之间有一个固定的速度差 Δv，直至下部丝杠运动到速度 v_r 时结束。v_r 速度表示下部丝杠所达到的最大调节速度，该速度是由调宽模型计算所得。

2）当宽度变大的调宽过程启动后，在时间 t_1 区间内，上部电机和下部电机分别按照加速度（$-a$）运动，但是两者之间有一个固定的速度差 Δv。当到达 T_1 时刻时，此时下部电机的丝杠速度为 v_1，而上部电机丝杠速度为 $v_1 - \Delta v$，速度 v_1 由调宽模型计算所得。

3）当宽度变大的调宽过程启动后，在时间 t_2、t_3 区间内，进行反冲运动过程。此时上部电机和下部电机的速度相同。

（3）B_1 曲线，宽度变小且（$W_\mathrm{change} > W_\mathrm{lim}$）且 $B_\mathrm{f} < B_\mathrm{i}$。

在图 4-6-49 中：

v_m 表示最大调节速度；

v_u 表示当最终锥度小于初始锥度，宽度变小过程 T_2 时刻时的上部丝杠速度，$v_u = (B_i - B_f) v_c$；

实线代表结晶器宽度调整装置的上部丝杠，虚线代表结晶器宽度调整装置的下部丝杠。

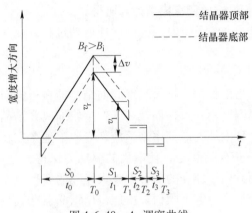

图 4-6-48　A_2 调宽曲线

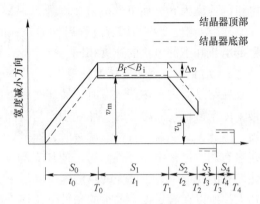

图 4-6-49　B_1 调宽曲线图

B_1 曲线调宽过程如下：

1）当宽度变小的调宽过程启动后，在时间 t_0 区间内，上部丝杠和下部丝杠分别按照加速度（a）运动，但两者之间有一个固定的速度差 Δv，直至下部丝杠运动到速度 v_m 时结束。

2）当宽度变小的调宽过程启动后，在时间 t_1 区间内，上部丝杠和下部丝杠分别按照最大调宽速度 v_m 运动。

3）当宽度变小的调宽过程启动后，在时间 t_2 区间内，上部电机和下部电机分别按照加速度（$-a$）运动，但两者之间有一个固定的速度差 Δv。当到达 T_2 时刻时，此时上部电机的速度为 v_u，而下部电机速度为 $v_u + \Delta v$，速度 v_u 由调宽模型计算所得。

4）当宽度变小的调宽过程启动后，在时间 t_3、t_4 区间内，进行反冲运动过程。此时上部电机和下部电机的速度相同。

（4）B_2 曲线，宽度变小（$W_{change} \leqslant W_{lim}$）且 $B_f < B_i$。

在图 4-6-50 中：

v_m 表示最大调节速度；

v_r 表示底部所达到的最大调节速度；

v_u 表示当最终锥度小于初始锥度，如图 4-6-50 所示，宽度变小过程中 T_1 时刻时上部丝杠速度，$v_u = (B_i - B_f) v_c$；

实线代表结晶器宽度调整装置的上部丝杠，虚线代表结晶器宽度调整装置的下部丝杠。

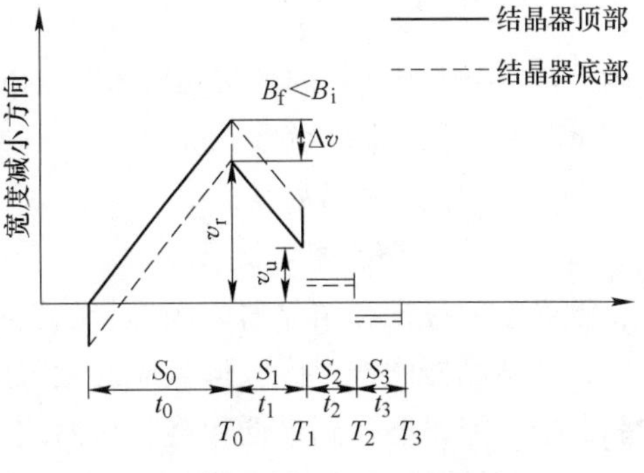

图 4-6-50　B_2 调宽曲线

B_2 曲线调宽过程如下：

1）当宽度变小的调宽过程启动后，在时间 t_0 区间内，上部丝杠和下部丝杠分别按照加速度（a）运动，但两者之间有一个固定的速度差 Δv，直至下部丝杠运动到速度 v_r 时结束。v_r 表示下部丝杠所达到的最大调节速度，速度 v_r 由调宽模型计算所得。

2）当宽度变小的调宽过程启动后，在时间 t_1 区间内，上部电机和下部电机分别按照加速度（$-a$）运动，但两者之间有一个固定的速度差 Δv。当到达 T_1 时刻时，此时上部电机的速度为 v_u，而下部电机速度为 $v_u + \Delta v$，速度 v_u 由调宽模型计算所得。

3）当宽度变小的调宽过程启动后，在时间 t_2、t_3 区间内，进行反冲运动过程，此时上部电机和下部电机的速度相同。

　　c　结晶器宽度调节速度计算

在结晶器进行热态调宽时，铸坯受钢液静压力的作用，把铸坯坯壳向结晶器铜板方向推，由于铸坯凝固冷却时，坯壳表面与凝固前沿温度不一致，而使坯壳产生收缩离开结晶器，因此，结晶器进行热态调宽时，通过寻求合理的坯壳应变率来适应坯壳收缩速率。在线热态调宽过程中，一方面为了使坯壳与窄面铜板保持接触，使窄面的驱动力保持稳定，让坯壳的变形率大于坯壳的收缩速率；另一方面，由于坯壳的变形率越大坯壳的变形应力越大，所以在满足设计要求的条件下，坯壳的变形率应取下限值。由此得出结晶器在线热态调宽的原则为：坯壳变形率等于坯壳收缩速率。

　　（1）坯壳变形率计算。

宽度变大时，在钢液静压力作用下坯壳产生变形；宽度变小时，来自窄面铜板的外力与钢液静压力的合力使坯壳产生变形。宽度变大时，结晶器内坯壳变形如图 4-6-51 所示。在时间 dt 内，结晶器窄边的上端及下端分别移动 dW_u 和 dW_1，v_c 为铸造速度（m/min）。在 $t_0 + dt$ 时刻铸坯向下移动 $v_c dt$。坯壳的变形量表示为 $v_c \tan\theta dt$，其中 θ 为窄边与垂线的夹角。坯壳上部的变形量和坯壳下部的变形量分别用 n_u 和 n_e 表示。单位时间内上部和下部的变形率可为

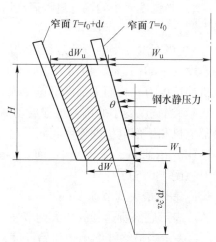

$$\frac{dn_u}{dt} = \frac{dW_u}{dt} - v_c \tan\theta$$

$$\frac{dn_e}{dt} = \frac{dW_1}{dt} - v_c \tan\theta \qquad (4\text{-}6\text{-}8)$$

$$\tan\theta = \frac{W_u - W_1}{H}$$

式中　H——从液面算起的窄边高度，m；

　　　W_u——窄边顶部宽度，m；

　　　W_1——窄边底部宽度，m。

　　（2）坯壳收缩速率计算。

图 4-6-51　结晶器调宽过程坯壳变形

倒锥度的设计和结晶器内腔形状的选择应遵循以下原则，即严格服从钢种的凝固收缩特性，使结晶器的锥度内腔形状应最大限度地适合结晶器内凝固坯壳的实际形状，使整个结晶器中气隙厚度降到最低程度，从而改善结晶器的传热效果，以保证结晶器内坯壳厚度的均匀性及结晶器下口坯壳厚度。

碳钢瞬时线性热膨胀系数的计算模型，当材料的温度由 T_{ref} 变化到 T 时，根据密度 ρ 与 L^3 成反比，可推导出材料长度 L 的相对变化 ε^{th} 与 ρ 间存在以下关系

$$\varepsilon^{\text{th}}(T) = \sqrt[3]{\frac{\rho(T_{\text{ref}})}{\rho(T)}} - 1 \tag{4-6-9}$$

则瞬时线性热膨胀系数定义为

$$\alpha(T) = \frac{\mathrm{d}\varepsilon^{\text{th}}(T)}{\mathrm{d}T} \tag{4-6-10}$$

由此可见，欲求出瞬时线性热膨胀系数，关键在于确定碳钢在不同温度下的密度值。单位时间结晶器液面处的坯壳收缩速率可用下式表示

$$\varepsilon_{\beta} = \frac{\alpha(T)\,\mathrm{d}W_{\text{u}}}{\mathrm{d}t} \tag{4-6-11}$$

式中 ε_{β}——收缩速率，m/min。

（3）结晶器宽度调节速度的设定。

结晶器在线热态调宽分为宽度变小和宽度变大。宽度变小和宽度变大都是通过锥度调节和平移来实现的。

根据结晶器在线热态调宽原则，坯壳变形率等于坯壳收缩速率，有

$$\frac{\mathrm{d}n_{\text{u}}}{\mathrm{d}t} = \varepsilon_{\beta} \tag{4-6-12}$$

于是

$$v_{\text{u}} - \tan\theta\, v_{\text{c}} = \frac{\alpha(T)\,\mathrm{d}W_{\text{u}}}{\mathrm{d}t} \tag{4-6-13}$$

$$v_{\text{u}} = \frac{v_{\text{c}}\tan\theta}{1 - \alpha(T)}$$

$$v_{\text{l}} = v_{\text{u}} - \Delta v = \frac{v_{\text{c}}\tan\theta}{1 - \alpha(T)} - \frac{\alpha(T)H}{v_{\text{c}}}$$

设结晶器窄面平移速度为 v_{m}，则

$$v_{\text{m}} = \frac{v_{\text{c}}\tan\theta}{1 - \alpha(T)} \tag{4-6-14}$$

由于 $\alpha(T)$ 非常小，可以忽略，因此，结晶器热态调宽速度与拉坯速度成正比，比值为 $\tan\theta$，当锥度给定时为常数 $\tan\theta$。

6.4 L3 级连铸生产管理和控制

冶金企业生产控制级（L3 级）系统主要是解决各工序生产计划的适应性问题，同时加强对冶金企业内各工厂内部的管理控制和资源优化，为上层生产管理系统提供实时的决策支持信息，因此其功能与 L3 系统所管理的工序密切相关，功能的实现与现场的自动化水平、采用的方式有直接关系。

连铸机 L3 级生产管理控制计算机的主要功能是实现生产作业计划和实绩的管理、控制和解决生产计划的适应性、应付生产过程中由于计划安排而发生的各种问题等，同时也

可以实现生产动态调度和准确的数据指导，以达到高效生产的目的。

6.4.1　连铸生产管理级计算机系统功能

L3 级连铸生产管理包括连铸机合同管理、生产计划管理、成品库管理、过程跟踪与动态调整管理、设备管理、质量管理、通信管理、生产实绩管理、报表管理、信息管理等内容。图 4-6-52 是 L3 级管理控制计算机功能框图。

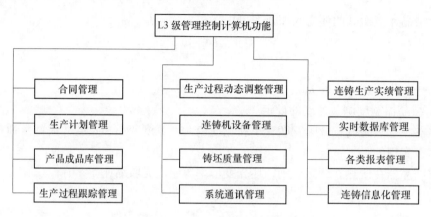

图 4-6-52　L3 级管理控制计算机功能

6.4.1.1　合同管理

合同管理功能本应属于 L4 级系统，但在国内目前多数企业还未建设 L4 系统的情况下，为了保证建设的生产管理控制级 L3 系统能够按照合同组织生产，在 L3 级系统中设置合同管理功能。合同管理功能主要是实现：合同信息录入、合同结案、合同信息修改、合同删除、合同查询、合同统计分析、制订月生产计划、合同跟踪、材料挂单、材料转单等。

6.4.1.2　生产计划管理

生产计划是冶金企业各工序进行操作的指令，也是生产管理控制级系统优化管理必须保证的目标。L3 系统中生产计划管理功能一般主要是实现：接收 L4 系统的生产计划，对生产计划优化处理，根据工序标准将生产计划转换成生产指令；生产计划起动，将生产指令下达给各岗位和自动化设备，生产计划查询，生产计划删除等。

6.4.1.3　成品库管理

连铸机生产的产品为铸坯，有的铸坯要直接由热送辊道热送去轧钢工序，有的铸坯要由运输工具送去轧钢工序，也有一部分铸坯直接入成品库，作为产品提供给外界客户。

到达成品库的铸坯为可向客户发货的铸坯，成品库管理须将可发货的铸坯尽快按要求发送给客户，将企业的产品变成资金，加快企业资金回笼速度。成品库管理的主要功能有：库区组织管理、准发货成品申报、发货计划接收、成品标签管理、运输计划管理、成品入库管理、成品装车管理、发货账务管理、库内产品贮位移动、库内成品统计与分析、库区堆放策略管理等。

6.4.1.4 过程跟踪与动态调整管理

过程跟踪与动态调整管理主要是对生产过程物料进行实时跟踪，并监控生产计划的执行情况。在发生任何影响生产过程正常执行的干扰时，由 L3 系统自动按设定规则或者现场调度人员通过 L3 系统对生产计划进行调整，以适应实际的设备、生产流程或物流。过程跟踪与动态调整管理主要功能有：物料跟踪、设备运行状况、生产过程执行实况、生产计划调度模型或规则、生产计划动态调整、计划调整指令下达等。

6.4.1.5 设备管理

设备管理主要是对生产现场各种设备进行科学地管理和使用，提高设备的使用效率和使用寿命，并为计划优化和动态调度提供设备资源信息。设备管理主要实现功能有：设备的使用状况、设备检修计划管理、设备故障、异常及处理情况、设备运行状态、设备点检管理、设备信息维护、设备故障统计与分析等。

6.4.1.6 质量管理

质量管理主要是实现将上级部门下达的产品质量目标和质量控制参数转换成本工序生产控制中使用的质量控制参数，实时采集生产过程的质量参数，并参照质量技术标准对产品质量进行判定，将质量判定结果上传 L4 系统，同时对产品质量进行统计分析，以提高产品质量的控制水平。质量管理主要实现的功能有：内控标准及维护、制造标准及维护、生产过程质量信息管理、产品质量判定、产品质量统计分析等。

连铸机铸坯产品质量信息来自 L2 级过程计算机系统，其铸坯质量的评估结论和质量参数信息可传送至 L3 级进行质量管理。

6.4.1.7 通信管理

生产控制级 L3 系统是位于上层的计划管理系统与底层的工业控制之间的面向车间层的管理信息系统，它需要将上层下达的生产计划转换为具体的生产指令下达给各设备或岗位，同时还将现场的生产实绩上传给上级管理系统或相应的岗位。作为面向实时控制的生产级控制系统需要将信息实时、准确地传递到信息的目的地。在生产级控制系统中，通信管理非常重要，它需要保证通信报文传递的实时性、可靠性。通信管理主要实现的功能有：报文发送、报文接收、报文发送队列管理、报文接收队列管理、报文配置管理、报文自动重发、报文分发、通信日志管理等。

6.4.1.8 生产实绩管理

生产实绩是企业生产运行结果，进行生产绩效考核的基础。生产实绩管理主要实现的功能有：生产实绩采集、生产实绩汇总、生产实绩上传 L4、生产实绩分析与统计、生产实绩信息维护等。

6.4.1.9 报表管理

报表是企业管理和数据存档的重要工具，企业每天会产生大量的报表用来进行报表汇总和生产分析。生产控制级 L3 系统报表管理的主要功能有：各类生产报表（如班报、日报、月报）、各类库存管理报表（如进、销、存报表）、产品质量报表、设备故障及处理报表、报表打印、报表维护等。

6.4.1.10 信息管理

生产控制级 L3 系统是现场生产指挥中心，其运行的可靠性和数据的安全性将直接影响企业的生产，同时生产控制级系统的各项作业应规范化。生产控制级 L3 系统信息管理主要实现的功能有：操作用户授权管理、系统运行日志、系统安全日志、系统运行配置管理、系统升级管理等。

上述生产控制级 L3 系统的功能因各企业系统规划或管理的生产工序不同而存在一些差异，各生产控制级系统一般均是在上述功能基础之上根据本企业需求对功能进行增加或删减，设计并实施本企业的生产控制级系统。生产控制级系统各功能之间的关系如图 4-6-53 所示。

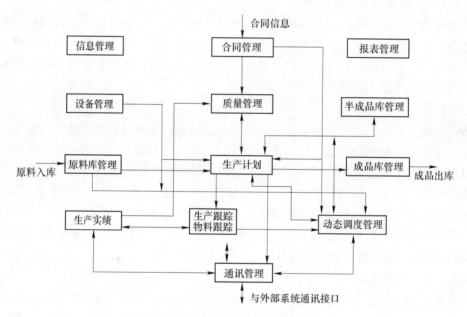

图 4-6-53　L3 生产控制级各功能之间关系

6.4.2　L3 级管理计算机和炼钢、连铸及轧钢过程计算机信息传递

L3 级管理计算机除了上述功能外，还要完成以下功能：

（1）与炼钢 L2 级生产过程控制级以及与热轧 L2 级生产过程控制级之间的通讯，以便得到最佳炼钢—连铸—热轧之间的生产计划管理。

（2）在多台连铸机同时生产的情况下，协调各连铸机之间的生产作业计划。

（3）完成与炼钢—连铸—热轧生产相关设备的通讯，以便传递生产过程中的必要信息。

生产管理级 L3 计算机与炼钢、连铸、精整以及热轧生产过程控制级 L2 之间的功能分配及信息传递如图 4-6-54 所示。

6.4.3　炼钢—连铸生产管理系统

炼钢—连铸生产计划管理是把每日的生产计划排成各工序的作业时间顺序，使得工序间的等待时间最短，连铸机使用时间最长，即保证最大限度地多炉连浇。近年来，生产管理级 L3 计算机一般都具有炼钢—连铸生产计划管理优化系统，也就是生产调度优化系统。

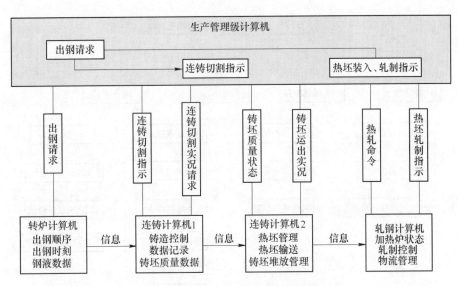

图 4-6-54　炼钢—连铸—轧钢信息传递示意图

炼钢—连铸生产计划管理优化系统应用时，应遵循下述原则：

（1）实现多炉连浇，在连铸与炼钢配合时，要充分发挥连铸机的生产能力，提高金属收得率和降低生产成本。

（2）连铸时间与炼钢出钢周期应协调、配合好。

（3）连铸机生产能力应适当大于炼钢炉生产能力，以满足连铸机设备潜力的发挥，尤其对于高效、高速连铸机，连铸机比与其配套的炼钢生产能力一般应有 10%～20% 的富裕量。

（4）选择满足产品质量要求的钢液精炼设备，保证连铸钢液质量，为铸坯的热送、直送创造条件。

炼钢—连铸生产计划管理系统的应用软件按功能可分为以下四类子系统：计划管理子系统；炉次和钢包跟踪子系统；铸坯跟踪子系统；通讯系统子系统。图 4-6-55 为炼钢—连铸生产管理系统功能示意图。

6.4.3.1　计划管理

计划管理子系统包括标准化管理、制定生产调度计划、作业调度模型等三部分功能，其相互关系如图 4-6-56 所示。

A　标准化管理

（1）转炉、钢液精炼、连铸等各道生产工序的标准化处理时间及处理周期；

（2）钢包在各道生产工序的移动时间；

（3）钢种标准；

（4）连铸机运转方案；

（5）铸坯质量事故代码及优先级定义；

（6）连铸机辊缝标准；

（7）各种生产操作参数设定；

（8）钢包到达浇注位置的预计时间范围。

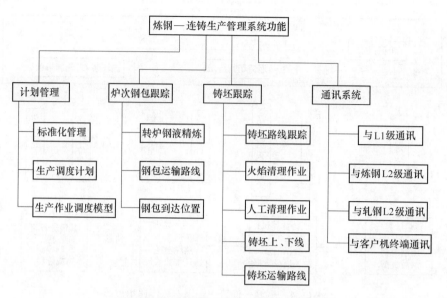

图 4-6-55　炼钢—连铸生产管理系统功能

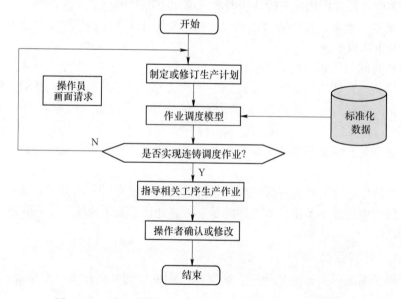

图 4-6-56　标准化管理、生产调度、作业调度模型的关系

B　制定生产调度计划

（1）计划指令号；

（2）钢种和铸坯尺寸；

（3）从转炉经钢液精炼到连铸机的物流曲线号；

（4）铸坯的定尺切割长度及上、下限长度；

（5）每一炉钢的铸坯切割数量；

（6）初始铸坯的去向；

（7）连铸机号及铸流号；

（8）第一炉的开浇时间；

（9）各炉采样的铸坯号。

C 作业调度模型

作业调度模型是以标准化为生产基础建立的作业调度方案，其内容和计算条件主要有：

（1）制定生产计划，确定各浇次的连浇炉数；

（2）计算从转炉到连铸各道工序的预定处理时间；

（3）钢包到待浇注位的要求时刻；

（4）设备运行状态；

（5）连铸机号、铸流号及物流轨迹；

（6）各工序设备的标准处理时间；

（7）钢包在各道生产工序间的标准移动时间。

6.4.3.2 炉次及钢包跟踪

炉次及钢包跟踪子系统的范围是从转炉钢液吹炼开始，到铸坯切割完毕为止的各道生产工序。炉次钢包跟踪的主要跟踪信号和跟踪状态参见表 4-6-4。

表 4-6-4 炉次钢包跟踪信号和跟踪状态的关系

序　号	跟　踪　信　号	跟　踪　状　态
1	转炉吹炼开始	转炉钢液在吹炼中
2	转炉出钢终止	钢包准备发送
3	钢包从转炉车间出发	钢包从转炉到连铸运输中
4	钢包到达精炼待机位	钢包精炼等待
5	钢包到达钢液精炼装置位置	准备精炼处理
6	钢液精炼开始	钢液精炼处理中
7	钢液精炼结束	钢包在移动中
8	钢包到达连铸等待位置	钢包在等待位置
9	钢包到达连铸浇注位置	钢包在浇注位置
10	钢包浇注开始	钢包开始浇注
11	中间罐浇注开始	中间罐开始浇注
12	中间罐钢液浇注完毕	浇注结束
13	切割开始	切割开始和结束
14	所有切割结束	尾坯切割

对板坯连铸机来讲，炉次及钢包跟踪范围是从钢包到达连铸等待位置开始，到铸坯切割完毕为止的各道生产工序，即第 8～第 14 项内容。

6.4.3.3 铸坯跟踪

铸坯跟踪子系统的主要功能是：通过来自基础自动化级 L1 和生产过程控制级 L2 的位置信号或合成判断信号，实现铸坯在输出辊道上的自动跟踪，也可以通过画面操作实现手动跟踪修正，确定铸坯流向，显示跟踪信息（炉次号、铸坯路线路途号、跟踪号及铸坯代码等）。具体跟踪内容如下：

（1）铸坯路线跟踪。铸坯切割完成后，从后部辊道开始（去毛刺或称量）直至和热轧辊道交接点为止，所有输出辊道线上的铸坯跟踪，操作员可通过 HMI 画面进行监视。

（2）火焰清理作业指示。火焰清理作业指示内容有：铸坯识别号；铸坯温度分区；火焰清理分区及方式选择；辊道速度；对不需清理时的辊道速度设定以及下线处理等。

（3）人工清理作业指示。铸坯运送到人工清理场时的清理作业指示，应指定铸坯号码及是否要再切割等信息。

（4）下线作业指示及库场管理。

（5）上线作业指示。

（6）运输路线确定。

铸坯跟踪系统是一个非常复杂的过程，尤其还包括了铸坯场的管理和铸坯历史数据的存储，系统硬件和软件的建立应保证数据流的流向顺畅及全部设定功能的实现。

6.4.3.4　通讯系统

通讯子系统按不同的计算机系统分别考虑。

（1）采用 Ethernet 网络与基础自动化 L1 级通讯，即 TCP-IP 通讯协议。

（2）采用 Ethernet 网络与转炉过程控制级 L2 级通讯，通讯协议按照转炉过程控制级计算机类型选定。

（3）采用 Ethernet 网络与轧钢过程控制级 L2 级通讯，通讯协议按轧钢过程控制级计算机类型选定。

（4）采用 Ethernet 网络与客户机终端通讯，即 TCP-IP 通讯协议。

综上所述，由于炼钢—连铸生产计划管理系统 L3 级的建立，使整个连铸生产线形成从基础自动化级 L1 到生产过程控制级 L2，再到生产控制管理级 L3，这样一个完整的分级控制管理系统，提高了生产自动化水平，同时实现了炼钢—精炼—连铸等生产工序的作业调度优化处理，为达到多台多流连铸机实现全连铸生产打下了良好的基础。

6.4.4　连铸坯热装—直接轧制生产管理系统

连铸机热装生产过程（CC-HCR）是指连铸机生产的铸坯不经过冷却在热态下送入轧钢工序的加热炉，然后进行轧制的加工方法。直接轧制生产过程（CC-DR）则更进一步，是指连铸机生产的高温铸坯不再经过加热炉，而进行边角部提温后直接送轧机轧制成材。显然这两种生产流程比通常的连铸机—铸坯—冷却清理—加热轧制生产流程，具有更加节能和生产连续化的优越性，这也是目前我国钢铁生产的发展方向。图 4-6-57 为连铸坯热装—直接轧制生产管理系统功能示意图。

6.4.4.1　连铸—连轧一体化计算机管理系统

建立连铸—连轧一体化计算机管理系统，对自动化的基本要求如下：

（1）要求连铸有一个较完善的检测和控制系统，以保证获得无缺陷、无清理的铸坯占铸坯总产量的较高比例。

（2）要求连铸机具有正确的数学模型以适应无缺陷、无清理铸坯生产技术，如漏钢预报模型、二冷水动态控制模型、质量控制系统模型、最佳切割模型、压缩铸造模型等。

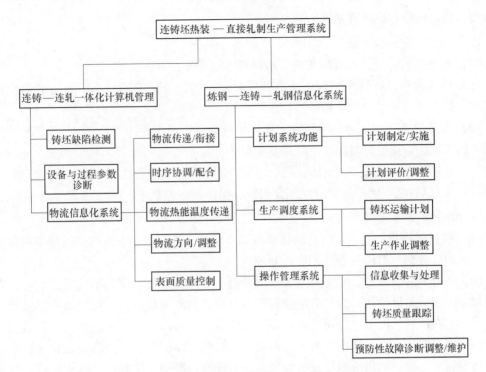

图 4-6-57　连铸坯热装—直接轧制生产管理系统功能

（3）良好的设备诊断系统和生产过程诊断系统，以保证连铸机、轧机的作业率和提高无缺陷铸坯的生产比例。

（4）建立一套完整的炼钢—连铸—轧钢的信息化系统、生产计划编制和调度优化决策系统，建立此系统主要是保证各工序之间的参数衔接和匹配，包括：

1）物流的传递、衔接和匹配；

2）物流在时间上的协调、适应和配合；

3）物流过程中，钢液由液态变成固态，形成一定几何尺寸的铸坯，生产的铸坯断面尺寸和形状主要决定于轧机的能力及轧机产品的规格和质量要求，连铸机的生产断面应与轧机所需的断面相适应，并要和轧机的压缩比及初轧的道次相匹配；

4）物流在温度和热能的传递、衔接上要求达到最佳节能效果；

5）物流过程中，铸坯的表面质量、宏观结构和微观组织及性能的传递和调控；

6）物流方向传递方式的调整、衔接和配合。

6.4.4.2　炼钢—连铸—连轧信息化系统

A　计划系统功能

（1）生产计划的编制与实施。编制生产计划首先从产品分类分析入手，汇总出铸造计划和轧制计划，按各工序的先后次序，以先进先出的方式来确定铸造顺序和轧钢顺序，排出严密的生产进度表，最后形成周、日生产计划。

（2）生产计划的评价和调整功能。在计划执行时，若发生物流异常，要求能在最短的时间内调整生产计划，这就需要在线采样大量生产数据进行分析。按照合同的同步程度、操作水平、技术条件、交货期、成本等，通过系统模拟对生产计划进行综合评价，确定最佳方案，提出调整和修改意见。

B　生产调度系统功能

（1）设备运转计划。如计划停机、故障停车、停车回复等安排。

（2）设备操作。如调度处理、预定处理时间、实际处理时间、对产品可能影响的程度等。

（3）大型设备（如钢包、中间罐、连铸机驱动辊、轧机轧辊等）的使用状况和生产状况、相应工序物流通过时间、产品质量检验等。

（4）生产调整。作业表中时间调整、临时变更调整、紧急处理调整（如起重机、钢包回转台等）、物流和能源流的最佳配合调整、操作命令调整等。

C　操作管理系统功能

（1）信息的收集和处理。信息包括从炼钢、精炼、连铸、轧钢所有必需收集的信息及统计、累加、存储、打印报表及相应的处理。

（2）质量跟踪和鉴别。质量跟踪是连铸—连轧的关键功能，是物流运行的核心，在连铸过程中，以质量评估代码为核心组成若干命令项，由专家系统进行质量鉴别以及铸坯质量预报。它在铸坯长度上，分段设有许多预报数据项，并由众多传感器在线收集数据，包括中间罐钢液温度、结晶器钢液液位控制滑动水口或塞棒位置、结晶器振动频率和振幅以及波形偏斜率、保护渣供给型号及数量、结晶器锥度、冷却水温差、二冷水水量、铸坯表面温度、铸坯长度、铸坯取向等作为铸坯质量判断的依据。

（3）设备的预防性故障诊断和维护。它能够保证炼钢、精炼、连铸、轧机整个生产线的正常运转。

6.5　连铸机计算机控制系统一体化设计

连铸机计算机控制系统除了生产管理计算机外，主要核心设备为 L1 基础自动化级的 PLC 控制器、HMI 人机界面服务器、监视操作站、EWS 工程师工作站等；L2 过程控制级的计算机数据库和模型应用服务器、终端客户机等。

以往连铸机的计算机控制系统 L1 级和 L2 级是严格分开的，基础自动化级和过程控制级各有自己的计算机主机（服务器）和操作终端，两者不能互为备用，界面也不相同。L1 级的 HMI 的操作终端是监视操作站和工程师工作站，L2 级的操作终端是工作站客户机。典型的计算机控制系统结构如图 4-6-58 所示。

图 4-6-58 的配置结构虽然功能界面清晰，但计算机设备终端众多，实际使用起来很不方便，特别是有的系统采用不同的操作系统和组态软件，给用户带来不少麻烦，因此，将 L1 级和 L2 级的网络结构整合在一起，配置相同的操作系统和选用相同的软件开发 L1 级和 L2 级，既减少了操作终端的数量，也减少了硬件投资，维护工作量亦随之减少。

6.5.1　计算机系统一体化硬件结构

连铸计算机控制系统一体化配置结构如图 4-6-59 所示。其中，PLC 1 ~ PLC n 是 L1 基础自动化级的 PLC 控制器，通过交换机连接到双机热备的 HMI 服务器上。双机热备的

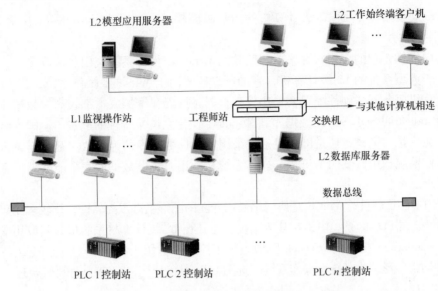

图 4-6-58　典型的连铸机计算机控制系统结构

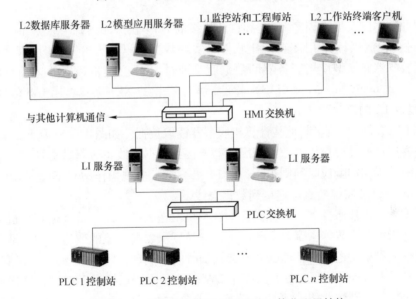

图 4-6-59　连铸机计算机控制系统一体化配置结构

HMI 服务器，经 HMI 交换机分配至 L2 级过程计算机服务器和所有终端客户机上，按照使用的习惯，在终端客户机标识上，仍可采用过去沿袭的 L1 级监视操作站和 L2 级工作站客户机分开设置，但它们的操作系统环境和界面均相同，可以合并设计，用户掌握和使用起来十分方便。

6.5.2　计算机系统一体化操作系统的统一

　　现代板坯连铸机计算机系统中，L1 级计算机（含 HMI）操作系统多采用微软的 Windows 操作系统，图形组态软件多采用西门子的 WinCC 软件；L2 级计算机有的采用微软的 Windows 操作系统，也有的采用 Unix 操作系统，数据存储大多采用 Industrial SQL Server 数据库或 Oracle 数据库，而 L2 级计算机的图形画面软件，一般选用 Wonderware 公司的 In-Touch 软件的比较常见。

从国内钢铁企业的应用状况来看，微软的 Windows 操作系统应用非常普遍，Unix 操作系统常用于大型系统的 L2 级计算机，它的可靠性要高于 Windows 操作系统，但 Unix 操作系统对计算机服务器的硬件配置要求比较高，同时投资和维护成本都较高。数据库应用方面，虽然 Industrial SQL Server 数据库和 Windows 操作系统是合理的配置，但国内钢铁企业的设备，无论是引进设备还是国内设备，采用 Oracle 数据库的为多数。鉴于连铸机的实际情况，操作系统选用微软的 Windows 操作系统和采用 Oracle 数据库完全能够满足生产过程的控制要求。

至于图形画面软件，WinCC 是西门子公司开发的图形组态工控软件，比较多见于控制器选用西门子公司 PLC 的系统中，在其他系统，尤其在 L2 级计算机系统中，其应用受到一定的限制。Wonderware 公司的 InTouch 图形组态工控软件适用于各类系统，在 L1 级特别是在 L2 级应用均很广泛，为了统一操作系统，选用 InTouch 图形组态工控软件比较合理。

6.5.3　计算机系统一体化应用软件的统一

随着软件技术的发展，很多 L1 基础自动化级的 HMI 软件都具备与数据库的接口，这就使得 L2 过程控制级计算机依靠 HMI 软件来实现数据通讯成为可能。图 4-6-59 中，L2 级的数据库服务器和模型应用服务器的数据就是通过 HMI 交换机传送的。Wonderware 公司的 Industrial Application Server（IAS）软件，采用微软的 NET 架构，用 IAS 软件开发 L1 和 L2 画面以及 L2 的后台程序。

传统的 L2 终端客户机不断地从计算机服务器读取数据，如图 4-6-58 所示，众多的 L2 工作站终端客户机通过交换机、数据库服务器连接到数据总线，进行数据通讯。如果此网络中断或故障，终端的响应时间则很长，故 L1 级终端（监视操作站）不能与 L2 级终端客户机共用，L1 级终端监控站直接连接到数据总线上。

IAS 的原理是 HMI 服务器不断地向终端客户机发送数据，而不是终端客户机去服务器读取数据，终端不考虑数据从哪台服务器来，只是显示数据对象的数值。如果网络中断或故障，此时虽无数据发送过来，但画面不会很长时间不能动，所以 L2 终端可以和 L1 终端合并使用。采用 InTouch 图形组态工控软件编制画面，使用切换画面即可，这样就减少了终端客户机的数量，操作性能上可相互切换，十分方便。软件的统一，减少了开发工作量，节约了投资，同时也便于操作人员和维修人员掌握和维修。

在图 4-6-59 所示的结构中，系统采用了 2 台 HMI 服务器，减少了 HMI 对 PLC 的访问点，IAS 软件可以使 2 台 HMI 服务器实现双机热备，提高了系统的可靠性。IAS 软件引入了"对象"概念，所有数据都放在"对象"里，每个"对象"可以是模拟量或数字量，也可以是模拟量、数字量、字符串的集合或由事件触发的程序集合。在使用过程中，按照功能和区域划分数据，编制程序、链接及程序维护都非常方便。

在实际应用中，L2 级应用软件、图形软件和 L1 级监控画面均采用 IAS 软件和 InTouch 进行设计，由于界面相同，L1 和 L2 终端合并设计得以实现。目前许多工程项目都采用 Windows 操作系统和 Oracle 数据库，这也为计算机控制系统一体化设计提供了良好的应用环境和软件基础。

7　网络技术和系统控制

计算机网络技术是采用通讯线路将分散在不同区域并具有各自独立功能的多台计算机系统相互链接，按照网络协议进行数据通讯，实现资源共享的信息系统。工业企业根据自己的需求建立的网络系统即为企业网，企业网的一个重要分支是工业企业网，它是工业企业管理和信息的基础设施，工业企业网也是计算机技术、网络与通讯技术及自动化控制技术在企业中的融合和应用。

工业企业网从功能上可分为信息网、控制网、设备网三层结构，信息网位于工业企业网的上层，是企业数据共享和数据传输的载体；控制网位于信息网的下层，它具有完整的独立性，可自成一独立的工业局域网，它是工业自动化控制数据通讯的重要通道；设备网位于工业企业网的最下层，直接面向设备，一般由现场工业控制总线构成网络通讯。图4-7-1为工业企业网的网络结构示意图。

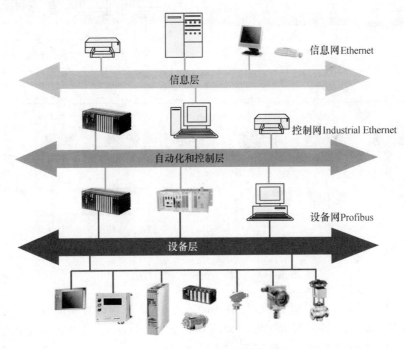

图 4-7-1　工业企业网的网络结构

连铸机系统控制是描述包括系统工作方式和运转模式、连铸机生产过程自动化及连铸机特殊设备的控制等内容。

本章最后将简要叙述在目前控制理论、计算机技术和通讯技术飞速发展的形势下，连

本章作者：仝清秀，蔡大宏；审查：周亚君，米进周，王公民，黄进春，杨拉道

铸机自动化控制技术的发展和应用前景。

7.1　网络技术

连铸机自动控制设计采用全集成的先进的网络控制技术，它也是一种工业企业网，是集自动化技术、计算机技术和通讯技术为一体的先进的集成控制方案，网络控制包括信息网（如 Ethernet 以太网、快速以太网）、控制网（如 Industrial Ethernet、ControlNet 等工业以太网）和设备网（如 Profibus-DP、AS-Interface、DeviceNet 等现场控制总线）三层结构。

连铸机的网络是一种局域网，它是将有限区域内的各种通讯设备，通过传输媒体等互联在一起，在网络操作系统的支持下，实现资源共享和信息交换的通信网络。网络控制范围一般在 0.1~5km 之内，通讯速率在 0.1~1000Mb/s 之间，可采用多种通讯介质，局域网的组成主要包括服务器、客户机、网络硬件设备、通信介质、网络操作系统及局域网网络协议等几部分。图 4-7-2 为一典型的板坯连铸机网络配置示意图。

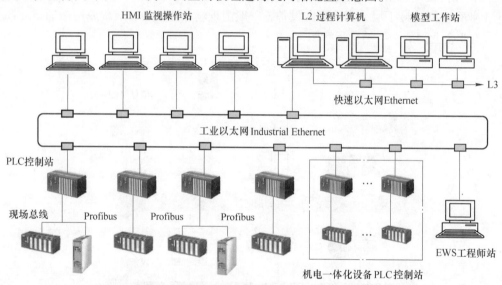

图 4-7-2　板坯连铸机网络配置

图 4-7-2 中，信息网为快速以太网 Ethernet，连接 L2 过程计算机服务器、模型工作站和 L3 管理控制计算机；控制网为工业以太网 Industriai Ethernet，由光纤介质构成环形拓扑结构，连接 HMI 监视操作站（人机界面）、PLC 控制站（包括机电一体化设备的 PLC 控制站）以及 EWS 工程师工作站；设备网为现场控制总线 Profibus-DP，连接现场设备，如远程 I/O 控制站、数字化变频控制装置及智能化仪表、传感器等。决定和影响局域网特性的主要因素有以下几方面：

（1）传输媒体。传输媒体用于连接通信设备，承载信息的传输线路。常用的传输媒体有同轴电缆、双绞线、光纤以及无线传输等。

（2）拓扑结构。拓扑结构是计算机、电缆和网络上其他设备的安装方式或者物理布局。其基本方式有总线型、星型、环型及网型等。

（3）介质访问控制协议。介质访问控制协议是将传输介质的带宽有效地分配给网上各站点用户的一种方法，这也是对资源共享传输介质访问的控制协议。局域网介质访问控制协议有载波监听多路访问/冲突检测 CSMA/CD、令牌环（Token Ring）、令牌总线（Token Bus）等。

7.1.1　计算机网络结构

7.1.1.1　网络体系结构模型

网络中互联的计算机进行数据交换，必须遵循网络中数据通信规则、标准或约定，即通常所说的网络协议。

A　开放系统互联基本参考模型

国际标准化组织（ISO）提出"开放系统互联基本参考模型"ISO/OSI-RM，即国际标准 ISO 7498，我国相应的国家标准 GB 9387—1988，是目前协调多个计算机系统中，信息相互交换过程标准化的网络体系结构模型。ISO/OSI-RM 参考模型定义了不同计算机互联标准的框架结构，如图 4-7-3 所示。ISO/OSI-RM 参考模型由功能上相互独立的 7 层结构组成。

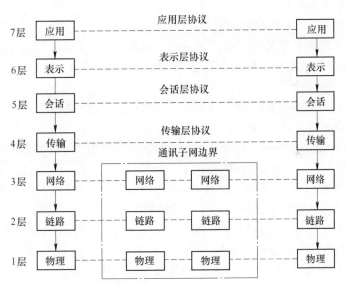

图 4-7-3　ISO/OSI-RM 参考模型

（1）第 1 层，物理层 PH（Physical）；
（2）第 2 层，数据链路层 DL（Data Link）；
（3）第 3 层，网络层 N（Network）；
（4）第 4 层，传输层 T（Transport）；
（5）第 5 层，会话层 S（Session）；
（6）第 6 层，表示层 P（Presentation）；
（7）第 7 层，应用层 A（Application）。

ISO/OSI-RM 参考模型各层的基本功能分别如下：

（1）物理层。物理层提供相邻设备间的比特流传输，是在数据链路实体之间传送原始的二进制比特流，通过通讯介质，向上一层数据链路提供比特流的物理连接。

（2）数据链路层。数据链路层是在两个相邻的节点间传送以帧为单位的数据，每帧数据包括必要的控制信息，同时它为网络层提供连接服务。

（3）网络层。网络中两个计算机可能要经过许多节点和链路通讯，还可能通过几个通讯子网进行，网络层的任务就是要选择合适的路由，按照地址找到目的站并交付目的站的传输层（即网络的寻址功能）。网络层向上层（传输层）所提供的服务有面向连接的网络服务和无连接的网络服务两大类。

（4）传输层。传输层的任务是利用网络资源，为两个端系统的会话层建立一条运输连接，传输层向上一层提供可靠的端到端的服务。

（5）会话层。会话层不参与具体数据传输，仅对数据进行管理，它向双方提供一套会话设施，组织和同步它们的会话活动，并管理它们的数据交换过程。

（6）表示层。表示层提供端到端的信息传输，信息数据包含语义和语法两个方面。对传送的信息进行加密和解密也是表示层的任务之一。

（7）应用层。应用层是 OSI 参考模型的最高层，它负责用户信息的语法表示，并在两个通信者之间进行语义匹配。

B　TCP/IP 体系结构模型和 ATM 体系结构模型

除 ISO/OSI-RM 基本参考模型外，还有两个常见的体系结构模型，即 TCP/IP 体系结构模型和 ATM 体系结构模型。TCP/IP 体系结构模型如图 4-7-4 所示。

TCP/IP 体系结构模型包含四个层次的内容：

（1）网络访问层（Network Access Layer）。网络访问层提供 IP 数据的发送和接受，相当于 OSI-RM 的数据链路层。

（2）网际网络层（Internet Layer）。网际网络层提供计算机间的分组传输，相当于 OSI-RM 的网络层。

（3）主机对主机传输层（Host-Host Transport Layer）。主机对主机传输层提供应用程序间的通讯，包括格式化信息流和提供可靠的传输。相当于 OSI-RM 的传输层。

（4）进程/应用层（Process/Application Layer）。进程/应用层提供常用的应用程序，相当于 OSI-RM 的会话层、表示层和应用层。

ATM 体系结构模型如图 4-7-5 所示。ATM 体系结构模型也包含四个层次的内容。

图 4-7-4　TCP/IP 体系结构模型

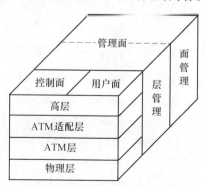

图 4-7-5　ATM 体系结构模型

（1）物理层（Physical Layer）。ATM 的物理层在 ATM 设备间提供 ATM 信元传输通道，它分成物理媒体子层和传输会聚子层，分别相当于 OSI-RM 的物理层和数据链路层。

（2）ATM 层（ATM Layer）。ATM 层提供与业务类型无关的、统一的信元传送功能，相当于 OSI-RM 的网络层。

（3）AAL 层（ATM Application Layer）。AAL 层增强 ATM 层的信元传送功能，提供多种业务传输能力。

（4）高层。高层提供用户数据传送、数据传送控制和网络管理功能，包括用户面、控制面和管理面。

7.1.1.2　工业企业网的体系结构

企业网是指在企业和与企业相关的范围内为了实现资源共享、优化调度和辅助管理决策，通过系统集成的途径而建立的网络环境，是一个企业信息的基础设施。

工业企业网是企业网中的一个重要分支，是指应用于工业领域的企业网，是工业企业的管理和信息基础设施，它在体系结构上包括信息管理系统和网络控制系统，体现了工业企业管理-控制一体化的发展方向和组织模式。网络控制系统作为工业企业网中的一个重要组成部分，除了完成现场生产系统的监控以外，还实时地采集现场信息和数据，并向信息管理系统传送。网络控制系统是在控制网络的基础上实现的控制系统。

工业企业网技术是一种综合的集成技术，它涉及计算机技术、通信技术、多媒体技术、管理技术、控制技术和现场总线技术等。在功能上，工业企业网的结构可分为信息网和控制网（包括设备网）上下两层。

（1）信息网。信息网位于工业企业网的上层，是企业数据共享和传输的载体，是一种开放的高速通讯网，易于扩展和升级。

（2）控制网。控制网位于工业企业网的下层，与信息网紧密集成在一起，既服从信息网的操作，又具有独立性和完整性，是工业以太网和现场总线技术的完美结合。

信息网络和控制网络互联的逻辑结构如图 4-7-6 所示。

连接层在信息网络和控制网络应用程序之间进行一致性连接中起着关键作用，它负责将控制网络的信息表达成应用程序可以理解的格式，并将用户程序向下传递的监控和配置信息变为控制设备可以理解的格式。

图 4-7-6　信息网络与控制网络互联的逻辑结构

信息网络一般处理企业管理与决策信息，位于企业中上层，具有综合性强和信息量大等特征；控制网络位于企业中下层，具有协议简单、容错性强、安全可靠、成本低廉等特征。

7.1.2　局域网的拓扑结构和介质访问控制协议

连铸机的网络控制技术是工业企业网技术在一局域范围内的应用，它的网络结构我们称之为局域网 LAN。

7.1.2.1　局域网的拓扑结构

局域网的拓扑结构对局域网本身是非常重要的，不同的拓扑结构决定了网络采用的介质类型和介质访问控制协议，局域网常用的拓扑结构有总线型、星型、环型及网型等，如图 4-7-7 所示。

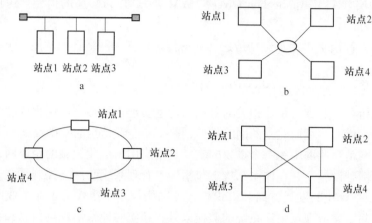

图 4-7-7　网络拓扑结构

a—总线型；b—星型；c—环型；d—网型

（1）总线型。总线型是将局域网上的所有设备连接到一条公共电缆上，而电缆的两个端头必须连接到一个终端匹配电阻上。终端匹配电阻的主要作用是吸收抵达的电信号，使其不会在总线上产生反射或来回波动，影响网络的传输特性。

总线型拓扑结构的主要优点是连接结构简单，可靠性高，费用低廉。主要缺点是故障诊断和隔离比较困难，当电缆的某一点发生故障时，会造成整个网络瘫痪，而且查找、排除故障也比较复杂。

（2）星型。星型拓扑结构是指每个站点由点到点链路连接到一个中心节点的结构，任意两个站点之间的通讯都要经过中心站点来进行。星型拓扑结构目前在局域网中应用较多。

星型拓扑结构的主要优点是网络安装设计非常简单，故障诊断、站间隔离以及设备维护比较容易，一个网站的故障不会影响到整个系统的运行，可靠性高。主要缺点是存在系统内核，即中心节点，一旦内核发生故障，会造成整个网络的崩溃。

（3）环型。环型拓扑结构是由一组中继器（近距离可以省去，直接通过交换机），通过点到点链路连接而成的闭环结构。因此，每个中继器（或交换机）连通两条链路，并以相同的速度将数据发送到另一条链路上去。

环型拓扑结构的主要优点是网络安装设计非常简单，可靠性高，网络扩展特别容易，尤其适合用于光纤通讯介质，因而在高速通讯网络中得到广泛应用。

（4）网型。在网型拓扑结构中，所有的计算机都通过单独的电缆两两相连。这种配置提供了遍及整个网络的冗余路径，因为，若一条电缆失效，另一条电缆可以接管业务。通常网型拓扑结构会和其他拓扑结构结合使用，形成混合型的拓扑结构，网型拓扑结构适用于广域网。

网型拓扑结构的主要优点是故障容易诊断，可靠性高。主要缺点是需要大量的电缆，设备成本较高。

7.1.2.2　介质访问控制协议

介质访问控制协议对网络的响应时间、数据吞吐量及通信效率等起着十分重要的影响。各种局域网的性能，很大程度上取决于所选定的介质访问控制协议。常见的介质访问方法如下。

A　带冲突检测的载波监听多路访问 CSMA/CD

在总线型网络采用的协议中，应用最广泛的是以太网协议，而以太网协议采用的就是带冲突检测的载波监听多路访问 CSMA/CD。

CSMA/CD 是一种分布式、竞争型的传输控制机制，其特点是：

（1）每个传输者在传输前，首先监听介质上是否有其他传输者，若有则等待媒体空闲，媒体空闲时立即传输。

（2）在传输过程中，边传输边监听是否有其他站点来的发送冲突，如无冲突，就将帧传输完毕；如发现冲突，则发送一串表明发现了冲突的信号，使介质通道上的所有其他站点都响应并停止信息传输。

（3）传输者等待一段时间后，转向（1），试图再传输。

CSMA/CD 传输协议对于网络规模小、网络上主机数量少、网络不忙及出现冲突几率较小时，通讯效率很高。但随着网络规模扩大，网络主机增多，网络将工作繁忙，此时可能冲突严重，这样，系统通讯效率将急剧下降。保证此网络传输效率有效的方法即是通过网络交换机、网桥等来分割网段的设备，限制每一网段的规模，使其主机数量不能太多。

B　令牌环（Token Ring）介质访问控制

令牌环是在物理环形网拓扑上的介质访问控制协议。在环形结构网络上，某一瞬间允许数据信息传送的站点只有一个，而这种站点的身份证明即是获得了称之为令牌（Token）的尚方宝剑。令牌在介质中沿着环形网循环，当各站点都无发送时，令牌会被设置成空令牌。

令牌环介质访问控制协议在轻负载时，由于存在等待令牌的时间，因此效率低。但重负载时，由于各站点机会公平均等，一视同仁，因此效率比较高。

C　令牌总线（Token Bus）访问控制

与令牌环介质访问控制不同，令牌总线网络的物理拓扑是总线型或星型，在网络中工作站的站点是按某种逻辑顺序依次排列，首尾相接构成环路，所以令牌总线是一种逻辑上的环形网。

与令牌环的原理相近，令牌总线上也有一个令牌在各个站点间循环传递，只有得到令牌的站点才有发送数据帧的权利。令牌在网上是以广播的方式传输的，与站点在网络上的实际物理位置没有关系。

令牌总线访问控制除了具有令牌环访问控制的优点以外，由于采取令牌广播传送方式，避免了环形网一旦断裂网络就会瘫痪的弊病，因此可靠性更高。

7.1.3　局域网的互联技术

随着网络应用技术的发展，网络互联已经成为网络技术中一个重要内容。所谓网络互联是指将分布在不同地理位置的网络设备相连接，构成更大的网络系统，以实现网络系统的资源共享。互联的网络可以是同类网络、异构网络、运行不同网络协议的设备及系统等。图 4-7-8 是网络结构中局域网互联技术功能示意图。

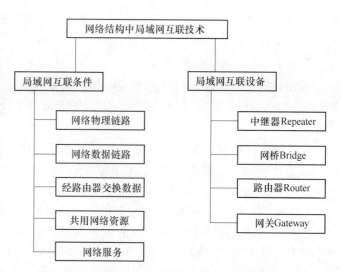

图 4-7-8　局域网互联技术功能示意图

7.1.3.1　局域网互联条件

（1）在互联的网络之间提供链路，至少有物理线路和数据线路。

（2）在不同网络节点的进程之间，提供适当的路由来交换数据。

（3）提供网络服务，记录网络资源使用情况。

（4）提供各种互联服务，应尽可能不改变网络的结构。

网络互联类型主要有：局域网—局域网互联、局域网—远程网互联、局域网通过远程网与局域网互联、远程网—远程网互联等。

7.1.3.2　局域网互联设备

网络连接需要网间连接设备，通常较常见的有中继器、网桥、路由器及网关等。

A　中继器（Repeater）

中继器工作在物理层，实现两个相同的局域网的电气连接，它仅仅是在两个物理网段上做比特流的复制，用以扩展局域网的地理范围，如共享式集线器就是一种中继器。

B　网桥（Bridge）

网桥是在数据链路层上实现不同网络的互联，网桥的基本特征是：

（1）网桥能够互联两个采用不同数据的链路层协议、不同传输介质与不同传输速率的网络。

（2）网桥以接受、存储、地址过滤与转发的方式实现两个网络之间的通信。

（3）网桥需要两个网络在数据链路层上采用相同或兼容的协议。

（4）网桥可以分割两个网络之间的通信量，有利于改善网络的性能与完整性。

网桥在局域网中经常被用来将一个大型局域网分成既能独立工作又能相互通信的多个子网互联结构，从而改善各个子网的性能与完整性。

C　路由器（Router）

路由器在网络层上实现多个网络之间的互联，路由器的基本特征是：

（1）为两个或两个以上网络之间的数据传输提供最佳路由选择。

（2）要求节点网络层以上的各层使用相同或兼容的协议。

D 网关（Gateway）或网间协议变换器

网关也称网间协议变换器，网关是比网桥和路由器更复杂的网络互联设备，它可以实现不同协议的网络之间的互联，包括不同网络操作系统的网络之间互联，也可以实现局域网与主机、局域网与远程网之间的互联。

7.1.4 局域网的分层控制

应用在工业控制领域的局域网，可以分为三层结构，即信息层（Ethernet 以太网网络）、自动化和控制层（Industrial Ethernet 工业以太网、ControlNet Network 控制网网络等）和设备层（Profibus 网络、DeviceNet 网络等），不同的网络层面可以有各自的通讯协议和通讯介质，它们之间可以通过不同的网络设备进行互联。

7.1.4.1 信息层——快速以太网

快速以太网主要应用在连铸机局域网的最上层，包括 L2 级过程计算机和 L3 级管理控制计算机的信息都集中在此网络层面上进行传输。

快速以太网一般通讯速率在 100 ~ 1000Mb/s，它的快速性是相对于工业以太网的10Mb/s 以上的通讯速率而言，虽然快速以太网的传输速率较高，但它们两者之间的拓扑结构和媒体布局几乎完全一样，快速以太网的帧结构和媒体访问控制方式完全沿袭了10Mb/s 以上以太网的基本标准。

A 快速以太网构成

构建通讯速率在 100Mb/s 以上的快速以太网需要网卡（内置或外置收发器）、收发器（外置）、收发器电缆、集线器或交换机、双绞电缆或光缆媒体等。快速以太网组成结构如图 4-7-9 所示。

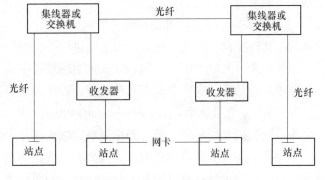

图 4-7-9 快速以太网系统组成

a 传输媒体

在百兆快速以太网中，传输媒体主要使用双绞电缆与光缆两种媒体。

双绞电缆有阻抗为 100Ω 的 5 类非屏蔽双绞线和阻抗为 150Ω 的屏蔽双绞线供选用，在使用屏蔽双绞线的环境中，网卡或外置收发器上必须配置 9 芯连接器。屏蔽和非屏蔽双绞线的最大媒体长度为 100m。

光缆介质有多模光纤和单模光纤之分。多模光纤一般有 $62.5/125\mu m$、$50/125\mu m$、$85/125\mu m$、$100/125\mu m$ 等类型供选用。同一个完整的光缆段上必须选用同种型号的光缆，以免引起光信号不必要的损耗。对多模光纤，在 100Mb/s 的传输速率、全双工情况下，系统最长的媒体段可达 2km。单模光纤也可以作为传输媒体，在全双工情况下，单模光纤媒体段可达 40km 甚至更长，但价格要比多模光纤贵得多。

采用光纤作为传输媒体时，需要配置多模或单模光纤收发器。

b 集线器或交换机

集线器是百兆快速以太网内星型结构的核心，按照所用媒体可分为使用双绞线的集线器和使用光纤的集线器，按硬件设备又可分单台型、扩展型、堆叠型和箱体型等多种。集线器端口数一般不大于 24 个，整个系统的带宽只能是 100Mb/s。

交换机是目前应用较广泛的一种网络设备，它也可以使用双绞线或光纤作为介质媒体，但带宽却可达 1000Mb/s，产品有各种类型可供选择。

c　网卡

网卡是一块计算机和传输媒体之间连接的物理部件，用于实现数据链路控制、媒体访问控制等，网卡的作用是为计算机数据发送到网络电缆做准备；将数据发送到其他计算机上；控制计算机和系统之间的数据流；接受来自传输媒体的数据，并将其转换成计算机 CPU 能够理解的字节；向网络发布自己的地址，以区别网络上的其他网卡等。

B　千兆以太网组网

千兆以太网是按高速通讯速率需求而组建的，可在百兆快速以太网基础上升级，其常见的升级方案有以下几种。

（1）交换机和交换机间的连接。在交换机中安装千兆以太网网络接口模块，并通过这些千兆以太网网络接口连接交换机，升级后的网络将支持更多的快速以太网网段。

（2）交换机和服务器间的连接。选用高性能超级服务器，将以太网服务器连接至千兆以太网上，在交换机和超级服务器中分别安装相应的以太网模块和网络接口卡，此方案可支持多台服务器。

（3）百兆快速以太网直接升级为千兆以太网。这种方式下，有三种组建方案，一是组建新的千兆以太网；二是对现有的以太网进行升级；三是对非以太网系统升级。

组建一个千兆以太网，首先必须确定它的拓扑结构。星型拓扑结构是千兆以太网所采用的典型拓扑结构，媒体介质以光纤为主，近距离亦可采用双绞线，根据通讯环境决定。

7.1.4.2　自动化和控制层——工业以太网

工业以太网是应用于工业自动化领域的以太网技术。最初的以太网技术并没有专门为工业自动化应用领域而做特殊设计，因此，以太网本身固有的 CSMA/CD 介质访问机制所造成的通讯不确定性就难以满足工业自动化控制系统实时性的要求。近几年来，随着以太网通讯速度的大幅度提高、信息交换技术的迅速发展，以及采用全双工通讯模式和虚拟局域网技术，基本解决了以太网通讯不确定性问题，使以太网在工业自动化领域得到了推广和应用。

连铸机中的网络控制中心是位于 L1 级的工业以太网，自动化控制设备中的所有 PLC 控制站、HMI 人机界面、L2 级过程控制计算机和服务器等均被设定为工业以太网上的通讯站点，连铸机的设备参数、过程变量参数、操作和控制信息等数据流全部在工业以太网上得以传送。图 4-7-10 是连铸机工业以太网的配置简图。

A　工业以太网的优势

与其他工业通讯网络相比，工业以太网的优势在于：

（1）应用广泛、成本低廉。

（2）通讯速率高。

（3）资源丰富，可方便地与其他网络实现连接。

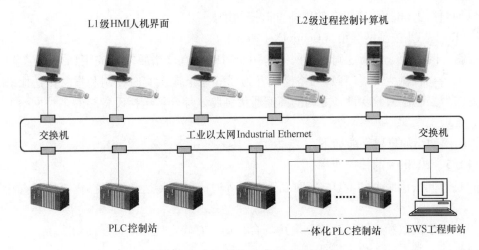

图 4-7-10　连铸机工业以太网结构

　　(4) 工业以太网网络产品已商品化，如数据采集系统、智能传感器、执行器、交直流数字传动控制装置等，这就使工业以太网成为工业控制网络化的首选方案。

　　(5) 工业以太网强大的功能已逐渐延伸到过程控制级和设备控制级，因此在不久的将来，工业控制领域将实现 E 网到底，即原来有多个网络集成起来的多级计算机控制系统，只要用工业以太网即可实现。

　　B　工业以太网的应用

　　目前，工业以太网在国内外连铸机自动化网络控制中已有极广泛的应用，最为典型的是 Siemens 公司的工业以太网（Industrial Ethernet）和 RockWell 公司的控制网网络（ControlNetNetwork）。

　　a　Siemens 工业以太网（Industrial Ethernet）

　　工业以太网是当前工业自动化领域最为流行的局域网技术，Siemens 公司采用工业以太网的 Simatic Net 提供了可以集成到多种媒体的方便途径。

　　工业以太网符合 IEEE 802.3u 标准，并和 IEEE 802.3 兼容，成功运行在 10 ~ 100Mb/s 波特率，系统升级后，可达 1000Mb/s 的波特率。工业以太网的重要性能如下：

　　(1) 工业以太网技术上与 IEEE 802.3/IEEE 802.3u 兼容，使用 ISO 和 TCP/IP 通讯协议。

　　(2) 10/100M 自适应传输速率，升级后可达 1000Mb/s 的速率。

　　(3) 冗余的 24V DC 供电。

　　(4) 可快速形成总线型、星型和环形的拓扑结构。

　　(5) 高速冗余的安全网络，最大网络的重构时间为 0.3s。

　　(6) 用于恶劣环境的网络元件并通过 EMC 测试。

　　(7) 带有 RJ45 或工业级的 SubD 连接以及专用屏蔽电缆的快速链接系统，确保现场电缆安装工作的快速进行。

　　(8) 简单高效的信号装置可连续监测网络元件。

　　(9) 符合 SNMP 简单的网络管理协议。

　　(10) 可使用基于 Web 的网络管理。

（11）使用 VB/VC 或组态软件即可监控网络。

b　RockWell 控制网网络（ControlNet Network）

控制网网络是一种高速确定性网络，用于对时间有严格要求的应用场合的信息传输。RockWell 公司提供生产者/客户网络模式，为对等通讯提供实时控制和报文传送服务，同时它还作为控制器和 I/O 设备之间的高速通信链路，综合了包括设备层的多种网络的通讯能力。

控制网网络的重要性能如下：

（1）5～10Mb/s 的传送速率。

（2）对同一链路上的 I/O、实时互锁、对等通信报文传送和编程操作，均具有相同的带宽。

（3）对于离散和连续过程控制应用场合，均具有确定性和可重复性功能。

（4）输入数据的多信道广播。

（5）对等通信数据的多信道广播。

（6）多信道广播—多控制器共享输入数据，多控制器共享对等通信互锁数据，可实现更强的系统功能和减少对编程的要求。

（7）可构成总线型、星型、环形及网型拓扑结构，通讯距离长度可达 30km，使用中继器时，通讯距离会更长。

控制网是基于开放网络技术的一种新发明的解决方案——生产者/客户网络模式，它允许网络上的所有节点同时从单个的数据源存取相同的数据，其优点是：

（1）效率高，数据源一旦发送数据，多个节点可以同时接收数据。

（2）精确的同步化，更多的设备能够叠加到网上，但不需要增加网络的通信量，并且所有的节点数据同时到达。

（3）系统可组成主/从、多主、对等通信或设备的任意混合结构。

7.1.4.3　设备层——现场总线技术

设备层在网络控制技术中是直接面对设备（传感器、执行器、现场控制装置及操作元器件等）的控制层面，设备层广泛应用的是现场总线技术。应用现场总线的控制系统极大地改变了传统控制系统的结构，大大简化了复杂而繁多的现场布线，相比传统的控制系统，在设计、安装、运行、维护、资金投入等方面都显示了巨大的优越性，同时也提高了系统的准确性、可靠性，实现了控制系统的高度集成。

新型的现场总线控制系统突破了传统的控制系统（如基地式仪表控制系统、电动单元组合仪表、集中式数字控制系统、DCS 集散控制系统等）通讯中由各个公司专用网络系统所造成的缺陷，它形成了给予公开标准化的解决方案，这样就可以用同一种协议规范各个公司的产品，使之互为通用，从而为实现大规模的综合自动化打下良好的基础。图 4-7-11 为连铸机现场总线控制系统结构示意图。

A　现场总线技术简介

现场总线是用于现场电器、仪表、设备与控制室主控制系统之间的一种开放的、全数字化的、双向的、多站的通讯系统。不同的现场总线有不同的标准规范，而这些规范就规定了采用现场总线的设备之间交换数据的标准。

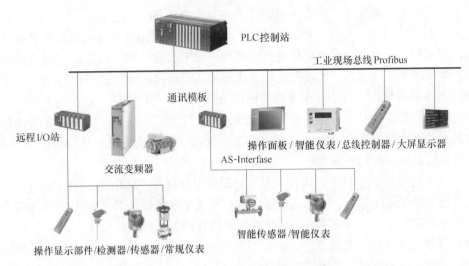

图 4-7-11　连铸机现场总线控制系统结构

传统的控制系统，不论是常规电气控制系统，还是 PLC 控制系统，所采用的信号/电源连接方式都是一种并联的连接方式。例如，对于 PLC 控制器和任何一个 I/O 信号之间都需要用两根导线连接。当 PLC 所控制的节点数成千上万个时，整个系统的接线量就非常庞大，极易产生错误，为此要花费很多时间去排错，给设计和维护均带来了极大困难。如果能用最少量的两根导线来连接所有的设备，使所有的信号，甚至包括电源，都在这对导线上流通，无疑是一个最好的解决方案。那么，这对导线所起的作用就如同计算机系统中的数据总线和电源总线，只不过它是连接现场设备信号之间的总线，故称为现场总线。

B　现场总线技术的特点

现场总线技术实际上是采用串行数据传输和连接方式来代替传统的并联信号传输和连接方式的方法，由于它采用数字信号通讯，因而可实现一对总线上传输多个节点的多种信号，同时还可以利用总线为多个设备提供工作电源。正因为如此，现场总线系统可以把原先 PLC 或 DCS 系统置放于控制室内的控制器的控制模块、I/O 模块等，分散到各个现场中，它们之间的信号联系通过现场总线进行，实现了控制功能的彻底分散，这也是现场总线控制系统的主要结构特征。此外，现场总线技术还具有以下一些显著的技术特点。

（1）系统的开放性。当使用不同厂家的现场设备通过现场总线进行通讯时，要求现场总线必须具备开放性。为了使不同厂家开发出自己生产的现场设备具备与现场总线通讯的能力，就要求生产厂家遵循共同的标准进行开发，因此也要求现场总线具备开放性。只有具备了开放性，才能使得现场总线既具有传统总线的低成本优点，又能适应先进控制系统大网络化结构的要求。

（2）布线的简单性。这是所有现场总线共有的最显著的特点。由于采用串行通讯方式，所以大多数现场总线采用双绞线。用一对双绞线或一条电缆可以挂接多个设备，因而电缆、端子、桥架、槽盒、管线的用量大大减少，工厂设计、安装、校线及维护的工作量也大大减轻。而且，当需要增加现场控制设备时，也无需增设新的电缆，可就近连接在现场总线上。据有关资料统计，仅此一项就可节约安装费用 60% 以上。

（3）控制的实时性。对用于控制系统，现场总线最苛刻的技术要求就是传递信号的快速响应，即它的实时性。这正是现场总线通讯与一般工业通讯网络最大的区别所在。为了满足控制系统快速反应要求，大多数现场总线都采用了较高的通讯速率。

（4）工作的可靠性。由于现场总线的使用场合大都存在很强的工业现场干扰源，因此所有的现场总线在设计时都考虑了抗干扰措施，并且现场总线具备一定的自诊断和容错能力，以最大限度地保护现场总线通讯。一旦出现故障，也能较快地查找和更换故障节点，所以现场总线具有很高的可靠性。

（5）功能的自治性。现场总线技术可以使现场设备具备多种功能，如传感测量、补偿计算、量化处理、算法计算、网络通讯等，从而实现了现场设备的智能化和自治性。只要依靠这些现场智能设备，就能完成原属于控制室的控制器所承担的任务。

（6）设备的互换性与互操作性。可对不同的生产厂家的性能类似的设备，实现相互替换，也可实现互联设备间、系统间的数据共享。

C　现场总线的通讯模型

现场总线的种类很多，至少有 40 多种。造成多种现场总线并存的主要原因有：一是现场总线技术的发展历史决定了当前群雄并存的现状；二是在各自的应用领域都有其独特的不可替代的优势，其他的现场总线在新的领域很难推广应用；三是现场总线的市场十分广阔，具有巨大的利润空间，任何一个生产厂商都不会轻易放弃自己的现场总线份额，仍会投入大量人力物力积极地开发和研究。这就使得各种现场总线在不同的应用领域有着自己的广泛用户，很难用一种或几种标准化的现场总线去涵盖所有应用领域。

对于不同的控制系统层次，现场总线有着不同的应用范围，表 4-7-1 列举了几种主要现场总线的应用范围。

表 4-7-1　几种主要现场总线的应用范围

序号	控制设备类型	传递字节	适合现场总线类型
1	传感器 / 执行器	2	ASI、Sensorloop、Seriplex
2	小型 PLC、小型工控机	8 ~ 32	DeviceNet、Profibus-DP、WorldFIP Interbus、CAN（LeviceNet）
3	DCS、大型 PLC	128 ~ 256	Profibus-PA、Foundation、Fieldbus Profibus-FMS、WorldFIP

由表 4-7-1 可见，ASI、Sensorloop、Seriplex 等现场总线适用于由各种开关量传感器和执行机构组成的底层控制系统，DeviceNet、Profibus-DP 和 WorldFIP 适用于字传输的各种设备，而 Profibus-PA、Foundation Fieldbus 等更适用于帧传输的仪表自动化设备。

由于现场总线所具有的显著优点，在工业控制领域获得了广泛应用，特别是冶金、电力、石油、化工、楼宇、交通、矿山、水泥、制药、造纸、橡胶等工业领域更是如此，而且应用前景十分看好。

要实现现场总线系统的开放性、互换性、相互操作性，就必须要建立一整套标准规范，即通讯协议。从而使得在开放系统的环境下，可以用不同厂家的产品作为组件来构成分布式控制系统。开放系统互联参考模型 OSI（Open Syetem Interconnection）是计算机及其网络系统发展过程中为解决系统的开放性而提出的，因而它就成为了现场总线系统最基本的互联参考模型。OSI 模型具有七层结构（参见图 4-7-3），OSI 模型可支持的通讯功能是十分强大的，但把它直接搬来作为现场总线通讯模型则不太合适。工业现场存在大量的传感器、控制器、执行器等控制系统部件，它们常常零散地分布在一个较大的范围内。由它们组成的工业控制底层网络的单个节点面向控制的信息量不大，信息传输的任务相对比较简单，但实时性、快速性的要求很高。如果按照 OSI 七层结构的参考模型，由于层间操作与转换的复杂性，造成网络接口的时间消耗过多，很难满足实时性要求。为此，现场总线采用的通讯模型大多是在 OSI 参考模型的基础上进行了不同程度的简化模型。现场总线的典型协议模型如图 4-7-12 所示。

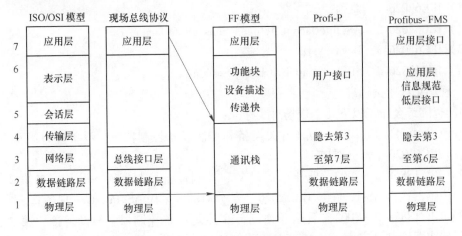

图 4-7-12　OSI 与现场总线通讯模型的对应示意图

现场总线的典型协议模型采用了 OSI 模型中的物理层、数据链层和应用层，而省去了中间的三层，但考虑现场总线的通讯特点，还设置了一个现场总线访问子层。与 OSI 七层参考模型相比，它具有结构简单、实时性好等优点，能满足工业控制要求。

D　现场总线标准

a　IEC61158 标准

IEC61158 工业现场总线标准是 2000 年版的 IEC61158 标准，它共包含了 8 种现场总线协议，分别为 8 种通讯类型，即

类型 1：原 IEC61158 技术报告（即 FF-HI）；

类型 2：ControlNet（美国 RockWell Automation 公司支持）；

类型 3：Profibus（德国 Siemens 公司支持）；

类型 4：P-Net（丹麦 Process Data 公司支持）；

类型 5：FF HSE（原 FF H2，美国 Fisher Rosemount 公司支持）；

类型 6：Swift Net（美国波音公司支持）；

类型 7：WorldFip（法国 Alston 公司支持）；

类型 8：Interbus（德国 Phoenix Contact 公司支持）。

2002 年 IEC61158 标准又增加了类型 9 和 10，并做了如下部分调整：

类型 1/5/9：FF + HSE；

类型 2：ControlNet/EthernetIP；

类型 3 + 10：Profibus + Profinet；

类型 4：P-Net；

类型 6：Swift-Net；

类型 7：WorldFIP；

类型 8：InterBus。

b　IEC62026 标准

IEC62026 标准由 IEC/SC17B 负责制定，2000 年 7 月成为国际标准。它主要涉及的是用于低压开关设备和控制设备的现场总线，包括以下几个部分：

（1）IEC62026-1　总则；

（2）IEC62026-2　AS-Interface（Actuator Sensor Interface）；

（3）IEC62026-3　DeviceNet；

（4）IEC62026-4　SDS（Smart Distrbuted System）。

c　现场总线中国标准

中国也陆续公布了以下几个现场总线标准：

（1）GB/18858.1—2002，低压开关设备和控制设备控制器——设备接口第 1 部分总则，它与 IEC62026-1 部分对应。

（2）GB/18858.2—2002，低压开关设备和控制设备控制器——设备接口第 2 部分，执行器-传感器接口 AS-I，它与 IEC62026-2 部分对应，采用 AS-Interface 现场总线。

（3）GB/18858.2—2002，低压开关设备和控制设备控制器——设备接口第 2 部分，执行器-传感器接口 DeviceNet，它对应了 IEC62026-3 部分，采用 DeviceNet 现场总线。

（4）JB/T 10308.3—2001，它与 IEC61158 类型 3 对应，采用 Profibus-DP 现场总线。

E　几种常用标准现场总线介绍

表 4-7-2 列出了常见的标准现场总线类型。下面就几种工业上常用的现场总线，作简要介绍。

表 4-7-2　标准现场总线

标 准 现 场 总 线				
Profibus	AS-Interface	CAN	CAN-Open	CC-Link
DeviceNet	ControlNet	Fundation Fieldbus	HART	Interbus
LonWorks	Modbus	Modbus-Plus	P-Net	WorldFIP

a　Profibus

Profibus（Process Field bus）协议是唯一的全集成 H1（过程）和 H2（工厂自动化）的现场总线解决方案，是一种不依赖于制造商的开放式现场总线标准。采用 Profibus 标准系统，不同制造商所生产的设备不需对其接口进行特别调整就可以通信。Profibus 既可以用于高速数据传输，又可以用于对时间有苛求的数据传输，也能够用于大范围的复杂通信场合。

Profibus 满足 ISO/OSI 网络化参考模型对开放系统的要求，构成从变送器/执行器、现场级、单元级直至管理级的透明的通信系统。Profibus 有三种类型，即 Profibus-FMS（现场总线报文规范）、Profibus-DP（分散外围设备）和 Profibus-PA（过程自动化）。这三种类型均使用单一的总线访问协议，通过 ISO/OSI 的第二层来实现包括数据的可靠性以及传输协议和报文的处理。它们分别适用于不同的领域：FMS 主要用于工厂、楼宇自动化中的单元级（Cell LeveI）；DP 主要用于离散量的控制及楼宇自动化中，实现自控系统、分解式外部设备 I/O 及智能现场仪表之间的高速数据通信，连铸机自动化远程通讯中，此类总线应用较广泛；PA 则适用于过程自动化控制。DP 和 FMS 用 RS485 传输，属于高速部分，传送速率在 9.6kbit/s~12Mbit/s 之间；PA 则属于低速部分。

Profibus 支持主从模式、纯主站模式、多主多从模式等，主站对总线有控制权，可主动发送信息。对多主站模式，在主站之间按令牌传递决定对总线的控制权，取得控制权的主站，可向从站发送、获取信息，实现点对点通信。

Profibus 现场总线是世界上应用最广泛的现场总线技术，它在结构和性能上优越于其他现场总线。Profibus 既适合于自动化系统与现场信号单元的通讯，也可用于带有接口的变送器、执行器、传动装置和其他现场仪表及设备，可对现场信号进行采集和监控，并且用一对双绞线替代了传统的大量的传输电缆，大量节省了电缆的成本，也相应节省了施工调试以及系统投运后的维护时间和维护费用。

国际标准：EC61158 类型 3；

欧洲标准：EN50170-2；

中国标准：JB/T 10308.3—2001；

国际组织：Profibus International（PI）。

b　AS-Interface

AS-Interface（Actuator Sensor Interface，执行器传感器接口）总线是自动化系统中最低层级的现场总线，它是一种用来在控制器（主站）和传感器/执行器（从站）之间双向交换信息的智能总线网络，是属于现场总线（Fieldbus）下层设备层的监控网络系统。

AS-Interface 总线体系为主从结构，AS-Interface 主机和控制器（IPC、PLC、DC）总称为系统主站（Master）。从站（Slave）有两种，一种是带有 AS-Interface 通信芯片的智能传感器/执行器；另一种是分离型 I/O 模块连接普通的传感器/执行器。主从站之间使用非屏蔽非铰接的两芯电缆，其中使用的标准 AS-Interface 扁平电缆使用专利的穿刺安装方法，连接简单可靠。在 2 芯电缆上除传输信号外，还传输网络电源。

AS-Interface 总线系统是一个开放的系统，它通过主站中的网关可以和多种现场总线（如 FF、Profibus、DeviceNet、Ethernet 等）相连接。AS-Interface 主站作为上层现场总线的一个节点，同时又可以完全分解地挂接一定量的 AS-Interface 从站。AS-Interface 总线可以用于连接开关量特征的传感器/执行器系统，在新的 2.11 规范中还非常适合连接模拟量信号。AS-Interface 总线的主要技术数据如下：

（1）网络结构：总线型或树型结构。

（2）传输媒介：数据和电源共用的无屏蔽双绞线电缆（$2 \times 1.5 \mathrm{mm}^2$）。

（3）连接方法：采用穿刺法。

（4）最大电缆长度：无中继器/扩展器时为 100m，有中继器/扩展器时为 300m。

（5）最大循环时间：当完全配置时为 5ms。

（6）最大站点数：31 个。

（7）二值传感器/执行器数：124 个（当用 4 输入，4 输出，2 输入/2 输出或 2×2 数模块时，即 4×31 个）；248 个（当用 4 输入/4 输出模块时，即 8×31 个）。

（8）访问方法：循环查询主-从方法，从主设备（PLC，PC）循环采集数据。

（9）错误纠正：数据采集包含对错误报文的识别和重发。

AS-Interface 总线有以下 4 个主要标准：国际标准 IEC62026-2；欧洲标准 EN50295-2；中国标准 GB/T 188582—2002；国际组织 AS-International Association。

c　CAN 与 CANOpen

CAN（Controller Area Network，控制器局域网）是德国 Bosch 公司为解决现代汽车中众多的控制与测试仪器之间的数据交换而开发的一种串行数据通信协议，它是一种多主总线。其目的是用多点、串行数字通信技术取代常规的直接导线信号连接，可以大量节省车载设备的电缆布线。由于 CAN 总线芯片可靠性高、协议精练、价格低、货源广泛，而立刻在工业测控领域获得应用，成为一种新型的工业控制现场总线。

CAN 芯片只提供了开放系统互联（OSI）参考模型中的物理层和链路层功能，一般用户必须直接用驱动程序操作链路层，不能直接满足工业控制网络的组态和产品的互联要求。为了以 CAN 芯片为基础构成完整的工业控制现场总线系统，必须制定相应的应用层协议，实现系统的组态、设备互联和兼容功能。CAN 已由 ISO/TC22 技术委员会批准为国际标准 ISO 11898，是目前唯一由 ISO 批准为国际标准的现场总线。

CANOpen 是建立在 CAN 基础上的应用层协议，在机械制造、铁路、车辆、船舶、制药、食品加工等领域有大量应用。目前，CANOpen 协议已经被提交欧洲标准委员会讨论，作为一种新的工业现场总线标准 EN503254。

CANOpen 协议必须以 CAN 芯片为硬件基础，有效利用 CAN 芯片所提供的简单通信功能去满足工业控制网络的复杂应用层协议要求。

CAN 与 CANOpen 总线有以下 3 个主要标准：国际组织 CiA（CAN in Automation）；国际标准 ISO 11898；欧洲标准 EN503254。

d　CC-Link

CC-Link 是 Control & Communication Link（控制与通信链路系统）的简称。1996 年 11 月，以三菱电机公司为主导的多家公司以"多厂家设备环境、高性能、省配线"的理念开发、公布和开放了现场总线 CC-Link，并第一次正式向市场推出了 CC-Link 这一全新的多厂商、高性能、省配线的现场网络。网络技术的成熟与完善是在 20 世纪 90 年代中期，所以 CC-Link 一开始便站在了比较高的起点上，吸收了其他总线的优点而避免了它们的不足。CC-Link 的卓越性能和简单使用，使得它从一推出就得到了用户的青睐，并得到了越来越广泛的应用。

目前，CC-Link 已经包括了 CC-Link、CC-Link/LT、CC-Link V2.0、CC-Link Safety 等 4 种有针对性的协议，构成 CC-Link 家族的比较全面的工业现场网络体系。CC-Link 已成为一种所谓的事实上的现场总线标准，2001 年 5 月被国际半导体制造商组织批准为应用于半导体制造中的现场总线标准之一（SEMI E54.12）。CC-Link 总线具有如下特性：

（1）减少配线，提高效率。CC-Link 显著减少了当今复杂的生产线上的控制线和电源线。

（2）广泛的多厂商设备使用环境。用户可以从广泛的 CC-Link 产品群中选择适合自己自动化控制的最佳设备。

(3) 高速的输入/输出响应。CC-Link 实现了最高为 10Mbps 的高速通讯速度，输入/输出响应可靠且响应时间快，该总线可靠并具有确定性。

(4) 距离延长不受限制。CC-Link 的最大总延长距离可达 1.2km（156kbps）。另外，通过使用中继器（T 型分支）或光纤中继器，可进一步延长传输距离。

(5) 具有丰富的 RAS（Reliability，Availability，Serviceability 可靠性，有效性，可维护性）功能。

CC-Link 总线为国际组织标准：CC-Link Partner Association。

e　DeviceNet

DeviceNet 是 20 世纪 90 年代中期发展起来的一种基于 CAN 总线技术的、符合全球工业标准的开放型通信网络。它既可以连接底端工业设备（如限位开关、光电传感器、电阻、电动机起动器、过程传感器、条形码读取器等），又可连接复杂的控制设备（如变频驱动器、面板显示器和操作员接口等），是分布式控制系统的理想解决方案。DeviceNet 是一种简单的网络解决方案，在提供多供货商同类部件间的可互换性的同时，减少了配线和安装工业自动化设备的成本和时间。DeviceNet 的直接互联性不仅改善了设备间的通信，同时提供了相当重要的设备级诊断功能，这是通过硬接线 I/O 接口很难实现的。

DeviceNet 虽然是工业控制网的低端网络，通信速率不高，传输的数据量也不大，但它采用了先进的通信概念和技术，具有成本低、高效率、高性能、高可靠性等优点。同时，由于采用 CAN 物理层和数据链路层规约，使用 CAN 规约芯片，DeviceNet 得到国际上主要芯片制造商的支持，如 RockWell、OMRON、Hitachi、Cutter-Hammer、ABB 等。

DeviceNet 总线有以下 5 个主要标准：国际标准 EC62026.3；欧洲标准 EN503253-2；中国标准 GB/T 18858.3—2002；国际组织 ODVA（Open DeviceNet Vendor Association）；国内组织 ODVA China。

f　ControlNet

ControlNet 最早由美国 RockWell Automation 于 1995 年 10 月提出。它基于改型 CanBus 技术，是符合 1EC61158Type2 标准的一种高速确定性网络，作为一种高速串行通讯系统，一种确定加预测的模式进行运作，适用于需要实时应用信息交换的设备之间的通讯。ControlNet 总线网络是一种用于对信息传送有时间严格要求的、高速确定性网络，同时，它允许对传送时间有苛求的报文数据。

在工业自动化系统的网络结构中，ControlNet 通常用作控制层网络，主要用于 PLC 计算机之间的通信网络。它可连接拖动装置、串并行设备、PC、人机界面等。它还可以沟通逻辑控制和过程控制系统，传输速率为 5Mpbs。ControlNet 总线具有以下特点：

(1) ControlNet 将总线上传输的信息分为两类：一是对时间有苛求的控制信息和实时数据，它拥有最高的优先权，以保证不受其他信息干扰，并具有确定性和可重复性；二是无时间苛求的信息发送和程序上传/下载被授予较低的优先权，在保证第一类信息传送的条件下进行传递。

(2) ControlNet 采用一种新的通信模式，以生产者/客户（Producer/Consumer）模式取代传统的源/目模式，使用时间片算法，以保证各节点之间实现同步，从而提高了带宽利用率。

（3）ControlNet 支持主从通信、多主通信、对等通信或这些通信的任意混合形式，对输入数据和对等通信数据实行多信道广播。

ControlNet 总线有以下 3 个主要标准：国际组织 CI（ContolNet International）；国际标准 EC61158 类型 2；欧洲标准 EN50170-A3。

g　FF（Fundation Fieldbus）

基金会现场总线（FF）是国际上几家现场总线经过激烈竞争后形成的，由现场总线基金会开发的面向过程控制的一种现场总线。它包括 H1 总线和 HSE 总线，分别是现场总线国际标准 EC61158 的类型 1 和类型 5 总线。基金会现场总线的特色之一是它比其他总线或通信系统多出了一个用户层。FF 在用户层提供了功能块作为控制工程师构建控制应用的基本单位，并给出了标准的功能块集合。其总线体系结构参照了 ISO 的 OSI 模型中的物理层、数据链路层和应用层，并增加了用户层而建立起来的通信模型。它由物理层、通信栈和用户层 3 个主要部分组成。

（1）物理层。物理层对应于 OSI 第 1 层，从上层接收编码信息并在现场总线传输媒体上将其转换成物理信号，也可以进行相反的过程。

（2）通信栈。通信栈对应于 OSI 模型的第 2 层和第 7 层。第 2 层即数据链路层（DLL），它控制信息通过第 1 层传输到现场总线，DLL 同时通过 LAS（链接活动调度器）连接到现场总线。LAS 用来规定确定信息的传输和批准设备间数据的交换。第 7 层即应用层（AL）对用户层命令进行编码和解码。

（3）用户层。用户层是一个基于模块和设备描述技术详细说明的标准的用户层，定义了一个利用资源模块、转换模块、系统管理和设备描述技术的功能模块的应用过程（FBAP）。

FF 得到了世界上几乎所有著名仪表制造商的支持，同时 FF 遵守 IEC 的协议规划，与 IEC 的现场总线国际标准和草案基本一致，加上它在技术上的优势，所以极有希望成为将来的主要国际标准。FF 总线有以下两个主要标准：国际标准 EC61158 类型 1 + 类型 5 + 类型 9；国际组织 Fieldbus Fundation。

h　HART

HART（Highway Addressable Remote Transducer），是可寻址远程传感器高速通道的开放通信协议，是美国 Rosemount 公司于 1985 年推出的一种用于现场智能仪表和控制室设备之间的通信协议。

HART 装置提供具有相对低的带宽，适度响应时间的通信。

HART 协议采用基于 Bell202 标准的 FSK 频移键控信号，在低频的 4 ~ 20mA 模拟信号上叠加幅度为 0.5mA 的音频数字信号，它成功地使模拟信号与数字双向通信能同时进行而不相互干扰。

在 HART 协议通信中，主要的变量和控制信息由 4 ~ 20mA 模拟信号传送；在需要的情况下，另外的测量、过程参数、设备组态、校准、诊断信息通过 HART 协议访问。HART 通信采用的是半双工的通信方式，协议参考 ISO/OSI 开放系统互联模型，采用了它的简化三层模型结构，即第一层物理层，第二层数据链路层和第七层应用层。HART 标准的数据传输速率较低（1200bit/s），而且只有"问答"和"广播"两种工作模式。HART 仅仅是一个过渡性协议，还不是现场总线。虽然 HART 本身不是全数字的现场总线，但作为模拟仪表向现场总线化仪表的过渡阶段，它起着重要的作用。HART 协议已成为国际组织事实上的工业标准：HART Communication Foundation（HCF）。

    i Interbus

Interbus 是一种器件级现场总线，主要由德国 Phoenix Contact 公司推出，1996 年成为 DEN19825 标准，1998 年成为 EN50254 欧洲标准，目前已成为 EC61158 国际标准。

Interbus 采用 ISO/OSI 参考模型中的物理层、数据链路层和应用层，其网络可分为远程网络和本地网络，两种网络传送相同的信号，但电平不同。远程网络用于远程传送数据，最长达 400m，远程网络不供电，电平标准为 RS485，网络为全双工通信，波特率 500kb/s。本地网络连接到远程网络上，总线终端模块负责将远程网络数据转换为本地网络数据。

Interbus 的一个重要特点是它的数据环结构。其中央设备为总线控制板，它与高层次的控制系统和低层次的总线设备之间，串行地交换数据环内传输的数据。在数据传输中，总线控制板向数据环移出返回字，此返回字经过整个数据环上所有的 Interbus 设备，并返回到总线控制板，总线控制板对返回字进行判断，正确无误后，确定输入输出数据有效。

Interbus 以其技术的先进性、开放性、成熟性广泛适用于汽车、机器、物流设备、卷烟设备等各种制造业领域中。它有以下 4 个主要标准：国际标准 EC61158 类型 8；欧洲标准 EN502543；国际组织 INTERBUS Club；中国标准 JB10308.8—2001。

    j LonWorks

LonWorks 是一种具有强劲实力的现场总线技术，它是由美国 Echelon 公司推出并由他们与摩托罗拉、东芝公司共同倡导，于 1990 年正式公布而形成的。LonWorks 基于 Lontalk 通信协议，而 Lontalk 协议遵循了 ISO 开放系统互联（OSI）参考模型，采用了 ISO/OSI 模型的全部七层通讯协议，采用了面向对象的设计方法，这是以往的现场总线所不支持的。具体就是通过网络变量把网络通信设计简化为参数设置，其通讯速率从 300bps 至 1.5Mbps 等，直接通信距离可达到 2700m（78kbps，双绞线），支持双绞线、同轴电缆、光纤、射频、红外线、电源线等多种通信介质，并开发了相应的安全防爆产品，被誉为通用控制网络。

LonWorks 技术所采用的 LonTalk 协议被封装在称之为神经元（Neuron）的芯片中得以实现。集成芯片中有 3 个 8 位 CPU；一个用于完成开放互联模型中第 1 ~ 2 层的功能，称为媒体访问控制处理器，实现介质访问的控制与处理；第二个用于完成第 3 ~ 6 层的功能，称为网络处理器，进行网络变量处理的寻址、处理、背景诊断、函数路径选择、网络管理等，并负责网络通信控制、收发数据包等；第三个是应用处理器，执行操作系统服务与用户代码。芯片中还具有存储信息缓冲区，以实现 CPU 之间的信息传递，并作为网络缓冲区和应用缓冲区。由于 Neuron 的高度集成性，所以在使用时需要的外部件很少。

LonWorks 技术为设计、创建、安装和维护设备网络方面的许多问题提供解决方案，网络的大小可以是 2 ~ 32385 个设备，并且可以适用于任何场合。目前采用 LonWorks 技术的产品广泛地应用在工业、楼宇、家庭、能源等自动化领域，成为当前最为流行的现场总线之一。LonWorks 技术有以下两个主要标准：国际标准 SEMI54.6—1997；国际组织 LoMark Interoperability Association。

    k Modbus 与 Modbus Plus

Modbus 是一种工业通信和分布式控制系统协议，由美国著名的可编程序控制器制造商 Modicon 公司推出。法国 Schneider 公司兼并 Modicon 后，Modbus 成为 Schneider 公司的主要通信协议，并逐步被众多的硬件生产厂商所支持并广泛应用。

Modbus 是一种主从网络，允许一个主站和一个或多个从站通信，以完成编程、数据传送、程序上装下装及其主机操作。协议主要包括寄存器读写、开关量等命令。采用命令应答方式，每一种命令报文都对应着一种应答报文，命令报文由主站发出，当从站收到后，就发出相应的应答报文进行响应。每个从站必须分配给一个唯一的地址，只有被访问的从站才会响应。也可采用广播式命令，在广播式的报文中使用地址，所有的从站把它当作一个指令并进行响应，但不回发应答报文。

Modbus Plus 是为工业控制应用（如过程控制和监控信息传递）而设计的局域网，采用单/双电缆布局，可连接最多 64 个可寻址节点。它是一种高速令牌循环式现场总线，采用 Modbus 的数据传输结构方式。作为一个判定性令牌传递总线，Modbus Plus 以 1Mbit/s 的速率进行通信，从而可以快速存取过程数据。

Modbus 与 Modbus Plus 所具有的标准是：国际标准 SEME5493003；国际组织 Modbus-IDA Organization。

l　WorldFIP

WorldFIP 是一种用于自动化系统的现场总线网络协议。它采用 3 层通信结构：物理层、数据链路层和应用层，目的是提供 0 级设备（传感器/执行器）和 1 级设备（PLC/控制器）之间的连接。

WorldFIP 现场总线采用曼彻斯特编码方式，以工业屏蔽双绞线或光纤作为传输介质，由于其中双绞线方式具有 31.25kbps、1Mbps 及 2.5Mbps 三种标准速率，在三种标准速率下的最大通信距离分别为 5km、1km 和 500m，通过网络中继器，总线通信距离可分别扩展到 20km、5km 和 2km。在 WorldFIP 总线上允许三种类型的数据同时传递：

（1）循环变量。循环变量总是处于发送和接收状态，如对时间要求严格的闭环控制。

（2）事件变量。当状态改变或有需要时，如报警。

（3）信件（报文）。如维护、诊断、设置参数的下载。

WorldFIP 现场总线对传输介质的调度使用方式类似于令牌网，各通信站的数据可在预先确定的时间内在网络上传输。由于这种方式不存在介质使用碰撞问题，因而非常适合于对于传输时间具有严格要求的场合，如各种分散式控制系统、分散式数据采集系统等。

WorldFIP 的特点是，它具有单一的总线，可用于过程控制及离散控制，而且没有网桥或网关，低速与高速部分的衔接用软件进行解决。

由于 WorldFIP 现场总线依照工业控制系统的要求，不但严格定义了通信协议，还定义了符合工业标准的传输介质、接线盒、插头插座等。在实时性、同步性、冗余性方面非常出色。速度更高的、以光纤为介质的高速网也不断推出。预计工控领域在将来的几年中，WorldFIP 总线将会得到越来越广泛地应用。WorldFIP 现场总线具有的标准是：国际标准 EC61158 类型 7；欧洲标准 EN50170-3；国际组织 WorldFIP Association。

F　现场总线的技术特点

部分现场总线的技术特点见表 4-7-3。

表 4-7-3 部分现场总线的技术特点

现场总结	特 点	应 用
Profibus-DP	传输速率 9.6kb/s~12Mb/s 传输距离 100~1200m 传输介质双绞线或光缆	支持 Profibus-DP 总线的智能电气设备、PLC 等，适用于过程顺序控制和过程参数的监控
FF	传输速率 31.25kb/s 传输距离 1900m 传输介质双绞线或光缆	现场总线仪表、执行机构等过程参数的监控
CAN	传输速率 5~500kb/s 传输距离 40~500m 传输介质两芯电缆	汽车内部的电子装置控制，大型仪表的数据采集和控制
WorldFIP	传输速率 31.25~2500kb/s 传输距离 500~5000m 传输介质双绞线或光缆	可应用于连续或断续过程的自动控制
DeviceNet	传输速率 125kb/s，250kb/s，500kb/s 传输距离 100~500m 传输介质五芯电缆	适用于电气设备和控制设备的设备级网络控制，以及过程控制和顺序控制设备等
Interbus	传输速率 500kb/s~12Mb/s 传输距离 100m 传输介质同轴电缆或者光缆	车间设备和 PLC 网络控制
ControlNet	传输速率 5Mb/s 传输距离 100~400m 传输介质双绞线	车间级网络控制和 PLC 网络控制
LonWorks	传输速率 78~1250kb/s 传输距离 130~2700m 传输介质双绞线或电力线	由于采用智能神经元节点技术和电力载波技术，可广泛应用于电力系统和楼宇自动化

7.2 系统控制

本章节主要阐述连铸机自动化系统的运转控制、工作方式及生产过程自动化中的一些关键新技术，同时简要介绍连铸机一些特殊设备的控制内容。

7.2.1 连铸机工作方式和运转模式

连铸机的运行状态包括工作方式的设定和基本运转模式的选择。图 4-7-13 为连铸机工作方式的选择和基本运转模式的设定简图。

7.2.1.1 工作方式

连铸机的工作方式是生产指挥系统的主要组成部分，依照控制操作的要求，可分为手动、计算机手动和自动三种工作方式。

A 手动工作方式

手动工作方式时，连铸机在线设备，都可以在相应的操作台或操作箱上操作，系统

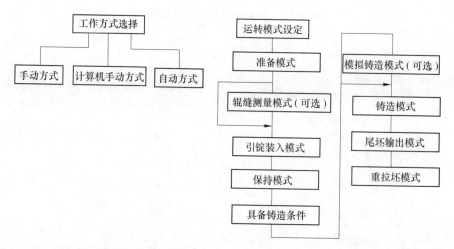

图 4-7-13　连铸机工作方式和基本运转模式的设定

的大部分连锁控制都被解除，仅保留有限的安全联锁，避免设备受损坏。手动工作方式一般作系统调整、维修、试车时用，可用手动操作使各单机运转，确认各单机性能的正确性。

手动工作方式的选择开关对整个连铸机设备并不是唯一的，如钢包回转台、中间罐车、引锭存放装置、二冷段区域设备、切割区辊道、出坯区辊道及液压站等均有各自的手动工作方式选择开关，相互独立，互不影响，由操作员选择决定。但系统工作方式（即二冷段区域设备和切割区辊道工作方式）对连铸机来讲是至关重要的工作方式选择。

在连铸过程中，如果将系统工作方式由自动切换到手动，此时各设备的联锁虽被解除，单体设备可以手动操作，但 PLC 控制站的跟踪系统仍继续工作，它发出的信号不参与控制，仅作设备状态参考。当工作方式重新由手动转入自动时，连铸机的顺序控制将继续按跟踪系统程序进行，以保证连铸机生产的连续性。

B　计算机手动方式

计算机手动方式其实也是手动工作方式的一种，仅操作的设备不同而已，计算机手动方式是在 HMI 人机界面计算机上手动远程操作。作为系统运行前的调试及必要时的人工干预手段，这一点在自动浇注过程中，若出现某些异常情况下的紧急处理，尤为重要。

现代化连铸机大都配备有功能齐全的 HMI 监视操作站和触摸式控制面板，它为操作员提供强大的画面操作和监视功能，操作员的控制操作首选 HMI 监视操作站和触摸式控制面板，以往的操作台控制开关、按钮及指示灯已退其次，仅在控制室保留少量的控制台及设备现场机旁操作箱。

C　自动工作方式

自动工作方式是连铸机的主要工作方式，连铸机遵循生产过程要求按照程序控制自动运行。

对于连铸机工作方式的选择，不同的设备有不同的侧重点，如钢包回转台、中间罐车、引锭存放装置、出坯区辊道等，在单机运行时，其"手动"或"自动"可由操作员按需要选择，但在连铸时，二冷段区域设备、切割区辊道及火焰切割机等应选择在自动工作方式，特别是连铸机二冷扇形段驱动辊传动和扇形段液压缸控制必须选择自动工作方式。

7.2.1.2 运转模式

连铸机运转模式在第 2 篇第 11 章和第 12 章已有描述，这里结合自动化控制简要说明如下。连铸机运转时有下列基本模式：准备模式/辊缝测量模式/引锭装入（夹紧，定位，锁紧）模式/保持模式/准备开浇及具备开浇条件/模拟铸造（冷试车）模式/铸造模式/尾坯输出模式/重拉坯模式。

（1）准备模式。准备模式用于线上设备的维修与调整，以保证各设备在浇注前处于良好的待运转状态。在准备模式中，除单体设备保护所需要的安全联锁外，所有设备的联锁均被解除，此时各类设备的工作方式选择均可选择在"手动"档。此时各传动设备和液压缸（如二冷区蒸汽排风机、结晶器排烟风机、二冷扇形段驱动辊电机、切割区辊道电机、结晶器冷却水增压泵及液压夹紧缸、压下缸等）均可手动操作和调整。

准备模式是在装入引锭前进行，准备模式完成的标志，首先是液压站起动并正常工作，其次要求相应的设备处于规定的状态，例如：引锭由保存位置输送到送引锭位、结晶器振动不允许振动、二冷扇形段夹紧液压缸按板坯厚度自动夹紧定位、扇形段驱动辊压下缸按 I 压打开等。在进入下一运转模式前，以上工作必须完成，操作员可在 HMI 人机界面显示屏上观察判定，完成时加以确认，此为进入下一模式的必要条件。

（2）辊缝测量模式（可选模式）。辊缝测量模式是一种可选工作模式，必要时可在引锭装入前选择。

板坯连铸机外弧的对弧偏差和辊子开口度（辊缝）偏差是铸坯在二冷区产生辊子错位应变及铸坯尺寸偏差的主要原因之一。辊子的停转不仅造成辊子的磨损而且影响铸坯的表面质量和增大拉坯阻力。

连铸机采用辊缝自动测量以检测外弧的对弧精度、辊缝尺寸及精度以及辊子的运转情况。采用自动测量可减少人工测量操作造成的误差，又提高了连铸机的作业率。辊缝测量系统主要包括：1）辊缝自动测量仪；2）连铸机外弧及辊缝（开口度）测量数学模型；3）辊缝测量运行控制模型；4）检测数据的传输及远程辊缝的自动调整。

辊缝测量是将辊缝测量仪安装在引锭头部，完成类似送引锭和模拟铸造的过程，测量仪在经过整个二冷区域时，将辊缝数据传送至控制器。

（3）引锭装入模式。引锭装入是指在开浇前，控制扇形段驱动辊把引锭装入结晶器中规定的位置，包括装入引锭杆并确认；夹紧引锭杆并确认；定位引锭杆并确认；引锭杆自动跟踪系统启动等。

引锭装入模式是将引锭送入连铸机结晶器中的操作模式，此模式可从引锭装入前或准备模式后选择。

（4）保持模式。保持模式是把引锭头固定在结晶器内，等待铸造的模式，从引锭装入模式结束后到开始铸造为止。此模式开始后，为了防止引锭下滑，有关扇形段驱动辊处于制动状态。

保持模式下的连铸机处于准备铸造状态。

（5）具备开浇条件。具备开浇条件说明设备已满足"具备开浇条件联锁"的要求，此开浇条件是转入铸造模式的必要联锁条件，例如：一次、二次冷却水总阀打开，一次冷却水开始循环，蒸汽排出风机打开，结晶器排烟风机打开等联锁条件。

（6）模拟铸造（冷试车）。冷试车并不是真正的铸造模式，只是一种模拟铸造，它是在没有铸坯的情况下，模拟铸造时的程序控制及相应动作，它是一种用模拟的方法来体现正常的生产过程或试验连铸机设备的联锁正确性，为连铸机热试车提供必要的保证。

（7）铸造模式。铸造模式是在钢包中钢液开始流入中间罐时，连铸机即进入铸造模式。

（8）尾坯输出模式。尾坯输出模式用于铸造末期为结晶器中钢液面进行封顶处理后进行的操作。只能从铸造模式后开始。

（9）重拉坯模式。重拉坯模式是因各种原因致使正常连续铸造操作中断时的运转模式，一般在铸造模式进行之中出现，由人工紧急切换。

7.2.2　增强连铸机生产过程自动化程度

连铸机要提高生产过程自动化程度，尽量减少人员操作强度，除了前面章节介绍过的控制装置和控制方法外，一些新的控制技术也是必不可少的，如中间罐钢液液位自动控制技术、连铸开浇自动控制技术、保护渣加入自动控制技术、氩气流量检控技术等。近年来各钢铁企业也在不断地开发和应用新技术，以使连铸机的生产过程自动化程度更高。

7.2.2.1　中间罐钢液液位自动控制

中间罐钢液液位控制是提高铸坯质量，保证顺利浇注的重要手段，把中间罐的钢液液位控制在一定高度，使钢液在中间罐内有足够的停留时间，让夹杂物上浮，同时也可以保证钢液从滑动水口或塞棒下水口稳定地注入结晶器。这也是结晶器液位稳定不变的一个先决条件。中间罐钢液液位的自动控制系统控制原理如图 4-7-14 所示。

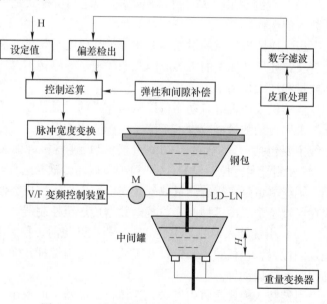

图 4-7-14　中间罐钢液液位自动控制系统原理

钢液液位基本控制原理是采用安装在中间罐小车的升降架上的四个称重传感器，测量中间罐的皮重以及钢液进入中间罐后的总重，把这些重量信号，送至 PLC 得出净钢液重量，换算成钢液位高度。把这一高度与设定值作比较，如有偏差，由 PLC 进行运算，经液压伺服机构或电动执行机构控制钢包滑动水口的开口度，改变流入中间罐的钢液流量。为使中间罐钢液液位保持在一规定的高度上，在使用电动执行控制机构时，将使用交流电动机和脉冲宽度调制的 VVVF 变压变频装置供电。中间罐液位自动控制系统编程时主要考虑下面两个问题。

（1）解决好称重的抗高频干扰问题，即 PLC 在采集中间罐的皮重及总重进而计算钢液重量时，应进行数字滤波，以消除测量信号的高频干扰。数字滤波采用移动平均方式，即 PLC 以 1s 为采样周期（具体采样周期要多长，要视所采用 PLC 的性能而定），对重量信号进行 5 次采样，将 5 次采样值作移动平均，经滤波后送主操作平台上的大屏幕数字显示。

（2）为了保证水口开口度的准确性，由 PLC 对该信号进行判别和控制运算，即按测量值 PV 和目标值 SV 之差，以及 PV 的变化率 dpv/dt 值的大小来决定钢包滑动水口滑板的移动方向和移动行程。系统可设定滑动水口两种开闭滑板的移动量，即大移动量 B（开、闭）和小移动量 S（开、闭），在不同重量偏差和不同变化率下，滑动水口滑板移动量是不同的。系统采用脉冲宽度调制的 VVVF 变频装置，该装置接受 PLC 来的脉冲宽度指令信号。设 T_B 和 T_S 分别为水口滑板移动量 B（开、闭）和移动量 S（开、闭）所需时间，由于传动装置和机械结构存在着游隙和弹性变形，在变化动作和变换方向时，水口滑板要达到设定的大或小移动量所需的动作时间都会大于 T_B 和 T_S，为了能准确定位，设置了补偿弹性变形和游隙的附加时间 ΔT_1 和 ΔT_2，并按照表 4-7-4 的逻辑动作执行。这样就保证了水口滑板每次移动量的准确性，从而提高控制精度。

表 4-7-4　弹性变形和游隙补偿表

滑动水口动作指令顺序		需要的指令时间 T（DCS→滑动水口控制盘）
上一次的指令内容	本次的指令内容	
B 闭或 S 闭	B 闭	$T_B + \Delta T_1$
B 闭或 S 闭	S 闭	$T_S + \Delta T_1$
B 开或 S 开	B 闭	$T_B + \Delta T_2$
B 开或 S 开	S 闭	$T_S + \Delta T_2$
B 闭或 S 闭	B 开	$T_B + \Delta T_2$
B 闭或 S 闭	S 开	$T_S + \Delta T_2$
B 开或 S 开	B 开	$T_B + \Delta T_1$
B 开或 S 开	S 开	$T_S + \Delta T_1$

注：T_B—滑动水口大移动量 B（开、闭）所需理想指令时间；T_S—滑动水口小移动量 S（开、闭）所需理想指令时间；ΔT_1—行程补偿时间（克服弹性变形）；ΔT_2—游隙补偿时间（克服机械游隙）。

以上控制系统基本可以满足中间罐钢液液位的控制要求，但由于滑动水口因磨损和腐蚀而具有非线性时变特性，所以以上这种控制策略很难实现理想的控制。

系统的控制方式，可设计成自动、手动两种方式。在浇注初期为手动操作，待满足联动条件后，即中间罐钢液液位达到设定值后，可切换到完全自动状态，在浇注末期，由自动状态切换到手动状态。

7.2.2.2　连铸开浇自动控制

开浇是连铸生产中一个极其重要的环节，在开浇过程中结晶器中的钢液液位逐渐升高，连铸机扇形段驱动辊在浇注初期并不工作，而是当结晶器中的钢液液位达到规定高度后才开始拉坯，而且拉速是按照一定的逻辑关系从一个低于正常拉速的值逐渐增高，直至进入正常浇注为止。开浇的成功与否直接决定着连铸过程是否能够顺利进行，所以连铸机开浇的自动控制是一项十分重要的关键控制技术。开浇的自动控制可分为两个阶段：第一阶段，把引锭装入，然后钢液注入结晶器内，引锭不动，结晶器内钢液以恒速上升，直到某个规定的高度，一般为结晶器液面正常高度的 70%~80%。第二阶段，引锭以预先设定的速度和加速度开始往下拉坯，一直到达预先设定的稳定速度为止。在这一过程中，结晶器自动钢液液位控制系统投入运行。开浇自动控制系统如图 4-7-15 所示。

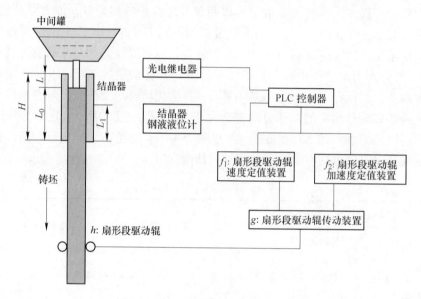

图 4-7-15　连铸机开浇自动控制系统

该系统先测量从中间罐注入结晶器钢液的重量，以物料平衡计算出拉坯引锭的加速度。或者通过时间控制引锭拉坯的加速度。并把这些数据送到夹送辊的驱动装置，以保证连铸过程的稳定运行。

结晶器上部装有光电继电器，当钢液开始注入结晶器时，光电继电器动作，反映出钢液到达结晶器时刻 T_0，这个信号送到 PLC 中，当钢液到达离结晶器出口某一设定高度 L_1 时，根据钢液液位计送 PLC 记下到达此高度的时刻 T_1。同时发出信号使传动装置 g 启动连铸机驱动辊 h。

然后，由 PLC 进行除法运算 $L_1/(T_1 - T_0)$，这个值就是钢液液面在结晶器内上升的速度，把这个值送入驱动辊速度控制装置 f_1 中，由此决定驱动辊最终速度 $v_c(\mathrm{m/s})$，此外 PLC 还按下式计算出加速度 a，该式的出发点是使结晶器钢液液面稳定在 $L_0 = H - L$ 处

$$a = \frac{K v_c^2}{2(H - L - L_1)} \tag{4-7-1}$$

式中　H——结晶器总长度；

　　　K——备用系数（取 1.05~1.1）。

由式（4-7-1）决定的加速度送到驱动辊加速度定值装置 f_2 中，通过上述的控制过程达到连铸开浇自动控制的目的。

7.2.2.3　保护渣加入自动控制

保护渣在结晶器液面上的均匀等量加入是保持铸坯和结晶器良好润滑、防止钢液表面氧化，吸收上浮非金属夹杂物所必不可少的，为了使加入的保护渣均匀而又充分，采用保护渣加入自动控制系统。由于连铸场地情况不同，该系统有许多种形式，下面介绍其中的一种，由德国曼内斯曼公司制造的保护渣自动加入控制系统，其装置如图4-7-16所示。

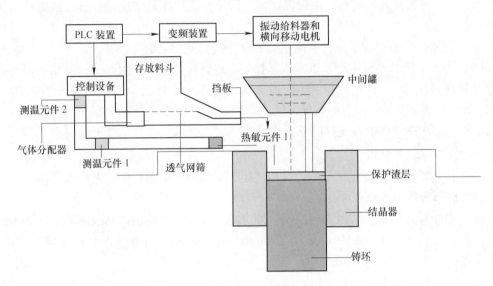

图 4-7-16　连铸机保护渣自动加入装置

保护渣自动加入系统由加料系统和控制系统组成。加料系统由斜槽加料器、料仓和料仓下面的透气网筛组成。控制系统由辐射接收器和气动控制回路组成，气动控制回路由PLC进行控制，辐射接收器为一个热敏元件，接受结晶器液面的热辐射。由于渣层厚度不同，辐射热也不同，热敏元件所感受的温度也随之变化，由测温元件 1 测出。另一个测温元件 2 则测量环境温度。两者温度比较，当其偏差大于某规定值时，此时就改变保护渣加入量，直到温度偏差正常为止。

为了使保护渣加入均匀，用具有一定压力的氮气输送保护渣到结晶器上方的投入装置，这样可以保证保护渣沿结晶器窄边方向均匀。由PLC通过变频调速装置控制振动给料器和横向移动电机，以保证保护渣沿结晶器宽度方向投入均匀。

保护渣自动加入控制系统考虑的是辐射温度偏差值，因而能保证保护渣的渣层厚度，而与铸造速度无关，同时也与结晶器和中间罐的浇注状态无关，使用方便灵活。

7.2.3　连铸机特殊设备的控制

7.2.3.1　电磁搅拌

A　电磁搅拌的功能与类型

电磁搅拌系统简称EMS，电磁搅拌技术应用在连铸上对改善金属凝固，提高铸坯质量，有着明显的作用，特别是对质量要求严格的合金钢连铸更是必不可少的。电磁搅拌器的结构和形式是多种多样的。根据连铸机类型、钢种、铸坯断面和电磁搅拌安装的位置不同，目前处于实用阶段的有以下几种类型：

（1）按使用电源来分，有直流传导式和交流感应式。

（2）按激发的磁场形式来分，有恒定磁场型，即磁场在空间恒定，不随时间而变化；旋转磁场型，即磁场在空间绕轴以一定速度作旋转运动；行波磁场型，即磁场在空间以一定速度，向一个方向作直线运动；螺旋磁场型，即磁场在空间以一定速度绕轴作螺旋运动。目前正在开发多功能组合式电磁搅拌器，即一台搅拌器具有旋转、行波或螺旋磁场等多种功能。

（3）按使用电源相数来分，有两相电磁搅拌器和三相电磁搅拌器。

（4）根据不同的连铸生产要求，按搅拌器在连铸机的安装位置来分，有结晶器电磁搅拌器（简称 M-EMS）、二次冷却区电磁搅拌器（简称 S-EMS）、凝固末端电磁搅拌器（简称 F-EMS）、结晶器足辊段与铸坯导向辊之间的电磁搅拌器（简称 I-EMS，它具有结晶器电磁搅拌与二次冷却区电磁搅拌的双重作用）。

B　电磁搅拌的特点

（1）通过电磁感应能实现能量无接触转换，不和钢液接触就能将电磁能转换成钢液的动能，也有部分转变为热能。

（2）电磁搅拌的磁场可以人为控制，即电磁力可以人为控制，钢液流动的方向和形态也可以控制。钢液可以是旋转运动、直线运动或螺旋运动。可根据连铸钢种质量的要求，调节参数获得不同的搅拌效果。

C　电磁搅拌的原理及电气传动装置

一个载流的导体处于磁场中，受到电磁力的作用而发生运动。同样浇注的载流钢液处于磁场中产生的电磁力就会推动钢液按规律运动，产生搅拌效果，这就是电磁搅拌器的原理。前面所提到的电磁搅拌器的形式和种类很多，现在就以板坯连铸机为例说明它的电气传动装置。板坯连铸机电磁搅拌工作原理如图 4-7-17 所示。

从图 4-7-17 中可以看出，板坯向下运动，在板坯宽面装有电磁搅拌的搅拌头，内部装有线圈，当线圈通交流电以后，头部产生成对磁场，此时铸流温度约 1500℃，其

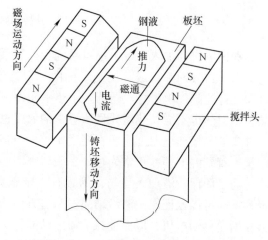

图 4-7-17　板坯连铸机电磁搅拌工作原理

磁导率 μ 为 1，磁力线垂直穿过带液芯的高温坯壳，随着交流电的变化，磁场作水平方向移动，作为导体的钢液在交变磁场中产生感应电流，该电流产生的二次磁场与移动磁场相互作用，使钢液按移动磁场方向运动，在搅拌头附近的钢液流动带动了周围钢液流动，从而产生搅拌效果。由于此钢液温度接近凝固点，黏滞度较大，钢液移动速度约为磁场移动速度的 1%~2%，该速度除了与温度有关外，还与板坯尺寸有关。

电磁搅拌电气传动装置，要用低频、大电流、大功率变频装置供电以产生移动磁场，

例如 250mm × 1900mm 板坯连铸机铸坯推力值按连铸要求应在 70Pa(65mmFe) 以上，其变频装置输出应为：额定电流 700A × 2，额定电压 106V，额定容量 257kV·A，93.3kW，输出频率 4~8Hz，连续可调。变频装置主回路如图 4-7-18 所示。

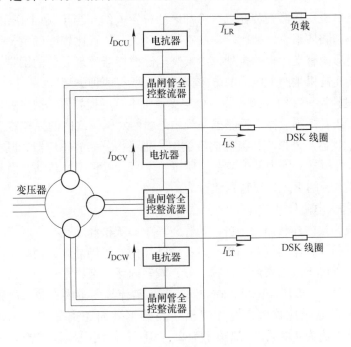

图 4-7-18　变频装置主回路

从图 4-7-18 可以看出，晶闸管全控桥接成三角形，只要在各组整流器控制电流通入一定相位的双峰波信号，各桥直流输出端将产生双峰波电压，由于负载接成星形，最终在负载中合成三相交流电流。三角形变频器由三组全控桥串联而成。串联电抗器以保护晶闸管，在控制单元中设有电流反馈和逻辑控制电路等。

D　结晶器电磁搅拌（M-EMS）

结晶器电磁搅拌的特点是：钢液在结晶器内，搅拌器置于结晶器冷却水箱的外面。搅拌器内的铁芯所激发的磁场通过结晶器的钢质水套和铜板进入钢液中，借助电磁感应产生的磁力，促进钢液产生旋转运动或上下垂直运动。

结晶器铜板具有高导电性，若使用 50Hz 工频电源，由于集肤效应，磁场沿铜板厚度由外向里穿透能力只有几毫米，小于铜壁的厚度，也就是磁场被结晶器屏蔽而不能进入钢液内，无法搅拌钢液。因此采用低电源频率（2~10Hz）。一般铸坯断面大、结晶器铜壁厚时，电源频率取低一些；断面小、结晶器铜壁薄时，电源的频率取高一些。另外，对结晶器电磁搅拌器，适当降低安装位置，使钢液弯月面附近的磁场尽可能小，这样，即使搅拌强度较强，也不至于引起弯月面的波动和卷渣，使弯月面附近钢液的流动速度适当，有利于提高铸坯的内在质量。结晶器电磁搅拌的作用为：

（1）钢液运动可以阻止柱状晶增长，增加等轴晶率，改善铸坯内部组织结构。

（2）钢液运动促进钢液中夹杂物和气体上浮，改善铸坯表面和内在质量。

（3）钢液运动有利于改善坯壳厚度的均匀性，有利于提高拉速。

（4）钢液运动，减少内外温差可适量放宽钢液对过热度的要求。

E　二次冷却区电磁搅拌（S-EMS）

a　电磁搅拌的安装位置与类型

二次冷却区电磁搅拌器安装在二次冷却区的位置大约相当于凝固坯壳厚度为 30mm 左右处。对于方坯和圆坯来说，二次冷却区空间比较大，位置比较好确定，但对于板坯连铸机来说，由于扇形段有支撑辊的排列，给安装电磁搅拌器带来一定的困难。经过几十年的研究，目前板坯连铸机生产上应用的电磁搅拌器主要有两种类型。

（1）平面搅拌器。在内外弧各装一台与支撑辊平行的搅拌器，或者在内弧侧支撑辊后面安装搅拌器，或者把感应器的铁芯插入到内外弧两对辊子之间的搅拌器。

（2）辊式搅拌器。外形与铸流导向辊类似，辊子内部装有感应器，既支撑铸坯，又起搅拌器作用。这种搅拌器因为贴近铸坯，所以效率高，但它需要转动，因此在冷却水进出的防护上和变频电源的引入是要特别注意的。

b　二次冷却区电磁搅拌的作用

（1）打碎液相穴内柱状晶的搭桥，消除铸坯中心疏松和缩孔。

（2）破碎铸晶片，作为等轴晶核心，扩大铸坯中心等轴晶区，消除中心偏析。

（3）可以促进铸坯液相穴内夹杂物上浮，减轻内弧夹杂物聚集。

某钢铁公司有一台板坯连铸机，在二次冷却区铸流导向辊内安装了电磁搅拌器。在每流上设置 3 对 6 根电磁搅拌辊，搅拌辊至结晶器钢液面距离分别为 11.78m、13.56m、15.35m。搅拌器电流为 400A，电源频率为 2~10Hz。使用电磁搅拌器后，板坯凝固组织等轴晶为 15%~30%；中心偏析、内部裂纹和夹杂物分布都有明显的改善。

结晶器足辊段与铸坯导向辊之间的电磁搅拌（I-EMS）安装方式和作用与 M-EMS 和 S-EMS 大体相同。

F　凝固末端电磁搅拌（F-EMS）

铸坯液相穴末端区域，铸坯已到凝固末期，钢液过热度消失，液芯处于糊状区，由于偏析作用，糊状区钢液碳、硫、磷等富集溶质浓度较高，易于造成较严重的中心偏析。为此，在这个区域安装电磁搅拌器，一般采用频率为 2~10Hz 的低频电源。凝固末端区域电磁搅拌一般用于方圆坯连铸机。凝固末端的电磁搅拌的作用是：通过搅拌，使液相穴末端区域的富集溶质分散在周围区域，降低铸坯中心偏析；防止搭桥，减少中心疏松和缩孔。

G　电磁搅拌器选择

如何选择电磁搅拌器，是一个很重要的问题，一般来说，在连铸机不同的位置采用不同类型的电磁搅拌器，对改善铸坯质量都会有一定的效果。但在实际应用中根据最佳冶金效果有一个最佳的选择问题，以下几个方面可作为选择搅拌器的基本考虑。

（1）首先考虑钢种。合金钢含有较多的合金元素，为了得到相同的钢液搅拌流速，搅拌不锈钢的磁感强度比碳钢要高很多；不锈钢钢液黏性大需要很大的电磁力。

（2）考虑产品质量要求。确定电磁搅拌要解决连铸坯主要缺陷类型。如中厚板主要是中心疏松、偏析，薄板主要是皮下气孔和夹杂物。

（3）根据铸坯断面。铸坯断面大小决定了拉速和液相穴长度，因而就影响到搅拌器的安装位置。

（4）搅拌方式。根据产品质量确定是单一搅拌方式，还是组合搅拌方式。

（5）搅拌参数。根据钢种和连铸生产操作参数（如钢液过热度、拉速等）确定搅拌形式、功率、电源频率、运行方式等。

H　电磁搅拌自动控制

电磁搅拌的自动控制，也是分级控制，即过程控制级（L2）根据连铸生产要求的时序通过数据通讯向基础自动化级（L1）下达电磁搅拌的执行指示和设定参数。

电磁搅拌控制装置 L1 级是一台单独的 PLC 控制单元，电磁搅拌的设定参数包括电流、通断时间、搅拌方式、搅拌频率等，在 L2 级未投入的情况下，这些参数也可以存储在电磁搅拌的 PLC 控制单元中。在电磁搅拌按生产操作要求启动后，依照设定参数，对电磁搅拌装置进行时序控制。

a　搅拌方式

（1）连续方式。连续方式是以同一方向、同一频率、同一电流值对铸坯进行搅拌，此时只要设定频率和电流即可。一般方坯结晶器区域电磁搅拌采用旋转磁场连续搅拌的运行方式，中心磁场感应强度幅值应不小于 $500 \times 10^{-4} \mathrm{T}$。

（2）交替方式。交替方式与连续方式相反，搅拌方向、电流值按一定规律周期性变换（频率设定后始终不变），其搅拌电流如图 4-7-19 所示。

电流值 $I_1 \sim I_6$ 和通断时间 $T_1 \sim T_6$ 可由操作站上的按钮设定或由 PLC 自动执行。此时钢液会周期性地反向流动，除受启动、制动、反向推力作用外，由于垂直于铸坯的磁通不断发生变化，钢液在流动的同时还受推斥力而横向振动，从而增加搅拌效果。一般来说，末端电磁搅拌采用这种旋转磁场交替搅拌的方式，或者

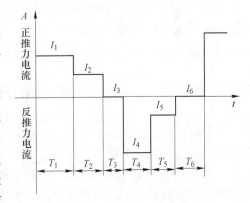

图 4-7-19　周期交替方式推力电流

同时交替采用上述两种混合搅拌的运行方式，以减少中心偏析，防止产生白亮带。

由于凝固末端电磁搅拌的位置处于坯壳已有相当大厚度的地方，液芯小而且几乎成糊状，故需要较大的电磁感应强度，才能使钢液达到 $10 \sim 20 \mathrm{cm/s}$ 的流速。

b　系统故障检测和报警

连铸机电磁搅拌自动控制除了上述功能外，系统故障检测和报警也是自动控制中不可缺少的组成部分。其中检测和故障报警的参数和装置包括电磁搅拌的电流电压、电磁搅拌冷却水装置、外罩的工业用水装置、本体内氮气净水系统、直流电压的过欠电压和过欠电流、整流器故障、逆变器故障、整流器逆变器变热和绕组过热、电流跟踪故障、三相不平衡故障、绕组绝缘故障、水温故障、水流量故障、水压故障、断相和短路故障等。以上故障均应在 HMI 人机界面上作报警显示，并按以下三种方式处理：

（1）故障较轻时只作报警，暂不停机，提醒操作者注意。

（2）停止搅拌。当冷却水水压、水流量不足、水温过高、三相电流严重不平衡、电压过高或过低、风机故障、电源模块故障等情况发生时。设备应封锁，停止搅拌。

（3）系统总停。当变压器故障保护动作、整流熔断器损坏、主电路熔断器断路、预充

电故障、主接触器故障、电源严重不正常等情况发生时，系统应总停。

7.2.3.2　结晶器电磁制动（EMBR）

为了无氧化浇注，中间罐钢液通过浸入式水口流入结晶器。浸入式水口插入结晶器钢液液面下一定深度，并各向结晶器窄面方向开两个一定形状的孔，称之为侧孔，而钢液就是通过两个侧孔流入结晶器里。但从浸入式水口侧孔流出来的钢流速度较大，流入结晶器水口两侧，与两侧钢液相碰后分成两个流股，一股向结晶器表面流动，一股沿凝固壳向下流动。向下的流股把夹杂物带入液相穴深部而上浮困难；流股冲刷凝固壳增加了角裂和漏钢的危险性；宽面中部弯月面钢液不活跃易于冻结。

为了解决这些问题，开发了结晶器电磁制动技术（简称 EMB），即在板坯结晶器两个宽面处外加两个恒定磁场，从水口侧孔来的流股，以相当大的速度垂直切割磁场，从而钢液中产生一个电磁力，其方向与流股方向相反，使流股的冲击力减弱产生制动效应。在电磁制动作用区，大流股被分散成小流股，在结晶器里也起了搅拌作用，活跃了结晶器钢渣界面。结晶器电磁制动装置共有三种类型：局部区域电磁制动装置 EMBR；全幅一段电磁制动装置 EMBR-Ruler；全幅两段电磁制动装置 FC-Mold。

目前，人们还在继续开发全幅三段变磁通电磁制动装置。对电气传动来说，三种类型电磁制动装置都是直流电源励磁，并由 PLC 进行控制，给电磁制动的整流装置设定输出电流值以及运转指令等。

7.3　连铸机自动化控制技术的发展前景

连续铸钢是钢铁工业生产中一个重要的工艺环节，随着经济全球化竞争时代的到来，连铸机铸坯质量将成为技术开发和立于市场前沿的重要标志。铸坯质量已不仅仅是"合格产品"的理念，更重要的是追求产品质量更高、更好。目前连续铸钢已经能够浇注绝大多数钢种，但新材料的试制和开发对炼钢和连铸生产及其相关设备会提出更高的要求，随之而来，连铸机自动化控制技术更是面临着不断更新、不断发展和提高的需要。

前面各章节介绍的一系列自动化控制技术虽已广泛应用在连铸生产中，但其中主要控制环节中尚有不尽完善或解决不彻底的技术。例如，在中间罐和结晶器液位控制系统中，中间罐液位控制系统受到钢包钢液流动的扰动，结晶器液位控制系统受到中间罐钢液流动的扰动，其主要原因是水口堵塞和磨损造成钢液流量的非线性，应当寻求一种滤波方法对流量进行补偿，这样才能大大改善液位控制的精度；再例如，真正意义上的自动开浇控制，虽有应用，但技术不是十分成熟，推广普及存在问题，这也是目前尚未解决的控制难题，因为自动开浇控制成功与否，直接影响到连铸能否顺利进行，甚至可能导致钢液大量溢出，严重危及人身和设备安全，因此它的研究开发具有重大现实意义；第三，由于铸坯的钢种多样化和连铸技术的更新发展，生产过程参数和过程变量参数检测的种类、精度及方式多种多样，这也给有关连铸的检测仪表提出了更高的要求；第四，有关连铸过程优化的数学模型，要随着现代控制理论的发展，不断地进行改进和完善。更为重要的是，由于自动化程度越来越高，而且钢铁生产有向炼钢—连铸—连轧一体化短流程方向发展的需求，所以研究开发炼钢—连铸生产调度系统及其数学模型、连铸坯热送热装在线控制数学模型等更为迫切和重要。

7.3.1 连铸机控制技术的新进展

7.3.1.1 新型结晶器钢液液位自动控制系统

新型结晶器钢液液位自动控制系统大致有下面三个方面来改进和提高。

A 采用人工智能方法构成系统

由于滑动水口粘上凝固钢液，以及水口阻塞和烧损等原因，采用常规的控制系统难以控制，虽然研究和采用过诸如引入结晶器振动信号量自动调整振幅及周期以使水口平滑移动和抵消滞后，使用自动调整 PID 参数方法、使用自适应参数模型等，均未收到良好效果。最后采用智能专家系统，取得了较为理想的控制效果。

B 采用现代控制理论构成系统

鉴于计算机和计算技术的飞速发展，从而使现代控制理论成功地应用于工业控制，采用现代控制理论来构成连铸机结晶器钢液液位自动控制系统的实例如下。

（1）使用 H^∞ 的控制理论的高精度连铸结晶器钢液液位自动控制系统，其工作原理如图 4-7-20 所示。

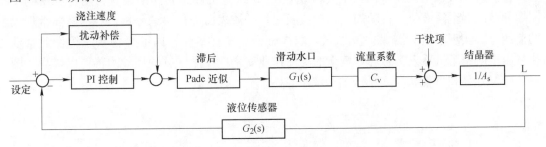

图 4-7-20　结晶器液面控制增益调度 H^∞ 控制系统工作原理

（2）使用状态观测器的高精度连铸结晶器钢液液位自动控制系统。其工作原理如图 4-7-21 所示。

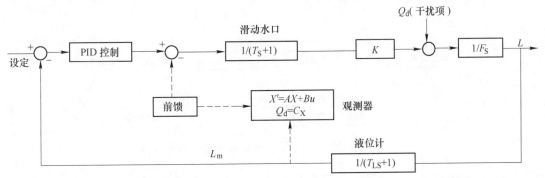

图 4-7-21　使用状态观测器的结晶器液位控制系统工作原理

下标 X—水口开度；Q_d—干扰项（浇注速度等）；K—流量系数；F—结晶器截面积；T—滑动水口时间常数；T_L—涡流式液位计时间常数；L_m—液位信号；下标 L—结晶器液位；C—常数；下标 S—算子；A, B—计算系数

C 使用数学模型的钢液液位控制系统

经过试验研究可得出结晶器液面波动与浇注条件的关系，确认在高拉速铸造时，通过

结晶器窄边上升的排出翻流支配着结晶器液面的波动量，该波动量与浸入式水口形状、浇注速度、铸坯宽度、水口内气体吹入量、水口浸入深度等因素有关。针对以上过程参数，建立其特性值的控制数学模型，对结晶器液位进行控制，达到高度稳定液面的目的。

7.3.1.2　高速铸造二冷水动态控制

连铸机普遍采用气水雾化冷却方式，为防止拉速增高后，铸坯温度高而引起的鼓肚、铸坯内裂、偏析等缺陷，可在二冷不同位置设置光纤红外高温计以测定铸坯温度，利用一维或二维热传导方程对连铸机长每隔 500mm 处铸坯的含热量及铸坯厚度方向的温度分布进行计算，并每隔 Δt 时间（20s）计算一次喷水量，以使铸坯表面温度在控制目标温度内，同时计算出实测的铸坯温度与目标温度的差别，进行反馈控制以适当修正二冷水流量。

利用以上方法，可大大减少连铸中铸坯温度的波动，克服在高拉速下出现的鼓肚、内裂等缺陷，提高铸坯的表面和内部质量。

7.3.1.3　智能机器人的应用

智能机器人应用在连铸领域主要体现在 CCD 摄像机和激光测距装置，测定和观测中间罐和结晶器钢液液位，自动加入保护渣及对保护渣表面进行映像分析，对钢液异常现象的监测等，实现了结晶器保护渣加入、取样分析、监视结晶器内部异物状态等作业自动化，由于使用了机器人，恶劣环境下的浇注作业安全性及操作员的环境改善得以提高。图4-7-22 是连铸机智能机器人系统的构成示意图。

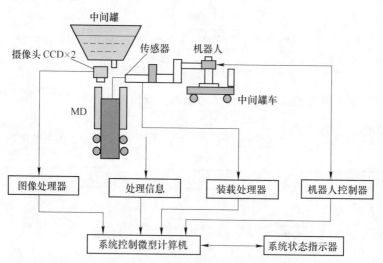

图 4-7-22　连铸机智能机器人构成示意图

图中的智能机器人包括眼睛（两个 CCD 摄像机和一个图像处理机）、大脑（信息处理、系统控制计算机及内含专家系统）、手（一个六轴负载传感器和执行器），这种智能机器人可替代操作人员进行测定和观测中间罐和结晶器钢液液位；加入开浇所需的保护渣并使之均匀分布；除去边渣和渣壳，防止卷渣；投入浇注中所需各种保护渣并均匀分布；监视结晶器内部异物状态变化等。智能机器人的应用可覆盖大部分浇注作业，基本实现浇注无人化操作。

7.3.1.4　连铸结晶器可视化技术

连铸结晶器可视化技术是把连铸机的各类传感器群（中间罐钢液温度、重量和液位、滑动水口升降行程和水口开度、结晶器钢液液位、埋入结晶器铜板中的热电偶温度、冷却水温度和流量、氩气流量和压力、结晶器宽度、开口度、倒锥度、连铸机驱动辊辊间距和速度等传感器）的数据送入专用的 PC 计算机，进行数据处理和数模运算，其数模包括物理推定数模、按水口开度和中间罐钢液液位推导的理论钢液流量数模、按凝固传热理论推定的结壳生成数模以及钢液温度下降数模等，经数模运算得出显示中间品质指标数据，如水口堵塞系数、弯月面、钢液温度、结晶器冷却水温差、氩气流量、压力及浇注速度等，这些中间品质指标数据与预设定的钢种和消除铸坯缺陷所需的作业比较，然后作成可视化画面（包括要求铸坯品质的中间指标、最终要求指标和实测数据的关系比较等），并输出为保证铸坯品质的作业和操作量化建议，操作量化建议包括电磁制动、电磁搅拌等磁场控制以及中间罐等离子加热（或感应加热）温度控制等的预设定。

7.3.1.5　氩气流量检测控制

连铸过程中，钢液被二次氧化对板坯的质量极为不利，用惰性氩气喷吹进行氩封可有效地预防钢液被二次氧化，然而，氩气过多又会引起钢液中气体过多，在铸坯的皮下和表面产生气泡，这对一些钢种又是十分有害的，特别是汽车用冷轧钢板。氩气流量检测控制装置用于钢包滑动水口、长水口，中间罐塞棒、浸入式水口等设备钢液浇注过程中的二次防氧化密封，近年来受到越来越多的用户的重视与青睐。这项技术并没有神秘感，但是对连铸坯的质量至关重要。

位于瑞士温特图尔的 FCTechnik 公司是一家业务遍及全球的公司，他们提供的 Flox [on] 系列质量流量控制（MFC）是针对冶金工业应用专门开发的流量控制仪器，Flox [on] 系列控制器拥有丰富而出色的成功案例。控制气体质量流量范围为 $0.5 \sim 7000$NL/ min，最大工作压力为 1.6MPa。采用最先进的压力补偿比例阀设计，避免气体在气源压力或背压波动时受影响。所有 Flox[on] 质量流量控制器都展现了独一无二的强大功能，在极端苛刻的工业环境下，具有更长久的工作寿命，免维护式设计，使用简便。针对连续铸钢的 Flox[on] 质量流量控制器参数见表 4-7-5。

表 4-7-5　连铸 Flox ［on］ 质量流量控制装置参数

技 术 参 数	单 位	Flox[on] CN61
最大流量	NL/min	250
最大操作压力	MPa	1.6
调节比		$1 \sim 50$
适用介质		氩气、氮气或所需气体
校准介质		氩气、氮气或所需气体
精确度		0.5 满量程
阶跃响应（10%~90%）	s	$1 \sim 5$
旁通通径		DN4
供电电压	V（DC）	$24 \pm 15\%$

技　术　参　数	单　　位	Flox［on］CN61
功率	W	15
连接方式		英标准螺纹 1/2 ″
设定/反馈信号	mA	4 ~ 20
旁通信号	V（DC）	开关量 24
阀体材质		铝合金
阀芯材料		黄铜
过滤器	μm	50
法兰连接		铝合金
工作温度	℃	− 10t ~ + 60

7.3.2　检测仪表和检测技术的发展状况

7.3.2.1　多功能辊缝仪

连铸机保持准确的辊缝是克服铸坯鼓肚和提高铸坯质量的重要手段之一，辊缝仪的广泛应用，在提高铸坯质量和增强经济效益方面发挥了重要作用。目前，辊缝仪的发展趋势是多功能化、计算机化和高精度化，它的功能已不仅仅限于测量板坯连铸机辊子开口度和外弧线精度，还增加了辊子旋转情况、轴承损坏状况、二冷喷嘴堵塞情况等。

这种多功能辊缝仪由传感器测头、红外遥控器、专用 PC 计算机、彩色打印机、维修检验装置等组成。仪表测头上装有各种用途的传感器，包括测量辊子开口度和辊子偏心度的位移传感器，测量连铸机外弧线的角度倾斜仪，测量二冷喷嘴堵塞的压力传感器等。

另外，传感器测头上还装有充电电池、微处理器和红外传感器的密封盒，可以储存测量结果，并且可传送至 PC 计算机进一步处理、显示及打印。红外传感器可接收红外遥控器的动作指令。

国外提供多功能辊缝仪的供货商主要有：德国维克（Weigard）公司、法国 Sollac 公司、芬兰洛德洛基（Rauraruukki）公司、韩国宝威（Power MnC）公司、英国萨克拉德（SARCLAD）公司等。

7.3.2.2　铸坯表面温度检测

铸坯表面温度检测一直是连铸机生产过程参数测量中的重大难题，而铸坯的表面温度参数在二冷水动态控制和铸坯动态轻压下控制中是至关重要的参数之一，以往大多数连铸机在控制数学模型中应用到的温度参数，都是根据生产出的铸坯质量和实践经验经过计算而预先设定。

铸坯的表面温度检测用测量仪表一般选用红外高温计。连铸机中铸坯周围有大量的水蒸气、烟尘和粉尘存在，这样给测量仪表的防护和寿命提出了更高的要求；同时铸坯表面附着有分布不均匀的氧化铁皮，这也给铸坯表面温度的测量带来很大的误差；另外，由于连铸机铸坯二次冷却坯壳增厚的扇形段处于二冷密封室内，也给多点安装红外高温计带来不少困难。

鉴于以上种种原因，如何布置安装适用于连铸机工作环境和较长寿命的高温测量仪表，准确地检测铸坯温度，成为目前急需解决的重大课题。

7.3.2.3 铸坯形状和鼓肚检测

在结晶器下部，若铸坯窄边产生过量的鼓肚或凹陷，会造成漏钢；结晶器窄边过度磨损或表面裂纹，会使铸坯变形或发生角裂；在连铸机驱动辊之间铸坯鼓肚会造成凝固前沿内裂。因此很有必要监视铸坯的形状和鼓肚状况。

由于二冷区恶劣环境的限制，一般的光、电之类的传感器难以使用，需要设计适合此环境条件的测量装置。目前已开发了机械式和激光式的测量装置，可用于检测铸坯在辊子之间鼓肚或凹陷以及在凝固前沿内裂的情况，机械式测量装置易磨损，激光式测量装置使用寿命长且安装灵活。

（1）机械式测量仪。机械式测量仪包括两根接触辊、一根测量辊和位移变送器。测量辊相当于激光探头，可测量铸坯鼓肚或凹陷，为了测量直结晶器直弧形板坯连铸机中浇注厚板坯类铸坯时发生的不规则四边形断面形状和角裂，可在弯曲段出口处安装探头以检测铸坯形状。这种探头设有两个弧形接触点，对着铸坯窄边，并设有两个位移传感器，测量原理如图 4-7-23 所示。

（2）激光式测量仪。激光式测量仪包括"光指示"厚度探头、水冷却盒、激光黑盒体、PC 计算机、步进电机、变速箱、仪器安装支架等。它安装在支撑辊的扇形段框架上，如图 4-7-24 所示。

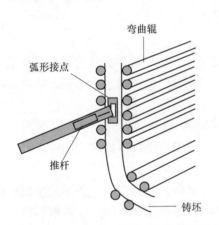

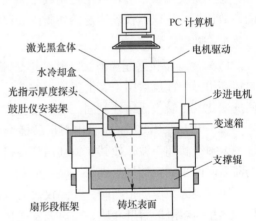

图 4-7-23　机械式铸坯窄边形状测量仪示意　　图 4-7-24　铸坯鼓肚激光测量仪示意

7.3.2.4 铸坯最终凝固点检测

铸坯最终凝固点的检测是测定铸坯的液芯长度，它是铸坯凝固过程中的一个重要表征。能准确地检测到铸坯最终凝固点的位置对了解和掌握连铸生产过程参数有很大好处。例如，在连铸机扇形段对凝固末端实施轻压下技术中，为尽量减少中心偏析，必须计算、检测和控制进行轻压下的铸坯区域的凝固状态；在有些单点矫直的板坯连铸机中，必须在矫直点之前使铸坯全部凝固，以免在铸造中高碳钢种铸坯发生偏析和中心线分层；另外，在任何铸造条件下，板坯必须在出连铸机扇形段之前全部凝固，方坯必须在切割机切割前全部凝固。目前，已经研制成功两种测量铸坯最终凝固点的仪表，即应变计桥路和电磁变送器。

（1）应变计桥路。应变计桥路装置中安装有压力传感器，桥路装置安装在板坯连铸机扇形段两侧的厚度设定销上，在扇形段的入口端和出口端各装一套。压力传感器可测量出连铸过程中扇形段张开力随铸造速度变化的情况，用此测量结果，可以建立传输到扇形段辊子上的钢液静压力引起的鼓肚力（即辊子张开力）和板坯凝固程度之间的关系表达式。测量试验结果表明，当凝固终点液芯部分的固相率在 0.65 ~ 0.70 时，扇形段张开力会发生突然变化，这表明此时板坯中液态部分已被隔离，这时候钢液静压力引起的鼓肚力已经消失，换句话说连铸机的钢水静压力已经传递不到扇形段辊子上。也说明了对板坯轻压下的位置应该在固相率为 0.65 ~ 0.70 之前，否则不但不会对板坯质量产生有益的效果，反而会对板坯内部质量有害，这一点对实施板坯轻压下技术是十分重要的。

影响板坯凝固终点位置的主要是板坯表面温度、拉速、二冷段的喷淋冷却等，这种检测结果对修正这些参数、提高轻压下效果进而提高板坯内部质量意义重大。

（2）电磁变送器。电磁变送器与应变计桥路原理相似，仅传感器为电磁变送器，其优点是电磁变送器可以更容易地从一个位置转移到另一个位置，而且可以用图像清楚地显示液芯末端，使用起来较为方便，但其使用寿命如何还有待于实践证实。

7.3.2.5　铸坯凝固壳厚度检测

铸坯凝固壳厚度也是连铸生产过程中的一个重要参数，在建立二冷水动态控制数学模型、建立铸坯凝固末端轻压下控制数学模型及实施控制策略中，铸坯凝固壳厚度都是重要的参数依据。用仪器仪表测定铸坯凝固壳厚度有以下两种方式。

A　超声波法

（1）冷却罩接触超声波法。其结构是测量装置紧贴铸坯，超声波通过水介质传播，透过铸坯由另一面反射回来，由于超声波在铸坯坯壳和钢液中的传播速率不同，检测传播时间的变化就可转换成铸坯凝固壳的厚度。

（2）IHI 超声波法。由日本石川岛播磨公司（IHI）研制的超声波法，其原理是向铸坯发射射线状超声波，使其在铸坯内部传播，然后接受由内部反射回来的超声波，以反射的滞后时间来测定铸坯凝固壳厚度。

铸坯凝固壳厚度检测时，检测仪表装置放在铸坯表面，装置由以下各部分组成：因铸坯的热量而熔融的熔融介质、超声波发送接收器 A（通过熔融介质向铸坯发射射线状超声波，并接受反射波）和发射反射波滞后时间差检测器 B。

（3）电磁超声波法。电磁超声波法的特点是非接触式，其测定原理是电磁振荡线圈发出的大脉冲电流在铸坯表面产生脉冲状磁场和涡流，并产生纵向超声波从铸坯的固相→液相→固相传到另一侧的铸坯表面，超声波穿透的时间与凝固壳厚度的关系为

$$t = (d/v_S) + (D - 2d)/v_L + (d/v_S)$$
$$d = [t - (D/v_L)]/2[(1/v_S) - (1/v_L)] \tag{4-7-2}$$

式中　t——传透时间；

　　　v_S ——超声波在固相中传播速度；

　　　v_L ——超声波在液相中传播速度；

　　　d——坯壳厚度；

　　　D——铸坯厚度。

固相传播速度 v_{S} 与固相平均温度 T 有一定关系，在超过900℃时为

$$v_{\mathrm{S}} = 5520 - 0.615T \tag{4-7-3}$$

固相平均温度 T 可按铸坯表面温度推算。

液相传播速度 v_{L} 是一定的，约为3906m/s。

B　双向桥式法

双向桥式法由日本NNK公司研制，该装置组成部分包括：作为电流输入的与铸坯压接的接触电极部分、电压测定部分以及接触电极电流流过产生的电压降求解凝固坯壳厚度部分。

电压测定部分测出的电压降与凝固坯壳厚度的关系如图4-7-25所示。由于铸坯凝固部分和未凝固部分的电阻率不同，接触电极电流流过，产生电压降，经过计算即可得出凝固坯壳厚度。

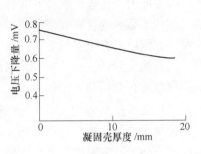

图4-7-25　电压降与凝固壳厚度的关系

7.3.3　数学模型及人工智能技术的发展应用前景

7.3.3.1　结晶器液面自动控制专家系统

结晶器液面自动控制专家系统是根据各传感器采集的数据如浇注速度、结晶钢液液位、滑动水口状态、中间罐钢液重量等对整个操作过程的状态、产生原因及各参数进行评定和推理，控制原理如图4-7-26所示。

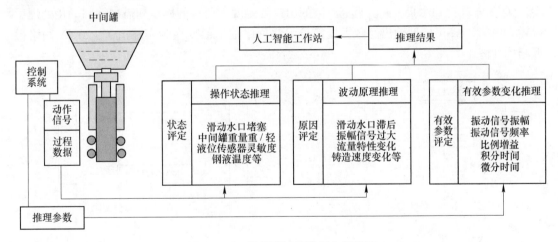

图4-7-26　结晶器液面控制专家系统

操作过程的状态包括滑动水口堵塞与否、水口是否烧损、中间罐钢液的重量是轻还是重、液位传感器的灵敏度和钢液温度等。产生原因包括滑动水口动作滞后、振动振幅是否过大、滑动水口流量特性变化等。各参数包括振动信号振幅和频率、调节器PID参数等。

评定和推理可以确定哪一个参数对波动产生影响较大，从而确定所需对策，并及时调节，使PID控制参数为最佳，整个系统约有300条规则可循。

7.3.3.2　连铸二冷水控制中用神经元网络建立铸坯表面温度预测模型

在连铸二冷水控制中，由于连铸坯表面温度难以准确测量，因此多采用模型控制方式，即按数学模型计算出铸坯的表面温度，此温度与目标温度比较，根据两者的偏差来计算调节二冷配水量。故温度预测模型的准确性对整个二冷水控制系统至关重要，计算温度值应尽量与实际温度值相符。

以往温度场数学模型大多是根据连铸坯凝固传热原理，建立不稳定态传热偏微分方程及相应的边界条件来构成连铸传热数学模型，用差分方法计算所给定的冷却条件和拉速下铸坯的温度场，并由此得到铸坯的表面温度。这种模型建模复杂，计算量大，实时性差，且无自学习能力，在连铸这种非线性、多因素的复杂系统中，该控制数学模型的精度很难提高，制约了系统的控制效果。

神经元网络具有很强的集体计算能力，而且具有分布式信息存储、自组织、自学习等优点，大量的实践训练一个神经元网络去逼近已知的机理模型，经过离线和在线学习，模型的预测精度将会得到大大提高。

A　人工神经网络（ANN）预测模型结构

连铸机二冷区域是分成小冷却区进行冷却控制的，把已知的机理模型看作是输入和输出的非线性映射，可采用一个 3 层的 BP 网络来逼近已知的机理模型，如图 4-7-27 所示。

由于各个小冷却区的输入输出温度不同，必须分别训练各个区的 ANN 模型。连铸机各冷却区是依次相连的，上一区铸坯的出口处温度，可以作为下一区的入口处（输入）温度，以此类推。从而 ANN 模型的输入向量可以定为 $X_n(v, Q_{wn}, T_{n-1})$。其中，v 为拉坯速度，Q_{wn} 为 n 区冷却水量，T_{n-1} 为上一区的出口处温度。所有的样本均需进行归一化处理后再输入网络，ANN 模型输出经数据变换单元将网络输出值变换为实际值 T_n。ANN 网络模型结构如图 4-7-28 所示。

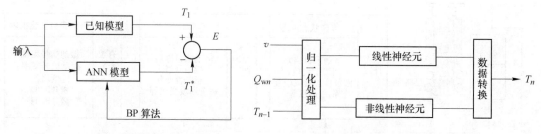

图 4-7-27　ANN 预测模型建立方法　　　　　　图 4-7-28　ANN 网络模型结构

B　ANN 模型训练

ANN 模型训练采用 BP 算法编制仿真程序，如图 4-7-29 所示。

输入输出样本数据来自已知模型的现场记录数据，用此对 ANN 网络模型进行训练，输入样本方式为：每次输入所有的学习样本，然后逐一计算相应的输出和总误差，再根据该误差修正 ANN 的权值和阈值，权值的初始值取随机数。图 4-7-29 中，ε 表示期望误差；W_{ji} 表示权值；q 表示训练次数。

在训练过程中，通过人为改变学习因子 η 和势态因子 α 来调节权值的修正量，从而有效地改善网络的收敛性。训练后的神经网络即用来预测铸坯的表面温度，实践证明，ANN

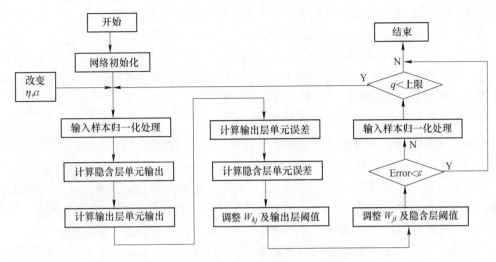

图 4-7-29　ANN 模型仿真程序流程

网络模型能很好地逼近机理模型，如果再进行在线学习，不断丰富其样本，ANN 网络模型的预测精度会得到进一步提高。

7.3.3.3　炼钢—连铸生产调度数学模型

炼钢—连铸生产调度是把每日的生产计划排成各工序的作业时间顺序，使得工序间的等待时间最短、而主机使用时间最长，即保证最大限度的多炉连浇。另外，还应具有在出现异常情况下能及时调整计划的功能。炼钢和连铸生产涉及的因素很多，包括设备的生产能力、现场生产状况、生产技术特点、计划执行情况、前后工序的影响及作业范围（包括转炉、精炼、连铸，特别是热装热送、直接轧制技术已涉及轧钢）等，用人工实施调度，很难满足生产优化的要求，故发展计算机炼钢—连铸生产调度优化系统已成为当务之急。

建立计算机炼钢—连铸生产调度优化系统，所采用的方法大致有三种，即数学模型法、人工智能法和混合法（人工智能 + 启发式算法 + 人机交互）。由于钢铁生产工艺比较复杂，特别是炼钢—连铸生产调度涉及钢液由液相向固相转变，对温度和等待时间都有严格要求，其影响因素也多，很难纯用数学模型精确描述，理论上已证明，在有限资源和时间内难以求得最优解，故数学模型法的应用受限，一般大部分都使用第二和第三种方法。

A　国外炼钢—连铸生产调度优化系统

国外有的公司开发的炼钢—连铸—轧钢综合调度系统由炼铁调度、炼钢（包括钢液精炼）调度和连铸—轧钢调度三个子系统组成。炼铁调度根据所炼钢种，组合多种铁水，调整其成分；炼钢调度确定转炉出钢炉次、从转炉到连铸的制造过程和顺序，作业变动时，迅速调整调度计划，以提高多炉连浇的炉数，减少中间等待时间；连铸—轧钢调度为提高直送率，制定由连铸生产出的铸坯尽快进入轧钢的调度计划，提高热送比和直送比。

由于调度系统很复杂，开发应用中多采用人机合作方式，有过程性知识、规则性知识和人工直接判断来共同完成计划编制。固定的规则知识约束用过程性表示，即通过启发式规则建立求解算法来解决；需要经常修改和增减的规则性知识（随生产现场具体情况而变化）约束用专家系统来解决；而某些不能用产生规则表示的领域和知识经验，由人工进行实时直觉判断，这也是人机交互合作的过程。

另外一种方法是在计算机的支持下，输入设备预定检修时间、日生产量、各连铸机及铸坯的铸造顺序，由计算机确定转炉出钢顺序、精炼顺序和各设备处理顺序，形成粗略计划，粗略计划含有的设备冲突，应利用线性规划模型进行求解，形成最终调度计划。

B 国内炼钢—连铸生产调度优化系统

（1）信息联络系统。简单的信息联络系统是建立专门供炼钢厂调度室、转炉调度室以及连铸调度室一些必要信息共享的信息联络性质的调度系统。它仅包括一些必要的生产信息，如转炉方面：转炉状态、氧气流量、氧枪高度、所炼钢种、炉前测温、真空测温、各起重机位置、钢液处理站状态、铁水重量、废钢重量等；连铸方面：连铸机状态、拉速、铸坯长度、中间罐测温、吹氩站测温、各起重机位置、吹氩站状态、钢包重量等。

若上述生产信息还不能满足建立生产调度优化的需要，可以在调度室设置计算机终端，从 L3 管理控制计算机调出其他更多有用的信息。

（2）人工分析建立生产调度模式优化系统。这是以生产记录和实况为基础，对生产流程、主要设备和生产条件进行分析，然后建立的一种优化生产调度模式。该模式的建立首先是研究设备能力的匹配，包括冶炼周期、出钢量、每炉钢液浇注时间、连铸机利用率、保证合理的炉—机匹配。其次要考虑时间节奏匹配与缓冲，最后形成优化模式下的生产作业图。

（3）传统生产过程理论和人工智能建模系统。这种建模系统是采用人工智能 + 启发式算法 + 人机交互混合法三种功能共同建立模型，这和国外一些公司研制的方法类似。

这种建模系统的数据库可分为静态和动态两种，静态数据库包括各种设备的生产能力、各种产品在各工序的加工时间等，为制定计划提供数据；动态数据库包括现场的生产状况、各种设备的状态、计划的执行情况等，作为计划执行推理依据。

建模系统的知识主要来源于冶金领域专家、熟练操作人员及设备操作手册等，主要以产生式规则来表示，包括转炉可用知识、转炉故障处理知识、连铸机知识等大约 110 条规则。

7.3.3.4 连铸坯热送热装在线控制数学模型

实施连铸坯热送热装的关键是了解和掌握铸坯的热状态参数，只有掌握了铸坯的热状态参数才能实现加热炉优化控制或直接轧制以达到节能降耗、提高产量的目的。连铸坯热送热装流程如图 4-7-30 所示。

描述连铸坯热送热装的数学模型如下：

（1）铸坯凝固过程数学模型。根据铸坯凝固过程数学模型可以计算在不同生产条件下，不同钢种连铸坯的温度分布，为铸坯辊道输送模型提供初始条件，模型计算区域包括从结晶器到切割点为止的铸坯凝固区域。

（2）铸坯辊道输送过程数学模型。铸坯辊道输送过程数学模型可计算不同规格、不同钢种的铸坯在辊道输送过程中任意时刻的热状态，为铸坯直接进加热炉或进保温坑提供初始条件。

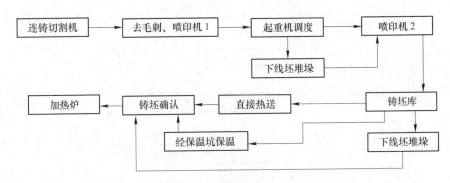

图 4-7-30 铸坯热送热装流程

（3）铸坯保温过程数学模型。铸坯保温过程是指铸坯从装入到吊出保温坑的过程，该模型可以计算不同规格、不同钢种的铸坯在保温过程中任意位置和任意时刻的热状态，是铸坯热送热装调度管理的依据，也是实现铸坯热送热装和加热炉优化加热控制的基础。

（4）铸坯下线冷却过程数学模型。铸坯下线和上线在生产中经常出现，其冷却过程模型仅考虑单垛铸坯热辐射及与周围大气之间对流热交换的情况。

（5）铸坯加热炉数学模型。此数学模型包括加热过程数学模型和炉膛热平衡数学模型。加热过程数学模型的功能是确定在钢种、规格、生产率、铸坯入炉坯温等参数一定的条件下，满足轧制要求的最佳炉温曲线。炉膛热平衡数学模型的功能是确定为了实现最佳炉温曲线所需的供热制度。

以上各类数学模型主要是以铸坯热传导方程为基础建立的，求解这些方程是非常复杂的，而且要反映不同钢种、不同规格等铸坯情况，计算量很大，故一般离线进行。为了建立在线数学模型，常用的方法是在由热传导理论建立的数学模型的基础上，先离线计算，按计算结果，找出在线变量和目标量，进行回归处理，最后得出简单的数学表达式作为在线数学模型。

7.3.3.5 连铸作业计划专家系统

编制连铸作业计划是一项重要而又繁琐的工作，一般要由具有丰富冶金技术理论和实践经验及具有工程管理和设备知识的专门人员来担任，一方面此类人才不可多得，另一方面为积累大量的实践经验、解放劳动力和发挥计算机应用技术的优势，近年来用开发编制连铸作业计划专家系统来替代人工编制连铸作业计划，取得了很好的效果。编制的连铸作业计划专家系统功能结构如图 4-7-31 所示。

连铸作业计划专家系统是一人工智能系统，它是把以往人工编制连铸作业计划中的诀窍以及各种约束条件等编制成知识库以供计算机判断推理。由于各个约束条件很复杂，故采用分担方式，强约束（如设备作业条件、连铸工程的约束等）由计算机专家系统来判断；而弱约束（如生产率、作业状况特性约束等）由人工进行判断。

编制连铸作业计划专家系统可以使以往的经验和诀窍得以继承、积累和体系化，使编制连铸作业计划周期大大缩短，编制连铸作业计划的精度得以提高，连铸作业进一步实现高效化。

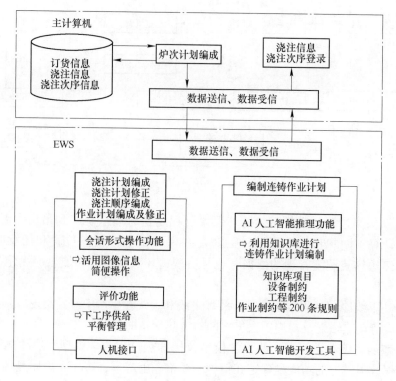

图 4-7-31　编制的连铸作业计划专家系统功能结构图

参 考 文 献

[1] 孙一康, 王京. 冶金过程自动化基础 [M]. 北京: 冶金工业出版社, 2006: 88 ~ 108, 101 ~ 106, 117 ~ 151.

[2] 马竹梧, 等. 钢铁工业自动化 (炼钢卷) [M]. 北京: 冶金工业出版社, 2003: 370 ~ 428, 462 ~ 467, 583 ~ 587.

[3] 蒋慎言. 连铸及炉外精炼自动化技术 [M]. 北京: 冶金工业出版社, 2006: 106 ~ 160, 165 ~ 195.

[4] 曹广畴. 现代板坯连铸 [M]. 北京: 冶金工业出版社, 1994: 316 ~ 322.

[5] 陈伯时. 自动控制系统——电力拖动控制 (第 3 版) [M]. 北京: 机械工业出版社, 2003: 158 ~ 168.

[6] 钢铁企业电力设计手册编委会. 钢铁企业电力设计手册 (上、下册) [M]. 北京: 冶金工业出版社, 1996: 90 ~ 110.

[7] 蔡大宏. 连铸机中引锭杆和铸坯位置自动跟踪系统 [J]. 冶金自动化, 1987 (6): 56 ~ 58.

[8] 蔡大宏, 等. 酒钢 1350mm 板坯连铸机自动控制系统 [J]. 冶金自动化, 1997 (6): 17 ~ 20.

[9] 刘明延, 等. 板坯连铸机设计与计算 (上、下册) [M]. 北京: 机械工业出版社, 1990: 186 ~ 190.

[10] 蔡大宏, 等. 马钢 1400mm 板坯连铸机自动控制系统 [J]. 重型机械, 2002 (1): 14 ~ 18.

[11] 张子骞, 等. 连铸机拉矫机动态等负荷分配模型的研究与应用 [J]. 冶金自动化, 2008 (6): 22 ~ 26.

[12] 张颖辉, 郝燕. 钢铁企业两种电缆隧道供电方案的比较 [J]. 冶金自动化, 2008 (5): 34 ~ 37.

[13] 机械电子工业部天津电气传动设计研究所. 电气传动自动化技术手册 [M]. 北京: 机械工业出版社, 1992: 384 ~ 394.

［14］邵裕森．自动控制系统——工业生产过程自动控制系统［M］．北京：中央广播电视大学出版社，1988．

［15］马竹悟，等．新型转炉出钢下渣检测的实验研究［J］．冶金自动化，2008（5）：54～57．

［16］孙立根，张家泉．基于逻辑判断的板坯漏钢预报系统研究［J］．冶金自动化，2009（1）：16～20．

［17］陈素琼，等．板坯连铸机二次冷却水的控制模型．中国金属学会．炼钢及连铸自动化学术会议论文集［C］．北京：冶金工业部科学技术司等，1994：27～34．

［18］王魁汉，等．连铸机二冷区钢坯表面温度测量．中国金属学会．炼钢及连铸自动化学术会议论文集［C］．北京：冶金工业部科学技术司等，1994：186～190．

［19］王魁汉，等．连铸中间罐钢液连续测温实验研究．中国金属学会．炼钢及连铸自动化学术会议论文集［C］．北京：冶金工业部科学技术司等，1994：191～194．

［20］郭戈，等．结晶器液面检测及控制现状和发展方向［J］．冶金自动化，1998（2）：1～4．

［21］富平原，等．利用神经网络预测铸坯表面温度［J］．连铸，1999（6）：21～23．

［22］刘明延，等．板坯连铸机设计与计算（上、下册）［M］．北京：机械工业出版社，1990：1185～1209．

［23］郭戈，乔俊飞．连铸过程控制理论与技术［M］．北京：冶金工业出版社，2003：29～36．

［24］赵家贵，等．板坯连铸机二冷水控制模型与控制［J］．冶金自动化，2000（3）：34～36．

［25］张振山，等．抚钢合金钢方坯连铸机二次冷却控制［J］．冶金自动化，1999（5）：32～35．

［26］郝小红，等．连铸坯粗轧热过程二维传热数学模型［J］．冶金自动化，2006（5）：20～24．

［27］张春林．攀钢2号板坯连铸过程计算机切割长度优化系统［J］．冶金自动化，2006（2）：40～44．

［28］邓祖俊．攀钢2号板坯连铸切割机控制系统［J］．冶金自动化，2006（2）：61～64．

［29］宋东飞．LPC模型在动态轻压下控制中的应用［J］．冶金自动化，2005（3）：57～59．

［30］刘峰，蔡大宏．连铸机生产计划及质量评估控制模型［J］．重型机械，2007（4）：6～12．

［31］熊英健，等．冶炼数据采集和传输系统的设计和实现［J］．冶金自动化，2009（1）：47～51．

［32］蒋庆记，高启才．产成品属性管理信息化的实现［J］．冶金自动化，2008（6）：64～66．

［33］邓和，任佳．炼钢过程计算机的"三电"一体化设计［J］．冶金自动化，2008（2）：61～63．

［34］吴以凡，等．面向钢铁生产过程质量控制的动态数据挖掘方法［J］．冶金自动化，2006（4）：6～10．

［35］杨拉道，谢东钢．连续铸钢技术研究成果与应用［M］．昆明：云南科技出版社，2012：565～570．

［36］阎建斌，王文瑞．宝钢分公司连铸过程控制系统［J］．冶金自动化，2008（1）：8～10．

［37］马玉堂，杨拉道，等．板坯连铸动态轻压下辊缝调整模型的自适应功能［J］．重型机械，2010（S1）：251～253．

［38］蒋明．板坯连铸机结晶器振动系统的研究［D］．沈阳：东北大学，2008：21～30．

［39］高琦，张小龙，等．结晶器在线热态调宽速度的研究［J］．炼钢，2009（5）：70～72．

［40］章建雄，等．宝钢1#连铸机及KIP/CAS三电系统改造［J］．冶金自动化，2009（1）：21～25．

［41］阳宪惠．现场总线技术及其应用［M］．北京：清华大学出版社，1999：33～37．

［42］翟坦．计算机网络及其应用［M］．北京：化学工业出版社，2002．

［43］顾红军．工业企业网与现场总线及应用［M］．北京：人民邮电出版社，2002：126～127，131～134．

［44］邱公伟．可编程序控制器网络通信及应用［M］．北京：清华大学出版社，2000．

［45］王锦标．现场总线控制系统．邬宽明．现场总线技术应用选编［C］．北京：北京航空航天大学出版社，2003：8～10．

［46］李正军．现场总线与工业以太网及其应用系统设计［M］．北京：人民邮电出版社，2006：3～12．

第5篇　设备安装与设备管理

1　板坯连铸设备安装

1.1　设备安装重要性

　　板坯连铸设备安装就是将各个单体设备按照总体设计的要求进行精准地连接、安放到基础上，并进行调整、紧固和试运转。连铸机安装时，应保证在线相关联的单台设备在空间和水平方向上都要有很精确的安装位置，以满足整条线生产流程顺畅。

　　板坯连铸设备安装是连铸机建设的重要环节。一方面，它是连铸机设计质量和制造质量的最终体现。好的安装质量及高精度的调试，可以最大限度发挥连铸机设计性能，迅速使连铸机正常投产和投产后能很快达到设计要求的产量、品种及质量；另一方面，又可以为连铸机长期正常生产打下坚实的基础。同时也关系到基建工期的长短，基建成本的高低以及机械设备的使用年限和大修周期。因此，严格规范和控制板坯连铸设备安装的过程，对整个连铸工厂建设来讲具有重要意义。

　　现代化的板坯连铸机生产线和辅助工序高度机械化和自动化，对安装工作提出了严格的要求。必须使用精密的仪器和工具，采取先进的施工技术，编制科学的施工组织、设计合理的施工流程，才能保证所安装的设备达到设计标准，满足生产的要求。

1.2　板坯连铸设备安装技术发展

　　我国板坯连铸机的安装技术从 20 世纪 60 年代至今发展迅速，特别是从改革开放以来，在学习国外先进的安装技术的基础上，不断创新，各个安装公司已形成了一套完整的、具有自主知识产权的安装技术，安装质量和安装速度在世界同行业中已达到先进水平。

　　我国板坯连铸机的安装技术是随着我国设备加工能力和测量仪器水平提高而进步。20 世纪 80 年代到 90 年代，我国大型加工设备少，大型设备只能采用"蚂蚁啃骨头"办法分解加工，再加上测量仪器的测量范围和精度有限，连铸机的安装精度只能依靠安装工人的

本章作者：刘赵卫，李金伟，王海龙；审查：王公民，刘彩玲，黄进春，杨拉道

经验和技术水平。2000 年以后，随着我国大型加工设备增多，连铸机的基础框架尽可能大型化，其加工精度靠机床来保证。但是，给运输、安装、备件更换带来了影响，甚至影响了连铸机的使用年限。随着大测量范围和高精度测量仪器的出现，板坯连铸机的设计、加工和安装变得更加便捷、灵活和迅速。

安装单位为了按照设计的要求，保质、按期、安全地完成安装工程任务，在安装工程开工前，必须依照自己能投入的施工力量及条件，并根据安装标准的要求编制施工组织设计。主要包含：工程概况、编制依据、施工部署、施工进度计划及保证措施、施工准备与资源配置计划、主要施工方案、施工现场平面布置、质量保证体系及措施、安全和环境保证体系及措施、文明施工措施、季节性施工措施等。

1.3　设备安装工艺流程

安装工艺流程是用来描述安装过程中各主要环节的相互关系，如图 5-1-1 所示，从安装工艺流程所列内容可以看出安装技术水平。

1.4　施工准备

1.4.1　组织及技术准备

（1）安装单位要先组建施工管理组织机构，并配备足够、合格的安装人员。

（2）组织所有参加安装的技术人员和施工人员提前熟悉图纸和技术资料，领会设计意图，了解各个设备的结构特点及其与相关设备之间的关系，明确安装步骤和操作方法。

（3）组织技术人员编制施工组织设计和专业施工方案，并报监理、业主和相关单位批准。

1.4.2　工机具及材料准备

（1）根据图纸及设备安装要求预先准备各种规格的施工机具、测量仪器、样板，并对其性能进行检查，使其保持良好的使用状态。板坯连铸机设备安装主要使用机具见表 5-1-1。

（2）提前准备和检查工程中所需材料，以保证安装的质量和进度。板坯连铸机设备安装主要使用材料见表 5-1-2。

1.4.3　场地准备

（1）施工前应对工作区域进行清理、平整，合理规划并选择确定起重机及设备进场路线和临时存放场地。

（2）对工作区域四周存有安全隐患的部位设置醒目的警示标志并采取必要的防护措施。

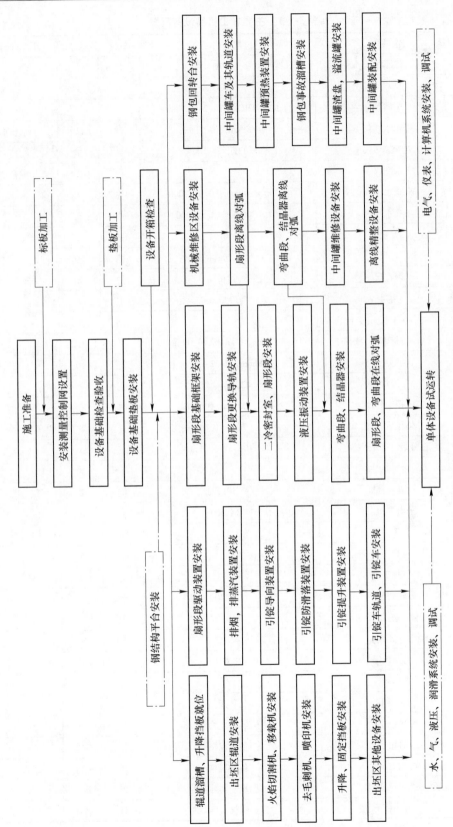

图 5-1-1 板坯连铸机设备安装工艺流程示意图

表 5-1-1 主要施工机具设备配置

序号	名 称	规 格	单位	数量	备 注
1	汽车吊	50t	台	1	
2	板车	10t	台	1	
3	全站仪	leica TRC1201，2 + 1′/km	台	1	配套棱镜
4	精密水准仪	leica NA2, 0.01mm	台	2	配套钢钢尺
5	光学经纬仪	TDJ2E, 1′/180°	台	1	
6	水准仪		台	2	配套塔尺
7	框式水平仪	200 × 200mm, 0.02/1000	块	4	
8	条式水平仪	$L = 300$mm, 0.5/1000	块	6	
9	盘尺	50m	把	2	
10	卷尺	5m	把	20	
11	钢直尺	2m	把	2	
12	角尺	300mm	把	2	
13	平尺	3m	把	1	
14	游标卡尺	200mm、300mm, 0.02mm	把	各2	
15	塞尺	200mm, 0.02 ~ 1mm	把	10	
16	量块	42 块, 0 级	套	1	
17	内径千分尺	0 ~ 2000mm 0.01mm	套	2	
18	外径千分尺	0 ~ 50mm 0.01mm	套	5	
19	百分表（带表座）	0 ~ 10mm 0.01mm	套	5	
20	精密线坠		个	20	
21	弹簧秤	10kg	把	2	
22	电焊机	BX-500	台	10	
23	氩弧焊机		台	2	
24	电焊工具		套	5	
25	气焊工具		套	5	
26	砂轮切割机	J3G-400	台	4	
27	钢锯		把	5	
28	磨光机	S1M-125A	台	20	
29	力矩扳手	0 ~ 2000N·m	套	1	
30	重力套筒扳手		套	2	
31	活扳手	各种规格	套	5	
32	呆扳手	各种规格	套	5	
33	管钳子	各种规格	套	2	
34	内六方扳手	各种规格	套	2	
35	螺栓拉伸器	根据螺栓实际规格	套	各1	
36	液压扳手	根据螺栓实际规格	套	各1	

序号	名 称	规 格	单位	数量	备 注
37	电动扳手	各种规格	套	2	
38	螺丝刀	一字、十字	把	各5	
39	钢号码	0~9	盒	2	
40	钳工锉	圆、半圆、平、方、三角	套	5	
41	锤头	5磅，20磅	把	各5	
42	撬棍	大、小	把	各10	
43	卡簧钳	内、外	把	各2	
44	卷扬机	5t	台	2	
45	倒链	3t	台	10	
46	倒链	5t	台	8	
47	倒链	10t	台	4	
48	液压千斤顶	50t、30t	台	各4	
49	螺旋千斤顶	20t、8t	台	各10	
50	道木	200×200×2000	根	30	
51	卡环	35t、20t、10t、5t	个	各10	
52	钢丝绳扣	2寸、1.5寸、1.2寸	对	各1	
53	钢丝绳扣	1寸、6分	对	各10	
54	电镐		把	2	
55	活动架平台	2m×2m×2m	套	10	
56	马架梯子	4m	个	4	
57	钢包回转台吊装用钢梁	现场核算设计、制作	件	1	

表 5-1-2 主要施工材料配置

序号	名 称	形式或规格	单位	数量	备注
1	中心标板	见图 5-1-4	个	50	不锈钢
2	基准点标板	见图 5-1-4	个	20	不锈钢
3	平垫板	各种	t	5	Q235
4	斜垫板	各种	t	10	Q235
5	座浆料		t	10	
6	灌浆料		t	30	
7	钢线	ϕ0.1mm 或 0.2mm	m	300	
8	角铁	50×50×5	m	100	制作线架
9	清洗油		kg	100	
10	破布		kg	100	
11	焊条	ϕ3.2mm 或 4mm	kg	300	
12	不锈钢焊条及焊丝		kg	50	
13	氧气		瓶	30	
14	乙炔		瓶	50	

1.4.4　安装测量控制网设置

（1）连铸机设备安装测量控制网（基准点和基准线）的合理设置是控制机械设备安装精度的关键环节。如果没有准确的中心线、标高点，就没有一个正确的基准，也就根本谈不上设备安装的精确性，因此必须建立一个准确、完整的测量控制网。

（2）基准线和基准点的施工测量应符合现行标准 YB J212《冶金建筑安装工程施工测量规范》和 GB 50026《工程测量规范》的有关规定。

（3）设一条贯穿全线的连铸机中心线作为纵向控制线，以垂直于连铸机中心线的外弧基准线作为横向基准线。另外，还需设置一些必要的辅助线，以便于安装和投产以后的检修、复测。

（4）在钢包回转台、引锭车、扇形段基础框架、扇形段驱动装置、切割前辊道、移载机，称量辊道、输送辊道以及维修对中台附近适合的位置设置永久性基准点，作为连铸机标高定位校核的基准。

（5）根据土建提供的坐标图和沉降点以及设备安装工艺图，确定中心标板和标高基准点的埋设位置，埋设的位置不但要满足设备安装找正的需要，还要保证日后生产维修的需要，基本的原则是要便于测量人员进行测量，便于架设测量仪器。

（6）对于标高基准点应考虑集中使用，在满足设备安装检测及以后设备维修检测方便的同时应设立越少越好，避免测量误差。在对基准点高程测量时，须连续往返测量三次，且每次闭合误差均应在 0.3mm 内，再取三次均值作为最后测定值。

（7）连铸机设备安装测量控制网设置如图 5-1-2 和图 5-1-3 所示。

（8）为了保证长期对中心标板及标高基准点使用的准确性，以及能长期保存下来，永久性中心标板和标高基准点以及保护帽全部采用不锈钢材料制作，并在外部加一个钢制防护套管一起埋设在设备基础里。

（9）埋设在基础内的永久中心标板和永久基准的结构形式如图 5-1-4 所示。

（10）中心线标板及基准点埋设后用全站仪、经纬仪以及精密水准仪进行测量，确定中心线点及基准点标高，中心线点可直接在中心线标板上打样冲眼，基准点标高值应标注在测量控制网图上。

（11）在安装之初直至交工前的整个安装阶段，施工单位除应负责采取有效、可靠的保护措施外，还应定期对水准网和轴线进行复测并记录，以确保原始基准点和基准线的精确和可靠；另外，对测量中发现的基础位置偏移和沉降，应做好原始记录。

（12）所有的测量记录资料，连同竣工前绘制的安装测量图，最终作为交工信息资料（软件）一并交付业主方验收。

（13）注意事项。

1）为了避免钢结构平台安装成型后遮挡测量仪器的视角而影响安装测量控制网的设置工作，控制网的设置工作一定要在连铸机钢结构平台施工前完成。

2）连铸机钢结构平台，特别是二冷密封室的支撑框架、中间罐车的轨道梁和轨道也必须要以设置好的安装测量控制网为准进行安装。

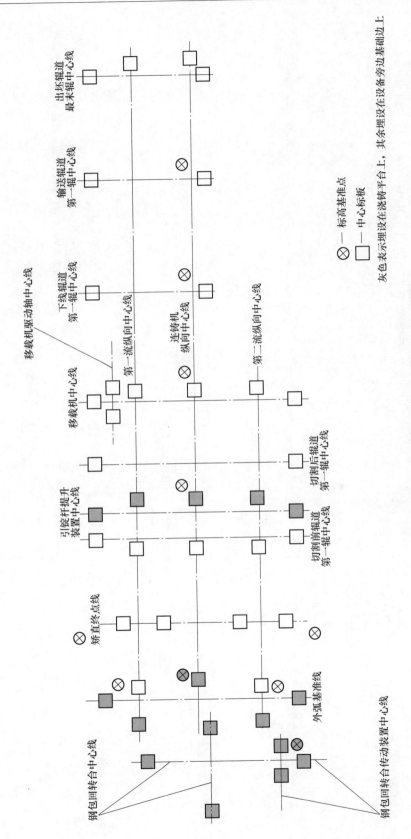

图 5-1-2　双流板坯连铸机设备安装测量控制网设置

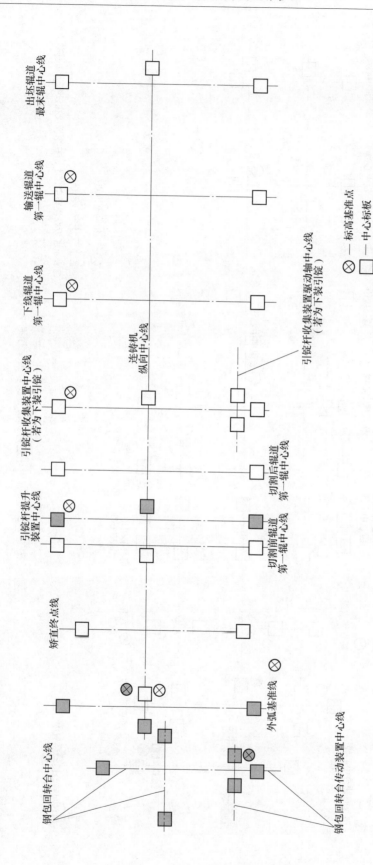

图 5-1-3　单流板坯连铸机设备安装测量控制网设置

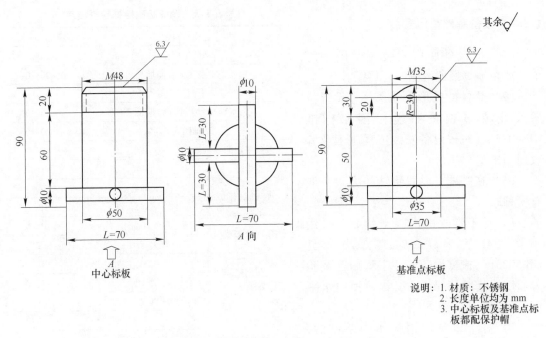

图 5-1-4　永久中心标板和永久基准点标板

1.5　基础处理及设备基础垫铁安装

1.5.1　基础检查验收

（1）根据土建施工单位提供的基础交接记录和设备安装图纸，以设置好的安装测量控制网为基准，使用全站仪、经纬仪、水准仪和挂线尺量等方法检查设备基础。

（2）基础检查验收时主要确认：基础标高、坐标位置；基础平面的外形尺寸、水平度；预埋螺栓坑的中心位置、深度及大小；预埋地脚螺栓、预埋件及设备安装面的位置及标高；基础的浮浆程度；基础内壁、角部及坑盖完成情况；混凝土浇灌交接处的情况等。

（3）基础检查验收应遵照 GB 50231《机械设备安装工程施工及验收通用规范》中设备基础检查验收的条款执行。

（4）对设备基础进行检查，各项检查结果应符合表 5-1-3 中的偏差要求。

（5）基础检查验收结束后办理基础交接手续。

1.5.2　基础处理

（1）光滑的基础表面要凿成毛面，以便提高灌浆料与基础地面之间黏结性。

（2）基础表面的浮浆层要全部凿除，以便提高灌浆料与基础地面之间黏结性。

（3）对基础表面和地脚螺栓预留孔进行清理，使之没有碎石、泥土、积水、油、油脂和其他影响黏结性的残余物。

（4）预埋地脚螺栓的螺纹和螺母应保护完好。

1.5.3　设备基础垫板安装

（1）把设备底座安装到基础上之前，要在地脚螺栓两侧安装垫铁。

（2）垫铁的外形尺寸选择、设置位置及注意事项按照现行国家标准GB 50231《机械设备安装工程施工及验收通用规范》执行。

（3）在基础上放置垫铁的方式一般有两种。

1）对于常规的混凝土基础，采用坐浆法设置垫铁，施工方法参见GB 50231《机械设备安装工程施工及验收通用规范》附录 B，其纵、横向水平度应达到 0.1/1000 以内。

2）对于以预埋钢板作为基础的，必须用研磨法设置垫铁，可用平垫板配合红丹粉或油墨着色，对预埋钢板进行磨光机研磨，研磨范围大于垫板四周 10mm，

表 5-1-3　设备基础检查验收偏差

项　目		偏差/mm
基础坐标位置		20
基础浇注上表面标高		−20～0
基础平面的外形尺寸		±20
基础凸台上平面外形尺寸		−20～0
基础凹穴尺寸		+20～0
基础平面的水平度	每米	5
	全长	10
基础垂直度	每米	5
	全高	10
预埋地脚螺栓	标高	+20～0
	中心距	±2
预埋地脚螺栓孔	中心线位置	10
	深度	+20～0
	孔壁垂直度	10
预埋活动地脚螺栓锚板	标高	+20～0
	中心线位置	5
	带槽锚板的水平度	5
	带螺纹孔锚板的水平度	2

以垫板与基础接触面达 70% 以上，水平度达 0.05/1000 以内为合格。

（4）垫铁组的组配方式和安装方式一般有两种，如图 5-1-5 和图 5-1-6 所示。建议采用平垫板与斜垫板组合的方式，以便提高设备调整的效率。

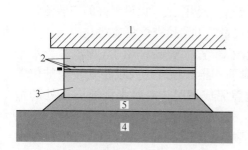

图 5-1-5　平垫板与平垫板组合示意

1—设备/设备段；2—平垫板；3—基板（平垫板）；4—现有基础；5—坐浆材料

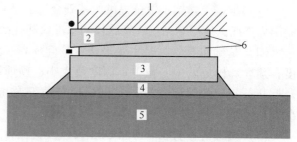

图 5-1-6　平垫板与斜垫板组合示意

1—设备/设备段；2—斜度；3—基板（平垫板）；4—坐浆材料；5—现有基础；6—一对斜垫板

1.6　主要设备安装

1.6.1　设备开箱检查

（1）设备开箱前，应查明设备的名称、型号和规格，检查设备的箱号和箱数以及包装情况是否符合设计要求。

（2）开箱时，要选择合适的开箱工具，拆卸箱板时，不要用力过猛，以免损坏箱内设备，应注意周围的环境，拆下的箱板应及时回收或妥善保管。

（3）设备开箱后，安装单位应会同监理、业主、制造厂对设备进行清点检查。

（4）清点检查时，首先应核实设备的名称、型号和规格并对照设备图纸进行检查，清点设备的零件、部件、随机附件、备件，附属材料工具，以及设备的出厂合格证和其他技术文件是否齐全，检查设备的外观质量，如有缺陷、损伤和锈蚀等情况，应填入记录单中，并进行研究和处理。

（5）设备的转动和滑动部件，在防锈油料未清除前，不得转动和滑动。

（6）检查完后应填写《设备开箱检查记录单》。

（7）设备开箱后，要尽量选择在厂房内或室内存储。若受条件限制只能露天存储，必须用塑料布把设备罩盖严实，防止被雨淋、受潮。

1.6.2 浇注平台区域设备安装

浇注平台区域的设备主要包括：钢包回转台、中间罐车、中间罐装配、中间罐预热装置、钢包事故溜槽、中间罐溢流槽和渣盘等。

1.6.2.1 钢包回转台安装

A 概述

（1）钢包回转台主要由基础预埋装置、底台、大回转支承、转台、升降液压缸装配、托座、连杆、升降臂（上连杆）、鞍座（叉臂）、称量装置、加盖装置、关节轴承装配、旋转接头装配、传动装置、挂缸装置、平台梯子栏杆、隔热防护罩、回转台事故驱动系统、限位装置和液压润滑配管等组成，如图 3-1-5 和图 3-1-6 所示。

（2）钢包回转台位于厂房起重机梁双肩柱梁下方，是起重机吊装的死角，既不能单独用钢液接受跨起重机将设备吊装就位，也不能单独用浇注跨起重机将设备吊装就位。因此，钢包回转台的安装难点就是吊装。

（3）钢包回转台的吊装可以根据现场条件选择使用下面的方法。

1）使用大型汽车吊在钢液接受跨站位，直接吊装设备部件及组装件。

2）使用钢液接受跨和浇注跨的起重机抬吊设备部件及组装件就位，但是需要提前进行受力计算，并设计、制作一根能够安全抬吊最重组合件的钢扁担梁。

3）以上两种方法穿叉使用。

（4）根据经济、适用，便于安全操作的原则，建议同时使用钢液接受跨起重机和浇注跨起重机，采用"扁担抬吊法"将钢包回转台抬吊就位进行安装。

B 安装顺序

钢包回转台安装顺序如图 5-1-7 所示。

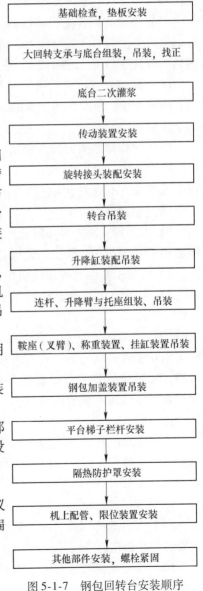

基础检查，垫板安装

↓

大回转支承与底台组装，吊装，找正

↓

底台二次灌浆

↓

传动装置安装

↓

旋转接头装配安装

↓

转台吊装

↓

升降缸装配吊装

↓

连杆、升降臂与托座组装、吊装

↓

鞍座（叉臂）、称重装置、挂缸装置吊装

↓

钢包加盖装置吊装

↓

平台梯子栏杆安装

↓

隔热防护罩安装

↓

机上配管、限位装置安装

↓

其他部件安装，螺栓紧固

图 5-1-7 钢包回转台安装顺序

C　安装方法

a　回转大支承与底台组装

（1）回转大支承与底台组装可以待底台吊装就位后在线进行，但是建议最好在浇注跨地面进行，在这里组装既能方便使用浇注跨的起重机配合吊装，还有安全的作业空间。

（2）大回转支承安装前应熟读随机资料说明，掌握安装要领，并应检查轴承质量情况与主要安装尺寸，清洗上下安装配合面上的油污，清洗时必须十分注意不要使清洗剂进入轴承密封和滚道内。

（3）确认安装轴承的表面（底台和转台）无毛刺、涂料、油污及焊缝引起的凸凹不平，平面度符合要求。

（4）吊运底台到浇注跨地面摆好的道木上，使底台呈水平状态。并清洗底台上表面的油污和涂料，打磨毛刺及焊缝引起的凸点。

（5）吊运大回转支承到底台正上方。需要注意的是，大回转支承必须呈水平状态吊运，尤其是径向不能强行加力，就位时应慢放，并注意根据底台的方向使大回转支承内圈的热处理软点与浇注方向成 90° 或 270° 夹角。

（6）降落大回转支承到达距离底台上平面约 30mm 时，起重机吊钩停止下降，微调转动大回转支承，使大回转支承内圈的螺栓孔与底台上法兰的螺栓孔全部对中，然后向下穿入全部螺栓。

（7）缓慢降落大回转支承到底台上，并确认大回转支承内圈与底台上法兰紧密贴合。

检查方法：采用 0.05mm 塞尺转圈检查大回转支承内圈与底台上法兰之间的间隙，塞尺塞入的长度不应大于大回转支承内圈宽度的 1/3。

（8）紧固螺栓。

1）大回转支承内外环螺栓的紧固必须均匀对称，按照一定的顺序分两次进行，第一次达到 70% 紧固力，第二次紧固达到规定值。

2）所需工具为与螺栓规格相同的液压力矩扳手或螺栓拉伸器。

3）大回转支承的螺栓紧固顺序如图 5-1-8 所示。

（9）为防止灰尘进入轴承滚道，大回转支承安装后，应马上打入或直接封入润滑脂，油脂应达到密封处开始外溢为止，润滑脂牌号可按照供货商的推荐，或业主的生产经验。

需要注意的是，大回转支承及靠近轴承处不允许施焊，以防受温度变化影响引起变形。

b　底台吊装，找正

（1）在各地脚螺栓之间的混凝土基础上安装好垫板组。

（2）在各地脚螺栓孔上放置好隔离灌

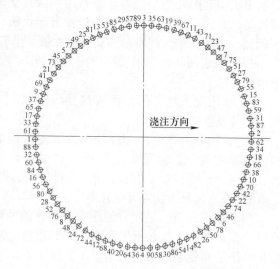

图 5-1-8　大回转支承螺栓紧固顺序

浆料的橡胶垫（或保护地脚螺栓的护套）。

（3）吊装到位，回转大支承与底台组合件的吊装就位按照以下步骤序进行。

1）用浇注跨起重机吊运底台到钢包回转台基础平台上，并尽量靠近设备基础放置。

需要注意的是，底台的放置方向要与底台的就位方向一致。

2）用浇注跨起重机把制作好的钢扁担梁吊放到钢包回转台基础平台上，钢扁担梁的一头要伸入钢液接受跨并保证钢液接受跨的起重机吊钩能方便够着钢扁担梁上的吊装点。

3）在专业起重工的指挥下，钢液接受跨与浇注跨起重机同时吊起钢扁担梁到底台正上方并抬吊底台向钢液接受跨方向移动，使底座中心与钢包横向中心线重合。

4）在专业起重工的指挥下，钢液接受跨与浇注跨起重机同时行走，抬吊底座就位。

底台吊装步骤如图 5-1-9 所示。

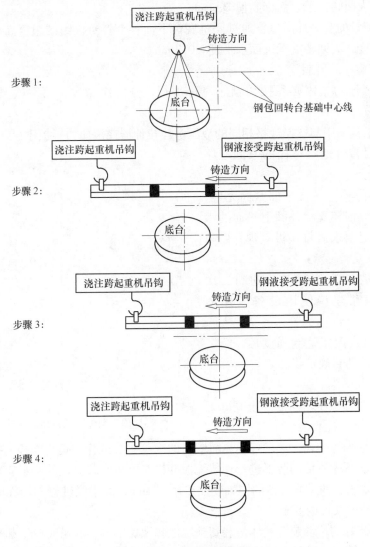

图 5-1-9　底台吊装步骤

（4）底台起吊时应平起平落，并小心缓放，以免碰走放置好的垫板组。

（5）需要注意的是，底台就位前，先清洗干净底面上的涂料和油污，打磨毛刺及焊缝引起的凸点。

（6）安装地脚螺栓。地脚螺栓若从底台处无法顺利放入预留螺栓孔，则从基础下面往上穿入地脚螺栓孔，然后按照图纸尺寸安装完垫圈和螺帽。

（7）调整及安装精度。

1）在底台纵、横方向两侧分别设置线架，把线架上的钢线调到与安装中心线重合，在钢线上挂线坠测量底台的纵横中心线，用千斤顶移动底台直到其纵横中心线合格。要求：底台的纵向、横向中心线偏差≤2mm。

2）使用精密水准仪和铟钢尺，以浇注平台上埋设好的标高基准点的标高值为基准，在大回转支承表面上测量其标高。一般在大回转支承表面上均匀选择 8 个测量点，并做好记号。要求：大回转支承表面标高偏差±1mm。

3）比对测量的 8 个标高值，通过调整底台下面各个斜垫板组的组合高度，调好底台的标高和水平度。大回转支承表面水平度≤0.2mm。

（8）地脚螺栓的紧固。

1）地脚螺栓的紧固必须按照顺序对称进行，分两次紧固，第一次紧固到 70% 紧固力。

2）紧固工具采用与螺栓规格相同的液压螺栓拉伸器或液压力矩扳手。

3）钢包回转台地脚螺栓的紧固顺序如图 5-1-10 所示。

（9）地脚螺栓第一次全部紧固完毕，再次检查确认大回转支承外圈上平面的水平度公差，满足要求后将垫板点焊，以防移位。

（10）清理吹扫底台基础，进行二次灌浆。二次灌浆建议使用设备专用灌浆料。

（11）待二次灌浆达到强度后，第二次紧固地脚螺栓达到规定值。

c　传动装置安装

（1）在各地脚螺栓之间混凝土基础上安装好垫板组。

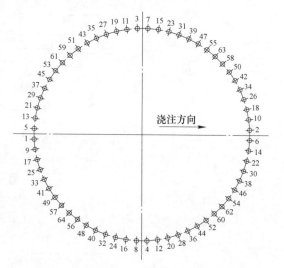

图 5-1-10　钢包回转台地脚螺栓紧固顺序

（2）在各地脚螺栓孔上放置好隔离灌浆料的橡胶垫（或保护地脚螺栓的护套）。

（3）按照图纸先将传动装置进行预装配。并检查电机和减速机的两半联轴器的同轴度和端面间隙。要求：两半联轴器的同轴度偏差≤0.1mm，两半联轴器的端面间隙应符合图纸或设备随机技术文件的要求。

（4）将组装好的传动装置整体吊装到预埋地脚螺栓上方，起吊时应平起平落，注意就位方向，并小心缓放，以免碰坏地脚螺栓。

（5）调整各个垫板组中斜垫板的组合高度，使传动装置中间齿轮水平中心线与大回转支承齿轮水平中心线重合。要求：两齿轮水平中心线相对高差≤1mm。

（6）水平移动传动装置，使其纵横中心线与安装中心线重合，并预紧地脚螺栓。

（7）用塞尺检查两齿轮啮合的侧间隙。要求：侧间隙 1.1～1.3mm。

（8）用着色法检查传动齿轮啮合的接触面积。要求：齿轮啮合面积沿齿高方向应≥40%，沿齿宽方向应≥60%。

（9）以上两项检查若不符合要求，微调传动装置直到合格。

（10）紧固传动装置的地脚螺栓到规定的预紧力。

1）通过加减传动装置底座与底台之间的调整垫片，使两者紧密结合，然后紧固两者之间的联接螺栓。

2）复查以上安装尺寸满足要求后，点焊垫板。

3）清理吹扫传动装置基础，进行二次灌浆。二次灌浆建议使用设备专用灌浆料。

d　旋转接头装配安装

（1）液压旋转接头、电气滑环由供货商总成套，安装前须认真检查主要尺寸，尤其联接型式及安装尺寸和图纸是否相符。

（2）先安装液压旋转接头，将其吊装到底台的支撑架上，调整其纵横中心线和水平后，用螺栓紧固。

（3）再吊装电气滑环，用螺栓将其与液压旋转接头把合。

（4）驱动臂等附件待钢包回转台配管前再安装。

e　转台吊装

（1）转台的吊装方法参照底台的吊装方法。

1）浇注跨起重机吊运转台放置到钢包回转台基础旁边的平台上时，要注意转台的方向，转台上安装升降缸装配的位置要处于与铸造方向垂直的方向上。

2）吊装转台的绳索长度要一致，确保转台被吊起后呈水平状态。

（2）手动盘车转动大回转支承外圈，使大回转支承外圈的热处理软点处于铸造方向上。确保将来钢包回转台处于浇注工位时，大回转支承外圈的热处理软点与浇注方向夹角为 270°或 90°。十分严格的是，大回转支承内、外圈的热处理软点必须呈 180°分布，不能重合。

（3）将转台抬吊到大回转支承上方并对中。

（4）降落转台到达距离大回转支承上平面约 30mm 时，起重机吊钩停止下降，微调转动大回转支承外圈，使大回转支承外圈的螺栓孔与转台上法兰的螺栓孔全部对中，然后通过底台上法兰的 62 个安装孔向上穿入 62 条连接螺栓。

（5）缓慢降落转台到大回转支承上，拆除吊装工具。

（6）手动盘车转动大回转支承外圈和转台，通过底台上法兰的 62 个安装孔依次向上穿入其余的大回转支承外圈与转台法兰的连接螺栓。

（7）紧固螺栓。

1）大轴承内外环紧固螺栓的紧固必须均匀对称，按照一定的顺序分两次进行，第一次达到 70% 紧固力，第二次紧固达到规定值。

2）所需工具：与螺栓规格相同的液压力矩扳手或螺栓拉伸器。

3）紧固顺序参见图 5-1-10 所示的大回转支承螺栓紧固顺序示意图。

f　升降缸装配吊装

（1）打磨通轴和油缸下底座通孔内的毛刺及凸点，清洗装配件上的油污和油漆。

（2）按照图纸将升降缸装配与其下部的油缸下底座组装好。

（3）手动盘车转动大回转支承外圈和转台，使转台上安装升降缸装配的位置处于与铸造方向垂直的方向上。

（4）升降缸装配的吊装方法参照底台的吊装方法。如果钢包回转台上方的检修电葫芦已安装好并具备使用条件，也可以使用该检修电葫芦直接吊装升降缸装配就位。

（5）用 2 台 10t 倒链配合把升降缸装配垂直吊起。

（6）吊移升降缸装配到转台上方，并使油缸下底座与其对应的插口槽对中。

（7）按照图纸，转正升降缸装配的就位方向，缓慢降落升降缸装配，使油缸下底座顺利插入转台上的插口槽里，直到油缸下底座的下端面与转台密接触。

（8）在与铸造方向垂直的方向上设置 2 台 10t 倒链双向拉紧升降缸装配，确保吊装工具拆除后，升降缸装配不会倾倒。

（9）拆除吊装工具，用上述方法吊装另一台升降缸装配就位。

（10）若升降缸与转台之间是球面形式接触，则直接吊装升降缸就位，再装上定位销即可。

g　连杆、升降臂（上连杆）与托座组装

（1）连杆、升降臂（上连杆）与转台组装可以待托座吊装就位后在线进行，建议最好在浇注跨地面进行，在这里组装既能方便使用浇注跨的起重机配合吊装，还有安全的作业空间。

（2）组装步骤如下。

1）将连杆、升降臂（上连杆）、托座等吊运至浇注跨地面组装位置旁待装。

2）准备好安装用的轴、关节轴承、密封圈、挡圈、调整垫、法兰、紧固螺栓等，切记不能在关节轴承及装配面涂抹任何油脂，只能采用轴承厂家推荐的安装脂。

3）清洗装配位置的油污和油漆，打磨装配位置的毛刺及凸点。

4）按照图纸或关节轴承随机资料的要求，装配好连杆和升降臂（上连杆）上的关节轴承。

5）按照组装方向，吊移 2 个托座到浇注跨地面摆好的道木上，使其呈垂直状态，并按照图纸安装尺寸调好 2 个托座的间距和高差，然后用 2 根型钢与 2 个托座临时焊接固定，确保组装过程中 2 个托座不发生位移。

6）连杆与托座组装。

①用浇注跨起重机与 2 台 1t 倒链配合吊移第 1 个连杆水平伸入托座内装配位置。

②微调倒链长度使连杆上关节轴承的中心与托座上装配孔的中心重合。

③安装密封圈、挡圈、调整垫和销轴。

④安装法兰盖，紧固螺栓。

⑤重复上述步骤安装斜对角第 2 个连杆，也可以在起重机吊装第 1 个连杆的同时，使用汽车吊吊装第 2 个连杆。

⑥安装第 3、第 4 个连杆。

7）升降臂（上连杆）与托座组装。

①使用一台汽车吊的吊钩吊挂 4 台 5t 倒链，倒链拴挂在第 1 个升降臂（上连杆）上

的 4 个吊点上。调节 4 台倒链的长度，确保升降臂（上连杆）被吊起后呈水平状态。

②吊移第 1 个升降臂（上连杆）水平伸入托座内装配位置。

③使用浇注跨起重机的吊钩吊挂 4 台 5t 倒链，倒链拴挂在第 2 个升降臂（上连杆）上的 4 个吊点上。调节 4 台倒链的长度，确保升降臂（上连杆）被吊起后呈水平状态。

④吊移第 2 个升降臂（上连杆）水平伸入托座内装配位置。

⑤微调倒链长度使 2 个升降臂（上连杆）上两侧关节轴承的中心与 2 个托座上装配孔的中心全部重合。

⑥同时安装两侧的密封圈、挡圈、调整垫和销轴。

⑦安装法兰盖，紧固螺栓。螺栓紧固使用扭矩扳手，并注意螺栓的紧固顺序。

h　连杆、升降臂（上连杆）与托座组装体吊装

（1）组装体的吊装方法（参照底台的吊装方法）。

1）浇注跨起重机吊运组装体放置到钢包回转台基础平台上时，要注意组装体的方向，升降臂（上连杆）要处于与铸造方向垂直的方向上，确保浇注跨和钢液接受跨的起重机能抬吊钢扁担梁顺利落在 2 个托座上面。

2）钢扁担梁落在 2 个托座上面并紧密贴合后，用 2 根钢丝绳分别把钢扁担梁和托座缠绕绑牢，并分别用同型号的 4 个钢丝绳卡子把钢丝绳首尾端压紧。

3）缠绕在钢扁担梁和托座上的钢丝绳要不少于 4 圈并呈水平分布，不可出现压股情况。

4）钢丝绳与设备棱角之间要加垫厚胶皮，保护钢丝绳不被破坏损伤。

（2）在转台 2 个托座安装面旁边的基础平台上搭设临时操作平台。

（3）将组装体抬吊到转台上方并对中。

（4）缓慢降落组装体，当升降缸装配的上部关节轴承进入升降臂（上连杆）的上升降缸装配基座后，起重机吊钩停止下降。

（5）调节拽拉升降缸装配的各个倒链的长度，使升降缸缓慢倾斜，同时专业人员指挥起重工操作起重机吊钩配合缓慢升降，直到升降缸装配的上部关节轴承中心与升降臂（上连杆）的上升降缸装配基座通孔中心重合。

（6）安装通轴和定位板，紧固螺栓，拆除拽拉升降缸的倒链。若升降缸与升降臂（上连杆）为球面形式接触，则拆除升降缸下部的检修用定位销，用倒链配合调节升降缸的倾斜角度，缓慢降落组装体使升降臂（上连杆）的凹弧面落在升降缸上部的球头面上，再装上定位销即可。

（7）缓慢降落组装体，将托座落到转台的安装面上并使所有螺栓孔同心。

（8）插入螺栓并紧固。注意紧固时使用螺栓拉伸器或扭矩扳手，必须按照一定的顺序分两次均匀对称地进行，第一次达到 70% 紧固力，第二次紧固达到规定值。

（9）拆除缠绕的钢丝绳，用钢扁担梁抬吊托座的连接横梁就位在托座顶部。

（10）紧固螺栓达到规定的紧固力。

（11）建议提前在地面把加盖装置的回转液压缸和转盘轴承安装在托座的连接横梁上，并紧固转盘轴承内圈与连接横梁上端法兰的螺栓。螺栓的紧固必须均匀对称，按照一定的顺序分两次进行，第一次达到 70% 预紧力，第二次紧固达到规定值。

i　鞍座（叉臂）、称重装置、挂缸装置吊装

（1）按照图纸或关节轴承随机资料的要求，装配好鞍座（叉臂）上的关节轴承。

（2）手动盘车转动转台使升降臂（上连杆）处于铸造方向。

（3）在升降臂（上连杆）两侧的基础平台上搭设临时操作平台。

（4）吊装步骤。

1）在升降臂（上连杆）上挂设 1 台 2t 倒链，用倒链把下方的连杆拽住使倒链受力。

2）用浇注跨起重机吊钩吊挂 2 台 5t 倒链，倒链拴挂在第 1 个鞍座（叉臂）上的 2 个吊点上，调节倒链的长度，使鞍座（叉臂）被吊起后呈水平状态。

3）吊移鞍座（叉臂）到浇注平台上并靠近升降臂（上连杆）和连杆。

4）专业人员指挥起重工缓慢操作起重机的大车、小车和吊钩，并配合调节吊挂连杆的倒链长度，使鞍座（叉臂）的关节轴承装配插入升降臂（上连杆）的插口内，连杆的关节轴承装配插入鞍座（叉臂）的插口内。

5）微调倒链的长度，使鞍座（叉臂）的关节轴承中心与升降臂（上连杆）插口上通孔的中心重合，连杆的关节轴承中心与鞍座（叉臂）插口上通孔的中心重合。

6）安装通轴和定位板，紧固螺栓，拆除升降臂（上连杆）上挂设的倒链。

7）起重机缓慢降落吊钩，使设备处于自然受力状态，拆除鞍座（叉臂）上的倒链吊钩。

（5）按照上述步骤吊装同侧的第 2 个鞍座（叉臂）。

（6）吊装称重装置到对应的鞍座（叉臂）上，紧固螺栓。

（7）把挂缸装置安装在对应的鞍座（叉臂）上，紧固螺栓或焊接牢固。

（8）移开临时操作平台，手动盘车转动转台 180°，移回临时操作平台。

（9）用上述同样的步骤吊装第 3、第 4 个鞍座（叉臂），以及配套的称量装置和挂缸装置。

（10）上述安装完毕后，测量 4 个鞍座（叉臂）上支撑面的相对标高。要求：各支撑面高低差≤3mm。

j　钢包加盖装置吊装

（1）钢包加盖装置各部件的安装可以按照安装顺序在线进行，建议最好在浇注跨地面先进行组装，然后整体吊装就位。在浇注跨地面组装既能提前穿插使用浇注跨的起重机配合吊装，还有安全的作业空间。

（2）按照安装图纸，组装两套钢包加盖装置的转动框架、长臂和升降液压缸。

（3）用浇注跨起重机吊钩吊挂 2 台 5t 倒链，2 台倒链的链条呈 45°夹角拴挂住大臂。另外在大臂上挂包盖凹槽端吊挂一个合适的配重，调节倒链的长度，使转动框架被吊起后呈垂直状态。

（4）根据旋转立柱的方向，吊移一套钢包加盖装置到其对应的转盘轴承上方并对中。加盖装置吊装就位如图 5-1-11 所示。

（5）缓慢降落起重机吊钩，在转动框架下端法兰到达距离转盘轴承上平面约 20mm 时，起重机吊钩停止下降，微调转动转盘轴承的外圈，使转盘轴承外圈的螺栓孔与转动框架下端法兰的螺栓孔全部对中，然后迅速穿入全部螺栓。

（6）缓慢降落加盖装置到达转盘轴承上，并紧固螺栓到规定的预紧力。

（7）连接回转液压缸和旋转框架。

（8）吊装铺设完轻质耐火材料的包盖。

（9）盘车旋转钢包回转台180°，用上述方法吊装另一套钢包加盖装置。

k　其他设备件安装

其他设备件安装是指钢包回转台的收尾安装。钢包回转台按照前述顺序安装完成后，其他设备件的安装可穿插或同时进行。

按照图纸，安装平台走梯栏杆、机上配管、防护罩、限位装置等其他设备件。

参考电气专业施工图纸安装各操作箱、电缆桥架及电缆穿线管。

按照图纸要求，焊接所有需要焊接的部位。

需要注意的是，焊接时，必须将二次线与焊接部位直接连接，以防止电流对轴承、传感器等设备元件的性能造成影响或损坏设备元件。

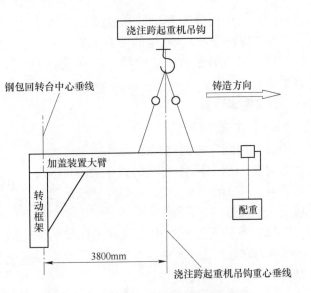

图 5-1-11　钢包加盖装置吊装就位示意

1.6.2.2　中间罐车安装

A　概述

（1）中间罐车形式一般分为高低轨式和四轮落地式，不管哪种形式，中间罐车主要由行走装置、升降装置、对中装置、操作平台栏杆、长水口装卸机械手、拖链装置、行走、升降控制装置、机上配管、防护罩及溜槽等组成。中间罐车结构如图 3-4-1 ~ 图 3-4-7 所示。

（2）浇注平台上布置两台中间罐车，中间罐车 1 和中间罐车 2 沿连铸机中心线对称布置在浇注平台上，两台车的主体结构相同，但是拖链装置、碰撞架和机上配管对称布置，安装时要仔细核对图纸和设备零部件的出厂编号，区分开两台车的设备零部件。

（3）中间罐车安装的关键是基础轨道检查和设备组装。

B　安装顺序

如图 5-1-12 所示。

C　基础轨道检查验收

（1）中间罐车的基础轨道一般由结构专业施工，设备安装专业检查验收。

（2）不管是轨道安装，还是轨道检查验收，都要按照设置好的安装测量控制网进行。

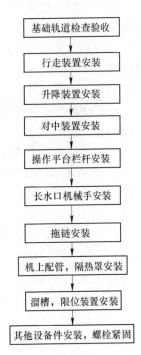

图 5-1-12　中间罐车安装顺序

（3）对中间罐车基础轨道检查，各项检查结果应符合表 5-1-4 中的偏差要求。

（4）基础轨道检查验收结束后办理交接手续。

D　安装方法

a　行走装置安装

（1）用浇注跨起重机吊钩吊挂 4 台合适的倒链，倒链分别拴挂住内弧车梁四角的吊装点，调节倒链的长度，确保车梁被吊起后呈水平状态。

（2）吊移车梁落在中间罐预热区域的内弧侧基础轨道上，车梁的车轮与轨道紧密贴合。

表 5-1-4　中间罐车基础轨道检查验收偏差

检测项目	偏差/mm	备　注
轨道纵向中心线	2	
轨距	0 ~ +2	
轨面标高	±2	
轨面纵向水平度	1/1000	全长范围≤2mm
同一截面两轨面标高差	1	
钢轨接头错位	0.5	
钢轨接头间隙	0 ~ +1	

（3）在车梁两侧设置临时支撑支住车梁，在车轮两侧塞垫斜木方防止车轮滚动。

（4）用上述相同的方法吊装外弧车梁到对应的外弧侧基础轨道上并临时稳固。

（5）用浇注跨起重机吊钩吊挂 2 台合适的倒链，倒链拴挂在连接梁上，调节倒链的长度，确保连接梁被吊起后呈水平状态。

（6）分别吊移 2 个连接梁缓慢落在内外弧车梁的连接端面之间并对中螺栓孔，连接并紧固螺栓。拆除临时支撑。

（7）按照图纸尺寸，在 4 个导向架安装面上测量检查车架的水平度和对角线差。要求水平度≤0.5mm，对角线差≤3mm，车轮侧面平直度≤1mm，车轮跨度≤±2mm。

（8）检查符合要求后，安装连接梁与内外弧车架连接处的各抗剪力挡块并焊死。

（9）在内弧车梁上安装减速机和液压马达或电机。

（10）在车梁两端安装清轨器和缓冲器。

b　升降装置安装

（1）将导向架及其导向板安装在内外弧车架上，并按照图纸要求调整导向板之间的尺寸。

（2）依次吊装 4 个升降液压缸装配，把紧螺栓。排出缸腔内余油，使缸杆落到低位。

（3）按照图纸，把提升轴、导向滚轮组与左右升降下梁组装好。

（4）用浇注跨起重机吊钩吊挂 4 台合适的倒链，倒链分别拴挂住升降下梁四角的吊装点，调节倒链的长度，确保升降下梁被吊起后呈水平状态。

（5）吊移左右升降下梁缓慢落在行走装置车架上，使导向滚轮组凹入导向架内，提升轴下球面与车架上表面紧密接触。

（6）按照图纸尺寸调好左右升降下梁的相对位置，在下梁两侧设置临时支撑支住下梁。

（7）用浇注跨起重机吊钩吊挂 4 台倒链，倒链分别拴挂住升降上梁四角的吊装点，调节倒链的长度，确保升降上梁被吊起后呈水平状态。

（8）分别吊移 2 个升降上梁沿提升轴缓慢落在左右升降下梁上并贴合。

（9）分别提升 4 个升降液压缸的缸杆，将缸杆头与升降上梁连接好。

（10）清洗打磨升降上梁和车梁导向套的装配孔，将防尘软罩套在导向套上。

（11）用起重机和 2 个倒链配合将导向柱垂直吊起，并清洗打磨干净导向柱。

（12）分别吊移2个导向柱到升降上梁装配孔的正上方，缓慢降落导向柱就位。

（13）固定导向柱，安装防尘软罩。

（14）调整导向架与其导向板之间的垫片组，使导向板和滚轮之间的间隙满足图示要求。

（15）安装称重装置。安装提升轴上部的垫圈和螺母，螺母不要拧紧，拧上不掉即可。待中间罐车具备单体试运转条件后，液压驱动升降缸动作抬起升降上梁，当升降上梁与升降下梁的接触面间距达到25mm时停止动作，拧紧提升轴上部的螺母直到提升轴下球面与车架上表面有间隙为止。

（16）各抗剪力挡块在升降机构空负荷试运转结束后再焊死。

c　对中装置安装

（1）在下升降梁上安装4套对中滚轮组。要求滚轮上表面水平度<0.2mm。

（2）安装对中架。要求中间罐支承面上表面水平度<1mm。

（3）安装4个对中液压缸。

d　操作平台栏杆安装

按照图纸要求安装操作平台栏杆，现场可以按照实际情况作局部修改。

e　长水口机械手安装

按图组装长水口机械手，组装时各轴承处、各运动部位均加注润滑脂。

f　拖链装置安装

（1）按照图纸要求将送往中间罐车的气管（空气、氩气）、液压油管及各种电缆安置在拖链上。

（2）按照图纸尺寸，在钢结构平台上安装拖链端部的固定底板和托架。

（3）吊装拖链到托架上，将拖链端部与底板固定。

（4）将拖链另一端与车体的相应部位把合牢固。

g　其他设备件安装

（1）其他设备件包括液压阀块组、机上配管、防尘罩、限位装置和溜槽等。

（2）按照图纸要求和尺寸安装其他设备件。

（3）参考电气专业施工图纸安装各操作箱、电缆桥架及电缆穿线管。

（4）以上安装工作结束后，把所有需要焊接的部位焊接牢固。

1.6.2.3　中间罐装配安装

A　概述

中间罐装配由中间罐、中间罐盖、塞棒装置、水口快换机构等单体设备组装而成，见图3-2-1和图3-2-2。其中，塞棒装置和水口快换机构为直接采购的机电一体品设备，如图3-2-9～图3-2-11所示。

B　安装方法

（1）由专业人员砌筑好中间罐的内衬砖，并喷涂完。

（2）在中间罐存放工位，按照图纸要求和尺寸，将浸入式水口快换机构安装在中间罐上。

（3）吊装铺设完轻质耐火材料的中间罐盖到中间罐上。

（4）待中间罐烘干后，吊装塞棒控制装置到中间罐上。

（5）待中间罐车单体试运转结束并合格后，用专用吊具吊装中间罐装配到中间罐车上。

（6）吊装中间罐时采用软着落方式放置，即用起重机将中间罐吊到接近中间罐车放置点一定高度后停止，操作中间罐车的升降液压缸升起升降架，慢慢地使对中框架与中间罐接触，最终使中间罐平稳地落在对中架上，这样可避免直接放置中间罐时产生过大的冲击力。

1.6.2.4　中间罐预热装置安装

A　概述

中间罐预热装置主要由底座架、旋转管道装配、支管臂、液压站、升降液压缸装配、介质管道、助燃风机、限位装置和电气控制系统等组成。

B　安装方法

（1）按照图纸尺寸，在基础上设置好安装中心线，安装好基础垫板。

（2）吊装底座架就位，调整其位置和标高。安装精度要求见表5-1-5。

（3）紧固地脚螺栓。

（4）吊装旋转管道装配到底座上，紧固螺栓。

表 5-1-5　中间罐预热装置安装尺寸偏差

项　目	偏差/mm	检验方法
纵向中心线	5	挂线尺量
横向中心线	5	挂线尺量
标高	±5	水准仪
底架立柱垂直度	1/1000	挂线尺量

（5）吊装机体管道。

（6）吊装液压站和升降液压缸装配到底座上，紧固螺栓。

（7）连接升降液压缸装配与旋转管道装配。

（8）吊装支管臂与旋转管道装配连接，连接法兰之间加密封垫，紧固螺栓。

（9）用浇注跨起重机配合，将支管臂吊转至垂直位置，使用型钢把旋转管道装配和底座架临时焊成一体，以防止支管臂水平状态下对该区域的设备安装及试运转形成干涉。

待具备单体试运转条件后，再拆除型钢。拆除型钢时，先用浇注跨起重机配合吊住支管臂，以防止大臂突然翻转对人员和设备造成损伤。

（10）安装助燃风机、机上配管和限位装置。

（11）参考电气专业施工图纸安装各操作箱、电缆桥架及电缆穿线管。

1.6.2.5　钢包事故溜槽安装

A　概述

钢包事故流槽为弧形钢板焊接结构，用斜楔固定在钢包水口的回转圆弧上。

B　安装方法

（1）按照图纸安装尺寸，在基础上设置好安装位置线。

（2）在钢包回转台一侧的2个鞍座（叉臂）上各挂设2个合适的倒链。

（3）用浇注跨起重机吊移钢包事故溜槽到挂设倒链的鞍座（叉臂）下面，用4个倒链分别吊挂住事故溜槽四角的吊点，待倒链都受力后，摘去起重机吊钩。

（4）盘车转动钢包回转台，将事故溜槽吊移到安装基础正上方。

（5）在事故溜槽上装好所有定位销轴。

（6）操作倒链，降落事故溜槽到基础上。

（7）调整好定位销的高度，将定位销与基础预埋板焊牢。

（8）溜槽内砌筑耐火材料。

1.6.2.6　中间罐溢流槽、渣盘安装

（1）中间罐溢流罐和中间罐渣盘均为矩形钢板焊接结构，剖面形状为梯形，内砌有耐火材料。

（2）使用浇注跨起重机直接吊装中间罐溢流槽放置在浇注平台上的基础上。

（3）使用浇注跨起重机直接吊装中间罐渣盘放置在浇注平台上的预留坑内。

（4）砌筑溢流槽和渣盘内的耐火材料。

1.6.3　结晶器振动区域设备安装

结晶器振动区域设备主要包括：振动装置预埋件、振动装置、结晶器、结晶器盖和结晶器排烟装置等。

1.6.3.1　液压振动装置安装

A　概述

（1）液压振动装置主要由振动单元体和振动单元体支座及其走台、配管等组成，如图3-7-1、图3-7-9~图3-7-11所示。

（2）振动单元体支座主要由左、右支架及连接梁等组成，通过调整板安装并固定于基础（振动装置预埋件）上，用于支撑振动单元体及弯曲段；周围设有走台，在线相对固定不动。

（3）振动单元体安装固定在振动单元体支座上，每个振动单元体可独立吊装更换。

B　安装顺序

如图5-1-13所示。

C　安装方法

a　基础检查

（1）根据图纸检查土建预埋的振动支架预埋件悬臂梁（单流4根，双流6根）上表面标高和水平度，要求标高偏差±1mm，水平度≤0.5mm。

（2）检测位置是按照图纸尺寸测出放置支座调整板的所有位置（单流8处，双流16处）。

b　基础研磨，调整板加工

（1）按照图纸安装尺寸，研磨放置所有调整板的基础平面达到水平度≤0.1mm。

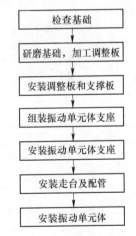

图 5-1-13　振动装置安装顺序

检查基础 → 研磨基础，加工调整板 → 安装调整板和支撑板 → 组装振动单元体支座 → 安装振动单元体支座 → 安装走台及配管 → 安装振动单元体

（2）把所有调整板编号后放到相应的工作面上，测量所有调整板顶标高并作记录。编号标记应作在钢板的非修磨面上，并应是不可擦标记。

（3）对比图纸设计标高和实测标高记录，根据对比出来的高差值加工削磨各调整板到所需的厚度。加工削磨各调整板要按照调整板上的编号和对应的厚度值进行。

c　调整板和支撑板安装

（1）将加工削磨好的调整板按照对应编号安放在各自的基础研磨面上。

（2）吊装所有支撑板（单流 4 件，双流 6 件）放到其对应的调整板上。

（3）按照图纸安装尺寸，调好所有支撑板的位置。

（4）测量所有支撑板上表面的标高并作记录（在每件支撑板的上工作面均匀选取 3 处测量点，并作好标记）。安装精度要求：支撑板上表面标高偏差 ±0.1mm，水平度≤0.2mm。

（5）当支撑板上平面达到图纸要求后，将预埋件与调整板，调整板与支撑板分别点焊。

（6）测量连铸机两侧的 4 件支撑板外侧端面与土建预埋件之间的距离，加工削磨安装在此处的 4 块垫板到实际的厚度，安装垫板并将其与支撑板及土建预埋件点焊。

　　d　振动单元体支座组装

（1）振动单元体支座组装件在设备制造厂检验合格后被解体成左、右支架和连接梁三大部分包装运往安装现场，故安装现场的组装工作就是按图把三大部分组装成一体。

（2）将左、右支架按照在线安装位置以其下基准面安放于临时平台（或临时支架）上。

（3）吊装连接梁，用 4 个定位销轴将三部分定位，按图用连接螺栓将其固定成整体。

（4）按照图纸要求及尺寸，检查振动单元体支座组装体的主要尺寸及精度，并调整。

（5）振动单元体支座组装调整完成后，参照图 5-1-14 所示意的位置复查其主要尺寸及精度，检查结果应符合表 5-1-6 要求。

表 5-1-6　振动单元体支座线外组装主要尺寸检查偏差

尺寸代号	项　目	位　置	偏差/mm	实测值/mm	签　名
A	左右支架中心线到单元体定位销轴之间的水平距离	左侧	±0.1		
		右侧	±0.1		
B	外弧基准线到单元体定位销轴的水平距离	左侧	±0.1		
		右侧	±0.1		
C	两侧弯曲段支座内侧壁到连接梁中心线之间的水平距离	左侧	+0.5~0		
		右侧	+0.5~0		
D	外弧基准线到弯曲段支座中心线的水平距离	左侧	±0.1		
		右侧	±0.1		
E	下基准面 A1 到单元体支撑面的垂直距离	左侧	±0.1		
		右侧	±0.1		
F	单元体支撑面到弯曲段支座中心线的垂直距离	左侧	±0.1		
		右侧	±0.1		
G	单元体支撑面到接水橡胶圈顶面的垂直距离	左侧	±0.5		
		右侧	±0.5		
H	单元体支撑面到弯曲段接水橡胶圈顶面的垂直距离	左侧	±0.3		
		右侧	±0.3		

　　e　振动单元体支座安装

（1）将 8 个 T 形螺栓按照安装尺寸装入在线已经定位的支撑板的 T 形槽内，对应部位套上相应的支撑底板，带凸台的 2 个放在外弧侧。

（2）为了确保振动单元体支座在吊装过程中不发生变形，在其开口侧水平设置一根合适的临时支撑，临时支撑与左右支座内侧面紧密接触，临时支撑设置如图 5-1-15 所示。

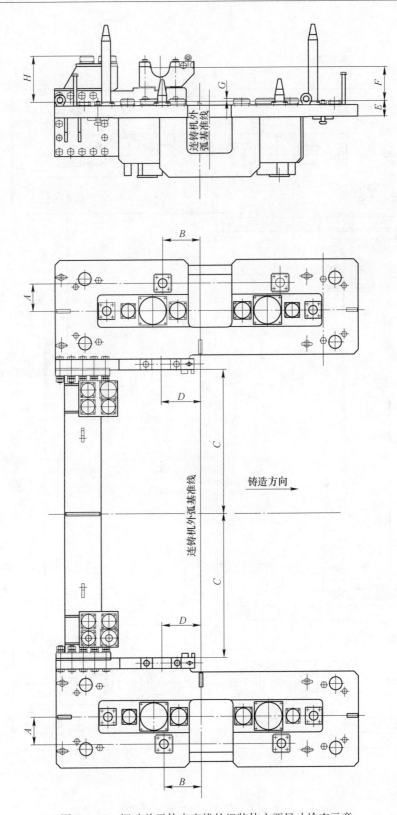

图 5-1-14 振动单元体支座线外组装体主要尺寸检查示意

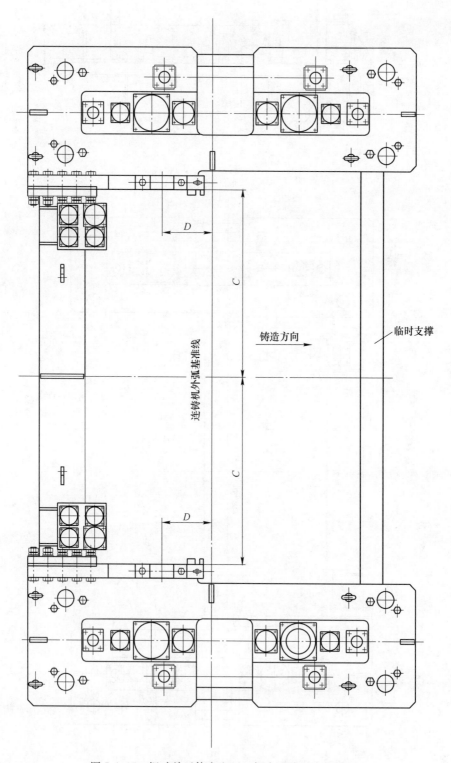

图 5-1-15　振动单元体支座开口侧水平临时支撑设置

（3）使用浇注跨起重机吊钩吊挂 4 台合适的倒链，4 台倒链分别拴挂在振动单元体支座四角的吊点上。调整倒链的长度，确保振动单元体支座被吊起后呈水平状态。

（4）吊移振动单元体支座缓慢落在支撑底板上，使 8 个 T 形螺栓穿入振动单元体支座连接孔内，并使外弧侧支撑底板上的凸台嵌入左右支座底部定位孔内。

（5）拆除吊装工具，拆除临时支撑。

（6）整体调整振动单元体支座的位置。使连接梁上支架中心基准面与连铸机铸流中心线重合，使单元体支架外弧基准线与设定的连铸机外弧基准线重合。

（7）位置调整好后，把合 8 个 T 形连接螺栓固定振动单元体支座。

（8）检测并调整定位销轴中心到连铸机铸流中心线和外弧基准线的水平距离。

（9）测量振动单元体支座上各支撑盘上表面标高。若有必要则在单元体支座的支撑底板下加减垫片，使标高及水平度达到目标值。

（10）检测并调整两侧弯曲段耳轴支座开口尺寸，用弯曲段安装测量轴检测并调整两侧弯曲段耳轴支座前后及高度位置。

（11）检测并调整连接梁上弯曲段接水橡胶密封圈上面标高。

（12）紧固振动单元体支座连接螺栓（T 形螺栓副）。

（13）按照施工图纸要求，将各基础预埋件、调整板、支撑板、支撑底板和振动单元体支座之间需要焊接的位置焊接牢固。焊接应对称并按照一定顺序进行，尽量减少设备件因焊接引起的变形。

（14）参照图 5-1-16，检查在线安装好的振动单元体支座主要安装尺寸及标高的位置，检查结果应符合表 5-1-7 的要求。

表 5-1-7　振动单元体支座在线安装主要安装尺寸偏差

尺寸代号	尺寸意义	位　置	偏差/mm	实测值/mm	签　名
A	连铸机铸流中心线与连接梁中心基准线水平距离		0 ± 0.1		
B	弯曲段支座内侧面到连铸机铸流中心线的水平距离	左支架	$+0.5 \sim 0$		
		右支架	$+0.5 \sim 0$		
C	连铸机铸流中心线到定位销轴中心的水平距离	左支架	± 0.2		
		右支架	± 0.2		
D	单元体支座外弧基准线与连铸机设定外弧基准线的水平距离		0 ± 0.1		
E	连铸机外弧基准线到外弧侧定位销轴中心的水平距离	左支架	± 0.1		
		右支架	± 0.1		
F	连铸机外弧基准线到弯曲段支座中心线的水平距离	左支架	± 0.1		
		右支架	± 0.1		
$Z1$	上支撑面标高	左、右	± 0.2		
$Z2$	耳轴支座中心标高	左、右	± 0.2		
$Z3$	弯曲段接水面标高	左、右	± 0.5		
H	上支撑面水平度	左支架	0.20		
		右支架	0.20		

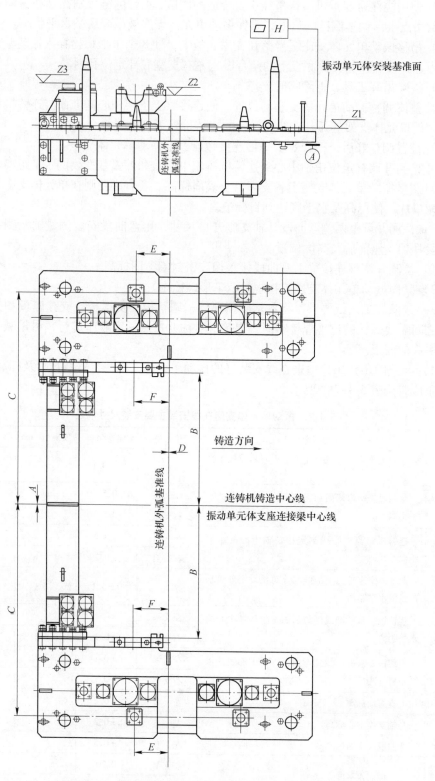

图 5-1-16 振动单元体支座在线安装主要尺寸检查位置示意

f　走台及配管安装

按照图纸要求和安装尺寸，在土建基础和振动单元体支座上安装振动装置的走台和配管。走台安装可以按照实际情况作局部修改。

g　振动单元体安装

（1）振动单元体在设备制造厂组装好并检测合格后整体包装运往安装现场。

（2）到达安装现场的振动单元体处于固定状态，此时振动台架处于振幅"0"位。

（3）振动单元体吊装使用下方两侧固定台上的4个吊耳。

（4）分别吊装4台振动单元体到振动单元体支座上相应安装位置并紧固螺栓。

（5）如图5-1-17所示位置，检查振动单元体的安装尺寸，检查结果应符合表5-1-8的要求。

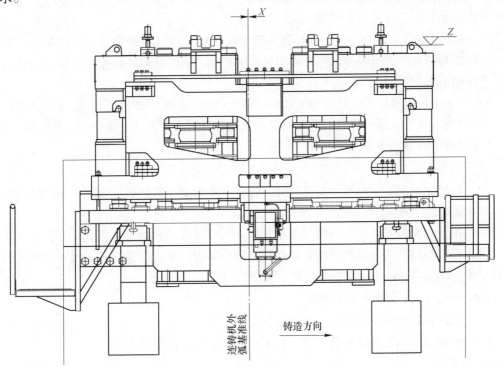

图5-1-17　振动单元体在线安装完成后主要安装尺寸检查示意

表5-1-8　振动单元体安装尺寸偏差

尺寸及位置代号	尺寸意义	位置	偏差/mm	实测值/mm	签名
X	振动单元体外弧基准面与连铸机外弧基准面间距离	左右两侧	0 ± 0.1		
Z	振动单元体与结晶器接合面的标高		± 0.2		
WZ	振动单元体与结晶器接合面的水平度		0.2		

1.6.3.2　结晶器安装

A　概述

结晶器主要由框架、宽面铜板装配、窄边插入件、宽面足辊装配、窄面足辊装配、夹紧装置、窄面调整装置、减速机构、配管等主要部件组成，如图 3-6-1 ~ 图 3-6-6 所示。

B　安装方法

（1）结晶器在设备制造厂组装好并检查合格后，整体包装发运到安装现场。

（2）结晶器安装的前提条件。

1）结晶器在机械维修区结晶器维修对中台调整完毕，压力试验及保压试验合格、无漏水现象。

2）弯曲段在线安装就位。

（3）结晶器安装与调整步骤如下。

1）拿走振动单元体接水盘上的盖板。

2）使用专用吊具将结晶器吊装到振动单元体上，使结晶器两侧偏心调整机构对准振动单元体上的定位叉放入。

3）挂线检查结晶器的位置，结晶器外弧铜板内壁与连铸机外弧基准面应重合。若不重合，则微调结晶器两侧偏心调整机构的偏心轴角度，使结晶器外弧铜板内壁与连铸机外弧基准面相重合。

4）用 4 个连接螺栓将结晶器和振动单元体把合固定，紧固螺栓达到规定的紧固力。

5）检查结晶器底部与弯曲段上部的最小垂直距离要大于振动装置的最大振幅值。

1.6.3.3　结晶器盖安装

（1）检查安装基础。

（2）按照图纸的安装位置和标高尺寸，在安装基础上设置垫板把安装基础调好，并将垫板与基础焊接牢固。

（3）吊装结晶器盖就位，调整其位置，使其与结晶器的相对尺寸符合要求。

（4）检查结晶器盖与其四周的护边挡板之间的间隙，要求间隙均匀，间隙尺寸符合图纸的要求。若间隙值超差，现场修改护边挡板的位置。

1.6.3.4　结晶器排烟装置安装

（1）结晶器排烟装置由风机、风管及其支架等组成。

（2）结晶器排烟装置的安装参照 1.6.4.6 二冷蒸汽排出装置安装。

1.6.4　扇形段区域设备安装

扇形段区域设备是连铸机的关键设备，从结晶器引出的初生板坯将在本区域内受到二次冷却并完全凝固。本区域的设备包括：弯曲段、扇形段、扇形段基础框架、扇形段更换导轨、扇形段驱动装置、扇形段更换吊具、二冷蒸汽排出装置和二冷密封室等（参见图 3-8-1）。

1.6.4.1　扇形段基础框架安装

A　概述

（1）扇形段基础框架的形式一般分为两种：悬空香蕉梁式和落地式，本节主要介绍落地式扇形段基础框架的安装，落地式扇形段基础框架（参见图 3-8-76）。

（2）落地式扇形段基础框架由左、右弯曲段支撑架、左侧框架 1 ~ 4（或 5）和右侧框架 1 ~ 4（或 5）等组成。

（3）左、右弯曲段支撑架分别用螺栓固定在基础框架的左、右侧框架 1 上。

（4）每段基础框架由框架本体和固定扇形段的螺栓、扇形段支承垫板及垫片组、扇形段前后导向板及垫片组、导向销、配水盘等组成。

（5）基础框架的框架本体为钢板焊接件，底部设有防滑筋，所有基础框架均通过二冷预埋件中的螺栓固定在混凝土基础上。

（6）扇形段通过螺栓固定在基础框架上。这种固定方式既能保证扇形段准确定位，又能保证扇形段受热时，能在各个方向自由膨胀。

（7）扇形段在基础框架上就位后，设备冷却水和二次冷却水、气就可以通过配水支撑架上的接水套引入扇形段机上配管，而接水套的活动式设计使得扇形段配水盘上的接头能够更容易地进入其中，接水套和接头之间采用 O 形圈径向密封。

（8）因弯曲段下支点、扇形段都安装在基础框架上，因此扇形段基础框架的安装精度决定了扇形段的对弧精度，也就是说对基础框架本体及各个扇形段支承面调整的精度高低，是决定扇形段安装就位后连铸机弧线是否准确的基础。

（9）对于弧形区域的基础框架 1-2，需采用先初调后精调的方法安装，对于水平区的框架 3-4（或 5）可按照常规安装方式一次安装到位。

（10）扇形段基础框架出厂前，设备制造厂已对框架上各扇形段支承面严格检测，精确调整到位，并作检查记录。测量销直径和测量轮上的轴径、基础框架上的测量孔径都检查并作检查记录。

（11）扇形段基础框架整体被发运到安装现场后，安装单位要根据出厂时的检查记录抽检以上各个尺寸。

B　安装顺序

如图 5-1-18 所示。

C　安装方法

a　搭设临时操作平台

（1）在扇形段基础框架 1、2 的基础两侧搭设安全可靠的临时操作平台。

（2）按照施工图纸，安装二冷室冲渣沟上部的格栅走台。若不具备安装条件，则搭设安全可靠的临时操作平台。

b　基础检查

（1）基础锚固件的埋设位置是否符合图纸要求。

（2）基础标高是否符合设备安装要求。

（3）扇形段基础框架防滑筋预留坑大小和深度是否符合安装要求。

（4）沿基础面将地脚螺栓的外筒割掉，检查地脚螺栓的露头高度是否满足基础框架的安装要求。需要注意的是，切割时不能损伤地脚螺栓。

c　垫板安装

（1）沿铸造方向，在地脚螺栓的外筒两侧凿出深度不小于 30mm 坐浆坑。坐浆坑开凿

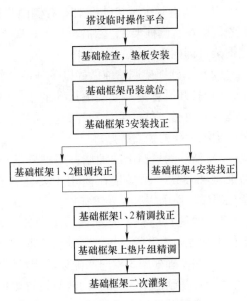

图 5-1-18　扇形段基础框架安装顺序

前先塞堵螺栓外筒口，防止凿下的混凝土块及杂物掉入螺栓外筒内。

（2）清理干净基础面。

（3）采用坐浆法安装垫板。注意控制好垫板的标高和水平。水平框架 3、4，采用常规的先坐浆法施工垫板。倾斜框架 1、2，采取后坐浆法施工垫板（先用临时垫板支撑调整）。

（4）待坐浆墩完全凝固后，使用框式水平仪复查每个坐浆墩上垫板的水平度，要求水平度≤0.1mm。若超差，采用磨光机精细研磨垫板上表面直到符合要求。

（5）在每个框架四个角的坐浆墩垫板上放置配对斜垫板并调整高度达到要求标高。

d　基础框架吊装就位

（1）清洗打磨基础框架下表面的油漆、油污、毛刺和凸点。

（2）所有扇形段基础框架均使用浇注跨起重机和 4 个合适的倒链配合吊移就位。

1）对于基础框架 3、4，直接水平吊装缓慢降落在基础垫板组上。

2）对于弧形区基础框架 1、2，使用倒链配合进行角度和位置调整后，再将基础框架缓缓落位于基础临时垫板组上，并在框架下部基础预埋件上焊接顶板，使用 4 台合适的螺栓千斤顶分别将左右基础框架 1、2 顶起来，确保地脚螺栓与框架底板呈垂直状态。

①戴上垫圈和螺母。

②基础框架吊装就位顺序：基础框架 4→基础框架 3→基础框架 2→基础框架 1。

③吊装就位后的基础框架如图 5-1-19 所示。

e　基础框架调整

（1）调整时每段基础框架左右侧同步进行，首先调整左右侧框架 3，然后再依次调整其他基础框架（即向上 2→1；向前 4）。

（2）基础框架调整前做好以下准备工作。

1）打开所有基础框架测量孔的盖，清洗测量孔内的油脂，打磨毛刺和浮锈。测量结束后，及时把测量孔的盖安装好。

2）清洗测量销上的油脂，用细砂纸小心打磨毛刺和浮锈。测量销在使用中要注意保护，避免磕碰，使用完后要妥善存放。

3）清洗打磨框架基准面、扇形段支承面、定位板和导向销上的油污、毛刺和凸点。

图 5-1-19　落地式扇形段基础框架
就位后的示意

4）在基础框架 3 横向两侧设置测量线架，钢丝线与矫直终点线重合。

5）在基础框架 3、4 纵向两侧设置测量线架，钢丝线与铸流中心线重合。

6）在基础框架 1 旁的基础上埋设的铸流中心线标板处架设并调好经纬仪。

7）在基础框架和就近基准标高点之间的合适位置架设并调好精密水准仪。

8）在切割前辊道基础上标记点的位置架设并调好全站仪。该标记点距离外连铸机弧基准线的水平距离已提前测定并记录，该标记点要做好保护。

9）在框架横向两侧各设置 2 套临时调节顶丝装置。

10）配备以下主要工具：与全站仪配套的棱镜和棱镜座，检验合格的精密框式水平仪、铟钢尺、内径千分杆和卷尺，4台合适的超薄型液压千斤顶。

（3）左右侧框架3调整。

1）把测量销水平插入框架测量孔内。框架两侧伸出的测量销长度要尽量相同。需要注意的是，配装测量销时，销轴及孔内表面要清洗干净，并涂抹润滑油，选择大小合适的孔轴配装，严禁用铁锤直接敲打。因销和孔都要多次使用，要注意保护。

2）使用精密水准仪、框式水平仪在框架3的扇形段支承面和两侧伸出的测量销上检查框架的标高、水平并记录。要求标高偏差±0.15mm，水平度≤0.2mm。

3）通过微调框架下四个角的垫板组的配对斜垫板厚度，调整框架的标高和水平达到图纸尺寸要求。调整时适当预紧四个角的地脚螺栓，标高和水平应兼顾进行。

4）在与铸流纵向中心线重合的钢线上挂设线坠，参照图纸尺寸，用卷尺测量左右基础框架内侧两端的基准面到连铸机纵向中心线的距离并记录。要求距离偏差±0.15mm。

5）根据图纸中基础框架现场安装时尺寸及精度要求，用两种方法测量基础框架上测量销到矫直终点线的距离。两种方法测量得出的距离应一致，偏差为±0.15mm。

①在测量销上座设棱镜，用全站仪测量。

②在与矫直终点线重合的钢丝线上挂设线坠，用内径千分杆测量。

需要注意的是，基础框架上两侧伸出的测量销都要达到图纸要求，这样才能保证框架不会倾斜。

6）松开地脚螺栓，使用千斤顶和调节顶丝装置水平移动框架达到图纸尺寸要求。

7）预紧四个角的地脚螺栓，复查框架的位置、标高和水平。

8）塞垫框架下面其他的斜垫板组，并敲击斜垫板使其与框架下表面紧密贴合。

9）采取交叉跳跃的方式紧固所有地脚螺栓到规定紧固力。紧固地脚螺栓，注意地脚螺栓应与设备底板垂直。地脚螺栓紧固必须用液压螺栓拉伸器或液压力矩扳手预紧。

10）再次复查左右侧框架3的标高、水平、与铸流纵向中心线和矫直终点线的距离。如有偏差必须重新进行调整，确保所有尺寸符合图纸上的尺寸及精度要求。

（4）左右侧框架4调整。

1）按照框架3的测量及调整方法调整左右侧框架4。

2）不同之处：框架4没有测量孔，所以要把左右侧框架4与矫直终点线的距离换算成框架4与框架3的相对距离。测量方法：用内径千分杆分别测量左右侧两个框架之间扇形段的前后定位板之间的水平距离。

（5）左右侧框架2粗调。

1）按照框架3的测量及调整方法粗调左右侧框架2。

2）不同之处如下：

①框架为倾斜状态，不能使用框式水平仪，只能使用精密水准仪测出框架两侧伸出的测量销的标高值，并比对同一根测量销的左右两个标高值得出高差值，调整框架横向水平使高差值符合安装精度要求。

②用内径千分杆测量框架上测量销与矫直终点线的距离时，由于框架2距离矫直终点线较远，所以要把左右侧框架2上测量销与矫直终点线的距离换算成与连铸机外弧基准线的距离，并使用内径千分杆测量框架上测量销与连铸机外弧基准线的距离。

③用内径千分杆分别测量左右侧框架2与框架3之间最近的2根测量销之间的最短距

离，并调整使之符合图纸尺寸要求。

④使用在基础框架 1 后部基础上架设调好的经纬仪和卷尺配合，测量左右基础框架内侧两端的基准面到连铸机纵向中心线的距离。

⑤升降下部支撑的千斤顶，调整框架沿基础面的上下位置，并锁定千斤顶位置不动。

⑥粗调完成后，适当预紧四个角的地脚螺栓即可。

3）在地脚螺栓外筒两侧坐浆坑位置坐浆墩并塞垫好垫板组，并敲击斜垫板使其与框架下表面紧密贴合。

4）适时浇水养护坐浆墩，等待坐浆料凝固。

（6）左右侧框架 1 粗调。

1）按照框架 2 的测量及粗调方法粗调左右侧框架 1。

2）不同之处：用内径千分杆分别测量左右侧框架 1 与框架 2 之间最近的 2 根测量销之间的最短距离，并调整使之符合图纸尺寸要求。

（7）左右侧框架 1、2 精调。

1）拆除框架底板与基础之间的临时垫板组。

2）按照框架 2 的测量及粗调方法精调左右侧框架 1、2。

3）采取交叉跳跃的方式紧固所有地脚螺栓达到规定紧固力。

4）拆除框架下部的支撑千斤顶。

5）再次复查左右侧框架 1、2 的标高、水平、与铸流纵向中心线和外弧基准线的距离。如有偏差必须重新进行调整，确保所有尺寸符合图纸上的尺寸及精度要求。

（8）左右侧框架垫片组精调。

1）垫片组精调，主要调整扇形段支承面、前后导向板和弯曲段下支点的尺寸精度。

2）以上精调要在所有基础框架的坐浆墩完全凝固并达到应有的强度后进行。

3）调整每个扇形段支承面和导向面时，左右侧同步进行，并达到图纸中基础框架现场安装时尺寸及精度要求。

4）调整扇形段支承面和导向面的方法如下。

①用浇注跨起重机及 2 个倒链吊起测量轮，调节倒链长度使测量轮呈水平状态。

②吊移测量轮缓慢靠近扇形段 1 的前导向板和安装面处，起重机吊钩停止动作。

③在水平方向设置 1 个倒链拽挂住测量轮。

④配合调节 3 个倒链的长度，使测量轮与扇形段的前导向板和安装面紧密接触，测量轮工作位置如图 5-1-20 所示。

用全站仪检测测量轮两侧轴到矫直终点线的距离，用精密水准仪测量测量轮两侧轴的标高，并作记录。

⑤按照上述方法，沿铸造方向，测出贴合在所有扇形段导向板和安装面处的测量轮两侧轴的标高及到矫直终点线的距离。

⑥根据测量记录，调整扇形段导向板和安装面的

图 5-1-20　测量轮工作位置示意

垫片组，标高和水平距离调整应兼顾进行，左右两侧框架扇形段支承面和导向板的偏差方向应一致。

⑦用 2m 内径千分杆复测扇形段前后导向面的开挡距离，应符合图纸的要求。

5）调整弯曲段支撑架位置。

①在支撑架的孔内插入测量销，测量两侧检测销的坐标尺寸，调整垫片组，达到图纸尺寸及精度要求。

②检测安装槽面内侧到连铸机纵向中心线的距离，并调整到位。

③紧固螺栓，焊接限位挡块。

（9）垫板组焊接。确认基础框架的所有螺栓紧固到位，以及所有安装尺寸及精度达到图纸要求后，将基础框架底板与基础之间所有的垫板组点焊牢固。

f　基础框架二次灌浆

（1）取出地脚螺栓外筒口的塞堵物。

（2）用干砂填注所有的地脚螺栓外筒，并确保外筒内填充的干砂上表面与基础面齐平。

（3）清理、吹扫干净框架下的基础面。

（4）按照要求尺寸在框架底板四周支模板。

（5）浇水湿润基础。

（6）灌注搅拌好的设备专用灌浆料。

（7）适时浇水养护灌浆层，直到其完全凝固并达到应有的强度。

（8）拆除模板并清理出现场。

1.6.4.2　扇形段更换导轨安装

A　概述

（1）扇形段更换导轨一般是指扇形段从浇注平台开口上抽用导轨或扇形段从浇注平台下方利用专用更换装置抽出时的导轨，为焊接结构件。扇形段更换导轨分为传动侧和非传动侧，传动侧留有万向联轴器穿过的缺口。导轨下端导向面有可以调整的导向板和调整垫片。

（2）各段导轨靠固定座和调整底板精确定位。

（3）扇形段更换导轨安装的前提条件。

1）二冷蒸汽密封室的支撑框架安装完毕并焊接牢固。

2）检查二冷蒸汽密封室两侧支撑框架和混凝土墙面上预埋钢板与铸流纵向中心线的距离达到图纸的尺寸要求。

（4）扇形段从浇注平台开口上抽用导轨如图 3-8-103 所示。

B　安装顺序

如图 5-1-21 所示。

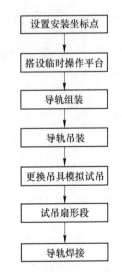

图 5-1-21　扇形段更换
导轨安装顺序

C　安装方法

（1）设置安装坐标点。

1）按照图纸中导轨上部、中部和下部安装点与外弧基准线的距离及其标高，使用全站仪测出所有导轨安装点在二冷室侧墙上的坐标位置，并做好标记。

2）用盘尺和水准仪复测各个标记点的位置是否正确。若有出入，要用全站仪重新测量并弄清楚原因，确保所有安装点的位置符合图纸尺寸要求。

（2）搭设临时操作平台。

1）临时操作平台有多种形式，由安装单位根据现场环境和施工的便捷程度临时制作设置。

①在二冷室内搭设脚手架，脚手架上铺设木跳板。

②在二冷蒸汽密封室的支撑框架上焊接临时钢支架，支架上铺设木跳板。

③在二冷蒸汽密封室的支撑框架上吊挂钢吊筐。

2）搭设的临时操作平台要满足以下两点要求。

①安全可靠，便于安装人员作业。

②不影响扇形段更换导轨的吊装。

（3）导轨组装。

1）将固定座及相关的垫板用螺栓固定在对应的导轨上。

2）将底板与对应的固定座用螺栓固定。

3）在导轨外侧面合适位置焊接临时吊耳，临时吊耳由安装单位提前准备。

（4）导轨吊装。

1）发运到现场的传动侧和非传动侧扇形段更换导轨都分成上下两部分：导轨 1~5 的上部分为一个整体件，导轨 6~9 的上部分为一个整体件，导轨 10~12 的上部分为一个整体件，导轨 1~12 的下部分各为一件。导轨上部的组合可根据连铸机的总体布置调整。

2）建议吊装顺序如下，导轨 1~5 整体件→导轨 6~9 整体件→导轨 10~12 整体件→导轨 12 下部分→导轨 11 下部分→导轨 10 下部分→…→导轨 3 下部分→导轨 2 下部分→导轨 1 下部分。

3）扇形段更换导轨安装要求见表 5-1-9。

表 5-1-9　扇形段更换导轨主要安装尺寸偏差

检 测 项 目		偏差/mm	测 量 位 置	基 准 位 置	备　注
①	横向位置	±1	安装测量点	铸流中心线	
②	纵向位置	±1	安装测量点	外弧基准线	
③	标高	+1	安装测量点	基准标高点	
④	轨距	±2	两轨对称点		上、中、下 3 点
⑤	垂直度	2	导轨内侧面		上、中、下 3 点

4）导轨上部分整体件吊装，步骤如下：

①使用浇注跨起重机和 2 个合适的倒链吊起整体件，调节倒链长度，使整体件呈垂直状态。

②吊移整体件到对应的安装位置，并使固定座的底板与二冷蒸汽密封室的支撑框架或混凝土墙上的预埋钢板贴合。

③前后移动起重机小车，调节倒链长度，使整体件上下的安装点与标记点重合。

④挂垂线或设置经纬仪检查整体件的垂直度及导轨内侧面到铸流纵向中心线的距离。

若不符合要求，则加减固定座与其底板之间的垫片调整，直到符合要求。

⑤确认各个尺寸符合调整要求后，将固定座的底板与支撑框架间断焊接牢固。焊缝长约 20~40mm，焊缝间隔约 50~100mm。

⑥起重机缓慢落钩，摘除吊装工具。

5）导轨下部分吊装，步骤如下：

①使用浇注跨起重机和 2 个合适的倒链吊起导轨，调节倒链长度，使其角度近似就位状态。

②吊移导轨到对应的安装位置，并使固定座的底板与二冷蒸汽密封室的支撑框架或混凝土墙上预埋钢板贴合。需要注意的是，起重机可能无法吊装导轨 1-5 的下部分就位，需要在这些导轨的正上方设置 2~3 个合适的倒链接应吊装就位。

③前后移动起重机小车，调节倒链长度，使导轨下部的安装点与标记点重合，上部接口与整体件上对应的接口对齐，接口处导轨内侧 3 个面过渡顺畅。

④挂垂线或设置经纬仪检查整体件的垂直度及导轨内侧面到铸流纵向中心线的距离。若不符合要求，则加减固定座与其底板之间的垫片调整，直到符合要求。

⑤确认各个尺寸符合调整要求后，将固定座的底板与支撑框架或混凝土墙上的预埋钢板断焊牢固。

⑥起重机缓慢落钩，摘除吊装工具。

（5）更换吊具模拟试吊。

1）拆除临时操作平台。

2）用浇注跨起重机吊移扇形段更换吊具缓慢降落进入每一组更换导轨。

3）仔细观察吊具及其导轮在导轨中下滑和上移是否顺畅，有无卡阻情况。

4）当吊具下滑到位后，拉线检查吊具门型梁下端槽口中心线与基础框架上扇形段前后导向板的间距及平行度，返算吊装扇形段时能否顺利就位。

5）如以上检查不符合要求，要分析原因并调整。

6）以上检查符合要求后，将固定座的底板与支撑框架或混凝土墙上的预埋钢板满焊牢固。

7）焊接轨道上下部分接口处，并将导轨内侧 3 个面凸出的焊肉打磨掉，确保导轨内侧 3 个面过渡顺畅。

（6）试吊扇形段。

1）为了方便观察和安全作业，建议试吊扇形段的工作在二冷密封室的走台和楼梯安装完成并焊接牢固后进行。

2）使用浇注跨起重机和扇形段更换吊具逐个试吊扇形段，试吊要反复几次，检查能否灵活的抽出和装入扇形段，试吊时要平稳缓慢，防止突然冲击。

3）扇形段落在基础框架上后，用塞尺分别测量吊具导轮与导轨导向板之间的间隙，间隙精度要求见表 5-1-10。若不符合要求，通过加减导向板与导轨之间的调整垫调整。

表 5-1-10 吊具导轮与导轨导向板之间的间隙要求

间隙要求	扇形段 1~7	扇形段 8~12
导轮与导轨侧面导向板/mm	5±0.2	5±0.2
导轮与导轨上导向板/mm	5±0.2	5±0.2
导轮与导轨下导向板/mm	5±0.2	5±0.2

（7）导轨焊接。

1）试吊装完成符合要求后，将导轨上部的固定垫板与平台梁用螺栓拧紧，该螺栓一定要用力矩扳手作业，使每个螺栓拧紧力矩达到规定值。将固定座、垫板与导轨、密封室支架、锚固件等周围的工件焊接固定。

2）扇形段更换导轨为重要的受力结构件，凡是现场施工的焊缝质量要严格予以保证。

1.6.4.3　弯曲段、扇形段安装及在线对弧

A　概述

（1）弯曲段配置在结晶器与二冷扇形段之间，扇形段固定在基础框架上。

（2）扇形段在铸造方向的定位主要依靠扇形段下框架沿铸造方向两侧上的垫板与基础框架定位。

（3）扇形段在线安装时，用在线专用吊具起吊，沿更换导轨缓慢滑入，在扇形段放置于基础框架上后，用基础框架上的固定螺栓（4 个/每段）固定好下框架，以防止扇形段倾翻。

（4）待弯曲段和所有扇形段全部安装就位后，进行在线对弧。

B　弯曲段、扇形段安装

（1）弯曲段、扇形段安装的前提条件。

1）扇形段基础框架和更换导轨安装完毕并达到要求。

2）扇形段更换吊具组装完成。

3）弯曲段的上耳支座及下支撑架安装完毕并达到要求。

4）二冷密封室的走台楼梯安装完毕并焊接牢固。

5）弯曲段在维修区对中台上离线对弧，试水完毕，并达到要求。

6）扇形段在维修区对中台上离线对弧，试水完毕，并达到要求。

7）扇形段的开口度在维修区对中台上已调整到最小。

（2）吊装扇形段。先吊装矫直扇形段，然后沿铸造方向依次吊装水平扇形段，再沿铸造方向的反方向依次吊装其他扇形段→扇形段 1，步骤如下。

1）将所有扇形段的内外弧入口侧喷淋活动配管（含喷嘴）拆下，将管口封好，保持洁净。拆下的配管放在对应的扇形段上绑好。

2）将蒸汽密封室搭在扇形段上的密封板（仅限扇形段 1）及相邻扇形段上自带的密封板翻起。

3）揭开密封室二层走廊上与吊装扇形段相关的活动盖板。

4）将扇形段安装面、基础框架上扇形段支承面、导向板及配水板上表面用纱布和压缩空气清洗干净。

5）使用浇注跨起重机和扇形段更换吊具吊移扇形段沿其对应的更换滑道缓慢降落在基础框架上，用基础框架上的固定螺栓固定好下框架，以防止扇形段倾翻。

6）扇形段落位后，首先用塞尺在扇形段底座面与基础框架上滑面之间检查缝隙状况，如缝隙超过 0.03mm，则需重新配置垫片组以消除缝隙，但在以后的对弧过程中，仍有可能再次增减垫片。然后用塞尺在扇形段沿铸造方向的前后导向面与基础框架上的导向面之间检查缝隙状况，扇形段（1～8）入口侧缝隙为 2mm，出口侧缝隙为 0mm，若出口侧缝

隙超过 0.03mm，则需重新配置垫片组以消除缝隙。

7）各扇形段吊装到位后，用基础框架上的螺栓把紧扇形段（按照对角线顺序两两逐渐紧固四个螺栓）。紧固螺栓需用液压螺栓拉伸器或液压力矩扳手预紧，预紧拉力要达到规定值。

8）装上各扇形段对应的喷淋活动配管。

（3）吊装弯曲段。弯曲段在线安装时通过上耳轴安放于振动单元体支座上的弯曲段耳轴座内，固定并支承弯曲段重量。其下耳轴插入扇形段基础框架 1 的弯曲段支撑架导向槽内使弯曲段固定。其安装调整步骤如下：

1）使用浇注跨起重机和专用吊具将弯曲段吊入，使其下耳轴沿基础框架 1 的弯曲段支撑架导向槽放下，使其上耳轴放入耳轴座内。

2）弯曲段位置调整可通过调整耳轴座下方的侧垫片和底垫片进行。

3）弯曲段安装后耳轴根部导向块与耳轴座内侧壁每侧留有约 2.5mm 间隙。

C 弯曲段、扇形段在线对弧

（1）连铸机的在线对弧找正是非常重要的，精度要求高，其操作也比较困难，因此必须耐心细致地反复进行该项工作。

（2）弯曲段、扇形段在线对弧与结晶器在线对弧要同步进行，所以结晶器也必须安装完毕。

（3）在线对弧要使用在线对弧样板和塞尺配合检查。

（4）在线对弧样板的整体功能是在线测量、检查连铸机外弧线（外弧辊列面），是结晶器、弯曲段及扇形段在线安装调整与找正的专用量规。在线对弧样板由四组 6 块不同的样板组成，各自的功能如下。

1）结晶器对中样板：用于结晶器与弯曲段之间的找正。

2）同弧段样板：样板（一）用于弯曲段与扇形段 1 之间的找正。样板（二）用于扇形段 1~6 之间的找正。

3）矫直段样板：样板（一）用于扇形段 6 与扇形段 7 之间的找正。样板（二）用于扇形段 7 与扇形段 8 之间的找正。

4）水平段样板：用于扇形段 8~12 之间的找正。

（5）弯曲段、扇形段在线对弧在其外弧辊子两侧都要进行测量。

（6）在线对弧检测时必须按照图 5-1-22 使用各个样板，用塞尺或专用量规检查辊面与样板工作面之间的间隙，而且水平扇形段还应采用水平仪检查辊面的水平度。

（7）弯曲段、扇形段在线对弧精度要求。辊面与样板工作面之间的间隙为 1 ± 0.15mm。水平扇形段辊面的水平度 $\leqslant 0.2$mm。

（8）测出所有数据并记录，与在线对弧精度要求进行比对分析。

（9）若有超差点，调整扇形段基础框架固定座下面的垫片，确保达到对弧要求。

（10）必要时将结晶器、弯曲段及扇形段重新运到维修区再次检查对弧。

（11）在线对弧样板使用方法。

1）结晶器对弧样板。

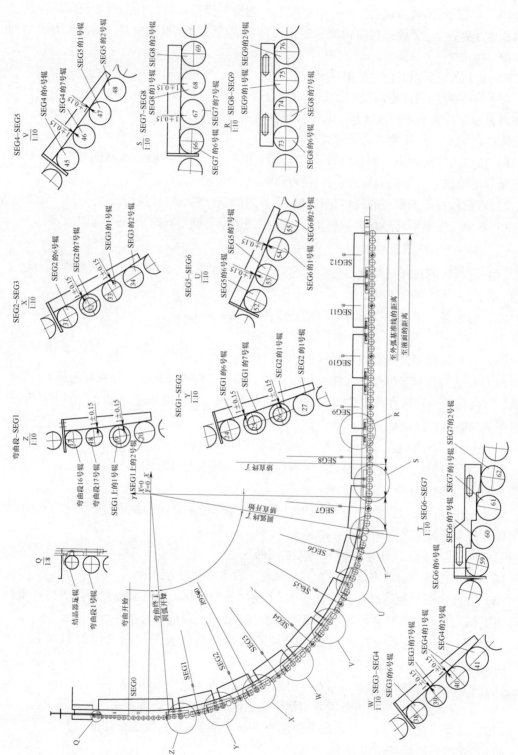

图 5-1-22　结晶器、弯曲段、扇形段在线对弧检测示意

①放入结晶器和弯曲段在线对弧样板，用样板下部的钩子钩在宽面足辊上，同时将样板上的磁铁与宽面足辊侧面吸合。

②将样板的工作面靠在弯曲段第一个辊的辊面上，观察样板上的水平仪是否显示水平。

③若水平仪显示不水平，则调整结晶器框架两侧的调整装置，使结晶器带动足辊整体移动，直到样板上的水平仪显示水平即完成对弧。

④调整过程中注意样板上的磁铁及样板的工作面不得与辊面分离。

2）其他对弧样板。

①使用各个样板检查测量时，必须使在线样板平行于连铸机中心线平面。

②检测时，样板放置在扇形段辊子两侧距离辊子边缘约50mm位置测量。

③若扇形段辊子开口度最小时，样板无法放入辊缝内作业，则需要待扇形段的液压系统调试好并把开口度调大后再进行在线对弧检测。

（12）在线对弧样板的维护与保养。

1）各样板使用前应利用原型样板进行检查校对，确认无变形时方可使用。在使用一阶段后，如发生变形，应立即校对。

2）样板在使用过程中必须小心谨慎，以防碰伤、砸伤、变形。不使用时，样板保存在温度为15~25℃的恒温室的专用座架上，以保证自身精度。

3）对弧找正结束后，务必将所有样板搬离安装现场，放进恒温室保管。

1.6.4.4 扇形段驱动装置安装

A 概述

（1）扇形段驱动装置主要由万向联轴器、硬齿面行星减速器、鼓形齿联轴器、变频调速电机、电力液压推杆制动器、光电编码器、焊接结构传动底座等组成，如图3-8-71和图3-8-72所示。

（2）万向联轴器法兰一端与扇形段驱动辊连接，另一端与减速器连接，可以保证浇铸不同厚度断面的铸坯及设置不同辊子开口度时能够有效的传递驱动力和运动。

（3）每台扇形段驱动装置的硬齿面行星减速器、鼓形齿联轴器、变频调速电机、电力液压推杆制动器、光电编码器、焊接结构传动底座等在制造厂已经装配好，整体发运到安装现场。

B 安装方法

（1）按照图纸检查基础并安装好垫板。

（2）在地面基础上设置安装辅助线。

（3）以辅助主基准（边线）和基准点为测量依据，用经纬仪和水准仪参照图5-1-23检查传动装置的标高、水平和纵横中心线，检查结果应符合表5-1-11的要求。

（4）检查合格后，紧固地脚螺栓。若是预留螺栓孔，则需粗调驱动装置后先进行预留螺栓孔灌浆，待灌浆强度达到要求后再精调驱动装置达到要求，紧固地脚螺栓。

（5）安装定位后，用百分表、块规或塞尺检测电机和减速器的两半联轴器的同轴度和端面间隙。若检查超差，微调电机找正，并紧固螺栓。

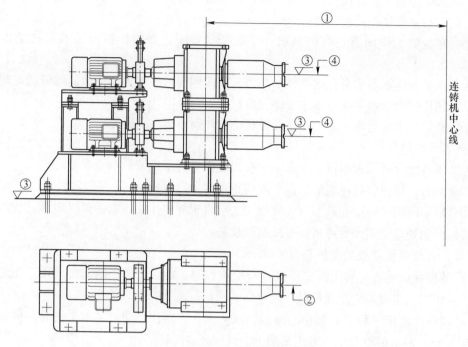

图 5-1-23 　扇形段驱动装置安装检测示意图

表 5-1-11 　扇形段驱动装置主要安装尺寸偏差

扇 形 段 驱 动 装 置				备　注
检测项目	偏差/mm	测量位置	基准位置	
① 尺寸公差	±1	减速机输出轴法兰端面	铸流中心线	
② 纵向中心线	2	减速器输出轴	安装基准线	
③ 标高	±1	减速器输出轴，电机底座	基准标高点	
④ 水平度	0.2	减速器输出轴		

（6）安装精度要求：两半联轴器的同轴度偏差≤0.1mm；两半联轴器的端面间隙应符合图纸或设备技术文件的要求。

（7）所有安装尺寸检查合格后，进行传动装置底座的二次灌浆。

（8）待扇形段安装完毕并在线对弧达到要求后，安装万向联轴器。

（9）待驱动装置具备单体试运转条件后，调整制动器到合适位置，确保其制动准确。

1.6.4.5　扇形段更换吊具组装

A　概述

扇形段更换吊具由吊具梁、连接梁、吊板、导轮、门型框架、连接销和开口销等组成。吊具梁、连接梁、吊板、门型框架等均为焊接结构。扇形段更换吊具如图 3-8-99 和图 3-8-100 所示。

B　组装方法

（1）在浇注跨地面选择一块足够组装扇形段更换吊具的场地。

（2）用起重机吊移吊具梁、连接梁、吊板、门型框架等到组装场地，并按照图纸布置方向及设备件上的编号顺序摆放。

（3）按照图纸显示尺寸，调好吊具梁、连接梁和门型框架之间的相对位置。

（4）拆下构件上要装配吊板处的导轮。拆下的导轮就放在其构件旁边。

（5）按照图纸，装配吊具梁、连接梁和门型框架之间的吊板。

（6）回装导轮，紧固螺栓。

（7）使用浇注跨起重机把组装好的扇形段更换吊具吊放到吊具存放处。

1.6.4.6　二冷蒸汽排出装置安装

A　概述

二冷蒸汽排出装置由风机、风管及其支架等组成，参见图3-8-104。

B　安装方法

a　风机安装

（1）风机的形式一般分为分体式和整体式。

（2）分体式风机安装。

1）检查基础，设置垫板。

2）吊装下机壳就位。

3）在地面组装好叶轮和转动轴装置并整体吊装就位。组装叶轮时一定要注意叶轮风叶旋向的正确性，保证风机正常运转后的功能性。

4）粗调转动轴装置和下机壳。

5）吊装电机就位粗调联轴器。

6）粗调核实无误后进行地脚螺栓孔灌浆工作。

7）待灌浆层强度达到要求后，进行风机的精调固定。

8）风机精调固定并经监理检查合格后，吊装上机壳合盖并做好密封。

9）安装进、出口的风门。

10）风机的安装要求是：纵横向安装水平偏差不应大于0.2/1000；电机与风机联轴器连接径向位移不大于0.05mm，两轴倾斜度不应大于0.2/1000；叶轮与机壳之间的间隙应均匀。

（3）整体式风机安装。按照风机随机资料技术要求先安装好缓冲座，然后直接吊装整体式风机就位在缓冲座上固定即可，最后按照分体式风机的安装要求检查风机的主要安装尺寸，若检查结果不符合要求，则要对整体式风机进行调整直到符合要求。

（4）需要注意的是，风机安装完成后，必须覆盖风机的进出风口，防止杂物落入机壳内。

b　风管及其支架安装

（1）按照图纸安装风管支架。

（2）按照图纸安装风管和膨胀节。

（3）需要注意的是，风管与风机机壳的连接要求为无应力连接，风管及膨胀节的重量必须由其支架全部承受，不得传递到机壳上。

1.6.4.7　二冷密封室安装

A　概述

（1）二冷密封室为钢结构形式，包括密闭室本体及外部走台、走梯及栏杆等。

（2）密封室本体的侧墙一般分为两种结构形式，即混凝土结构形式和钢结构形式。大多数是侧墙为钢结构形式二冷密封室，如图 3-8-104 所示。

B　安装要求

（1）二冷密封室安装按照国家现行《钢结构工程施工及验收规范》的相关规定执行。

（2）密闭室的基本框架安装，应严格遵循与连铸机外弧基准线和连铸机中心线的定位关系，而梯子、栏杆等可视现场实际情况和生产需要，进行适当调整，使其布置更趋合理，更有利于维护和检修设备。

（3）密闭室本体与立柱、走台、梯子对接处，都应开坡口，本体部分对接处，在铺墙壁板或密封钢板的面，应将焊缝磨平。

（4）密闭室与外界相连的部位，均应焊牢（如基础预埋件、立柱等），无预埋件的基础部位，则应以胀锚螺栓连接。

（5）密闭室焊接应按照《焊接件通用技术要求》（JB/T 5000.3—98）中有关规定进行施工，焊条采用 E4303 普通焊条。

（6）密封处采用连续焊缝，焊后不得漏水。各类构件在保证强度的条件下，可以断续焊或点焊，焊缝高度为相关焊件薄者的厚度值。

（7）密闭室各部件，在现场焊接之前，应根据实际情况确认无误后再施工。

（8）密闭室各密封部位应密封严密，不得出现明显的漏水、漏烟、漏气现象。

1.6.5　上装引锭系统区域设备安装

（1）上装引锭系统设备组成。上装引锭系统设备包括：引锭、引锭车、引锭提升装置、防滑落装置、引锭导向装置和引锭头存放台等，上装引锭系统设备布置如图 3-10-7 ~ 图 3-10-17 所示。

（2）上装引锭系统区域设备开始安装的前提条件：

1）切割前辊道安装完毕并达到图纸要求。

2）浇注平台施工完毕。

3）引锭车的轨道施工完毕。

4）引锭提升装置上方的单梁吊（或双梁吊）安装调试完成并具备使用条件。

1.6.5.1　引锭导向装置安装

A　概述

（1）引锭导向装置由前挡板、导向架一、导向架二等组成。

（2）前挡板、导向架一、导向架二均为焊接件。前挡板通过螺栓固定在导向架上方，导向架用螺栓等固定在切割前辊道上。

B　安装方法

（1）引锭导向装置安装的前提条件：切割前辊道安装完毕并达到图纸要求。

（2）引锭导向装置安装步骤如下：

1）吊装导向架一、二落在切割前辊道的底架上对应位置，适当预紧螺栓。

2）架设与引锭提升中心重合的钢丝线，挂线坠调整两个导向架的位置、标高和垂直度。

3）紧固螺栓。

4）吊装前挡板落在导向架上方对应安装位置，调整其水平度达到要求后紧固螺栓。

C　安装精度要求

纵、横中心线偏差≤1mm；标高偏差±1mm；水平度≤0.5mm。

1.6.5.2　引锭防滑落装置安装

A　概述

（1）防滑落装置通过螺栓等连接件安装在浇注平台的钢梁上，由防滑落框架、支架、压头、导轮、导板、松开机构等组成。

（2）防滑落框架为焊接箱形结构件，通过螺栓等连接件固定在浇注平台的钢梁上，其余部件通过螺栓连接或焊接在框架上。

B　安装方法

（1）吊装防滑落框架与浇注平台的钢梁螺栓连接，适当预紧螺栓。

（2）在防滑落框架上方分别架设与引锭提升中心和铸流中心线重合的钢丝线，挂线坠调整防滑落框架的位置，在浇注平台上架设水准仪调整其标高和水平。

（3）紧固螺栓。

（4）吊装导向板和导轮。调整导轮与引锭提升中心的水平间距。

（5）吊装压头和松开机构。电液推杆动作操作压头，转动要灵活，压头与导向板之间最小距离和最大距离要符合图纸的尺寸要求。

（6）安装其他零部件。

（7）按照图纸尺寸复查以上的安装，达到要求后把所有需要焊接的部位焊接牢固。

C　安装精度要求

纵横中心线偏差≤1mm；标高偏差±2mm；水平度≤0.5mm。

1.6.5.3　引锭提升装置安装

A　概述

（1）引锭提升装置安装在浇注平台上，由引锭提升装置平台、起重装置、润滑配管等组成。

（2）起重提升装置由驱动电机、减速器、联轴器及卷筒、吊钩装置、电机框架、卷扬装置框架、钢丝绳装配、平衡杆等组成。

（3）引锭提升装置平台为焊接件，由各种型钢、花纹钢板、钢板等构成提升装置的工作平台，通过螺栓等连接件固定在浇钢平台上。在该平台的中部装配了对中支架，当引锭被提升时，对提升装置两侧的导轮起到对中、导向作用。

B　安装顺序

如图 5-1-24 所示。

C　安装方法

a　引锭提升装置平台安装

（1）检查平台的钢结构基础的位置、标高及水平。若检查结果不符合要求，通知结构专业修改基础直到符合要求。

（2）吊移平台落在其钢结构基础上，适当预紧螺栓。

（3）挂线调整平台的位置、框架安装面的水平度和立柱的垂直度达到要求。

（4）紧固平台与钢结构基础的连接螺栓。

（5）安装平台的梯子、栏杆，并紧固螺栓。

b　对中架安装

（1）吊移对中架落在平台上对应的安装位置上，适当预紧螺栓。

（2）挂线调整对中架的位置、垂直度和水平挡距达到要求。

（3）紧固螺栓。

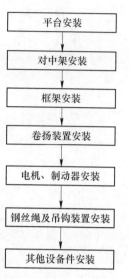

图 5-1-24　引锭提升装置安装顺序

c　卷扬装置、传动装置框架安装

（1）吊移卷扬装置、传动装置框架坐落在平台上对应的安装位置上，适当预紧螺栓。

（2）挂线调整框架的位置、标高和水平度达到要求。

（3）紧固螺栓。

d　卷扬装置安装

（1）吊移卷扬装置落在平台上对应的框架上，适当预紧螺栓。

（2）挂线调整卷扬装置的位置、标高和水平度达到要求，其中纵横向中心线偏差 ≤1mm，标高偏差 ±3mm，水平度 ≤0.5mm。

（3）紧固螺栓。

e　电机、制动器安装

（1）吊移电机落在平台上对应的框架上，适当预紧螺栓。

（2）检测电机与减速机的两半联轴器的同轴度和端面间隙，微调电机位置直到符合要求，其中两半联轴器同轴度偏差 ≤0.1mm，端面间隙见图纸或设备技术文件要求。

（3）紧固电机与框架的连接螺栓。

（4）安装制动器，调好制动瓦与制动轮之间的间隙，紧固螺栓。

f　钢丝绳及吊钩装置安装

（1）把吊钩装置放在切割前辊道旁的地面上，注意吊钩的方向，确保吊钩升起后方向正确。

（2）按照图纸上钢丝绳的缠绕方式把钢丝绳、吊钩装置和卷扬装置装配完成。

（3）手动盘车旋转钢丝绳卷筒把钢丝绳收回卷筒上，直到吊钩装置到达导向架上方位置自然悬空。调整制动器，确保卷扬装置被制动。

g　其他设备件安装

（1）按照图纸完成其他设备件的安装，例如限位装置、润滑配管、平衡装置等。

（2）按照图纸尺寸复查以上的安装，达到要求后把所有需要焊接的部位焊接牢固。

1.6.5.4 引锭车安装

A 概述

（1）引锭车由车架、车轮装配、张紧装置、支架、拖链支架、爬梯、对中装置、辊子装配、左右侧行走平台、拖链系统、液压系统、润滑配管、声光报警等设备组成，见图3-10-9。

（2）引锭车在制造厂组装并检验合格后，整体运往安装现场。为方便运输，平台支撑梁、铺板、栏杆、梯子等在制造厂组装完毕，确认位置无误、与相关件无干扰后，解体运往安装现场进行组装。

B 安装顺序及基础轨道检查验收

引锭车安装顺序如图5-1-25所示。

（1）引锭车的基础轨道一般由结构专业施工，设备安装专业检查验收。

（2）不管是轨道安装，还是轨道检查验收，都要以设置好的安装测量控制网为准进行。

（3）对引锭车基础轨道检查，各项检查结果应符合表5-1-12中的偏差要求。

（4）基础轨道检查验收结束后办理交接手续。

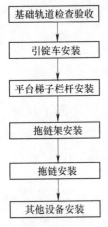

图 5-1-25 引锭车安装顺序

表 5-1-12 引锭车基础轨道检查验收偏差

检测项目	偏差/mm	备注
轨道纵向中心线	1	
轨距	±1	
轨面标高	±1	
轨面纵向水平度	0.5/1000	全长≤2mm
同一截面两轨面标高差	1	
钢轨接头错位	0.5	

C 安装方法

（1）引锭车安装。

1）吊移引锭车落在对应的基础轨道上，使车轮与轨道紧密贴合。

2）需要注意的是，双流连铸机2台引锭车的接拖链支架沿连铸机中心线朝外对称布置，不要装反。

（2）平台梯子栏杆安装。

按照图纸安装平台支撑梁、铺板、栏杆、梯子等，允许按照实际情况作局部修改。

（3）拖链架安装。

1）按图在浇注平台上放出拖链架安装的纵向、横向中心线。

2）安装拖链架，调整好位置、标高和垂直度后，将拖链架与预埋件焊接牢固。

（4）拖链装置安装。

1）按照图纸要求将送往引锭车的各种能源介质的软管安置在拖链上。

2）吊装拖链到托架上，将拖链端部与托架上的底板固定。

3）将拖链另一端与引锭车体的接拖链支架把合牢固。

（5）其他设备件安装。

1）其他设备件包括液压阀块组、机上配管、限位装置、保护罩等。

2）按照图纸要求和尺寸安装其他设备件。

3）参考电气专业施工图纸安装各操作箱、电缆桥架及电缆穿线管。

4）以上安装工作结束后，把所有需要焊接的部位焊接牢固。

1.6.5.5　引锭安装

A　概述

（1）引锭主要由引锭头装配、过渡链节装配、引锭杆身装配、引锭头吊具等组成。

（2）引锭杆身由各种规格链节通过销轴联接。

（3）引锭在制造厂已经组装好并检验合格，整体发运到安装现场。

B　引锭安装

（1）引锭为整体到货设备，拆除包装后，将引锭表面的油脂、油污等清理干净。

（2）检查引锭，将引锭垂直吊起不得有歪斜现象，否则需重新装配。

（3）待引锭车单体试运转完成并符合要求后，再安装引锭。

（4）将引锭水平吊起，平放在引锭车输送链两侧辊子上（方向与工作状态相同），并确保引锭车输送链的接收拨抓钩住引锭的尾部短轴。

（5）引锭头更换。

1）引锭头在引锭车上使用浇注跨起重机和单梁吊、引锭头吊具、专用工具进行更换。

2）引锭头吊具为一装配件，由吊架、手柄、定位套、起重卸扣、螺母等组成，起吊时将吊架放在引锭头上，插入手柄并将其旋转90°，然后放上定位套、拧紧螺母，利用起重卸扣进行吊运。

3）引锭头更换步骤：从连接销轴上拆下定位键，把引锭头吊具与引锭头连接，利用专用工具将连接销轴旋转90°，引锭头就可吊出，安装新引锭头的步骤与此相反。

1.6.6　出坯区域设备安装

出坯区域设备主要包括切割前辊道、切割下辊道、切割后辊道、移载机辊道、喷印辊道、去毛刺辊道、称量辊道、下线辊道、输送辊道、火焰切割机、切头收集装置、移载机、喷印机、去毛刺机、推钢机、堆垛机、升降挡板和固定挡板等。

1.6.6.1　切割前辊道安装

A　概述

（1）切割前辊道位于扇形段水平段末辊之后，主要由辊子装配、减速电机、底架、防热罩、挡板、冷却水配管和润滑配管等组成。

（2）辊子装配又由轴承座、空心辊子、减速电机及各种密封盖、端盖等组成。轴承座用螺栓把合在底架上。

（3）辊子装配底架采用钢板焊制，通过地脚螺栓紧固在基础上。底架下部设有防滑筋。底架上还焊有液压配管和冷却配管的支架。

B 安装顺序

（1）为了不影响基础框架和扇形段更换导轨的测量，切割前辊道的安装应在基础框架验收完毕及扇形段更换导轨测量打点结束后进行。

（2）辊道安装顺序。

1）辊子装配底架及传动底架安装。

2）辊子装配安装。

3）传动装置安装。

4）其他设备件安装。

C 安装方法

（1）辊子装配底架及传动底架安装。

1）基础检查，垫板安装。

2）吊装辊子装配底架及传动底架就位，装上地脚螺栓。

3）辊子装配底架及传动底架粗调找正，地脚螺栓孔灌浆。

4）待灌浆料强度达到规定要求后预紧地脚螺栓。

5）精调底架达到图纸尺寸及精度要求，其中纵横中心线偏差≤2mm，顶标高偏差±1mm，上平面水平度≤0.2mm。

6）紧固地脚螺栓。

（2）辊子装配安装。

1）按照设备到货编号将所有辊子装配水平吊放到底架的对应位置上。

2）调整辊道，调整过程中要预紧轴承座与底架的连接螺栓。

3）辊子的标高和水平通过加减轴承座下面的垫片来调整。

4）辊道安装尺寸偏差见表5-1-13。

表 5-1-13 出坯辊道主要安装尺寸偏差

项　　目	偏差/mm	测量基准	测量方法	备　　注
辊道纵向中心线	1	铸流中心线	挂线尺量	
辊道横向中心线	2	横向基准线	挂线尺量	
辊道标高	±0.5	标高基准点	精密水准仪	
辊子轴向水平度	0.15/1000，最大 0.3mm		精密水准仪	相邻两辊子偏斜方向宜相反
辊轴线与铸流中心线的垂直度	0.15/1000		摇臂旋转法	相邻两辊子偏斜方向宜相反
辊子间的平行度	0.5		内径千分杆	

5）检查辊道安装达到要求，紧固轴承座与底架的连接螺栓。

6）在未装润滑配管前，将轴承座上的润滑口封好，防止杂物落入，损伤轴承。

（3）传动装置安装。

1）将传动装置吊放在传动底架上，预紧连接螺栓。

2）调整传动装置的位置和标高并找正两半联轴器。其中两半联轴器的同轴度偏差

≤0.2mm；两半联轴器的端面间隙应符合图纸或设备技术文件的要求。

3）紧固传动装置和底架的连接螺栓。

4）给联轴器注入适量的油，并安装两半联轴器的连接螺栓。

（4）其他设备件安装。

1）按照图纸，安装隔热罩、流水板、挡板和机上配管等其他设备件。

2）若隔热罩、流水板与其他设备发生干涉，可视情况作适当处理。

3）复查所有安装尺寸全部达到要求后，焊接所有挡块。

4）点焊垫板，设备基础灌浆。

1.6.6.2   切割下辊道安装

A   概述

（1）切割下辊道位于切割机下，主要由辊子装配、减速电机、平移装置、车轮装配、防热罩、冷却水配管和润滑配管、限位装置、流水板、溜槽等组成。切割下辊道也称切割辊道，有摆动式和平移式两种，如图 3-11-76 和图 3-11-77 所示。这里主要介绍平移式切割下辊道的安装。

（2）对平移辊道来说，辊子轴承座及传动装置安装在平移装置上。

B   安装顺序

（1）切割下辊道的安装应在火焰切割机安装前进行。

（2）切割下辊道溜槽吊装。

（3）车轮装配安装。

（4）平移装置、辊子装配、传动装置组装及就位找正。

（5）平移液压缸安装。

（6）其他设备件安装。

C   安装方法

（1）切割下辊道溜槽吊装。切割下辊道溜槽应按照图纸位置，先吊入冲渣沟，再安装溜槽上方的设备。

（2）车轮装配安装。

1）基础检查完毕并将垫板布置好后，吊装车轮装配就位找正，地脚螺栓孔灌浆。

2）待灌浆料强度达到规定要求后预紧地脚螺栓。

3）调整车轮装配达到要求，紧固地脚螺栓。

4）安装精度要求：车轮顶标高偏差 ±0.5mm，纵横中心线偏差 ≤1mm，车轮侧面与铸流中心垂直面的水平度 ≤0.5mm，车轮对角线之差 ≤3mm。

（3）平移装置、辊子装配、传动装置组装及就位找正。

1）在地面上将辊子装配及其传动装置组装到平移装置上，组装成为平移辊道。

2）将平移辊道吊放到车轮装配上，人工移动平移辊道检查平移装置轨道和车轮的接触情况，要求四个车轮同时与轨道紧密接触。

3）使用临时设施，使平移辊道不能在车轮上移动，然后找正辊子装配、传动装置及其联轴器，方法及要求参照切割前辊道安装。

（4）平移液压缸安装。

1) 将液压缸一端与车轮底座上的铰座相连。

2) 拆除临时设施，人力移动平移辊道，将液压缸另一端与平移装置上的铰座相连。

（5）其他设备件安装。

1) 按照图纸安装隔热罩、溜槽、流水板、限位装置和机上配管等其他设备件。

2) 若隔热罩、溜槽、流水板与其他设备发生干涉，可视情况作适当处理。

3) 复查所有安装尺寸达到图纸要求后，焊接所有挡块。

4) 点焊垫板，设备基础灌浆。

1.6.6.3 称量辊道及其称量装置安装

A 概述

（1）称量辊道及其称量装置主要由辊子装配、辊道支架、称重传感器、传感器支架、水平限位器、限位器支架、导向装置、水箱装配、水配管装配、防护罩装配、干油集中润滑装配等组成，参见图 3-11-63。

（2）辊子装配又由轴承座、空心辊子、减速电机及各个密封盖、端盖等组成。

（3）称重传感器通过螺栓分别与辊道支架和传感器支架连接，并通过地脚螺栓将传感器支架固定在基础上，传感器支架下部设有防滑筋。

（4）水平限位器通过螺栓分别与辊道支架和限位器支架连接，并通过地脚螺栓将限位器支架固定在基础上，限位器支架下部设有防滑筋。

B 安装顺序

（1）传感器支架及称重传感器安装。

（2）限位器支架、水平限位器及导向装置安装。

（3）辊道支架、辊子装配、传动装置组装及就位找正。

（4）其他设备件安装。

C 安装方法

（1）传感器支架及称重传感器安装。

1) 基础检查完毕垫板布置好后，吊装传感器支架就位找正，地脚螺栓孔灌浆。

2) 待灌浆料强度达到规定要求后紧固地脚螺栓。

3) 安装称重传感器，并连接传感器与传感器支架之间的螺栓。

4) 安装精度要求：传感器纵横中心线偏差≤1mm，顶标高偏差±0.5mm。

（2）限位器支架、水平限位器及导向装置安装。

限位器支架、水平限位器及导向装置安装的方法及要求参照传感器支架及称重传感器安装。

（3）辊道支架、辊子装配、传动装置组装及就位找正。

1) 在地面上将辊子装配及其传动装置组装到辊道支架上，使其成为辊道组合体。

2) 将辊道组合体吊放到称重传感器上，连接水平限位器与辊道支架之间的螺栓。

3) 找正辊子装配、传动装置及其联轴器，方法及要求参照切割前辊道安装。

（4）其他设备件安装。

1) 按照图纸，安装防护罩、机上配管等其他设备件。

2) 称量辊道整体验收完毕，点焊垫板，设备基础灌浆。

1.6.6.4　其他辊道安装

A　概述

其他辊道包括：切割后辊道、移载机辊道、喷印辊道、去毛刺辊道、下线辊道和输送辊道。这些辊道的结构组成与切割前辊道基本一样。

B　安装顺序及安装方法

（1）以上辊道的安装顺序、安装方法及安装精度要求参照切割前辊道安装。

（2）去毛刺辊道安装前，先把溜槽吊装到位。

1.6.6.5　坯头收集装置安装

A　概述

坯头收集装置主要由溜槽和收集坑组成。溜槽为焊接结构件，收集坑为土建预留坑。坯头收集装置也称切头搬出装置，参见图 3-9-23 和图 3-9-24。

B　安装顺序及方法

（1）坯头收集装置应在切割后辊道安装之前进行。

（2）现场安装时按照图纸要求将溜槽放置于预埋好的 H 型钢立柱上，倾斜角度约为 25°。

（3）调整完毕后，将溜槽与 H 型钢立柱焊接牢固。

1.6.6.6　火焰切割机安装

A　概述

火焰切割机主要由立柱、轨道梁、轨道及车挡、行走齿条、大车装配、平台、梯子、栏杆、拖链及其他附件组成，为机电一体品。参考图 3-9-1。

B　安装顺序

（1）立柱、轨道梁及轨道安装。

（2）行走齿条、大车装配安装。

（3）平台、梯子、栏杆安装。

（4）拖链安装。

（5）其他附件安装。

C　安装方法

（1）立柱、轨道梁及轨道安装。

1）基础检查完毕垫板布置好后，吊装立柱就位找正，地脚螺栓孔灌浆。

2）待灌浆料强度达到规定要求后紧固地脚螺栓，依次安装轨道梁及轨道并找正。

3）火切机安装的关键是轨道梁及轨道安装，安装精度见表 5-1-14。

4）上述安装达到要求后，将所有连接螺栓紧固。

表 5-1-14　火焰切割机主要安装尺寸偏差

检测项目	偏差/mm	备注
立柱垂直度	0.5	
轨道纵向中心线	2	
轨道上平面标高	±1	相对于辊道上平面
轨道上平面水平度	0.5/1000	全长≤1mm
轨距	±2	
导向侧轨道侧面直线度	全长≤2	
轨道接头错位	0.5	

（2）行走齿条、大车装配安装。

1）将行走齿条按照图纸尺寸及要求安装到轨道梁上。

2）确定好大车装配安装方向，将其吊装至轨道上就位。

3）将车挡安装焊接牢固。

（3）平台、梯子、栏杆安装。

1）按照图纸安装平台、梯子、栏杆。

2）按照图纸将所有要求焊接的部位焊接牢固。

（4）拖链安装。

1）将所有介质软管及电缆安装到拖链上。

2）按照图纸要求将拖链安装到拖链架上。

（5）其他附件安装。

1）按照图纸要求将割枪、定尺、限位、机上配管等附件安装到相应位置。

2）设备整体验收完毕，点焊垫板组，设备基础灌浆。

1.6.6.7 移载机安装

A 概述

（1）移载机主要由驱动装置、驱动轴装配、液压缸装配、小车及钢丝绳、支撑梁装配、支座装配、张紧装置、润滑配管、行走控制装置等组成，参见图 3-11-55 ~ 图 3-11-59。

（2）驱动装置主要由电机、制动器、减速机、联轴器、底座和防护罩等组成。

（3）驱动轴装配主要由支座、轴、卷筒、蜗轮、蜗杆、联轴器、以及支承轴用的轴承、端盖、挡圈等组成。

（4）液压缸装配主要由液压缸及销轴、轴端挡板等组成。液压缸一端固定在支座装配（一）上，一端与支撑梁铰接，通过液压缸的伸缩可实现支撑梁的上升和下降。

（5）支撑梁横梁框架为钢板焊接的箱形梁结构，在其下部安装有与支承用滚轮相对应的升降用斜面导轨，为了调整方便，斜面导轨与升降横梁采用螺栓连接固定。滚轮为凸形，在升降时起导向作用。升降横梁上部安装有导轨，用于移载机小车运动。

（6）支座装配共三种结构类型，支座装配（一）与液压缸铰接，实现支撑梁的上升和下降。支座装配（二）和支座装配（三）的作用是支承升降横梁，主要由框架及滚轮组成。框架为钢板焊接结构，下部与基础相连，其上装有凸形滚轮，升降横梁下部的斜面导轨就支承在滚轮上。支座装配（二）上的上导轮能防止钢丝绳的偏摆。为了防止铸坯在运送中产生侧向力而引起升降横梁的偏斜，在支座两侧设置有导向块。

（7）张紧装置主要由底座、滑轮、弹簧和拉杆等组成。底座为焊接结构件，其下部与基础相连，滑轮一般为铸钢件，通过拉杆上的螺母压缩弹簧从而实现对钢丝绳的张紧作用。

B 安装顺序

（1）移载机辊道安装之前，应将移载机的支座装配（二）、（三）事先安装就位。

（2）支座装配安装。

（3）张紧装置及张紧轮安装。

（4）驱动轴装配及驱动装置安装。

（5）支撑梁装配及液压缸装配安装。

（6）移载小车及钢丝绳装配安装。

（7）其他设备件安装。

C　安装方法

（1）支座装配安装。

1）基础检查完毕垫板布置好后，吊装支座装配就位并粗调找正，地脚螺栓孔灌浆。

2）待灌浆料强度达到规定要求后预紧地脚螺栓。

3）精调支座装配（一）、支座装配（二）和支座装配（三）。紧固地脚螺栓。

4）安装精度要求：支承轮面顶标高偏差 ±0.5mm，水平度≤0.2mm，纵横中心线偏差≤0.5mm。

（2）张紧装置及张紧轮安装。

1）张紧装置安装方法与支座安装方法相同。

2）将张紧轮安装到支座装配（一）上。

3）安装精度要求：张紧装置导向轮、张紧轮与支座支承轮的中心线直线度≤0.5mm。

（3）驱动轴装配及驱动装置安装。

1）基础检查，安装垫板，吊装驱动轴装配和驱动装置的底座就位并粗调找正，地脚螺栓孔灌浆。

2）待灌浆料强度达到要求后预紧地脚螺栓。

3）调整驱动轴装配和驱动装置的底座的纵横中心线、标高和水平，其中标高偏差 ±0.5mm，水平度≤0.2mm，纵横中心线偏差≤0.5mm，然后紧固地脚螺栓。

4）将轴（1）、轴（2）及其上各零部件安装到位。

5）检查两轴线与铸流中心线的平行度、两根轴的水平度以及钢丝绳卷筒的纵横中心线。若不符合要求，微调底座直到检查合格。安装精度为：两轴线与铸流中心线的平行度≤0.2mm，两根轴的水平度≤0.2mm，钢丝绳卷筒横向中心与支座支承轮的中心线直线度≤0.5mm。

6）安装轴承盖和端盖，紧固连接螺栓。

7）将减速机吊装到位，并通过联轴器找正减速机，紧固连接螺栓。安装精度为：两半联轴器的同轴度偏差≤0.3mm，两半联轴器的端面间隙应符合图纸或设备技术文件的要求。

8）安装电机，并通过联轴器找正电机，紧固连接螺栓。安装精度为：两半联轴器的同轴度偏差≤0.2mm，两半联轴器的端面间隙应符合图纸或设备技术文件的要求。

（4）支撑梁装配及液压缸装配安装。

1）将 4 根支撑梁吊装到支承轮上就位，并安装液压缸装配。测量支撑梁上的钢轨面。

2）安装精度要求：4 根支撑架上的钢轨面水平度≤0.5mm。

（5）移载小车及钢丝绳装配安装。

1）将移载小车吊放到支撑架上。

2）按照图纸上钢丝绳的缠绕方式，安装钢丝绳装配。

3）通过调整驱动长轴上与各移载小车对应的蜗轮蜗杆装置，使各移载小车同步运动。

（6）其他设备件安装。

1）按照图纸安装尺寸，安装防护罩、液压缸罩、限位装置和机上配管等其他设备件。

2）复查所有安装尺寸符合图纸要求后，点焊垫板，设备基础灌浆。

1.6.6.8 升降挡板安装

A 概述

升降挡板主要由底座、挡板、旋转座、支座（一）、支座（二）、支座（三）、液压缸、碟形弹簧组装配、润滑配管、行程开关控制等构件组成，参见图 3-11-70。

B 安装顺序

（1）升降挡板应在辊道安装之前吊装就位。

（2）升降挡板的安装顺序。

1）底座安装。

2）支座、旋转座、液压缸和碟形弹簧组安装。

3）挡板安装。

4）其他设备件安装。

C 安装方法

（1）底座安装。

1）基础检查，安装垫板。

2）吊装底架就位并粗调找正，地脚螺栓孔灌浆。

3）待灌浆料强度达到规定要求后预紧地脚螺栓。

4）调整底架的纵横中心线、标高和水平达到要求，其中纵横中心线偏差≤1.5mm，标高偏差±1mm，水平度≤0.3/1000。然后紧固地脚螺栓。

（2）支座、旋转座、液压缸和碟形弹簧组安装。

1）按照图纸，在底座上安装支座、液压缸和碟形弹簧组。

2）将旋转座与支座、液压缸和碟形弹簧组连接。

（3）挡板安装。

按照图纸安装挡板，并调整挡板工作面与辊道纵向中心线的垂直度。挡板工作面与辊道纵向中心线的垂直度≤0.5mm。

（4）其他部件安装。

按照图纸安装限位装置、润滑配管等其他部件。点焊垫板，设备基础灌浆。

1.6.6.9 固定挡板安装

A 概述

固定挡板一般为整体件，固定挡板由前挡板、支承架、导杆螺栓、碟簧组等组成。参见图 3-11-71。

B 安装方法

（1）基础检查完毕垫板布置好后，吊装固定挡板就位找正，地脚螺栓孔灌浆。

（2）待灌浆料强度达到规定要求后预紧地脚螺栓。

（3）调整设备的水平位置、标高和水平到达规定要求后，紧固地脚螺栓。

（4）点焊垫板，设备基础灌浆。

（5）安装精度要求：纵横中心线偏差≤2mm，标高偏差±1mm，水平度≤1/1000。挡板工作面与辊道纵向中心线的垂直度≤0.5mm。

1.6.6.10　去毛刺机安装

A　概述

（1）去毛刺机的结构形式有很多种，这里主要介绍锤刀式去毛刺机安装。

（2）锤刀式去毛刺机设置在去毛刺辊道最后两个辊子中间下方，用来去除铸坯前端和尾端下部毛刺。

（3）锤刀式去毛刺机主要由底座、传动装置、锤刀装配、升降装置、防尘罩、液压控制阀台、光电开关等组成，参见图 3-11-30 和图 3-11-31。

B　安装顺序及安装方法

（1）基础检查完毕垫板布置好后，吊装底座就位找正，地脚螺栓孔灌浆。

（2）待灌浆料强度达到规定要求后预紧地脚螺栓。

（3）调整底座的水平位置、标高和水平到达规定要求后，紧固地脚螺栓。

（4）按照图纸安装锤刀装配和升降装置。调整锤刀装配的水平。

（5）按照图纸安装传动装置，紧固螺栓。

（6）安装万向联轴器，紧固螺栓。

（7）待去毛刺辊道安装完成后，安装防尘罩。

（8）按照图纸安装液压控制阀台、光电开关等其他设备件。

（9）点焊垫板，设备基础灌浆。

（10）安装要求：纵横中心线偏差≤1mm，标高偏差±0.5mm，水平度≤0.5。

1.6.6.11　喷印机安装

（1）喷印机为机电一体品整体设备，其安装顺序、方法及要求参照设备随机资料技术要求。参考图 3-11-42 和图 3-11-43。

（2）若设备随机资料无安装要求，则安装精度要求为：纵横中心线偏差≤1.5mm，标高偏差≤±1mm，水平度≤0.3/1000。

1.6.6.12　推钢机安装

A　推钢机的结构形式

推钢机有机械式结构，也有多种液压式结构，参见图 3-11-47～图 3-11-52。这里介绍结构复杂的机械式推钢机的安装。

B　安装顺序

电机、减速机及底座→左/右前机架、左/右机座及集油装置→推杆装置→推头装置→机罩→润滑油、冷却水配管等。

C　安装注意事项

（1）电机、减速机、传动轴设备就位后，对它们相互之间的联轴器要进行检查。

（2）减速机与底座装配调整好后，应将定位挡块焊接到底座上，并焊接牢固。

（3）左右前机架（带导向）、左右机座及集油装置（带传动齿）的安装以导向销和传动齿顶面的中心、标高、水平度为基准进行找平找正。

（4）在安装推杆（齿条板）时，应注意偏心轴的调整。

（5）齿条与齿轮接触面检查。在齿长方向，不小于50%，在齿高方向，不小于40%。

（6）测定齿条、推杆、导轨面与上下辊轮的间隙和侧隙均匀并在 0.3 ~ 0.5mm 之间。

（7）其他安装要求：两轨道中心线误差≤1mm，轨道面标高误差≤ ±1mm，轨道平行度偏差≤0.15/1000，推钢机与连铸机中心线垂直度≤0.15/1000。

1.6.6.13 堆垛机的安装

A 堆垛机的结构形式

堆垛机有电动齿轮齿条式结构，也有液压式结构，参见图 3-11-60 和图 3-11-61。这里介绍常用的液压式堆垛机的安装。

表 5-1-15 堆垛机安装精度要求

序号	项 目	偏差/mm
1	纵、横中心线	±1
2	标 高	±1
3	升降导轨的垂直度	0.2/1000
4	蜗轮减速机剖分面水平度	0.1/1000
5	二蜗轮减速机剖分面高低差	≤0.5

B 安装顺序

堆垛机安装顺序是：液压缸底座安装→导轨装配安装→升降梁装配安装→过渡辊装配安装→干油、液压接管。

C 安装精度

安装精度要求见表 5-1-15。

1.6.7 中间罐维修区域设备安装

中间罐维修区域设备主要由中间罐冷却维修台、中间罐倾翻台、中间罐存放台、中间罐吊具及存放架、塞棒机构维修存放台、水口快换机构存放架等组成。中间罐维修区域设备布置与设备结构参看第三篇第12章。

1.6.7.1 中间罐冷却维修台安装

A 概述

中间罐冷却维修台由台架（包括立柱、框架、斜撑）、铺板组、支承座、走梯、栏杆等组成，参见图 3-12-6。

B 安装顺序

如图 5-1-26 所示。

C 安装方法

（1）检查基础，设置安装基准线和标高点，安装基础垫板。

（2）吊装支撑座就位，预紧地脚螺栓。

（3）调整支撑座的中心、对角线、标高和水平，紧固地脚螺栓。

（4）吊装平台立柱就位，调整其纵横中心线、间距、标高和垂直度。紧固地脚螺栓。

（5）吊装框架与平台立柱连接，紧固连接螺栓。

（6）安装斜撑，紧固连接螺栓。

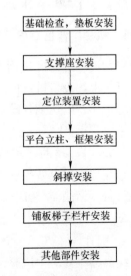

图 5-1-26 中间罐冷却维修台安装顺序

（7）安装铺板、梯子和栏杆等，紧固螺栓。

（8）复查上述所有安装尺寸，达到要求后，按照图纸要求焊接所有需要焊接的部位。

（9）点焊垫板，设备基础灌浆。

（10）中间罐冷却维修台安装精度要求见表 5-1-16。

表 5-1-16　中间罐冷却维修台安装精度要求

项　目	偏差/mm	检验方法
台架纵向中心线	1	挂线尺量
台架横向中心线	1	挂线尺量
台架立柱的垂直度	1/1000	挂线尺量
台架立柱标高	±1	水准仪
台架隔离柱间中心距	±1.5	尺量

1.6.7.2　中间罐倾翻台安装

A　概述

中间罐倾翻台是由倾翻台架、直联液压马达行星减速机、滑动轴承座、夹紧液压缸、顶冷钢液压缸和梯子栏杆平台等组成，参见图 3-12-11 ~ 图 3-12-14。

B　安装顺序

（1）基础检查验收，设置垫板。

（2）吊装立柱和平台。

（3）安装倾翻装置底座，调整底座的中心位置、标高和水平，并紧固地脚螺栓。

（4）安装滑动轴承座，调整轴承座的中心位置、标高和水平，并紧固螺栓。

（5）吊装倾翻框架（包括压紧机构、顶冷支架），盖上轴承座盖并紧固螺栓。

（6）安装减速机和马达。

（7）在确认整个平台安装无误且与其他零部件不发生干涉的条件下，按照图纸要求将平台的各个联接处焊牢。

（8）安装精度要求见表 5-1-17。

表 5-1-17　中间罐翻转台安装精度要求

项　目	偏差/mm	检验方法
纵向、横向中心线	2	挂线尺量
标高	±1	水准仪
两轴承座水平度	0.5	水准仪
立柱垂直度	1/1000	挂线尺量

1.6.8　机械维修区域设备安装

机械设备维修区域内设有结晶器、弯曲段、扇形段的维修及对中设备等。在此区域内，可对上述设备进行拆卸、维修、组装、调整对中、加油润滑、进行水压、油压、喷水试验等工作，以达到各设备直接上线使用的目的。机械设备维修区域设备布置及设备结构参看第三篇第 13 章。

1.6.8.1　结晶器维修设备安装

结晶器维修设备主要包括结晶器维修对中试验台、结晶器翻转台、结晶器/弯曲段事故存放台、结晶器/弯曲段吊具及存放架、结晶器/弯曲段事故吊具及存放架等。

A　结晶器维修对中试验台安装

a　概述

结晶器维修对中试验台主要由支架（1）、支架（2）、支架（3）、支架（4）、平台立柱、平台、测量模拟辊装置、调宽减速机构、水配管装置等组成，参见图 3-13-11。

b　安装顺序

如图 5-1-27 所示。

c 安装方法

（1）结晶器维修对中试验台安装方法。

1）在基础旁设置永久安装基准线和基准点，基础检查，垫板安装。

2）吊装支架（1）、支架（3）就位，并预紧地脚螺栓。若为地脚螺栓孔，先粗调找正后灌浆地脚螺栓孔，待灌浆料强度达到要求后，再预紧地脚螺栓。

3）调整支架（1）、支架（3）的标高、垂直度、中心线、对角线等达到要求，紧固地脚螺栓。

4）吊装支架（2）、支架（4）与支架（1）、支架（3）连接，调整支架（2）和支架（4）的纵横中心线、标高和水平，紧固螺栓。

5）吊装测量模拟辊装置，并预紧螺栓。

6）调整测量模拟辊装置达到图纸尺寸及精度要求，紧固连接螺栓。

7）吊装平台立柱、平台、梯子和栏杆等，紧固螺栓。

8）按照图纸安装调宽减速机构。

9）按照图纸安装机上配管、挡块等其他设备件。

10）检查所有安装尺寸达到图纸要求后，按照图纸要求，焊接所有需要焊接的部位。

11）点焊垫板，设备基础灌浆。

（2）结晶器维修对中试验台安装精度要求见表 5-1-18。

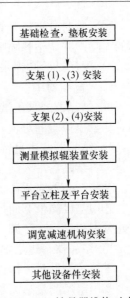

图 5-1-27 结晶器维修对中
试验台安装顺序

表 5-1-18 结晶器维修对中试验台安装精度要求

检 测 项 目	偏差/mm	检 测 项 目	偏差/mm
纵向、横向中心线	2	结晶器各支撑面的水平度	0.2
标高	±1	测量模拟辊的水平度	0.5
立柱垂直度	0.5/1000	测量模拟辊与外弧基准线的水平距离	0±0.1

d 水压试验及离线对中

（1）水压试验。

1）保压试验。

①维修组装完毕的结晶器整体试压时，先打开维修台支承框架下部放水管中的球阀，然后打开保压试验管路中总阀及球阀，待水通入水箱排尽箱内空气后，再将支承框架下部放水管中的球阀关闭，直至水箱充满水进行试压。

②保压试验试水压力为 1.5MPa，保压时间为 30min，压力降不得超过 0.02MPa，否则应重新检查各个联接处，直到试水完全合格为止。

2）喷水试验。

①进行喷淋架喷水试验时，首先打开喷水试验管路中的总阀，通过调节减压阀的出口压力，观察水压达到 1.5MPa 即可进行试验。

②试验时分别打开管路中球阀，检查各喷淋架上的喷嘴是否畅通，更换不畅通和已损坏的喷嘴，并调整各喷嘴角度，观察喷水形状，使其达到最佳状态。

3）保压试验和喷水试验应分别进行，以便检查各自系统是否正常。

（2）离线对中。

1）结晶器经水压试验、足辊喷水试验后，进行结晶器铜板与足辊的对中，以及足辊相对测量模拟辊的对正。

2）结晶器宽边足辊对中。

①将结晶器吊入结晶器维修对中台，按照图纸要求调整好。

②将结晶器对弧样板的宽边工作面分别靠在内、外弧铜板的表面上。

③用塞尺测量宽面足辊辊面与样板工作面之间的间隙，在铜板宽度方向两侧各三分之一处分别测量一次，调整宽面足辊的位置，使之达到规定的数值尺寸，偏差为 ±0.05mm。

3）结晶器窄边足辊的调整。

①将结晶器对弧样板的窄边工作面靠在窄面铜板的表面上。

②用塞尺测量窄面足辊辊面与样板工作面之间的间隙，调整窄面足辊的位置，使之达到规定的数值尺寸，偏差为 ±0.05mm。

4）结晶器足辊与测量模拟辊的对正。

①将结晶器吊入结晶器维修对中台，按照图纸要求调整好。

②放入结晶器和弯曲段在线对弧样板，用样板下部的钩子钩在宽面足辊上，同时将样板上的磁铁与宽面足辊侧面吸合。

③将样板的工作面靠在模拟辊的表面上，观察样板上的水平仪是否显示水平。

④若水平仪显示不水平，则调整结晶器框架两侧的调整装置，使结晶器带动足辊整体移动，直到样板上的水平仪显示水平即完成对弧。调整过程中注意样板上的磁铁及样板的工作面不得与辊面分离。

5）调宽调锥。

结晶器维修组装完成后，在结晶器维修对中试验台上进行结晶器内腔宽度和锥度的调整与检测。调整时，用高压手动泵将夹紧装置的液压缸松开，使两窄边铜板之间的宽度和锥度达到所要求的尺寸，具体操作过程和方法见操作及维护手册。

B　结晶器翻转台的安装

a　概述

结晶器翻转台主要由操作平台、旋转架、支座、轴承座及传动装置等组成，如图5-1-28 所示。

b　安装方法

（1）按照图纸尺寸，在基础上设置好安装中心线，安装好基础垫板。

（2）吊装支座就位，调整支座纵横中心线、标高和水平。紧固地脚螺栓。

（3）吊装轴承座就位，调整轴承座纵横中心线、标高和水平。紧固螺栓。

（4）吊装旋转架就位，安装轴承座盖，紧固螺栓。

（5）安装传动装置，紧固胀紧套，固定扭力臂。胀紧套的紧固力矩要符合图纸要求。

（6）吊装立柱就位，调整纵横中心线、标高和垂直度。紧固地脚螺栓。

（7）安装平台、梯子和栏杆等就位，紧固螺栓。

（8）安装限位装置、警示灯等其他设备件，按照图纸要求，焊接所有需要焊接的部位。

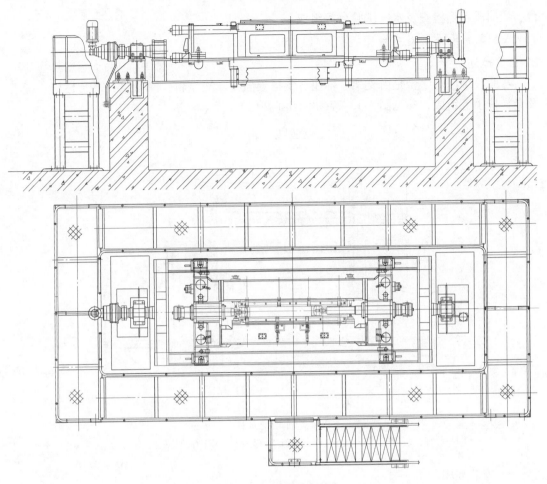

图 5-1-28 结晶器翻转台

（9）点焊垫块，设备基础灌浆。

（10）安装精度要求见表 5-1-19。

C 结晶器/弯曲段事故存放台安装

（1）检查基础，设置安装中心线，基础垫板安装。

（2）吊装存放台架就位，调整纵横中心线、标高和水平，紧固地脚螺栓。

表 5-1-19 结晶器翻转台安装精度要求

项 目	偏差/mm	检验方法
纵向、横向中心线	2	挂线尺量
标高	±1	水准仪
两轴承座水平度	0.5	水准仪
立柱垂直度	1/1000	挂线尺量

（3）安装平台立柱和平台框架，调整纵横中心线、标高和垂直度，紧固地脚螺栓。

（4）安装梯子、栏杆和挡块等其他设备件。

（5）按照图纸要求，焊接所有需要焊接的部位。

（6）点焊垫板，设备基础灌浆。

（7）安装精度要求：纵横中心线偏差≤2mm，标高偏差±2mm，立柱垂直度 1/1000。

1.6.8.2 弯曲段维修设备安装

弯曲段维修设备主要由弯曲段维修对中台、弯曲段存放台、弯曲段整体及内弧翻转台、弯曲段喷嘴检查及水压试验台等组成。

A 弯曲段维修对中台安装

a 概述

弯曲段维修对中台是由支架、轴座、支撑导向座、测量轨、测量梁、平台栏杆、铺板及走梯扶手等组成，参见图 3-13-27 和图 5-1-29。

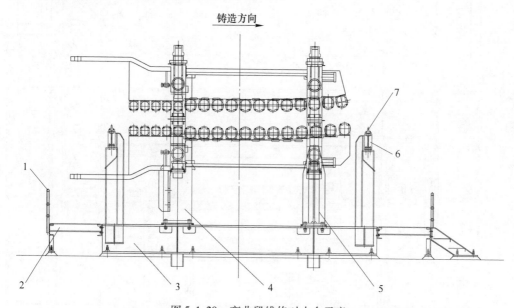

图 5-1-29 弯曲段维修对中台示意

1—栏杆；2—平台；3—支座；4—轴座；5—支撑导向座；6—测量梁；7—测量轨

b 安装顺序

如图 5-1-30 所示。

c 安装方法

（1）检查基础，在基础上设置好安装中心线，安装好基础垫板。

（2）吊装支架就位，预紧地脚螺栓。

（3）调整支架的中心、对角线、标高、水平和垂直度，紧固地脚螺栓。

（4）安装轴座、支撑导向座、测量梁和测量轨，调整其中心、对角线、标高和水平，并紧固螺栓。

安装要点提示。测量轨、轴座以及支撑导向座是保证整个对中精度的关键，因此必须反复调整直到达到图纸尺寸及精度要求。

（5）安装平台、铺板、梯子和栏杆等其他设备件。

（6）按照图纸要求，焊接所有需要焊接的部位。点焊垫板，设备基础灌浆。

（7）弯曲段维修对中台的主要安装精度要求见表 5-1-20。

d 离线对中

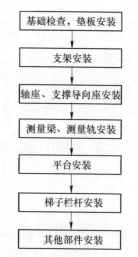

图 5-1-30 弯曲段维修对
中台安装顺序

表 5-1-20 弯曲段维修对中台安装精度要求

检 测 项 目	偏差/mm	测 量 工 具
纵向、横向中心线	0.5	挂线尺量
标高	±0.5	水准仪
轴座、支撑导向座和测量轨各自的水平度	0.05	框式水平仪，精密水准仪
两支导座表面与测量轨面的间距	±0.05	精密水准仪
两轴座凹弧底面与测量轨面的间距	±0.05	测量轴，精密水准仪

（1）确认各零部件均按照图纸要求安装、调整正确。

（2）将弯曲段吊入维修对中台，按照图纸要求调整好。

（3）将弯曲段对中样板放置在测量轨上。

（4）用塞尺测量各辊子辊面与样板工作面之间的间隙，在辊身全长上至少测量三点。若不符合要求，则调整各辊子的高度。

（5）对中要求：各辊面与样板工作面之间的间隙见图纸规定值，公差 ±0.1mm。

（6）弯曲段离线对中如图 5-1-31 所示。

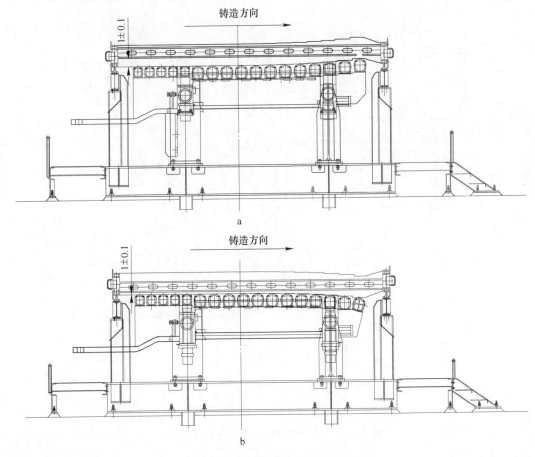

图 5-1-31 弯曲段离线对中示意

a—弯曲段外弧对中台；b—弯曲段内弧对中台

B　弯曲段整体及内弧翻转台安装

a　概述

弯曲段整体及内弧翻转台主要由平台框架（一）、翻转台、梯子和平台框架（二）等组成，参见图 3-13-35、图 3-13-36、图 3-13-38、图 3-13-42 和如图 5-1-32 所示。

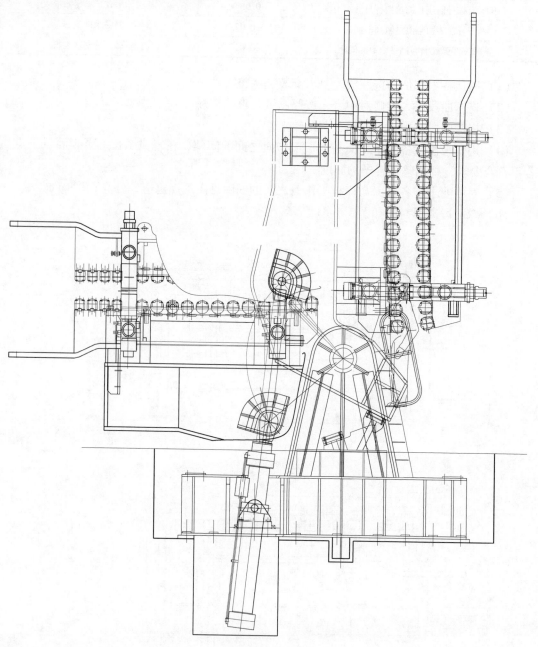

图 5-1-32　弯曲段整体及内弧翻转台示意

b　安装方法

（1）检查基础，在基础上设置好安装中心线，安装好基础垫板。

（2）吊装平台框架就位，预紧地脚螺栓。

（3）调整平台框架的纵横中心线、标高和水平，紧固地脚螺栓。

（4）吊装翻转台装配到平台框架上，按照技术要求进行调整，并紧固螺栓。

（5）吊装升降液压缸装配。

（6）安装梯子、挡块、限位装置等其他设备件。

（7）按照图纸要求，焊接所有需要焊接的部位。

（8）点焊垫板，设备基础灌浆。

（9）安装精度要求见表5-1-21。

C　弯曲段喷嘴检查及水压试验台安装

a　概述

弯曲段喷嘴检查及水压试验台主要由支座、导向架、配水盘、水配管等组成，支座和导向架等均为焊接结构。弯曲段喷嘴检查及水压试验台参见图3-13-45和图5-1-33。

表 5-1-21　弯曲段整体及内弧翻转台安装精度要求

项　目	偏差/mm	检验方法
纵向中心线	2	挂线尺量
横向中心线	2	挂线尺量
标高	±1	水准仪
框架水平度	0.5	水准仪

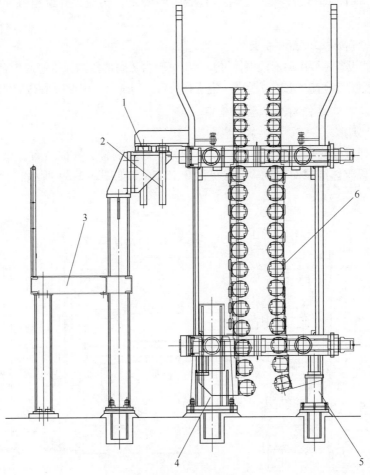

图 5-1-33　弯曲段喷嘴检查及水压试验台

1—配水盘；2—水配管；3—操作平台；4—导向架；5—支座；6—弯曲段

b　安装方法

（1）检查基础，在基础上设置好安装中心线。

（2）将支座、导向架、平台立柱的底座放入预留坑，调整好中心、标高和水平，并采取措施固定底座。

（3）预留坑灌浆。在灌浆料初凝期间，复查底座的标高和水平。

（4）待灌浆料强度达到要求后，安装支座、导向架、平台立柱和配水盘，调整纵横中心线、垂直度、标高和水平。紧固连接螺栓。

（5）安装平台、梯子、栏杆和水配管等其他设备件，紧固螺栓。

（6）安装精度要求见表 5-1-22。

表 5-1-22　弯曲段喷嘴检查及水压试验台安装精度要求

项　　目	偏差/mm	检验方法
纵向中心线	2	挂线尺量
横向中心线	2	挂线尺量
标高	±1	水准仪
导向架的垂直度	0.5	挂线尺量

c　喷水试验

吊放弯曲段在试验台就位后，打开管路入口的球阀，通过调节减压阀的出口压力，观察水压达到 1.2MPa 即可进行试验，主要检查各喷嘴是否畅通，并调整各喷嘴角度，使其达到最佳状态。

1.6.8.3　扇形段维修设备安装

扇形段维修设备主要由扇形段整体维修对中试验台、扇形段内弧维修对中台、扇形段内弧翻转台、扇形段喷嘴检查及水压试验台、辊子存放台、清洗台、扇形段吊具及存放台组成。

A　扇形段整体维修对中试验台安装

a　概述

扇形段整体维修对中试验台主要由支撑框架、对中装置、导向装置、操作平台、栏杆等组成。扇形段整体维修对中试验台参见图 3-13-56 和如图 5-1-34 所示。

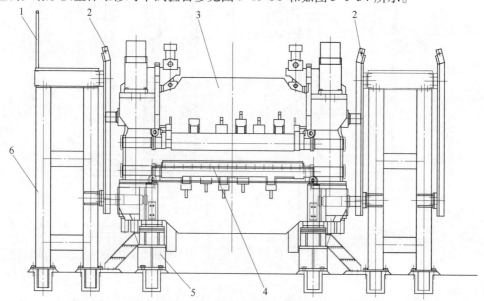

图 5-1-34　扇形段整体维修对中试验台示意

1—栏杆；2—导向架；3—扇形段；4—测量轨；5—框架；6—立柱

b 安装顺序及安装方法

扇形段整体维修对中试验台安装顺序如图 5-1-35 所示。

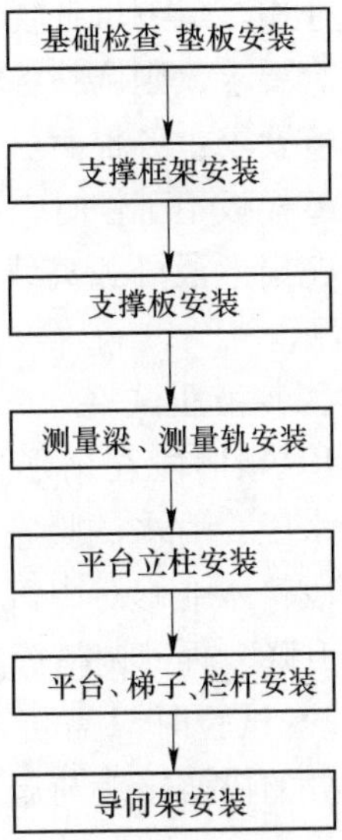

（1）检查基础，设置安装基准线和标高点，安装基础垫板。

（2）吊装支撑框架就位，预紧地脚螺栓。

（3）调整支撑框架的中心、对角线、标高、水平和垂直度，紧固地脚螺栓。

（4）安装支撑板、测量梁和测量轨，调整其中心、对角线、标高和水平。紧固螺栓。

提示：支撑板和测量轨是保证整个对中精度的关键，因此必须反复调整直到达到图纸尺寸及精度要求。

（5）安装平台立柱，调整其中心、对角线、标高和垂直度。紧固地脚螺栓。

（6）安装平台、梯子和栏杆等，紧固螺栓。

（7）安装导向架，调整其位置和垂直度，紧固连接螺栓。

（8）复查上述所有安装尺寸，达到要求后，按照图纸要求焊接所有需要焊接的部位。

（9）点焊垫板，设备基础灌浆。

（10）设备安装完成后，由专业人员按照液压专业施工图纸安装液压系统的设备和管路。

（11）扇形段整体维修对中试验台的主要安装精度要求见表 5-1-23。

基础检查、垫板安装
↓
支撑框架安装
↓
支撑板安装
↓
测量梁、测量轨安装
↓
平台立柱安装
↓
平台、梯子、栏杆安装
↓
导向架安装

图 5-1-35　扇形段整体维修
对中试验台安装顺序

表 5-1-23　扇形段整体维修对中试验台安装精度要求

检 测 项 目	偏差/mm	备 注
纵向、横向中心线	0.5	
标高	±0.5	
测量轨面水平度	0.05	单个工位
支撑板上表面水平度	0.05	单个工位
测量轨面与支撑板上表面的垂直间距	±0.05	单个工位

c 离线对弧及液压试验

扇形段整体或分解后的下框架吊入维修工位前，首先必须确认所吊入的扇形段与工位对应关系是否一致，还应注意扇形段上标示的铸造方向与对中台所示的铸造方向一致。确认无误后方可吊入扇形段或扇形段下框架。

（1）离线对弧。

1）在进行扇形段外弧对弧工作时，必须按照不同的扇形段，选择相应的对弧样板。

2）离线对弧方法。

①将支撑扇形段的表面、样板工作面的防锈油擦洗干净。

②将扇形段吊入对中台，并安放在支撑座上。扇形段吊入时应注意铸造方向与对中台所示的铸造方向一致，不得有误。

③将相应的样板吊到对中台上，注意样板所示铸造方向与对中台所示铸造方向一致。

④用塞尺测量各辊子辊面与样板工作面之间的间隙，在辊身全长上至少测量三点。若不符合要求，则调整各辊子的高度。

⑤要求：各辊面与样板工作面之间的间隙见设计规定值，公差 ±0.1mm。

⑥样板不工作时，应平稳的放置在样板放置架上。

⑦扇形段外弧离线对弧如图 5-1-36 所示。

（2）液压试验。

1）扇形段在扇形段喷嘴试验台进行水压、喷水试验完成后，返回到扇形段整体维修对中试验台上进行驱动辊升降、辊缝调整等液压试验。

2）试验时只需将液压管路中各接口处的快换接头与扇形段相对应的快换接头接通即可做试验。

3）液压试验的配管，在制造厂和工地安装完毕后均要进行试压，试验压力是设备工作压力的 1.5 倍，保压 30min。

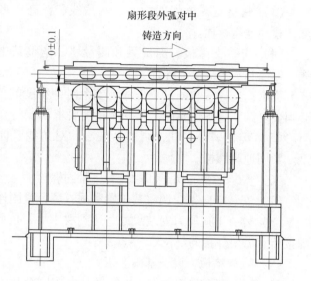

图 5-1-36　扇形段外弧离线对弧示意

B　扇形段内弧维修对中台安装

a　概述

扇形段内弧维修对中主要由支撑框架、对中装置、操作平台、栏杆等组成。扇形段内弧维修对中参见图 3-13-58 和如图 5-1-37、图 5-1-38 所示。

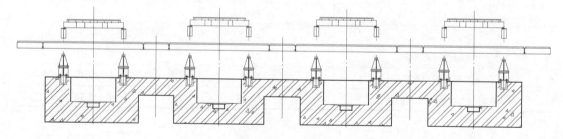

图 5-1-37　扇形段内弧维修对中台示意

b　安装顺序

参照扇形段整体维修对中试验台的安装顺序，但没有导向架安装。

c　安装方法

参照扇形段整体维修对中试验台的安装方法，但没有导向架安装。

d　离线对弧

（1）在进行扇形段内弧对弧工作时，必须按照不同的扇形段，选择相应的对弧样板。

（2）离线对弧方法。

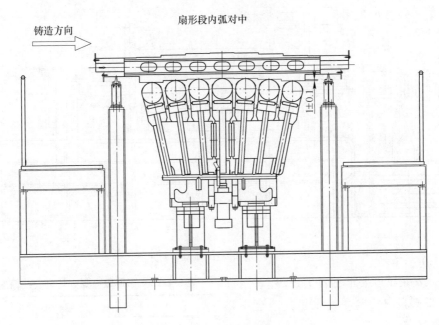

图 5-1-38　扇形段内弧离线对弧示意

1）将支撑扇形段的表面、样板工作面的防锈油擦洗干净。

2）将扇形段内弧辊子向上吊入对中台，并安放在支撑座上。扇形段内弧吊入时应注意铸造方向与对中台所示的铸造方向一致，不得有误。

3）将相应的样板吊到对中台中，注意样板所示铸造方向与对中台所示铸造方向一致。

4）用塞尺测量各辊子辊面与样板工作面之间的间隙，在辊身全长上至少测量三点。若不符合要求，则调整各辊子的高度。

5）要求：各辊面与样板工作面之间的间隙见设计规定值，公差 ±0.1mm。

6）样板不工作时，平稳地放置在样板放置架上。

C　扇形段内弧翻转台安装

a　概述

扇形段内弧翻转台主要由翻转支架、固定支架、轴承座装配、旋转架、传动装置和操作平台等组成。扇形段内弧翻转台参见图 3-13-60～图 3-13-62 和如图 5-1-39 所示。

b　安装方法

（1）基础检查，在基础上设置好安装中心线，安装好基础垫板。

（2）吊装翻转支架及固定支架就位，预紧地脚螺栓。

（3）调整翻转支架及固定支架的纵横中心线、垂直度、标高和水平，紧固地脚螺栓。

（4）安装轴承座装配，调整其纵横中心线、标高和水平，紧固螺栓。

（5）安装旋转架就位，安装轴承座盖，紧固螺栓。

（6）安装传动装置，紧固涨紧套，固定扭力臂。涨紧套的紧固力矩要符合图纸要求。

（7）安装平台、梯子、栏杆、限位装置和警示灯等其他设备件。

（8）按照图纸要求，焊接所有需要焊接的部位。

（9）点焊垫板，设备基础灌浆。

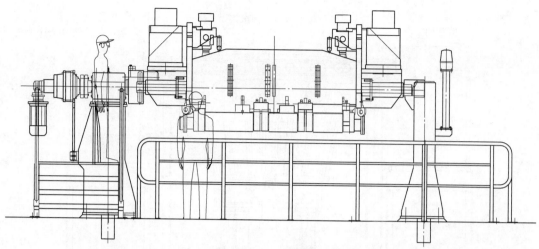

图 5-1-39　扇形段内弧翻转台示意

（10）安装精度要求见表 5-1-24。

D　扇形段喷嘴检查及水压试验台安装

a　概述

扇形段喷嘴检查及水压试验台主要由支撑框架、导向装置、水配管组成，支撑框架和导向装置均为焊接结构，参见图 3-13-64。

b　安装方法、水压及喷水试验

参照弯曲段喷嘴检查及水压试验台的安装方法。

表 5-1-24　扇形段内弧翻转台安装精度要求

项　目	偏差/mm	检验方法
纵向、横向中心线	2	挂线尺量
标高	±1	水准仪
旋转架的水平度	0.2	水准仪
两翻转支架的垂直度	0.5	挂线尺量

（1）保压试验时，先打开管路入口的球阀，通过调节减压阀的出口压力，观察水压达到 1.2MPa 即可进行试验，要求保压 30min，压力降不得超过 0.02MPa。

（2）喷水试验时，先打开管路入口的球阀，通过调节减压阀的出口压力，观察水压达到 1.5MPa 即可进行试验，主要检查各喷嘴是否畅通，并调整各喷嘴角度，使其达到最佳状态。

（3）保压试验和喷水试验应分别进行，以便检查各自系统是否正常。

1.7　单体设备试运转

1.7.1　单体设备试运转的必要性

（1）每台设备安装完以后，都必须按照设计图纸要求和相应单体设备试运转规范进行单体试运转，以检验设备运转的方向性、平稳性、安全可靠性以及相关连锁控制情况，并将问题记录，以便制订有效的措施进行整改，为无负荷联动试运转提供可靠的前提条件。

（2）单体设备试运转是建立在良好的设备制造、预装配和精心的现场安装施工的基础之上的，这项工作为无负荷联动试运转和热负荷试运转奠定了坚实的基础，所以单体试运转是一个非常重要的关键性环节，只有单体试运转顺利了，无负荷联动试运转及热负荷试运转才能顺利展开。

1.7.2 单体设备试运转的目的

（1）检验设备机械、电气、仪表、管道的安装质量。

（2）考核设备各项性能指标。

（3）综合检验以前各工序的施工质量，同时也能发现机械设备在设计、制造等方面的缺陷。试运转工作是将静止的设备进行运转，以进一步发现设备中存在的问题，然后做最后的修理和调整，使设备的运行特性符合生产的需要。

1.7.3 单体设备试运转的先决条件

1.7.3.1 总体要求

（1）设备安装工作已经结束并经检验合格，二次灌浆完成，安全防护设施齐全可靠。

（2）与设备相关的电气系统、液压润滑系统、水系统安装完毕。

（3）建立精干高效的单体试运转组织机构，参加单体试运转的人员，应提前熟悉设备技术文件和操作规程，了解设备的构造、性能，掌握单体试运转操作。

（4）必须仔细将所有设备部件上的残留保护层和其他污物清理干净，特别是滑道、轨道、滚轴、辊子和活塞杆部位。

（5）所有包括连锁在内的电气功能都由电气设备供货商进行过测试。

（6）在单体试运转状态中，所有公辅介质具备使用条件。

（7）所有的安装都已完成，进行检查，没有任何异议，例如：

1）所有的螺丝连接都为紧密连接（特别是万向节轴，联轴器和其他旋转部件）。

2）所有的管道紧固件都为紧密连接。

3）所有的地脚螺栓都为紧密连接。

（8）传动装置处于待机状态。

（9）润滑油确认。

1）根据油标尺显示油位，确认润滑油达到规定量。

2）根据润滑表的要求，确认各润滑点的润滑状况良好。

（10）泄漏确认。

1）确认减速器等各部位无泄漏。

2）确认润滑管路系统等无泄漏。

3）确认液压缸等各部位无泄漏。

4）确认液压管路系统等无泄漏。

（11）设备及周围环境应清扫干净，设备附近不得进行有粉尘的或噪声较大的作业。

1.7.3.2 机械设备

（1）具有下列能源载体和介质：1）电流；2）液压介质；3）压缩空气；4）润滑油和润滑脂；5）冷却水。

（2）对已经安装的设备元件进行测量，并起草一份测量报告。

（3）所有的集成开关装置（限位开关，光栅，液位开关等）都已安装，接线并测试完其电气功能。

（4）释放当前电气控制系统，包括电机的供电系统。

（5）传动联轴器正确安装，包括根据制造商的说明正确对中，并根据润滑说明正确地注入油脂/润滑油。

（6）首次启动传动电机之前，尽可能地手动旋转或借助机械手段旋转传动电机，从而确保其自由转动。

（7）当传动只在一个方向旋转运行时，可通过短时点动控制检查该旋转方向。

1.7.3.3　液压系统（液压缸，液压马达）检查事项

（1）油箱和管道中应没有不允许的污染物。

（2）过滤器滤芯应没有不允许的污染物。

（3）油箱内注入液压油，液位指示器和显示器处于功能就绪状态。

（4）管道已经做完下列工作：1）酸洗；2）压力测试；3）根据控制回路建立连接。

（5）释放当前电气控制，包括电机和加热器的供电系统。

（6）液压站到各个控制柜的操作就绪，并且已经供压。

（7）蓄能器内已经注入氮气。

1.7.3.4　气动系统（气缸，气动马达）检查事项

（1）压缩空气系统是否供压。

（2）连接管道是否进行：1）压力测试；2）根据控制回路建立连接；3）没有不允许的污染物。

（3）机体配管：1）无不允许的污染物；2）根据回路图已经建立连接。

（4）压缩空气控制柜操作就绪（如调整压力为操作压力，过滤器没有污染物）。

（5）管道内无不允许的湿气。

（6）过滤器自动脱水功能正常。

（7）释放电气控制。

1.7.3.5　润滑油及润滑脂系统检查事项

（1）使用注油泵或注油小车给各齿轮箱注入润滑油，并且无污染物存在，确认润滑油达到规定量。

（2）泵的润滑脂箱注入润滑脂，并且无污染物存在。

（3）泵上的过滤器滤芯无污染物存在。

（4）管道系统：1）无不允许的污染物；2）进行压力测试；3）注入润滑脂。

（5）所有的压力开关，液位开关等都已根据专用说明进行设置，并且都已经测试其功能。

（6）释放当前电气控制，包括电机的供电系统。

1.7.3.6　冷却水系统检查事项

（1）来自水处理厂的冷却水是否可用。

（2）气动先导控制阀的压缩空气是否可用。

（3）连接管道和喷头是否已经：1）冲洗，并且无污染物存在；2）压力测试；3）根据控制回路建立连接。

（4）所有可移动的阀元件都是干净的，可自由动作。

（5）过滤器滤芯无污染物存在。

（6）信号传感器预设为维护数据。

（7）释放当前的电气控制，包括电机的供电系统。

1.7.3.7　压缩空气检查事项

（1）压缩空气系统是否供压。

（2）连接管道和喷头是否已经：1）吹扫，并且无污染物存在；2）压力测试。

（3）所有可动作的阀元件都是干净的，可自由动作。

（4）过滤器滤芯无污染物存在。

（5）过滤器自动脱水功能正常。

（6）释放当前的电气控制。

1.7.4　单体设备试运转的基本要求

1.7.4.1　单体试运转应遵守的顺序

（1）先手动，后电动；

（2）先点动，后连续；

（3）先低速，后中速、高速。

1.7.4.2　单体试运转时间

（1）连续运转的设备连续运转不应少于2h。

（2）往复运动的设备在全行程或回转范围内往返动作不应少于5次。

1.7.4.3　单体设备试运转的检查内容及要求

（1）能源介质系统。

1）各系统应畅通，不得有漏泄现象。

2）各系统工作介质的品质、流量、压力、温度应符合设计和设备技术文件的规定。

3）阀门、回转接头等密封应良好，动作应正确、灵活可靠。

（2）轴承温度。

1）滑动轴承正常运转时，轴承温升不得超过35℃；且最高温度不得超过70℃。

2）滚动轴承正常运转时，轴承温升不得超过40℃；且最高温度不得超过80℃。

（3）传动机构。

1）各紧固件、联接件不得有松动现象。

2）链条和链轮运转应平稳，不得有啃卡情况和异常噪声。

3）齿轮运转时，不得有异常噪声和振动。

4）离合器的动作应灵活、可靠。

5）平衡部件的配重应准确。

（4）安全防护及调节制动装置。

1）调速器、调压器、调力矩（力）装置、安全阀、紧急切断阀、事故放散阀、事故复位装置等应按照设备技术文件或设计的规定进行试验或模拟试验。

2）制动器、限位装置在制动、限位时，动作应准确、灵敏、平稳、可靠。

1.7.5　主要单体设备试运转

1.7.5.1　浇注平台区域单体设备试运转

A　钢包回转台单体试运转

a　钢包回转台单体试运转步骤

如图 5-1-40 所示。

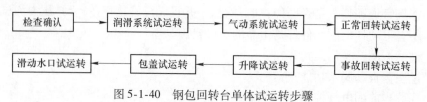

图 5-1-40　钢包回转台单体试运转步骤

b　单体试运转项目及方法

（1）检查确认。

1）检查设备、设备管道及电气安装是否与设计图纸相符，设备周围是否有干涉，特别是转台内部随旋转框架一起转动的液压软管与转台底座之间不得有干涉现象。

2）检查减速机的润滑油位是否正确，开式传动齿轮、回转止推轴承的干油润滑是否到位。

（2）润滑系统试运转。

1）干油集中润滑系统应按照其说明反复试验，验证各润滑点均能正常出油、系统能按照设计要求动作。给油量设定周期能够保证。

2）减速器稀油润滑系统，减速器箱体加润滑油至规定油位，观察各油流指示器，确认无堵塞，各点均能正常供油润滑。

（3）气动系统单试。

1）按照气动系统说明书，为考核气动设备是否正常，在按照控制程序联动试运转前，先分别单试气动离合器、气动马达，空气压缩机等。

2）在规定压力下，单独动作各不少于 5 次，确认动作准确、灵活、无干涉、无异常噪声。

（4）正常回转试运转。

1）手动盘车：顺、逆时针各回转一周，检查转动情况，不得有卡阻等异常现象。

2）手动操作：点动操作电气控制柜上的按照钮，检查设备动作是否顺畅，运转方向是否正确，及时排查解决电气线路问题；手动连续操作，使其逆、顺时针回转，手动低速 0.1r/min，高速 1r/min，手动可在任意位置停止。

3）自动操作：自动方式速度 1r/min，连续让钢包回转台反复作 ±360° 回转 5 次，检查设备各运转部件是否正常，运转中无干涉，无异常振动和噪声；检查液压和电气滑环回转接合情况是否良好；传动装置的轴承温升不超过 30℃；调整回转限位开关位置，使动作灵活、控制准确，自动可在减速位置减速，在受包位（事故包位）和浇注位停止。

（5）事故回转试运转。

1）按照"事故按钮"及手动操作气动控制开关两种操作方式，分别使钢包回转台以

0.5r/min 速度逆时针回转至事故包位置停止。

2）检查转台转动情况，不得有喘歇、卡阻情况以及异声等现象。

3）检查离合器离、合动作，使其迅速可靠。

（6）升降试运转。

1）使钢包臂作升降动作各 5 次，检查其升降动作是否平稳可靠，各活动关节的运动是否正常。

2）调整使供电滑环接触良好。

3）调整行程开关，使升降臂（上连杆）停位准确，满足工艺行程要求（在钢包称上测量）。

4）检查液压缸接头及管路，安装良好，无渗漏油现象。

5）调整升降电控系统和电磁阀，使控制灵敏、准确。

（7）钢包加盖装置试运转。

1）通过电动控制，使钢包加盖装置作升降和回转试验各 5 次，检查其情况、运行速度以及各转动部件是否正常。

2）调整升降和回转限位行程开关，使其停位准确。使升降角度达到约 8°，低位时，钢包盖底面距钢包口约为 200mm，回转角度达到约 70°，能避开钢包吊运及脱钩操作。

3）调整液压系统控制阀，使加盖动作准确，升降、回转速度满足规定要求。

4）检查油路各接头，确认无渗漏现象，检查各处连接应牢固无松动。

（8）滑动水口试运转。

通过液压站提供动力，操作液压阀台的手动换向阀，使液压缸来回动作 5 次，不得有喘歇、卡阻情况以及异声等现象。

B　中间罐车单体试运转

a　单体试运转步骤

如图 5-1-41 所示。

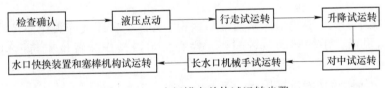

图 5-1-41　中间罐车单体试运转步骤

b　单体试运转项目及方法

（1）检查确认。

1）详细检查安装是否全面完成。

2）安装用辅助设施和工具是否清理移开，尤其在可动部分不允许有遗留物品。

3）检查各联接部位是否牢固。

4）检查减速机的油位是否正常。

5）给需要润滑的各润滑点手动加满润滑脂。

6）液压系统保压试验完毕。

（2）液压点动。

1）将行走车架垫高 2mm，使车轮架空。

2）点动行走驱动马达，检查 2 台马达的输出转向是否一致，中间罐车走行方向与控制是否一致，发现问题及时调换液压管路。

3）检查各转动部件是否有卡阻现象和异常声音。

（3）行走试运转。

1）将车轮落于轨道上，清理周边场地，保证行走区域无障碍。

2）先慢速试运转，使中间罐车全行程往复走行 5 个来回，检查拖链是否有脱槽现象，车轮是否啃轨，各转动部件是否有异常声音，传动减速机的各轴承温升情况是否符合要求。并调整行程开关位置，使中间罐车停位准确。

3）再快速试运转，使中间罐车全行程往复走行 5 个来回，检查各转动部件是否有异常现象，并观察中间罐车在行走过程中触碰减速位置的行程开关后是否减速，触碰停止位置的行程开关后是否停止，停止位置是否准确。若不满足要求，继续调整。

（4）升降试运转。

1）通过液压站提供压力油，使中间罐提升机构往复升降 5 次，排出液压缸腔内空气，检查其升降过程不得有喘歇现象，检测其行程及升降速度是否符合设计要求，调整行程开关位置。

2）通过调整液压调压阀及时调整 4 台升降液压缸的升降速度直至达到同步状态。

（5）对中装置试运转。

1）通过液压站提供压力油，分别单独启动对中液压缸，观察并确认两油缸动作方向相同，然后同时启动两油缸，使对中装置来回动作 5 次，检查其行程、速度是否符合设计技术参数要求，移动过程中是否有喘歇、卡阻现象。

2）通过液压调压阀调整 4 台液压缸的对中速度直至达到同步状态。

（6）长水口机械手试运转。

1）手动操作，来回推动机构使长水口机械手分别收回与展开 5 次，检查机构动作是否平稳。

2）手动操作手柄，驱动蜗杆来回带动蜗轮、杆芯、杆体及杆头托环转动 5 次，检查机构动作是否灵活，手柄转动是否顺畅，检查长水口操作装置位置与钢包长水口对准情况。

3）操作液压阀组使液压缸抬起、落下各 5 次，长水口机械手动作应平稳，不得有喘歇及卡阻现象。并观察其动作方向与控制是否一致。

（7）水口快换装置和塞棒机构试运转。

参照设备随机技术文件及操作维护手册进行。

C　中间罐预热装置单体试运转

a　单体试运转步骤

如图 5-1-42 所示。

b　单体试运转项目及方法　　　图 5-1-42　中间罐预热装置单体试运转步骤

（1）检查确认。

1）检查电液推杆的减速机润滑油油位和液压缸内液压油油位是否符合设计要求。

2）清理干净设备周围无关物品。

（2）风机试运转。

1）电动点动试运转，检查风机转向是否正确。

2）确认后进行电动试运转，检查风机运行及振动情况，连续运转 2h 后，检测风机轴承的温升情况是否符合规范要求。

（3）烧嘴倾动试验。

1）点动检查其动作是否与操作控制方向一致，确认后电动试运转使其抬起、落下各 5 次，检查电动推杆动作应平稳，不得有喘歇及卡阻现象。

2）调整行程开关位置，确保其停位准确，并检查烧嘴处于水平位置时是否和中间罐盖上的烘烤口位置对准。

1.7.5.2　结晶器振动区域单体设备试运转

A　振动单元体单体试运转

a　单体试运转前的准备

（1）安全检查。吊走结晶器盖及结晶器，详细检查安装是否全面完成，安装用辅助设施和工具是否撤除和清理，尤其在可动部位不允许有遗留物品，检查各连接部位是否牢固。

（2）液压管路冲洗。确认液体振动液压缸装有冲洗板，未安装伺服阀。接通液压缸油路。对液压缸及管路冲洗 1~2h，然后拆下冲洗板，装上伺服阀，接上电缆线。

（3）按照图 5-1-43 步骤，解除锁定状态的振动单元体。

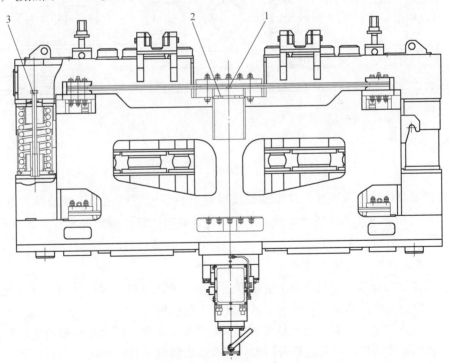

图 5-1-43　振动单元体解除锁定状态步骤

1—拆除振动单元体两侧中间固定台与振动台之间的两个 M24 连接螺栓；2—使油缸通油将单元体振动台推高，拔除固定台两侧与振动台之间的插板；3—使油缸动作将单元体振动台拉下并保持；打开振动台两侧缓冲弹簧上方盖板，将弹簧压紧螺栓松开高度约 50~80mm，最后盖上盖板

（4）螺栓连接检查确认。手动操作电气按钮，液压缸将活动台推高至上限位，检查并确认单元体中间油缸连杆顶端双螺母及周围压盖上的 4 个连接螺栓是否松动，否则重新拧紧。

（5）电气进行标零。

b　单体试运转项目及方法

准备工作完成后，对振动单元体单独或同步进行以下空负荷试运转。

（1）使液压缸推动振动台上下运动至上下极限限位位置，振动台上下运动应平稳无卡阻、无异常噪声，且上下限位位置 4 个面应同时压实。

（2）在振动台上下运动全行程中，用千分表测量振动台的水平摆动误差。千分表座安装于平台梁或振动装置的固定台上。振动台沿浇注方向水平摆动量小于 0.2mm，千分表头测量位置为振动台上 1、2、3、4 基准面；振动台沿浇注垂直方向水平摆动量小于 0.3mm，千分表头测量位置为振动台上 5、6 基准面。各基准面如图 5-1-44 所示。

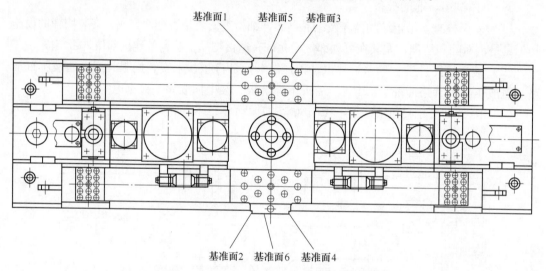

图 5-1-44　振动单元体单体试运转测量基准面

（3）测量合格后使液压缸推动振动台按照设定曲线（正弦或非正弦曲线）连续运行 2h 以上。两台振动单元体应同步，振动相位差符合要求，整体振动应平稳，无卡阻现象，无异常噪声。

B　带结晶器振动单体试运转

（1）结晶器在维修对中试验台上完成保压试验、喷水试验、离线对中和调宽调锥等离线测试工作后，将结晶器吊到振动单元体上就位，紧固螺栓。

（2）进行整体通水试验，检查结晶器与振动单元体之间，以及振动单元体与其支座之间密封圈和单元体内橡胶接头处是否漏水，若有漏水情况应及时处理。

（3）以 80～250r/min 的振频分别以正弦波形和非正弦波形进行同步振动试运转，在各种频率下观察两侧单元体振动是否同步；整体振动是否平稳，有无卡阻现象，有无异常噪声。

（4）有条件可通过专业测量仪器对结晶器振动误差以及结晶器上坯宽两端两点的相位

及波形进行测试达到如下要求：

1）结晶器上两个振动单元体指定两点处振动垂直误差<0.3mm。

2）振动波形为正弦波或非正弦波，两个振动单元体两个指定点的两条振动曲线无明显差异。

3）结晶器前后（坯厚方向）振动偏差±0.1mm。

4）结晶器左右（坯宽方向）振动偏差±0.15mm。

5）结晶器上两个振动单元体指定两点的相位差允许值小于3°，目标值为1°。

6）测定噪声要求1m以远小于75dB。

（5）以180r/min的频率连续运转2h，每半小时观察一次，合格后方可投入使用。

（6）装上结晶器盖，观察振动时是否与周围设备或基础有干涉，连续振动应平稳无卡阻，无异常噪声。

1.7.5.3　扇形段区域单体设备试运转

A　扇形段驱动装置单体试运转

a　单体试运转前的准备

（1）准备测速装置、电流检测装置等。

（2）紧固所有螺栓。

（3）减速器加入足量的润滑油。

（4）检查外部接线是否完好。

（5）各运动部件运动灵活，无卡阻现象。

b　电机单体试运转

（1）脱开万向联轴器，检查电机在各种频率转时，其技术参数是否符合设计要求。

（2）调整电机的转向与控制命令一致。

（3）调整抱闸的松紧度，试验抱闸的灵敏度，检查抱闸打开和制动是否正常。

（4）按照各扇形段分别试运转，正反各转60min；变频转速正反各转30min，检查各部件，要求无异常噪声、无干扰（涉）、无漏油等现象。

c　分组试运转

（1）分组要求：每流设备分为一组，共分为两组。

（2）按照电控运转要求，分别进行额定转速和变频转速的正反试运转，要求同上；同时检查各组转动方向是否一致。

B　扇形段单体试运转

a　试运转步骤

如图5-1-45所示。

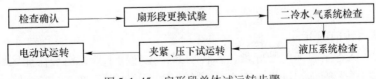

图5-1-45　扇形段单体试运转步骤

b　试运转项目及方法

（1）检查确认。

1）扇形段在维修对中试验台和喷嘴检查及水压试验台完成离线对中、液压试验、开口度调整、喷嘴检查和水压试验等离线测试工作。

2）扇形段各转动部位的润滑脂已到位。

3）清理干净扇形段内部及周围无关物品。

4）检查扇形段周围的橡胶密封板应完好。

5）扇形段的在线对弧精度及辊缝符合要求。

（2）扇形段更换试验。

1）此项试验可在安装扇形段更换滑道时进行，更换导轨安装完毕后，将扇形段开口度调到规定数值，通过扇形段更换装置将扇形段分别作抽出和吊入试验，保证能顺利抽出和吊入，不得出现试验的扇形段与其前后的扇形段发生干涉现象。

2）特别需要注意的是，吊入和抽出 1~8 扇形段时，先将吊装扇形段及与其相邻的扇形段辊子开口度调整到最小。

（3）二冷水、气系统的检查。

1）给扇形段喷淋系统供二冷气和水，检查喷淋接头是否畅通，检查喷射角度和水流密度，并检查各冷却区水流量和气体流量值是否满足设计要求。

2）机冷系统给扇形段供水，确保机冷水流畅到位，且无漏水现象。

3）检查设备的管路有无漏水现象。

（4）液压系统检查。液压系统在线冲洗中间配管达 NAS7 级后，给扇形段夹紧缸供油，在 20MPa 的系统压力下检查相关管路，确保无漏油现象。

给压下缸供油，在 18MPa 的系统压力下检查相关管路，确保无渗油、漏油现象。

（5）夹紧及压下调试。

1）液压系统给扇形段各缸供油，使夹紧缸带动上框架上下移动，确保液压管路连接正确，调整夹紧缸阀块的节流阀，使扇形段上框架升降平稳、无卡阻现象。

2）液压系统给压下缸供油使压下缸带动活动梁上下移动，确保液压管路连接正确，调整压下缸阀块的节流阀，使扇形段活动梁升降平稳、无卡阻现象。

3）最后调节夹紧缸和压下缸阀块的溢流阀，使其溢流压力恒定于设计值。

（6）电动试运转。

1）连接扇形段的传动轴进行电动试运转，先低速正向、反向运转检查其运转情况，传动装置和扇形段不得有卡阻和异常声音现象。

2）高速正、反试运转，检查电机温度是否过热、轴承温升不得超过室温 +40℃。

3）将系统压力调到 I 压（12~18MPa），进行驱动辊夹持引锭的试验，确保驱动辊对引锭夹持力足够，不会导致引锭链下滑。

C　二冷室排蒸汽风机及结晶器排烟风机单体试运转

a　单体试运转前的准备

（1）检查确认各紧固部位已拧紧，各转动部位无异物干涉，清理作业区域的杂物。

（2）检查各风管管路和风机机壳中是否有杂物，并清理干净。

（3）检查确认风管各连接处密封良好。

（4）检查确认减速机的润滑油已加注到位，各润滑点润滑正常，冷却水、润滑系统管路无泄漏，电机、控制电路正确可靠。

b 单体试运转项目及方法

（1）风机启动前先手动盘车使叶轮回转一周以上应无磕碰现象。

（2）点动电动机，各部位无异常现象和摩擦声响方可进行试运转。

（3）风机启动达到正常转数后连续运转 2h。

（4）试运转中，检查风机是否有过度的振动现象，检查风机进出口管道是否有泄漏现象，电机温度是否过热、轴承温升不得超过室温 +40℃。

1.7.5.4　出坯区域单体设备试运转

A　出坯辊道单体试运转

a　试运转步骤

如图 5-1-46 所示。

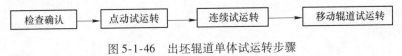

图 5-1-46　出坯辊道单体试运转步骤

b　单体试运转项目及方法

（1）检查确认。

1）检查各连接部是否完好，螺栓是否紧固。

2）检查冷却水系统情况是否通畅完好，管道无泄漏。

3）检查辊道传动减速机的润滑油油位是否正确，各转动轴承润滑脂是否到位。

4）检查各构件外面及涂漆情况，是否有划伤、剥落、如有应采取补救措施。

5）检查电气接线完好。

6）清理辊道区域，移走有影响运转的杂物。

7）准备必要的测量仪表、如电气用表、温度计等。

8）操作人员到岗，作好记录准备。

9）试运转前经现场安装指导人员检查确认。

（2）点动试运转。电动点动辊道，检查辊道传动电机转动方向是否正确，各转动部件是否正常，不得出现卡阻和异常声音，发现异常、立即停车、检查并排除。

（3）连续试运转。

1）按照电气规定和各组辊道的速度连续运行，正、反转各 1h，检查电机是否有剧烈振动，异常声音、过热等，轴承温升不超过室温 +40℃，如发现不正常立即停车检查、分析原因、予以处理。

2）检查各辊道间的信号是否正常可靠。

3）检查各连接部有否松动，发现螺栓松动需重新紧固。

（4）移动辊道试运转。

1）拆开移动框架与液压缸的连接，人工推动移动框架在全行程内来回移动，检查辊道移动时是否平稳，是否与其他设备有刮碰现象。确认正常后，恢复移动框架与液压缸的连接。

2）通过液压站提供压力油，分别使切割下辊道前进、后退各 5 次，检查辊道移动时是否平稳，不得出现卡阻、喘歇以及与其他设备刮碰现象。

3）检测辊道移动行程和移动速度，通过调整节流阀使其速度平稳，调整行程开关位置，使其停位准确。

B　火焰切割机单体试运转

a　试运转步骤

如图 5-1-47 所示。

图 5-1-47　火焰切割机单体试运转步骤

b　试运转项目及方法

（1）检查确认。

1）检查行走减速机润滑油油位和抱闸液压油位是否符合设计要求，各润滑点是否加注润滑脂。

2）清理干净设备周围无关物品。

3）确认各能源介质管道已安装吹扫完毕，并检查是否输送畅通，管道应无泄漏。

（2）手动盘车。手动打开抱闸，人工推动大车和小车来回移动一次，检查大车、小车行走有无卡阻和异常噪声。

（3）电动点动。点动大车行走电机、小车行走电机和割枪升降电机，确认电机输出转向与控制命令一致，抱闸相应动作。

（4）大车行走。

1）启动大车行走电机使大车来回运行 5 次，检查行走有无异常噪声，行走是否平稳。

2）调整限位开关位置，使大车准确停位。

（5）小车行走。

1）启动小车行走电机使小车来回运行 5 次，检查行走有无异常噪声，行走是否平稳。

2）调整限位开关位置，使大车准确停位。

（6）割枪升降。

1）启动割枪升降电机使割枪上下运行 5 次，检查割枪在升降过程中有无异常噪声，升降动作是否平稳。

2）调整限位开关位置，使割枪准确停位。

（7）同步机构气缸升降。操作气源控制阀，使同步机构的压紧气缸上下往复动作 5 次，检查气缸的动作是否平稳，不得出现卡阻、喘歇现象。

C　移载机单体试运转

a　试运转前的准备

（1）确认各紧固部位已拧紧，各转动部位无异物干涉，清理作业区域的杂物。

（2）检查小车驱动装置减速机的润滑油油位是否正确，各转动轴承处润滑脂是否到位。

（3）检查润滑系统、液压系统管路无泄漏，检查电机、控制电路是否正确可靠。

（4）调整驱动轴装配上的蜗轮-蜗杆机构，保证4个移载小车在同一起点上。

b　试运转项目及方法

（1）支撑梁升降试验。

1）观察支撑梁升降是否平稳，行程是否足够，有无干扰现象。

2）观察支撑梁支撑架与支座支承轮接触是否完好，若有异常现象需予以排除。

（2）小车行走试验。

1）小车行走在轨道全长上应无卡阻现象，否则应重新调整轨道梁和轨道。

2）各小车在相应的轨道应能行走到轨道的挡板位置。小车的行走应分别进行低位和高位行走试验。

3）运行4辆移载小车，观察小车行走是否同步、平稳，车轮与轨道接触是否完好。

（3）各限位开关的调整。

1）小车在各个位置应能准确停止，各限位开关的动作应灵活，信号正确。

2）升降装置的接近开关应确保支撑梁的升降行程150mm的要求。

3）光电开关的信号试验，每套光电开关应能够正确发射和接收信号。

（4）用模拟铸坯进行单体试运转。

1）观察铸坯运送过程中是否有干涉现象，铸坯顶升及下降放置在辊道上的位置是否准确，若不准确需进行调整。

2）使移载机多次反复运行，检查每个部件、零件工作是否正常，平稳有无异常现象；检查各联接螺栓是否有松动；如有需予以排除。

3）使移载机以30m/min的速度运行，并进行减速、制动操作，其停止精度必须控制在±5mm范围内。还要对各行程开关的效能和位置进行校核、调整，以达到工艺检测和停位的要求。

D　去毛刺机单体试运转

a　试运转前的准备

（1）确认各紧固部位已拧紧，清理作业区域的杂物，各转动部位无异物干涉。

（2）检查润滑系统、液压系统管路无泄漏，给脂、给油是否正常。

b　试运转项目及方法

（1）采用点动方式进行单体试运转，检查锤刀动作是否灵活，有无干涉现象，动作应平稳一致，无卡阻。如有异常，立即停车检查，分析原因，予以排除。

（2）通过液压站提供压力油，分别使锤刀式去毛刺机的去毛刺辊上升、下降各5次，检查去毛刺辊升降是否平稳，不得出现卡阻、喘歇以及与其他设备刮碰现象。

（3）检测去毛刺辊升降行程和速度，通过调整节流阀使其速度平稳，调整行程开关位置，使其停位准确。

（4）调整相关光电开关和限位开关，使其自动完成去毛刺动作至少5个周期，动作应平稳、灵活、准确，无异常现象。

E　升降挡板单体试运转

a　试运转前的准备

（1）检查各零部件之间的连接是否可靠，清理杂物。

（2）检查润滑系统、液压系统，管路应无泄漏，给脂、给油应正常。

b　试运转项目及方法

（1）采用点动方式进行单体试运转，检查液压缸连杆和挡板旋转升降是否灵活，上升下降行程是否到位，如有异常，立即停车检查，分析原因，予以排除。

（2）当手动操作运转正常后，可进行自动控制单体试运转。

F　称量装置和喷印机单体试运转

参照设备随机技术文件及操作维护手册进行，确认所有设备及电气控制系统安装结束，配合自动化调试，通过模拟铸坯进行单体试运转。

G　推钢机单体试运转

a　试运转步骤

检查确认→点动确认方向→试运转。

b　试运转项目及方法

（1）检查确认。

1）详细检查安装是否全面完成。

2）安装用辅助设施和工具是否清理移开，尤其在可动部分不允许有遗留物品。

3）检查各联接部位是否牢固。

4）检查减速机的油位是否正常。

5）给需要润滑的各润滑点手动加满润滑脂。

6）集中润滑系统工作正常，各个润滑点出油正常。

（2）点动确认方向。

1）点动电机，检查电机风扇的转向是否正确，推杆的移动方向与操作指示是否一致。

2）若发现问题，切断送往推钢机的电源，由专业电工倒换电缆连接相序或由计算机系统调试人员修改程序。

再次点动电机，确认电机风扇的转向正确，推杆的移动方向与操作指示一致。

（3）试运转。

1）启动电机，使推杆全行程往复走行 5 个来回，检查推杆运行是否平稳，各转动部件是否有异常声音，传动减速机的各轴承温升情况是否符合要求。

2）观察推杆在运行过程中触碰行程开关后是否准确停位。若不满足要求，调整行程开关位置，使推杆停位准确。

H　堆垛机单体试运转

a　试运转步骤

检查确认→点动确认方向→试运转

b　试运转项目及方法

（1）检查确认。

1）详细检查安装是否全面完成。

2）安装用辅助设施和工具是否清理移开，尤其在可动部分不允许有遗留物品。

3）检查各联接部位是否牢固。

4）检查减速机的油位是否正常。

5）集中润滑系统工作正常，各个润滑点出油正常。

6）液压系统保压试验完毕。

（2）点动确认方向。

1）点动电机，检查电机风扇的转向是否正确，升降梁的升降方向与操作指示是否一致。

2）若发现问题，切断送往堆垛机的电源，由专业电工倒换电缆连接相序或由计算机系统调试人员修改程序，由液压作业人员倒换液压管。

3）再次点动电机，确认电机风扇的转向正确，升降梁的升降方向与操作指示一致。

（3）试运转。

1）启动电机，使升降梁全行程往复升降5个来回，排出液压缸内的空气，检查升降梁升降是否平稳，各转动部件是否有异常声音，传动减速机的各轴承温升情况是否符合要求。

2）观察升降梁在升降过程中触碰行程开关后是否准确停位。若不满足要求，调整行程开关位置，使升降梁停位准确。

1.7.5.5 上装引锭系统单体设备试运转

A 试运转步骤

如图5-1-48所示。

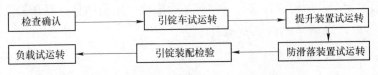

图 5-1-48 上装引锭系统单体设备试运转步骤

B 试运转项目及方法

a 检查确认

（1）确认各联接螺栓已紧固到位。

（2）减速器按照规定加够润滑油。

（3）各润滑点按照规定加润滑脂。

（4）目视检查运动部件与其他设备无干涉。

（5）用手或其他办法转动各传动部分，传动机构必需灵活，无卡阻。

b 引锭车单体试运转

（1）行走电机以额定的慢、快转速正、反转各1h，测定轴承外部温度，不得超过85℃。

（2）链轮传动装置，电机以额定转速正、反转各1h，测定轴承外部温度，不得超过85℃，运动平稳，无卡阻现象。

（3）对中试验：通过调整液压缸节流阀，使油缸动作平稳；观察并调整油缸推头位置，油缸收回时，推头位于辊面以下；油缸伸出后，推头间距（880±1）mm。

c 提升装置单体试运转

（1）点动提升机构，确认吊钩方向与控制是否一致，检查各转动部件是否有卡阻和干涉情况，如有异常现象，立即处理。

（2）启动电机，以额定转速使提升机构上升、下降各 5 次，检查吊钩运行是否平稳。

（3）确定吊钩升降位置，调整行程开关位置，使其停位准确。

d　防滑落装置单体试运转

电液推杆动作操作压头，应转动灵活，压头与导向板之间最小距离和最大距离符合规定值。

e　引锭装配检验

（1）引锭的上、下表面不得涂油及防护漆。

（2）将引锭垂直吊起不得有歪斜现象，否则需重新装配。

f　负载单体试运转

（1）将引锭水平吊起，平放在引锭车输送链两侧辊子上（方向与工作状态相同），接收拨抓钩住引锭尾部短轴。启动链轮驱动电机，引锭被正、反向运输，在运输过程中应保持平稳、无跑偏现象、与相关件无干涉。

（2）对中试验与空载相同。

（3）对提升吊钩装置进行起吊负荷试验，试验负荷为 21t，每次挂物持续 20min，反复起吊 20 次，然后对各受力部件进行检查，不得发生永久变形及出现裂纹、开裂现象。

（4）提升机构电机以额定转速正、反转各 1h，测定轴承外部温度不得超过 85℃。

（5）检验引锭车及吊钩装置运行时停位是否准确，精确调整行程开关位置。

1.7.5.6　维修区域单体设备试运转

A　结晶器翻转台单体试运转

a　试运转前的准备

（1）确认各联接螺栓已紧固到位。

（2）减速器按照规定加够润滑油。

（3）各润滑点按照规定加润滑脂。

（4）目视检查翻转装置与其他设备无干涉。

（5）手动转动传动部分，传动机构必需灵活，无卡阻。

b　试运转项目及方法

（1）启动电机，以额定转速反复旋转 5 次，检查动作是否平稳，无异常现象。

（2）人工确认处于 0°位置，四个固定螺母全部打开，吊入结晶器。把紧四个固定螺栓，人工确认结晶器已锁紧。

（3）警灯开始工作，翻转电机工作，开始翻转。到 180°位置接近开关发讯，翻转电机停止工作，警灯熄灭，人工确认翻转状态是否到位。吊出结晶器时，警灯工作，翻转电机反转，到 0°位置，接近开关发讯，翻转台停止工作，警灯熄灭。

（4）翻转试运转中，调整接近开关位置，使其在 0°位置和 180°位置时停位准确。

c　试运转注意事项

在翻转过程中必须保证放置在翻转架上装配的四个滚轮上的轴头始终在导向槽内，以保证其安全翻转。如果出现异常情况应立即停止翻转动作，并将结晶器吊离翻转台。

B 弯曲段整体及内弧翻转台单体试运转

a 试运转前的准备

(1) 确认各联接螺栓已紧固到位。

(2) 确认液压系统通畅完好，管道无泄漏。

(3) 各润滑点按照规定加润滑脂。

(4) 目视检查翻转装置与其他设备无干涉。

b 试运转项目及方法

(1) 启动液压系统，使液压缸反复动作5次，检查整个翻转台，要求其转动灵活、无卡阻。

(2) 弯曲段整体由竖直状态翻转至水平状态。

1) 人工确认翻转台转臂为竖直状态（90°位置），液压缸处于保压自锁状态，吊入弯曲段，人工锁紧挡板并确认，人员撤离。

2) 警灯工作，液压缸解锁，转臂由液压缸拉回水平状态（原始位置），接近开关发讯，液压缸保压自锁。警灯熄灭。人工打开挡板，起重机吊走弯曲段。液压系统关闭，此时液压缸保压自锁。

(3) 弯曲段整体由水平状态翻转至竖直状态。

1) 人工确认翻转台转臂为水平状态（原始位置为0°位置），液压缸处于保压自锁状态，吊入弯曲段，人工锁紧挡板并确认，人员撤离。

2) 警灯工作，启动液压系统，液压缸解锁，推动转臂至竖直状态。接近开关发讯，液压缸保压自锁。警灯熄灭。人工打开挡板，起重机吊出弯曲段。

3) 警灯工作，液压缸解锁，转臂由液压缸拉回水平状态（原始位置），接近开关发讯，液压系统关闭，液压缸保压自锁。警灯熄灭。

(4) 弯曲段内弧翻转步骤按照弯曲段整体翻转时的操作步骤进行。

(5) 翻转试运转中，调整接近开关位置，使其在0°位置和90°位置时停位准确。

C 扇形段内弧翻转台单体试运转

a 试运转前的准备

(1) 确认各联接螺栓已紧固到位。

(2) 减速器按照规定加够润滑油。

(3) 各润滑点按照规定加润滑脂。

(4) 目视检查翻转装置与其他设备无干涉。

(5) 手动转动传动部分，传动机构必需灵活，无卡阻。

b 试运转项目及方法

(1) 启动电机，以额定转速反复旋转5次，检查动作是否平稳，无异常现象。

(2) 在扇形段内弧翻转前，先把两根旋转轴装入扇形段内弧两侧的轴孔内，并用销子和螺栓将其固定，并确认。

(3) 人工确认翻转架在0°位置；驱动侧的拉手状态：上端拉手拉开，下端拉手插入并锁紧；驱动侧的拨叉的固定位置（不同的扇形段位置不同）。

(4) 吊入扇形段内弧，人工确认驱动侧上端拉手插入并锁紧。警灯工作，翻转电机开始工作，翻转至 180°位置时接近开关发讯，翻转电机停止工作，警灯熄灭。打开驱动侧上部拉手，起重机起吊扇形段内弧。钢丝绳稍微带劲时拔出两个拨叉，然后吊出扇形段内弧。

（5）启动翻转电机使翻转架回到 0°，翻转时警灯工作。

（6）翻转试运转中，调整接近开关位置，使其在 0°位置和 180°位置时停位准确。

c 试运转注意事项

起吊、翻转及下落过程中，起重机切记匀速慢行，不得突然加速或停止，以免扇形段摇摆发生意外。翻转时，切记扇形段上框架的耳轴不得离开翻转台的导向槽内。

D 中间罐倾翻台单体试运转

（1）中间罐倾翻台单体试运转参照结晶器翻转台单体试运转进行。

（2）顶冷钢装置液压缸往复试动作 5 次，不得有喘歇和卡阻现象。

参 考 文 献

[1] GB 50231—2009. 机械设备安装工程施工及验收通用规范 [S]. 北京：中国计划出版社，2009.
[2] GB 50403—2007. 炼钢机械设备工程安装验收规 [S]. 北京：中国计划出版社，2007.

2 设 备 管 理

2.1 钢铁企业设备管理现状

2.1.1 设备管理概述

2.1.1.1 设备的概念及分类

设备是指在生产、运营、试验、办公与生活等活动中可供长期使用的机器、设施、仪器和机具等社会物质资源。从设备的概念不难看出，设备不仅仅指机器，仪器和机具也属设备的范畴，当然也是设备管理的范畴。针对种类繁多的设备，为了便于管理，一般可按不同的分类依据进行分类，不同类型的设备管理方法和管理重点也不同。常规设备的分类见表5-2-1。

表5-2-1 常规设备的分类

序号	分类依据	设 备 名 称
1	用途	生产工艺设备：直接参加工业生产过程的设备
		辅助生产设备：服务于生产过程的设备。如动力设备、运输设备等
		科研实验设备：用于开发新产品的各种测试、计量设备
		办公设备：计算机、复印机、打字机、摄像、录像机
		生活福利设备：医疗卫生机械、炊事机械、文体器械等
2	生产主要程度	关键设备：在生产过程中起主导、关键作用
		主要设备：起主要作用、修理复杂系数①5以上的设备
		一般设备：简单、价格便宜、维修方便的设备
3	适用范围	通用设备：适用于不同行业，如变压器、电机、金切机床等
		专用设备：只适用于某个行业的特定设备，如纺织机、连铸机等

①设备修理复杂系数是表示设备修理复杂程度的一个假定单位。修理复杂系数的大小主要取决于设备的维修性。设备易修，复杂系数小；设备难修，复杂系数则大。一般情况下，设备的结构越复杂、尺寸越大、加工精度要求越高、功能越多、效率越高，修理复杂系数也就越大。

2.1.1.2 设备管理概述

设备管理是指以设备为研究对象，追求设备综合效率与寿命周期费用的经济性，应用一系列理论、方法，通过一系列技术、经济、组织措施，对设备的物质运动和价值运动从规划、设计、选型、制造、购置、安装、使用、维修、改造、报废直至更新等进行全过程的科学管理。

本章作者：李俊辉；审查：王公民，陆怀春，黄进春，杨拉道

　　钢铁企业的设备管理是指钢铁企业根据经营方针和目标，从设备的调查研究入手，对有关设备的规划、设计、制造、选购、安装、调试、使用、维护、大修改造、直至报废的全过程，相应地进行一系列技术、经济组织管理活动的总称。

　　设备管理是一门管理学科，在此我们简单梳理其主要工作内容和范围。

　　(1) 任务。《设备管理条例》规定："企业设备管理的主要任务是对设备进行综合管理，保持设备完好，不断改善和提高企业技术装备质量，充分发挥设备效能，取得良好的投资效益。"综合管理是企业设备管理的指导思想和基本制度，也是完成上述主要任务的根本保证。

　　(2) 目标。使设备处于受控状态，达到最佳运行状态，预先发现事故隐患，及时排除故障，杜绝责任事故，使设备始终处于完好状态，最大限度地延长设备的使用寿命。

　　(3) 方针。做到预防为主，坚持三个结合：即专业人员管理与操作人员管理相结合；技术管理与经济管理相结合；激励机制与约束机制相结合。

　　(4) 要求。要求操作人员正确操作，精心维护，做好记录，达到"四懂三会"。要求管理人员建立服务意识、指导设备管理、监督设备状态、检查设备隐患。

　　(5) 三大规程、三大制度。三大规程是操作规程、使用规程、维护规程。

　　三大制度是巡回点检制、交接班制、岗位责任制。

2.1.2　设备管理的发展

　　我国工业企业的设备管理工作，大体上经历了从事后维修、计划预修到综合管理，即从经验管理、科学管理到现代管理 3 个发展阶段。

　　(1) 经验管理阶段 (1949～1952 年)。从 1949 年到第一个五年经济建设计划开始之前的 3 年经济恢复时期，我国工业企业一般都沿袭旧中国的设备管理模式，采用设备坏了再修的做法，处于事后维修的阶段。

　　(2) 科学管理阶段 (1953～20 世纪 70 年代)。1953 年，我国第一个五年经济建设计划开始实施时，全面引进了前苏联的设备管理制度。根据"计划预修制"的模式建立各级设备管理组织，培训设备管理人员和维修骨干，按照修理周期结构安排设备的大修、中修、小修，推行"设备修理复杂系数"等一整套技术标准定额，把我国的设备管理从事后维修推进到定期计划预防修理阶段。由于实行预防维修，设备的故障停机率大大减少，有力地保证了我国工业骨干建设项目的顺利投产和正常运行。

　　(3) 现代管理阶段 (1980 年至今)。1979 年 9 月，原第一机械工业部在长春第一汽车制造厂召开现场会，推广该厂试行日本"全员生产维修 (TPM)"的经验，这是我国设备管理进入现代管理阶段的标志。TPM 英文全称 Total Productive Maintenance，该技术起源于美国，日本在吸收了欧美最新研究成果的基础上，结合他们自己丰富的管理经验，创建了富有特色的 TPM。1981 年 4 月，国务院领导对加强设备管理工作的建议作了重要批示。从此，我国的设备管理工作日益受到党和国家领导、政府主管部门和企业界的关注，走上了健康发展的道路。

　　设备管理者一般按设备寿命周期将设备管理工作分为前期管理阶段和后期 (使用期) 管理阶段，后期管理阶段包含设备的运行管理、维修管理和报废管理等。根据设备的不同类别，相应地也有不同的设备管理分类和侧重点，由于关键设备和专用设备在生产中往往起到主要作用，所以设备管理的重点实际上也就是专用设备和关键设备的管理。

2.1.3 我国钢铁企业设备管理现状

钢铁行业是我国的支柱产业之一，它虽然起步早，但设备相对比较落后。我国钢铁企业设备管理，大致经历了早期的事后修理（按需修理）制，20 世纪 50 年代的计划预修制，80 年代的全面生产维修制（TPM）和目前推广的点检定修制。21 世纪前十年，钢铁工业获得了飞速发展，生产设备也实现了更新换代，大多数钢铁企业逐渐更换了部分陈旧设备，加强了设备管理，但其在实现企业或企业间设备资源的有效整合上还存在问题，突出表现在以下几个方面。

（1）先进的设备与落后的管理方式相矛盾。近年来，冶金技术日渐成熟，发展势头强劲。原来影响产量、效率的技术难关——被攻破。钢铁生产线上配套机械设备、电气设备也在不断地应用新技术，新材料。然而由于我国钢铁企业的设备管理一直延续着粗放型管理模式，大而全，小而全的组织机构交叉重叠，各级设备管理者缺乏主动性和创造性，不再适应新形势的要求。这一矛盾已经严重制约企业生产效率的提高。

（2）设备管理的目标和内容与企业的发展不相适应。过去，国有钢铁企业设备管理的目标是单一地为生产服务，设备管理的内容侧重于设备的技术管理，设备价值形态管理意识淡薄；而企业的发展是要建立现代企业制度，要求企业拥有法人财产权，建立资产经营责任制，企业不再只是生产和经营产品，而是经营出资者投入的资本金。设备资产是企业法人财产的重要组成部分，因此企业必须明确设备管理在价值形态与实物形态两个方面的任务，强化企业法人设备资产运营管理意识和运行机制，完善设备资产运营管理考核指标体系，探索设备价值形态管理和实物形态管理相结合且可操作的模式。

（3）设备管理缺乏系统性，没有充分认识到设备管理在企业及其生产经营中的地位。大多数钢铁企业都认为，设备是为生产服务的，对它的管理也只是一般性的维修管理。其实不然，设备管理是钢铁企业管理大系统中的一个子系统，从系统工程的整体性原则出发，设备管理子系统与设计、制造、使用、工程技术，财务等管理子系统是密切相关的。企业在设备寿命周期内的每一个阶段，若要确保其可靠、高效、低成本，就必须调动业务流程上的所有部门协同参与，发挥各自的作用，开展综合管理。由于以往对设备管理在认识上、工作上的片面性，形成了在设备管理上各管一段，缺乏系统的有机联系，没有形成以人为本，基于供应链基础上的责、权、利相结合的全员设备管理格局。

（4）设备管理缺乏反馈机制。由于设备管理上缺乏系统性，因而人为地把设备的规划，设计、制造（设备管理的前半生）与选型、购置、使用、维修、更新、改造、报废（设备管理的后半生）分割开来，客观上造成了设备前半生与后半生管理的脱节，及后半生各个环节之间的脱节。这样不能形成有效的前馈控制和反馈控制，影响了设备管理的良性循环，更谈不上设备管理的全程最优。

（5）注重短期效益，忽视设备管理。在企业转换经营机制过程中，部分钢铁企业的经营者只顾眼前利益，片面的追求低成本、拼设备、抓产量的现象普遍存在。使设备带病运行、磨损加剧、故障增加，形成不良的运行状态，进一步影响到产品质量，同时也危及设备的安全运行。因而，所谓设备为发展生产服务，不仅是为完成当前的生产经营计划服务，而更重要的是重视企业所拥有的资产保值、增值、提高技术水平、保持后劲，为企业的长远发展目标服务。

（6）设备管理信息化程度低。设备管理信息化程度低，效率不高，方法单一，难以发挥方法、手段综合运用的最优效果。我国钢铁企业的设备管理主要靠行政命令和经验管理为主，而很少主动地、系统地吸收现代管理理论和现代设备管理新技术，如系统理论、控制理论、信息理论、经济理论、决策理论等。设备管理信息化是当前设备管理的发展趋势，企业应给予足够的重视。

总之，钢铁企业的竞争最终落实在管理能力与价值链效率的竞争上。为此，一些企业选择了通过信息化建设来有效改善全程供应链管理水平、降低成本、提高产品服务质量，支持规模经营的途径。钢铁企业由于资本运作的动态化，管理模式的调整，政策法规的限制与变化，行业特点，投资力度等多方面复杂因素，因此管理信息化建设也变得更加复杂、困难和必要。我国钢铁企业在设备管理方面的发展较慢已经成为制约企业可持续发展，参与市场竞争的重要原因。因而，如何在设备的装备配置和技术含量不断提高的情况下，加强设备管理与信息化建设，已成为当前急需解决的一个问题。

2.2　板坯连铸设备管理的重点

2.2.1　板坯连铸设备概述

正如本书前面章节所述，连铸机本体加上前后部工序的设备，总称为连铸设备。连铸成套设备还包括起重设备、维修设备、水处理设备、能源供给设备、电气、仪表、计算机及管道设备等。相对来说板坯连铸机是复杂的大型成套设备，设备种类繁多，技术要求高，成套难度大。板坯连铸机兼有冶炼设备和轧钢设备的特点，工作环境恶劣，要在高温、重负荷下长时间连续运转，并受到大量水雾、蒸汽、氧化铁皮等的包围和浸蚀。一个零件出现问题，往往导致全线瘫痪或酿成严重事故。现代板坯连铸机设备具有以下特点。

（1）设备设计理念先进。随着更多连铸机的投产使用，也伴随计算机技术的发展，现代板坯连铸的设计理念发生了新的变化。辊列设计比以前有了更大的进步和发展，多项先进技术相继应用于现代连铸机，使得连铸机水平越来越高。

（2）设备制造模块化水平越来越高。更多的新材料已经应用于现代化板坯连铸设备。如设备液压系统模块化的思想已经出现，液压振动、连铸辊系（含自润滑）、大量的机电一体化设备等都是模块化制造思想的体现。

（3）设备大型化、高速化、连续化。设备数量多，全线单体设备数量达 500 余台套；重量大，大尺寸零件多，如钢包回转台、基础框架等；在线设备数量多，生产流程中设备依赖程度高；生产设备高速化、生产作业连续化。

（4）生产线自动化程度高。随着板坯连铸生产所用电器元件、仪表检测技术的进步和现代自动控制技术的智能化发展，生产线的自动化程度得到长足发展。自动化程度的提高，大大提高了作业率，降低了能耗和吨钢成本。

（5）设备安装难度大。设备安装的精度要求高，基准点不易保存，如扇形段基础框架与连铸机外弧基准线的平行度要求为 ±0.1mm；结晶振动单元体支座外弧基准线与连铸机设定的外弧基准线的水平距离偏差为 ±0.1mm 等。普通仪器很难满足要求。由于设备的结构特点，除标高基准点外，外弧基准线和铸流中心线均不易保存。

由于板坯连铸设备的技术要求高、关联性强、投资大，所以更强调全寿命周期的管理。全寿命周期设备管理按常规可划分为：前期管理和后期管理，其中后期管理又可分为运行、维修和报废等管理阶段，我们将根据设备管理各阶段的特点，简单讨论板坯连铸设备管理的重点。

此外，根据板坯连铸设备的特性，在设备的各阶段，又有需要重点关注的不同部分和环节，如安装施工阶段一定要注意诱导设备的安装精度；作为设备管理，要高度重视浇注设备、三电设备和液压润滑设备的管理工作；鉴于连铸设备恶劣的工作环境，特别要重视设备的润滑管理工作。

2.2.2 板坯连铸设备前期管理

2.2.2.1 概述

设备的前期管理是指设备从规划开始到投产这一阶段的管理。设备前期管理包括设备的规划、选型、采购、安装、调整、试运行、验收、使用初期管理，以及设备订货至验收全过程的合同管理等。

对设备前期各个环节进行有效的管理，将为设备后期管理创造良好的条件，是设备全寿命周期管理中的重要环节，它对提高设备技术水平和提高设备投资技术经济效益均具有重要作用。其主要原因在于投资阶段决定了几乎全部寿命周期费用的90%，也影响着企业产品成本；投资阶段决定了企业装备技术水平和系统功能，也影响着企业生产效率和产品质量；投资阶段决定了装备的适用性、可靠性、通用性和维修性，也影响到企业装备效能的发挥和可利用率。

连铸设备在前期管理中可能出现的问题是管理缺乏系统规范性，管理制度缺失；设备管理部门参与和介入设备的设计与选型不够；设备选型时没有注意与设备的技术管理和经济管理相结合；制造、安装验收标准不完善，在正式投产后再维修，成本大大增加；验收程序不规范，接收后的设备必须进行较大的整改；生产部门和采购部门沟通脱节，使用效果不佳的产品仍在继续订购；设备型号不一致，备品备件杂乱，降低了工作效率和经济效益；设备前期选型过度考虑工程造价，造成装备水平及质量存在严重的先天遗憾；对引进设备缺乏综合管理。

上述问题造成了钢铁企业较大的运营费用，同时也提醒我们必须着力加强设备的前期管理。设备的质量性能受研发、设计、生产制造、安装调试及售后服务等过程中各项质量活动的影响。设备质量的形成过程可分为可行性研究阶段、设计开发阶段、采购和制造阶段、安装和调试阶段及售后服务等阶段，而我们现在大多数钢铁企业的设备管理主要集中在设备的后期使用管理，使用单位和设备管理部门对设备质量形成过程的前期管理参与较少，在为什么购进和购进怎样的设备方面没有多少发言权。某些在生产中必须停机或花费大量精力解决的设备故障问题，如果在设备选型、订购及安装环节中就能够考虑到预防措施或解决办法的话，将会大大降低运行后的改造成本。

设备前期管理阶段的主要工作有以下几方面。

（1）工程规划的调研、论证和制定。这项工作主要围绕企业的生产发展，新产品开发，产品质量升级，以及新技术、新工艺、新材料的应用等方面的需求目标而进行。

（2）进行连铸技术及装备的市场调查、国内外有关信息资料的收集分析与整理。

（3）工程及设备投资计算的编制及实施方案的制定。该项工作不仅涉及单项工程投资计划控制，而且是企业经营者合理安排（或筹措）资金，制定年度生产经营目标和经营方针的重要依据。

（4）拟定设备招标文件，组织实施设备的招标、评标工作。招标文件的编制，是整个工程或者说连铸生产线最终定位的基础，在此重点强调对招标文件编制工作的重视。公开招标是现代项目建设的趋势，应科学公正的开展招标工作。评标是用户兑现其选型工作的重要内容之一。

（5）非标或系统配套设备的设计审查与监督制造。其中对设计审查和制造过程中的质量监督等工作，除分别由各分管部门承担与完成外，必须吸收设备最终使用与管理单位的人员参加。

（6）设备运输、安装、调试及其有关数据的分析与确认，以及签署验收与交付使用文件。

2.2.2.2　设备规划、选型管理

板坯连铸设备，一般来说都由专业设计单位、设备供应商提供，由炼钢厂使用。对于炼钢厂来说，属于外购设备。外购设备的选型，是指通过技术和经济上的分析、评价和比较，从可以满足需要的多种型号、规格的设备中选购最佳者的决策。无论设备从供应商全部购进，还是企业部分自行制造的，选型都非常重要。

A　设备选型的基本原则

（1）生产上适用。所选择的设备适合企业已有产品和待开发产品生产过程的实际需要，能够满足企业生产和扩大再生产要求。

（2）技术上先进。以生产适用为前提，以获得最大经济效益为目的。要求设备的技术性能指标保持先进水平，有利于提高产品质量和提高设备寿命。连铸设备中的连铸机半径、辊列等在一定程度上必须考虑国内外连铸技术的发展，尽可能使用先进技术作为支撑。

（3）经济上合理。指设备选型及配置上的经济效益最佳，即价格合理、使用能耗低、维护费用少、投资回收期短。

在实际设备选型工作中，通常要求将以上三条基本原则统一权衡。

B　设备选型主要因素

设备选型应考虑的主要因素包括设备生产率与带来产品的质量，设备适应性、可靠性、先进性、维修性、经济性、安全性、节能环保性、成套性和投资费用等。在考虑设备选型各因素时，经济性固然重要，但节能环保和维修性一定要着重考虑。针对经济性着重强调以下两点。

（1）选择设备经济性的要求有最初投资少、生产效率高、耐久性长、能耗及原材料损耗少、维修及管理费用少、节省劳动力等。针对连铸设备，很多钢铁企业为了适应变化迅速的市场需求，大多希望建设一台类似万能连铸机，供应商为了迎合业主的要求，众多功能在一台连铸机上实现，使连铸机的运行管理成本增加、连铸机寿命降低，同时提高了吨钢生产成本，降低了竞争能力。工程实践告诉我们，单一的方坯、圆坯和板坯连铸机应该是设备投资经济性最好的设备。

（2）最初投资包括购置费、运输费、安装费、辅助设施费、起重运输费等。耐久性指零部件使用过程物质磨损允许的自然寿命、很多零部件组成的设备，则以整台设备的主要技术指标（如工作精度、速度、效率、出力等）达到允许的极限数据的时间来衡量耐久性。所以应区分不同类型的设备提出不同的耐久性要求。如精密、重型设备最初投资大，但寿命长，其全过程的经济效益好；而简易专用设备随生产技术发展而改变，就不必要有太长的自然寿命。能耗是单位产品能源的消耗量，是一个很重要的指标。不仅要看消耗量的大小，还要看使用什么样的能源，节能是一个尖锐突出的问题。上面这些因素之间相互影响，有些相互矛盾，不可能各项指标都是最经济的，可以根据企业具体情况以某几个因素为主，参考其他因素来进行分析计算。在对几个方案分析对比时，综合衡量这些要求就是对设备进行经济评价。

C　设备选型的步骤

设备选型通常分三步进行。

（1）设备市场信息的收集和预选。广泛收集国内外其他炼钢厂已经生产或者在建、拟建连铸机的信息及使用情况，了解分析其供应商、建设周期和生产服务等各方面的信息。并把这些情报进行分门别类汇编索引，从中选出一些可供选择的机型和厂家。这就是为设备选型提供信息的预选过程。建议有条件的企业组织相关人员赴现场实地考察了解。

（2）初步选定设备型号和候选商。对经过预选的机型和厂家，进行深入调查访问，较详细地了解产品的各种技术参数（如精度、性能、功率等）、备件使用情况、价格和供货时间以及产品在用户和市场上的反映情况、制造厂的售后服务质量和信誉等，做好调查记录。在此基础上进行分析、比较，从中再选出认为最有希望的两三个机型和供应商。

（3）选型评价决策。向初步选定的供应商提出初步具体订货要求。内容包括：订货设备的机型、主要规格、自动化程度和随机附件的初步意见、要求的交货期以及包装和运输情况，并附产品零件图（或若干典型零件图）及预期的年需要量。

供应商按上述订货要求，进行技术分析，提出报价书。内容包括：详细技术规格、设备结构特点说明、供货范围、质量验收标准、价格及交货期、随机备件、技术文件、技术服务等。

在接到几个供应商的报价书后，必要时再进行深入了解供应商新技术的发展，听取供应商对项目建设的建议。将需要了解的情况调查清楚，详细记录作为最后选型决策的依据。在调查研究之后，由技术、设备、使用等部门对几个厂家的产品对比分析，进行技术经济评价，选出最理想的机型和厂家，作为第一方案。同时也要准备第二、第三方案，以便适应可能出现的订货情况的变化。最后经主管部门领导批准，便完成了设备选型决策的全过程。

以上是典型的选型步骤。在选购国外设备和国产大型、高精度或价格高的设备时，一般均应按上述步骤进行。

2.2.2.3　设备设计、制造管理

设备从规划、选型、到安装调试、试运行必须经历设计和制造成套阶段，这也是将前期所有想法、创意变成实物的一个过程。在设备全寿命周期管理中具有重要地位。

　　设备设计阶段不仅仅是供应商的事情，这个阶段业主也应积极主动地参与。根据项目建设经验，建议业主的技术管理部门、设备管理部门、设备使用部门（炼钢厂、连铸车间）、设备维护维修部门和设备施工安装单位共同参与该阶段的工作，对设备的基本设计方案从经济性、技术成熟性、使用方便、维修量小、便于施工安装等方面给出合理化建议。

　　设备制造阶段，项目业主、承包商和制造企业对设备的关注度虽有差别，但对质量的关注始终是核心，所以围绕设备制造阶段有一系列的管控措施，如设备监制、出厂验收等。本文就制造阶段的质量控制和监制环节不做过多的叙述，因为已经有大量的文献资料对其有详细的介绍，本文仅对制造阶段提三点管理建议。

　　（1）科学合理确定设备制造工期。21 世纪前十年是我国钢铁冶金工业大发展的时期，国内很多钢铁企业都在加速项目建设，在创造了一个又一个的冶金行业建设速度新纪录的同时，也留下了不少的遗憾工程。究其原因，主要是业主限定的设备制造工期大多数都不合理，加之各制造企业业务饱满，部分制造企业为了免除拖期处罚未严格按照制造工艺路线进行设备制造，如减少热处理时间甚至取消整个热处理工艺环节等，使得设备质量大打折扣。

　　（2）强调设备监制。业主选择承包商时，应考察承包商是否具有进行设备监制的能力。部分承包商可以提供专业权威的监制，为冶金设备的使用寿命延长做出了较好的贡献。同时业主也可以委托第三方进行设备监制。

　　（3）科学管理项目制造进度。目前较为先进的 P6（P6 是美国 Primavera System Inc. 公司研发的项目管理软件 Primavera 6.0 的缩写，是国际上通用且公认的专业项目管理软件。P6 软件基于计算机技术和网络计划技术以进度、费用和资源管理为主要目标，使工期进度、费用和资源投入情况等整体性地动态管理问题得到了很好地解决）等软件已经进入冶金工程建设领域，在关键的设备制造阶段，可作为整个项目的一个三级或者四级管理层级做好进度计划，并且要求各级承包商严格按照计划去做好项目的制造成套工作，避免采购缺失、加工遗漏，合理统筹进度，把设备制造做到最优化。

2.2.2.4　安装调试与验收管理

　　按照设备平面布置图及有关安装技术文件及技术要求，将已经到货并开箱检验的外购设备或大修、改造、自制设备，安装在规定的基础上，调整找平，达到安装规范要求，并通过运转、调试、验收使之满足生产要求，以上的工作过程称为设备安装。鉴于连铸设备的特点，在此阶段要特别注意与设备相关的基础、基准等的制作、养护和保护等工作。个别企业不按科学规律，压缩工期，导致基础养护不到位，给连铸后续生产维护带来难以挽回的损失，这种情况希望引起钢铁企业警示。本篇第一章针对板坯连铸设备的安装有专门论述，可参考。

　　设备的验收在试验合格后进行，设备基础的施工验收由土建部门质量检查员进行验收，并填写"设备基础施工验收单"。设备安装工程的验收在设备调试合格后进行，由业主的相关部门、承包商、第三方（如果有的话）组成验收团队，共同验收，签字确认。设备验收分试车验收和竣工验收两种。

　　（1）试车验收。在设备负荷试验和精度试验期间，由参与验收的有关人员对"设备负荷验收记录"和"设备精度检验记录"进行确认，对照设备安装技术文件，符合要求后，转交使用单位作为试运转的凭证。

（2）竣工验收。竣工验收一般在设备试运转后三个月至一年内进行，其中大工程项目通常按照国际惯例为一年。竣工验收是针对试运转的设备效率、技术性能做出评价，由参与验收的有关人员对"设备竣工验收记录"进行确认。如发现设计、制造、安装等缺陷问题进行整改甚至索赔。

2.2.3　板坯连铸设备后期管理

设备的后期管理是指由操作者、维护者在设备运行中所进行的设备管理工作，设备操作者是设备运行管理的主体，设备修理者是设备维修管理的主体。要求操作者了解并熟练掌握设备的使用守则、操作规程，能够发现和完善设备上存在的问题，使设备在可控的状态下正常运行。设备运行管理的主要内容就是企业管理者运用管理手段管理操作者如何去用好和维护好设备。主要工作包括：建立合理的运行制度，建立严格的操作规程，建立定期检查运行情况制度和建立科学的日常维护制度等。连铸设备作为作业率较高的生产设备，更要做好运行管理。

设备后期管理的关键就是要使管理的各个环节实现"从人治走向法制，从经验走向规范"。"规范化"是各企业该阶段设备管理的立足点。这个阶段不仅仅是企业基本设备管理制度制定的关键阶段，也是企业各项制度落实的关键阶段。运行管理的基础是制度建立，运行管理的实施和保障是各类制度、规定的落实。

2.2.3.1　设备管理制度综述

我国现行的设备管理制度，其要点汇集在1987年7月国务院发布的《设备管理条例》之中。《设备管理条例》明确规定了我国设备管理工作的基本方针、政策，主要任务和要求。它是我国设备管理工作的第一个法规性文件，是指导企业开展设备管理工作的纲领，也是搞好企业设备管理工作的根本措施。

各冶金企业按照条例规定和要求，制定了有针对性的企业设备管理条例，这里仅仅针对连铸设备的运行管理制度提几点看法和建议。

（1）国内大型钢铁企业都有完善的设备管理制度，该制度明确了设备管理的组织机构、管理层级及各级职责，明确了设备管理的目的和目标，也制订了切实可行的措施和考核办法，所有这些对做好设备管理工作至关重要。在此建议企业在制订管理组织机构、规章制度时，一定要结合企业自身的管理特点，制订有针对性地管理制度，真正做到让制度指导实际工作。

（2）设备管理制度是一个体系，一般包括组织机构网络、岗位责任制、岗位技术规程、设备使用规程、点检制度、定修制度、维护管理制度、润滑管理制度、故障处理制度、备品备件管理制度及报废制度、设备档案管理制度等。一般由公司或者炼钢厂制定，连铸车间可根据具体情况，制订自己的实施细则。一般的设备管理制度所包含的内容有目的、适用范围、职责、工作程序和考核办法以及产生的制度成果。

（3）重视依赖依章办事。目前大多数钢铁企业都制订了较为完善和严格的管理制度，而且都有具体可行的考核管理办法。但各企业设备管理的现状却差距较大，究其原因有二：一是公司领导对设备管理的重视，对制度建设的重视程度不同；二是各厂、车间、部、室、科、班、组等对制度的落实情况不同。在此需要强调的是，各级领导、操作人员、维修人员及一切与设备管理相关人员必须依照规章制度办事，严格按照制度执行，在实际工作中，发现制度与现实管理脱节、或者不符的，尽快完善，切实使所有的设备管理从业人员做到"有法可依，有法必依，违法必究"。

（4）企业须适应时代发展，借助信息化手段，切实提高企业设备管理的信息化水平，这项工作在大型企业开展较好，部分中小型企业着手较晚，加之目前各钢铁企业经营形势严峻，该项工作开展难度更大。但钢铁企业一定要坚持向管理要效益的理念，用最先进的方法理念做好设备管理工作，切实使设备管理为企业降成本增效益服务，为企业健康发展出力。

（5）典型的设备管理制度见表 5-2-2。

表 5-2-2　典型的设备管理制度

炼钢厂设备综合管理制度
一、设备状况指标考核目标
（1）重、特大设备事故为零。
（2）主要生产设备完好率≥98%。
（3）主要生产设备可开动率≥90%。
（4）设备维护推行计划检修，严格落实计划检修完成率，各工段为 100%，未达到考核责任单位按 300 元/次罚款，按月考核。
（5）设备故障与事故影响生产按设备事故故障管理制度执行。
二、设备管理、维护、维修的划分
为了加强设备管理，使设备维护、维修专业化，做到设备有人管理、有人润滑，有人维护、维修，特将设备划分如下。
（1）转炉工段设备（略）。
（2）连铸工段设备。包括：
1）机械部分：连铸机本体及其附属设备。
2）电气部分：除包含机械部分所指相关设备外，还包括连铸变电所，及所有水处理的电气部分（高配部分除外），以及钢液接受跨中线至维修跨的厂房房顶以下照明和照明责任辖区内除起重机电源箱（柜）和厂房房顶照明控制箱（柜）外的所有照明/动力/检修电源箱（柜）等。
3）仪表部分：机械、电气所指设备的仪表，以及红外定尺系统、辖区的摄像监控系统。
（3）运行工段设备（略）。
（4）起重机工段设备（略）。
（5）预处理工段设备（略）。
（6）维修工段主要维修设备（略）。
（7）自动化系统（含 PLC 室和 PLC 控制柜、工业监控计算机等）和物流跟踪系统由所在工段负责日常管理及维护。
（8）备品备件由设备使用工段申报。
二、设备管理考核
（一）点检管理
（1）设备点检巡检严格执行《炼钢厂设备点检巡检管理制度》。

(2) 一级点检、二级点检必须对所使用及维护设备进行认真检查,查出的隐患、故障应及时处理,并在点检表上签字,签字不全、提前签字和代签者、当班期间未检查、未签字的均罚款处理。

(3) 明显的缺陷、隐患,岗位点检工未点检到而被工段电钳焊仪点检工点检到的,对岗位点检工进行处罚。

(4) 点检员发现的明显缺陷、隐患,岗位点检工、工段电钳焊仪点检工未点检到的,对岗位点检工、工段电钳焊仪点检工进行处罚。

(5) 技术人员和管理人员点检发现的明显缺陷、隐患,而岗位点检工、工段电钳焊仪点检工未点检到的,对岗位点检工、工段电钳焊仪点检工进行处罚。

(6) 凡因缺陷、隐患未及时发现而导致发生设备事故的,按设备事故管理办法及炼钢厂经济责任制有关规定对相关人员进行处罚。

(7) 设备科点检站填报隐患整改通知单并督促整改,未做到的进行处罚,工段未按隐患整改通知单要求整改的进行处罚。

(8) 各岗位必须及时向设备科报告本岗位设备运行的异常状况,否则处罚。造成生产误时的,视情节加重处罚。

(9) 未按规定传送相关信息的,给予处罚。

(10) 对较大隐患应根据实际情况限时整改,未限时整改的给予处罚;确因客观原因不能及时整改的,应制定相应的防范措施并向主管领导汇报,未制定防范措施的给予处罚。

(11) 对及时发现隐患而避免设备事故发生的,由设备科点检站报请炼钢厂对相关人员进行奖励。

(二) 检修管理

(1) 为确保设备计划检修完成率,生产安全科调度室必须及时安排,如需要变更计划,须提前与设备科进行联系。

(2) 凡需集中停产检修的项目,各工段必须制订实施方案报设备科、设备副厂长审阅,准备工作到位后方可进行,且原则上安排在白班实施。

(3) 点检人员或操作人员查出的设备问题,当天必须安排临时检修的,报设备科,由设备科与生产安全科联系时间并安排处理。设备处理完成后,工段需向设备科点检站汇报并由点检站告知生产安全科调度室。如果未做到,按造成对生产影响的大小对责任单位进行考核;未及时处理造成被迫停炉停机停车的,应按非计划检修考核责任单位,而属生产安全科调度室无故不安排的,则考核调度室。

(4) 设备维护检修必须在所需工机具、原材料、备品配件齐全、人员到位等情况下方可执行,未做到的给予处罚。

(5) 设备检修后,要认真组织试车,各工段对相应的技术参数进行测试,作好详细记录,未做到的给予处罚。

(6) 所有检修设备在投用 72h 内,发生事故、故障,视为检修质量事故。维修人员因检修质量差造成二次检修的,按规定给予处罚。

(三) 备件管理

(1) 凡需离线检修的设备,各责任工段必须迅速组织力量及时修好备用,以确保发生设备故障时有备件更换。

(2) 白班电、钳、焊、仪等维修人员,必须在白班准备好常用材料和备件,未做到而造成设备问题不能及时处理,进行考核并给予处罚。

(3) 各工段需对外制作生产用工具、加工备件,必须先向设备科上报制作计划和材料计划,未做到而影响加工、制作时,进行考核并给予处罚。

(4) 凡试用新设备、新配件的单位,必须报主管设备副厂长审核,公司相关部门同意后方能试用,同时,对试用的新设备、新备件进行考核,不合格的给予处罚。

(5) 在更换备件前,工程技术人员、维修人员必须对备件进行检查,机械备件、配件需进行尺寸测量检查。未进行检查就更换,进行考核并给予处罚。

（6）各工段必须在每月 10 日前将下月需组装、制作的备配件计划报设备科，经设备科相关技术人员分级审查后报设备副厂长签字下发，确保次月检修用材和配件（加工、采购周期较长的，必须提前作好准备），未做到的，进行考核并给予处罚。

（7）更换下来的重要零配件如果需要报废，应上报设备科。

（8）各工段工程技术人员、材料员应经常落实材料、备件实际库存情况，按照制造周期及时申报计划，未按制造周期及时申报计划的责任由各工段承担；设备科经办人员及时催办所需的备件、材料，超过制造周期未采购回来的责任由设备科经办人员承担。

（四）设备、备品配件修旧利废

（1）修旧利废适用范围。炼钢厂生产经营活动中更换的废旧设备、备件的修复，设备的报废、改造、生产流程和设备组成改变后形成的备件的利用、改进、代替等。

（2）修旧利废申报程序。

1）各单位需要修复的设备或备件，由工段设备副工长统计并及时向炼钢厂修旧利废领导小组提出项目申请，经炼钢厂修旧利废领导小组批准后，由各单位组织修复，修复后向炼钢厂修旧利废领导小组提出鉴定申请，由炼钢厂修旧利废领导小组上报公司进行价值鉴定。

2）对库存积压或炼钢厂修旧利废领导小组认为应修复的设备、备件可安排各单位进行修旧和利、改、代，凡炼钢厂修旧利废领导小组指定的项目，由炼钢厂修旧利废领导小组下发任务通知单，修旧后直接向炼钢厂修旧利废领导小组申请并由公司专门小组鉴定其修复价值。

（3）对备品配件修旧利废的界定。凡是确认报废、损坏已无使用价值或淘汰无法利用的零部件通过适当修理，使技术性能得到恢复，能够正常装配使用的已损坏或闲置的备品配件称为修旧利废备品配件。正常设备维修过程中的修复内容，不属于备品、配件修旧利废范围。

（4）修旧利废鉴定小组收到各单位申请表后，由鉴定小组成员每半个月到现场进行鉴定一次，确认是否值得修复。并拿出书面批复意见反馈给相关单位。

（5）在修理过程中，设备科必须随时深入现场，了解、掌握维修实施情况，督促严格按照技术标准实施维修作业。修理结束各单位进行申报验收，视维修工作量，在一个月内由鉴定小组组织验收。验收的内容是要确认修理工作完成情况；是否达到质量标准；实际投入维修资金（材料、备件、人工费等）情况。

（6）修复创节约价值的计算方式，修复创节约价值 = 市场采购价格 × 70% − 修复成本 − 残值。

（7）鉴定确认和申请奖励办法（略）。

（8）凡是申报采购计划单件大于 1 万元的备品配件，设备科要审核原备件失效原因。凡具有修复价值的，各工段通过修复恢复其技术性能，不再购置新备件。

（9）对能够进行修复利用的设备、备件，由于其价值小而未进行修复报废的，可根据检查或举报，一经查实，视其情节及价值大小对相应个人和单位进行处罚，处罚金额为该设备或备件残余价值的 5% ~ 10%。

（五）设备技术管理

（1）未经设备副厂长同意，任何人无权带领外来人员进入资料室，炼钢厂任何人无权对外来人员提供技术与资料，根据违纪者的情节严重程度作下岗处理。

（2）厂内小型技改的奖励（略）。

（六）操作管理

（1）操作者必须严格执行设备的操作规程，否则给予处罚。因操作失误或违规操作损坏设备，按《炼钢厂设备事故故障管理制度》执行。

（2）对条件具备的岗位应持证上岗，对有证而不持证上岗的给予处罚。

（3）维修工人在进行设备检修时，设备操作工人必须坚守工作岗位，配合检修、试车。

(4) 长明灯、长明火、长流水、人走不关风扇,一经发现给予处罚。

(5) 起重设备及其他车辆撞坏设备、铆焊件、工业建筑,各工段必须及时报告设备科并做记录,按具体责任给予处罚。

(6) 起重机司机离开起重机必须关电源,因未关电源造成事故加重处罚。

(7) 钢包车、渣车、过跨平板车、余钢返回车、铁水倾翻车等地面车辆,操作工要经常清理,保证减速器、电动机周围无积渣。

(8) 连铸机检修时,操作工必须参加清理工作,保证钢包回转台、二冷密封室、振动装置、连铸机传动装置、输送辊道、翻钢机、推钢机、移载机、液压冷床等设备无积渣、无废钢、无氧化铁皮堆积。

(9) 连铸生产时,严禁拉冷坯以免损坏驱动辊轴承,如发现出冷坯立即给予处罚。

(10) 严禁越岗操作,若因此造成的设备事故,以事故分析结论为准进行相应处理。

(七) 特殊设备管理

1. 电机管理 (略)

2. 吊钩、吊具、钢丝绳管理 (略)

3. 起重机坠包、溜包管理 (略)

4. 制动器及联轴器定期检查管理 (略)

5. 转炉、除尘用水管理 (略)

6. 连铸设备用水管理

(1) 连铸生产供水时间为正式开浇前半小时到浇完出尾坯后,再供水半小时,其余时间应停止供水,否则给予处罚。

(2) 连铸设备的内、外冷却水,出现漏水较大情况时,必须予以处理,否则给予处罚。

(3) 设备喷淋水 (外冷水) 按规定流量、压力进行冷却,特别是有电机的地方,一定注意喷淋状态,不能喷淋到电机上,否则给予处罚。

(4) 需冷却设备未进行冷却的,视情节轻重给予处罚。

(5) 热换中间罐时,相关冷却水应按有关规定调整,防止铸坯温度过低,损坏设备,待恢复正常铸造时,应及时调整水量,保证铸坯温度在正常范围内。若造成事故则按《炼钢厂设备事故故障管理制度》执行。

(6) 每次停产检修后,连铸工段在通知向结晶器送水启泵前,必须确保回水闸阀处于开启状态,以免损坏法兰垫片,未做到时考核责任者,影响生产的给予处罚。

7. 连铸火焰切割机及燃气站的管理

(1) 火焰切割机各气源管道接头处严禁漏气。

(2) 燃气室内严禁吸烟及火源进入。

(3) 燃气室内应保持清洁、卫生,做到班班打扫,上一班不干净,下一班不接。

8. 连铸驱动辊、翻钢机、移钢机及振动台的管理

(1) 操作人员应按交接班记录、设备点检表的内容认真检查设备,凡对所列项目检查不彻底或弄虚作假的给予处罚。

(2) 未对连铸机驱动辊及振动台进行认真检查造成设备故障或事故的,以设备事故分析会结论为准予以考核并给予相应处罚。

(3) 人为的设备事故,视其情节轻重对责任人考核并加倍处罚。

(4) 若因漏钢或其他原因,造成振动台烧坏,考核并处罚责任班组。

(5) 连铸中间罐工必须精心操作,发生从二冷室至火焰切割机前铸坯诱导区域内爆钢事故处罚责任人,造成重大设备事故则按《炼钢厂设备事故故障管理制度》执行。

（6）各液压缸、翻钢机与液压缸接头无漏油现象。

（7）板坯横移台车、板坯转盘是连铸的咽喉设备，操作工必须仔细检查，精心操作，出现事故，必须及时上报相关人员安排处理；造成后果的，情节严重程度以事故分析结论为准，落实责任。

9. 钢包车、渣车、过跨平板车、铁水倾翻车的管理

（1）对钢包车、渣车、过跨平板车、铁水倾翻车，各班操作工、值班电钳工每班必须保证检查两次以上，并在点检表上作记录。

（2）钢包车、渣车、过跨平板车、铁水倾翻车电机紧固螺栓应紧固，无松动；电机接线规范；转子碳刷无冒火现象；定转子盖配备齐全。

（3）钢包车、渣车、过跨平板车、铁水倾翻车减速器紧固螺栓应紧固，无松动；减速器润滑良好；走轮紧固螺栓应紧固；轴承、轮缘完好。

（4）钢包车、渣车、过跨平板车、铁水倾翻车及轨道内、外无杂物，无积渣，无阻碍。

（5）当班维修工必须对钢包车、渣车、过跨平板车、铁水倾翻车的接触器、按钮、空气开关、拖缆、电机认真检查，由于维修工及操作工检查失误，造成的生产损失及事故，主要责任人员负全部责任。

（6）严禁操作工对钢包车、渣车、过跨平板车、铁水倾翻车打反车，频繁起动。

10. 关于连铸设备冷却水使用的规定

（1）用水管理由循环泵房值班人员/连铸主控工/混铁炉主操作工共同负责联系协调，值班点检员为总协调人；

（2）在连铸机正常生产过程中，更换中间罐时，不允许停止设备冷却水，确保混铁炉水套供水（即连铸主控工不能发出停设备冷却水的指令，循环泵房不能随便停设备冷却水泵）；

（3）当连铸设备冷却水系统需要检修或循环泵房设备冷却供水系统需要检修时，应由循环泵房值班人员提前联系混铁炉主操作工倒换水套用水（从设备冷却水倒到中压水，先开中压水阀门，后关设备水阀门），由混铁炉主操作工确认后，循环泵房值班人员与连铸主控工联系好后再停止设备冷却水泵；

（4）混铁炉操作工应在生产过程中密切监视水套冷却状况，发现问题及时与循环泵房值班人员联系，当遇到紧急情况可自行先倒换用水，再与泵房联系；

（5）当出现停电情况时，循环泵房的柴油机应急泵会自动启动，确保连铸设备内冷和混铁炉水套短时间内应急供水，连铸和混铁炉人员作必要的检查确认；

（6）当停电时间较长时，连铸机尽快出尾坯，混铁炉人员应及时将水套提出炉口，待恢复后再重新组织生产；

（7）当检修完或恢复供电供水后，循环泵房值班人员恢复设备冷却水泵，混铁炉人员应将水套用水倒回设备冷却水。

11. 其他特殊设备管理（略）

（八）炼钢厂转炉煤气回收考核管理规定（略）

（九）设备事故管理

（1）严格按《炼钢厂设备事故故障管理制度》执行。

（2）设备出了故障，及时组织抢修，不能拖延时间。

（3）设备出了故障，如情况紧急，不论维修人员还是操作人员，人人都有责任参与抢修，把损失降到最低限度，对视而不见、袖手旁观者考核并追究责任。

（4）值班维修人员应积极处理当班生产中发现的一切设备问题，不允许向白班人员推脱。对不能处理的问题，当班值班人员必须与常白班人员共同处理，未做到的给予处罚。

（5）发现重大事故隐患，通知到的工程师、技术人员应赶赴现场组织事故调查、分析，共同制订处理方案，要逐一解决重点设备的疑难问题，未做到的给予处罚。

（十）各种原始记录的管理

（1）设备操作人员及维修人员必须认真、正确、真实填写交接班记录本、设备点检表，字迹工整。未做到的给予处罚。

（2）交接班记录本和点检表应保持清洁完好，未做到的给予处罚。

（3）设备科点检站每个月发到各工段的交接班记录本和点检表，由各工段指定的负责人在次月的 3 日前早班交回设备科点检站，以便存档，未做到的给予处罚。

（4）各种原始记录本未按规定时间交回设备科点检站或造成丢失的，处罚相关工段设备副工长。

（十一）设备检查的管理

（1）凡应参加周四设备大检查的有关人员接到通知后均应按时参加，确因工作繁忙，必须另指派负责人。

（2）参加人员必须按时参加，未做到的给予处罚。

（3）参加人员未参加总结会就离开的，一律视为早退，给予处罚。

（十二）设备隐患的管理

（1）操作人员发现隐患不通知维修人员处理的，视设备的重要程度和隐患大小给予处罚。如造成重大设备事故以分析为准或按设备损坏价值作考核。

（2）未按规定传送相关设备隐患信息的，给予处罚。

（3）设备科点检站填报隐患整改通知单并督促整改。

（4）对设备科点检站开出的隐患通知单，工段未按时处理的，给予处罚；不安排处理的，给予处罚。

（5）对较大隐患，应根据实际情况限时整改，未限时整改的，给予处罚；确因客观原因不能及时整改的，应制定相应的防范措施并向主管领导汇报，未制定防范措施的，给予处罚。

（6）对设备科点检站开出的隐患通知单，在规定时间处理完后第二天，必须按时返回设备科点检站，并填写处理情况或不能处理的原因，否则给予处罚。

（7）对及时发现隐患而避免设备事故发生的，由设备科点检站报请炼钢厂对相关人员进行奖励。

（十三）综合管理

（1）各单位必须努力完成厂月度工作安排中设备方面的工作内容，未完成，由设备科落实考核。工段设备责任人每月 28 日前将本单位月设备总结及下月工作计划交设备科点检站。各责任单位必须在规定的时间内完成任务，否则考核责任单位。

（2）各单位必须组织学习厂月度工作安排中关于设备方面的工作安排。

（3）未按时参加设备例会等会议者，考核并处罚。

（4）获集团公司设备管理等先进或优秀单位，对设备科、工段相关人员进行奖励。如被集团公司有关部门检查扣款的除由责任单位全部承担外，另承担炼钢厂的双倍罚款。

（5）因对员工不按规定进行有关规程教育或未经考试合格而上岗操作，造成设备小事故，属人事部门的责任或技术部门、设备管理部门的责任，处罚责任单位科长、当事人所在单位的工段长。造成设备一般、较大、重大、特大事故按《炼钢厂设备事故故障管理制度》执行。

（6）主管科室安排工段临时性任务，必须积极完成，如互相推诿，考核责任单位领导。

（7）设备检查和设备例会提出的整改项目，各责任单位必须在规定的时间内完成，否则考核责任单位领导；

本制度由设备科负责解释；本制度自发布之日起实施。

2.2.3.2　设备维修、维护管理

设备的正确使用和维护，是设备管理工作的重要环节。正确使用设备可以防止发生非正常磨损和避免突发故障，能使设备保持良好的工作性能和应有的精度，而精心维护设备

则可以改善设备技术状态，延缓劣化进程，消灭隐患于萌芽状态，保证设备的安全运行，延长设备使用寿命，提高设备使用效率。

随着机械工业装备技术的发展，我国设备维修经历了传统的事后维修、计划预修模式，正在向状态维修、预知维修等现代设备维修方式过渡。全员生产维修（TPM：Total Productive Maintenance），是日本前设备管理协会在美国生产维修理论的基础上，于1970年正式提出的。国内冶金行业宝钢最早引进并取得明显成效，其实质是推行以"点检定修制"为核心的现代化设备维修管理体制。

设备的维护管理和设备维修相辅相成。设备的日常维护内容包括：岗位操作人员和设备管理人员对设备的维护保养，必须依据设备维护规程做到"调整、紧固、清扫、润滑、防腐、安全"十二字方针，延长设备的使用寿命，保证设备安全、可靠的工作状态。企业通常将设备的操作规程同设备的维护规程合编为设备的操作使用维护规程。此外设备的岗位操作人员和设备管理人员对设备的维护保养按照定点、定时、定量、定标准、定人、定记录及定路线的原则，形成规范化和程序化的管理模式。

A　强化点检定修制

所谓的点检，是按照一定的标准、一定周期、对设备规定的部位进行检查，以便早期发现设备故障及隐患，及时加以修理调整，使设备保持其规定功能的设备管理方法。值得指出的是，设备点检制不仅仅是一种检查方式，而且是一种制度和管理方法。点检是车间设备管理的一项基本制度，目的是通过点检准确掌握设备技术状况，维持和改善设备工作性能，预防事故发生，减少停机时间，延长使用寿命，降低维修费用，保证正常生产。点检的范围适用于辖区所有设备，最近几年大多数企业实行的都是全员点检定修制度。点检定修制是以设备的实际技术状态为基础的预防维修制度，国内大多数钢铁企业借鉴了宝钢点检定修制模式，取得了良好的效果。下面是几点通常的做法。

（1）板坯连铸机专职点检员的设置及职责：板坯连铸机设备分别由连铸机械点检和连铸电仪点检两个作业区负责管理，分设机械、液压、电气3个点检组，专业点检员对设备分区域负责，专业点检员每天按预先计划好的点检路线实施点检，通过对设备的检查诊断，从中发现设备的劣化倾向，从而预测设备零部件的寿命周期，确定检修的项目、时间及备件、材料需用计划，并提出改善措施，以便"对症下药"，使设备始终处于稳定运行状态。专业点检员既从事设备点检，又负责设备管理，并指导操作人员对设备进行日常点检及维护。

（2）提高专业点检员的素质，加强点检人员的力量，把点检工作落到实处，提高设备点检的准确性和有效性，以便实施设备技术状态的动态管理，确保板坯连铸设备稳定运行。对专业点检员通过多种途径组织学习培训，例如所有专业点检员均参加公司层级举办的点检员知识培训，聘请厂内、外设备专家授课，通过厂内集中学习、厂外参观交流等形式，不断提高点检人员的技术和管理水平。

（3）理顺实行点检定修制，对板坯连铸设备管理各环节和业务流程，使操作方、点检方、检修方职责明确，使操作方、点检方及检修方融为一体。发挥点检人员的现场组织能力和协调力度，做到高效管理。

（4）严格按定修计划实施，不断优化定修模式，探索协力检修的管理模式。根据板坯连铸设备的技术状况和生产节奏、产量要求，完善、优化定修模式。使点检定修发挥最大优势、满足新生产需要，完成产量目标。加强定修管理，对定修的时间及项目严格控制，按网络计划实施，使板坯连铸生产稳定有序地进行。板坯连铸设备每周定修一次，时间6~10h，点检员根据设备状况提前一周做好详细的周检计划及备件、材料的准备工作，并以作业区为单位上报至点检车间并由车间汇总再上报设备保障部，并在每周一由设备部牵头，并有生产部、生产分厂、点检车间三方作业长及工程技术人员参加的设备会上确定检修项目及停机时间，安排好上、下各工序间的衔接，制定网络计划，并严格按网络接点实施定修。

（5）加强对服务外包的动态管理。国内大多数钢铁企业将设备维修、维护工作服务外包，以前称为"协力"，建议企业认真审核外包单位的资质和能力，要求其从业人员持证上岗，对外包带来的检修质量、工期等问题，帮助分析并考核，不断完善其考核办法，确保检修质量。

典型的设备点检巡检管理制度见表5-2-3。

表 5-2-3 设备点检、巡检管理制度

炼钢厂设备点检巡检管理制度

为了保证设备点检巡检工作扎实而有效地进行，做到及时发现设备缺陷及隐患，并采取有效措施进行处理，使设备经常处于良好运行状态，保证稳定连续生产。结合本厂实际情况，制定《炼钢厂设备点检巡检管理制度》，厂属各科室、工段须严格执行。

一、点检巡检的基本内容及要求

（1）包机点检巡检细则。内容包括目的、分类、组织分工、执行要求、表格的填写及总结、考核等。

（2）包机牌。内容包括操作人员（点检）、维修人员（巡检）及点检时间要求，包机牌应挂在设备或其附近的明显位置。

（3）点检表格。内容包括：点检部位、方法、时间等。

（4）巡检表格。内容包括巡检路线、时间、方法、处理情况等。

（5）点检巡检台账。内容包括设备名称、隐患部位、检查时间、处理意见、处理结果及处理时间等。

二、实施内容

（一）点检巡检顺序

设备控制部分（电气、仪表）→基础部分→动力部分（主要是电动机）→传动部分（减速器、联轴器、传动链带等）→主机部分

（二）点检巡检分工和职责

为降低设备运行故障，延长设备使用寿命，全厂设备必须实行全员管理，四级点检，落实设备责任人。

1. 四级点检"级"的划分

一级点检者，即设备操作使用者，也是该设备第一责任人；二级点检者为各工段设备承包人（主要是维修人员）；三级点检者为设备科专职点检员，四级点检为分管该设备的工程技术人员。

2. 四级点检人员的职责

一级点检人员对自己当班期间所使用的设备运行状况必须完全掌握，一经发现异常状况应立即通知维修人员协助其检查处理；若造成设备事故故障的应根据事故分析结论划分责任大小。第一责任人应根据上一班人员填写的设备运行情况对设备实际运行状态进行确认，方可签字接班，否则责任属于接班人员。二级点检者应对设备进行全面认真检查，重点部位必须详细检查填写好检查记录，有权抽查一级点检员的设备检查及使用情况，并对其结果负责。三级专职点检员应对二级检查人员的设备检查情况进行抽查，发现点检记录与设备运行状态不符者，应按规定进行考核，三级点检员不认真抽查，徇私舞弊的扣发本月岗位工资。四级点检每周对所分管的设备、设施应进行至少两遍的巡视检查，以掌握设备的运行状态。

3. 岗位操作工的点检巡检

（1）岗位操作工应随时对本岗位的设备进行巡视检查，发现隐患或缺陷立即报生产技术科调度室通知相关人员进行整改消除。并在点检表、交接班记录本上作好详细记录。

（2）当班生产中，各工段必须指定专人定期向设备科点检站报告本岗位的设备运行状况（转炉工段，连铸工段每天 1、5、9、13、17、21 点报告；起重机工段、准备工段、运行工段、预处理工段、维修工段每天 3、7、11、15、19、23 点报告），设备科点检员应做到随时了解全厂设备运行情况。

4. 工段电钳焊仪的点检巡检

（1）各工段电钳焊仪每天必须带齐工具对责任范围内的设备设施进行巡视点检。

（2）在点检巡检中发现的缺陷、隐患及时进行整改、消除。

（3）需停产才能进行处理的必须报设备科，由设备科与生产安全科联系时间并安排处理。

（4）较大隐患缺陷工段不能自行处理的，应及时报告设备科当班点检员，由当班点检员协调处理。

（5）整改、消除缺陷和隐患，应符合有关技术规范。应急处理不符合相关要求的，在停产检修时，应再次进行处理，以达到相应技术要求。

（6）负责对岗位操作点检巡检工作的指导与监督。

5. 专职点检工的点检巡检要求

（1）设备科、部分工段设有专职点检员，负责对全厂或本工段设备进行专职点检。

（2）设备科专职点检员每班对全厂所有设备进行一遍点检巡检，对重大设备、关键设备和有隐患的设备加强巡检。

（3）工段专职点检员巡检中应随身带常用工具，能处理的隐患及时整改消除，不能自行处置的，及时报本工段相关人员进行整改消除。

（4）设备科值班点检员应将当班点检情况作好记录，以便备查。

6. 电气仪表自动化的点检巡检要求

（1）各工段每天应安排人员对本工段所属电气及仪表自动化设备进行点检巡检。

（2）点检巡检中发现的缺陷、隐患及时消除。需停产处理的，报设备科，由设备科与生产安全科联系时间并安排处理。

（3）工段不能消除整改的缺陷、隐患，及时报设备科点检站或主管领导，以便组织协调处理。

（4）负责对岗位工点检巡检工作的指导与监督。

7. 对技术人员的点检巡检要求

（1）技术人员每周对分管的设备、设施进行至少两遍的巡视检查，以掌握设备的运行状态。

（2）对本工段反馈的各种信息及时归纳处理，尽快消除缺陷、隐患。

（3）负责对本工段点检巡检的指导工作。

8. 对生产安全科调度室的要求

调度室对厂属各岗位、工段反馈的信息应及时传送、记录，并督促对隐患进行整改。

三、与包机制相结合

（1）各工段结合点检巡检要求完善包机制。

（2）岗位工根据自己岗位内所使用的设备进行包机。岗位工大多倒班作业，需强调分工合作。

（3）工段维修工按机械、电气划分，将各自管辖的设备进行分工。

（4）职责。

1）操作工：包设备三清：设备本身清洁、周围环境清洁、作业场地清洁；包点检、润滑、泄漏的简单处理及记录设备运行状况。

2）维修工：包各种泄漏的治理，包巡检、设备事故和故障的处理，确保设备正常运行，并做好记录。

四、点检巡检管理与处罚

厂属各单位应严格按以上要求及规定认真进行点检巡检。未做到的按以下规定进行处罚。

（1）一级点检、二级点检必须对所使用及维护设备进行认真检查，查出隐患、故障应及时处理。并在点检表上签字，未签字一次（包括签字不全）罚款 10 元/项，提前签字和代签者罚款 50 元/项，点检巡检记录与实际不相符的罚款 20 元/项。

（2）明显的缺陷、隐患，岗位工未点检到而被工段电钳焊仪点检到的，处罚岗位工 20~50 元。

（3）点检员发现的明显缺陷、隐患，岗位工、工段电钳焊仪未点检到的，对岗位工、工段电钳焊仪各处罚 20~50 元。

（4）技术人员和管理人员点检发现的明显缺陷、隐患，而岗位工、工段电钳焊仪、点检工未点检到的，对岗位工、工段电钳焊仪和点检工各处罚 20~50 元。

（5）厂领导点检发现的明显缺陷、隐患，而岗位工、工段电钳焊仪、点检工、分管技术人员未发现的，对岗位工、工段电钳焊仪、点检工，分管技术人员各处罚 20~50 元。

（6）凡因缺陷、隐患未及时发现而导致发生设备事故的，按设备事故管理办法及厂经济责任制有关规定进行处罚。

（7）设备科点检站填报隐患整改通知单并督促整改，一次未做到罚款 20 元，工段未按隐患整改通知单要求整改的，每次罚款 20~200 元。

（8）各岗位未按时向设备科点检站报告本岗位设备运行状况的，每次罚款 10 元。

（9）未按规定传送相关信息的，发现一次罚款 10~20 元。

（10）对较大隐患应根据实际情况限时整改，未限时整改的，一次罚款 20~50 元；确因客观原因不能及时整改的，应制定相应的防范措施并向主管领导汇报，未制定防范措施的，每次罚款 20~200 元。

（11）对及时发现隐患而避免设备事故发生的，由设备科报请炼钢厂对相关人员进行奖励。

本制度由设备科负责解释；本制度自发布之日起实施。

B 建立完善维修标准体系

建立一套科学、完善并具有可操作性的维修标准体系。它包括维修技术标准、点检标准、给油脂标准、维修作业标准，统称四大标准，它与传统习惯用的设备"三大规程"即操作规程、维护规程、检修规程有所不同，这套维修标准体系，是贯彻执行点检定修制的技术基础和依据。

2.2.3.3 设备润滑管理

设备是工业生产的载体，良好的设备运行取决于良好的设备润滑。所谓设备润滑是指用液体、气体、固体等将两摩擦表面分开，避免两摩擦表面直接接触，减少摩擦和磨损。摩擦、磨损是机械零部件的三种主要破坏形式（磨损、腐蚀和断裂）之一。润滑的主要作用有以下七个方面：润滑作用；冷却作用；洗涤作用；密封作用；防锈防蚀；减震卸荷；传递动力。

据不完全统计，60%以上的设备故障是由于润滑不良引起的，液压设备80%的故障是由于液压油引起的，主要原因是油液的污染和油品的选用不当造成的。因此，合理使用润滑油、防止润滑油的污染是降低设备故障的有效途径。

板坯连铸设备传动件、回转件多，设备需要的润滑点多，所以润滑管理是设备正常使用和维护保养的重要环节，为减少因润滑管理不当而造成设备零件的过早磨损和故障性停机损失，提高设备使用寿命，必须切实加强设备润滑管理。

典型的连铸设备加油脂标准见表 5-2-4，典型的液压润滑管理制度见表 5-2-5。

表5-2-4 连铸设备加油加脂标准

序号	设备名称	装置名称	润滑部位	油脂名称	油脂牌号	数量	润滑点数	加注油量	润滑方式	补油周期	包机人
1	钢包回转台(1台)	钢包回转升降装置	回转支承轴承	磺酸钙基脂	美特 M3550	1	1×27	0.5mL/次	集中润滑	24h	
			电机	二硫化钼	1号	1	1×2	填满轴承容腔	人工润滑	90天	
			减速器	齿轮油	L-CKD320 油浴	1	1×1	减速器油标中位	人工加油	30天	
			钢包升降臂轴承	磺酸钙基脂	美特 M3550	8	8×2	0.5mL/次	集中润滑	24h	
			升降柱塞缸	磺酸钙基脂	美特 M3550	2	2×8	0.5mL/次	集中润滑	24h	
			事故回转三联件	汽轮机油	46号	1	1×1	加至油杯容积2/3~3/4	人工润滑	15天	
		包盖升降旋转装置	外齿条	磺酸钙基脂	美特 M3550	1	1×1	表面均匀涂抹	人工润滑	24h	
			包盖升降缸铰点	磺酸钙基脂	美特 M3550	2	2×2	0.5mL/次	集中润滑	24h	
			包盖转动缸铰点	磺酸钙基脂	美特 M3550	2	2×2	0.5mL/次	集中润滑	24h	
			升降横臂铰点	磺酸钙基脂	美特 M3550	2	2×1	0.5mL/次	集中润滑	24h	
			平面旋转轴承	磺酸钙基脂	美特 M3550	2	2×5	0.5mL/次	集中润滑	24h	
2	中间罐烘烤器(2套)	升降装置	液压缸铰点	极压锂基脂	II号	2×1	2×2×1	新油流出少许	人工润滑	30天	
			液压站	抗磨液压油	46号	2×1	2×2×1	加至油箱容积2/3~3/4	人工加油	30天	
		引风装置	油站电机	二硫化钼	1号	2×1	2×2×1	填满轴承容腔	人工润滑	90天	
			引风机电机	二硫化钼	1号	2×1	2×2×1	填满轴承容腔	人工润滑	90天	
3	中间罐车(2台)	中间罐升降对中装置	升降液压缸支座	极压锂基脂	II号	2×2	2×2×2	新油流出少许	人工润滑	60天	
			对中液压缸铰点	极压锂基脂	II号	2×1	2×2×1	新油流出少许	人工润滑	60天	
		车轮组	驱动车轮	极压锂基脂	II号	2×2	2×2×2	新油流出少许	人工润滑	60天	
			从动车轮	极压锂基脂	II号	2×2	2×2×1	新油流出少许	人工润滑	60天	
			减速器	齿轮油	L-CKD320 油浴	2×2	2×2×2	减速器油标中位	人工加油	30天	
			电机	二硫化钼	1号	2×2	2×2×2	填满轴承容腔	人工润滑	90天	
		水口机械手	液压缸铰点	极压锂基脂	II号	2×2	2×2×2	新油流出少许	人工润滑	60天	
			旋转轴轴承	极压锂基脂	II号	1	1×14	填满轴承容腔	人工润滑	30天	

续表 5-2-4

序号	设备名称	装置名称	润滑部位	油脂名称	油脂牌号	数量	润滑点数	加注油量	润滑方式	补油周期	包机人
4	振动装置（1台）	振动装置	减速器	齿轮油	L-CKD320 油浴	1	1×1	减速器油标中位	人工加油	30 天	
			振动偏心轴承	极压锂基脂	II 号	1	1×1	新油流出少许	人工润滑	2h	
			振动支撑轴承	极压锂基脂	II 号	2	2×1	新油流出少许	人工润滑	2h	
			联轴器	极压锂基脂	II 号	1	1×1	新油流出少许	人工润滑	30 天	
			振动电机	二硫化钼	1 号	1	1×2	填满轴承容腔	人工润滑	90 天	
			振动框架铰点	磺酸钙基脂	美特 M3550	1	1×16	0.5mL/次	集中润滑	90min	
5	结晶器	结晶器	足辊	磺酸钙基脂	美特 M3550	1	1×14	0.5mL/次	集中润滑	30min	
6	二冷室风机（2台）	传动装置	轴承箱	齿轮油	L-CKD320 油浴	2×1	2×1×1	减速器油标中位	人工加油	30 天	
			电机	二硫化钼	1 号	2×1	2×1×2	填满轴承容腔	人工润滑	180 天	
7	液压站	钢包水口液压站	循环泵电机	二硫化钼	1 号	1	1×2	填满轴承容腔	人工润滑	90 天	
			柱塞泵电机	二硫化钼	1 号	2	2×2	填满轴承容腔	人工润滑	90 天	
			循环泵	极压锂基脂	II 号	1	1×1	新油流出少许	人工润滑	30 天	
		主液压站	液压油箱	水乙二醇	HS620	1	1×1	加至油箱容积 2/3~3/4	人工加油	15 天	
			循环泵电机	二硫化钼	1 号	1	1×2	填满轴承容腔	人工润滑	90 天	
			液压泵电机	二硫化钼	1 号	3	3×2	填满轴承容腔	人工润滑	90 天	
			循环泵	极压锂基脂	II 号	1	1×1	新油流出少许	人工润滑	30 天	
8	干油泵	弯曲段结晶器干油泵	液压油箱	水乙二醇	HS620	1	1×1	加至油箱容积 2/3~3/4	人工加油	15 天	
			电机	二硫化钼	1 号	1	1×2	填满轴承容腔	人工润滑	90 天	
		钢包干油泵	齿轮箱	齿轮油	L-CKD320 油浴	1	1×1	加至油箱容积 2/3~3/4	人工加油	30 天	
			电机	二硫化钼	1 号	1	1×2	填满轴承容腔	人工润滑	90 天	
		扇形段干油泵	齿轮箱	齿轮油	L-CKD320 油浴	2	2×2	加至油箱容积 2/3~3/4	人工加油	30 天	
			电机	二硫化钼	1 号	2	2×2	填满轴承容腔	人工润滑	90 天	
			齿轮箱	齿轮油	L-CKD320 油浴	2	2×1	加至油箱容积 2/3~3/4	人工加油	30 天	

续表 5-2-4

序号	设备名称	装置名称	润滑部位	油脂名称	油脂牌号	数量	润滑点数	加注油量	润滑方式	补油周期	包机人
8	干油泵	热送辊道干油泵	加油泵电机组	二硫化钼	1号	1	1×2	填满轴承容腔	人工润滑	90天	
		热送辊道干油泵	齿轮箱	齿轮油	L-CKD320 油浴	1	1×1	加至油箱容积 2/3~3/4	人工加油	30天	
		后部辊道干油泵	加油泵电机组	二硫化钼	1号	1	1×2	填满轴承容腔	人工润滑	90天	
		后部辊道干油泵	齿轮箱	齿轮油	L-CKD320 油浴	1	1×1	加至油箱容积 2/3~3/4	人工加油	30天	
9	扇形段（12套）	弯曲段（1套）	150辊子	磺酸钙基脂	美特 M3550	30	30×3	0.5mL/次	集中润滑	30min	
			辊子装配	磺酸钙基脂	美特 M3550	11	11×56	0.5mL/次	集中润滑	90min	
		扇形段	框架本体	极压锂基脂	II号	11	11×14	新油流出少许	人工润滑	90天	
			万向联轴节	极压锂基脂	II号	18	18×8	新油流出少许	人工润滑	15天	
			电机	二硫化钼	1号	18	18×2	填满轴承容腔	人工润滑	180天	
			减速器	齿轮油	L-CKD320 油浴	18	18×1	减速器油标中位	人工加油	30天	
10	脱锭装置	脱锭辊	辊道	磺酸钙基脂	美特 M3550	1	1×2	0.5mL/次	集中润滑	90min	
		脱锭伸缩缸	液压缸铰点	磺酸钙基脂	美特 M3550	2	2×3	0.5mL/次	集中润滑	90min	
11	输送辊道系统（1套）	切前辊道	辊道	磺酸钙基脂	美特 M3550	3	3×2	0.5mL/次	集中润滑	90min	
			联轴器	极压锂基脂	II号	3	3×1	新油流出少许	人工润滑	30天	
			减速器	齿轮油	L-CKD320 油浴	3	3×1	减速器油标中位	人工加油	30天	
			电机	二硫化钼	1号	3	3×2	填满轴承容腔	人工润滑	180天	
		输出辊道	辊道	磺酸钙基脂	美特 M3550	4	4×2	0.5mL/次	集中润滑	8h	
			联轴器	极压锂基脂	II号	4	4×1	新油流出少许	人工润滑	30天	
			减速器	齿轮油	L-CKD320 油浴	4	4×1	减速器油标中位	人工加油	30天	
			箅动行走轮	磺酸钙基脂	美特 M3550	4	4×1	0.5mL/次	集中润滑	8h	
			液压缸铰点	磺酸钙基脂	美特 M3550	2	2×2	0.5mL/次	集中润滑	8h	
			电机	二硫化钼	1号	4	4×2	填满轴承容腔	人工润滑	180天	
		切后辊道	辊道	磺酸钙基脂	美特 M3550	14	14×2	0.5mL/次	集中润滑	8h	
			联轴器	极压锂基脂	II号	14	14×1	新油流出少许	人工润滑	30天	
			减速器	齿轮油	L-CKD320 油浴	14	14×1	减速器油标中位	人工加油	30天	
			电机	二硫化钼	1号	14	14×2	填满轴承容腔	人工润滑	180天	

续表 5-2-4

序号	设备名称	装置名称	润滑部位	油脂名称	油脂牌号	数量	润滑点数	加注油量	润滑方式	补油周期	包机人
11	输送辊道系统（1套）	热送辊道	辊道	磺酸钙基脂	美特 M3550	5	5×2	0.5mL/次	集中润滑	3h	
			联轴器	极压锂基脂	Ⅱ号	5	5×1	新油流出少许	人工润滑	30天	
			减速器	齿轮油	L-CKD320 油浴	4	4×1	减速器油标中位	人工加油	30天	
			电机	二硫化钼	1号	4	4×2	填满轴承容腔	人工润滑	180天	
12	引锭及其存放、对中装置（1台）	引锭链	引锭	极压锂基脂	Ⅱ号	1	1×32	新油流出少许	人工润滑	90天	
			联轴器	极压锂基脂	Ⅱ号	6	6×1	新油流出少许	人工润滑	90天	
			轴承座	极压锂基脂	Ⅱ号	16	16×1	开盖涂抹	人工润滑	180天	
			链条	磺酸钙基脂	美特 M3550 废油	4	4×1	表面均匀涂抹	人工润滑	15天	
		引锭存放装置	车轮	极压锂基脂	Ⅱ号	16	16×1	新油流出少许	人工润滑	90天	
			减速器	齿轮油	L-CKD320 油浴	1	1×1	减速器油标中位	人工加油	30天	
			电机	极压锂基脂	Ⅱ号	1	1×1	填满轴承容腔	人工润滑	180天	
			制动器	抗磨液压油	46号	1	1×1	加至油杯容积2/3~3/4	人工加油	30天	
		引锭对中	液压缸铰点	极压锂基脂	Ⅱ号	4	4×3	新油流出少许	人工润滑	30天	
13	火切机（1台）	小车驱动装置	驱动电机	二硫化钼	1号	2	2×2	填满轴承容腔	人工润滑	180天	
			小车驱动减速器	齿轮油	L-CKD320 油浴	2	2×2	减速器油标中位	人工加油	15天	
			割枪升降轮	极压锂基脂	Ⅱ号	2	2×4	新油流出少许	人工润滑	15天	
			割枪升降链条	极压锂基脂	Ⅱ号	2	2×2	表面均匀涂抹	人工润滑	15天	
			气动三联件	汽轮机油	46号	1	1×1	加至油杯容积2/3~3/4	人工加油	15天	
		大车驱动装置	车轮	极压锂基脂	Ⅱ号	4	4×2	新油流出少许	人工润滑	15天	
			电机	二硫化钼	1号	2	2×2	填满轴承容腔	人工润滑	180天	
			减速器	齿轮油	L-CKD320 油浴	2	2×1	减速器油标中位	人工加油	15天	
			气缸压板铰点	极压锂基脂	Ⅱ号	1	1×1	新油流出少许	人工润滑	15天	
14	升降挡板		齿条	磺酸钙基脂	美特 M3550（收集的废油）	1	1×1	表面均匀涂抹	人工润滑	15天	
			气缸三联件	汽轮机油	46号	1	1×1	加至油杯容积2/3~3/4	人工加油	30天	
			气缸铰接点	极压锂基脂	Ⅱ号	2	2×4	新油流出少许	人工润滑	30天	

表 5-2-5　液压润滑管理制度

炼钢厂液压润滑管理制度

一、总则

（1）为实现设备的合理润滑，确保设备正常、安全、经济运行，依据《设备管理制度》和《设备技术状况管理制度》，制定本管理程序。

（2）设备润滑管理是指对设备的润滑工作进行全面合理的组织和监督，按技术规范的要求，采用合理的润滑材料和润滑方式，实现设备的合理润滑。

（3）设备润滑要做到定人、定质、定量、定时、定点（以下简称润滑"五定"）。

二、管理职责及责任分工

（一）机动科职责

（1）贯彻落实公司设备润滑管理规定，制定修改本厂设备润滑管理制度。

（2）审查、确定设备的润滑方式和润滑油品、液压介质的品种牌号。

（3）润滑新材料、新技术、新设备的推广应用。

（4）组织设备润滑方式、润滑油品、液压介质改变的技术论证。

（5）控制相关油品的二次污染。

（6）审核、提报本单位润滑油品、液压介质的需用计划。

（7）报请本单位设备在用润滑油品、液压介质的化验分析。

（8）组织分析本单位因润滑不良造成的一般设备事故及故障。

（9）控制、消除油品的现场污染。

（10）负责各车间上报油品月消耗统计，交机动科并备档。

以上可由机动科设备润滑工程师/责任人具体负责执行。

（二）车间职责

（1）认真贯彻执行设备润滑管理制度和给油脂标准。

（2）制定合理的润滑消耗定额，并按润滑材料的品种、规格和数量向机动科提交需用量计划，润滑油脂申报领取程序见相关流程图。

（3）负责润滑材料和用具的管理和使用、润滑油桶的定点设区放置。

（4）负责组织各班组做好废润滑油及油桶的回收工作。

（5）及时纠正、更新设备润滑包机到人的各项内容。

（6）润滑设备（装置）应适时进行维护检修，以确保其处于完好状态。重视润滑（液压）站的安全环保工作，对站内的高压管道、蓄能器等高压装置，要按压力容器管理标准进行管理，做好站内通风、降温、防水、防火工作；执行"润滑材料的保管与发放"规定。

（三）专管（或兼管）润滑人员职责

（1）严格执行给油脂标准，熟悉自己所管辖各种设备的润滑情况和设备各个部位所需油脂、油量的要求，及时处理润滑缺陷，并做好数据、运行记录。

（2）经常检查设备的油箱油位，使油箱的油位保持在规定的油线上，注意观测油标、油压、油温及乳化变质情况。

（3）在操作工、维修工的配合下，对设备进行清洗换油工作，坚持润滑"三级过滤"（进入油箱、油具、加油点都必须进行过滤）制度，做到油脂纯净、油具清洁、油路畅通；严防各种杂质进入油脂内。

（4）对自存自用的润滑材料，须妥善存放。配合油库管理人员管理好润滑材料和润滑用具，按照油料的消耗定额发放油料。

（5）配合有关部门检查设备润滑状况和油箱洁净情况，和润滑技术人员一起搞好润滑材料的试验、使用和润滑器具的改进工作，并做好试验记录。

（6）监督设备操作者正确地执行给油脂标准，对不遵守者提出考核意见报主管领导考核。

（7）对存在严重润滑缺陷的设备或润滑系统不良的设备及其他问题严重的设备，应向机动科提出书面处理意见。

（四）检修人员职责

经检修的润滑系统必须完好无缺，所有润滑元件、油管、油孔必须清洗干净保证畅通，油管排列整齐，转弯处不得弯成死角，无跑、冒、滴、漏现象。

经检修的润滑部位，其油杯、油孔、油嘴的盖或堵必须齐全，以防杂物或灰尘落入。

（五）润滑通则

（1）凡是现场运行的设备必须建立相适应的给油脂标准。

（2）设备给油脂标准一旦确定，各单位不得随意更改，若需调整，按管理标准规定执行。

（3）关键大型生产设备和润滑油消耗量较高的设备，润滑油应定期化验，不合格的应更换。原规定润滑材料由于某种原因需要变更或代用时，应报机动科审批，各用油单位不得随意更改。

（4）转炉、连铸机或大型生产设备润滑系统及装置需改进时，应由机动科上报批准后，车间方能进行革新改造。各单位不可任意拆除润滑装置。

（5）集中润滑站、液压站应登记记录。

（6）润滑加油周期在规定周期内填补、换油，日期可作适当调整。

（六）润滑材料的保管与发放

（1）各种贮存润滑材料的容器应清洁、完好无损、零部件齐全，容器上注明所盛油品的名称和牌号、入库时间和鉴定时间，分区存放，严禁混放。

（2）贮存润滑材料过程中，应采取有效措施防止外界物质进入，做到清洁安全、无漏损、无污染，以免油品变质，降低使用效果；严禁露天存放。

（3）对于高黏度润滑油或冬季用油，为保证其正常流动性，允许使用加热设备，但严禁明火加热。同时在油库安装地点附近应设置灭火设备。

（4）仓库保管人员严格执行油脂发放制度，发放时应核对领料单据和标签，确认无误后才可发放，对不干净的领用油脂的容器、泄漏无盖的容器可拒绝发放。

（5）润滑脂调换包装时，应在包装内装实抹平不留空隙。各种润滑脂在搬运时须把包装物正放，不准斜放或倒放，严禁滚动。

（6）进库油料每批须验收"合格证"，不合格的不得入库更不能使用。

（7）各单位要做好废油的回收管理工作，按照油料品种和污损程度分别存放，必须进行再生处理。

（8）做好密封堵漏工作，消除跑、冒、滴、漏现象，要求泄漏率在2%以下，无泄漏机台达75%以上。

（七）液压润滑具体分工

（1）转炉、精炼炉、脱硫站设备（略）。

（2）板坯连铸机设备。

1）连铸机所有设备日常润滑工作由有关车间（或班组）负责。

2）专业点检员不定时对设备润滑进行检查，避免加油不足或造成浪费，对溢出油脂进行分类收集和存放；对废油桶数量、废油重量进行统计，报机动科进行相应处理。

（3）公辅设备（略）。

（4）起重机设备（略）。

三、稀油、液压站管理规范及考核

（1）每隔 2h 巡检各液压站、稀油润滑站的压力、油温、冷却器冷却效果，泵的运行状况，液位不允许下降，压力必须平稳，油温不允许超过 60℃，泵的温升不允许超过 60℃，泵应无异常噪声。并填写好运行记录，违者每次罚款 20 元。

（2）每个班必须认真观察执行元件（液压缸、马达等）的动作状况，控制元件（阀类）的灵敏度，检查各液压缸销轴的连接情况，各有关地脚螺栓的紧固情况，并做记录，违者每次罚款 50 元。

（3）做好设备的日常点检巡检确认制，每隔两小时检查管路的泄漏情况，发现漏点及时处理，坚决杜绝跑、冒、滴、漏，违者每次罚款 100 元。

（4）观察压差表或者滤芯的堵塞情况，若压差表压差超过 0.2MPa 或者报警灯报警必须更换滤芯，能够清洗的滤网清洗干净后继续使用，并做好点检记录，违者每次罚款 50 元。

（5）找专业厂家定期（6 个月）化验各液压站内液压油的污染程度、理化性能指标，并根据化验结果决定是否更换液压油及清理油箱，违者每次罚款 100 元。

（6）每月测定一次各站内蓄能器内氮气的压力，氮气的压力大约为系统压力的 60%～70%。如果氮气压力低应及时补充氮气，测压时应将蓄能器内压力油泄压后测试，以免误测，测压后做好记录，违者每次罚款 100 元。

（7）保证各集中润滑站正常运转，自动换向良好，各分配器自动换向良好，抽检各润滑点前面的接头，观察是否有压力油漏出，同时做好记录，违者每次罚款 30 元。

（8）根据《炼钢厂设备润滑作业标准》认真填写《炼钢厂设备日常润滑管理台账》、《油品出入库台账》，贯标号分别为：RG/QR-10-151、RG/QR-10-152，违者每次罚款 20 元。润滑台账与润滑标准记录不符的，罚款 20 元/项。润滑台账的记录由机动科每 15 天检查一次，发现与标准不符的，每项罚款 50 元。

（9）保证各稀油站、减速器内润滑油的液位达到规定要求，以游标或油尺的刻度线为准不能低于下限也不能高于上限，各站内、箱内的油液定期（6 个月）由专业厂家化验，并根据化验结果换油及清洗油箱，违者每次罚款 100 元。

（10）所有手动加油脂部位应定期加油，干油加油标准一般为挤出少许新油，对于高速旋转的设备润滑应指定加油方式，设备规格型号，加注油量（干油润滑需注明干油枪型号，干油枪加注次数）做好润滑台账，违者每次罚款 50 元。

（11）做好设备的润滑包机到人工作，重要设备未挂牌的每次罚款 20 元。润滑包机到人情况由机动科不定期进行抽检，对内容不了解、不熟悉的给予警告、考核，每次罚款 50 元。

四、润滑材料的计划管理

根据设备润滑需要，由各工段技术人员编制月、年度用润滑材料计划，经设备科科长和设备副厂长审核批准后报供应部门组织供应。

五、润滑材料的入库管理

（1）通用润滑材料炼钢厂不库存，需用时由材料员开票盖章到生产部库房领取。对用量较大的专用润滑材料，各工段应有一定量的库存，保证正常使用。

（2）润滑材料入库后应妥善保管，以防混杂或变质。要设置明显的标志，油桶应盖好，不得敞口存放和露天堆放。

（3）润滑材料库存两年以上者，须重新化验，质量合格方能使用。

六、润滑材料的领发制度

（1）常用润滑材料由领用人开票，使用单位班长或以上管理人员签字后方可领用。

（2）用量较大（油 200kg 以上，脂 50kg 以上）时，需经设备科长或设备副厂长签字后方可领用。

七、废油回收

（1）所有更换的废油均应回收，不得随意丢弃对环境造成污染；不同种类的废油应分别回收保管；废油桶盖应盖好，应有明显的标志，仅作储存废油专用，不能与新油桶混用。

（2）废油回收后应及时报告设备科交回到生产管理部统一处置。

八、其他

（1）各单位对所负责的润滑工作必须认真负责，对所负责设备润滑负全部责任。

（2）对日常加油工作做好记录，建立设备润滑台账，按照《油品定期化验分析制度》定期对油脂进行化验。

（3）每月月底当日 18 时半前，各车间负责人按照发放的《炼钢厂月油品消耗分析表（试行）》要求，认真填写月油品消耗统计（上月 28 日至本月 27 日），车间负责人书面签字后报厂机动科，电子版发 OA 于机动科润滑管理负责人。对于弄虚作假的、上报错误的每项考核填写人罚款 100 元，润滑负责人罚款 50 元，车间主任罚款 50 元。

（4）发现问题及时汇报，以免造成大的设备事故。

本制度由设备科负责解释；本制度从发布之日起实施。

2.2.3.4 故障管理

设备故障，一般是指设备或系统在使用中丧失或降低其规定功能的事件或现象。在现代板坯连铸生产中，由于设备结构复杂，自动化程度很高，各部分、各系统的联系非常紧密，因而设备出现故障，哪怕是局部的失灵，都可能造成停产。

连铸设备主要故障包括：漏钢、滞坯等。

设备事故故障管理制度见表 5-2-6。

表 5-2-6 设备事故故障管理制度

炼钢厂设备事故故障管理制度

一、目的

以预防为主，加强职工教育，提高技术素质，严格执行三大规程，通过技术改造和设备更新，提高设备的可靠性，对重点设备开展状态检测和诊断技术，及时发现设备故障，避免因违章作业，失职等原因造成设备责任事故，提高设备完好率，确保设备正常运转，保证正常顺利生产。

二、适用范围

本制度适用于炼钢厂设备事故、故障的管理工作。

三、实施内容

（一）指导方针及管理内容

1. 指导方针

认真贯彻"预防为主"的指导方针，做到防患于未然。

2. 管理内容

（1）要对全部设备事故实行管理，事故不论大小及何种原因，都必须纳入管理范围。

（2）事故管理的全过程为：组织事故现场调查、事故抢修，进行事故分析，制定和监督执行防止事故的措施，提出事故处理意见，事故的统计分析和上报。

（二）设备事故及分级

1. 设备事故

凡正式投产的设备，在生产过程中造成设备的零件、构件损坏，使生产突然中断，或由于设备原因直接造成能源供应中断而使生产中断的损失金额和恢复时间达到规定值的，称为设备事故。

2. 下列情况不列为设备事故

（1）不可抗拒的自然灾害造成的设备损坏。

（2）在生产过程中设备的安全保护装置正常动作，安全件损坏使生产中断的，如安全销、断路器、整定适合的热继电器等。

（3）在生产过程中，因生产工具损坏，使生产中断的。

（4）生产操作事故。

（5）生产线上的建（构）筑物因使用长久而自然损坏危及生产或使生产被迫停止的。

（6）因设备技术状况不良经炼钢厂批准安排的临时检修。

（7）人身事故涉及设备损坏的。

3. 设备事故类别

（1）自然事故。属于不可抗拒的自然灾害所造成的事故，如地震、狂风暴雨、雷电、洪水、滑坡等原因导致的事故。

（2）责任事故。属于违章操作、违章指挥、备件质量差或点检不力、设备失修、管理不善等原因所导致的事故。

4. 设备事故的分级及标准

（1）设备事故分级及标准见下表，凡达到表列条件之一者，则为相应的事故等级。

特大设备事故		重大设备事故		一般设备事故		小事故（含故障）	
停产时间 /h	损失和修理费用 /万元	停产时间 /h	损失和修理费用 /万元	停产时间 /h	损失和修理费用 /万元	停产时间 /h	损失和修理费用 /万元
100 及以上	24 以上	10 ~ 100	4 ~ 24	3 ~ 10	4 以下		

（2）在划分事故等级中，一定坚持实事求是的原则，按照标准划分，不得大划小，小划大，更不许漏报、谎报、不报、隐瞒事故。

5. 事故处理

（1）事故抢修。设备事故或故障发生后，迅速组织抢修，尽快恢复生产。参加事故抢修的单位和个人必须服从统一指挥，不得相互推诿。对抢修不力者追究责任严肃处理，对抢修事故有贡献者，给予表彰或奖励。

（2）事故分析。

1）事故责任单位在事故抢修结束后，应立即组织有关人员进行分析，写出分析报告，报设备科。一般事故、故障由设备科点检员组织岗位人员、维修人员及有关人员进行分析，生产安全科调度室参加。重大以上事故由炼钢厂设备副厂长主持，组织有关单位人员分析。

2）事故分析分析内容包括设备事故发生过程、原因、责任、总结经验教训、制定防范措施，做到"四不放过"（即原因不明不放过，防范措施未落实不放过，责任不明，员工未受到教育不放过，责任人未受到处分不放过）原则。弄清事故发生的经过，找准事故发生的原因，分清事故主次责任，制订出防范事故措施。

3）按事故发生的类别、部位、时间、等级、原因逐渐统计分析，以便掌握事故发展趋势。

（3）事故处理。根据事故原因和责任，由设备科提出处理意见，报炼钢厂设备副厂长批准。设备故障由工段提出处理意见，设备科批准后实施。

6. 事故统计与上报

（1）事故次数。生产中断一次记一次设备事故或故障（同一部位连续发生的记一次）。但事故时间和事故损失累计计算。

（2）事故时间。

1）一般按设备停机到检修恢复具有生产条件之间的时间计算。冶金炉窑事故，还应加上烘炉时间。

2）在设计上有备用的机组，按事故设备停机到备用设备开机之间的时间计算。

3）设备发生事故使生产中断，被迫提前检修，其事故时间为事故设备停机到设备检修具备恢复生产条件之间的时间。

4）动力设备发生事故，引起系统停机，其事故时间为按波及的主要生产设备停机时间进行累计计算。

（3）事故损失费的计算。设备事故损失费包括设备事故修复费、减产损失费和产品损失费。设备事故修复费包括修复或更换损坏的设备所发生的材料、备件、人工及管理费等。对设备损坏严重，无法修复的应按照该设备的固定资产现值计算。计算公式为：

设备事故损失费 = 单位产品（半成品）利润 × 小时计划产量 × 影响生产时间 + 设备事故修复费 + 产品损失费

设备事故直接损失费 = 设备事故修复费 + 产品损失费

设备事故修复费 = 更换备件（或设备）费 + 修复用材料费 + 修复工时费 + 修复管理费

产品损失费 = 产品损失数量 × 单位 - 残值

（4）事故上报。

1）事故发生后，立即向生产技术科调度室、设备科点检员、设备科及炼钢厂设备副厂长报告，重大以上事故由设备科点检员立即电话报告分厂主管领导及公司相关部门，同时由设备科点检员向装备部填报事故报告书。

2）设备修复后，三天之内由事故所发生的工段向炼钢厂设备科写出事故分析报告一式两份，同时报炼钢厂主管设备的副厂长。

7. 事故考核

（1）凡发生一般、重大设备事故，对事故单位按事故造成直接损失总值的1%～5%处以罚款，对造成事故的主要责任人按事故直接经济损失总值的1%～5%给予罚款。凡发生特大设备事故，除按上述规定给予经济处罚外，将按国家有关规定追究刑事责任。

（2）凡发生小事故（故障），导致减产或停产，影响较大者，由设备科对责任人进行处分。

（3）事故抢修组织不力，导致时间延长的，一次扣责任人100～500元。

（4）事故报告不及时的，一次扣责任人200元。

（5）故意隐瞒事故不报的，视其情节轻重处以200～1000元罚款。

（6）厂各单位必须建立事故统计台账，未建立台账的扣责任单位100～500元。

（7）对事故抢修组织得力，事故处理效果好的，一次奖励100～500元。

（8）对重复发生的相同事故，若事故的原因与结果完全一样，要根据情况对后面事故责任人（前次事故已受教育者）加倍罚款。

四、本制度解释权归设备科。本制度与上级部门制定的制度相抵触时，以上级部门制定的制度为准。

2.2.3.5 备件管理

在设备维修工作中，为了恢复设备的性能和精度，需要用新制的或修复的零部件来更换已磨损的旧件，通常把这种新制的或修复的零部件称为配件。为了缩短维修时间，减少停机损失，对某些形状复杂、技术要求高、加工难度大、生产（或订购）周期长的配件，应在仓库内预先储备一定数量，这种配件称为备品，总称为备品配件，简称为备件。

备件管理是维修活动的重要组成部分，只有科学合理地储备与供应备件，才能使设备的维修任务完成的既经济又能保证进度。然而，如果备件储备过多，会造成积压，增加库房面积，增加保管费用，影响企业流动资金周转，增加产品成本；储备过少，就会影响备件的及时供应，妨碍设备的维修进度，延长停机时间，使企业的生产进度和经济效益遭受损失。因此，做到合理储备，乃是备件管理工作要研究的主要课题。

备件也是企业运行成本的一个主要构成部分，在设备选型时期，要充分考虑供应商提供方案的备件使用量，作为一个主要的衡量指标；在设备制造阶段，要做好设备的监制，延长设备的使用寿命；在设备运行阶段，要做好维修和检修，尽可能降低备件使用量。当然备件的管理有许多创新的方法，诸如备件零库存管理等，更多的是从企业运行角度考虑，涉及生产和质量方面不是很多。在此强调长周期备件还是要做好生产准备，至于商业模式的创新，这里不多讨论。

钢铁公司炼钢厂备件管理制度见表 5-2-7。

表 5-2-7　备件管理制度

炼钢厂备件管理制度
备件是保证在线设备正常运转、下线备件及时维修的物质基础，加强备件管理是企业管理的一个重要方面，根据公司的相关管理规定和炼钢厂当前状况，为了做好备件（材料）供应、管理工作，保证生产的顺利进行，特制定本规定。 一、机动科在备件及材料管理中的职责 （1）负责全厂备件（材料）计划的编制、审核、备件（材料）的实物管理，台账管理及出入库管理工作。 （2）负责对公司机动部、采购部等外单位的协调工作，对在备件材料中出现的质量异议及相关问题进行处理，重大问题向领导汇报。 （3）办理生产准备、生产技改、大中修备件材料的出、入库手续及核对工作。 （4）负责全厂废旧物资回收工作。 （5）定期对各车间进行备件（材料）信息的反馈工作。 （6）备件验收方面出现异议时，进行确认及协调。 二、各车间在备件（材料）管理中的职责 （1）各车间本着保障生产的正常运行和节约的原则，根据生产及设备运转状况负责提出本车间备件（材料）计划，于每月 1 日下班前报机动科。提报前认真核对编码、一、三级库库存及所报计划的预算费用，不能超出当月考核指标费用，如有特殊情况，例如需提报大型备用事故件，需提前打报告到机动科；备件（材料）数量应合理，同时决不能因为备件问题影响生产；备件提报原则上实行区域负责制，由设备承包责任人将自己所负责设备根据设备状况将该设备的备件（若不能确定时，必须及时向领导汇报）及时提交给车间兼职计划员，车间兼职计划员依此提出备件计划初稿，初稿交班组长审核签字，电子版及由主任审核签字后书面计划报机动科。 （2）各车间对关键性部件、常用备件及日常消耗件应掌握清楚，了解消耗情况及库存数量，对所有消耗的备件材料作好记录。 （3）各车间所报的备件（材料）计划按照 ERP 系统中的编码信息为准（可在 OA 系统上查询），对于备件（材料）计划无编码或编码不正确的的应在每月 15 日前进行编码的增补及修改工作（依照采购部下发编码增补修改程序进行）。 （4）各车间的外委维修备件计划需在每月 5 日、20 日按照规定格式报机动科相关负责人处，计划内容准确完整；机动科负责整理审核、经主管厂长审批，报请到公司机动部、采购部、机修厂审批后，提报 ERP 维修计划。 （5）每月 25 日，各车间加工件按要求格式报机动科负责人，同时将主任签字计划书纸版及电子版图纸交机动科。 （6）如有车间催要的备件，各车间兼职备件（材料）管理员可填写"备件材料催要单"报机动科，机动科负责协调采购部进行备件到货情况的落实；备件到货时间可参考机动科定期下发的计划导出表中订单到货时间，各车间应根据现场备件使用状况，对不能满足现场生产的备件进行催要，在每周例会上，机动科对催要落实的情况进行答复或在 OA 上公布；如有急需备件可以随时联系落实。 （7）对于本公司自产钢材类，车间可填写报告经领导审批到销售部办理相关手续，不必再提报 ERP 计划。

（8）对于编码显示零库存或内建零库存备件，除油漆及螺栓外，车间不必进行提报，可按照零库存领用程序直接开领料单到物流中心库房领取，外建零库存需在月计划中提报。

三、备件、材料的验收入库、出库、库房及使用管理

（一）验收入出库

（1）货到公司首先由机动科库管员核查计划，确认到货的物资归属，然后通知车间材料员并与车间材料员一起认真核对到货物资的数量、规格型号、外形尺寸、合格证明，对到货物资进行验收，对不能确定的及时通知本车间具体使用人员及机动科区域负责人，对备件进行二次验收，验收合格后办理入库手续，如有异议由机动科联系机动部、采购部协调解决。

（2）供货厂家将物资运送到仓库后，由机动科专职保管员办理入、出库手续，单价在一万元以上的备件领用需由分厂设备厂长签字。

（3）在备件使用过程中发现有质量问题，必须保存有质量问题的备件，并按照质量反馈程序进行反馈。

（4）各车间领取备件、材料时，执行"领料单制度"。

（二）库房管理

（1）各车间利用现有条件对备件（材料）应妥善存放、建立台账，方便寻找、标识明确、摆放整齐、进入清楚，防止损坏和丢失，做到账、物、卡相符。

（2）机动科仓库各车间必须认真对待备件提报及管理工作，严格执行备件管理规定，随时准备公司对仓库进行盘点。

（三）工具管理

工具类材料的领用执行工具卡制度，领用时以旧换新，个人一定妥善保管好自己使用的工具，工具到期后方可按照领用程序领取。

四、定额管理

（1）根据 2011 年生产计划，对各车间生产用备件材料费用实行定额管理。各车间当月备件材料定额费用 = 本月计划产量（吨）×工序备件材料考核指标（元/吨）。

（2）分厂备件材料定额费用由机动部根据生产部下达月度生产计划在 ERP 系统内设置。各车间进行计划提报时，科学合理，严格控制，不得超出预算定额费用；各车间超出计划费用，将视为无效计划退回车间。

（3）各车间结合现场实际，将备件材料费用指标进行细化分解，责任到岗位、到人，各车间应认真分析，合理提报各项计划，实行最小单位管理。在保证生产设备安全、稳定运行的同时，降低消耗。

（4）各车间备件材料计划超出预算定额费用的，由车间提出申请经主任签字后报机动科负责协调提报。

五、成本核算（略）

六、考核

（1）各车间提报的备件（材料）计划，必须严格按照机动科下发的"备件（材料）计划表"格式填写。

（2）车间提报计划（包括加工件）需认真核对库存情况，了解现有一、三级库情况及使用情况，对有库存进行提报而不能给出合理解释的计划，每项次对车间计划员罚款 20 元；不能够按时提报备件、材料、机加工计划每次对车间计划员罚款 100 元，连带车间主任罚款 50 元。

（3）车间提报备件材料计划必须以计算机系统中编码及描述为准，如编码描述不符合使用要求应及时落实并进行编码修改，如因车间原因出现提报备件到货不能使用的，根据情况对车间罚款 100~1000 元，由车间落实责任人。

（4）由机动科组织，每月对各车间现场库房的管理及备件情况进行检查，检查过程中出现库房管理问题、备件管理问题，每项次罚款 30 元；车间管理严重混乱，连带考核车间主任罚款 100 元。

（5）各车间仓库的备件（材料），车间内部平时使用对应做好准确的台账记录，台账必须准确反映每月各种备件（材料）的领用及库存情况，每项次检查不合格罚款 30 元，没有台账或使用记录罚款 100 元，连带车间主任罚款 50 元。

（6）依据公司润滑管理规定，各车间每月最后一天下午将本车间的"月油品消耗分析表"报机动科，机动科汇总整理后报机动部（每拖1天罚款50元）。

（7）各车间的车间主任是车间的备件（材料）第一责任人，由于备件（材料）管理不善造成工作被动和影响生产的，对车间主任每次罚款100～600元。

（8）每周四下午两点半钟由机动科组织召开车间备件会，讨论各车间近期备件材料情况，没有特殊情况必须参加，有事需提前请假，无故迟到罚款50元，缺席加倍罚款。

（9）各车间计划员能够完成自己所负责范围内备件（材料）的供应工作，没有因备件（材料）问题影响过正常的检修及生产，对自己所负责范围内的工作完成比较出色者，视情况给予适当奖励。

（10）机动科由于工作失误或不能把车间的备件、材料计划及时准确地办理好，而又不能采取紧急措施将问题解决，由此引起的工作被动和影响生产的事，将视情况对责任人罚款50～200元。

七、仓库管理

（一）一般规定

（1）外协单位去机动科库房领取备件材料时必须经过炼钢厂负责部门进行协调。

（2）到货的备件材料必须到机动科库房登记，未经过机动科库房登记的，一次罚款100元。

（3）到货的有色金属备件必须做好车间管理，报废备件通知机动科统一进行处理，氧枪喷头必须以旧换新。

（4）每天下午4点钟前，把三级库出入库情况单发到机动科，超过规定上交时间，每次罚款100元。

（5）对于大修备件、辊子装配、扇形段、结晶器等费用较高的备件，办理一级库出库手续时由车间开领料单并将清单（电子版）从OA发给机动科，机动科办完手续后再返回车间。

（6）废旧物资严格按照标准格式报废，其中软管类、阀门类等需要鉴定的物资需书面申请报废，经车间主任签字转机动科办理。回收周期较短的物资需提前报废以免现场堆积过多。未经机动科同意，车间处理的废旧物资视为私自变卖废旧物资，按公司制度严肃处理。

（7）已处理的废旧物资各车间应做好记录，每周六统一上报机动科，按吨计算的废旧物资由机动科做记录。

（8）炼钢厂领料程序如下图所示。

（二）一级库备件（材料）领用程序

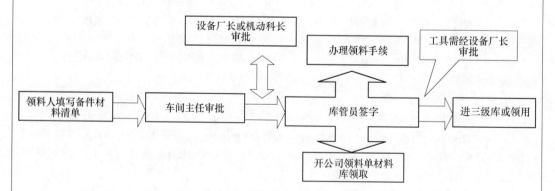

因设备检修需紧急领用材料备件时，领料单位必须向机动科口头申请，机动科与公司备件库联系好后，方可领用，但公司领料单必须在24h内办理完毕，不及时办理每次扣责任人100元。

（三）备件、材料领用规定及考核

（1）车间或个人未经允许私自使用领料单从公司备件库领取任何备件或材料，发现一次对领料人罚款500元。

（2）车间从分厂库房领用货物时，库管员一律根据单据上的项目和数量发货，领料人不得私自领取单据以外的货物。如库存的某项货物车间急需，可先取走，4h内补办领料手续。

（四）领料单管理

（1）领料单由机动科统一发放，机动科对各车间领料单编号做好记录。

（2）填写领料单要求工整，名称、型号、数量必须填写清楚，不得涂改，领料单一式两联，首联（存根）归车间兼职库管员留存，另一联由机动科作为备件领取的依据。

（3）备件到货被车间领取后，车间兼职材料员应及时开分厂领料单（最迟不能超过24h），车间兼职材料员要做好分厂领料单的保管不能随处乱放。

（4）车间兼职材料员开分厂领料单时必须有车间主任签字，不能随便代签。

本制度由设备部负责解释；本制度自发布之日起实施。

2.3　EAM 介绍

随着现代管理技术的出现和计算机技术的发展，越来越多的管理方法、技术已经在设备管理上得到长足发展。大多数企业较早就开始使用的 TPM 理论和方法就不再做介绍，仅对近几年运行较多的 EAM 技术，做简单介绍，希望设备管理工作者能利用新的利器，做好设备管理工作。

2.3.1　什么是 EAM

EAM 是英文 Enterprise Asset Management 的缩写，即企业资产管理，在国内也被解读为企业设备管理。在商业竞争日益激烈的今天，对于拥有高价值资产的企业来说，设备维护已不再局限于成本范畴，更成为获取利润的战略工具，EAM 系列产品使这一目标得以实现。EAM 是以企业资产及其维修管理为核心的商品化应用软件，它主要包括基础管理、工单管理、预防性维护管理、资产管理、作业计划管理、安全管理、库存管理、采购管理、报表管理、检修管理、数据采集管理等基本功能模块，以及工作流管理、决策分析等可选模块。在此对工作流管理模块做简单解释：所谓工作流是指一类可以完全或者部分自动执行的经营过程，根据一系列有效的规划，使得文档、信息等可以在不同的使用者之间传递与执行。工作流管理是一个软件系统，完成工作流的定义和管理，并按照在系统中预先定义好的工作流逻辑来推动工作流的执行。

EAM 以资产模型、设备台账为基础，重点强化成本核算的管理思想，以工单的创建、审批、执行、关闭为主线，合理、优化地安排相关的人、财、物资源，将传统的被动检修转变为积极主动的预防性维修，与实时的数据采集系统集成，可以实现预防性维护。通过跟踪记录企业全过程的维护历史活动，将维修人员的个人知识转化为企业范围的智力资本。集成的工业流程与业务流程配置功能，使得用户可以方便地进行系统的授权管理和应用的客户化改造工作。

2.3.2　EAM 的特点

（1）EAM 是个集成系统，各模块之间是密切相关、环环相扣的。

（2）EAM 是个闭环系统，系统分为 3 个层次，即维修规划、维修处理计划的执行、收集各类维修历史数据。维修分析则分析维修历史数据，把分析结果反馈给维修计划。通过这一次次的闭环，使得维修计划越来越准确可行，从而减少非计划性的维修和抢修，达到降低维修成本的目的。

（3）EAM 的执行离不开基础数据准备。通常，EAM 的基础数据包括设备和备件的分类信息等静态数据、设备运行和维修数据等动态数据、各类统计和分析结果等中间数据 3 个部分。

（4）EAM 遵循的是"统一管理，分部执行"的原则。领导制定的维修管理目标、规划、财务预算，通过 EAM 系统下达给具体维修执行部门，维修部门反馈执行结果并集成、汇总信息。

（5）EAM 是管理信息系统，也是一个维修专家系统。它提供信息的价值在于人们能利用它作出正确的决策或作为优化的依据来指导管理工作。

（6）企业实施 EAM 的风险比实施 ERP（Enterprise Resource Planning，简称 ERP。是针对物资资源管理、人力资源管理、财务资源管理、信息资源管理集成一体化的企业管理软件）要小。对已经实施了 ERP 的企业，通过 EAM 与 ERP 系统的集成可以解决 ERP 中因为缺乏设备管理功能造成的问题，使得企业的设备管理不再成为企业发展的瓶颈。

（7）EAM 系统的管理流程如图 5-2-1 所示。

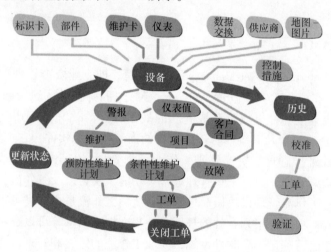

图 5-2-1　EAM 系统的管理流程

2.3.3　EAM 在国内外的应用

由于 EAM 软件综合了科学、先进的设备管理思想，对于提高企业资产管理水平非常有效，在世界上已经有了很广泛的应用，并取得了很好的效果，尤其在钢铁、化工、电力、能源等资产密集型企业应用更是普遍。EAM 于 20 世纪进入中国，目前发展水平虽不如 ERP，但其最近几年的发展速度非常快。

据一些世界知名咨询机构对实施 EAM 企业进行的一项调查可知，EAM 可以帮助企业获得以下几方面回报：增加生产时间 15%；降低能源消耗 11%；降低制造成本 1.5%；增加产量 3%；降低仓库存货 25%；减少维修配件成本 19.5%；减少过期存货 30%；减少加班频率 10%；帮助企业更好地贯彻 ISO9000 及其他标准，符合行业和政府部门的法规。

2.3.4　实施 EAM 的成功因素

（1）企业高层领导作用。与 ERP 类软件一样，采用 EAM 软件不单单是引进一套先进的信息化手段，更重要的是引进先进的设备管理思想。EAM 项目的实施涉及企业的生产运行、维修、管理、人力资源、仓库等多个部门，不是一个软件的简单使用过程，而是企业的全员过程、系统工程和基础工程，所以确保 EAM 实施成功的首要关键因素是企业高层管理者的重视与支持。这一点在国内钢铁企业尤为关键。

（2）科学规划及选型。在制订系统目标时，切忌贪大求全，而应当全面规划，分步实施。不能一味强调本企业的特殊性，而应当结合先进管理的要求兼顾眼前利益与长远利益。

（3）实施团队与实施质量。要充分利用各方面的经验和智慧，缩短实施周期，减少项目风险，充分发挥投资作用，有效地提高整体管理水平。应成立 EAM 项目实施组织。该组织是 EAM 推进的权力机构，由他们负责向整个企业推行 EAM，并制定确保 EAM 成功实施的考核制度。

2.3.5　EAM 解决方案供应商

专注于 EAM 解决方案的供应商专注于企业资产管理，并为用户提供解决方案。目前世界最知名的 EAM 解决方案供应商是美国的 DataStream 公司和 MRO 软件公司。

DataStream 公司用户分布在全球 128 个国家，有超过 60000 套软件在为企业提供资产管理服务，世界 500 强中有 65% 的企业都在使用 DataStream 公司产品（包括钢铁行业）。

（1）中国大陆有超过 100 家成功用户，主要分布在电力、汽车、冶金、制造业、化工、电子、制药等行业。DataStream 公司中国总部在上海。MRO 软件公司（产品为 MRO/MAXIMO）于 1998 年在中国设立了全资子公司 MAXIMO 上海公司。MRO 在国内有多家客户，主要分布在电力、交通运输、石油化工等行业。

（2）SAP、ORACLE 等 ERP 解决方案供应商主要为企业提供资源管理整体解决方案（EPR），同时他们的 ERP 产品中存在设备管理模块，如 SAP mysap（PM 是其设备管理模块）。但由于其产品侧重于生产、财物、物料，所以其提供的资料/设备管理功能不太全面。

（3）中国供应商。中国设备管理系统主要是围绕企业的实际情况进行定置开发设计，没有融合较多先进的设备管理理念和管理方法，界面的流畅性、可视性等也相对比较粗糙，主要有北京中大万联科技有限公司等。国内外 EAM 主要产品比较见表 5-2-8。

表 5-2-8　国内外主要 EAM 产品比较

类　别	Datastream 的 D7i 产品	MRO 的 Maximo 5 产品	北京中大万联科技
系统架构	基于 Web 架构、支持多组织		可以做到基于 Web 架构
资产、维护、采购、库存等	能够满足企业要求，而且在库存、采购管理上较 ERP 做得更好，更符合备件管理需要		根据用户具体要求进行定置开发，较灵活

续表 5-2-8

类　别	Datastream 的 D7i 产品	MRO 的 Maximo 5 产品	北京中大万联科技
项目管理	立项后部分工作系统中可以管理	与项目管理专业软件有接口	
预算管理	通过工单控制成本费用	与预算管理专业软件有接口	
状态监测	设置有与国际知名公司监测设备的标准接口		可根据用户需要开发
与 ERP 接口	能够与 Oracle ERP 连接，并具有标准接口		
数据库平台	支持 Oracle 数据库	支持 Oracle、DB2、Sqlsever	支持 Oracle 数据库
开发工具	Oracle 的 D2000 工具	Java	Oracle 的 D2000 工具
报表及二次开发	其他用户有一些报表，除此之外都需要进行重新定置开发		按需求开发
中国典型用户	神东煤炭、盘山电厂等	中海油、内蒙古托克托电厂等	广西苹果铝公司
国际钢铁用户	美国 NUCOR 等上百家公司	韩国浦项等上百家公司	无

　　EAM 虽然是在西方国家发展起来的，但设备管理是相通的，EAM 在国内也有大量的成功实施案例。EAM 能集成设备管理中各个业务层面的各种信息，满足先进的生产设备对现代生产组织保障的要求，使企业更好地适应瞬息万变的市场竞争。实施 EAM 能够帮助企业增加生产时间、降低能源消耗、降低制造成本、增加产量、降低库存、减少维修配件成本和过期存货、减少加班频率，还能帮助企业更好地贯彻 ISO9000 及其他标准，是钢铁企业解决当前设备管理中存在的问题，全面提高设备管理水平的有效途径之一。

<h2 align="center">参 考 文 献</h2>

[1] 王汝杰，石博强. 现代设备管理 [M]. 北京：冶金工业出版社，2007：1～25.
[2] 崔静波，杨国权，姜海申. 工业仪表与自动化学术会议 [A]. 钢铁企业设备管理现状及 EAM 解决方案 [C]，2005.